“十三五”国家重点出版物出版规划项目

经济科学译丛

时间序列分析
单变量和多变量方法

（第二版·经典版）

魏武雄（William W.S. Wei） 著
易丹辉 刘 超 贺学强 等译
刘 超 校

TIME SERIES ANALYSIS
UNIVARIATE AND
MULTIVARIATE METHODS
(SECOND EDITION)

中国人民大学出版社
·北京·

译者序

受中国人民大学出版社的委托，我们翻译了魏武雄教授编写的《时间序列分析——单变量和多变量方法》（第二版·经典版）一书。本书是针对有合适的专业背景以及对该学科感兴趣的研究生和高年级本科生编写的一本教材。对那些在研究中经常遇到时间序列数据的研究人员来说，本书也是一本非常有价值的参考书。

本书即将出版，我们颇感欣慰。因为目前翻译出版的有关时间序列分析的书已经不少，我们担心该书没有特色，无法奉献给读者更多的知识，所以在翻译过程中付出了巨大的精力。翻译完成后，感到辛苦没有白费。

近年来，时间序列已经成为一个相当活跃的领域，出版了很多相关书籍，其中的大部分要么关注时域分析，要么关注频域分析。在这些书中，有些提供的理论背景资料不充分，有些则关于具体应用的介绍太少。而且，大部分书只是关注单变量时间序列，即使有少量讨论多变量时间序列的书，也多局限于理论部分。

本书不仅对单变量与多变量时间序列的时域和频域分析提供了一个全面的介绍，而且在书中包含了许多单变量和多变量时间序列模型的新进展，例如：逆自相关函数，扩展样本自相关函数，干预分析及异常值检验，向量自回归移动平均模型，偏滞后自相关矩阵函数，局部过程，状态空间模型，卡尔曼滤波，非季节和季节模型的单位根检验，向量时间序列模型的协整、局部过程和等价表示，长记忆过程和非线性时间序列模型，聚积问题，等等。

本书的难度适当，叙述通俗易懂，并结合大量应用实例说明时间序列分析方法的应用，极大地方便了读者对这些方法的学习和理解。当读者完成本书学习的时候，将会理解怎样应用统计工具做出数据分析和决策。另外，读者还会发现所学的许多主题与方法可以被应用在其他课程里，包括数量经济以及统计等。本书不仅对在校的学生有用，而且对那些已经参加工作但需要运用统计方法分析问题的读者来说，也颇有意义。相信本书对在经济、财政、金融、市场、会计、管理和其他商业管理领域从业的工作者大有裨益。

本书的翻译由我及中国人民大学统计学院的部分硕士、博士共同完成，具体有刘超、贺学强、陈堰平、王旭、童小军、陈凯。最后由刘超负责全部校对。对于他们所付出的艰辛工作，在此表示深深的谢意。

愿本书的出版能够对时间序列分析方法的更广泛应用起到积极的推动作用。

易丹辉

第二版前言

本书自出版以来被许多研究者和高等院校广泛使用。非常感谢大量来自研究人员、教师和学生的鼓励信和评论。虽然本书的起始章节构成了时间序列分析的必要基础，但在过去的 10 年里，出现了许多新的理论和方法，因此，有必要引入这些新的方法以求对该领域的更全面理解。在本书修订和再版的过程中，我有幸能有机会阐明某些概念和修改之前的错误。

在时间序列分析中，我们经常遇到非平稳时间序列，在时间序列建模中，单位根的形式检验程序已经成为标准方法。为了介绍这个程序，第 9 章加入了对非季节和季节模型的单位根检验。

回归分析是一种最常见的统计学方法，时间序列数据被广泛应用于回归建模，尤其是在商业和经济学研究中。当在回归模型中使用时间序列变量时，误差不相关和方差齐性的标准假设经常被违背。本书新增的第 15 章讨论了时间序列变量在回归分析中的应用。而且这一章特别介绍了在经济和金融研究中有用的自相关误差模型和异方差 ARCH/GARCH 模型。

虽然单变量和向量时间序列建模的基本方法是一样的，但向量时间序列建模中存在一些重要的特殊现象。在第 16 章介绍各种向量时间序列模型后，新加入的第 17 章介绍了向量时间序列模型的协整、局部过程和等价表示。它们对于理解和分析时间序列变量之间的关系是非常有用的。

许多时间序列展示的性质并不能被线性模型刻画。因此，在第 19 章，我们介绍了对描述长记忆现象和非线性现象有用的长记忆过程和非线性时间序列模型。

为了便于理解，本书第二版增加了两个附录：附录 16. A 是关于多元线性回归模型的，附录 18. A 是关于典型相关的。关于聚积的章节包含了关于线性性、正态性和单位根检验的聚积效应的内容。

在本次修订中，我们保持了第一版的理论框架，继续保持理论和应用的平衡。本书中介绍的理论方法和经验数据集可以从网站 http://www. sbm. temple. edu/～wwei/上下载。与第一版一样，每章后面的练习题均可被用于提高读者对相关问题的理解。相信本书会对具有相关专业背景和对该学科感兴趣的研究生和高年级本科生大有裨益。对那些在研究中遇到时间序列数据的研究人员来说，本书也是一本非常有价值的参考书。

正如第一版所介绍的那样，在天普大学统计学系，本书作为一年的课程来讲授。在第一个学期讲授第 1 章至第 13 章关于单变量时间序列的内容，其余关于多变量时间序列的内容加上补充文献在第二个学期讲授。基于对主题的合理选择，本书可作为学习时间序列分析、建模和预报时一个或两个学期的课程。

在此，感谢查尔斯顿学院的 Olcay Akman 博士、肯塔基大学的 Mukhtar Ali 博士、马萨诸塞大学的 H. K. Hsieh 博士、威斯康星大学的 Robert Miller 博士、北伊利诺伊大学的 Mohsen Pourahamadi 博士、布莱德利大学的 David Quigg 博士和宾夕法尼亚印第安纳大学的 Tom Short 博士，他们的许多建议和评论增进了此次修改。感谢 Ceylan Yozgatligil 在修改一些例子和表格的准备中所给予的帮助。最后，要感谢 Addison-Wesley 出版公司的执行编辑 Deirdre Lynch 女士对本书的出版给予的一贯的热忱和帮助，感谢 Kathleen Manley 女士、Barbara Atkinson 女士、Jim McLaughlin 先生以及 Progressive Publishing Alternatives 公司对本书出版提供了热情帮助的工作人员。

魏武雄

第一版前言

近年来，时间序列已经成为一个相当活跃的领域，几本相关书籍已经出版，其中大部分要么关注时域分析，要么关注频域分析。在这些书中，有些提供的理论背景资料不充分，有些关于具体应用的介绍太少。这些书大多数关注单变量时间序列，即使有少量书关注并讨论多变量时间序列也仅仅是停留在理论部分。本书仅尝试对单变量与多变量时间序列的时域和频域分析提供一个全面的介绍。

我在威斯康星大学麦迪逊分校读书时，对时间序列分析的认识受到了 George E. P. Box 教授的一句名言的极大影响，这句名言是：如果理论和应用没有一个快乐的联姻，那么统计学将不再辉煌。因此，我希望本书能在理论和应用之间寻求一个合适的平衡点。

本书包含了许多单变量和多变量时间序列模型的新进展，如逆自相关函数、扩展样本自相关函数、Akaike 信息准则（AIC）、干预分析及异常值检验、向量自回归移动平均模型、偏滞后自相关矩阵函数、局部过程、状态空间模型、卡尔曼滤波、聚积问题和其他许多内容。

在天普大学统计学系，本书作为一年课程来讲授。该课程被提供给那些具有统计理论和回归分析知识背景的研究生。在第一个学期讲授前 9 章的内容，其余内容在第二个学期讲授。但是，本书在讲授内容的顺序上也提供了充分的灵活性。本书可作为时间序列分析和预报的一个或两个学期的课程使用。对频域分析感兴趣的学生可以先学习第 10 章至第 12 章。但作者相信，学生在学习时域分析之后，会对频域分析有更好的了解。

每一章的后面都有练习题。练习题的目的是提高学生对所学知识的理解，而不仅仅是测试学生的数学技巧。学生应当尝试解决尽可能多的练习题。

相信本书会对统计学、经济学、商学、工程学、气象学、社会学各领域以及其他时间序列分析和研究领域专业的研究生和高年级本科生大有裨益。对于那些对这个领域感兴趣的研究人员来说，本书也是一本很有价值的参考书。

我非常感谢 George E. P. Box 教授，是他引领我进入时间序列分析领域；还要感谢 George C. Tiao 教授，我在威斯康星大学攻读研究生学位时，他指导我在该领域的研究。

没有这两位恩师的鼓励和指导，本书的写作是不可能完成的。

我也要感谢所有在本书出版过程中给予帮助的人，感谢 Ruth Jackson 的录入工作，Dror Rom 和 Hewa Saladasa 对演讲笔记中几个章节的校对。本书最终手稿的准备工作是从 1987 年夏天开始的，当时我作为天普大学系主任的管理工作已经完成。

非常感谢当时我 13 岁的儿子 Stephen，他录入了最终手稿的大部分内容。感谢 Wai-Sum Chan、Leonard Cupingood 和 Jong-Hyup Lee，他们仔细阅读和校对了整本书稿，同时他们对书中的大量计算和图片的原始草图提供了很多帮助，其中一些草图是使用 SAS（SAS Institute，1985）软件和 SCA（Scientific Computing Associates，1986）软件绘制的。本书采纳了他们提供的许多有价值的建议。

还要感谢 David Reilly 提供的优秀的时域分析软件 AUTOBOX 和 MTS，它们被用于分析本书中的许多单变量和多变量数据集。进一步要感谢 John Schlater 和 Alan Izenman 的宝贵意见，以及许多书稿评论员的有益建议和评论。

特别感谢我的妻子 Susanna，她促使整个家庭为本书的编写努力。她仔细核对了本书的最终手稿，提供了许多积极的建议，提供了一套符号框架体系，在我们的孩子的许多任务框架中给予了指导。当然，本书存在的错误和疏漏在所难免，恳请各位专家、读者给予批评指正。

十分感谢 Donald B. Owen 教授和 Addison-Wesley 出版公司，感谢他们允许我采用他们的书《统计表手册》(*Handbook of Statistical Tables*) 中的 t 分布表和卡方分布表。感谢 E. S. Pearson 教授和生物统计学协会理事允许我采用他们的书 *Biometrika Tables for Statisticians*，Volume I 中的 F 分布表。

最后，我要感谢 Allan Wylde、Karen Garrison 和 Addison-Wesley 出版公司的其他工作人员，感谢 Grace Sheldrick 和 Frederick Bartlett 对本书的关注和帮助。

魏武雄

1989 年 3 月

目　录

第1章 概 述

1.1 引 言

时间序列是一个有序的观测值序列。通常按照时间观测，特别是按照等间隔时间区间观测，但也可以按照其他度量来观测，如空间。时间序列广泛存在于各个领域。在农业领域，我们观测农作物的年度产量和价格等。在商业和经济领域，我们观测股票的日收盘价格、周利率、月价格指数、季销售额和年利润等。在工程领域，我们观测声音、电流信号和电压等。在地球物理领域，我们记录湍流，比如一个地区的海浪和地球噪声等。在医学研究领域，我们测量脑电图（EEG）和心电图（EKG）追踪等。在气象学领域，我们观测每小时风速、每日温度和年降雨量等。在质量控制领域，我们根据某目标值监测一个过程。在社会学领域，我们研究年出生率、死亡率、事故发生率和各种犯罪率等。此外，时间序列被观测和研究的领域还有很多。

按照时间连续记录的时间序列被称为连续时间序列，如电流信号和电压等。仅在特定时间间隔取值的时间序列被称为离散时间序列，如利率、产量和销量等。在本书中，我们仅处理等间隔观测的离散时间序列，因为即便是连续时间序列，为了进行计算，也只能给出在离散区间上的数字化值。

研究时间序列有各种各样的目的，包括对数据生成机制的理解和描述，对未来值的预报，以及实现系统的最优化控制。时间序列的本质特征主要表现为：观测值之间是相互依存或相关的；观测值是有序的。因此，建立在独立性假设基础上的统计方法和技术不再适用，需要建立不同的统计方法。我们称用于分析时间序列的统计方法学为时间序列分析。

1.2 本书的例子和安排

图 1－1 展示了本书中将要学习的四个时间序列。每个序列表现出观测值之间相互依存的显著特征，同时也显示出其他显著不同的特征。

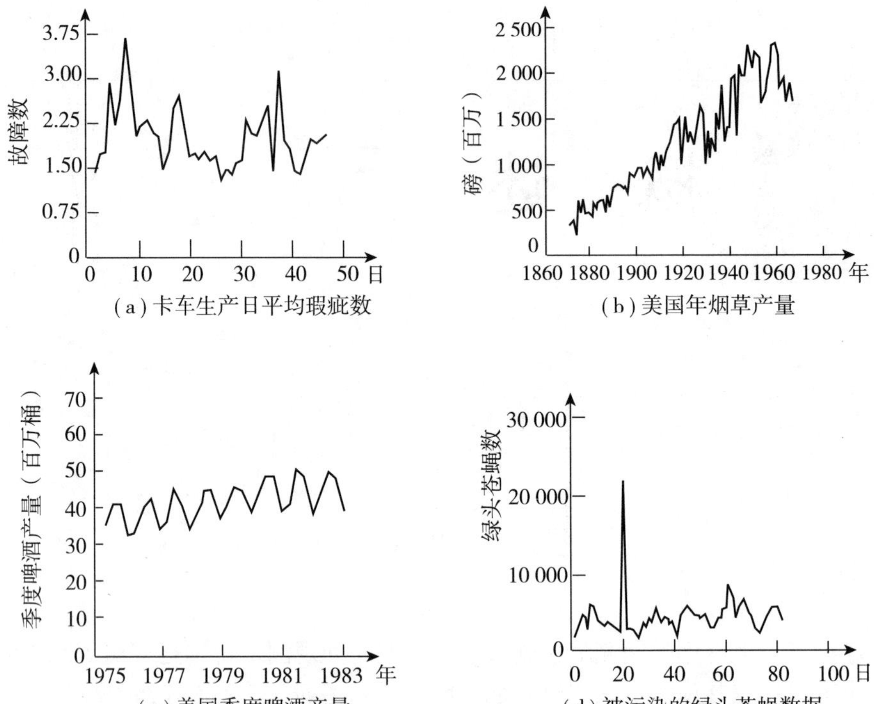

(a) 卡车生产日平均瑕疵数　(b) 美国年烟草产量

(c) 美国季度啤酒产量　(d) 被污染的绿头苍蝇数据

图 1－1　某些时间序列

如图 1－1（a）所示，在卡车制造厂装配线末端检测的卡车生产日平均瑕疵数围绕固定水平变化。这种现象的时间序列是均值平稳的，它是平稳时间序列的特例。图 1－1（b）中显示的美国年烟草产量没有围绕固定水平变化，而是表现出整体上升的趋势，并且序列方差随着序列水平的上升而增大。呈现这种现象的时间序列的均值和方差是非平稳的，它是非平稳时间序列的例子。图 1－1（c）中的美国季度啤酒产量显示出由季节变化而导致的周期重复。包含季节变化的时间序列称为季节时间序列。图 1－1（b）和图 1－1（c）中的这种非平稳时间序列可以通过适当的变换化为平稳序列。

在第 2 章引入刻画时间序列的一般概念后，我们在第 3～8 章中学习一种一般形式的参数模型：自回归求和移动平均（ARIMA）模型，它适用于描述如图 1－1（a）、（b）、（c）所示的那样平稳、非平稳、季节和非季节时间序列。特别地，在第 2 章中，我们引入一些参数模型需要的基本思想：平稳性和非平稳性、自相关函数、偏自相关函数、时间序列过程描述、线性差分方程。第 3 章引入平稳的自回归移动平均（ARMA）模型，第 4 章讨论非平稳的 ARIMA 模型。这三章给出了识别一个试探性时间序列模型必要的背景知识。出于参数模型讨论的需要，第 5 章给出了最小均方误差（MMSE）预报的理论和方法。第 6 章和第 7 章阐述了建立时间序列模型的迭代过程，引入一些补充的识别工具，如逆自相关函数（IACF）和扩展的样本自相关函数（ESACF）。由于有时候可能几个不同的模型都能充分描述一个给定的序列，因而我们也讨论有用的模型选择准则，如 Akaike 信息准则（AIC）。第 8 章将这些思想扩展到季节时间序列模型当中。许多时间序列是非平稳的，因此，用于检验非平稳性的正式检验程序已经成为时间序列建模的标准方法。第 9 章讨论了非季节和季节模型的正式单位根检验。

图1-1（d）显示的时间序列是被污染的实验室绿头苍蝇数据序列。它反映了某些外部干扰使序列出现结构性变化而导致的另外一种非平稳现象。这种非平稳类型不能通过标准变换被处理掉。这种时间序列常常会受到外部时间的干扰，如受罢工影响的产量序列、机器故障毁损的记录系列。这种外部干扰称为干预或异常值。为对外部干扰建模，干预模型和异常值模型将在第10章进行研究。

第2章至第10章给出的时间序列处理方法是通过参数模型利用自相关和偏自相关函数研究时间序列的卷积，称为时域分析。第11章到第13章介绍的另一种方法是利用谱函数研究时间序列的非参数分解为它的异频成分，称为频域分析。虽然从自相关函数和谱函数形成的傅立叶变换对上看，这两种方法在数学意义上是等价的，但有时一种方法会优于另一种方法。对时间序列数据的分析和研究来说，这两种方法都是必需的工具。

第2章至第13章处理的是单变量时间序列，但时间序列数据常常涉及几个变量的同时观测。例如，图1-2展示的Lydia Pinkham年度广告费用和销售数据。在商业活动中，经常利用广告宣传来提高销量。这自然就要建立一个联系当前销量和当前以及过去广告价值的动态模型，以研究广告宣传的影响以及销量预报的改进。因此，在第14章中我们介绍了转换函数模型，该模型对描述单输出序列和单或多输入序列的模型是有用的。使用前面章节的资料，对此问题的时域分析和频域分析方法都进行了讨论。在分析多元时间序列时，用于时域分析的基本工具是互相关函数（CCF），而用于频域分析的基本工具是互谱函数。它们也在时间序列分析中形成傅立叶变换对。此外，分析变量之间关联的其他有用方法还有回归分析。回归模型无疑是最常用的统计模型，但将时间序列变量用于回归模型时，常常违背标准的回归模型假设。因此，在第15章我们讨论了时间序列变量的回归分析，包括带自相关误差的模型和各种针对异方差的自回归条件异方差（ARCH）模型。

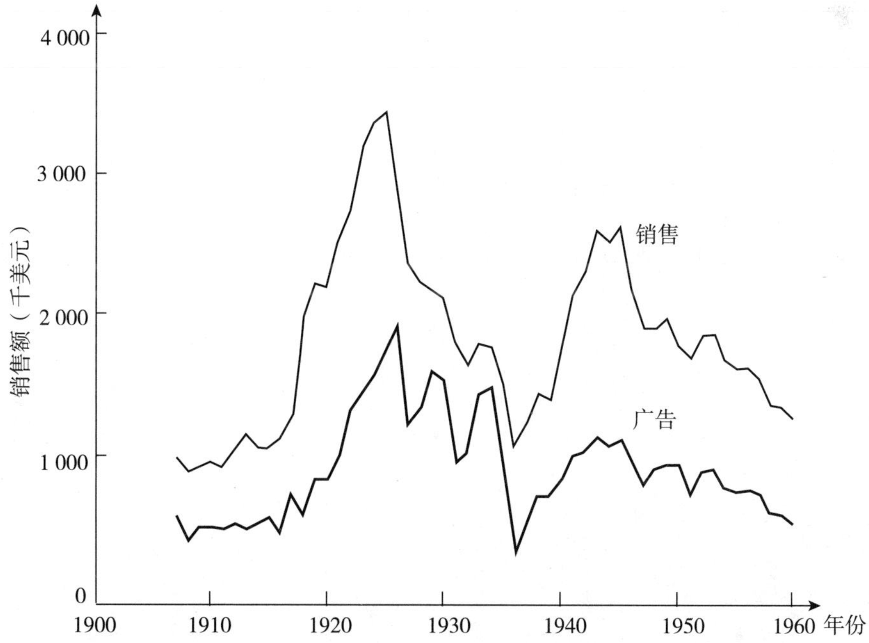

图1-2 Lydia Pinkham年度广告费用和销售数据

在许多应用领域，变量间可能存在的复杂的前馈和反馈关联使得转换函数模型和回归模型可能不再适用。例如，在 Lydia Pinkham 数据中，虽然期望广告提高销量，但因为广告预算常常是销售收入的一部分，所以销售收入也可能影响广告费用。在第 16 章中，我们将结果拓展到多元向量时间序列中，以及研究多时间序列变量的联合关联。我们为此引入了向量自回归移动平均模型，还给出了关于识别工具的详细讨论，这些识别工具主要有相关函数矩阵、偏自回归矩阵、偏滞后相关函数矩阵。另外，也引入了向量过程的谱特征。在第 17 章中，我们讨论了协整、局部过程（partial processes）和等价表示等向量时间序列模型的概念。

在第 18 章中，我们讨论了状态空间模型和卡尔曼滤波。这些在时间序列建模中可供选择的方法对单变量和多变量时间序列都适用。正如本书中介绍的其他方法一样，该方法也通过经验数据集得以阐释。该部分还建立了状态空间模型和 ARIMA 模型之间的关联。

在讨论了各种单变量和多变量线性时间序列模型及其应用后，在第 19 章我们给出了长记忆过程和非线性时间序列模型。这些方法在许多时间序列的建模中非常有用。

最后，我们提出了在时间序列分析中很重要的问题。在处理时间序列数据时，首先必须确定在分析中使用的时间单位。在一些时候，如每英亩谷物的年产量，这个序列存在一个自然的时间单位。但在其他一些时候，可能存在几个能够使用的时间单位，例如，在分析销量时，可以考虑月销量、季销量或者年销量。时间间隔的选择会影响得出的结论吗？在第 20 章中，当讨论时间序列的合并和采样时，我们尝试提供一些关于这个问题的答案。

第2章 基本概念

本章引入了一些有助于理解本书中讨论的时间序列模型的基本概念。我们首先简单地介绍了随机过程、自相关和偏自相关函数、白噪声过程的概念，接着讨论了均值、自协方差、自相关和偏自相关函数的估计。这样，我们就能够阐释从第 3 章开始的时间序列模型的采样现象，它将提高随后章节讨论的模型识别的评价。另外，除了其拥有的理论优点外，移动平均和自回归过程表示的概念对于理解时间序列分析中使用的潜在逻辑简化线性过程是有用的。最后，我们还给出了线性差分方程的简单介绍，特别关注齐次差分方程的解，它在简化线性时间序列过程中发挥着重要作用。

2.1 随机过程

随机过程是以时间为标号的一组随机变量 $Z(\omega, t)$，其中，ω 属于某个样本空间，t 属于某个标号集。对于固定的 t，$Z(\omega, t)$ 是一个随机变量。对于给定的 ω，$Z(\omega, t)$ 是 t 的函数，我们称之为样本函数或实现。所有可能实现的全体称为随机过程和时间序列分析。因此，一个时间序列就是来自某个随机过程的实现或样本函数。为了对时间序列分析有一个正确的认识，我们在本部分引入随机过程的一些基本概念。

除特别指出外，在我们的讨论中，假设指标集是所有整数的集合。考虑一个来自随机过程$\{Z(\omega, t): t=0, \pm 1, \pm 2, \cdots\}$的有限随机变量集$\{Z_{t_1}, Z_{t_2}, \cdots, Z_{t_n}\}$，其 n 维分布函数定义如下：

$$F_{Z_{t_1}, \cdots, Z_{t_n}}(x_1, \cdots, x_n)=P\{\omega: Z_{t_1}\leqslant x_1, \cdots, Z_{t_n}\leqslant x_n\} \tag{2.1.1}$$

其中，x_i，$i=1, \cdots, n$ 是任意实数。如果其一维分布函数是时间不变的，即对任意整数 t_1，k 和 t_1+k，均有 $F_{Z_{t_1}}(x_1)=F_{Z_{t_1+k}}(x_1)$，这个过程称为依分布一阶平稳。依分布二阶平稳是指对于任意整数 t_1，t_2，k，t_1+k 和 t_2+k，均有 $F_{Z_{t_1}, Z_{t_2}}(x_1, x_2)=F_{Z_{t_1+k}, Z_{t_2+k}}(x_1, x_2)$。依分布 n 阶平稳是指：

$$F_{Z_{t_1}, \cdots, Z_{t_n}}(x_1, \cdots, x_n)=F_{Z_{t_1+k}, \cdots Z_{t_n+k}}(x_1, \cdots, x_n) \tag{2.1.2}$$

对于任意 n 元组 $(t_1, \cdots, t_n)$ 和整数 k 成立。若对任意整数 $n(n=1, 2, \cdots)$，式

(2.1.2) 均成立，则称该过程为严平稳。术语“强平稳”和“完全平稳”也用于表示严平稳过程。显然，若式 (2.1.2) 对于 $n=m$ 成立，则对于$n\leqslant m$ 也成立，这是因为 m 阶分布函数决定了所有低于 m 阶的分布函数。因此，高阶平稳总是蕴涵着低阶平稳。

正确理解随机过程 $Z(\omega, t)$，该随机过程是定义在一个样本空间上的时间标号随机变量集合，像我们常用 X 代替 $X(\omega)$ 表示一个随机变量一样，我们通常省去变量 ω，将 $Z(\omega, t)$简单地记为 $Z(t)$ 或 Z_t。如果假设一个过程仅取实值，该过程就称为实值过程。除特别指出外，本书中讨论的过程都是实值过程。对于一个给定的实值过程 $\{Z_t: t=0, \pm1, \pm2, \cdots\}$，定义该过程的均值函数为

$$\mu_t=E(Z_t) \tag{2.1.3}$$

该过程的方差函数为

$$\sigma_t^2=E(Z_t-\mu_t)^2 \tag{2.1.4}$$

Z_{t_1} 和 Z_{t_2} 间的协方差函数为

$$\gamma(t_1, t_2)=E(Z_{t_1}-\mu_{t_1})(Z_{t_2}-\mu_{t_2}) \tag{2.1.5}$$

Z_{t_1} 和 Z_{t_2} 间的相关函数为

$$\rho(t_1, t_2)=\frac{\gamma(t_1, t_2)}{\sqrt{\sigma_{t_1}^2}\sqrt{\sigma_{t_2}^2}} \tag{2.1.6}$$

对于一个严平稳过程，分布函数对于所有的 t 都是一样的。若 $E(|Z_t|)<\infty$，则均值函数 $\mu_1=\mu$，是一个常数。若 $E(Z_t^2)<\infty$，则对所有的 t，有$\sigma_t^2=\sigma^2$，也是一个常数。再进一步，由 $F_{Z_{t_1}, Z_{t_2}}(x_1, x_2)=F_{Z_{t_1+k}, Z_{t_2+k}}(x_1, x_2)$ 对任意 t_1、t_2 和 k 都成立，我们有

$$\gamma(t_1, t_2)=\gamma(t_1+k, t_2+k)$$

以及

$$\rho(t_1, t_2)=\rho(t_1+k, t_2+k)$$

令 $t_1=t-k$，$t_2=t$，可以得到

$$\gamma(t_1, t_2)=\gamma(t-k, t)=\gamma(t, t+k)=\gamma_k \tag{2.1.7}$$

以及

$$\rho(t_1, t_2)=\rho(t-k, t)=\rho(t, t+k)=\rho_k \tag{2.1.8}$$

因此，对于前两阶矩有限的严平稳过程，Z_t 和 Z_{t+k}之间的协方差和相关函数仅依赖于时间差 k。

到目前为止，我们根据过程的分布函数讨论了强意义下的平稳性。一系列独立同分布 (independent identically distributed，i. i. d.) 的随机变量就是严平稳过程的一个普通例子。在时间序列中，这种独立的随机变量序列通常不存在或没有意义。然而，对于观测的时间序列，当不是简单的 i. i. d. 情形时，很难给出它的分布函数，特别是联合分布函数。因此，在时间序列分析中，通常根据过程的矩使用弱意义下的平稳性。

如果一个过程存在直到 n 阶的联合矩，并且联合矩是时间不变的，也就是不依赖于时间原点的，则称该过程是宽平稳的。因此，一个二阶宽平稳过程有常值的均值和方差，并且协方差和相关函数分别为时间差的函数。有时候，术语宽意义下的平稳和协方差平稳也用于描述二阶宽平稳过程。根据定义，前两阶矩有限的严平稳过程也是宽平稳过程或协方差平稳过程。然而，一个严平稳过程可能没有有限的矩，因而可能不是协方差平稳的，如 i. i. d. 的柯西随机变量序列形成的过程。这个过程显然是严平稳的，因为不存在联合矩，所以不是任何阶的宽平稳过程。

例 2-1 令 Z_t 为第 t 次掷一个骰子显示值的 2 倍，假设骰子被独立地掷 3 次，我们便有随机过程 $Z_t=Z(\omega, t)$，其中 t 属于标号集 $\{1, 2, 3\}$，ω 属于样本空间

$$\{1, 2, 3, 4, 5, 6\}\times\{1, 2, 3, 4, 5, 6\}\times\{1, 2, 3, 4, 5, 6\}$$

例如，对一个具体的 ω，如 (1，3，2)，实现或样本函数是 (2，6，4)。这个总体 (ensemble) 共包含 216 个可能的实现。如果掷骰子过程是独立重复的，我们便有一个标号集是所有正整数的随机过程 $Z_t=Z(\omega, t)$，并且样本空间是

$$\{1, 2, 3, 4, 5, 6\}\times\{1, 2, 3, 4, 5, 6\}\times\{1, 2, 3, 4, 5, 6\}\times\cdots$$

若具体的 ω 为 (1，4，2，3，…)，将有可能会实现 (2，8，4，6，…)。在这种情况下，在总体中可能实现的总数是无限的。显然，由于涉及的是 i. i. d. 的随机变量序列，故该过程在任一情形下都是严平稳的。

例 2-2 考虑下面的时间序列

$$Z_t=A\sin(\omega t+\theta) \tag{2.1.9}$$

其中，A 是均值为 0、方差为 1 的随机变量，θ 是服从 $[-\pi, \pi]$ 上的均匀分布的随机变量，且与 A 独立。于是有

$$E(Z_t)=E(A)E[\sin(\omega t+\theta)]=0$$

$$\begin{aligned}
E(Z_tZ_{t+k}) &= E\{A^2\sin(\omega t+\theta)\sin[\omega(t+k)+\theta]\}\\
&= E(A^2)E\left\{\frac{1}{2}[\cos(\omega k)-\cos(\omega(2t+k)+2\theta)]\right\}\\
&= \frac{1}{2}\cos(\omega k)-\frac{1}{2}E\{\cos(\omega(2t+k)+2\theta)\}\\
&= \frac{1}{2}\cos(\omega k)-\frac{1}{2}\int_{-\pi}^{\pi}\cos(\omega(2t+k)+2\theta)\cdot\frac{1}{2\pi}\mathrm{d}\theta\\
&= \frac{1}{2}\cos(\omega k)-\frac{1}{8\pi}[\sin(\omega(2t+k)+2\theta)]_{-\pi}^{\pi}\\
&= \frac{1}{2}\cos(\omega k)
\end{aligned} \tag{2.1.10}$$

它依赖于时间差 k。因此，该过程是协方差平稳的。

例 2-3 令 Z_t 是一个独立的随机变量序列，该序列交替地服从标准正态分布 $N(0, 1)$ 和一个以相等的概率 1/2 取 1 或 -1 两个值的离散均匀分布。显然，对所有的 t，$E(Z_t)=0$，$E(Z_t^2)=1$。并且

$$E(Z_tZ_s)=\begin{cases}0, & \text{如果 } t\neq s\\ 1, & \text{如果 } t=s\end{cases}$$

以及

$$\rho(t, s)=\frac{E(Z_tZ_s)}{\sqrt{E(Z_t^2)}\sqrt{E(Z_s^2)}}=\begin{cases}0, & \text{如果 } t\neq s\\ 1, & \text{如果 } t=s\end{cases}$$

因此，这个过程是协方差平稳的，但它不是严平稳的。事实上，它在任何阶上都不是依分布平稳的。

从上面的讨论和例子中可以得出，“协方差平稳”是比“严平稳”或“依分布平稳”更弱的平稳形式。因为检验前两阶矩相对简单一些，因此在时间序列分析中我们常常处理的是协方差平稳或二阶宽平稳过程。今后，除特别指出，我们使用“平稳”一词涉及的所有过程都是指协方差平稳。鉴于此，自然有接下来的重要评述。

如果一个随机过程的联合概率分布是正态分布，它就被称为一个正态或高斯过程。因为正态分布唯一地被其前两阶矩所描述，所以对于高斯过程而言，严平稳和宽平稳是等价的。除非特别指出，我们讨论的过程都是指高斯过程。像统计学中的其他领域一样，大多数时间序列的结果都是建立在高斯过程之上的。因此，在接下来的两节中讨论的自相关函数和偏自相关函数成为时间序列分析中的基本工具。

2.2　自协方差和自相关函数

对于一个平稳过程 $\{Z_t\}$，有均值 $E(Z_t)=\mu$ 和方差 $\mathrm{Var}(Z_t)=E(Z_t-\mu)^2=\sigma^2$，并且协方差 $\mathrm{Cov}(Z_t, Z_s)$ 仅仅是时间差 $|t-s|$ 的函数。在这种情况下，Z_t 和 Z_{t+k} 之间的协方差可以写为

$$\gamma_k=\mathrm{Cov}(Z_t, Z_{t+k})=Z(Z_t-\mu)(Z_{t+k}-\mu) \tag{2.2.1}$$

Z_t 和 Z_{t+k} 之间的相关函数为

$$\rho_k=\frac{\mathrm{Cov}(Z_t, Z_{t+k})}{\sqrt{\mathrm{Var}(Z_t)}\sqrt{\mathrm{Var}(Z_{t+k})}}=\frac{\gamma_k}{\gamma_0} \tag{2.2.2}$$

其中，$\mathrm{Var}(Z_t)=\mathrm{Var}(Z_{t+k})=\gamma_0$。作为 k 的函数，γ_k 称为自协方差函数，ρ_k 称为自相关函数（autocorrelation function，ACF），这是因为它们描述了在同一个过程中相距 k 个时滞的 Z_t 和 Z_{t+k} 之间的协方差和相关性。

一个平稳过程的自协方差函数 γ_k 和自相关函数 ρ_k 具有如下性质：

(1) $\gamma_0=\mathrm{Var}(Z_t)$；$\rho_0=1$。

(2) $|\gamma_k|\leqslant\gamma_0$；$|\rho_k|\leqslant 1$。

(3) 对于所有的 k，$\gamma_k=\gamma_{-k}$，$\rho_k=\rho_{-k}$，即 γ_k 和 ρ_k 是偶函数，并且关于时滞 $k=0$ 对称。这是由于 Z_t 和 Z_{t+k} 与 Z_{t-k} 和 Z_t 之间的时间差是相同的。因此，如图 2-1 所示，在作图时仅画出非负滞后的自相关函数。这种图有时称为相关图。

(4) 另一个重要的特征就是自协方差函数 γ_k 和自相关函数 ρ_k 是半正定的：

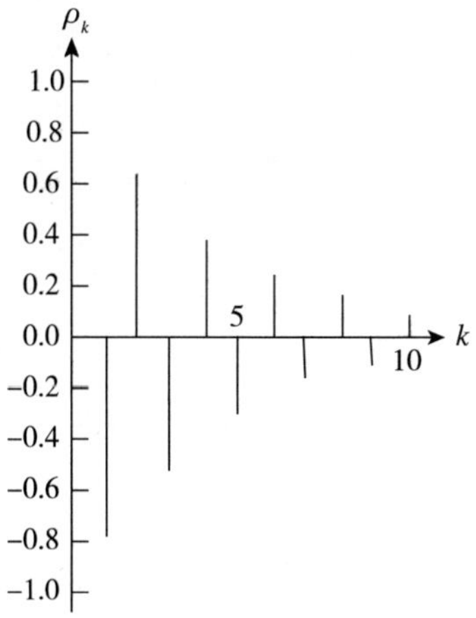

图 2-1　自相关函数（ACF）

$$\sum_{i=1}^{n}\sum_{j=1}^{n}\alpha_i\alpha_j\gamma_{|t_i-t_j|}\geqslant 0 \tag{2.2.3}$$

以及

$$\sum_{i=1}^{n}\sum_{j=1}^{n}\alpha_i\alpha_j\rho_{|t_i-t_j|}\geqslant 0 \tag{2.2.4}$$

对于任意时间点 t_1，t_2，…，t_n 和任意实数 α_1，α_2，…，α_n 均成立。定义随机变量 $X=\sum_{i=1}^{n}\alpha_i Z_{t_i}$，则式（2.2.3）中的结果可以通过下式得到

$$\begin{aligned}0\leqslant \mathrm{Var}(X)&=\sum_{i=1}^{n}\sum_{j=1}^{n}\alpha_i\alpha_j\mathrm{Cov}(Z_{t_i},Z_{t_j})\\&=\sum_{i=1}^{n}\sum_{j=1}^{n}\alpha_i\alpha_j\gamma_{|t_i-t_j|}\end{aligned}$$

式（2.2.4）中关于 ρ_k 的类似结果可以通过不等式（2.2.3）除以 γ_0 得到。重要的一点是：并不是任何满足性质（1）～（3）的函数都能作为一个过程的自协方差或自相关函数。一个函数作为某一过程的自协方差或自相关函数的必要条件是它是半正定的。

2.3　偏自相关函数

除了 Z_t 和 Z_{t+k} 之间的自相关外，我们考察除去了 Z_t 和 Z_{t+k} 共同线性依赖的干预变量 Z_{t+1}，Z_{t+2}，…，Z_{t+k-1} 的影响后的相关。这种条件相关

$$\mathrm{Corr}(Z_t,\ Z_{t+k}\,|\,Z_{t+1},\ \cdots,\ Z_{t+k-1}) \tag{2.3.1}$$

在时间序列分析中通常被称为偏自相关。

考虑平稳过程 $\{Z_t\}$，不失一般性，我们假定 $E(Z_t)=0$。Z_{t+k} 关于 Z_{t+1}，Z_{t+2}，… Z_{t+k-1} 的线性依赖关系定义为在均方意义下，Z_{t+k} 作为 Z_{t+1}，Z_{t+2}，…，Z_{t+k-1} 的线性函数的最优线性估计。即如果 $\hat{Z}_{t+k}$ 是 Z_{t+k} 的最优线性估计，则

$$\hat{Z}_{t+k}=\alpha_1 Z_{t+k-1}+\alpha_2 Z_{t+k-2}+\cdots+\alpha_{k-1}Z_{t+1} \tag{2.3.2}$$

其中，$\alpha_i(1\leqslant i\leqslant k-1)$ 是均方线性回归系数，由极小化下式可以得到：

$$E(Z_{t+k}-\hat{Z}_{t+k})^2=E(Z_{t+k}-\alpha_1 Z_{t+k-1}-\cdots-\alpha_{k-1}Z_{t+1})^2 \tag{2.3.3}$$

通常的极小化方法是通过求导得到下面的线性方程组

$$\gamma_i=\alpha_1\gamma_{i-1}+\alpha_2\gamma_{i-2}+\cdots+\alpha_{k-1}\gamma_{i-k+1}\quad(1\leqslant i\leqslant k-1) \tag{2.3.4}$$

因此，

$$\rho_i=\alpha_1\rho_{i-1}+\alpha_2\rho_{i-2}+\cdots+\alpha_{k-1}\rho_{i-k+1}\quad(1\leqslant i\leqslant k-1) \tag{2.3.5}$$

用矩阵表示，上面的方程组（2.3.5）变为

$$\begin{bmatrix}\rho_1\\ \rho_2\\ \vdots\\ \rho_{k-1}\end{bmatrix}=\begin{bmatrix}1 & \rho_1 & \rho_2 & \cdots & \rho_{k-2}\\ \rho_1 & 1 & \rho_1 & \cdots & \rho_{k-3}\\ \vdots & \vdots & \vdots & & \vdots\\ \rho_{k-2} & \rho_{k-3} & \rho_{k-4} & \cdots & 1\end{bmatrix}\begin{bmatrix}\alpha_1\\ \alpha_2\\ \vdots\\ \alpha_{k-1}\end{bmatrix} \tag{2.3.6}$$

类似地有

$$\hat{Z}_t=\beta_1 Z_{t+1}+\beta_2 Z_{t+2}+\cdots+\beta_{k-1}Z_{t+k-1} \tag{2.3.7}$$

其中，$\beta_i(1\leqslant i\leqslant k-1)$ 是均方线性回归系数，由极小化下式得到

$$E(Z_t-\hat{Z}_t)^2=E(Z_t-\beta_1 Z_{t+1}-\cdots-\beta_{k-1}Z_{t+k-1})^2 \tag{2.3.8}$$

因此

$$\begin{bmatrix}\rho_1\\ \rho_2\\ \vdots\\ \rho_{k-1}\end{bmatrix}=\begin{bmatrix}1 & \rho_1 & \rho_2 & \cdots & \rho_{k-2}\\ \rho_1 & 1 & \rho_1 & \cdots & \rho_{k-3}\\ \vdots & \vdots & \vdots & & \vdots\\ \rho_{k-2} & \rho_{k-3} & \rho_{k-4} & \cdots & 1\end{bmatrix}\begin{bmatrix}\beta_1\\ \beta_2\\ \vdots\\ \beta_{k-1}\end{bmatrix} \tag{2.3.9}$$

其中蕴涵 $\alpha_i=\beta_i(1\leqslant i\leqslant k-1)$。

令 P_k 记为 Z_t 和 Z_{t+k} 之间的偏自相关，它等于（$Z_t-\hat{Z}_t$）和（$Z_{t+k}-\hat{Z}_{t+k}$）之间的普通自相关，我们有

$$P_k=\frac{\operatorname{Cov}[(Z_t-\hat{Z}_t),(Z_{t+k}-\hat{Z}_{t+k})]}{\sqrt{\operatorname{Var}(Z_t-\hat{Z}_t)}\sqrt{\operatorname{Var}(Z_{t+k}-\hat{Z}_{t+k})}} \tag{2.3.10}$$

则

$$\begin{aligned}\operatorname{Var}(Z_{t+k}-\hat{Z}_{t+k})&=E[(Z_{t+k}-\alpha_1 Z_{t+k-1}-\cdots-\alpha_{k-1}Z_{t+1})^2]\\&=E[Z_{t+k}(Z_{t+k}-\alpha_1 Z_{t+k-1}-\cdots-\alpha_{k-1}Z_{t+1})]\\&\quad-\alpha_1 E[Z_{t+k-1}(Z_{t+k}-\alpha_1 Z_{t+k-1}-\cdots-\alpha_{k-1}Z_{t+1})]\\&\quad-\cdots-\alpha_{k-1}E[Z_{t+1}(Z_{t+k}-\alpha_1 Z_{t+k-1}-\cdots-\alpha_{k-1}Z_{t+1})]\\&=E[Z_{t+k}(Z_{t+k}-\alpha_1 Z_{t+k-1}-\cdots-\alpha_{k-1}Z_{t+1})]\end{aligned}$$

由式（2.3.4），其他所有剩余项为 0。因此

$$\operatorname{Var}(Z_{t+k}-\hat{Z}_{t+k})=\operatorname{Var}(Z_t-\hat{Z}_t)=\gamma_0-\alpha_1\gamma_1-\cdots-\alpha_{k-1}\gamma_{k-1} \tag{2.3.11}$$

接下来，利用 $\alpha_i=\beta_i(1\leqslant i\leqslant k-1)$，有

$$\begin{aligned}&\operatorname{Cov}[(Z_t-\hat{Z}_t),(Z_{t+k}-\hat{Z}_{t+k})]\\&=E[(Z_t-\alpha_1 Z_{t+1}-\cdots-\alpha_{k-1}Z_{t+k-1})(Z_{t+k}-\alpha_1 Z_{t+k-1}-\cdots-\alpha_{k-1}Z_{t+1})]\\&=E[(Z_t-\alpha_1 Z_{t+1}-\cdots-\alpha_{k-1}Z_{t+k-1})Z_{t+k}]\\&=\gamma_k-\alpha_1\gamma_{k-1}-\cdots-\alpha_{k-1}\gamma_1\end{aligned} \tag{2.3.12}$$

因此

$$P_k=\frac{\gamma_k-\alpha_1\gamma_{k-1}-\cdots-\alpha_{k-1}\gamma_1}{\gamma_0-\alpha_1\gamma_1-\cdots-\alpha_{k-1}\gamma_{k-1}}=\frac{\rho_k-\alpha_1\rho_{k-1}-\cdots-\alpha_{k-1}\rho_1}{1-\alpha_1\rho_1-\cdots-\alpha_{k-1}\rho_{k-1}} \tag{2.3.13}$$

利用克莱姆法则求解方程组（2.3.6）中的 α_i，得到

$$\alpha_i=\frac{\begin{vmatrix} 1 & \rho_1 & \cdots & \rho_{i-2} & \rho_1 & \rho_i & \cdots & \rho_{k-2} \\ \rho_1 & 1 & \cdots & \rho_{i-3} & \rho_2 & \rho_{i-1} & \cdots & \rho_{k-3} \\ \vdots & \vdots & & \vdots & \vdots & \vdots & & \vdots \\ \rho_{k-2} & \rho_{k-3} & \cdots & \rho_{k-i} & \rho_{k-1} & \rho_{k-i-2} & \cdots & 1 \end{vmatrix}}{\begin{vmatrix} 1 & \rho_1 & \cdots & \rho_{i-2} & \rho_{i-1} & \rho_i & \cdots & \rho_{k-2} \\ \rho_1 & 1 & \cdots & \rho_{i-3} & \rho_{i-2} & \rho_{i-1} & \cdots & \rho_{k-3} \\ \vdots & \vdots & & \vdots & \vdots & \vdots & & \vdots \\ \rho_{k-2} & \rho_{k-3} & \cdots & \rho_{k-i} & \rho_{k-i-1} & \rho_{k-i-2} & \cdots & 1 \end{vmatrix}} \tag{2.3.14}$$

这是两个行列式之比。分子矩阵是分母对称矩阵的第 i 列用（ρ_1，ρ_2，…，ρ_{k-1}）替代后的矩阵。将式（2.3.14）中的 α_i 代入式（2.3.13），并将式（2.3.13）的分子和分母乘以下面的行列式

$$\begin{vmatrix} 1 & \rho_1 & \cdots & \rho_{k-2} \\ \rho_1 & 1 & \cdots & \rho_{k-3} \\ \vdots & \vdots & & \vdots \\ \rho_{k-2} & \rho_{k-3} & \cdots & 1 \end{vmatrix}$$

容易看出，式（2.3.13）中的 P_k 等于式（2.3.15）中的行列式分别按最后一列展开之比

$$P_k=\frac{\begin{vmatrix} 1 & \rho_1 & \rho_2 & \cdots & \rho_{k-2} & \rho_1 \\ \rho_1 & 1 & \rho_1 & \cdots & \rho_{k-3} & \rho_2 \\ \vdots & \vdots & \vdots & & \vdots & \vdots \\ \rho_{k-1} & \rho_{k-2} & \rho_{k-3} & \cdots & \rho_1 & \rho_k \end{vmatrix}}{\begin{vmatrix} 1 & \rho_1 & \rho_2 & \cdots & \rho_{k-2} & \rho_{k-1} \\ \rho_1 & 1 & \rho_1 & \cdots & \rho_{k-3} & \rho_{k-2} \\ \vdots & \vdots & \vdots & & \vdots & \vdots \\ \rho_{k-1} & \rho_{k-2} & \rho_{k-3} & \cdots & \rho_1 & 1 \end{vmatrix}} \tag{2.3.15}$$

偏自相关函数也可以按照下面的方法推导。考虑回归模型，其中因变量 Z_{t+k} 来自零均值的平稳过程，它关于 k 个滞后变量 Z_{t+k-1}，Z_{t+k-2}，…，Z_t 进行回归，即

$$Z_{t+k}=\phi_{k1}Z_{t+k-1}+\phi_{k2}Z_{t+k-2}+\cdots+\phi_{kk}Z_t+e_{t+k} \tag{2.3.16}$$

其中，ϕ_{ki} 代表第 i 个回归系数，e_{t+k} 是零均值的误差项，并且与 Z_{t+k-j}，$j=1$，2，…，k 不相关。在回归方程（2.3.16）的两边同乘以 Z_{t+k-j}，并取期望得到

$$\gamma_j=\phi_{k1}\gamma_{j-1}+\phi_{k2}\gamma_{j-2}+\cdots+\phi_{kk}\gamma_{j-k} \tag{2.3.17}$$

因此，

$$\rho_j=\phi_{k1}\rho_{j-1}+\phi_{k2}\rho_{j-2}+\cdots+\phi_{kk}\rho_{j-k} \tag{2.3.18}$$

对于 $j=1，2，\cdots，k$，我们有如下方程组

$$\begin{aligned}
\rho_1&=\phi_{k1}\rho_0+\phi_{k2}\rho_1+\cdots+\phi_{kk}\rho_{k-1}\\
\rho_2&=\phi_{k1}\rho_1+\phi_{k2}\rho_0+\cdots+\phi_{kk}\rho_{k-2}\\
&\vdots\\
\rho_k&=\phi_{k1}\rho_{k-1}+\phi_{k2}\rho_{k-2}+\cdots+\phi_{kk}\rho_0
\end{aligned}$$

对于 $k=1，2，\cdots$，依次运用克莱姆法则，我们有

$$\phi_{11}=\rho_1$$

$$\phi_{22}=\frac{\begin{vmatrix}1 & \rho_1\\ \rho_1 & \rho_2\end{vmatrix}}{\begin{vmatrix}1 & \rho_1\\ \rho_1 & 1\end{vmatrix}}$$

$$\phi_{33}=\frac{\begin{vmatrix}1 & \rho_1 & \rho_1\\ \rho_1 & 1 & \rho_2\\ \rho_2 & \rho_1 & \rho_3\end{vmatrix}}{\begin{vmatrix}1 & \rho_1 & \rho_2\\ \rho_1 & 1 & \rho_1\\ \rho_2 & \rho_1 & 1\end{vmatrix}}$$

$$\vdots$$

$$\phi_{kk}=\frac{\begin{vmatrix}1 & \rho_1 & \rho_2 & \cdots & \rho_{k-2} & \rho_1\\ \rho_1 & 1 & \rho_1 & \cdots & \rho_{k-3} & \rho_2\\ \vdots & \vdots & \vdots & & \vdots & \vdots\\ \rho_{k-1} & \rho_{k-2} & \rho_{k-3} & \cdots & \rho_1 & \rho_k\end{vmatrix}}{\begin{vmatrix}1 & \rho_1 & \rho_2 & \cdots & \rho_{k-2} & \rho_{k-1}\\ \rho_1 & 1 & \rho_1 & \cdots & \rho_{k-3} & \rho_{k-2}\\ \vdots & \vdots & \vdots & & \vdots & \vdots\\ \rho_{k-1} & \rho_{k-2} & \rho_{k-3} & \cdots & \rho_1 & 1\end{vmatrix}} \tag{2.3.19}$$

对比式（2.3.19）和式（2.3.15），可以看出 ϕ_{kk} 等于 P_k。因此，当 Z_{t+k} 关于 k 个滞后变量 Z_{t+k-1}，Z_{t+k-2}，…，Z_t 按式（2.3.16）进行回归时，Z_t 和 Z_{t+k} 之间的偏自相关函数也可以作为与 Z_t 相关的回归系数得到。由于 ϕ_{kk} 已经成为时间序列文献中表示 Z_t 和 Z_{t+k} 之间偏自相关函数的标准符号，故在本书中我们也使用该符号。作为 k 的函数，ϕ_{kk} 通常称为偏自相关函数（partial autocorrelation function，PACF）。

2.4 白噪声过程

若 $\{a_t\}$ 是一个不相关的随机变量序列，具有常值均值 $E(a_t)=\mu_a$（通常假设为 0）

和常值方差 $\mathrm{Var}(a_t)=\sigma_a^2$ 的确定分布，且对于任意 $k\neq0$，$\gamma_k=\mathrm{Cov}(a_k, a_{t+k})=0$，那么这个过程 $\{a_t\}$ 称为白噪声过程。根据定义，白噪声过程是平稳的，并且自协方差函数为

$$\gamma_k=\begin{cases}\sigma_a^2, & k=0\\ 0, & k\neq0\end{cases} \tag{2.4.1}$$

自相关函数为

$$\rho_k=\begin{cases}1, & k=0\\ 0, & k\neq0\end{cases} \tag{2.4.2}$$

偏自相关函数为

$$\phi_{kk}=\begin{cases}1, & k=0\\ 0, & k\neq0\end{cases} \tag{2.4.3}$$

白噪声过程的 ACF 和 PACF 见图 2-2。

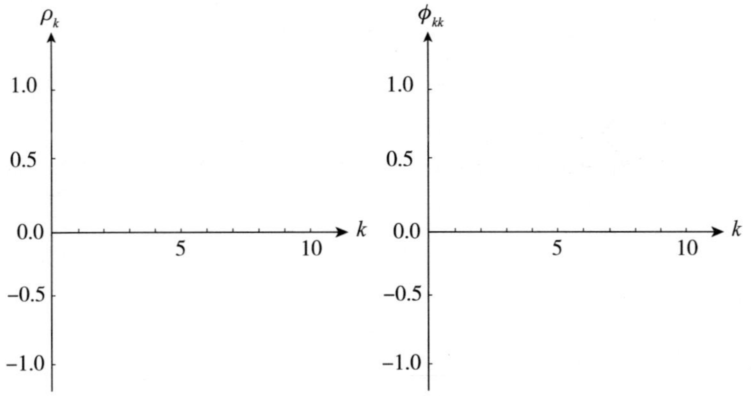

图 2-2 白噪声过程的 ACF 和 PACF

根据定义，对任何过程都有 $\rho_0=\phi_{00}=1$，所以我们提到的自相关和偏自相关仅涉及 $k\neq0$ 时的 ρ_k 和 ϕ_{kk}。白噪声过程中的基本现象就是它的 ACF 和 PACF 等于零。

尽管白噪声过程在实际中很难发生，但它作为时间序列模型结构中的基本构件起着重要作用，就像傅立叶分析中的正弦函数和余弦函数 $\{\sin(nx), \cos(nx)\}$ 所起的作用一样。更精确地说，它扮演了一般向量和函数分析中正交集的角色。

如果一个白噪声过程的联合分布是正态分布，则它是高斯白噪声过程。在接下来的讨论中，除非特别指出，$\{a_t\}$ 均指零均值高斯白噪声过程。

2.5 均值、自协方差和自相关函数的估计

一个平稳时间序列被均值 μ、方差 σ^2、自相关函数 ρ_k 和偏自相关函数 ϕ_{kk} 所描述。如果知道所有可能实现的全体或者得到多次独立实现，则能够计算出这些参数的精确值。然而，在大多数应用中，得到多次实现非常困难。大多数可利用的时间序列只由单个实现构

成，不可能计算总体平均。然而，对于平稳过程，可以用时间平均代替总体平均。在接下来的讨论中，我们在优良的统计特性的检测条件下，使用时间平均来估计均值、自协方差和自相关函数。

2.5.1 样本均值

对于单个实现，平稳过程的均值 $\mu=E(Z_t)$ 的一个自然估计是简单均值

$$\bar{Z}=\frac{1}{n}\sum_{t=1}^{n}Z_t \tag{2.5.1}$$

它是 n 个观测值的时间平均。问题变为上面的估计是不是一个有效或好的估计。显然

$$E(\bar{Z})=\frac{1}{n}\sum_{t=1}^{n}E(Z_t)=\frac{1}{n}\cdot n\mu=\mu \tag{2.5.2}$$

这意味着 $\bar{Z}$ 是 μ 的无偏估计。同时也容易得到

$$\mathrm{Var}(\bar{Z})=\frac{1}{n^2}\sum_{t=1}^{n}\sum_{s=1}^{n}\mathrm{Cov}(Z_t, Z_s)=\frac{\gamma_0}{n^2}\sum_{t=1}^{n}\sum_{s=1}^{n}\rho_{(t-s)} \tag{2.5.3}$$

$$=\frac{\gamma_0}{n^2}\sum_{k=-(n-1)}^{n-1}(n-|k|)\rho_k$$

$$=\frac{\gamma_0}{n}\sum_{k=-(n-1)}^{n-1}\left(1-\frac{|k|}{n}\right)\rho_k \tag{2.5.4}$$

其中，令 $k=(t-s)$。因此，如果

$$\lim_{n\to\infty}\left[\sum_{k=-(n-1)}^{n-1}\left(1-\frac{|k|}{n}\right)\rho_k\right]$$

是有限的，则当 $n\to\infty$ 时，$\mathrm{Var}(\bar{Z})\to 0$，从而 $\bar{Z}$ 是 μ 的一致估计。即在均方意义下有

$$\lim_{n\to\infty}\frac{1}{n}\sum_{t=1}^{n}Z_t=\mu \tag{2.5.5}$$

如果存在式（2.5.5）中的结果，这个过程就是均值遍历的。该结果成立的一个充分条件是当 $k\to\infty$ 时，$\rho_k\to 0$。这是因为这个条件暗含着对于任意的 $\varepsilon>0$，我们都可以找到一个 N，使得对于所有的 $k>N$，都有 $|\rho_k|<\varepsilon/4$。因此，对于 $n>(N+1)$，有

$$\left|\frac{1}{n}\sum_{k=-(n-1)}^{n-1}\rho_k\right|\leqslant\frac{2}{n}\sum_{k=0}^{n-1}|\rho_k|$$

$$=\frac{2}{n}\sum_{k=0}^{N}|\rho_k|+\frac{2}{n}\sum_{k=N+1}^{n-1}|\rho_k|$$

$$\leqslant\frac{2}{n}\sum_{k=0}^{N}|\rho_k|+\frac{1}{2}\varepsilon$$

$$\leqslant\varepsilon \tag{2.5.6}$$

在此选取足够大的 n 使得前面倒数第二个不等式的第一项小于 $\varepsilon/2$。因此，当$k\to\infty$时，

$\rho_k \to 0$，我们有

$$\lim_{n\to\infty} \frac{1}{n} \sum_{k=-(n-1)}^{n-1} \rho_k = 0$$

这意味着在式（2.5.4）中有

$$\lim_{n\to\infty} \mathrm{Var}(\bar{Z}) = 0 \tag{2.5.7}$$

直观上，这些结果简单地说就是：当 Z_t 和 Z_{t+k} 相隔足够远时，它们几乎不相关，一些新的有用的信息增加进来，使得时间平均接近总体平均。

2.5.2 样本自协方差函数

对于单个实现，我们可以使用时间平均来估计自协方差函数 γ_k，

$$\hat{\gamma}_k = \frac{1}{n} \sum_{t=1}^{n-k} (Z_t - \bar{Z})(Z_{t+k} - \bar{Z}) \tag{2.5.8}$$

或

$$\hat{\hat{\gamma}}_k = \frac{1}{n-k} \sum_{t=1}^{n-k} (Z_t - \bar{Z})(Z_{t+k} - \bar{Z}) \tag{2.5.9}$$

有

$$\begin{aligned}\sum_{t=1}^{n-k} (Z_t - \bar{Z})(Z_{t+k} - \bar{Z}) &= \sum_{t=1}^{n-k} [(Z_t - \mu) - (\bar{Z} - \mu)][(Z_{t+k} - \mu) - (\bar{Z} - \mu)] \\ &= \sum_{t=1}^{n-k} (Z_t - \mu)(Z_{t+k} - \mu) - (\bar{Z} - \mu) \sum_{t=1}^{n-k} (Z_t - \mu) \\ &\quad - (\bar{Z} - \mu) \sum_{t=1}^{n-k} (Z_{t+k} - \mu) + (n-k)(\bar{Z} - \mu)^2 \\ &\approx \sum_{t=1}^{n-k} (Z_t - \mu)(Z_{t+k} - \mu) - (n-k)(\bar{Z} - \mu)^2 \end{aligned} \tag{2.5.10}$$

其中，用 $(n-k)(\bar{Z}-\mu)$ 来近似 $\sum_{t=1}^{n-k}(Z_t - \mu)$ 和 $\sum_{t=1}^{n-k}(Z_{t+k} - \mu)$。因此，

$$E(\hat{\gamma}_k) \simeq \gamma_k - \frac{k}{n}\gamma_k - \left(\frac{n-k}{n}\right)\mathrm{Var}(\bar{Z}) \tag{2.5.11}$$

$$E(\hat{\hat{\gamma}}_k) \simeq \gamma_k - \mathrm{Var}(\bar{Z}) \tag{2.5.12}$$

显然，这两个估计都是有偏的。不考虑表示估计 μ 的效应的项 $\mathrm{Var}(\bar{Z})$ 后，$\hat{\hat{\gamma}}_k$ 变成无偏的，而 $\hat{\gamma}_k$ 仍然是有偏的。一般地，$\hat{\gamma}_k$ 比 $\hat{\hat{\gamma}}_k$ 的估计偏差大，特别是 k 相对于 n 很大时。因此，在时间序列分析中，对于给定的 n，常建议至多计算到 $n/4$ 时的估计。若当 $k\to\infty$ 时，$\rho_k \to 0$，则该过程是均值遍历的，并且如式（2.5.7）中显示的 $\lim_{n\to\infty}\mathrm{Var}(\bar{Z})=0$，那么，估计量 $\hat{\gamma}_k$ 和 $\hat{\hat{\gamma}}_k$ 都是渐近无偏的。在某些情况下，因为 $\hat{\gamma}_k$ 和 $\hat{\hat{\gamma}}_k$ 都是有偏的，故比较它们的均方误差更合适。对于某些类型的过程，$\hat{\gamma}_k$ 和 $\hat{\hat{\gamma}}_k$ 有更小的均方误差（Parzen，1961b）。

另外，像 γ_k 一样，$\hat{\gamma}_k$ 总是半正定的，而 $\hat{\hat{\gamma}}_k$ 则不一定。因此，利用式（2.5.8）中的 $\hat{\gamma}_k$ 作为样本自相关函数去估计自相关函数 γ_k。

当过程 $\{Z_t\}$ 是高斯过程时，Bartlett（1946）得到了下面的近似结果：

$$\mathrm{Cov}(\hat{\gamma}_k, \hat{\gamma}_{k+j}) \simeq \frac{1}{n}\sum_{i=-\infty}^{\infty}(\gamma_i\gamma_{i+j} + \gamma_{i+k+j}\gamma_{i-k}) \tag{2.5.13}$$

以及

$$\mathrm{Var}(\hat{\gamma}_k) \simeq \frac{1}{n}\sum_{i=-\infty}^{\infty}(\gamma_i^2 + \gamma_{i+k}\gamma_{i-k}) \tag{2.5.14}$$

类似地，有

$$\mathrm{Cov}(\hat{\hat{\gamma}}_k, \hat{\hat{\gamma}}_{k+j}) \simeq \frac{1}{n-k}\sum_{i=-\infty}^{\infty}(\gamma_i\gamma_{i+j} + \gamma_{i+k+j}\gamma_{i-k}) \tag{2.5.15}$$

和

$$\mathrm{Var}(\hat{\hat{\gamma}}_k) \simeq \frac{1}{n-k}\sum_{i=-\infty}^{\infty}(\gamma_i^2 + \gamma_{i+k}\gamma_{i-k}) \tag{2.5.16}$$

因此，$\hat{\hat{\gamma}}_k$ 的方差比 $\hat{\gamma}_k$ 的方差大。事实上，从式（2.5.16）中可以看出，对于较大的 k，$\hat{\hat{\gamma}}_k$ 的方差 $\mathrm{Var}(\hat{\hat{\gamma}}_k)$ 会有不稳定的估计。

接着，我们想知道什么时候过程是自协方差函数遍历的，即依均方有

$$\lim_{n\to\infty}\hat{\gamma}_k = \lim_{n\to\infty}\frac{1}{n}\sum_{t=1}^{n-k}(Z_t - \bar{Z})(Z_{t+k} - \bar{Z}) = \gamma_k \tag{2.5.17}$$

上面情形的严格证明是烦琐的。对于我们来说下面这些足够了：对于任意给定的 k，由于样本自协方差 $\hat{\gamma}$ 是 γ_k 的渐近无偏估计，因此 $\hat{\gamma}_k$ 为均方一致以及该过程是自协方差遍历的一个充分条件是自协方差是绝对可和的，即 $\sum_{-\infty}^{\infty}|\gamma_i| < \infty$，并且有 $\lim\limits_{n\to\infty}\mathrm{Var}(\hat{\gamma}_k)=0$。有兴趣的读者可以参阅 Gnedenko（1962）、Hannan（1970，p. 201）以及 Fuller（1996，p. 308）等。本书在以后的介绍中假设遍历性成立。

2.5.3　样本自相关函数

对给定的观测时间序列 Z_1，Z_2，…，Z_n，样本 ACF 定义为

$$\hat{\rho}_k = \frac{\hat{\gamma}_k}{\hat{\gamma}_0} = \frac{\sum_{t=1}^{n-k}(Z_t - \bar{Z})(Z_{t+k} - \bar{Z})}{\sum_{t=1}^{n}(Z_t - \bar{Z})^2},\ k = 0,\ 1,\ 2,\ \cdots \tag{2.5.18}$$

其中，$\bar{Z} = \sum_{t=1}^{n} Z_t/n$ 是序列的样本均值。$\hat{\rho}_k$ 关于 k 的图像称为样本相关图。

对于平稳高斯过程，Bartlett(1946) 得到，对于 $k>0$ 和 $k+j>0$，有

$$\begin{aligned}\mathrm{Cov}(\hat{\rho}_k, \hat{\rho}_{k+j}) \simeq \frac{1}{n}\sum_{i=-\infty}^{\infty}(&\rho_i\rho_{i+j} + \rho_{i+k+j}\rho_{i-k} - 2\rho_k\rho_i\rho_{i-k-j} \\ &- 2\rho_{k+j}\rho_i\rho_{i-k} + 2\rho_k\rho_{k+j}\rho_i^2)\end{aligned} \tag{2.5.19}$$

对于较大的 n，$\hat{\rho}_k$ 的分布近似于正态分布，均值为 ρ_k，方差为

$$\operatorname{Var}(\hat{\rho}_k)\simeq\frac{1}{n}\sum_{i=-\infty}^{\infty}(\rho_i^2+\rho_{i+k}\rho_{i-k}-4\rho_k\rho_i\rho_{i-k}+2\rho_k^2\rho_i^2)\tag{2.5.20}$$

当 $k>m$ 时，$\rho_k=0$，则 Bartlett 的式（2.5.20）近似为

$$\operatorname{Var}(\hat{\rho}_k)\simeq\frac{1}{n}(1+2\rho_1^2+2\rho_2^2+\cdots+2\rho_m^2)\tag{2.5.21}$$

在实际中，当 $\rho_i(i=1，2，\cdots，m)$ 未知时，用它们的样本估计 $\hat{\rho}_i$ 来代替，并且有 $\hat{\rho}_k$ 的大滞后标准差为

$$S_{\hat{\rho}_k}=\sqrt{\frac{1}{n}(1+2\hat{\rho}_1^2+\cdots+2\hat{\rho}_m^2)}\tag{2.5.22}$$

为检验白噪声过程，我们使用

$$S_{\hat{\rho}_k}=\sqrt{\frac{1}{n}}\tag{2.5.23}$$

例 2-4　为了说明样本 ACF 的计算，我们来分析下面一个时间序列的 10 个值：

t	Z_t	Z_{t+1}	Z_{t+2}	Z_{t+3}	…;	Z_{t-1}	Z_{t-2}
1	13	8	15	4			
2	8	15	4	4		13	
3	15	4	4	12		8	13
4	4	4	12	11		15	8
5	4	12	11	7		4	15
6	12	11	17	14		4	4
7	11	7	14	12		12	4
8	7	14	12			11	12
9	14	12				7	11
10	12					14	7

这 10 个值的样本均值是 $\bar{Z}=10$，因此

$$\hat{\rho}_1=\frac{(13-10)(8-10)+(8-10)(15-10)+\cdots+(7-10)(14-10)+(14-10)(12-10)}{(13-10)^2+(8-10)^2+\cdots+(14-10)^2+(12-10)^2}$$

$$=\frac{-27}{144}=-0.188$$

$$\hat{\rho}_2=\frac{(13-10)(15-10)+(8-10)(4-10)+\cdots+(11-10)(14-10)+(7-10)(12-10)}{144}$$

$$=\frac{-29}{144}=-0.201$$

$$\hat{\rho}_3=\frac{(13-10)(4-10)+(8-10)(4-10)+\cdots+(12-10)(14-10)+(11-10)(12-10)}{144}$$

$$=\frac{26}{144}=0.181$$

⋮

并且注意到

$$\hat{\rho}_k=\frac{\sum_{t=1}^{n-k}(Z_t-\bar{Z})(Z_{t+k}-\bar{Z})}{\sum_{t=1}^{n}(Z_t-\bar{Z})^2}=\frac{\sum_{t=k+1}^{n}(Z_t-\bar{Z})(Z_{t-k}-\bar{Z})}{\sum_{t=1}^{n}(Z_t-\bar{Z})^2}=\hat{\rho}_{-k} \tag{2.5.24}$$

换言之，样本 ACF 也关于原点 $k=0$ 对称。

2.5.4　样本偏自相关函数

样本偏自相关函数 $\hat{\phi}_{kk}$ 是通过在式（2.3.19）中用 $\hat{\rho}_i$ 代替 ρ_i 得到的。代替式（2.3.19）中对于数值较大的 k 的复杂行列式计算，Durbin(1960）给出了如下的以 $\hat{\phi}_{11}=\hat{\rho}_1$ 开始的计算 $\hat{\phi}_{kk}$ 的一个递推算法：

$$\hat{\phi}_{k+1,\,k+1}=\frac{\hat{\rho}_{k+1}-\sum_{j=1}^{k}\hat{\phi}_{kj}\hat{\rho}_{k+1-j}}{1-\sum_{j=1}^{k}\hat{\phi}_{kj}\hat{\rho}_j} \tag{2.5.25}$$

以及

$$\hat{\phi}_{k+1,\,j}=\hat{\phi}_{kj}-\hat{\phi}_{k+1,\,k+1}\hat{\phi}_{k,\,k+1-j},\qquad j=1,\cdots,k \tag{2.5.26}$$

这个方法也可用于计算理论样本偏自相关函数 ϕ_{kk}。

Quenouille（1949）指出，在原过程是白噪声序列的假设下，$\hat{\phi}_{kk}$ 的方差近似为

$$\mathrm{Var}(\hat{\phi}_{kk})\simeq\frac{1}{n} \tag{2.5.27}$$

因此，$\pm 2\sqrt{n}$ 可以作为检验白噪声过程假设的关于 ϕ_{kk} 的临界极限。

例 2－5　利用例 2－4 中的数据，由式（2.3.19）、式（2.5.25）和式（2.5.26）可得

$$\hat{\phi}_{11}=\hat{\rho}_1=-0.188$$

$$\hat{\phi}_{22}=\frac{\hat{\rho}_2-\hat{\rho}_1^2}{1-\hat{\rho}_1^2}=\frac{-0.201-(-0.188)^2}{1-(-0.188)^2}=-0.245$$

$$\hat{\phi}_{21}=\hat{\phi}_{11}-\hat{\phi}_{22}\cdot\hat{\phi}_{11}=(-0.188)-(-0.245)(-0.188)=-0.234$$

因此，由式（2.5.25）有

$$\begin{aligned}\hat{\phi}_{33}&=\frac{\hat{\rho}_3-\hat{\phi}_{21}\hat{\rho}_2-\hat{\phi}_{22}\hat{\rho}_1}{1-\hat{\phi}_{21}\hat{\rho}_1-\hat{\phi}_{22}\hat{\rho}_2}\\&=\frac{0.181-(-0.234)(-0.201)-(-0.245)(-0.188)}{1-(-0.234)(-0.188)-(-0.245)(-0.201)}\\&=\frac{0.088}{0.907}=0.097\end{aligned}$$

类似地，可以计算出其他 $\hat{\phi}_{kk}$。

2.6 时间序列过程的移动平均和自回归表示

在时间序列分析中描述时间序列过程的方法有两种。一种是将过程 Z_t 写成一组不相关的随机变量的线性组合，即

$$Z_t=\mu+a_t+\psi_1 a_{t-1}+\psi_2 a_{t-2}+\cdots=\mu+\sum_{j=0}^{\infty}\psi_j a_{t-j} \tag{2.6.1}$$

其中，$\psi_0=1$，$\{a_t\}$ 是零均值的白噪声过程，并且 $\sum_{j=0}^{\infty}\psi_j^2<\infty$。在这里和接下来的部分，随机变量的无穷和定义为其有限部分和的均方极限。因此，式（2.6.1）中的 Z_t 定义为

$$E\left[\left(\dot{Z}_t-\sum_{j=0}^{\infty}\psi_j a_{t-j}\right)^2\right]\longrightarrow 0,\ n\longrightarrow\infty$$

其中，$\dot{Z}_t=Z_t-\mu$。引入后移算子 $B^j x_t=x_{t-j}$，式（2.6.1）可以简写为

$$\dot{Z}_t=\psi(B)a_t \tag{2.6.2}$$

其中，$\psi(B)=\sum_{j=0}^{\infty}\psi_j B^j$。

容易证明式（2.6.1）中的过程满足

$$E(Z_t)=\mu \tag{2.6.3}$$

$$\mathrm{Var}(Z_t)=\sigma_a^2\sum_{j=0}^{\infty}\psi_j^2 \tag{2.6.4}$$

和

$$E(a_t Z_{t-j})=\begin{cases}\sigma_a^2, & 对于\ j=0\\ 0, & 对于\ j>0\end{cases} \tag{2.6.5}$$

因此，有

$$\begin{aligned}\gamma_k&=E(\dot{Z}_t\dot{Z}_{t+k})\\&=E\left(\sum_{i=0}^{\infty}\sum_{j=0}^{\infty}\psi_i\psi_j a_{t-i}a_{t+k-j}\right)\\&=\sigma_a^2\sum_{i=0}^{\infty}\psi_i\psi_{i+k}\end{aligned} \tag{2.6.6}$$

和

$$\rho_k=\frac{\sum_{i=0}^{\infty}\psi_i\psi_{i+k}}{\sum_{i=0}^{\infty}\psi_i^2} \tag{2.6.7}$$

显然，式（2.6.6）和式（2.6.7）中的自协方差函数和自相关函数仅是时间差 k 的函

数。因为是无穷和，所以为满足平稳性，必须说明 γ_k 对于每一个 k 都是有限的。由于

$$|\gamma_k| = |E(\dot{Z}_t \dot{Z}_{t+k})| \leqslant [\mathrm{Var}(Z_t)\mathrm{Var}(Z_{t+k})]^{1/2} = \sigma_a^2 \sum_{j=0}^{\infty} \psi_j^2$$

因此，$\sum_{j=0}^{\infty} \psi_j^2 < \infty$ 是式（2.6.1）中的过程为平稳的必要条件。

式（2.6.1）的形式称为一个过程的移动平均（moving average，MA）。Wold（1938）证明：纯非确定性的平稳过程（即该过程不包含能够由自身过去值进行精确预报的确定性成分）能够表示成式（2.6.1）的形式。因此，文献中也称这种表示为 Wold 表示，任何能够表示成这种形式的过程均称为非确定性过程。名词“线性过程”有时也用于指代式（2.6.1）中的过程。

对于给定的自协方差序列 γ_k，$k=0$，± 1，± 2，…，自协方差生成函数定义为

$$\gamma(B) = \sum_{k=-\infty}^{\infty} \gamma_k B^k \tag{2.6.8}$$

其中，过程的方差 γ_0 是 B^0 的系数，时滞 k 的自协方差 γ_k 是 B^k 和 B^{-k} 的系数。利用式（2.6.6）和平稳性，我们将式（2.6.8）写为

$$\begin{aligned}\gamma(B) &= \sigma_a^2 \sum_{k=-\infty}^{\infty} \sum_{i=0}^{\infty} \psi_i \psi_{i+k} B^k \\ &= \sigma_a^2 \sum_{i=0}^{\infty} \sum_{j=0}^{\infty} \psi_i \psi_j B^{j-i} \\ &= \sigma_a^2 \sum_{j=0}^{\infty} \psi_j B^j \sum_{i=0}^{\infty} \psi_i B^{-i} \\ &= \sigma_a^2 \psi(B) \psi(B^{-1})\end{aligned} \tag{2.6.9}$$

其中，令 $j=i+k$，并注意到对于 $j<0$，$\psi_j=0$。对于一些线性过程，这种计算自协方差的方法是简便的。相应的自相关生成函数是

$$\rho(B) = \sum_{k=-\infty}^{\infty} \rho_k B^k = \frac{\gamma(B)}{\gamma_0} \tag{2.6.10}$$

另一种有用的形式是将过程 Z_t 写成自回归（autoregressive，AR）的形式，我们用 t 时刻的 Z 值关于它的过去值和随机扰动进行回归，即

$$\dot{Z}_t = \pi_1 \dot{Z}_{t-1} + \pi_2 \dot{Z}_{t-2} + \cdots + a_t$$

或等价地

$$\pi(B) \dot{Z}_t = a_t \tag{2.6.11}$$

其中，$\pi(B) = 1 - \sum_{j=1}^{\infty} \pi_j B^j$，且 $1 + \sum_{j=1}^{\infty} |\pi_j| < \infty$。这种自回归形式的表述对于理解预报机制是有用的。如果一个过程能够写成上述形式，Box 和 Jenkins（1976）就称该过程是可逆的。他们认为在预报时，不可逆的过程是没有意义的。显然，并不是每一个平稳过程都是可逆的。如果一个线性过程 $Z_t = \psi(B) a_t$ 是可逆的，从而能够表示成 AR 的形式，那么 $\psi(B)=0$ 作为 B 的函数，它的根必在单位圆外，即如果 β 是 $\psi(B)=0$ 的一个根，则

$|\beta|>1$，其中 $|\ |$ 是标准欧氏距离。当 β 是实数时，$|\beta|$ 等于 β 的绝对值；当 β 是复数时，即 $\beta=c+id$，则 $|\beta|=\sqrt{c^2+d^2}$。

一个可逆过程不一定是平稳的。根据 Wold 的结论，式（2.6.11）中表示的过程是平稳的，这个过程必定能重新表述成一个 MA 的形式，即

$$\dot{Z}_t=\frac{1}{\pi(B)}a_t=\psi(B)a_t \tag{2.6.12}$$

且满足条件 $\sum_{j=0}^{\infty}\psi_j^2<\infty$。为此，这里的必要条件是 $\pi(B)=0$ 的根在单位圆外，即如果 δ 是 $\pi(B)=0$ 的一个根，则有 $|\delta|>1$。

虽然自回归和移动平均表示是有用的，但它们不是我们模型建立初始阶段使用的形式，因为它们包含了无穷多个参数，我们不可能从有限多个观测值中得到它们的估计。在建立模型时，我们只能用有限个参数去构造模型。

在自回归表示中，如果只有有限个 π 的权非零，即 $\pi_1=\phi_1$，$\pi_2=\phi_2$，…，$\pi_p=\phi_p$ 和 $\pi_k=0(k>p)$，则称其为 p 阶自回归过程。这个过程可写为

$$\dot{Z}_t-\phi_1\dot{Z}_{t-1}-\cdots-\phi_p\dot{Z}_{t-p}=a_t \tag{2.6.13}$$

类似地，在移动平均表示中，如果只有有限个 ψ 的权非零，即 $\psi_1=-\theta_1$，$\psi_2=-\theta_2$，…，$\psi_q=-\theta_q$ 和 $\psi_k=0(k>q)$，则称其为 q 阶移动平均过程，可写为

$$\dot{Z}_t=a_t-\theta_1a_{t-1}-\cdots-\theta_qa_{t-q} \tag{2.6.14}$$

但是，如果只限于式（2.6.13）和式（2.6.14）中有限阶的自回归模型和移动平均模型，参数的数目仍然很大。一个有效的解决办法就是用混合自回归移动平均模型

$$\dot{Z}_t-\phi_1\dot{Z}_{t-1}-\cdots-\phi_p\dot{Z}_{t-p}=a_t-\theta_1a_{t-1}-\cdots-\theta_qa_{t-q} \tag{2.6.15}$$

对于一个固定数目的观测值，模型的参数越多，参数估计的效率越低。一般地，在其他条件相同的情况下，通常选择简单的模型描述现象。这个建模准则是 Tukey（1967）、Box 和 Jenkins（1976）推荐的建立模型时的简约原则。在接下来的章节，我们讨论一些非常有用的简约时间序列模型以及它们的性质。

2.7　线性差分方程

在本书的讨论中，线性差分方程在时间序列模型中起着重要作用。但实际上，上面所有联系输出 Z_t 和输入 a_t 的有限参数模型都是根据线性差分方差表示的。因此，有时称它们为线性差分方程模型。这些模型的性质依赖于线性差分方程根的特性。为了更好地理解这些模型，我们给出了线性差分方程的简单介绍，特别是这些方程的解法。一般的 n 阶常系数线性差分方程为

$$C_0Z_t+C_1Z_{t-1}+C_2Z_{t-2}+\cdots+C_nZ_{t-n}=e_t \tag{2.7.1}$$

其中，C_i，$i=0$，1，…，n 是常数。为了不失一般性，我们令 $C_0=1$。式（2.7.1）中的

函数 e_t 称为驱动函数。若 $e_t \neq 0$，则方程（2.7.1）称为非齐次的（或完全的）；若 $e_t = 0$，则方程（2.7.1）称为齐次的。

利用后移算子并令 $C(B) = (1 + C_1 B + C_2 B^2 + \cdots + C_n B^n)$，则式（2.7.1）可写为

$$C(B) Z_t = e_t \tag{2.7.2}$$

作为 B 的函数，$C(B) = 0$ 称为给定线性差分方差的辅助方程。线性差分方程的求解主要基于以下引理，使用解的定义和线性性质很容易证明这些引理。

引理 2.7.1　如果 $Z_t^{(1)}$ 和 $Z_t^{(2)}$ 是齐次差分方程的解，则对任意常数 b_1 和 b_2，$b_1 Z_t^{(1)} + b_2 Z_t^{(2)}$ 也是它的解。

引理 2.7.2　如果 $Z_t^{(H)}$ 是齐次差分方程的解，$Z_t^{(P)}$ 是非齐次差分方程的特解，则 $Z_t^{(H)} + Z_t^{(P)}$ 是非齐次差分方程的通解。

非齐次差分方程的特解依赖于驱动函数的形式，齐次差分方程的通解依赖于对应的辅助方程的根。正如我们所看到的，本书中考虑的时间序列模型是差分方程类型，这类模型产生的时间序列的性质由对应的辅助方程的根的性质决定。在本章余下的部分，我们集中考虑一般齐次线性差分方程的解。当 B 用作算子时，它是关于时间标号 t 的。

引理 2.7.3　令 $(1-B)^m Z_t = 0$，则它的一个解为 $Z_t = bt^j$，其中 j 是小于 m 的非负整数。

证明：对于 $m=1$，$Z_t = bt^0 = b$，显然有 $(1-B)Z_t = (1-B)b = b - b = 0$。现在假设 $(1-B)^{m-1} Z_t = 0$，其中 $Z_t = bt^j$，$j < m-1$，则对于 $Z_t = bt^j$，$j < m$，

$$\begin{aligned}(1-B)^m Z_t &= (1-B)^{m-1}(1-B)bt^j \\ &= (1-B)^{m-1} b\{t^j - (t-1)^j\} \\ &= (1-B)^{m-1}\left\{-b\sum_{i=0}^{j-1}\binom{j}{i}(-1)^{j-i}t^i\right\}\end{aligned}$$

在最后表达式中涉及 t 的每一项所含的整数次幂都小于 $(m-1)$。因此，通过归纳假设，根据算子 $(1-B)^{m-1}$，每一项都化为 0。引理证毕。

根据引理 2.7.1 和引理 2.7.3，可知 $(1-B)^m\left[\sum_{j=0}^{m-1} b_j t^j\right] = 0$ 对于任意常数 b_0，b_1，…，b_{m-1} 均成立。

引理 2.7.4　令 $(1-RB)^m Z_t = 0$，则它的一个解为 $Z_t = t^j R^t$，其中 j 是小于 m 的任意非负整数，并且它的通解为 $Z_t = \left(\sum_{j=0}^{m-1} b_j t^j\right) R^t$，其中 b_j 为常数。

证明：首先注意到

$$\begin{aligned}(1-RB)Z_t &= (1-RB)t^j R^t = t^j R^t - R(t-1)^j R^{t-1} \\ &= [(1-B)t^j]R^t\end{aligned}$$

重复使用上述结果得到

$$(1-RB)^m Z_t = (1-RB)^m t^j R^t = [(1-B)^m t^j]R^t$$

根据引理 2.7.3，由 $(1-B)^m t^j = 0$ 得到上式为零。根据引理 2.7.1 立即可得出结论。

最后，我们可以得出如下主要结论。

定理 2.7.1　令 $C(B)Z_t = 0$ 为给定的齐次线性差分方程，其中，$C(B) = 1 + C_1 B +$

$C_2B^2+\cdots+C_nB^n$。若 $C(B)=\prod_{i=1}^{N}(1-R_iB)^{m_i}$，其中 $\sum_{i=1}^{N}m_i=n$，并且 $B_i=R_i^{-1}$ $(i=1, 2, \cdots, N)$ 是 $C(B)=0$ 的 m_i 重根，则 $Z_t=\sum_{i=1}^{N}\sum_{j=0}^{m_i-1}b_{ij}t^jR_i^t$。特别地，若对于所有的 i 都有 $m_i=1$，并且 $R_i^{-1}(i=1, 2, \cdots, n)$ 都不相同，则有 $Z_t=\sum_{i=1}^{n}b_iR_i^t$。

证明：根据引理 2.7.1、引理 2.7.3 和引理 2.7.4 立即可得出结论。

注意，对于实值线性差分方程，$C(B)=0$ 的重根必然成对出现，即若 $(c+di)$ 是根，则共轭复数 $(c+di)^*=(c-di)$ 也是其一个根。一般复数总可以写成极坐标的形式，即

$$(c\pm di)=\alpha(\cos\phi\pm i\sin\phi) \tag{2.7.3}$$

其中

$$\alpha=(c^2+d^2)^{1/2} \tag{2.7.4}$$

以及

$$\phi=\tan^{-1}(d/c) \tag{2.7.5}$$

由于 $(c\pm di)^t=\alpha^t(\cos\phi t\pm i\sin\phi t)$，因而对于任意一对 m 重根，齐次差分方程的解必包含 $a^t\cos\phi t$，$a^t\sin\phi t$，$ta^t\cos\phi t$，$ta^t\sin\phi t$，…，$t^{m-1}a^t\cos\phi t$，$t^{m-1}a^t\sin\phi t$ 等一系列值。

为了对上述结论做一解释，考虑如下二阶差分方程的辅助方程

$$(1-C_1B-C_2B^2)=(1-R_1B)(1-R_2B)=0$$

且

$$R_1=c+di=\alpha(\cos\phi+i\sin\phi) \quad 和 \quad R_2=c-di=\alpha(\cos\phi-i\sin\phi)$$

根据引理 2.7.1，我们有

$$\begin{aligned}Z_t&=e_1(c+di)^t+e_2(c-di)^t\\&=e_1[\alpha(\cos\phi+i\sin\phi)]^t+e_2[\alpha(\cos\phi-i\sin\phi)]^t\end{aligned}$$

其中，e_1 和 e_2 是任意（复）常数。对于实值过程，总可以写成如下形式

$$Z_t=b_1\alpha^t\cos\phi t+b_2\alpha^t\sin\phi t$$

其中，b_1 和 b_2 是实常数。因为我们可以选择 e_2 为 e_1 的共轭复数，所以可得如下结果，即如果 $e_1=x+iy$，则 $e_2=x-iy$，并且

$$\begin{aligned}Z_t&=(e_1+e_2)(\alpha^t\cos\phi t)+(e_1-e_2)i(\alpha^t\sin\phi t)\\&=b_1\alpha^t\cos\phi t+b_2\alpha^t\sin\phi t\end{aligned}$$

其中，b_1 和 b_2 一般看作实数。

例 2-6　令 $Z_t-2Z_{t-1}+Z_{t-2}=0$，给出 Z_t 的闭式解。

给出辅助方程为

$$C(B)=(1-2B+B^2)=(1-B)^2=0$$

$R^{-1}=1$ 是二重根，因此，由定理 2.7.1 得

$$Z_t=(b_1+b_2t)1^t=b_1+b_2t$$

例 2-7 求 $Z_t-2Z_{t-1}+1.5Z_{t-2}-0.5Z_{t-3}=0$ 的解。

给出辅助方程为

$$C(B)=(1-2B+1.5B^2-0.5B^3)=(1-B+0.5B^2)(1-B)=0$$

因此，$B_1=R_1^{-1}=1$ 是一重根，并且

$$B_2=R_2^{-1}=\frac{1+\sqrt{1-4\times 0.5}}{2\times 0.5}=1+i$$

和 $B_3=R_3^{-1}=1-i$ 是一对一重共轭复根。

现在，$R_1=1$，$R_2=(1-i)/2$ 以及 $R_3=(1+i)/2$。为了将 R_2 和 R_3 表示成极坐标的形式，由式（2.7.4）和式（2.7.5）有

$$\alpha=(c^2+d^2)^{1/2}=\sqrt{\frac{1}{2}}$$

$$\phi=\tan^{-1}\left(\frac{d}{c}\right)=\tan^{-1}(1)=\frac{\pi}{4}$$

因此，根据定理 2.7.1 的注释，我们有

$$Z_t=b_1+b_2\left(\sqrt{\frac{1}{2}}\right)^t\cos\left(\frac{\pi}{4}t\right)+b_3\left(\sqrt{\frac{1}{2}}\right)^t\sin\left(\frac{\pi}{4}t\right)$$

注释 定理 2.7.1 使用的 $C(B)=0$ 的解 R_i 是根 B_i 的倒数，即 $R_i=B_i^{-1}$。因此，正如例 2-7 所示的那样，为了得到 R_i，我们首先求出 $C(B)=0$ 的根 B_i，然后计算 B_i 的相反数。为了避免这种烦琐的计算程序，注意到，如果我们令 $R=B^{-1}$，并且在方程

$$1-C_1B-C_2B^2-\cdots-C_nB^n=0 \tag{2.7.6}$$

两端同时乘以 $R^n=(B^{-1})^n$，可得到

$$R^n-C_1R^{n-1}-C_2R^{n-2}-\cdots-C_n=0 \tag{2.7.7}$$

由此可以看出，当且仅当 R_i 是方程（2.7.7）的一个根时，B_i 是方程（2.7.6）的一个根。因此，有时通过解方程（2.7.7）来计算定理 2.7.1 中需要的 $R_i=B_i^{-1}$ 更容易一些。读者能够很容易辨别出，在例 2-7 中得到的每一个 R_i 的确是 $R^3-2R^2+1.5R-0.5=(R^2-R+0.5)(R-1)=0$ 的一个解。

例 2-8 求 $(1-\phi B)(1-B)^2Z_t=0$ 的解。

因为 $R_1=\phi$ 和 $R_2=1$ 是二重根，故由定理 2.7.1，有 $Z_t=b_1\phi^t+b_2+b_3t$。

练　习

2.1 令 Z_t 为一独立随机变量序列，其中 t 是整数。当 t 为偶数时，定义 $Z_t=1$ 或 -1 的概率都是 1/2；当 t 为奇数时，$Z_t=Z_{t-1}$。

(a) 该过程是不是依分布一阶平稳的？

(b) 该过程是不是依分布二阶平稳的?

2.2 令 $Z_t = U\sin(2\pi t) + V\cos(2\pi t)$，其中 U 和 V 为独立随机变量，并且它们的均值为 0，方差为 1。

(a) Z_t 是不是严平稳的?

(b) Z_t 是不是协方差平稳的?

2.3 证明或反驳下面的过程是协方差平稳的：

(a) $Z_t = A\sin(2\pi t + \theta)$，其中 A 是一个常数，θ 是 $[0, 2\pi]$ 上均匀分布的随机变量。

(b) $Z_t = A\sin(2\pi t + \theta)$，其中 A 是一个均值为 0、方差为 1 的随机变量，θ 是常数。

(c) $Z_t = (-1)^t A$，其中 A 是一个均值为 0、方差为 1 的随机变量。

2.4 下面的函数是一个实值协方差平稳过程的有效自相关函数吗？为什么?

$$\rho_k = \begin{cases} 1, & \text{如果 } k=0 \\ \phi, \quad \dfrac{1}{2} < |\phi| < 1, & \text{如果 } |k| = 1 \\ 0, & \text{如果 } |k| \geqslant 2 \end{cases}$$

2.5 验证平稳过程的自相关函数的如下特性：

(a) $\rho_0 = 1$。

(b) $|\rho_k| \leqslant 1$。

(c) $\rho_k = \rho_{-k}$。

2.6 并不是每一个满足练习 2.5 中特性的函数都是某个过程的自相关函数。验证下面的函数满足练习 2.5 中的特性，但它并不是某个平稳过程的自相关函数。

$$\rho_k = \begin{cases} 1, & k=0 \\ 0.8, & k=\pm 1 \\ 0.1, & k=\pm 2 \\ 0, & \text{其他} \end{cases}$$

2.7 给定时间序列 53，43，66，48，52，42，44，56，44，58，41，54，51，56，38，56，49，52，32，52，59，34，57，39，60，40，52，44，65，43：

(a) 对序列画散点图。

(b) 基于序列的散点图，你能猜出第一个时滞自相关系数 ρ_1 的近似值吗?

(c) 画出 Z_t 对 Z_{t+1} 的散点图，再次尝试猜 ρ_1 的值。

(d) 对 $k=0, 1, 2, 3, 4, 5$，计算样本自相关函数 $\hat{\rho}_k$ 并画图。

(e) 对 $k=0, 1, 2, 3, 4, 5$，计算样本偏自相关函数 $\hat{\phi}_{kk}$ 并画图。

2.8 说明估计 $\hat{\gamma}_k$ 总是半正定的，但 $\hat{\hat{\gamma}}_k$ 则不一定。

2.9 考虑有如下理论自相关函数的平稳序列

$$\rho_k = \phi^{|k|}, \ |\phi| < 1, \quad k = 1, 2, 3, \cdots$$

使用 Bartlett 近似给出 $\hat{\rho}_k$ 的方差。

2.10 令 $Z_t = \mu + \sum_{j=0}^{\infty} \psi_j a_{t-j}$，或等价地写为 $Z_t = \mu + \psi(B) a_t$，其中 $\psi(B) = \sum_{j=0}^{\infty} \psi_j B^j$，$\psi_0 = 1$，$\sum_{j=0}^{\infty} |\psi_j| < \infty$，$a_t$ 是均值为 0、方差为 σ_a^2 的白噪声。证明：

$\sum_{j=-\infty}^{\infty}|\gamma_j|<\infty$，其中 γ_j 是过程 Z_t 的第 j 个自协方差。

2.11 证明：若 $\sum_{k=-\infty}^{\infty}|\gamma_k|<\infty$，则当 $n\to\infty$ 时，$n\mathrm{Var}(\bar{z})\to\sum_{k=-\infty}^{\infty}\gamma_k$。

2.12 给出下述差分方程的闭式解：

(a) $Z_t-1.1Z_{t-1}+0.3Z_{t-2}=0$。

(b) $Z_t-Z_{t-1}+Z_{t-2}-Z_{t-3}=0$。

(c) $Z_t-1.8Z_{t-1}+0.81Z_{t-2}=0$。

第3章 平稳时间序列模型

由于可得到的观测值是有限的，所以我们通常构建有限阶的参数模型去描述一个时间序列过程。本章将引入自回归移动平均（ARMA）模型，其中包括作为特例的自回归（AR）模型和移动平均（MA）模型。ARMA 模型包含了能描述多种时间序列的一类简约的时间序列过程。在详细讨论每个过程的特征［根据自相关函数（ACF）和偏自相关函数（PACF）］后，本章将以实例来进行说明。

3.1 自回归过程

在 2.6 节中，我们提到在时间序列过程的自回归表达式中，只要有限个权数 π 非 0，即 $\pi_1=\phi_1$，$\pi_2=\phi_2$，…，$\pi_p=\phi_p$，以及 $\pi_k=0(k>p)$，则该时间序列过程就被称作 p 阶自回归过程或模型，记作 AR(p)，表示为

$$\dot{Z}_t=\phi_1\dot{Z}_{t-1}+\cdots+\phi_p\dot{Z}_{t-p}+a_t \tag{3.1.1}$$

或

$$\phi_p(B)\dot{Z}_t=a_t \tag{3.1.2}$$

其中，$\phi_p(B)=(1-\phi_1B-\cdots-\phi_pB^p)$，$\dot{Z}_t=Z_t-\mu$。

因为 $\sum_{j=1}^{\infty}|\pi_j|=\sum_{j=1}^{p}|\phi_j|<\infty$，所以上述过程总是可逆的。为了满足平稳性特征，多项式 $\phi_p(B)=0$ 的根必须在单位圆之外。自回归过程可用来描述时间序列的当前值由其滞后期加上随机冲击所决定的情形。Yule（1927）曾用 AR 过程描述了太阳黑子数变化现象和单摆的特征。在进行深入讨论之前，我们先来考虑以下简单情形。

3.1.1 一阶自回归 AR(1) 过程

一阶自回归 AR(1) 过程可以表示为

$$(1-\phi_1B)\dot{Z}_t=a_t \tag{3.1.3a}$$

或

$$\dot{Z}_t=\phi_1\dot{Z}_{t-1}+a_t \tag{3.1.3b}$$

如前面所述，该过程总是可逆的。为了满足平稳性特征，$(1-\phi_1 B)=0$ 的根必须在单位圆之外，即应有 $|\phi_1|<1$。因为在给定 $\dot{Z}_{t-1}$，$\dot{Z}_{t-2}$，$\dot{Z}_{t-3}$，…的条件下，$\dot{Z}_t$ 的分布与在给定 $\dot{Z}_{t-1}$ 条件下 $\dot{Z}_t$ 的分布完全一致，所以 AR(1) 过程有时也被称作马尔可夫过程。

AR(1) 过程的 ACF　自协方差可由下式得到：

$$E(\dot{Z}_{t-k}\dot{Z}_t)=E(\phi_1\dot{Z}_{t-k}\dot{Z}_{t-1})+E(\dot{Z}_{t-k}a_t)$$

$$\gamma_k=\phi_1\gamma_{k-1},\quad k\geqslant 1 \tag{3.1.4}$$

自相关函数为

$$\rho_k=\phi_1\rho_{k-1}=\phi_1^k,\quad k\geqslant 1 \tag{3.1.5}$$

其中，$\rho_0=1$。因此，当 $|\phi_1|<1$ 且该过程平稳时，ACF 将呈指数形式衰减，具体有两种衰减形式，这取决于 ϕ_1 的符号：当 $0<\phi_1<1$ 时，所有的自相关函数值的符号为正；当 $-1<\phi_1<0$ 时，自相关函数值的符号将呈现出正负交替的情形，并且第一个值为负值。如图 3-1 所示，上述两种情形中自相关函数值的大小均呈指数衰减。

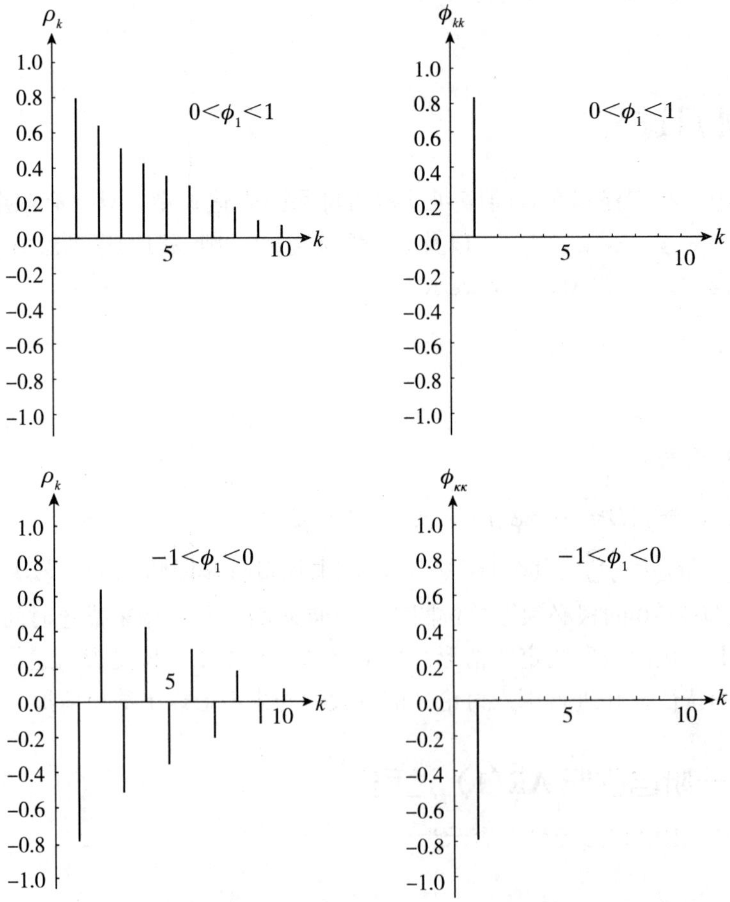

图 3-1　AR(1) 过程：$(1-\phi_1 B)\dot{Z}_t=a_t$ 的 ACF 和 PACF

AR(1) 过程的 PACF 由式(2.3.19)可知，AR(1)过程的 PACF 为

$$\phi_{kk}=\begin{cases}\rho_1=\phi_1, & k=1\\ 0, & k\geqslant 2\end{cases} \tag{3.1.6}$$

如图 3-1 所示，AR(1)过程的 PACF 根据 ϕ_1 的符号在滞后 1 期出现或正或负的峰值，随后截尾。

例 3-1 为了举例说明，对 AR(1)过程 $(1-\phi_1 B)(Z_t-10)=a_t$（其中 $\phi_1=0.9$），模拟得到一个包含 250 个值的序列，其中 a_t 是服从独立正态 $N(0, 1)$ 的白噪声序列。图 3-2 给出了该模拟序列的时序图，曲线相对较平滑。

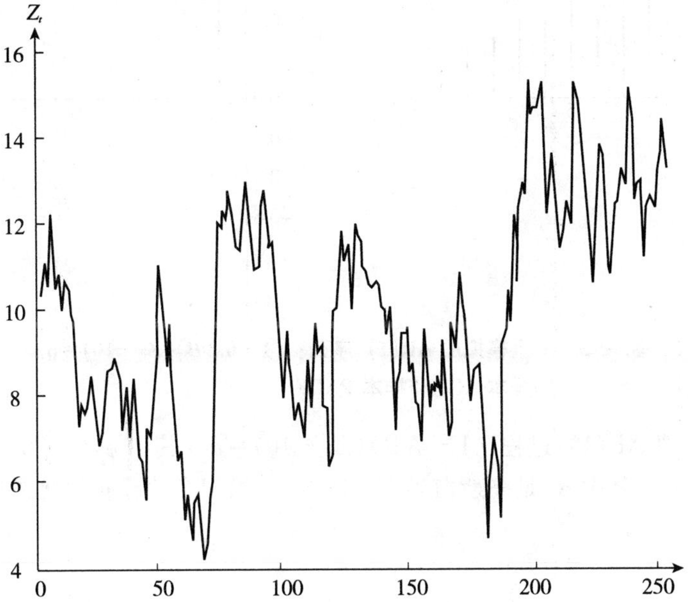

图 3-2 一个模拟的 AR(1) 序列：$(1-0.9B)(Z_t-10)=a_t$

表 3-1 和图 3-3 给出了该模拟序列的样本 ACF 和样本 PACF。显然，$\hat{\rho}_k$ 是指数衰减的。由于没有一个在滞后 1 期以外的样本 PACF 值是显著的，更重要的是这些不显著的 $\hat{\phi}_{kk}$ 没有任何规律，所以 $\hat{\phi}_{kk}$ 在滞后 1 期后截尾。

表 3-1 模拟序列：$(1-0.9B)(Z_t-10)=a_t$ 的样本 ACF 和样本 PACF

k	1	2	3	4	5	6	7	8	9	10
$\hat{\rho}_k$	0.88	0.76	0.67	0.57	0.48	0.40	0.34	0.28	0.21	0.17
St. E.	0.06	0.10	0.12	0.14	0.14	0.15	0.16	0.16	0.16	0.16
$\hat{\phi}_{kk}$	0.88	0.01	−0.01	−0.11	0.02	−0.01	0.01	−0.02	−0.06	0.05
St. E.	0.06	0.06	0.06	0.06	0.06	0.06	0.06	0.06	0.06	0.06

相应的样本 ACF $\hat{\rho}_k$ 的标准差可由下式计算

$$S_{\hat{\rho}_k}\simeq\sqrt{\frac{1}{n}(1+2\hat{\rho}_1^2+\cdots+2\hat{\rho}_{k-1}^2)} \tag{3.1.7}$$

样本 PACF $\hat{\phi}_{kk}$ 的标准差为

$$S_{\hat{\phi}_{kk}} \simeq \sqrt{\frac{1}{n}} \tag{3.1.8}$$

它们是大多数时间序列软件的标准输出。

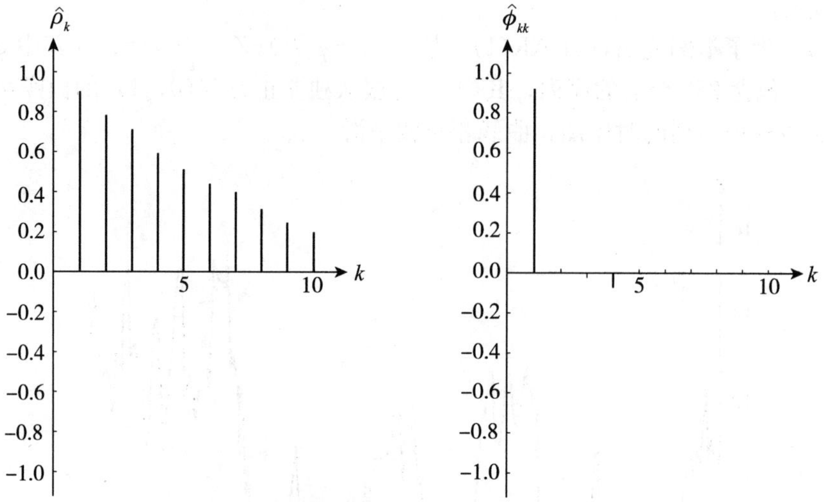

图 3-3　一个模拟的 AR(1) 序列：$(1-0.9B)(Z_t-10)=a_t$ 的样本 ACF 和样本 PACF

例 3-2　模拟 AR(1) 过程 $(1-\phi_1 B)(Z_t-10)=a_t$（其中 $\phi_1=-0.65$）得到一个包含 250 个值的序列，其中 a_t 是高斯白噪声。图 3-4 给出了该模拟序列的时序图，曲线呈锯齿状。

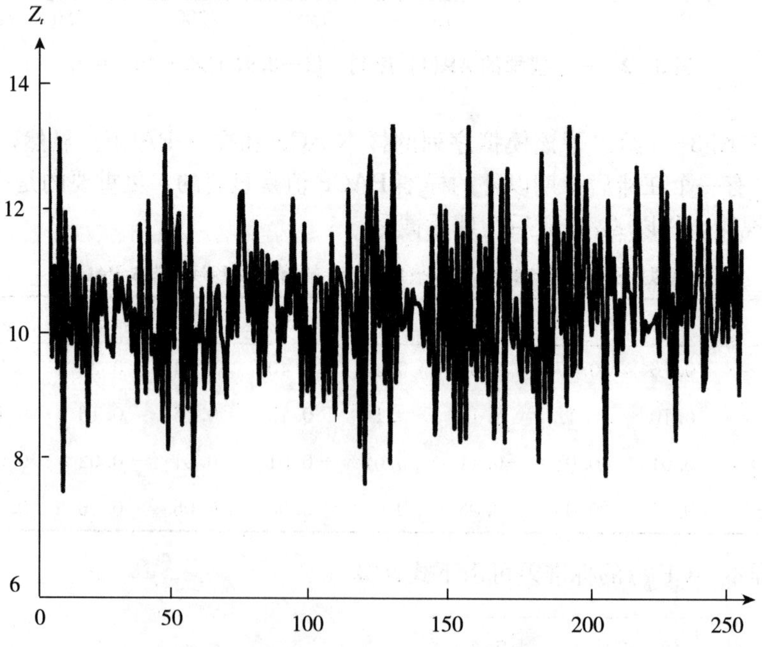

图 3-4　一个模拟的 AR(1) 序列：$(1+0.65B)(Z_t-10)=a_t$

表 3-2 和图 3-5 给出了该模拟序列的样本 ACF 和样本 PACF。可以看出样本 ACF 是按正负交错的形式衰减的，且第一个值为负值，也可以看到样本 PACF 的截尾特征。因为 $\hat{\phi}_{11}=\hat{\rho}_1$，所以 $\hat{\phi}_{11}$ 也是负的。即便只有前两个或三个样本自相关系数是显著的，整个图也清晰地显示了具有负 ϕ_1 值的 AR(1) 模型的特征。

表 3-2　一个模拟序列：$(1+0.65B)(Z_t-10)=a_t$ 的样本 ACF 和样本 PACF

k	1	2	3	4	5	6	7	8	9	10
$\hat{\rho}_k$	−0.63	0.36	−0.17	0.09	−0.07	0.06	−0.08	0.10	−0.11	0.06
St. E.	0.06	0.08	0.09	0.09	0.09	0.09	0.09	0.09	0.09	0.09
$\hat{\phi}_{kk}$	−0.63	−0.06	0.05	0.02	−0.04	−0.01	−0.06	0.04	−0.03	−0.05
St. E.	0.06	0.06	0.06	0.06	0.06	0.06	0.06	0.06	0.06	0.06

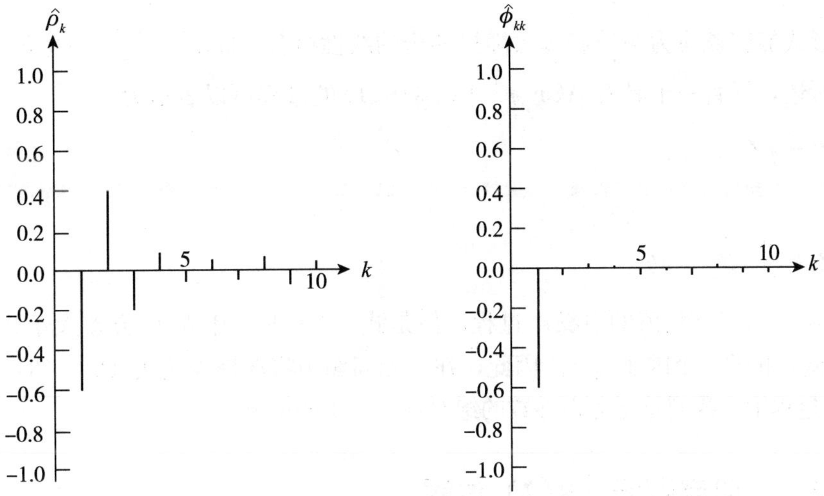

图 3-5　一个模拟的 AR(1) 序列：$(1+0.65B)(Z_t-10)=a_t$ 的样本 ACF 和样本 PACF

在讨论平稳自回归过程时，假定自回归多项式 $\phi_p(B)$ 的零点在单位圆之外。在 AR(1) 过程［式（3.1.3a）或者（3.1.3b）］中也就意味着要求 $|\phi_1|<1$。因此，当 $|\phi_1|\geqslant 1$ 时，该过程被认为是非平稳的，这是因为实际上还假定了该过程可以被表示为当前和过去的白噪声变量的线性组合。如果该过程可以被表示为当前和未来随机冲击的线性组合，那么便存在一个 AR(1) 过程，其参数 ϕ_1 的绝对值大于 1。按照 2.1 节通常意义下的定义，该过程仍满足平稳性。为此，考虑过程

$$Z_t=\sum_{j=0}^{\infty}(0.5)^j a_{t+j} \tag{3.1.9}$$

其中，$\{a_t\}$ 是均值为 0、方差为 σ_a^2 的白噪声序列。可以直接验证：式（3.1.9）中的过程 Z_t 在 2.1 节的意义下（其中 ACF $\rho_k=(0.5)^{|k|}$）的确是平稳的。现在，考虑过程式（3.1.9）在 $t-1$ 时刻的值，并将等式两边都乘以 2，有

$$
\begin{aligned}
2Z_{t-1} &= 2\sum_{j=0}^{\infty}(0.5)^{j}a_{t-1+j} \qquad (3.1.10)\\
&= 2a_{t-1} + \sum_{j=1}^{\infty}(0.5)^{j-1}a_{t-1+j}\\
&= 2a_{t-1} + \sum_{j=0}^{\infty}(0.5)^{j}a_{t+j}
\end{aligned}
$$

于是，结合式（3.1.9）可以得到以下等价的 AR(1) 模型（$\phi_1=2$）：

$$Z_t-2Z_{t-1}=b_t \qquad (3.1.11)$$

其中，$b_t=-2a_{t-1}$。但注意到尽管在式（3.1.11）中的 b_t 是零均值的白噪声过程，但其方差变为 $4\sigma_a^2$，是以下所定义的 AR(1) 模型（具有相同的 ACF，$\rho_k=(0.5)^{|k|}$）中 a_t 方差的 4 倍：

$$Z_t-0.5Z_{t-1}=a_t \qquad (3.1.12)$$

上述等价形式能够被写为当前和过去随机冲击的线性组合，如 $Z_t=\sum_{j=0}^{\infty}(0.5)^{j}a_{t-j}$ 。

综上所述，尽管一个具有 ACF $\phi^{|k|}$（$|\phi|<1$）的过程可以表示为

$$Z_t-\phi Z_{t-1}=a_t \qquad (3.1.13)$$

或

$$Z_t-\phi^{-1}Z_{t-1}=b_t \qquad (3.1.14)$$

这里的 a_t 和 b_t 都是零均值的白噪声过程，但是式（3.1.14）中 b_t 的方差大于式（3.1.13）中 a_t 的方差，相差一个因子 ϕ^{-2}。因此，在实际问题中将选择表达式（3.1.13），即在平稳的 AR(1) 过程中，我们总是考虑参数的绝对值小于 1 的情形。

3.1.2　二阶自回归 AR(2) 过程

对于二阶自回归 AR(2) 过程，有

$$(1-\phi_1B-\phi_2B^2)\dot{Z}_t=a_t \qquad (3.1.15a)$$

或

$$\dot{Z}_t=\phi_1\dot{Z}_{t-1}+\phi_2\dot{Z}_{t-2}+a_t \qquad (3.1.15b)$$

作为有限阶自回归模型的 AR(2) 过程总是可逆的。为了满足平稳性，$\phi(B)=(1-\phi_1B-\phi_2B^2)=0$ 的根必须在单位圆外。例如，因为 $(1-1.5B+0.56B^2)=(1-0.7B)(1-0.8B)=0$ 的两个根 $B=1/0.7$ 和 $B=1/0.8$ 的绝对值都大于 1，所以过程 $(1-1.5B+0.56B^2)Z_t=a_t$ 是平稳的。而 $(1-0.2B-0.8B^2)\dot{Z}_t=a_t$ 不是平稳的，因为 $(1-0.2B-0.8B^2)=0$ 的一个根是 $B=1$，不在单位圆之外。

AR(2) 模型的平稳性条件也可以用其参数来表示。令 B_1 和 B_2 是 $1-\phi_1B-\phi_2B^2=0$，即 $\phi_2B^2+\phi_1B-1=0$ 的根，则有

$$B_1=\frac{-\phi_1+\sqrt{\phi_1^2+4\phi_2}}{2\phi_2}$$

和

$$B_2=\frac{-\phi_1-\sqrt{\phi_1^2+4\phi_2}}{2\phi_2}$$

进一步有

$$\frac{1}{B_1}=\frac{\phi_1+\sqrt{\phi_1^2+4\phi_2}}{2}$$

和

$$\frac{1}{B_2}=\frac{\phi_1-\sqrt{\phi_1^2+4\phi_2}}{2}$$

由于平稳性的必要条件$|B_i|>1$即为$|1/B_i|<1(i=1, 2)$，所以，有

$$\left|\frac{1}{B_1}\cdot\frac{1}{B_2}\right|=|\phi_2|<1$$

和

$$|\phi_1|=\left|\frac{1}{B_1}+\frac{1}{B_2}\right|<2$$

于是，不管是实根还是复根，都有以下平稳性必要条件：

$$\begin{cases}-1<\phi_2<1\\-2<\phi_1<2\end{cases}\tag{3.1.16}$$

对于实根情形，要求$\phi_1^2+4\phi_2\geqslant 0$，并由此可以得到

$$-1<\frac{1}{B_2}=\frac{\phi_1-\sqrt{\phi_1^2+4\phi_2}}{2}\leqslant\frac{\phi_1+\sqrt{\phi_1^2+4\phi_2}}{2}=\frac{1}{B_1}<1$$

亦即

$$\begin{cases}\phi_2+\phi_1<1\\\phi_2-\phi_1<1\end{cases}\tag{3.1.17}$$

对于复根情形，有$\phi_2<0$和$\phi_1^2+4\phi_2<0$，因此，图 3－6 所示的三角形区域就是 AR(2) 模型的平稳性条件的参数取值范围，即满足

$$\begin{cases}\phi_2+\phi_1<1\\\phi_2-\phi_1<1\\-1<\phi_2<1\end{cases}\tag{3.1.18}$$

AR(2) 过程的 ACF　通过在式（3.1.15b）的两边同时乘以Z_{t-k}并取期望，得到自协

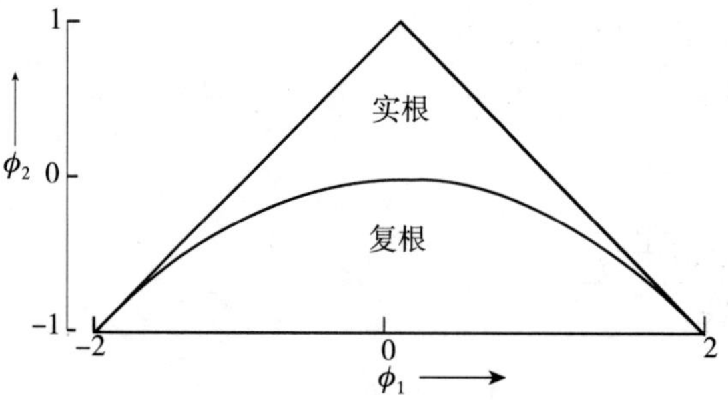

图 3-6　AR(2) 模型的平稳区域

方差函数

$$E(\dot{Z}_{t-k}\dot{Z}_t)=\phi_1 E(\dot{Z}_{t-k}\dot{Z}_{t-1})+\phi_2 E(\dot{Z}_{t-k}\dot{Z}_{t-2})+E(\dot{Z}_{t-k}a_t)$$

$$\gamma_k=\phi_1\gamma_{k-1}+\phi_2\gamma_{k-2},\quad k\geqslant 1$$

因此，自相关函数就变为

$$\rho_k=\phi_1\rho_{k-1}+\phi_2\rho_{k-2},\quad k\geqslant 1 \tag{3.1.19}$$

特别地，当 $k=1$，2 时，有

$$\rho_1=\phi_1+\phi_2\rho_1$$

$$\rho_2=\phi_1\rho_1+\phi_2$$

由此得到

$$\rho_1=\frac{\phi_1}{1-\phi_2} \tag{3.1.20}$$

$$\rho_2=\frac{\phi_1^2}{1-\phi_2}+\phi_2=\frac{\phi_1^2+\phi_2-\phi_2^2}{1-\phi_2} \tag{3.1.21}$$

通过式（3.1.19）递推求出 ρ_k（当 $k\geqslant 3$ 时）。

ACF 的图形由差分方程（3.1.19）即 $(1-\phi_1 B-\phi_2 B^2)\rho_k=0$ 决定。由定理 2.7.1 得到

$$\rho_k=\begin{cases} b_1\left[\dfrac{\phi_1+\sqrt{\phi_1^2+4\phi_2}}{2}\right]^k+b_2\left[\dfrac{\phi_1-\sqrt{\phi_1^2+4\phi_2}}{2}\right]^k, & \text{如果 } \phi_1^2+4\phi_2\neq 0 \\ (b_1+b_2 k)\left[\dfrac{\phi_1}{2}\right]^k & \text{如果 } \phi_1^2+4\phi_2=0 \end{cases} \tag{3.1.22}$$

其中，常数 b_1 和 b_2 可以由式（3.1.20）和式（3.1.21）给出的初始条件解出。因此，如果 $(1-\phi_1 B-\phi_2 B^2)=0$ 的根为实根，ACF 将呈指数衰减，若 $(1-\phi_1 B-\phi_2 B^2)=0$ 的根为复根，则 ACF 将呈阻尼正弦波动。

AR(2) 过程最初被 G. U. Yule 在 1921 年用来描述单摆运动。所以，该过程有时也被称作 Yule（尤尔）过程。

AR(2) 过程的 PACF　对于 AR(2) 过程，如方程（3.1.19）所示，当 $k\geqslant 1$ 时，有

$$\rho_k=\phi_1\rho_{k-1}+\phi_2\rho_{k-2}$$

再由式（2.3.19）可得

$$\phi_{11}=\rho_1=\frac{\phi_1}{1-\phi_2} \tag{3.1.23a}$$

$$\begin{aligned}\phi_{22}&=\frac{\begin{vmatrix}1&\rho_1\\ \rho_1&\rho_2\end{vmatrix}}{\begin{vmatrix}1&\rho_1\\ \rho_1&1\end{vmatrix}}=\frac{\rho_2-\rho_1^2}{1-\rho_1^2}\\ &=\frac{\left(\dfrac{\phi_1^2+\phi_2-\phi_2^2}{1-\phi_2}\right)-\left(\dfrac{\phi_1}{1-\phi_2}\right)^2}{1-\left(\dfrac{\phi_1}{1-\phi_2}\right)^2}\\ &=\frac{\phi_2[(1-\phi_2)^2-\phi_1^2]}{(1-\phi_2)^2-\phi_1^2}=\phi_2\end{aligned} \tag{3.1.23b}$$

$$\begin{aligned}\phi_{33}&=\frac{\begin{vmatrix}1&\rho_1&\rho_1\\ \rho_1&1&\rho_2\\ \rho_2&\rho_1&\rho_3\end{vmatrix}}{\begin{vmatrix}1&\rho_1&\rho_2\\ \rho_1&1&\rho_1\\ \rho_2&\rho_1&1\end{vmatrix}}\\ &=\frac{\begin{vmatrix}1&\rho_1&\phi_1+\phi_2\rho_1\\ \rho_1&1&\phi_1\rho_1+\phi_2\\ \rho_2&\rho_1&\phi_1\rho_2+\phi_2\rho_1\end{vmatrix}}{\begin{vmatrix}1&\rho_1&\rho_2\\ \rho_1&1&\rho_1\\ \rho_2&\rho_1&1\end{vmatrix}}=0\end{aligned} \tag{3.1.23c}$$

这是因为分子的最后一列是前两列的线性组合。类似地，有 $\phi_{kk}=0$（$k\geqslant3$）。因此，AR(2) 过程的 PACF 在滞后 2 期之后截尾。图 3-7 给出了几种不同情形下 AR(2) 过程的 PACF 和相应的 ACF。

例 3-3　表 3-3 和图 3-8 给出了由 AR(2) 过程 $(1+0.5B-0.3B^2)\cdot Z_t=a_t$（其中 a_t 是高斯白噪声）模拟得到一个含有 250 个值的序列的样本 ACF 和样本 PACF。ACF 的振荡形式与具有负参数值的 AR(1) 模型相似。然而，自相关函数的递减速率否定了其成为 AR(1) 模型的可能。另外，$\hat{\phi}_{kk}$ 在滞后 2 期之后截尾表明模型为 AR(2) 模型。

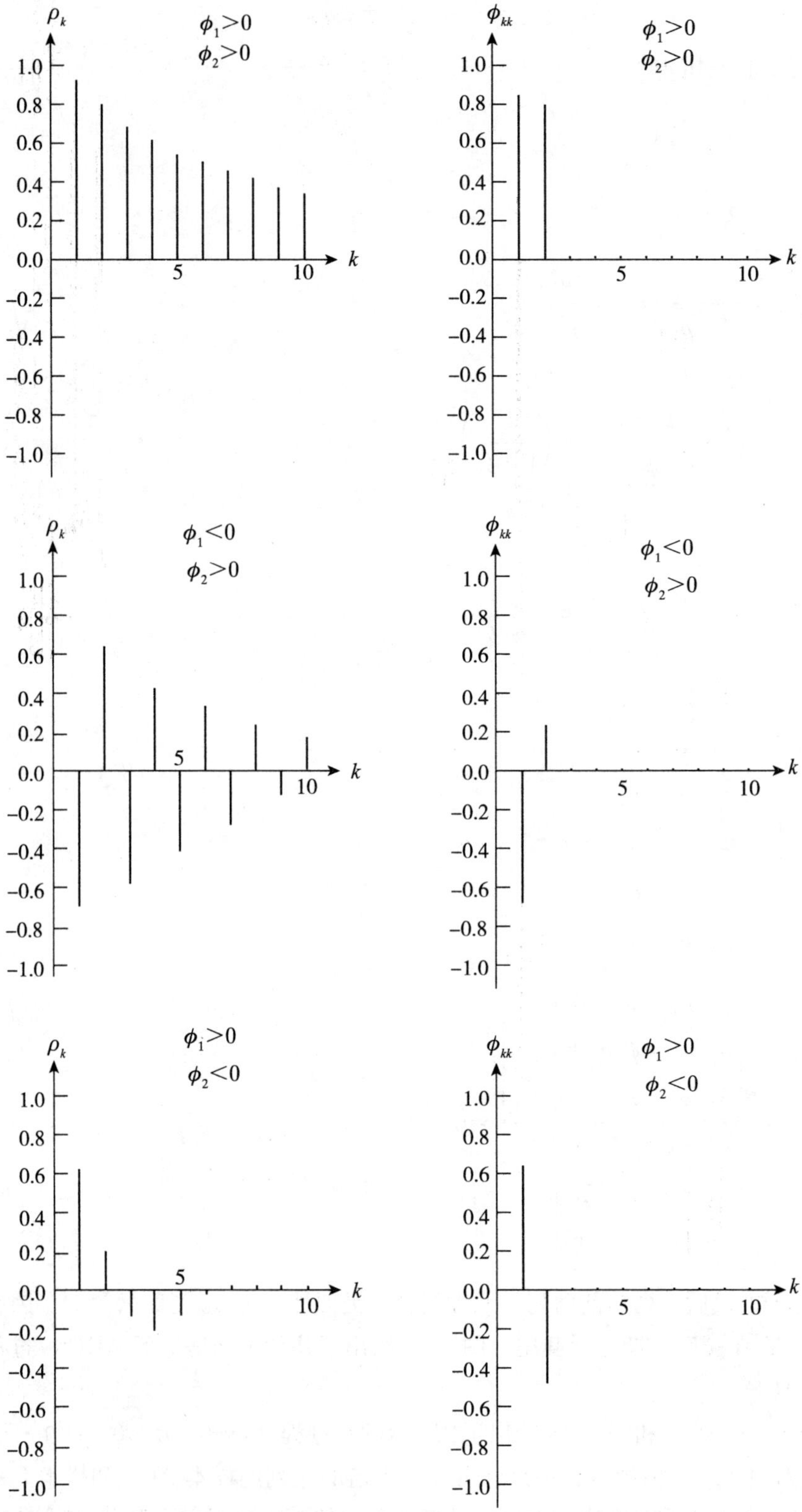

图 3-7　AR(2) 过程：$(1-\phi_1 B-\phi_2 B^2)\dot{Z}_t=a_t$ 的 ACF 和 PACF

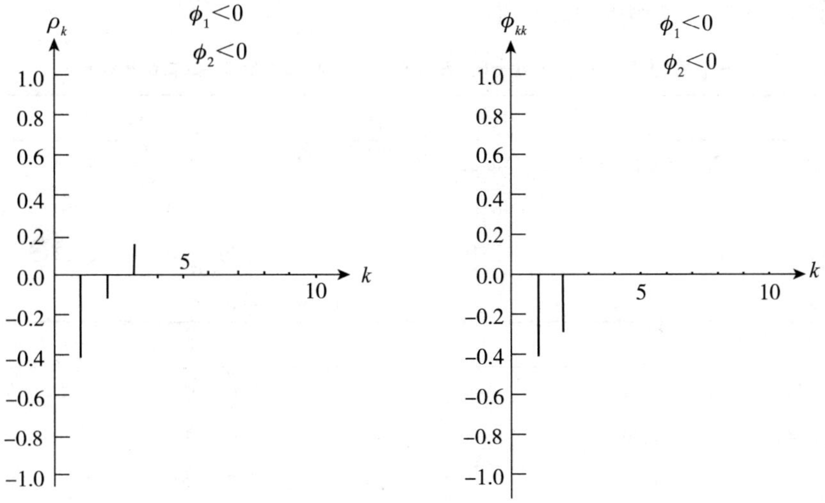

图 3-7　AR(2) 过程：$(1-\phi_1 B-\phi_2 B^2)\dot{Z}_t=a_t$ 的 ACF 和 PACF（续）

表 3-3　一个模拟序列：$(1+0.5B-0.3B^2)Z_t=a_t$ 的样本 ACF 和样本 PACF

k	1	2	3	4	5	6	7	8	9	10
$\hat{\rho}_k$	−0.70	0.62	−0.48	0.41	−0.37	0.32	−0.30	0.27	−0.25	0.20
St. E.	0.06	0.09	0.11	0.11	0.12	0.12	0.13	0.13	0.13	0.13
$\hat{\phi}_{kk}$	−0.70	−0.26	0.05	0.03	−0.08	−0.00	−0.04	0.03	−0.01	−0.05
St. E.	0.06	0.06	0.06	0.06	0.06	0.06	0.06	0.06	0.06	0.06

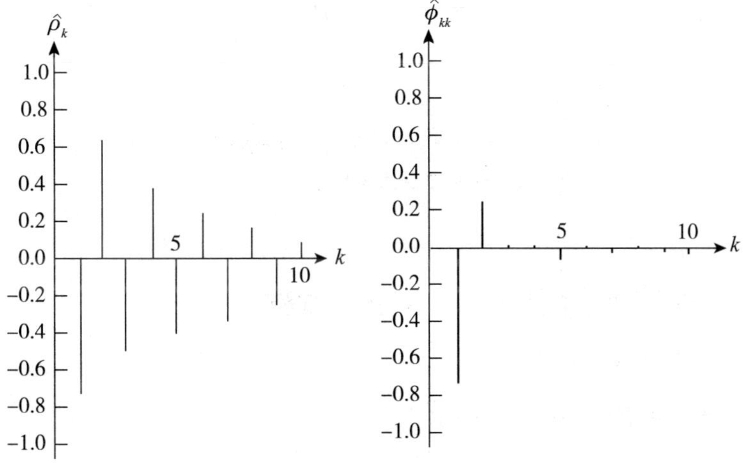

图 3-8　一个模拟的 AR(2) 序列：$(1+0.5B-0.3B^2)Z_t=a_t$

的样本 ACF 和样本 PACF

例 3-4　考虑特征多项式具有复根的 AR(2) 模型 $(1-B+0.5B^2)Z_t=a_t$（其中 a_t 是高斯白噪声），模拟得到一个含有 250 个值的序列。表 3-4 和图 3-9 给出了该模拟序列的样本 ACF 和样本 PACF。样本 ACF 呈现出阻尼正弦波动，样本 PACF 在滞后 2 期之后截尾，这些都是 AR(2) 模型的明显特征。

表 3-4　　一个模拟序列：$(1-B+0.5B^2)Z_t=a_t$ 的样本 ACF 和样本 PACF

k	$\hat{\rho}_k$											
1～12	0.67	0.20	−0.13	−0.26	−0.22	−0.09	0.02	0.08	0.06	0.00	−0.10	−0.17
St. E.	0.06	0.09	0.09	0.09	0.09	0.09	0.09	0.09	0.10	0.10	0.10	0.10
12～24	−0.13	−0.04	0.07	0.13	0.10	0.03	−0.05	−0.07	−0.09	−0.13	−0.12	−0.09
St. E.	0.10	0.10	0.10	0.10	0.10	0.10	0.10	0.10	0.10	0.10	0.10	0.10
k	$\hat{\phi}_{kk}$											
1～12	0.67	−0.45	−0.04	−0.08	0.05	−0.01	0.03	−0.01	−0.04	−0.01	−0.13	−0.03
St. E.	0.06	0.06	0.06	0.06	0.06	0.06	0.06	0.06	0.06	0.06	0.06	0.06
12～24	0.06	−0.04	0.09	−0.02	−0.04	0.01	−0.02	0.03	−0.12	−0.07	−0.03	−0.03
St. E.	0.06	0.06	0.06	0.06	0.06	0.06	0.06	0.06	0.06	0.06	0.06	0.06

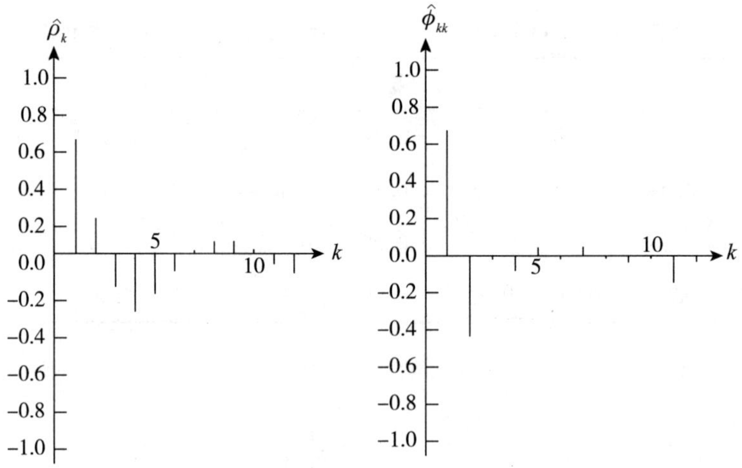

图 3-9　一个模拟的 AR(2) 序列：$(1-B+0.5B^2)Z_t=a_t$ 的样本 ACF 和样本 PACF

3.1.3　一般的 p 阶自回归 AR(p) 过程

p 阶自回归过程 AR(p) 为

$$(1-\phi_1B-\phi_2B^2-\cdots-\phi_pB^p)\dot{Z}_t=a_t \tag{3.1.24a}$$

或

$$\dot{Z}_t=\phi_1\dot{Z}_{t-1}+\phi_2\dot{Z}_{t-2}+\cdots+\phi_p\dot{Z}_{t-p}+a_t \tag{3.1.24b}$$

一般的 AR(p) 过程的 ACF　为了求自协方差函数，在式（3.1.24b）的两边同时乘以 Z_{t-k}，

$$\dot{Z}_{t-k}\dot{Z}_t=\phi_1\dot{Z}_{t-k}\dot{Z}_{t-1}+\cdots+\phi_p\dot{Z}_{t-k}\dot{Z}_{t-p}+\dot{Z}_{t-k}a_t$$

取期望得

$$\gamma_k=\phi_1\gamma_{k-1}+\cdots+\phi_p\gamma_{k-p},\quad k>0 \tag{3.1.25}$$

这里用到 $E(a_t Z_{t-k})=0(k>0)$。于是，得到以下自相关函数的递推关系：

$$\rho_k=\phi_1\rho_{k-1}+\cdots+\phi_p\rho_{k-p},\quad k>0 \tag{3.1.26}$$

从式（3.1.26）可以看到，ACF ρ_k 由差分方程 $\phi_p(B)\rho_k=(1-\phi_1 B-\phi_2 B^2-\cdots-\phi_p B^p)\rho_k=0(k>0)$ 确定。现在将特征多项式写成

$$\phi_p(B)=\prod_{i=1}^{m}(1-G_i B)^{d_i}$$

其中，$\sum_{i=1}^{m} d_i=p$，$G_i^{-1}(i=1,2,\cdots,m)$ 是 $\phi_p(B)=0$ 的 d_i 重根。利用定理 2.7.1 中有关差分方程的结果，有

$$\rho_k=\sum_{i=1}^{m}\sum_{j=0}^{d_i-1} b_{ij}k^j G_i^k \tag{3.1.27}$$

若对所有的 i 都有 $d_i=1$，则 G_i^{-1} 都不相同，且上式可以化简为

$$\rho_k=\sum_{i=1}^{p} b_i G_i^k,\ k>0 \tag{3.1.28}$$

对于平稳过程，$|G_i^{-1}|>1$ 即 $|G_i|<1$。因此，ACF ρ_k 的拖尾是指数衰减或阻尼正弦波动的混合形式，这取决于 $\phi_p(B)=0$ 的根。若某些根是复根，则呈现出阻尼正弦波动。

一般的 AR(p) 过程的 PACF　因为 $\rho_k=\phi_1\rho_{k-1}+\phi_2\rho_{k-2}+\cdots+\phi_p\rho_{k-p}(k>0)$，所以易知，当 $k>p$ 时，式（2.3.19）ϕ_{kk} 分子中矩阵的最后一列可写为该矩阵前面各列的线性组合。因此，PACF 将在滞后 p 期之后截尾。这一性质对于把 AR(p) 模型作为时间序列生成过程会很有用（将在第 6 章中详细讨论）。

3.2　移动平均过程

在过程的移动平均表达式中，只要有限个 ψ 权非零，即 $\psi_1=-\theta_1$，$\psi_2=-\theta_2$，…，$\psi_q=-\theta_q$，且 $\psi_k=0(k>q)$，那么得到的过程被称作 q 阶移动平均过程或模型，记作 MA(q)：

$$\dot{Z}_t=a_t-\theta_1 a_{t-1}-\cdots-\theta_q a_{t-q} \tag{3.2.1a}$$

或者

$$\dot{Z}_t=\theta(B)a_t \tag{3.2.1b}$$

其中

$$\theta(B)=1-\theta_1 B-\cdots-\theta_q B^q$$

因为 $1+\theta_1^2+\cdots+\theta_q^2<\infty$，所以有限阶移动平均过程总是平稳的。如果 $\theta(B)=0$ 的根在单位

圆之外，则移动平均过程是可逆的。移动平均过程在描述事件产生只持续短时期的即时效应方面很有用。该过程是在 Slutzky（1927）研究随机事件的移动平均效应时出现的。为了讨论 MA(q) 过程的其他特性，先考虑以下较简单的情形。

3.2.1　一阶移动平均 MA(1) 过程

当 $\theta(B)=(1-\theta_1 B)$ 时，我们有一阶移动平均 MA(1) 过程：

$$\begin{aligned}\dot{Z}_t &= a_t-\theta_1 a_{t-1}\\ &=(1-\theta_1 B)a_t\end{aligned}\tag{3.2.2}$$

其中，$\{a_t\}$ 是方差为常数 σ_a^2 的零均值白噪声过程。$\{\dot{Z}_t\}$ 的均值 $E(\dot{Z}_t)=0$，而 $E(Z_t)=\mu$。

MA(1) 过程的 ACF　利用式（2.6.9），可以得到 MA(1) 过程的自协方差生成函数

$$\gamma(B)=\sigma_a^2(1-\theta_1 B)(1-\theta_1 B^{-1})=\sigma_a^2\{-\theta_1 B^{-1}+(1+\theta_1^2)-\theta_1 B\}$$

因此，该过程的自协方差是

$$\gamma_k=\begin{cases}(1+\theta_1^2)\sigma_a^2, & k=0\\ -\theta_1\sigma_a^2, & k=1\\ 0, & k>1\end{cases}\tag{3.2.3}$$

自相关函数是

$$\rho_k=\begin{cases}\dfrac{-\theta_1}{1+\theta_1^2}, & k=1\\ 0, & k>1\end{cases}\tag{3.2.4}$$

如图 3-10 所示，其在滞后 1 期之后截尾。

因为 $1+\theta_1^2$ 总是有界的，所以 MA(1) 过程总是平稳的。然而，为使该过程是可逆的，$(1-\theta_1 B)=0$ 的根必须在单位圆之外。因为根 $B=1/\theta_1$，所以要得到可逆 MA(1) 过程，就要求 $|\theta_1|<1$。

有两点需要特别注意：

(1) 过程 $\dot{Z}_t=(1-0.4B)a_t$ 和过程 $\dot{Z}_t=(1-2.5B)a_t$ 有相同的自相关函数

$$\rho_k=\begin{cases}\dfrac{-1}{2.9}, & k=1\\ 0, & k>1\end{cases}$$

事实上，更一般地，对于任意 θ_1，$\dot{Z}_t=(1-\theta_1 B)a_t$ 和 $\dot{Z}_t=(1-1/\theta_1 B)a_t$ 有相同的自相关函数。然而，如果 $(1-\theta_1 B)=0$ 的根在单位圆外，那么 $(1-1/\theta_1 B)=0$ 的根就在单位圆内，反之亦然。换句话说，在产生相同的自相关函数的两个过程中，有且仅有一个过程是可逆的。因此，为了保证唯一性和在第 5 章中对预报进行深入讨论，我们在选择模型时仅限于可逆过程。

(2) 由式（3.2.4）易知 $2|\rho_k|<1$。因此，对于 MA(1) 过程，$|\rho_k|<0.5$。

一般地，

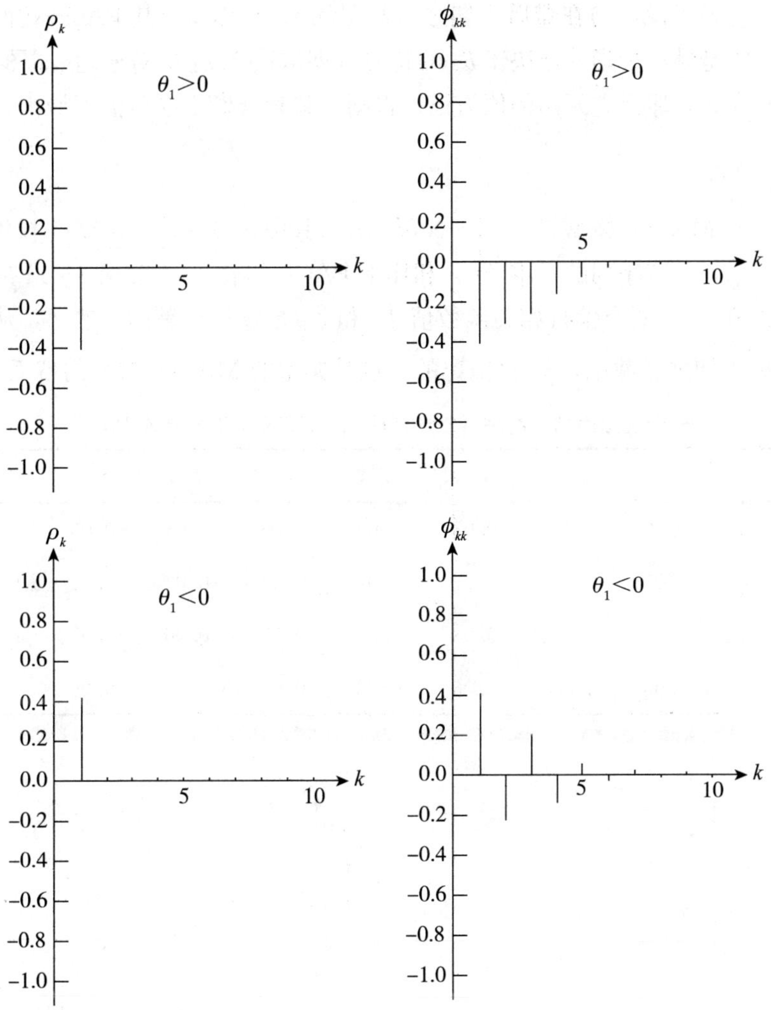

图 3-10　MA(1) 过程：$\dot{Z}_t=(1-\theta_1 B)a_t$ 的样本 ACF 和样本 PACF

MA(1) 过程的 PACF　由式（2.3.19）和式（3.2.4）易知，MA（1）过程的 PACF 为

$$\phi_{11}=\rho_1=\frac{-\theta_1}{1+\theta_1^2}=\frac{-\theta_1(1-\theta_1^2)}{1-\theta_1^4}$$

$$\phi_{22}=-\frac{-\rho_1^2}{1-\rho_1^2}=\frac{-\theta_1^2}{1+\theta_1^2+\theta_1^4}=\frac{-\theta_1^2(1-\theta_1^2)}{1-\theta_1^6}$$

$$\phi_{33}=\frac{\rho_1^3}{1-2\rho_1^2}=\frac{-\theta_1^3}{1+\theta_1^2+\theta_1^4+\theta_1^6}=\frac{-\theta_1^3(1-\theta_1^2)}{(1-\theta_1^8)}$$

一般地，

$$\phi_{kk}=\frac{-\theta_1^k(1-\theta_1^2)}{1-\theta_1^{2(k+1)}},\quad k\geqslant 1 \tag{3.2.5}$$

对于 MA(1) 模型来说，与在滞后 1 期之后截尾的 ACF 相反，其 PACF 按两种形式之一指数衰减，具体是哪一种形式取决于 θ_1 的符号（即取决于 ρ_1 的符号）。如图 3－10 所示，如果符号交替变化，那么它开始的值为正；否则，其衰减发生在负值区域内，同时也要注意到 $|\phi_{kk}|<\frac{1}{2}$。

例 3－5　对 MA(1) 模型 $Z_t=(1-0.5B)a_t$（其中 a_t 是高斯白噪声）模拟得到一个含有 250 个值的序列，该序列的样本 ACF 和样本 PACF 如表 3－5 和图 3－11 所示。只有一个自相关函数值 $\hat{\rho}_1$ 与两个偏自相关函数值 $\hat{\phi}_{11}$ 和 $\hat{\phi}_{22}$ 是统计显著的。然而，从图中可以看到，$\hat{\rho}_k$ 在滞后 1 期之后截尾，$\hat{\phi}_{kk}$ 是拖尾的，这是典型的 MA(1) 模型的特征。

表 3－5　一个模拟序列：$Z_t=(1-0.5B)a_t$ 的样本 ACF 和样本 PACF

k	1	2	3	4	5	6	7	8	9	10
$\hat{\rho}_k$	−0.44	0.00	0.02	−0.03	−0.01	−0.05	0.04	−0.03	−0.03	0.02
St. E.	0.06	0.07	0.07	0.07	0.07	0.07	0.07	0.07	0.08	0.08
$\hat{\phi}_{kk}$	−0.44	−0.24	−0.11	−0.08	−0.07	−0.12	−0.06	−0.07	−0.10	−0.08
St. E.	0.06	0.06	0.06	0.06	0.06	0.06	0.06	0.06	0.06	0.06

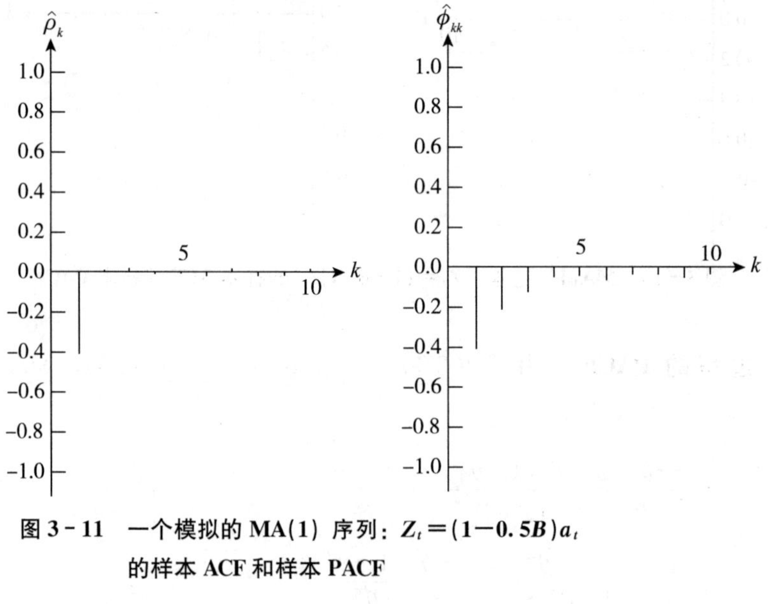

图 3－11　一个模拟的 MA(1) 序列：$Z_t=(1-0.5B)a_t$ 的样本 ACF 和样本 PACF

3.2.2　二阶移动平均 MA(2) 过程

当 $\theta(B)=(1-\theta_1B-\theta_2B^2)$ 时，我们有二阶移动平均过程：

$$\dot{Z}_t=(1-\theta_1B-\theta_2B^2)a_t \tag{3.2.6}$$

其中，$\{a_t\}$ 是零均值的白噪声过程。作为有限阶的移动平均模型，MA(2) 过程总是平稳

的。为了满足可逆性，$(1-\theta_1 B-\theta_2 B^2)=0$ 的根必须在单位圆之外。因此，有

$$\begin{cases}\theta_2+\theta_1<1\\ \theta_2-\theta_1<1\\ -1<\theta_2<1\end{cases} \tag{3.2.7}$$

这与式（3.1.18）中所给出的 AR(2) 模型的平稳性条件是类似的。

MA(2) 过程的 ACF　通过式（2.6.9）可得自协方差生成函数

$$\begin{aligned}\gamma(B)&=\sigma_a^2(1-\theta_1 B-\theta_2 B^2)(1-\theta_1 B^{-1}-\theta_2 B^{-2})\\ &=\sigma_a^2\{-\theta_2 B^{-2}-\theta_1(1-\theta_2)B^{-1}+(1+\theta_1^2+\theta_2^2)\\ &\quad -\theta_1(1-\theta_2)B-\theta_2 B^2\}\end{aligned}$$

因此，MA(2) 模型的自协方差函数为

$$\begin{aligned}\gamma_0&=(1+\theta_1^2+\theta_2^2)\sigma_a^2\\ \gamma_1&=-\theta_1(1-\theta_2)\sigma_a^2\\ \gamma_2&=-\theta_2\sigma_a^2\end{aligned}$$

和

$$\gamma_k=0,\quad k>2$$

自相关函数为

$$\rho_k=\begin{cases}\dfrac{-\theta_1(1-\theta_2)}{1+\theta_1^2+\theta_2^2}, & k=1\\ \dfrac{-\theta_2}{1+\theta_1^2+\theta_2^2}, & k=2\\ 0, & k>2\end{cases} \tag{3.2.8}$$

其在滞后 2 期之后截尾。

MA(2) 过程的 PACF　由式（2.3.19），$\rho_k=0(k\geqslant 3)$，可以得到

$$\begin{aligned}\phi_{11}&=\rho_1\\ \phi_{22}&=\frac{\rho_2-\rho_1^2}{1-\rho_1^2}\\ \phi_{33}&=\frac{\rho_1^3-\rho_1\rho_2(2-\rho_2)}{1-\rho_2^2-2\rho_1^2(1-\rho_2)}\\ &\vdots\end{aligned}$$

易知，MA(1) 过程是 MA(2) 过程的一个特例。因此，根据 θ_1 与 θ_2[或者 $(1-\theta_1 B-\theta_2 B^2)=0$ 的根] 的符号和大小，PACF 的拖尾形式为指数衰减或者阻尼正弦波动。如果 $(1-\theta_1 B-\theta_2 B^2)=0$ 的根为复根，那么 PACF 将呈阻尼正弦波动。MA(2) 过程的 PACF 以及相应的 ACF 如图 3-12 所示。

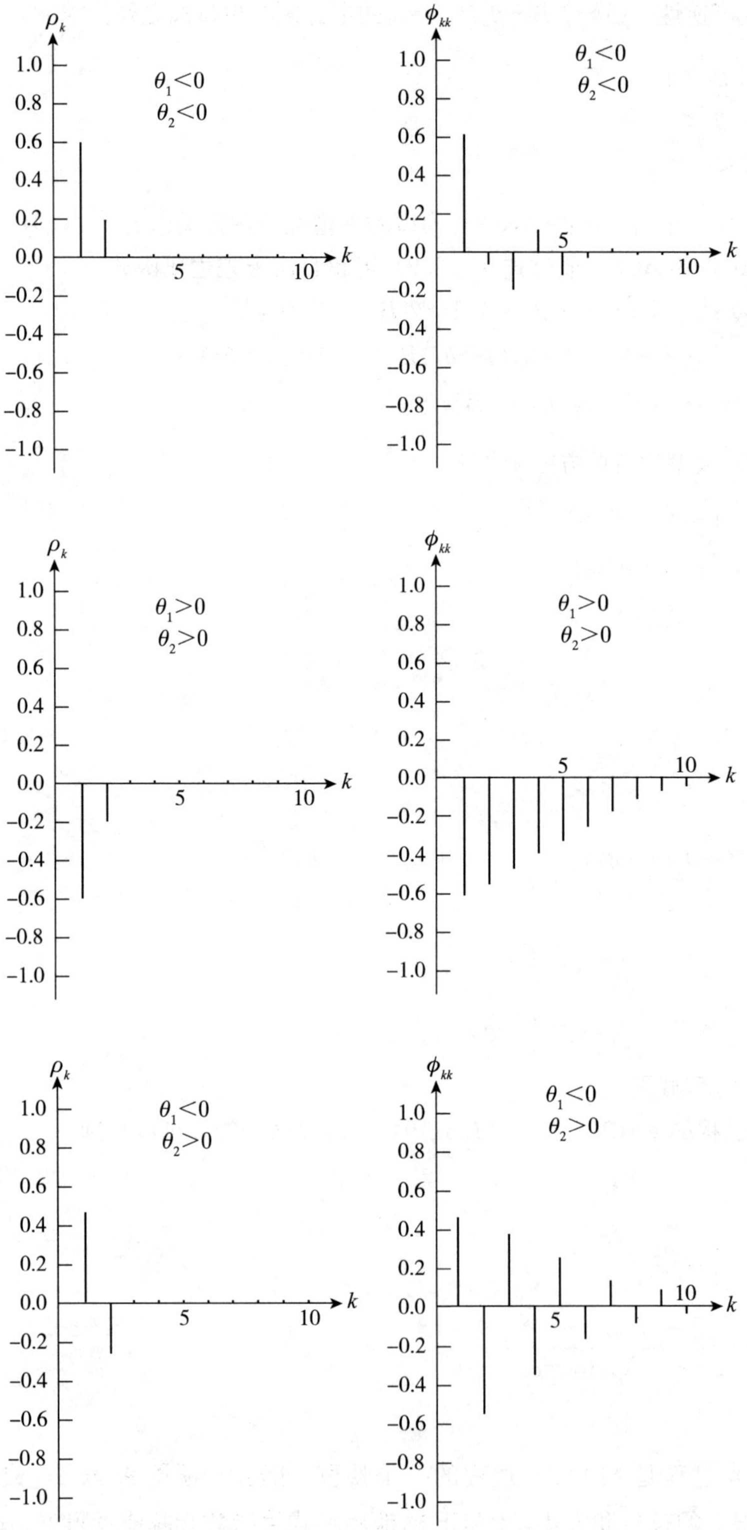

图 3-12 MA(2) 过程：$Z_t=(1-\theta_1 B-\theta_2 B^2)a_t$ 的样本 ACF 和样本 PACF

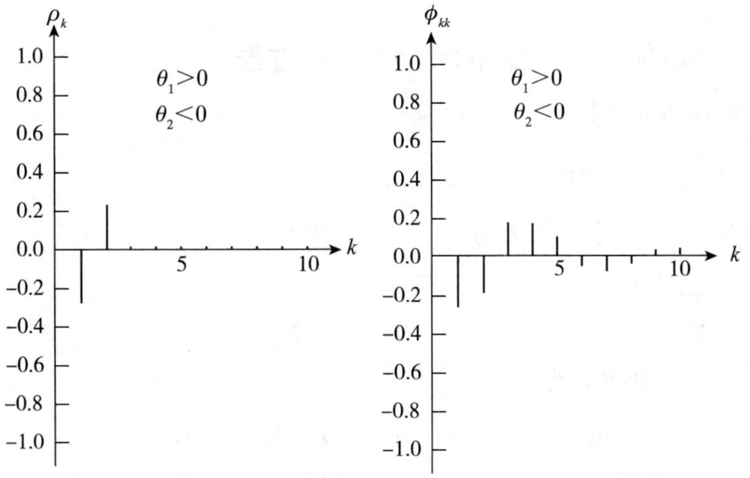

图 3-12 MA(2) 过程：$Z_t=(1-\theta_1B-\theta_2B^2)a_t$ 的样本 ACF 和样本 PACF（续）

例 3-6 对 MA(2) 过程 $Z_t=(1-0.65B-0.24B^2)a_t$（其中 a_t 是高斯白噪声序列）模拟得到一个含有 250 个值的序列，其样本 ACF 和样本 PACF 如表 3-6 和图 3-13 所示。我们可以清楚地看到 $\hat{\rho}_k$ 在滞后 2 期之后截尾，$\hat{\phi}_{kk}$ 拖尾，这正是 MA(2) 过程的特征。

表 3-6 一个模拟的 MA(2) 序列：$Z_t=(1-0.65B-0.24B^2)a_t$ 的样本 ACF 和样本 PACF

k	1	2	3	4	5	6	7	8	9	10
$\hat{\rho}_k$	−0.35	−0.17	0.09	−0.06	0.01	−0.01	−0.04	0.07	−0.07	0.09
St. E.	0.06	0.07	0.07	0.07	0.07	0.07	0.07	0.07	0.07	0.07
$\hat{\phi}_{kk}$	−0.35	−0.34	−0.15	−0.18	−0.11	−0.12	−0.14	−0.05	−0.14	0.00
St. E.	0.06	0.06	0.06	0.06	0.06	0.06	0.06	0.06	0.06	0.06

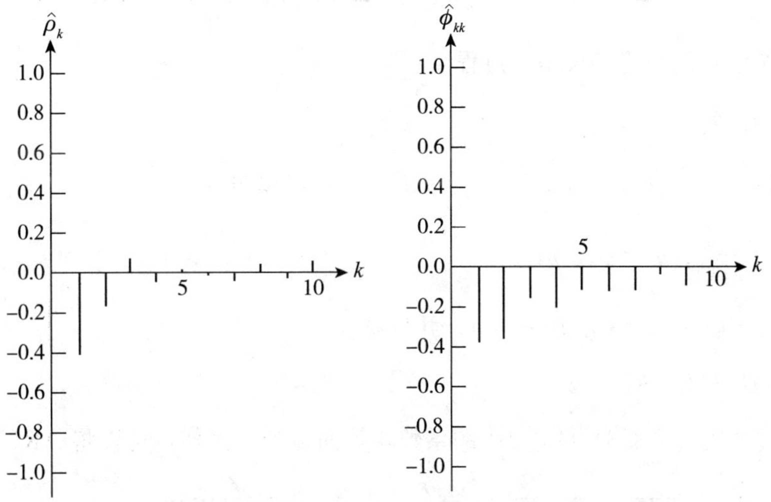

图 3-13 一个模拟的 MA(2) 序列：$Z_t=(1-0.65B-0.24B^2)a_t$ 的样本 ACF 和样本 PACF

3.2.3 一般的 q 阶移动平均 MA(q) 过程

一般的 q 阶移动平均 MA(q) 过程为

$$\dot{Z}_t=(1-\theta_1B-\theta_2B^2-\cdots-\theta_qB^q)a_t \tag{3.2.9}$$

对于该一般的 MA(q) 过程，方差为

$$\gamma_0=\sigma_a^2\sum_{j=0}^{q}\theta_j^2 \tag{3.2.10}$$

其中，$\theta_0=1$。其他自协方差为

$$\gamma_k=\begin{cases}\sigma_a^2(-\theta_k+\theta_1\theta_{k+1}+\cdots+\theta_{q-k}\theta_q), & k=1,2,\cdots,q\\ 0, & k>q\end{cases} \tag{3.2.11}$$

因此，自相关函数为

$$\rho_k=\begin{cases}\dfrac{-\theta_k+\theta_1\theta_{k+1}+\cdots+\theta_{q-k}\theta_q}{1+\theta_1^2+\cdots+\theta_q^2}, & k=1,2,\cdots,q\\ 0, & k>q\end{cases} \tag{3.2.12}$$

MA(q) 过程的自相关函数在滞后 q 期之后截尾。这一重要性质使我们能够识别所给定的时间序列是否由移动平均过程产生。

从对 MA(1) 和 MA(2) 过程的讨论中，易知一般 MA(q) 过程的偏自相关函数是拖尾的，为指数衰减和/或阻尼正弦波动的混合，具体取决于$(1-\theta_1B-\theta_2B^2-\cdots-\theta_qB^q)=0$ 的根的特征。如果某些根为复根，则 PACF 将包含阻尼正弦波动。

3.3 AR(p) 过程和 MA(q) 过程之间的对偶关系

对于一个给定的平稳 AR(p) 过程

$$\phi_p(B)\dot{Z}_t=a_t \tag{3.3.1}$$

其中，$\phi_p(B)=(1-\phi_1B-\phi_2B^2-\cdots-\phi_pB^p)$，也可以写为

$$\dot{Z}_t=\frac{1}{\phi_p(B)}a_t=\psi(B)a_t \tag{3.3.2}$$

其中，$\psi_p(B)=(1+\psi_1B+\psi_2B^2+\cdots)$，并且有

$$\phi_p(B)\psi(B)=1 \tag{3.3.3}$$

ψ 权可以通过令式（3.3.3）两边 B^j 的系数相等而得到。例如，可以将 AR(2) 过程写成

$$\dot{Z}_t=\frac{1}{(1-\phi_1B-\phi_2B^2)}a_t=(1+\psi_1B+\psi_2B^2+\cdots)a_t \tag{3.3.4}$$

这意味着

$$(1-\phi_1 B-\phi_2 B^2)(1+\psi_1 B+\psi_2 B^2+\psi_3 B^3+\cdots)=1$$

即

$$\begin{aligned}&1+\psi_1 B+\psi_2 B^2+\psi_3 B^3+\cdots\\&\quad-\phi_1 B-\psi_1\phi_1 B^2-\psi_2\phi_1 B^3-\cdots\\&\qquad-\phi_2 B^2-\psi_1\phi_2 B^3-\cdots=1\end{aligned}$$

因此，得到的权数 ψ_j 如下：

$$\begin{aligned}&B^1:\quad \psi_1-\phi_1=0\longrightarrow\psi_1=\phi_1\\&B^2:\quad \psi_2-\psi_1\phi_1-\phi_2=0\longrightarrow\psi_2=\psi_1\phi_1+\phi_2=\phi_1^2+\phi_2\\&B^3:\quad \psi_3-\psi_2\phi_1-\psi_1\phi_2=0\longrightarrow\psi_3=\psi_2\phi_1+\psi_1\phi_2\\&\vdots\end{aligned}$$

实际上，对于 $j\geqslant 2$，有

$$\psi_j=\psi_{j-1}\phi_1+\psi_{j-2}\phi_2 \tag{3.3.5}$$

其中，$\psi_0=1$。在 $\psi_2=0$ 的特殊情形下，有 $\psi_j=\phi_1^j$，$j\geqslant 0$。因此，

$$\dot{Z}_t=\frac{1}{(1-\phi_1 B)}a_t=(1+\phi_1 B+\phi_1^2 B^2+\cdots)a_t \tag{3.3.6}$$

这意味着一个有限阶平稳 AR 过程等价于一个无穷阶 MA 过程。

给定一个一般的可逆 MA(q) 过程，

$$\dot{Z}_t=\theta_q(B)a_t \tag{3.3.7}$$

其中，$\theta_q(B)=(1-\theta_1 B-\theta_2 B^2-\cdots-\theta_q B^q)$，也可以将其写成

$$\pi(B)\dot{Z}_t=\frac{1}{\theta_q(B)}\dot{Z}_t=a_t \tag{3.3.8}$$

这里，

$$\begin{aligned}\pi(B)&=1-\pi_1 B-\pi_2 B^2-\cdots\\&=\frac{1}{\theta_q(B)}\end{aligned} \tag{3.3.9}$$

例如，可将 MA(2) 过程写为

$$(1-\pi_1 B-\pi_2 B^2-\pi_3 B^3-\cdots)\dot{Z}_t=\frac{1}{(1-\theta_1 B-\theta_2 B^2)}\dot{Z}_t=a_t \tag{3.3.10}$$

其中，

$$(1-\theta_1 B-\theta_2 B^2)(1-\pi_1 B-\pi_2 B^2-\pi_3 B^3-\cdots)=1$$

或

$$\begin{aligned}&1-\pi_1 B-\pi_2 B^2-\pi_3 B^3-\cdots\\&\quad-\theta_1 B+\pi_1\theta_1 B^2+\pi_2\theta_1 B^3+\cdots\end{aligned}$$

$$-\theta_2 B^2+\pi_1\theta_2 B^3+\cdots=1$$

因此，通过令 B^j 的系数相等可以得到 π 权，具体如下：

$$B^1:\quad -\pi_1-\theta_1=0\longrightarrow\pi_1=-\theta_1$$

$$B^2:\quad -\pi_2+\pi_1\theta_1-\theta_2=0\longrightarrow\pi_2=\pi_1\theta_1-\theta_2=-\theta_1^2-\theta_2$$

$$B^3:\quad -\pi_3+\pi_2\theta_1+\pi_1\theta_2=0\longrightarrow\pi_3=\pi_2\theta_1+\pi_1\theta_2$$

$$\vdots$$

一般地，

$$\pi_j=\pi_{j-1}\theta_1+\pi_{j-2}\theta_2,\quad j\geqslant 3 \tag{3.3.11}$$

当 $\theta_2=0$，过程变为 MA(1) 过程时，我们有 $\pi_j=-\theta_1^j(j\geqslant 1)$ 和

$$(1+\theta_1 B+\theta_1^2 B^2+\cdots)\dot{Z}_t=\frac{1}{(1-\theta_1 B)}\dot{Z}_t=a_t \tag{3.3.12}$$

因此，根据 AR 表达式，一个有限阶的可逆 MA 过程等价于一个无限阶的 AR 过程。

综上所述，一个有限阶的平稳 AR(p) 过程对应于一个无穷阶的 MA 过程，而一个有限阶的可逆 MA(q) 过程对应于一个无穷阶的 AR 过程。AR(p) 和 MA(q) 过程之间的对偶关系也存在于自相关和偏自相关函数中。AR(p) 过程具有自相关函数拖尾和偏自相关函数截尾的性质，而 MA(q) 过程具有自相关函数截尾和偏自相关函数拖尾的性质。

3.4 自回归移动平均 ARMA(p，q) 过程

纯粹自回归过程和纯粹移动平均过程的一个自然扩展就是混合自回归移动平均过程，自回归过程和移动平均过程均是其特例。该过程包含了一大类简约的时间序列模型，这类模型对于描述在实践中遇到的多种时间序列有很大的用处。

3.4.1 一般的混合 ARMA(p，q) 过程

如前所述，一个平稳和可逆的过程可以用一个移动平均形式或者一个自回归形式来表示，但是，无论用哪种形式表示都存在可能包含太多参数的问题，即便对一个有限阶的移动平均模型或一个有限阶的自回归模型，原因是为了得到好的拟合通常需要一个高阶模型。一般地，大量参数会降低估计的效率。因此，在建模时，模型中同时包含自回归和移动平均可能是必要的，由此产生了下面有用的混合自回归移动平均过程：

$$\phi_p(B)\dot{Z}_t=\theta_q(B)a_t \tag{3.4.1}$$

其中，

$$\phi_p(B)=1-\phi_1 B-\cdots-\phi_p B^p$$

和

$$\theta_q(B)=1-\theta_1 B-\cdots-\theta_q B^q$$

为了使过程可逆，我们要求 $\theta_q(B)=0$ 的根必须在单位圆之外。为了使过程平稳，我们也要求 $\phi_p(B)=0$ 的根在单位圆之外。我们还假定 $\phi_p(B)=0$ 和 $\theta_q(B)=0$ 没有共同的根。以后，我们就称该过程为 ARMA(p，q) 过程或模型，其中 p 和 q 分别表示自回归和移动平均在相应的特征多项式中的阶数。

由 2.6 节的讨论可知，平稳且可逆的 ARMA 过程可以写成纯自回归的形式，即

$$\pi(B)\dot{Z}_t=a_t \tag{3.4.2}$$

其中

$$\pi(B)=\frac{\phi_p(B)}{\theta_q(B)}=(1-\pi_1 B-\pi_2 B^2-\cdots) \tag{3.4.3}$$

这一过程也能写成纯移动平均的形式

$$\dot{Z}_t=\psi(B)a_t \tag{3.4.4}$$

其中

$$\psi(B)=\frac{\theta_q(B)}{\phi_p(B)}=(1+\psi_1 B+\psi_2 B^2+\cdots) \tag{3.4.5}$$

ARMA(p，q) 过程的 ACF　为了得到自协方差函数，把式 (3.4.1) 改写为

$$\dot{Z}_t=\phi_1\dot{Z}_{t-1}+\cdots+\phi_p\dot{Z}_{t-p}+a_t-\theta_1 a_{t-1}-\cdots-\theta_q a_{t-q}$$

两边同时乘以 $\dot{Z}_{t-k}$

$$\begin{aligned}\dot{Z}_{t-k}\dot{Z}_t=&\phi_1\dot{Z}_{t-k}\dot{Z}_{t-1}+\cdots+\phi_p\dot{Z}_{t-k}\dot{Z}_{t-p}\\&+\dot{Z}_{t-k}a_t-\theta_1\dot{Z}_{t-k}a_{t-1}-\cdots-\theta_q\dot{Z}_{t-k}a_{t-q}\end{aligned}$$

两边取期望，可得

$$\begin{aligned}\gamma_k=&\phi_1\gamma_{k-1}+\cdots+\phi_p\gamma_{k-p}+E(\dot{Z}_{t-k}a_t)\\&-\theta_1 E(\dot{Z}_{t-k}a_{t-1})-\cdots-\theta_q E(\dot{Z}_{t-k}a_{t-q})\end{aligned}$$

因为

$$E(\dot{Z}_{t-k}a_{t-i})=0,\quad k>i$$

所以有

$$\gamma_k=\phi_1\gamma_{k-1}+\cdots+\phi_p\gamma_{k-p},\quad k\geqslant(q+1) \tag{3.4.6}$$

因此，

$$\rho_k=\phi_1\rho_{k-1}+\cdots+\phi_p\rho_{k-p},\quad k\geqslant(q+1) \tag{3.4.7}$$

式 (3.4.7) 满足针对 AR(p) 过程的式 (3.1.26) 给出的 p 阶齐次差分方程。因此，

ARMA(p，q）模型的自相关函数在滞后 q 期之后拖尾，且像 AR(p）过程一样只依赖于模型中的自回归参数。然而，前 q 个自相关系数ρ_q，ρ_{q-1}，…，ρ_1 既依赖于模型中的自回归参数，也依赖于模型中的移动平均参数，并且是图形的初始值。这些特性在模型识别中是非常有用的。

ARMA(p，q）过程的 PACF 因为 ARMA 过程包含作为特例的 MA 过程，因而其 PACF 也是指数衰减或阻尼正弦波动的混合，具体依赖于 $\phi_p(B)=0$和 $\theta_q(B)=0$的根的特性。

3.4.2 ARMA(1，1）过程

$$(1-\phi_1 B)\dot{Z}_t=(1-\theta_1 B)a_t \tag{3.4.8a}$$

或

$$\dot{Z}_t=\phi_1 \dot{Z}_{t-1}+a_t-\theta_1 a_{t-1} \tag{3.4.8b}$$

为了满足平稳性，我们假定$|\phi_1|<1$，而为了满足可逆性，我们要求$|\theta_1|<1$。当 $\phi_1=0$ 时，式（3.4.8a）就退化为 MA(1）过程，而当 $\theta_1=0$ 时，其就退化为 AR(1）过程。因此，可以将 AR(1）过程和 MA(1）过程看作 ARMA(1，1）过程的特例。

根据纯粹的自回归表达式，有

$$\pi(B)\dot{Z}_t=a_t$$

其中

$$\pi(B)=(1-\pi_1 B-\pi_2 B^2-\cdots)=\frac{(1-\phi_1 B)}{(1-\theta_1 B)}$$

即

$$(1-\theta_1 B)(1-\pi_1 B-\pi_2 B^2-\pi_3 B^3-\cdots)=(1-\phi_1 B)$$

或者

$$[1-(\pi_1+\theta_1)B-(\pi_2-\pi_1\theta_1)B^2-(\pi_3-\pi_2\theta_1)B^3-\cdots]=(1-\phi_1 B)$$

通过令上述方程中两边 B^j 的系数相等，得到

$$\pi_j=\theta_1^{j-1}(\phi_1-\theta_1),\quad j\geqslant 1 \tag{3.4.9}$$

可以将 ARMA(1，1）过程写成纯粹的移动平均形式

$$Z_t=\psi(B)a_t=\frac{(1-\theta_1 B)}{(1-\phi_1 B)}a_t$$

注意到

$$(1-\phi_1 B)(1+\psi_1 B+\psi_2 B^2+\psi_3 B^3+\cdots)=(1-\theta_1 B)$$

即

$$[1+(\psi_1-\phi_1)B+(\psi_2-\psi_1\phi_1)B^2+\cdots]=(1-\theta_1 B)$$

因此，

$$\psi_j=\phi_1^{j-1}(\phi_1-\theta_1),\quad j\geqslant 1 \tag{3.4.10}$$

ARMA(1，1) 过程的 ACF 为得到 $\{Z_t\}$ 的自协方差函数，在式（3.4.8b）的两边同时乘以 Z_{t-k}，

$$\dot{Z}_{t-k}\dot{Z}_t=\phi_1\dot{Z}_{t-k}\dot{Z}_{t-1}+\dot{Z}_{t-k}a_t-\theta_1\dot{Z}_{t-k}a_{t-1}$$

取期望，得

$$\gamma_k=\phi_1\gamma_{k-1}+E(\dot{Z}_{t-k}a_t)-\theta_1E(\dot{Z}_{t-k}a_{t-1}) \tag{3.4.11}$$

更具体地，当 $k=0$ 时，

$$\gamma_0=\phi_1\gamma_1+E(\dot{Z}_ta_t)-\theta_1E(\dot{Z}_ta_{t-1})$$

已知 $E(\dot{Z}_ta_t)=\sigma_a^2$。对于 $E(\dot{Z}_ta_{t-1})$，注意到

$$\begin{aligned}E(\dot{Z}_ta_{t-1})&=\phi_1E(\dot{Z}_{t-1}a_{t-1})+E(a_ta_{t-1})-\theta_1E(a_{t-1}^2)\\&=(\phi_1-\theta_1)\sigma_a^2\end{aligned}$$

因此，

$$\gamma_0=\phi_1\gamma_1+\sigma_a^2-\theta_1(\phi_1-\theta_1)\sigma_a^2 \tag{3.4.12}$$

当 $k=1$ 时，由式（3.4.11）可以得到

$$\gamma_1=\phi_1\gamma_0-\theta_1\sigma_a^2 \tag{3.4.13}$$

将式（3.4.13）代入式（3.4.12），有

$$\gamma_0=\phi_1^2\gamma_0-\phi_1\theta_1\sigma_a^2+\sigma_a^2-\phi_1\theta_1\sigma_a^2+\theta_1^2\sigma_a^2$$

即

$$\gamma_0=\frac{(1+\theta_1^2-2\phi_1\theta_1)}{(1-\phi_1^2)}\sigma_a^2$$

于是，

$$\begin{aligned}\gamma_1&=\phi_1\gamma_0-\theta_1\sigma_a^2\\&=\frac{\phi_1(1+\theta_1^2-2\phi_1\theta_1)}{(1-\phi_1^2)}\sigma_a^2-\theta_1\sigma_a^2\\&=\frac{(\phi_1-\theta_1)(1-\phi_1\theta_1)}{(1-\phi_1^2)}\sigma_a^2\end{aligned}$$

对于 $k\geqslant 2$，由式（3.4.11）可得

$$\gamma_k=\phi_1\gamma_{k-1},\quad k\geqslant 2$$

因此，ARMA(1，1) 模型有如下自相关函数：

$$\rho_k=\begin{cases}1 & k=0\\ \dfrac{(\phi_1-\theta_1)(1-\phi_1\theta_1)}{1+\theta_1^2-2\phi_1\theta_1}, & k=1\\ \phi_1\rho_{k-1}, & k\geqslant 2\end{cases} \tag{3.4.14}$$

注意，ARMA(1，1) 模型的自相关函数结合了 AR(1) 过程和 MA(1) 过程的特征，移动平均参数 θ_1 参与 ρ_1 的计算。除了 ρ_1，ARMA(1，1) 模型的自相关函数与 AR(1) 过程的自相关函数具有相同的特性。

ARMA(1，1) 过程的 PACF 混合模型的 PACF 的一般形式是复杂的，也是不必要的。需要注意的是，因为 ARMA(1，1) 过程包含作为特例的 MA(1) 过程，所以 ARMA(1，1) 过程的 PACF 也像 ACF 一样是指数拖尾的，其形状取决于 ϕ_1 和 θ_1 的符号和大小。ACF 和 PACF 都拖尾是混合 ARMA 模型的显著特征。图 3－14 给出了 ARMA(1，1) 模型的 ACF 和 PACF 图。仔细观察图 3－14 可知，由于 ϕ_1 和 θ_1 的联合效应，ARMA(1，1) 过程的 PACF 比 MA(1) 过程的 PACF 包含更多不同的形状，MA(1) 过程的 PACF 只包含两种可能的形状。

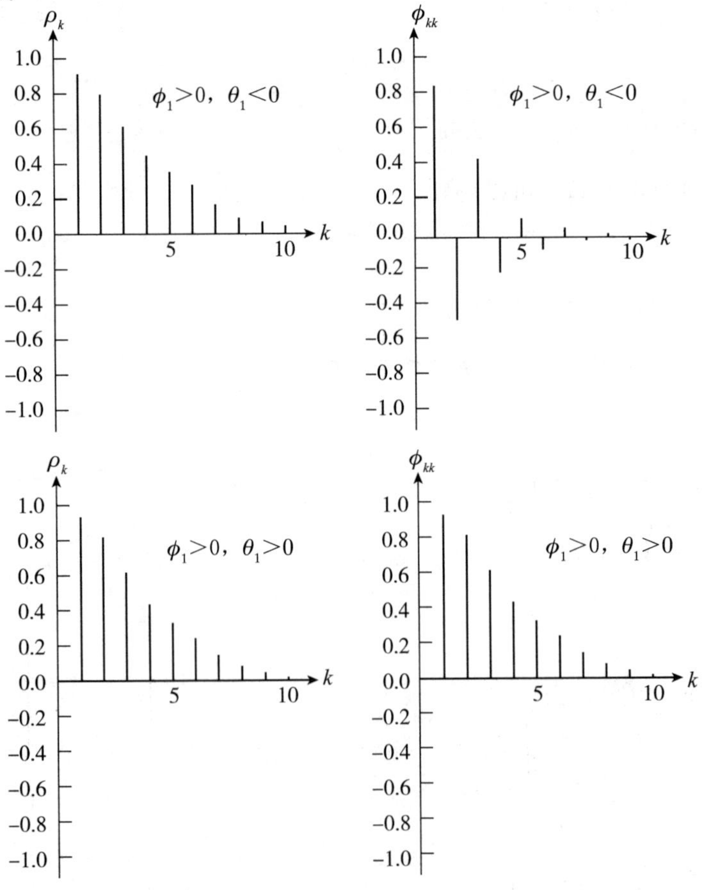

图 3－14 ARMA(1，1) 模型：$(1-\phi_1 B)\dot{Z}_t=(1-\theta_1 B)a_t$ 的样本 ACF 和样本 PACF

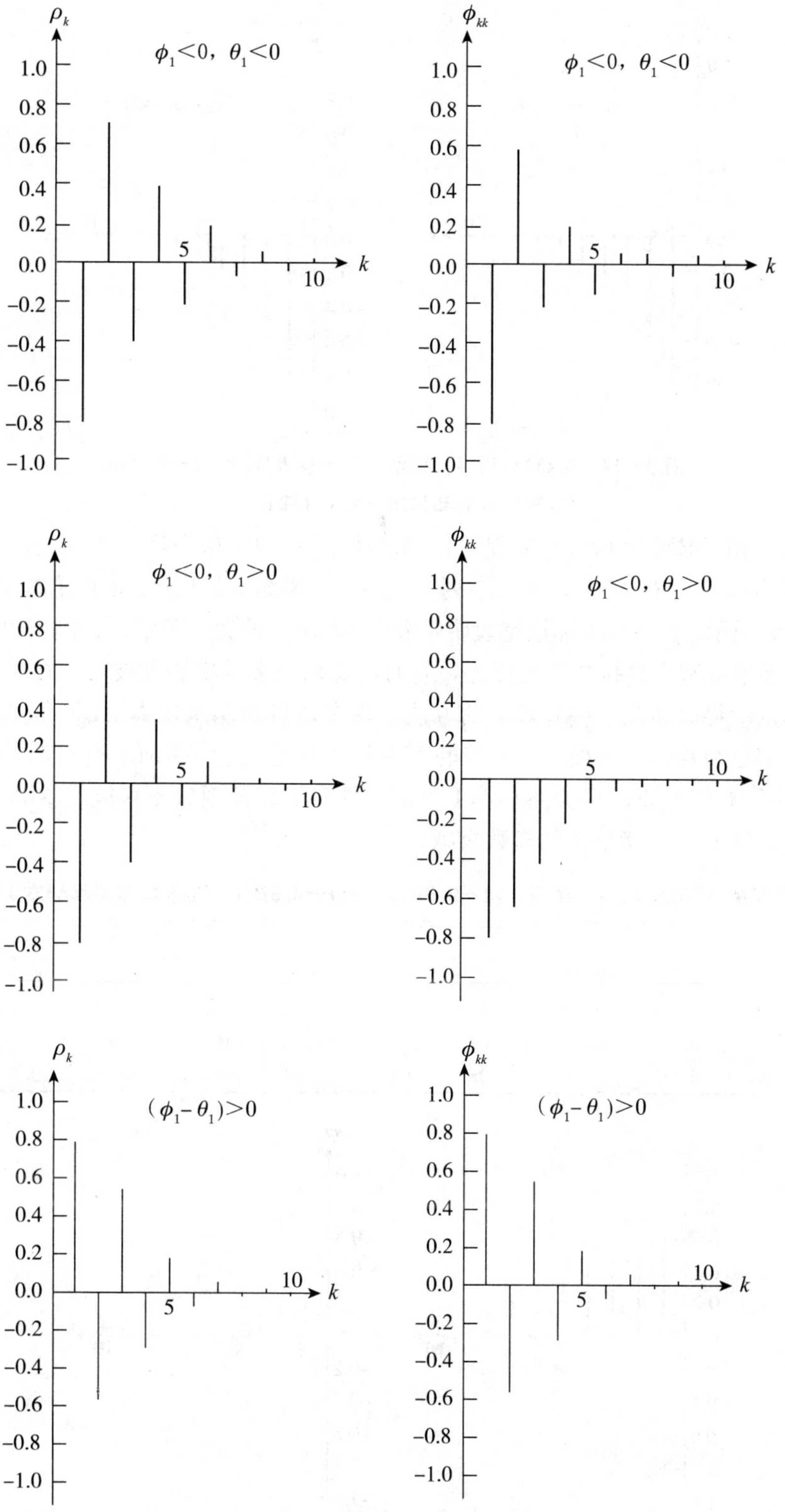

图 3-14　ARMA(1, 1) 模型：$(1-\phi_1 B)\dot{Z}_t=(1-\theta_1 B)a_t$ 的样本 ACF 和样本 PACF（续）

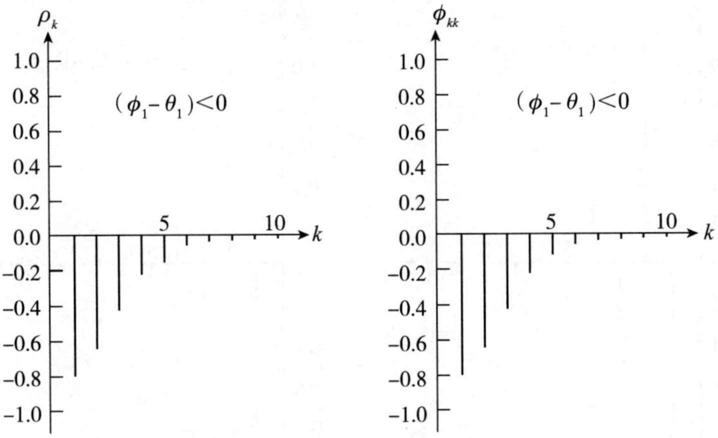

图 3-14　ARMA(1，1) 模型：$(1-\phi_1 B)\dot{Z}_t=(1-\theta_1 B)a_t$ 的样本 ACF 和样本 PACF（续）

例 3-7　由 ARMA(1，1) 过程 $(1-0.9B)Z_t=(1-0.5B)a_t$（a_t 是高斯白噪声序列）模拟得到一个含有 250 个值的序列。表 3-7 和图 3-15 给出了样本 ACF 和样本 PACF 的值和图示。$\hat{\rho}_k$ 和 $\hat{\phi}_{kk}$ 都拖尾表明是混合 ARMA 模型。确定混合模型中适当的阶数 p 和 q 是一项更难和更具挑战性的任务，有时需要相当多的实验和技巧。在第 6 章关于模型识别的讨论中将会涉及一些有帮助的方法。现在，只要能从样本 ACF 和样本 PACF 暂时识别出模型是纯粹的 AR 模型、纯粹的 MA 模型还是混合 ARMA 模型就足够了。在表 3-7 中，不看样本 ACF，只关注样本 PACF，我们知道该现象不可能是 MA 过程，因为 MA 过程的 PACF 不可能呈正的指数衰减。

表 3-7　一个模拟 ARMA(1，1) 序列：$(1-0.9B)Z_t=(1-0.5B)a_t$ 的样本 ACF 和样本 PACF

k	1	2	3	4	5	6	7	8	9	10
$\hat{\rho}_k$	0.57	0.50	0.47	0.35	0.31	0.25	0.21	0.18	0.10	0.12
St. E.	0.06	0.08	0.09	0.10	0.11	0.11	0.11	0.11	0.11	0.11
$\hat{\phi}_{kk}$	0.57	0.26	0.18	−0.03	0.01	−0.01	0.01	0.01	−0.08	0.05
St. E.	0.06	0.06	0.06	0.06	0.06	0.06	0.06	0.06	0.06	0.06

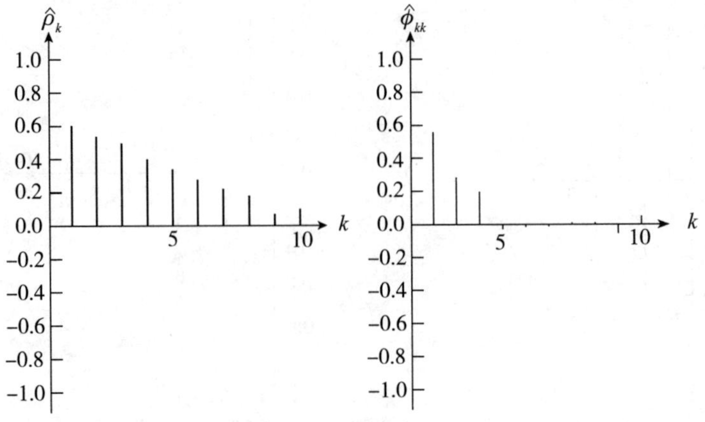

图 3-15　一个模拟 ARMA(1，1) 序列：$(1-0.9B)Z_t=(1-0.5B)a_t$ 的样本 ACF 和样本 PACF

例 3-8　由一个包含 250 个值的序列计算出的样本 ACF 和样本 PACF 如表 3-8 和图 3-16 所示，它们没有一个是统计显著的，表明这可能是白噪声现象。事实上，该序列是由 ARMA(1，1) 过程 $(1-\phi_1 B)Z_t=(1-\theta_1 B)a_t$（其中 $\phi_1=0.6$，$\theta_1=0.5$）模拟得到的。因为 AR 多项式 $(1-0.6B)$ 和 MA 多项式 $(1-0.5B)$ 几乎相互抵消，所以样本 ACF 和样本 PACF 都很小。由式 (3.4.14) 可知，ARMA(1，1) 过程的 ACF 为 $\rho_k=\phi_1^{k-1}(\phi_1-\theta_1)(1-\phi_1\theta_1)/(1+\theta_1^2-2\phi_1\theta_1)$，$k\geqslant 1$，当 $\phi_1\simeq\theta_1$ 时其近似为 0。因此，白噪声序列的样本性质意味着潜在的模型可能是一个随机噪声过程，或者是一个 AR 多项式和 MA 多项式几乎相等的 ARMA 过程。为了避免这种混淆，就需要假定在混合模型中 $\phi_p(B)=0$ 和 $\theta_q(B)=0$ 没有共同根。

表 3-8　ARMA(1，1) 过程：$(1-0.6B)Z_t=(1-0.5B)a_t$ 的一个模拟序列的样本 ACF 和样本 PACF

k	1	2	3	4	5	6	7	8	9	10
$\hat{\rho}_k$	0.10	0.05	0.09	0.00	−0.02	0.02	−0.02	0.04	−0.04	0.01
St. E.	0.06	0.06	0.06	0.06	0.06	0.06	0.06	0.06	0.06	0.06
$\hat{\phi}_{kk}$	0.10	0.04	0.08	−0.02	−0.02	0.01	−0.02	0.05	−0.05	0.02
St. E.	0.06	0.06	0.06	0.06	0.06	0.06	0.06	0.06	0.06	0.06

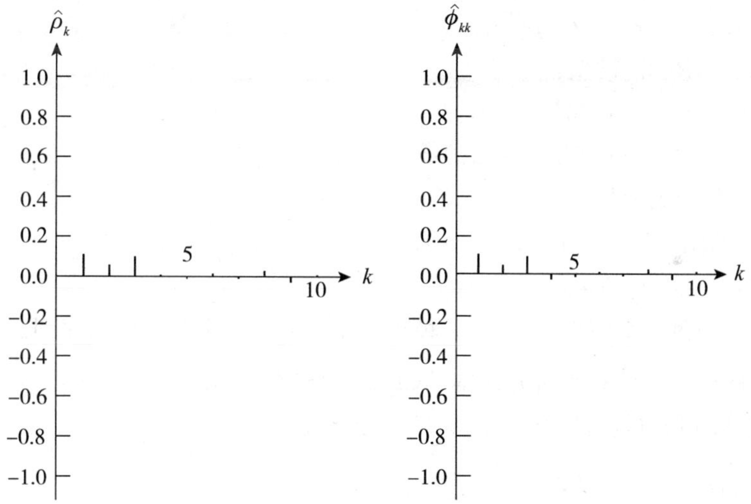

图 3-16　一个模拟 ARMA(1，1) 序列：$(1-0.6B)Z_t=(1-0.5B)a_t$ 的样本 ACF 和样本 PACF

在结束本章之前，注意到式 (3.4.1) 中的 ARMA(p，q) 模型即为

$$(1-\phi_1 B-\cdots-\phi_p B^p)(Z_t-\mu)=(1-\theta_1 B-\cdots-\theta_q B^q)a_t$$

也可以写成

$$(1-\phi_1 B-\cdots-\phi_p B^p)Z_t=\theta_0+(1-\theta_1 B-\cdots-\theta_q B^q)a_t \tag{3.4.15}$$

其中

$$\begin{aligned}\theta_0&=(1-\phi_1 B-\cdots-\phi_p B^p)\mu\\&=(1-\phi_1-\cdots-\phi_p)\mu\end{aligned} \tag{3.4.16}$$

按照这种形式，AR(p) 模型就变为

$$(1-\phi_1 B-\cdots-\phi_p B^p)Z_t=\theta_0+a_t \tag{3.4.17}$$

MA(q) 模型就变为

$$Z_t=\theta_0+(1-\theta_1 B-\cdots-\theta_q B^q)a_t \tag{3.4.18}$$

在 MA(q) 模型中显然 $\theta_0=\mu$。

练　习

3.1 对以下每一个模型求出其 ACF 和 PACF，并且画出 ACF $\rho_k(k=0,1,2,3,4,5)$ 的图，其中 a_t 是高斯白噪声过程。

(a) $Z_t-0.5Z_{t-1}=a_t$。

(b) $Z_t+0.98Z_{t-1}=a_t$。

(c) $Z_t-1.3Z_{t-1}+0.4Z_{t-2}=a_t$。

(d) $Z_t-1.2Z_{t-1}+0.8Z_{t-2}=a_t$。

3.2 考虑下面的 AR(2) 模型：

(ⅰ) $Z_t-0.6Z_{t-1}-0.3Z_{t-2}=a_t$。

(ⅱ) $Z_t-0.8Z_{t-1}+0.5Z_{t-2}=a_t$。

(a) 求 ρ_k 的一般表达式。

(b) 作 ρ_k 的图（$k=0,1,2,\cdots,10$）。

(c) 假定 $\sigma_a^2=1$，计算 σ_Z^2。

3.3 对练习 3.1 中每一个模型（$\sigma_a^2=1$）模拟一个含有 100 个观测值的序列。就每一种情形画出模拟序列，并计算和研究样本 ACF $\hat{\rho}_k$ 及样本 PACF $\hat{\phi}_{kk}(k=0,1,\cdots,20)$。

3.4 (a) 证明 AR(1) 过程的 ACF ρ_k 满足差分方程

$$\rho_k-\phi_1\rho_{k-1}=0 \quad (k\geqslant 1)$$

(b) 求 ρ_k 的一般表达式。

3.5 考虑 AR(2) 过程 $Z_t=Z_{t-1}-0.25Z_{t-2}+a_t$。

(a) 计算 ρ_1。

(b) 由初始值 ρ_0，ρ_1 和差分方程求 ρ_k 的一般表达式。

(c) 计算 $\rho_k(k=1,2,\cdots,10)$。

3.6 (a) 求 α 的范围，使得 AR(2) 过程

$$Z_t=Z_{t-1}+\alpha Z_{t-2}+a_t$$

是平稳的。

(b) 当 $\alpha=-0.5$ 时，求上述模型的 ACF。

3.7 证明：如果一个 AR(2) 过程是平稳的，那么必有

$$\rho_1^2<\frac{\rho_2+1}{2}$$

3.8 考虑 MA(2) 过程 $Z_t=(1-1.2B+0.5B^2)a_t$。

(a) 利用自协方差函数的定义求 ACF。

(b) 利用自协方差生成函数求 ACF。

(c) 求该过程的 PACF ϕ_{kk}。

3.9 求具有以下 ACF 的可逆过程：

$$\rho_0=1,\quad \rho_1=0.25,\quad \rho_k=0(k\geqslant 2)$$

3.10 (a) 求具有以下自协方差函数的过程：

$$\gamma_0=10,\quad \gamma_1=0,\quad \gamma_2=-4,\quad \gamma_k=0(|k|>2)$$

(b) 检查由 (a) 得到的过程的平稳性和可逆性。

3.11 考虑 MA(2) 过程 $Z_t=a_t-0.1a_{t-1}+0.21a_{t-2}$。

(a) 该模型是平稳的吗？为什么？

(b) 该模型是可逆的吗？为什么？

(c) 求上述过程的 ACF。

3.12 由练习 3.8 中模型 ($\sigma_a^2=1$) 模拟 100 个观测值序列，画出模拟序列图，计算并研究它的样本 ACF $\hat{\rho}_k$ 和样本 PACF $\hat{\phi}_{kk}$ ($k=0, 1, \cdots, 20$)。

3.13 使用式 (2.3.19) 或式 (2.5.25) 都可以计算出 PACF。分别用这两种方法计算 MA(1) 过程的 ϕ_{11}，ϕ_{22} 和 ϕ_{33}。

3.14 考虑以下模型：

(i) $(1-B)Z_t=(1-1.5B)a_t$。

(ii) $(1-0.8B)Z_t=(1-0.5B)a_t$。

(iii) $(1-1.1B+0.8B^2)Z_t=(1-1.7B+0.72B^2)a_t$。

(iv) $(1-0.6B)Z_t=(1-1.2B+0.2B^2)a_t$。

(a) 每一个模型是不是平稳的？是不是可逆的？是否既是可逆的又是平稳的？

(b) 如果存在，将模型表示为一个 MA 表达式。

(c) 如果存在，将模型表示为一个 AR 表达式。

3.15 考虑以下过程：

(i) $(1-0.6B)Z_t=(1-0.9B)a_t$。

(ii) $(1-1.4B+0.6B^2)Z_t=(1-0.8B)a_t$。

(a) 求 ACF ρ_k。

(b) 求 PACF $\phi_{kk}(k=1, 2, 3)$。

(c) 求自协方差生成函数。

3.16 当 $\sigma_a^2=1$ 时，从练习 3.15 中的每个模型模拟一个含有 100 个观测值的序列。画出每一个模拟序列图，并计算和研究它的样本 ACF $\hat{\rho}_k$ 和样本 PACF $\hat{\phi}_{kk}(k=0, 1, \cdots, 20)$。

第4章 非平稳时间序列模型

迄今为止，我们所讨论的时间序列过程都是平稳过程，但是许多应用时间序列过程是非平稳的，尤其是那些来自经济和商业领域的数据。对于协方差平稳过程，非平稳时间序列以多种不同的方式出现。这些非平稳时间序列可能有随时间变化（以下简称时变）的均值 μ_t，时变的二阶矩（如时变的方差 σ_t^2），或者二者皆有。例如，图 4-1 给出了 1961 年 1 月—2002 年 8 月美国 16～19 岁失业女性数量的月度序列图，清楚地显示出了其均值水平在随时间的推移而变化。图 4-2 给出了 1871—1984 年间美国年度烟草产量的时序图，不仅显示出均值水平对时间的依赖，也显示出方差随着均值水平的提高而增长。

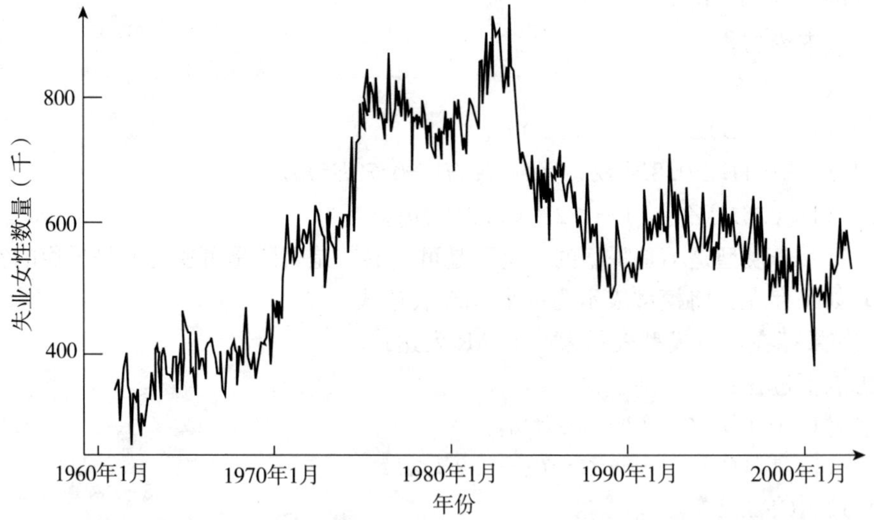

图 4-1　1961 年 1 月—2002 年 8 月美国 16～19 岁失业女性数量的月度序列

本章将阐述如何建立一类非常有用的齐次非平稳时间序列模型，即自回归求和移动平均（autoregressive integrated moving average，ARIMA）模型。为了将平稳和非平稳时间序列模型联系起来，本章将引入一些有用的差分和方差稳定变换。

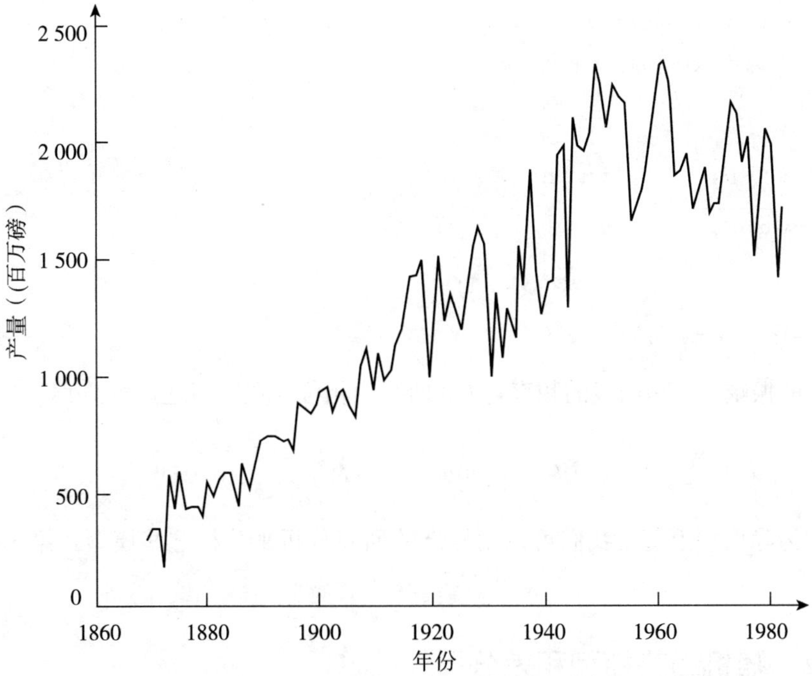

图 4－2　1871—1984 年间美国年度烟草产量

4.1　均值非平稳

均值非平稳过程向我们提出了一个非常严峻的问题，即在没有重复观测的情形下时变均值函数的估计问题。幸运的是，现已能从单个实现构建模型去描述这种依赖于时间的情形。本节将引入的两类模型在均值非平稳时序建模中有很大的作用。

4.1.1　确定性趋势模型

非平稳过程的均值函数可以用一个时间的确定性函数来表示。在这种情形下，可以用一个标准回归模型来描述依赖于时间的情况。例如，若均值函数 μ_t 具有线性趋势，即$\mu=\alpha_0+\alpha_1 t$，就可以使用如下确定性线性趋势模型

$$Z_t=\alpha_0+\alpha_1 t+a_t \tag{4.1.1}$$

其中，α_t 是零均值的白噪声。对于确定性的二次均值函数 $\mu_t=\alpha_0+\alpha_1 t+\alpha_2 t^2$，可以使用

$$Z_t=\alpha_0+\alpha_1 t+\alpha_2 t^2+a_t \tag{4.1.2}$$

来描述。更一般地，如果确定性趋势可以用时间的 k 阶多项式来描述，那么可以通过如下方式建模

$$Z_t=\alpha_0+\alpha_1 t+\cdots+\alpha_k t^k+a_t \tag{4.1.3}$$

如果确定性趋势可以用正弦-余弦曲线来表示，那么可以使用

$$Z_t = \nu_0 + \nu\cos(\omega t + \theta) + a_t \tag{4.1.4}$$

$$= \nu_0 + \alpha\cos(\omega t) + \beta\sin(\omega t) + a_t \tag{4.1.5}$$

其中

$$\alpha = \nu\cos\theta, \qquad \beta = -\nu\sin\theta \tag{4.1.6}$$

$$\nu = \sqrt{\alpha^2 + \beta^2} \tag{4.1.7}$$

以及

$$\theta = \tan^{-1}(-\beta/\alpha) \tag{4.1.8}$$

称 ν 为曲线的振幅，ω 为曲线的频率，θ 为曲线的相位。更一般地，有

$$Z_t = \nu_0 + \sum_{j=1}^{m}(\alpha_j\cos\omega_j t + \beta_j\sin\omega_j t) + a_t \tag{4.1.9}$$

其常常被称为隐周期模型。我们可以用标准的回归分析来分析这些模型，第 13 章中将再次讨论。

4.1.2 随机趋势模型和差分

尽管很多时间序列是非平稳的，但是由于某些均衡作用，这些序列的不同部分的特性非常相似，只不过局部均值水平不同而已。Box 和 Jenkins（1976，p. 85）称此类非平稳为齐次非平稳。由 ARMA 模型可知，如果其 AR 多项式的某些根不在单位圆之外，那么过程为非平稳的。然而，由于齐次性，这种齐次非平稳序列的局部特性与其均值水平是独立的。因此，令 $\Psi(B)$ 为描述这种特性的自回归算子，对于任意常数 C，我们都有

$$\Psi(B)(Z_t + C) = \Psi(B)Z_t \tag{4.1.10}$$

该等式意味着：对于某个 $d>0$，$\Psi(B)$ 的形式必定为

$$\Psi(B) = \phi(B)(1-B)^d \tag{4.1.11}$$

其中，$\phi(B)$ 为一个平稳自回归算子。于是，通过序列的适当差分，一个齐次非平稳序列就退化为一个平稳序列。也就是说，序列 $\{Z_t\}$ 是非平稳的，但是对于某个整数 $d\geqslant 1$，其 d 阶差分序列 $\{(1-B)^d Z_t\}$ 是平稳的。例如，如果 d 阶差分序列为高斯白噪声序列，那么有

$$(1-B)^d Z_t = a_t \tag{4.1.12}$$

为了弄清楚这种齐次非平稳序列的具体含义，考虑式（4.1.12）中 $d=1$ 的情形，即

$$(1-B)Z_t = a_t \tag{4.1.13a}$$

或

$$Z_t = Z_{t-1} + a_t \tag{4.1.13b}$$

若给定过去信息 Z_{t-1}，Z_{t-2}，…，则序列在时刻 t 的均值水平为

$$\mu_t = Z_{t-1} \tag{4.1.14}$$

其取决于时刻（$t-1$）的随机扰动。换言之，$(1-B)^d Z_t(d \geqslant 1)$ 中的过程 Z_t 的均值水平随时间随机变化，而我们把该过程刻画为具有随机趋势。此模型不同于前一节所提到的确定性趋势模型，在确定性趋势模型中过程在时刻 t 的均值水平是纯粹的关于时间的确定性函数。

4.2　自回归求和移动平均模型

通过适当差分，一个齐次非平稳时间序列能够转化为一个平稳时间序列。因为自回归移动平均模型在描述平稳时间序列方面是很有用的，所以本节将讨论使用差分来建立一大类时间序列模型，即自回归求和移动平均模型，其在描述各种齐次非平稳时间序列方面很有用。

4.2.1　一般的 ARIMA 模型

显然，对齐次非平稳序列进行适当差分得到的平稳过程不必像式（4.1.12）中那样是高斯白噪声。更一般地，差分序列 $(1-B)^d Z_t$ 服从第 3 章的式（3.4.1）中所讨论的一般平稳 ARMA(p，q）过程。于是，有

$$\phi_p(B)(1-B)^d Z_t = \theta_0 + \theta_q(B) a_t \tag{4.2.1}$$

其中，平稳 AR 算子 $\phi_p(B)=(1-\phi_1 B-\cdots-\phi_p B^p)$ 和可逆 MA 算子 $\theta_q(B)=(1-\theta_1 B-\cdots-\theta_q B^q)$ 没有公因子。参数 θ_0 对 $d=0$ 和 $d>0$ 起不同的作用。当 $d=0$ 时，原过程是平稳的，由式（3.4.16）可知 θ_0 与过程的均值有关，即 $\theta_0=\mu(1-\phi_1-\cdots-\phi_p)$。然而，当 $d \geqslant 1$ 时，θ_0 被称作确定性趋势项，如同下一节中将指出的，除非需要，在模型中 θ_0 常常可以忽略不计。

我们将式（4.2.1）中得到的齐次非平稳模型称为（p，d，q）阶自回归求和移动平均模型，记为 ARIMA(p，d，q）模型。当 $p=0$ 时，ARIMA(p，d，q）模型也被称为（d，q）阶求和移动平均模型，记为 IMA(d，q）模型。在下面的讨论中，将给出一些经常遇到的 ARIMA 模型。

4.2.2　随机游走模型

在式（4.2.1）中，如果 $p=0$，$d=1$，$q=0$，就是著名的随机游走模型

$$(1-B) Z_t = a_t \tag{4.2.2a}$$

或

$$Z_t = Z_{t-1} + a_t \tag{4.2.2b}$$

该模型被广泛地用于描述股票价格序列的特性。在随机游走模型中，Z 在 t 时刻的值等于它在 $t-1$ 时刻的值加上一个随机冲击。这种特性与一个醉汉的行为很相像，他在 t 时刻的

位置是他在 $t-1$ 时刻的位置加上他在 t 时刻随机朝一个方向迈出的一步。

注意到，随机游走模型是 AR(1) 过程 $(1-\phi B)Z_t=a_t$ 在 $\phi\to1$ 时的极限情形。因为 AR(1) 过程的自相关函数是 $\rho_k=\phi^k$，所以当 $\phi\to1$ 时，可以通过原序列 $\{Z_t\}$ 的样本 ACF 和差分序列 $\{(1-B)Z_t\}$ 的不显著为 0 的样本 ACF 中取值较大且非零的峰值来刻画随机游走模型的特性。

接下来，对式（4.2.2a）稍做修改，使其具有一个非零常数项

$$(1-B)Z_t=\theta_0+a_t \tag{4.2.3}$$

或

$$Z_t=Z_{t-1}+\theta_0+a_t \tag{4.2.4}$$

将时刻 k 视为整个序列的初始时刻，通过迭代得到

$$\begin{aligned}Z_t&=Z_{t-1}+\theta_0+a_t\\&=Z_{t-2}+2\theta_0+a_t+a_{t-1}\\&\ \ \vdots\\&=Z_k+(t-k)\theta_0+\sum_{j=k+1}^{t}a_j,\quad t>k\end{aligned} \tag{4.2.5}$$

很显然，Z_t 包含一个斜率（或漂移）为 θ_0 的确定性趋势。更一般地，对于式（4.2.1）中涉及 d 阶差分序列 $\{(1-B)^dZ_t\}$ 和非零 θ_0 的模型，能够说明确定性趋势 $\alpha_0+\alpha_1t+\cdots+\alpha_dt^d$ 中对应 t^d 的系数是 α_d。因此，当 $d>0$ 时，θ_0 被称为确定性趋势项。当 t 很大时，这一项将起主导作用，使得序列具有确定性特征。因此，当 $d>0$ 时通常假定 $\theta_0=0$，除非数据或者问题本身确实需要确定性分量。

式（4.2.3）中 $\theta_0\neq0$ 的过程通常被称为带有漂移的随机游走模型。若给定 Z_{t-1}，Z_{t-2}，…，则由式（4.2.4）可知序列 Z_t 在 t 时刻的均值水平为

$$\mu_t=Z_{t-1}+\theta_0 \tag{4.2.6}$$

该量通过 Z_{t-1} 受到 $t-1$ 时刻的随机扰动作用，就像通过斜率 θ_0 受到确定性分量的影响一样。所以当 $\theta_0=0$ 时，便得到只有随机趋势的模型。

例 4-1　为了说明本节中所讨论的随机游走模型的结论，分别由模型 $(1-B)Z_t=a_t$ 和模型 $(1-B)Z_t=4+a_t$ 模拟了 100 个观测值，两个模型中的 a_t 均是服从独立标准正态分布的白噪声序列。表 4-1 和图 4-3 给出了原序列的样本 ACF 和样本 PACF。两个序列的 ACF 都衰减得很慢，这表明它们都是非平稳的。如表 4-2 和图 4-4 所示，为了找到合适的模型，我们计算了差分序列 $(1-B)Z_t$ 的样本 ACF 和样本 PACF。正如所料，它们都显示出了白噪声过程的特征。事实上，两模型 $\hat{\rho}_k$ 和 $\hat{\phi}_{kk}$ 的图形是一致的，那么如何辨别通常的随机游走模型和带有漂移的随机游走模型呢？尽管带有漂移的随机游走模型的原序列的样本 ACF 通常衰减得更慢，但是仅由它们的自相关结构无法辨别出是哪一种模型。然而，如果考察图 4-5 所示的两模拟序列的特性，区别还是明显的。带有漂移的随机游走模型的模拟序列很明显被斜率为 4 的确定性趋势所控制。另外，无漂移的随机游走模型通过随机趋势显示出不平稳性，其值是自由游走的。

表 4-1　由随机游走模型模拟的原序列 Z_t 的样本 ACF 和样本 PACF

(a) 针对由 $(1-B)Z_t=a_t$ 模拟得到的 Z_t

k	1	2	3	4	5	6	7	8	9	10
$\hat{\rho}_k$	0.94	0.88	0.83	0.77	0.71	0.66	0.60	0.53	0.46	0.40
St. E.	0.10	0.17	0.21	0.24	0.26	0.28	0.30	0.31	0.32	0.32
$\hat{\phi}_{kk}$	0.94	−0.07	−0.01	−0.04	0.02	−0.07	−0.04	−0.15	0.02	−0.04
St. E.	0.10	0.10	0.10	0.10	0.10	0.10	0.10	0.10	0.10	0.10

(b) 针对由 $(1-B)Z_t=4+a_t$ 模拟得到的 Z_t

k	1	2	3	4	5	6	7	8	9	10
$\hat{\rho}_k$	0.94	0.94	0.91	0.88	0.85	0.82	0.79	0.76	0.73	0.70
St. E.	0.10	0.17	0.22	0.25	0.28	0.30	0.33	0.34	0.36	0.38
$\hat{\phi}_{kk}$	0.97	−0.01	−0.01	−0.02	−0.01	−0.01	−0.02	−0.02	−0.01	−0.01
St. E.	0.10	0.10	0.10	0.10	0.10	0.10	0.10	0.10	0.10	0.10

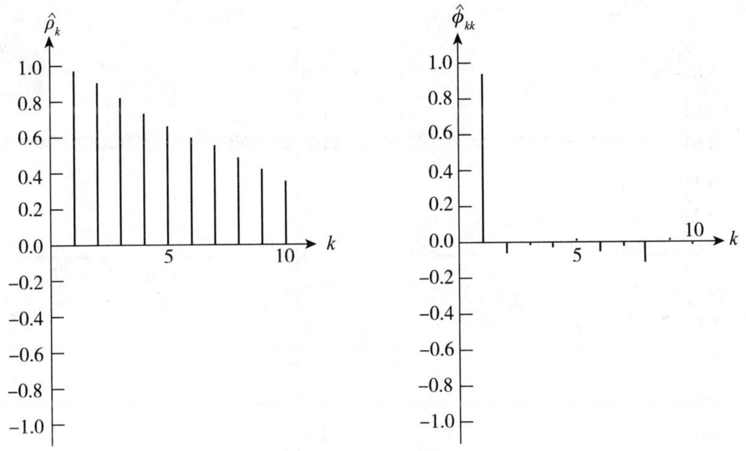

（a）针对由（1−B）Z_t=a_t 模拟得到的 Z_t

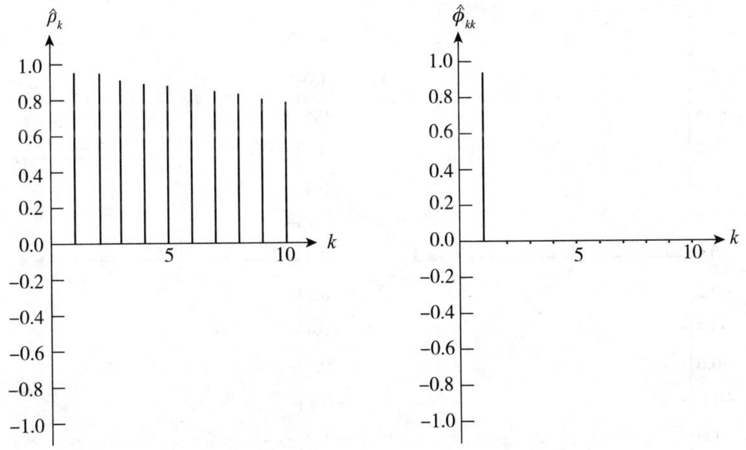

（b）针对由（1−B）Z_t=4+a_t 模拟得到的 Z_t

图 4-3　随机游走模型的样本 ACF 和样本 PACF

表 4-2　　由随机游走模型模拟的差分序列的样本 ACF 和样本 PACF

(a) 针对由 $(1-B)Z_t=a_t$ 模拟得到的 $W_t=(1-B)Z_t$

k	1	2	3	4	5	6	7	8	9	10
$\hat{\rho}_k$	0.11	0.03	0.00	0.00	0.11	0.02	0.06	0.01	−0.02	0.06
St. E.	0.10	0.10	0.10	0.10	0.10	0.10	0.10	0.10	0.10	0.10
$\hat{\phi}_{kk}$	0.11	0.02	0.00	0.00	0.11	0.00	0.05	0.00	−0.03	0.05
St. E.	0.10	0.10	0.10	0.10	0.10	0.10	0.10	0.10	0.10	0.10

(b) 针对由 $(1-B)Z_t=4+a_t$ 模拟得到的 $W_t=(1-B)Z_t$

k	1	2	3	4	5	6	7	8	9	10
$\hat{\rho}_k$	0.11	0.03	0.00	0.00	0.11	0.02	0.06	0.01	−0.02	0.06
St. E.	0.10	0.10	0.10	0.10	0.10	0.10	0.10	0.10	0.10	0.10
$\hat{\phi}_{kk}$	0.11	0.02	0.00	0.00	0.11	0.00	0.05	0.00	−0.03	0.05
St. E.	0.10	0.10	0.10	0.10	0.10	0.10	0.10	0.10	0.10	0.10

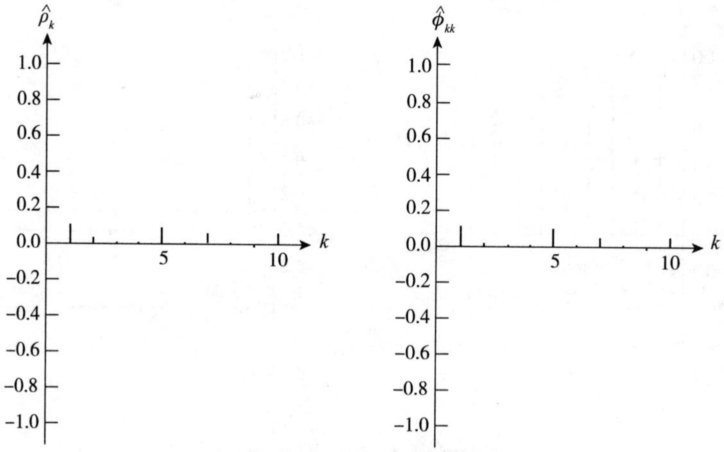

（a）针对由（$1-B$）$Z_t=a_t$ 模拟得到的 $W_t=(1-B)Z_t$

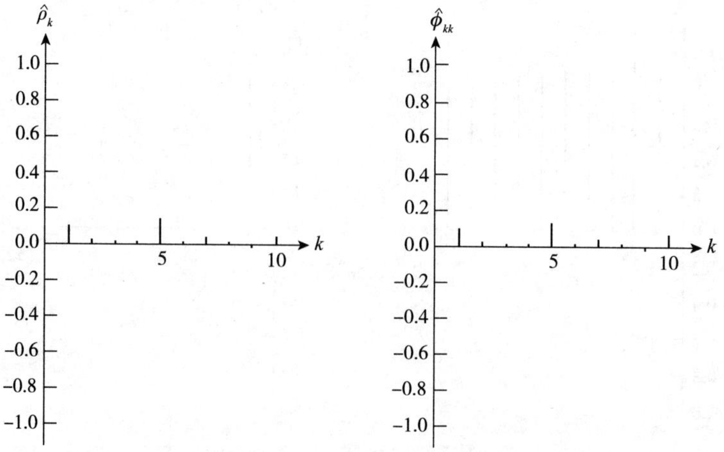

（b）针对由（$1-B$）$Z_t=4+a_t$ 模拟得到的 $W_t=(1-B)Z_t$

图 4-4　差分序列的样本 ACF 和样本 PACF

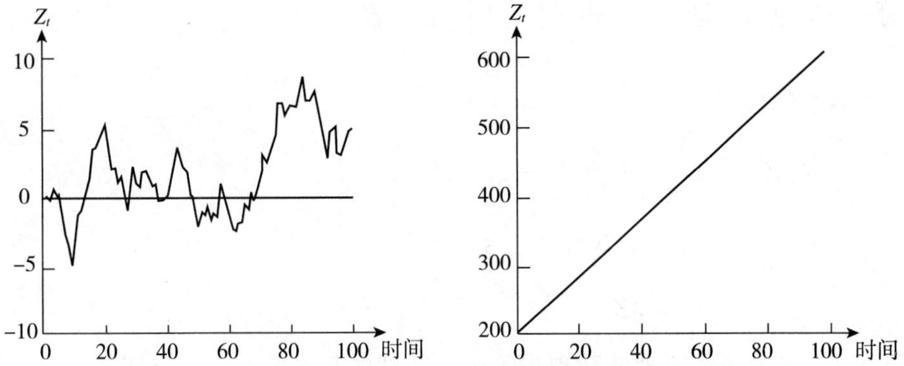

（a）随机游走模型的一个模拟序列
$(1-B)Z_t=a_t$

（b）带有漂移的随机游走模型的一个模拟序列
$(1-B)Z_t=4+a_t$

图 4－5　随机游走模型的模拟序列

4.2.3　ARIMA(0，1，1) 或 IMA(1，1) 模型

当 $p=0$，$d=1$，$q=1$ 时，式（4.2.1）中的模型就变为

$$(1-B)Z_t=(1-\theta B)a_t \tag{4.2.7a}$$

或

$$Z_t=Z_{t-1}+a_t-\theta a_{t-1} \tag{4.2.7b}$$

其中，$-1<\theta<1$。该 Z_t 的 IMA(1，1) 模型就退化为一阶差分序列 $(1-B)Z_t$ 的一个平稳 MA(1) 模型。随机游走模型是该 IMA(1，1) 模型在 $\theta=0$ 时的特例。可以通过原序列样本 ACF 不截尾和一阶差分序列样本 ACF 显示出一阶移动平均的特性来刻画 IMA(1，1) 模型的基本特征。

对于 $-1<\theta<1$，有

$$\begin{aligned}\frac{(1-B)}{(1-\theta B)}&=(1-B)(1+\theta B+\theta^2B^2+\cdots)\\&=1+\theta B+\theta^2B^2+\cdots-B-\theta B^2-\cdots\\&=1-(1-\theta)B-(1-\theta)\theta B^2-(1-\theta)\theta^2B^3-\cdots\\&=1-\alpha B-\alpha(1-\alpha)B^2-\alpha(1-\alpha)^2B^3-\cdots\end{aligned} \tag{4.2.8}$$

其中，$\alpha=(1-\theta)$。因此，

$$Z_t=\alpha\sum_{j=1}^{\infty}(1-\alpha)^{j-1}Z_{t-j}+a_t \tag{4.2.9}$$

该式是模型的 AR 表示，从回归分析的结果可知 Z_t 的最佳预报为

$$\hat{Z}_t=\alpha\sum_{j=1}^{\infty}(1-\alpha)^{j-1}Z_{t-j} \tag{4.2.10}$$

换言之，Z_t 在时刻 t 的最佳预报是对其过去值 Z_{t-1}，Z_{t-2}，…的一个加权移动平均，其中

权数随时间指数衰减。进一步，式（4.2.10）意味着

$$\begin{aligned}\hat{Z}_{t+1} &= \alpha\sum_{j=1}^{\infty}(1-\alpha)^{j-1}Z_{t+1-j}\\ &= \alpha Z_t + (1-\alpha)\alpha\sum_{j=2}^{\infty}(1-\alpha)^{j-2}Z_{t+1-j}\\ &= \alpha Z_t + (1-\alpha)\alpha\sum_{i=1}^{\infty}(1-\alpha)^{i-1}Z_{t-i}\\ &= \alpha Z_t + (1-\alpha)\hat{Z}_t\end{aligned}$$

由此可见，Z 在下一时期的新预报等于新得到的观测值和上一时期预报值的加权平均。在指数平滑方法中，该加权系数常被称为平滑系数。于是，许多平滑模型都是一般 ARIMA(p, d, q) 模型的特例。请参考 Abraham 和 Ledolter（1983）对于指数平滑和 ARIMA 模型关系的更详细的讨论。

例 4-2 分别对以下三个 ARIMA 模型模拟 250 个值：（1）ARIMA(1，1，0）模型 $(1-0.8B)(1-B)Z_t=a_t$；（2）ARIMA(0，1，1）模型 $(1-B)Z_t=(1-0.75B)a_t$；（3）ARIMA(1，1，1）模型 $(1-0.9B)(1-B)Z_t=(1-0.5B)a_t$。序列 a_t 是独立的 $N(0, 1)$ 高斯白噪声序列。表 4-3 和图 4-6 计算并给出了三个原序列的样本 ACF 和样本 PACF。

表 4-3　由三个 ARIMA 模型模拟得到的原序列 Z_t 的样本 ACF 和样本 PACF

(a) 针对由 $(1-0.8B)(1-B)Z_t=a_t$ 模拟得到的 Z_t

k	1	2	3	4	5	6	7	8	9	10
$\hat{\rho}_k$	0.97	0.95	0.92	0.89	0.86	0.83	0.80	0.77	0.74	0.72
St. E.	0.06	0.11	0.14	0.16	0.18	0.19	0.21	0.22	0.23	0.24
$\hat{\phi}_{kk}$	0.97	−0.06	−0.04	−0.02	−0.01	−0.01	−0.01	−0.00	0.02	0.03
St. E.	0.06	0.06	0.06	0.06	0.06	0.06	0.06	0.06	0.06	0.06

(b) 针对由 $(1-B)Z_t=(1-0.75B)a_t$ 模拟得到的 Z_t

k	1	2	3	4	5	6	7	8	9	10
$\hat{\rho}_k$	0.96	0.91	0.86	0.82	0.79	0.75	0.72	0.69	0.67	0.66
St. E.	0.06	0.11	0.13	0.15	0.17	0.19	0.20	0.21	0.22	0.22
$\hat{\phi}_{kk}$	0.96	−0.13	0.04	0.01	0.03	0.01	0.00	0.13	0.07	0.06
St. E.	0.06	0.06	0.06	0.06	0.06	0.06	0.06	0.06	0.06	0.06

(c) 针对由 $(1-0.9B)(1-B)Z_t=(1-0.5B)a_t$ 模拟得到的 Z_t

k	1	2	3	4	5	6	7	8	9	10
$\hat{\rho}_k$	0.98	0.96	0.94	0.91	0.89	0.87	0.84	0.82	0.80	0.78
St. E.	0.06	0.11	0.14	0.16	0.18	0.20	0.21	0.23	0.24	0.25
$\hat{\phi}_{kk}$	0.98	−0.03	−0.03	−0.02	−0.02	−0.02	−0.02	−0.01	0.01	0.02
St. E.	0.06	0.06	0.06	0.06	0.06	0.06	0.06	0.06	0.06	0.06

每个序列都显示出 ACF 持续很大和滞后 1 期 PACF 特别大的现象。处于主导地位的非平稳现象遮掩了这些模型的根本特征的一些重要细节。为了消除这种影响，对每个序列取差分。表 4－4 和图 4－7 给出了这些差分序列的样本 ACF 和样本 PACF。现在，这些重要细节都显现了出来。由 ARIMA(1，1，0) 模型模拟的 $W_t=(1-B)Z_t$ 的样本 ACF $\hat{\rho}_k$ 是拖尾的，而其样本 PACF $\hat{\phi}_{kk}$ 在滞后 1 期之后截尾；由 ARIMA(0，1，1) 模型模拟的 $W_t=(1-B)Z_t$ 的样本 ACF $\hat{\rho}_k$ 在滞后 1 期之后截尾，而其样本 PACF $\hat{\phi}_{kk}$ 是拖尾的；由 ARIMA(1，1，1) 模型模拟的 $W_t=(1-B)Z_t$ 的样本 ACF $\hat{\rho}_k$ 和样本 PACF $\hat{\phi}_{kk}$ 均为拖尾的，这与第 3 章的讨论吻合。

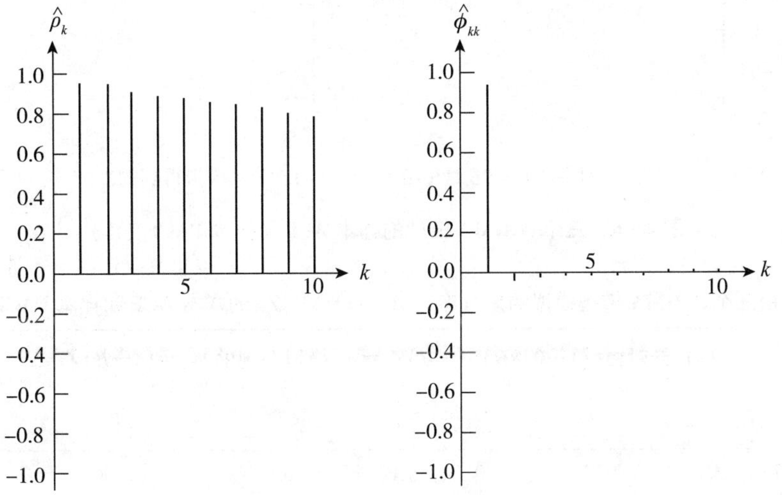

（a）针对由（1−0.8B）(1−B) $Z_t=a_t$ 模拟得到的 Z_t

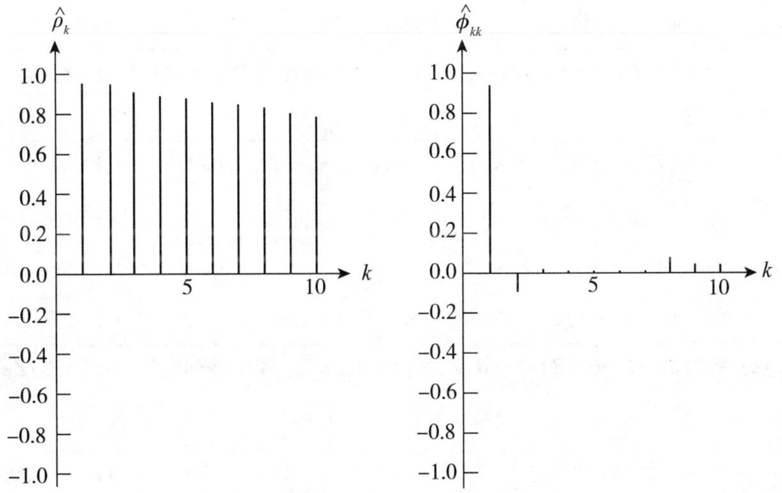

（b）针对由（1−B）Z_t=（1−0.75B）a_t 模拟得到的 Z_t

图 4－6　三个 ARIMA 模型的样本 ACF 和样本 PACF

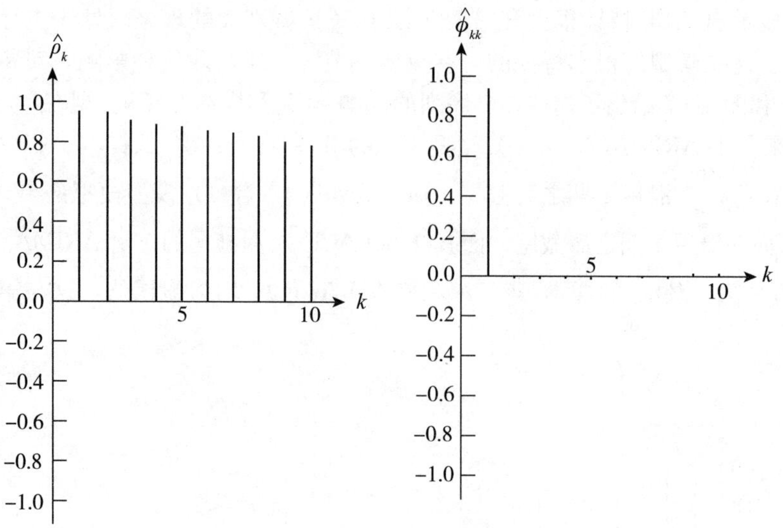

（c）针对由（$1-0.9B$）（$1-B$）$Z_t=$（$1-0.5B$）a_t 模拟得到的 Z_t

图 4－6　三个 ARIMA 模型的样本 ACF 和样本 PACF（续）

表 4－4　　由三个 ARIMA 模型模拟的差分序列 $W_t=(1-B)Z_t$ 的样本 ACF 和样本 PACF

(a) 针对由 $(1-0.8B)(1-B)Z_t=a_t$ 模拟得到的 $W_t=(1-B)Z_t$

k	1	2	3	4	5	6	7	8	9	10
$\hat{\rho}_k$	0.71	0.50	0.36	0.20	0.12	0.05	0.02	0.00	−0.03	−0.01
St. E.	0.06	0.09	0.10	0.11	0.11	0.11	0.11	0.11	0.11	0.11
$\hat{\phi}_{kk}$	0.71	0.01	0.01	−0.12	0.04	−0.04	0.00	0.11	−0.03	0.05
St. E.	0.06	0.06	0.06	0.06	0.06	0.06	0.06	0.06	0.06	0.06

(b) 针对由 $(1-B)Z_t=(1-0.75B)a_t$ 模拟得到的 $W_t=(1-B)Z_t$

k	1	2	3	4	5	6	7	8	9	10
$\hat{\rho}_k$	0.40	−0.07	−0.02	−0.10	−0.08	−0.06	−0.06	−0.14	−0.04	0.04
St. E.	0.06	0.07	0.07	0.07	0.07	0.07	0.07	0.07	0.07	0.07
$\hat{\phi}_{kk}$	0.40	−0.28	0.16	−0.23	0.11	−0.16	0.07	−0.10	0.02	0.05
St. E.	0.06	0.06	0.06	0.06	0.06	0.06	0.06	0.06	0.06	0.06

(c) 针对由 $(1-0.9B)(1-B)Z_t=(1-0.5B)a_t$ 模拟得到的 $W_t=(1-B)Z_t$

k	1	2	3	4	5	6	7	8	9	10
$\hat{\rho}_k$	0.41	0.34	0.33	0.17	0.18	0.12	0.08	0.11	0.05	0.09
St. E.	0.06	0.07	0.08	0.08	0.09	0.09	0.09	0.09	0.09	0.09
$\hat{\phi}_{kk}$	0.41	0.20	0.17	−0.06	0.04	−0.01	0.00	0.04	−0.03	0.06
St. E.	0.06	0.06	0.06	0.06	0.06	0.06	0.06	0.06	0.06	0.06

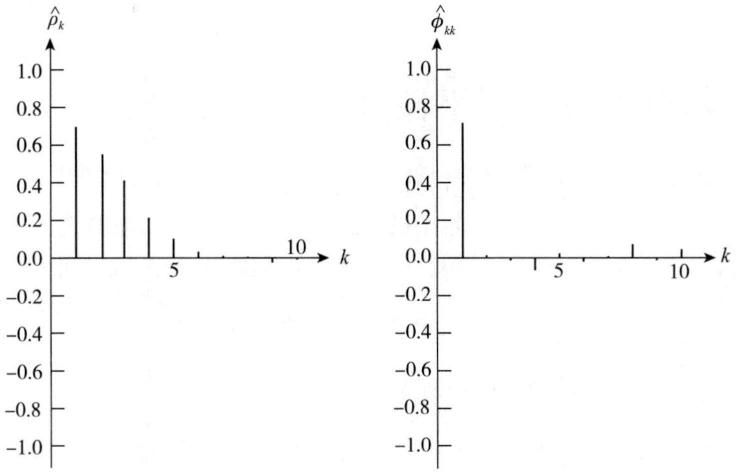

（a）针对由（$1-0.8B$）（$1-B$）$Z_t=a_t$ 模拟得到的 $W_t=$（$1-B$）Z_t

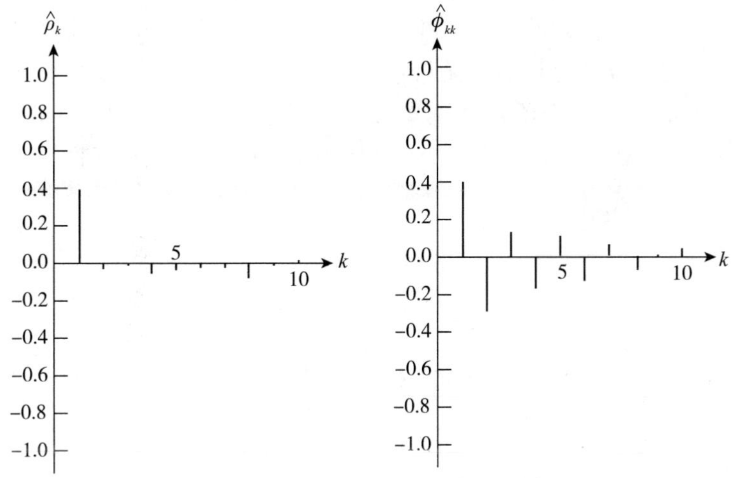

（b）针对由（$1-B$）$Z_t=$（$1-0.75B$）a_t 模拟得到的 $W_t=$（$1-B$）Z_t

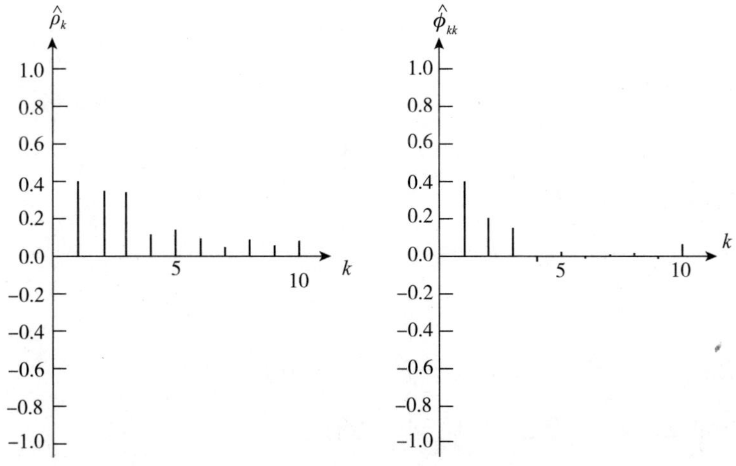

（c）针对由（$1-0.9B$）（$1-B$）$Z_t=$（$1-0.5B$）a_t 模拟得到的 $W_t=$（$1-B$）Z_t

图 4－7　由三个 ARIMA 模型模拟的差分序列的样本 ACF 和样本 PACF

4.3 方差和自协方差非平稳

使用差分可以将一个齐次非平稳时间序列转化为一个平稳时间序列。然而，许多非平稳时间序列是非齐次的。这些序列的非平稳性不是由它们时变的均值造成的，而是由它们时变的方差和自协方差造成的。为了将这种非平稳序列转化为平稳序列，我们需要一些不同于差分的变换。

4.3.1 ARIMA 模型的方差和自协方差

一个均值平稳过程的方差和自协方差不一定是平稳的。然而，一个均值非平稳过程的方差和自协方差也将是非平稳的。如前节所述，ARIMA 模型的均值函数是时变的。现在来说明 ARIMA 模型关于方差和自协方差函数也是非平稳的。

注意到关于 ARIMA 模型的一个非常重要的特征，即尽管模型是非平稳的，但是对于任意时刻，该过程的所有特性仅由有限个参数（即 ϕ_i，θ_j 和 σ_a^2）决定。因此，该过程未来所有可能的变化都可由一个给定数据集 $\{Z_1, Z_2, \cdots, Z_n\}$ 的拟合 ARIMA 模型推出。例如，假定用下述 IMA(1，1) 模型去拟合一个有 n_0 个观测值的序列

$$(1-B)Z_t=(1-\theta B)a_t \tag{4.3.1a}$$

或

$$Z_t=Z_{t-1}+a_t-\theta a_{t-1} \tag{4.3.1b}$$

将 n_0 作为初始时刻，对于 $t>n_0$，通过迭代，有

$$\begin{aligned} Z_t &= Z_{t-1}+a_t-\theta a_{t-1} \\ &= Z_{t-2}+a_t+(1-\theta)a_{t-1}-\theta a_{t-2} \\ &\vdots \\ &= Z_{n_0}+a_t+(1-\theta)a_{t-1}+\cdots+(1-\theta)a_{n_0+1}-\theta a_{n_0} \end{aligned} \tag{4.3.2}$$

类似地，对于 $t-k>n_0$，有

$$Z_{t-k}=Z_{n_0}+a_{t-k}+(1-\theta)a_{t-k-1}+\cdots+(1-\theta)a_{n_0+1}-\theta a_{n_0} \tag{4.3.3}$$

因此，相对于初始时刻 n_0，有

$$\text{Var}(Z_t)=[1+(t-n_0-1)(1-\theta)^2]\sigma_a^2 \tag{4.3.4}$$

$$\text{Var}(Z_{t-k})=[1+(t-k-n_0-1)(1-\theta)^2]\sigma_a^2 \tag{4.3.5}$$

$$\text{Cov}(Z_{t-k}, Z_t)=[(1-\theta)+(t-k-n_0-1)(1-\theta)^2]\sigma_a^2 \tag{4.3.6}$$

我们注意到其中的 Z_{n_0} 和 a_{n_0} 是已知的，进一步有

$$\text{Corr}(Z_{t-k}, Z_t)=\frac{\text{Cov}(Z_{t-k}, Z_t)}{\sqrt{\text{Var}(Z_{t-k})\text{Var}(Z_t)}}$$

$$=\frac{(1-\theta)+(t-k-n_0-1)(1-\theta)^2}{\sqrt{[1+(t-k-n_0-1)(1-\theta)^2][1+(t-n_0-1)(1-\theta)^2]}} \tag{4.3.7}$$

现在，通过式（4.3.4）至式（4.3.7），我们有以下重要结论：

（1）ARIMA 过程的方差 $\text{Var}(Z_t)$ 依赖于时间，且对于 $k\neq 0$ 有 $\text{Var}(Z_t)\neq\text{Var}(Z_{t-k})$。

（2）当 $t\to\infty$ 时，方差 $\text{Var}(Z_t)$ 是无界的。

（3）过程的自协方差 $\text{Cov}(Z_{t-k}, Z_t)$ 和自相关函数 $\text{Corr}(Z_{t-k}, Z_t)$ 也依赖于时间，并随时间的变化而变化，并不是不变的。换言之，它们不仅是所研究的两个时刻之差 k 的函数，也是这两个时刻的相对初始时刻 t 和整个序列的初始时刻 n_0 的函数。

（4）若 t 相对于 n_0 来说很大，则由式（4.3.7）可知 $\text{Corr}(Z_{t-k}, Z_t)\simeq 1$。因为 $|\text{Corr}(Z_{t-k}, Z_t)|\leqslant 1$，这意味着当 k 增大时自相关函数衰减得很慢。

一般而言，由于没有重复观测，所以对一个非平稳过程而言，无论是对其均值，自协方差还是自相关函数做统计推断都是困难的甚至是不可能的。幸运的是，对于齐次非平稳过程，我们可以应用适当差分的方法使其转化为平稳过程。也就是说，尽管原序列 Z_t 为非平稳的，但是其适当差分后的序列 $W_t=(1-B)^d Z_t$ 是平稳的，并且能用以下 ARMA 过程来表示

$$\phi(B)W_t=\theta(B)a_t \tag{4.3.8}$$

其中，$\phi(B)=(1-\phi_1 B-\cdots-\phi_p B^p)$ 和 $\theta(B)=(1-\theta_1 B-\cdots-\theta_q B^q)$ 的根必须在单位圆之外。于是，控制 Z_t 特性的参数 ϕ_i，θ_j 和 σ_a^2 就能由差分序列 W_t，利用与第 7 章所讨论的平稳情形完全一样的方法估计出来。

4.3.2　方差稳定变换

并非所有的非平稳序列都能通过差分的方法变换为平稳序列。许多时间序列是均值平稳但方差非平稳的。为了克服这个问题，我们需要适当的方差稳定变换。

一个非平稳过程的方差随其均值水平的变化而变化是很普遍的。因此，对于某个取值为正的常数 c 和函数 f，有

$$\text{Var}(Z_t)=cf(\mu_t) \tag{4.3.9}$$

如何找到函数 T，使得变换后的序列 $T(Z_t)$ 的方差为常数？为了说明这个问题，我们首先用函数在点 μ_t 的一阶泰勒级数来近似想要的函数。令

$$T(Z_t)\simeq T(\mu_t)+T'(\mu_t)(Z_t-\mu_t) \tag{4.3.10}$$

其中，$T'(\mu_t)$ 是 $T(Z_t)$ 的一阶导数在 μ_t 的取值。现在有

$$\begin{aligned}\text{Var}[T(Z_t)]&\simeq[T'(\mu_t)]^2\text{Var}(Z_t)\\&=c[T'(\mu_t)]^2 f(\mu_t)\end{aligned} \tag{4.3.11}$$

因此，为了使 $T(Z_t)$ 的方差为常数，选取的方差稳定变换 $T(Z_t)$ 必须满足

$$T'(\mu_t)=\frac{1}{\sqrt{f(\mu_t)}} \tag{4.3.12}$$

这也就意味着

$$T(\mu_t)=\int\frac{1}{\sqrt{f(\mu_t)}}\mathrm{d}\mu_t \tag{4.3.13}$$

例如，如果一个序列的标准差与其均值水平成比例，即 $\mathrm{Var}(Z_t)=c\mu_t^2$，那么有

$$T(\mu_t)=\int\frac{1}{\sqrt{\mu_t^2}}\mathrm{d}\mu_t=\ln(\mu_t) \tag{4.3.14}$$

因此，序列的对数变换（前提是不相关）$\ln(Z_t)$ 将拥有恒定不变的方差。

其次，如果序列的方差与其均值水平成比例，即 $\mathrm{Var}(Z_t)=c\mu_t$，那么有

$$T(\mu_t)=\int\frac{1}{\sqrt{\mu_t}}\mathrm{d}\mu_t=2\sqrt{\mu_t} \tag{4.3.15}$$

于是，序列的平方根变换$\sqrt{Z_t}$将拥有恒定的方差。

最后，如果序列的标准差与其均值水平的平方成比例，即 $\mathrm{Var}(Z_t)=c\mu_t^4$，那么有

$$T(\mu_t)=\int\frac{1}{\sqrt{\mu_t^4}}\mathrm{d}\mu_t=-\frac{1}{\mu_t} \tag{4.3.16}$$

因此，想要的拥有恒定方差的变换为倒数 $1/Z_t$。

更一般地，可以使用由 Box 和 Cox（1964）引入的指数变换

$$T(Z_t)=\frac{Z_t^\lambda-1}{\lambda} \tag{4.3.17}$$

先前所讨论的许多变换均是此类变换的特例。例如，下表给出了某些常用的 λ 值及其相应的变换。

λ 值	变换
-1.0	$\frac{1}{Z_t}$
-0.5	$\frac{1}{\sqrt{Z_t}}$
0.0	$\ln Z_t$
0.5	$\sqrt{Z_t}$
1.0	Z_t（无变换）

下面说明为什么 $\lambda=0$ 时对应的是对数变换，注意到

$$\lim_{\lambda\to 0}T(Z_t)=\lim_{\lambda\to 0}\frac{Z_t^\lambda-1}{\lambda}=\ln(Z_t) \tag{4.3.18}$$

使用式（4.3.17）中变换的一个很大的好处就是可以把 λ 看作变换参数，并通过数据估计出它的值。例如，可以在模型中加入参数 λ，即 $(1-\phi_1B-\cdots-\phi_pB^p)(Z_t^{(\lambda)}-\mu)=(1-\theta_1B-\cdots-\theta_qB^q)a_t$，然后选择 λ 值使得残差的均方误差最小。Box 和 Cox（1964）证明了 λ 的最大似然估计能使“标准化”数据拟合模型的残差均方误差达到最小，所谓“标准化”

数据可由如下公式得到

$$Z_t^{(\lambda)}=\frac{Z_t^{\lambda}-1}{\lambda(\widetilde{Z})^{\lambda-1}} \tag{4.3.19}$$

其中

$$\widetilde{Z}=\left(\prod_{t=1}^{n}Z_t\right)^{1/n} \tag{4.3.20}$$

是数据的几何平均值，此法源自雅可比变换。于是，对于 $\lambda=0$，残差的均方误差可由以下变换后数据的拟合模型计算得到

$$Z_t^{(0)}=\lim_{\lambda\to 0}Z_t^{(\lambda)}=(\ln Z_t)\widetilde{Z} \tag{4.3.21}$$

在数据分析的初始阶段，可以使用 AR 模型作为近似，然后通过使残差均方误差达到最小的 AR 拟合来获得 λ 的值。λ 的最佳估计值可通过对其在取值范围内进行网格搜索而获得，标准是残差的均方误差达到最小。

有几点需要注意：

（1）以上引入的方差稳定变换只是针对正值序列定义的。然而，这一点并不会构成限制，这是因为我们总可以给序列加上一个常数，而不影响序列的相关结构。

（2）如果需要做方差稳定变换，就必须在任何其他分析（例如差分）之前进行。

（3）通常，方差稳定变换不仅使序列方差得以稳定，而且提高了序列分布与正态分布的相似度。

练　习

4.1 考虑模型

$$(1-B)^2Z_t=(1-0.3B-0.5B^2)a_t$$

（a）模型对于 Z_t 是否平稳？为什么？

（b）令 $W_t=(1-B)^2Z_t$，则模型对于 W_t 是否平稳？为什么？

（c）求二阶差分序列 W_t 的 ACF。

4.2 考虑以下过程：

（1）$(1-B)^2Z_t=a_t-0.81a_{t-1}+0.38a_{t-2}$。

（2）$(1-B)Z_t=(1-0.5B)a_t$。

通过具体求解 π 权并作图，分别求出上述过程的 AR 表示。

4.3（a）由下述的每个模型模拟 100 个观测值的序列：

（ⅰ）$(1-B)Z_t=(1-0.6B)a_t$。

（ⅱ）$(1-B)Z_t=5+(1-0.6B)a_t$。

（ⅲ）$(1-0.9B)(1-B)Z_t=a_t$。

（ⅳ）$(1-0.9B)(1-B)Z_t=(1-0.5B)a_t$。

(b) 作模拟序列图。

(c) 对每个模拟序列及其差分计算它们的样本 ACF $\hat{\rho}_k$ 和样本 PACF $\hat{\phi}_{kk}$ ($k=0$，1，…，20)。

4.4 假定 Z_t 由 $Z_t=a_t+ca_{t-1}+\cdots+ca_1$ ($t\geqslant1$，c 为常数) 产生：

(a) 求 Z_t 的均值和协方差。它是平稳的吗？

(b) 求 $(1-B)Z_t$ 的均值和协方差。它是平稳的吗？

4.5 考虑简单白噪声过程 $Z_t=a_t$，通过检查差分序列 $W_t=Z_t-Z_{t-1}$ 的样本 ACF、PACF 和 AR 表示来讨论过度差分的后果。

4.6 令 Z_1，Z_2，…，Z_n 为一个均值为 μ 的泊松分布的随机样本：

(a) 证明 Z_t 的方差依赖于其均值 μ；

(b) 求一个适当变换，使得变换后变量的方差独立于 μ；

(c) 求变换后变量的方差。

4.7 令 r_n 为样本量为 n 的皮尔逊相关系数。已知当 n 充分大时 r_n 渐近服从分布 $N(\rho,(1-\rho^2)^2/n)$，其中 ρ 为总体相关系数。证明 Fisher z-变换 $Z=\frac{1}{2}\ln((1+r_n)/(1-r_n))$ 实际上是一种方差稳定变换。

第5章 预　　报

不管对个人还是组织，不确定性都是其本质。对于诸如生产管理、库存系统、质量控制、财政计划和投资分析等众多领域中的策划和管理来说，预报量都是不可或缺的。本章将对第 3 章和第 4 章引入的平稳和非平稳时间序列模型给出最小均方误差预报，得到新信息时及时修正预报值。我们也将讨论根据最终预报函数构建的时间序列模型结构。

5.1 引　言

在时间序列分析中，最重要的一个目的就是预报其未来值。即便对时间序列建模的最终目的是系统控制，其操作通常也是基于预报的。在近几年的时间序列文献中，术语“forecasting”比术语“prediction”用得更为频繁。然而，绝大多数预报结果的依据均是线性预报的一般理论，该理论是由 Kolmogorov（1939，1941），Wiener（1949），Kalman（1960），Yaglom（1962）和 Whittle（1983）等人逐步发展起来的。

考虑一般 ARIMA(p，d，q）模型

$$\phi(B)(1-B)^d Z_t=\theta(B)a_t \tag{5.1.1}$$

其中，$\phi(B)=(1-\phi B-\cdots-\phi_p B^p)$，$\theta(B)=(1-\theta_1 B-\cdots-\theta_q B^q)$，序列 a_t 是服从 $N(0,\sigma_a^2)$ 分布的高斯白噪声过程。为了不失一般性和简化这个过程，确定性趋势参数 θ_0 常常可以忽略。式（5.1.1）是预报应用中最常使用的模型之一。我们将讨论在 $d=0$ 和 $d\neq 0$ 时该模型中 Z_t 的最小均方误差预报。

5.2 最小均方误差预报

在预报时，我们的目的是得到没有误差或者误差尽可能小的最佳预报值，因此，很自然地会寻找最小均方误差预报。该预报将根据均方误差最小化准则得到最佳未来值。

5.2.1 ARMA 模型的最小均方误差预报

为了推出最小均方误差预报，先来考虑当 $d=0$ 和 $\mu=0$ 时的情形，即下述平稳

ARMA 模型

$$\phi(B)Z_t=\theta(B)a_t \tag{5.2.1}$$

因为模型是平稳的，所以能将其改写为移动平均表示

$$\begin{aligned}Z_t &=\psi(B)a_t\\ &=a_t+\psi_1 a_{t-1}+\psi_2 a_{t-2}+\cdots\end{aligned} \tag{5.2.2}$$

其中

$$\psi(B)=\sum_{j=0}^{\infty}\psi_j B^j=\frac{\theta(B)}{\phi(B)} \tag{5.2.3}$$

以及 $\psi_0=1$。对于 $t=n+l$，我们有

$$Z_{n+l}=\sum_{j=0}^{\infty}\psi_j a_{n+l-j} \tag{5.2.4}$$

假定在 $t=n$ 时刻有观测值 Z_n，Z_{n-1}，Z_{n-2}，…，同时我们希望通过观测值 Z_n，Z_{n-1}，Z_{n-2}，…的线性组合来预报向前 l 步的未来值 Z_{n+l}。因为对于$t=n$，$n-1$，$n-2$，…时刻 Z_t 能写为式（5.2.2）的形式，所以可以令 Z_{n+l}的最小均方误差预报$\hat{Z}_n(l)$ 为

$$\hat{Z}_n(l)=\psi_l^* a_n+\psi_{l+1}^* a_{n-1}+\psi_{l+2}^* a_{n-2}+\cdots \tag{5.2.5}$$

其中，ψ_j^* 是待确定的参数。预报的均方误差为

$$E(Z_{n+l}-\hat{Z}_n(l))^2=\sigma_a^2\sum_{j=0}^{l-1}\psi_j^2+\sigma_a^2\sum_{j=0}^{\infty}\left[\psi_{l+j}-\psi_{l+j}^*\right]^2$$

很容易看出当 $\psi_{l+j}^*=\psi_{l+j}$时，上式取得最小值。因此，

$$\hat{Z}_n(l)=\psi_l a_n+\psi_{l+1}a_{n-1}+\psi_{l+2}a_{n-2}+\cdots \tag{5.2.6}$$

利用式（5.2.4）以及

$$E(a_{n+j}\,|\,Z_n,\,Z_{n-1},\,\cdots)=\begin{cases}0, & j>0\\ a_{n+j}, & j\leqslant 0\end{cases}$$

于是，有

$$E(Z_{n+l}\,|\,Z_n,\,Z_{n-1},\,\cdots)=\psi_l a_n+\psi_{l+1}a_{n-1}+\psi_{l+2}a_{n-2}+\cdots$$

于是，由 Z_{n+l}的条件期望可以得到其最小均方误差预报，即

$$\hat{Z}_n(l)=E(Z_{n+l}\,|\,Z_n,Z_{n-1},\cdots) \tag{5.2.7}$$

$\hat{Z}_n(l)$ 通常被称为 Z_{n+l}在预报初始时刻 n 的向前 l 步预报。

预报误差为

$$e_n(l)=Z_{n+l}-\hat{Z}_n(l)=\sum_{j=0}^{l-1}\psi_j a_{n+l-j} \tag{5.2.8}$$

因为 $E(e_n(l)\,|\,Z_t,\ t\leqslant n)=0$，所以预报是无偏的，且预报误差的方差为

$$\mathrm{Var}(e_n(l))=\sigma_a^2\sum_{j=0}^{l-1}\psi_j^2 \tag{5.2.9}$$

对于正态过程，置信度为 $(1-\alpha)100\%$的预报区间为

$$\hat{Z}_n(l)\pm N_{\alpha/2}\left[1+\sum_{j=0}^{l-1}\psi_j^2\right]^{1/2}\sigma_a \tag{5.2.10}$$

其中，$N_{\alpha/2}$为使得 $P(N>N_{\alpha/2})=\alpha/2$的标准正态分布的分位数。

式（5.2.8）所给出的预报误差 $e_n(l)$ 是时刻 n 以后进入系统的未来随机冲击的线性组合。特别地，一步预报误差为

$$e_n(1)=Z_{n+1}-\hat{Z}_n(1)=a_{n+1} \tag{5.2.11}$$

因此，一步预报误差是独立的，这意味着 $\hat{Z}_n(1)$ 实际上是 Z_{n+1}的最佳预报。相反地，如果一步预报误差是相关的，那么我们可以通过已有的误差 a_n，a_{n-1}，a_{n-2}，…来构造 a_{n+1}的预报 $\hat{a}_{n+1}$。因此通过简单地使用 $\hat{Z}_n(1)+\hat{a}_{n+1}$作为预报便可提高 Z_{n+1}的预报精度。而对于向前 $l(l>1)$ 步而言预报误差都是相关的。这种相关性对于预报误差

$$e_n(l)=Z_{n+l}-\hat{Z}_n(l)=a_{n+l}+\psi_1a_{n+l-1}+\cdots+\psi_{l-1}a_{n+1} \tag{5.2.12}$$

和

$$e_{n-j}(l)=Z_{n+l-j}-\hat{Z}_{n-j}(l)=a_{n+l-j}+\psi_1a_{n+l-j-1}+\cdots+\psi_{l-1}a_{n-j+1} \tag{5.2.13}$$

来说都存在，这两个预报误差的步长相同，但初始时刻 n 和 $n-j$（其中 $j<l$）不同。另外，相同的初始时刻但不同步长的预报误差也存在相关性。例如，

$$\mathrm{Cov}[e_n(2),e_n(1)]=E[(a_{n+2}+\psi_1a_{n+1})(a_{n+1})]=\psi_1\sigma_a^2 \tag{5.2.14}$$

5.2.2 ARIMA 模型的最小均方误差预报

现在考虑一般 $d\neq 0$ 的非平稳 ARIMA(p,d,q) 模型，即

$$\phi(B)(1-B)^dZ_t=\theta(B)a_t \tag{5.2.15}$$

其中，$\phi(B)=(1-\phi_1B-\cdots-\phi_pB^p)$和 $\theta(B)=(1-\theta_1B-\cdots-\theta_qB^q)$分别是平稳 AR 算子和可逆 MA 算子。尽管如第 4 章所述，该过程的均值和二阶矩（如方差函数和自协方差函数）均随时间的变化而变化，但是该过程的全部演变由有限个参数完全确定。因此，我们可以把该过程的预报看作对这些参数做估计，进而通过贝叶斯定理得到最小均方误差预报。众所周知，均方误差准则等同于一个平方损失函数，而在已知 Z_n，Z_{n-1}，Z_{n-2}，…的情形下，通过均方误差最小化这种方法可以得到 Z_{n+l} 的最佳预报为其条件期望 $E(Z_{n+l}\mid Z_n,Z_{n-1},\cdots)$。当然，前面讨论过的平稳 ARMA 模型的最小均方误差预报是 ARIMA(p,d,q) 模型预报在 $d=0$ 时的特例。

为了得到一般 ARIMA 模型预报的方差，我们将 $t+l$ 时刻的模型改写成 AR 表示，AR 表示总是存在，原因是模型是可逆的。于是有

$$\pi(B)Z_{t+l}=a_{t+l} \tag{5.2.16}$$

其中

$$\pi(B)=1-\sum_{j=1}^{\infty}\pi_j B^j=\frac{\phi(B)(1-B)^d}{\theta(B)} \tag{5.2.17}$$

或者，等价地，

$$Z_{t+l}=\sum_{j=1}^{\infty}\pi_j Z_{t+l-j}+a_{t+l} \tag{5.2.18}$$

根据 Wegman(1986) 的研究，将算子

$$1+\psi_1 B+\cdots+\psi_{l-1}B^{l-1}$$

应用到式（5.2.18），可以得到

$$\sum_{j=0}^{\infty}\sum_{k=0}^{l-1}\pi_j\psi_k Z_{t+l-j-k}+\sum_{k=0}^{l-1}\psi_k a_{t+l-k}=0 \tag{5.2.19}$$

其中，$\pi_0=-1$，$\psi_0=1$。由上式不难得到

$$\begin{aligned}\sum_{j=0}^{\infty}\sum_{k=0}^{l-1}\pi_j\psi_k Z_{t+l-j-k}&=\pi_0 Z_{t+l}+\sum_{m=1}^{l-1}\sum_{i=0}^{m}\pi_{m-i}\psi_i Z_{t+l-m}\\&\quad+\sum_{j=1}^{\infty}\sum_{i=0}^{l-1}\pi_{l-1+j-i}\psi_i Z_{t-j+1}\end{aligned} \tag{5.2.20}$$

选择满足

$$\sum_{i=0}^{m}\pi_{m-i}\psi_i=0,\quad m=1,2,\cdots,l-1 \tag{5.2.21}$$

的 ψ 权，于是，

$$Z_{t+l}=\sum_{j=1}^{\infty}\pi_j^{(l)}Z_{t-j+1}+\sum_{i=0}^{l-1}\psi_i a_{t+l-i} \tag{5.2.22}$$

其中

$$\pi_j^{(l)}=\sum_{i=0}^{l-1}\pi_{l-1+j-i}\psi_i \tag{5.2.23}$$

于是，假设给定 $Z_t(t\leqslant n)$，由于对于 $j>0$，$E(a_{n+j}\mid Z_t,\ t\leqslant n)=0$，所以，

$$\begin{aligned}\hat{Z}_n(l)&=E(Z_{n+l}\mid Z_t,t\leqslant n)\\&=\sum_{j=1}^{\infty}\pi_j^{(l)}Z_{n-j+1}\end{aligned} \tag{5.2.24}$$

预报误差为

$$\begin{aligned}e_n(l)&=Z_{n+l}-\hat{Z}_n(l)\\&=\sum_{j=0}^{l-1}\psi_j a_{n+l-j}\end{aligned} \tag{5.2.25}$$

由式（5.2.21）可知，上式中的权数 ψ_j 可以由权数 π_j 按如下方式递推求得：

$$\psi_j=\sum_{i=0}^{j-1}\pi_{j-i}\psi_i, \qquad j=1, \cdots, l-1 \tag{5.2.26}$$

注意到式（5.2.25）与式（5.2.8）完全一致。因此，式（5.2.7）至式（5.2.14）所给出的结果对于平稳和非平稳的 ARMA 模型都是成立的。

对于平稳过程而言，$\lim_{l\to\infty}\sum_{j=0}^{l-1}\psi_j^2$ 是存在的。因此，由式（5.2.10）可知，最终的预报区间将趋近于两条水平的平行线，如图 5-1（a）所示。而对于非平稳过程，$\lim_{l\to\infty}\sum_{j=0}^{l-1}\psi_j^2$ 不存在。事实上，当 $l\to\infty$ 时，$\sum_{j=0}^{l-1}\psi_j^2$ 不断增加，且没有边界。因此，这种情形下的预报区间将随着预报步长 l 的增大而变得越来越宽，如图 5-1(b) 所示。后一种情形的实际影响是随着预报步长的增大，预报的结果会变得越来越不可靠。有关均方误差预报性质的进一步讨论可以参见 Shaman（1983）。

5.3 预报的计算

由前面的结论可知 Z_{n+l} 相对于预报初始时刻 n 的最小均方误差预报 $\hat{Z}_n(l)$ 为其条件期望

$$\hat{Z}_n(l)=E(Z_{n+l}\mid Z_n, Z_{n-1}, \cdots)$$

我们直接利用模型的差分方程形式很容易就能得到具体的预报。现令

$$\Psi(B)=\phi(B)(1-B)^d=(1-\Psi_1B-\cdots-\Psi_{p+d}B^{p+d})$$

一般 ARIMA(p, d, q) 模型式（5.2.15）能够被写为如下差分方程形式

$$(1-\Psi_1B-\cdots-\Psi_{p+d}B^{p+d})Z_t=(1-\theta_1B-\cdots-\theta_qB^q)a_t \tag{5.3.1}$$

对于 $t=n+l$，我们有

$$\begin{aligned}Z_{n+l}=&\Psi_1Z_{n+l-1}+\Psi_2Z_{n+l-2}+\cdots+\psi_{p+d}Z_{n+l-p-d}\\&+a_{n+l}-\theta_1a_{n+l-1}-\cdots-\theta_q a_{n+l-q}\end{aligned} \tag{5.3.2}$$

在初始时刻 n 取条件期望，得到

$$\begin{aligned}\hat{Z}_n(l)=&\psi_1\hat{Z}_n(l-1)+\cdots+\psi_{p+d}\hat{Z}_n(l-p-d)\\&+\hat{a}_n(l)-\theta_1\hat{a}_n(l-1)-\cdots-\theta_q\hat{a}_n(l-q)\end{aligned} \tag{5.3.3}$$

其中

$$\begin{aligned}&\hat{Z}_n(j)=E(Z_{n+j}\mid Z_n, Z_{n-1}, \cdots), && j\geqslant 1\\&\hat{Z}_n(j)=Z_{n+j}, && j\leqslant 0\\&\hat{a}_n(j)=0, && j\geqslant 1\end{aligned}$$

以及

$$\hat{a}_n(j)=Z_{n+j}-\hat{Z}_{n+j-1}(1)=a_{n+j}, \qquad j\leqslant 0$$

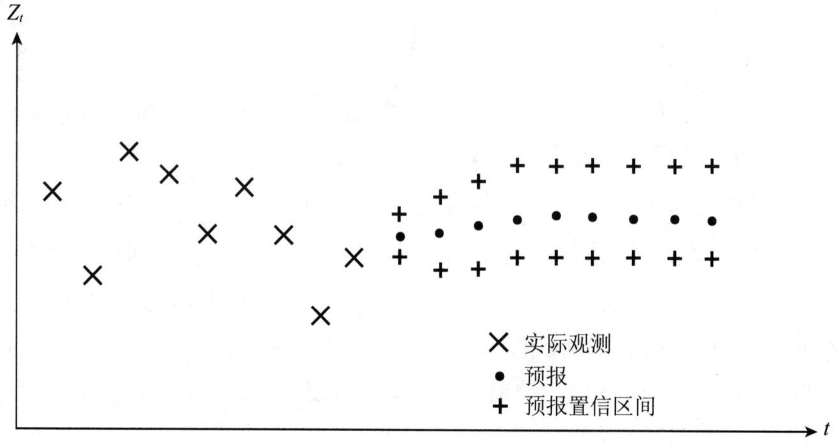

（a）平稳过程的预报

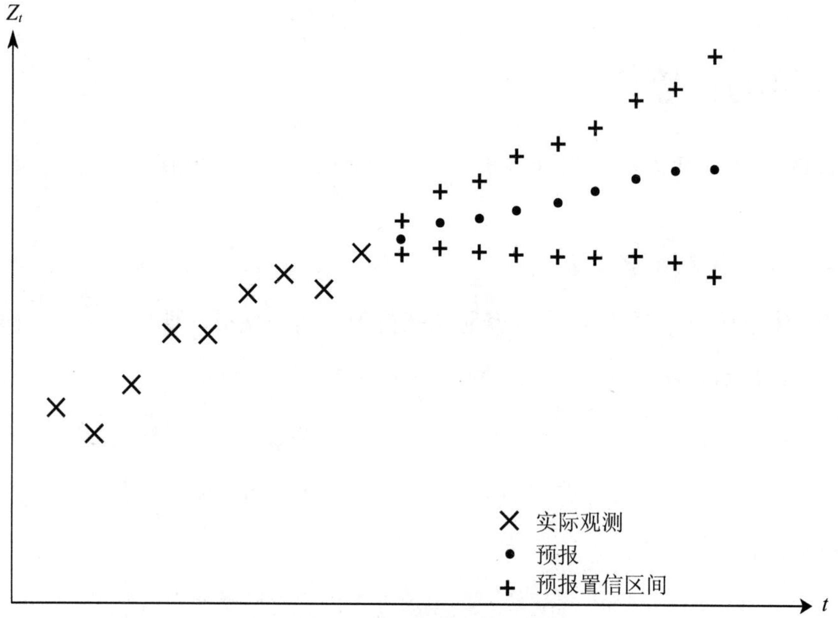

（b）非平稳过程的预报

图 5-1　平稳和非平稳过程的预报

例 5-1　为了说明前面的结果，我们针对以下 ARIMA(1, 0, 1) 或 ARMA(1, 1) 模型考虑 Z_{n+l} 的 l 步向前预报 $\hat{Z}_n(l)$：

$$(1-\phi B)(Z_t-\mu)=(1-\theta B)a_t \tag{5.3.4}$$

(1) 由差分方程形式用条件期望计算预报 $\hat{Z}_n(l)$。

对于 $t=n+l$，可以将式 (5.3.4) 中的模型改写为

$$Z_{n+l}=\mu+\phi(Z_{n+l-1}-\mu)+a_{n+l}-\theta a_{n+l-1} \tag{5.3.5}$$

因此，

$$\hat{Z}_n(1)=\mu+\phi(Z_n-\mu)-\theta a_n \tag{5.3.6a}$$

以及

$$\begin{aligned}\hat{Z}_n(l)&=\mu+\phi[\hat{Z}_n(l-1)-\mu]\\&=\mu+\phi^l(Z_n-\mu)-\phi^{l-1}\theta a_n,\quad l\geqslant 2\end{aligned}\tag{5.3.6b}$$

(2) 计算预报误差方差 $\mathrm{Var}(e_n(l))=\sigma_a^2\sum_{j=0}^{l-1}\psi_j^2$。

当$|\phi|<1$时，可以通过移动平均表达式（5.2.2）计算ψ权，其中$\phi(B)=(1-\phi B)$，$\theta(B)=(1-\theta B)$。即

$$(1-\phi B)(1+\psi_1 B+\psi_2 B^2+\cdots)=(1-\theta B)\tag{5.3.7}$$

令等式两边B^j的系数相等，有

$$\psi_j=\phi^{j-1}(\phi-\theta),\qquad j\geqslant 1\tag{5.3.8}$$

于是，预报误差方差变为

$$\mathrm{Var}(e_n(l))=\sigma_a^2\left\{1+\sum_{j=1}^{l-1}[\phi^{j-1}(\phi-\theta)]^2\right\}\tag{5.3.9}$$

当$l\to\infty$时，其趋近于$\sigma_a^2[1+(\phi-\theta)^2/(1-\phi^2)]$。

当$\phi=1$时，式（5.3.4）相当于取一阶差分，模型变为一个IMA(1，1）过程

$$(1-B)Z_t=(1-\theta B)a_t\tag{5.3.10}$$

这里注意到$(1-B)\mu=0$。由于不能将模型改为MA形式，所以要计算预报方差就必须计算ψ权。先将式（5.3.10）改写为AR形式，在$t+l$时刻，有

$$\pi(B)Z_{t+l}=a_{t+l}$$

其中

$$\pi(B)=1-\pi_1 B-\pi_2 B^2-\cdots=\frac{(1-B)}{(1-\theta B)}$$

或者

$$(1-B)=1-(\pi_1+\theta)B-(\pi_2-\pi_1\theta)B^2-(\pi_3-\pi_2\theta)B^3-\cdots$$

令等式两边B^j的系数相等，有

$$\pi_j=(1-\theta)\theta^{j-1},\qquad j\geqslant 1\tag{5.3.11}$$

现在，利用式（5.2.26）可以得到，

$$\begin{aligned}&\psi_1=\pi_1=(1-\theta)\\&\psi_2=\pi_2+\pi_1\psi_1=(1-\theta)\theta+(1-\theta)^2=(1-\theta)\\&\vdots\end{aligned}$$

即有$\psi_j=1-\theta$，$1\leqslant j\leqslant l-1$。于是，由式（5.2.9）可知，$e_n(l)$的方差变为

$$\mathrm{Var}(e_n(l))=\sigma_a^2[1+(l-1)(1-\theta)^2]\tag{5.3.12}$$

当 $l\to\infty$时，式（5.3.12）趋近于$+\infty$。

正如我们所预料的一样，式（5.3.12）是式（5.3.9）当 $\phi\to1$ 时的极限情形。于是，当 ϕ 接近于1时，选择平稳 ARMA(1，1）模型还是非平稳IMA(1，1)模型对预报有着非常不同的影响，我们从式（5.3.6b）中 l 步向前预报$\hat{Z}_n(l)$的局限性可以更清楚地看到这一点。对于$|\phi|<1$，当 $l\to\infty$时，$\hat{Z}_n(l)$ 趋近于过程的均值 μ。当 $\phi\to1$ 时，式（5.3.6b）的第一个等式意味着对于所有的 l 都有$\hat{Z}_n(l)=\hat{Z}_n(l-1)$。也就是说，预报值是随机游走的，它无规律地散布在某一固定水平，不带有任何趋势。

5.4　对过去观测值加权平均的 ARIMA 预报

如前所述，总可以将一个可逆的 ARIMA 模型用一个自回归表达式来描述。在这个自回归表达式中，Z_t 被表示为有限个过去观测值的加权和，再加上随机冲击的形式，即

$$Z_{n+l}=\sum_{j=1}^{\infty}\pi_j Z_{n+l-j}+a_{n+l} \tag{5.4.1}$$

或者，等价地，

$$\pi(B)Z_{n+l}=a_{n+l}$$

其中

$$\pi(B)=1-\sum_{j=1}^{\infty}\pi_j B^j=\frac{\phi(B)(1-B)^d}{\theta(B)} \tag{5.4.2}$$

于是，有

$$\hat{Z}_n(l)=\sum_{j=1}^{\infty}\pi_j\hat{Z}_n(l-j),\qquad l\geqslant1 \tag{5.4.3}$$

通过反复迭代，我们看到$\hat{Z}_n(l)$ 可以被表示成现在和过去观测值 $Z_t(t\leqslant n)$ 的加权和的形式。例如，

$$\begin{aligned}\hat{Z}_n(1)&=\pi_1 Z_n+\pi_2 Z_{n-1}+\pi_3 Z_{n-2}+\cdots\\&=\sum_{j=1}^{\infty}\pi_j Z_{n+1-j}\\\hat{Z}_n(2)&=\pi_1\hat{Z}_n(1)+\pi_2 Z_n+\pi_3 Z_{n-1}+\cdots\\&=\pi_1\sum_{j=1}^{\infty}\pi_j Z_{n+1-j}+\sum_{j=1}^{\infty}\pi_{j+1}Z_{n+1-j}\\&=\sum_{j=1}^{\infty}\pi_j^{(2)}Z_{n+1-j}\end{aligned}$$

其中

$$\pi_j^{(2)}=\pi_1\pi_j+\pi_{j+1},\qquad j\geqslant1$$

更一般地，通过连续迭代可以证明

$$\hat{Z}_n(l)=\sum_{j=1}^{\infty}\pi_j^{(l)}Z_{n+1-j} \tag{5.4.4}$$

其中

$$\pi_j^{(l)}=\pi_{j+l-1}+\sum_{i=1}^{l-1}\pi_i\pi_j^{(l-i)}, \qquad l>1 \tag{5.4.5}$$

以及

$$\pi_j^{(1)}=\pi_j$$

因此，许多平滑结果（如移动平均和指数平滑等）都是 ARIMA 预报的特殊情形。ARIMA 模型为得到预报所需的权数提供了一条很自然且最佳的途径。使用者不必指定移动平均方法和指数平滑方法中所要求的权数的个数及其形式。而且，ARIMA 预报还是最小均方误差预报。一般通过移动平均和指数平滑方法是不具备这种优良的特性的。

对于可逆过程，式（5.4.3）或式（5.4.4）中的 π 权构成一个收敛序列，这意味着若给定精确度，那么 $\hat{Z}_n(l)$ 仅依赖于有限个近期观测。而相应的 π 权为许多重要的管理决策提供了非常有用的信息。

例 5-2 对于式（5.3.4）中的 ARMA(1，1) 模型，其中 $|\theta|<1$，由式（5.4.2）($d=0$)，有

$$(1-\phi B)=(1-\pi_1 B-\pi_2 B^2-\cdots)(1-\theta B) \tag{5.4.6}$$

或者

$$(1-\phi B)=1-(\pi_1+\theta)B-(\pi_2-\pi_1\theta)B^2-(\pi_3-\pi_2\theta)B^3-\cdots$$

令等式两边 B^j 的系数相等，得到

$$\pi_j=(\phi-\theta)\theta^{j-1}, \qquad j\geqslant 1 \tag{5.4.7}$$

假定 $\mu=0$，由式（5.4.3），有

$$\hat{Z}_n(l)=\sum_{j=1}^{\infty}(\phi-\theta)\theta^{j-1}\hat{Z}_n(l-j) \tag{5.4.8}$$

当 $l=1$ 时，可以得到

$$\hat{Z}_n(1)=(\phi-\theta)\sum_{j=1}^{\infty}\theta^{j-1}Z_{n+1-j} \tag{5.4.9}$$

对于 $l=2$，由式（5.4.4）和式（5.4.5）可得

$$\begin{aligned}\hat{Z}_n(2)&=\sum_{j=1}^{\infty}\pi_j^{(2)}Z_{n+1-j}\\&=\sum_{j=1}^{\infty}[\pi_{j+1}+\pi_1\pi_j]Z_{n+1-j}\\&=\sum_{j=1}^{\infty}[(\phi-\theta)\theta^j+(\phi-\theta)^2\theta^{j-1}]Z_{n+1-j}\end{aligned}$$

$$=\phi(\phi-\theta)\sum_{j=1}^{\infty}\theta^{j-1}Z_{n+1-j} \tag{5.4.10}$$

这里再一次出现，$\hat{Z}_n(2)$ 是过去观测值的加权平均，由 $\pi_j^{(2)}=\phi(\phi-\theta)\theta^{j-1}(j\geqslant1)$ 得到权数 $\pi_j^{(2)}$。通过比较式（5.4.9）和式（5.4.10），不难发现

$$\hat{Z}_n(2)=\phi\hat{Z}_n(1) \tag{5.4.11}$$

与预想的一样，这与式（5.3.6b）在 $l=2$，$\mu=0$ 时的情形一致。

为了弄清楚这些权数的含义，让我们更仔细地查看式（5.4.9）。对于$|\theta|<1$，当 $j\to\infty$时，$\pi_j=\theta^{j-1}(\phi-\theta)\to0$，这意味着越是近期的观测对于预报的影响越大。对于$|\theta|\geqslant1$，尽管该模型仍然是平稳的，但是它的 AR 表示不存在。为了明确困难所在，注意到如果$|\theta|>1$，那么随着 j 的增加 π 权很快就趋近于$-\infty$或$+\infty$，这意味着越是远期的观测值对于预报的影响越大。当$|\theta|=1$时，又可分为两种情况：当 $\theta=1$ 和 $\theta=-1$ 时，π 权分别变为 $\pi_j=(\phi-1)$ 和 $\pi_j=(-1)^{j-1}(1+\phi)$，对于所有的 j，它们具有相同的绝对值。因此，所有过去与现在的观测在预报效应方面是同等重要的。所以，一个有意义的预报只能从可逆过程得到。对应于$|\theta|>1$和$|\theta|=1$的模型都是不可逆的。

5.5 更新预报

如前面所述，当已知时间序列 $Z_t(t\leqslant n)$ 时，若采用一般 ARIMA 模型，则由式（5.2.25）可以得到相对于预报初始时刻 n 的 l 步向前最小均方误差。为了方便起见，下面再次给出式（5.2.25）：

$$e_n(l)=Z_{n+l}-\hat{Z}_n(l)=\sum_{j=0}^{l-1}\psi_j a_{n+l-j} \tag{5.5.1}$$

特别地，一步预报误差为

$$e_n(1)=Z_{n+1}-\hat{Z}_n(1)=a_{n+1} \tag{5.5.2}$$

显然，相对于预报初始时刻 $n-1$ 的一步预报误差为

$$Z_n-\hat{Z}_{n-1}(1)=a_n \tag{5.5.3}$$

由式（5.5.1），显然有

$$e_{n-1}(l+1)=e_n(l)+\psi_l a_n \tag{5.5.4}$$

其中

$$e_{n-1}(l+1)=Z_{n+l}-\hat{Z}_{n-1}(l+1)$$

以及

$$e_n(l)=Z_{n+l}-\hat{Z}_n(l)$$

因此，通过代入整理，并由式（5.5.3）可以得到以下更新方程：

$$\hat{Z}_n(l)=\hat{Z}_{n-1}(l+1)+\psi_l[Z_n-\hat{Z}_{n-1}(1)] \tag{5.5.5}$$

或者，等价地有

$$\hat{Z}_{n+1}(l)=\hat{Z}_n(l+1)+\psi_l[Z_{n+1}-\hat{Z}_n(1)] \tag{5.5.6}$$

更新预报通过前一期预报加上常数 ψ_l，再乘以一步预报误差 $a_{n+1}=Z_{n+1}-\hat{Z}_n(1)$得到，这当然是合理的。例如，当可以得到 Z_{n+1} 的值且其值大于前期预报值（使得预报误差 $a_{n+1}=Z_{n+1}-\hat{Z}_n(1)$ 为正）时，很自然地，我们将通过适当地加上一个常数与该预报误差的乘积来修正先前所做的预报值 $\hat{Z}_n(l+1)$。

5.6 最终预报函数

设 ARIMA 模型为

$$\psi(B)Z_t=\theta(B)a_t$$

其中，$\psi(B)=\phi(B)(1-B)^d$。如式（5.3.3）所述，

$$\hat{Z}_n(l)=\Psi_1\hat{Z}_n(l-1)+\Psi_2\hat{Z}_n(l-2)+\cdots+\Psi_{p+d}\hat{Z}_n(l-p-d)$$
$$+\hat{a}_n(l)-\theta_1\hat{a}_n(l-1)-\cdots-\theta_q\hat{a}_n(l-q)$$

当 $l>q$ 时，$\hat{Z}_n(l)$ 变为

$$\hat{Z}_n(l)=\Psi_1\hat{Z}_n(l-1)+\cdots+\Psi_{p+d}\hat{Z}_n(l-p-d)$$

或者

$$\Psi(B)\hat{Z}_n(l)=0 \tag{5.6.1}$$

其中，B 现在是作用于 l 的算子，使得 $B\hat{Z}_n(l)=\hat{Z}_n(l-1)$。也就是说，当 $l>q$ 时，$\hat{Z}_n(l)$ 满足（$p+d$）阶的齐次差分方程。令 $\Psi(B)=\prod_{i=1}^{N}(1-R_iB)m_i$，其中 $\sum_{i=1}^{N}m_i=(p+d)$，则由定理 2.7.1 可知，其通解为

$$\hat{Z}_n(l)=\sum_{i=1}^{N}\left(\sum_{j=0}^{m_i-1}C_{ij}^{(n)}l^j\right)R_i^l \tag{5.6.2}$$

由上式不难得到上述解对于所有的 $l\geqslant(q-p-d+1)$ 都成立。因此，该解常常被称作最终预报函数。其中，$C_{ij}^{(n)}$ 是依赖于初始时刻 n 的常数。如果给定预报初始时刻 n，那么它们对于所有的预报步长 l 都是确定的常数。只有当预报初始时刻发生变化时，常数才会随之而变。

式（5.6.2）对于一切 $l\geqslant(q-p-d+1)$ 均成立，这是因为式（5.6.2）是式（5.6.1）当 $l>q$ 时的解。于是，当 $l=q+1$ 时，点列 $\hat{Z}_n(q)$，…，$\hat{Z}_n(q-p-d+1)$实际上取决于由式（5.6.2）所描述的曲线。换句话说，式（5.6.2）中的函数是经过（$p+q$）个点 $\hat{Z}_n(q)$，$\hat{Z}_n(q-1)$，…，$\hat{Z}_n(q-p-d+1)$ 的唯一一条曲线，其中 $\hat{Z}_n(-j)=Z_{n-j}$（$j\geqslant0$）。这（$p+q$）个值可以作为求解式（5.6.2）中常数的初始条件。

例 5-3 对于式（5.3.4）所给出的 ARIMA(1，0，1）模型

$$(1-\phi B)(Z_t-\mu)=(1-\theta B)a_t$$

预报值 $\hat{Z}_n(l)$ 满足差分方程 $(1-\phi B)(\hat{Z}_t(l)-\mu)=0(l>1)$。所以，最终预报函数为

$$\hat{Z}_n(l)-\mu=C_1^{(n)}\phi^l$$

或者

$$\hat{Z}_n(l)=\mu+C_1^{(n)}\phi^l \tag{5.6.3}$$

对于 $l\geqslant(q-p-d+1)=1$ 成立。因此，该函数通过点 $\hat{Z}_n(1)$，即 $\hat{Z}_n(1)=\mu+C_1^{(n)}\phi$ 或 $C_1^{(n)}=(\hat{Z}_n(1)-\mu)\phi^{-1}$。于是，$\hat{Z}_n(l)=\mu+[\hat{Z}_n(1)-\mu]\phi^{l-1}$。正如所料，当 $l\to\infty$ 时，$\hat{Z}_n(l)$ 趋近于平稳过程的均值 μ。

例 5-4 考虑 ARIMA(1，1，1）模型

$$(1-\phi B)(1-B)Z_t=(1-\theta B)a_t$$

最终预报函数为 $(1-\phi B)(1-B)\hat{Z}_n(l)=0$ 的解，由下式给出

$$\hat{Z}_n(l)=C_1^{(n)}+C_2^{(n)}\phi^l \tag{5.6.4}$$

该式对于 $l\geqslant(q-p-d+1)=0$ 成立。于是，该函数经过第一个预报 $\hat{Z}_n(1)$ 与最后一个观测 Z_n，可以根据它们解出常数。因为 $\hat{Z}_n(1)=C_1^{(n)}+C_2^{(n)}\phi$ 和 $Z_n=\hat{Z}_n(0)=C_1^{(n)}+C_2^{(n)}$，所以，有 $C_1^{(n)}=(\hat{Z}_n(1)-\phi Z_n)/(1-\phi)$，$C_2^{(n)}=(Z_n-\hat{Z}_n(1))/(1-\phi)$。因此，有

$$\hat{Z}_n(l)=\frac{(\hat{Z}_n(1)-\phi Z_n)}{(1-\phi)}+\frac{(Z_n-\hat{Z}_n(1))}{(1-\phi)}\phi^l \tag{5.6.5}$$

例 5-5 考虑 ARIMA(0，2，1）模型

$$(1-B)^2Z_t=(1-\theta B)a_t$$

最终预报函数为 $(1-B)^2\hat{Z}_n(l)=0(l>1)$ 的解，由式（5.6.2）可知，该解由下式给出

$$\hat{Z}_n(l)=C_1^{(n)}+C_2^{(n)}l \tag{5.6.6}$$

该式对于 $l\geqslant(q-p-d+1)=0$ 成立。于是，该函数为一条经过点 $\hat{Z}_n(1)$ 和 Z_n 的直线。因为 $\hat{Z}_n(1)=C_1^{(n)}+C_2^{(n)}$ 和 $Z_n=\hat{Z}_n(0)=C_1^{(n)}$，所以，有 $C_1^{(n)}=Z_n$，$C_2^{(n)}=\hat{Z}_n(1)-Z_n$ 以及 $\hat{Z}_n(l)=Z_n+(\hat{Z}_n(1)-Z_n)l$。

例 5-6 考虑下面带有确定性趋势项的 ARIMA(1，1，1）模型

$$(1-\phi B)(1-B)Z_t=\theta_0+(1-\theta B)a_t \tag{5.6.7}$$

最终预报函数为 $(1-\phi B)(1-B)\hat{Z}_n(l)=\theta_0(l>1)$ 的解。齐次情形的解已由式（5.6.4）给出，现在要求出特解。从 4.2.2 节中的讨论注意到这种情况下确定性趋势项 θ_0 与一阶确定性时间趋势的系数 $\alpha_1^{(n)}+\alpha_2^{(n)}l$ 有关。于是，有

$$(1-\phi B)(1-B)(\alpha_1^{(n)}+\alpha_2^{(n)}l)=\theta_0 \tag{5.6.8}$$

因为 $(1-B)(\alpha_1^{(n)}+\alpha_2^{(n)}l)=\alpha_2^{(n)}$，所以有 $(1-\phi B)\alpha_2^{(n)}=\theta_0$ 和 $\alpha_2^{(n)}=\theta_0/(1-\phi)$，从而特解就

变为

$$\alpha_1^{(n)}+\theta_0\frac{l}{(1-\phi)} \tag{5.6.9}$$

对于 $l\geqslant(q-p-d+1)=0$ 也成立。将齐次方程的解式（5.6.4）与式（5.6.9）中给出的特解结合起来，便可得到以下最终预报函数

$$\hat{Z}_n(l)=b_1^{(n)}+b_2^{(n)}\phi^l+\frac{\theta_0}{(1-\phi)}l \tag{5.6.10}$$

其经过点 $\hat{Z}_n(1)$ 和 Z_n，方程中的 $b_1^{(n)}$ 和 $b_2^{(n)}$ 为结合后形成的待定的新常数。因为 $\hat{Z}_n(1)=b_1^{(n)}+b_2^{(n)}\phi+\theta_0/(1-\phi)$ 和 $Z_n=\hat{Z}_n(0)=b_1^{(n)}+b_2^{(n)}$，所以，有 $b_1^{(n)}=[(\hat{Z}_n(1)-\phi Z_n)(1-\phi)-\theta_0]/(1-\phi)^2$，$b_2^{(n)}=[(Z_n-\hat{Z}_n(1))(1-\phi)+\theta_0]/(1-\phi)^2$，以及

$$\begin{aligned}\hat{Z}_n(l)=&\frac{[(\hat{Z}_n(1)-\phi Z_n)(1-\phi)-\theta_0]}{(1-\phi)^2}+\frac{[(Z_n-\hat{Z}_n(1))(1-\phi)+\theta_0]}{(1-\phi)^2}\phi^l\\&+\frac{\theta_0}{(1-\phi)}l\end{aligned} \tag{5.6.11}$$

式（5.6.11）与式（5.6.5）之间有很大的不同。当预报步长 l 很大时，由模型式（5.6.7）得到的预报显然由与确定性趋势有关的最后一项决定。

5.7 数值实例

作为一个数值例子，考虑 AR(1) 模型

$$(1-\phi B)(Z_t-\mu)=a_t$$

其中，$\phi=0.6$，$\mu=9$，$\sigma_a^2=0.1$。假定有观测值 $Z_{97}=9.6$，$Z_{98}=9$，$Z_{99}=9$，$Z_{100}=8.9$，想要以 95%的置信区间预报 Z_{101}、Z_{102}、Z_{103}和 Z_{104}。具体步骤如下：

1. AR(1) 模型可以改写为

$$Z_t-\mu=\phi(Z_{t-1}-\mu)+a_t$$

预报方程的一般形式为

$$\begin{aligned}\hat{Z}_t(l)&=\mu+\phi(\hat{Z}_t(l-1)-\mu)\\&=\mu+\phi^l(Z_t-\mu),\qquad l\geqslant1\end{aligned} \tag{5.7.1}$$

于是，

$$\begin{aligned}&\hat{Z}_{100}(1)=9+0.6(8.9-9)=8.94\\&\hat{Z}_{100}(2)=9+(0.6)^2(8.9-9)=8.964\\&\hat{Z}_{100}(3)=9+(0.6)^3(8.9-9)=8.978\,4\\&\hat{Z}_{100}(4)=9+(0.6)^4(8.9-9)=8.987\,04\end{aligned}$$

2. 为了得到预报置信区间，可由下述关系式得到 ψ 权：

$$(1-\phi B)(1+\psi_1 B+\psi_2 B^2+\cdots)=1 \tag{5.7.2}$$

亦即

$$\psi_j=\phi^j, \qquad j\geqslant 0 \tag{5.7.3}$$

由式（5.2.10）可知，Z_{101} 的 95％的预报置信区间为

$$8.94\pm 1.96\sqrt{0.1} \quad 或 \quad 8.320<Z_{101}<9.560$$

Z_{102} 的 95％的预报置信区间为

$$8.964\pm 1.96\sqrt{1+(0.6)^2}\sqrt{0.1} \quad 或 \quad 8.241<Z_{102}<9.687$$

由上述公式，Z_{103} 和 Z_{104} 的 95％的预报置信区间可类似得到。其结果如图 5－2 所示。

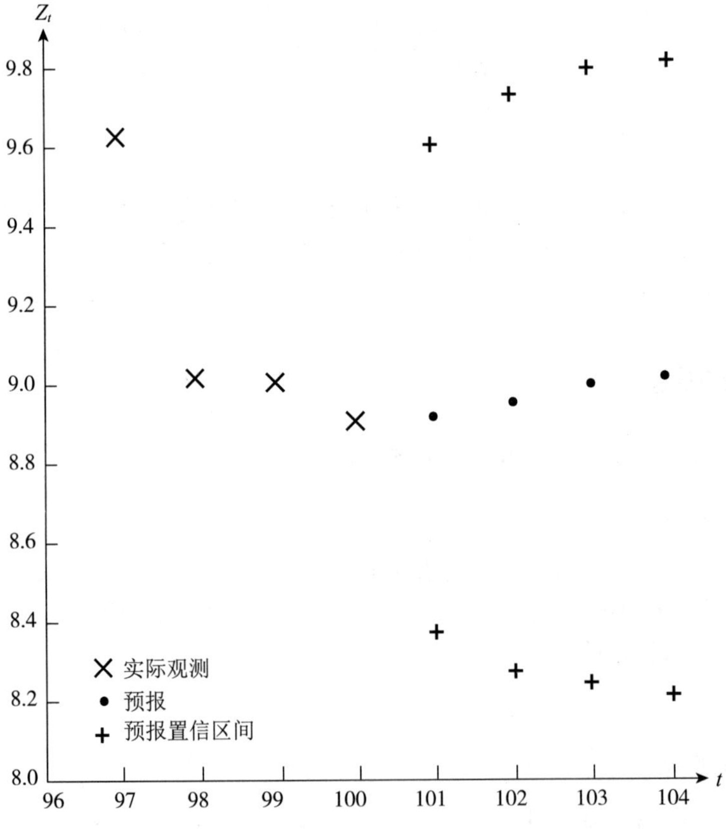

图 5－2　AR(1) 过程的预报值及其置信度为 95％的预报置信区间

3. 假定现在得到时刻 $t=101$ 的观测值 $Z_{101}=8.8$。因为 $\psi_l=\phi^l=(0.6)^l$，所以可以利用式（5.5.5）修正对 Z_{102}、Z_{103} 和 Z_{104} 的预报，具体如下：

$$\begin{aligned}\hat{Z}_{101}(1)&=\hat{Z}_{100}(2)+\psi_1[Z_{101}-\hat{Z}_{100}(1)]\\&=8.964+0.6(8.8-8.94)=8.88\\\hat{Z}_{101}(2)&=\hat{Z}_{100}(3)+\psi_2[Z_{101}-\hat{Z}_{100}(1)]\\&=8.978\,4+(0.6)^2(8.8-8.94)=8.928\end{aligned}$$

$$\hat{Z}_{101}(3)=\hat{Z}_{100}(4)+\psi_3[Z_{101}-\hat{Z}_{100}(1)]$$
$$=8.98704+(0.6)^3(8.8-8.94)=8.9568$$

由于 Z_{101} 的预报误差为负，所以 Z_{102}，Z_{103} 和 Z_{104} 在时刻 $t=100$ 的前期预报值被低估了。

上述预报是基于模型中的参数为已知的情形。实际上，这些参数当然是未知的，必须通过给定的观测值$\{Z_1, Z_2, \cdots, Z_n\}$进行估计。然而，相对于预报初始时刻 $t=n$，这些参数的估计值均已知为常数。因此，在这种条件下，所得到的估计结果均是一致的。模型参数的估计将在第 7 章中进行讨论。

练　习

5.1 考虑下面的每一个模型：

（ⅰ）$(1-\phi_1 B)(Z_t-\mu)=a_t$；

（ⅱ）$(1-\phi_1 B-\phi_2 B^2)(Z_t-\mu)=a_t$；

（ⅲ）$(1-\phi_1 B)(1-B)Z_t=(1-\theta_1 B)a_t$。

（a）求 Z_{n+l} 的 l 步向前预报值 $\hat{Z}_n(l)$。

（b）对于 $l=1$，2，3，求 l 步向前预报误差的方差。

5.2（a）证明不同初始时刻的预报误差之间的协方差为

$$\mathrm{Cov}[e_n(l), e_{n-j}(l)]=\sigma_a^2\sum_{i=j}^{l-1}\psi_i\psi_{i-j}, \quad l>j$$

（b）证明相同初始时刻但不同步长的预报误差之间的协方差为

$$\mathrm{Cov}[e_n(l), e_n(l+j)]=\sigma_a^2\sum_{i=0}^{l-1}\psi_i\psi_{i+j}$$

5.3 考虑模型

$$(1-0.68B)(1-B)^2 Z_t=(1-0.75B+0.34B^2)a_t$$

（a）计算 $\hat{Z}_t(5)$ 的预报误差与 $\hat{Z}_{t-j}(5)$（$j=1$，2，…，5）的预报误差之间的相关系数，并作图。

（b）计算 $\hat{Z}_t(3)$ 的预报误差与 $\hat{Z}_t(l)$（$l=1$，2，…，5）的预报误差之间的相关系数，并作图。

5.4 证明式（5.2.20）。

5.5 一个销售序列的拟合 ARIMA(2，1，0）模型为

$$(1-1.4B+0.48B^2)(1-B)Z_t=a_t$$

其中，$\hat{\sigma}_a^2=58000$，已知序列的最后三个观测值为 $Z_{n-2}=640$，$Z_{n-1}=770$，$Z_n=800$。

（a）计算未来三期的预报值。

（b）求（a）中 95%的预报置信区间。

（c）求其最终预报函数。

5.6 考虑 IMA(1，1) 模型

$$(1-B)Z_t=(1-\theta B)a_t$$

(a) 写出产生预报序列 $\hat{Z}_n(l)$ 的预报方程。

(b) 求 $\hat{Z}_n(l)$ 的 95％的预报置信区间。

(c) 将预报序列表示为过去观测值加权平均的形式。

(d) 讨论该预报值 $\hat{Z}_n(l)$ 与通过单一的指数平滑方法产生的预报值之间的联系。

5.7 (a) 证明式（5.2.23）与式（5.4.5）是等价的。

(b) 利用练习 5.6 中的模型说明式（5.2.23）与式（5.4.5）是等价的。

5.8 考虑 ARIMA(0，1，1) 模型

$$(1-B)Z_t=(1-0.8B)a_t$$

(a) 求下述 AR 表示中的 π 权：

$$Z_t=\hat{Z}_t+a_t$$

其中，$\hat{Z}_t=\sum_{j=1}^{\infty}\pi_j Z_{t-j}$，并证明 $\sum_{j=1}^{\infty}\pi_j=1$。

(b) 令 $\hat{Z}_t(2)=\sum_{j=1}^{\infty}\pi_j^{(2)}Z_{t-j+1}$ 为 Z_{t+2} 相对于时刻 t 的两步向前预报，将 $\pi_j^{(2)}$ 表示成 π_j 权的形式。

5.9 考虑 AR(2) 模型 $(1-\phi_1 B-\phi_2 B^2)(Z_t-\mu)=a_t$，$\phi_1=1.2$，$\phi_2=-0.6$，$\mu=65$，$\sigma_a^2=1$。假定有观测值 $Z_{76}=60.4$，$Z_{77}=58.9$，$Z_{78}=64.7$，$Z_{79}=70.4$，$Z_{80}=62.6$。

(a) 求 Z_{81}、Z_{82}、Z_{83}、Z_{84} 的预报值。

(b) 求 (a) 中 95％的预报置信区间。

(c) 假定得到序列在时刻 $t=81$ 的观测值为 $Z_{81}=62.2$，求 Z_{82}、Z_{83}、Z_{84} 预报的修正值。

5.10 考虑模型

$$(1-0.43B)(1-B)Z_t=a_t$$

已知观测值 $Z_{49}=33.4$，$Z_{50}=33.9$ 和 $\sigma_a^2=2$。

(a) 计算 $Z_{50}(l)(l=1，2，3)$ 的预报值及其 90％的预报置信区间。

(b) 相对于时刻 $t=50$ 所做预报的最终预报函数是什么？

(c) 假设在时刻 $t=51$ 得到 $Z_{51}=34.1$，修正 (a) 部分所得到的预报。

5.11 求下列模型的最终预报函数

(a) $(1-0.6B)Z_t=(1-0.8B+0.3B^2)a_t$；

(b) $(1-0.3B)(1-B)Z_t=0.4+a_t$；

(c) $(1-1.2B+0.6B^2)(Z_t-65)=a_t$；

(d) $(1-B)^2Z_t=\theta_0+(1-0.2B-0.3B^2)a_t$；

(e) $(1-0.6B)(1-B)^2Z_t=(1-0.75B+0.34B^2)a_t$。

5.12 考虑 AR(2) 模型 $Z_t=0.2+1.8Z_{t-1}-0.81Z_{t-2}+a_t$，其中，$a_t$ 是均值为 0、方差为 4 的高斯白噪声，已知 $Z_{47}=19$，$Z_{48}=22$，$Z_{49}=17$ 和 $Z_{50}=21$。

(a) 求该过程的均值。

(b) 求该过程的方差。

(c) 对于 $l=1$，2，3，求预报序列 $\hat{Z}_{50}(l)$。

(d) 求 (c) 的95%的预报置信区间。

(e) 求相对于时刻 $t=50$ 所做的预报的最终预报函数，并求出其极限值。

第6章 模型识别

在时间序列分析中，最关键的步骤是在可用数据的基础上识别和构建模型，这要求对在第 3 章和第 4 章中讨论的模型有很好的理解和掌握，特别是这些模型用其 ACF ρ_k 和 PACF ϕ_{kk} 所刻画的特征。在实际中，样本 ACF 和样本 PACF 是未知的，对于给定的时间序列观测值 Z_1，Z_2，…，Z_n 必须用样本 ACF $\hat{\rho}_k$ 和样本 PACF $\hat{\phi}_{kk}$ 进行估计，有关方法在 2.5 节中已经讨论过。因此在模型识别中，我们的目的是使样本 ACF $\hat{\rho}_k$ 和样本 PACF $\hat{\phi}_{kk}$ 与 ARMA 模型类型已知的 ACF ρ_k 和 PACF ϕ_{kk} 相匹配。例如，由于我们知道 MA(1) 模型的 ACF 在 1 步延迟后截尾，因此如果 $\hat{\rho}_k$ 在 1 步延迟后有很大且明显的单个峰值，我们就将 MA(1) 模型识别为可能的基本过程。

在引入有关模型识别的系统实用步骤后，我们将对各种具体时间序列数据给出模型识别。此外，我们还将讨论一些新引入的识别工具，如逆自相关和扩展样本自相关函数。

6.1 模型识别的步骤

为了说明模型识别，我们考虑一般的 ARIMA(p，d，q) 模型

$$(1-\phi_1B-\cdots-\phi_pB^p)(1-B)^dZ_t=\theta_0+(1-\theta_1B-\cdots-\theta_qB^q)a_t \tag{6.1.1}$$

模型识别关系到确定必要的变换，如方差稳定变换和差分变换，当 $d\geqslant 1$ 时判定所包含的确定性参数 θ_0，以及确定模型中 p，q 的适当阶数。给定一个时间序列，我们用下述有用的步骤来识别一个试探性模型。

步骤 1 画出时间序列图并选择适当的变换。

在任何时间序列分析中，第一步都是画出数据图。通过仔细地考察散点图，往往可以得到好的思路，如时间序列是否存在趋势、季节性、异常值、异方差以及其他非正态非平稳现象。这种认识往往为实施必要的数据变换奠定了基础。

在时间序列分析中，运用最广泛的变换是方差稳定变换和差分。方差稳定变换，如幂变换等，需要非负值，而差分过程可能产生一些负值，因而我们进行方差稳定变换总是在取差分之前。具有非常数方差的序列往往需要进行对数变换。更一般地，为了使方差平稳

化，我们可以采用4.3.2节中讨论的Box-Cox幂变换。若有必要，方差稳定变换总是在我们做任何更深入的分析之前进行，因而我们在后面的讨论中，若不加特别说明，总是把变换后的序列称为原序列。

步骤2 计算并考察原序列的样本ACF和样本PACF，以便进一步确认必要的差分阶数，从而使得差分后的序列是平稳的。一般准则如下：

（1）若样本ACF衰减缓慢（个别样本ACF可能不大）且样本PACF在1步延迟后截尾，表明差分是必需的。可进行一阶差分$(1-B)Z_t$，也可以用Dickey和Fuller（1979）给出的单位根检验。在临界情形，一般推荐用差分（Dickey，Bell and Miller，1986）。

（2）更一般地，为了消除非平稳性有时需要考虑高阶差分$(1-B)^d Z_t$，其中$d>1$。在绝大多数情形，d为0、1或2。注意到，如果$(1-B)^d Z_t$是平稳的，那么$(1-B)^{d+i} Z_t$（$i=1, 2, \cdots$）也是平稳的。一些作者认为，不必要的差分造成的危害没有差分不足的后果严重，但应该提防过分差分造成的假象，这使我们能够避免一些不必要的参数。

步骤3 计算并考察经适当变换和差分后序列的样本ACF和样本PACF，并由此识别p和q的阶数。我们知道p是自回归多项式$(1-\phi_1 B-\cdots-\phi_p B^p)$中的最高阶，而$q$是移动平均多项式$(1-\theta_1 B-\cdots-\theta_q B^q)$的最高阶。通常，$p$和$q$所需的阶数小于或等于3。表6-1归纳了选择$p$和$q$的一些重要结论。

我们注意到AR模型和MA模型的样本ACF和样本PACF中存在明显的对偶关系。为构造一个合理恰当的ARIMA模型，理想地讲，需要至少$n=50$个观测值，需要计算的样本ACF和样本PACF的数量至少是$n/4$。对于某些高质量的数据，有时也能用较小的样本识别出合适的模型。

表6-1　　平稳过程的理论ACF和PACF的特征

过程	ACF	PACF
AR(p)	按指数衰减或阻尼正弦波动拖尾	p步延迟后截尾
MA(q)	q步延迟后截尾	按指数衰减或阻尼正弦波动拖尾
ARMA(p, q)	在$(q-p)$步延迟后拖尾	在$(p-q)$步延迟后拖尾

我们通过使样本ACF和样本PACF与已知模型的理论形态相匹配来识别出p和q的阶数。时间序列模型识别的技巧与FBI探员搜捕罪犯时的方法很相似。多数罪犯伪装起来以免被识破，ACF和PACF也是如此。样本ACF和样本PACF的抽样变化和相互关系如2.5节所示，经常伪装成理论中ACF和PACF的形态。因此，在模型的初步识别中，我们通常总是关注样本ACF和样本PACF的主要特征，而不注重细节。模型的改进在稍后的诊断检验步骤中很容易做到。

式（2.5.21）和式（2.5.27）中所给样本ACF和样本PACF的估计方差是很粗糙的近似。一些作者推荐初步识别模型时，在检验较短延迟的ACF和PACF的显著性的过程中应使用较保守的1.5倍标准差的置信区间。这对于相对较少的数据尤为重要。

步骤4 当$d>0$时确定趋势项θ_0。

正如在4.2节中所讨论的，对非平稳模型$\phi(B)(1-B)^d Z_t=\theta_0+\theta(B)a_t$，参数$\theta_0$经常

被忽略，以便它能够表示局部水平、斜率或趋势有随机变化的时间序列。如果有理由相信差分后的时间序列含有确定性趋势，那么，我们可以通过比较差分序列 $W_t=(1-B)^d Z_t$ 的样本均值 $\overline{W}$ 和近似标准差 $S_{\overline{W}}$ 来确认这个结论。为了推导出 $S_{\overline{W}}$ 的表达式，我们注意到练习 2.11 中 $\lim_{n\to\infty} n\operatorname{Var}(\overline{W})=\sum_{j=-\infty}^{\infty}\gamma_j$。由此得到，

$$\sigma_{\overline{W}}^2=\frac{\gamma_0}{n}\sum_{j=-\infty}^{\infty}\rho_j=\frac{1}{n}\sum_{j=-\infty}^{\infty}\gamma_j=\frac{1}{n}\gamma(1) \tag{6.1.2}$$

其中，$\gamma(B)$ 是式（2.6.8）中定义的自协方差生成函数，$\gamma(1)$ 是它在 $B=1$ 时的值。故 $\overline{W}$ 的方差和标准差是依赖于模型的。例如，对于 ARIMA(1，d，0) 模型，$(1-\phi B)W_t=a_t$。利用式（2.6.9），我们可以得到：

$$\gamma(B)=\frac{\sigma_a^2}{(1-\phi B)(1-\phi B^{-1})}$$

因此

$$\begin{aligned}\sigma_{\overline{W}}^2&=\frac{\sigma_a^2}{n}\frac{1}{(1-\phi)^2}=\frac{\sigma_W^2}{n}\frac{1-\phi^2}{(1-\phi)^2}\\&=\frac{\sigma_W^2}{n}\left(\frac{1+\phi}{1-\phi}\right)=\frac{\sigma_W^2}{n}\left(\frac{1+\rho_1}{1-\rho_1}\right)\end{aligned} \tag{6.1.3}$$

这里应注意 $\sigma_W^2=\sigma_a^2/(1-\phi^2)$。所求的标准差为

$$S_{\overline{W}}=\sqrt{\frac{\hat{\gamma}_0}{n}\left(\frac{1+\hat{\rho}_1}{1-\hat{\rho}_1}\right)} \tag{6.1.4}$$

对其他模型 $S_{\overline{W}}$ 的表达式可以类似地推出。尽管如此，在模型识别阶段，由于基本模型是未知的，大多数现有软件都是用下面的近似公式：

$$S_{\overline{W}}=\left[\frac{\hat{\gamma}_0}{n}(1+2\hat{\rho}_1+2\hat{\rho}_2+\cdots+2\hat{\rho}_k)\right]^{1/2} \tag{6.1.5}$$

其中，$\hat{\gamma}_0$ 是样本方差，$\hat{\rho}_1$，…，$\hat{\rho}_k$ 是序列 $\{W_t\}$ 的前 k 个显著的样本 ACF 值。在原假设 $\rho_k=0(k\geqslant 1)$ 时，方程（6.1.5）退化为

$$S_{\overline{W}}=\sqrt{\hat{\gamma}_0/n} \tag{6.1.6}$$

另外，我们可以一开始包括 θ_0，如果初步估计结果不显著，那么再从最终的模型估计中将它去掉。参数估计将在第 7 章中讨论。

6.2 实 例

在本节中，我们给出现实中的几个例子来说明模型识别的方法。许多软件，如 AU-

TOBOX，EVIEWS，MINITAB，RATS，SAS，SCA，SPLUS 和 SPSS 都可以帮助做必要的计算。其中一些软件在大型机和个人电脑上均可运行。

例 6-1　图 6-1 展示了 W1 序列，这是在卡车生产车间装配线末端检验出的每辆卡车的平均故障数。数据包含了从当年 11 月 4 日到来年 1 月 10 日共 45 个工作日的连续观测，出自 Burr（1976，p. 134）的报告。从图中可看到这是一个具有常值均值和方差的平稳过程。样本 ACF 和样本 PACF 的值见表 6-2，其形态见图 6-2。样本 ACF 按指数衰减，而样本 PACF 在 1 步延迟后有单个峰值，这表明时间序列很可能是由 AR(1) 过程

$$(1-\phi B)(Z_t-\mu)=a_t \tag{6.2.1}$$

生成的。

例 6-2　W2 是经典的 Wolf（沃尔夫）年度太阳黑子数的序列，包含 1700—2001 年共 $n=302$ 个观测值。科学家确信太阳黑子数影响地球气候，从而也影响人类活动，如农业、电信等。该序列一直被时间序列研究者广泛研究，如 Yule（1927），Bartlett（1950），Whittle（1954），Brillinger 和 Rosenblatt（1967）。

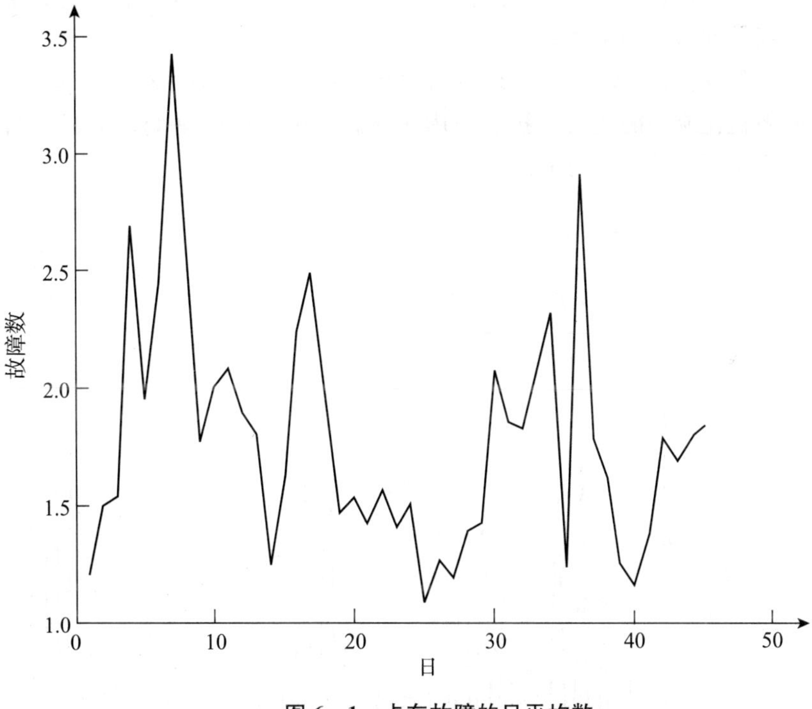

图 6-1　卡车故障的日平均数

表 6-2　卡车故障的日平均数序列（序列 W1）的样本 ACF 和样本 PACF

k	1	2	3	4	5	6	7	8	9	10
$\hat{\rho}_k$	0.43	0.26	0.14	0.08	−0.09	−0.07	−0.21	−0.11	−0.05	−0.01
St. E.	0.15	0.15	0.17	0.18	0.19	0.19	0.19	0.19	0.19	0.19
$\hat{\phi}_{kk}$	0.43	0.09	0.00	0.00	−0.16	0.00	−0.18	0.07	0.05	0.01
St. E.	0.15	0.15	0.15	0.15	0.15	0.15	0.15	0.15	0.15	0.15

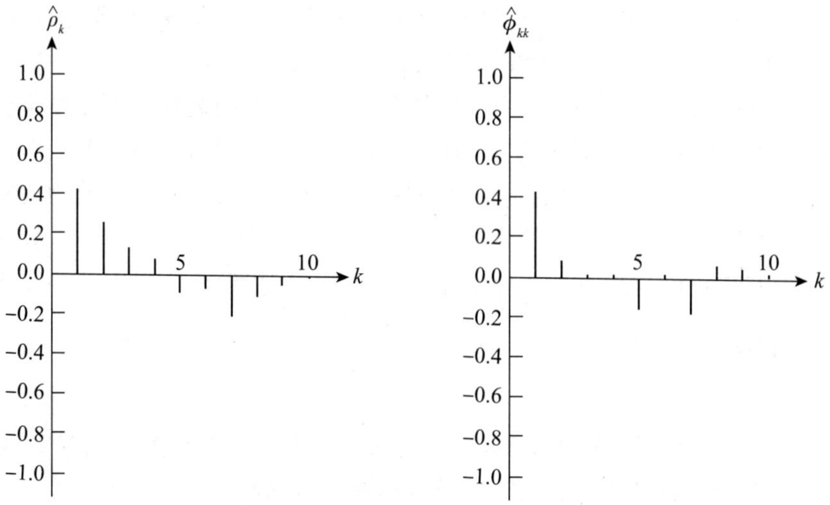

图 6-2　卡车故障的日平均数序列（序列 W1）的样本 ACF 和样本 PACF

该序列也被称作 Wolfer 太阳黑子数，它是以 Wolf 的学生 Wolfer 的名字命名的。关于该时间序列历史的有趣陈述可参见 Izenman（1985）。

图 6-3 给出了数据的图形，它表明时间序列是均值平稳的，但方差并不平稳。为研究方差平稳化所需的变换，我们采用 4.3.2 节中讨论的幂变换分析，结果显示在表 6-3 中。它表明可对数据使用平方根变换。

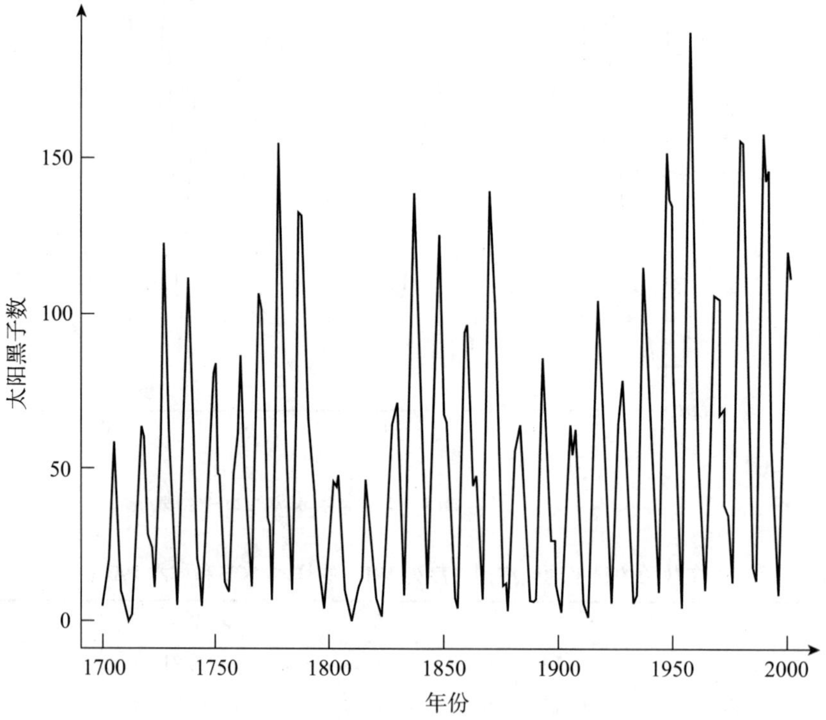

图 6-3　Wolf 年度太阳黑子数，1700—2001 年（序列 W2）

表 6-3　使用幂变换的残差均方误差

λ	残差均方误差
1.0	277.81
0.5	241.26
0.0	256.43
−0.5	6 964.83
−1.0	2 040 887.01

变换后数据的样本 ACF 和样本 PACF 显示在表 6-4 和图 6-4 中。样本 ACF 表现出阻尼的正弦-余弦波动，而样本 PACF 在延迟 1，2，9 步处有相对较大的峰值，由此建议试探性模型可以用 AR(2) 模型

$$(1-\phi_1 B-\phi_2 B^2)(\sqrt{Z_t}-\mu)=a_t \tag{6.2.2}$$

表 6-4　太阳黑子数（序列 W2）平方根变换后的样本 ACF 和样本 PACF

k	$\hat{\rho}_k$									
1～10	0.82	0.46	0.05	−0.26	−0.42	−0.39	−0.19	0.12	0.44	0.65
St. E.	0.06	0.09	0.10	0.10	0.10	0.10	0.11	0.11	0.11	0.12
11～20	0.67	0.50	0.21	−0.08	−0.29	−0.38	−0.33	−0.18	0.05	0.26
St. E.	0.13	0.14	0.14	0.15	0.15	0.15	0.15	0.15	0.15	0.15
k	$\hat{\phi}_{kk}$									
1～10	0.82	−0.68	−0.12	0.01	−0.02	0.20	0.19	0.20	0.27	0.00
St. E.	0.06	0.06	0.06	0.06	0.06	0.06	0.06	0.06	0.06	0.06
11～20	−0.02	0.00	−0.05	0.11	−0.04	−0.11	−0.08	−0.13	0.05	−0.04
St. E.	0.06	0.06	0.06	0.06	0.06	0.06	0.06	0.06	0.06	0.06

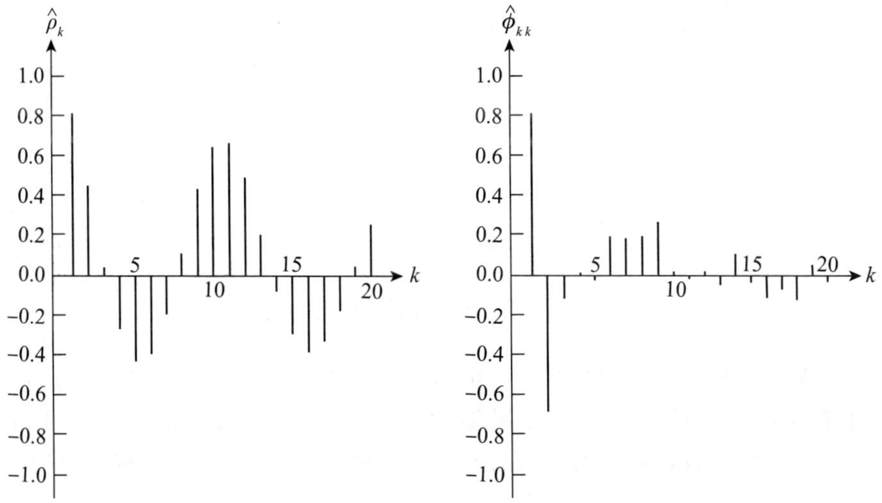

图 6-4　太阳黑子数（序列 W2）平方根变换后的样本 ACF 和样本 PACF

或 AR(9) 模型

$$(1-\phi_1 B-\cdots-\phi_9 B^9)(\sqrt{Z_t}-\mu)=a_t \tag{6.2.3}$$

通过忽略延迟超过 3 步的 $\hat{\phi}_{kk}$ 的值，Box，Jenkins 和 Reinsel（1994）建议 AR(3) 模型，$(1-\phi_1 B-\phi_2 B^2-\phi_2 B^3)(\sqrt{Z_t}-\mu)=a_t$ 也是可能的模型，尽管他们的分析基于 1770—1869 年间未变换的数据。由于在 11 步延迟处有很大的自相关系数 0.67，故许多科学家认为序列可能有 11 年的周期。我们将在以后章节中细致地研究该序列。

例 6－3 序列 W3 是取自 Nicholson（1950）实验中的绿头苍蝇数据。数量固定的成年绿头苍蝇以均衡的性别比例被关在一个大盒子中，每天得到一定数量的食物。每隔一天统计一次绿头苍蝇的数量，差不多两年共有 $n=364$ 个观测值。Brillinger 等（1980）首先将时间序列分析应用于该数据集。后来 Tong（1983）考虑了下面两个子序列：

绿头苍蝇 A：在 $20\leqslant t\leqslant 145$ 情形下的 Z_t；

绿头苍蝇 B：在 $218\leqslant t\leqslant 299$ 情形下的 Z_t。

并且，指出绿头苍蝇 A 的序列可能是由非线性模型产生的。我们在分析中使用的序列 W3 是绿头苍蝇 B 序列的共 82 个观测值，如图 6－5 所示。

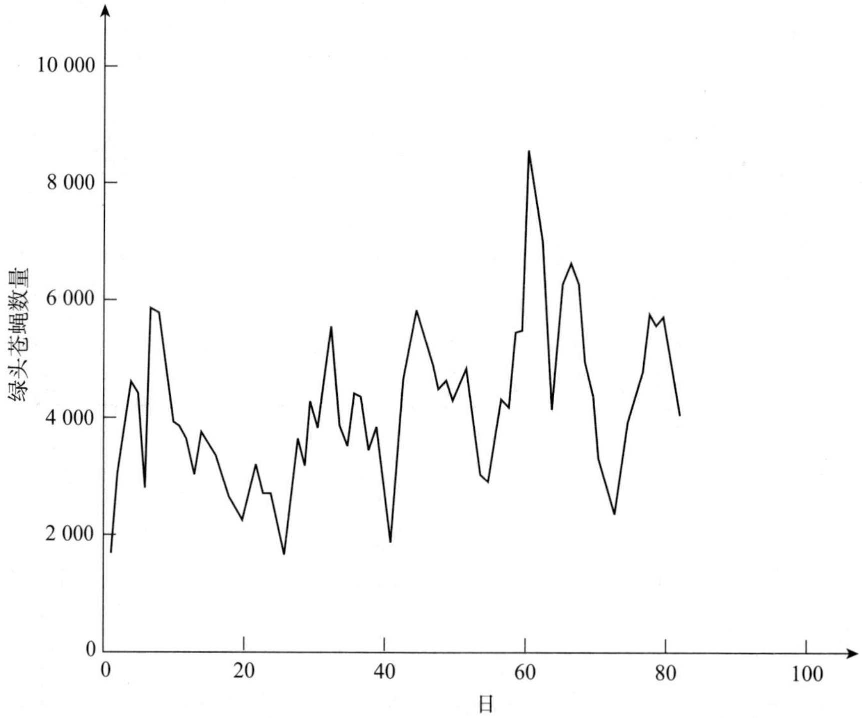

图 6－5 绿头苍蝇数据（序列 W3）

该数据图显示出序列是均值平稳的，但方差很可能是非平稳的。表 6－5 的幂变换分析表明不需要进行变换且序列是方差平稳的。表 6－6 和图 6－6 是样本 ACF 和样本 PACF。样本 $\hat{\rho}_k$ 值呈指数衰减且 $\hat{\phi}_{kk}$ 在 1 步延迟后截尾。因此，可以用下面的 AR(1) 模型：

$$(1-\phi B)(Z_t-\mu)=a_t \tag{6.2.4}$$

表 6-5　绿头苍蝇数据的幂变换结果

λ	残差均方误差
1.0	811 704.20
0.5	816 233.82
0.0	825 749.54
−0.5	853 698.72
−1.0	997 701.34

表 6-6　绿头苍蝇数据（序列 W3）的样本 ACF 和样本 PACF

k	1	2	3	4	5	6	7	8	9	10
$\hat{\rho}_k$	0.73	0.49	0.30	0.20	0.12	0.02	−0.01	−0.04	−0.01	−0.03
St. E.	0.11	0.16	0.18	0.18	0.19	0.19	0.19	0.19	0.19	0.19
$\hat{\phi}_{kk}$	0.73	−0.09	−0.04	0.04	−0.03	−0.12	0.07	−0.05	0.07	−0.08
St. E.	0.11	0.11	0.11	0.11	0.11	0.11	0.11	0.11	0.11	0.11

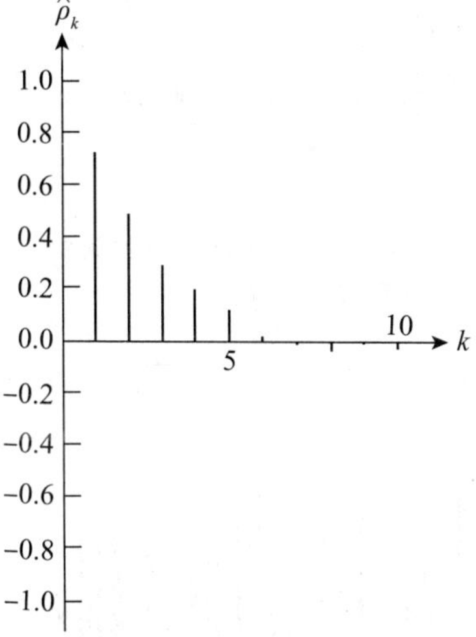

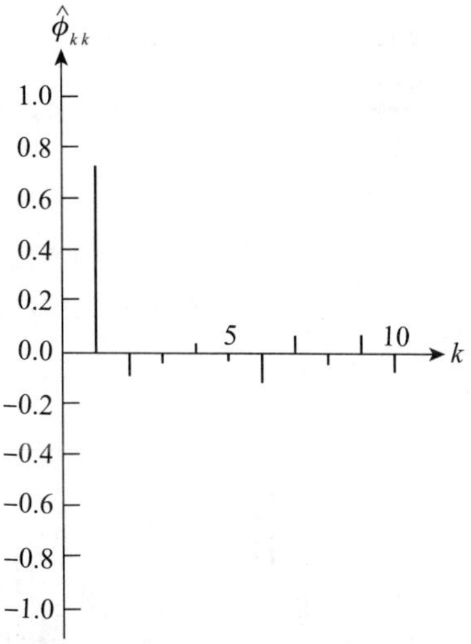

图 6-6　绿头苍蝇数据（序列 W3）的样本 ACF 和样本 PACF

例 6-4　序列 W4 是美国 1961 年 1 月至 2002 年 8 月 16～19 岁失业女性的月度数据，如图 4-1 所示。它显然是均值非平稳的，因而需要进行差分。表 6-7 和图 6-7 中给出的样本 ACF 有持续的大峰值，进一步证实了差分的必要性。图 6-8 中差分后的序列已是平稳的了。差分后序列的样本 ACF 和样本 PACF 如表 6-8 和图 6-9 所示。现在的样本 ACF 在滞后 1 步后截尾且样本 PACF 是拖尾的。这些特征类似于图 3-10 中具有正参数 θ_1 的MA(1) 模型的 ACF 和 PACF，因此，建议对差分序列用 MA(1) 模型，对原序列用 IMA(1，1) 模型。为了检测是否需要一个确定性趋势参数 θ_0，我们计算t-比值 $\overline{W}/S_{\overline{W}}=0.370\,7/1.925=0.192\,6$，该值并不显著，因此，我们建议的模型是

$$(1-B)Z_t=(1-\theta_1 B)a_t \tag{6.2.5}$$

表 6-7　序列 W4（美国 1961 年 1 月至 2002 年 8 月 16～19 岁失业女性的月度数据）的样本 ACF 和样本 PACF

k	1	2	3	4	5	6	7	8	9	10
$\hat{\rho}_k$	0.96	0.95	0.94	0.94	0.93	0.92	0.91	0.90	0.89	0.89
St. E.	0.05	0.08	0.10	0.11	0.13	0.14	0.15	0.16	0.17	0.18
$\hat{\phi}_{kk}$	0.96	0.43	0.17	0.13	0.05	0.03	−0.02	0.02	−0.03	−0.01
St. E.	0.05	0.05	0.05	0.05	0.05	0.05	0.05	0.05	0.05	0.05

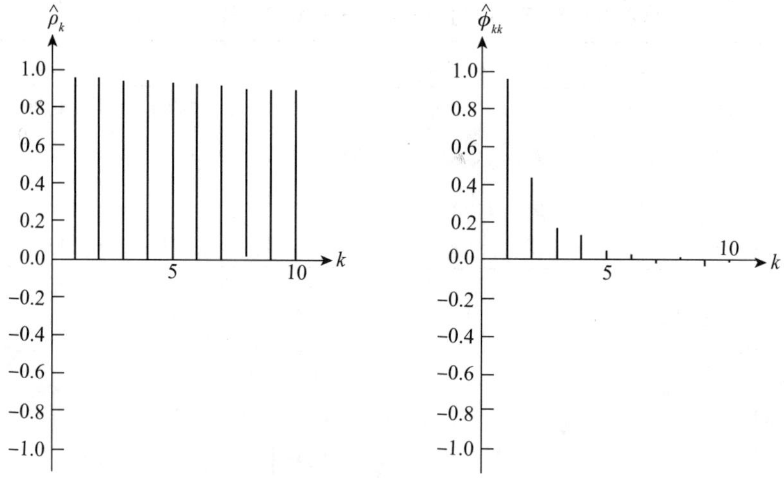

图 6-7　序列 W4（美国 1961 年 1 月至 2002 年 8 月 16～19 岁失业女性的月度数据）的样本 ACF 和样本 PACF

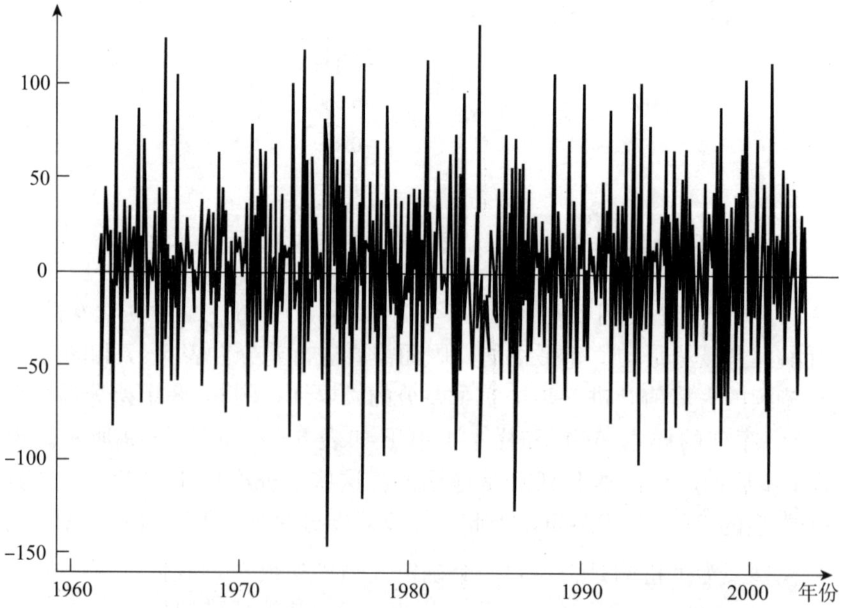

图 6-8　序列 W4（美国 1961 年 1 月至 2002 年 8 月 16～19 岁失业女性的月度数据）差分后的月度序列 $W_t=(1-B)Z_t$

表 6-8　序列 W4（美国 1961 年 1 月至 2002 年 8 月 16～19 岁失业女性的月度数据）差分后的月度序列 $W_t=(1-B)Z_t$ 的样本 ACF 和样本 PACF

k	1	2	3	4	5	6	7	8	9	10
$\hat{\rho}_k$	−0.47	0.06	−0.07	0.04	0.00	0.04	−0.04	0.06	−0.05	0.01
St. E.	0.04	0.05	0.05	0.11	0.05	0.05	0.05	0.05	0.05	0.05
$\hat{\phi}_{kk}$	−0.47	−0.21	−0.18	−0.10	−0.05	0.02	−0.01	0.06	0.01	0.00
St. E.	0.04	0.04	0.04	0.04	0.04	0.04	0.04	0.04	0.04	0.04

说明：$\overline{W}=0.3707$，$S_{\overline{W}}=1.9246$。

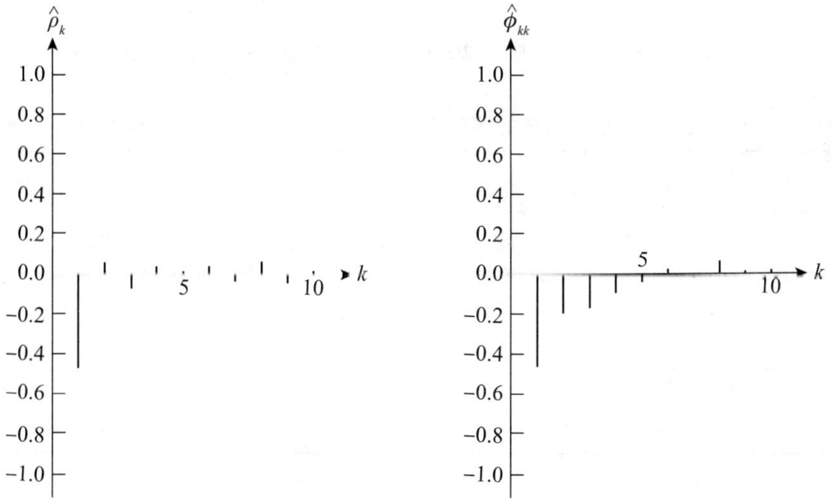

图 6-9　序列 W4（美国 1961 年 1 月至 2002 年 8 月 16～19 岁失业女性的月度数据）差分后的月度序列 $W_t=(1-B)Z_t$ 的样本 ACF 和样本 PACF

例 6-5　很多国家和政府对死亡率感兴趣。图 6-10 展示的序列 W5 是宾夕法尼亚州健康部发表在 2000 年《宾夕法尼亚州年度统计报告》中的 1930—2000 年每年的癌症死亡率（各种癌症，每 10 万人口）。这个序列显然是非平稳的，有着明显的增长趋势。这种非平稳性也为表 6-9 和图 6-11 缓慢衰减的 ACF 所证实。图 6-11 和幂变换估计都说明除了差分外并不需要其他变换。差分序列的样本 ACF 和样本 PACF 在表 6-10 和图 6-12 中给出，显示出差分后序列是一个白噪声过程。t-比值 $\overline{W}/S_{\overline{W}}=2.0543/0.3336=6.158$，意味着应采纳一个确定性趋势项。因此，可采用下面带有漂移项的随机游走模型：

$$(1-B)Z_t=\theta_0+a_t \tag{6.2.6}$$

根据表 6-9 中原未差分数据的样本 ACF 和样本 PACF，也可建议使用备选的AR(1) 模型

$$(1-\phi_1 B)(Z_t-\mu)=a_t \tag{6.2.7}$$

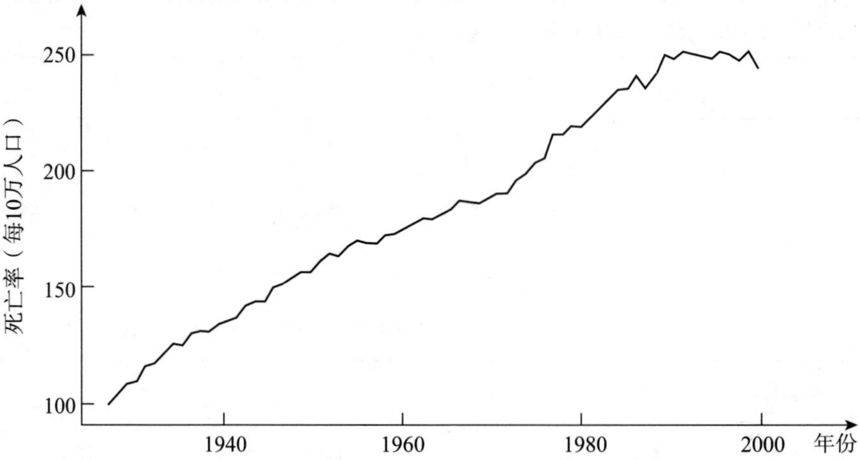

图 6-10　序列 W5，1930—2000 年宾夕法尼亚州每年的癌症死亡率

表 6-9　1930—2000 年宾夕法尼亚州每年的癌症死亡率序列（序列 W5）的样本 ACF 和样本 PACF

k	1	2	3	4	5	6	7	8	9	10
$\hat{\rho}_k$	0.96	0.92	0.88	0.84	0.79	0.75	0.71	0.67	0.62	0.58
St. E.	0.12	0.20	0.25	0.29	0.32	0.35	0.37	0.39	0.41	0.42
$\hat{\phi}_{kk}$	0.96	−0.04	0.00	−0.06	0.00	−0.03	−0.02	−0.03	−0.06	−0.01
St. E.	0.12	0.12	0.12	0.12	0.12	0.12	0.12	0.12	0.12	0.12

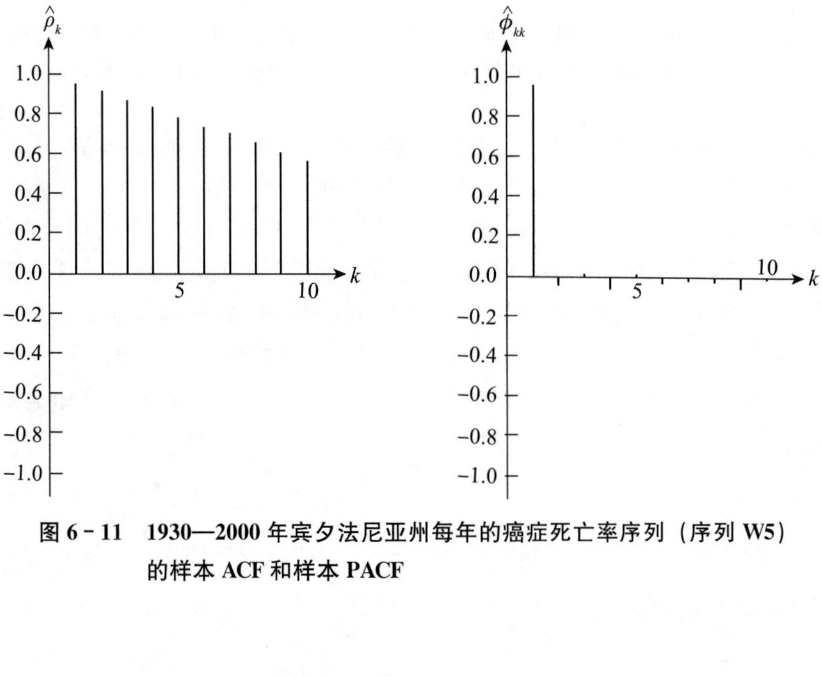

图 6-11　1930—2000 年宾夕法尼亚州每年的癌症死亡率序列（序列 W5）的样本 ACF 和样本 PACF

表 6-10　1930—2000 年宾夕法尼亚州每年的癌症死亡率序列（序列 W5）差分后的样本 ACF 和样本 PACF

k	1	2	3	4	5	6	7	8	9	10
$\hat{\rho}_k$	−0.19	0.12	0.21	−0.05	0.07	0.13	0.07	−0.13	0.11	−0.24
St. E.	0.12	0.12	0.13	0.13	0.13	0.13	0.13	0.13	0.13	0.13
$\hat{\phi}_{kk}$	−0.19	0.09	0.25	0.02	0.01	0.11	0.13	−0.16	−0.03	−0.25
St. E.	0.12	0.12	0.12	0.12	0.12	0.12	0.12	0.12	0.12	0.12

说明：$\overline{W}=2.0543$，$S_{\overline{W}}=0.3336$。

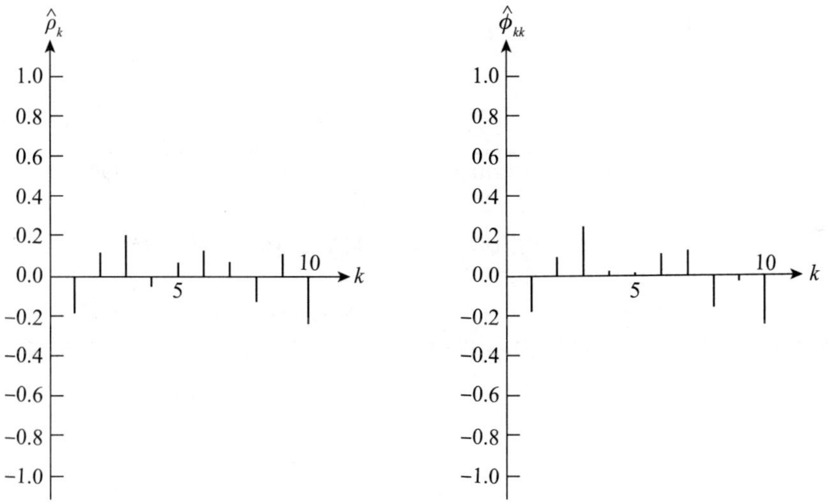

图 6-12　1930—2000 年宾夕法尼亚州每年的癌症死亡率序列（序列 W5）差分后的样本 ACF 和样本 PACF

然而，很明显的增长趋势将导致 ϕ_1 接近 1。我们在第 7 章讨论参数估计时仍将研究这两个模型。

例 6-6　我们现在研究序列 W6，这是 1871—1984 年的美国烟草产量年度数据，刊登在 1985 年美国财政部的《农业统计》上，如图 4-2 所示。图形表明该序列是均值非平稳且方差非平稳的。事实上，序列标准差在随时间变化过程中大致与序列的水平成比例。因此，从 4.3.2 节的结论可知，可采取对数变换。图 6-13 是变换后的图形，显示出有着不变方差的向上趋势。

表 6-11 和图 6-14 中展示的 ACF 呈缓慢衰减趋势，进一步支持了进行差分的必要性。由此，差分后数据 $W_t=(1-B)\ln Z_t$ 的样本 ACF 和样本 PACF 显示在表 6-12 和图 6-15 中。ACF 在滞后 1 步后截尾，而 PACF 是指数型拖尾，看起来和图 3-10 中 $\theta_1>0$ 的情形十分相似。这说明 IMA(1，1) 是可能的模型。为了确定是否需要确定性趋势项 θ_0，我们考察 t-比值 $t=\overline{W}/S_{\overline{W}}=0.0147/0.0186=0.7903$，该值不显著。因此，我们可采用下面的 IMA(1，1) 模型作为我们的试探性模型：

$$(1-B)\ln Z_t=(1-\theta_1 B)a_t \tag{6.2.8}$$

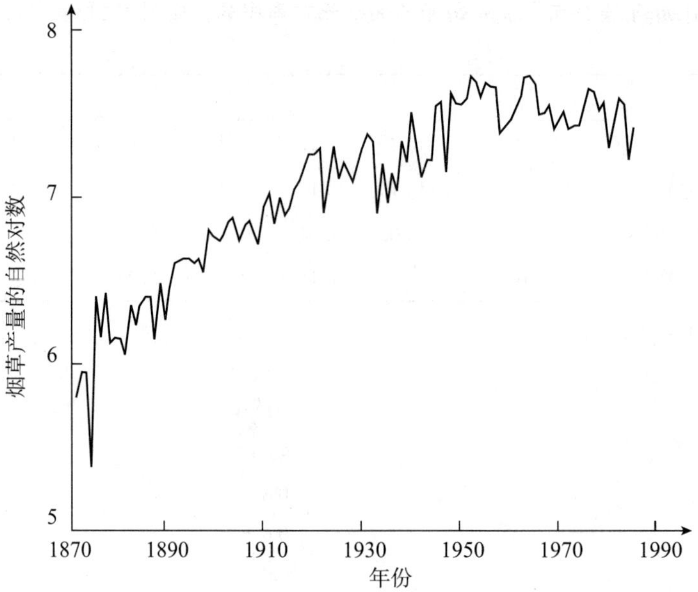

图 6-13 美国年度烟草产量（序列 W6）的自然对数序列

表 6-11 美国年度烟草产量（序列 W6）的自然对数序列的样本 ACF 和样本 PACF

k	1	2	3	4	5	6	7	8	9	10
$\hat{\rho}_k$	0.90	0.88	0.84	0.79	0.78	0.76	0.75	0.72	0.69	0.66
St. E.	0.15	0.19	0.22	0.24	0.27	0.28	0.30	0.32	0.33	0.34
$\hat{\phi}_{kk}$	0.90	0.37	0.05	−0.11	0.15	0.14	0.08	−0.11	−0.12	0.00
St. E.	0.09	0.09	0.09	0.09	0.09	0.09	0.09	0.09	0.09	0.09

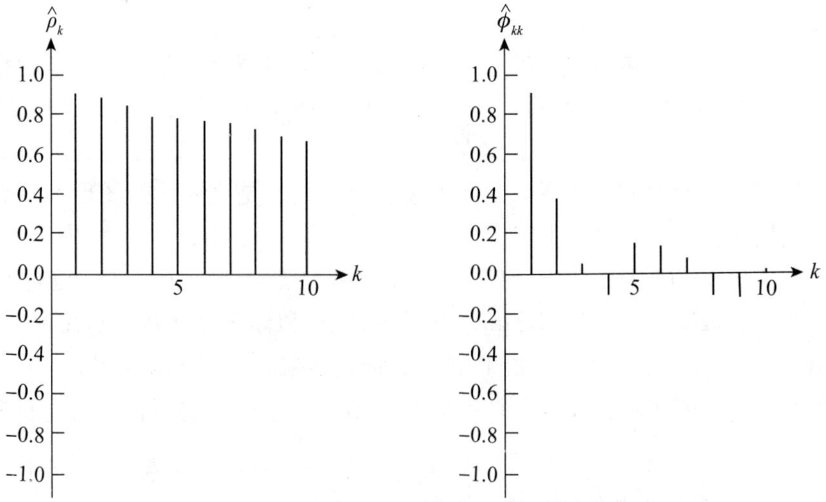

图 6-14 美国年度烟草产量（序列 W6）的自然对数
序列的样本 ACF 和样本 PACF

表 6-12 美国年度烟草产量（序列 W6）的自然对数差分序列的样本 ACF 和样本 PACF

k	1	2	3	4	5	6	7	8	9	10
$\hat{\rho}_k$	−0.51	0.11	−0.09	0.02	−0.03	0.00	0.04	0.04	−0.05	−0.01
St. E.	0.12	0.12	0.12	0.12	0.12	0.12	0.12	0.12	0.12	0.12
$\hat{\phi}_{kk}$	−0.51	−0.20	−0.17	−0.14	−0.13	−0.12	−0.04	0.06	0.02	−0.03
St. E.	0.09	0.09	0.09	0.09	0.09	0.09	0.09	0.09	0.09	0.09

说明：$\overline{W}=0.0147$，$S_{\overline{W}}=0.0186$。

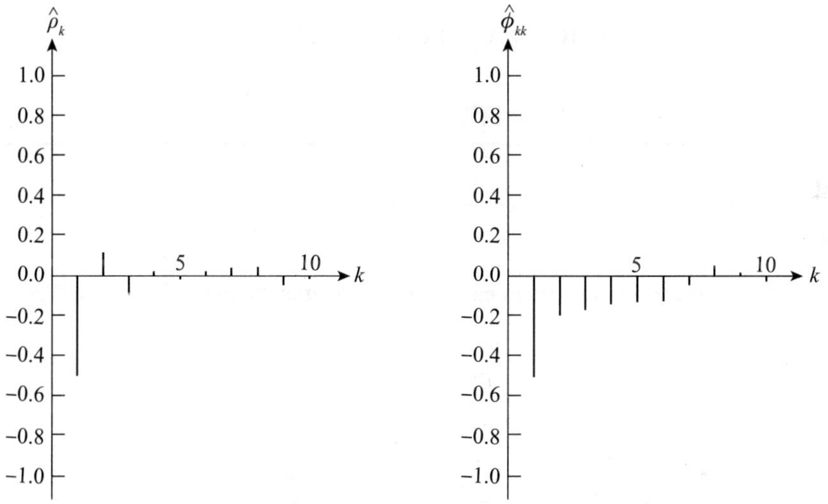

图 6-15 美国年度烟草产量（序列 W6）的自然对数差分序列的样本 ACF 和样本 PACF

例 6-7 图 6-16（a）给出的序列 W7 是加拿大哈得孙湾（Hudson's Bay）公司在 1857—1911 年出售的山猫皮的年度数据，引自 Andrews 和 Herzberg（1985）的报告。表 6-13 中幂变换的结果表明需要对数据进行对数变换。该序列的自然对数是平稳的，如图 6-16（b）所示。

表 6-14 和图 6-17 中的样本 ACF 显示了明显的正弦-余弦特征，表明序列可采用 AR(p) 模型，其中 $p\geqslant 2$。$\hat{\phi}_{kk}$ 中有三个显著的值，表明应取 $p=3$。因此，我们暂定的模型是

$$(1-\phi_1 B-\phi_2 B^2-\phi_3 B^3)(\ln Z_t-\mu)=a_t \tag{6.2.9}$$

另一个与此相关的序列曾被许多时间序列分析者研究，即加拿大1821—1934 年每年捕获的山猫数。它主要参考了 Campbell 和 Walker（1977）、Tong（1977）、Priestley（1981，5.5 节）和 Lin（1987）等文献。我们这里分析的山猫皮销售数据更少一些，且在文献中较少被提及。本书中我们将广泛地使用该序列来说明各种问题。

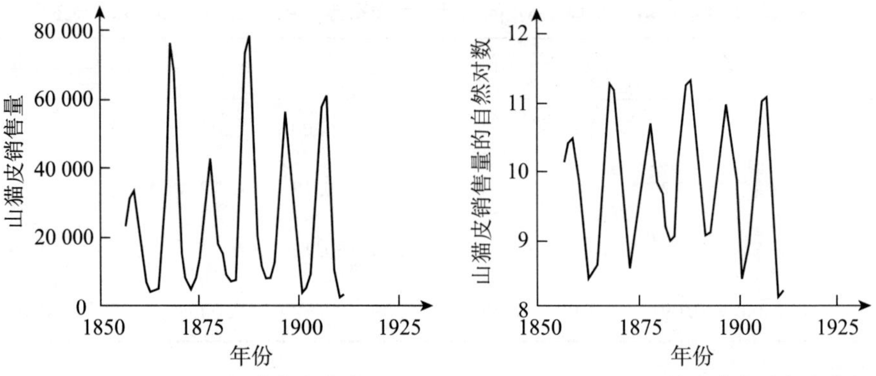

(a)1857—1911年间每年在加拿大销售的山猫皮数量　　(b)1857—1911年间每年在加拿大销售的山猫皮数量的自然对数

图 6-16　加拿大山猫皮销售数据（序列 W7）

表 6-13　山猫皮销售数据幂变换后的结果

λ	残差均方误差
1.0	113 502 248.25
0.5	78 458 357.01
0.0	54 193 701.90
−0.5	635 636 192.04
−1.0	9.292 972 5E14

表 6-14　山猫皮年销售量（序列 W7）自然对数序列的样本 ACF 和样本 PACF

(a) ACF $\hat{\rho}_k$										
1～10	0.73	0.22	−0.32	−0.69	−0.76	−0.53	−0.08	0.35	0.61	0.59
St. E.	0.13	0.19	0.20	0.21	0.25	0.29	0.30	0.30	0.31	0.33
11～20	0.31	−0.06	−0.41	−0.58	−0.49	−0.21	0.16	0.44	0.54	0.40
St. E.	0.35	0.36	0.37	0.37	0.39	0.40	0.40	0.41	0.41	0.43

(b) PACF $\hat{\phi}_{kk}$										
1～10	0.73	−0.68	−0.36	−0.20	−0.09	−0.08	0.13	−0.08	0.06	−0.07
St. E.	0.13	0.13	0.13	0.13	0.13	0.13	0.13	0.13	0.13	0.13
11～20	−0.13	0.05	−0.19	0.07	−0.02	−0.04	0.14	−0.04	0.10	−0.09
St. E.	0.13	0.13	0.13	0.13	0.13	0.13	0.13	0.13	0.13	0.13

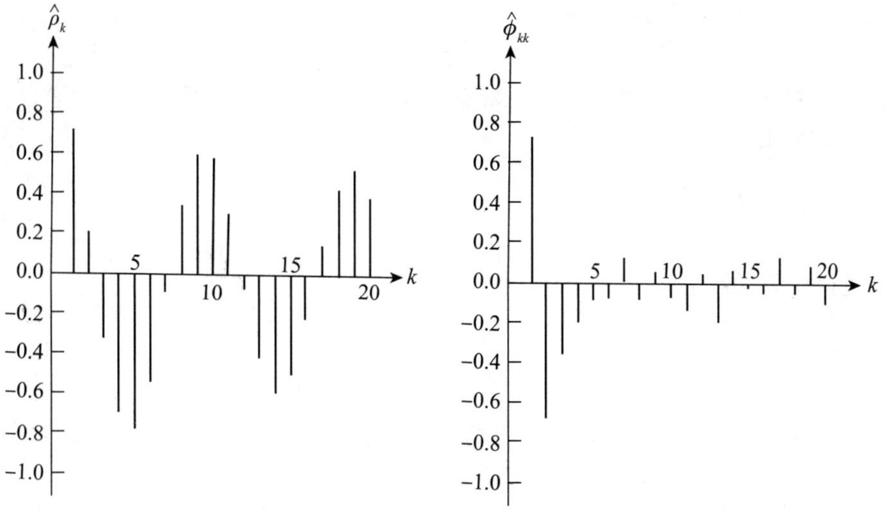

图6－17　山猫皮年销售量（序列W7）自然对数序列的样本ACF和样本PACF

6.3　逆自相关函数

令

$$\phi_p(B)(Z_t-\mu)=\theta_q(B)a_t \tag{6.3.1}$$

是一个ARMA(p，q）模型，其中 $\phi_p(B)=(1-\phi_1B-\cdots-\phi_pB^p)$是一个平稳自回归算子，$\theta_q(B)=(1-\theta_1B-\cdots-\theta_qB^q)$是一个可逆移动平均算子，$a_t$ 是具有零均值和常值方差的白噪声序列。我们将式（6.3.1）改写成移动平均形式：

$$(Z_t-\mu)=\frac{\theta_q(B)}{\phi_p(B)}a_t=\psi(B)a_t \tag{6.3.2}$$

其中，$\psi(B)=\theta_q(B)/\phi_p(B)$。从式（2.6.9）可知这个模型的自协方差生成函数由下式给出：

$$\begin{aligned}\gamma(B)&=\sum_{k=-\infty}^{\infty}\gamma_kB^k=\sigma_a^2\psi(B)\psi(B^{-1})\\&=\sigma_a^2\frac{\theta_q(B)\theta_q(B^{-1})}{\phi_p(B)\phi_p(B^{-1})}\end{aligned} \tag{6.3.3}$$

假设对所有$|B|=1$均有$\gamma(B)\neq0$，且令

$$\begin{aligned}\gamma^{(I)}(B)&=\frac{1}{\gamma(B)}=\sum_{k=-\infty}^{\infty}\gamma_k^{(I)}B^k\\&=\frac{1}{\sigma_a^2}\frac{\phi_p(B)\phi_p(B^{-1})}{\theta_q(B)\theta_q(B^{-1})}\end{aligned} \tag{6.3.4}$$

显然，由对 $\phi_p(B)$ 和 $\theta_q(B)$ 的假定，式（6.3.4）中的系数 $\{\gamma_k^{(I)}\}$ 形成一个关于原点对

称、正定、平方可和的序列，因此，它们是某过程适当的自协方差。相对于式（6.3.1）给出的模型，以 $\gamma^{(I)}(B)$ 作为自协方差生成函数的过程被称为逆过程。因此，$\gamma^{(I)}B$ 也称为 $\{Z_t\}$ 的逆自协方差生成函数。很自然地，由式（2.6.10）得到 $\{Z_t\}$ 的逆自相关生成函数，由下式给出：

$$\rho^{(I)}(B)=\frac{\gamma^{(I)}(B)}{\gamma_0^{(I)}} \tag{6.3.5}$$

k 步延迟逆自相关系数定义为

$$\rho_k^{(I)}=\frac{\gamma_k^{(I)}}{\gamma_0^{(I)}} \tag{6.3.6}$$

当然，它等于 $\rho^{(I)}(B)$ 中 B^k 或 B^{-k} 的系数。作为 k 的函数，$\rho_k^{(I)}$ 称为逆自相关函数（IACF）。

由式（6.3.3）和式（6.3.4）可知，如果 $\{Z_t\}$ 是 ARMA(p，q）过程，则逆过程显然是 ARMA(q，p）过程。特别地，如果 $\{Z_t\}$ 是其自相关函数拖尾的 AR(p）过程，则逆过程是其自相关函数在 p 步延迟后截尾的 MA(p）过程。也就是说，AR(p）过程的逆自相关函数在 p 步延迟后截尾。类似地，一个具有 q 步延迟后截尾的自相关函数的 MA(q）过程的逆自相关拖尾。因此，过程的逆自相关函数显示出类似于偏自相关函数的特征，并可用来作为模型识别的工具。

对于一个 AR(p）过程，很容易看出其逆自相关函数可由下式给出

$$\rho_k^{(I)}=\begin{cases}\dfrac{-\phi_k+\phi_1\phi_{k+1}+\cdots+\phi_{p-k}\phi_p}{1+\phi_1^2+\cdots+\phi_p^2}, & k=1,\cdots,p\\ 0, & k>p\end{cases} \tag{6.3.7}$$

因为我们可以用足够高的阶数 p 的 AR(p）模型来近似一个 ARMA 模型，得到样本逆自相关函数 $\hat{\rho}_k^{(I)}$ 的一个方法就是：用从式（6.3.7）中求出的估计值代替近似 AR 模型的 AR 参数，即

$$\hat{\rho}_k^{(I)}=\begin{cases}\dfrac{-\hat{\phi}_k+\hat{\phi}_1\hat{\phi}_{k+1}+\cdots+\hat{\phi}_{p-k}\hat{\phi}_p}{1+\hat{\phi}_1^2+\cdots+\hat{\phi}_p^2}, & k=1,\cdots,p\\ 0, & k>p\end{cases} \tag{6.3.8}$$

参数估计将在第 7 章讨论。在白噪声过程的原假设下，$\hat{\rho}_k^{(I)}$ 的标准差为

$$S_{\hat{\rho}_k^{(I)}}=\sqrt{\frac{1}{n}} \tag{6.3.9}$$

因此，我们可以用$\pm 2/\sqrt{n}$来评估样本逆自相关的显著性。

例 6-8　为了便于说明，在表 6-15 中给出了 6.2 节中考察的两个时间序列的样本逆自相关系数。表 6-15(a) 是在例 6-1 中讨论过的卡车日平均生产故障数序列的样本逆自相关系数，在该例中我们采纳了 AR(1) 模型。特别需要注意的是，尽管逆自相关函数看起来是 1 步延迟后截尾的，但是不能通过$\alpha=0.05$ 的统计显著性检验。表 6-15(b) 是例 6-7 中的加拿大山猫皮销售量自然对数的样本逆自相关系数，基于 3 个显著的 PACF 值，

我们识别了一个 AR(3) 模型。然而，如果采用 IACF 来分析，最大的 AR 阶数应为 2。事实上，由于样本 IACF 的标准差是 0.14，故 IACF 所蕴含的模型可能是 AR(1)，从表 6-14(a) 的样本 ACF 看，这显然不恰当。

在上面的例子中，IACF 的值比 PACF 小，这种情形并不少见。若基本模型是 AR(p)，则当 $k>p$ 时，有 $\phi_{kk}=\rho_k^{(I)}=0$ 。而式 (6.3.7) 则意味着

$$\rho_p^{(I)}=\frac{-\phi_p}{1+\phi_1^2+\cdots+\phi_p^2} \tag{6.3.10}$$

从 2.3 节结尾的讨论中，我们可得

$$\phi_{pp}=\phi_p \tag{6.3.11}$$

表 6-15　样本逆自相关函数 (SIACF)

(a) 卡车生产日平均故障数序列 (序列 W1)

k	1	2	3	4	5	6	7	8	9	10
$\hat{\rho}_k^{(I)}$	−0.27	0.05	−0.03	−0.07	0.10	−0.11	0.22	0.01	−0.05	0.02
St. E.	0.15	0.15	0.15	0.15	0.15	0.15	0.15	0.15	0.15	0.15

(b) 加拿大山猫皮销量自然对数序列 (序列 W7)

k	1	2	3	4	5	6	7	8	9	10
$\hat{\rho}_k^{(I)}$	−0.67	0.23	0.01	−0.03	0.09	−0.11	0.15	−0.11	0.07	−0.13
St. E.	0.14	0.14	0.14	0.14	0.14	0.14	0.14	0.14	0.14	0.14

因此，$|\phi_{pp}|>|\rho_p^{(I)}|$，样本 IACF 的值一般都小于样本 PACF，尤其是在低阶延迟时更是如此。在一项研究中，Abraham 和 Ledolter (1984) 认为作为一种识别的工具，PACF 的性能通常优于 IACF。一些计算软件如 SAS (1999) 和 SCA (1992) 同时提供 PACF 和 IACF，以备分析时选择。

逆自相关函数是由 Cleveland (1972) 首先引入的，他通过谱的逆以及谱与自相关函数之间的关系推导出了得到样本逆自相关函数的另一种方法。我们将在第 12 章针对这一问题继续进行讨论。

6.4　扩展的样本自相关函数和其他识别方法

自相关函数、偏自相关函数以及逆自相关函数在识别 AR 模型和 MA 模型的阶数时是非常有用的。在本节中，我们引入扩展的样本自相关函数和其他方法，它们将帮助我们识别混合 ARMA 模型的阶数。

6.4.1　扩展的样本自相关函数 (ESACF)

从前面的实际例子中可以明显看出，由于 AR 模型的 PACF 和 IACF 以及 MA 模型的

ACF 的截尾性质，通过样本 ACF、PACF 及 IACF 来识别 p 阶 AR 模型或 q 阶 MA 模型是相对简单的。但是，对一个混合 ARMA 过程，ACF、PACF 和 IACF 都显示出逐渐衰减的特性，这就使得对阶数 p 和 q 的识别更加困难。在这种情况下，通常使用一种主要基于如下假设的方法：若 Z_t 符合 ARMA(p, q) 模型

$$(1-\phi_1 B-\cdots-\phi_p B^p)Z_t=\theta_0+(1-\theta_1 B-\cdots-\theta_q B^q)a_t \tag{6.4.1a}$$

或等价地

$$Z_t=\theta_0+\sum_{i=1}^{p}\phi_i Z_{t-1}-\sum_{i=1}^{q}\theta_i a_{t-1}+a_t \tag{6.4.1b}$$

则

$$\begin{aligned} Y_t &=(1-\phi_1 B-\cdots-\phi_p B^p)Z_t \\ &=Z_t-\sum_{i=1}^{p}\phi_i Z_{t-i} \end{aligned} \tag{6.4.2}$$

服从一个 MA(q) 模型

$$Y_t=(1-\theta_1 B-\cdots-\theta_q B^q)a_t \tag{6.4.3}$$

为了不失一般性，我们假定 $\theta_0=0$。因此，一些作者如 Tiao 和 Box（1981）建议使用拟合 AR 模型时（使用普通最小二乘（OLS））估计的残差过程

$$\hat{Y}_t=(1-\hat{\phi}_1 B-\cdots-\hat{\phi}_p B^p)Z_t \tag{6.4.4}$$

的样本 ACF 来识别 q，从而得到 ARMA(p, q) 模型 p 和 q 的阶数。例如，拟合 AR(1) 模型时的 MA(2) 残差过程就意味着得到混合 ARMA(1，2) 模型。但正如 7.4 节中所述，由于当基本模型是混合 ARMA(p, q)（其中 $q>0$）时，在式（6.4.4）中 AR 参数 ϕ_i 的 OLS 估计不是一致的，因而将导致错误的识别。

为了得到 ϕ_i 的一致估计，假设有 n 个经均值修正的观测来自式（6.4.1a）的 ARMA (p, q) 过程。如果用一个 AR(p) 去拟合数据，即

$$Z_t=\sum_{i=1}^{p}\phi_i Z_{t-i}+e_t,\quad t=p+1,\cdots,n \tag{6.4.5}$$

这里 e_t 表示残差项，由于 ϕ_i（其中 $i=1, \cdots, p$）的 OLS 估计 $\hat{\phi}_i^{(0)}$ 是非一致的，故估计残差将不是白噪声。事实上，若 $q\geqslant 1$，延迟量 $\hat{e}_{t-i}^{(0)}$（其中 $i=1, \cdots, q$）将包含过程 Z_t 的一些信息，从而导致下面的迭代回归。首先，考虑 AR(p) 回归加上附加项 $\hat{e}_{t-1}^{(0)}$，即

$$Z_t=\sum_{i=1}^{p}\phi_i^{(1)} Z_{t-i}+\beta_1^{(1)}\hat{e}_{t-1}^{(0)}+e_t^{(1)},\quad t=p+2,\cdots,n \tag{6.4.6}$$

其中，上标（1）表示第一次迭代回归，$e_t^{(1)}$ 表示相应的误差项。若 $q=1$，则 OLS 估计 $\phi_i^{(1)}$ 将是一致的。若 $q>1$，$\hat{\phi}_i^{(1)}$ 就是不一致的了，其所估计的残差 $\hat{e}_t^{(1)}$ 也不是白噪声，而延迟量 $\hat{e}_{t-i}^{(1)}$ 将包含关于 Z_t 的一些信息。再考虑第二次迭代 AR(p) 回归

$$Z_t=\sum_{i=1}^{p}\phi_i^{(2)}Z_{t-i}+\beta_1^{(2)}\hat{e}_{t-1}^{(1)}+\beta_2^{(2)}\hat{e}_{t-2}^{(0)}+e_t^{(2)},\quad t=p+3,\cdots,n \tag{6.4.7}$$

若 $q=2$，则 OLS 估计 $\hat{\phi}_i^{(2)}$ 是一致的；若 $q>2$，则 $\hat{\phi}_i^{(2)}$ 又是不一致的。无论如何，重复前面的迭代回归总能得到一致估计，也就是由第 q 次迭代的 AR(p) 回归

$$Z_t=\sum_{i=1}^{p}\phi_i^{(q)}Z_{t-i}+\sum_{i=1}^{q}\beta_i^{(q)}\hat{e}_{t-i}^{(q-i)}+e_t^{(q)},\quad t=p+q+1,\cdots,n \tag{6.4.8}$$

得到的 OLS 估计 $\hat{\phi}_i^{(q)}$ 是一致的，其中，$\hat{e}_t^{(j)}=Z_t-\sum_{i=1}^{p}\hat{\phi}_i^{(j)}Z_{t-i}-\sum_{i=1}^{q}\hat{\beta}_i^{(j)}\hat{e}_{t-i}^{(j-i)}$ 是第 j 次迭代 AR(p) 回归的估计残差，$\hat{\phi}_i^{(j)}$ 和 $\hat{\beta}_i^{(j)}$ 是相应的最小二乘估计。

实际上，ARMA(p，q) 模型的真实阶数 p 和 q 都是未知的，必须去估计。总之，基于前面的考虑，Tsay 和 Tiao（1984）提出了一般的迭代回归方法，并引入了扩展的样本自相关函数（extended sample autocorrelation function，ESACF）的概念，由此估计 p 和 q。特别地，对于 $m=0$，1，2，…，令 $\hat{\phi}_i^{(j)}$（其中 $i=1$，…，m）是对于 ARMA 过程 Z_t 由第 j 次迭代 AR(m) 回归得到的 OLS 估计。Z_t 在延迟 j 步处的第 m 次 ESACF 值 $\hat{\rho}_j^{(m)}$ 被定义为以下过程的样本自相关函数：

$$Y_t^{(j)}=(1-\hat{\phi}_1^{(j)}B-\cdots-\hat{\phi}_m^{(j)}B^m)Z_t \tag{6.4.9}$$

将 $\hat{\rho}_j^{(m)}$ 整理排列为如表 6-16 所示的两维表是很有用的，表中的第一行对应于 $\hat{\rho}_j^{(0)}$，由 Z_t 的标准样本 ACF 给出。第二行给出第一个 ESACF 值 $\hat{\rho}_j^{(1)}$，等等。行数 0，1，…给出 AR 的阶数，列数类似地给出 MA 的阶数。

表 6-16　　ESACF 表

	MA					
AR	0	1	2	3	4	…
0	$\hat{\rho}_1^{(0)}$	$\hat{\rho}_2^{(0)}$	$\hat{\rho}_3^{(0)}$	$\hat{\rho}_4^{(0)}$	$\hat{\rho}_5^{(0)}$	…
1	$\hat{\rho}_1^{(1)}$	$\hat{\rho}_2^{(1)}$	$\hat{\rho}_3^{(1)}$	$\hat{\rho}_4^{(1)}$	$\hat{\rho}_5^{(1)}$	…
2	$\hat{\rho}_1^{(2)}$	$\hat{\rho}_2^{(2)}$	$\hat{\rho}_3^{(2)}$	$\hat{\rho}_4^{(2)}$	$\hat{\rho}_5^{(2)}$	…
3	$\hat{\rho}_1^{(3)}$	$\hat{\rho}_2^{(3)}$	$\hat{\rho}_3^{(3)}$	$\hat{\rho}_4^{(3)}$	$\hat{\rho}_5^{(3)}$	…
⋮		⋮				

我们注意到，ESACF$\hat{\rho}_j^{(m)}$ 是样本个数 n 的函数，尽管并不明显。事实上，能够证明（Tsay and Tiao，1984）：对于 ARMA(p，q) 过程，有下面的依概率收敛，即对于 $m=1$，2，…和 $j=1$，2，…，有

$$\hat{\rho}_j^{(m)}\xrightarrow{P}\begin{cases}0, & 0\leqslant m-p<j-q\\ X\neq 0, & \text{其他}\end{cases} \tag{6.4.10}$$

因此，利用式（6.4.10）得到 ARMA(1，1) 模型的渐近 ESACF 表，如表6-17所示。出现的 0 构成顶点位于（1，1）的三角形。更一般地，对于ARMA(p，q) 过程，在渐近 ESACF 表中，0 值三角形的顶点将位于（p，q）。因此，ESACF 可以用来作为模型识别的工具，特别是识别混合的 ARMA 模型。

表 6-17　ARMA（1，1）模型的渐近 ESACF 表

AR \ MA	0	1	2	3	4	…
0	X	X	X	X	X	…
1	X	0	0	0	0	…
2	X	X	0	0	0	…
3	X	X	X	0	0	…
4	X	X	X	X	0	…
⋮	⋮	⋮	⋮	⋮	⋮	⋱

当然，在实际中我们只有有限的样本，$\hat{\rho}_j^{(m)}$（其中 $0\leqslant m-p\leqslant j-q$）的极限并不是严格为 0。但是不管怎样，在检验有关式（6.4.9）的变换序列 $Y_t^{(j)}$ 为白噪声的假设时，$\hat{\rho}_j^{(m)}$ 的渐近方差可以用 Bartlett 公式近似，或稍微粗糙些用 $(n-m-j)^{-1}$ 近似。因此，可以用示性符号将 ESACF 表构造为：用符号 X 表示取值大于 2 倍或小于 -2 倍的标准差，用 0 表示取值在 2 倍标准差之间。

例 6-9　为了说明该方法，我们用 SCA 计算例 6-7 中加拿大山猫皮销量自然对数序列的 ESACF。表 6-18（a）给出了 ESACF，表 6-18（b）是与该序列 ESACF 对应的示性符号。三角形的顶点建议用混合 ARMA(2，1）模型，这与我们前面基于 PACF 的特征所接受的 AR(3）模型有所不同。我们将在第 7 章中对该序列进行进一步考察。

表 6-18

AR \ MA	0	1	2	3	4	5	6	7	8	9
(a) 加拿大山猫皮销量自然对数序列的 ESACF										
0	0.73	0.22	−0.32	−0.69	−0.76	−0.53	−0.08	0.33	0.61	0.59
1	0.68	0.22	−0.28	−0.60	−0.65	0.51	−0.09	0.31	0.53	0.57
2	−0.54	0.01	0.20	−0.15	0.17	−0.26	0.25	−0.15	−0.05	0.10
3	−0.53	0.06	0.22	0.09	−0.02	−0.10	0.15	−0.16	−0.20	0.06
4	0.00	0.13	0.37	−0.12	−0.02	−0.09	−0.01	−0.18	−0.16	−0.03
(b) 用示性符号标记的 ESACF										
0	X	0	X	X	X	X	0	X	X	X
1	X	0	0	X	X	X	0	X	X	X
2	X	0	0	0	0	0	0	0	0	0
3	X	0	0	0	0	0	0	0	0	0
4	0	X	X	0	0	0	0	0	0	0

例 6-10　另一个例子是 Box，Jenkins 和 Reinsel（1994）中的序列 C——226 个温度的读数，表 6-19 显示出其 ESACF。由于 0 值三角形的顶点出现在（2，0）位置，用 ESACF 方法可知要对该序列使用 AR(2）模型。

迭代回归中使用的是 OLS 估计，原因是回归估计总是能对回归模型使用，而无须顾及序列是否平稳、是否可逆，Tsay 和 Tiao（1984）在他们对 ESACF 的定义中允许 AR 和 MA 的根在单位圆上或圆外。因此，ESACF 是由未经差分的原始数据计算的。之所以会出现这样的结果：ARIMA(p，d，q）过程被识别为 ARMA(P，q）过程，其中 $P=p+q$。例如，在表 6－20 中给出了序列 C 的样本 ACF 和样本 PACF，并且在此基础上，Box、Jenkins 和 Reinsel（1994）建议采用 ARIMA(1，1，0）模型或 ARIMA(0，2，0）模型。无论如何，如果用 ESACF 方法，无论是 ARIMA(1，1，0）模型还是 ARIMA(0，2，0）模型都被识别为 ARMA(2，0）模型。

表 6－19　　Box，Jenkins 和 Reinsel（1994）中序列 C 的 ESACF

	MA								
AR	0	1	2	3	4	5	6	7	8
0	X	X	X	X	X	X	X	X	X
1	X	X	X	X	X	X	X	X	X
2	0	0	0	0	0	0	0	0	0
3	X	0	0	0	0	0	0	0	0
4	X	X	0	0	0	0	0	0	0
5	X	X	X	0	0	0	0	0	0

表 6－20　　Box，Jenkins 和 Reinsel（1994）中序列 C 的样本 ACF 和样本 PACF

(a) Z_t

k	1	2	3	4	5	6	7	8	9	10
$\hat{\rho}_k$	0.98	0.94	0.90	0.85	0.80	0.75	0.69	0.64	0.58	0.52
St. E.	0.07	0.07	0.07	0.07	0.07	0.07	0.07	0.07	0.07	0.07
$\hat{\phi}_{kk}$	0.98	−0.81	−0.03	−0.02	−0.10	−0.07	−0.01	−0.03	0.04	−0.04
St. E.	0.07	0.07	0.07	0.07	0.07	0.07	0.07	0.07	0.07	0.07

(b) $(1-B)Z_t$

k	1	2	3	4	5	6	7	8	9	10
$\hat{\rho}_k$	0.80	0.65	0.53	0.44	0.38	0.32	0.26	0.19	0.14	0.14
St. E.	0.07	0.07	0.07	0.07	0.07	0.07	0.07	0.07	0.07	0.07
$\hat{\phi}_{kk}$	0.80	−0.01	−0.01	0.06	0.03	−0.03	−0.01	−0.08	0.00	0.10
St. E.	0.07	0.07	0.07	0.07	0.07	0.07	0.07	0.07	0.07	0.07

(c) $(1-B)^2Z_t$

k	1	2	3	4	5	6	7	8	9	10
$\hat{\rho}_k$	−0.08	−0.07	−0.12	−0.06	0.01	−0.02	0.05	−0.05	−0.12	0.12
St. E.	0.07	0.07	0.07	0.07	0.07	0.07	0.07	0.07	0.07	0.07
$\hat{\phi}_{kk}$	−0.08	−0.08	−0.14	−0.10	−0.03	−0.05	0.02	−0.06	−0.16	0.09
St. E.	0.07	0.07	0.07	0.07	0.07	0.07	0.07	0.07	0.07	0.07

由于 Tsay 和 Tiao（1984）给出的 ESACF 定义在原始序列上，故他们指出使用 ESACF 可以避免做差分，并且对于平稳或非平稳过程给出了统一的识别方法。为了看清序列是否为非平稳的，对于给定的 p 和 q 值，他们建议对迭代 AR 估计进行研究，通过考察 AR 多项式是否含有单位根来判断是否含有非平稳因子。例如，在 Box 和 Jenkins 的序列 C 中，迭代 AR 估计为 $\hat{\phi}_1^{(0)}=1.81$ 及 $\hat{\phi}_2^{(0)}=-0.82$，因为 $\hat{\phi}^{(0)}(B)\simeq(1-B)(1-0.8B)$，这表明 AR 多项式含有非平稳因子 $(1-B)$。然而，除去少数例外，用该方法识别非平稳序列一般是困难的。ESACF 的优势在于识别混合 ARMA 模型的 p 和 q。如果 ESACF 方法被用于经适当平稳化变换的序列，其优势能得到较好的发挥，因为经试探性识别的模型还要进行更有效的估计（如极大似然估计），这些通常都要求平稳性。

由于样本 ACF 间的采样差异和相关性，正如在前面的例子中所见，对大多数时间序列来说，ESACF 表的模式可能并不好辨认。但是，根据作者的经验，通过联合考虑 ACF、PACF 和 ESACF，模型识别一般没有太大的困难。一些计算软件，如 AUTOBOX（1987）和 SCA（1992）提供了在模型识别阶段计算 ESACF 的选项。

6.4.2 其他识别方法

其他模型识别方法包括 Akaike（1974b）给出的信息准则方法，Gray、Kelley 和 McIntire（1978）引入的 R 和 S 阵列方法以及 Beguin、Gourieroux 和 Monfort（1980）提出的隅角法。S 和 R 阵列法与隅角法中统计量的统计性质大部分还是未知的，也没有使用这些方法的软件。有兴趣的读者可以参阅他们最初的研究文章（参考目录见本书附录）。信息标准将在第 7 章中讨论。

在此，说模型识别既具有科学性又具有艺术性是很恰当的。我们不应该使用某种方法而拒绝其他方法。通过仔细研究 ACF、PACF、IACF、ESACF 以及时间序列的其他性质，模型识别成为时间序列中最令人感兴趣的部分。

练　习

6.1 根据下面的样本 ACF 识别适当的 ARIMA 模型。使用 ARIMA 模型的理论 ACF 的相关知识来验证你的选择。

(a) $n=121$，data$=Z_t$

k	1	2	3	4	5	6	7	8	9	10
$\hat{\rho}_k$	0.15	−0.08	0.04	0.08	0.08	0.03	0.02	0.05	0.04	−0.11

(b) $n=250$，data$=Z_t$

k	1	2	3	4	5	6	7	8	9	10
$\hat{\rho}_k$	−0.63	0.36	−0.17	0.09	−0.07	0.06	−0.08	0.10	−0.11	0.06

(c) $n=250$，data$=Z_t$

k	1	2	3	4	5	6	7	8	9	10

$\hat{\rho}_k$	−0.35	−0.17	0.09	−0.06	0.01	−0.01	−0.04	0.07	−0.07	0.09

(d) $n=100$, data$=Z_t$, $W_t=(1-B)Z_t$, $\overline{W}=2.5$, $S_W^2=20$

k	1	2	3	4	5	6	7	8	9	10
$\hat{\rho}_Z(k)$	0.99	0.98	0.98	0.97	0.94	0.91	0.89	0.86	0.85	0.83
$\hat{\rho}_W(k)$	0.45	−0.04	0.12	0.06	−0.18	0.16	−0.07	0.05	0.10	0.09

(e) $n=100$, data$=Z_t$, $W_t=(1-B)Z_t$, $\overline{W}=35$, $S_W^2=1\,500$

k	1	2	3	4	5	6	7	8	9	10
$\hat{\rho}_Z(k)$	0.94	0.93	0.90	0.89	0.87	0.86	0.84	0.81	0.80	0.80
$\hat{\rho}_W(k)$	0.69	0.50	0.33	0.19	0.10	0.08	0.03	0.01	0.01	0.00

6.2 为下面各个数据集识别适当的 ARIMA 模型。

(a)

−2.401	−0.574	0.382	−0.535	−1.639	−0.960	−1.118
−0.719	−1.236	0.117	−0.493	−2.282	−1.823	0.645
−0.179	0.589	1.413	0.370	0.082	−0.531	−1.891
−0.961	−0.865	−0.790	−1.476	−2.491	−4.479	−2.809
−2.154	−1.532	−2.119	−3.349	−1.588	0.740	0.907
1.540	0.557	2.259	2.622	0.701	2.463	2.714
2.089	3.750	4.322	3.186	3.192	2.939	3.263
3.279	0.295	0.227	1.356	1.912	1.060	0.370
−0.195	0.340	1.084	1.237	0.610	2.126	3.960
3.317	2.167	1.292	0.595	0.140	−0.082	−0.769
0.870	1.551	2.610	2.193	1.353	−0.600	−0.455
0.203	1.472	1.367	1.875	2.082	1.604	2.033
3.746	2.954	0.676	1.163	1.368	0.343	−0.334
1.041	1.328	1.325	0.968	1.970	2.296	2.896
1.918	1.569					

(b)

−1.453	0.867	0.727	−0.765	−1.317	0.024	−0.542
−0.048	−0.805	0.858	−0.563	−1.986	−0.454	1.738
−0.566	0.697	1.060	−0.478	−0.140	−0.581	−1.572
0.174	−0.289	−0.270	−1.002	−1.605	−2.984	−0.122
0.469	−0.239	−1.200	−2.077	0.421	1.693	0.463
0.996	−0.367	1.925	1.267	−0.872	2.043	1.236
0.461	2.497	2.072	0.593	1.281	1.023	1.500
1.321	−1.673	0.050	1.219	1.098	−0.087	−0.266
−0.417	0.457	0.880	0.586	−0.132	1.760	2.684
0.941	0.177	−0.008	−0.180	−0.217	−0.165	−0.720
1.332	0.029	1.679	0.627	0.038	−1.412	−0.095
0.476	1.350	0.484	1.055	0.957	0.355	1.071

	2.526	0.707	−1.096	0.757	0.670	−0.477	−0.540
	1.241	0.704	0.528	0.173	1.389	1.115	1.519
	0.180	0.419					
(c)	3.485	5.741	5.505	3.991	3.453	4.773	4.142
	4.598	3.796	5.430	3.960	2.541	4.054	6.155
	3.778	5.066	5.422	3.908	4.302	3.876	2.888
	4.613	4.075	4.054	3.288	2.654	1.215	3.979
	3.452	3.569	2.523	1.584	3.998	5.135	3.842
	4.404	3.077	5.432	4.795	2.747	5.767	4.988
	4.311	6.456	6.114	4.785	5.646	5.516	6.121
	6.059	3.196	5.050	6.231	6.119	4.988	4.885
	4.777	5.666	6.081	5.801	5.126	7.067	8.015
	6.358	5.752	5.700	5.614	5.629	5.705	5.155
	7.204	6.871	7.555	6.565	6.081	4.719	6.090
	6.637	7.492	6.635	7.264	7.221	6.694	7.493
	9.012	7.274	5.622	7.593	7.533	6.432	6.424
	8.219	7.668	7.534	7.232	8.501	8.266	8.748
	7.501	7.856					
(d)	0.315	−0.458	−0.488	−0.170	0.565	−0.344	−1.176
	−1.054	−0.826	0.710	−0.341	−1.809	−1.242	−0.667
	−0.999	2.812	1.286	−1.084	−1.505	−2.556	−0.144
	−1.749	−3.032	−2.958	−2.827	−3.392	−2.431	−2.757
	−2.822	−3.314	−2.738	−1.979	−1.671	−2.977	−0.709
	0.718	0.736	0.879	1.642	2.180	1.963	0.716
	0.769	0.973	0.334	1.309	0.878	0.062	0.169
	0.677	1.851	0.242	0.828	−0.317	−1.042	−2.093
	0.653	0.261	2.020	2.136	1.635	−0.141	−1.747
	−2.047	−0.752	−0.211	−1.062	−1.565	0.232	0.015
	−0.935	−0.338	0.853	0.888	3.069	3.364	3.854
	4.419	2.145	2.291	1.753	1.058	1.048	0.200
	1.424	0.590	0.356	0.476	0.684	−2.260	−0.569
	−1.014	−0.207	0.638	−0.664	−0.469	−0.215	−0.296
	−1.561	0.246					

6.3 使用 ESACF 来识别序列 W1 和 W7 的模型，并与书中使用 ACF 和 PACF 识别的模型进行比较。

第7章 参数估计、诊断检验和模型选择

在识别出试探性模型后，下一步就是估计模型中的参数。我们讨论一般 ARMA(p，q) 模型的参数估计，即参数 $\boldsymbol{\phi}=(\phi_1, \phi_2, \cdots, \phi_p)'$，$\mu=E(Z_t)$，$\boldsymbol{\theta}=(\theta_1, \theta_2, \cdots, \theta_q)'$，以及 $\sigma_a^2=E(a_t^2)$的估计，它们出现在下面的模型中：

$$\dot{Z}_t=\phi_1\dot{Z}_{t-1}+\phi_2\dot{Z}_{t-2}+\cdots+\phi_p\dot{Z}_{t-p}+a_t-\theta_1 a_{t-1}-\cdots-\theta_q a_{t-q}$$

其中，$\dot{Z}_t=(Z_t-\mu)$，$Z_t(t=1, 2, \cdots, n)$是 n 个观测到的平稳或经过适当变换后平稳的时间序列 $\{a_t\}$，是独立同分布于 $N(0, \sigma_a^2)$ 的白噪声。下面我们将讨论几种常用的参数估计方法。

在估计出参数后，我们还需检验模型对于序列的适应性。但是在具体实践中，经常会出现几个模型都适用于描述给定的序列的情况，因而在介绍完诊断检验之后，我们还要给出一些常用准则，在时间序列建模中对模型加以选择。

7.1 矩方法

矩方法是用样本矩（如样本均值 $\bar{Z}$，样本方差 $\hat{\gamma}_0$，样本 ACF $\hat{\rho}_i$）代替相应的理论值，并求解相应的方程得到参数的估计。如对于 AR(p) 过程

$$\dot{Z}_t=\phi_1\dot{Z}_{t-1}+\phi_2\dot{Z}_{t-2}+\cdots+\phi_p\dot{Z}_{t-p}+a_t \tag{7.1.1}$$

均值 $\mu=E(Z_t)$ 用 $\bar{Z}$ 估计。为了估计 ϕ，我们先利用 $\rho_k=\phi_1\rho_{k-1}+\phi_2\rho_{k-2}+\cdots+\phi_p\rho_{k-p}$，$k\geqslant 1$，得到下面的 Yule-Walker（尤尔-沃克）方程组

$$\begin{aligned}
\rho_1&=\phi_1+\phi_2\rho_1+\phi_3\rho_2+\cdots+\phi_p\rho_{p-1}\\
\rho_2&=\phi_1\rho_1+\phi_2+\phi_3\rho_1+\cdots+\phi_p\rho_{p-2}\\
&\vdots\\
\rho_p&=\phi_1\rho_{p-1}+\phi_2\rho_{p-2}+\phi_3\rho_{p-3}+\cdots+\phi_p
\end{aligned} \tag{7.1.2}$$

然后，用 $\hat{\rho}_k$ 代替 ρ_k，通过前面的线性方程组我们就得到矩估计 $\hat{\phi}_1$，$\hat{\phi}_2$，$\cdots$，$\hat{\phi}_p$，即

$$\begin{bmatrix}\hat{\phi}_1\\ \hat{\phi}_2\\ \vdots\\ \hat{\phi}_p\end{bmatrix}=\begin{bmatrix}1 & \hat{\rho}_1 & \hat{\rho}_2 & \cdots & \hat{\rho}_{p-2} & \hat{\rho}_{p-1}\\ \hat{\rho}_1 & 1 & \hat{\rho}_1 & \cdots & \hat{\rho}_{p-3} & \hat{\rho}_{p-2}\\ \vdots & \vdots & \vdots & & \vdots & \vdots\\ \hat{\rho}_{p-1} & \hat{\rho}_{p-2} & \hat{\rho}_{p-3} & \cdots & \hat{\rho}_1 & 1\end{bmatrix}^{-1}\begin{bmatrix}\hat{\rho}_1\\ \hat{\rho}_2\\ \vdots\\ \hat{\rho}_p\end{bmatrix} \tag{7.1.3}$$

该估计量通常称为 Yule-Walker（尤尔-沃克）估计。

在得出 $\hat{\phi}_1$，$\hat{\phi}_2$，…，$\hat{\phi}_p$ 后，利用下面的结果

$$\begin{aligned}\gamma_0&=E(\dot{Z}_t\dot{Z}_t)=E[\dot{Z}_t(\phi_1\dot{Z}_{t-1}+\phi_2\dot{Z}_{t-2}+\cdots+\phi_p\dot{Z}_{t-p}+a_t)]\\&=\phi_1\gamma_1+\phi_2\gamma_2+\cdots+\phi_p\gamma_p+\sigma_a^2\end{aligned} \tag{7.1.4}$$

得到 σ_a^2 的矩估计为

$$\hat{\sigma}_a^2=\hat{\gamma}_0(1-\hat{\phi}_1\hat{\rho}_1-\hat{\phi}_2\hat{\rho}_2-\cdots-\hat{\phi}_p\hat{\rho}_p) \tag{7.1.5}$$

例 7-1 对于 AR(1) 模型

$$(Z_t-\mu)=\phi_1(Z_{t-1}-\mu)+a_t \tag{7.1.6}$$

由式（7.1.3）可知，ϕ_1 的 Yule-Walker 估计为

$$\hat{\phi}_1=\hat{\rho}_1 \tag{7.1.7}$$

μ 和 σ_a^2 的矩估计分别为

$$\hat{\mu}=\bar{Z} \tag{7.1.8}$$

和

$$\hat{\sigma}_a^2=\hat{\gamma}_0(1-\hat{\phi}_1\hat{\rho}_1) \tag{7.1.9}$$

其中，$\hat{\gamma}_0$ 是序列 Z_t 的样本方差。

然后，我们再来考虑简单的 MA(1) 模型

$$\dot{Z}=a_t-\theta_1a_{t-1} \tag{7.1.10}$$

μ 仍用 $\bar{Z}$ 估计。对于 θ_1，我们利用下面的公式：

$$\rho_1=\frac{-\theta_1}{1+\theta_1^2}$$

用 $\hat{\rho}_1$ 代替 ρ_1，求解关于 θ_1 的二次方程，得到

$$\hat{\theta}_1=\frac{-1\pm\sqrt{1-4\hat{\rho}_1^2}}{2\hat{\rho}_1} \tag{7.1.11}$$

如果 $\hat{\rho}_1=\pm0.5$，我们得到单位根的解 $\hat{\theta}_1=\pm1$，也就相应地给出了非可逆模型。如果 $|\hat{\rho}_1|>0.5$，则实值矩估计 $\hat{\theta}_1$ 不存在。这是可能发生的，因为在 3.2.1 节曾讨论过：一个实值 MA(1) 模型总有 $|\rho_1|<0.5$。对于 $|\hat{\rho}_1|<0.5$ 的情况，存在两个不同的实值

解，我们总是选择满足可逆性条件的那一个。在得到 $\hat{\theta}_1$ 后，我们计算出 σ_a^2 的矩估计为

$$\hat{\sigma}_a^2=\frac{\hat{\gamma}_0}{1+\theta_1^2} \tag{7.1.12}$$

这个 MA(1) 的例子表明，MA 和混合 ARMA 模型的矩估计是复杂的。更一般地，不论是 AR、MA 还是 ARMA 模型，矩估计对于舍入误差都是非常灵敏的。矩估计通常用来得到初始估计，这是更有效的非线性估计所需要的，稍后，在本章我们将深入讨论，对于 MA 或混合 ARMA 模型尤其如此。矩估计不作为最后的估计结果，如果过程接近非平稳或非可逆，则不建议采用矩估计。

7.2 极大似然方法

由于极大似然估计有许多良好的性质，故其在估计中使用得非常广泛。在本节中，我们讨论一些在时间序列分析中经常用到的极大似然估计。

7.2.1 条件极大似然估计

对于一般的平稳 ARMA(p，q) 模型：

$$\dot{Z}_t=\phi_1\dot{Z}_{t-1}+\cdots+\phi_p\dot{Z}_{t-p}+a_t-\theta_1 a_{t-1}-\cdots-\theta_q a_{t-q} \tag{7.2.1}$$

其中，$\dot{Z}_t=Z_t-\mu$，$\{a_t\}$是独立同分布于 $N(0,\sigma_a^2)$ 的白噪声，$\mathbf{a}=(a_1, a_2, \cdots, a_n)'$的联合概率密度由下式给出

$$P(\mathbf{a}\mid\boldsymbol{\phi},\mu,\boldsymbol{\theta},\sigma_a^2)=(2\pi\sigma_a^2)^{-n/2}\exp\left[-\frac{1}{2\sigma_a^2}\sum_{t=1}^{n}a_t^2\right] \tag{7.2.2}$$

然后将式 (7.2.1) 改写为

$$a_t=\theta_1 a_{t-1}+\cdots+\theta_q a_{t-q}+\dot{Z}_t-\phi_1\dot{Z}_{t-1}-\cdots-\phi_p\dot{Z}_{t-p} \tag{7.2.3}$$

我们可以写出参数 ($\boldsymbol{\phi}$，μ，$\boldsymbol{\theta}$，σ_a^2) 的似然函数。

令 $\mathbf{Z}=(Z_1, Z_2, \cdots, Z_n)'$，并假设初始条件 $\mathbf{Z}_*=(Z_{1-p}, \cdots, Z_{-1}, Z_0)'$和 $\mathbf{a}_*=(a_{1-q}, \cdots, a_{-1}, a_0)'$是已知的。条件对数似然函数为

$$\ln L_*(\boldsymbol{\phi},\mu,\boldsymbol{\theta},\sigma_a^2)=-\frac{n}{2}\ln 2\pi\sigma_a^2-\frac{S_*(\boldsymbol{\phi},\mu,\boldsymbol{\theta})}{2\sigma_a^2} \tag{7.2.4}$$

其中

$$S_*(\boldsymbol{\phi},\mu,\boldsymbol{\theta})=\sum_{t=1}^{n}a_t^2(\boldsymbol{\phi},\mu,\boldsymbol{\theta}\mid\mathbf{Z}_*,\mathbf{a}_*,\mathbf{Z}) \tag{7.2.5}$$

是条件平方和函数。极大化方程 (7.2.4) 所得的量 $\hat{\boldsymbol{\phi}}$、$\hat{\mu}$ 和 $\hat{\boldsymbol{\theta}}$ 称为条件极大似然估计。由于 $L_*(\boldsymbol{\phi}, \mu, \boldsymbol{\theta}, \sigma_a^2)$ 仅通过 $\boldsymbol{S}_*(\boldsymbol{\phi}, \mu, \boldsymbol{\theta})$ 而涉及数据，所以极小化条件平方和函数

$\mathbf{S}_*(\boldsymbol{\phi}, \mu, \boldsymbol{\theta})$ 所得到的条件最小二乘估计与前面的估计是一样的，我们可以发现这样做没有包含参数 σ_a^2。

指定初始条件 $\mathbf{Z}_*$ 和 $\mathbf{a}_*$ 没有多少选择余地，在 $\{Z_t\}$ 是平稳且 $\{a_t\}$ 为独立同分布于 $N(0, \sigma_a^2)$ 的随机变量的条件下，我们可以用样本均值 $\bar{Z}$ 代替未知的 Z_t，以及用 a_t 的期望值 0 来代替未知的 a_t。对于式（7.2.1）中的模型，我们也可以假设 $a_p = a_{p-1} = \cdots = a_{p+1-q} = 0$，并利用式（7.2.3）在 $t \geqslant (p+1)$ 的情况下计算 a_t。于是，式（7.2.5）中的条件平方和函数成为

$$S_*(\boldsymbol{\phi}, \mu, \boldsymbol{\theta}) = \sum_{t=p+1}^{n} a_t^2(\boldsymbol{\phi}, \mu, \boldsymbol{\theta} \mid \mathbf{Z}) \tag{7.2.6}$$

这也是绝大多数计算程序采用的形式。

在得到参数估计值 $\hat{\boldsymbol{\phi}}$、$\hat{\mu}$ 和 $\hat{\boldsymbol{\theta}}$ 后，σ_a^2 的估计值 $\hat{\sigma}_a^2$ 可由下式计算：

$$\hat{\sigma}_a^2 = \frac{S_*(\hat{\boldsymbol{\phi}}, \hat{\mu}, \hat{\boldsymbol{\theta}})}{\text{d.f.}} \tag{7.2.7}$$

其中，自由度 d.f.的数值等于和式 $S_*(\hat{\boldsymbol{\phi}}, \hat{\mu}, \hat{\boldsymbol{\theta}})$ 中的项数减去被估计参数的个数。若用式（7.2.6）来计算平方和，那么 $\text{d.f.} = (n-p) - (p+q+1) = n - (2p+q+1)$，对于其他模型，d.f. 将做相应修正。

7.2.2 无条件极大似然估计和回测方法

在第 5 章中我们已经知道，时间序列模型的最重要作用是预报未知的未来值。那我们很自然地会提出这样一个问题：我们是否能向后预报或回测未知值 $\mathbf{Z}_* = (Z_{1-p}, \cdots, Z_{-1}, Z_0)'$ 和 $\mathbf{a}_* = (a_{1-q}, \cdots, a_{-1}, a_0)'$ 呢？这些值是计算平方和函数以及似然函数所需要的。事实上，之所以能够这样做，是因为任何 ARMA 模型均可以写成前向形式

$$(1 - \phi_1 B - \cdots - \phi_p B^p)\dot{Z}_t = (1 - \theta_1 B - \cdots - \theta_q B^q) a_t \tag{7.2.8}$$

或者后向形式

$$(1 - \phi_1 F - \cdots - \phi_p F^p)\dot{Z}_t = (1 - \theta_1 F - \cdots - \theta_q F^q) e_t \tag{7.2.9}$$

其中，$F^j Z_t = Z_{t+j}$。由平稳性可知，式（7.2.8）和式（7.2.9）有完全相同的自协方差结构，这表明 $\{e_t\}$ 也是白噪声序列，并具有均值 0、方差 σ_e^2。因此，正如我们基于数据 $(Z_1, Z_2, \cdots, Z_n)$ 用前向形式（7.2.8）去预报未知的未来值 Z_{n+j}（对于 $j>0$）。用同样的方法，我们也可以基于数据 $(Z_n, Z_{n-1}, \cdots, Z_1)$ 用后向形式（7.2.9）回测未知的过去值 Z_j 及计算 a_j，其中 $j \leqslant 0$。因此，为了对估计做进一步的改进，Box、Jenkins 和 Reinsel（1994）建议用下面的无条件对数似然函数：

$$\ln L(\boldsymbol{\phi}, \mu, \boldsymbol{\theta}, \sigma_a^2) = -\frac{n}{2}\ln 2\pi\sigma_a^2 - \frac{S(\boldsymbol{\phi}, \mu, \boldsymbol{\theta})}{2\sigma_a^2} \tag{7.2.10}$$

其中，$S(\boldsymbol{\phi}, \mu, \boldsymbol{\theta})$ 是无条件平方和函数，可由下式给出

$$S(\boldsymbol{\phi}, \mu, \boldsymbol{\theta}) = \sum_{t=-\infty}^{n} [E(a_t \mid \boldsymbol{\phi}, \mu, \boldsymbol{\theta}, \boldsymbol{Z})]^2 \tag{7.2.11}$$

而 $E(a_t \mid \boldsymbol{\phi}, \mu, \boldsymbol{\theta}, \boldsymbol{Z})$ 是 a_t 在给定 $\boldsymbol{\phi}$，μ，$\boldsymbol{\theta}$ 和 $\boldsymbol{Z}$ 的条件下的条件期望。和式中的一些项在使用回测时是必须计算的，在例 7-2 中将予以说明。

通过极大化式（7.2.10）得到的 $\hat{\boldsymbol{\phi}}$，$\hat{\mu}$ 和 $\hat{\boldsymbol{\theta}}$ 称为无条件极大似然估计。同样地，由于 $\ln L(\boldsymbol{\phi}, \mu, \boldsymbol{\theta}, \sigma_a^2)$ 也是只通过 $S(\boldsymbol{\phi}, \mu, \boldsymbol{\theta})$ 而涉及数据，因此，无条件极大似然估计等价于极小化 $S(\boldsymbol{\phi}, \mu, \boldsymbol{\theta})$ 的无条件最小二乘估计。特别地，式（7.2.11）中的和式可以近似地用有限项表示：

$$S(\boldsymbol{\phi}, \mu, \boldsymbol{\theta}) = \sum_{t=-M}^{n} [E(a_t \mid \boldsymbol{\phi}, \mu, \boldsymbol{\theta}, \boldsymbol{Z})]^2 \tag{7.2.12}$$

其中，M 是足够大的整数，使回测增量 $|E(Z_t|\boldsymbol{\phi}, \mu, \boldsymbol{\theta}, \boldsymbol{Z}) - E(Z_{t-1}|\boldsymbol{\phi}, \mu, \boldsymbol{\theta}, \boldsymbol{Z})|$ 小于任意给定的小值 ε，对于 $t \leqslant -(M+1)$ 成立。这意味着当 $t \leqslant -(M+1)$ 时，$E(Z_t|\boldsymbol{\phi}, \mu, \boldsymbol{\theta}, \boldsymbol{Z}) \simeq \mu$，从而 $E(a_t|\boldsymbol{\phi}, \mu, \boldsymbol{\theta}, \boldsymbol{Z})$ 几乎可以忽略不计。

在得到参数估计 $\hat{\boldsymbol{\phi}}$，$\hat{\mu}$ 和 $\hat{\boldsymbol{\theta}}$ 后，σ_a^2 的估计值 $\hat{\sigma}_a^2$ 可以由下式计算

$$\hat{\sigma}_a^2 = \frac{S(\hat{\boldsymbol{\phi}}, \hat{\mu}, \hat{\boldsymbol{\theta}})}{n} \tag{7.2.13}$$

为了提高参数估计效率，回测的使用是很重要的，对于季节模型（将在第 8 章讨论）、接近非平稳的模型，特别是对于那些相对较短的序列更为重要。一般地，大多数程序都能实现这一功能。

例 7-2　为了说明回测方法，考虑 AR(1) 模型，可将其写成前向形式

$$a_t = Z_t - \phi Z_{t-1} \tag{7.2.14}$$

或等价地写成后向形式

$$e_t = Z_t - \phi Z_{t+1} \tag{7.2.15}$$

其中，为了不失一般性，我们假定 $E(Z_t)=0$。考虑具有 10 个观测值的简单例子，$\boldsymbol{Z}=(Z_1, Z_2, \cdots, Z_{10})$，相应过程在表 7-1 $E(Z_t|\boldsymbol{Z})(t=1, 2, \cdots, 10)$ 那一列给出。假设 $\phi=0.3$，我们要计算无条件平方和

$$S(\phi=0.3) = \sum_{t=-M}^{10} [E(a_t \mid \phi=0.3, \boldsymbol{Z})]^2 \tag{7.2.16}$$

表 7-1　　用回测法对 $(1-\phi B)Z_t = a_t$ 计算 $S(\phi=0.3)$

t	$E(a_t\|Z)$	$-0.3E(Z_{t-1}\|Z)$	$E(Z_t\|Z)$	$0.3E(Z_{t+1}\|Z)$	$E(e_t\|Z)$
−3			−0.001 6	−0.001 6	0
−2	−0.004 9	0.000 5	−0.005 4	−0.005 4	0
−1	−0.016 4	0.001 6	−0.018	−0.018	0
0	−0.054 6	0.005 4	−0.06	−0.06	0

续表

t	$E(a_t\|Z)$	$-0.3E(Z_{t-1}\|Z)$	$E(Z_t\|Z)$	$0.3E(Z_{t+1}\|Z)$	$E(e_t\|Z)$
1	−0.182	0.018	−0.2		
2	−0.34	0.06	−0.4		
3	−0.38	0.12	−0.5		
4	−0.35	0.15	−0.5		
5	−0.45	0.15	−0.6		
6	−0.32	0.18	−0.5		
7	−0.25	0.15	−0.4		
8	−0.08	0.12	−0.2		
9	−0.04	0.06	−0.1		
10	−0.17	0.03	−0.2		

其中，选取 M 使得 $|E(Z_t|\phi=0.3, \mathbf{Z})-E(Z_{t-1}|\phi=0.3, \mathbf{Z})|<0.005$，对于 $t\leqslant-(M+1)$ 成立。为方便起见，在本例中我们将 $E(a_t|\phi=0.3, \mathbf{Z})$ 记为 $E(a_t|\mathbf{Z})$，将 $E(Z_t|\phi=0.3, \mathbf{Z})$ 记为 $E(Z_t|\mathbf{Z})$。

为了得到 $E(a_t|\mathbf{Z})$，我们利用式（7.2.14）并计算

$$E(a_t|\mathbf{Z})=E(Z_t|\mathbf{Z})-\phi E(Z_{t-1}|\mathbf{Z}) \tag{7.2.17}$$

然而计算 $E(a_t|\mathbf{Z})$（其中 $t\leqslant1$）涉及未知的 Z_t（其中 $t\leqslant0$），这些值需要回测。为此，利用回测形式（7.2.15）有

$$E(Z_t|\mathbf{Z})=E(e_t|\mathbf{Z})+\phi E(Z_{t+1}|\mathbf{Z}) \tag{7.2.18}$$

首先，我们注意到在回测形式中 e_t（其中 $t\leqslant0$）是对于观测 Z_n，Z_{n-1}，…，Z_2 和 Z_1 未知的未来随机冲击，因此，

$$E(e_t|\mathbf{Z})=0, \quad t\leqslant0 \tag{7.2.19}$$

因此，对于 $\phi=0.3$，由式（7.2.18）可得

$$\begin{aligned}
E(Z_0|\mathbf{Z})&=E(e_0|\mathbf{Z})+0.3E(Z_1|\mathbf{Z})\\
&=0+(0.3)(-0.2)=-0.06\\
E(Z_{-1}|\mathbf{Z})&=E(e_{-1}|\mathbf{Z})+0.3E(Z_0|\mathbf{Z})\\
&=0+(0.3)(-0.06)=-0.018\\
E(Z_{-2}|\mathbf{Z})&=E(e_{-2}|\mathbf{Z})+0.3E(Z_{-1}|\mathbf{Z})\\
&=(0.3)(-0.018)=-0.0054\\
E(Z_{-3}|\mathbf{Z})&=E(e_{-3}|\mathbf{Z})+0.3E(Z_{-2}|\mathbf{Z})\\
&=(0.3)(-0.0054)=-0.00162
\end{aligned}$$

由于 $|E(Z_{-3}|\mathbf{Z})-E(Z_{-2}|\mathbf{Z})|=0.00378<0.005$，预先给定 ε 值，我们取 $M=2$。

现在有了 $t\leqslant0$ 时 Z_t 的回测值，我们又可以用前向形式（7.2.17）对于 $\phi=0.3$ 从

$t=-2$ 到 $t=10$ 计算 $E(a_t|\boldsymbol{Z})$ 如下：

$$\begin{aligned}E(a_{-2}|\boldsymbol{Z})&=E(Z_{-2}|\boldsymbol{Z})-0.3E(Z_{-3}|\boldsymbol{Z})\\&=-0.0054-(0.3)(-0.00162)=-0.0049\\E(a_{-1}|\boldsymbol{Z})&=E(Z_{-1}|\boldsymbol{Z})-0.3E(Z_{-2}|\boldsymbol{Z})\\&=-0.018-(0.3)(-0.0054)=-0.0164\\E(a_0|\boldsymbol{Z})&=E(Z_0|\boldsymbol{Z})-0.3E(Z_{-1}|\boldsymbol{Z})\\&=-0.06-(0.3)(-0.018)=-0.0546\\E(a_1|\boldsymbol{Z})&=E(Z_1|\boldsymbol{Z})-0.3E(Z_0|\boldsymbol{Z})\\&=-0.2-(0.3)(-0.06)=-0.182\\E(a_2|\boldsymbol{Z})&=E(Z_2|\boldsymbol{Z})-0.3E(Z_1|\boldsymbol{Z})\\&=-0.4-(0.3)(-0.2)=-0.34\\&\vdots\\E(a_{10}|\boldsymbol{Z})&=E(Z_{10}|\boldsymbol{Z})-0.3E(Z_9|\boldsymbol{Z})\\&=-0.2-(0.3)(-0.1)=-0.17\end{aligned}$$

前面的所有计算都能实现，并系统地显示在表 7－1 中，我们得到

$$S(\phi=0.3)=\sum_{t=-2}^{10}[E(a_t\mid\phi=0.3,\boldsymbol{Z})]^2=0.8232$$

类似地，我们可对 ϕ 的其他值得出 $S(\phi)$，从而求出其极小值。

但应该注意到，对于 AR(1) 模型我们不需要计算 $E(e_t|\boldsymbol{Z})$（其中 $t\geqslant 1$），而对于另一些模型就可能需要计算，但无论如何，计算过程是一样的。更详细的例子可参考 Box、Jenkins 和 Reinsel（1994，p. 233）。

7.2.3　精确的似然函数

条件似然函数式（7.2.4）和无条件似然函数式（7.2.10）都是近似的。为了说明对于一个时间序列模型精确似然函数的推导，我们考虑 AR(1) 过程

$$(1-\phi B)\dot{Z}_t=a_t \tag{7.2.20}$$

或

$$\dot{Z}_t=\phi\dot{Z}_{t-1}+a_t$$

其中，$\dot{Z}_t=(Z_t-\mu)$，$|\phi|<1$，a_t 独立同分布于 $N(0,\ \sigma_a^2)$。将该过程改写为移动平均表示，我们有

$$\dot{Z}_t=\sum_{j=0}^{\infty}\phi^j a_{t-j} \tag{7.2.21}$$

显然，$\dot{Z}_t$ 将是 $N(0,\ \sigma_a^2/(1-\phi^2))$ 分布。然而，$\dot{Z}_t$ 是高度相关的，为了推出（$\dot{Z}_1$，$\dot{Z}_2$，…，$\dot{Z}_n$）的联合概率密度函数 $P(\dot{Z}_1,\ \dot{Z}_2,\ \cdots,\ \dot{Z}_n)$ 及参数的似然函数，考虑

$$e_1=\sum_{j=0}^{\infty}\phi^j a_{1-j}=\dot{Z}_1$$

$$\begin{aligned}
a_2 &= \dot{Z}_2 - \phi \dot{Z}_1 \\
a_3 &= \dot{Z}_3 - \phi \dot{Z}_2 \\
&\vdots \\
a_n &= \dot{Z}_n - \phi \dot{Z}_{n-1}
\end{aligned} \tag{7.2.22}$$

我们注意到 e_1 服从正态分布 $N(0, \sigma_a^2/(1-\phi^2))$，而对于 $2 \leqslant t \leqslant n$，$a_t$ 也服从正态分布 $N(0, \sigma_a^2)$，且它们都是相互独立的。因此，$(e_1, a_2, \cdots, a_n)$ 的联合概率密度为

$$\begin{aligned}
& p(e_1, a_2, \cdots, a_n) \\
&= \left[\frac{(1-\phi^2)}{2\pi\sigma_a^2}\right]^{1/2} \exp\left[\frac{-e_1^2(1-\phi^2)}{2\sigma_a^2}\right]\left[\frac{1}{2\pi\sigma_a^2}\right]^{(n-1)/2} \exp\left[-\frac{1}{2\sigma_a^2}\sum_{t=2}^{n} a_t^2\right]
\end{aligned} \tag{7.2.23}$$

现在进行一下变换

$$\begin{aligned}
\dot{Z}_1 &= e_1 \\
\dot{Z}_2 &= \phi \dot{Z}_1 + a_2 \\
\dot{Z}_3 &= \phi \dot{Z}_2 + a_3 \\
&\vdots \\
\dot{Z}_n &= \phi \dot{Z}_{n-1} + a_n
\end{aligned} \tag{7.2.24}$$

由式（7.2.22）可知变换的雅可比矩阵为

$$J = \begin{vmatrix} 1 & 0 & 0 & \cdots & 0 & 0 \\ -\phi & 1 & 0 & \cdots & 0 & 0 \\ 0 & -\phi & 1 & \cdots & 0 & 0 \\ \vdots & \vdots & \vdots & & \vdots & \vdots \\ 0 & 0 & 0 & \cdots & -\phi & 1 \end{vmatrix} = 1$$

于是得到

$$\begin{aligned}
P(\dot{Z}_1, \dot{Z}_2, \cdots, \dot{Z}_n) &= P(e_1, a_2, \cdots, a_n) \\
&= \left[\frac{(1-\phi^2)}{2\pi\sigma_a^2}\right]^{1/2} \exp\left[\frac{-\dot{Z}_1^2(1-\phi^2)}{2\sigma_a^2}\right]\left[\frac{1}{2\pi\sigma_a^2}\right]^{(n-1)/2} \\
&\quad \cdot \exp\left[-\frac{1}{2\sigma_a^2}\sum_{t=2}^{n}(\dot{Z}_t - \phi \dot{Z}_{t-1})^2\right]
\end{aligned} \tag{7.2.25}$$

因此，对于给定的序列 $(\dot{Z}_1, \dot{Z}_2, \cdots, \dot{Z}_n)$，我们有下面精确的对数似然函数：

$$\begin{aligned}
& \ln L(\dot{Z}_1, \cdots, \dot{Z}_n \mid \phi, \mu, \sigma_a^2) \\
&= -\frac{n}{2}\ln 2\pi + \frac{1}{2}\ln(1-\phi^2) - \frac{n}{2}\ln \sigma_a^2 - \frac{S(\phi, \mu)}{2\sigma_a^2}
\end{aligned} \tag{7.2.26}$$

其中，

$$S(\phi,\mu)=(Z_1-\mu)^2(1-\phi^2)+\sum_{t=2}^{n}[(Z_t-\mu)-\phi(Z_{t-1}-\mu)]^2 \tag{7.2.27}$$

一般的 ARMA 模型的似然函数的精确形式是很复杂的，Tiao 和 Ali（1971）推出了 ARMA（1，1）模型的表示，Newbold（1974）对于一般的 ARMA(p，q）也给出了表示。有兴趣的读者也可参考 Ali（1977）、Ansley（1979）、Hillmer 和 Tiao（1979）、Ljung 和 Box（1979）、Nicholls 和 Hall（1979），以及其他一些参考文献。

7.3　非线性估计

显然，极大似然估计和最小二乘估计都涉及极小化——不管极小化条件平方和 $S_*(\boldsymbol{\phi}, \mu, \boldsymbol{\theta})$，还是极小化无条件平方和 $S(\boldsymbol{\phi}, \mu, \boldsymbol{\theta})$，这些都是误差项 a_t 的平方和。对于 AR(p）过程

$$a_t=\dot{Z}_t-\phi_1\dot{Z}_{t-1}-\phi_2\dot{Z}_{t-2}-\cdots-\phi_p\dot{Z}_{t-p} \tag{7.3.1}$$

a_t 关于参数显然是线性的，然而对于包含 MA 因子的模型，a_t 关于参数是非线性的。为了更容易看出这一点，我们考虑简单的 ARMA(1，1）模型

$$\dot{Z}_t-\phi_1\dot{Z}_{t-1}=a_t-\theta_1 a_{t-1} \tag{7.3.2}$$

为计算 a_t，我们注意到

$$\begin{aligned} a_t &=\dot{Z}_t-\phi_1\dot{Z}_{t-1}+\theta_1 a_{t-1} \\ &=\dot{Z}_t-\phi_1\dot{Z}_{t-1}+\theta_1(\dot{Z}_{t-1}-\phi_1\dot{Z}_{t-2}+\theta_1 a_{t-2}) \\ &=\dot{Z}_t-(\phi_1-\theta_1)\dot{Z}_{t-1}-\phi_1\theta_1\dot{Z}_{t-2}+\theta_1^2 a_{t-2} \\ &\vdots \end{aligned} \tag{7.3.3}$$

这个方程关于参数显然是非线性的。因此，对于一般的 ARMA 模型，为了得到估计值必须使用非线性最小二乘法。

非线性最小二乘法涉及迭代搜索技巧。由于线性模型是非线性模型的特殊情形，所以我们要说明非线性最小二乘法的主要思想，利用下面的线性回归模型：

$$\begin{aligned} Y_t &=E(Y_t|X_{ti})+e_t \\ &=\alpha_1 X_{t1}+\alpha_2 X_{t2}+\cdots+\alpha_p X_{tp}+e_t \end{aligned} \tag{7.3.4}$$

对于 $t=1$，2，…，n 成立，其中 e_t 为 i. i. d. 的 $N(0，\sigma_e^2)$ 分布，且与所有 X_{ti} 独立。设 $\mathbf{Y}=(Y_1，Y_2，\cdots，Y_n)'$，$\boldsymbol{\alpha}=(\alpha_1，\alpha_2，\cdots，\alpha_p)'$，$\underline{\mathbf{X}}$ 是与独立变量 X_{ti} 对应的矩阵。由线性回归分析的结果可知，最小二乘估计由下式给出

$$\hat{\boldsymbol{\alpha}}=(\underline{\mathbf{X}}'\underline{\mathbf{X}})^{-1}\underline{\mathbf{X}}'\mathbf{Y} \tag{7.3.5}$$

它服从多元正态分布 MN($\boldsymbol{\alpha}$，$V(\hat{\boldsymbol{\alpha}})$)，其中

$$V(\hat{\boldsymbol{\alpha}})=\sigma_a^2(\underline{\overline{\mathbf{X}}}'\underline{\overline{\mathbf{X}}})^{-1} \tag{7.3.6}$$

要极小化的残差（误差）平方和为

$$S(\hat{\boldsymbol{\alpha}})=\sum_{t=1}^{n}(Y_t-\hat{\alpha}_1X_{t1}-\hat{\alpha}_2X_{t2}-\cdots-\hat{\alpha}_pX_{tp})^2 \tag{7.3.7}$$

式（7.3.5）中的最小二乘估计也可以用下面的两步法得到，Miller 和 Wichern（1977）曾予以讨论。

现令 $\tilde{\boldsymbol{\alpha}}=(\tilde{\alpha}_1, \tilde{\alpha}_2, \cdots, \tilde{\alpha}_p)'$ 为 $\boldsymbol{\alpha}=(\alpha_1, \alpha_2, \cdots, \alpha_p)'$ 的初始猜测值。我们可以将式（7.3.7）中的极小化残差平方和改写为

$$S(\hat{\boldsymbol{\alpha}})=\sum_{t=1}^{n}[Y_t-\tilde{\alpha}_1X_{t1}-\cdots-\tilde{\alpha}_pX_{tp}-(\hat{\alpha}_1-\tilde{\alpha}_1)X_{t1}-\cdots-(\hat{\alpha}_p-\tilde{\alpha}_p)X_{tp}]^2 \tag{7.3.8}$$

或

$$S(\boldsymbol{\delta})=S(\hat{\boldsymbol{\alpha}})=\sum_{t=1}^{n}(\tilde{e}_t-\delta_1X_{t1}-\cdots-\delta_pX_{tp})^2 \tag{7.3.9}$$

这里，$\tilde{e}_t$ 是基于给定初始值 $\tilde{\boldsymbol{\alpha}}$ 估计的残差，而 $\boldsymbol{\delta}=(\hat{\boldsymbol{\alpha}}-\tilde{\boldsymbol{\alpha}})$。现在式（7.3.9）中的 $S(\boldsymbol{\delta})$ 与式（7.3.7）中的 $S(\hat{\boldsymbol{\alpha}})$ 有相同的形式，因此，$\boldsymbol{\delta}$ 的最小二乘估计为

$$\boldsymbol{\delta}=(\underline{\overline{\mathbf{X}}}'\underline{\overline{\mathbf{X}}})^{-1}\underline{\overline{\mathbf{X}}}'\tilde{\boldsymbol{e}} \tag{7.3.10}$$

其中，$\tilde{\boldsymbol{e}}=(\tilde{e}_1, \cdots, \tilde{e}_n)'$。一旦算出 $\boldsymbol{\delta}=(\delta_1, \delta_2, \cdots, \delta_p)$ 的值，最小二乘估计就可由下式给出

$$\hat{\boldsymbol{\alpha}}=\tilde{\boldsymbol{\alpha}}+\boldsymbol{\delta} \tag{7.3.11}$$

我们注意到 $\tilde{e}_t$ 由 $Y_t-\tilde{Y}_t$ 计算而得，这里

$$\tilde{Y}_t=\tilde{\alpha}_1X_{t1}+\cdots+\tilde{\alpha}_pX_{tp}$$

是利用原始模型并给定初始值 $\tilde{\alpha}_i$ 时得到回归方程的猜测值。进而由式（7.3.4）显然有

$$\frac{\partial E(Y_t \mid X_{ti})}{\partial \alpha_i}=X_{ti} \tag{7.3.12}$$

对于 $i=1, 2, \cdots, p$ 和 $t=1, 2, \cdots, n$ 成立。因此，在最小二乘估计式（7.3.5）和式（7.3.10）中使用的矩阵 $\underline{\overline{\mathbf{X}}}$ 实际上是回归函数关于每个参数的偏导数矩阵。

现在考虑下面的模型（线性或非线性）：

$$Y_t=f(\mathbf{X}_t, \boldsymbol{\alpha})+e_t, \quad t=1, 2, \cdots, n \tag{7.3.13}$$

其中，$\mathbf{X}_t=(X_{t1}, X_{t2}, \cdots, X_{tp})$ 是与观测值独立的变量组，$\boldsymbol{\alpha}=(\alpha_1, \alpha_2, \cdots, \alpha_p)'$ 是参数向量。e_t 是具有零均值和常值方差 σ_e^2 的白噪声向量，且与 $\mathbf{X}_t$ 独立。令 $\mathbf{Y}=(Y_1, Y_2, \cdots, Y_n)'$，$\mathbf{f}(\boldsymbol{\alpha})=[f(\mathbf{X}_1, \boldsymbol{\alpha}), f(\mathbf{X}_2, \boldsymbol{\alpha}), \cdots, f(\mathbf{X}_n, \boldsymbol{\alpha})]'$。从上述讨论可知，最小二乘估计（线性或非线性）可以如下迭代计算：

步骤 1　给定任意一个初始猜测值向量 $\tilde{\boldsymbol{\alpha}}$，计算残差 $\tilde{\mathbf{e}}=(\mathbf{Y}-\tilde{\mathbf{Y}})$ 和残差平方和

$$S(\tilde{\boldsymbol{\alpha}})=\tilde{\mathbf{e}}'\tilde{\mathbf{e}}=(\mathbf{Y}-\tilde{\mathbf{Y}})'(\mathbf{Y}-\tilde{\mathbf{Y}}) \tag{7.3.14}$$

其中，$\tilde{\mathbf{Y}}=\mathbf{f}(\tilde{\boldsymbol{\alpha}})$ 是用初始猜测值代替未知参数而得到的预报值向量。用关于初始值 $\tilde{\boldsymbol{\alpha}}$ 的一阶泰勒级数展开近似模型 $f(\mathbf{X}_t, \boldsymbol{\alpha})$，即

$$\mathbf{f}(\boldsymbol{\alpha})=\mathbf{f}(\tilde{\boldsymbol{\alpha}})+\underline{\overline{\mathbf{X}}}_{\tilde{\alpha}}\boldsymbol{\delta} \tag{7.3.15}$$

这里，$\boldsymbol{\delta}=(\boldsymbol{\alpha}-\tilde{\boldsymbol{\alpha}})$，且 $\underline{\overline{\mathbf{X}}}_{\tilde{\alpha}}=[X_{ij}]$ 是前面线性近似中在 $\tilde{\boldsymbol{\alpha}}$ 处的 $n\times p$ 偏导数矩阵，即

$$X_{ij}=\left.\frac{\partial f(\mathbf{X}_t,\boldsymbol{\alpha})}{\partial \alpha_j}\right|_{\boldsymbol{\alpha}=\tilde{\boldsymbol{\alpha}}},\quad \begin{matrix} t=1,2,\cdots,n \\ j=1,2,\cdots,p \end{matrix} \tag{7.3.16}$$

然后我们计算

$$\boldsymbol{\delta}=(\underline{\overline{\mathbf{X}}}_{\tilde{\alpha}}'\underline{\overline{\mathbf{X}}}_{\tilde{\alpha}})^{-1}\underline{\overline{\mathbf{X}}}_{\tilde{\alpha}}'\tilde{\mathbf{e}}(\delta_1, \delta_2, \cdots, \delta_p)' \tag{7.3.17}$$

但需注意，对于一个线性模型，$\underline{\overline{\mathbf{X}}}_{\tilde{\alpha}}$ 是固定的且等于 $\underline{\overline{\mathbf{X}}}$；对于非线性模型，$\underline{\overline{\mathbf{X}}}_{\tilde{\alpha}}$ 随着迭代而改变。

步骤 2　得到修正的最小二乘估计

$$\hat{\boldsymbol{\alpha}}=\tilde{\boldsymbol{\alpha}}+\boldsymbol{\delta} \tag{7.3.18}$$

以及对应的残差平方和 $S(\hat{\boldsymbol{\alpha}})$。我们注意到，$\boldsymbol{\delta}$ 中的 δ_i 描述了参数值的差或改变。对于一个线性模型来说，步骤 2 给出的是最后的最小二乘估计，而对于非线性模型，步骤 2 仅对下次迭代给出新的初始值。

综上所述，对于一个给定的一般 ARMA(p, q) 模型，我们可以利用非线性最小二乘法求最小二乘估计，即极小化误差平方和 $S_*(\boldsymbol{\phi}, \mu, \boldsymbol{\theta})$ 或 $S(\boldsymbol{\phi}, \mu, \boldsymbol{\theta})$。非线性最小二乘从参数的初始猜测值着手，跟踪平方和取值较小的方向，并修正初始猜测值，迭代不断进行直到达到某个给定的收敛准则。平方和估计中使用的一些收敛准则相对比较简单，如参数值的最大改变小于某给定水平，或迭代超过一定次数。为了实现较快的收敛，推出了许多搜索算法。其中，一种较为常用的算法是 Marquardt（1963）给出的，该算法是 Gauss-Newton 方法和最速下降法的折中。非线性估计更深入的讨论请参考 Draper 和 Smith（1981）及其他参考文献。

参数估计值的性质　令 $\boldsymbol{\alpha}=(\boldsymbol{\phi}, \mu, \boldsymbol{\theta})$，$\hat{\boldsymbol{\alpha}}$ 是 $\boldsymbol{\alpha}$ 的估计，$\underline{\overline{\mathbf{X}}}_{\hat{\alpha}}$ 是非线性最小二乘方法最后迭代的偏导数矩阵。$\hat{\boldsymbol{\alpha}}$ 服从多元正态分布 MN$(\boldsymbol{\alpha}, V(\hat{\boldsymbol{\alpha}}))$。$\hat{\boldsymbol{\alpha}}$ 的方差-协方差矩阵的估计值 $\hat{V}(\hat{\boldsymbol{\alpha}})$ 为

$$\begin{aligned}\hat{V}(\hat{\boldsymbol{\alpha}})&=\hat{\sigma}_a^2(\underline{\overline{\mathbf{X}}}_{\hat{\alpha}}'\underline{\overline{\mathbf{X}}}_{\hat{\alpha}})^{-1}\\&=(\hat{\sigma}_{\hat{\alpha}_i\hat{\alpha}_j})\end{aligned} \tag{7.3.19}$$

其中，$\hat{\sigma}_a^2$ 是式（7.2.7）或式（7.2.13）中的估计值，$\hat{\sigma}_{\hat{\alpha}_i\hat{\alpha}_j}$ 是 $\hat{\alpha}_i$ 和 $\hat{\alpha}_j$ 之间的样本协方差。我们可以用下面的 t 统计量检验假设 H_0：$\alpha_i=\alpha_{i0}$

$$t=\frac{\hat{\alpha}_i-\alpha_{i0}}{\sqrt{\hat{\sigma}_{\hat{\alpha}_i\hat{\alpha}_j}}} \tag{7.3.20}$$

对于式（7.2.1）中一般的 ARMA(p，q）模型，自由度等于 $n-(p+q+1)$（更一般地，自由度等于估计中所使用的样本量减去模型中被估计的参数个数）。估计值相关系数矩阵的估计为

$$\hat{R}(\boldsymbol{\alpha})=(\hat{\rho}_{\hat{\alpha}_i\hat{\alpha}_j}) \tag{7.3.21}$$

其中，

$$\hat{\rho}_{\hat{\alpha}_i\hat{\alpha}_j}=\frac{\hat{\sigma}_{\hat{\alpha}_i\hat{\alpha}_j}}{\sqrt{\hat{\sigma}_{\hat{\alpha}_i\hat{\alpha}_i}\hat{\sigma}_{\hat{\alpha}_j\hat{\alpha}_j}}}$$

估计量之间的高度相关表明过度参数化，这也经常导致非线性最小二乘收敛困难，因此应该避免出现过度参数化。

这一节的结论相当概括，对线性和非线性模型都适用。我们将用下面的简单例子来讲解这些结论的具体应用。

例 7-3　考虑 AR(1) 模型

$$Z_t=\phi Z_{t-1}+a_t \tag{7.3.22}$$

为了把 ϕ 的估计置于本节的语境中，我们利用式（7.3.13）将式（7.3.22）改写为

$$Y_t=f(Z_{t-1},\phi)+e_t \tag{7.3.23}$$

其中，$Y_t=Z_t$，$f(Z_{t-1}$，$\phi)=\phi Z_{t-1}$，$e_t=a_t$，$t=2$，…，n。因此

$$\mathbf{Y}=\begin{bmatrix}Z_2\\ \vdots\\ Z_n\end{bmatrix}\quad 且\quad \mathbf{f}(\phi)=\begin{bmatrix}f(Z_1,\phi)\\ \vdots\\ f(Z_{n-1},\phi)\end{bmatrix}$$

在式（7.3.23）中应用非线性估计。为了不失一般性，我们选择 ϕ 的初始猜测值 $\tilde{\phi}$ 为 0。接着，进行非线性估计的步骤 1 和步骤 2：

$$\tilde{\mathbf{e}}=\mathbf{Y}-\tilde{\mathbf{Y}}=\mathbf{Y}-\mathbf{f}(\tilde{\phi})=\begin{bmatrix}Z_2\\ \vdots\\ Z_n\end{bmatrix}\quad 以及\quad \underline{\tilde{\mathbf{X}}}_{\tilde{\phi}}=[X_{t1}]$$

其中，$\underline{\tilde{\mathbf{X}}}_{\tilde{\phi}}$ 是 $(n-1)\times 1$ 的偏导数矩阵，即

$$X_{t1}=\left.\frac{\partial f(Z_{t-1},\phi)}{\partial\phi}\right|_{\phi=0}=Z_{t-1},\quad t=2,\cdots,n$$

以及

$$\underline{\tilde{\mathbf{X}}}_{\tilde{\phi}}=\begin{bmatrix}Z_1\\ \vdots\\ Z_{n-1}\end{bmatrix}$$

因此，

$$\hat{\phi}=(\underline{\overline{\mathbf{X}}}'_{\hat{\phi}}\underline{\overline{\mathbf{X}}}_{\hat{\phi}})^{-1}\underline{\overline{\mathbf{X}}}'_{\hat{\phi}}\tilde{\mathbf{e}}=\frac{\sum_{t=2}^{n}Z_{t-1}Z_t}{\sum_{t=2}^{n}Z_{t-1}^2} \tag{7.3.24}$$

$\hat{\phi}$ 的性质　估计量 $\hat{\phi}$ 渐近服从 $N(\phi,\ V(\hat{\phi}))$ 分布。其中，$V(\hat{\phi})=\sigma_a^2(\underline{\overline{\mathbf{X}}}'_{\hat{\phi}}\underline{\overline{\mathbf{X}}}_{\hat{\phi}})^{-1}=\sigma_a^2\left(\sum_{t=2}^{n}Z_{t-1}^2\right)^{-1}$ 是 $\hat{\phi}$ 的方差-协方差矩阵。方差-协方差矩阵的估计值为

$$\hat{V}(\hat{\phi})=\hat{\sigma}_a^2(\underline{\overline{\mathbf{X}}}'_{\hat{\phi}}\underline{\overline{\mathbf{X}}}_{\hat{\phi}})^{-1}=\hat{\sigma}_a^2\left(\sum_{t=2}^{n}Z_{t-1}^2\right)^{-1} \tag{7.3.25}$$

其中，$\hat{\sigma}_a^2=\sum_{t=2}^{n}(Z_t-\hat{\phi}Z_{t-1})^2/(n-1)$。在 $\{Z_t,\ t\leqslant n\}$ 的条件下，对于假设 H_0：$\phi=\phi_0$，如果 σ_a^2 已知，我们可以利用标准正态统计量

$$N=\frac{\hat{\phi}-\phi_0}{\sqrt{\sigma_a^2\left(\sum_{t=2}^{n}Z_{t-1}^2\right)^{-1}}} \tag{7.3.26}$$

来检验，或者在 σ_a^2 未知的情况下用 t 统计量

$$t=\frac{\hat{\phi}-\phi_0}{\sqrt{\hat{\sigma}_a^2\left(\sum_{t=2}^{n}Z_{t-1}^2\right)^{-1}}} \tag{7.3.27}$$

来检验，其服从自由度为 $(n-1)$ 的 t 分布。

对于 $\hat{\phi}$ 的渐近分布，我们记 $\hat{\phi}\xrightarrow{D}N(\phi,\ V(\hat{\phi}))$ 或 $\sqrt{n}(\hat{\phi}-\phi)\xrightarrow{D}N(0,\ nV(\hat{\phi}))$。如果 $|\phi|<1$，我们有

$$\begin{aligned} nV(\hat{\phi}) &=\sigma_a^2\left(\frac{\sum_{t=2}^{n}Z_{t-1}^2}{n}\right)^{-1}\xrightarrow{P}\sigma_a^2\left(\frac{\sigma_a^2}{(1-\phi^2)}\right)^{-1} \\ &=(1-\phi^2) \end{aligned} \tag{7.3.28}$$

因此，当 $|\phi|<1$ 时，渐近地有 $\sqrt{n}(\hat{\phi}-\phi)\xrightarrow{D}N(0,\ (1-\phi^2))$，或者 $\hat{\phi}\xrightarrow{D}N(\phi,(1-\phi^2)/n)$ 成立。

7.4　时间序列分析中的普通最小二乘估计

在数据分析中，使用最广泛的统计方法就是回归分析。因此，针对线性回归模型发展起来的普通最小二乘估计（OLS）或许也是统计中最常使用的估计方法。本节我们将讨论时间序列分析中 OLS 估计的一些问题。

考虑下面的简单线性回归模型：

$$Z_t=\phi X_t+e_t,\quad t=1,\cdots,n \tag{7.4.1}$$

关于误差项 e_t 有下面的基本假设：

（1）零均值：$E(e_t)=0$。

（2）常值方差：$E(e_t^2)=\sigma_e^2$。

（3）非自相关：$E(e_t e_k)=0$（$t\neq k$）。

（4）与解释变量 X_t 不相关：$E(X_t e_t)=0$。

OLS 估计

$$\hat{\phi}=\frac{\sum_{t=1}^{n}X_t Z_t}{\sum_{t=1}^{n}X_t^2} \tag{7.4.2}$$

是 ϕ 的一致估计且为最优线性无偏估计。然而，假设 4 是该结果成立的决定性条件。如果解释变量是非随机的，则假设 4 自动成立。但是，在不可控的研究中，特别是涉及时间序列数据时，解释变量通常也是随机变量。

现在考虑下面的时间序列模型：

$$Z_t=\phi Z_{t-1}+e_t,\quad t=1,\cdots,n \tag{7.4.3}$$

基于有效数据的 ϕ 的 OLS 估计为

$$\hat{\phi}=\frac{\sum_{t=2}^{n}Z_{t-1}Z_t}{\sum_{t=2}^{n}Z_{t-1}^2} \tag{7.4.4}$$

那么，如果解释变量为滞后依赖型变量，$\hat{\phi}$ 是否仍为无偏和一致的？答案将依赖于误差项 e_t 的性质。为此，我们将 $\hat{\phi}$ 改写为

$$\begin{aligned}\hat{\phi}&=\frac{\sum_{t=2}^{n}Z_{t-1}Z_t}{\sum_{t=2}^{n}Z_{t-1}^2}=\frac{\sum_{t=2}^{n}Z_{t-1}(\phi Z_{t-1}+e_t)}{\sum_{t=2}^{n}Z_{t-1}^2}\\&=\phi+\frac{\sum_{t=2}^{n}Z_{t-1}e_t}{\sum_{t=2}^{n}Z_{t-1}^2}\end{aligned} \tag{7.4.5}$$

并考虑下面两种情形：

情形 1　$e_t=a_t$。即 e_t 是具有零均值和常值方差 σ_a^2 的白噪声序列。在这种情形下，容易看到，在式（7.4.4）中的 $\hat{\phi}$ 等价于序列 Z_t 的一阶样本自相关系数 $\hat{\rho}_1$。如果 $|\phi|<1$，则 Z_t 成为具有绝对可和的自相关函数的 AR(1) 过程，于是由 2.5 节可知，$\hat{\rho}_1$ 是 ρ_1 的一致估计量，其值等于 ϕ。因此，式（7.4.4）中的 $\hat{\phi}$ 是 ϕ 的渐近无偏一致估计。

情形 2　$e_t=(1-\theta B)a_t$，其中，a_t 是具有零均值和常值方差 σ_a^2 的白噪声序列，因而 e_t 是 MA(1) 过程。在此条件下，序列 Z_t 成为 ARMA(1，1) 过程：

$$Z_t=\phi Z_{t-1}+a_t-\theta a_{t-1} \tag{7.4.6}$$

和

$$E(Z_{t-1}e_t)=E[Z_{t-1}(a_t-\theta a_{t-1})]=-\theta\sigma_a^2 \tag{7.4.7}$$

这表明误差项的自相关不仅违背了假设 3，而且当解释变量包含滞后依赖型变量时，也与假设 4 相违背。在这种情况下，$\hat{\phi}$ 不再是 ϕ 的一致估计，因为 $\hat{\phi}\simeq\hat{\rho}_1$ 是 ρ_1 的一致估计，而对于 ARMA(1，1) 模型，由式（3.4.14）有

$$\rho_1=\frac{(\phi-\theta)(1-\phi\theta)}{1+\theta^2-2\phi\theta}\neq\phi$$

综上所述，在回归模型中解释变量参数的 OLS 估计一般是不一致的，除非误差项与解释变量不相关。除了 $q=0$ 的情形，对于 ARMA(p，q) 模型，上面的条件通常不成立。在 7.2 节和 7.3 节中讨论的估计方法更加有效，也是时间序列分析中常用的方法。

7.5　诊断检验

时间序列模型的建立是一个反复的过程，从模型识别和参数估计开始，在参数估计之后，通过检查模型的假定是否得以满足来检验模型的适应性。基本的假定是 $\{a_t\}$ 为白噪声序列，因此，a_t 应是具有零均值、常值方差的不相关随机冲击。对于任何已估计的模型，残差 $\hat{a}_t$ 是未观测的白噪声 a_t 的估计。因此，模型的诊断检验是通过对残差序列 $\{\hat{a}_t\}$ 的仔细分析实现的。由于残差序列是参数估计的产物，因此在时间序列软件包中，模型的诊断检验通常被包括在估计阶段。

为了检验误差是否为正态分布，我们可以构造标准化残差 $\hat{a}_t/\hat{\sigma}_a$ 的直方图，用 χ^2 拟合优度检验，或者用 Tukey 的简单五参数综合法，将直方图与标准正态分布做比较。为了检验方差是否为常数，我们可以考察残差图。为了检验残差是否近似为白噪声，我们可以计算残差序列的样本 ACF 和样本 PACF（或 IACF），看一下它们是否没有任何结构，且都是不显著的（即当 $\alpha=0.05$ 时都在 2 倍标准差范围内）。

另一个有用的检验方法是混合的拟合不足检验，这种检验方法把所有的残差样本 ACF 都作为对象来检验联合原假设

$$H_0:\rho_1=\rho_2=\cdots=\rho_K=0$$

使用检验统计量

$$Q=n(n+2)\sum_{k=1}^{K}(n-k)^{-1}\hat{\rho}_k^2 \tag{7.5.1}$$

这是改进的 Q 统计量，最初是由 Box 和 Pierce（1970）提出的。在模型正确的原假设下，Ljung 和 Box（1978）及 Ansley 和 Newbold（1979b）证明，Q 统计量近似服从 $\chi^2(K-m)$ 分布，其中，$m=p+q$。

根据残差分析的结果，如果试探性模型不适应，那么很容易提出一个新的模型。例如，假设试探性 AR(1) 模型

$$(1-\phi_1B)(Z_t-\mu)=b_t \tag{7.5.2}$$

产生一个 MA(1) 残差序列，而不是白噪声序列，即

$$b_t=(1-\theta_1 B)a_t \tag{7.5.3}$$

于是我们再次识别一个 ARMA(1，1) 模型

$$(1-\phi_1 B)(Z_t-\mu)=(1-\theta_1 B)a_t \tag{7.5.4}$$

继续分析反复建模的过程，直至得到满意的模型为止。正如前面所述，如果需要用混合模型，那么基于错误识别模型的 AR 参数的 OLS 估计将是不一致的。尽管有时会出现问题，但是前述用残差改进模型的方法通常进行得很好。

7.6 有关序列 W1 至 W7 的实例

为了说明问题，在例 6-7 中对于序列 W7（该序列是山猫皮的年销售数据）我们识别了 AR(3) 模型，且得到如下结果：

$$\underset{}{(1-\underset{(0.122)}{0.97}B+\underset{(0.184)}{0.12}B^2+\underset{(0.128)}{0.50}B^3)(\ln Z_t-\underset{(0.08)}{9.8})=a_t} \tag{7.6.1}$$

以及 $\hat{\sigma}_a^2=0.124$，估计值下方括号内的值是估计值的标准误差。除了 ϕ_2 以外，参数都是显著的，如果有必要的话，可以将 ϕ_2 去掉，重新拟合。

为了检验模型的适应性，表 7-2 给出了残差的 ACF 和 PACF 及 Q 统计量。残差的 ACF 和 PACF 都很小，而且没有明显的特征。对于 $K=24$，Q 统计量为 $Q=26.7$，该值不显著，因为在显著性水平 $\alpha=0.05$ 及自由度 $=K-m=24-3=21$ 的情形下，$\chi^2_{0.05}(21)=32.7$。因此，我们得到的结论是：对于数据用 AR(3) 模型拟合是比较合适的。

类似地，对于 6.2 节中的序列 W1 至 W6，我们用 7.3 节讨论的非线性估计方法识别模型，结果归纳在表 7-3 中。

表 7-2　对序列 W7 的 AR(3) 模型残差的 ACF 和 PACF

(a) ACF $\hat{\rho}_k$												
1～12	−0.18	−0.17	0.27	−0.00	−0.01	−0.15	0.14	−0.09	−0.09	0.05	0.02	0.03
St. E.	0.14	0.14	0.15	0.16	0.16	0.16	0.16	0.16	0.16	0.16	0.16	0.16
Q.	1.8	3.5	7.6	7.6	7.6	9.0	10.3	10.8	11.3	11.5	11.5	11.6
13～24	−0.25	0.18	0.02	−0.12	0.22	−0.05	0.04	−0.03	−0.00	−0.03	−0.09	−0.15
St. E.	0.16	0.17	0.17	0.17	0.18	0.18	0.18	0.18	0.18	0.18	0.18	0.18
Q.	16.0	18.4	18.5	19.5	23.3	23.5	23.6	23.7	23.7	23.8	24.5	26.7
(b) PACF $\hat{\phi}_{kk}$												
1～12	−0.18	−0.21	0.21	0.06	0.09	−0.21	0.10	−0.15	0.02	−0.08	0.10	0.01
St. E.	0.14	0.14	0.14	0.14	0.14	0.14	0.14	0.14	0.14	0.14	0.14	0.14
13～24	−0.20	0.07	−0.04	0.07	0.17	0.02	0.04	−0.06	−0.06	−0.04	0.01	−0.04
St. E.	0.14	0.14	0.14	0.14	0.14	0.14	0.14	0.14	0.14	0.14	0.14	0.14

表 7-3　对序列 W1 至 W7 拟合模型的总结（估计值下方括号内的值是估计值的标准误差）

序列	观测数量	拟合模型	$\hat{\sigma}_a^2$
W1	45	$(1-0.43B)Z_t=1.04+a_t$	0.2
		(0.134)　(0.25)	1.37
W2	302	$(1-1.41B+0.7B^2)\sqrt{Z_t}=1.88+a_t$	
		(0.04)　(0.04)　(0.17)	
		$(1-1.21B+0.49B^2+0.12B^3-0.24B^4+0.23B^5-0.01B^6$	
		(0.06)　(0.09)　(0.09)　(0.09)　(0.09)　(0.09)	
		$-0.17B^7+0.22B^8-0.31B^9)\sqrt{Z_t}=0.80+a_t$	1.216
		(0.09)　(0.09)　(0.06)　(0.28)	
		$(1-1.23B+0.52B^2-0.2B^9)\sqrt{Z_t}=0.56+a_t$	1.222
		(0.04)　(0.04)　(0.02)　(0.23)	
W3	82	$(1-0.73B)Z_t=1\,127.1+a_t$	773 982.936
		(0.07)　(313.36)	
W4	500	$(1-B)Z_t=(1-0.60B)a_t$	1 324.727
		(0.04)	
W5	71	$(1-B)Z_t=2.05+a_t$	7.678
		(0.33)	
		$(1-0.98)Z_t=4.63+a_t$	7.283
		(0.01)　(1.36)	
W6	114	$(1-B)\ln Z_t=(1-0.60B)a_t$	0.028
		(0.07)	
W7	55	$(1-0.97B+0.12B^2+0.5B^3)\ln Z_t=6.41+a_t$	0.124
		(0.12)　(0.18)　(0.13)　(0.81)	
		$(1-1.55B+0.94B^2)\ln Z_t=3.9+(1-0.59B)a_t$	0.116
		(0.06)　(0.06)　(0.41)　(0.12)	

与对序列 W7 的诊断检验类似，对表 7-3 拟合的各个模型也进行诊断检验。除了对序列 W2 的 AR(2) 模型，其余所有模型都是适应的，但有关的表在这里没有给出。此外，我们回顾一下 6.4.1 节的例 6-9，对于序列 W7 我们曾做过另一种识别，用 ESACF 识别出 ARMA(2，1) 模型。模型的估计由下式给出

$$\underset{(0.063)}{(1-1.55B}\underset{(0.058)}{+0.94B^2)}(\ln Z_t\underset{(0.05)}{-9.8)}=(1\underset{(0.121)}{-0.59B})a_t \tag{7.6.2}$$

其中，所有参数都是显著的，且 $\hat{\sigma}_a^2=0.116$。该结果在表 7-3 中给出，由 ARMA(2，1) 模型得到残差的自相关系数如表 7-4 所示，结果显示了模型的适应性。事实上，用 AR(3)模型或 ARMA(2，1) 模型去拟合数据几乎等效，有关模型选择将在下一节讨论。

表 7-4 对序列 W7 拟合 ARMA(2，1) 模型的残差自相关系数 $\hat{\boldsymbol{\rho}}_k$

1～8	−0.14	0.07	0.24	−0.02	0.10	−0.17	0.16	−0.11
St. E.	(0.14)	(0.14)	(0.14)	(0.15)	(0.15)	(0.15)	(0.15)	(0.16)
Q.	1.1	1.4	4.6	4.6	5.3	7.1	8.7	9.5
9～16	−0.06	−0.04	−0.07	0.10	−0.26	0.17	0.02	−0.09
St. E.	(0.16)	(0.16)	(0.16)	(0.16)	(0.16)	(0.17)	(0.17)	(0.17)
Q.	9.8	9.9	10.3	10.9	16.0	18.2	18.2	18.9

7.7 模型选择准则

在时间序列分析中或更一般的任何数据的分析中，可能会有若干个适应的模型都能用来描述给定的数据集。有时最优选择是很容易的，但在另一些情形下选择却可能很困难。因此，在文献中引入了对模型进行比较的多种准则用以选择模型。这些方法与第 6 章中讨论的模型识别方法不同，模型识别工具如 ACF、PACF、IACF 和 ESACF 只是用来识别适应的模型。所有这些适应模型的残差都近似为白噪声，而且通常都不是显式的函数形式。对于给定数据集，如果有多个适应模型，选择准则通常基于由拟合模型计算出的残差的综合统计量，或基于由样本外推预报计算出的预报误差。后者的实现往往要用序列的前一部分确定模型的结构，而序列的其余部分则用来评价预报。本节引入一些基于残差的模型选择准则，基于外推预报误差的准则将在第 8 章讨论。

1. Akaike 的 AIC 和 BIC 准则 假设用 M 个参数的统计模型对数据进行拟合。为了检验模型拟合的质量，Akaike（1973，1974b）引入了信息准则。该准则在文献中被称为 AIC（Akaike's information criterion)，其定义为

$$\text{AIC}(M)=-2\ln[\text{最大似然}]+2M \tag{7.7.1}$$

其中，M 是模型中的参数个数。对于 ARMA 模型和 n 个有效观测的情形，从式（7.2.10）可知，似然函数是

$$\ln L=-\frac{n}{2}\ln 2\pi\sigma_a^2-\frac{1}{2\sigma_a^2}S(\boldsymbol{\phi},\mu,\boldsymbol{\theta}) \tag{7.7.2}$$

关于 $\boldsymbol{\phi}$、μ、$\boldsymbol{\theta}$ 和 σ_a^2 极大化式（7.7.2），我们由式（7.2.13）得到

$$\ln\hat{L}=-\frac{n}{2}\ln\hat{\sigma}_a^2-\frac{n}{2}(1+\ln 2\pi) \tag{7.7.3}$$

由于式（7.7.3）中的第二项是常数，故 AIC 准则可以简化为

$$\text{AIC}(M)=n\ln\hat{\sigma}_a^2+2M \tag{7.7.4}$$

模型的最优阶数通过 M（它是 p 和 q 的函数）来选择。我们要选择 M 使 AIC(M) 极小化。

Shibata（1976）证明了 AIC 准则趋向于高估自回归的阶数。Akaike（1978，1979）发展了贝叶斯的极小化 AIC 方法，被称为贝叶斯信息准则（Bayesian information criterion,

BIC)，其具体形式如下：

$$\mathrm{BIC}(M)=n\ln\hat{\sigma}_a^2-(n-M)\ln\left(1-\frac{M}{n}\right)+M\ln n$$
$$+M\ln\left[\left(\frac{\hat{\sigma}_z^2}{\hat{\sigma}_a^2}-1\right)/M\right] \tag{7.7.5}$$

这里，$\hat{\sigma}_a^2$ 是σ_a^2 的极大似然估计，M 是参数个数，$\hat{\sigma}_Z^2$ 是序列的样本方差。通过模拟研究，Akaike (1978) 认为 BIC 较少出现高估自回归阶数的情形。关于 AIC 性质的进一步讨论可参阅 Findley (1985)。

2. Schwartz 的 SBC 准则　类似于 Akaike 的 BIC 准则，Schwartz (1978) 建议使用下面的贝叶斯准则来选择模型，该准则被称为 SBC (Schwartz's Bayesian criterion)：

$$\mathrm{SBC}(M)=n\ln\hat{\sigma}_a^2+M\ln n \tag{7.7.6}$$

在式 (7.7.6) 中仍有：$\hat{\sigma}_a^2$ 是σ_a^2 的极大似然估计；M 是模型中的参数个数；n 是有效观测个数，等价于可由序列计算的残差个数。

3. Parzen (帕尔逊) 的 CAT 准则　Parzen (1977) 建议采用下面的模型选择准则，称为 CAT (criterion for autoregressive transfer functions)：

$$\mathrm{CAT}(p)=\begin{cases}-\left(1+\dfrac{1}{n}\right), & p=0\\ \dfrac{1}{n}\sum\limits_{j=1}^{p}\dfrac{1}{\hat{\sigma}_j^2}-\dfrac{1}{\hat{\sigma}_p^2}, & p=1,2,3,\cdots\end{cases} \tag{7.7.7}$$

其中，$\hat{\sigma}_j^2$ 是当用 AR(j) 模型对序列拟合时 σ_a^2 的无偏估计，n 是观测个数。使 CAT(p) 达到极小的 p 为最优阶数。

我们只介绍了一些常用的模型选择准则。文献中还介绍了许多其他准则。感兴趣的读者可以参阅 Hannan 和 Quinn (1979)、Stone (1979)、Hannan (1980) 等。

例 7-4　AIC 准则成为时间序列模型拟合的标准工具，许多时间序列分析程序都可以实现它的计算。在表 7-5 中，我们用 SAS/ETS (1999) 软件对序列 W7 (加拿大山猫皮销售数据) 计算 AIC。从表中我们可以清楚地看到，最小 AIC 出现在 $p=2$ 和 $q=1$ 时。因此，基于 AIC 准则对数据选择 ARMA(2，1) 模型，前面我们曾对同样的数据拟合了与之不相上下的 AR(3) 模型，这个模型的 AIC 是次小的。

表 7-5　**序列 W7 的 AIC 值**

p \ q	0	1	2	3	4
0	142.120 0	93.618 5	70.017 4	57.820 3	55.378 5
1	94.773 0	69.929 4	62.219 1	56.481 1	58.498 5
2	31.908 1	*23.778 1	41.511 8	49.723 8	48.105 1
3	24.052 9	25.228 6	43.734 9	31.116 6	47.208 0
4	25.670 8	27.476 9	88.639 8	60.040 7	75.554 8

练　习

7.1 假设由来自 ARMA(1，1) 模型 $Z_t-\phi_1 Z_{t-1}=a_t-\theta_1 a_{t-1}$ 的 100 个观测值得出下面的估计：$\hat{\sigma}_z^2=10$，$\hat{\rho}_1=0.523$ 和 $\hat{\rho}_2=0.418$。求 ϕ_1、θ_1 和 σ_a^2 的矩估计。

7.2 假设由来自 AR(2) 模型 $Z_t=\phi_1 Z_{t-1}+\phi_2 Z_{t-2}+a_t$ 的 100 个观测值得出下面的样本 ACF：$\hat{\rho}_1=0.8$，$\hat{\rho}_2=0.5$，$\hat{\rho}_3=0.4$。求 ϕ_1 和 ϕ_2 的估计。

7.3 给定观测值为 2.2，4.5，2.5，2.3，1.1，3.0，2.1 和 1.0，计算 MA(2) 过程的条件平方和 $S(\theta_1, \theta_2)$，已知 $\theta_1=-0.5$，$\theta_2=0.2$。

7.4 给定观测值为 6，2，4，5，3，4，2 和 1，阐述如何计算 ARMA(1，1) 模型的条件平方和 $S(\phi_1, \theta_1)$。

7.5 考虑下面来自 ARIMA(0，1，1) 模型的观测值，其中，$\theta=0.4$。

t	Z_t	$W_t=(1-B)Z_t$
0	59	
1	62	3
2	58	−4
3	63	5
4	79	16
5	90	11
6	88	−2

(a) 计算条件平方和（已知 $a_0=0$）。

(b) 利用表 7－1 所示的回测方法计算无条件平方和。

7.6 从一个 ARMA(1，1) 模型模拟出 100 个观测值。

(a) 用 AR(1) 模型或 MA(1) 模型拟合模拟值序列，进行诊断检验，利用残差分析结果修正拟合的模型。

(b) 估计修正后模型的参数，与模型的真实参数值进行比较。

7.7 表 7－3 列出的是对序列 W1 至 W7 的拟合模型的总结，请对每个拟合模型进行残差分析和模型检验。

7.8 利用 AIC 为序列 W1 到 W7 寻找最好的模型，与表 7－3 中的拟合模型进行比较。

7.9 假设 $(1-\phi B)Z_t=(1-\theta B)a_t$ 是一个过程的试探性模型。已知：

t	1	2	3	4	5	6	7	8	9	10	11	12
Z_t	−3.1	−0.8	1.2	0.6	2.8	−0.9	0.3	−1.4	−2.5	−1.1	0.9	1.4

若 $\phi=0.4$，$\theta=0.8$，计算无条件平方和。

7.10 考虑 AR(1) 模型 $(1-\phi B)(Z_t-\mu)=a_t$。

(a) 对 $\mu=0$，求出 ϕ 的极大似然估计和相应的方差。

(b) 若 $\mu\neq 0$，求出 ϕ 和 μ 的极大似然估计。

（c）讨论给定的模型中 ϕ 的普通最小二乘估计和极大似然估计的关系。

7.11 用下面的模型阐述 7.3 节中讨论的非线性估计方法：

（a）MA(1) 模型：$Z_t=(1-\theta B)a_t$。

（b）AR(2) 模型：$Z_t=\phi_1 Z_{t-1}+\phi_2 Z_{t-2}+a_t$。

7.12 推导 AR(2) 模型 $Z_t=\phi_1 Z_{t-1}+\phi_2 Z_{t-2}+a_t$ 的最小二乘估计 $[\hat{\phi}_1,\hat{\phi}_2]'$ 的联合渐近分布。

7.13 考虑如下美国木材年产量数据（单位：10 亿）：

年份	产量									
1921—1930	29.0	35.2	41.0	39.5	41.0	39.8	37.3	36.8	38.7	29.4
1931—1940	20.0	13.5	17.2	18.8	22.9	27.6	29.0	24.8	28.8	31.2
1941—1950	36.5	36.3	34.3	32.9	28.1	34.1	35.4	37.0	32.2	38.0
1951—1960	37.2	37.5	36.7	36.4	37.4	38.2	32.9	33.4	37.2	32.9
1961—1970	32.0	33.3	34.7	36.6	36.8	36.6	34.7	36.5	35.8	34.7
1971—1980	37.0	37.7	38.6	34.6	32.6	36.3	39.4	40.5	40.6	35.4
1981—1982	31.7	30.0								

（a）画出数据图，进行必要的分析以帮助建立合适的模型。

（b）求出后面四年的预报并作图表示，计算 95%的预报区间。

（c）如果 1983 年的观测值可获得，并且已知为 34.6，更新你的预报结果。

第8章 季节时间序列模型

由于在日常生活中经常遇到季节时间序列，因此我们为其单辟一章。在引入一些基本概念和常用模型之后，我们将自回归求和移动平均模型加以推广，用来描述季节时间序列。另外，为了说明该方法，我们还给出了详细例子。

8.1 基本概念

许多商业和经济时间序列都包含季节现象，即在一个时期后自身不断地有规律地重复。重复现象出现的最小时间间隔称为季节周期。例如，冰激凌销量的季度序列在夏季最高，序列在每年都重复这一现象，相应的季节周期为 4。类似地，汽车的月度销量和销售额在每年 7 月和 8 月也趋于下降，因为这时经常更换新的车型。而玩具的月销售量在每年的 12 月增加。后两种情形的季节周期是 12。季节现象缘于一些因素，比如气候影响许多商业和经济活动，如旅游和房屋建筑；一些习惯性事件（如圣诞节）就与珠宝、玩具、贺卡及邮票的销售密切相关；夏季几个月的毕业典礼直接关系到这几个月的劳动力状况。

例如，图 8-1 给出了 1971—1981 年美国月度就业人数，调查对象是美国 16～19 周岁的男性。序列的季节特性是明显的，在夏季几个月人数急剧增加，在学期结束的 6 月出现高峰，而在秋季学校开学后就下降了。这种现象每 12 个月重现一次，因而季节周期是 12。

更一般地，假设序列 $\{Z_t\}$ 是具有季节周期 s 的季节序列。为了分析数据，按二维表排列序列是有帮助的，如表 8-1 所示，按照时期和季节排列，并包含总和与平均。Wold (1938) 对 Buys-Ballot (1847) 给出的这种排列表给予了高度评价，因此，这类表在文献中也称为 Buys-Ballot（白贝罗）表。

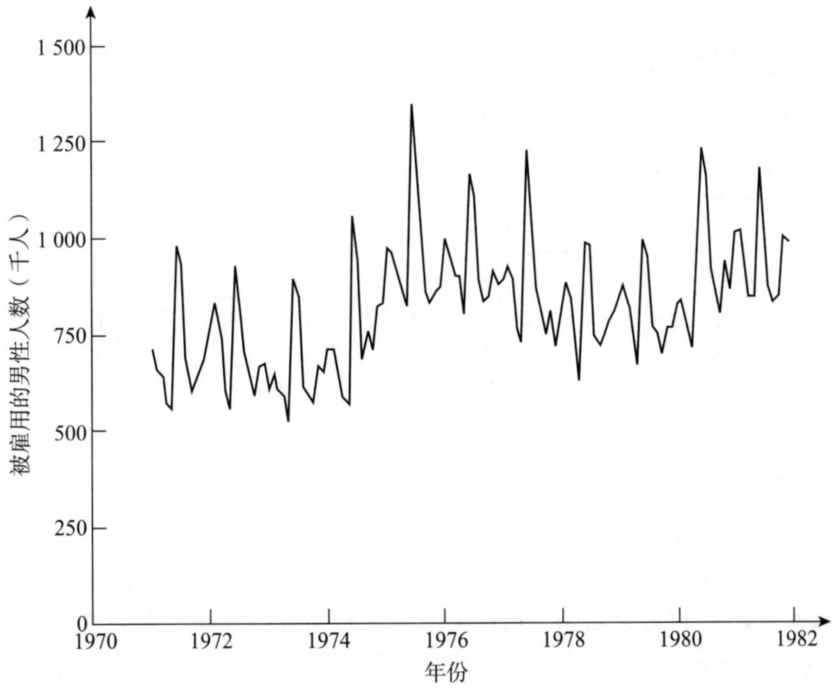

图 8-1　1971—1981 年美国 16～19 周岁男性月度就业人数

表 8-1　**季节时间序列的 Buys-Ballot 表**

	1	2	3	…	s	总和	平均
	Z_1	Z_2	Z_3	…	Z_s	$T_{\cdot 1}$	$\bar{Z}_{\cdot 1}$
	Z_{s+1}	Z_{s+2}	Z_{s+3}	…	Z_{2s}	$T_{\cdot 2}$	$\bar{Z}_{\cdot 2}$
	⋮	⋮	⋮		⋮	⋮	⋮
	$Z_{(n-1)s+1}$	$Z_{(n-1)s+2}$	$Z_{(n-1)s+3}$	…	Z_{ns}	$T_{\cdot n}$	$\bar{Z}_{\cdot n}$
总和	$T_{1\cdot}$	$T_{2\cdot}$	$T_{3\cdot}$	…	$T_{n\cdot}$	T	T/s
平均	$\bar{Z}_{1\cdot}$	$\bar{Z}_{2\cdot}$	$\bar{Z}_{3\cdot}$	…	$\bar{Z}_{n\cdot}$	T/n	$T/(ns)$

$T_{j\cdot}$＝第 j 个季节的总和
$\bar{Z}_{j\cdot}$＝第 j 个季节的平均
$T_{\cdot j}$＝第 j 个期间的总和
$\bar{Z}_{\cdot j}$＝第 j 个期间的平均
T＝所有序列的总和

8.2　传统方法

通常，时间序列被看作由趋势项（P_t）、季节项（S_t）以及不规则分量（e_t）混合而成。如果这些分量被假定为可加的，可以将时间序列 Z_t 写成

$$Z_t = P_t + S_t + e_t \tag{8.2.1}$$

为了估计这些分量，文献中引入了一些分解方法。

8.2.1 回归方法

在回归方法中，可加性时间序列可以写成下面的回归模型

$$\begin{aligned} Z_t &= P_t + S_t + e_t \\ &= \alpha_0 + \sum_{i=1}^{m} \alpha_i U_{it} + \sum_{j=1}^{k} \beta_j V_{jt} + e_t \end{aligned} \tag{8.2.2}$$

其中，$P_t = \alpha_0 + \sum_{i=1}^{m} \alpha_i U_{it}$，$U_{it}$ 是趋势-循环变量；$S_t = \sum_{j=1}^{k} \beta_j V_{jt}$ 和 V_{jt} 是季节变量。例如，线性的趋势-循环分量 P_t 可以写成

$$P_t = \alpha_0 + \alpha_1 t \tag{8.2.3}$$

更一般地，趋势-循环分量可以写成关于时间的 m 次多项式：

$$P_t = \alpha_0 + \sum_{i=1}^{m} \alpha_i t^i \tag{8.2.4}$$

类似地，季节分量 S_t 可以表示为季节虚拟（示性）变量的线性组合，或表示成各种频率的正弦-余弦函数的线性组合。例如，一个周期为 s 的季节序列可以写成

$$S_t = \sum_{j=1}^{s-1} \beta_j D_{jt} \tag{8.2.5}$$

其中，如果 t 对应于季节的第 j 期，则 $D_{jt}=1$，对于其他情况就为 0。注意，当季节周期等于 s 时，我们只需要（$s-1$）个季节虚拟变量。换言之，令$\beta_s=0$使得系数 β_j（$j \neq s$）表示周期为 s 时第 j 期的季节影响。另外，S_t 也可以写成

$$S_t = \sum_{j=1}^{[s/2]} \left[\beta_j \sin\left(\frac{2\pi jt}{s}\right) + \gamma_j \cos\left(\frac{2\pi jt}{s}\right) \right] \tag{8.2.6}$$

其中，$[s/2]$ 是 $s/2$ 的整数部分。这类模型将在第 13 章讨论。于是，模型（8.2.2）成为

$$Z_t = \alpha_0 + \sum_{i=1}^{m} \alpha_i t^i + \sum_{j=1}^{s-1} \beta_j D_{jt} + e_t \tag{8.2.7}$$

或者

$$Z_t = \alpha_0 + \sum_{i=1}^{m} \alpha_i t^i + \sum_{j=1}^{[s/2]} \left[\beta_j \sin\left(\frac{2\pi jt}{s}\right) + \gamma_j \cos\left(\frac{2\pi jt}{s}\right) \right] + e_t \tag{8.2.8}$$

对于给定数据集以及特定的 m 和 s 的值，可用标准最小二乘回归方法得到参数 α_i，β_j 和 γ_j 的估计值$\hat{\alpha}_i$、$\hat{\beta}_j$ 和$\hat{\gamma}_j$。P_t、S_t 和方程（8.2.7）中的 e_t 的估计值可由下式给出：

$$\hat{P}_t = \hat{\alpha}_0 + \sum_{i=1}^{m} \hat{\alpha}_i t^i \tag{8.2.9a}$$

$$\hat{S}_t = \sum_{j=1}^{s-1} \hat{\beta}_j D_{jt} \tag{8.2.9b}$$

和

$$\hat{e}_t = Z_t - \hat{P}_t - \hat{S}_t \tag{8.2.9c}$$

式（8.2.8）可由下式给出

$$\hat{P}_t = \hat{\alpha}_0 + \sum_{i=1}^{m} \hat{\alpha}_i t^i \tag{8.2.10a}$$

$$\hat{S}_t = \sum_{j=1}^{[s/2]} \left[\hat{\beta}_j \sin\left(\frac{2\pi jt}{s}\right) + \hat{\gamma}_j \cos\left(\frac{2\pi jt}{s}\right) \right] \tag{8.2.10b}$$

和

$$\hat{e}_t = Z_t - \hat{P}_t - \hat{S}_t \tag{8.2.10c}$$

8.2.2　移动平均方法

移动平均方法基于这样的假定：一个季节时间序列的年度总和中只有少量的季节变量，因此，令 $N_t = P_T + e_t$ 为序列的非季节分量，而非季节分量的估计可以用对称移动平均算子得到，即

$$\hat{N}_t = \sum_{i=-m}^{m} \lambda_i Z_{t-i} \tag{8.2.11}$$

其中，m 为一正数，λ_i 为常数，且有 $\lambda_i = \lambda_{-i}$ 以及 $\sum_{i=-m}^{m} \lambda_i = 1$。季节分量的估计可由原序列减去 $\hat{N}_t$ 得到，即

$$\hat{S}_t = Z_t - \hat{N}_t \tag{8.2.12}$$

前面的估计可以通过重复各种移动平均算子得到。利用移动平均方法的成功例子是 Census X－12 方法，该方法被政府和工业企业广泛采用。

被消除了季节影响的序列，即 $Z_t - \hat{S}_t$，称为季节调整序列。因此，前述季节分解方法也是熟知的季节调整方法。人们普遍认为季节分量是有规律的，能够以合理的精度进行预报，所以政府和产业对于调整序列的季节性有着很大的兴趣。这一专题在这里只是简要地论及，感兴趣的读者可以参考由 Zellner（1978）编辑的优秀的论文集。关于本专题的最新的文章主要有 Dagum（1980）、Pierce（1980）、Hillmer 和 Tiao（1982）、Bell 和 Hillmer（1984），以及 Cupingood 和 Wei（1986）。

8.3　季节性 ARIMA 模型

8.2 节给出的传统方法基于季节分量是确定性的，且与其他非季节分量相独立。然而，许多时间序列并没有那么好的性质，更多情况是季节分量可以是随机的，并且与非季节分量相关。本节我们将前一章讨论的随机 ARIMA 模型推广到季节时间序列。

为了说明问题，我们考察美国 1971—1981 年 16～19 岁男性的月度就业统计数字，Buys-Ballot 表如表 8－2 所示。该表显示就业统计数字不仅月度相关，而且年度也相关。

表 8－2　美国 16～19 周岁男性月度就业人数的 Buys-Ballot 表

单位：千人

年份	1月	2月	3月	4月	5月	6月	7月	8月	9月	10月	11月	12月	总计	平均
1971	707	655	638	574	552	980	926	680	597	637	660	704	8 310	692.5
1972	758	835	747	617	554	929	815	702	640	588	669	675	8 529	710.75
1973	610	651	605	592	527	898	839	614	594	576	672	651	7 829	652.42
1974	714	715	672	588	567	1 057	949	683	771	708	824	835	9 083	756.92
1975	980	969	931	892	828	1 350	1 218	977	863	838	866	877	11 589	965.75
1976	1 007	951	906	911	812	1 172	1 101	900	841	853	922	886	11 262	938.5
1977	896	936	902	765	735	1 234	1 052	868	798	751	820	725	10 482	873.5
1978	821	895	851	734	636	994	990	750	727	754	792	817	9 761	813.42
1979	856	886	833	733	675	1 004	956	777	761	709	777	771	9 738	811.5
1980	840	847	774	720	898	1 240	1 168	936	853	910	953	874	10 963	913.58
1981	1 026	1 030	946	860	856	1 190	1 038	833	843	857	1 016	1 003	11 548	962.33
总计	9 215	9 310	8 805	7 986	7 590	12 048	11 052	8 770	8 288	8 181	8 971	8 818	109 094	9 091.17
平均	837.73	851.82	800.45	726	690	1 095.27	1 004.73	797.27	753.36	743.73	815.55	801.64	9 917.64	826.47

因此，为了对6月的就业水平进行预报，我们不仅要考察相邻月份（如5月和7月）的就业水平，而且要考察前几年6月的就业水平。

通常 Buys-Ballot 表意味着 $\{Z_t\}$ 包含周期内部和周期之间的相关关系。周期内部的关系表示…，Z_{t-2}，Z_{t-1}，Z_t，Z_{t+1}，Z_{t+2}，…之间的相关性，周期之间的关系表示…，Z_{t-2s}，Z_{t-s}，Z_t，Z_{t+s}，Z_{t+2s}，…之间的相关性。

假设我们不知道 $\{Z_t\}$ 包含周期之间的季节性变化，而对序列拟合一个非季节性的 ARIMA 模型，即

$$\phi_p(B)(1-B)^d Z_t=\theta_q(B)b_t \tag{8.3.1}$$

显然 $\{b_t\}$ 不是白噪声序列，因为它包含未被解释的周期（季节）之间的相关关系。令

$$\rho_{j(s)}=\frac{E(b_{t-js}-\mu_b)(b_t-\mu_b)}{\sigma_b^2},\qquad j=1,2,3,\cdots \tag{8.3.2}$$

是 $\{b_t\}$ 的自相关函数，它描述了未解释的周期之间的相关关系。由此不难得到，周期之间的相关关系也能用 ARIMA 模型加以描述：

$$\Phi_P(B^s)(1-B^s)^D b_t=\Theta_Q(B^s)a_t \tag{8.3.3}$$

其中

$$\Phi_P(B^s)=1-\Phi_1 B^s-\Phi_2 B^{2s}-\cdots-\Phi_P B^{Ps}$$

并且

$$\Theta_Q(B^s)=1-\Theta_1 B^s-\Theta_2 B^{2s}-\cdots-\Theta_Q(B^{Qs})$$

这些 B^s 的多项式没有共同的根，且根都在单位圆外，$\{a_t\}$ 是零均值的白噪声过程。

为了说明问题，假设式（8.3.3）中 $P=1$，$s=12$，$D=0$，$Q=0$，则

$$(1-\Phi B^{12})b_t=a_t \tag{8.3.4}$$

若 $\Phi=0.9$，则 $\{b_t\}$ 的自相关函数成为 $\rho_{j(12)}=(0.9)^j$，如图8-2所示。

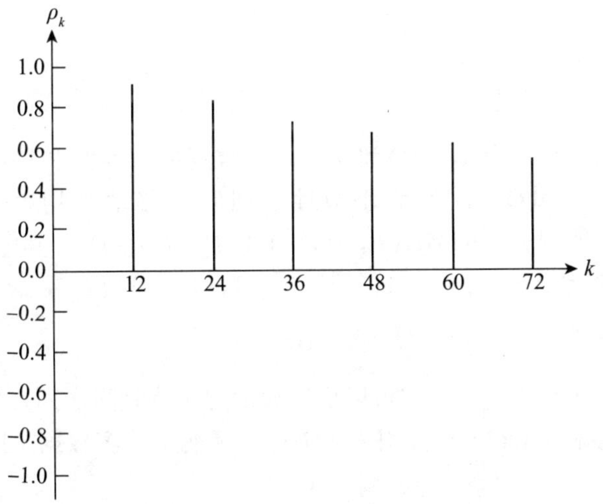

图8-2　$(1-0.9B^{12})\ b_t=a_t$ 的 ACF

类似地，若 $P=0$，$s=12$，$D=0$，$Q=1$，则有

$$b_t=(1-\mathbf{\Theta}B^{12})a_t \tag{8.3.5}$$

若 $\mathbf{\Theta}=0.8$，则自相关函数成为

$$\rho_{j(12)}=\begin{cases}\dfrac{-0.8}{1.64}, & j=1\\ 0, & j\neq 1\end{cases}$$

如图 8-3 所示。

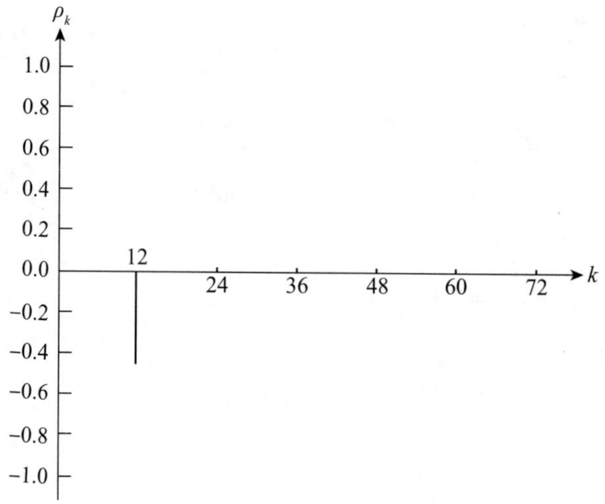

图 8-3　$b_t=(1-0.8B^{12})a_t$ 的 ACF

结合式（8.3.1）和式（8.3.3），我们可以得到著名的 Box-Jenkins 乘积季节 ARIMA 模型：

$$\Phi_P(B^s)\phi_p(B)(1-B)^d(1-B^s)^D\dot{Z}_t=\theta_q(B)\mathbf{\Theta}_Q(B^s)a_t \tag{8.3.6}$$

其中

$$\dot{Z}_t=\begin{cases}Z_t-\mu, & d=D=0\\ Z_t, & \text{其他}\end{cases}$$

为方便起见，我们通常分别称 $\phi_p(B)$和 $\theta_q(B)$为常规的自回归和移动平均因子（或多项式），分别称 $\Phi_p(B^s)$ 和 $\mathbf{\Theta}_q(B^s)$ 为季节性自回归和移动平均因子（或多项式）。式（8.3.6）中的模型一般记为 ARIMA$(p, d, q)\times(P, D, Q)_s$，其中下标 s 为季节周期。

例 8-1　我们考虑 ARIMA$(0, 1, 1)\times(0, 1, 1)_{12}$模型

$$(1-B)(1-B^{12})Z_t=(1-\theta B)(1-\mathbf{\Theta}B^{12})a_t \tag{8.3.7}$$

人们发现这个模型是非常有用的，它可以描述大量的季节时间序列，如航空数据、交易序列等。该模型由 Box 和 Jenkins 首先引入来描述国际航空旅客数据，因而在文献中也称其为航线模型。

令 $W_t=(1-B)(1-B^{12})Z_t$，则 W_t 的自协方差可以很容易地求出：

$$\gamma_0=(1+\theta^2)(1+\Theta^2)\sigma_a^2$$
$$\gamma_1=-\theta(1+\Theta^2)\sigma_a^2$$
$$\gamma_{11}=\theta\Theta\sigma_a^2$$
$$\gamma_{12}=-\Theta(1+\theta^2)\sigma_a^2$$
$$\gamma_{13}=\theta\Theta\sigma_a^2$$
$$\gamma_j=0,\quad \text{其他} \tag{8.3.8}$$

因此，ACF 是

$$\rho_1=\frac{\theta}{(1+\theta^2)}$$
$$\rho_{11}=\frac{\theta\Theta}{(1+\theta^2)(1+\Theta^2)}=\rho_{13}$$
$$\rho_{12}=\frac{-\Theta}{(1+\Theta^2)}$$
$$\rho_j=0,\quad \text{其他} \tag{8.3.9}$$

对于 $\theta=0.4$ 和 $\Theta=0.6$，ρ_k 如图 8-4 所示。

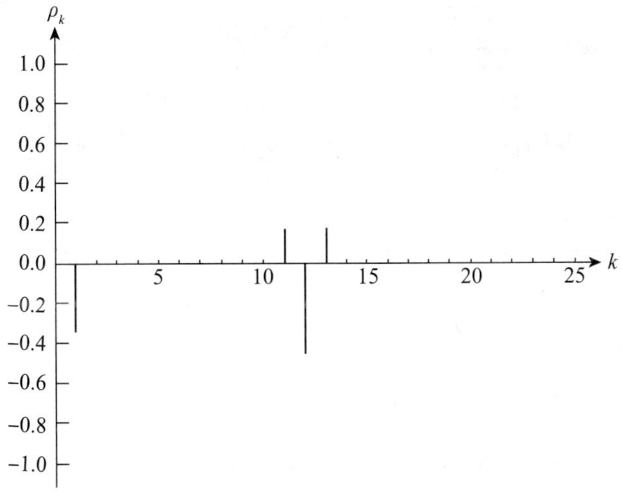

图 8-4　$W_t=(1-0.4B)(1-0.6B^{12})a_t$ 的 ACF

一般的 ARIMA 模型　更一般地，我们可以写出一般的 ARIMA 模型如下：

$$\prod_{j=1}^{M}\phi_j(B)\prod_{i=1}^{K}(1-B^{s_i})^{d_i}\dot{Z}_t=\theta_0+\prod_{k=1}^{N}\theta_k(B)a_t \tag{8.3.10}$$

因此，该模型可以包含 K 个差分因子、M 个自回归因子以及 N 个移动平均因子。这种推广对于描述许多非标准时间序列是非常有用的，例如，可以包含不同周期混合而成的季节现象。由于这是大多数时间序列软件使用的一般形式，因而我们现在更详细地解释这种一般模型。

第 i 个差分因子是

$$(1-B^{s_i})^{d_i}$$

具有阶数 s_i（B 的幂次）和次数 d_i。如果 $K=0$，则 $\dot{Z}_t=Z_t-\mu$，否则 $\dot{Z}_t=Z_t$，序列的均值不出现。参数 θ_0 描述确定性趋势，当且仅当 $K\neq 0$ 时才考虑。第 j 个自回归因子为

$$\phi_j(B)=(1-\phi_{j1}B-\phi_{j2}B^2-\cdots-\phi_{jp_j}B^{p_j})$$

其中，包含一个或多个自回归参数 ϕ_{jm}。第 k 个移动平均因子是

$$\theta_k(B)=(1-\theta_{k1}B-\theta_{k2}B^2-\cdots-\theta_{kq_k}B^{q_k})$$

包含一个或多个移动平均参数 θ_{kn}。在大多数应用中，K、M 和 N 的值通常小于或等于 2。在自回归和移动平均的参数中，除了考虑每种的第一个因子的参数，其他参数都考虑为模型中的季节参数。显然，我们可以用任意阶数的因子，如果需要，我们可以取每种的第一个因子作为“季节因子”。对于差分因子也完全类似。

季节模型的 PACF、IACF 和 ESACF　季节模型的 PACF 和 IACF 更复杂。一般来说，季节和非季节的自回归分量相应的 PACF 和 IACF 在季节和非季节延迟点是截尾的。另外，季节和非季节的移动平均分量所产生的 PACF 和 IACF 在季节或非季节延迟点上是指数衰减或阻尼正弦波动的。对于季节模型的计算，ESACF 非常费时，通常形式也很复杂。此外，由于 ESACF 给出的只是关于 p 和 q 最大阶数的信息，在建立季节时间序列模型时它的用处非常有限，因此，在识别季节时间序列模型时标准的 ACF 分析仍是最有用的方法。

对于季节模型的建模和预报　由于季节模型是第 3、4 章中引入的 ARIMA 模型的特殊形式，因而有关模型识别、参数估计、诊断检验和预报都按照第 5、6 和 7 章的陈述，这里不再重复。在下一节中，我们将针对几个季节时间序列来说明方法的具体应用。

8.4　实　例

例 8-2　本例给出来自 ARIMA(0，1，1)×(0，1，1)$_4$ 模型的 150 个模拟值：

$$(1-B)(1-B^4)Z_t=(1-\theta B)(1-\Theta B^4)a_t \tag{8.4.1}$$

这里 $\theta=0.8$，$\Theta=0.6$，是高斯型 $N(0，1)$ 白噪声。该序列是附录中的序列 W8。如图 8-5 所示，序列明显具有向上趋势的季节性。

表 8-3 和图 8-6 给出序列的样本 ACF 和样本 PACF。ACF 的值很大且缓慢衰减，而 PACF 在滞后 1 步处有单个很大的峰值。这一切表明序列是非平稳的，必须进行差分。

表 8-3　来自模型 $(1-B)(1-B^4)Z_t=(1-0.8B)(1-0.6B^4)a_t$ 的模拟序列的样本 ACF 和样本 PACF

k	1	2	3	4	5	6	7	8
$\hat{\rho}_k$	0.98	0.96	0.94	0.92	0.90	0.88	0.87	0.88
St. E.	0.08	0.14	0.18	0.21	0.23	0.26	0.28	0.29
$\hat{\phi}_{kk}$	0.98	0.04	0.11	−0.04	−0.12	−0.00	0.11	−0.03
St. E.	0.08	0.08	0.08	0.08	0.08	0.08	0.08	0.08

说明：$\bar{Z}=174.87$，$S_Z=47.93$，$n=150$。

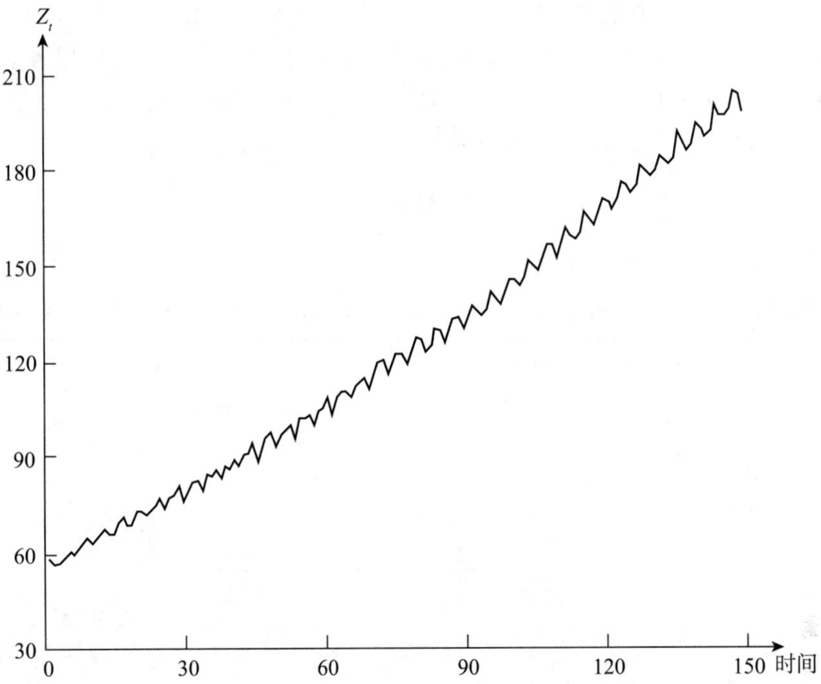

图 8-5　模拟自 ARIMA(0,1,1) ×(0,1,1)$_4$ 模型 $(1-B)(1-B^4)Z_t=(1-0.8B)(1-0.6B^4)a_t$ 的序列

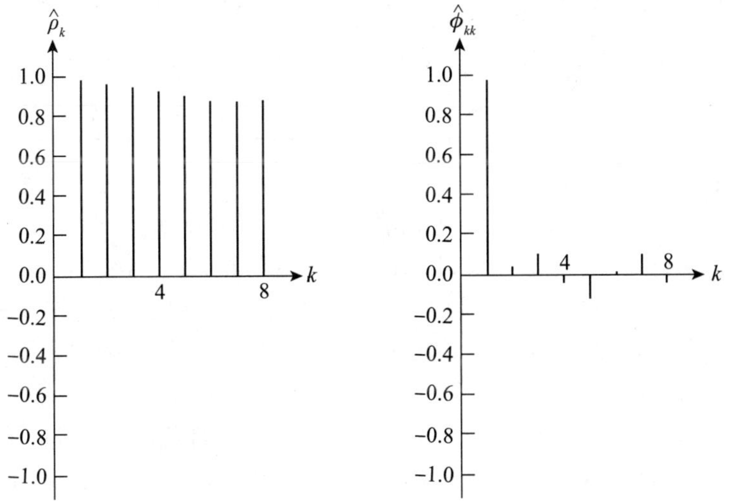

图 8-6　来自模型 $(1-B)(1-B^4)Z_t=(1-0.8B)(1-0.6B^4)a_t$ 的模拟序列的样本 ACF 和样本 PACF

为了消除非平稳性，对序列做差分，计算出差分序列 $(1-B)Z_t$ 的样本 ACF 和样本 PACF，如表 8-4(a) 和图 8-7(a) 所示。ACF 在周期为 4 的多个季节点上缓慢衰减，这表明为了达到平稳性，季节差分 $(1-B^4)$ 也是需要的。因此，我们计算 $(1-B)(1-B^4)$

Z_t 的样本 ACF 和样本 PACF，如表 8-4(b) 和图 8-7(b) 所示。我们已经知道，ARIMA(0,1,1) $\times$(0,1,1)$_4$ 模型的 ACF 除了在滞后 1、3、4 和 5 步处以外其他皆为 0。因此，在表 8-4(b) 和图 8-7(b) 中$(1-B)(1-B^4)Z_t$ 的样本 ACF 蕴涵着原序列 Z_t 应是 ARIMA(0,1,1) $\times$(0,1,1)$_4$ 模型，即

$$(1-B)(1-B^4)Z_t=(1-\theta B)(1-\Theta B^4)a_t$$

用参数估计方法对参数 θ 和Θ的值进行估计。

表 8-4　模拟自模型 $(1-B)(1-B^4)Z_t=(1-0.8B)(1-0.6B^4)a_t$ 的差分序列的样本 ACF 和样本 PACF

(a) $W_t=(1-B)Z_t$ ($\overline{W}=1.10$，$S_W=3.87$，$n=149$)

k	1	2	3	4	5	6	7	8	9	10	11	12
$\hat{\rho}_k$	−0.11	−0.77	−0.06	0.89	−0.04	−0.77	−0.06	0.87	−0.04	−0.76	−0.04	0.82
St. E.	0.08	0.08	0.12	0.12	0.16	0.16	0.18	0.18	0.21	0.21	0.23	0.23
$\hat{\phi}_{kk}$	−0.11	−0.79	−0.80	0.14	0.19	0.01	−0.20	0.19	0.07	0.01	0.09	0.11
St. E.	0.08	0.08	0.08	0.08	0.08	0.08	0.08	0.08	0.08	0.08	0.08	0.08

(b) $W_t=(1-B)(1-B^4)Z_t$ ($\overline{W}=-0.1$，$S_W=1.57$，$n=145$)

k	1	2	3	4	5	6	7	8	9	10	11	12
$\hat{\rho}_k$	−0.56	0.07	0.29	−0.53	0.27	−0.05	−0.06	0.10	0.03	−0.06	0.05	0.01
St. E.	0.08	0.11	0.11	0.11	0.13	0.13	0.13	0.13	0.13	0.13	0.13	0.13
$\hat{\phi}_{kk}$	−0.56	−0.36	0.23	−0.34	−0.34	−0.27	0.04	−0.19	−0.06	−0.07	0.05	0.00
St. E.	0.08	0.08	0.08	0.08	0.08	0.08	0.08	0.08	0.08	0.08	0.08	0.08

例 8-3　我们现在考察美国 1971—1981 年 16～19 周岁男性的月度就业统计数字。该序列为附录中的 W9，前文在图 8-1 中显示过。

模型识别　在表 8-2 中 Buys-Ballot 表的一些列与相关的边际列和显示出具有周期 12 的明显的季节变化，而按年累计的行和蕴涵着在序列中存在随机趋势。这种趋势可以在模型识别之前通过差分予以消除。表 8-5 给出了原序列和差分序列的样本 ACF。从表8-5(b) 和 (c) 看出，显然，既需要常规差分 $(1-B)$，也需要季节差分 $(1-B^{12})$。序列$\{W_t=(1-B)(1-B^{12})Z_t\}$的 ACF 只是在滞后 12 步处存在一个显著的峰值，如表 8-5(d) 所示。由于 $\overline{W}=0.66$，$S_W=71.85$，$n=119$，$\overline{W}$ 的 t 值$=0.66/(71.85/\sqrt{119})=0.1$，该值不显著，所以不需要确定性趋势 θ_0。因此，我们识别出该序列为一个 ARIMA(0,1,0) $\times$(0,1,1)$_{12}$过程，试探性的模型为

$$(1-B)(1-B^{12})Z_t=(1-\Theta B^{12})a_t \tag{8.4.2}$$

参数估计和诊断检验　利用标准非线性估计过程，我们得到如下结果

$$(1-B)(1-B^{12})Z_t=(1-\underset{(0.066)}{0.79}B^{12})a_t \tag{8.4.3}$$

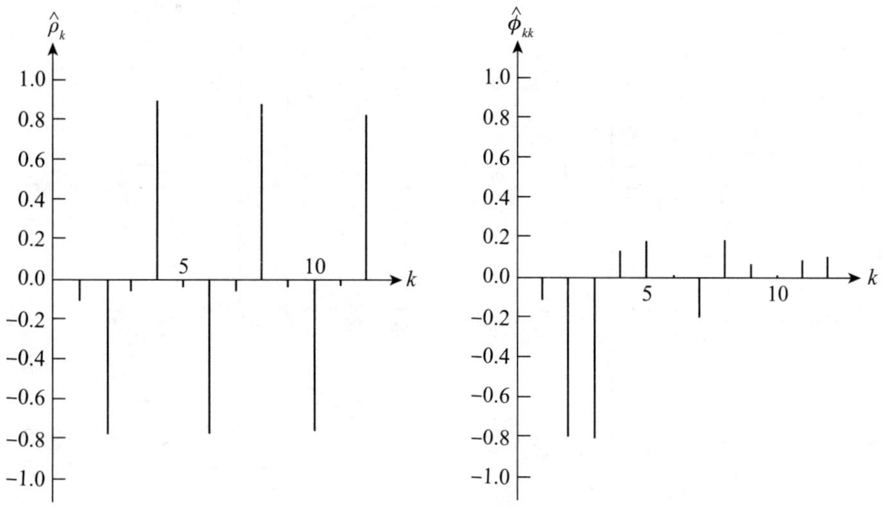

（a）$W_t=(1-B)Z_t$

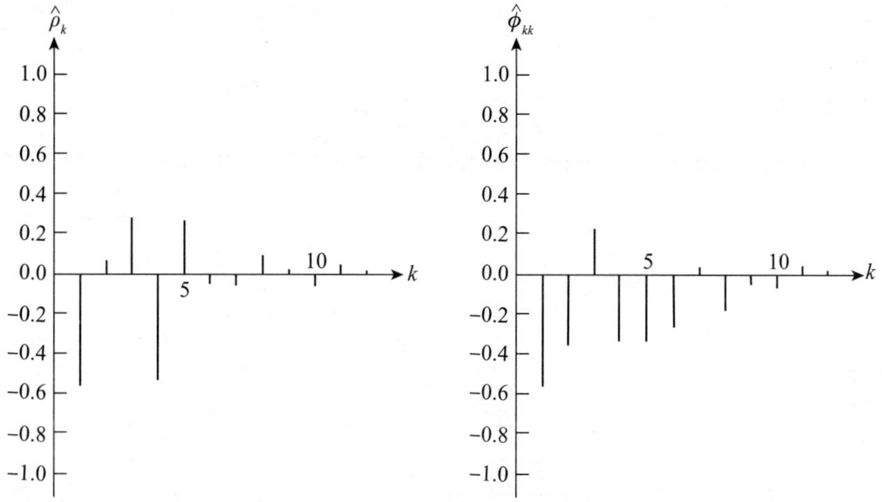

（b）$W_t=(1-B)(1-B^4)Z_t$

图 8－7　差分序列的样本 ACF 和样本 PACF

其中，$\hat{\sigma}_a^2=3\ 327.3$。前面拟合模型的残差 ACF 由表 8－6 给出，只是在滞后 1 步处有显著的峰值。我们将上面的模型修改成 ARIMA（0，1，1）×（0，1，1）$_{12}$模型，即

$$(1-B)(1-B^{12})Z_t=(1-\theta B)(1-\Theta B^{12})a_t \tag{8.4.4}$$

参数估计由下式给出

$$(1-B)(1-B^{12})Z_t=(1-\underset{(0.088)}{0.33}B)(1-\underset{(0.062)}{0.82}B^{12})a_t \tag{8.4.5}$$

其中，$\hat{\sigma}_a^2=3\ 068$。改进模型的残差 ACF 值如表 8－7 所示，其中所有值都很小，显示不出什么特性。对于 $K=24$，Q 统计量的值 20.7 不显著，这是由于$\chi^2_{0.05}(22)=33.9$。因此，式（8.4.5）给出的拟合模型 ARIMA(0，1，1)×(0，1，1)$_{12}$对于序列是适合的。

表 8-5　　序列 W9 的样本 ACF

(a) $\hat{\rho}_k$，针对 $\{Z_t\}$（$\bar{Z}=826.47$，$S_Z=161.81$，$n=132$）												
1～12	−0.57	0.22	0.23	0.36	0.46	0.40	0.42	0.30	0.14	0.09	0.34	0.65
St. E.	0.09	0.11	0.12	0.12	0.13	0.14	0.15	0.16	0.16	0.16	0.16	0.17
13～24	0.29	−0.00	0.00	0.13	0.21	0.14	0.14	0.02	−0.11	−0.13	0.11	0.38
St. E.	0.19	0.19	0.19	0.19	0.19	0.19	0.19	0.19	0.19	0.19	0.19	0.19
25～36	0.04	−0.22	−0.19	−0.08	−0.02	−0.06	−0.03	−0.13	−0.24	−0.27	−0.02	0.24
St. E.	0.20	0.20	0.20	0.20	0.20	0.20	0.20	0.20	0.20	0.21	0.21	0.21
(b) $\hat{\rho}_k$，针对 $\{W_t=(1-B)Z_t\}$（$\bar{W}=2.26$，$S_W=148.89$，$n=131$）												
1～12	−0.09	−0.42	−0.15	0.04	0.19	−0.10	0.18	0.05	−0.14	−0.36	−0.07	0.81
St. E.	0.09	0.09	0.10	0.10	0.10	0.11	0.11	0.11	0.11	0.11	0.12	0.12
13～24	−0.08	−0.35	−0.15	0.05	0.18	−0.09	0.17	−0.00	−0.12	−0.31	−0.05	0.74
St. E.	0.16	0.16	0.16	0.16	0.16	0.17	0.17	0.17	0.17	0.17	0.17	0.17
25～36	−0.10	−0.34	−0.10	−0.05	0.13	−0.09	0.16	0.11	−0.11	−0.32	−0.02	0.68
St. E.	0.20	0.20	0.20	0.20	0.20	0.20	0.20	0.20	0.20	0.20	0.21	0.21
(c) $\hat{\rho}_k$，针对 $\{W_t=(1-B^{12})Z_t\}$（$\bar{W}=26.98$，$S_W=114.22$，$n=120$）												
1～12	0.80	0.66	0.59	0.48	0.41	0.39	0.36	0.31	0.22	0.12	0.01	−0.11
St. E.	0.09	0.14	0.16	0.18	0.19	0.20	0.20	0.21	0.21	0.21	0.21	0.21
13～24	−0.06	−0.04	−0.08	−0.05	−0.05	−0.08	−0.11	−0.19	−0.21	−0.20	−0.25	0.28
St. E.	0.22	0.22	0.22	0.22	0.22	0.22	0.22	0.22	0.22	0.22	0.22	0.22
25～36	−0.29	−0.30	−0.29	−0.35	−0.38	−0.38	−0.38	−0.34	−0.29	−0.30	−0.23	−0.21
St. E.	0.23	0.23	0.23	0.24	0.24	0.25	0.25	0.26	0.26	0.26	0.26	0.27

续表

(d) $\hat{\rho}_k$，针对 $\{W_t=(1-B)(1-B^{12})Z_t\}$ $(\overline{W}=0.66,\ S_W=71.85,\ n=119)$												
1～12	−0.15	−0.16	0.11	−0.11	−0.09	−0.00	0.03	0.09	0.01	0.04	0.02	−0.43
St. E.	0.09	0.09	0.10	0.10	0.10	0.10	0.10	0.10	0.10	0.10	0.10	0.10
13～24	0.09	0.13	−0.17	0.07	0.07	−0.00	0.14	−0.14	−0.05	0.17	−0.07	−0.06
St. E.	0.11	0.11	0.12	0.12	0.12	0.12	0.12	0.12	0.12	0.12	0.12	0.12
25～36	0.01	−0.06	0.17	−0.05	−0.09	0.01	−0.11	−0.00	0.14	−0.21	0.12	0.06
St. E.	0.12	0.12	0.12	0.13	0.13	0.13	0.13	0.13	0.13	0.13	0.13	0.13

表 8-6　拟合模型 $(1-B)(1-B^{12})Z_t=(1-0.79B^{12})a_t$ 所得残差的 ACF 值 $\hat{\rho}_k$

1～12	−0.23	−0.12	0.11	−0.12	−0.03	0.02	0.12	−0.05	0.06	0.03	−0.14	0.01
St. E.	0.09	0.10	0.10	0.10	0.10	0.10	0.10	0.10	0.10	0.10	0.10	0.10
13～24	−0.03	0.07	−0.10	0.02	0.04	0.02	0.14	−0.19	0.04	0.08	−0.08	−0.05
St. E.	0.10	0.10	0.10	0.10	0.11	0.11	0.11	0.11	0.11	0.11	0.11	0.11
25～36	−0.02	0.02	0.07	−0.02	−0.08	−0.03	−0.05	−0.04	0.12	−0.18	0.10	0.00
St. E.	0.11	0.11	0.11	0.11	0.11	0.11	0.11	0.11	0.11	0.11	0.12	0.12

表 8-7　拟合模型 $(1-B)(1-B^{12})Z_t=(1-0.33B)(1-0.82B^{12})a_t$ 所得残差的 ACF 值 $\hat{\rho}_k$

1～12	0.03	−0.10	0.04	−0.13	−0.06	0.05	0.13	−0.00	0.07	0.00	−0.15	−0.03
St. E.	0.09	0.09	0.09	0.9	0.09	0.09	0.09	0.10	0.10	0.10	0.10	0.10
Q	0.01	1.4	1.5	3.8	4.2	4.6	6.8	6.8	7.5	7.5	10.5	10.6
13～24	−0.04	0.03	−0.08	0.01	0.06	0.07	0.12	−0.15	0.01	0.04	−0.08	−0.06
St. E.	0.10	0.10	0.10	0.10	0.10	0.10	0.10	0.10	0.10	0.10	0.10	0.10
Q	10.8	11.0	11.9	11.9	12.4	13.2	15.2	18.7	18.7	19.0	20.1	20.7

预报 由于模型（8.4.5）是适合的，所以我们可以用它来预报未来的就业数字。正如第5章所讨论的，对于给定的预报原点，如 $t=132$，预报可以直接由差分方程计算。对于方程（8.4.5），我们有

$$Z_{t+l}=Z_{t+l-1}+Z_{t+l-12}-Z_{t+l-13}+a_{t+l}-0.33a_{t+l-1}-0.82a_{t+l-12}+0.27a_{t+l-13}$$

因此，从原点 $t=132$ 开始的 l 步预报为

$$\begin{aligned}\hat{Z}_{132}(l)=&\hat{Z}_{132}(l-1)+\hat{Z}_{132}(l-12)-\hat{Z}_{132}(l-13)+E(a_{132+l}\mid Z_{132},\ Z_{131},\ \cdots)\\&-0.33E(a_{132+l-1}\mid Z_{132},\ Z_{131},\ \cdots)\\&-0.82E(a_{132+l-12}\mid Z_{132},\ Z_{131},\ \cdots)\\&+0.27E(a_{132+l-13}\mid Z_{132},\ Z_{131},\ \cdots)\end{aligned}$$

其中

$$\hat{Z}_{132}(j)=\hat{Z}_{132+j},\qquad j\leqslant 0$$

以及

$$E(a_{132+j}\mid Z_{132},Z_{131},\cdots)=\begin{cases}\hat{a}_{132+j}, & j\leqslant 0\\0, & j>0\end{cases}$$

现在要推导出预报方差，因为模型是非平稳但却是可逆的，因而我们首先将模型改写成下面的 AR 表示

$$\pi(B)Z_t=a_t \tag{8.4.6}$$

其中

$$\pi(B)=(1-\pi_1B-\pi_2B^2-\cdots)=\frac{(1-B)(1-B^{12})}{(1-0.33B)(1-0.82B^{12})}$$

因此

$$(1-\pi_1B-\pi_2B^2-\cdots)(1-0.33B-0.82B^{12}+0.27B^{13})=(1-B)(1-B^{12}) \tag{8.4.7}$$

令式（8.4.7）两边 B^j 的系数相等，我们有

$$\begin{cases}\pi_j=(0.33)^{j-1}(0.67), & 1\leqslant j\leqslant 11\\\pi_{12}=(0.33)^{11}(0.67)-0.82+1\\\pi_{13}=(0.33)\pi_{12}+0.82\pi_1+0.27-1\\\pi_j=(0.33)\pi_{j-1}+0.82\pi_{j-12}-0.27\pi_{j-13}, & j\geqslant 14\end{cases} \tag{8.4.8}$$

于是，计算预报方差所需要的 ψ_j 权可由式（5.2.26）很容易地得到如下结果：

$$\begin{aligned}&\psi_1=\pi_1=0.67\\&\psi_2=\pi_2+\pi_1\psi_1=(0.33)\times(0.67)+(0.67)^2=0.67\\&\vdots\end{aligned}$$

和

$$\psi_j=\sum_{i=0}^{j-1}\pi_{j-i}\psi_i, \qquad j=1,\cdots,l-1$$

其中，π_j 的权重在式（8.4.8）中给出。由式（5.2.9）可知预报方差为

$$\mathrm{Var}[e_{132}(l)]=3\ 068\sum_{j=0}^{l-1}\psi_j^2 \tag{8.4.9}$$

由式（5.2.10）得到 99%的预报置信区间为

$$\hat{Z}_{132}(l)\pm 1.96\left(1+\sum_{j=0}^{l-1}\psi_j^2\right)^{1/2}(3\ 068)^{1/2} \tag{8.4.10}$$

前 12 个预报值，即 $\hat{Z}_{132}(l)(l=1, 2, \cdots, 12)$，以及标准差如表 8-8 所示。这些预报值及 95%的置信区间如图 8-8 所示。由于该过程非平稳，故置信区间随预报步长 l 的增大而变宽。

表 8-8　在原点 1981 年 12 月处对青年就业人数的预报

时间数列	预报值 $\hat{Z}_{132}(l)$	标准误差
1	1 068.74	55.39
2	1 077.53	66.70
3	1 024.00	76.35
4	946.74	84.91
5	927.79	92.69
6	1 319.45	99.86
7	1 230.29	106.55
8	1 024.07	112.84
9	974.65	118.80
10	977.97	124.47
11	1 051.58	129.90
12	1 035.20	135.11

例 8-4　图 8-9 显示了从 1975 年第一季度到 1982 年第四季度美国啤酒产量（单位：百万桶）的 32 个顺序值。该序列在附录中以 W10 列出。用来识别周期为 s 的季度模型的样本 ACF 值和样本 PACF 值的数量必须至少是 $3s$。序列 W10 也许太短了。我们选择它是因为有时我们不得不利用相对较短的序列来构造模型。

基于原始数据的第一个试探性模型　在本例中，为了检验模型的预报特性，我们只用序列的前 30 个观测值来建立模型。对这 30 个观测值的幂变换的分析表明，不需要进行变换。表 8-9 中给出的样本 ACF 和样本 PACF 显示出很强的季节特性，周期为 4。尽管样本 ACF 在 4 的倍数处比附近的值大，但其值是下降的且不算很大。做季节差分的需要并不明显，因此，我们从如下形式的季节模型入手：

$$(1-\Phi B^4)(Z_t-\mu)=a_t \tag{8.4.11}$$

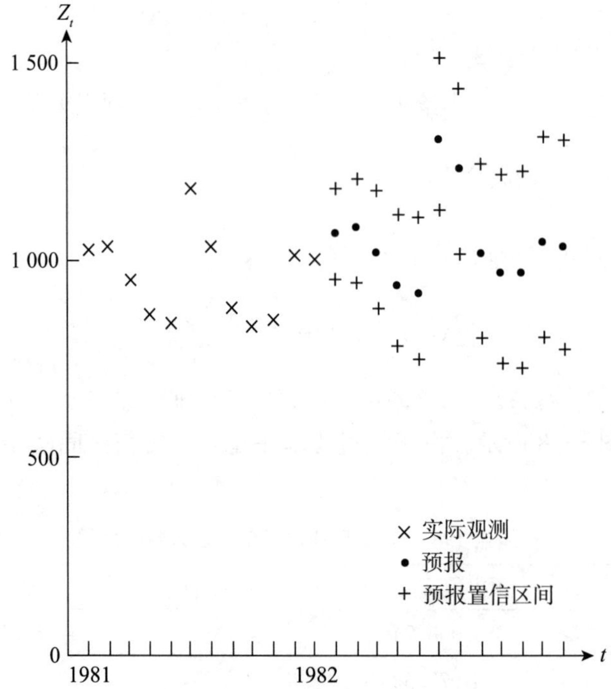

图 8－8　在原点 1981 年 12 月处对青年就业人数的预报及 95%的置信区间

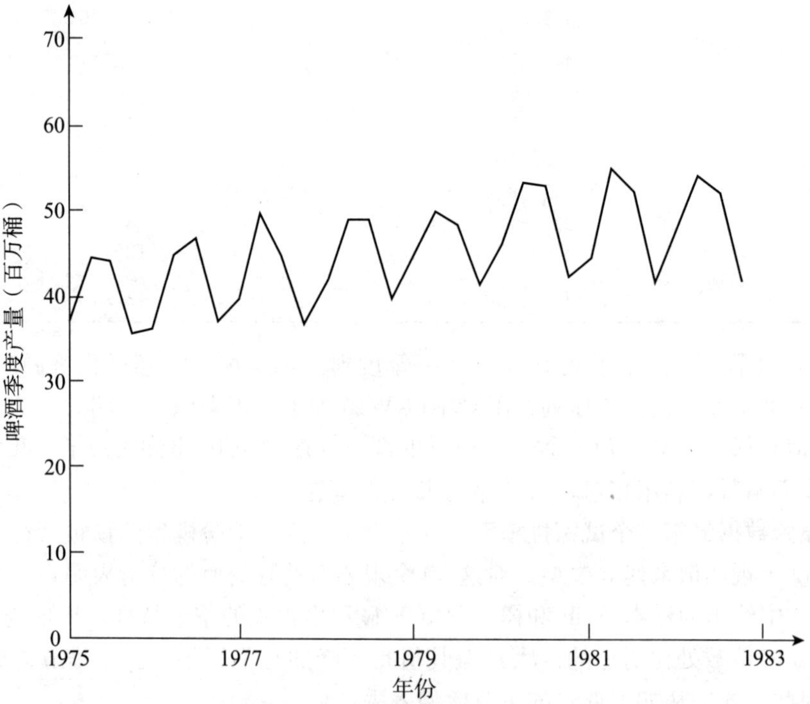

图 8－9　1975—1982 年啤酒季度产量（序列 W10）

上述模型的参数估计给出 $\hat{\Phi}=0.93$，且标准误差为 0.07。Φ 的 95%的置信区间显然包含 1 作为可能值，残差的 ACF 在滞后 4 期处有显著的峰值（表中没有显示），因而模型是不适合的。

表 8－9　　美国啤酒季度产量（W10）的样本 ACF 和样本 PACF

(a) $\hat{\rho}_k$，针对 $\{Z_t\}$ ($\bar{Z}=44.92$，$S_Z=5.67$，$n=30$)				
1～4	0.24	−0.32	0.35	0.75
St. E.	0.18	0.19	0.21	0.23
5～8	0.08	−0.32	0.24	0.51
St. E.	0.30	0.30	0.32	0.32
9～12	−0.05	−0.36	0.08	0.31
St. E.	0.34	0.34	0.36	0.36
13～16	−0.14	−0.40	−0.01	0.17
St. E.	0.36	0.37	0.38	0.38
(b) $\hat{\phi}_{kk}$，针对 $\{Z_t\}$				
1～4	0.24	−0.39	0.68	0.45
St. E.	0.18	0.18	0.18	0.18
5～8	0.00	−0.25	−0.27	−0.08
St. E.	0.18	0.18	0.18	0.18
9～12	−0.06	−0.04	−0.18	−0.12
St. E.	0.18	0.18	0.18	0.18
13～16	−0.02	−0.01	0.10	−0.13
St. E.	0.18	0.18	0.18	0.18

基于季节差分序列的模型　基于前面的分析，考虑季节差分序列 $W_t=(1-B^4)Z_t$，相应的样本 ACF 和样本 PACF 如表 8－10 所示。

表 8－10　　美国啤酒季度产量季节差分序列的样本 ACF 和样本 PACF

(a) $\hat{\rho}_k$，针对 $\{W_t=(1-B^4)Z_t\}$ ($\bar{W}=1.36$，$S_W=2.03$，$n=26$)				
1～4	−0.14	−0.17	0.22	−0.54
St. E.	0.20	0.20	0.21	0.21
5～8	0.02	0.31	0.04	0.15
St. E.	0.26	0.26	0.27	0.27
9～12	−0.16	−0.21	0.02	−0.20
St. E.	0.27	0.28	0.29	0.29
13～16	0.17	0.23	−0.30	0.15
St. E.	0.29	0.30	0.30	0.31

续表

(b) $\hat{\phi}_{kk}$，针对 $\{W_t=(1-B^4)Z_t\}$				
1～4	−0.14	−0.19	0.17	−0.56
St. E.	0.20	0.20	0.20	0.20
5～8	−0.00	0.08	0.36	−0.08
St. E.	0.20	0.20	0.20	0.20
9～12	−0.26	−0.12	0.22	−0.26
St. E.	0.20	0.20	0.20	0.20
13～16	−0.15	−0.02	−0.07	0.10
St. E.	0.20	0.20	0.20	0.20

如表 8-10(a) 所示，序列 $W_t=(1-B^4)Z_t$ 的样本 ACF 只在延迟 4 期处有显著的峰值，基于这一事实，建议使用下面的试探性模型：

$$(1-B^4)Z_t=\theta_0+(1-\Theta B^4)a_t \tag{8.4.12}$$

式中包含 θ_0 是因为 $\overline{W}/S_{\overline{W}}=1.36/(2.03/\sqrt{26})=3.42$ 是显著的。参数估计由下式给出：

$$\underset{}{(1-B^4)Z_t=}\underset{(0.09)}{1.49}+(1-\underset{(0.16)}{0.87}B^4)a_t \tag{8.4.13}$$

并且有 $\hat{\sigma}_a^2=2.39$，参数估计值下方括号内的值是相应的标准误差。表 8-11 给出的残差 ACF 表明模型是适合的。

表 8-11　模型 $(1-B^4)Z_t=1.49+(1-0.87B^4)a_t$ 的残差 ACF 值 $\hat{\rho}_k$

1～4	−0.12	−0.28	0.21	−0.13
St. E.	0.20	0.20	0.21	0.22
5～8	−0.12	0.14	−0.00	0.10
St. E.	0.22	0.23	0.23	0.23
9～12	−0.13	−0.10	−0.07	−0.08
St. E.	0.23	0.23	0.24	0.24
13～16	0.09	0.10	−0.26	0.16
St. E.	0.24	0.24	0.24	0.25

然而，细心的读者也许会注意到：考察表 8-10（b），表中给出序列 $(1-B^4)Z_t$ 的样本 PACF 也只在延迟 4 期处有一个显著的峰值，其数值差不多等于同一延迟处的样本 ACF 值。这一切说明纯季节 AR 过程也可能是很好的试探性模型，具体形式如下

$$(1-\Phi B^4)(1-B^4)Z_t=\theta_0=a_t \tag{8.4.14}$$

估计结果为

$$(1+\underset{(0.18)}{0.66}B^4)(1-B^4)Z_t=\underset{(0.05)}{2.51}+a_t \tag{8.4.15}$$

并有 $\hat{\sigma}_a^2=3.06$。表 8-12 给出的残差 ACF 也表明该模型是适合的。

表 8 - 12　　拟合模型 $(1+0.66B^4)(1-B^4)Z_t=2.51+a_t$ 的残差 ACF 值 $\hat{\rho}_k$

1～4	−0.04	−0.31	0.20	−0.02
St. E.	0.21	0.21	0.23	0.24
5～8	−0.17	0.09	0.22	−0.28
St. E.	0.24	0.25	0.25	0.26
9～12	−0.17	0.07	−0.05	−0.11
St. E.	0.27	0.27	0.28	0.28
13～16	0.17	0.08	−0.30	0.11
St. E.	0.28	0.28	0.28	0.30

基于预报误差的模型选择　几个模型描述一个序列都是适应的，这种情况并不多见。模型的最终选择可以取决于拟合优度，如残差均方或第 7 章中讨论的那些准则。如果模型的主要目的是预报未来值，对于模型选择就可以基于预报误差。设 l 步预报误差为

$$e_l=Z_{n+l}-\hat{Z}_n(l) \tag{8.4.16}$$

其中，n 是预报原点，它小于或等于序列的长度，因此，评价预报误差是基于样本以外的预报值，通常是用下面的综合统计量加以比较。

1. 平均百分比误差，也称偏差，因为它可以度量预报偏差

$$\mathrm{MPE}=\left(\frac{1}{M}\sum_{l=1}^{M}\frac{e_l}{Z_{n+l}}\right)100\%$$

2. 均方误差

$$\mathrm{MSE}=\left(\frac{1}{M}\sum_{l=1}^{M}e_l^2\right)$$

3. 绝对误差

$$\mathrm{MAE}=\frac{1}{M}\sum_{l=1}^{M}|e_l|$$

4. 平均绝对百分比误差

$$\mathrm{MAPE}=\left(\frac{1}{M}\sum_{l=1}^{M}\left|\frac{e_l}{Z_{n+l}}\right|\right)100\%$$

为了进行说明，我们对两个做比较的模型式（8.4.13）和式（8.4.15），从预报原点 30 起计算各自的一步和二步预报值 $\hat{Z}(l)$，$l=1$，2。预报误差的相应综合统计量如表 8 - 13 所示，结果表明，在预报方面式（8.4.13）比式（8.4.15）好一些。

表 8 - 13　　模型式（8.4.13）和式（8.4.15）预报的比较

		模型（8.4.13）		模型（8.4.15）	
步长	实际值	预报值	误差	预报值	误差
1	52.31	54.38	−2.07	55.26	−2.95
2	41.83	45.37	−3.54	44.71	−2.88

续表

	模型（8.4.13）	模型（8.4.15）
MPE	−6.21%	−6.26%
MSE	8.41	8.50
MAE	2.81	2.92
MAPE	6.21%	6.26%

练　习

8.1 求出以下季节模型的 ACF。

(a) $Z_t=(1-\theta_1 B)(1-\Theta_1 B^s)a_t$。

(b) $(1-\Phi_1 B^s)Z_t=(1-\theta_1 B)a_t$。

(c) $(1-\Phi_1 B^s)(1-\phi_1 B)Z_t=a_t$。

8.2 根据下面的样本自相关系数，为数据识别合适的时间序列模型。

(a) $n=56$，数据$=Z_t$，$\nabla Z_t=(1-B)Z_t$，$\nabla\nabla_4 Z_t=(1-B)(1-B^4)Z_t$。

k	1	2	3	4	5	6	7	8	9	10	$\overline{W}$	S_W^2
$\hat{\rho}_Z(k)$	0.92	0.83	0.81	0.80	0.71	0.63	0.60	0.58	0.50	0.42	1 965.6	376.6
$\hat{\rho}_{\nabla Z}(k)$	−0.05	−0.86	0.04	0.79	−0.02	−0.77	0.00	0.78	−0.07	−0.75	22.1	102.9
$\hat{\rho}_{\nabla\nabla_4 Z}(k)$	−0.40	−0.11	0.43	−0.61	0.22	0.15	−0.26	0.15	0.01	−0.10	−0.16	53.77

其中，W 被用来指代相应的序列 Z_t、∇Z_t 或$\nabla\nabla_4 Z_t$。

(b) $n=102$，数据$=(1-B)(1-B^{12})\ln Z_t$，$\overline{W}=0.24$，$s_W^2=102.38$。

k	$\hat{\rho}_k$											
1～12	−0.39	−0.24	0.17	0.21	−0.27	−0.03	0.26	−0.10	0.20	0.07	0.44	−0.58
13～24	−0.09	0.17	0.01	−0.24	0.16	0.04	−0.12	−0.01	0.11	0.08	0.33	0.28
25～36	0.01	−0.14	−0.02	0.18	−0.13	0.04	−0.01	0.10	−0.13	−0.09	0.27	−0.22

8.3 考察下面的模型

$$(1-B^{12})(1-B)Z_t=(1-\theta_1 B)(1-\Theta_1 B^{12})a_t$$

其中，$\theta_1=0.2$，$\Theta_1=0.8$，$\sigma_a^2=1$。

(a) 把该模型表示成 AR 形式。计算 π 的权重值，并作图表示。

(b) 计算在估计预报方差时所需的 ψ 的权重值，并作图表示。

(c) 求出后面 12 期的预报值和置信度为 95%的预报区间。

8.4 考察下面的模型

$$(1-\Phi_1 B^4)(1-\phi_1 B)(1-B^4)(1-B)Z_t=a_t$$

(a) 根据以往的观测值求出一步预报。

(b) 求出最终预报函数。

8.5 考察科罗拉多州某个滑雪胜地的游客数量（以千人计），如下表所示：

年份	冬	春	夏	秋
1981	33.63	36.46	41.18	43.16
1982	46.45	50.63	54.41	58.66
1983	62.52	65.55	69.62	72.92
1984	74.64	80.31	80.97	87.75
1985	88.07	94.00	96.16	96.98
1986	103.90	107.77	110.42	114.91

(a) 画出序列图，仔细考察包含在数据中的趋势和季节现象。

(b) 利用 Buys-Ballot 表给出序列的预处理结果。

(c) 只利用 1981—1985 年的观测数据拟合一个类似方程（8.2.8）的回归模型。

(d) 只利用 1981—1985 年的观测数据拟合一个季节 ARIMA 模型。

(e) 利用问题（c）和（d）中得到的模型计算出后面 4 期的预报值；在预报误差方面，比较两个模型。

8.6 考察下面的美国烈性酒销售量数据（单位：百万美元）：

年份	1月	2月	3月	4月	5月	6月	7月	8月	9月	10月	11月	12月
1970	580	514	555	563	627	596	632	639	577	611	639	875
1971	650	594	650	668	712	731	779	712	708	738	758	1 073
1972	669	652	743	709	751	774	803	760	749	757	779	1 066
1973	734	707	785	762	838	876	878	871	807	834	877	1 236
1974	789	744	827	831	895	889	955	983	976	929	989	1 294
1975	860	799	899	866	1 016	978	1 042	1 026	944	1 002	1 009	1 368
1976	908	849	916	958	1 008	1 033	1 129	1 019	984	1 045	1 049	1 459
1977	910	927	981	1 011	1 041	1 080	1 138	1 072	1 033	1 072	1 111	1 591
1978	950	932	1 049	1 021	1 097	1 151	1 194	1 174	1 160	1 135	1 209	1 692
1979	1 071	1 044	1 158	1 122	1 209	1 334	1 360	1 368	1 297	1 283	1 375	1 974
1980	1 294	1 258	1 301	1 297	1 425	1 378	1 429	1 452	1 305	1 377	1 439	1 958

(a) 为这个序列建立一个季节 ARIMA 模型。

(b) 预报后面 12 期的观测值，求出它们的置信度为 95％的预报区间。

8.7 考察下面 1967—1982 年美国汽油和润滑油的个人消费量数据（单位：10 亿美元）：

年份	Ⅰ	Ⅱ	Ⅲ	Ⅳ
1967	16.6	16.9	17.1	17.5
1968	18.1	18.3	19.0	19.1
1969	19.8	20.8	20.9	21.4
1970	21.8	22.3	22.5	23.1
1971	23.5	23.4	24.0	24.6
1972	24.8	24.7	25.5	26.6
1973	27.6	27.9	28.4	30.6
1974	32.4	36.9	38.2	38.9
1975	38.6	39.3	41.3	42.4
1976	42.8	43.0	44.1	45.9
1977	47.2	48.6	48.3	48.5
1978	49.3	49.9	51.5	54.3
1979	57.7	62.2	70.5	75.9
1980	80.7	84.4	85.1	88.9
1981	94.1	95.1	94.6	94.7
1982	93.4	88.6	89.9	89.6

（a）为这个序列建立一个季节 ARIMA 模型。

（b）预报后面 4 期的观测值，求出它们的置信度为 95%的预报区间。

8.8 考虑下面 1982 年 1 月至 2002 年 11 月美国 16～19 岁青年的男性月度就业数据（单位：千人）：

年份	1月	2月	3月	4月	5月	6月	7月	8月	9月	10月	11月	12月
1982	1 052	1 076	1 039	999	1 010	1 306	1 232	1 064	1 024	1 035	1 137	1 113
1983	1 071	1 055	1 059	943	925	1 310	1 175	1 025	898	869	862	847
1984	856	831	830	728	719	1 025	995	713	748	745	763	792
1985	814	816	756	678	729	1 001	1 033	754	721	845	763	762
1986	721	800	750	736	770	1 044	926	752	747	703	724	676
1987	755	784	752	684	759	879	776	726	654	674	670	671
1988	690	654	704	572	623	844	832	647	643	649	569	583
1989	767	690	578	559	647	848	694	593	590	637	676	613
1990	663	650	605	576	650	811	784	645	627	651	685	665
1991	720	700	776	636	800	992	905	673	696	683	729	698
1992	752	816	820	645	791	1 164	958	771	809	660	776	713

续表

年份	1 月	2 月	3 月	4 月	5 月	6 月	7 月	8 月	9 月	10 月	11 月	12 月
1993	754	781	775	757	775	1 055	915	725	665	683	707	628
1994	793	735	731	755	784	952	906	696	665	647	575	642
1995	673	743	654	699	749	959	916	755	685	712	696	684
1996	744	695	734	708	734	904	962	690	625	696	681	624
1997	741	710	723	674	641	972	864	688	622	624	594	478
1998	680	678	686	535	658	889	836	644	687	668	650	615
1999	736	618	645	574	575	817	737	543	582	573	600	597
2000	646	662	545	541	529	824	725	639	536	504	538	564
2001	684	662	579	561	555	859	757	663	606	642	692	642
2002	689	702	712	636	668	974	883	753	657	552	669	

(a) 利用 1982 年 1 月到 2001 年 12 月的观测值建立两个可选的模型。

(b) 比较你的模型和例 8 - 3 中讨论的模型。

(c) 预报后面 12 期的观测值，讨论依据预报性能选择哪个模型更好。

第9章 单位根检验

我们在第4章讨论过，一个非平稳的时间序列往往可以通过差分化为一个平稳序列。到目前为止，是否采取差分往往取决于我们在检验序列图像以及其自相关函数的形式后做出的判断。为了正式解决关于差分的一系列问题，在本章我们将介绍几种非季节以及季节时间序列的单位根检验并且用实际例子来说明这些检验方法的具体应用。

9.1 引　言

在第4章，我们介绍了齐次非平稳时间序列，它可以通过适当阶的差分转变成一个平稳序列。特别地，如果时间序列 Z_t 是非平稳的而且它的 d 次差分 $\Delta^d Z_t=(1-B)^d Z_t$ 是平稳的且可以表示为一个平稳 ARMA(p，q) 过程，那么 Z_t 服从一个 ARIMA(p，d，q) 模型。在这种情况下，Z_t 被当作一个积分过程或积分序列。

在第6章讨论的模型识别中，进行差分的决定是基于一个非正式的过程。该过程依赖于一个时间序列的样本 ACF 是否迅速衰减这样一个主观判断。如果我们认为时间序列样本的 ACF 没有迅速衰减，我们就可以用ARIMA模型拟合这个序列。因为 ARIMA 模型可以被认为是在相应的 AR 多项式中有单位根的更一般的 ARMA 模型，对于一个更正式的过程，我们可以在模型拟合中引入检验方法来检验单位根。这些检验中的大部分可以通过简单使用来自标准多元回归过程的输出量来描述。

9.2 一些有用的极限分布

为了得到一个我们期望的检验统计量并讨论该统计量的一些性质，我们将运用 Chan 和 Wei（1988）使用的方法，而且先给出下面有用的表示方法。本章中给出的一些结论的证明可以在 Fuller（1996，第10章）中找到。

如果它的时间指标 t 属于实直线上的一个区间，过程 $W(t)$ 就是连续的。为了以示区别，我们往往用 $W(t)$ 而不是用 W_t 表示一个连续过程。如果过程 $W(t)$ 满足下列性质，就称它是一个维纳（Wiener）过程（也称布朗运动）：

(1) $W(0)=0$;

(2) $E[W(t)]=0$;

(3) $W(t)$ 对每一个 t 均服从非退化的正态分布;

(4) $W(t)$ 有独立增量，即对任何没有重合的时间区间 (t_1, t_2) 和 (t_3, t_4), $[W(t_2)-W(t_1)]$与 $[W(t_4)-W(t_3)]$ 均是独立的。

为了不失一般性，我们认为 t 在闭区间 $[0, 1]$ 中，即 $t\in[0, 1]$。特别地，如果对于任何 t，$W(t)$ 均服从 $N(0, t)$ 分布，那么这个过程也称作标准布朗运动。

给定独立同分布的随机变量 a_t，$t=1, \cdots, n$，其均值为 0，方差为 σ_a^2，定义

$$F_n(x)=\begin{cases}0, & 0\leqslant x<1/n \\ a_1/\sqrt{n}, & 1/n\leqslant x<2/n \\ (a_1+a_2)/\sqrt{n}, & 2/n\leqslant x<3/n \\ \quad\vdots & \\ (a_1+a_2+\cdots+a_n)/\sqrt{n}, & x=1\end{cases}$$

即

$$F_n(x)=\frac{1}{\sqrt{n}}\sum_{t=1}^{[xn]}a_t \tag{9.2.1}$$

其中，$x\in[0, 1]$，$[xn]$ 代表 xn 的整数部分。现在，

$$F_n(x)=\frac{1}{\sqrt{n}}\sum_{t=1}^{[xn]}a_t=\frac{\sqrt{[xn]}}{\sqrt{n}}\frac{1}{\sqrt{[xn]}}\sum_{t=1}^{[xn]}a_t \tag{9.2.2}$$

由于当 $n\to\infty$时，$[\sqrt{[xn]}/\sqrt{n}\ ]\to\sqrt{x}$，而且由中心极限定理，$\sum_{t=1}^{[xn]}a_t/\sqrt{[xn]}$ 收敛到一个服从 $N(0, \sigma_a^2)$ 的随机变量，也就是说，当 $n\to\infty$时，$F_n(x)$ 依分布收敛到 $\sqrt{x}N(0, \sigma_a^2)=N(0, x\sigma_a^2)$，可以记为 $F_n(x)\xrightarrow{D}N(0, x\sigma_a^2)$。在下面的讨论中，我们用 $X_n\xrightarrow{P}X$ 表示当 $n\to\infty$时 X_n 依概率收敛到 X。

显而易见，随机变量 $F_n(x)/\sigma_a$ 的序列极限可以由维纳过程来表示，

即

$$\frac{F_n(x)}{\sigma_a}\xrightarrow{D}W(x) \tag{9.2.3}$$

或

$$F_n(x)\xrightarrow{D}\sigma_a W(x) \tag{9.2.4}$$

其中，$W(x)$ 在时刻 $t=x$ 服从 $N(0, x)$。特别地，

$$F_n(1)=\sum_{t=1}^{n}\frac{a_t}{\sqrt{n}}\xrightarrow{D}\sigma_a W(1) \tag{9.2.5}$$

$W(1)$ 服从标准正态分布 $N(0, 1)$。

令 $Z_t=a_1+a_2+\cdots+a_t$，且 $Z_0=0$，我们把式（9.2.1）中的 $F_n(x)$ 改写为：

$$F_n(x)=\begin{cases}0, & 0\leqslant x<1/n \\ Z_1/\sqrt{n}, & 1/n\leqslant x<2/n \\ Z_2/\sqrt{n}, & 2/n\leqslant x<3/n \\ \vdots & \\ Z_n/\sqrt{n}, & x=1\end{cases} \tag{9.2.6}$$

那么，由式（9.2.5）可知，

$$\frac{Z_n}{\sqrt{n}}\xrightarrow{D}\sigma_a W(1) \tag{9.2.7}$$

且

$$\frac{Z_n^2}{n}\xrightarrow{D}\sigma_a^2[W(1)]^2 \tag{9.2.8}$$

同样地，我们知道积分 $\int_0^1 F_n(x)\mathrm{d}x$ 是式（9.2.6）中定义区域的简单求和，即

$$\int_0^1 F_n(x)\mathrm{d}x=\frac{1}{n}\frac{Z_1}{\sqrt{n}}+\frac{1}{n}\frac{Z_2}{\sqrt{n}}+\cdots+\frac{1}{n}\frac{Z_{n-1}}{\sqrt{n}}=n^{-3/2}\sum_{t=1}^{n}Z_{t-1}$$

因此，由式（9.2.4）可知

$$n^{-3/2}\sum_{t=1}^{n}Z_{t-1}=\int_0^1 F_n(x)\mathrm{d}x\xrightarrow{D}\sigma_a\int_0^1 W(x)\mathrm{d}x \tag{9.2.9}$$

类似地，

$$\int_0^1[F_n(x)]^2\mathrm{d}x=\frac{1}{n}\left(\frac{Z_1}{\sqrt{n}}\right)^2+\frac{1}{n}\left(\frac{Z_2}{\sqrt{n}}\right)^2+\cdots+\frac{1}{n}\left(\frac{Z_{n-1}}{\sqrt{n}}\right)^2=n^{-2}\sum_{t=1}^{n}Z_{t-1}^2$$

而且

$$n^{-2}\sum_{t=1}^{n}Z_{t-1}^2=\int_0^1[F_n(x)]^2\mathrm{d}x\xrightarrow{D}\sigma_a^2\int_0^1[W(x)]^2\mathrm{d}x \tag{9.2.10}$$

接下来，

$$Z_t^2=(Z_{t-1}+a_t)^2=Z_{t-1}^2+2Z_{t-1}a_t+a_t^2$$

$$Z_{t-1}a_t=\frac{1}{2}[Z_t^2-Z_{t-1}^2-a_t^2]$$

并且由 1 到 n 求和可得

$$\sum_{t=1}^{n}Z_{t-1}a_t=\frac{1}{2}[Z_n^2-Z_0^2]-\frac{1}{2}\sum_{t=1}^{n}a_t^2=\frac{1}{2}Z_n^2-\frac{1}{2}\sum_{t=1}^{n}a_t^2$$

因此，由式（9.2.8）和 $[\sum_{t=1}^{n}a_t^2/n]\xrightarrow{P}\sigma_a^2$ 可知

$$n^{-1}\sum_{t=1}^{n}Z_{t-1}a_t=\frac{1}{2}\left[\frac{Z_n^2}{n}\right]-\frac{1}{2}\left[\sum_{t=1}^{n}\frac{a_t^2}{n}\right]$$

$$\xrightarrow{D}\frac{1}{2}\sigma_a^2[W(1)]^2-\frac{1}{2}\sigma_a^2=\frac{1}{2}\sigma_a^2\{[W(1)]^2-1\} \tag{9.2.11}$$

9.3 AR(1) 模型中的单位根检验

AR(1) 模型可能是包含单位根的最简单的模型。我们讨论这种模型的三种情况：(1) 模型不包含常数项；(2) 模型包含常数项；(3) 模型中包含线性时间趋势。

9.3.1 不包含常数项的 AR(1) 模型的单位根检验

对于简单的 AR(1) 模型

$$Z_t=\phi Z_{t-1}+a_t \tag{9.3.1}$$

$t=1, \cdots, n$，$Z_0=0$，其中 a_t 是服从 $N(0, \sigma_a^2)$ 的高斯白噪声过程，单位根检验就是对随机游走模型的检验，H_0：$\phi=1$。这时就应假设序列是平稳的，即 H_0：$\phi<1$。因此，如果检验是基于 ϕ 的估计量 $\hat{\phi}$，当 $\hat{\phi}$ 远小于 1 或者 $\hat{\phi}-1$ 远小于 0 时，我们将拒绝原假设。由 Z_0 的假设以及式（7.4.4），我们可以得到式（9.3.1）中 ϕ 的最小二乘估计

$$\hat{\phi}=\frac{\sum_{t=1}^{n}Z_{t-1}Z_t}{\sum_{t=1}^{n}Z_{t-1}^2} \tag{9.3.2}$$

这就使得我们可以考虑用式（7.3.26）中给出的正态分布或者用式（7.3.27）中给出的 t 分布来检验上述假设。但是，这些分布只支持 $|\phi|<1$ 的情况。在假设 H_0：$\phi=1$ 下，我们注意到

$$\hat{\phi}=\frac{\sum_{t=1}^{n}Z_{t-1}Z_t}{\sum_{t=1}^{n}Z_{t-1}^2}=1+\frac{\sum_{t=1}^{n}Z_{t-1}a_t}{\sum_{t=1}^{n}Z_{t-1}^2}$$

因此

$$n(\hat{\phi}-1)=\frac{n^{-1}\sum_{t=1}^{n}Z_{t-1}a_t}{n^{-2}\sum_{t=1}^{n}Z_{t-1}^2} \tag{9.3.3}$$

$$\xrightarrow{D}\frac{\frac{1}{2}\{[W(1)]^2-1\}}{\int_0^1[W(x)]^2\mathrm{d}x} \tag{9.3.4}$$

由式（9.2.10）和式（9.2.11）得出结果，而且在 H_0：$\phi=1$ 的假设下，式（9.3.1）变成一个随机游走模型

$$Z_t = a_1 + a_2 + \cdots + a_t \tag{9.3.5}$$

回忆式（7.3.26）和式（7.3.27）可知，当 $|\phi|<1$ 时，我们可以用正态分布或者 t 分布来检验假设 H_0：$\phi=\phi_0$。但是，当 $\phi=1$ 时，我们就不再运用这些分布了。事实上，在式（9.3.4）中，$W(1)$ 被认为是一个服从 $N(0, 1)$ 的随机变量。因此，$[W(1)]^2$ 服从自由度为 1 的 χ^2 分布，即 $\chi^2(1)$。随机变量 $\chi^2(1)$ 比 1 小的概率是 0.682 7。由于分母总是正的，因此随着 n 的增大，$n(\hat{\phi}-1)<0$ 的概率趋近于 0.682 7。在这种情况下，最小二乘估计得到的 $\hat{\phi}$ 明显低估了真实值，而且 $n(\hat{\phi}-1)$ 的极限分布也明显左斜。因此，在使用正态或者 t 分布时，只有当 $n(\hat{\phi}-1)$ 明显小于零，即明显小于拒绝限时，我们才拒绝原假设。

对于任何一个给定的概率密度函数 $f(x)$，如果我们希望计算

$$I(f)=\int_0^1 f(x)\mathrm{d}x$$

而且积分不能得到数值解，我们就可以使用蒙特卡罗方法通过求和近似求出积分。具体方法如下：

首先，生成 $[0, 1]$ 上 n 个独立同分布的随机变量 X_1，…，X_n，然后计算

$$\hat{I}(f)=\frac{1}{n}\sum_{t=1}^{n} f(X_t)$$

由大数定律可知，当 n 增大时，$\frac{1}{n}\sum_{t=1}^{n} f(X_t)$ 收敛于 $E[f(X)]$，简单地说

$$E[f(X)]=\int_0^1 f(x)\mathrm{d}x=I(f)$$

式（9.3.4）中给出的 $n(\hat{\phi}-1)$ 的经验分布的百分位数是 Dickey（1976）利用蒙特卡罗方法构造的，又被 Fuller（1996，p. 641）所叙述。可参照附录中的表 F(a)。

我们在 H_0 假设下通常使用的 t 检验统计量是：

$$T=\frac{\hat{\phi}-1}{S_{\hat{\phi}}}=\frac{\hat{\phi}-1}{\left[\hat{\sigma}_a^2\left(\sum_{t=1}^{n} Z_{t-1}^2\right)^{-1}\right]^{1/2}} \tag{9.3.6}$$

其中

$$S_{\hat{\phi}}=\left[\hat{\sigma}_a^2\left(\sum_{t=1}^{n} Z_{t-1}^2\right)^{-1}\right]^{1/2} \quad \text{和} \quad \hat{\sigma}_a^2=\sum_{t=1}^{n}\frac{(Z_t-\hat{\phi}Z_{t-1})^2}{(n-1)}$$

利用式（9.2.10）和式（9.2.11）的结果，我们从式（9.3.3）中很容易得出：

$$\begin{aligned} T &= \frac{n(\hat{\phi}-1)\left[n^{-2}\sum_{t=1}^{n} Z_{t-1}^2\right]^{1/2}}{[\hat{\sigma}_a^2]^{1/2}} \\ &= \frac{n^{-1}\sum_{t=1}^{n} Z_{t-1}a_t}{\left[n^{-2}\sum_{t=1}^{n} Z_{t-1}^2\right]^{1/2}[\hat{\sigma}_a^2]^{1/2}} \end{aligned}$$

$$\xrightarrow{D} \frac{\frac{1}{2}\sigma_a^2\{[W(1)]^2-1\}}{\left\{\sigma_a^2\int_0^1[W(x)]^2\mathrm{d}x\right\}^{1/2}[\sigma_a^2]^{1/2}}=\frac{\frac{1}{2}\{[W(1)]^2-1\}}{\left\{\int_0^1[W(x)]^2\mathrm{d}x\right\}^{1/2}} \tag{9.3.7}$$

其中，$\hat{\sigma}_a^2$是σ_a^2的一致估计。

由于统计量 t 的分布的本质与 $n(\hat{\phi}-1)$ 分布的本质相似，所以当 t 远小于零的时候，我们拒绝 H_0。t 的经验分布的百分位数同样是 Dickey（1976）利用蒙特卡罗方法构造的，又被 Fuller（1996，p. 642）所叙述，参见附录中的表G(a)。

为了便于推导出极限分布，我们假定使用的初始值 $Z_0=0$。在实际数据分析中，我们通常只是使用真实的数据点，因此，式（9.3.1）中只是对$t=2$，…，n 进行计算。所以，在估计式（9.3.2）中的回归参数时，通常只是使用（$n-1$）个平方和以及乘积。在这种思想下，式（9.3.3）中给出的检验统计量 $n(\hat{\phi}-1)$ 就变成了 $(n-1)(\hat{\phi}-1)$。显然，在大样本情况下，$(n-1)(\hat{\phi}-1)$ 和 $n(\hat{\phi}-1)$ 的结果几乎相同。

例 9-1　在第 7 章表 7-3 中，我们用两个不同的模型——随机游走模型以及 ϕ 取很大值的 AR(1) 模型——来拟合序列 W5。现在我们对单位根给出一个严格的检验。为了方便检验，我们考虑序列 Z_t，该序列是宾夕法尼亚州人 1930—2000 年 71 年的年癌症死亡率经过中心化后得到的，即 $Z_t=Y_t-\bar{Y}$，其中，Y_t 是每年的癌症死亡率，$\bar{Y}$ 是序列的均值。为了检验下面的过程是否包含单位根，我们拟合下面的回归模型

$$Z_t=\phi Z_{t-1}+a_t \tag{9.3.8}$$

OLS 回归方程为

$$\hat{Z}_t=\underset{(0.009)}{0.985}Z_{t-1}$$

其中，小括号中给出的值是 $\hat{\phi}$ 的标准误差。当 $n=71$ 时，我们有 $(n-1)(\hat{\phi}-1)=70\times(0.985-1)=-1.05$，它不比在表 F(a) 中查到的 5%的显著性水平下$n=50$ 的临界值-7.7或者 $n=100$ 的临界值-7.9 小，所以我们不能拒绝原假设 H_0：$\phi=1$，而且就此得出结论：数据的基本过程有单位根。

给出如下 t 统计量

$$T=\frac{\hat{\phi}-1}{S_{\hat{\phi}}}=\frac{0.985-1}{0.009}=-1.67$$

同样，-1.67 也不小于我们在表 G(a) 中查到的 5%的显著性水平下的临界值-1.95。所以，我们不能拒绝原假设 H_0：$\phi=1$，且就此得到同样的结论：基本模型有单位根。

9.3.2　包含常数项的 AR(1) 模型的单位根检验

假设式（9.3.1）中给出的 AR(1) 过程的均值 $\mu=E(Z_t)$ 为 0。对于一个均值非零的 AR(1) 过程，我们考虑包含常数项的模型：

$$Z_t=\alpha+\phi Z_{t-1}+a_t \tag{9.3.9}$$

$t=1,\cdots,n$，其中回顾式（3.4.16）可知，$\alpha=\mu(1-\phi)$。

首先，注意到按照标准回归模型的矩阵形式，我们可以把式（9.3.9）写成

$$\boldsymbol{Y}=\boldsymbol{X\beta}+\boldsymbol{\varepsilon}$$

其中

$$\boldsymbol{Y}=\begin{bmatrix}Z_1\\\vdots\\Z_n\end{bmatrix},\quad \boldsymbol{X}=\begin{bmatrix}1&Z_0\\\vdots&\vdots\\1&Z_{n-1}\end{bmatrix},\quad \boldsymbol{\beta}=\begin{bmatrix}\alpha\\\phi\end{bmatrix},\quad \boldsymbol{\varepsilon}=\begin{bmatrix}a_1\\\vdots\\a_n\end{bmatrix}$$

$\boldsymbol{\beta}$ 的 OLS 估计值 $\hat{\boldsymbol{\beta}}=(\boldsymbol{X}'\boldsymbol{X})^{-1}\boldsymbol{X}'\boldsymbol{Y}$，因此

$$\begin{aligned}\hat{\boldsymbol{\beta}}=\begin{bmatrix}\hat{\alpha}\\\hat{\phi}_\mu\end{bmatrix}&=(\boldsymbol{X}'\boldsymbol{X})^{-1}\boldsymbol{X}'\boldsymbol{Y}\\&=\begin{bmatrix}n&\sum_{t=1}^{n}Z_{t-1}\\\sum_{t=1}^{n}Z_{t-1}&\sum_{t=1}^{n}Z_{t-1}^2\end{bmatrix}^{-1}\begin{bmatrix}\sum_{t=1}^{n}Z_t\\\sum_{t=1}^{n}Z_{t-1}Z_t\end{bmatrix}\end{aligned}$$

我们沿用 Dickey 和 Fuller（1979）的表示方法，在 $\hat{\phi}_\mu$ 中用下标 μ 来标记式（9.3.9）中给出的估计，其中存在一个与过程的均值相关的常数项。因为 $(\hat{\boldsymbol{\beta}}-\boldsymbol{\beta})=(\boldsymbol{X}'\boldsymbol{X})^{-1}\boldsymbol{X}'\boldsymbol{\varepsilon}$，在 H_0：$\phi=1$ 的情况下，有 $\alpha=0$，也就是说，在原假设下，我们有

$$\begin{bmatrix}\hat{\alpha}-0\\\hat{\phi}_\mu-1\end{bmatrix}=\begin{bmatrix}n&\sum_{t=1}^{n}Z_{t-1}\\\sum_{t=1}^{n}Z_{t-1}&\sum_{t=1}^{n}Z_{t-1}^2\end{bmatrix}^{-1}\begin{bmatrix}\sum_{t=1}^{n}a_t\\\sum_{t=1}^{n}Z_{t-1}a_t\end{bmatrix}$$

或者

$$\begin{aligned}\begin{bmatrix}\sqrt{n}&0\\0&n\end{bmatrix}\begin{bmatrix}\hat{\alpha}\\\hat{\phi}_\mu-1\end{bmatrix}=&\left\{\begin{bmatrix}(\sqrt{n})^{-1}&0\\0&n^{-1}\end{bmatrix}\begin{bmatrix}n&\sum_{t=1}^{n}Z_{t-1}\\\sum_{t=1}^{n}Z_{t-1}&\sum_{t=1}^{n}Z_{t-1}^2\end{bmatrix}\begin{bmatrix}(\sqrt{n})^{-1}&0\\0&n^{-1}\end{bmatrix}\right\}^{-1}\\&\left\{\begin{bmatrix}(\sqrt{n})^{-1}&0\\0&n^{-1}\end{bmatrix}\begin{bmatrix}\sum_{t=1}^{n}a_t\\\sum_{t=1}^{n}Z_{t-1}a_t\end{bmatrix}\right\}\end{aligned}$$

因此，由式（9.2.5）、式（9.2.9）、式（9.2.10）、式（9.2.11）有

$$\begin{bmatrix} \sqrt{n}\,\hat{\alpha} \\ n(\hat{\phi}_\mu - 1) \end{bmatrix} = \begin{bmatrix} 1 & n^{-3/2}\sum_{t=1}^{n} Z_{t-1} \\ n^{-3/2}\sum_{t=1}^{n} Z_{t-1} & n^{-2}\sum_{t=1}^{n} Z_{t-1}^2 \end{bmatrix}^{-1} \begin{bmatrix} \sum_{t=1}^{n} \dfrac{a_t}{\sqrt{n}} \\ \sum_{t=1}^{n} \dfrac{Z_{t-1}a_t}{n} \end{bmatrix}$$

$$\xrightarrow{D} \begin{bmatrix} 1 & \sigma_a\int_0^1 W(x)\mathrm{d}x \\ \sigma_a\int_0^1 W(x)\mathrm{d}x & \sigma_a^2\int_0^1 W(x)^2\mathrm{d}x \end{bmatrix}^{-1} \begin{bmatrix} \sigma_a W(1) \\ \dfrac{1}{2}\sigma_a^2\{[W(1)]^2 - 1\} \end{bmatrix} \tag{9.3.10}$$

由此可得

$$n(\hat{\phi}_\mu - 1) \xrightarrow{D} \frac{\dfrac{1}{2}\{[W(1)]^2 - 1\} - W(1)\int_0^1 W(x)\mathrm{d}x}{\int_0^1 [W(x)]^2\mathrm{d}x - \left[\int_0^1 W(x)\mathrm{d}x\right]^2} \tag{9.3.11}$$

相应的 t 统计量是

$$T_\mu = \frac{\hat{\phi}_\mu - 1}{S_{\hat{\phi}_\mu}} \tag{9.3.12}$$

其中，由式（7.3.19）有

$$S_{\hat{\phi}_\mu} = \left\{ \hat{\sigma}_a^2 [0 \quad 1] \begin{bmatrix} n & \sum_{t=1}^{n} Z_{t-1} \\ \sum_{t=1}^{n} Z_{t-1} & \sum_{t=1}^{n} Z_{t-1}^2 \end{bmatrix}^{-1} \begin{bmatrix} 0 \\ 1 \end{bmatrix} \right\}^{1/2}$$

$$\hat{\sigma}_a^2 = \left\{ \sum_{t=1}^{n} \frac{(Z_t - \hat{\alpha} - \hat{\phi}_\mu Z_{t-1})^2}{n-2} \right\}$$

对于 T_μ 的抽样分布，我们首先记为：

$$n^2 S_{\hat{\phi}}^2 = \frac{\hat{\sigma}_a^2}{n^{-2}\sum_{t=1}^{n} Z_{t-1}^2 - n^{-3}\left[\sum_{t=1}^{n} Z_{t-1}\right]^2}$$

因此，由式（9.2.9）和式（9.2.10）可知

$$n^2 S_{\hat{\phi}}^2 \xrightarrow{D} \frac{1}{\int_0^1 [W(x)]^2\mathrm{d}x - \left[\int_0^1 W(x)\mathrm{d}x\right]^2} \tag{9.3.13}$$

把 T_μ 重新写成

$$T_\mu = \frac{n(\hat{\phi}_\mu - 1)}{[n^2 S_{\hat{\phi}_\mu}^2]^{1/2}} \tag{9.3.14}$$

利用式（9.3.11）和式（9.3.13），我们可以得到

$$T_\mu = \frac{n(\hat{\phi}_\mu - 1)}{[n^2 S^2_{\hat{\phi}_\mu}]^{1/2}} \xrightarrow{D} \frac{\frac{1}{2}\{[W(1)]^2 - 1\} - W(1)\int_0^1 W(x)\mathrm{d}x}{\left\{\int_0^1 [W(x)]^2 \mathrm{d}x - \left[\int_0^1 W(x)\mathrm{d}x\right]^2\right\}^{1/2}} \tag{9.3.15}$$

同样地，T_μ 的下标 μ 表示式（9.3.9）包含一个与序列均值有关的常数项。$n(\hat{\phi}_\mu-1)$ 以及 T_μ 的经验百分位数是由 Dickey（1976）构造的，发表在 Fuller（1996，pp. 641－642）中。可分别参见附录中的表 F(b) 和表 G(b)。

例 9－2 我们考虑序列 W6，美国 1871 年 1 月至 1984 年 114 个烟草的年度生产量观测值。为了检验单位根，我们拟合下列回归模型：

$$Z_t = \alpha + \phi Z_{t-1} + a_t \tag{9.3.16}$$

OLS 回归方程为

$$\hat{Z}_t = \underset{(51.46)}{125.34} + \underset{(0.0358)}{0.9143} Z_{t-1}$$

其中，小括号中的值为标准误差。当 $n=114$ 时，我们有 $(n-1)(\hat{\phi}_\mu-1)=113\times(0.9143-1)=-9.6841$，它不小于表 F(b) 中给出的 5%的显著性水平下的临界值－13.7，以及 $n=250$ 时的临界值－13.9。所以，我们不能拒绝原假设 H_0：$\phi=1$，而且就此我们得出结论：数据的基本过程有单位根，且 $\alpha=0$。

在这种情况下，t 统计量就变为

$$T_\mu = \frac{\hat{\phi}_\mu - 1}{S_{\hat{\phi}_\mu}} = \frac{0.9143-1}{0.0358} = -2.3939$$

同样，它也不比表 G(b) 给出的 5%的显著性水平下 $n=100$ 的临界值－2.90 以及 $n=250$ 时的临界值－2.88 小。因此，我们同样不能拒绝原假设 H_0：$\phi=1$。

9.3.3 包含线性时间趋势的 AR(1) 模型的单位根检验

一个时间序列有时包含一个确定性的线性趋势，例如：

$$Z_t = \alpha + \delta t + \phi Z_{t-1} + a_t \tag{9.3.17}$$

检验统计量基于 ϕ 的 OLS 估计，记作 $\hat{\phi}_t$，它的极限分布可以根据与以前情况相同的过程导出。在 $\phi=1$，$\delta=0$ 的假设下，$n(\hat{\phi}_t-1)$ 和 $T_t=(\hat{\phi}_t-1)/S_{\hat{\phi}_t}$ 分布的经验百分位数是 Dickey（1976）构造的，发表在 Fuller（1996，pp. 641－642）中。它们分别在附录中的表 F(c)和表 G(c) 中给出。同样地，$\hat{\phi}_t$ 和 T_t 中的下标 t 说明式（9.3.17）有一个线性时间趋势。

例 9－3 我们重新考虑序列 W5，即宾夕法尼亚州人 1930—2000 年 71 年的年癌症死亡率。例 9－1 说明序列基本过程存在单位根。由表 7－3 可知，带漂移的随机游走过程可以用来拟合序列。由 4.2.2 节我们得到，模型可能包含一个确定性因素。因此，我们试图用 $Z_t=\alpha+\delta t+\phi Z_{t-1}+a_t$ 拟合序列 Z_t。

OLS 回归方程为

$$\hat{Z}_t = 13.26 + 0.188t + 0.9013Z_{t-1} \quad (9.3.18)$$
$$(7.214)\quad(0.1543)\quad(0.0698)$$

其中，小括号中的值是标准误差。现在，检验统计量的值是 $(n-1)(\hat{\phi}_t - 1) = 70\times(0.9013-1) = -6.909$，它不比我们在表 F(c) 中查到的 5%的显著性水平下 $n=50$ 时的临界值 -19.7 以及 $n=100$ 时的临界值 -20.6 小，所以，我们不能拒绝原假设，且得出结论：年癌症死亡率模型序列中包含单位根。

在这种情况下，t 统计量变成

$$T_t = \frac{\hat{\phi}_t - 1}{S_{\hat{\phi}_t}} = \frac{0.9013-1}{0.0698} = -1.41$$

它同样不比我们在表 G(c) 中查到的 5%的显著性水平下 $n=50$ 时的临界值 -3.50 以及 $n=100$ 时的临界值 -3.45 小，因此，我们同样不能拒绝原假设 H_0：$\phi=1$。

注意式（9.3.9）和式（9.3.17）的区别：在式（9.3.9）中不拒绝 H_0：$\phi=1$ 只是意味着模型包含单位根，因为 $\phi=1$，所以也表明 $\alpha=0$。但是，在式（9.3.17）中，不拒绝原假设 H_0：$\phi=1$ 并不说明 $\alpha=0$。这种情况下得出的结论是无论模型是否包含确定项，模型都包含单位根，这取决于截距项是否统计显著。从式（9.3.18）可以看出，常数项在 10%的水平下是统计显著的。在初步分析中，可以用一个带漂移的随机游走模型来拟合序列。

9.4　一般模型的单位根检验

我们注意到，在包含单位根的原假设下，式（9.3.1）中不包含常数项的 AR(1) 模型可以简化成一个随机游走模型

$$(1-B)Z_t = a_t$$

其中，a_t 是高斯白噪声过程。式（9.3.5）指出，Z_t 在这种情况下变成了 t 个独立同分布的随机变量之和，即 $Z_t = a_1 + a_2 + \cdots + a_t$。更一般地，我们可以得到

$$(1-B)Z_t = X_t \quad (9.4.1)$$

其中，X_t 是非白噪声平稳过程。对于下面的讨论，我们假定 X_t 是一般线性过程

$$X_t = \sum_{t=0}^{\infty} \psi_j a_{t-j} = \psi(B)a_t \quad (9.4.2)$$

其中，$\psi(B) = \sum_{j=0}^{\infty} \psi_j B^j$，$\psi_0 = 0$ 且 $\sum_{j=0}^{\infty} j|\psi_j| < \infty$。

为了检验一般情况下的单位根，我们拟合下面的 OLS 回归：

$$Z_t = \phi Z_{t-1} + X_t \quad (9.4.3)$$

考虑估计量

$$\hat{\phi} = \frac{\sum_{t=1}^{n} Z_{t-1}Z_t}{\sum_{t=1}^{n} Z_{t-1}^2} \quad (9.4.4)$$

在原假设 H_0：$\phi=1$ 下，我们有

$$\hat{\phi}=\frac{\sum_{t=1}^{n} Z_{t-1} Z_t}{\sum_{t=1}^{n} Z_{t-1}^2}=1+\frac{\sum_{t=1}^{n} Z_{t-1} X_t}{\sum_{t=1}^{n} Z_{t-1}^2}$$

以及

$$n(\hat{\phi}-1)=\frac{n^{-1} \sum_{t=1}^{n} Z_{t-1} X_t}{n^{-2} \sum_{t=1}^{n} Z_{t-1}^2} \tag{9.4.5}$$

对于式（9.4.5）的抽样分布，我们注意到，通过代换式（9.4.1）变成

$$Z_t=X_1+X_2+\cdots+X_t+Z_0 \tag{9.4.6}$$

现在

$$\begin{aligned}
X_1&=a_1+\psi_1 a_0+\psi_2 a_{-1}+\cdots\\
X_2&=a_2+\psi_1 a_1+\psi_2 a_0+\psi_3 a_{-1}+\cdots\\
&\vdots\\
X_{t-1}&=a_{t-1}+\psi_1 a_{t-2}+\psi_2 a_{t-3}+\cdots+\psi_{t-2} a_1+\psi_{t-1} a_0+\psi_t a_{-1}+\cdots\\
X_t&=a_t+\psi_1 a_{t-1}+\psi_2 a_{t-2}+\psi_3 a_{t-3}+\cdots+\psi_{t-1} a_1+\psi_t a_0+\psi_{t+1} a_{-1}+\cdots
\end{aligned}$$

因此

$$\begin{aligned}
X_1+X_2+\cdots+X_t&=a_t+(1+\psi_1)a_{t-1}+(1+\psi_1+\psi_2)a_{t-2}+\cdots\\
&\quad+(1+\psi_1+\psi_2+\cdots+\psi_{t-1})a_1+(\psi_1+\psi_2+\cdots+\psi_t)a_0\\
&\quad+(\psi_2+\cdots+\psi_{t+1})a_{-1}+\cdots\\
&=\Big(\sum_{j=1}^{\infty}\psi_j\Big)(a_t+a_{t-1}+\cdots+a_1)-\sum_{j=0}^{\infty}\psi_{j+1}a_t\\
&\quad-\sum_{j=0}^{\infty}\psi_{j+2}a_{t-1}-\cdots-\sum_{j=0}^{\infty}\psi_{j+t}a_1-\sum_{j=0}^{\infty}\psi_{j+t+1}a_0\\
&\quad+\sum_{j=0}^{\infty}\psi_{j+1}a_0-\sum_{j=0}^{\infty}\psi_{j+t+2}a_{-1}+\sum_{j=0}^{\infty}\psi_{j+2}a_{-1}+\cdots\\
&=\psi(1)[a_1+a_2+\cdots+a_t]+Y_t-Y_0
\end{aligned}$$

其中

$$\begin{aligned}
Y_t&=-\sum_{i=0}^{\infty}\Big(\sum_{j=0}^{\infty}\psi_{j+1+i}\Big)a_{t-i}=\sum_{i=0}^{\infty}\alpha_i a_{t-i}\\
\alpha_i&=-\sum_{j=0}^{\infty}\psi_{j+1+i}
\end{aligned}$$

因此

$$\begin{aligned}
Z_t&=X_1+X_2+\cdots+X_t+Z_0\\
&=\psi(1)[a_1+a_2+\cdots+a_t]+Y_t-Y_0+Z_0
\end{aligned} \tag{9.4.7}$$

因为

$$\sum_{j=0}^{\infty}|\alpha_j| = |\alpha_0| + |\alpha_1| + |\alpha_2| + \cdots$$
$$= |\psi_1+\psi_2+\psi_3+\cdots| + |\psi_2+\psi_3+\psi_4+\cdots| + |\psi_3+\psi_4+\psi_5+\cdots| + \cdots$$
$$\leqslant \sum_{j=0}^{\infty} j|\psi_j| < \infty$$

这说明过程 Y_t 是平稳的。显然，$|\psi(1)|<\infty$。因此，式（9.4.1）中给出的非平稳过程 Z_t 实际上是一个随机游走、一个平稳过程以及初始条件的和。

令

$$H_n(x)=\begin{cases} 0, & 0\leqslant x<1/n \\ Z_1/\sqrt{n}, & 1/n\leqslant x<2/n \\ Z_2/\sqrt{n}, & 2/n\leqslant x<3/n \\ \vdots & \\ Z_n/\sqrt{n}, & x=1 \end{cases} \tag{9.4.8}$$

其中，$Z_t=\psi(1)[a_1+a_2+\cdots+a_t]+Y_t-Y_0+Z_0$。因为$[Y_t-Y_0+Z_0]/\sqrt{n}\xrightarrow{P}0$，比较式（9.4.8）与式（9.2.1）或式（9.2.6），我们从式（9.2.4）中可以看出，在式（9.4.1）下，$H_n(x)$ 的极限分布为

$$H_n(x)\xrightarrow{D}\sigma_a\psi(1)W(x) \tag{9.4.9}$$

特别地

$$\frac{Z_n}{\sqrt{n}}=H_n(1)\xrightarrow{D}\sigma_a\psi(1)W(1) \tag{9.4.10}$$

由式（9.4.7）可以很容易地看出，$Z_n/\sqrt{n}$ 和$\left(\frac{1}{\sqrt{n}}\right)\sum_{j=1}^{n}X_t$ 的极限分布是相同的。因此，我们可以得到

$$\frac{1}{\sqrt{n}}\sum_{j=1}^{n}X_t\xrightarrow{D}\sigma_a\psi(1)W(1) \tag{9.4.11}$$

等价地，也可以得到，

$$\sqrt{n}\,\overline{X}\xrightarrow{D}n(0,\ \sigma_a^2[\psi(1)]^2) \tag{9.4.12}$$

这就是平稳过程的中心极限定理。

同样地，我们可以从式（9.2.9）和式（9.2.10）中得到

$$n^{-3/2}\sum_{t=1}^{n}Z_{t-1}=\int_0^1 H_n(x)\mathrm{d}x\xrightarrow{D}\sigma_a\psi(1)\int_0^1 W(x)\mathrm{d}x \tag{9.4.13}$$

以及

$$n^{-2}\sum_{t=1}^{n}Z_{t-1}^2=\int_0^1[H_n(x)]^2\mathrm{d}x\xrightarrow{D}[\sigma_a\psi(1)]^2\int_0^1[W(x)]^2\mathrm{d}x \tag{9.4.14}$$

由于

$$Z_t^2=(Z_{t-1}+X_t)^2=Z_{t-1}^2+2Z_{t-1}X_t+X_t^2$$

$$Z_{t-1}X_t=\frac{1}{2}[Z_t^2-Z_{t-1}^2-X_t^2]$$

从 1 到 n 求和可以得到：

$$\sum_{t=1}^{n}Z_{t-1}X_t=\frac{1}{2}[Z_n^2-Z_0^2]-\frac{1}{2}\sum_{t=1}^{n}X_t^2$$

因此，由式（9.4.10）以及 $Z_0^2/n\xrightarrow{P}0$，$\left[\sum_{j=1}^{n}X_t^2/n\right]\xrightarrow{P}\sigma_X^2$，可以得到

$$n^{-1}\sum_{t=1}^{n}Z_{t-1}X_t=\frac{1}{2}\left[\frac{Z_n^2}{n}\right]-\frac{1}{2}[Z_0^2/n]-\frac{1}{2}\left[\frac{\sum_{t=1}^{n}X_t^2}{n}\right]$$

$$\xrightarrow{D}\frac{1}{2}[\sigma_a\psi(1)W(1)]^2-\frac{1}{2}\sigma_X^2 \tag{9.4.15}$$

由式（9.4.14）和式（9.4.15）可得

$$n(\hat{\phi}-1)=\frac{n^{-1}\sum_{t=1}^{n}Z_{t-1}X_t}{n^{-2}\sum_{t=1}^{n}Z_{t-1}^2}\xrightarrow{D}\frac{\frac{1}{2}\{[\sigma_a\psi(1)W(1)]^2-\sigma_X^2\}}{[\sigma_a\psi(1)]^2\int_0^1[W(x)]^2\mathrm{d}x} \tag{9.4.16}$$

此时有

$$\frac{\frac{1}{2}\{[\sigma_a\psi(1)W(1)]^2-\sigma_X^2\}}{[\sigma_a\psi(1)]^2\int_0^1[W(x)]^2\mathrm{d}x}=\frac{\frac{1}{2}\{[W(1)]^2-1\}}{\int_0^1[W(x)]^2\mathrm{d}x}+\frac{\frac{1}{2}\{[\sigma_a\psi(1)]^2-\sigma_X^2\}}{[\sigma_a\psi(1)]^2\int_0^1[W(x)]^2\mathrm{d}x}$$

注意到由式（9.4.14）有

$$\frac{\frac{1}{2}\{[\sigma_a\psi(1)]^2-\sigma_X^2\}}{n^{-2}\sum_{t=1}^{n}Z_{t-1}^2}=\frac{\frac{1}{2}n^2\sigma_X^2\{[\sigma_a\psi(1)]^2-\sigma_X^2\}}{\sigma_X^2\sum_{t=1}^{n}Z_{t-1}^2}$$

$$\xrightarrow{D}\frac{\frac{1}{2}\{[\sigma_a\psi(1)]^2-\sigma_X^2\}}{[\sigma_a\psi(1)]^2\int_0^1[W(x)]^2\mathrm{d}x}$$

进一步注意到，$\sigma_X^2/\left[\sum_{t=1}^{n}Z_{t-1}^2\right]$ 是式（9.4.3）中 OLS 回归估计量 $\hat{\phi}$ 的方差 $\hat{\sigma}_{\hat{\phi}}^2$。因此，利用 Phillips 和 Perron（1988）的方法，我们修正统计量，

$$n(\hat{\phi}-1)-\frac{1}{2}\frac{n^2\hat{\sigma}_{\hat{\phi}}^2}{\hat{\sigma}_X^2}\{\hat{\gamma}(1)-\hat{\sigma}_X^2\}\xrightarrow{D}\frac{\frac{1}{2}\{[W(1)]^2-1\}}{\int_0^1[W(x)]^2\mathrm{d}x} \tag{9.4.17}$$

其中，$\hat{\sigma}_X^2$和$\hat{\gamma}(1)$ 是我们的检验中σ_X^2，$\gamma(1)$ 的一致估计量。这里，我们由式（2.6.8）和式（2.6.9）注意到：$\gamma(B)=\sigma_a^2\psi(B)\psi(B^{-1})$是自协方差生成函数。因此，

$$\gamma(1)=[\sigma_a\psi(1)]^2=\sum_{k=-\infty}^{\infty}\gamma_k \tag{9.4.18}$$

其中，γ_k 是平稳过程 X_t 的第 k 次自协方差，由修正统计量式（9.4.17），我们可以在附录里同样的表 F 中进行显著性检验。

在实际运算中，我们可以使用式（9.4.3）的 OLS 回归拟合中得到的$\hat{\sigma}_X^2$来拟合残差均方误差，而且

$$\hat{\gamma}(1)=\hat{\gamma}_0+2\sum_{k=1}^{m}\hat{\gamma}_k \tag{9.4.19}$$

其中，$\hat{\gamma}_k$ 是 OLS 回归残差的样本自协方差。选择 m 的值使得当$k>m$ 时，$|\hat{\gamma}_k|$ 是可忽略的。

同样地，式（9.4.3）中的 OLS 回归拟合得到的 t 统计量同样可以被修正，因此，附录中的表 G 同样适用于显著性检验。Phillips 和 Perron 给出了更详细的讨论，建议读者查阅他们 1998 年的论文以及 Hamilton(1994)。

另外，对于任何给定的准确性，由于任何平稳过程都可以用自回归模型逼近，Dickey 和 Fuller（1979）建议使用一个更高阶的 AR 模型来解决问题。

假设序列由 AR(p) 模型

$$\Phi_p(B)Z_t=a_t \tag{9.4.20}$$

生成，其中 a_t是服从 $N(0,\sigma_a^2)$ 的高斯白噪声过程，$E(a_t^4)<\infty$且 $\Phi_p(B)=1-\Phi_1B-\cdots-\Phi_pB^p$可能包含单位根。

为了检验单位根，我们假设 $\Phi_p(B)=\varphi_{p-1}(B)(1-B)$，其中 $\varphi_{p-1}(B)=1-\varphi_1B-\cdots-\varphi_{p-1}B^{p-1}$的根在单位圆之外。这个假设意味着，

$$\varphi_{p-1}(B)(1-B)Z_t=(Z_t-Z_{t-1})-\sum_{j=1}^{p-1}\varphi_j(Z_{t-j}-Z_{t-j-1})=a_t \tag{9.4.21}$$

因此，单位根检验就等价于在如下模型

$$Z_t=\phi Z_{t-1}+\sum_{j=1}^{p-1}\varphi_j\Delta Z_{t-j}+a_t \tag{9.4.22}$$

中检验 $\phi=1$，其中 $\Delta Z_{t-j}=(Z_{t-j}-Z_{t-j-1})$。按照矩阵形式，我们把式（9.4.22）改写成：

$$\boldsymbol{Y}=\boldsymbol{X\beta}+\boldsymbol{\varepsilon}$$

其中

$$\boldsymbol{Y}=\begin{bmatrix}Z_{p+1}\\Z_{p+2}\\\vdots\\Z_n\end{bmatrix},\qquad \boldsymbol{X}=\begin{bmatrix}Z_p & \Delta Z_p & \cdots & \Delta Z_2\\Z_{p+1} & \Delta Z_{p+1} & \cdots & \Delta Z_3\\\vdots & \vdots & & \vdots\\Z_{n-1} & \Delta Z_{n-1} & \cdots & \Delta Z_{n-p+1}\end{bmatrix}$$

$$\boldsymbol{\beta}=\begin{bmatrix}\phi\\ \varphi_1\\ \vdots\\ \varphi_{p-1}\end{bmatrix},\qquad \boldsymbol{\varepsilon}=\begin{bmatrix}a_{p+1}\\ a_{p+2}\\ \vdots\\ a_n\end{bmatrix}$$

$\boldsymbol{\beta}$ 的 OLS 估计量 $\hat{\boldsymbol{\beta}}=(\boldsymbol{X}'\boldsymbol{X})^{-1}\boldsymbol{X}'\boldsymbol{Y}$。因为 $\hat{\boldsymbol{\beta}}=(\boldsymbol{X}'\boldsymbol{X})^{-1}\boldsymbol{X}'\boldsymbol{Y}=(\boldsymbol{X}'\boldsymbol{X})^{-1}\boldsymbol{X}'(\boldsymbol{X}\boldsymbol{\beta}+\boldsymbol{\varepsilon})=\boldsymbol{\beta}+(\boldsymbol{X}'\boldsymbol{X})^{-1}\boldsymbol{X}'\boldsymbol{\varepsilon}$，由此得出 $\hat{\boldsymbol{\beta}}-\boldsymbol{\beta}=(\boldsymbol{X}'\boldsymbol{X})^{-1}\boldsymbol{X}'\boldsymbol{\varepsilon}$。因此，在包含单位根的原假设下，我们有

$$\begin{bmatrix}\hat{\phi}-1\\ \hat{\varphi}_1-\varphi_1\\ \vdots\\ \hat{\varphi}_{p-1}-\varphi_{p-1}\end{bmatrix}=(\boldsymbol{X}'\boldsymbol{X})^{-1}\boldsymbol{X}'\boldsymbol{\varepsilon}$$

$$=\begin{bmatrix}\sum_{t=p+1}^{n}Z_{t-1}^2 & \sum_{t=p+1}^{n}Z_{t-1}\Delta Z_{t-1} & \cdots & \sum_{t=p+1}^{n}Z_{t-1}\Delta Z_{t-p+1}\\ \sum_{t=p+1}^{n}Z_{t-1}\Delta Z_{t-1} & \sum_{t=p+1}^{n}(\Delta Z_{t-1})^2 & \cdots & \sum_{t=p+1}^{n}\Delta Z_{t-1}\Delta Z_{t-p+1}\\ \vdots & \vdots & & \vdots\\ \sum_{t=p+1}^{n}Z_{t-1}\Delta Z_{t-p+1} & \sum_{t=p+1}^{n}\Delta Z_{t-1}\Delta Z_{t-p+1} & \cdots & \sum_{t=p+1}^{n}(\Delta Z_{t-p+1})^2\end{bmatrix}^{-1}$$

$$\cdot\begin{bmatrix}\sum_{t=p+1}^{n}Z_{t-1}a_t\\ \sum_{t=p+1}^{n}\Delta Z_{t-1}a_t\\ \vdots\\ \sum_{t=p+1}^{n}\Delta Z_{t-p+1}a_t\end{bmatrix}\tag{9.4.23}$$

令

$$\boldsymbol{T}=\begin{bmatrix}n & 0 & \cdots & 0 & 0\\ 0 & \sqrt{n} & \cdots & 0 & 0\\ \vdots & \vdots & \ddots & \vdots & \vdots\\ 0 & 0 & \cdots & \sqrt{n} & 0\\ 0 & 0 & \cdots & 0 & \sqrt{n}\end{bmatrix}\tag{9.4.24}$$

我们注意到：

$$\boldsymbol{T}\begin{bmatrix}\hat{\phi}-1\\ \hat{\varphi}_1-\varphi_1\\ \vdots\\ \hat{\varphi}_{p-1}-\varphi_{p-1}\end{bmatrix}=\{\boldsymbol{T}^{-1}(\boldsymbol{X}'\boldsymbol{X})\boldsymbol{T}^{-1}\}^{-1}\boldsymbol{T}^{-1}\boldsymbol{X}'\boldsymbol{\varepsilon}\tag{9.4.25}$$

因此

$$\begin{bmatrix} n(\hat{\phi}-1) \\ \sqrt{n}(\hat{\varphi}_1-\varphi_1) \\ \vdots \\ \sqrt{n}(\hat{\varphi}_{p-1}-\varphi_{p-1}) \end{bmatrix} =$$

$$\begin{bmatrix} \frac{\sum_{t=p+1}^{n} Z_{t-1}^2}{n^2} & \frac{\sum_{t=p+1}^{n} Z_{t-1}\Delta Z_{t-1}}{n^{3/2}} & \cdots & \frac{\sum_{t=p+1}^{n} Z_{t-1}\Delta Z_{t-p+1}}{n^{3/2}} \\ \frac{\sum_{t=p+1}^{n} Z_{t-1}\Delta Z_{t-1}}{n^{3/2}} & \frac{\sum_{t=p+1}^{n} (\Delta Z_{t-1})^2}{n} & \cdots & \frac{\sum_{t=p+1}^{n} \Delta Z_{t-1}\Delta Z_{t-p+1}}{n} \\ \vdots & \vdots & \cdots & \vdots \\ \frac{\sum_{t=p+1}^{n} Z_{t-1}\Delta Z_{t-p+1}}{n^{3/2}} & \frac{\sum_{t=p+1}^{n} \Delta Z_{t-1}\Delta Z_{t-p+1}}{n} & \cdots & \frac{\sum_{t=p+1}^{n} (\Delta Z_{t-p+1})^2}{n} \end{bmatrix}^{-1}$$

$$\cdot \begin{bmatrix} \frac{\sum_{t=p+1}^{n} Z_{t-1}a_t}{n} \\ \frac{\sum_{t=p+1}^{n} \Delta Z_{t-1}a_t}{\sqrt{n}} \\ \vdots \\ \frac{\sum_{t=p+1}^{n} \Delta Z_{t-p+1}a_t}{\sqrt{n}} \end{bmatrix} \tag{9.4.26}$$

由式（9.4.21），很明显，在原假设下可以得到

$$(1-B)Z_t=\Delta Z_t=X_t=\psi(B)a_t \tag{9.4.27}$$

其中，假设 $\psi(B)=1/\varphi_{p-1}(B)$ 满足平稳性以及式（9.4.2）中给出的条件。因此，由式（9.4.14）以及式（9.4.15）我们可以得到

$$\frac{\sum_{t=1}^{n} Z_{t-1}^2}{n^2} \xrightarrow{D} [\sigma_a\psi(1)]^2\int_0^1[W(x)]^2\mathrm{d}x \tag{9.4.28}$$

以及

$$\frac{\sum_{t=p+1}^{n} Z_{t-1}\Delta Z_{t-j}}{n^{3/2}} = \frac{n^{-1}\sum_{t=p+1}^{n} Z_{t-1}X_{t-j}}{\sqrt{n}} \xrightarrow{P} 0 \tag{9.4.29}$$

进一步，由式（9.4.7）我们有

$$\begin{aligned} \frac{\sum_{t=p+1}^{n} Z_{t-1}a_t}{n} &= \frac{1}{n}\sum_{t=p+1}^{n}[\psi(1)(a_1+\cdots+a_{t-1})+Y_{t-1}-Y_0+Z_0]a_t \\ &= \psi(1)\frac{1}{n}\sum_{t=p+1}^{n}(a_1+\cdots+a_{t-1})a_t+\frac{1}{n}\sum_{t=p+1}^{n}(Y_{t-1}-Y_0+Z_0)a_t \\ &\xrightarrow{D} \psi(1)\frac{1}{2}\sigma_a^2\{[W(1)]^2-1\} \end{aligned} \tag{9.4.30}$$

其中，我们利用式（9.2.11）以及 $\sum_{t+p+1}^{n}(Y_{t-1}-Y_0+Z_0)a_t/n \xrightarrow{P} 0$。

把式（9.4.27）、式（9.4.28）、式（9.4.29）和式（9.4.30）应用于式（9.4.26），可以得到如下结论：

（1）式（9.4.29）中给出的 ϕ，φ 的估计量是渐近独立的。

（2）φ_j 是平稳回归量$(\Delta Z_{t-1}$，…，$\Delta Z_{t-p+1})$中的参数。由式（9.4.22）得到的它们的 OLS 估计量 $\hat{\varphi}_j$ 的极限分布与 ΔZ_t 关于 ΔZ_{t-1}，…，ΔZ_{t-p+1}的回归差分序列的 OLS 估计的标准渐近分布相同。因此，它们可以使用回归中的输出值进行标准 t 检验。

（3）参数 ϕ 与单位根检验有关，而且由式（9.4.28）和式（9.4.30）可知，它是渐近的。

$$n(\hat{\phi}-1) \xrightarrow{D} \frac{\psi(1)\dfrac{1}{2}\sigma_a^2\{[W(1)]^2-1\}}{[\sigma_a\psi(1)]^2\displaystyle\int_0^1[W(x)]^2\mathrm{d}x} = \frac{\dfrac{1}{2}\{[W(1)]^2-1\}}{\psi(1)\displaystyle\int_0^1[W(x)]^2\mathrm{d}x}$$

或者，可以等价地得到

$$n(\hat{\phi}-1)\psi(1) \xrightarrow{D} \frac{\dfrac{1}{2}\{[W(1)]^2-1\}}{\displaystyle\int_0^1[W(x)]^2\mathrm{d}x} \tag{9.4.31}$$

比较式（9.4.31）和式（9.3.4），我们发现，当我们使用统计量 $n(\hat{\phi}-1)\psi(1)$时，表 F(a) 同样可以使用。

类似地，利用式（9.3.7），以及由式（9.4.26）、式（9.4.28）和式（9.4.30），我们可以得到，在这种情况下，“t 统计量”是

$$T=\frac{(\hat{\phi}-1)}{S_{\hat{\phi}}}=\frac{n(\hat{\phi}-1)\left[n^{-2}\sum_{t=1}^{n}Z_{t-1}^2\right]^{1/2}}{[\hat{\sigma}_a^2]^{1/2}}=\frac{n^{-1}\sum_{t=1}^{n}Z_{t-1}a_t}{\left[n^{-2}\sum_{t=1}^{n}Z_{t-1}^2\right]^{1/2}[\hat{\sigma}_a^2]^{1/2}}$$

$$\xrightarrow{D} \frac{\psi(1)\dfrac{1}{2}\sigma_a^2\{[W(1)]^2-1\}}{\left\{[\sigma_a\psi(1)]^2\displaystyle\int_0^1[W(x)]^2\mathrm{d}x\right\}^{1/2}[\sigma_a^2]^{1/2}} = \frac{\dfrac{1}{2}\{[W(1)]^2-1\}}{\left\{\displaystyle\int_0^1[W(x)]^2\mathrm{d}x\right\}^{1/2}} \tag{9.4.32}$$

因此，表 G(a) 在这种更一般的情况下也可以使用。针对模型包含常数项以及线性时间趋势的情况相似的结果分别扩展到表 F(b) 和表 F(c) 以及表 G(b) 和表 G(c)。如果在方程式（9.4.22）中没有初始值的假设而且回归有（$n-p$）个观测值，即对 Z_t，$t=(p+1)$，…，n，我们往往使用$(n-p)(\hat{\phi}-1)\psi(1)$代替 $n(\hat{\phi}-1)\psi(1)$。$(n-p)(\hat{\phi}-1)\psi(1)$与 $n(\hat{\phi}-1)\psi(1)$的极限分布几乎相同。类似于式（9.4.31）和式（9.4.32）这种利用高阶 AR 模型得到的检验在文献中往往被称为增广 Dickey-Fuller 检验。

例 9-4 作为例证，我们考虑附录中序列 W12，即 Lydia Pinkham 的 54 个年度广告支出数据。基于原始序列和差分的 ACF 和 PACF，我们可以得到经过差分后的序列的合理模型是 AR(2)。更准确地，我们可以假设一个 AR(3) 模型，并且做单位根检验。因此，我们在 $p=3$ 且有常数项的情况下拟合式（9.4.22），即

$$Z_t = \alpha + \phi Z_{t-1} + \varphi_1 \Delta Z_{t-1} + \varphi_2 \Delta Z_{t-2} + a_t \tag{9.4.33}$$

其中，$\Delta Z_t = (Z_t - Z_{t-1})$。在不使用初始值假设的情况下，我们将在 $t=5$，…，54 下拟合模型，OLS 回归方程变成：

$$\hat{Z}_t = \underset{(87.97)}{139} + \underset{(0.086\,99)}{0.856} Z_{t-1} + \underset{(0.135\,3)}{0.141} \Delta Z_{t-1} - \underset{(0.136\,9)}{0.326} \Delta Z_{t-2}$$

其中，小括号中的值是标准误差。为了计算检验统计量，我们注意到，在原假设条件下，式（9.4.33）变成了

$$(1-B)Z_t = \mu + X_t$$

其中，$\mu = \alpha/(1-\varphi_1-\varphi_2)$，$X_t = \psi(B)a_t = [1/\varphi_{p-1}(B)]a_t = [1/(1-\varphi_1 B - \varphi_2 B^2)]a_t$。因此，

$$\psi(B) = \frac{1}{\varphi_{p-1}(B)} = \frac{1}{1-0.141B+0.326B^2}$$

而且

$$(n-p)(\hat{\phi}-1)\psi(1) = (54-3)(0.856-1)\frac{1}{1-0.141+0.326} = -6.197\,5$$

它不比我们在表 F(b) 中查到的 5%的显著性水平下 $n=50$ 时的临界值 -13.3 小，所以，我们不能拒绝原假设 H_0：$\phi=1$，并且就此得出结论：年广告支出过程可以被有单位根的 AR(3) 模型逼近。

这种情况下 t 统计量变成

$$T = \frac{\hat{\phi}-1}{S_{\hat{\phi}}} = \frac{0.856-1}{0.086\,69} = -1.655\,36$$

它同样不比我们在表 G(b) 中查出的 5%的显著性水平下 $n=50$ 时的临界值 -2.93 小，同样，不能拒绝原假设 H_0：$\phi=1$。

以下几点需要注意：

（1）很显然，方程（9.4.22）可以被写成

$$\Delta Z_t = \alpha Z_{t-1} + \sum_{j=1}^{p-1} \varphi_j \Delta Z_{t-j} + a_t \tag{9.4.34}$$

其中，$\alpha = \phi - 1$，因此，在检验单位根的时候，我们可以等价地进行式（9.4.34）的回归，并且作 H_0：$\alpha=0$，H_1：$\alpha<0$ 的检验。对于 AR(1) 模型，方程（9.4.34）就变成了

$$\Delta Z_t = \alpha Z_{t-1} + a_t \tag{9.4.35}$$

（2）如果原假设不被拒绝，我们就能得出结论：模型包含单位根。但是，这个结论意味着，仅当序列 Z_t 是 d 阶自积（$d \geqslant 1$）时才成立。为了求出需要差分的阶数，我们可以对序列 ΔZ_t、$\Delta^2 Z_t$ 等重复上述检验，直到达到积分的要求。

（3）一个非平稳序列可能不是齐次的，而且任意阶差分都不能把它转变成一个平稳序

列。在这种情况下，像第 4 章讨论的一些转变可能就是必需的了。但是，事实上对于更多的齐次非平稳序列，需要差分的阶数很少有大于 2 的情况。

很显然，在本节介绍的一般结构中，检验可以用于任意的一般混合 ARMA 模型。进一步的问题可以参阅 Said 和 Dickey（1985）或者 Phillips 和 Perron（1988）。

9.5　季节时间序列模型的单位根检验

第 8 章讨论过，一个季节时间序列也可以是非平稳的，而且要求一个季节差分消除其非平稳性。回忆可知，如果 Z_t 是季节周期为 s 的季节时间序列，那么它的季节差分就是 $(1-B^s)Z_t=Z_t-Z_{t-s}$。在这种情况下，我们就说相应的时间序列模型包含季节单位根。本节将介绍一个正式的检验过程。

9.5.1　一般零均值季节时间序列模型的检验

考虑季节时间序列模型 $(1-\Phi B^s)Z_t=a_t$，或者等价地写成

$$Z_t=\Phi Z_{t-s}+a_t \tag{9.5.1}$$

其中，Z_{1-s}，Z_{2-s}，…，Z_0 是初始条件，而且 a_t 是独立同分布的随机变量，它的期望为 0，方差为 σ_a^2。那么 Φ 的 OLS 估计为

$$\hat{\Phi}=\frac{\sum_{t=1}^{n}Z_{t-s}Z_t}{\sum_{t=1}^{n}Z_{t-s}^2} \tag{9.5.2}$$

当 a_t 是高斯分布时，$\hat{\Phi}$ 也是极大似然估计量。原假设 H_0：$\Phi=1$ 的 t 检验统计量为

$$T=\frac{\hat{\Phi}-1}{S_{\hat{\Phi}}} \tag{9.5.3}$$

其中

$$S_{\hat{\Phi}}=\sqrt{\frac{\hat{\sigma}_a^2}{\sum_{t=1}^{n}Z_{t-s}^2}} \tag{9.5.4}$$

而且

$$\hat{\sigma}_a^2=\frac{\sum_{t=1}^{n}(Z_t-\hat{\Phi}Z_{t-s})^2}{(n-1)} \tag{9.5.5}$$

在原假设 H_0：$\Phi=1$ 的条件下，Dickey，Hasza 和 Fuller（1984）已经讨论过 $n(\hat{\Phi}-1)$ 和 T 的抽样分布，对于不同样本容量以及季节周期 $s=2$，4，12 等情况下的百分位数在附录中的表 H 和表 I 中给出。

9.5.2　一般乘法零均值季节模型的检验

对于一个更一般的乘法季节模型，我们考虑

$$(1-\phi_1 B-\cdots-\phi_p B^p)(1-\hat{\Phi}B^s)Z_t=a_t \tag{9.5.6}$$

其中，$(1-\phi_1 B-\cdots-\phi_p B^p)=0$ 的根落在单位圆外。我们注意到，在式（9.5.6）中，a_t是（Φ，$\boldsymbol{\phi}$）的非线性函数，其中 $\boldsymbol{\phi}=(\phi_1，\cdots，\phi_p)$。在（$\hat{\Phi}$，$\boldsymbol{\phi}$）处利用泰勒展开来评价函数 $a_t(\hat{\Phi}，\boldsymbol{\phi})$ 的线性逼近：

$$\begin{aligned}a_t(\Phi,\boldsymbol{\phi})&=a_t(\hat{\Phi},\hat{\boldsymbol{\phi}})-(1-\hat{\phi}_1 B-\cdots-\hat{\phi}_p B^p)Z_{t-s}(\Phi-\hat{\Phi})\\&\quad-\sum_{i=1}^{p}(Z_{t-i}-\hat{\Phi}Z_{t-s-i})(\phi_i-\hat{\phi}_i)+R_t\end{aligned}$$

其中，R_t 是泰勒序列的余项。等价地有

$$\begin{aligned}a_t(\hat{\Phi},\hat{\boldsymbol{\phi}})&=(1-\hat{\phi}_1 B-\cdots-\hat{\phi}_p B^p)Z_{t-s}(\Phi-\hat{\Phi})\\&\quad+\sum_{i=1}^{p}(Z_{t-i}-\hat{\Phi}Z_{t-s-i})(\phi_i-\hat{\phi}_i)+e_t\\&=(\Phi-\hat{\Phi})(1-\hat{\phi}_1 B-\cdots-\hat{\phi}_p B^p)Z_{t-s}\\&\quad+\sum_{i=1}^{p}(\phi_i-\hat{\phi}_i)(Z_{t-i}-\hat{\Phi}Z_{t-s-i})+e_t\end{aligned} \tag{9.5.7}$$

其中，$e_t=a_t(\Phi,\boldsymbol{\phi})-R_t$。

为检验原假设 H_0：$\Phi=1$，利用式（9.5.6）和式（9.5.7）做如下两步回归过程：

(1) 对 $\Delta^s Z_{t-1}$，$\cdots$，$\Delta^s Z_{t-p}$作 $\Delta^s Z_t$ 的回归来得到 $\boldsymbol{\phi}$ 的初始估计 $\hat{\boldsymbol{\phi}}$，其中 $\Delta^s Z_t\equiv(1-B^s)Z_t$。我们可以很容易地看出，这个估计是一致估计，因为在原假设 H_0：$\Phi=1$ 的条件下，式（9.5.6）变成

$$(1-\phi_1 B-\cdots-\phi_p B^p)\Delta^s Z_t=a_t \tag{9.5.8}$$

这是季节差分序列 $\Delta^s Z_t$ 的平稳 AR(p) 模型。

(2) 根据式（9.5.8）计算出 $a_t(1，\hat{\boldsymbol{\phi}})$，再利用式（9.5.7）对 $[(1-\hat{\phi}_1 B-\cdots-\hat{\phi}_p B^p)Z_{t-s},\Delta^s Z_{t-1},\Delta^s Z_{t-2},\cdots,\Delta^s Z_{t-p}]$ 做 $a_t(1，\hat{\boldsymbol{\phi}})$ 的回归，可得到 $(\Phi-1)\equiv\alpha$ 和 $(\phi_1-\hat{\phi}_1，\cdots，\phi_p-\hat{\phi}_p)$ 的 OLS 估计。$\alpha=(\Phi-1)$ 的估计量可以用来检验原假设 H_0：$\Phi=1$。在原假设的条件下，我们有 $\alpha=0$。如果 α 远小于 0，那么也就是说 $\Phi<1$，即过程是平稳的。因此，如果 $\alpha=(\Phi-1)$ 的估计量明显为负数，那么我们将拒绝 H_0：$\Phi=1$。

Dickey，Hasza 和 Fuller（1984）指出，在 H_0：$\Phi=1$ 的条件下，表 H 和表 I 中给出的式（9.5.1）中 $n(\hat{\Phi}-1)$ 和 T 的百分位数对式（9.5.6）中给出的一般乘法季节模型依然适用。

式（9.5.1）和式（9.5.6）中的模型意味着 $E(Z_t)=0$。直接由 9.3 节的结果可将其扩展到均值非零的季节模型。在大部分实际问题中，不包含 ARMA 元素的纯季节模型是很少见的。在大部分情况下，关于是否有非零常数项、是否有零期望的问题只有在 9.3 节和 9.4 节讨论过的需要做正则差分时才会出现。换言之，检验一个含非零常数项或者期望为零的序列的单位根时，我们往往利用 9.3 节和 9.4 节给出的结论。因此，这里我们不再给出含非零常数项的纯季节模型的结论，感兴趣的读者可以参阅 Dickey，Hasza 和 Fuller

(1984)。

在实际的数据分析中，如果没有变量 Z_{1-s}，Z_{2-s}，…，Z_0 很好的初始值，那么对 Φ 的估计量 $\hat{\Phi}$，以及以前出现的和它相关的统计量都要做相应的修正。因此，

$$\hat{\Phi}=\frac{\sum_{t=s+1}^{n} Z_{t-s}Z_t}{\sum_{t=s+1}^{n} Z_{t-s}^2} \tag{9.5.9}$$

$$S_{\hat{\Phi}}=\sqrt{\hat{\sigma}_a^2 \Big/ \sum_{t=s+1}^{n} Z_{t-s}^2} \tag{9.5.10}$$

和

$$\hat{\sigma}_a^2=\frac{\sum_{t=s+1}^{n}(Z_t-\hat{\Phi}Z_{t-s})^2}{(n-s-1)} \tag{9.5.11}$$

在检验 H_0：$\Phi=1$ 的时候，我们将使用$(n-s)(\hat{\Phi}-1)$代替 $n(\hat{\Phi}-1)$，尽管其极限分布几乎相同。

例 9-5 考虑序列 Z_t，它是把例 8-4 中研究过的序列 W10 中心化后得到的，是美国从 1975 年第一季度到 1982 年第四季度共 32 个啤酒季生产量，即$Z_t=Y_t-\bar{Y}$，其中，Y_t 是美国啤酒季生产量，$\bar{Y}$ 是序列的均值。在对模型没有任何了解的情况下，我们可以先检验模型在季节周期 $s=4$ 的情况下是否含有单位根。因此，我们拟合回归模型：

$$Z_t=\Phi Z_{t-4}+a_t \tag{9.5.12}$$

$t=5$，…，32，在 $t<1$ 时没有对 Z_t 做任何假设，OLS 回归变成：

$$\hat{Z}_t=\underset{(0.078\,5)}{0.901\,4}Z_{t-4}$$

其中，小括号中的值是标准误差。$(n-s)(\hat{\Phi}-1)=(32-4)(0.901\,4-1)=-2.760\,8$，它不比我们在表 H 中查到的 5%的显著性水平下 $n=40$ 时的临界值-8.67小。因此不能拒绝原假设 H_0：$\Phi=1$，且就此得出结论：序列模型在季节周期为 4 时包含单位根。

这时，t 统计量就变成：

$$T=\frac{\hat{\Phi}-1}{S_{\hat{\Phi}}}=\frac{0.901\,4-1}{0.078\,5}=-1.256\,1$$

它不比我们在表 I 中查到的 5%的显著性水平下 $n=40$ 时的临界值-1.87 小。同样，我们不能拒绝原假设 H_0：$\Phi=1$。

上述检验的解说明：需要一个季节差分 $(1-B^4)Z_t$。为了检验是否需要二阶季节差分，我们可以令 $W_t=(1-B^4)Z_t$，$t=5$，…，32，并检验 H_0：$\Phi=1$，对如下回归模型

$$W_t=\Phi W_{t-4}+a_t \tag{9.5.13}$$

做假设检验。OLS 回归结果为：

$$\hat{W}_t=\underset{(0.209\,7)}{0.062\,8}W_{t-4}$$

检验统计量的值就变为：$(n-s)(\hat{\Phi}-1)=(28-4)(0.0628-1)=-22.4928$，它远小于表 H 中给出的 5%的显著性水平下 $n=40$，$s=4$ 时的临界值 -8.67，所以我们可以拒绝原假设，并得出结论：序列的一阶季节差分模型在一个季节周期中不包含单位根。t 统计量为：

$$T=\frac{\hat{\Phi}-1}{S_{\hat{\Phi}}}=\frac{0.0628-1}{0.2097}=-4.469$$

它同样远小于表 I 中给出的 5%的显著性水平下 $n=40$，$s=4$ 时的临界值 -1.87，所以我们拒绝原假设。

上述结论意味着：序列需要周期为 4 的一次季节差分。分析模型是否还需要正则差分时，我们可以利用 9.3.1 节的结论，对如下模型检验假设 H_0：$\phi=1$：

$$W_t=\phi W_{t-1}+a_t \tag{9.5.14}$$

$t=1$，…，28，为了方便起见，我们从 1 重新标记 28 个变量。由 OLS 回归结果

$$\hat{W}_t=0.336W_{t-1}$$
$$(0.1848)$$

我们知道 $(n-s)(\hat{\phi}-1)=(28-1)(0.336-1)=-17.928$，远小于表 F(a) 中给出的 5%的显著性水平下 $n=25$ 时的临界值 -7.3，以及 $n=50$ 时的临界值 -7.7。因此，我们拒绝原假设 H_0：$\phi=1$，并得出结论：一次季节差分模型不再包含单位根。这时 t 统计量变成：

$$T=\frac{\hat{\phi}-1}{S_{\hat{\phi}}}=\frac{0.336-1}{0.1848}=-3.593$$

它同样小于表 G(a) 中给出的 5%的显著性水平下的临界值 -1.95。因此，我们得出同样的结论。也就是说，对于四次差分可以识别一个平稳模型 $(1-B^4)Z_t$。

练　习

9.1 令 $Z_t=\mu+\sum_{j=0}^{\infty}\psi_j a_{t-j}$，或者 $Z_t=\mu+\psi(B)a_t$，其中，$\psi(B)=\sum_{j=0}^{\infty}\psi_j B^j$，$\psi_0=1$，且 $\sum_{j=0}^{\infty}|\psi_j|<\infty$。

(a) 若 a_t 是均值为 0、方差为 σ_a^2 的白噪声过程，证明 $\sum_{j=-\infty}^{\infty}\gamma_j=\sigma_a^2[\psi(1)]^2$，其中 γ_j 是过程 Z_t 的第 j 次自协方差。

(b) 若 $\sum_{j=0}^{\infty}\psi_j\neq 0$，且 a_t 是均值为 0、方差为 σ_a^2 的独立同分布的随机变量，证明 $\sqrt{n}(\bar{Z}-\mu)\xrightarrow{D}N(0,\sigma_a^2[\psi(1)]^2)$。

(c) 证明，如果 Z_t 是 AR(1) 过程，$\dot{Z}_t=\phi\dot{Z}_{t-1}+a_t$，其中，$\dot{Z}_t=Z_t-\mu$，且 $|\phi|<1$，那么 $\sqrt{n}(\bar{Z}-\mu)\xrightarrow{D}N(0,\ \sigma_a^2(1-\phi^2)^{-1})$。

9.2 对于式 (9.3.17) 中给出的模型，推导出 $n(\hat{\phi}_t-1)$ 的极限分布。

9.3 对于式 (9.3.17) 中给出的模型，推导出 T_t 的极限分布。

9.4（a）对序列 W7 做单位根检验。

（b）对序列 W16 做单位根检验。

9.5（a）对模型$(1-\phi B)Z_t=(1-\theta B)a_t$，其中$-1<\theta<1$进行单位根检验时找出$n(\hat{\phi}_t-1)$的极限分布。

（b）对序列 W6 做单位根检验。

9.6 对于式（9.5.1）中给出的模型，推导出$n(\hat{\Phi}-1)$的极限分布。

9.7 对于式（9.5.1）中给出的模型，推导出T的极限分布。

9.8 练习 8.7 中给出了美国个人石油消费序列，给出序列的单位根检验，并且确定使序列平稳所需要的差分。

9.9 对序列 W14 做单位根检验，并且确定使序列平稳所需要的差分。

第10章 干预分析和异常值检验

时间序列常常受到某些外部事件的影响，诸如假期、罢工、促销以及政策变化等，我们称这些外部事件为“干预”。本章我们引入被称为“干预分析”的处理方法，以此评估外部事件的影响。干预分析已经被成功地应用于许多问题的研究，如空气污染控制和经济政策所带来的影响（Box 和 Tiao，1975）、阿拉伯石油禁运的影响（Montgomery 和 Weatherby，1980）、纽约大停电的影响（Izenman 和 Zabell，1981）等，以及许多其他事件的研究。我们首先讨论干预时刻已知情形下的分析，该方法可以被推广到对干预时刻未知情形下对事件影响的分析，从而得到对于一般时间序列异常值的分析。

10.1 干预模型

若在时刻 T 有一已知的干预发生，那么在时间序列中能否觉察出变化（如均值水平的增加）？如果有变化，变化有多大？最初人们认为传统的两样本 t 检验应该能分析这一问题，我们只需对比干预发生前后的数据。然而 t 检验假定了样本的正态性和独立性，即便已知 t 检验关于正态假定是稳健的，检验对于独立性的偏离也是很敏感的，可参见 Box 和 Tiao（1965），他们发展了干预分析，并进一步研究了由于外部事件而导致的时间序列结构的变化（Box 和 Tiao，1975）。

干预变量有两种常用类型：一种表示干预在时刻 t 发生，但其影响仍然保持，即干预是一个阶梯函数：

$$S_t^{(T)} = \begin{cases} 0, & t < T \\ 1, & t \geqslant T \end{cases} \tag{10.1.1}$$

另一种表示干预只在一个时点发生，即干预是脉冲函数：

$$P_t^{(T)} = \begin{cases} 1, & t = T \\ 0, & t \neq T \end{cases} \tag{10.1.2}$$

注意，脉冲函数可以通过对阶梯函数差分而得到，即 $P_t^{(T)} = S_t^{(T)} - S_{t-1}^{(T)} = (1-B)S_t^{(T)}$。因此，一个干预模型可以等价地用阶梯函数或脉冲函数表示，具体使用哪一种要以解释的方便为根据。

对于阶梯或脉冲干预有各种可能的响应，下面对通常遇到的一些响应加以说明。

（1）在干预发生后 b 期有固定的影响，由干预的类型决定，其影响是：

$$\omega B^b S_t^{(T)} \tag{10.1.3}$$

或

$$\omega B^b p_t^{(T)} \tag{10.1.4}$$

（2）在干预发生后 b 期有影响，但影响是渐变的。对于阶梯输入有：

$$\frac{\omega B^b}{(1-\delta B)} S_t^{(T)} \tag{10.1.5}$$

对于脉冲输入有：

$$\frac{\omega B^b}{(1-\delta B)} P_t^{(T)} \tag{10.1.6}$$

其中，$0 \leqslant \delta \leqslant 1$。当 $\delta = 0$ 时，式（10.1.5）和式（10.1.6）分别退化为式（10.1.3）和式（10.1.4）。如果 $\delta = 1$，则影响会无界地线性增长。在大多数情形下，我们有 $0 < \delta < 1$，响应是渐变的。

为了进行说明，在图 10-1 中我们给出了 $b=1$ 和 $0 < \delta < 1$ 时前述干预的图示。

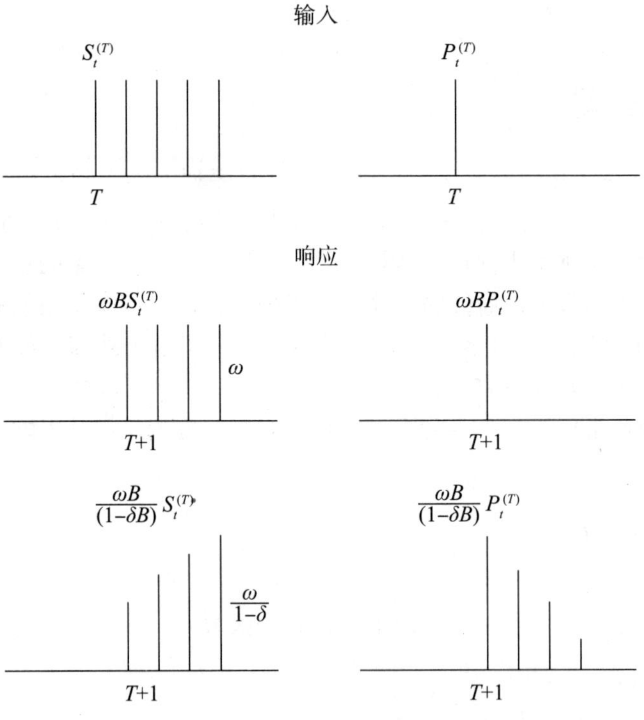

图 10-1　对阶梯和脉冲输入的响应

但需要注意的是，各种响应都可以用阶梯和脉冲输入的不同组合来生成。例如，我们已有如图 10-2 所示的响应式：

$$\frac{\omega_0 B}{(1-\delta B)}P_t^{(T)}+\omega_1 BS_t^{(T)} \tag{10.1.7}$$

然而，如前所述，由于 $P_t^{(T)}=(1-B)S_t^{(T)}$，响应式（10.1.7）可以写成：

$$\left[\frac{\omega_0 B}{1-\delta B}+\frac{\omega_1 B}{1-B}\right]P_t^{(T)} \tag{10.1.8}$$

该模型可以有效地刻画的现象是：由干预所产生的响应是逐渐减小的，但在系统中仍然持续保留其影响。诸如广告促销的干预影响如图 10－2(a) 所示，扩大进口对价格和税收的影响见图 10－2(b)。

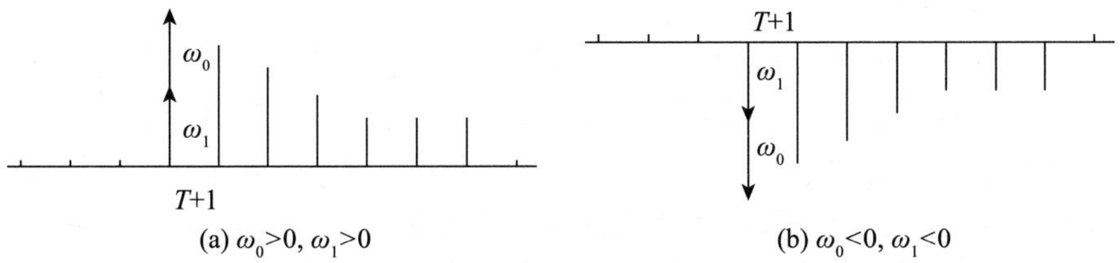

图 10－2　对组合输入$\frac{\omega_0 B}{1-\delta B}P_t^{(T)}+\omega_1 BS_t^{(T)}$ 的响应

更一般地，一个响应可以表示成有理函数：

$$\frac{\omega(B)B^b}{\delta(B)} \tag{10.1.9}$$

其中，$\omega(B)=\omega_0-\omega_1 B-\cdots-\omega_s B^s$ 及 $\delta(B)=1-\delta_1 B-\cdots-\delta_r B^r$ 是 B 的多项式。b 是干预影响的时间延迟，多项式 $\omega(B)$ 的权数 ω_j 通常描述对干预影响的初始预期值，而多项式 $\delta(B)$ 用来度量干预的持续影响特征。方程 $\delta(B)=0$ 的根假定为在单位圆上或单位圆外。单位圆上的根表明线性增长的影响，而单位圆外的根则刻画了具有渐变响应的现象。

对于多干预输入情形，我们有下面的一般模型：

$$Z_t=\theta_0+\sum_{j=1}^{k}\frac{\omega_j(B)B^{b_j}}{\delta_j(B)}I_{jt}+\frac{\theta(B)}{\psi(B)}a_t \tag{10.1.10}$$

这里，I_{jt}，$j=1$，2，…，k 是干预变量。这些干预变量或是阶梯函数或是脉冲函数。一般地，正如在稍后例 10－2 和例 10－4 中所显示的，它们可以是特定的示性变量。第 j 个干预响应的式子 $\omega_j(B)B^{b_j}/\delta_j(B)$是根据给定干预时的预期响应而设定的。干预模型的主要目的是度量干预的影响，因而相对于干预变量 I_{jt}来说，无干预的时间序列称为噪声序列，记作 N_t。对于噪声模型$[\theta(B)/\Psi(B)]a_t$，通常是对干预之前的时间序列 Z_t（即$\{Z_t:t<T\}$）用单变量模型识别方法加以识别。在对原序列的建模过程中，如果经诊断检验证实没有适合的模型，我们就应对干预做出适当的推断。另外，重复地对模型做适当的改进、估计和诊断也是必需的。对于一个非平稳过程，模型（10.1.10）通常不包含常数项 θ_0。

10.2 干预分析实例

例 10-1 一个电力公司提供电力和照明、能源及煤气传输、电话和电报服务以及饮用水。它的业务由联邦和州政府控制，通常在某个地区有特权提供服务，而且没有任何竞争对手。

因此，它产生收入的能力是相对稳定的，它的股票价格不会像大多数股票那样波动。除了有适当的增长潜力，它通常还会派发较高比例的分红。因此，它的股票成为很多投资组合中一个重要的成分。

杜克能源公司（Duke Energy Corporation）是一个总部设在北卡罗来纳州夏洛特的电力公司。它有很多业务部门，包括特许电力、天然气传输、现场服务、北美杜克能源、国际能源以及其他业务。通过这些部门，它不仅在北卡罗来纳州从事业务，而且在美国国内外的一些地区也有业务。公司股票在纽约证券交易所上市，代码是 DUK。像所有其他公司一样，杜克能源公司不时地对它的业务和财政状况发布公告。

Schiffrin&Barroway 有限责任合伙公司位于宾夕法尼亚州的费城，它在美国各地的许多集体诉讼中专门代表股东和消费者。2002 年 7 月 9 日，它在纽约的美国地区法院起诉杜克能源公司，认为它的业务和财政状况非法误导投资者，从而虚增了杜克能源公司 1999 年 7 月 22 日至 2002 年 5 月 17 日之间的股票的真实价值。律师事务所试图追回在此期间购买了杜克能源公司股票的所有投资者由于该公司违反其受托责任和违反联邦证券法而蒙受的损失。随着这个公告的发布，杜克能源公司的股价当天下跌了 1.25 美元，以每股 29.06 美元收盘。

在这个例子里，我们进行一个干预分析来评估关于杜克能源公司股票价格的股票诉讼公告。图 10-3 展示的序列 W11 是杜克能源公司在 2002 年 1 月 3 日至 2002 年 8 月 31 日的每日股票收盘价。总共有 166 个观测值，2002 年 7 月 9 日的收盘价 29.06 美元对应的是第 129 个观测值。

因为公告是在 2002 年 7 月 9 日那天较晚时候发布的，7 月 10 日是公告宣布之后的第一个交易日，因此 2002 年 1 月 3 日至 2002 年 7 月 9 日这段时间的观测可以看作白噪声序列，其中不包含影响股价的重大干预。该序列和一阶差分序列的样本 ACF 和样本 PACF 在表 10-1 中给出。建议采用下面的随机游走模型：

$$(1-B)N_t=a_t \tag{10.2.1}$$

假设因发布有关杜克能源公司的公告造成股票价格瞬时水平改变，对此我们提出下面的响应函数：

$$\omega_0 I_t \tag{10.2.2}$$

这里，ω_0描述诉讼公告的影响力度，并有

$$I_t=\begin{cases}0, & t<130\ (2002\text{ 年 }7\text{ 月 }10\text{ 日})\\ 1, & t\geqslant 130\ (2002\text{ 年 }7\text{ 月 }10\text{ 日})\end{cases}$$

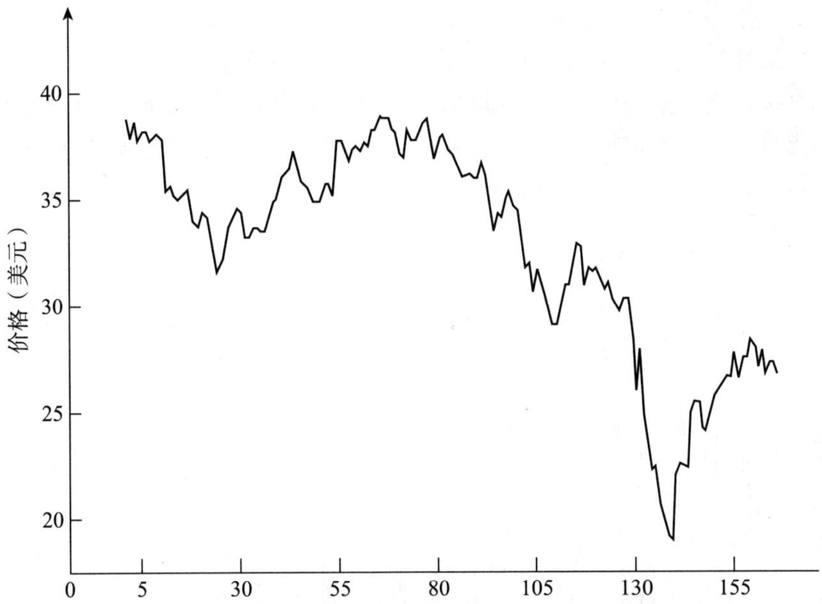

图 10－3　杜克能源公司日股价（2002 年 1 月 3 日至 2002 年 8 月 31 日）

因此，干预模型为

$$Z_t = \omega_0 I_t + \frac{a_t}{1-B} \tag{10.2.3}$$

估计结果为

参数	估计	标准差
ω_0	−3.06	0.801 9

残差的样本 ACF 没有表明模型不适合，干预参数的估计是高度显著的。于是，有证据表明宣布诉讼导致了杜克能源公司的股价下降。

表 10－1　　杜克能源公司股价的样本 ACF 和样本 PACF

(a) $\{N_t\}$　($\overline{N}=34.94$，$S_N=2.712$，$n=129$)										
k	1	2	3	4	5	6	7	8	9	10
$\hat{\rho}_k$	0.94	0.89	0.84	0.79	0.74	0.69	0.66	0.62	0.58	0.53
St. E.	0.09	0.15	0.18	0.21	0.23	0.25	0.27	0.28	0.29	0.30
$\hat{\phi}_k$	0.94	0.03	−0.01	0.01	−0.03	0.01	0.11	−0.09	−0.09	0.02
St. E.	0.09	0.09	0.09	0.09	0.09	0.09	0.09	0.09	0.09	0.09
(b) $\{W_t=(1-B)N_t\}$　($\overline{W}=-0.075\,7$，$S_W=0.694\,2$，$n=128$)										
k	1	2	3	4	5	6	7	8	9	10
$\hat{\rho}_k$	0.05	−0.07	−0.04	0.00	−0.03	−0.15	0.10	0.13	0.03	−0.09
St. E.	0.09	0.09	0.09	0.09	0.09	0.09	0.09	0.09	0.09	0.09
$\hat{\phi}_k$	0.05	−0.07	−0.03	0.00	−0.04	−0.15	0.11	0.09	0.02	−0.08
St. E.	0.09	0.09	0.09	0.09	0.09	0.09	0.09	0.09	0.09	0.09

例 10-2 洛杉矶因被特殊的空气污染问题困扰而著称，污染起因于一些主要污染物，如氮氧化物、活性炭氢化物在阳光下产生化学反应。这些化学反应物形成了臭名昭著的洛杉矶雾霾，直接危害人们的健康，如刺激眼睛、损害肺部，等等。测量结果表明光化学污染程度的标志是臭氧（通常记为 O_3）的含量。图 10-4 显示了洛杉矶市中心 1955—1972 年 O_3 每小时读数的月平均值（pphm）。

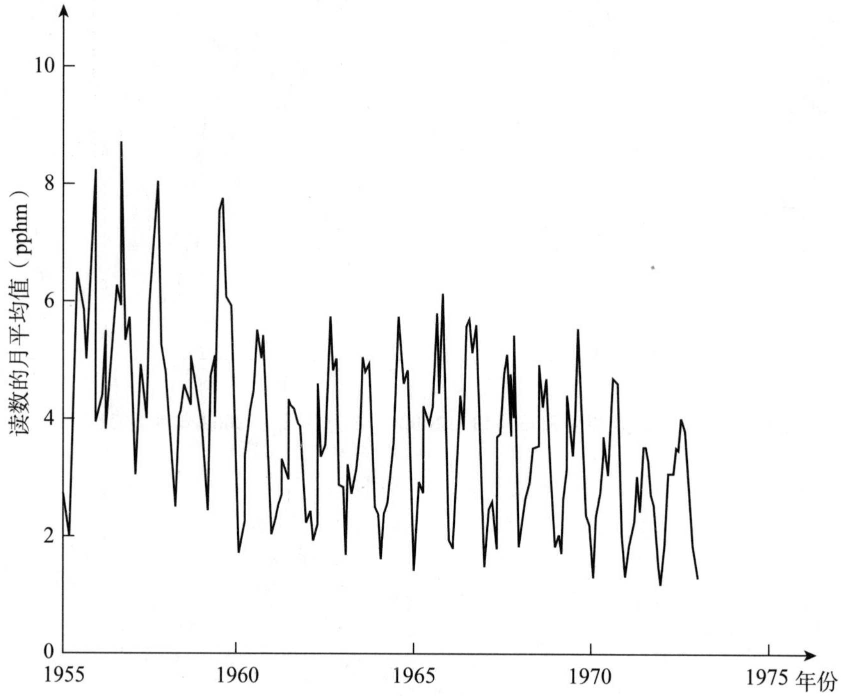

图 10-4 洛杉矶市中心 O_3 每小时读数的月平均值（1955—1972 年）

为了解决污染问题，政府曾研究了各种方法，其中包括在 1960 年初开辟金州高速公路以分流交通；设立新法规（63 号法令）——在当地销售的汽油中减少活性炭氢化物的容许比例。此外，1966 年后还实施特别规定：要求对新汽车改变引擎的设计，以减少 O_3 的排放。通过对这些有关污染问题影响事件的研究，Box 和 Tiao（1975）引入了干预分析。

1955—1960 年这一时段被假定为不受干预影响，且用来估计 N_t 的噪声模型。此期间的样本 ACF 显示了非平稳性和很强的季节特征。季节差分序列 $(1-B^{12})N_t$ 只在延迟 1 步和 12 步处有显著的峰值，意味着引入下面的 $(0, 0, 1)\times(0, 1, 1)_{12}$ 噪声模型：

$$(1-B^{12})N_t=(1-\theta B)(1-\Theta B^{12})a_t \tag{10.2.4}$$

Box 和 Tiao（1975）认为，1960 年金州高速公路的开通和 63 号法令的实施需用一个干预 I_1 来表示，可以预料从 1960 年起将产生 O_3 水平的一个阶梯形式的变化。干预 I_2 用来表示 1966 年要求新汽车改换引擎法规的实施。I_2 的影响可以通过改装新引擎的汽车在所有汽车中的比例来测算，但遗憾的是，测量不到这样的数据。然而，我们可以将 I_2 的影响描述为反映新设计的车辆在总量中所占比例增加的影响的趋向。由于夏季和冬季各个月份之间日照强度和气象条件存在差异，因此，在这两个季节 I_2 的影响是不同的。由此，Box 和 Tiao（1975）提出了下面的模型：

$$Z_t=\omega_1 I_{1t}+\frac{\omega_2}{1-B^{12}}I_{2t}+\frac{\omega_3}{1-B^{12}}I_{3t}+\frac{(1-\theta B)(1-\boldsymbol{\Theta} B^{12})}{1-B^{12}}a_t \tag{10.2.5}$$

其中

$$I_{1t}=\begin{cases}0, & t<1960\text{ 年 1 月}\\0, & t\geqslant 1960\text{ 年 1 月}\end{cases}$$

$$I_{2t}=\begin{cases}1, & 1966\text{ 年起的夏季月份(6—10 月)}\\0, & \text{其他}\end{cases}$$

$$I_{3t}=\begin{cases}1, & 1966\text{ 年起的冬季月份(11 月—第二年 5 月)}\\0, & \text{其他}\end{cases}$$

前述模型的估计结果为：

参数	估计	标准差
ω_1	−1.09	0.13
ω_2	−0.25	0.07
ω_3	−0.07	0.06
θ	−0.24	0.03
$\boldsymbol{\Theta}$	0.55	0.04

残差 $\hat{a}_t$ 并未显示模型有明显不当，这表明：(1) 干预减小了 O_3 的水平；(2) 与干预有关的结果是：在夏季月份，O_3 的水平递减，但在冬季月份并非如此。

例 10-3　1973 年 11 月的阿拉伯石油禁运极大地影响了美国石油制品的供给，在美国能源保护的舆论日益高涨。人们普遍认为在石油禁运事件之后石油消耗量降低了。为了检验这一设想是否正确，Montgomery 和 Weatherby（1980）对电力月消耗量的自然对数运用干预模型进行分析，总共获取 316 个观测值（1951 年 1 月至 1977 年 4 月。虽然禁运从 1973 年 11 月开始，但 Montgomery 和 Weatherby 认为到 1973 年 12 月禁运的影响尚未显现，因此，他们使用 1951 年 1 月至 1973 年 11 月的 275 个月度数据对噪声序列建模，得到如下的 ARIMA$(0,1,2)\times(0,1,1)_{12}$模型：

$$(1-B)(1-B^{12})\ln N_t=(1-\theta_1 B-\theta_2 B^2)(1-\boldsymbol{\Theta} B^{12})a_t \tag{10.2.6}$$

假定禁运的影响造成能源消耗量逐渐改变，因此建议用下面的干预模型

$$\ln Z_t=\frac{\omega_0}{(1-\delta_1 B)}I_t+\frac{(1-\theta_1 B-\theta_2 B^2)(1-\boldsymbol{\Theta} B^{12})}{(1-B)(1-B^{12})}a_t \tag{10.2.7}$$

其中，ω_0表示禁运的初始冲击，且有

$$I_t=\begin{cases}0, & t\leqslant 275\\1, & t>275\end{cases}$$

估计量及相应的标准差为：

参数	估计	标准差
ω_0	-0.07	0.03
δ_1	0.18	0.36
θ_1	0.40	0.06
θ_2	0.27	0.06
$\boldsymbol{\Theta}$	0.64	0.05

由于参数 δ_1 在统计上不显著，故 Montgomery 和 Weatherby 将参数 δ_1 去除，模型成为：

$$\ln Z_t=\omega_0 I_t+\frac{(1-\theta_1 B-\theta_2 B^2)(1-\boldsymbol{\Theta} B^{12})}{(1-B)(1-B^{12})}a_t \tag{10.2.8}$$

其中，I_t 的估计量与式（10.2.7）相同，估计结果为：

参数	估计	标准差
ω_0	-0.07	0.02
θ_1	0.40	0.06
θ_2	0.28	0.06
$\boldsymbol{\Theta}$	0.64	0.05

参数都是统计显著的，残差的 ACF 也未显示模型有任何不当，因此，干预模型（10.2.8）是令人满意的。该结果表明，禁运引起电力消耗量水平的持久性改变。由于模型是用电力消耗量的自然对数建立的，如果原来计量单位是 1 兆瓦时（MWH），在干预时刻 T 有 $\ln Z_t-\ln Z_{t-1}=\hat{\omega}_0\cdot 1-\hat{\omega}\cdot 0=\hat{\omega}_0$，则干预影响使其成为 $Z_t/Z_{t-1}=e^{\hat{\omega}_0}=e^{-0.07}=0.93$，即干预后电力消耗量的水平为干预前的 93%，换言之，阿拉伯石油禁运的影响使电力消耗量减少了 7%。

例 10-4 1965 年 11 月 9 日下午 5 时 27 分由于严重的供电故障，纽约市陷入一片黑暗之中。停电持续很长时间，纽约市的大部分都是整夜漆黑。1966 年 8 月 10 日《纽约时报》（*New York Times*）的头版以通栏标题《停电之后九个月出生人口激增》（Births Up 9 Months After the Blackout）刊登文章，其后美国内外的报纸杂志登载了许多文章，断言城市的出生率激增，但医学和人口学的数字对于停电的影响却显示出全然不同的结果。利用纽约市 1961—1966 年的 313 个周出生数（图 10-5 中给出），Izenman 和 Zabell（1981）对这一现象运用了干预分析进行处理。

停电发生在 1965 年 11 月 9 日，它恰好是第 254 周的中间，因此，用前 254 周的出生数对噪声序列建模，其模型为：

$$(1-B)(1-B^{52})N_t=(1-\theta B)(1-\boldsymbol{\Theta} B^{52})a_t \tag{10.2.9}$$

另外，妇产科的研究表明，妊娠期定义为末次经期至胎儿出生，共 40～41 周。Izenman 和 Zabell（1981）建议干预形式为：

$$\omega_0 I_t \tag{10.2.10}$$

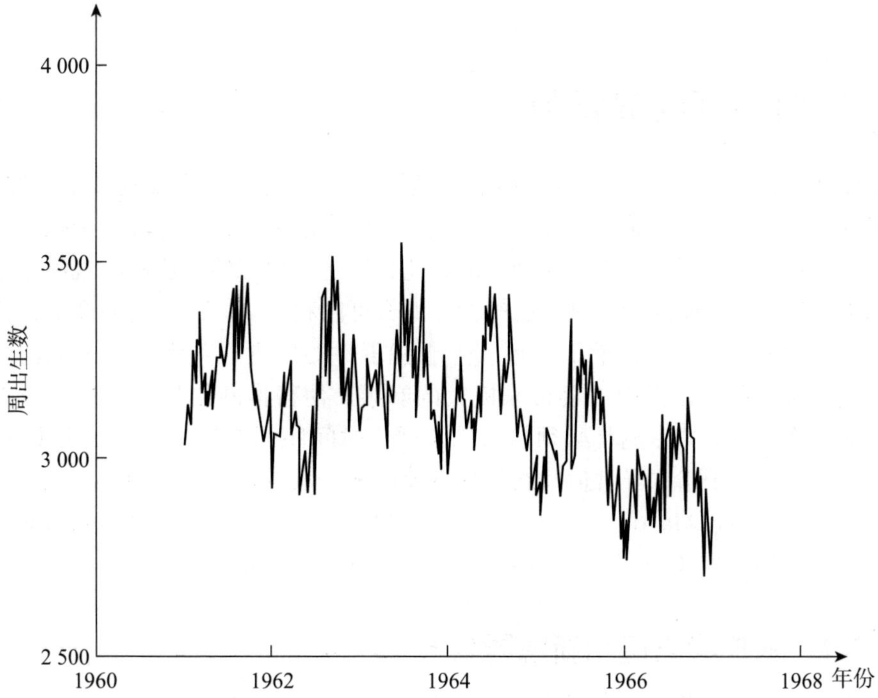

图 10-5 纽约 1961—1966 年周出生数

ω_0用来描述停电的影响，并有

$$I_t=\begin{cases}1, & t=292,293,294,295\\ 0, & \text{其他}\end{cases} \tag{10.2.11}$$

式（10.2.11）中的干预变量 I_t 在停电后的第 38 周到第 41 周取值为 1，这是检验停电造成影响的最可能的模式。

我们有下面的干预模型：

$$Z_t=\omega_0 I_t+\frac{(1-\theta B)(1-\Theta B^{52})}{(1-B)(1-B^{52})}a_t \tag{10.2.12}$$

其中，I_t 的定义如式（10.2.11）所示。

估计值及相应的标准差为：

参数	估计	标准差
ω_0	28.63	47.36
θ	0.74	0.04
Θ	0.82	0.02

残差的 ACF 并未表明模型有何不当。由于参数 ω_0的估计在统计上不显著，因而我们的结论是：对于纽约市出生数进行干预分析，并没有检验出因停电而造成的出生数激增。我们注意到，模型（10.2.12）与 Izenman 和 Zabell（1981）所估计的模型略有差异。

10.3 时间序列的异常值

时间序列有时会受到突发事件的影响，如罢工、战争爆发、突发的政治或经济危机、未能预报的热浪或寒流，甚至因不经意而出现的打印或记录错误，等等。干扰事件的后果是产生一些不真实的观测，它们与序列中的其他数据是不相容的。这样的观测通常称为异常值。如果干扰事件的原因和时刻是已知的，那么可以利用 10.1 节和 10.2 节讨论的干预模型来考察干扰事件的影响。然而，事实上干扰事件的发生时刻常常是未知的。众所周知，由于异常值在数据分析中常会带来极大的麻烦，使得推断结果不可信甚至无效，因此，检验或消除异常值的影响是必须执行的步骤。时间序列的异常值最先由 Fox（1972）进行研究，引入了关于附加异常值和新息异常值的两个统计模型。该领域还可参见 Abraham 和 Box（1979），Martin（1980），Chang 和 Tiao（1983），Hillmer、Bell 和 Tiao（1983），Tsay（1986），Chang、Tiao 和 Chen（1988）等参考文献。

10.3.1 附加异常值和新息异常值

为了不失一般性，考虑一个零均值的平稳过程。令 Z_t 是观测序列，X_t 是无异常值的序列。假定 $\{X_t\}$ 适合一个普通的 ARMA(p, q) 模型：

$$\phi(B)X_t=\theta(B)a_t \tag{10.3.1}$$

其中，$\phi(B)=1-\phi_1B-\cdots-\phi_pB^p$，$\theta(B)=1-\theta_1B-\cdots-\theta_qB^q$，是没有公共因子的平稳和可逆算子，$\{a_t\}$ 是相互独立、具有相同分布 $N(0, \sigma_a^2)$ 的白噪声序列。附加异常值（AO）模型定义为：

$$Z_t=\begin{cases}X_t, & t\neq T\\ X_t+\omega, & t=T\end{cases} \tag{10.3.2a}$$

$$=X_t+\omega I_t^{(T)} \tag{10.3.2b}$$

$$=\frac{\theta(B)}{\phi(B)}a_t+\omega I_t^{(T)} \tag{10.3.2c}$$

其中

$$I_t^{(T)}=\begin{cases}1, & t=T\\ 0, & t\neq T\end{cases}$$

是描述在时刻 T 时异常值是否存在的示性函数。新息异常值（IO）模型定义为：

$$Z_t=X_t+\frac{\theta(B)}{\phi(B)}\omega I_t^{(T)} \tag{10.3.3a}$$

$$=\frac{\theta(B)}{\phi(B)}(a_t+\omega I_t^{(T)}) \tag{10.3.3b}$$

因此，附加异常值只影响第 T 个观测值 Z_T，而新息异常值通过由 $\theta(B)/\phi(B)$ 描述的系统

的记忆影响 $t=T$ 时刻之后的所有观测值 Z_T，Z_{T+1}，…。

更一般地，一个时间序列可以包含若干个（如 k 个）不同类型的异常值，我们有下面的一般异常值模型：

$$Z_t=\sum_{j=1}^{k}\omega_j\nu_j(B)I_t^{(T)}+X_t \tag{10.3.4}$$

其中，对于 AO 有 $X_t=\dfrac{\theta(B)}{\phi(B)}a_t$，$\nu_j(B)=1$；而对于 IO 在时刻 $t=T_j$ 有 $\nu_j(B)=\dfrac{\theta(B)}{\phi(B)}$。

10.3.2　当发生时刻已知时异常值影响的估计

为了引出 AO 和 IO 的检验方法，我们考虑 T 和式（10.3.1）中所有参数都为已知的简单情形。令

$$\pi(B)=\frac{\theta(B)}{\phi(B)}=(1-\pi_1B-\pi_2B^2-\cdots) \tag{10.3.5}$$

定义

$$e_t=\pi(B)Z_t \tag{10.3.6}$$

由式（10.3.2c）和式（10.3.3b）可得：

$$\text{AO：}e_t=\omega\pi(B)I_t^{(T)}+a_t \tag{10.3.7}$$

和

$$\text{IO：}e_t=\omega I_t^{(T)}+a_t \tag{10.3.8}$$

对于 n 个有效的观测值，式（10.3.7）的 AO 模型可写为：

$$\begin{bmatrix} e_1\\ \vdots\\ e_{T-1}\\ e_T\\ e_{T+1}\\ e_{T+2}\\ \vdots\\ e_n \end{bmatrix}=\omega\begin{bmatrix} 0\\ \vdots\\ 0\\ 1\\ -\pi_1\\ -\pi_2\\ \vdots\\ -\pi_{n-T} \end{bmatrix}+\begin{bmatrix} a_1\\ \vdots\\ a_{T-1}\\ a_T\\ a_{T+1}\\ a_{T+2}\\ \vdots\\ a_n \end{bmatrix} \tag{10.3.9}$$

令 $\hat{\omega}_{AT}$是对 AO 模型中 ω 的最小二乘估计。由于 $\{a_t\}$ 是白噪声序列，由最小二乘理论有：

$$\begin{aligned}\text{AO：}\hat{\omega}_{AT}&=\frac{e_T-\sum_{j=1}^{n-T}\pi_je_{T+j}}{\sum_{j=0}^{n-T}\pi_j^2}\\ &=\frac{\pi^*(F)e_T}{\tau^2}\end{aligned} \tag{10.3.10}$$

其中，$\pi^*(F)=(1-\pi_1F-\pi_2F^2-\cdots-\pi_{n-T}F^{n-T})$，$F$ 是前移算子，有 $Fe_t=e_{t+1}$，$\tau^2=\sum_{j=0}^{n-T}\pi_j^2$。估计的方差为：

$$\begin{aligned}\operatorname{Var}(\hat{\omega}_{AT})&=\operatorname{Var}\left(\frac{\pi^*(F)e_T}{\tau^2}\right)\\&=\frac{1}{\tau^4}\operatorname{Var}[\pi^*(F)a_T]\\&=\frac{\sigma_a^2}{\tau^2}\end{aligned}\tag{10.3.11}$$

类似地，令 $\hat{\omega}_{IT}$ 是 IO 模型中 ω 的最小二乘估计，可得

$$\text{IO}:\ \hat{\omega}_{IT}=e_T\tag{10.3.12}$$

及

$$\begin{aligned}\operatorname{Var}(\hat{\omega}_{IT})&=\operatorname{Var}(e_T)=\operatorname{Var}(\omega I_t^{(T)}+a_T)\\&=\sigma_a^2\end{aligned}\tag{10.3.13}$$

因此，时刻 T 的 IO 影响的最好估计是残差 e_T，而 AO 影响的最好估计是残差 e_T，e_{T+1}，…，e_n 的线性组合，其权数取决于时间序列的结构。容易看出，$\operatorname{Var}(\hat{\omega}_{AT})\leqslant\operatorname{Var}(\hat{\omega}_{IT})=\sigma_a^2$，且在某些场合 $\operatorname{Var}(\hat{\omega}_{AT})$ 可能比 σ_a^2 小得多。

可以实施各种假设检验：

$H_0:Z_T$ 既不是 AO 也不是 IO
$H_1:Z_T$ 是 AO
$H_2:Z_T$ 是 IO

对于 AO 或 IO 的似然比检验为：

$$H_1\text{ vs. }H_0:\quad \lambda_{1,T}=\frac{\tau\hat{\omega}_{AT}}{\sigma_a}\tag{10.3.14}$$

和

$$H_2\text{ vs. }H_0:\quad \lambda_{2,T}=\frac{\hat{\omega}_{IT}}{\sigma_a}\tag{10.3.15}$$

在原假设 H_0 条件下，$\lambda_{1,T}$ 和 $\lambda_{2,T}$ 都满足 $N(0,1)$ 分布。

10.3.3 利用迭代方法的异常值检验

如果 T 是未知的，而时间序列的参数是已知的，那么对于 $t=1,2,\cdots,n$ 我们可以着手计算 $\lambda_{1,T}$ 和 $\lambda_{2,T}$，然后基于前述样本结果做出判断。但是，事实上时间序列的参数 ϕ_j、θ_j、π_j 和 σ_a^2 通常是未知的，必须去估计。众所周知，异常值的存在将使参数估计产生严重偏差。特别是如前所述，σ_a^2 常被高估。Chang 和 Tiao（1983）提出了迭代检验方法，用来处理 AO 或 IO 存在的个数为未知的情形。

步骤 1 假定不存在异常值，对序列 Z_t 建模，并由所估计的模型计算残差，即

$$\hat{e}_t=\hat{\pi}(B)Z_t$$
$$=\frac{\hat{\phi}(B)}{\hat{\theta}(B)}Z_t \qquad (10.3.16)$$

其中，$\hat{\phi}(B)=(1-\hat{\phi}_1B-\cdots-\hat{\phi}_pB^p)$，$\hat{\theta}(B)=(1-\hat{\theta}_1B-\cdots-\hat{\theta}_qB^q)$，令

$$\hat{\sigma}_a^2=\frac{1}{n}\sum_{t=1}^{n}\hat{e}_t^2$$

这是σ_a^2的初始估计。

步骤 2　利用已估计的模型，对$t=1$，2，…，n，计算$\hat{\lambda}_{1,t}$和$\hat{\lambda}_{2,t}$。定义

$$\hat{\lambda}_T=\max_t\max_i\{|\hat{\lambda}_{i,t}|\} \qquad (10.3.17)$$

这里T表示最大值发生的时刻。如果$\hat{\lambda}_T=|\hat{\lambda}_{1,T}|>C$，其中$C$是预先确定的正常数，通常取 3 和 4 之间的某值，则在时刻T有一个 AO，其影响用$\hat{\omega}_{AT}$来表示。我们可以用式（10.3.2b）修正数据如下：

$$\tilde{Z}_t=Z_t-\hat{\omega}_{AT}I_t^{(T)} \qquad (10.3.18)$$

并由式（10.3.7）定义新的残差：

$$\tilde{e}_t=\hat{e}_t-\hat{\omega}_{AT}\hat{\pi}(B)I_t^{(T)} \qquad (10.3.19)$$

如果$\hat{\lambda}_T=|\hat{\lambda}_{2,T}|>C$，那么在时刻$T$存在影响为$\hat{\omega}_{IT}$的 IO。利用式（10.3.3a）修正数据，IO 的影响可以消除，即

$$\tilde{Z}_t=Z_t-\frac{\hat{\theta}(B)}{\hat{\phi}(B)}\hat{\omega}_{IT}I_t^{(T)} \qquad (10.3.20)$$

由式（10.3.8）定义新的残差序列：

$$\tilde{e}_t=\hat{e}_t-\hat{\omega}_{IT}I_t^{(T)} \qquad (10.3.21)$$

由此，可以从修正后的残差计算新的估计$\tilde{\sigma}_a^2$。

步骤 3　在修正后的残差和$\tilde{\sigma}_a^2$的基础上再次计算$\hat{\lambda}_{1,t}$和$\hat{\lambda}_{2,t}$，并重复步骤 2，直到所有的异常值都被识别出来。$\pi(B)$中的初始估计仍保持不变。

步骤 4　假设步骤 3 结束后有k个异常值在时刻T_1，T_2，…，T_k被试探性地识别出。将这些时刻当作已知值来处理，估计异常值参数ω_1，ω_1，…，ω_k，并同时估计时间序列参数，这需要用到下述模型：

$$Z_t=\sum_{j=1}^{k}\omega_j\nu_j(B)I_j^{(T_j)}+\frac{\theta(B)}{\phi(B)}a_t \qquad (10.3.22)$$

其中，在时刻$t=T_j$，若对应 AO，$\nu_j(B)=1$；若对应 IO，$\nu_j(B)=\theta(B)/\phi(B)$。由此便导致了新的残差：

$$\hat{e}_t^{(1)}=\hat{\pi}^{(1)}(B)\left[Z_t-\sum_{j=1}^{k}\hat{\omega}_j\hat{\nu}_j(B)I_t^{(T_j)}\right] \qquad (10.3.23)$$

于是 σ_a^2 的修正估计就可以被计算出来。

重复步骤 2 到步骤 4，直到所有异常值都被识别出来，并同时估计出它们的冲击影响。这样，我们就得到了如下拟合异常值的模型：

$$Z_t = \sum_{j=1}^{k} \hat{\omega}_j \hat{\nu}_j(B) I_t^{(T_j)} + \frac{\hat{\theta}(B)}{\hat{\phi}(B)} a_t \tag{10.3.24}$$

其中，$\hat{\omega}_j$，$\hat{\phi}(B)=(1-\hat{\phi}_1 B-\cdots-\hat{\phi}_p B^p)$ 和 $\hat{\theta}(B)=(1-\hat{\theta}_1 B-\cdots-\hat{\theta}_q B^q)$ 是在最后一次迭代中得到的。

10.4　异常值分析的实例

前面的异常值检验方法是很容易实施的，任何具有干预分析或线性回归模块的软件都可实现该操作。SCA（1992）和 AUTOBOX 这两种时间序列软件都能实现该方法，并能方便地进行分析。Bell（1983）曾给出基于前面方法的修正计算程序。下面说明的例子是用 AUTOBOX 和标准回归程序包计算的。

例 10－5　利用 AUTOBOX 软件，我们将 10.3 节中讨论的异常值检验方法应用于美国 1975—1982 年的季度啤酒产量序列，该序列在第 8 章中曾用季节 ARIMA$(0,0,0)\times(0,1,1)_4$ 模型进行拟合。结果表明，在显著性水平 0.05 下该序列中不存在异常值。为了检验前面给出异常值的检验方法的效率，我们故意将原来的观测值 $Z_{12}=36.54$ 替换成新的值 $Z_{12}=56.54$，就当作是印刷错误造成的吧。我们对这个带有异常值的序列应用前述检验方法，序列的折线图如图 10－6 所示。

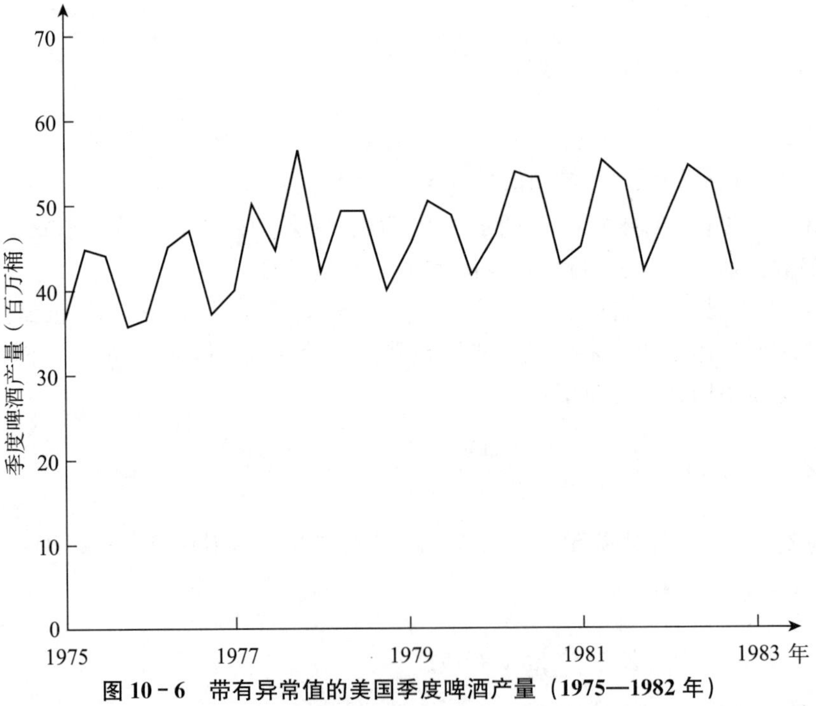

图 10－6　带有异常值的美国季度啤酒产量（1975—1982 年）

经分析得到的结果如下：

检验出的异常值

迭代次数	时刻	类型	量值（$\hat{\omega}$）
1	12	AO	16.26
2	27	IO	−2.31

通过异常值检验在第一次迭代就正确地识别出 $t=12$ 时刻的 AO。虽然第二次迭代把 Z_{27}检验为 IO，但是其影响力非常小。

例 10-6　序列 W1 曾在 6.2 节和 7.6 节分析过，得到下面的 AR(1) 模型：

$$(1-0.43B)Z_t=1.04+a_t \tag{10.4.1}$$

其中，$\hat{\sigma}_a^2=0.21$。观察拟合模型的残差，发现可能存在许多异常值。该序列是卡车制造车间装配线末端发现的日平均卡车故障数。为了确保质量，异常值检验始终是质量控制的重要任务。在本例中，我们将前面的异常值检验方法应用于该数据集，得到下面的结果：

检验出的异常值

迭代次数	时刻	类型
1	36	AO
2	9	IO
3	7	AO
4	4	IO

因此，我们考虑如下异常值模型：

$$\begin{aligned}Z_t&=\theta_0+\omega_1 I_t^{(36)}+\omega_2\frac{1}{(1-\phi B)}I_t^{(9)}+\omega_3 I_t^{(7)}+\omega_4\frac{1}{(1-\phi B)}I_t^{(4)}+\frac{1}{(1-\phi B)}a_t\\&=\theta_0+\omega_1 I_t^{(36)}+\omega_3 I_t^{(7)}+\frac{1}{(1-\phi B)}\left(\omega_2 I_t^{(9)}+\omega_4 I_t^{(4)}+a_t\right)\end{aligned} \tag{10.4.2}$$

对于前式中的参数同时进行估计，得到：

$$\begin{aligned}Z_t=&1.14+1.39I_t^{(36)}+0.99I_t^{(7)}+\frac{1}{1-0.28B}(-0.61I_t^{(9)}+0.66I_t^{(4)}+a_t)\\&\quad(0.11)\quad(0.37)\qquad(0.11)\qquad(0.19)\quad(0.31)\end{aligned} \tag{10.4.3}$$

以及 $\hat{\sigma}_a^2=0.11$。对比式（10.4.3）和式（10.4.1），我们可以看到，当考虑四个异常值时，a_t的方差 $\hat{\sigma}_a^2$大约缩小了 100%——从 0.21 缩小到 0.11。进而，自回归参数估计值的改变也是显著的，从 0.43 减小到更小的值 0.28。对于一个对质量进行严格控制的生产过程来说，人们希望故障序列应该是随机白噪声序列，如果选择更小的临界值 C，那么只有很少的附加异常值被检验出来。

10.5　存在异常值时的模型识别

如前所述，当干预的时机和原因已知时，可以使用干预分析。因为干预的时机和原因有时未知，除了附加异常值（AO）和新息异常值（IO）外，下面的水平漂移（LS）和瞬时改变（TC）也可以归入10.3节中讨论的迭代异常值检验的方法。

$$\text{LS: } Z_t = X_t + \frac{1}{(1-B)}\omega_L I_t^{(T)} \tag{10.5.1}$$

和

$$\text{TC: } Z_t = X_t + \frac{1}{(1-\delta B)}\omega_C I_t^{(T)} \tag{10.5.2}$$

其中，$\{X_t\}$ 是基础的无异常值过程。对于包含可能的LS和TC情况的实证例子，可以参见参考文献Chen和Liu（1991，1993）。

除了基于迭代检验方法的模型之外，文献中也有很多时间序列异常值的检验方法。例如，因为基础的无异常值模型经常是未知的，下面将会看到异常值会歪曲模型的识别，Lee和Wei（1995）提出了独立于异常值检验方法的模型。其他检验方法还可参见参考文献Tsay（1988）、Ledolter（1990）和Ljung（1993）。

异常值被确定后，我们可以使用式（10.3.18）和式（10.3.20）调整数据，然后基于调整的数据进行分析。然而，一个更有成效的方法是寻找造成异常值的原因，进一步调整拟合模型（10.3.24）。这个过程不但对参数估计合适，而且对模型诊断和预报也合适的。在探究造成异常值的原因时，我们可以发现干扰的本质。例如，一些异常值的出现可能是由政策改变引起的重大干预变量，由于分析员对于一些政策的改变不是很熟悉，在数据分析的初始阶段很容易被忽略。因此，我们可以如10.1节和10.2节所讨论的那样引进合适的干预变量和响应函数，用消除异常值的影响来代替数据修正，从而将信息融入模型。干预和异常值相结合的显式表示模型通常在预报中更有用，而对于经异常常值修正后的数据拟合单变量模型，相对而言则并不是那么重要。

例10-7　考虑序列W14，美国1995年1月至2002年3月的月航空乘客人数，见图10-7。

如果不看图或盲目使用本章介绍的异常值检验方法，则会得到下面的结果：

检验出的异常值

迭代次数	时刻	类型
1	81	TC
2	82	TC

如果我们使用小于0.01的显著性水平，那么唯一被发现的异常值是在 $t=81$ 时刻的观测值，对应的时间是2001年9月，即纽约的世界贸易中心发生灾难的那个月，这显然是一个干预事件。异常值检验方法不但检验出了事件，也表明了干预的形式。

对于1995年1月至2001年8月的子序列，标准的时间序列建模可以使用ARIMA$(2,0,0)\times(0,1,0)_{12}$季节模型：

$$(1-\phi_1 B-\phi_2 B^2)(1-B^{12})Z_t = a_t \tag{10.5.3}$$

于是，我们将把模型（10.5.3）和 $t=81$ 时刻的观测值合并到干预模型

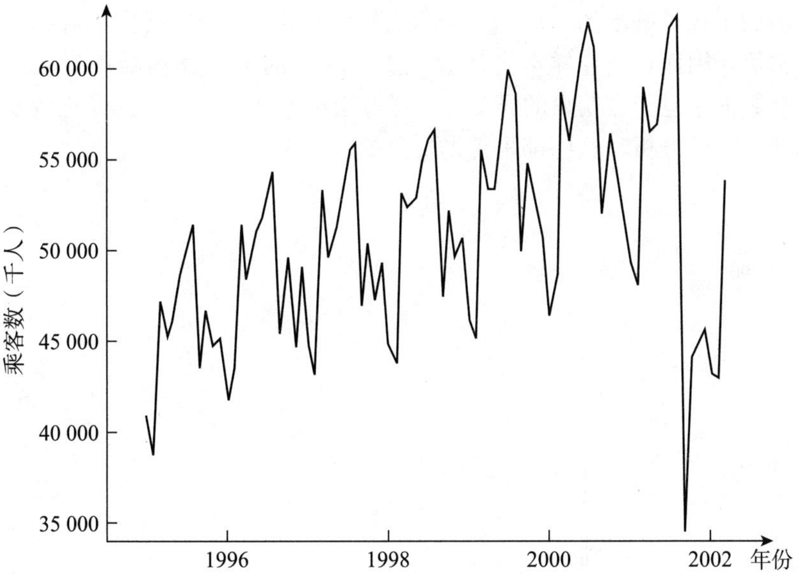

图 10-7　美国 1995 年 1 月至 2002 年 3 月的月航空乘客人数（序列 W14）

$$Z_t=\frac{\omega}{(1-\delta B)}I_t+\frac{1}{(1-\phi_1B-\phi_2B^2)(1-B^{12})}a_t \tag{10.5.4}$$

其中

$$I_t=\begin{cases}0, & t<81\ (2001\ 年\ 9\ 月)\\ 1, & t\geqslant 81\ (2001\ 年\ 9\ 月)\end{cases}$$

估计结果为

参数	估计	标准差
ω	−18 973.5	1 299.3
δ	0.76	0.06
ϕ_1	0.62	0.1
ϕ_2	0.21	0.1

2001 年 9 月 11 日，航空工业的灾难的影响是巨大的。

迭代异常值检验方法基于假设：无异常值序列的基本模型要么已知，要么可以被识别。然而实际上，基本模型通常是未知的，需要通过一些标准的统计分析模型来加以识别，如样本 ACF、PACF、IACF 和 ESACF。但需要强调的是，只有当异常值的影响是适中的，其影响不会掩盖、模糊一个无异常值序列的基本样本统计模式时，10.3 节中的异常值检验方法才会有效。在更严重的情形中，异常值的干扰会使得模型识别几乎不可能。例如，绿头苍蝇数据显示存在一个非常明显的 AR(1) 特征，如表 6-6 所示，AR(1) 的参数 ϕ_1 的估计值为 0.73，如表 7-3 所示。这组数据是附录中的序列 W3。现在假定因印刷错误，用 22 221 代替了 2 221。图 10-8 显示了 Z_{20} 被异常值污染的序列折线图。样本 ACF、PACF 和 ESACF 都已计算出，列于表 10-2 中。结果完全呈现出白噪声现象，由于一个异常值的干扰，基本的 AR(1) 特征已荡然无存。白噪声序列本身就可能是在时间序列中有异常值，因而在研究样本统计量（如 ACF）时如遇到白噪声现象，我们首先应考察一下，在数据中是否有明显的异常值。通过绘出序列的折线图这是很容易检验的，对于任何数据和异常值分析，这些都是首先要做的。

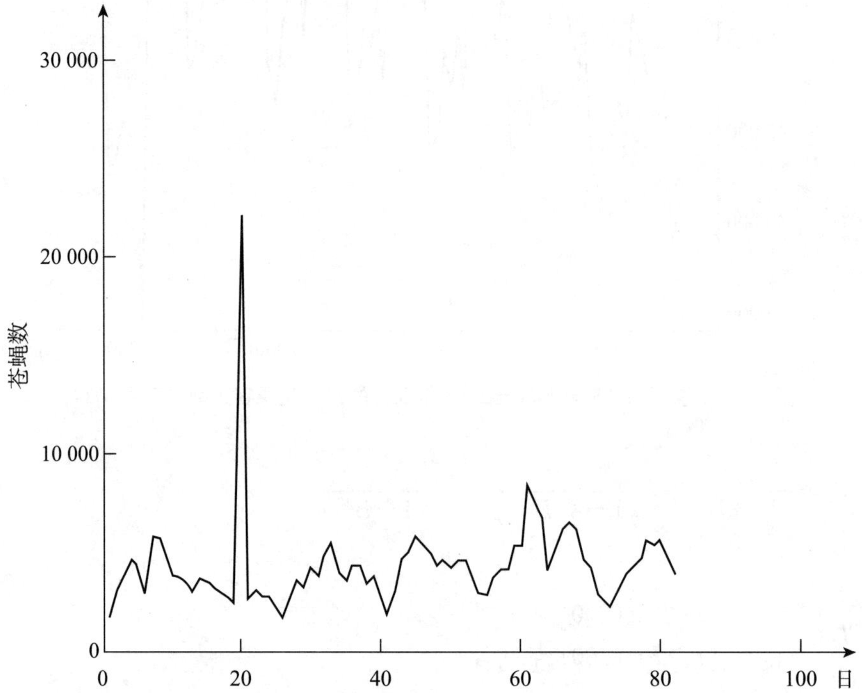

图 10-8　被异常值污染的绿头苍蝇数据

表 10-2　　被一个异常值污染的 AR(1) 序列的样本 ACF、PACF 和 ESACF

(a) $\hat{\rho}_k$

1～10	0.09	0.05	−0.03	−0.05	−0.09	−0.12	−0.14	−0.02	−0.06	−0.01
St. E.	0.11	0.11	0.11	0.11	0.11	0.11	0.11	0.11	0.12	0.12
11～20	0.02	0.06	0.10	0.04	0.03	0.07	0.06	0.00	−0.00	−0.08
St. E.	0.12	0.12	0.12	0.12	0.12	0.12	0.12	0.12	0.12	0.12

(b) $\hat{\phi}_{kk}$

1～10	0.09	0.04	−0.04	−0.04	−0.08	−0.11	−0.12	−0.04	−0.06	−0.02
St. E.	0.11	0.11	0.11	0.11	0.11	0.11	0.11	0.11	0.11	0.11
11～20	−0.01	0.02	0.06	−0.01	0.01	0.06	0.06	0.01	0.03	−0.04
St. E.	0.11	0.11	0.11	0.11	0.11	0.11	0.11	0.11	0.11	0.11

续表

MA \ AR	(c) ESACF										
	0	1	2	3	4	5	6	7	8	9	10
0	0	0	0	0	0	0	0	0	0	0	0
1	X	0	0	0	0	0	0	0	0	0	0
2	X	X	0	0	0	0	0	0	0	0	0
3	X	0	0	0	0	0	0	0	0	0	0
4	X	X	0	0	0	0	0	0	0	0	0

为了在参数估计时减少异常值的负面影响，文献中提出了一些稳健估计方法。根据 ACF 的估计，Chan 和 Wei(1992) 引进了下面的 α 平衡样本自相关函数（TACF）。

设 $Z_{(1)}\leqslant Z_{(2)}$，…，$\leqslant Z_{(n)}$是给定的时间序列 Z_1，Z_2，…，Z_n 的有序观测，α 平衡样本自相关函数定义为

$$\hat{\rho}_k^{(\alpha)}=\frac{\hat{\gamma}_k^{(\alpha)}}{\hat{\gamma}_0^{(\alpha)}} \tag{10.5.5}$$

其中

$$\hat{\gamma}_k^{(\alpha)}=\frac{1}{\sum_{t=k+1}^{n}L_{t-k}^{(\alpha)}L_t^{(\alpha)}}\left\{\sum_{t=k+1}^{n}(Z_{t-k}-\overline{Z}^{(\alpha)})(Z_t-\overline{Z}^{(\alpha)})L_{t-k}^{(\alpha)}L_t^{(\alpha)}\right\} \tag{10.5.6}$$

$$\overline{Z}^{(\alpha)}=\left\{\frac{\sum_{t=1}^{n}Z_tL_t^{(\alpha)}}{\sum_{t=1}^{n}L_t^{(\alpha)}}\right\} \tag{10.5.7}$$

$$L_t^{(\alpha)}=\begin{cases}0, & Z_t\leqslant Z_{(g)}\text{ 或 }Z_t\geqslant Z_{(n-g+1)}\\ 1, & \text{其他}\end{cases} \tag{10.5.8}$$

以及 g 是 $[\alpha n]$ 的整数部分，$0\leqslant\alpha\leqslant0.05$。换言之，式（10.5.5）中的 TACF $\hat{\rho}_k^{(\alpha)}$ 平衡了样本 ACF 计算中的 $\alpha\%$的极端值。

由于 $\{L_t^{(\alpha)}\}$ 是实数（0 或者 1）的确定性序列，时间序列的渐近理论包含了丰富的调整观测，因此，可以应用到 TACF。在白噪声模型下，按照 Dunsmuir 和 Robinson（1981），很容易证明$\sqrt{n}\,\hat{\rho}_k^{(\alpha)}(k\geqslant1)$ 是渐近独立正态随机变量，其渐近方差为 $1/\nu(k)$，其中，

$$\nu(k)=\lim_{n\to\infty}\frac{1}{n}\sum_{t=k+1}^{n}L_{t-k}^{(\alpha)}L_t^{(\alpha)} \tag{10.5.9}$$

于是，我们可以得到 TACF 的近似标准差

$$S_{\hat{\rho}_k^{(\alpha)}}=\frac{1}{\sqrt{n\hat{\nu}(k)}} \tag{10.5.10}$$

其中

$$\hat{\nu}(k)=\frac{1}{n}\sum_{t=k+1}^{n}L_{t-k}^{(\alpha)}L_t^{(\alpha)} \tag{10.5.11}$$

注意；$\hat{\nu}(k)<1$，其中$\alpha>0$。于是，对于白噪声模型，$S_{\hat{\rho}_k^{(\alpha)}}>S_{\hat{\rho}_k}$，这是可以预期的，因为平衡序列中的信息总是小于无异常值情形下的原始序列里的信息。

对于 TACF，α 的选择是很重要的。如果我们选择了一个较大的α，TACF 就不再是一个有效的估计量，因为当α 增加时，$\hat{\nu}(k)$会随之变小。另外，如果我们选择了一个较小的α，估计量的作用（平衡序列中可能的异常值）就不能得到很好的发挥。实际上，对于一般的序列，我们推荐使用$\alpha=1\%\sim2\%$，对于中等程度干扰的序列，推荐$\alpha=3\%\sim5\%$，对于严重干扰的序列，推荐$\alpha=6\%\sim10\%$。

ACF 的其他稳健估计量包括 Quenouilli（1949）提出的刀切法，Masarotto（1987）提出的稳健样本偏自相关和自相关函数。Chan 和 Wei（1992）证明了在估计 ACF 时，式（10.5.5）简单的 TACF 不仅按照均方根误差（root mean squared error）比其他稳健估计量要好，而且在同时存在附加异常值和新息异常值时表现良好。

当序列中存在异常值时，所有推荐的 ACF 估计量比标准的样本 ACF 表现得都要好。实际上，因为我们可能不知道异常值是否存在，为了正确地识别模型，我们推荐使用自相关的稳健估计。

有许多关于时间序列异常值的研究。在现有的关于异常值的稳健估计方法和模型识别的其他讨论中，我们推荐参阅参考文献 Tsay（1986）、Abraham 和 Chuang（1989）、Chen 和 Liu（1991，1993）、Wei 和 Wei（1998）以及 Liu（2003）。

在本章结束时，我们注意到干预和异常值通常会导致时间序列的水平漂移，而干预分析在研究干预和异常值的影响时是一个很有用的方法。然而，有时候漂移的发生是由于序列的变化。对于这个问题，需要对不同的方法进行研究。因为篇幅所限，我们将不再讨论这个问题，感兴趣的读者可以参阅参考文献 Wichern、Miller 和 Hsu（1976）以及 Abraham 和 Wei（1984）。

练　习

10.1 考虑如下干预的响应函数：

（1）$\omega_0 p_t^{(T)}$；

（2）$\dfrac{\omega_0}{(1-\delta B)}p_t^{(T)}$；

（3）$\dfrac{\omega_0}{(1-B)}p_t^{(T)}$；

（4）$\left[\dfrac{\omega_0}{(1-\delta B)}+\dfrac{\omega_1}{(1-B)}\right]p_t^{(T)}$；

（5）$\left[\omega_0+\dfrac{\omega_1 B}{(1-\delta B)}\right]p_t^{(T)}$；

（6）$\left[\omega_0+\dfrac{\omega_1}{(1-\delta B)}+\dfrac{\omega_2}{(1-B)}\right]p_t^{(T)}$；

（7）$\dfrac{\omega_0}{(1-\delta B)(1-B)}p_t^{(T)}$。

（a）画出上面的响应函数；

（b）讨论各种干预的可能应用。

10.2 找到一个被一些外在事件影响的时间序列，利用干预分析提交一个书面报告。

10.3 对下面的时间序列进行迭代异常值分析，并提交报告。

0.561	0.664	0.441	0.635	1.083	0.961	0.057
1.349	1.100	0.544	−0.132	−1.567	−1.277	−1.192
−1.346	1.401	0.037	−0.272	−0.591	−0.542	−0.574
−0.742	−1.416	0.549	−1.446	−1.883	1.050	1.134
1.947	−1.839	0.803	0.321	0.470	−0.279	1.913
−0.785	0.236	0.147	−0.690	0.667	−0.270	0.221
−0.633	−0.245	−1.705	−1.648	−0.723	−1.316	−0.642
−0.510	−0.065	−0.553	−1.058	−14.960	−0.764	−0.556
−0.079	0.047	−0.203	0.244	−0.407	−0.438	−1.616
−0.231	−0.371	−1.643	0.203	−0.338	−0.830	−1.749
−1.025	−2.218	0.360	−1.332	0.199	−0.034	0.621
2.008	−0.154	0.308				

10.4 找到一个你感兴趣的时间序列，且它可能被一些异常值或者干预干扰。

（a）对该序列拟合一个 ARIMA 模型。

（b）找出所有可能的异常值和干预变量，建立一个异常值-干预分析。

（c）比较和讨论（a）和（b）的结果。

10.5（a）利用样本 ACF $\hat{\rho}_k$ 找到一个适合练习 10.3 中数据的时间序列模型。

（b）利用 5%的平衡样本自相关函数 $\hat{\rho}_k^{(\alpha)}$ 找到一个适合（a）中数据的时间序列模型。

（c）比较并讨论（a）和（b）的结果。

第11章 傅立叶分析

前几章给出的时间序列处理方法采用诸如自相关和偏自相关之类的函数，通过参数模型研究时间序列的演变，这就是我们熟悉的时域分析。另一种处理方法试图通过各种频率上的正弦波动性质来描述时间序列的波动特征，这就是频域分析。本章引入傅立叶分析的一些基本概念，这是进行频域分析的基础。

11.1 一般概念

使用一个称为基的基本函数集合来表示一个函数是很方便的，这样就使得我们所研究的一切函数都可以写成基中基本函数的线性组合，包括正弦、余弦或复指数的基本函数是十分有用的函数集合。本章研究如何用正弦函数去构造一个任意函数，此项研究通常涉及由 18 世纪法国数学家傅立叶（J. B. J. Fourier）所给出的傅立叶分析。他在 1807 年宣称：任何周期函数都能表示成正弦调和关系的级数。之后，他也得到非周期函数的正弦加权积分的表达式，但它们并不是都具有调和关系。

傅立叶分析技巧的发展经历了漫长的历史过程，涉及很多数学家，其中包括欧拉（E. Euler）、伯努利（D. Bernoulli）、拉普拉斯（P. S. Laplace）、拉格朗日（J. L. Lagrange）和狄利克雷（P. L. Dirichlet），当然还有傅立叶。尽管傅立叶分析的早期工作只限于连续时间的物理现象，如弦振动的物理运动、热传导和扩散等，但傅立叶分析的本质思想可以全盘移植于离散时间现象。对于我们来说，其所涉及的是离散时间函数或序列的傅立叶分析。特别是在 11.2 节中我们要推导出正弦、余弦函数和复指数的正交性质，并且利用这一性质，在 11.3 节和 11.4 节中我们对有限序列和周期序列给出傅立叶表示。任意一个非周期序列的傅立叶变换将在 11.5 节进行讨论。连续函数的傅立叶表示在 11.6 节给出，计算傅立叶表示时具体用到的快速傅立叶变换则在 11.7 节进行探讨。经过这几节的学习，我们对傅立叶分析技巧就会有一定的了解，这为在第 12 章和第 13 章中介绍时间序列分析的频域方法做好了准备。

11.2 正交函数

令 $\phi_k(t)$ 和 $\phi_j(t)$ 是定义在 D 上的复值函数，D 是实线的子集。定义在离散集上的

离散时间函数 $\phi_k(t)$ 和 $\phi_j(t)$ 称为正交的，如果：

$$\sum_{t\in D}\phi_k(t)\phi_j^*(t)\begin{cases}=0, & k\neq j\\ \neq 0, & k=j\end{cases} \tag{11.2.1}$$

其中，$\phi_j^*(t)$ 表示 $\phi_j(t)$ 的复共轭。定义在实线某区间的连续时间函数 $\phi_k(t)$ 和 $\phi_j(t)$ 是正交的，如果：

$$\int_D \phi_k(t)\phi_j^*(t)\mathrm{d}t\begin{cases}=0, & k\neq j\\ \neq 0, & k=j\end{cases} \tag{11.2.2}$$

本书所涉及的是离散时间函数，也称为序列。正交函数的种类有很多，在本节我们引入在时间序列分析中很有用的正交函数的两个等价族。

假设正弦三角函数 $\sin(2\pi kt/n)$ 和余弦三角函数 $\cos(2\pi kt/n)$ 定义在有限的 n 个点 $t=1, 2, \cdots, n$ 上。对于 $k=0, 1, 2, \cdots, [n/2]$，其中 $[x]$ 是小于或等于 x 的最大整数，族

$$\left\{\sin\left(\frac{2\pi kt}{n}\right), \cos\left(\frac{2\pi kt}{n}\right): k=0, 1, \cdots, \left[\frac{n}{2}\right]\right\} \tag{11.2.3}$$

恰好包含 n 个非恒等于零的函数。这可由下面的事实看出：对于 $k=0$ 和 n 为偶数时的 $k=[n/2]$，正弦三角函数恒等于零。更确切地说，当 n 为偶数时，$[n/2]=n/2$，该族包括 $\cos(2\pi 0t/n)=1$，$\sin(2\pi kt/n)$和 $\cos(2\pi kt/n)$，$k=1, 2, \cdots, n/2-1$，以及 $\cos(2\pi(n/2)t/n)=\cos(\pi t)=(-1)^t$。而当 n 为奇数时，$[n/2]=(n-1)/2$，该族包括 $\cos(2\pi 0t/n)=1$，$\sin(2\pi kt/n)$ 和 $\cos(2\pi kt/n)$，$k=1, 2, \cdots, (n-1)/2$。在上述任一种情况下族中都恰好有 n 个函数。

接下来，我们将说明族（11.2.3）实际上是一组正交函数。为此利用欧拉函数

$$e^{i\omega}=\cos\omega+i\sin\omega \tag{11.2.4}$$

以及其等价形式

$$\sin\omega=\frac{e^{i\omega}-e^{-i\omega}}{2i} \tag{11.2.5}$$

$$\cos\omega=\frac{e^{i\omega}+e^{-i\omega}}{2} \tag{11.2.6}$$

于是有

$$\begin{aligned}\sum_{t=1}^{n}e^{i\omega t}&=e^{i\omega}\left(\frac{1-e^{i\omega n}}{1-e^{i\omega}}\right)=e^{i\omega}\left(\frac{e^{i\omega n}-1}{e^{i\omega}-1}\right)\\&=e^{i\omega}\left[\frac{e^{i\omega n/2}(e^{i\omega n/2}-e^{-i\omega n/2})/2i}{e^{i\omega/2}(e^{i\omega/2}-e^{-i\omega/2})/2i}\right]\\&=e^{i\omega(n+1)/2}\frac{\sin(\omega n/2)}{\sin(\omega/2)}\\&=\cos\left(\frac{\omega(n+1)}{2}\right)\frac{\sin(\omega n/2)}{\sin(\omega/2)}+i\sin\left(\frac{\omega(n+1)}{2}\right)\frac{\sin(\omega n/2)}{\sin(\omega/2)}\end{aligned} \tag{11.2.7}$$

但是

$$\sum_{t=1}^{n} e^{i\omega t}=\sum_{t=1}^{n}\cos\omega t+i\sum_{t=1}^{n}\sin\omega t$$

因此，可以得到

$$\sum_{t=1}^{n}\cos\omega t=\cos\left(\frac{\omega(n+1)}{2}\right)\frac{\sin(\omega n/2)}{\sin(\omega/2)} \tag{11.2.8}$$

$$\sum_{t=1}^{n}\sin\omega t=\sin\left(\frac{\omega(n+1)}{2}\right)\frac{\sin(\omega n/2)}{\sin(\omega/2)} \tag{11.2.9}$$

令 $\omega=2\pi k/n$，由于

$$\frac{\sin(\omega n/2)}{\sin(\omega/2)}=\frac{\sin(\pi k)}{\sin(\pi k/n)}=\begin{cases}n, & k=0\\0, & k\neq 0\end{cases}$$

且对于 $\omega=0$，有 $\cos\omega=1$，$\sin\omega=0$，故方程（11.2.8）和方程（11.2.9）意味着

$$\sum_{t=1}^{n}\cos\left(\frac{2\pi kt}{n}\right)=\begin{cases}n, & k=0\\0, & k\neq 0\end{cases} \tag{11.2.10}$$

$$\sum_{t=1}^{n}\sin\left(\frac{2\pi kt}{n}\right)=0,\qquad k=0,1,\cdots,[n/2] \tag{11.2.11}$$

利用三角等式

$$\cos\omega\cos\lambda=\frac{1}{2}\{\cos(\omega+\lambda)+\cos(\omega-\lambda)\} \tag{11.2.12a}$$

$$\sin\omega\sin\lambda=\frac{1}{2}\{\cos(\omega-\lambda)-\cos(\omega+\lambda)\} \tag{11.2.12b}$$

$$\sin\omega\cos\lambda=\frac{1}{2}\{\sin(\omega+\lambda)+\sin(\omega-\lambda)\} \tag{11.2.12c}$$

由方程（11.2.10）和方程（11.2.11）可以得到

$$\sum_{t=1}^{n}\cos\left(\frac{2\pi kt}{n}\right)\cos\left(\frac{2\pi jt}{n}\right)=\begin{cases}n, & k=j=0\text{ 或 }n/2(n\text{ 为偶数})\\n/2, & k=j\neq 0\text{ 或 }n/2(n\text{ 为偶数})\\0, & k\neq j\end{cases} \tag{11.2.13}$$

$$\sum_{t=1}^{n}\sin\left(\frac{2\pi kt}{n}\right)\sin\left(\frac{2\pi jt}{n}\right)=\begin{cases}n, & k=j=0\text{ 或 }n/2(n\text{ 为偶数})\\n/2, & k=j\neq 0\text{ 或 }n/2(n\text{ 为偶数})\\0, & k\neq j\end{cases} \tag{11.2.14}$$

$$\sum_{t=1}^{n}\sin\left(\frac{2\pi kt}{n}\right)\cos\left(\frac{2\pi jt}{n}\right)=0\text{ 对所有 }k\text{ 和 }j\text{ 都成立} \tag{11.2.15}$$

这就说明了族（11.2.3）是一组正交函数。

由方程（11.2.5）和方程（11.2.6）可以看出，方程（11.2.3）中的三角函数族可以用复数形式表示，这种形式简单而紧凑，在一些应用中很有用。根据这种表示形式，相应的族包含了下面的复指数：

$$\left\{e^{i2\pi kt/n}\text{：如果 } n \text{ 为偶数，} -\frac{n}{2}+1\leqslant k\leqslant\frac{n}{2}\text{；}\right.$$

$$\left.\text{如果 } n \text{ 为奇数，} -\frac{n-1}{2}\leqslant k\leqslant\frac{n-1}{2}\right\} \tag{11.2.16}$$

这恰好又包括 n 个函数。为了说明复指数的正交性，我们注意到：

$$\sum_{t=1}^{n} e^{i2\pi kt/n}=\begin{cases} n, & k=0 \\ 0, & k\neq 0\end{cases} \tag{11.2.17}$$

在这里我们用到

$$\sum_{t=1}^{n} e^{i2\pi kt/n}=e^{i2\pi k/n}\left[\frac{1-(e^{i2\pi k/n})^{n}}{1-e^{i2\pi k/n}}\right]$$

以及 $(e^{i2\pi k/n})^{n}=e^{i2\pi k}=1$。

利用方程（11.2.17），我们可以立即得到下面的结果：

$$\sum_{t=1}^{n} e^{i2\pi kt/n}e^{-i2\pi jt/n}=\begin{cases} n, & k=j \\ 0, & k\neq j\end{cases} \tag{11.2.18}$$

因此，族（11.2.16）是正交的。

11.3　有限序列的傅立叶表示

设 Z_1，Z_2，…，Z_n 是 n 个元素的序列，该序列可以看作 n 维空间中某个点的坐标集。在向量分析中，我们常构造所谓基的向量集，使得空间中的任意向量都可表示为基元素的线性组合。对于一个给定的 n 维空间，我们知道：任意一组 n 个正交向量构成一个基。因此，对于给定的有 n 个元素的序列 $\{Z_t\}$，我们可以将其表示成族（11.2.3）给出的正交三角函数的线性组合，即

$$Z_t=\sum_{k=0}^{[n/2]}\left[a_k\cos\left(\frac{2\pi kt}{n}\right)+b_k\sin\left(\frac{2\pi kt}{n}\right)\right],\qquad t=1,2,\cdots,n \tag{11.3.1}$$

方程（11.3.1）称为序列 Z_t 的傅立叶级数，a_k，b_k 称为傅立叶系数。式（10.3.1）两边分别乘以 $\cos(2\pi kt/n)$和 $\sin(2\pi kt/n)$，利用在式（11.2.13）到式（11.2.15）中给出的三角函数的正交性，并对 $t=1$，2，…，n 求和，我们可以得到 a_k，b_k。为了避免混淆，读者可以将方程（11.3.1）中的下标 k 用 j 替代。于是我们可得到如下公式：

$$a_k=\begin{cases}\dfrac{1}{n}\displaystyle\sum_{t=1}^{n}Z_t\cos\left(\frac{2\pi kt}{n}\right), & k=0\text{，并且如果 } n \text{ 为偶数，} k=n/2 \\ \dfrac{2}{n}\displaystyle\sum_{t=1}^{n}Z_t\cos\left(\frac{2\pi kt}{n}\right), & k=1,2,\cdots,\left[\dfrac{n-1}{2}\right]\end{cases}$$

$$b_k=\frac{2}{n}\sum_{t=1}^{n}Z_t\sin\left(\frac{2\pi kt}{n}\right),\qquad k=1,2,\cdots,\left[\frac{n-1}{2}\right] \tag{11.3.2}$$

令 $\omega_k=2\pi k/n$，$k=0$，1，…，$[n/2]$，这些频率称为傅立叶频率。利用式（11.2.16）给出的复指数族，我们可以将 Z_t 的傅立叶级数表示成

$$Z_t=\begin{cases}\sum_{k=-(n-1)/2}^{(n-1)/2} c_k e^{i\omega_k t}, & \text{如果 } n \text{ 为奇数}\\ \sum_{k=-n/2+1}^{n/2} c_k e^{i\omega_k t}, & \text{如果 } n \text{ 为偶数}\end{cases} \tag{11.3.3}$$

其中，傅立叶系数 c_k 由下式给出

$$c_k=\frac{1}{n}\sum_{t=1}^{n} Z_t e^{-i\omega_k t} \tag{11.3.4}$$

由方程（11.3.1）和方程（11.3.3）又可推导出：

$$\begin{aligned}Z_t&=\sum_{k=0}^{[n/2]}(a_k\cos\omega_k t+b_k\sin\omega_k t)\\&=\begin{cases}\sum_{k=-(n-1)/2}^{(n-1)/2} c_k e^{i\omega_k t}, & \text{如果 } n \text{ 为奇数}\\ \sum_{k=-(n/2)+1}^{n/2} c_k e^{i\omega_k t}, & \text{如果 } n \text{ 为偶数}\end{cases}\end{aligned}$$

这样，根据式（11.2.5）和式（11.2.6）的关系很容易看出傅立叶系数 a_k，b_k 和 c_k 之间的关系，即

$$\begin{cases}c_0=a_0;\ c_{n/2}=a_{n/2}(n\text{ 为偶数})\\ c_k=\dfrac{a_k-ib_k}{2}\\ c_{-k}=c_k^*=\dfrac{a_k+ib_k}{2}\end{cases} \tag{11.3.5}$$

系数 $c_0=a_0=\sum_{t=1}^{n}Z_t/n$ 通常称为 d. c. 值，也就是序列的常值平均。

前述内容表明，任何有限序列均可以表示为正弦、余弦序列或复指数序列的线性组合。

11.4 周期序列的傅立叶表示

若存在一个正值常数 P 使得对于所有 t 均有：

$$f(t+P)=f(t) \tag{11.4.1}$$

则函数 $f(t)$ 称为具有周期 P 的周期函数。显然，若 P 为周期，则 $2P$，$3P$，…也是周期。使式（11.4.1）成立的最小周期 P 称为基本周期或简称为周期。

假设序列（或离散时间函数）Z_t 的周期为 n，这里 n 是正整数，则对任意正整数 t 均有：

$$Z_{t+n}=Z_t \tag{11.4.2}$$

周期函数的基本特征是：在一个周期范围内的特性就可将函数唯一确定，超出该范围的函数只不过是范围内特性的重复。因此，具有周期 n 的周期序列可以由其在 $t=1,\ 2,\ \cdots,\ n$ 的值唯一确定。

按照 11.3 节中关于有限序列傅立叶级数的结果，我们可以将 Z_t，$t=1,\ 2,\ \cdots,\ n$ 表示为正交的正弦、余弦函数的线性组合：

$$Z_t=\sum_{k=0}^{[n/2]}(a_k\cos\omega_k t+b_k\sin\omega_k t) \tag{11.4.3}$$

$$a_k=\begin{cases}\dfrac{1}{n}\displaystyle\sum_{t=1}^{n}Z_t\cos\omega_k t, & k=0\text{，并且如果 } n \text{ 为偶数，} k=\dfrac{n}{2}\\ \dfrac{2}{n}\displaystyle\sum_{t=1}^{n}Z_t\cos\omega_k t, & k=1,\ 2,\ \cdots,\ \left[\dfrac{n-1}{2}\right]\end{cases} \tag{11.4.4}$$

$$b_k=\frac{2}{n}\sum_{t=1}^{n}Z_t\sin\omega_k t,\qquad k=1,\ 2,\ \cdots,\ \left[\frac{n-1}{2}\right] \tag{11.4.5}$$

其中，$\omega_k=2\pi k/n$。类似地，我们可以把 Z_t，$t=1,\ 2,\ \cdots,\ n$ 表示为复指数的线性组合：

$$Z_t=\begin{cases}\displaystyle\sum_{k=-(n-1)/2}^{(n-1)/2}c_k e^{i\omega_k t}, & \text{如果 } n \text{ 为奇数}\\ \displaystyle\sum_{k=-(n/2)+1}^{n/2}c_k e^{i\omega_k t}, & \text{如果 } n \text{ 为偶数}\end{cases} \tag{11.4.6}$$

$$c_k=\frac{1}{n}\sum_{t=1}^{n}Z_t e^{-i\omega_k t} \tag{11.4.7}$$

式（11.4.4）和式（11.4.5）中的系数 a_k、b_k 以及式（11.4.7）中的 c_k 是与式（11.3.5）相联系的。

容易看出，式（11.4.3）中的正弦函数 $\sin\omega_k t$ 和余弦函数 $\cos\omega_k t$ 以及式（11.4.6）中的复指数 $e^{i\omega_k t}$ 都是以 n 为周期的。这样可以得到我们需要的结果：

$$Z_{t+jn}=Z_t$$

对于所有整数 t 和 j 都成立。换言之，式（11.4.3）和式（11.4.6）对所有整数 t 均成立。

我们已经证明如何将周期为 n 的任意序列表示为 n 个三角序列或复指数的线性组合。使得傅立叶级数式（11.4.3）和式（11.4.6）成立的最小正数 n 称为基本周期，而相应的值 $2\pi/n$ 称为基本频率。前述表达式中的项当 $k=+1$ 和 $k=-1$ 时具有相同的基本周期 n（因而有相同的基本频率 $2\pi/n$），称为第一个调和分量。一般地，当项 $k=+j$ 和 $k=-j$ 时都有相同的频率 $j(2\pi/n)$，我们称其为第 j 个调和分量。因此，在傅立叶级数表示中的各项所具有的频率都是乘以同一基本频率 $2\pi/n$，因而都是调和关系。

对于给定的周期为 n 的序列及 Z_t，在一个周期之内与该序列相联系的能量定义为：

$$\sum_{t=1}^{n}Z_t^2 \tag{11.4.8}$$

在式（11.4.3）两边乘以 Z_t 并从 $t=1$ 到 $t=n$ 求和，利用式（11.4.4）和式（11.4.5）我们有：

$$\sum_{t=1}^{n} Z_t^2 = \sum_{k=0}^{[n/2]}\left[a_k \sum_{t=1}^{n} Z_t \cos\omega_k t + b_k \sum_{t=1}^{n} Z_t \sin\omega_k t\right]$$
$$=\begin{cases} n a_0^2 + \dfrac{n}{2}\displaystyle\sum_{k=1}^{[(n-1)/2]}(a_k^2+b_k^2), & \text{如果 } n \text{ 为奇数} \\ n a_0^2 + \dfrac{n}{2}\displaystyle\sum_{k=1}^{[(n-1)/2]}(a_k^2+b_k^2) + n a_{n/2}^2, & \text{如果 } n \text{ 为偶数} \end{cases} \tag{11.4.9}$$

式（11.4.9）是著名的傅立叶级数的 Parseval（帕塞瓦尔）公式。等价地，由式（11.4.6）和式（11.4.7）可以得到 Parseval 公式的如下形式：

$$\sum_{t=1}^{n} Z_t^2 = \begin{cases} n \displaystyle\sum_{k=-(n-1)/2}^{(n-1)/2} |c_k|^2 & \text{如果 } n \text{ 为奇数} \\ n \displaystyle\sum_{k=-n/2+1}^{n/2} |c_k|^2 & \text{如果 } n \text{ 为偶数} \end{cases} \tag{11.4.10}$$

其中，$|c_k|^2 = c_k c_k^*$。

式（11.4.9）和式（11.4.10）意味着周期函数在时间范围 $t=0$，1，2，…内的总能量是无穷的。因此，我们考虑它在单位时间的能量，称为序列的功率，由下式给出：

$$\text{功率} = \begin{cases} a_0^2 + \dfrac{1}{2}\displaystyle\sum_{k=1}^{[(n-1)/2]}(a_k^2+b_k^2), & \text{如果 } n \text{ 为奇数} \\ a_0^2 + \dfrac{1}{2}\displaystyle\sum_{k=1}^{[(n-1)/2]}(a_k^2+b_k^2) + a_{n/2}^2, & \text{如果 } n \text{ 为偶数} \end{cases} \tag{11.4.11}$$

或者等价地写成

$$\text{功率} = \begin{cases} \displaystyle\sum_{k=-(n-1)/2}^{(n-1)/2} |c_k|^2 & \text{如果 } n \text{ 为奇数} \\ \displaystyle\sum_{k=-n/2+1}^{n/2} |c_k|^2 & \text{如果 } n \text{ 为偶数} \end{cases} \tag{11.4.12}$$

如前所述，第 j 个调和分量包含 $k=+j$ 和 $k=-j$，且对应于同一频率 $j(2\pi/n)$。因此，我们将

$$\begin{cases} f_0 = c_0^2 = a_0^2;\ f_{n/2} = |c_{n/2}|^2 (n \text{ 为偶数}) \\ f_k = |c_{-k}|^2 + |c_k|^2 = 2|c_k|^2 = \dfrac{1}{2}(a_k^2 + b_k^2) \end{cases} \tag{11.4.13}$$

解释为 Z_t 在傅立叶级数表示的第 k 个频率 $\omega_k = 2\pi k/n$ 上总功率的分配。量值 f_k 作为 ω_k 的函数在图 11－1 中给出，称为功率谱，它描述了序列 Z_t 的总功率在各频率分量上是如何分布的。

例 11－1 令 $Z_1=1$，$Z_2=2$，$Z_3=3$，$Z_{t+3j}=Z_t$，$t=1$，2，3，$j=\pm1$，±2，±3，…。显然，如图 11－2 所示，这是周期为 3 的周期函数。

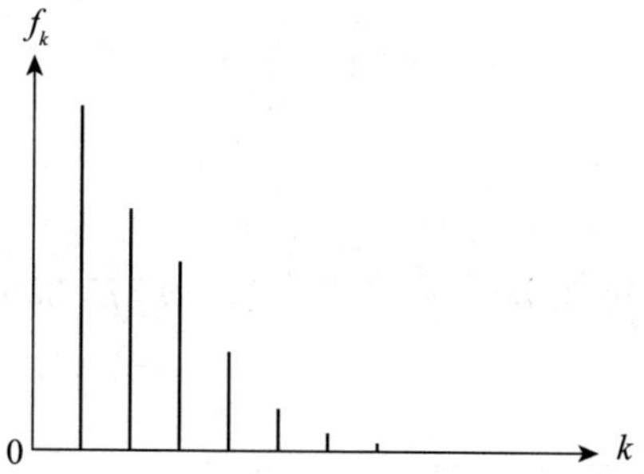

图 11－1　功率谱

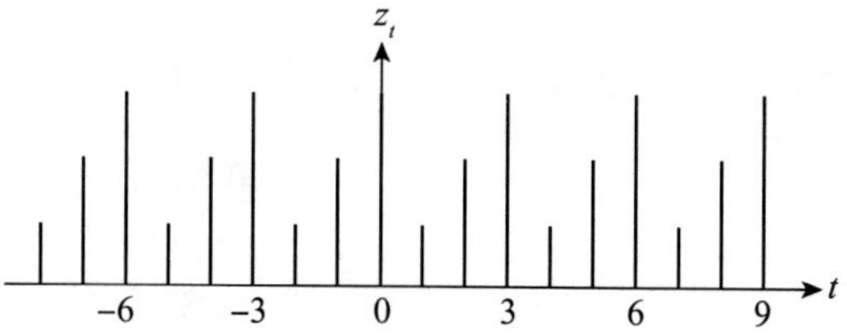

图 11－2　例 11－1 的周期序列

其中，周期 $n=3$ 是奇数，$[n/2]=1$。利用式（11.4.3），傅立叶级数变为

$$Z_t=a_0+a_1\cos\left(\frac{2\pi t}{3}\right)+b_1\sin\left(\frac{2\pi t}{3}\right)$$

由式（11.4.4）可得傅立叶系数为

$$a_0=\frac{1}{n}\sum Z_t=\bar{Z}=\frac{1}{3}(1+2+3)=2$$

$$a_1=\frac{2}{3}\left[1\cos\left(\frac{2\pi}{3}\right)+2\cos\left(\frac{4\pi}{3}\right)+3\cos\left(\frac{6\pi}{3}\right)\right]=1$$

$$b_1=\frac{2}{3}\left[1\sin\left(\frac{2\pi}{3}\right)+2\sin\left(\frac{4\pi}{3}\right)+3\sin\left(\frac{6\pi}{3}\right)\right]=-0.577\ 350\ 3$$

即得

$$Z_t=2+\cos\left(\frac{2\pi t}{3}\right)-0.577\ 350\ 3\sin\left(\frac{2\pi t}{3}\right),\qquad t=1,2,3,4,5,\cdots$$

类似地，用式（11.4.6）我们还可以将 Z_t 表示为

$$Z_t=c_{-1}e^{-i2\pi t/3}+c_0+c_1e^{i2\pi t/3},\qquad t=1,2,3,4,\cdots$$

式中的系数用式（11.4.7）计算：

$$c_0=\frac{1}{3}[1+2+3]=2$$

$$c_{-1}=\frac{1}{3}\left[e^{i2\pi/3}+2e^{i4\pi/3}+3e^{i6\pi/3}\right]=\frac{1}{2}(1-0.577\ 350\ 3i)$$

$$c_1=\frac{1}{3}\left[e^{-i2\pi/3}+2e^{-i4\pi/3}+3e^{-i6\pi/3}\right]=\frac{1}{2}(1+0.577\ 350\ 3i)$$

即得

$$Z_t=\frac{1}{2}(1-0.577\ 350\ 3i)e^{i2\pi t/3}+2+\frac{1}{2}(1+0.577\ 350\ 3i)e^{i2\pi t/3},$$
$$t=1,2,3,4,\cdots$$

显然，a_k、b_k 和 c_k 之间的关系如式（11.3.5）所示。

利用式（11.4.13），该序列的功率谱为

$$f_k=\begin{cases}2^2=4 & k=0\\ \frac{1}{2}[(1)^2+(-0.577\ 350\ 3)^2]=\frac{2}{3} & k=1\\ 0 & \text{其他}\end{cases}$$

如图 11－3 所示。

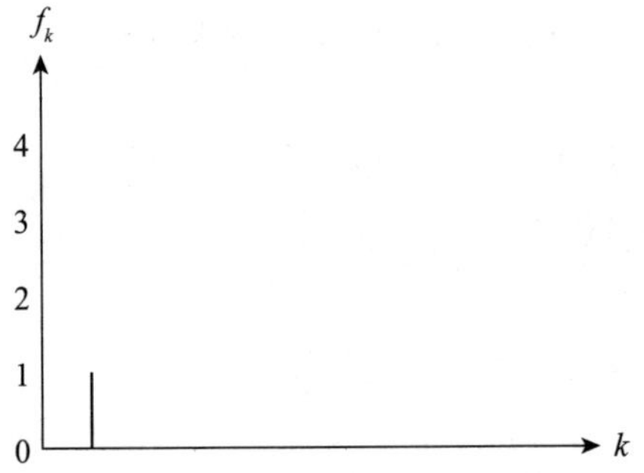

图 11－3　例 11－1 的功率谱

11.5　非周期序列的傅立叶表示——离散时间序列傅立叶变换

考虑一般的非周期序列，或在有限时间区间的函数 Z_t，当 $|t|>M$ 时，$Z_t=0$。令 $n=(2M+1)$，定义一个新的函数：

$$Y_{t+jn}=Z_t,-\frac{n-1}{2}\leqslant t\leqslant\frac{n-1}{2},\qquad j=0,\pm1,\pm2,\cdots \tag{11.5.1}$$

该函数显然以 n 为周期。于是，利用式（11.4.6），我们可以用傅立叶级数表示式（11.5.1）如下：

$$Y_t=\sum_{k=-(n-1)/2}^{(n-1)/2}c_k e^{i2\pi kt/n} \tag{11.5.2}$$

$$c_k=\frac{1}{n}\sum_{t=-(n-1)/2}^{(n-1)/2}Y_t e^{-i2\pi kt/n} \tag{11.5.3}$$

在这个区间上 $-(n-1)/2 \leqslant t \leqslant (n-1)/2$，并且 $Y_t = Z_t$。因此

$$\begin{aligned} c_k &= \frac{1}{n} \sum_{t=-(n-1)/2}^{(n-1)/2} Z_t e^{-i2\pi kt/n} \\ &= \frac{1}{n} \sum_{t=-\infty}^{\infty} Z_t e^{-i2\pi kt/n} \end{aligned} \tag{11.5.4}$$

这里我们用到了当 $t < -(n-1)/2$ 或 $t > (n-1)/2$ 时，$Z_t = 0$。令

$$f(\omega) = \frac{1}{2\pi} \sum_{t=-\infty}^{\infty} Z_t e^{-i\omega t} \tag{11.5.5}$$

我们有

$$c_k = \frac{2\pi}{n} f(k\Delta\omega) \tag{11.5.6}$$

其中，$\Delta\omega = 2\pi/n$ 是频率域的样本空间。合并式（11.5.2）和式（11.5.6）可以得到

$$Y_t = \sum_{k=-(n-1)/2}^{(n-1)/2} \frac{2\pi}{n} f(k\Delta\omega) e^{ik\Delta\omega t} \tag{11.5.7}$$

由于 $\Delta\omega = 2\pi/n$，式（11.5.7）可以写成

$$Y_t = \sum_{k=-(n-1)/2}^{(n-1)/2} f(k\Delta\omega) e^{ik\Delta\omega t} \Delta\omega \tag{11.5.8}$$

式（11.5.8）中表示的每一项都是矩形的面积，该矩形的高是 $f(k\Delta\omega)e^{ik\Delta\omega t}$、宽是 $\Delta\omega$。当 $n \to \infty$ 时，我们有 $Y_t \to Z_t$ 和 $\Delta\omega \to 0$，这个公式和的极限就是积分。此外，由于求和是在宽为 $\Delta\omega = 2\pi/n$ 的 n 个相邻区间上进行的，因而总积分区间的宽度是 2π。从而有

$$\begin{aligned} Z_t &= \lim_{n \to \infty} Y_t \\ &= \lim_{\Delta\omega \to 0} \sum_{k=-\infty}^{\infty} f(k\Delta\omega) e^{ik\Delta\omega t} \Delta\omega \\ &= \int_{2\pi} f(\omega) e^{i\omega t} \mathrm{d}w \end{aligned} \tag{11.5.9}$$

由于 $f(\omega)e^{i\omega t}$ 作为 ω 的函数是以 2π 为周期的，故积分区间可以取任意长度为 2π 的区间。特别地，我们考虑 $-\pi \leqslant \omega \leqslant \pi$，于是得到：

$$Z_t = \int_{-\pi}^{\pi} f(\omega) e^{i\omega t} \mathrm{d}w, \qquad t = 0, \pm 1, \pm 2, \cdots \tag{11.5.10}$$

和

$$f(\omega) = \frac{1}{2\pi} \sum_{t=-\infty}^{\infty} Z_t e^{-i\omega t}, \qquad -\pi \leqslant \omega \leqslant \pi \tag{11.5.11}$$

式（11.5.11）中的函数 $f(\omega)$ 通常称为 Z_t 的（离散时间）傅立叶变换，而式（11.5.10）中的 Z_t 通常称为 $f(\omega)$ 的（离散时间）逆傅立叶变换，它们构成一对傅立叶变换对。

依据前述讨论，我们也可以将傅立叶变换 $f(\omega)$ 定义为

$$f(\omega)=\sum_{t=-\infty}^{\infty}Z_te^{-i\omega t} \tag{11.5.12}$$

或

$$f(\omega)=\frac{1}{\sqrt{2\pi}}\sum_{t=-\infty}^{\infty}Z_te^{-i\omega t} \tag{11.5.13}$$

来代替式（11.5.5）。这些修正 $f(\omega)$ 定义引出了下面的傅立叶变换对：

$$\begin{cases}Z_t=\dfrac{1}{2\pi}\displaystyle\int_{-\pi}^{\pi}f(\omega)e^{i\omega t}\mathrm{d}w\\ f(\omega)=\displaystyle\sum_{t=-\infty}^{\infty}Z_te^{-i\omega t}\end{cases} \tag{11.5.14}$$

和

$$\begin{cases}Z_t=\dfrac{1}{\sqrt{2\pi}}\displaystyle\int_{-\pi}^{\pi}f(\omega)e^{i\omega t}\mathrm{d}w\\ f(\omega)=\dfrac{1}{\sqrt{2\pi}}\displaystyle\sum_{t=-\infty}^{\infty}Z_te^{-i\omega t}\end{cases} \tag{11.5.15}$$

在其他书中可以找到这些表示，本书中使用式（11.5.10）和式（11.5.11）给出的傅立叶变换对。

式（11.5.10）中有关求和的极限式的推导意味着在式（11.5.10）中给出的逆傅立叶变换把 Z_t 描述为频率无限接近振幅为$|f(\omega)|\mathrm{d}(\omega)$的复合正弦波动的线性组合，因此，量$|f(\omega)|$常被称为序列谱或振幅调制谱，它向我们提供了 Z_t 的复合波动如何在不同频率分解的有关信息。

序列的能量由下面的 Parseval 公式给出：

$$\begin{aligned}\sum_{t=-\infty}^{\infty}|Z_t|^2&=\sum_{t=-\infty}^{\infty}Z_t\int_{-\pi}^{\pi}f^*(\omega)e^{-i\omega t}\mathrm{d}w\\&=\int_{-\pi}^{\pi}f^*(\omega)\sum_{t=-\infty}^{\infty}Z_te^{-i\omega t}\mathrm{d}w\\&=2\pi\int_{-\pi}^{\pi}f^*(\omega)f(\omega)\mathrm{d}w\\&=2\pi\int_{-\pi}^{\pi}|f(\omega)|^2\mathrm{d}w\end{aligned} \tag{11.5.16}$$

Parseval 公式把时域和频域上的能量联系起来。换言之，对能量进行分解，可以求单位时间的能量，然后按所有时间求和；也可以求单位频率的能量$2\pi|f(\omega)|^2$，然后在所有频率上积分。因此，$g(\omega)=2\pi|f(\omega)|^2$ 作为 ω 的函数，也称为能量谱或能量谱密度函数。

在前面的构造中，Z_t 被假定为在任意有限时间区间上，对于无限时间区间的一般非周期函数式（11.5.10）和式（11.5.11）仍然成立。然而，在这种情形下必须考虑式（11.5.11）中无穷和的收敛性问题。保证和式收敛的一个有关 Z_t 的条件是：序列 $\{Z_t\}$

应是绝对可和的，即

$$\sum_{t=-\infty}^{\infty}|Z_t|<\infty \tag{11.5.17}$$

事实上，当 Z_t 是平方可和时前述定理也成立，即

$$\sum_{t=-\infty}^{\infty}Z_t^2<\infty \tag{11.5.18}$$

有关证明用到关于较弱条件表示形式，我们略去不讲。我们只需注意到式（11.5.17）的条件蕴涵式（11.5.18）的条件，但是其收敛性不成立。

周期和非周期序列在频率域的特性有重要区别，现归纳如下：

（1）周期序列的频谱是调和关联的，且构成有限的离散集合，而非周期序列构成频率的连续集。

（2）对周期序列来说，在全部时间 $t=0, \pm1, \pm2, \cdots$ 的能量是无限的，因此，我们在调和关系的频率的有限集上用功率谱来研究其性质，有时我们称得到的谱为线谱，非周期序列在全部时间区间的能量是有限的，这由式（11.5.17）中的条件予以保证。因此，我们用连续频率上的能量谱来描述其性质。

例 11-2　考虑序列

$$Z_t=\left(\frac{1}{2}\right)^{|t|}, \qquad t=0, \pm1, \pm2, \cdots$$

图 11-4 为其图形。

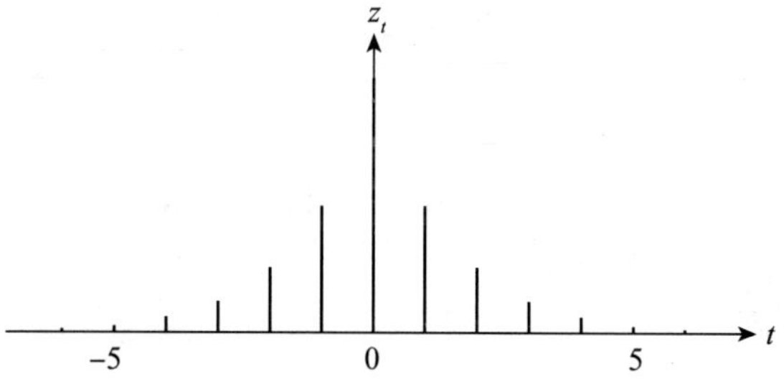

图 11-4　例 11-2 的非周期序列

现在

$$\sum_{t=-\infty}^{\infty}|Z_t|=\sum_{t=-\infty}^{\infty}\left(\frac{1}{2}\right)^{|t|}=1+2\sum_{t=1}^{\infty}\left(\frac{1}{2}\right)^{t}$$
$$=1+\sum_{t=0}^{\infty}\left(\frac{1}{2}\right)^{t}=1+\frac{1}{1-\frac{1}{2}}=1+2=3<\infty$$

因此，可以得到

$$f(\omega)=\frac{1}{2\pi}\sum_{t=-\infty}^{\infty}\left(\frac{1}{2}\right)^{|t|}e^{-i\omega t}$$

$$=\frac{1}{2\pi}\left\{\sum_{t=-\infty}^{-1}\left[\left(\frac{1}{2}\right)^{-t}e^{-i\omega t}\right]+1+\sum_{t=1}^{\infty}\left[\left(\frac{1}{2}\right)^{t}e^{-i\omega t}\right]\right\}$$

$$=\frac{1}{2\pi}\left[\sum_{t=1}^{\infty}\left(\frac{1}{2}e^{i\omega}\right)^{t}+1+\sum_{t=1}^{\infty}\left(\frac{1}{2}e^{-i\omega}\right)^{t}\right]$$

$$=\frac{1}{2\pi}\left[\frac{1}{2}e^{i\omega}\sum_{t=0}^{\infty}\left(\frac{1}{2}e^{i\omega}\right)^{t}+1+\frac{1}{2}e^{-i\omega}\sum_{t=0}^{\infty}\left(\frac{1}{2}e^{-i\omega}\right)^{t}\right]$$

$$=\frac{1}{2\pi}\left[\frac{1}{2}e^{i\omega}\frac{1}{1-\frac{1}{2}e^{i\omega}}+1+\frac{1}{2}e^{-i\omega}\frac{1}{1-\frac{1}{2}e^{-i\omega}}\right]$$

$$=\frac{1}{2\pi}\left[1+\frac{e^{i\omega}}{2-e^{i\omega}}+\frac{e^{-i\omega}}{2-e^{-i\omega}}\right]$$

$$=\frac{1}{2\pi}\left[1+\frac{2(e^{i\omega}+e^{-i\omega})-2}{5-2(e^{i\omega}+e^{-i\omega})}\right]$$

$$=\frac{1}{2\pi}\left[1+\frac{4\cos\omega-2}{5-4\cos\omega}\right]=\frac{3}{2\pi(5-4\cos\omega)},\qquad -\pi\leqslant\omega\leqslant\pi$$

图 11-5 给出低频占主导的正值对称函数。

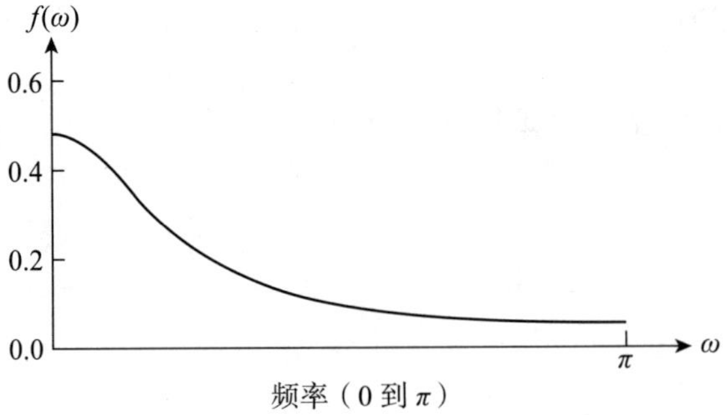

图 11-5　例 11-2 中序列的谱

例 11-3　设序列为

$$Z_t=\left(-\frac{1}{2}\right)^{|t|},\qquad t=0,\ \pm1,\ \pm2,\ \cdots$$

如图 11-6 所示。

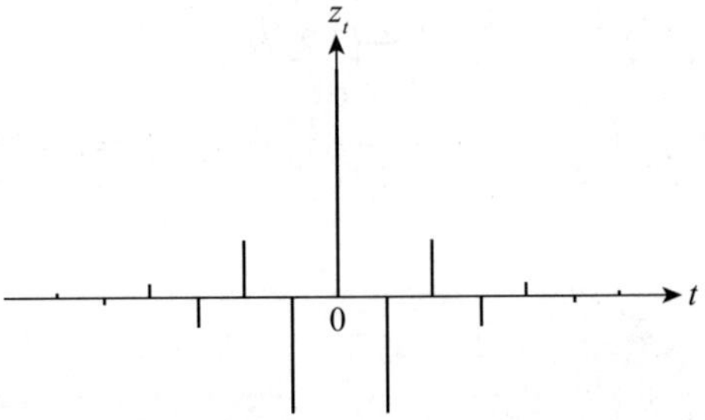

图 11-6　例 11-3 中的对称振荡序列

按照例 11－2 同样的论证，我们可以得到：

$$
\begin{aligned}
f(\omega) &= \frac{1}{2\pi}\sum_{t=-\infty}^{\infty}\left(-\frac{1}{2}\right)^{|t|}e^{-i\omega t} \\
&= \frac{1}{2\pi}\left[\sum_{t=1}^{\infty}\left(-\frac{1}{2}e^{-i\omega}\right)^{t}+1+\sum_{t=1}^{\infty}\left(-\frac{1}{2}e^{-i\omega}\right)^{t}\right] \\
&= \frac{1}{2\pi}\left[\left(-\frac{1}{2}e^{i\omega}\right)\frac{1}{1+\frac{1}{2}e^{i\omega}}+1+\left(-\frac{1}{2}e^{-i\omega}\right)\frac{1}{1+\frac{1}{2}e^{-i\omega}}\right] \\
&= \frac{1}{2\pi}\left[1-\frac{e^{i\omega}}{2+e^{i\omega}}-\frac{e^{-i\omega}}{2+e^{-i\omega}}\right] \\
&= \frac{1}{2\pi}\left[1-\frac{4\cos\omega+2}{5+4\cos\omega}\right]=\frac{3}{2\pi(5+4\cos\omega)}, \qquad -\pi\leqslant\omega\leqslant\pi
\end{aligned}
$$

如图 11－7 所示，谱 $f(\omega)$ 仍是正值对称的，不过是高频占主导。这是快速振荡序列的典型特征。

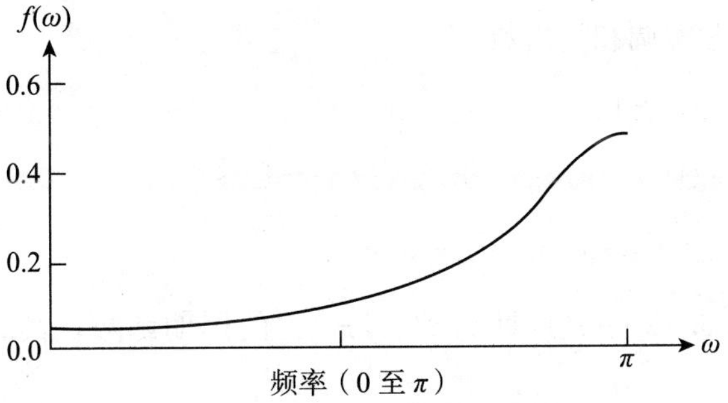

图 11－7　例 11－3 振荡序列的谱

例 11－4　在本例中，我们要找出对应的序列 Z_t，其谱为：

$$f(\omega)=\frac{1+\cos\omega}{2\pi}, \qquad -\pi\leqslant\omega\leqslant\pi$$

为了得出谱，我们利用式（11.5.10）给出的逆傅立叶变换进行计算，有：

$$
\begin{aligned}
Z_t &= \int_{-\pi}^{\pi} f(\omega)e^{i\omega t}\,\mathrm{d}w \\
&= \frac{1}{2\pi}\int_{-\pi}^{\pi}(1+\cos\omega)e^{i\omega t}\,\mathrm{d}w \\
&= \frac{1}{2\pi}\int_{-\pi}^{\pi}\left[e^{i\omega t}+\frac{e^{i\omega}+e^{-i\omega}}{2}e^{i\omega t}\right]\mathrm{d}w \\
&= \frac{1}{2\pi}\int_{-\pi}^{\pi}e^{i\omega t}\,\mathrm{d}w+\frac{1}{4\pi}\int_{-\pi}^{\pi}\left[e^{i\omega(t+1)}+e^{i\omega(t-1)}\right]\mathrm{d}w \\
&= \begin{cases} 1, & t=0 \\ \dfrac{1}{2}, & t=-1,1 \\ 0, & \text{其他} \end{cases}
\end{aligned}
$$

11.6 连续时间函数的傅立叶表示

11.6.1 周期函数的傅立叶表示

我们考虑对于所有实数 t 有定义的函数 $f(t)$，首先假定 $f(t)$ 是基本周期为 P 的周期函数，即对于所有实值 t 和整数 j，都有

$$f(t)=f(t+jP) \tag{11.6.1}$$

周期函数的特性由它在任意长度为 P 的区间上的行为所描述，因此，我们只需在区间 $[-P/2,\ P/2]$ 上考虑该函数。我们记得，基本周期 P 和基本频率 ω_0 之间的关系为：

$$\omega_0=\frac{2\pi}{P} \tag{11.6.2}$$

对此基本频率，考虑调和复指数：

$$\{e^{ik\omega_0 t}:\quad k=0,\ \pm1,\ \pm2,\ \cdots\} \tag{11.6.3}$$

显然

$$e^{ik\omega_0 t}=e^{ik\omega_0(t+2\pi/\omega_0)}=e^{i(k\omega_0 t+2\pi k)}=e^{ik\omega_0 t} \tag{11.6.4}$$

因此，复指数式（11.6.3）也是周期为 $P=2\pi/\omega_0$ 的周期函数，其周期与函数 $f(t)$ 相同，并有

$$\begin{aligned}\int_{-P/2}^{P/2} e^{ik\omega_0 t}e^{-ij\omega_0 t}\,\mathrm{d}t &= \int_{-P/2}^{P/2} e^{i(k-j)\omega_0 t}\,\mathrm{d}t \\ &= \begin{cases} P, & k=j \\ 0, & k\neq j \end{cases}\end{aligned} \tag{11.6.5}$$

得到方程（11.6.5）是由于如下事实：当 $k=j$ 时，积分为

$$\int_{-P/2}^{P/2} e^{i(k-j)\omega_0 t}\,\mathrm{d}t=\int_{-P/2}^{P/2}\mathrm{d}t=P$$

当 $k\neq j$ 时，则积分为：

$$\begin{aligned}\int_{-P/2}^{P/2} e^{i(k-j)\omega_0 t}\,\mathrm{d}t &= \left[\frac{1}{i(k-j)\omega_0}e^{i(k-j)\omega_0 t}\right]_{-P/2}^{P/2} \\ &= \frac{1}{i(k-j)\omega_0}\left[e^{i(k-j)\pi}-e^{-i(k-j)\pi}\right]=0\end{aligned}$$

因此，式（11.6.3）是周期为 P 的函数族，且在任意宽度为 P 的区间上正交。因此，我们可以将函数 $f(t)$ 表示为如下傅立叶级数：

$$f(t)=\sum_{k=-\infty}^{\infty} c_k e^{ik\omega_0 t} \tag{11.6.6}$$

如果该表达式有效，即式（11.6.6）中的级数一致收敛于 $f(t)$，那么逐项积分是允许的，因此，傅立叶系数可以很容易地表示为：

$$c_k=\frac{\int_{-P/2}^{P/2} f(t) e^{-ik\omega_0 t}\,\mathrm{d}t}{\int_{-P/2}^{P/2} e^{ik\omega_0 t} e^{-ik\omega_0 t}\,\mathrm{d}t}=\frac{1}{P}\int_{-P/2}^{P/2} f(t) e^{-ik\omega_0 t}\,\mathrm{d}t \tag{11.6.7}$$

为使式（11.6.6）的表达式有效，我们需要说明级数一致收敛于 $f(t)$。级数收敛的充分必要条件有很多，然而我们只需注意到狄利克雷给出的以下充分条件就足够了。

关于周期函数的狄利克雷条件 若 $f(t)$ 是具有周期 P 的有界周期函数，且在一个周期上至多存在有限多的最大值和最小值以及有限个不连续点，则傅立叶级数在任何 $f(t)$ 的连续点上收敛于 $f(t)$，且在 $f(t)$ 的每个非连续点上收敛于 $f(t)$ 的左极限和右极限的平均值。

由式（11.6.6）的 Parseval 公式，可以得到：

$$\int_{-P/2}^{P/2} |f(t)|^2\,\mathrm{d}t=P\sum_{k=-\infty}^{\infty}|c_k|^2 \tag{11.6.8}$$

11.6.2 非周期函数的傅立叶表示——连续时间傅立叶变换

对于在有穷值域所有点 t 上定义的一般非周期函数，即当 $|t|>P/2$时，$f(t)=0$，我们定义一个新的函数，其在区间 $[-P/2, P/2]$ 上记为 $f(t)$，而在该区间以外是有周期的，即

$$\begin{cases} g(t)=f(t), & -P/2\leqslant t\leqslant P/2 \\ g(t+jP)=g(t), & j=\pm 1,\ \pm 2,\ \cdots \end{cases} \tag{11.6.9}$$

显然，$g(t)$ 是周期为 P 的周期函数。因此，我们可以写成：

$$g(t)=\sum_{k=-\infty}^{\infty} c_k e^{ik\omega_0 t} \tag{11.6.10}$$

和

$$c_k=\frac{1}{P}\int_{-P/2}^{P/2} g(t) e^{-ik\omega_0 t}\,\mathrm{d}t \tag{11.6.11}$$

其中，$\omega_0=2\pi/P$。在区间 $[-P/2, P/2]$ 上，$g(t)=f(t)$，因此，在该区间上，我们得到

$$\begin{aligned} c_k &=\frac{\omega_0}{2\pi}\int_{-P/2}^{P/2} f(t) e^{-ik\omega_0 t}\,\mathrm{d}t \\ &=\frac{\omega_0}{2\pi}\int_{-P/2}^{P/2} f(u) e^{-ik\omega_0 u}\,\mathrm{d}u \end{aligned}$$

和

$$
\begin{aligned}
g(t) &= \sum_{k=-\infty}^{\infty} c_k e^{ik\omega_0 t} \\
&= \sum_{k=-\infty}^{\infty} \left[\frac{\omega_0}{2\pi}\int_{-P/2}^{P/2} f(u)e^{-ik\omega_0 u}\mathrm{d}u\right]e^{ik\omega_0 t} \\
&= \sum_{k=-\infty}^{\infty} \frac{\omega_0}{2\pi}\int_{-P/2}^{P/2} f(u)e^{ik\omega_0(t-u)}\mathrm{d}u \\
&= \frac{1}{2\pi}\sum_{k=-\infty}^{\infty} H(k\omega_0)\omega_0
\end{aligned} \tag{11.6.12}
$$

其中

$$
H(k\omega_0)=\int_{-P/2}^{P/2} f(u)e^{ik\omega_0(t-u)}\mathrm{d}u
$$

和式（11.6.12）中的每一项都是高为 $H(k\omega_0)$、宽为 ω_0 的矩形。当 $P\to\infty$，$g(t)\to f(t)$，$\omega_0\to 0$ 时，和式的极限成为积分。于是有

$$
f(t)=\lim_{P\to\infty} g(t)=\frac{1}{2\pi}\int_{-\infty}^{\infty} H(\omega)\mathrm{d}w
$$

和

$$
H(\omega)=\lim_{P\to\infty} H(k\omega_0)=\int_{-\infty}^{\infty} f(u)e^{i\omega(t-u)}\mathrm{d}u
$$

我们注意到，量 $k\omega_0$ 的极限成为连续量，将其记为 ω。

于是

$$
\begin{aligned}
f(t) &= \frac{1}{2\pi}\int_{-\infty}^{\infty} H(\omega)\mathrm{d}\omega = \frac{1}{2\pi}\int_{-\infty}^{\infty}\int_{-\infty}^{\infty} f(u)e^{i\omega(t-u)}\mathrm{d}u\,\mathrm{d}\omega \\
&= \frac{1}{2\pi}\int_{-\infty}^{\infty}\int_{-\infty}^{\infty} f(u)e^{-i\omega u}\mathrm{d}u e^{i\omega t}\mathrm{d}\omega \\
&= \int_{-\infty}^{\infty} \mathcal{F}(\omega)e^{i\omega t}\mathrm{d}\omega
\end{aligned} \tag{11.6.13}
$$

以及

$$
\begin{aligned}
\mathcal{F}(\omega) &= \frac{1}{2\pi}\int_{-\infty}^{\infty} f(u)e^{-i\omega u}\mathrm{d}u \\
&= \frac{1}{2\pi}\int_{-\infty}^{\infty} f(t)e^{-i\omega t}\mathrm{d}t
\end{aligned} \tag{11.6.14}
$$

式（11.6.14）中的函数 $\mathcal{F}(\omega)$ 称为 $f(t)$ 的傅立叶变换或者傅立叶积分，式（11.6.13）中的 $f(t)$ 称为 $\mathcal{F}(\omega)$ 的逆傅立叶变换或逆傅立叶积分，它们构成了一对傅立叶变换（或积分）对。类似地，用与 11.5 节同样的论证，我们也可以得到其他形式的傅立叶变换对：

$$
\begin{cases}
f(t)=\dfrac{1}{2\pi}\displaystyle\int_{-\infty}^{\infty} \mathcal{F}(\omega)e^{i\omega t}\mathrm{d}\omega \\
\mathcal{F}(\omega)=\displaystyle\int_{-\infty}^{\infty} f(t)e^{-i\omega t}\mathrm{d}t
\end{cases} \tag{11.6.15}
$$

以及

$$\begin{cases} f(t)=\dfrac{1}{\sqrt{2\pi}}\displaystyle\int_{-\infty}^{\infty}\mathcal{F}(\omega)e^{i\omega t}\,\mathrm{d}\omega \\ \mathcal{F}(\omega)=\dfrac{1}{\sqrt{2\pi}}\displaystyle\int_{-\infty}^{\infty}f(t)e^{-i\omega t}\,\mathrm{d}t \end{cases} \tag{11.6.16}$$

这些形式在其他书中可以找到。

式（11.6.13）和式（11.6.14）中的傅立叶变换对中的 Parseval 公式可以容易地表示为：

$$\int_{-\infty}^{\infty}|\mathcal{F}(\omega)|^2\mathrm{d}\omega=\frac{1}{2\pi}\int_{-\infty}^{\infty}|f(t)|^2\mathrm{d}t \tag{11.6.17}$$

需要注意的是：在前述结构中，$f(t)$ 是对有限区域求和，尽管对于某些无穷区域的函数，上述结果仍然有效，但并不是所有函数在无穷区域上都存在傅立叶变换。下面的狄利克雷条件给出了 $\mathcal{F}(\omega)$ 存在的一组有用的充分条件。

非周期函数的狄利克雷条件

（1）$f(t)$ 绝对可积，即 $\int_{-\infty}^{\infty}|f(t)|\mathrm{d}t<\infty$；

（2）在任意有限区间上，$f(t)$ 只存在有限多个最大值、最小值，以及有限多个不连续点。

11.7　快速傅立叶变换

由于在实际的时间序列分析中，我们得到的是一个 n 个值 Z_1，Z_2，…，Z_n 的序列，我们利用式（11.3.4）来计算下面的傅立叶系数，或进行傅立叶变换：

$$c_k=\frac{1}{n}\sum_{t=1}^{n}Z_te^{-i\omega_k t},\qquad k=-\frac{n}{2}+1,\cdots,0,\cdots,\frac{n}{2} \tag{11.7.1}$$

其中，我们假定 n 是偶数，并有 $\omega_k=2\pi k/n$，将式（11.7.1）改写为如下形式：

$$\begin{aligned} c_k&=\frac{1}{n}\sum_{t=1}^{n}Z_te^{-i\omega_k t} \\ &=\frac{1}{n}[Z_1e^{-i\omega_k}+Z_2e^{-i\omega_k 2}+\cdots+Z_ne^{-i\omega_k n}] \end{aligned} \tag{11.7.2}$$

我们看到：对于每个 k，计算 c_k 大约需要 n 次复数的乘法和加法运算，当然这里忽略了一种情况：即当 t 和 k 取某些值时，$e^{-i\omega_k t}$ 的值为±1，严格说来并不需要做一次复数乘法。因此，直接由式（11.7.1）来计算数组 $\{c_k: -n/2+1, -n/2+2, \cdots, 0, \cdots, n/2\}$ 大约需要 n^2 次复数乘法和加法。当 n 很大时，需要的运算量十分巨大，还存在相应的存贮问题。如果 $n=450$，则需要 202 500 次复数乘法和加法运算以及存贮单元。对于很大的 n，计算会变得不可行，甚至成为灾难。因此，一种称为快速傅立叶变换（fast Fourier transform,

FFT）的有效算法被用来计算傅立叶变换。Good（1958）、Cooley 和 Tukey（1965）均对该方法做出了重要贡献。

为了说明这一算法，我们考虑当 n 为偶数时，令 $X_t=Z_{2t}$ 表示 $\{Z_t\}$ 的偶数下标的值，$Y_t=Z_{2t-1}$ 表示 $\{Z_t\}$ 的奇数下标的值。进而，为简化符号，令

$$\lambda_n=e^{-i2\pi/n} \tag{11.7.3}$$

于是，式（11.7.1）中 n 点的傅立叶变换变为

$$\begin{aligned}c_k&=\frac{1}{n}\sum_{t=1}^{n}Z_te^{-i\omega_k t}\\&=\frac{1}{n}\sum_{t=1}^{n}Z_t\lambda_n^{kt}\\&=\frac{1}{n}\sum_{t=1}^{n/2}Z_{2t}e^{-i2\pi k2t/n}+\frac{1}{n}\sum_{t=1}^{n/2}Z_{2t-1}e^{-i2\pi k(2t-1)/n}\\&=\frac{1}{n}\sum_{t=1}^{n/2}X_te^{-i2\pi kt/(n/2)}+\frac{1}{n}e^{i2\pi k/n}\sum_{t=1}^{n/2}Y_te^{-i2\pi kt/(n/2)}\\&=\frac{1}{2}f_k+\frac{1}{2}\lambda_n^{-k}g_k\end{aligned} \tag{11.7.4}$$

其中

$$f_k=\frac{1}{(n/2)}\sum_{t=1}^{n/2}X_t\lambda_{n/2}^{kt} \tag{11.7.5}$$

$$g_k=\frac{1}{(n/2)}\sum_{t=1}^{n/2}Y_t\lambda_{n/2}^{kt} \tag{11.7.6}$$

我们注意到，式（11.7.5）和式（11.7.6）中的 f_k 和 g_k 分别是 X_t 和 Y_t 的（$n/2$）点傅立叶变换，因此，式（11.7.4）意味着 n 点傅立叶变换可以通过较简单的 $n/2$ 点傅立叶变换的线性组合来计算。由于

$$\begin{aligned}\lambda_{n/2}^{k}&=e^{-i2\pi k/(n/2)}=e^{-i2\pi k/(n/2)}e^{i2\pi}\\&=e^{-i2\pi(k-n/2)(n/2)}=\lambda_{n/2}^{k-n/2}\end{aligned} \tag{11.7.7}$$

我们有：

$$f_k=f_{k-n/2} \tag{11.7.8}$$

$$g_k=g_{k-n/2} \tag{11.7.9}$$

因此，在式（11.7.5）和式（11.7.6）中，我们只需对 $k=1$，2，…，$n/2$ 计算 f_k 和 g_k。而由式（11.7.5）和式（11.7.6）直接计算这些 f_k 和 g_k 大约需要 $2(n/2)^2$ 次复数乘法和加法运算，而由式（11.7.4）所做的（$n/2$）点傅立叶变换的线性组合则只需要 n 次复数乘法（对应于 g_k 乘以 λ_n^{-k}）和 n 次复数加法（对应于$\frac{1}{2}\lambda_n^{-k}g_k$ 加至$\frac{1}{2}f_k$）。因此，在式（11.7.4）的计算中所需复数乘法和加法的总次数是：

$$n+2\left(\frac{n}{2}\right)^2 \tag{11.7.10}$$

如果 $n/2$ 仍是偶数，则重复同样的步骤，式（11.7.5）和式（11.7.6）中（$n/2$）点傅立叶变换 f_k 和 g_k 都可以通过 2 个（$n/4$）点傅立叶变换来计算。为了得出由（$n/4$）点变换计算 $n/2$ 点中每一个所需的运算，根据前面的逻辑，我们很容易得出计算量是 $n/2+2(n/4)^2$。因此，计算全部 c_k 所需的总运算次数是

$$n+2\left[\frac{n}{2}+2\left(\frac{n}{4}\right)^2\right]=n+n+2^2\left(\frac{n}{2^2}\right)^2 \tag{11.7.11}$$

如果 $n=2^r$，而 r 是素数，我们就可以迭代 r 次连续进行这一过程，直到 2 点的傅立叶变换。全部计算所需复数乘法和加法的总次数近似等于

$$n+n+\cdots+2^r\left(\frac{n}{2^r}\right)^2\simeq n+n+\cdots+n=nr=n\log_2 n \tag{11.7.12}$$

显然，对于大的 n 所需运算从 n^2 减少到 $n\log_2 n$ 是很可观的。例如，若 $n=2\ 048=2^{11}$，直接用式（11.7.1）计算大约需要 4 194 304 次运算，然而，快速傅立叶变换只需要 22 528 次运算，减少的运算量超过 99%。进而，由于$\lambda_2=e^{-i2\pi/2}=-1$，最后一次迭代的 2 点傅立叶变换事实上只需要简单的加减法就可以得到。

本质上，快速傅立叶变换（FFT）是一种利用三角函数和复指数性质的迭代算法，其把 n 点傅立叶变换的计算简化为更简单的变换。本节中我们说明了 $n=2^r$ 时的算法，在实际中，序列的长度当然很少会是 2^r。但是，我们总可以把 0 添加到序列后面（称为“填充”）直至达到所需的数目。对于给定的频率 ω_k，添加的 0 显然不会影响傅立叶变换的数值。然而，添加 0 之后序列的长度从 n 增加到 m，那么，变换是对频率 $\omega_k=2\pi k/m$ 而不是 $\omega_k=2\pi k/n$ 进行计算。为了避免潜在的不利影响，一些作者建议将一个“渐变”的修正序列——从非 0 变到 0——置于待添加的数据段［可参见 Tukey(1967)、Godfrey(1974) 和 Brillinger(1975)］。

尽管 n 不一定具有形式 $n=2^r$，但由数论可知：一个整数总可以写成素数的乘积：

$$n=r_1\cdot r_2\cdot\cdots\cdot r_m$$

其中，$r_1\cdot r_2\cdot\cdots\cdot r_m$ 是不等于 2 的素数。显然，对于这种形式的快速傅立叶变换可以类似地加以推广。由于快速傅立叶变换最有效的计算软件是针对本节引入的形式 $n=2^r$，故我们不需要再涉及 n 的其他形式的有关方法。对 n 是两个整数乘积（如 $n=n_1n_2$）的简单情形，我们将其作为练习留给读者。至于其他情形，读者可参阅 Bloomfield（2000）。

练　习

11.1 证明等式 $2\sum_{i=1}^{n}\cos\omega t=\dfrac{\sin[(n+1/2)\omega]}{\sin[(\omega/2)]}-1$。

11.2 考虑下面的有限序列，求出该序列的傅立叶变换。

t	1	2	3	4	5	6	7	8	9	10	11	12
Z_t	−4	−23	−18	−6	1	4	10	−2	−16	−10	2	8

11.3 求出下面每一个序列的傅立叶变换：

(a) $Z_t=\begin{cases}1, & 如果\ 1\leqslant t\leqslant m\\ 0, & 如果\ m\leqslant t\leqslant n,\ (n>m+2)\end{cases}$

(b) $Z_t=n-t,\quad 1\leqslant t\leqslant n$

11.4 设 $Z_t=\sum_{k=0}^{p-1}X_k\exp(-i(2\pi kt)/p)$，证明 Z_t 有周期 P。

11.5 设 $Z_1=4$，$Z_2=3$，$Z_3=2$，$Z_4=1$，以及 $Z_{t+4j}=Z_t$（$t=1, 2, 3, 4$，$j=\pm1, \pm2, \cdots$）。

(a) 求出 Z_t 的傅立叶变换。

(b) 根据复指数形式求出 Z_t 的傅立叶变换。

(c) 求出并画出 Z_t 的功率谱。

11.6 考虑下面的序列

$$Z_t=\frac{16}{25}\left(\frac{1}{2}\right)^{|t|}+\frac{9}{25}\left(-\frac{1}{3}\right)^{|t|},\qquad t=0, \pm1, \pm2, \cdots$$

(a) 序列是绝对可和的吗？

(b) 求出 Z_t 的傅立叶变换。

(c) 画出并讨论序列的功率谱。

11.7 对于下面的每一个谱求出相应的序列 Z_t：

(a) $f(\omega)=\dfrac{1-\cos\omega+\cos 2\omega}{2\pi},\qquad -\pi\leqslant\omega\leqslant\pi$；

(b) $f(\omega)=\dfrac{1}{2\pi},\qquad -\pi\leqslant\omega\leqslant\pi$；

(c) $f(\omega)=\dfrac{1+\cos 4\omega}{2\pi},\qquad -\pi\leqslant\omega\leqslant\pi$。

11.8 对于定义在实直线上的绝对可积的函数 $g(x)$ 和 $h(x)$，函数

$$f(x)=\int_{-\infty}^{\infty}g(x-y)h(y)\mathrm{d}y$$

称为 $g(x)$ 和 $h(x)$ 的卷积。设 X_t 和 Y_t 是绝对可和序列，定义 $Z_t=X_tY_t$，证明 Z_t 的谱是 X_t 和 Y_t 的谱的卷积。

11.9 对于下面的每一个函数求出傅立叶变换：

(a) $f(t)=1$，$-\pi\leqslant t\leqslant\pi$；$f(t)=0$，其他。

(b) $f(t)=\cos\phi t$，ϕ 不是整数。

(c) $f(t)=\sin\phi t$，ϕ 不是整数。

11.10 证明方程（11.6.17）中的 Parseval 关系。

11.11 广义函数 $\delta(t)$ 表示一系列函数 $\delta_n(t)(n=1, 2, \cdots)$ 使得

$$\lim_{n\to\infty}\int_{-\infty}^{\infty}f(t)\delta_n(t-t_0)\mathrm{d}t=f(t_0)$$

即

$$\int_{-\infty}^{\infty} f(t)\delta(t-t_0)\mathrm{d}t = f(t_0)$$

假定 $f(t)$ 在 $t=t_0$ 处连续。函数 $\delta(t)$ 也称为狄拉克德尔塔函数。

(a) 证明序列 $s_n(t)=(n/\pi)^{1/2}e^{-nt^2}$，$-\infty<t<\infty$收敛到狄拉克德尔塔函数。

(b) 求出德尔塔函数的傅立叶变换对。

11.12 当观测值数量 n 等于两个整数 n_1 和 n_2 的乘积，即 $n=n_1n_2$ 时，讨论快速傅立叶变换。

第12章 平稳过程的谱理论

掌握了第11章讨论的傅立叶变换的有关背景知识后，我们着手研究时间序列分析的频域方法。事实上，平稳过程的谱就是该过程绝对可和自协方差函数的傅立叶变换。更一般地，一个平稳过程总可以用谱分布函数来表示。在给出一般的谱理论之后，我们考察一些常用过程的谱，如ARMA模型的谱。最后，我们还将提及有关线性滤波的谱。

12.1 谱

12.1.1 谱及其性质

设 Z_t 是一实值平稳过程，其自协方差函数 γ_k 绝对可和，于是由11.5节的结果可知 γ_k 的傅立叶变换存在，且等于

$$f(\omega)=\frac{1}{2\pi}\sum_{k=-\infty}^{\infty}\gamma_k e^{-i\omega k} \tag{12.1.1}$$

$$=\frac{1}{2\pi}\sum_{k=-\infty}^{\infty}\gamma_k \cos\omega k \tag{12.1.2}$$

$$=\frac{1}{2\pi}\gamma_0+\frac{1}{\pi}\sum_{k=1}^{\infty}\gamma_k\cos\omega k, \qquad -\pi\leqslant\omega\leqslant\pi \tag{12.1.3}$$

其中，我们用到一些性质，如 $\gamma_k=\gamma_{-k}$，$\sin 0=0$，$\sin\omega(-k)=-\sin\omega k$，以及 $\cos\omega(-k)=-\cos\omega k$。通过逆傅立叶变换，序列 γ_k 可由 $f(\omega)$ 还原：

$$\gamma_k=\int_{-\pi}^{\pi}f(\omega)e^{i\omega k}\,\mathrm{d}\omega \tag{12.1.4}$$

函数 $f(\omega)$ 有下列重要性质：

(1) $f(\omega)$ 是连续实值、非负函数，即 $|f(\omega)|=f(\omega)$。因此，根据11.5节中对式(11.5.15)的讨论，$f(\omega)$ 可看作自协方差函数（或对应过程 Z_t）的谱。显然，$f(\omega)$ 是连续实值函数，为了说明它是非负的，我们注意到 γ_k 作为自协方差函数应是半正定的，即对于任意实数 c_i、c_j 和整数 k_i、k_j 均有：

$$\sum_{i=1}^{n}\sum_{j=1}^{n} c_i c_j \gamma_{(k_i-k_j)} \geqslant 0 \tag{12.1.5}$$

特别地，令 $c_i=\cos\omega i$，$c_j=\cos\omega j$，$k_i=i$ 及 $k_j=j$。我们有

$$\sum_{i=1}^{n}\sum_{j=1}^{n} \gamma_{(i-j)} \cos\omega i \cos\omega j \geqslant 0$$

类似地，

$$\sum_{i=1}^{n}\sum_{j=1}^{n} \gamma_{(i-j)} \sin\omega i \sin\omega j \geqslant 0$$

于是

$$\begin{aligned}
&\sum_{i=1}^{n}\sum_{j=1}^{n} \gamma_{(i-j)} [\cos\omega i \cos\omega j + \sin\omega i \sin\omega j] \\
&= \sum_{i=1}^{n}\sum_{j=1}^{n} \gamma_{(i-j)} \cos\omega (i-j) \\
&= \sum_{k=-(n-1)}^{n-1} (n-|k|)\gamma_k \cos\omega k \\
&= n \sum_{k=-(n-1)}^{n-1} \left[1-\frac{|k|}{n}\right]\gamma_k \cos\omega k \geqslant 0
\end{aligned} \tag{12.1.6}$$

其中，$k=(i-j)$。因此

$$\sum_{k=-(n-1)}^{n-1} \left[1-\frac{|k|}{n}\right]\gamma_k \cos\omega k \geqslant 0 \tag{12.1.7}$$

γ_k 为绝对可和的事实表明，对于任意给定的 $\varepsilon>0$，可选一个 $N>0$ 使得

$$\sum_{k=-\infty}^{-(N+1)} |\gamma_k| + \sum_{k=(N+1)}^{\infty} |\gamma_k| < \varepsilon$$

于是，对于 $n>N$，我们有

$$\begin{aligned}
\sum_{k=-n}^{n} \frac{|k|}{n}|\gamma_k| &< \sum_{k=-N}^{N} \frac{|k|}{n}|\gamma_k| + \sum_{k=-\infty}^{-(N+1)} |\gamma_k| + \sum_{k=(N+1)}^{\infty} |\gamma_k| \\
&< \sum_{k=-N}^{N} \frac{|k|}{n}|\gamma_k| + \varepsilon
\end{aligned}$$

显然，对于任意固定的 N

$$\lim_{n\to\infty} \sum_{k=-N}^{N} \frac{|k|}{n}|\gamma_k| = 0$$

由于 ε 是任意的，可得

$$\lim_{n\to\infty} \sum_{k=-n}^{n} \frac{|k|}{n}|\gamma_k| = 0$$

由于 $|\gamma_k \cos\omega k| \leqslant |\gamma_k|$，因此

$$\lim_{n\to\infty}\sum_{k=-n}^{n}\frac{|k|}{n}\gamma_k\cos\omega k=0 \tag{12.1.8}$$

由式（12.1.7）和式（12.1.8）有

$$\begin{aligned} f(\omega)&=\frac{1}{2\pi}\sum_{k=-\infty}^{\infty}\gamma_k\cos\omega k\\ &=\frac{1}{2\pi}\lim_{n\to\infty}\sum_{k=-(n-1)}^{n-1}\left[1-\frac{|k|}{n}\right]\gamma_k\cos\omega k\geqslant 0 \end{aligned}\tag{12.1.9}$$

（2）$f(\omega)=f(\omega+2\pi)$，因此 $f(\omega)$ 以 2π 为周期。由于 $f(\omega)=f(-\omega)$，即 $f(\omega)$ 是对称偶函数，通常只需给出其 $0\leqslant\omega\leqslant\pi$ 的图形。

（3）由式（12.1.4）我们有

$$\mathrm{Var}(Z_t)=\gamma_0=\int_{-\pi}^{\pi}f(\omega)\mathrm{d}\omega \tag{12.1.10}$$

这表明谱 $f(\omega)$ 可以解释成过程方差的分解。$f(\omega)\mathrm{d}\omega$ 是过程在区间（ω，$\omega+\mathrm{d}\omega$）上频率分量对方差的贡献。谱图上的峰标志着在对应区间的频率分量上对方差有重大贡献。例如，图 12－1 显示出 ω_0附近的频率分量是最重要的，而 π 附近的高频分量是最不重要的。

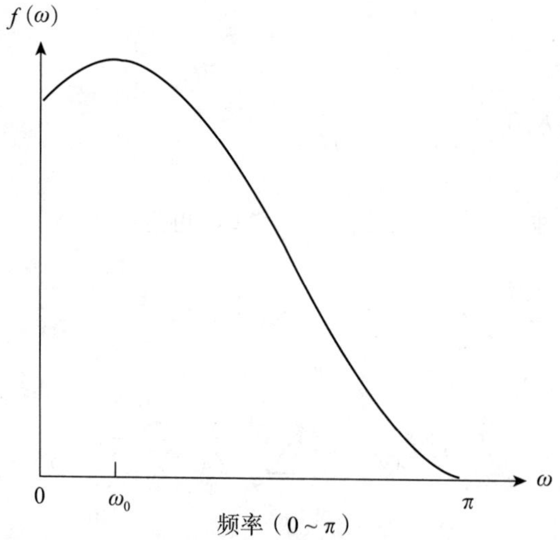

图 12－1　谱的一个例子

（4）式（12.1.1）和式（12.1.4）表明：谱 $f(\omega)$ 和自协方差序列 γ_k 构成了一对傅立叶变换，其中的一个被另一个唯一地确定。因此，时域方法和频域方法在理论上是等价的。两种方法都予以考虑是由于在某些场合一种方法可能比另一种方法更便于表述或解释。

12.1.2　自协方差函数的谱表示——谱分布函数

我们注意到，式（12.1.1）和式（12.1.4）所给出的 γ_k 的谱表示仅对绝对可和的自协方差函数成立。更一般地，对于给定的自协方差函数 γ_k，我们总能用下面的傅立叶-斯蒂尔切斯（Stieltjes）积分给出其谱表示：

$$\gamma_k = \int_{-\pi}^{\pi} e^{i\omega k} \mathrm{d}F(\omega) \tag{12.1.11}$$

其中，$F(\omega)$ 称为谱分布函数。式（12.1.11）通常称为自协方差函数 γ_k 的谱表示。就像任何统计分布函数一样，谱分布函数是非降的，且可以分解成三个分量：（1）由可数个有穷跳跃构成的阶梯函数；（2）绝对连续函数；（3）奇异函数。在大多数应用中，第三个分量不重要且可以忽略，因此，可以把谱分布函数写成：

$$F(\omega) \simeq F_s(\omega) = F_c(\omega) \tag{12.1.12}$$

其中，$F_s(\omega)$ 是阶梯函数，$F_c(\omega)$ 是连续分量。式（12.1.4）表明，对于一个具有绝对可和协方差函数的过程应有 $F(\omega) = F_c(\omega)$ 及 $\mathrm{d}F(\omega) = f(\omega)\mathrm{d}\omega$。

为了说明阶梯谱分布函数，我们考虑下面的一般线性周期模型：

$$Z_t = \sum_{i=1}^{M} A_i \sin(\omega_i t + \Theta_i) \tag{12.1.13}$$

其中，A_i 是常数，Θ_i 是区间 $[-\pi, \pi]$ 上独立的均匀分布随机变量。ω_i 是区间 $[-\pi, \pi]$ 上的不同频率。于是有

$$\begin{aligned} E(Z_t) &= \sum_{i=1}^{M} A_i E[\sin(\omega_i t + \Theta_i)] \\ &= \sum_{i=1}^{M} \frac{A_i}{2\pi} \int_{-\pi}^{\pi} \sin(\omega_i t + \Theta_i) \mathrm{d}\Theta_i = 0 \end{aligned} \tag{12.1.14}$$

和

$$\begin{aligned} \gamma_k &= E(Z_t Z_{t+k}) \\ &= \sum_{i=1}^{M} A_i^2 E\{\sin(\omega_i t + \Theta_i) \sin[\omega_i (t+k) + \Theta_i]\} \\ &= \sum_{i=1}^{M} A_i^2 E\left\{\frac{1}{2}[\cos\omega_i k - \cos(\omega_i (2t+k) + 2\Theta_i)]\right\} \\ &= \frac{1}{2} \sum_{i=1}^{M} A_i^2 \cos\omega_i k, \qquad k = 0, \pm 1, \pm 2, \cdots, \end{aligned} \tag{12.1.15}$$

我们可以写成：

$$E\{\cos[\omega_i (2t+k) + 2\Theta_i]\} = \frac{1}{2\pi} \int_{-\pi}^{\pi} \cos[\omega_i (2t+k) + 2\Theta_i] \mathrm{d}\Theta_i = 0$$

式（12.1.15）中的自协方差函数 γ_k 是不衰减周期振荡，显然不是绝对可和的，因此，我们不能将其表示为式（12.1.4）的形式，但是我们总可以表示成式（12.1.11）的形式。为此，我们有如下重要注记：

（1）Z_t 是 M 个独立分量和。

（2）ω_i 可以是区间 $[-\pi, \pi]$ 中的任意值，式（12.1.11）中的 γ_k 也是式（12.1.13）所给定过程在频率 $-\omega_i$ 的自协方差函数。

(3) $\gamma_0 = \dfrac{1}{2}\sum_{i=1}^{M} A_i^2$　(12.1.16)

因此，第 i 个分量的方差 $A_i^2/2$ 是在频率 ω_i 和 $-\omega_i$ 上对 Z_t 总方差的贡献。换言之，第 i 个分量的方差有一半是与频率 $-\omega_i$ 相联系的，而另一半是与频率 ω_i 相联系的，因此，式（12.1.15）也可以写成：

$$\gamma_k = \sum_{i=-M, i\neq 0}^{M} c_i \cos\omega_i k \tag{12.1.17}$$

其中

$$c_i = c_{-i} = \begin{cases} A_i^2/4, & \omega_i \neq 0 \\ A_i^2/2, & \omega_i = 0 \end{cases}$$

或

$$\begin{aligned} \gamma_k &= \int_{-\pi}^{\pi} \cos\omega_k \, dF(\omega) \\ &= \int_{-\pi}^{\pi} e^{i\omega k} dF(\omega) \end{aligned} \tag{12.1.18}$$

其中，$F(\omega)$是单调非降阶梯函数，$\omega = \pm\omega_i \neq 0$ 处的跳跃值为 $A_i^2/4$，$\omega = \pm\omega_i = 0$ 处的跳跃值为 $A_i^2/2$，$i=1, 2, \cdots, M$。

图 12-2 显示了一个过程的谱分布函数，$M=2$，$A_1=1$，$A_2=2$，非零频率为 ω_1 和 ω_2。图 12-3 表示在不同频率上方差贡献的相应谱是一组离散的直线。

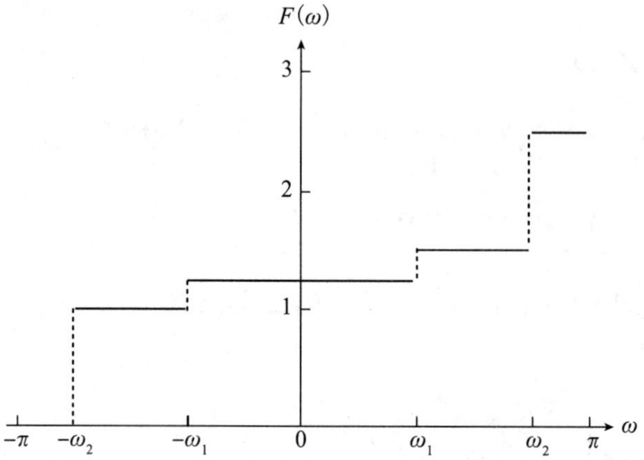

图 12-2　$Z_t = \sum_{i=1}^{2} A_i \sin(\omega_i t + \Theta_i)$，$A_1 = 1$，$A_2 = 2$ 的谱分布函数

由于式（12.1.17）显然是周期的，所以该结果当然符合预期。正如 11.5 节所述，周期序列的谱是离散谱或线谱。

尽管谱分布函数 $F(\omega)$ 是一个非负非降函数，但并不一定有概率分布函数的性质，因为 $\int_{-\pi}^{\pi} dF(\omega) = \gamma$，不一定等于 1。如果我们定义公式

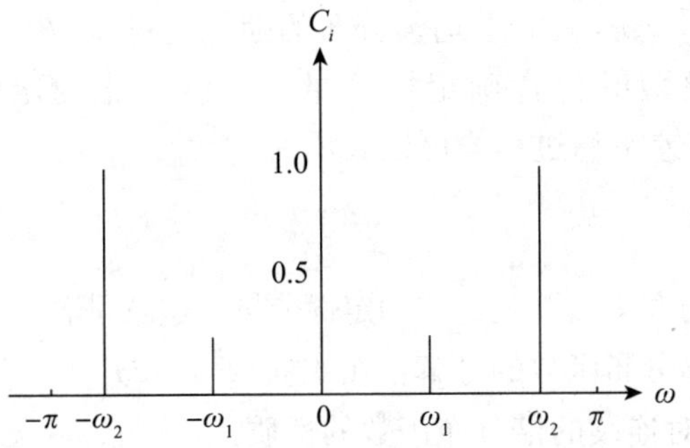

图 12-3　$Z_t=\sum_{i=1}^{2}A_i\sin(\omega_i t=\Theta_i)$，$A_1=1$，$A_2=2$ 的线谱

$$G(\omega)=\frac{F(\omega)}{\gamma_0} \tag{12.1.19}$$

然而，$G(\omega)\geqslant 0$ 且 $\int_{-\pi}^{\pi}\mathrm{d}G(\omega)=1$。当 $\mathrm{d}F(\omega)=f(\omega)\mathrm{d}\omega$ 时，我们得到

$$p(\omega)\mathrm{d}\omega=\mathrm{d}G(\omega)=\frac{f(\omega)}{\gamma_0}\mathrm{d}\omega \tag{12.1.20}$$

因此，由式（12.1.1）和式（12.1.4），我们得到下面相应的一对傅立叶变换：

$$p(\omega)=\frac{1}{2\pi}\sum_{k=-\infty}^{\infty}\rho_k e^{-i\omega k} \tag{12.1.21}$$

$$=\frac{1}{2\pi}\sum_{k=-\infty}^{\infty}\rho_k\cos\omega k \tag{12.1.22}$$

$$=\frac{1}{2\pi}+\frac{1}{\pi}\sum_{k=1}^{\infty}\rho_k\cos\omega k,\ -\pi\leqslant\omega\leqslant\pi \tag{12.1.23}$$

以及

$$\rho_k=\int_{-\pi}^{\pi}p(\omega)e^{i\omega k}\mathrm{d}\omega,\ k=0,\pm 1,\pm 2,\cdots \tag{12.1.24}$$

函数 $p(\omega)$ 在区域 $[-\pi,\ \pi]$ 上具有概率密度函数的性质，常称为谱密度函数，在相关参考文献中也常对谱 $f(\omega)$ 用同样的称呼。

12.1.3　平稳过程的 Wold 分解

我们注意到，式（12.1.13）中的过程 Z_t 显然是平稳的，这是因为 $E(Z_t)=0$ 和 $E(Z_tZ_{t+k})=\frac{1}{2}\sum_{i=1}^{M}A_i^2\cos\omega_i k=\gamma_k$ 。然而，该过程与第 2～10 章讨论的过程有重大区别。式（12.1.13）给出的线性周期模型是确定性的，这意味着它可以由以往值做不含误差的预报。而一些过程（如 ARIMA 模型）则是非确定性的，便不具有这种性质。显然，一个过程既可以包含确定性分量，也可以包含非确定性分量。如下面的模型：

$$Z_t=A\sin\left(\frac{2\pi t}{12}+\lambda\right)+\left[\frac{\theta(B)}{\phi(B)}\right]a_t \tag{12.1.25}$$

其中，A 是常数，λ 是 $[-\pi, \pi]$ 上均匀分布的随机变量，$[\theta(B)/\phi(B)]a_t$ 是平稳可逆ARMA模型，上面的模型既包含确定性分量，又包含非确定性分量。事实上，Wold（1938）证明了：任何方差平稳过程均可以表示为

$$Z_t = Z_t^{(d)} + Z_t^{(n)} \tag{12.1.26}$$

其中，$Z_t^{(d)}$ 是纯确定性分量，$Z_t^{(n)}$ 是纯非确定性分量，这就是著名的平稳过程的 Wold 分解。这一分解类似于给出的谱分布函数的分解：在式（12.1.12）中，$Z_t^{(d)}$ 具有阶梯谱分布函数的性质，而 $Z_t^{(n)}$ 具有绝对连续的谱分布函数的性质。

12.1.4 平稳过程的谱表示

自协方差序列 λ_k 总可以表示为式（12.1.11）给出的形式，利用同样的论证，一个给定的时间序列实现 Z_t 能够写成下面的傅立叶-斯蒂尔切斯积分形式：

$$Z_t = \int_{-\pi}^{\pi} e^{i\omega t}\, \mathrm{d}U(\omega) \tag{12.1.27}$$

对于单个实现而言，$U(\omega)$ 所起的作用与式（12.1.11）中的 $F(\omega)$ 一样。既然任何实现都可以表示为这一形式，那么，我们当然不会认为函数 $U(\omega)$ 对所有实现都一样，无疑，函数 $U(\omega)$ 会随着实现而改变。换言之，对应于过程 Z_t 的每一实现将存在 $U(\omega)$ 的一个实现。如果式（12.1.27）用来表示过程 Z_t 的所有可能实现，那么对于每个 ω，即 $U(\omega)$ 本身就是一个复值随机变量。式（12.1.27）右边的积分就是随机积分，该等式是在均方意义下定义的，即

$$E\left[\left| Z_t - \int_{-\pi}^{\pi} e^{i\omega t}\, \mathrm{d}U(\omega) \right|^2\right] = 0 \tag{12.1.28}$$

关系式（12.1.27）称为平稳过程 Z_t 的谱表示定理。

为了研究 $U(\omega)$ 的性质，且不失一般性，我们假定 Z_t 是一个零均值平稳过程，因此

$$E[\mathrm{d}U(\omega)] = 0, \qquad \text{对于所有的 } \omega \text{ 成立} \tag{12.1.29}$$

我们注意到，对于一个零均值复平稳过程 Z_t，其自协方差函数 γ_k 可定义为：

$$\gamma_k = E(Z_t Z_{t+k}^*) \tag{12.1.30}$$

其中，Z_{t+k}^* 表示 Z_{t+k} 的复共轭。为了使 Z_t 的方差为实值，这个一般的定义是必需的。显然，当 Z_t 为实过程时，我们有 $Z_{t+k}^* = Z_{t+k}$，因而 $\gamma_k = E(Z_t Z_{t+k})$。在式（12.1.27）的两边取复共轭，我们得到

$$Z_t^* = \int_{-\pi}^{\pi} e^{-i\omega t}\, \mathrm{d}U^*(\omega) = \int_{-\pi}^{\pi} e^{i\omega t}\, \mathrm{d}U^*(-\omega) \tag{12.1.31}$$

因此，Z_t 为实值，当且仅当对于所有 ω

$$\mathrm{d}U^*(-\omega) = \mathrm{d}U(\omega) \tag{12.1.32}$$

现在考虑

$$
\begin{aligned}
\gamma_k &= E(Z_t Z_{t+k}^*) \\
&= E\left[\int_{-\pi}^{\pi} e^{i\omega t}\mathrm{d}U(\omega)\int_{-\pi}^{\pi} e^{-i\omega(t+k)}\mathrm{d}U^*(\omega)\right] \\
&= E\left[\int_{-\pi}^{\pi}\int_{-\pi}^{\pi} e^{i\omega t}e^{-i\lambda(t+k)}\mathrm{d}U(\omega)\mathrm{d}U^*(\lambda)\right] \\
&= \int_{-\pi}^{\pi}\int_{-\pi}^{\pi} e^{i(\omega-\lambda)t}e^{-i\lambda k}E[\mathrm{d}U(\omega)\mathrm{d}U^*(\lambda)]
\end{aligned}
\tag{12.1.33}
$$

假定 Z_t 平稳时，上式不依赖于 t，这意味着在式（12.1.33）中，当 $\omega\neq\lambda$ 时，其双重积分的结果必然为 0，即

$$
E[\mathrm{d}U(\omega)\mathrm{d}U^*(\lambda)]=0,\qquad \text{对所有的 } \omega\neq\lambda \text{ 成立} \tag{12.1.34}
$$

换言之，$U(\omega)$ 是正交过程。在式（12.1.33）中令 $\lambda=\omega$，我们得到

$$
\begin{aligned}
\gamma_k &= \int_{-\pi}^{\pi} e^{-i\omega k}E\{|\mathrm{d}U(\omega)^2|\} \\
&= \int_{-\pi}^{\pi} e^{i\omega k}E\{|\mathrm{d}U(\omega)|^2\} \\
&= \int_{-\pi}^{\pi} e^{i\omega k}\mathrm{d}F(\omega)
\end{aligned}
\tag{12.1.35}
$$

其中

$$
\mathrm{d}F(\omega)=E[|\mathrm{d}U(\omega)|^2]=E\mathrm{d}U(\omega)\mathrm{d}U^*(\omega),\qquad -\pi\leqslant\omega\leqslant\pi \tag{12.1.36}
$$

且 $F(\omega)$ 是 Z_t 的谱分布函数。若 Z_t 是纯非确定过程，则 $F(\omega)=F_c(\omega)$。我们有

$$
f(\omega)\mathrm{d}\omega=\mathrm{d}F(\omega)=E[|\mathrm{d}U(\omega)|^2],\qquad -\pi\leqslant\omega\leqslant\pi \tag{12.1.37}
$$

及

$$
\gamma_k=\int_{-\pi}^{\pi} e^{i\omega k}f(\omega)\mathrm{d}\omega \tag{12.1.38}
$$

上述结果表明，一个平稳过程总可以表示成具有不相关随机系数的复指数（或等价地，正弦、余弦函数）之和的极限，这种表示也称为克莱姆（Cramer）表示。式（12.1.27）至式（12.1.38）的推导对式（12.1.10）中讨论的谱给出了更明确的物理解释，即 $f(\omega)\mathrm{d}\omega$ 是对 Z_t 方差的贡献，这是因 Z_t 是在区间（ω，$\omega+\mathrm{d}\omega$）含有频率分量$Z_t(\omega)$而产生的。

12.2　一些常用过程的谱

12.2.1　谱和自协方差生成函数

回顾 2.6 节，对于一个给定的自协方差序列 γ_k，$k=0$，±1，±2，…，其自协方差生成函数定义为：

$$\gamma(B)=\sum_{k=-\infty}^{\infty}\gamma_k B^k \tag{12.2.1}$$

其中，过程的方差 γ_0 是 $B^0=1$ 的系数，延迟为 k 的自协方差 γ_k 是 B^k 和 B^{-k} 二者的系数。现在我们知道，若给定的协方差序列 γ_k 是绝对可和的，那么谱或谱密度存在且等于

$$f(\omega)=\frac{1}{2\pi}\sum_{k=-\infty}^{\infty}\gamma_k e^{-i\omega k} \tag{12.2.2}$$

对比方程（12.2.1）和方程（12.2.2），我们发现，对于一个具有绝对可和协方差序列的过程，其谱和自协方差生成函数有如下关系：

$$f(\omega)=\frac{1}{2\pi}\gamma(e^{-i\omega}) \tag{12.2.3}$$

该结果对于推出许多常用过程的谱是非常有用的。

12.2.2 ARMA 模型的谱

任何纯非确定的线性过程 Z_t 均可以写成：

$$Z_t=\sum_{j=0}^{\infty}\psi_j a_{t-j}=\psi(B)a_t \tag{12.2.4}$$

其中，$\psi(B)=\sum_{j=0}^{\infty}\psi_j B^j$，$\psi_0=1$。为了不失一般性，我们假定 $E(Z_t)=0$。由式（2.6.9）可知，线性过程的自协方差生成函数由下式给出

$$\gamma(B)=\sigma_a^2\psi(B)\psi(B^{-1}) \tag{12.2.5}$$

对于一般的平稳 ARMA(p，q）模型

$$\phi_p(B)Z_t=\theta_q(B)a_t \tag{12.2.6}$$

其中，$\phi_p(B)=(1-\phi_1 B-\cdots-\phi_p B^p)$ 和 $\theta_q(B)=(1-\theta_1 B-\cdots-\theta_q B^q)$ 无公因子，我们可以写为

$$Z_t=\psi(B)a_t$$

其中，$\psi(B)=\theta_q(B)/\phi_p(B)$。因此，ARMA($p$，$q$）模型的自协方差生成函数变为：

$$\gamma(B)=\sigma_a^2\frac{\theta_q(B)\theta_q(B^{-1})}{\phi_p(B)\phi_p(B^{-1})} \tag{12.2.7}$$

当模型为平稳的时，$\phi_p(B)=0$ 的根都在单位圆之外，这保证了自协方差函数的绝对可和性。因而，平稳 ARMA(p，q）模型的谱为

$$\begin{aligned}f(\omega)&=\frac{1}{2\pi}\gamma(e^{-i\omega})\\&=\frac{\sigma_a^2}{2\pi}\frac{\theta_q(e^{-i\omega})\theta_q(e^{i\omega})}{\phi_p(e^{-i\omega})\phi_p(e^{i\omega})}\end{aligned} \tag{12.2.8a}$$

$$=\frac{\sigma_a^2}{2\pi}\left|\frac{\theta_q(e^{-i\omega})}{\phi_p(e^{-i\omega})}\right|^2 \tag{12.2.8b}$$

我们也称其为有理谱。

如果模型是可逆的，即 $\theta_q(B)=0$ 的根在单位圆之外，则 $\theta_q(e^{-i\omega})\ \theta_q(e^{i\omega})$ 非零，因此，$f(\omega)$ 的逆也存在，可由下式得到

$$f^{-1}(\omega)=\frac{2\pi\phi_p(e^{-i\omega})\phi_p(e^{i\omega})}{\sigma_a^2\ \theta_q(e^{-i\omega})\theta_q(e^{i\omega})} \tag{12.2.9a}$$

$$=\frac{2\pi}{\sigma_a^2}\left|\frac{\phi_p(e^{-i\omega})}{\theta_q(e^{-i\omega})}\right|^2 \tag{12.2.9b}$$

由上式很容易看出，这是 ARMA$(p,\ q)$ 过程的谱。利用 $f^{-1}(\omega)$ 的逆傅立叶变换，得到

$$\gamma_k^{(I)}=\int_{-\pi}^{\pi}f^{-1}(\omega)e^{i\omega k}\mathrm{d}\omega \tag{12.2.10}$$

这是逆自协方差函数。于是

$$\rho_k^{(I)}=\frac{\gamma_k^{(I)}}{\gamma_0^{(I)}}=\frac{1}{\gamma_0^{(I)}}\int_{-\pi}^{\pi}f^{-1}(\omega)e^{i\omega k}\mathrm{d}\omega \tag{12.2.11}$$

称为逆自相关函数，这是 Cleveland（1972）给出的概念。正如 6.3 节中所讨论的，逆自相关函数可以作为与偏自相关函数类似的识别工具。式（12.2.9）和式（12.2.11）提供了计算样本逆自相关函数的另一种方法。

白噪声过程的谱　白噪声过程

$$Z_t=a_t \tag{12.2.12}$$

是不相关随机变量的序列，其自协方差函数为

$$\gamma_k=\begin{cases}\sigma_a^2, & k=0\\ 0, & k\neq 0\end{cases} \tag{12.2.13}$$

其自协方差生成函数为 $\gamma(B)=\sigma_a^2$。因此，由式（12.1.1）或等价地由式（12.2.3）可知谱为

$$f(\omega)=\frac{1}{2\pi}\sum_{k=-\infty}^{\infty}\gamma_k e^{-i\omega k}$$

$$=\frac{\sigma_a^2}{2\pi},\qquad -\pi\leqslant\omega\leqslant\pi \tag{12.2.14}$$

这是如图 12-4 所示的水平直线，这意味着在所有频率上对方差的贡献都是相同的。我们知道，当在所有频率上的光谱都相同时就产生了白光。事实上，白噪声过程就是由于它与白光在频谱上的相似性而命名的。在建模时，对于白噪声的诊断检验可以通过考察残差的谱是否相对平直来实现。

AR(1) 过程的谱　平稳 AR(1) 过程 $(1-\phi B)Z_t=a_t$ 的自协方差生成函数由下式给出：

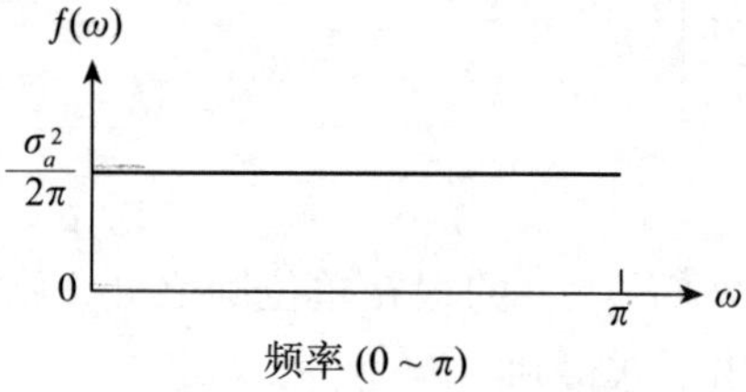

图 12-4　白噪声过程的谱

$$\gamma(B)=\sigma_a^2\frac{1}{(1-\phi B)(1-\phi B^{-1})} \tag{12.2.15}$$

于是，由式（12.2.8a）可知，它的谱为

$$\begin{aligned}f(\omega)&=\frac{\sigma_a^2}{2\pi}\frac{1}{(1-\phi e^{-i\omega})(1-\phi e^{i\omega})}\\&=\frac{\sigma_a^2}{2\pi}\frac{1}{(1+\phi^2-2\phi\cos\omega)}\end{aligned} \tag{12.2.16}$$

谱的形状依赖于 ϕ 的符号。如图 12-5 所示，当 $\phi>0$ 时，序列是正相关的，谱由低频（长周期）分量控制；当 $\phi<0$ 时，序列是负相关的，谱由高频（短周期）分量控制。换言之，低频控制的谱表明序列相对较平滑，而高频控制的谱则表明序列相对不规则。回顾前面的章节，这些现象曾在练习 11.2 和练习 11.3 中加以说明。

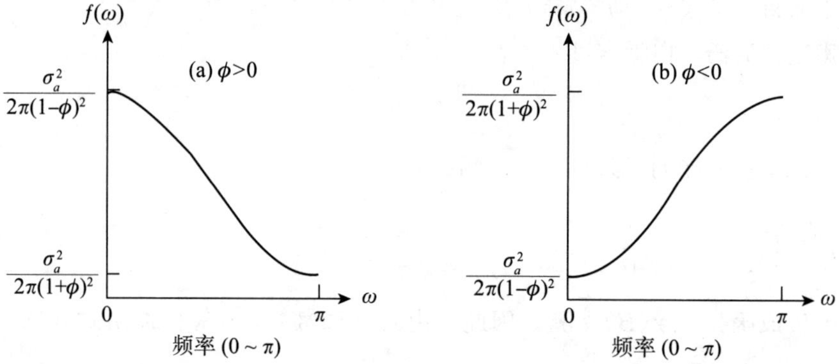

图 12-5　AR(1) 过程的谱

当 ϕ 接近 1 时，AR(1) 过程的极限是随机游走模型，因此

$$f(\omega)=\frac{\sigma_a^2}{4\pi}\frac{1}{(1-\cos\omega)} \tag{12.2.17}$$

可以被看作随机游走模型的谱，严格地说，随机游走不存在谱，因为它的自协方差序列不是绝对可和的。尽管如此，式（12.2.17）的函数是具有良好特性的非负偶函数，但 $\omega=0$ 处函数的峰成为无穷大。在数据分析中，如果样本谱在靠近零频率处有很大的峰值，那么这一现象表明可能需要进行差分。

MA(1) 过程的谱　一阶移动平均过程 $Z_t=(1-\theta B)a_t$ 的自协方差生成函数为

$$\gamma(B)=\sigma_a^2(1-\theta B)(1-\theta B^{-1}) \tag{12.2.18}$$

它的谱为

$$\begin{aligned} f(\omega)&=\frac{\sigma_a^2}{2\pi}(1-\theta e^{-i\omega})(1-\theta e^{i\omega}) \\ &=\frac{\sigma_a^2}{\pi}(1+\theta^2-2\theta\cos\omega) \end{aligned} \tag{12.2.19}$$

$f(\omega)$ 的形状也依赖于 θ 的正负。

回忆前面所讲过的公式

$$\rho_k=\begin{cases} 1, & k=0 \\ \dfrac{-\theta}{1+\theta^2}, & k=\pm 1 \\ 0, & \text{其他} \end{cases}$$

因此，当 θ 为正时，序列呈负相关且相对地不规则，谱表现为在高频处有较大值。另外，当 θ 为负时，序列呈正相关，相对较平滑，用谱描述相应现象就是其域值在低频。以上两种情形都在图 12－6 中给出，正如所料，时域中的自相关函数与频域中的谱所包含过程的信息是完全一致的。

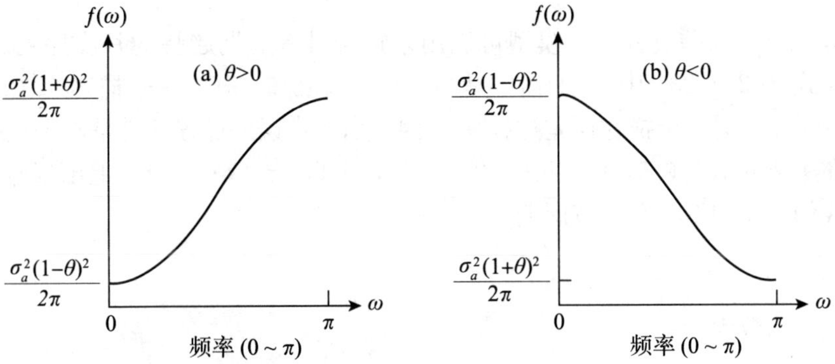

图 12－6　MA(1) 过程的谱

12.2.3　两个独立过程之和的谱

考虑过程 Z_t，它是两个独立平稳过程 X_t 和 Y_t 之和：

$$Z_t=X_t+Y_t \tag{12.2.20}$$

设 $\gamma_Z(B)$、$\gamma_X(B)$ 和 $\gamma_Y(B)$ 是过程 Z_t、X_t 和 Y_t 的自协方差生成函数。则

$$\begin{aligned} \gamma_Z(B)&=\sum_{k=-\infty}^{\infty}\gamma_Z(k)B^k \\ &=\sum_{k=-\infty}^{\infty}\mathrm{Cov}(Z_t,Z_{t+k})B^k \end{aligned}$$

$$
\begin{aligned}
&=\sum_{k=-\infty}^{\infty}\operatorname{Cov}(X_t+Y_t,X_{t+k}+Y_{t+k})B^k\\
&=\sum_{k=-\infty}^{\infty}[\operatorname{Cov}(X_t,X_{t+k})+\operatorname{Cov}(Y_t,Y_{t+k})]B^k\\
&=\sum_{k=-\infty}^{\infty}\gamma_X(k)B^k+\sum_{k=-\infty}^{\infty}\gamma_Y(k)B^k\\
&=\gamma_X(B)+\gamma_Y(B)
\end{aligned}
\tag{12.2.21}
$$

得到

$$f_Z(\omega)=f_X(\omega)+f_Y(\omega) \tag{12.2.22}$$

因此，两个独立过程之和的谱是两个独立谱之和。

12.2.4 季节模型的谱

由 11.4 节和 12.1.2 节可知，一个具有季节周期 s 的确定性季节分量在谐波（傅立叶）频率 $\omega_k=2\pi k/s$，$k=0$，±1，±2，…，$\pm[s/2]$ 上有离散谱（线谱），如下面的模型所示：

$$Z_t=\alpha_0+\sum_{k=1}^{6}\left[\alpha_k\cos\left(\frac{2\pi kt}{12}\right)+\beta_k\sin\left(\frac{2\pi kt}{12}\right)\right]+a_t \tag{12.2.23}$$

其中，a_t 是白噪声误差过程，该模型可以用来拟合具有周期趋势的月度序列。由 12.2.3 节的结果，式（12.2.23）中 Z_t 的谱应是两个独立谱之和，其中一个描述式（12.2.23）中的确定性分量，而另一个描述误差过程 a_t。因为白噪声误差过程的谱是水平直线，因而最终的谱将在季节的谐波频率 $\omega_k=2\pi k/12$，$k=0$，±1，±2，…，±6 上出现峰值。

现在我们考虑如下具有季节周期 12 的季节 ARMA 模型：

$$(1-\Phi B^{12})Z_t=a_t \tag{12.2.24}$$

自协方差生成函数为

$$\gamma(B)=\sigma_a^2\frac{1}{(1-\Phi B^{12})(1-\Phi B^{-12})} \tag{12.2.25}$$

若该过程是平稳的，则它的谱存在，且等于

$$
\begin{aligned}
f(\omega)&=\frac{\sigma_a^2}{2\pi}\frac{1}{(1-\Phi e^{-i12\omega})(1-\Phi e^{i12\omega})}\\
&=\frac{\sigma_a^2}{2\pi}\frac{1}{1+\Phi^2-2\Phi\cos(12\omega)}
\end{aligned}
\tag{12.2.26}
$$

注意到：当 $\omega=\pi(2k-1)/12$，$k=1$，2，3，4，5，6 时，$\cos(12\omega)=-1$，而当 $\omega=0$ 和 $\omega=2\pi k/12$，$k=1$，2，3，4，5，6 时，$\cos(12\omega)=1$。因此，对于 $\Phi>0$，不仅是在 $\omega=0$ 处有峰值，在季节谐波频率 $2\pi k/12$，$k=1$，2，3，4，5，6 上都有明显的峰值，谷值在频率 $\omega=\pi(2k-1)/12$，$k=1$，2，3，4，5，6 处，见图 12-7。当 $\Phi<0$ 时，可以推出类似的结果。

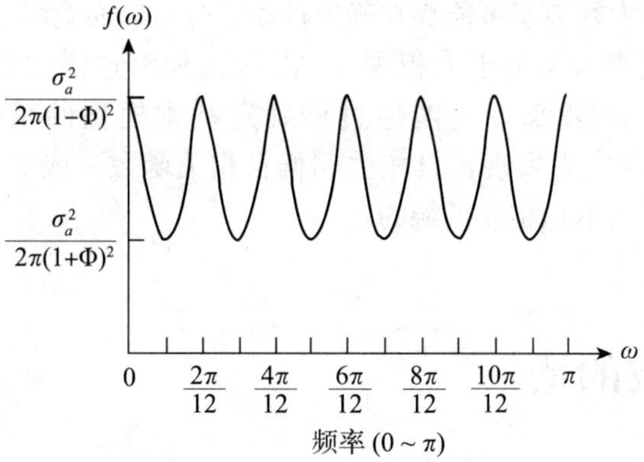

图 12－7　$(1-\Phi B^{12})Z_t=a_t$ 的谱

考虑乘积季节 ARMA 模型，具有季节分量和非季节 ARMA 分量两个分量：

$$(1-\Phi B^{12})(1-\phi B)Z_t=a_t \tag{12.2.27}$$

由式（12.2.16）和式（12.2.26）可知谱为：

$$f(\omega)=\frac{\sigma_a^2}{2\pi}\frac{1}{(1+\Phi^2-2\Phi\cos 12\omega)(1+\phi^2-2\phi\cos\omega)} \tag{12.2.28}$$

当 $\Phi>0$ 和 $\phi>0$ 时，谱的一般形态见图 12－8。

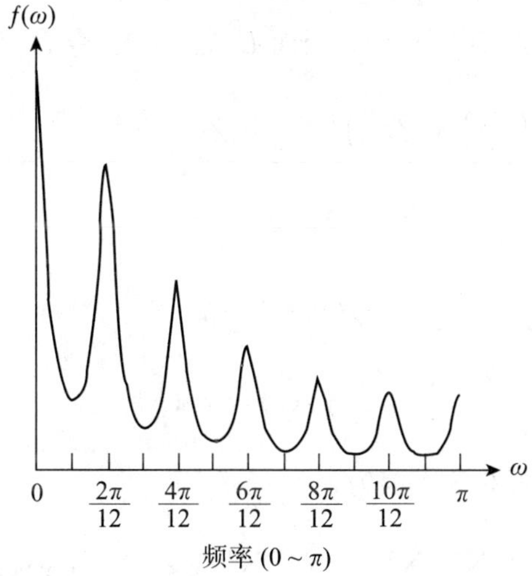

图 12－8　$(1-\Phi B^{12})(1-\phi B)Z_t=a_t$ 的谱

下一章将要讨论的样本谱并不像图 12－7 和图 12－8 中所表现的那样有规律，但是，如果数据中确实包含周期现象，那么在季节相关的谐波频率上会出现明显的谱的峰值或凸值。

此外，我们提醒读者注意式（12.2.23）和式（12.2.24）两式相应谱之间的差别。尽管两者都是纯季节模型，但式（12.2.23）中的周期趋势项是确定性的，因而具有离散（直线）谱，而式（12.2.24）中的季节现象是非确定性的，因而具有连续谱。这意味着在分析数据时，样本谱的尖峰表明可能存在确定性季节分量，而宽峰（当然应排除如下一章讨论的平滑影响）则代表着类似于乘积季节 ARIMA 模型这样的非确定性季节分量。但是，不论哪一种情形，一般都不可能通过谱确定基本模型的精确形式或阶数。通过 ARIMA 的建模过程，研究者发现，自相关和偏自相关函数一般更有用，对于建模来说，自相关和谱是相互补充而不是相互抵触的。

12.3 线性滤波的谱

12.3.1 滤波函数

令 Z_t 是具有绝对可和自协方差序列 $\gamma_Z(k)$ 的平稳过程，其相应的谱为：

$$f_Z(\omega)=\frac{1}{2\pi}\sum_{l=-\infty}^{\infty}\gamma_Z(l)e^{-i\omega l}$$

考虑 Z_t 的线性滤波，可由下式得到：

$$Y_t=\sum_{j=-\infty}^{\infty}\alpha_j Z_{t-j}=\sum_{j=-\infty}^{\infty}\alpha_j B^j Z_t=\alpha(B)Z_t \tag{12.3.1}$$

其中，$\alpha(B)=\sum_{j=-\infty}^{\infty}\alpha_j B^j$ 和 $\sum_{j=-\infty}^{\infty}|\alpha_j|<\infty$。

为了不失一般性，假设 $E(Z_t)=0$，因而 $E(Y_t)=0$。令 $l=k-j+h$，我们有

$$\begin{aligned}E(Y_tY_{t+k})&=E\left[\left(\sum_{h=-\infty}^{\infty}\alpha_h Z_{t-h}\right)\left(\sum_{j=-\infty}^{\infty}\alpha_j Z_{t+k-j}\right)\right]\\&=E\left[\sum_{h=-\infty}^{\infty}\alpha_h\sum_{j=-\infty}^{\infty}\alpha_j Z_{t-h}Z_{t+k-j}\right]\\&=\sum_{h=-\infty}^{\infty}\alpha_h\sum_{j=-\infty}^{\infty}\alpha_j\gamma_Z(k-j+h)\\&=\sum_{h=-\infty}^{\infty}\alpha_h\sum_{l=-\infty}^{\infty}\alpha_{h+k-l}\gamma_Z(l)=\gamma_Y(k)\end{aligned} \tag{12.3.2}$$

可见，$\gamma_Y(k)$ 是绝对可和的，因为

$$\begin{aligned}\sum_{k=-\infty}^{\infty}|\gamma_Y(k)|&\leqslant\sum_{k=-\infty}^{\infty}\sum_{h=-\infty}^{\infty}|\alpha_h|\sum_{l=-\infty}^{\infty}|\alpha_{h+k-l}||\gamma_Z(l)|\\&=\sum_{h=-\infty}^{\infty}|\alpha_h|\sum_{l=-\infty}^{\infty}|\gamma_Z(l)|\sum_{k=-\infty}^{\infty}|\alpha_{h+k-l}|\\&=\sum_{h=-\infty}^{\infty}|\alpha_h|\sum_{l=-\infty}^{\infty}|\gamma_Z(l)|\sum_{k=-\infty}^{\infty}|\alpha_k|<\infty\end{aligned}$$

因此，我们可得

$$f_Y(\omega)=\frac{1}{2\pi}\sum_{k=-\infty}^{\infty}\gamma_Y(k)e^{-i\omega k}$$

$$
\begin{aligned}
&=\frac{1}{2\pi}\sum_{k=-\infty}^{\infty}e^{-i\omega k}\sum_{h=-\infty}^{\infty}\alpha_h\sum_{l=-\infty}^{\infty}\alpha_{h+k-l}\gamma_Z(l)\\
&=\frac{1}{2\pi}\sum_{k=-\infty}^{\infty}\sum_{h=-\infty}^{\infty}\sum_{l=-\infty}^{\infty}\alpha_h\alpha_{h+k-l}\gamma_Z(l)e^{i\omega h}e^{-i\omega l}e^{-i\omega(h+k-l)}\\
&=\sum_{h=-\infty}^{\infty}\alpha_h e^{i\omega h}\frac{1}{2\pi}\sum_{l=-\infty}^{\infty}\gamma_Z(l)e^{-i\omega l}\sum_{k=-\infty}^{\infty}\alpha_{h+k-l}e^{-i\omega(h+k-l)}\\
&=\sum_{h=-\infty}^{\infty}\alpha_h e^{i\omega h}\frac{1}{2\pi}\sum_{l=-\infty}^{\infty}\gamma_Z(l)e^{-i\omega l}\sum_{t=-\infty}^{\infty}\alpha_t e^{-i\omega t}\\
&=|\alpha(e^{i\omega})|^2 f_Z(\omega)
\end{aligned}
\tag{12.3.3}
$$

其中

$$
\begin{aligned}
|\alpha(e^{i\omega})|^2&=\alpha(e^{i\omega})[\alpha(e^{i\omega})]^*\\
&=\alpha(e^{i\omega})\alpha(e^{-i\omega})
\end{aligned}
\tag{12.3.4}
$$

通常称为滤波函数或转换函数。滤波函数可以用来度量对一个序列使用滤波的效果。在许多研究中，主要目的就是设计出好的滤波，使得输出序列或信号满足某些预期的性质。

12.3.2 移动平均的作用

考虑下面简单的移动平均：

$$
Y_t=\frac{1}{m}\sum_{j=0}^{m-1}Z_{t-j}=\alpha(B)Z_t,\qquad m\geqslant 2
\tag{12.3.5}
$$

其中，$\alpha(B)=\left(\sum_{j=0}^{m-1}B^j\right)/m$，于是由式（12.3.4）

$$
\begin{aligned}
|\alpha(e^{i\omega})|^2&=\frac{1}{m^2}\Big(\sum_{j=0}^{m-1}e^{i\omega j}\Big)\Big(\sum_{j=0}^{m-1}e^{-i\omega j}\Big)\\
&=\frac{1}{m^2}\Big(\frac{1-e^{im\omega}}{1-e^{i\omega}}\Big)\Big(\frac{1-e^{-im\omega}}{1-e^{-i\omega}}\Big)\\
&=\frac{1}{m^2}\frac{2-2\cos m\omega}{2-2\cos\omega}\\
&=\frac{1}{m^2}\frac{1-\cos m\omega}{1-\cos\omega}
\end{aligned}
\tag{12.3.6}
$$

注意到当 $m\omega=(2k-1)\pi$，即 $\omega=(2k-1)\pi/m$，$k=1$，…，$[(m+1)/2]$ 时，$\cos m\omega=-1$，而当 $m\omega=2k\pi$ 和 $\omega=2k\pi/m$，$k=1$，…，$[m/2]$ 时，$\cos(m\omega)=1$，且有

$$
\lim_{\omega\to 0}|\alpha(e^{i\omega})|^2=\lim_{\omega\to 0}\frac{1}{m^2}\Big(\frac{1-\cos m\omega}{1-\cos\omega}\Big)=1
$$

因此，当 $m\geqslant 2$ 时，滤波函数在 $\omega=0$ 处达到绝对极大值，而在频率 $\omega=(2k-1)\pi/m$，$k=1$，…，$[(m+1)/2]$ 处取相对极大值。在频率 $\omega=2k\pi/m$，$k=1$，…，$[m/2]$ 处函数

为 0。因为函数（$1-\cos\omega$）在 0 和 π 之间是增函数，滤波函数的整体形态看起来与图 12－9 相似。当 m 值很大时，在 0 频率附近的第一个峰成为主导，其他频率上的相对最大值变成 0。这意味着 Y_t 将主要包含原序列分量。像这种保持原序列中的低频分量、减弱或消除其高频分量的滤波称为低通滤波。

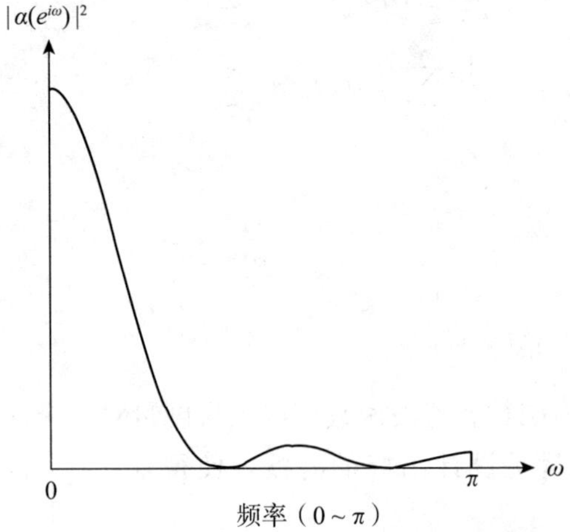

图 12－9　$|\alpha(e^{i\omega})|^2=\dfrac{1}{m^2}\dfrac{1-\cos m\omega}{1-\cos\omega}$的滤波函数

12.3.3　差分的作用

接下来，我们考虑差分算子

$$\begin{aligned} W_t &= (1-B)Z_t \\ &= \alpha(B)Z_t \end{aligned} \tag{12.3.7}$$

其中，$\alpha(B)=(1-B)$。从式（12.3.4）有

$$\begin{aligned} |\alpha(e^{i\omega})|^2 &= (1-e^{i\omega})(1-e^{-i\omega}) \\ &= 2(1-\cos\omega) \end{aligned} \tag{12.3.8}$$

显然，$|\alpha(e^{i\omega})|^2$ 在 $\omega=0$ 时为 0。如图 12－10 所示，它在 $0\sim\pi$ 为增，并在$\omega=\pi$ 时达到极大。因此，保持原序列的高频分量并将低频分量基本消除的滤波称为高通滤波，常被用来消除原序列的趋势。季节差分的作用类似于高通滤波，留作练习请读者考虑。

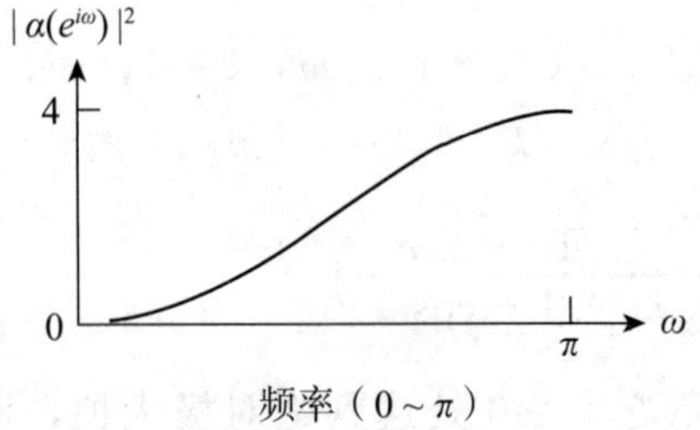

图 12－10　$|\alpha(e^{i\omega})|^2=2(1-\cos\omega)$的滤波函数

12.4 混　叠

考虑下面的余弦曲线：

$$\cos[(\omega \pm 2\pi j/\Delta t)t],\quad j=0,\pm 1,\pm 2\cdots \quad 和 \quad -\infty < t < \infty \tag{12.4.1}$$

对于任意给定的 ω，曲线 $\cos(\omega t)$ 和 $\cos[(\omega\pm 2\pi j/\Delta t)t]$，$j\neq 0$ 显然是不同的，图 12-11 给出了 $\cos(\omega t)$ 和 $\cos[(\omega\pm 2\pi/\Delta t)t]$，其中 $\omega=\pi/2$，$\Delta t=1$。现在，假设我们研究曲线 $\cos(\omega t)$，并且只观察时点 $k\Delta t$，$k=0$，± 1，± 2，…，其中 Δt 是采样间隔。两条曲线在

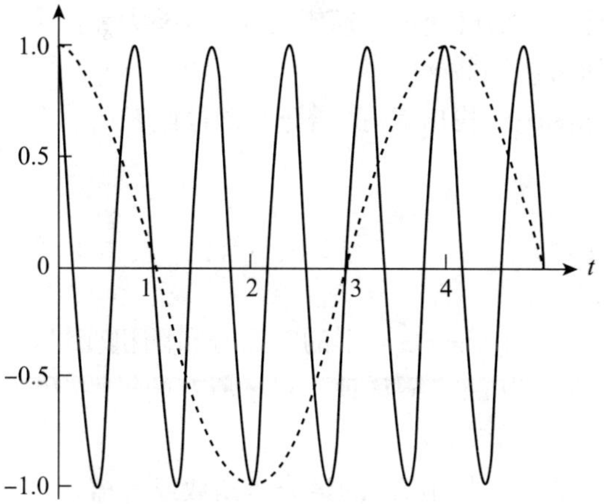

图 12-11　混叠

时点 $k\Delta t$，$k=0$，± 1，± 2，…上是没有差别的，这是因为

$$\cos\left[\left(\frac{\omega \pm 2\pi j}{\Delta t}\right)k\Delta t\right]=\cos(\omega k\Delta t \pm 2\pi jk)=\cos(\omega k\Delta t) \tag{12.4.2}$$

对于正弦和指数函数也会出现同样的问题。在傅立叶表示中，若我们在 $t=k\Delta t$，$k=0$，± 1，± 2，…考察过程 Z_t，Z_t 在频率 $\omega\pm 2\pi j/\Delta t$，$j=\pm 1$，$\pm 2$，…处的分量都将会出现在 ω 所具有的频率分量中，这些频率称为 ω 的混叠频率，这种高频分量等同于低频分量的现象称为混叠。

对于给定的采样区间 Δt，如果我们在时点 $k\Delta t$，$k=0$，± 1，± 2，…观测一个过程，能观测到的最快振荡是：某一时点在均值上方，而下一时点在均值下方，那么这个最快振荡的周期就是 $2\Delta t$。因此，在傅立叶变换中使用的最高频率是 $2\pi/(2\Delta t)=\pi/\Delta t$，称为具有给定采样间隔 Δt 的 Nyquist（奈奎斯特）频率。有了 Nyquist 频率 $\pi/\Delta t$，如果 $\omega<\pi/\Delta t$，如前所述，频率为 $\omega\pm 2\pi j/\Delta t$，$j=0$，$\pm 1$，$\pm 2$，…的所有频率分量都互相混淆、重叠，而所有频率的贡献之和将体现在 $F(\omega)$ 或 $f(\omega)$ 的频率 ω 上，因而使得估计不同频率分量的贡献十分困难，甚至不可能。为了避免频率混叠问题，我们应该选择采样间隔使得所研究的频率都小于 Nyquist 频率。例如，如果我们所研究的现象是具有频率 ω_1，ω_2，…，ω_m 的线性组合，那么我们就要选择 Δt，使得 $|\omega_j|<(\pi/\Delta t)$，$j=1$，2，…，

m。否则，如 $\pi/\Delta t<\omega_3$，那么 ω_3 就会与间隔 $[0, \pi/\Delta t]$ 中的其他频率相混叠，从而使得有关 ω_3 分量的估计成为不可能。在数据分析中，我们通常令 $\Delta t=1$。

练　习

12.1 考虑过程

$$Z_t = A_1\cos\frac{\pi}{2}t + A_2\sin\frac{\pi}{2}t, \qquad t=0, \pm 1, \pm 2, \cdots,$$

其中，A_1 和 A_2 是独立随机变量，期望为 0，方差为 π。

(a) 找出 Z_t 的自协方差函数 γ_k。

(b) γ_k 是绝对可和的吗？找出 Z_t 的谱分布函数或者谱。

12.2 考虑过程

$$Z_t = A\sin\left[\frac{\pi}{2}t+\lambda\right]+a_t, \qquad t=0, \pm 1, \pm 2, \cdots,$$

其中，A 是常数，λ 是 $[-\pi, \pi]$ 上的一致分布随机变量，a_t 是独立同分布的随机变量，期望为 0，方差为 2π，同样地，对于所有的 t、λ 和 a_t 是独立的。

(a) 找出 Z_t 的自协方差函数 γ_k。

(b) γ_k 是绝对可和的吗？找出 Z_t 的谱分布函数或者谱。

12.3 谱分布函数 $G(\omega)$ 可以被分解成

$$G(\omega)=pG^a(\omega)+qG^d(\omega)$$

其中，p 和 q 都是非负的，且 $p+q=1$，$G^a(\omega)$ 是绝对连续谱分布函数，$G^d(\omega)$ 是离散或分段谱分布函数。把下列谱分布函数表示成上述分解形式：

$$G(\omega)=\begin{cases}0, & -\pi\leqslant\omega<0\\ \omega^2+0.2, & 0\leqslant\omega<0.5\\ \omega, & 0.5\leqslant\omega<1\\ 1, & 1\leqslant\omega<\pi\end{cases}$$

12.4 给出 Z_t 的下列谱分布

$$F_Z(\omega)=\begin{cases}0.5\pi+0.5\omega, & -\pi\leqslant\omega<-\dfrac{\pi}{2}\\ 4.5\pi+0.5\omega, & -\dfrac{\pi}{2}\leqslant\omega<\dfrac{\pi}{2}\\ 8.5\pi+0.5\omega, & \dfrac{\pi}{2}\leqslant\omega<\pi\end{cases}$$

求出 Z_t 的自协方差函数 γ_k。

12.5 当 ϕ 取下列值时，求出并讨论 AR(1) 过程 $(1-\phi B)Z_t=a_t$ 的谱的形状：

(a) $\phi=0.6$；

(b) $\phi=0.99$；

(c) $\phi=-0.6$。

12.6 求出并讨论下列过程的谱：

(a) $(1-0.7B+0.12B^2)Z_t=a_t$；

(b) $Z_t=(1-0.7B-0.18B^2)a_t$；

(c) $(1-0.5B)Z_t=(1+0.6B)a_t$；

(d) $Z_t=(1-0.4B)(1-0.8B^4)a_t$，其中，$a_t$ 独立同分布于$N(0,1)$。

12.7 求出并讨论 $(1-\Phi B^4)Z_t=a_t$ 的谱的形状。其中 a_t 是期望为 0、方差为 1 的高斯白噪声过程。

12.8 令 X_t 和 Y_t 是独立的平稳过程，谱分别为 $f_X(\omega)$ 和 $f_Y(\omega)$。假设 Y_t 是 AR(2) 模型 $(1-0.6B-0.2B^2)Y_t=a_t$，X_t 和 a_t 是独立白噪声过程，期望为 0，方差为 σ^2。如果 $Z_t=X_t+Y_t$，求出并讨论 Z_t 谱的形状。

12.9 考虑下面 Z_t 的线性滤波：

$$Y_t=\frac{1}{4}Z_t+\frac{1}{2}Z_{t-1}+\frac{1}{4}Z_{t-2}$$

其中，Z_t 是平稳过程，自协方差函数绝对可和。求出并讨论式（12.3.4）中定义的滤波函数。

12.10 差分算子被广泛地应用于非平稳序列平稳化。讨论下列差分算子通过滤波函数产生的影响。

(a) $W_t=(1-B)^2Z_t$；

(b) $W_t=(1-B^4)Z_t$；

(c) $W_t=(1-B)(1-B^{12})Z_t$。

第13章 谱估计

在本章中我们主要讨论谱的估计问题。我们首先从周期图分析入手，这是研究隐周期十分有用的方法。然后讨论样本谱的平滑及相关概念（如延迟窗和谱窗），并且给出一些具体实例以说明具体的方法和结果。

13.1 周期图分析

13.1.1 周期图

给出一个 n 个观测的时间序列，我们可以利用 11.3 节的结果，将 n 个观测表示为如下的傅立叶表示：

$$Z_t = \sum_{k=0}^{[n/2]} (a_k \cos\omega_k t + b_k \sin\omega_k t) \tag{13.1.1}$$

其中，$\omega_k = 2\pi k/n$，$k=0$，1，…，$[n/2]$ 是傅立叶频率，而

$$a_k = \begin{cases} \dfrac{1}{n}\sum_{t=1}^{n} Z_t \cos\omega_k t, & k=0\text{，且若 } n \text{ 是偶数，则 } k=\dfrac{n}{2} \\ \dfrac{2}{n}\sum_{t=1}^{n} Z_t \cos\omega_k t, & k=1\text{，}2\text{，}\cdots\text{，}\left[\dfrac{n-1}{2}\right] \end{cases}$$

及

$$b_k = \frac{2}{n}\sum_{t=1}^{n} Z_t \sin\omega_k t, \qquad k=1\text{，}2\text{，}\cdots\text{，}\left[\frac{n-1}{2}\right]$$

是傅立叶系数。注意到前述傅立叶表示和回归分析之间的密切关系是很重要的。事实上，傅立叶系数就是拟合下述回归模型的系数最小二乘估计：

$$Z_t = \sum_{k=0}^{[n/2]} (a_k \cos\omega_k t + b_k \sin\omega_k t) + e_t \tag{13.1.2}$$

其中，ω_k 是傅立叶频率，拟合将很完美，但我们可以从回归分析的概念得出 Parseval 关

系式：

$$\sum_{t=1}^{n} Z_t^2=\begin{cases} na_0^2+\dfrac{n}{2}\displaystyle\sum_{k=1}^{[(n-1)/2]}(a_k^2+b_k^2), & \text{若 } n \text{ 为奇数} \\ na_0^2+\dfrac{n}{2}\displaystyle\sum_{k=1}^{[(n-1)/2]}(a_k^2+b_k^2)+na_{n/2}^2, & \text{若 } n \text{ 为偶数} \end{cases} \tag{13.1.3}$$

表 13－1 给出了方差分析。

表 13－1　**对周期图分析的方差分析表**

来源	自由度	平方和
频率 $\omega_0=0$(均值)	1	na_0^2
频率 $\omega_1=2\pi/n$	2	$\frac{n}{2}(a_1^2+b_1^2)$
频率 $\omega_2=4\pi/n$	2	$\frac{n}{2}(a_2^2+b_2^2)$
⋮	⋮	⋮
频率 $\omega_{[(n-1)/2]}=[(n-1)/2]2\pi/n$	2	$\frac{n}{2}(a_{[(n-1)/2]}^2+b_{[(n-1)/2]}^2)$
频率 $\omega_{n/2}=\pi$（若 n 为偶数）	1	$na_{n/2}^2$
总和	n	$\sum_{t=1}^{n} Z_t^2$

我们将 $I(\omega_k)$ 定义为

$$I(\omega_k)=\begin{cases} na_0^2, & k=0 \\ \dfrac{n}{2}(a_k^2+b_k^2), & k=1,\cdots,[(n-1)/2] \\ na_{n/2}^2, & \text{当 } n \text{ 为偶数时}, k=\dfrac{n}{2} \end{cases} \tag{13.1.4}$$

量 $I(\omega_k)$ 称为周期图，是 Schuster（1898）为研究序列的周期分量而引入的。

13.1.2　周期图的样本性质

假设 Z_1，Z_2，…，Z_n 独立同分布于 $N(0,\sigma^2)$，则

$$E(a_k)=\frac{2}{n}\sum_{t=1}^{n}E(Z_t)\cos\omega_k t=0$$

及

$$\begin{aligned}\operatorname{Var}(a_k)&=\frac{4}{n^2}\sum_{t=1}^{n}\sigma^2(\cos\omega_k t)^2\\&=\frac{4\sigma^2}{n^2}\sum_{t=1}^{n}(\cos\omega_k t)^2=\frac{4\sigma^2}{n^2}\cdot\frac{n}{2}=\frac{2\sigma^2}{n}\end{aligned}$$

这里利用了式（11.2.13）中 a_k 和 $a_j\,(k\neq j)$ 独立的事实。因此当 $k=1$，2，…，$[(n-1)/2]$

时，a_k 独立同分布于 $N(0, 2\sigma^2/n)$，而此时 $na_k^2/2\sigma^2$ 独立同分布于自由度为 1 的 χ^2 分布。类似地，当 $k=1, 2, \cdots, [(n-1)/2]$ 时，$nb_k^2/2\sigma^2$ 独立同分布于自由度为 1 的 χ^2 分布。进而，对于 $k=1, 2, \cdots, [(n-1)/2]$ 和 $j=1, 2, \cdots, [(n-1)/2]$，$na_k^2/2\sigma^2$ 和 $nb_j^2/2\sigma^2$ 是独立的，这是因为由正弦和余弦的正交性，可得如下公式：

$$\begin{aligned}\operatorname{Cov}(a_k, b_j) &= \frac{4}{n^2}E\left(\sum_{t=1}^{n} Z_t \cos\omega_k t \cdot \sum_{u=1}^{n} Z_u \sin\omega_j u\right)\\ &= \frac{4}{n^2}\sum_{t=1}^{n}[E(Z_t{}^2)\cos\omega_k t \cdot \sin\omega_j t]\\ &= \frac{4\sigma^2}{n^2}\sum_{t=1}^{n}[\cos\omega_k t \cdot \sin\omega_j t]\\ &= 0, \qquad \text{对于所有的 } k \text{ 和 } j \text{ 成立}\end{aligned} \tag{13.1.5}$$

于是得知，周期图的纵坐标

$$\frac{I(\omega_k)}{\sigma^2} = \frac{n}{2\sigma^2}(a_k^2 + b_k^2) \tag{13.1.6}$$

当 $k=1, 2, \cdots, [(n-1)/2]$ 时独立同分布于自由度为 2 的 χ^2 分布。利用同样的推理，显然，$I(0)/\sigma^2$ 和 $I(\pi)/\sigma^2$（n 为偶数）服从自由度为 1 的 χ^2 分布。有了对于 $I(\pi)$ 的修正，为了不失一般性，在下面的讨论中我们假定样本量 n 是奇数。

假设时间序列可以表示为：

$$Z_t = a_0 + a_k \cos\omega_k t + b_k \sin\omega_k t + e_t \tag{13.1.7}$$

其中，$\omega_k = 2\pi k/n$，$k \neq 0$，e_t 独立同分布于 $N(0, \sigma^2)$。为了检验前面式（13.1.7）中的假设，等价于检验表 13-1 中的检验：

$$H_0: a_k = b_k = 0 \quad \text{vs.} \quad H_1: a_k \neq 0 \text{ 或 } b_k \neq 0$$

利用检验统计量

$$\begin{aligned}F &= \frac{[n(a_k^2 + b_k^2)/2]/2}{\left[\sum_{\substack{j=1\\ j\neq k}}^{[n/2]} n(a_j^2 + b_j^2)/2\right]/(n-3)}\\ &= \frac{(n-3)(a_k^2 + b_k^2)}{2\sum_{\substack{j=1\\ j\neq k}}^{[n/2]}(a_j^2 + b_j^2)}\end{aligned} \tag{13.1.8}$$

该统计量服从自由度为 2 和 $(n-3)$ 的 $F(2, n-3)$ 分布。式（13.1.8）的分子和分母都不包含 a，而 a_0 对应着零频率。事实上，由于周期图在 0 频率上反映的是样本均值，这并不是序列的周期，在分析问题时通常不予考虑。更一般地，我们可以考虑序列是否包含 m 个周期分量，只需假设模型为：

$$Z_t = a_0 + \sum_{i=1}^{m}(a_{k_i}\cos\omega_{k_i} t + b_{k_i}\sin\omega_{k_i} t) + e_t \tag{13.1.9}$$

这里 e_t 服从独立同分布的 $N(0, \sigma^2)$ 分布，$\omega_{k_i} = 2\pi k_i/n$，而集合 $I = \{k_i : i=1, 2, \cdots, m\}$ 是 $\{k : k=1, 2, \cdots, [n/2]\}$ 的子集。对应的检验统计量：

$$F=\frac{(n-2m-1)\sum_{i=1}^{m}(a_{k_i}^2+b_{k_i}^2)}{2m\sum_{j\notin I}(a_j^2+b_j^2)} \tag{13.1.10}$$

服从自由度为 $2m$ 和（$n-2m-1$）的 $F(2m, n-2m-1)$ 分布。

13.1.3 隐周期分量的检验

在实际中，即使我们确信时间序列中含有周期分量，相应的基本频率也常常是未知的。例如，我们可以检验：

$$H_0: \alpha=\beta=0 \quad \text{vs.} \quad H_1: \alpha\neq 0 \text{ 或 } \beta\neq 0$$

对于下面的模型

$$Z_t=\mu+\alpha\cos\omega t+\beta\sin\omega t+e_t \tag{13.1.11}$$

其中，$\{e_t\}$ 是独立同分布于 $N(0, \sigma^2)$ 的高斯白噪声序列，但频率 ω 是未知的。由于频率 ω 未知，所以 F 分布和前一节中讨论的检验统计量都不能直接使用。然而，周期图分析还是可用的。实际上，周期图的原本目的就是寻找“隐”周期。如果基本模型确实在频率 ω 处包含单个周期分量，我们就希望在最接近 ω 的傅立叶频率 ω_k 处周期图的值 $I(\omega_k)$ 最大。因此，考察 $[n/2]$ 个独立同分布的随机变量的随机样本，都是自由度为 2 的 χ^2 分布的倍数，我们可以找出最大周期图的纵坐标，检验是否有理由将该纵坐标当作最大。在这种情形下，最自然的检验统计量是：

$$I^{(1)}(\omega_{(1)})=\max\{I(\omega_k)\} \tag{13.1.12}$$

这里，我们用 $\omega_{(1)}$ 来表示具有最大周期图纵坐标的傅立叶频率。

现在，在原假设 H_0 之下，$\{Z_t\}$ 是高斯白噪声 $N(0, \sigma^2)$，因此，周期图纵坐标 $I(\omega_k)/\sigma^2$，$k=1, 2, \cdots, [n/2]$ 是自由度为 2 的独立同服从 χ^2 分布的随机变量，其概率密度函数为

$$p(x)=\frac{1}{2}e^{-(x/2)}, \qquad 0\leqslant x<\infty \tag{13.1.13}$$

因此，对于任何 $g\geqslant 0$，我们均有

$$\begin{aligned}
p\left[\frac{I^{(1)}(\omega_{(1)})}{\sigma^2}>g\right]&=1-p\left[\frac{I^{(1)}(\omega_{(1)})}{\sigma^2}\leqslant g\right]\\
&=1-p\left\{\frac{I(\omega_k)}{\sigma^2}\leqslant g, \qquad k=1, 2, \cdots, \left[\frac{n}{2}\right]\right\}\\
&=1-\left\{\int_0^g \frac{1}{2}e^{-(x/2)}\mathrm{d}x\right\}^{[n/2]}\\
&=1-(1-e^{-(g/2)})^{[n/2]}
\end{aligned} \tag{13.1.14}$$

如果 σ^2 为已知，我们就可以从式（13.1.14）中推出关于最大纵坐标的严格检验。

但是，在实际中 σ^2 通常是未知的，必须进行估计。为了推出 σ^2 的无偏估计量，我们注意到在原假设下，

$$E\left[\sum_{k=1}^{[n/2]} I(\omega_k)\right]=\left[\frac{n}{2}\right]2\sigma^2$$

于是

$$\hat{\sigma}^2=\frac{1}{2[n/2]}\sum_{k=1}^{[n/2]} I(\omega_k) \tag{13.1.15}$$

是 σ^2 的无偏估计，并导出下面的检验统计量：

$$V=\frac{I^{(1)}(\omega_{(1)})}{2[n/2]\sum_{k=1}^{[n/2]} I(\omega_k)} \tag{13.1.16}$$

利用 $I(\omega_k)$，$k=1, 2, \cdots, [n/2]$ 为独立的这一事实，我们有

$$\mathrm{Var}(\hat{\sigma}^2)\longrightarrow 0, \qquad n\longrightarrow\infty \tag{13.1.17}$$

得到 $\hat{\sigma}^2$ 是 σ^2 的一致估计。因此，对于大样本，V 可以用与 $I^{(1)}(\omega_{(1)})/\sigma^2$ 同样的分布来近似，即对于任何 $g\geqslant 0$

$$P(V>g)\simeq 1-(1-e^{-(g/2)})^{[n/2]} \tag{13.1.18}$$

关于 $\{I(\omega_k)\}$ 极大的一个严格检验由 Fisher（1929）推出，是基于下面的统计量：

$$T=\frac{I^{(1)}(\omega_{(1)})}{\sum_{k=1}^{[n/2]} I(\omega_k)} \tag{13.1.19}$$

在 Z_t 是 $N(0, \sigma^2)$ 的高斯白噪声的原假设下，Fisher（1929）证明：

$$P(T>g)=\sum_{j=1}^{m}(-1)^{(j-1)}\binom{N}{j}(1-jg)^{N-1} \tag{13.1.20}$$

其中，$N=[n/2]$，$g>0$，m 是小于 $1/g$ 的最大整数。因此，对于任何给定的显著性水平 α，我们均可以用式（13.1.20）求出临界值 g_α，使得

$$P(T>g_\alpha)=\alpha$$

若从序列计算的 T 值大于 g_α，则拒绝原假设，结论是序列 Z_t 包含一个周期分量。该检验程序称为 Fisher 检验。

Fisher（1929）给出显著性水平 $\alpha=0.05$ 下的 T 的临界值，如表 13-2 所示。

表 13-2 中的第 3 列是只用到式（13.1.20）中第一项得到的近似，即

$$P(T>g)\simeq N(1-g)^{N-1} \tag{13.1.21}$$

该近似值非常接近精确结果，因此，对于绝大多数情形可以使用式（13.1.21）推出检验用的临界值。

表 13-2　最大周期图纵坐标与和之比的 $\alpha=0.05$ 的临界值

N^*	g_α（根据公式）	g_α（仅根据第一项）
5	0.683 77	0.683 77

续表

N^*	g_α（根据公式）	g_α（仅根据第一项）
10	0.444 95	0.444 95
15	0.334 62	0.334 63
20	0.270 40	0.270 46
25	0.228 05	0.228 13
30	0.197 84	0.197 94
35	0.175 13	0.175 25
40	0.157 38	0.157 52
45	0.143 10	0.143 24
50	0.131 35	0.131 49

注：若 n 为奇数，则 $N=(n-1)/2$；若 n 为偶数，则 $N=n/2-1$。

必须注意的是，在式（13.1.11）的原假设 H_0 之下，使 $I^{(1)}(\omega_{(1)})$ 显著的值会导致拒绝 H_0，这包含序列在某个频率 ω 上存在一个周期分量。这个 ω 不一定等于 $\omega_{(1)}$，因为 $\omega_{(1)}$ 只是从傅立叶频率中找出，而不是从 $0\sim\pi$ 之间的所有可能频率中找出。然而，Hartley（1949）证明了：具有最大周期图的未知频率 ω 可以安全地使用 $\omega_{(1)}$ 估计，$|\omega-\omega_{(1)}|>2\pi/n$ 的概率小丁检验的显著性水平。

令 $I^{(2)}(\omega_{(2)})$ 是周期图纵坐标的第二大值，相应的傅立叶频率为 $\omega_{(2)}$。Whittle（1952）建议将 Fisher 检验推广到第二大纵坐标，是基于如下统计量：

$$T_2=\frac{I^{(2)}(\omega_{(2)})}{\left\{\sum_{k=1}^{[n/2]} I(\omega_k)\right\}-I^{(1)}(\omega_{(1)})} \tag{13.1.22}$$

这里仍使用式（13.1.20）的分布，但式中的 N 用（$N-1$）替代。这一过程可以继续下去，直到不能再得到显著的结果。由此导致 m 的估计，它就是式（13.1.9）中周期分量的个数。

此外，我们还可以使用标准的回归分析并构造通常的回归检验。例如，考察一个月度时间序列是不是周期为 12 的季节序列，我们可以假设模型：

$$Z_t=a_0+\sum_{k=1}^{6}[a_k\cos(2\pi k/12)+b_k\sin(2\pi k/12)]+e_t \tag{13.1.23}$$

其中，e_t 是 i. i. d. $N(0,\sigma^2)$。通过 F 比值进行检验，该比值是 6 个季节频率 $2\pi k/12$（$k=1,2,3,4,5,6$）的均方与残差均方之比。

在对实际序列进行说明之前，应该注意到，我们能够拟合一个一般的正弦、余弦模型：

$$Z_t=\mu+\sum_{j=1}^{m}(\alpha_j\cos\lambda_j t+\beta_j\sin\lambda_j t)+e_t \tag{13.1.24}$$

其中，e_t 是 i. i. d. $N(0,\sigma^2)$。然而，除非 λ_j 是傅立叶频率，否则通常两个不同的频率分量 λ_i 和 λ_j 是不独立的，因为由正弦、余弦和复指数构成完备、正交族，只有傅立叶频率才是可能的。

例 13-1　在本例中，我们对哈得孙湾公司 1857—1911 年的山猫皮年度销售量($n=55$)对数数据进行了周期图分析，前面第 6 章、第 7 章中我们曾对该序列拟合 ARMA 模型。表 13-3 列出了结果，图 13-1 根据频率和周期绘制了周期图。显然，周期图中频率 $\omega_6=2\pi(6)/55=0.685\,44$ 处较大的峰占主导。与此频率对应的周期是 $P=2\pi/\omega=2\pi/\omega_6=9.166\,7$(年)。这表明数据显示出近似为 9 年的周期。表 13-3 中还有式（13.1.8）给出的 F 统计量的值，用以检验每个傅立叶频率上周期图的显著性。对于显著性水平 $\alpha=0.05$，$F_{0.05}(2,\ 52)=3.195\,33$，只有在频率 $\omega_6=0.685\,44$ 处的周期图是显著的。

表 13-3　　山猫皮销售量的周期分析

k	频率（ω_k）	周期（P）	$I(\omega_k)$	F
1	0.114 24	55.000 0	0.885 3	0.559 8
2	0.228 48	27.500 0	0.048 9	0.030 3
3	0.342 72	18.333 3	2.028 4	1.432 7
4	0.456 96	13.750 0	0.987 6	0.626 0
5	0.571 20	11.000 0	0.959 3	0.607 7
6	0.685 44	9.166 7	31.576 8	78.743 6
7	0.799 68	7.857 1	1.739 8	1.123 5
8	0.913 92	6.875 0	0.656 7	0.413 0
9	1.028 16	6.111 1	0.432 6	0.270 6
10	1.142 40	5.500 0	0.316 2	0.197 2
11	1.256 64	5.000 0	0.321 2	0.200 4
12	1.370 88	4.583 3	0.407 2	0.254 5
13	1.485 12	4.230 8	0.243 7	0.151 7
14	1.599 36	3.928 6	0.012 1	0.007 5
15	1.713 60	3.666 7	0.209 4	0.130 3
16	1.827 84	3.437 5	0.282 3	0.175 9
17	1.942 08	3.235 3	0.092 9	0.057 6
18	2.056 32	3.055 6	0.048 3	0.029 9
19	2.170 55	2.894 7	0.139 6	0.086 7
20	2.284 79	2.750 0	0.059 6	0.036 9
21	2.399 03	2.619 0	0.037 0	0.022 9
22	2.513 27	2.500 0	0.007 1	0.004 4
23	2.627 51	2.391 3	0.339 0	0.211 5
24	2.741 75	2.291 7	0.064 0	0.039 7
25	2.855 99	2.200 0	0.022 2	0.013 7
26	2.970 23	2.115 4	0.014 0	0.008 7
27	3.084 47	2.037 0	0.072 0	0.044 6

对于最大周期图的精确 Fisher 检验，我们有

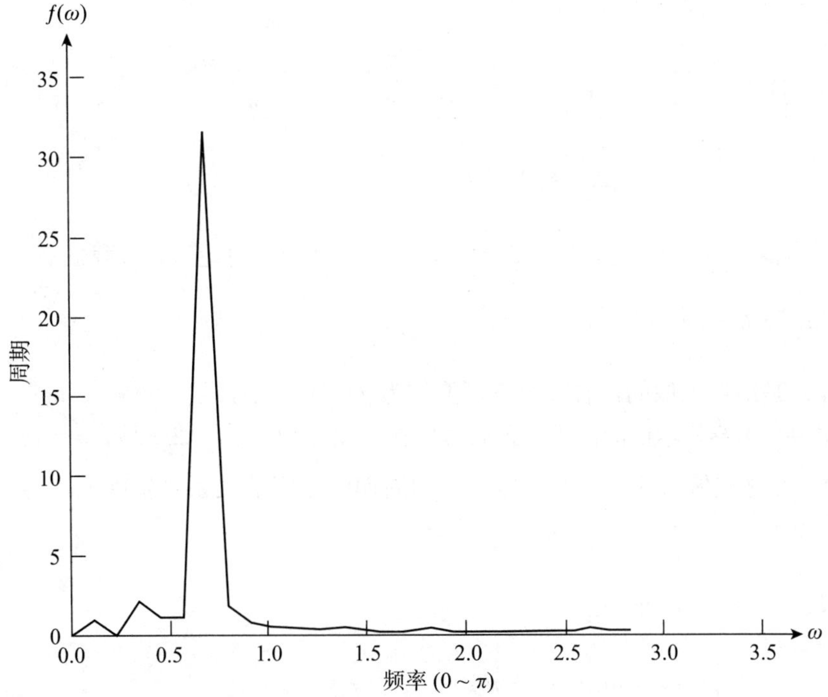

图 13-1 加拿大山猫皮年销售量的周期图

$$T=\frac{I^{(1)}(\omega_{(1)})}{\sum_{k=1}^{[n/2]}I(\omega_k)}=\frac{I^{(1)}(\omega_6)}{\sum_{k=1}^{27}I(\omega_k)}=\frac{31.5768}{42.003}=0.7518$$

由表 13-2，当 $N=25$ 时，$g_{0.05}=0.22805$；当 $N=30$ 时，$g_{0.05}=0.19784$。更精确地，对于 $N=27$，我们利用式（13.1.21）给出的一阶近似，对 $\alpha=0.05$ 有：

$$N(1-g)^{N-1}=27(1-g)^{26}=0.05$$

得出 $g=0.21493$。由于 $T=0.7518\gg 0.21493$，检验结果高度显著，因此可以得出结论：序列含频率为 $\omega_6=0.68544$ 的周期分量。

13.2 样本谱

本节我们考察具有绝对可和自协方差时间序列的谱估计。由式（12.1.3），谱为：

$$f(\omega)=\frac{1}{2\pi}\sum_{k=-\infty}^{\infty}\gamma_k e^{-i\omega k} \tag{13.2.1a}$$

$$=\frac{1}{2\pi}\left(\gamma_0+2\sum_{k=1}^{\infty}\gamma_k\cos\omega k\right),\qquad -\pi\leqslant\omega\leqslant\pi \tag{13.2.1b}$$

以样本数据为基础，很自然地用样本自协方差 $\hat{\gamma}_k$ 代替理论自协方差 γ_k 以估计 $f(\omega)$。然而，对于一个给定的样本量为 n 的时间序列，我们只能计算 $\hat{\gamma}_k$，$k=0, 1, 2, \cdots, (n-$

1），因此，估计 $f(\omega)$ 只能用

$$\hat{f}(\omega)=\frac{1}{2\pi}\sum_{k=-(n-1)}^{(n-1)}\hat{\gamma}_k e^{-i\omega k} \tag{13.2.2a}$$

$$=\frac{1}{2\pi}\left(\hat{\gamma}_0+2\sum_{k=1}^{n-1}\hat{\gamma}_k\cos\omega k\right) \tag{13.2.2b}$$

并称其为样本谱。由于 $\hat{\gamma}_k$ 是渐近无偏的，这在 2.5.2 节已讨论过，故我们有

$$\lim_{n\to\infty}E(\hat{f}(\omega))=f(\omega) \tag{13.2.3}$$

因此，$\hat{f}(\omega)$ 是渐近无偏的，看来极有可能作为 $f(\omega)$ 的估计量。

为了进一步考察样本谱的性质，我们考虑在傅立叶频率 $\omega_k=2\pi k/n$，$k=1$，…，$[n/2]$ 上的 $\hat{f}(\omega)$。在这些傅立叶频率上，样本谱和周期图之间的关系是精确的，为了看出这一点，我们注意到：

$$\begin{aligned}
I(\omega_k)&=\frac{n}{2}(a_k^2+b_k^2)\\
&=\frac{n}{2}(a_k-ib_k)(a_k+ib_k)\\
&=\frac{n}{2}\left[\frac{2}{n}\sum_{t=1}^{n}Z_t(\cos\omega_k t-i\sin\omega_k t)\right]\left[\frac{2}{n}\sum_{t=1}^{n}Z_t(\cos\omega_k t+i\sin\omega_k t)\right]\\
&=\frac{2}{n}\left[\sum_{t=1}^{n}Z_t e^{-i\omega_k t}\right]\left[\sum_{t=1}^{n}Z_t e^{i\omega_k t}\right]\\
&=\frac{2}{n}\left[\sum_{t=1}^{n}(Z_t-\bar{Z})e^{-i\omega_k t}\right]\left[\sum_{t=1}^{n}(Z_t-\bar{Z})e^{i\omega_k t}\right]\\
&=\frac{2}{n}\sum_{t=1}^{n}\sum_{s=1}^{n}(Z_t-\bar{Z})(Z_s-\bar{Z})e^{-i\omega_k(t-s)}
\end{aligned} \tag{13.2.4}$$

其中，我们必须用到 $\sum_{t=1}^{n}e^{i\omega_k t}=\sum_{t=1}^{n}e^{-i\omega_k t}=0$ 这一公式。

由于

$$\hat{\gamma}_j=\frac{1}{n}\sum_{t=1}^{n-j}(Z_t-\bar{Z})(Z_{t+j}-\bar{Z})$$

在式（13.2.4）中，令 $j=t-s$，我们得到

$$I(\omega_k)=2\sum_{j=-(n-1)}^{n-1}\hat{\gamma}_j e^{-i\omega_k j} \tag{13.2.5a}$$

$$=2\left\{\hat{\gamma}_0+2\sum_{j=1}^{n-1}\hat{\gamma}_j\cos\omega_k j\right\} \tag{13.2.5b}$$

现在，由式（13.2.2b），我们有

$$\hat{f}(\omega_k)=\frac{1}{4\pi}I(\omega_k),\qquad k=1,2,\cdots,[n/2] \tag{13.2.6}$$

我们注意到，当 n 为偶数时，$\hat{f}(\omega_{n/2})=I(\omega_{n/2})/2\pi=na_{n/2}^2/2\pi$。

若 Z_t 是均值为 0、常值方差为 σ^2 的白噪声序列，于是便得到 $\hat{f}(\omega_k)$，$k=1,\cdots,[(n-1)/2]$独立同分布于$(\sigma^2/4\pi)\chi^2(2)=(\sigma^2/2\pi)\chi^2(2)/2$，我们看到

$$\hat{f}(\omega_k)\sim\frac{\sigma^2}{2\pi}\frac{\chi^2(2)}{2} \tag{13.2.7}$$

其中，$\chi^2(2)$ 是自由度为 2 的 χ^2 分布。我们注意到，式（13.2.7）中的$\sigma^2/2\pi$是 Z_t 的谱。按照同样的推理，一般可以证明，若 Z_t 是具有谱 $f(\omega)$ 的高斯过程，则

$$\hat{f}(\omega_k)\sim f(\omega_k)\frac{\chi^2(2)}{2} \tag{13.2.8}$$

于是有

$$E(\hat{f}(\omega_k))=E\left[f(\omega_k)\frac{\chi^2(2)}{2}\right]=f(\omega_k) \tag{13.2.9}$$

和

$$\mathrm{Var}(\hat{f}(\omega_k))=\mathrm{Var}\left[f(\omega_k)\frac{\chi^2(2)}{2}\right]=[f(\omega_k)]^2 \tag{13.2.10}$$

该式不依赖于样本量 n。因此，尽管在傅立叶频率上计算的样本谱是无偏的，但这个估计是不完善的，因为该估计不是一致的，即当样本量 n 趋于无穷时，$\hat{f}(\omega)$ 的方差不趋于 0。另外，由式（13.2.6）以及式（13.1.6），周期图的纵坐标是独立的，对于任意两个不同的傅立叶频率 ω_k 和 ω_j，我们有

$$\mathrm{Cov}[\hat{f}(\omega_k),\hat{f}(\omega_j)]=0 \tag{13.2.11}$$

更一般地，甚至对两个不同的非傅立叶频率 ω 和 λ，当样本量 n 增大时，傅立叶频率点变得越来越密，这时，$\hat{f}(\omega)$ 和 $\hat{f}(\gamma)$ 之间的协方差也随 n 趋于无穷而趋于 0。实际结果是：$\hat{f}(\omega)$ 是不稳定的且趋向很不规则，如图 13－2 所示，不论样本量为多少，频率的形态都差不多。为了修正样本的这些不良性质，人们尝试去平滑周期图和样本谱。

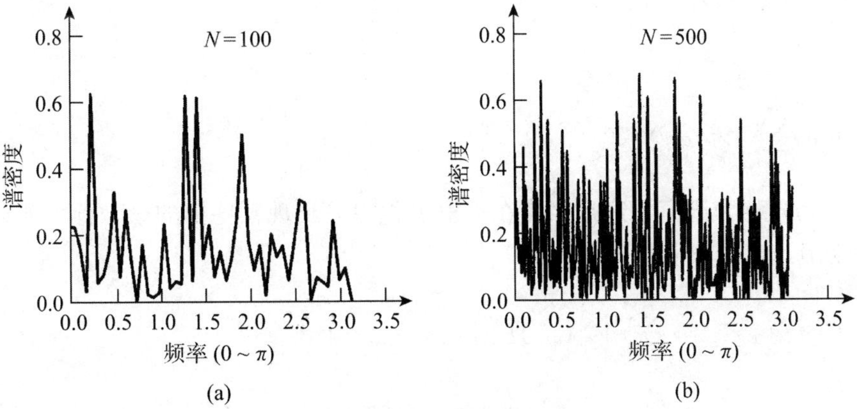

图 13－2 白噪声过程的样本谱

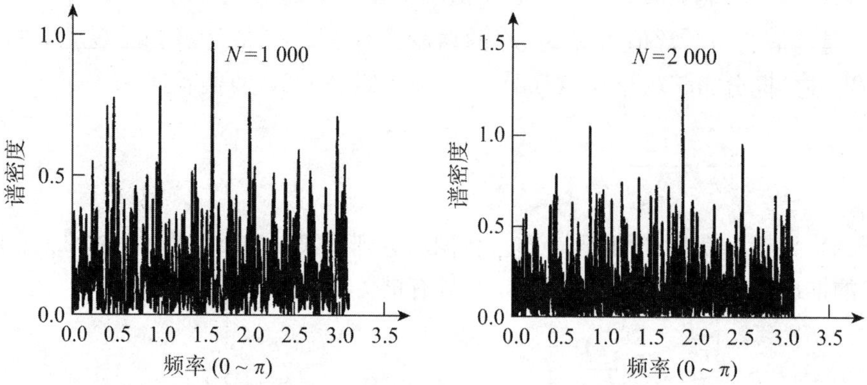

(c) (d)

图 13-2　白噪声过程的样本谱（续）

13.3　平滑谱

13.3.1　在频率域平滑：谱窗

为了减少样本谱的方差，很自然的办法就是在所考察谱值的邻域内局部地平滑样本谱。换言之，谱估计是目标频率 ω_k 左右 m 个值加权平均所得的平滑谱，其公式为

$$\hat{f}_w(\omega_k)=\sum_{j=-m_n}^{m_n}\mathcal{W}_n(\omega_j)\hat{f}(\omega_k-\omega_j) \tag{13.3.1}$$

其中，$\omega_k=2\pi k/n$，$k=0$，±1，±2，…，$\pm[n/2]$ 是傅立叶频率，n 是样本量，$\mathcal{W}_n(\omega_j)$是权函数，且具有如下性质：

$$\sum_{j=-m_n}^{m_n}\mathcal{W}_n(\omega_j)=1 \tag{13.3.2}$$

$$\mathcal{W}_n(\omega_j)=\mathcal{W}_n(-\omega_j) \tag{13.3.3}$$

及

$$\lim_{n\to\infty}\sum_{j=-m_n}^{m_n}\mathcal{W}_n^2(\omega_j)=0 \tag{13.3.4}$$

权函数 $\mathcal{W}_n(\omega_j)$ 称为谱窗，这是因为在平滑过程中只出现某些谱的纵坐标。如果$f(\omega)$在窗中比较平坦，近似为常数，则有

$$\begin{aligned}E[\hat{f}_w(\omega_k)]&=\sum_{j=-m_n}^{m_n}\mathcal{W}_n(\omega_j)E[\hat{f}(\omega_k-\omega_j)]\\&\simeq f(\omega_k)\sum_{j=-m_n}^{m_n}\mathcal{W}_n(\omega_j)=f(\omega_k)\end{aligned} \tag{13.3.5}$$

由式（13.2.10）还有

$$\begin{aligned}\operatorname{Var}[\hat{f}_W(\omega_k)] &\simeq \sum_{j=-m_n}^{m_n} \mathcal{W}_n^2(\omega_j)[f(\omega_k)]^2 \\ &\simeq [f(\omega_k)]^2 \sum_{j=-m_n}^{m_n} \mathcal{W}_n^2(\omega_j)\end{aligned} \tag{13.3.6}$$

其中用到傅立叶频率上样本谱独立的事实。

式（13.3.4）代表平滑谱的方差随 m_n 的增大而减小。m_n 的值表示在平滑中使用频率的数目与谱窗的宽度直接相关，通常称为窗的带宽。当带宽增大时，有更多谱的纵坐标被纳入平均，因而最终的估计就更平滑、更稳定，方差也更小。但是，除非 $f(\omega)$ 确实是平坦的，否则随着带宽的增大，偏差也增大，因为这时候越来越多的纵坐标被纳入平滑谱。我们不得不在方差减少与偏差之间做个折中，通常这是最佳选择。

更一般地，由式（13.2.2a），样本谱在 $-\pi\sim\pi$ 的任意频率上定义，而不仅仅是在傅立叶频率上定义，因此，我们可以将一般的平滑谱写成如下的积分形式：

$$\hat{f}_W(\omega) = \int_{-\pi}^{\pi} \mathcal{W}_n(\lambda)\hat{f}(\omega-\lambda)\mathrm{d}\lambda \tag{13.3.7}$$

$$= \int_{-\pi}^{\pi} \mathcal{W}_n(\omega-\lambda)\hat{f}(\lambda)\mathrm{d}\lambda \tag{13.3.8}$$

其中，$W_n(\lambda)$ 是谱窗，且满足下面的条件：

$$\int_{-\pi}^{\pi} \mathcal{W}_n(\lambda)\mathrm{d}\lambda = 1 \tag{13.3.9}$$

$$\mathcal{W}_n(\lambda) = \mathcal{W}_n(-\lambda) \tag{13.3.10}$$

及

$$\lim_{n\to\infty} \frac{1}{n}\int_{-\pi}^{\pi} \mathcal{W}_n^2(\lambda)\mathrm{d}\lambda = 0 \tag{13.3.11}$$

谱窗在文献中也称为核。

如果谱在谱窗的带宽中近似为常数，那么由式（13.3.9）可得

$$E(\hat{f}_W(\omega)) \cong f(\omega) \tag{13.3.12}$$

对于方差而言，我们注意到式（13.3.8）可以用以下和式近似

$$\hat{f}_W(\omega) \simeq \frac{2\pi}{n}\sum_{k=-[n/2]}^{[n/2]} \mathcal{W}_n(\omega-\omega_k)\hat{f}(\omega_k) \tag{13.3.13}$$

其中，$\omega_k = 2\pi k/n$。于是

$$\begin{aligned}\operatorname{Var}(\hat{f}_W(\omega)) &\simeq \left(\frac{2\pi}{n}\right)^2 f^2(\omega) \sum_{k=-[n/2]}^{[n/2]} \mathcal{W}_n^2(\omega-\omega_k) \\ &\simeq \frac{2\pi}{n} f^2(\omega) \sum_{k=-[n/2]}^{[n/2]} \mathcal{W}_n^2(\omega-\omega_k)\frac{2\pi}{n} \\ &\simeq \frac{2\pi}{n} f^2(\omega)\int_{-\pi}^{\pi} \mathcal{W}_n^2(\lambda)\mathrm{d}\lambda\end{aligned} \tag{13.3.14}$$

由条件式（13.3.11）可知，当 $n\to\infty$ 时，$\mathrm{Var}[\hat{f}_W(\omega)]\to 0$。因此，$\hat{f}_W(\omega)$ 是 $f(\omega)$ 的一致估计。

显然，在两个不同频率 ω 和 λ 上样本谱的纵坐标一般是相关的，因为在平滑过程中它们可能包含共同项。然而，由于在不同傅立叶频率上样本谱的纵坐标相互独立，因此很容易看出平滑谱纵坐标之间的协方差与以 ω 和 λ 为中心的谱窗之间的重叠长度成比例。如果谱窗重叠很多，那么方差会很大；如果谱窗重叠很少，则方差会很小。

还有一些问题是需要特别注意的。具体计算平滑谱时是在傅立叶频率上利用式（13.3.1）的离散形式来计算，因此，平滑实际是用于周期图。由于周期图是以 2π 为周期的，如果谱窗所覆盖的频率不是完全在 $[-\pi, \pi]$ 的范围内，那么我们可以利用周期性扩展周期图以及样本谱。等价地，我们可以把权重折算到区间 $[-\pi, \pi]$。如果周期图也关于频率 0 对称，那么只需要对 $0\sim\pi$ 频率范围进行计算。另外，由于周期图在 0 频率的值反映了 Z_t 的均值而不是谱值，因此，平滑时不包括 0 点，即在计算时其权重设定为 0，且其值用 ω_1 替代。

13.3.2 时域中的平滑：延迟窗

注意到，谱 $f(\omega)$ 是自协方差函数 γ_k 的傅立叶变换，因此，由式（13.2.2a）知，作为谱平滑的替代形式，可以将权函数 $W(k)$ 应用于样本自协方差函数对谱进行平滑，即

$$\hat{f}_W(\omega)=\frac{1}{2\pi}\sum_{k=-(n-1)}^{n-1}W(k)\hat{\gamma}_k e^{-i\omega k} \tag{13.3.15}$$

由于样本自协方差函数 $\hat{\gamma}_k$ 是对称的，且当 k 较大时，$\hat{\gamma}_k$ 不可靠，因而权函数 $W(k)$ 也应取为对称的，并与 k 的量值成反比。因此，我们可得

$$\hat{f}_w(\omega)=\frac{1}{2\pi}\sum_{k=-M}^{M}W_n(k)\hat{\gamma}_k e^{-i\omega k} \tag{13.3.16}$$

这里，权函数 $W_n(k)$ 选为绝对可和序列，且

$$W_n(k)=W\left(\frac{k}{M}\right) \tag{13.3.17}$$

通常是由有界连续偶函数 $W(x)$ 得出的，该函数满足

$$\begin{aligned}&|W(x)|\leqslant 1\\&W(0)=1\\&W(x)=W(-x)\\&W(x)=0,\qquad |x|>1\end{aligned} \tag{13.3.18}$$

截断点 M 的取值依赖于样本量 n。针对自协方差的权函数 $W_n(k)$ 称为延迟窗。

延迟窗和谱窗是完全对应的，因为自协方差是谱的逆傅立叶变换。根据式（13.2.2a），$\hat{f}(\lambda)$ 的逆傅立叶变换为

$$\hat{\gamma}_k=\int_{-\pi}^{\pi}\hat{f}(\lambda)e^{i\lambda k}\mathrm{d}\lambda,\qquad k=0,\pm 1,\cdots,\pm(n-1) \tag{13.3.19}$$

因此

$$\begin{aligned}\hat{f}_W(\omega) &= \frac{1}{2\pi}\sum_{k=-M}^{M} W_n(k)\hat{\gamma}_k e^{-i\omega k} \\ &= \frac{1}{2\pi}\sum_{k=-M}^{M} W_n(k)\int_{-\pi}^{\pi}\hat{f}(\lambda)e^{i\lambda k}e^{-i\omega k}\mathrm{d}\lambda \\ &= \int_{-\pi}^{\pi}\frac{1}{2\pi}\sum_{k=-M}^{M} W_n(k)e^{-i(\omega-\lambda)k}\hat{f}(\lambda)\mathrm{d}\lambda \\ &= \int_{-\pi}^{\pi}\mathcal{W}_n(\omega-\lambda)\hat{f}(\lambda)\mathrm{d}\lambda \\ &= \int_{-\pi}^{\pi}\mathcal{W}_n(\lambda)\hat{f}(\omega-\lambda)\mathrm{d}\lambda \end{aligned} \tag{13.3.20}$$

其中

$$\mathcal{W}_n(\omega) = \frac{1}{2\pi}\sum_{k=-M}^{M} W_n(k)e^{-i\omega k} \tag{13.3.21}$$

是谱窗。由式（13.3.21）显然可知：谱窗是延迟窗的傅立叶变换，延迟窗是谱窗的逆傅立叶变换，即

$$W_n(k) = \int_{-\pi}^{\pi}\mathcal{W}_n(\omega)e^{i\omega k}\mathrm{d}\omega, \qquad k=0, \pm 1, \cdots, \pm M \tag{13.3.22}$$

因此，延迟窗和谱窗构成一对傅立叶变换，其中的一个被另一个唯一确定。延迟窗和谱窗的称谓是由 Blackman 和 Tukey（1959）首先提出的，在早期文献中的标准叫法是权函数。

式（13.3.14）给出的方差表达式也可以用延迟窗表示，由式（11.5.16）的 Parseval 公式

$$\sum_{k=-M}^{M} W_n^2(k) = 2\pi\int_{-\pi}^{\pi}\mathcal{W}_n^2(\omega)\mathrm{d}\omega \tag{13.3.23}$$

因此

$$\mathrm{Var}[\hat{f}_W(\omega)] \simeq \frac{1}{n}f^2(\omega)\sum_{k=-M}^{M} W_n^2(k) \tag{13.3.24}$$

由于延迟窗通常由式（13.3.18）给出的有界连续偶函数得出，故我们有

$$\begin{aligned}\sum_{k=-M}^{M} W_n^2(k) &= \sum_{k=-M}^{M} W^2\left(\frac{k}{M}\right) \\ &= M\sum_{k=-M}^{M} W^2\left(\frac{k}{M}\right)\cdot\frac{1}{M} \\ &\simeq M\int_{-1}^{1} W^2(x)\mathrm{d}x \end{aligned} \tag{13.3.25}$$

于是

$$\mathrm{Var}[\hat{f}_W(\omega)] \simeq \frac{M}{n}f^2(\omega)\int_{-1}^{1} W^2(x)\mathrm{d}x \tag{13.3.26}$$

这意味着当给定延迟窗时，平滑谱的方差与比值 M/n 有关。当延迟权非零时，其值与谱

自协方差成比例。

13.3.3 一些常用的窗

经过前面的介绍，我们现在引入在时间序列分析中常用的延迟窗和谱窗。

矩形窗

所谓的矩形窗或截断延迟窗是

$$W_n^R(k)=\begin{cases}1, & |k|\leqslant M\\ 0, & |k|>M\end{cases} \tag{13.3.27}$$

其中，M 是小于（$n-1$）的截断点，这可由下面的连续函数得出

$$W(x)=\begin{cases}1, & |x|\leqslant 1\\ 0, & |x|>1\end{cases} \tag{13.3.28}$$

由式（13.3.21），对应的谱窗得出：

$$\begin{aligned}\mathcal{W}_n^R(\omega)&=\frac{1}{2\pi}\sum_{k=-M}^{M}W_n^R(k)e^{-i\omega k}\\&=\frac{1}{2\pi}\sum_{k=-M}^{M}e^{-i\omega k}\\&=\frac{1}{2\pi}\left(1+2\sum_{k=1}^{M}\cos\omega k\right)\\&=\frac{1}{2\pi}\left[1+\frac{2\cos(\omega(M+1)/2)\sin(\omega M/2)}{\sin(\omega/2)}\right]\quad(\text{利用式}(11.2.8))\\&=\frac{1}{2\pi}\,\frac{\sin(\omega/2)+[\sin(\omega(M+1/2))-\sin(\omega/2)]}{\sin(\omega/2)}\quad(\text{利用式}(11.2.12\text{c}))\\&=\frac{1}{2\pi}\,\frac{\sin(\omega(M+1/2))}{\sin(\omega/2)}\end{aligned} \tag{13.3.29}$$

矩形延迟和谱窗都在图 13-3 中给出。

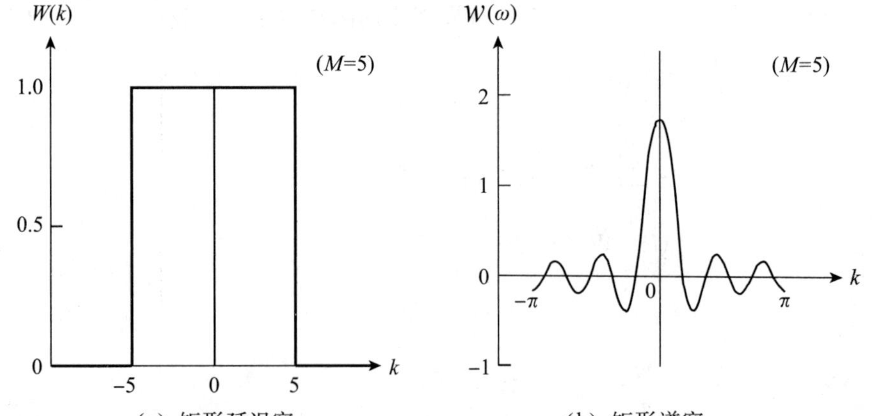

（a）矩形延迟窗　　（b）矩形谱窗

图 13-3 矩形延迟窗和谱窗

注意，在图 13-3 所示的谱窗中，在 $\omega=0$ 处有一个高度为 $(2M+1)/2\pi$ 的主波瓣，零点位于 $\omega=\pm 2j\pi/(2M+1)$，边瓣峰下降段的值大体在 $\omega=\pm(4j+1)\pi/(2M+1)$，$j=1, 2, \cdots$。由于使用该窗，平滑谱估计在某些频率 ω 上可能出现负值。我们知道，谱应是非负函数，因此这种结果不是我们希望出现的。

对于一个给定的谱窗 $\mathcal{W}_n(\omega)$，其最大值在 $\omega=0$ 处达到，通常使用的窗宽的定义是主瓣和半功率点之间的距离，如图 13-4 所示。即

$$\text{带宽}=2\omega_I \tag{13.3.30}$$

其中，ω_I 使得谱窗 $\mathcal{W}_n(\pm\omega_I)=\frac{1}{2}\mathcal{W}_n(0)$。

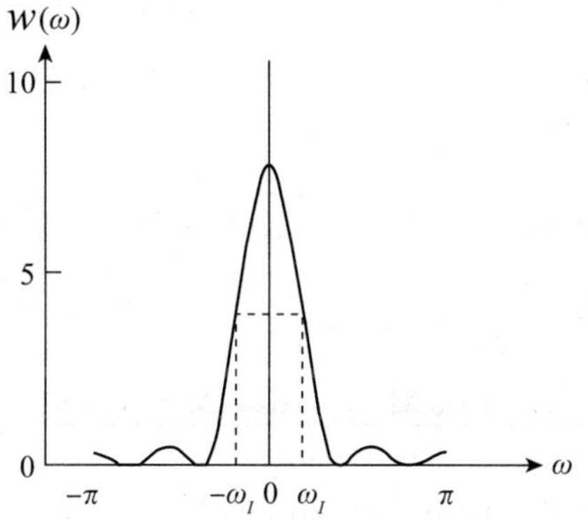

图 13-4 谱窗的带宽

如果 ω_{II} 是 $W_n(\omega)$ 的第一个零点，那么 ω_I 的值就可以用 $\frac{1}{2}\omega_{II}$ 来近似，从而带宽近似等于 ω_{II}。利用前面的矩形谱窗 $W_n^R(\omega)$，带宽近似等于 $2\pi(2M+1)$。一般地，谱窗的带宽与延迟窗中使用的截断点 M 成反比，因而当 M 增大时，带宽减小，从而平滑谱的方差增大，虽然如 13.3.1 节所讨论的，偏差减小了，但另一方面，当 M 减小时，带宽增大，从而方差减小而偏差增大。

Bartlett 窗

Bartlett(1950) 提出了下面的延迟窗

$$W_n^B(k)=\begin{cases}1-|k|/M, & |k|\leqslant M\\ 0, & |k|>M\end{cases} \tag{13.3.31}$$

这是基于三角函数

$$W(x)=\begin{cases}1-|x|, & |x|\leqslant 1\\ 0, & |x|>1\end{cases} \tag{13.3.32}$$

因此，该窗也称为三角窗。对应的谱窗如下：

$$\mathcal{W}_n^B(\omega)=\frac{1}{2\pi}\sum_{k=-M}^{M}\left(1-\frac{|k|}{M}\right)e^{-i\omega k}$$

$$
\begin{aligned}
&=\frac{1}{2\pi M}\sum_{k=-M}^{M}(M-|k|)e^{-i\omega k}\\
&=\frac{1}{2\pi M}\sum_{j=0}^{M-1}\sum_{k=-j}^{j}e^{-i\omega k}\\
&=\frac{1}{2\pi M}\sum_{j=0}^{M-1}\frac{\sin(\omega(j+1/2))}{\sin(\omega/2)}\\
&=\frac{1}{2\pi M\sin(\omega/2)}\left[\sin(\omega/2)+\sum_{j=1}^{M-1}\sin(\omega(j+1/2))\right]\\
&=\frac{1}{2\pi M\sin(\omega/2)}\\
&\quad\cdot\left\{\sin(\omega/2)+\sum_{j=1}^{M-1}[\sin(\omega j)\cos(\omega/2)+\cos(\omega j)\sin(\omega/2)]\right\}\\
&=\frac{1}{2\pi M\sin(\omega/2)}\\
&\quad\cdot\left\{\sin(\omega/2)+\cos(\omega/2)\sum_{j=1}^{M-1}\sin(\omega j)+\sin(\omega/2)\sum_{j=1}^{M-1}\cos(\omega j)\right\}\\
&=\frac{1}{2\pi M\sin(\omega/2)}\{\sin(\omega/2)\\
&\quad+\frac{\cos(\omega/2)\sin(\omega M/2)\sin(\omega(M-1)/2)}{\sin(\omega/2)}\\
&\quad+\left.\frac{\sin(\omega/2)\cos(\omega M/2)\sin(\omega(M-1)/2)}{\sin(\omega/2)}\right\}
\end{aligned}
$$

（根据式(11.2.9)和式(11.2.8)）

$$
\begin{aligned}
&=\frac{1}{2\pi M\sin(\omega/2)}\left\{\sin(\omega/2)+\frac{\sin(\omega(M-1)/2)}{\sin(\omega/2)}\right.\\
&\quad\cdot\left.[\cos(\omega/2)\sin(\omega M/2)+\sin(\omega/2)\cos(\omega M/2)]\right\}\\
&=\frac{1}{2\pi M\sin(\omega/2)}\left\{\sin(\omega/2)\right.\\
&\quad+\left.\frac{\sin(\omega(M-1)/2)}{\sin(\omega/2)}\sin(\omega(M+1)/2)\right\}\\
&=\frac{1}{2\pi M[\sin(\omega/2)]^2}\\
&\quad\{[\sin(\omega/2)]^2+\sin(\omega(M-1)/2)\sin(\omega(M+1)/2)\}\\
&=\frac{1}{2\pi M[\sin(\omega/2)]^2}\left\{\frac{1}{2}(1-\cos\omega)+\frac{1}{2}(\cos\omega-\cos\omega M)\right\}
\end{aligned}
$$

（由式(11.2.12b)）

$$
\begin{aligned}
&=\frac{1}{2\pi M[\sin(\omega/2)]^2}\left\{\frac{1}{2}(1-\cos\omega M)\right\}\\
&=\frac{1}{2\pi M}\left[\frac{\sin(\omega M/2)}{\sin(\omega/2)}\right]^2
\end{aligned}
\tag{13.3.33}
$$

Bartlett 三角窗和相应的谱窗在图 13－5 中显示。由于谱窗 $\mathcal{W}_n^B(\omega)$ 非负，因而

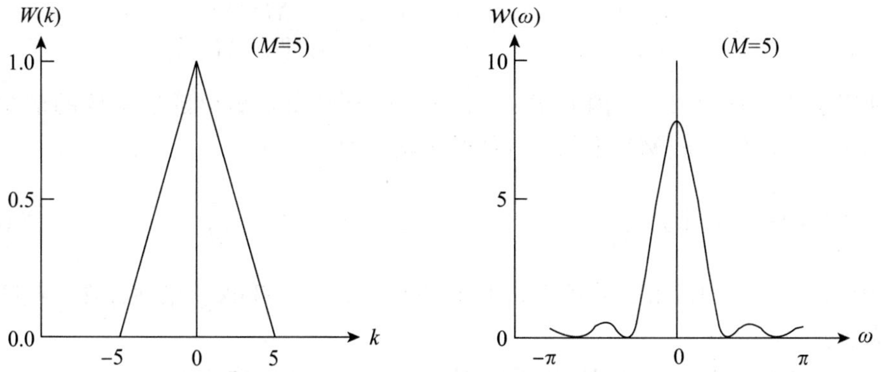

（a）Bartlett三角延迟窗　　（b）Bartlett谱窗

图 13-5　Bartlett 延迟窗和谱窗

Bartlett 谱估计总是非负的。直接对比式（13.3.29）和式（13.3.33）表明，Bartlett 窗的边瓣比矩形窗小。大边瓣的作用是使得在平滑过程中，距 ω 较远的频率上 $\hat{f}(\lambda)$ 有较大的贡献，因此，最终的谱估计 $\hat{f}_W(\omega)$ 可能反映出 ω 以外其他频率的重要谱分量，这种现象称为泄露。因为边瓣是由锐角经傅立叶变换而生成的，选择延迟窗的一般准则是避免具有锐角的函数。

Blackman-Tukey（布莱克曼-图基）窗

Blackman 和 Tukey（1959）建议使用下面的延迟窗：

$$W_n^T(k)=\begin{cases}1-2a+2a\cos(\pi k/M), & |k|\leqslant M\\ 0, & |k|>M\end{cases}\tag{13.3.34}$$

它是基于下面的连续函数

$$W(x)=\begin{cases}1-2a+2a\cos\pi x, & |x|\leqslant 1\\ 0, & |x|>1\end{cases}\tag{13.3.35}$$

M 是样本协方差函数的截断点，常数 a 在 $0<a\leqslant 0.25$ 范围内进行选择，以使对所有 k，$W_n^T(k)\geqslant 0$。对应的谱窗可推导如下：

$$\begin{aligned}\mathcal{W}_n^T(\omega)&=\frac{1}{2\pi}\sum_{k=-M}^{M}W_n^T(k)e^{-i\omega k}\\&=\frac{1}{2\pi}\sum_{k=-M}^{M}[1-2a+2a\cos(\pi k/M)]e^{-i\omega k}\\&=\frac{1}{2\pi}\sum_{k=-M}^{M}[1-2a+a(e^{i\pi k/M}+e^{-i\pi k/M})]e^{-i\omega k}\\&=a\,\frac{1}{2\pi}\sum_{k=-M}^{M}e^{-i(\omega-\pi/M)k}+(1-2a)\,\frac{1}{2\pi}\sum_{k=-M}^{M}e^{-i\omega k}\\&\quad+a\,\frac{1}{2\pi}\sum_{k=-M}^{M}e^{-i(\omega+\pi/M)k}\\&=\frac{a}{2\pi}\,\frac{\sin[(\omega-\pi/M)(M+1/2)]}{\sin[(\omega-\pi/M)/2]}+\frac{(1-2a)}{2\pi}\end{aligned}$$

$$\cdot \frac{\sin[\omega(M+1/2)]}{\sin(\omega/2)}+\frac{a}{2\pi}\frac{\sin[(\omega+\pi/M)(M+1/2)]}{\sin[(\omega+\pi/M)/2]}$$

其中，利用了式（13.3.29）。因此 Blackman-Tukey 谱窗是矩形延迟函数的谱窗在频率（$\omega-\pi/M$）、ω 和（$\omega+\pi/M$）上的加权线性平均，即

$$\mathcal{W}_n^T(\omega)=a\mathcal{W}_n^R\left(\omega-\frac{\pi}{M}\right)+(1-2a)\mathcal{W}_n^R(\omega)+a\mathcal{W}_n^R\left(\omega+\frac{\pi}{M}\right) \tag{13.3.36}$$

其中，$\mathcal{W}_n^R(\omega)$ 由式（13.3.29）给出，由此可知 Blackman-Tukey 谱估计在一些频率 ω 上也可能为负值。

Tukey（1959）为了纪念从事谱估计方面工作的合作者，其与 Blackman 将式（13.3.34）中 $a=0.23$ 时的窗称为 Hamming 窗，该窗为

$$W_n(k)=\begin{cases}0.54+0.46\cos(\pi k/M), & |k|\leqslant M\\ 0, & |k|>M\end{cases} \tag{13.3.37}$$

在文献中也称为 Tukey-Hamming（图基-汉明）窗。窗（13.3.34）中 $a=0.25$，之后也被澳大利亚气象学家 Julius von Hann 称为 Hanning 窗，Hann 并不直接与这方面内容有关。Hanning 窗为

$$W_n(k)=\begin{cases}1/2[1+\cos(\pi k/M)], & |k|\leqslant M\\ 0, & |k|>M\end{cases} \tag{13.3.38}$$

在文献中这也称为 Tukey-Hanning 窗或 Tukey 窗。

Parzen 窗

Parzen（1961b）提出了下面的延迟窗

$$W_n^P(k)=\begin{cases}1-6(k/M)^2+6(|k|/M)^3, & |k|\leqslant M/2\\ 2(1-|k|/M)^3, & M/2<|k|\leqslant M\\ 0, & |k|>M\end{cases} \tag{13.3.39}$$

它是基于权函数：

$$W(x)=\begin{cases}1-6x^2+6|x|^3, & |x|\leqslant 1/2\\ 2(1-|x|)^3, & 1/2<|x|\leqslant 1\\ 0, & |x|>1\end{cases} \tag{13.3.40}$$

当 M 为偶数值时相应的谱窗为

$$\begin{aligned}\mathcal{W}_n^P(\omega)&=\frac{1}{2\pi}\sum_{k=-M}^{M}W_n^P(k)\cos\omega k\\ &=\frac{1}{2\pi}\Big\{\sum_{k=-M/2}^{M/2}[1-6(k/M)^2+6(|k|/M)^3]\cos\omega k\\ &\quad+2\sum_{M/2<|k|\leqslant M}(1-|k|/M)^3\cos\omega k\Big\}\\ &=\frac{3}{8\pi M^3}\left[\frac{\sin(\omega M/4)}{1/2\sin(\omega/2)}\right]^4\{1-2/3[\sin(\omega/2)]^2\}\end{aligned} \tag{13.3.41}$$

读者可参考 Parzen（1963）更详细的推导。当 M 很大时，式（13.3.41）近似为

$$\mathcal{W}_n^P(\omega) \simeq \frac{3}{8\pi M^3}\left[\frac{\sin(\omega M/4)}{1/2\sin(\omega/2)}\right]^4 \tag{13.3.42}$$

Tukey-Hanning 窗和 Parzen 窗都在图 13－6 中给出。从图 13－6(b）和（d）中可以看到，对于同样的截断点 M，Tukey-Hanning 谱窗的带宽比 Parzen 谱窗要窄，因而 Tukey-Hanning 估计量将比 Parzen 估计量的偏差小。然而，由于 $\mathcal{W}_n^P(\omega)$ 总是非负的，因而 Parzen 将产生非负、平滑的谱估计。

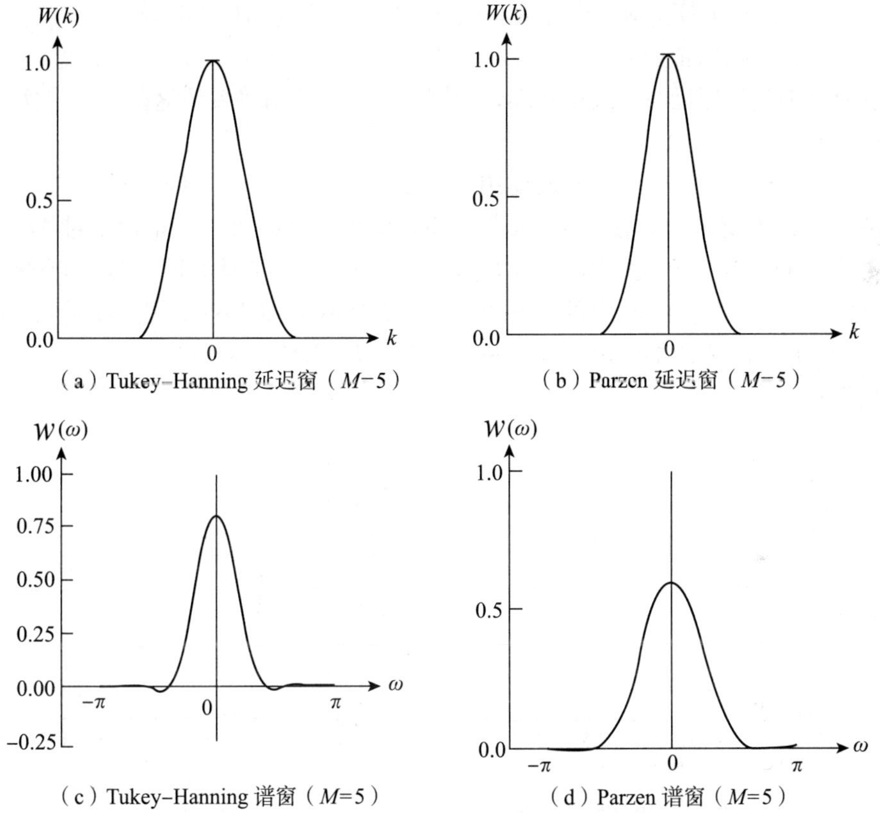

图 13－6　Tukey-Hanning 窗和 Parzen 窗

前面给出的窗许多都是常用的，特别是在通用的商业软件中都可供使用。在文献中还引入很多其他窗，感兴趣的读者可以参考 Priestley（1981，第 6 章），该书中有更为详细的内容。

平滑谱的性质是由窗的形状（即窗函数的形式）和带宽（或等价地，截断点）决定的，由同样形状的窗和不同带宽产生的谱估计是不同的。因此，在谱平滑时我们不仅要关注谱窗预期形状的设计（如 John W. Tukey 所称的“窗模板”），还要关注窗的带宽。而在时间序列分析中后者往往是更关键、更困难的问题，因为对于给定形状的窗，最优带宽的选择并没有单一的标准。此外，较宽的带宽会产生较平滑的谱及较小的估计方差，而较窄的带宽又会得出偏差较小、易受干扰但分辨率较高的最终谱估计。这就需要在高稳定性

和高分辨率之间加以比较。为了减少困难，常建议采用以下步骤：首先选择一个可以接受、具有预期形状的谱窗，用一个大的带宽初步计算谱估计。然后，逐渐减小带宽，反复计算估计，直至得到所需要的稳定性和分辨率。这一过程通常称为“窗逼近”。

由于谱窗的带宽与在延迟窗中使用的截断点 M 具有反比例关系，Jenkins 和 Watts（1968，第 7 章）建议选择三个值，即 M_1、M_2 和 M_3，其中 $M_3=4M_1$，进行一系列谱估计，考察这些 M 值，看能否确定选择 M_1 和 M_3 之间、小于 M_1 或大于 M_3 的值，谱的带宽也可以通过选择截断点 M，使得 $k>M$ 时 $\hat{\gamma}_k$ 可忽略不计。这种 M 的选择在实践中可以实施，并且在许多情形下已得到成功应用。另外，截断点 M 也可以作为 n 的函数来选择，n 是序列中观测值的个数。对于中等大小的 n，M 可以选为 $M=[n/10]$。

原则上，如果我们希望能够区分在频率 λ_1，λ_2，λ_3，…上 $f(\omega)$ 的几个峰，那么谱窗的带宽就应该不超过邻近峰的最小间隔，否则，平滑后的谱将混淆这些峰。事实上，通常选择带宽为 $\min_i|\lambda_{i+1}-\lambda_i|$。

例 13-2 图 13-7 显示了山猫皮销售量数据在（0，π）区间的样本谱，同时还显示了平滑后的样本谱函数，使用了 Bartlett 窗，截断点 $M=2$、5 和 10。对 $M=10$ 的谱显然是不恰当的。为了比较不同的谱估计，图 13-8 显示了具有同样截断点 $M=5$ 时不同窗的谱估计。由矩形窗得到的平滑后的谱显然不尽如人意，用 Bartlett、Parzen 和 Tukey-Hanning 窗的估计都得出了在频率 $\omega=0.685\,44$ 处的周期分量，但是矩形窗得不到这一周期分量。

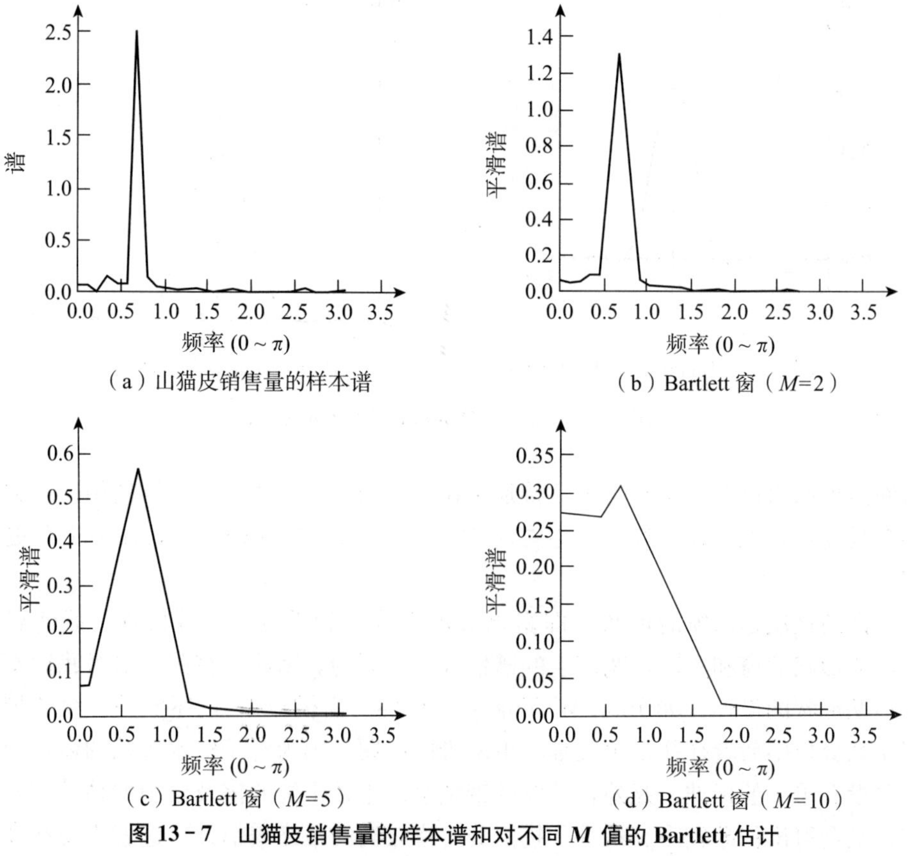

图 13-7　山猫皮销售量的样本谱和对不同 M 值的 Bartlett 估计

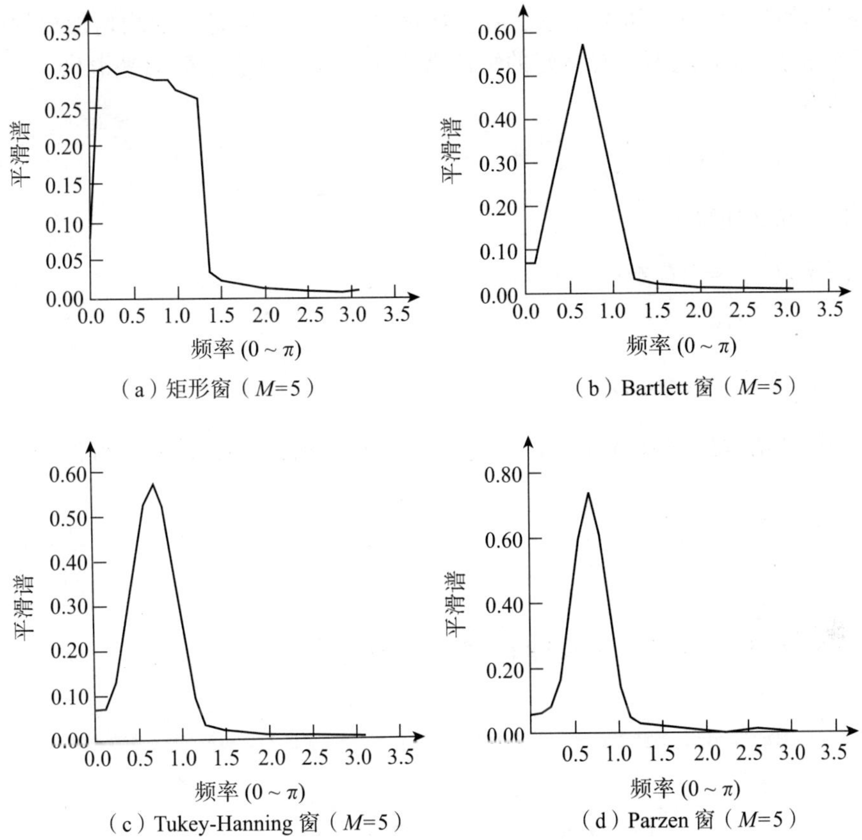

图 13-8　使用不同窗的山猫皮销售量平滑样本谱

13.3.4　谱纵坐标的近似置信区间

假设给定样本 Z_1，Z_2，…，Z_n 来自谱为 $f(\omega)$ 的过程，在傅立叶频率 $\omega_k=2\pi k/n$（$\omega_k\neq 0$ 和 π）处的样本谱的纵坐标为 $\hat{f}(\omega_k)$，我们已经得知其独立同分布：

$$\hat{f}(\omega_k)\sim f(\omega_k)\frac{\chi^2(2)}{2} \tag{13.3.43}$$

如果我们用简单的 $(2m+1)$ 项移动平均来平滑样本谱

$$\hat{f}_W(\omega_k)=\frac{1}{2m+1}\sum_{j=-m}^{m}\hat{f}(\omega_k-\omega_j) \tag{13.3.44}$$

平滑后谱的纵坐标 $\hat{f}_W(\omega_k)$ 的分布为

$$\hat{f}_W(\omega_k)\sim f(\omega_k)\frac{\chi^2(\mathrm{DF})}{\mathrm{DF}} \tag{13.3.45}$$

其中，自由度 $\mathrm{DF}=(4m+2)$ 就是随机变量 $(2m+1)\chi^2(2)$ 的自由度之和。事实上，这是由谱估计的先驱者 Daniell（1946）引入的第一个平滑方法，所以式（13.3.44）中的估计也称为 Daniell 估计。然而，如果 ω 不是傅立叶频率，或样本谱是由非均匀加权的谱窗平滑得到的，那么 $\hat{f}_W(\omega)$ 就不具有良好的加法性质。因此，对于一般的平滑谱 $\hat{f}_W(\omega)$ 我们只能近似地有

$$\hat{f}_W(\omega) \sim c\chi^2(v) \tag{13.3.46}$$

其中，选择 c 和 v 使得

$$E[\hat{f}_W(\omega)] = E(c\chi^2(v)) = cv \tag{13.3.47}$$

和

$$\mathrm{Var}[\hat{f}_W(\omega)] = \mathrm{Var}(c\chi^2(v)) = 2c^2v \tag{13.3.48}$$

现在，对于任意给定的谱窗 $\mathcal{W}_n(\omega)$，由式（13.3.12）和式（13.3.14）可得

$$E[\hat{f}_W(\omega)] \simeq f(\omega)$$

和

$$\mathrm{Var}[\hat{f}_W(\omega)] \simeq \frac{2\pi}{n}[f(\omega)]^2\int_{-\pi}^{\pi}\mathcal{W}_n^2(\omega)\mathrm{d}\omega$$

因而

$$cv = f(\omega)$$

和

$$2c^2v = \frac{2\pi}{n}f^2(\omega)\int_{-\pi}^{\pi}\mathcal{W}_n^2(\omega)\mathrm{d}\omega$$

得出

$$v = \frac{n}{\pi\int_{-\pi}^{\pi}\mathcal{W}_n^2(\omega)\mathrm{d}\omega} \tag{13.3.49}$$

$$c = \frac{f(\omega)}{v} \tag{13.3.50}$$

进一步得到

$$\hat{f}_W(\omega) \sim f(\omega)\,\frac{\chi^2(v)}{v} \tag{13.3.51}$$

其中，v 常称为平滑谱的等价自由度。利用式（13.3.26）或者式（13.3.23）和式（13.3.25），我们也可以用延迟窗来表示等价自由度

$$v = \frac{2n}{M\int_{-1}^{1}W^2(x)\mathrm{d}x} \tag{13.3.52}$$

其中，$W(x)$ 是与延迟窗相关的连续权函数。对于一些常用窗的等价自由度可参见表 13-4。

表 13-4 各种窗的等价自由度

窗	v
矩形	n/M
Bartlett	$3n/M$
Tukey-Hamming	$2.516n/M$
Tukey-Hanning	$8n/3M$
Parzen	$3.709n/M$

利用式（13.3.51），我们有

$$P\left\{f(\omega)\frac{\chi^2_{1-\alpha/2}(v)}{v}\leqslant\hat{f}_W(\omega)\leqslant f(\omega)\frac{\chi^2_{\alpha/2}(v)}{v}\right\}=(1-\alpha)$$

其中，$\chi^2_\alpha(v)$ 是自由度为 v 的 χ^2 分布上的 $\alpha\%$分位数，因此，$f(\omega)$ 的 $(1-\alpha)100\%$的置信区间为：

$$\frac{v\hat{f}_W(\omega)}{\chi^2_{\alpha/2}(v)}\leqslant f(\omega)\leqslant\frac{v\hat{f}_W(\omega)}{\chi^2_{1-\alpha/2}(v)} \tag{13.3.53}$$

其中，v 是式（13.3.49）或式（13.3.52）中的等价自由度。

前面曾讲到，$\hat{f}_W(\omega)$ 的渐近均值和方差分别与 $f(\omega)$ 及 $f^2(\omega)$ 成正比，因此，由 4.3.2 节的讨论，谱估计的对数变换 $\ln\hat{f}_W(\omega)$ 常常被采用。由式（13.3.53），$\ln f(\omega)$ 的 $(1-\alpha)100\%$的置信区间由下式给出：

$$\ln\hat{f}_W(\omega)+\ln\left[\frac{v}{\chi^2_{\alpha/2}(v)}\right]\leqslant\ln f(\omega)\leqslant\ln\hat{f}_W(\omega)+\ln\left[\frac{v}{\chi^2_{1-\alpha/2}(v)}\right] \tag{13.3.54}$$

注意，式（13.3.53）所给出的 $f(\omega)$ 的区间宽度与 $\hat{f}_W(\omega)$ 成正比，因而随频率而改变。然而，由式（13.3.54）给出的 $\ln f(\omega)$ 置信区间的宽度对于任何频率 ω 都是一样的。

例 13-3 为了说明起见，我们计算加拿大山猫皮销售量样本谱的 95%的置信区间，在前面的例子中我们曾利用$M=5$ 时的 Parzen 窗讨论过。对于$M=5$ 和 $n=55$，从表 13-4 中可知：

$$v=3.709(55/5)=40.79\simeq 41$$

由于 $\chi^2_{0.975}(41)=25.22$ 及 $\chi^2_{0.025}(41)=60.56$，由式（13.3.53）可得，$f(\omega)$ 的 95%的置信区间为

$$0.68\hat{f}_W(\omega)\leqslant f(\omega)\leqslant 1.63\hat{f}_W(\omega)$$

其中，$\hat{f}_W(\omega)$ 是使用图 13-8 中给定的 $M=5$ 时的 Parzen 窗所得到的谱估计。注意到 $\hat{f}_W(\omega)$的极大值为 $\hat{f}_W(\omega)=0.74$，此时 $\omega=0.69$。于是，$\omega=0.69$ 时 $f(\omega)$ 的 95%的置信区间为

$$0.5\leqslant f(\omega=0.69)\leqslant 1.2$$

在其他频率 ω 上 $f(\omega)$ 的置信区间也可以类似地计算，见图 13-9。

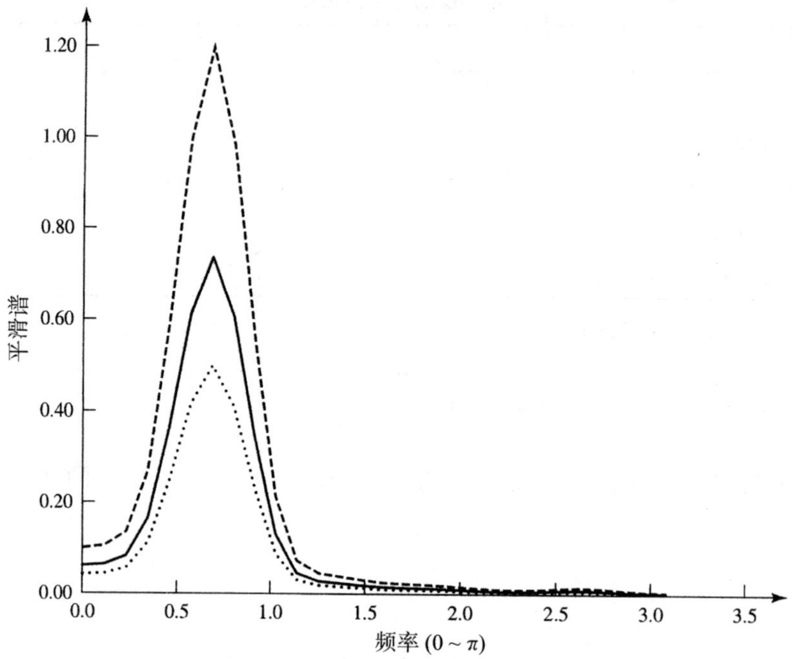

图 13－9　利用 Parzen 计算加拿大山猫皮销售量对数的谱的 95%的置信区间

13.4　ARMA 谱估计

对于给定的时间序列 Z_1，Z_2，…，Z_n，为了近似未知的基本过程，我们可以用一个 AR(p) 模型：

$$(1-\phi_1 B-\cdots-\phi_p B^p)\dot{Z}_t=a_t \tag{13.4.1}$$

设 $\hat{\phi}_1$，$\hat{\phi}_2$，…，$\hat{\phi}_p$ 和 $\hat{\sigma}_a^2$ 分别是 ϕ_1，ϕ_2，…，ϕ_p 和 σ_a^2 的估计。进行谱估计的一个合理的替代办法是：将这些参数估计值代入 AR(p) 模型谱的理论表达式（见 12.2.2 节的讨论）：

$$\hat{f}_A(\omega)=\frac{\hat{\sigma}_a{}^2}{2\pi}\frac{1}{\hat{\phi}_p(e^{-i\omega})\hat{\phi}_p(e^{i\omega})} \tag{13.4.2}$$

其中，$\hat{\phi}_p(e^{-i\omega})=(1-\hat{\phi}_1 e^{-i\omega}-\cdots-\hat{\phi}_p e^{-ip\omega})$。这种通过 AR 近似的谱估计方法是由 Akaike（1969）和 Parzen（1974）提出的，通常称为自回归谱估计。

对于数值较大的 n，Parzen（1974）证明了：

$$\mathrm{Var}[\hat{f}_A(\omega)]\simeq\frac{2pf^2(\omega)}{n} \tag{13.4.3}$$

因此，为了控制方差，逼近过程所选取的阶数 p 将不会太大。另外，p 不会太小，因为不恰当的阶数 p 将导致很差的近似，从而增大谱估计的偏差。因此，类似于带宽、截断点及不同窗的选取，自回归近似中阶数 p 的确定是 AR 谱估计中的关键步骤。Parzen（1977）提出在选择最优阶数 p 时利用 CAT 准则。如果能够精确地确定 AR 的阶数 p，利用 Newton 和 Pagano（1984）方法，就可以构造出自回归谱的渐近同步置信带。

更一般地，我们可以用一个 ARMA(p，q）模型去近似未知过程：

$$(1-\phi_1B-\cdots-\phi_pB^p)(Z_t-\mu)=(1-\theta_1B-\cdots-\theta_qB^q)a_t \tag{13.4.4}$$

设 $\hat{\phi}_1$，$\hat{\phi}_2$，…，$\hat{\phi}_p$，$\hat{\theta}_1$，$\hat{\theta}_2$，…，$\hat{\theta}_q$ 和σ_a^2 分别是ϕ_1，ϕ_2，…，ϕ_p，θ_1，θ_2，…，θ_p 和σ_a^2 的估计。基本过程的谱可以用下式估计：

$$\hat{f}_A(\omega)=\frac{\hat{\sigma}_a^2}{2\pi}\frac{\hat{\theta}_q(e^{-i\omega})\hat{\theta}_q(e^{i\omega})}{\hat{\phi}_p(e^{-i\omega})\hat{\phi}_p(e^{i\omega})} \tag{13.4.5}$$

其中

$$\hat{\phi}_p(e^{-i\omega})=(1-\hat{\phi}_1e^{-i\omega}-\cdots-\hat{\phi}_pe^{-ip\omega})$$

和

$$\hat{\theta}_q(e^{-i\omega})=(1-\hat{\theta}_1e^{-i\omega}-\cdots-\hat{\theta}_qe^{-iq\omega})$$

式（13.4.5）称为 ARMA 谱估计。类似于 AR 谱估计，ARMA 谱估计的品质依赖于在近似式中 p 和 q 的适当选取。如在 7.7 节中的讨论，阶数 p 和 q 的选择可以用 AIC 准则来确定。

例 13.4　在第 7 章中，我们对加拿大山猫皮销售量的对数进行了拟合，并发现合适的 AR(3) 模型为：

$$(1-0.97B+0.12B^2+0.5B^3)X_t=a_t \tag{13.4.6}$$

其中，$\hat{\sigma}_a^2=0.124$。另一个合适的模型是 ARMA(2，1) 模型：

$$(1-1.55B+0.94B^2)X_t=(1-0.59B)a_t \tag{13.4.7}$$

其中，$\hat{\sigma}_a^2=0.116$，且 $X_t=(\ln Z_t-0.98)$。因此，加拿大山猫皮销售量对数的谱可用下面的两式估计：

$$\hat{f}_A(\omega)=\frac{0.124}{2\pi}\times\frac{1}{(1-0.97e^{-i\omega}+0.12e^{-i2\omega}+0.5e^{-i3\omega})(1-0.97e^{i\omega}+0.12e^{i2\omega}+0.5e^{i3\omega})} \tag{13.4.8}$$

或

$$\hat{f}_A(\omega)=\frac{0.116}{2\pi}\frac{(1-0.59e^{-i\omega})(1-0.59e^{i\omega})}{(1-1.55e^{-i\omega}+0.94e^{-i2\omega})(1-1.55e^{i\omega}+0.94e^{i2\omega})} \tag{13.4.9}$$

式（13.4.8）和式（13.4.9）的谱都在图 13－10 中给出。二者极其相似，都在 $\omega\simeq 0.68544$ 处有尖锐的峰，得出的周期为 9.17 年。仔细地考察图 13－7、图 13－8 和图 13－10 会发现，对于该组数据，ARMA 谱估计也是一个非常好的办法。

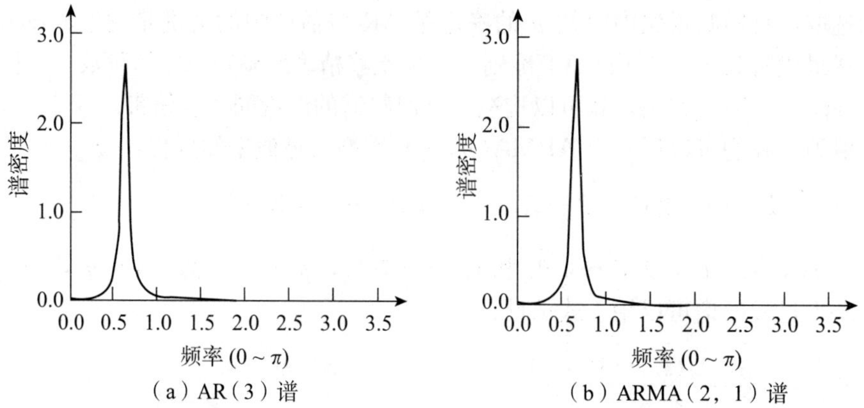

图 13－10　加拿大山猫皮销售量对数的 ARMA 谱估计

练　习

13.1 考虑下面的数据：

1.033	−0.947	−0.804	0.053	−0.424	1.157	−0.123
−0.899	−1.512	−0.875	−1.348	2.079	1.042	0.564
2.876	2.480	1.462	0.364	0.147	0.467	0.454
0.472	1.882	−2.541	−0.288	−0.176	0.564	−0.027
0.052	−1.373	−2.723	−0.247	−0.212	−0.135	−1.245
0.260	0.300	−1.034	−1.666	−0.351	0.489	0.192
3.425	0.744	0.878	0.090	1.068	0.564	−0.745
−1.096	−0.039	−1.451	−1.454	−0.329	−0.855	0.232
−2.710	0.552	−1.388	0.455	1.192	0.615	1.282
0.834	−0.948	1.756	0.787	0.032	0.298	−0.248
0.606	−1.551	−0.369	−0.252	−1.542	−0.689	1.575
1.152	−1.527	−1.383	1.132	0.136	−2.463	−0.093
−0.297	−0.727	2.328	−0.878	−0.074	−1.405	2.761
1.523	−0.954	0.056	−0.030	1.000	−1.635	0.433
−0.454	0.089					

(a) 计算周期图。

(b) 对极大周期图纵坐标做 Fisher 检验。

13.2 分析第 6 章和第 7 章中讨论过的序列 W2 和 W3：

(a) 计算周期图。

(b) 对极大周期图纵坐标做 Fisher 检验。

(c) 对第二大周期图纵坐标做 Whittle 检验。

13.3 使用 Bartlett 窗在截断点 $M=5$、10 和 15 处分别计算并讨论练习 13.1 中的数据的平滑谱。

13.4 (a) 使用 $M=10$ 的 Tukey-Hanning 窗计算练习 13.1 中给出的数据的平滑谱。

(b) 使用 (a) 中获得的结果，求出未知的基础生成过程的数据的谱的 95%的置信区间。

13.5 (a) 使用有合适的 M 的 Parzen 窗计算练习 13.1 中给出的数据的平滑谱。

(b) 使用 (a) 中获得的结果，求出未知的基础生成过程的数据 W2 的谱的 95%的置信区间。

13.6 分析第 6 章和第 7 章中讨论过的序列 W4 的一阶差分。

(a) 计算周期图。

(b) 使用合适的谱窗计算并画出平滑谱。

(c) 求出并画出 ARMA 谱估计。

(d) 对 (b) 和 (c) 中得到的结果进行评论。

13.7 对第 8 章中讨论过的序列 W9，考虑合适的差分序列，重复练习 13.6 中所要求的分析。

13.8 求出并讨论序列 W2 和 W3 的 ARMA 谱估计。

第14章 转换函数模型

在前面的章节中，我们关注的是时域和频域内单变量时间序列的分析。在这一章中，我们考虑的转换函数模型中输出序列与一个或多个输入序列有关。例如，销售可能与广告费用有关；日用电量序列可能与某些确定性天气变量序列有关，如每天户外最高气温、相应的湿度等。我们研究的单个输出线性系统与单个或者多个输入线性系统有关。研究了转换函数模型的基本性质后，我们来讨论一下这些模型的识别、估计以及诊断检验。此外，还要讨论如何用转换函数模型进行预报。最后，我们用一个经典的例子详细介绍模型的建立。另外，也会提到二元过程的频域方法。

14.1 单个输入转换函数模型

14.1.1 一般概念

假设 x_t，y_t 都是可以通过正确的转换变得平稳的序列。在单输入单输出系统中，输出序列 y_t 与输入序列 x_t 通过一个线性滤波相关联：

$$y_t = v(B)x_t + n_t \tag{14.1.1}$$

其中，Box、Jenkins 和 Reinsel（1994）提到用 $v(B)=\sum_{j=-\infty}^{\infty} v_j B^j$ 作为滤波的转换函数，n_t 是与输入序列 x_t 独立的系统噪声序列。由 12.3 节可知，术语转换函数在文献中同样用来描述频率响应函数。Box、Jenkins 和 Reinsel 称方程（14.1.1）为转换函数模型。当假设 x_t 和 n_t 服从某种 ARMA 模型时，方程（14.1.1）就是我们所熟知的 ARMAX 模型。

在转换函数模型（14.1.1）中，系数 v_j 通常称为脉冲响应权重。作为 j 的函数，v_j 也称作脉冲响应函数。如果这些脉冲响应权重序列是绝对可和的，即 $\sum |v_j| < \infty$，则转换函数模型是平稳的。因此，在一个平稳系统中，一个有界的输入总是产生一个有界的输出。如果 $j<0$ 时，$v_j=0$，则一个转换函数模型称作因果（causal）模型。因此，在一个因果模型中，直到输入序列被应用于系统，系统才对输入序列有响应。换句话说，输出仅仅受到系统当前和过去的输入值影响。一个因果模型也被称作可实现模型，就如同所有

的真实物理系统均具有因果关系一样。事实上，我们往往只考虑平稳因果模型。

$$\begin{aligned} y_t &= v_0 x_t + v_1 x_{t-1} + v_2 x_{t-2} + \cdots + n_t \\ &= v(B) x_t + n_t \end{aligned} \tag{14.1.2}$$

其中，$v(B)=\sum_{j=0}^{\infty} v_j B^j$，$\sum_{j=0}^{\infty} |v_j| < \infty$，而且 x_t 和 n_t 是独立的。系统图形见图 14-1。

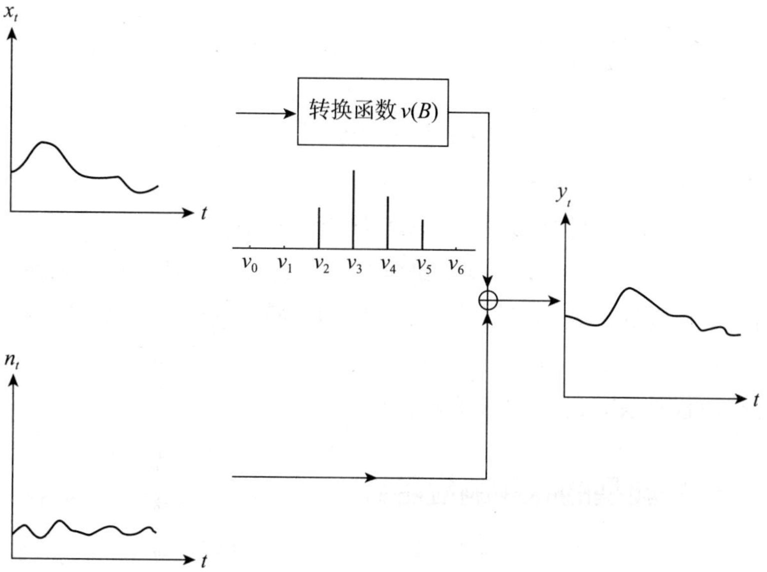

图 14-1　动态转换函数系统

转换函数模型的目的就是识别、估计转换函数和噪声模型 n_t，n_t 基于输入序列 x_t 和输出序列 y_t 的可用信息。存在的困难是 x_t 和 y_t 的信息是有限的，而式（14.1.2）中的转换函数 $v(B)$ 的系数可能有无穷个。为了减少困难，我们用比率的形式给出转换函数：

$$v(B)=\frac{\omega(B)B^b}{\delta(B)} \tag{14.1.3}$$

其中，$\omega(B)=\omega_0-\omega_1(B)\ -\cdots-\omega_s B^s$，$\delta(B)=1-\delta_1 B-\cdots-\delta_r B^r$，而且 b 是一个滞后参数，表示输入变量对输出变量产生影响前需要的实际时间滞后。对于一个平稳系统，我们假设 $\delta(B)=0$ 的根在单位圆外。

r、s 和 b 的阶数以及它们与脉冲响应权重 v_j 的关系可以通过下面的方程两边 B^j 系数相等来求得

$$\delta(B)v(B)=\omega(B)B^b$$

或者

$$[1-\delta_1 B-\cdots-\delta_r B^r][v_0+v_1 B+v_2 B^2+\cdots]=[\omega_0-\omega_1 B-\cdots-\omega_s B^s]B^b \tag{14.1.4}$$

因此，我们有

$$v_j=0, \qquad\qquad j<b,$$

$$v_j=\delta_1 v_{j-1}+\delta_2 v_{j-2}+\cdots+\delta_r v_{j-r}+\omega_0,\quad j=b,$$
$$v_j=\delta_1 v_{j-1}+\delta_2 v_{j-2}+\cdots+\delta_r v_{j-r}-\omega_{j-b},\ j=b+1,\ b+2,\ \cdots,\ b+s,$$
$$v_j=\delta_1 v_{j-1}+\delta_2 v_{j-2}+\cdots+\delta_r v_{j-r},\quad j>b+s,$$

r 个脉冲响应权重 v_{b+s}，v_{b+s-1}，$v_{b+s-r+1}$ 可作为差分方程

$$\delta(B)v_j=0,\ j>b+s. \tag{14.1.5}$$

的初始值。换句话说，系统（14.1.3）的脉冲响应权重具有下述性质：

（1）b 个零权重 v_0，v_1，…，v_{b-1}；

（2）$s-r+1$ 个权重 v_b，v_{b+1}，…，v_{b+s-r} 没有一个固定形式；

（3）r 个初始脉冲响应权重 $v_{b+s-r+1}$，$v_{b+s-r+2}$，…，v_{b+s}；

（4）对于 $j>b+s$，v_j 服从式（14.1.5）给出的模型。

总之，b 是由 $j<b$ 时 $v_j=0$，$v_b\neq 0$ 确定的。r 的值是由脉冲响应权重的形式来决定的，与通过自相关函数的形式来识别单变量 ARIMA 模型的阶数 p 类似。对于一个给定的 b 值，如果 $r=0$，那么 s 的值可以由 $j>b+s$ 时 $v_j=0$ 求得；如果 $r\neq 0$，那么 s 的值可以通过检验脉冲响应权重模式何时开始衰减来求得。

14.1.2 一些典型的脉冲响应函数

事实上，系统（14.1.3）中 r、s 的值很少有大于 2 的情况。下面给出一些典型的转换函数：

类型 1：$r=0$。在这种情况下，转换函数只包含有限个脉冲响应权重，从 $v_b=\omega_0$ 开始到 $v_{b+s}=-\omega_s$ 结束，如表 14-1 所示。

类型 2：$r=1$。在这种情况下，脉冲响应权重是指数型衰减的。如果 $s=0$，衰减从 v_b 开始；如果 $s=1$，衰减从 v_{b+1} 开始；如果 $s=2$，衰减从 v_{b+2} 开始（如表 14-2 所示）。

表 14-1　**$r=0$ 时的转换函数**

$(b,\ r,\ s)$	转换函数	典型脉冲权重
(2，0，0)	$v(B)x_t=\omega_0 x_{t-2}$	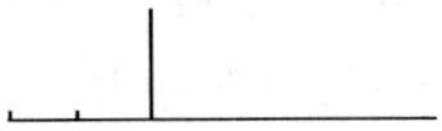
(2，0，1)	$v(B)x_t=(\omega_0-\omega_1 B)x_{t-2}$	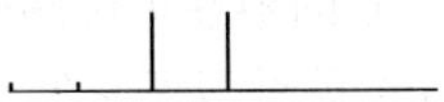
(2，0，2)	$v(B)x_t=(\omega_0-\omega_1 B-\omega_2 B^2)x_{t-2}$	

表 14-2　**$r=1$ 时的转换函数**

$(b,\ r,\ s)$	转换函数	典型脉冲权重
(2，1，0)	$v(B)x_t=\dfrac{\omega_0}{(1-\delta_1 B)}x_{t-2}$	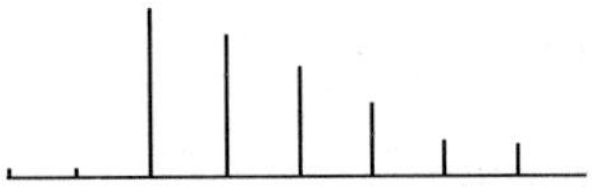

续表

(b, r, s)	转换函数	典型脉冲权重
(2，1，1)	$v(B)x_t=\dfrac{(\omega_0-\omega_1 B)}{(1-\delta_1 B)}x_{t-2}$	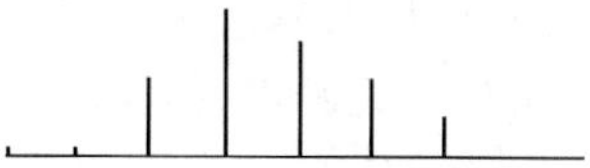
(2，1，2)	$v(B)x_t=\dfrac{(\omega_0-\omega_1 B-\omega_2 B^2)}{(1-\delta_1 B)}x_{t-2}$	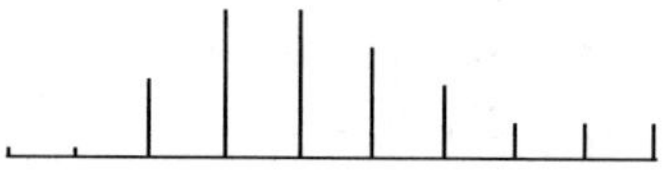

类型 3：$r=2$。在这种情况下，脉冲响应权重是阻尼指数型或者阻尼正弦曲线，这取决于多项式 $\delta(B)=1-\delta_1 B-\delta_2 B^2=0$ 的根的情况。如果根是实数，即 $\delta_1^2+4\delta_2\geqslant 0$，那么脉冲响应权重服从阻尼指数型；如果根是复数，即 $\delta_1^2+4\delta_2<0$，那么脉冲响应权重服从阻尼正弦波动。s 值的确定和前面讲的基本相同。表14－3给出了脉冲响应权重是阻尼正弦波动的一些例子。

表 14－3　　$r=2$ 时的转换函数

(b, r, s)	转换函数	典型脉冲权重
(2，2，0)	$v(B)x_t=\dfrac{\omega_0}{(1-\delta_1 B-\delta_2 B^2)}x_{t-2}$	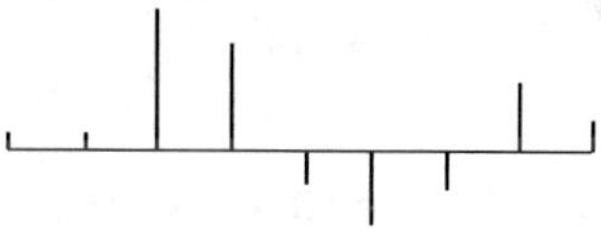
(2，2，1)	$v(B)x_t=\dfrac{(\omega_0-\omega_1 B)}{(1-\delta_1 B-\delta_2 B^2)}x_{t-2}$	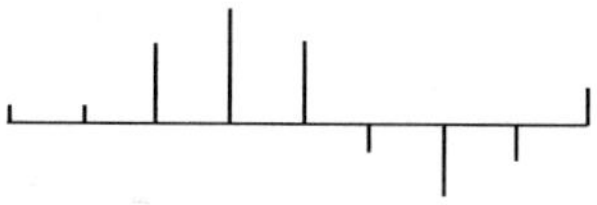
(2，2，2)	$v(B)x_t=\dfrac{(\omega_0-\omega_1 B-\omega_2 B^2)}{(1-\delta_1 B-\delta_2 B^2)}x_{t-2}$	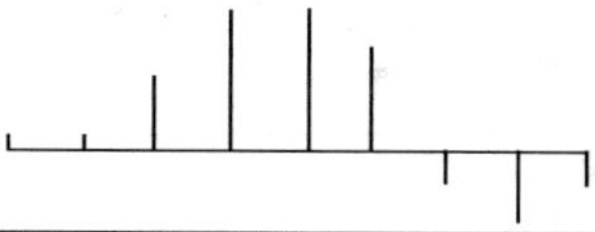

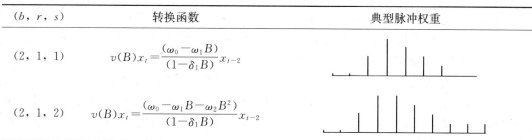

14.2　互相关函数和转换函数模型

14.2.1　互相关函数（CCF）

互相关函数是对两个随机变量间相关的强度和方向的有效测度。给定两个随机过程 x_t 和 y_t，$t=0, \pm 1, \pm 2, \cdots$，如果 x_t 和 y_t 都是一维平稳过程，且 x_t 和 y_s 之间的互协方差函数 $\mathrm{Cov}(x_t, y_s)$ 只是时间差（$s-t$）的函数，我们称 x_t 和 y_t 是联合平稳。在这种情况下，我们可以得到下述 x_t 和 y_t 的互协方差函数：

$$\gamma_{xy}(k)=E[x_t-\mu_x][y_{t+k}-\mu_y],\ k=0, \pm 1, \pm 2, \cdots \tag{14.2.1}$$

其中，$\mu_x=E(x_t)$，$\mu_y=E(y_t)$，将其标准化后，我们得到如下的互相关函数（CCF）：

$$\rho_{xy}(k)=\frac{\gamma_{xy}(k)}{\sigma_x\sigma_y},\ k=0, \pm 1, \pm 2, \cdots \tag{14.2.2}$$

其中，σ_x 和 σ_y 分别是 x_t 和 y_t 的标准差。这里要强调的是，互协方差函数 $\gamma_{xy}(k)$ 和互相关函数 $\rho_{xy}(k)$ 是自协方差函数和自相关函数的推广，因为 $\gamma_{xx}(k)=\gamma_x(k)$，$\rho_{xx}(k)=\rho_x(k)$。与自相关函数 $\rho_x(k)$ 不同的是自相关函数 $\rho_x(k)$ 关于原点对称，即 $\rho_x(k)=\rho_x(-k)$，而互相关函数是不对称的，即 $\rho_{xy}(k)\neq\rho_{xy}(-k)$。但是，因 $\gamma_{xy}(k)=E(x_t-\mu_x)(y_{t+k}-\mu_y)=E(y_{t+k}-\mu_y)(x_t-\mu_x)=\gamma_{yx}(-k)$，所以我们有 $\gamma_{xy}(k)=\gamma_{xy}(-k)$。因此，CCF 度量的不仅仅是相关的强度，还包括方向。在 x_t 和 y_t 的全部关系图中，我们可以看出，对于滞后项 $k>0$，$k<0$ 检验 CCF，$\rho_{xy}(k)$ 是非常重要的。CCF 的曲线图有时也叫作互相关图。

例 14-1 考虑简单的 AR(1) 过程

$$(1-\phi B)Z_t=a_t, \tag{14.2.3}$$

其中，$|\phi|<1$，a_t 是期望值为 0、方差为常数 σ_a^2 的白噪声序列。对于时间 $t+k$，我们把方程（14.2.3）改写为：

$$Z_{t+k}=\frac{1}{(1-\phi B)}a_{t+k}=a_{t+k}+\phi a_{t+k-1}+\phi^2 a_{t+k-2}+\cdots \tag{14.2.4}$$

a_t 和 Z_t 的互协方差函数为：

$$\gamma_{az}(k)=E(a_tZ_{t+k})=\begin{cases}\phi^k\sigma_a^2, & k\geqslant 0\\ 0, & k<0\end{cases}$$

因此，CCF 就变为：

$$\rho_{az}(k)=\begin{cases}\phi^k\sqrt{1-\phi^2}, & k\geqslant 0\\ 0, & k<0\end{cases}$$

由前面所讲的可知：$\sigma_z^2=\mathrm{Var}(Z_t)=\sigma_a^2/(1-\phi^2)$。图 14-2 中给出了 $\phi=0.5$ 时 CCF 的图像。

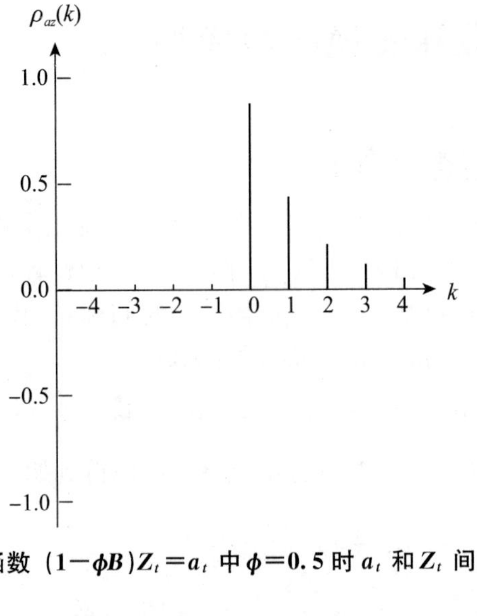

图 14-2 函数 $(1-\phi B)Z_t=a_t$ 中 $\phi=0.5$ 时 a_t 和 Z_t 间的 CCF 图像

因为一个单变量 ARMA 模型 $\phi_p(B)Z_t=\theta_q(B)\ a_t$ 可以写成：

$$Z_t=\frac{\theta_q(B)}{\phi_p(B)}a_t$$

所以上述例子说明的单变量 ARMA 模型可以看作是没有噪声项的转换函数模型的特例。在这个公式中，单变量时间序列 Z_t 是输出序列，白噪声序列 a_t 是输入序列，转换函数是 $v(B)=\theta_q(B)/\phi_p(B)$。

14.2.2　互相关函数和转换函数的关系

对于时间 $t+k$，转换函数模型（14.1.2）可以写为：

$$y_{t+k}=v_0x_{t+k}+v_1x_{t+k-1}+v_2x_{t+k-2}+\cdots+n_{t+k} \tag{14.2.5}$$

为了不失一般性，我们假设 $\mu_x=0$，$\mu_y=0$，在方程（14.2.5）的两边同时乘以 x_t，求期望可得：

$$\gamma_{xy}(k)=v_0\gamma_{xx}(k)+v_1\gamma_{xx}(k-1)+v_2\gamma_{xx}(k-2)+\cdots \tag{14.2.6}$$

这里我们由前面的知识可知，对于所有的 k，$\gamma_{xn}(k)=0$，因此，

$$\rho_{xy}(k)=\frac{\sigma_x}{\sigma_y}[v_0\rho_x(k)+v_1\rho_x(k-1)+v_2\rho_x(k-2)+\cdots] \tag{14.2.7}$$

互相关函数 $\rho_{xy}(k)$ 与脉冲响应 v_j 的关系很明显地被输入序列 x_t 的自相关结构所干扰。即使式（14.1.3）中 $r=0$，使得转换函数 $v(B)$ 中仅包含有限个脉冲响应权重，利用方程（14.2.7）构造方程系统，把 v_j 看作 $\rho_{xy}(k)$，$\rho_x(k)$ 的函数，也很难解决问题。$\rho_{xy}(k)$ 的样本估计的方差和协方差很明显地被方程（14.2.7）给出的输入序列 x_t 的自相关结构所干扰，使得 $\rho_{xy}(k)$ 和 v_k 的识别非常困难。

但是，如果输入序列是白噪声序列，即对 $k\neq0$，$\rho_x(k)=0$，方程（14.2.7）可以简化成：

$$v_k=\frac{\sigma_y}{\sigma_x}\rho_{xy}(k) \tag{14.2.8}$$

于是，脉冲响应方程 v_k 直接与互相关函数 $\rho_{xy}(k)$ 成比例。

说明：

（1）当 x_t 和 y_t 是联合二元平稳过程时，互相关函数 $\rho_{xy}(k)$ 才有定义。为了达到需要的平稳性，可能需要一些差分的操作以及方差稳定变换。因此，除非另外说明，在我们的讨论中假设过程 x_t 和 y_t 都是联合平稳的。

（2）在一般的转换函数模型

$$y_t=v(B)x_t+n_t \tag{14.2.9}$$

中，我们假设输入序列 x_t 服从一个 ARMA 过程：

$$\phi_x(B)x_t=\theta_x(B)\alpha_t$$

其中，α_t 是白噪声序列，序列 α_t 表示为：

$$\alpha_t=\frac{\phi_x(B)}{\theta_x(B)}x_t \tag{14.2.10}$$

往往称作预白化的输入序列。对输出序列 y_t 做同样的预白化变换，我们可以得到滤波后的输出序列：

$$\beta_t=\frac{\phi_x(B)}{\theta_x(B)}y_t \tag{14.2.11}$$

令 $\varepsilon_t=\theta_x^{-1}(B)\phi_x(B)n_t$，转换函数模型（14.2.9）就变成了

$$\beta_t=v(B)\alpha_t+\varepsilon_t \tag{14.2.12}$$

因此，转换函数的脉冲响应权重为

$$v_k=\frac{\sigma_\beta}{\sigma_\alpha}\rho_{\alpha\beta}(k) \tag{14.2.13}$$

这个结果的得出给出了我们转换函数模型识别的基本步骤。这也是我们下一节要讨论的内容。

14.3 转换函数模型的结构

14.3.1 样本互相关函数

对于给定的时间序列数据集 x_t 和 $y_t(1\leqslant t\leqslant n)$，互相关函数

$$\rho_{xy}(k)=\frac{\gamma_{xy}(k)}{\sigma_x\sigma_y},\ k=0,\ \pm1,\ \pm2,\ \cdots, \tag{14.3.1}$$

可以通过样本互相关函数

$$\hat{\rho}_{xy}(k)=\frac{\hat{\gamma}_{xy}(k)}{S_xS_y},\ k=0,\ \pm1,\ \pm2,\ \cdots, \tag{14.3.2}$$

估计出来，其中

$$\hat{\gamma}_{xy}(k)=\begin{cases}\dfrac{1}{n}\sum\limits_{t=1}^{n-k}(x_t-\overline{x})(y_{t+k}-\overline{y}), & k\geqslant0\\ \dfrac{1}{n}\sum\limits_{t=1-k}^{n}(x_t-\overline{x})(y_{t+k}-\overline{y}), & k<0\end{cases}$$

$$S_x=\sqrt{\hat{\gamma}_{xx}(0)},\quad S_y=\sqrt{\hat{\gamma}_{yy}(0)} \tag{14.3.3}$$

且 $\overline{x}$ 和 $\overline{y}$ 分别是序列 x_t 和 y_t 的样本均值。

为了检验$\rho_{xy}(k)$的值是否为0，我们把样本 CCF $\hat{\rho}_{xy}(k)$与它们的标准差进行比较。在正态假设下，Bartlett（1955）推导出两个样本的互相关函数$\hat{\rho}_{xy}(k)$和$\hat{\rho}_{xy}(k+j)$的近似方差与协方差。下面给出协方差

$$\begin{aligned}
&\text{Cov}[\hat{\rho}_{xy}(k),\hat{\rho}_{xy}(k+j)]\\
&\simeq(n-k)^{-1}\sum_{i=-\infty}^{\infty}\Big\{\rho_{xx}(i)\rho_{yy}(i+j)+\rho_{xy}(i+k+j)\rho_{xy}(k-i)\\
&\quad+\rho_{xy}(k)\rho_{xy}(k+j)\left[\rho_{xy}^2(i)+\frac{1}{2}\rho_{xx}^2(i)+\frac{1}{2}\rho_{yy}^2(i)\right]\\
&\quad-\rho_{xy}(k)[\rho_{xx}(i)\rho_{xy}(i+k+j)+\rho_{xy}(-i)\rho_{yy}(i+k+j)]\\
&\quad-\rho_{xy}(k+j)[\rho_{xx}(i)\rho_{xy}(i+k)+\rho_{xy}(-i)\rho_{yy}(i+k)]\Big\}
\end{aligned}\tag{14.3.4}$$

因此，

$$\begin{aligned}
&\text{Var}[\hat{\rho}_{xy}(k)]\\
&\simeq(n-k)^{-1}\sum_{i=-\infty}^{\infty}\Big\{\rho_{xx}(i)\rho_{yy}(i)+\rho_{xy}(k+i)\rho_{xy}(k-i)\\
&\quad+\rho_{xy}^2(k)\left[\rho_{xy}^2(i)+\frac{1}{2}\rho_{xx}^2(i)+\frac{1}{2}\rho_{yy}^2(i)\right]\\
&\quad-2\rho_{xy}(k)[\rho_{xx}(i)\rho_{xy}(i+k)+\rho_{xy}(-i)\rho_{yy}(i+k)]\Big\}
\end{aligned}\tag{14.3.5}$$

在两个序列x_t和y_t不相关且x_t序列是白噪声的假设下，式（14.3.4）变成了：

$$\text{Cov}[\hat{\rho}_{xy}(k),\hat{\rho}_{xy}(k+j)]\simeq(n-k)^{-1}\rho_{yy}(j)\tag{14.3.6}$$

可得

$$\text{Var}[\hat{\rho}_{xy}(k)]\simeq(n-k)^{-1}\tag{14.3.7}$$

因此，当x_t是白噪声序列时，我们可以通过比较样本 CCF $\hat{\rho}_{xy}(k)$与它们的近似标准差$1/\sqrt{n-k}$来检验两个序列x_t和y_t不互相关的这个假设。

实际上，x_t序列往往不是白噪声序列，而且，我们不得不将其预白化，并且过滤出输出序列，关于这个问题我们将在下一节进行讨论。

14.3.2 转换函数模型的识别

基于上面的讨论，转换函数$v(B)$可以通过下述步骤得到：

（1）将输入序列预白化

$$\phi_x(B)x_t=\theta_x(B)\alpha_t\tag{14.3.8}$$

即

$$\alpha_t=\frac{\phi_x(B)}{\theta_x(B)}x_t\tag{14.3.9}$$

其中，α_t 是期望为 0、方差为 σ_α^2 的白噪声序列。

（2）计算经过过滤的输出序列，即使用上面的预白化模型生成序列来变换输出序列 y_t

$$\beta_t=\frac{\phi_x(B)}{\theta_x(B)}y_t \tag{14.3.10}$$

（3）计算 α_t 和 β_t 之间的样本的 CCF $\hat{\rho}_{\alpha\beta}(k)$，估计 v_k：

$$\hat{v}_k=\frac{\hat{\sigma}_\beta}{\hat{\sigma}_\alpha}\hat{\rho}_{\alpha\beta}(k) \tag{14.3.11}$$

CCF 以及 $\hat{v}_k$ 的显著性检验可以通过比较它和标准差 $1/\sqrt{n-k}$ 得到。

（4）识别 b，$\omega(B)=\omega_0-\omega_1B-\cdots-\omega_sB^s$，$\delta(B)=1-\delta_1B-\cdots-\delta_rB^r$ 可以通过匹配 $\hat{v}_k$ 的形式与 14.1.1 节和 14.1.2 节讨论的 v_k 的理论形式得到。一旦选定了 b，r 和 s，$\hat{\omega}_j$ 和 $\hat{\delta}_j$ 的预估计就可以通过方程（14.1.4）中给出的它们与 v_k 的关系得到。因此，我们得到转换函数 $v(B)$ 的一个预估计：

$$\hat{v}(B)=\frac{\hat{\omega}(B)}{\hat{\delta}(B)}B^b \tag{14.3.12}$$

噪声模型的识别 一旦我们得到预转换函数，我们就可以计算噪声序列的估计，

$$\hat{n}_t=y_t-\hat{v}(B)x_t=y_t-\frac{\hat{\omega}(B)}{\hat{\delta}(B)}B^bx_t \tag{14.3.13}$$

那么，噪声序列的模型可以通过检验其样本的 ACF、PACF 或者利用其他单变量时间序列识别工具进行识别：

$$\phi(B)n_t=\theta(B)a_t \tag{14.3.14}$$

关于转换函数模型识别的说明 把式（14.3.12）和式（14.3.14）结合起来，我们得到下面的转换函数模型：

$$y_t=\frac{\omega(B)}{\delta(B)}x_{t-b}+\frac{\theta(B)}{\phi(B)}a_t \tag{14.3.15}$$

下面给出一些转换函数模型构造中的重要说明：

（1）在模型的构造中，假设变量 y_t、x_t、n_t 都是平稳的。因此，对于非平稳的时间序列，首先应使用方差平稳化和差分变换等使其达到平稳。

（2）在上述转换函数 $v(B)$ 的识别过程中，我们将输入序列预白化。我们将预白化模型应用于输出模型的滤波中，但不是必须预白化。这种构造因果转换函数模型的方法是常见的、简单的。构造一个可能的带有反馈的非因果系统，其中，y_t 被 x_t 影响，且 x_t 同时也被 y_t 影响。但是，输入输出序列在检验其 CCF 之前应该预白化。这个过程就是我们常说的双重预白化。Granger 和 Newbold（1986）给出了一个构造非因果系统的较好的例子。但是，一般来说，使用第 16 章讨论的向量过程方法建立一个非因果系统是更好的方法。

14.3.3 转换函数模型的估计

在识别完试探性转换函数模型

$$y_t=\frac{\omega(B)}{\delta(B)}x_{t-b}+\frac{\theta(B)}{\phi(B)}a_t \tag{14.3.16}$$

后，我们需要估计参数

$$\boldsymbol{\delta}=(\delta_1,\cdots,\delta_r)',\ \boldsymbol{\omega}=(\omega_0,\omega_1,\cdots,\omega_s)'$$
$$\boldsymbol{\phi}=(\phi_1,\cdots,\phi_p)',\ \boldsymbol{\theta}=(\theta_1,\cdots,\theta_q)'$$

以及 σ_a^2。我们把式（14.3.16）写成：

$$\delta(B)\phi(B)y_t=\phi(B)\omega(B)x_{t-b}+\delta(B)\theta(B)a_t \tag{14.3.17}$$

或者等价地可以写为

$$c(B)y_t=d(B)x_{t-b}+e(B)a_t \tag{14.3.18}$$

其中

$$\begin{aligned}c(B)=\delta(B)\phi(B)&=(1-\delta_1B-\cdots-\delta_rB^r)(1-\phi_1B-\cdots-\phi_pB^p)\\&=(1-c_1B-c_2B^2-\cdots-c_{p+r}B^{p+r})\\d(B)=\phi(B)\omega(B)&=(1-\phi_1B-\cdots-\phi_pB^p)(\omega_0-\omega_1B-\cdots-\omega_sB^s)\\&=(d_0-d_1B-d_2B^2-\cdots-d_{p+s}B^{p+s})\end{aligned}$$

和

$$\begin{aligned}e(B)=\delta(B)\theta(B)&=(1-\delta_1B-\cdots-\delta_rB^r)(1-\theta_1B-\cdots-\theta_qB^q)\\&=(1-e_1B-e_2B^2-\cdots-e_{r+q}B^{r+q})\end{aligned}$$

因此，

$$\begin{aligned}a_t=&y_t-c_1y_{t-1}-\cdots-c_{p+r}y_{t-p-r}-d_0x_{t-b}+d_1x_{t-b-1}\\&+\cdots+d_{p+s}x_{t-b-p-s}+e_1a_{t-1}+\cdots+e_{r+q}a_{t-r-q}\end{aligned} \tag{14.3.19}$$

其中，c_i，d_j，e_k 是 δ_i，ω_j，ϕ_k 和 θ_l 的函数。在 a_t 服从 $N(0,\sigma_a^2)$ 的白噪声的假设下，我们有下面的条件似然函数：

$$L(\boldsymbol{\delta},\boldsymbol{\omega},\boldsymbol{\phi},\boldsymbol{\theta},\sigma_a^2\mid b,\mathbf{x},\mathbf{y},\mathbf{x}_0,\mathbf{y}_0,\mathbf{a}_0)=(2\pi\sigma_a^2)^{-n/2}\exp\left[-\frac{1}{2\sigma_a^2}\sum_{t=1}^{n}a_t^2\right] \tag{14.3.20}$$

其中，$\mathbf{x}_0$，$\mathbf{y}_0$，$\mathbf{a}_0$ 是为了利用式（14.3.19）计算 a_t 而给定的一些固有的初始值，这与 7.2 节所讨论的估计单变量 ARIMA 模型时需要的初始值类似。

一般来说，第 7 章介绍的估计方法同样可以被用来估计参数 $\boldsymbol{\omega}$，$\boldsymbol{\delta}$，$\boldsymbol{\phi}$，$\boldsymbol{\theta}$ 和 σ_a^2。例如，通过令未知的 a 等于它关于零的条件期望，这些参数的非线性最小二乘估计可以通过最小化

$$S(\boldsymbol{\delta},\boldsymbol{\omega},\boldsymbol{\phi},\boldsymbol{\theta}\mid b)=\sum_{t=t_0}^{n}a_t^2 \tag{14.3.21}$$

得到，其中 $t_0=\max\{p+r+1, b+p+s+1\}$。

到目前为止，我们假设 b 是已知的。对于给定的 r，s，p，q 的值，如果我们同样需要估计 b，那么可以最优化式（14.3.21），找到 b 可能的取值范围，b 的值就取使总体平方和最小的那一个。

因为普通最小二乘法是估计过程时最常用的，根据式（14.2.9）中给出的一般转换函数模型，我们可能选择一个来估计参数。但是，Müller 和 Wei（1997）指出，在这种情况下，OLS 估计不一定是一致的。于是，他们引入了迭代回归过程来产生一致估计，而且在一致估计的前提下，他们提出了一种不同的模型说明方法。感兴趣的读者可以参阅 Müller 和 Wei（1997）来了解详细情况。

14.3.4　转换函数模型的诊断检验

在模型识别和参数估计以后，我们必须在使用模型进行预报、控制或其他目的之前对模型的适当性进行检验。在转换函数模型中，我们假设 a_t 是白噪声序列，而且和输入序列 x_t 是互相独立的，因此，它就和被预白化了的输入序列 α_t 独立。因此，在转换函数模型的诊断检验中，我们检验噪声模型的残差 $\hat{a}_t$ 以及被预白化的输入模型的残差 α_t 来判断是否支持假设。

（1）互相关检验。检验噪声序列 a_t 和输入序列 x_t 的独立性。对于一个适当的模型，$\hat{a}_t$ 和 α_t 间样本 CCF $\hat{\rho}_{\alpha\hat{a}}(k)$ 应该没有什么形式，且在它们两个标准差 $2/\sqrt{n-k}$ 之间。下面混合检验仍然可以使用：

$$Q_0=m(m+2)\sum_{j=0}^{K}(m-j)^{-1}\hat{\rho}_{\alpha\hat{a}}^2(j) \tag{14.3.22}$$

其近似地服从一个自由度为 $(K+1)-M$ 的 χ^2 分布，其中 $m=n-t_0+1$ 是残差 $\hat{a}_t$ 计算的数量，M 是转换函数 $v(B)=\omega(B)/\delta(B)$ 估计出来的参数 δ_i 和 ω_j 的数量。Pierce（1968）指出 Q_0 的自由度与噪声模型中估计出来的参数的数量是相互独立的。

（2）自相关检验。检验噪声模型是否适当。对于一个适当的模型，$\hat{a}_t$ 的样本 ACF 和 PACF 应该没有任何形式。一个类似于式（7.5.1）中检验的混合 Q 检验也是可以使用的。换句话说，我们可以计算

$$Q_1=m(m+2)\sum_{j=1}^{K}(m-j)^{-1}\hat{\rho}_{\hat{a}}^2(j) \tag{14.3.23}$$

Q_1 统计量近似地服从一个自由度为 $K-p-q$ 的 χ^2 分布，它仅与噪声模型中参数的数量有关。

根据模型的不适当性，可能会出现以下两种情形。

情形 1：转换函数 $v(B)$ 是不正确的。在这种情况下，无论噪声模型是否适当，我们对某些 k 都有 $\rho_{\alpha a}(k)\neq 0$，且 $\rho_a(k)\neq 0$。假设正确的模型是

$$y_t=v(B)x_t+\psi(B)a_t \tag{14.3.24}$$

但是，我们错误地选择了一个错误的转换函数 $v_0(B)$，导致一个误差项 b_t，

$$y_t = v_0(B)x_t + \psi_0(B)b_t \tag{14.3.25}$$

那么

$$b_t = \psi_0^{-1}(B)[v(B) - v_0(B)]x_t + \psi_0^{-1}(B)\psi(B)a_t \tag{14.3.26}$$

因此，b_t 不仅和 x_t、α_t 互相关，而且自相关。即使当 $\psi_0(B)=\psi(B)$时，即在噪声模型正确的情况下也成立。因此，在这种情况下修正，第一步要重新识别转换函数 $v(B)$，然后修正噪声模型。

情形 2：转换函数 $v(B)$ 是正确的，只是噪声模型不适当。在这种情况下，对所有的 k，都有 $\rho_{\alpha a}(k)=0$；但是，对某些 k，有 $\rho_a(k)\neq 0$。$\hat{\rho}_{\hat{a}}(k)$的形式可以用来修正噪声模型 $[\theta(B)/\phi(B)]a_t$。

总之，对于一个充分化转换函数模型，$\hat{\rho}_{\alpha\hat{a}}(k)$和$\hat{\rho}_{\hat{a}}(k)$都应该不是统计显著的，且不表现出有任何形式。因为噪声模型将被一个错误的转换函数干扰，在转换函数模型的诊断检验中，首先进行一个互相关检验是谨慎的。本质上，这个步骤类似于含有交叉项的方差模型分析，在主效果检验前要进行交叉影响检验。如果我们拒绝互相关检验，就没有必要检验 $\hat{a}_t$ 的自相关性。我们应该重新识别转换函数 $v(B)$，而且重复迭代模型建立的步骤直至得到满意的模型为止。

14.3.5　实　例

数据　Lydia Pinkham 年度数据见附录中序列 W12，图 14 - 3 给出了该数据的图像。该数据提供了一个有趣的例子来研究广告和销售的动态关系。Lydia Pinkham 的蔬菜混合物被女士们用来为他们的朋友做家庭治疗。这种混合物将草药榨汁溶解在酒精中，被认为能有效预防“女士衰弱”。另外，这种混合物在市场获得成功之后，有关部门给出了医学声明。1873 年这种药物第一次进行商业性销售，当时销售额达到 500 000 美元。一部分利润立即被投资到更高强度的广告中。1908—1935 年间法院起诉的记录中就涉及了由于公司年广告支出和销售所引起的家族争论。后来，Palda（1964）获得了1907—1960 年的数据。

Palda（1964）在产品问卷期间保持其口味、形式、作用不变，尽管在 1914 年，在国内税收政策的刺激下液体混合物的固态容量增加了 7 倍，这是因为考虑了混合物中的酒精税。市场上没有相近的替代品。公司专门依靠广告来增加产品的主要需求，没有使用诸如促销、赊销或者打折等营销手段。以前广告预算主要用于报纸，但是在第二次世界大战后，公司开始尝试使用广播和电视。因为美国食品药品监督管理局 1925 年规定终止继续做药品声明，在广告文案上出现了一些变化。更进一步地，美国联邦贸易委员会（FTC）1938 年也调查了混合物中的药性。最终，公司可以证明草药成分有发挥药物疗效的可能性。1941 年，FTC 允许公司加强其广告文案。

广告费用和销售的转换函数模型　当前的销售与现在及过去的广告有很强的关系这一点已经得到证实（Clarke，1976）。广告对销售的滞后影响可能来自对市场努力、发掘新用户需求以及从现有用户中增加需求所产生的滞后。另外，广告可能对需求起到一个积累效果。Helmer 和 Johansson（1977）首次建议在拟合 Lydia Pinkham 数据时使用销售 Y_t 作为输出序列、使用广告费用 X_t 作为输入序列建立转换函数模型。后来，Heyse 和 Wei

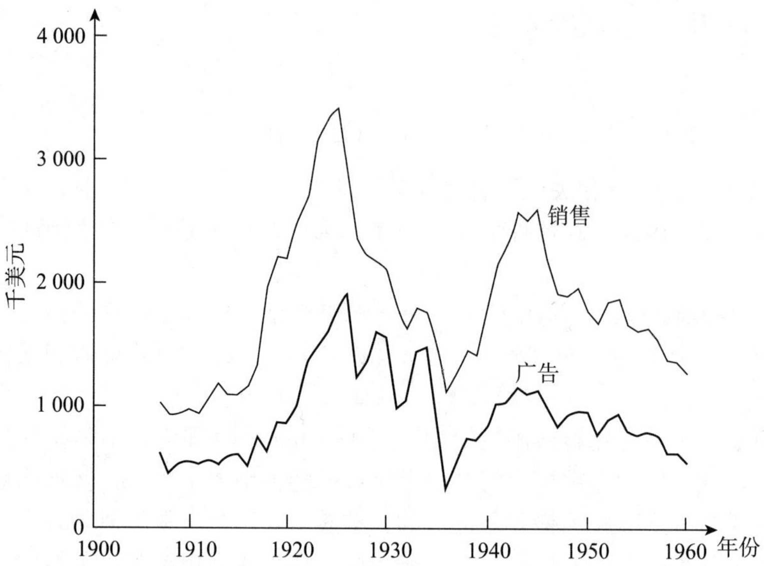

图 14-3 Lydia Pinkham 年度广告和销售数据（1907—1960 年）

（1986）重新检验了上述模型建立方法。为了比较预报，省略了最后 14 个观测值，只利用前 40 个（1907—1946）观测值建立模型，如下所示。

（1）广告序列预白化。在建立转换函数模型时，第一步是将输入序列广告费用预白化。表 14-4 给出了样本的 ACF 和 PACF 检验值，可见原始序列 X_t 是非平稳的，但它的差分 $x_t=(1-B)X_t$ 是平稳的，且可以用一个 AR(2) 模型来拟合。该拟合模型为：

$$(1-0.07B+0.41B^2)x_t=\alpha_t \qquad (14.3.27)$$

其中，$x_t=(1-B)X_t$，α_t 是期望为 0、方差 $\hat{\sigma}_\alpha^2$ 为 52 601 的白噪声序列。从诊断检验看不出模型有任何不足。故 X_t 的预白化滤波将被用来过滤经过差分的输入序列 $y_t=(1-B)Y_t$，其中我们注意到原始销售序列同样不是平稳的。

表 14-4　　广告序列样本的 ACF 和 PACF

(a) X_t 序列对应的 $\hat{\rho}_k$ 和 $\hat{\phi}_{kk}$

k	1	2	3	4	5	6	7	8	9	10	11	12
$\hat{\rho}_k$	0.82	0.60	0.53	0.50	0.31	0.11	0.02	−0.02	−0.13	−0.27	−0.33	−0.40
St. E.	0.16	0.24	0.28	0.30	0.32	0.33	0.33	0.33	0.33	0.33	0.34	0.34
$\hat{\phi}_{kk}$	0.82	−0.19	0.31	−0.03	−0.41	−0.01	−0.00	−0.11	−0.01	−0.19	−0.00	−0.32
St. E.	0.16	0.16	0.16	0.16	0.16	0.16	0.16	0.16	0.16	0.16	0.16	0.16

(b) 模型 $x_t=(1-B)X_t$ 对应的 $\hat{\rho}_k$ 和 $\hat{\phi}_{kk}$

k	1	2	3	4	5	6	7	8	9	10	11	12
$\hat{\rho}_k$	0.06	−0.40	−0.11	0.43	0.05	−0.34	−0.10	0.17	0.10	−0.20	−0.00	−0.05
St. E.	0.16	0.16	0.18	0.19	0.21	0.21	0.22	0.23	0.23	0.23	0.23	0.23
$\hat{\phi}_{kk}$	0.06	−0.40	−0.07	0.24	−0.10	−0.13	0.01	−0.12	0.04	−0.05	0.10	−0.23
St. E.	0.16	0.16	0.16	0.16	0.16	0.16	0.16	0.16	0.16	0.16	0.16	0.16

(2) 脉冲响应函数和转换函数的识别。表 14－5 给出了预白化的输入序列

$$\alpha_t=(1-0.07B+0.41B^2)x_t, \quad 其中\ \hat{\sigma}_\alpha=229.35$$

与经过过滤的输出序列

$$\beta_t=(1-0.07B+0.41B^2)y_t, \quad 其中\ \hat{\sigma}_\beta=287.54 \tag{14.3.28}$$

的样本互相关 $\hat{\rho}_{\alpha\beta}$ 和脉冲响应函数 $\hat{v}_k=(\hat{\sigma}_\beta/\hat{\sigma}_\alpha)\ \hat{\rho}_{\alpha\beta}(k)$。表 14－2 中给出的样本脉冲响应函数 $\hat{v}_k$ 的形式建议的转换函数中 $b=0$，$r=1$，$s=0$，即

$$v(B)x_t=\frac{\omega_0}{(1-\delta_1 B)}x_t \tag{14.3.29}$$

表 14－5　预白化的输入序列和经过过滤的输出序列样本 CCF 和脉冲响应函数（$\hat{\sigma}_\alpha=229.35$，$\hat{\sigma}_\beta=287.54$）

间隔(k)	CCF($\hat{\rho}_{\alpha\beta}(k)$)	脉冲响应函数（$\hat{v}_k$）
0	0.508	0.637
1	0.315	0.395
2	0.109	0.136
3	−0.094	−0.118
4	0.004	0.005
5	−0.257	−0.322
6	−0.257	−0.323
7	−0.279	−0.349
8	−0.140	−0.175
9	−0.080	−0.099
10	−0.182	−0.228

如果仅保留前两个最大的脉冲权重 $\hat{v}_0$ 和 $\hat{v}_1$，忽略其余小的权重，那么由表 14－1，也可能得到转换函数，其中，$b=0$，$r=0$，$s=1$，即

$$v(B)x_t=(\omega_0-\omega_1 B)x_t \tag{14.3.30}$$

(3) 噪声模型的识别。一旦得到一个试探性的转换函数，我们就可以利用方程 (14.1.4) 给出的脉冲响应权重和转换函数中参数的关系得到参数的初始假设。对于式 (14.3.29) 中给出的转换函数，我们可以得到

$$(1-\hat{\delta}_1 B)[\hat{v}_0+\hat{v}_1 B+\hat{v}_2 B^2+\cdots]=\hat{\omega}_0$$

因此，

$$\hat{\omega}_0=\hat{v}_0=0.637$$

$$\hat{\delta}_1=\frac{\hat{v}_1}{\hat{v}_0}=\frac{0.395}{0.637}=0.62$$

我们可以通过

$$\hat{n}_t=y_t-\frac{0.64}{(1-0.62B)}x_t \tag{14.3.31}$$

获得噪声序列的估计。其中，$y_t=(1-B)Y_t$，$x_t=(1-B)X_t$。表 14-6 给出了估计的噪声序列的样本 ACF 和 PACF。形式说明它是一个白噪声模型。但是为保守起见，我们可以尝试使用 AR(1) 模型

$$(1-\phi_1 B)n_t=a_t \tag{14.3.32}$$

在转换函数-噪声模型中检验估计的结果，判断 $\phi_1=0$ 是否成立。

表 14-6　估计的噪声序列的样本 ACF 和 PACF

k	1	2	3	4	5	6	7	8	9	10
$\hat{\rho}_k$	−0.03	−0.22	−0.20	0.22	−0.11	−0.17	−0.11	0.41	−0.06	−0.13
St. E.	0.19	0.19	0.20	0.21	0.21	0.22	0.22	0.22	0.25	0.25
$\hat{\phi}_k$	−0.03	−0.22	−0.23	0.16	−0.20	−0.18	0.14	0.31	−0.03	0.11
St. E.	0.19	0.19	0.19	0.19	0.19	0.19	0.19	0.19	0.19	0.19

(4) 转换函数模型的估计。结合上述结果，可以得到下面两个试探性的转换函数模型：

$$(1-B)Y_t=\frac{\omega_0}{(1-\delta_1 B)}(1-B)X_t+\frac{1}{(1-\phi_1 B)}a_t \tag{14.3.33}$$

和

$$(1-B)Y_t=(\omega_0-\omega_1 B)(1-B)X_t+\frac{1}{(1-\phi_1 B)}a_t \tag{14.3.34}$$

事实上，这些模型是 Helmer 和 Johansson（1977）给出的。参数和它们的相应标准差的估计如下：

方程 (14.3.33)			方程 (14.3.34)		
参数	**估计**	**St. E.**	**参数**	**估计**	**St. E.**
ω_0	0.52	0.16	ω_0	0.48	0.15
δ_1	0.36	0.25	ω_1	−0.19	0.14
ϕ_1	0.26	0.19	ϕ_1	0.28	0.19
σ_a^2	45 175		σ_a^2	45 238	

结果说明参数 δ_1、ω_1、ϕ_1 可以从模型中去掉，考虑下面的模型：

$$(1-B)Y_t=\omega_0(1-B)X_t+a_t \tag{14.3.35}$$

则拟合的模型就变成了

$$\underset{(0.14)}{(1-B)Y_t=0.6(1-B)X_t+a_t} \tag{14.3.36}$$

且 $\hat{\sigma}_a^2=46\ 935$。

(5) 诊断检验。一个提出的模型最终被采用还需要研究其残差。特别地，要检验 a_t 是否确定为白噪声序列，是否和输入序列 X_t 独立，且和预白化了的输入序列 α_t 独立。残差

$\hat{a}_t$ 的 ACF 和 CCF 的前 11 项滞后应该在预白化了的输入序列 α_t 和残差 $\hat{a}_t$ 之间，其中，残差 $\hat{a}_t$ 在表 14－7 中给出，它是从方程（14.3.33）中得到的。观察这两个方程，得到在这些滞后处 ACF 和 CCF 都是 0。因此，我们可以得出以下结论：方程（14.3.33）是适当的。相似的结果对于由预白化的输入序列和由方程（14.3.34）、方程（14.3.35）得到的残差的 ACF 和 CCF 依然成立。

表 14－7　　由方程（14.3.33）得到的残差的样本 ACF 和 CCF

k	0	1	2	3	4	5	6	7	8	9	10
$\hat{\rho}_{\hat{a}}(k)$	1	−0.04	0.12	0.02	−0.09	0.11	−0.01	−0.04	−0.23	−0.21	0.03
St. E.	0.16	0.16	0.16	0.16	0.17	0.17	0.17	0.17	0.17	0.18	0.18
$\hat{\rho}_{\alpha\hat{a}}$	−0.01	0.02	−0.04	−0.14	−0.10	−0.31	−0.16	−0.17	−0.04	−0.07	−0.07
St. E.	0.17	0.17	0.17	0.17	0.18	0.18	0.18	0.18	0.19	0.20	0.20

转换函数模型的再检验　对于 Lydia Pinkham 数据，方程（14.3.33）、方程（14.3.34）以及方程（14.3.35）中的转换函数模型确实是适当的吗？由于实际上我们通常只考虑一个可实现的系统，即一个因果转换函数模型，故上述过程只是依赖于非负滞后。这种方法在经验研究中被广泛使用。遗憾的是，这些方法是错误的，相应的结果是值得怀疑的。因为 ACF 关于零对称，所以我们只需要考虑非零滞后。但是，我们在 14.2 节提到，CCF 一般是非对称的，而且是对相关性的强度和方向的测度。观察两个时间序列 x_t，y_t 之间的全部关系图，对正滞后 $k>0$ 和负滞后 $k<0$ 检验 $\rho_{xy}(k)$ 是非常重要的。当且仅当 $k>0$，$\rho_{xy}(k)=0$ 或者 $k<0$，$\rho_{xy}(k)=0$ 时，序列 x_t 到 y_t 存在一个因果转换函数模型。如果对某些 $k>0$，$\rho_{xy}(k)=0$，而对所有的 $k<0$，$\rho_{xy}(k)=0$，则称序列由 x_t 导致 y_t，记作 $x_t\rightarrow y_t$；如果对某些 $k<0$，$\rho_{xy}(k)\neq 0$，而对所有的 $k>0$，$\rho_{xy}(k)=0$，则称序列由 y_t 导致 x_t，记作 $x_t\leftarrow y_t$；如果对某些 $k>0$，$\rho_{xy}(k)\neq 0$，同样对某些 $k<0$，$\rho_{xy}(k)\neq 0$，则称 x_t 到 y_t 存在一个反馈关系，记作 $x_t\leftrightarrow y_t$；如果 $\rho_{xy}(0)\neq 0$，则称 x_t 和 y_t 之间存在同期关系；如果$\rho_{xy}(k)\neq 0$，且对任何 $k\neq 0$，$\rho_{xy}(k)=0$，则称 x_t 和 y_t 之间只存在同期关系。

现在，我们重新检验 Lydia Pinkham 数据。表 14－8 给出了预白化输入序列 α_t 和经过过滤的输入序列 β_t 关于负的以及非负滞后项的互相关性，图 14－4 给出了相应的图形。此形式很清楚地表明它们是一个同期关系，$\hat{\rho}_{\alpha\beta}(0)=0.51$，从销售对广告的关系看出存在一个滞后相关性，$\hat{\rho}_{\alpha\beta}(-1)=0.43$。因为对于 $k=0$，-1，$\rho_{\alpha\beta}(k)\neq 0$，对于 $k>0$，$\rho_{\alpha\beta}(k)=0$，在 5%的显著性水平下，我们得到销售（Y_t）→广告费用（X_t），而不是广告费用（X_t）→销售（Y_t）。这种现象发生是因为广告预算往往是前期销售的一部分。

表 14－8　　预白化的输入序列和经过过滤的输出序列的样本 CCF

k	−5	−4	−3	−2	−1	0	1	2	3	4	5
$\hat{\rho}_{\alpha\beta}(k)$	0.23	0.19	0.24	0.16	0.43	0.51	0.32	0.11	−0.09	0.00	−0.26
St. E.	0.18	0.18	0.18	0.17	0.17	0.17	0.17	0.17	0.18	0.18	0.18

构造方程（14.3.33）、方程（14.3.34）以及方程（14.3.35）时并没有使用 CCF 的

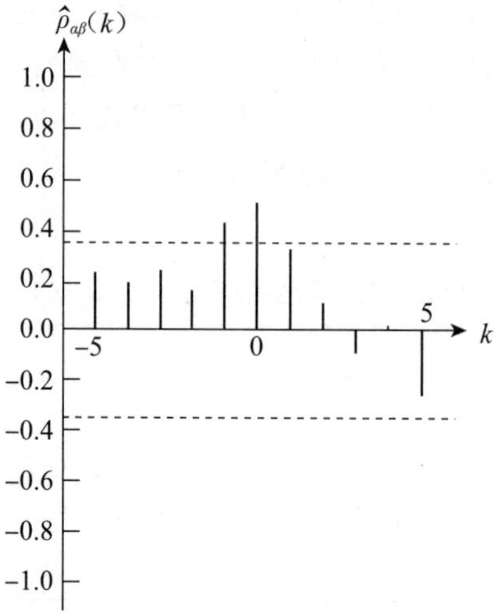

图 14-4 预白化的输入序列和经过过滤的输出序列在两个标准差极限下的样本 CCF

负滞后中包含的信息。因此，尽管残差的 ACF 说明残差是白噪声序列，但表 14-9 给出了预白化的输入序列和由方程（14.3.33）得到的残差的更为详尽的 CCF，其更能说明模型是不适当的。在滞后 $k=-1$ 处的显著的波尖 $\hat{\rho}_{\alpha\hat{a}}(-1)$，说明在一段时间内从销售到广告费用存在一个反馈关系，这不能从诸如方程（14.3.33）、方程（14.3.34）以及方程（14.3.35）的转换函数模型中得到合理的解释。

表 14-9 预白化的输入序列和残差的样本 CCF

k	−5	−4	−3	−2	−1	0	1	2	3	4	5
$\hat{\rho}_{\alpha\hat{a}}(k)$	0.32	0.06	0.19	0.05	0.46	−0.01	0.02	−0.04	−0.14	−0.10	−0.31
St. E.	0.18	0.18	0.18	0.17	0.17	0.17	0.18	0.18	0.18	0.18	0.18

14.4 利用转换函数模型预报

一旦一个转换函数模型被证明是适当的，它就可以通过使用输出序列 Y_t 和与其相关的输入序列 X_t 的历史信息来改进输出序列 Y_t 的预报。如果输入序列是一个先行指数 (leading indicator)，那么模型是非常正确的。

14.4.1 平稳输入输出序列的最小均方误差预报

假设 Y_t 和 X_t 都是平稳的，而且有平稳转换函数模型：

$$Y_t=\frac{\omega(B)}{\delta(B)}B^bX_t+\frac{\theta(B)}{\phi(B)}a_t \tag{14.4.1}$$

和

$$\phi_x(B)X_t=\theta_x(B)\alpha_t \tag{14.4.2}$$

其中，$\omega(B)$，$\delta(B)$，$\theta(B)$，$\phi(B)$，$\phi_x(B)$ 和 $\theta_x(B)$ 是 B 的有限次多项式；$\delta(B)=0$，$\theta(B)=0$，$\phi(B)=0$，$\phi_x(B)=0$，$\theta_x(B)=0$ 的根全部落在单位圆以外；a_t 和 α_t 是独立的，且是期望为 0、方差分别为 σ_a^2 和 σ_α^2 的白噪声序列。令

$$u(B)=\frac{\omega(B)B^b\theta_x(B)}{\delta(B)\phi_x(B)}=u_0+u_1B+u_2B^2+\cdots \tag{14.4.3}$$

以及

$$\psi(B)=\frac{\theta(B)}{\phi(B)}=1+\psi_1B+\psi_2B^2+\cdots \tag{14.4.4}$$

我们可以把式（14.4.1）写成

$$Y_t=u(B)\alpha_t+\psi(B)a_t=\sum_{j=0}^{\infty}u_j\alpha_{t-j}+\sum_{j=0}^{\infty}\psi_ja_{t-j} \tag{14.4.5}$$

其中，$\psi_0=1$。因此，$Y_{t+l}=\sum_{j=0}^{\infty}u_j\alpha_{t+l-j}+\sum_{j=0}^{\infty}\psi_ja_{t+l-j}$ 。令 $\hat{Y}_t(l)=\sum_{j=0}^{\infty}u_{l+j}^*\alpha_{t-j}+\sum_{j=0}^{\infty}\psi_{l+j}^*a_{t-j}$ 是 Y_{t+l}的向前 l 步最优预报。那么预报误差就变成

$$Y_{t+l}-\hat{Y}_t(l)=\sum_{j=0}^{l-1}[u_j\alpha_{t+l-j}+\psi_ja_{t+l-j}]-\sum_{j=0}^{\infty}[u_{l+j}^*-u_{l+j}]\alpha_{t-j}-\sum_{j=0}^{\infty}(\psi_{l+j}^*-\psi_{l+j})a_{t-j} \tag{14.4.6}$$

预报误差的均方 $E[Y_{t+l}-\hat{Y}_t(l)]^2$ 是

$$E[Y_{t+l}-\hat{Y}_t(l)]^2=\sum_{j=0}^{l-1}(\sigma_\alpha^2u_j^2+\sigma_a^2\psi_j^2)+\sum_{j=0}^{\infty}\sigma_\alpha^2(u_{l+j}^*-u_{l+j})^2+\sum_{j=0}^{\infty}\sigma_a^2(\psi_{l+j}^*-\psi_{l+j})^2 \tag{14.4.7}$$

其中，当 $u_{l+j}^*=u_{l+j}$，$\psi_{l+j}^*=\psi_{l+j}$时达到最小。换句话说，Y_{t+l}在时间起始点 t 的最小均方误差预报 $\hat{Y}_t(l)$是根据 Y_{t+l}在时间 t 的条件期望给出的。因为$E[Y_{t+l}-\hat{Y}_t(l)]=0$，故预报是无偏的，而且预报的方差是：

$$V(l)=E(Y_{t+l}-\hat{Y}_t(l))^2=\sigma_\alpha^2\sum_{j=0}^{l-1}u_j^2+\sigma_a^2\sum_{j=0}^{l-1}\psi_j^2 \tag{14.4.8}$$

14.4.2　非平稳输入输出序列的最小均方误差预报

与 5.2.2 节关于一般 ARIMA 模型的讨论一样，Y_{t+l}在时间 t 的最小均方误差预报是由 Y_{t+l}在时间 t 的条件期望给出的，即使 Y_t 和 X_t 是非平稳的；当 Y_t 和 X_t 可以通过适当的变换和差分简化为服从某 ARIMA(p，d，q) 模型的平稳序列时，结论依然成立。同样地，方程（14.4.8）对于非平稳情况也成立，通过与方程（5.2.26）计算 ARIMA 模型中 ψ_j 权重相同的方法，可以导出式（14.4.8）中的权重 u_j 和 ψ_j。特别地，假设 Y_t 和 X_t 是非平稳的，而$(1-B)^dY_t$ 与$(1-B)^dX_t$ 是平稳的，而且有平稳的转换函数模型

$$(1-B)^d Y_t=\frac{\omega(B)}{\delta(B)}B^b(1-B)^d X_t+\frac{\theta(B)}{\phi(B)}a_t \tag{14.4.9}$$

和

$$\phi_x(B)(1-B)^d X_t=\theta_x(B)\alpha_t \tag{14.4.10}$$

其中，$\omega(B)$，$\delta(B)$，$\theta(B)$，$\phi_x(B)$，$\theta_x(B)$，a_t，α_t 的定义如式（14.4.1）和式（14.4.2）所示。由式（14.4.9）可得：

$$Y_t=\frac{\omega(B)}{\delta(B)}B^b X_t+\frac{\theta(B)}{\phi(B)(1-B)^d}a_t \tag{14.4.11}$$

且 Y_t 是两个独立过程的和。所需要的 u_j 权重来自第一项$[\omega(B)/\delta(B)]B^b X_t$，$\psi_j$ 权重来自第二项$[\theta(B)/\phi(B)(1-B)^d]a_t$。

为了导出 ψ_j 权重，我们令

$$e_t=\frac{\theta(B)}{\phi(B)(1-B)^d}a_t \tag{14.4.12}$$

且 e_t 存在一个 AR 表示形式。因为 $\theta(B)=0$ 的根都落在单位圆外，因此

$$\pi^{(a)}(B)e_t=a_t \tag{14.4.13}$$

其中，

$$\pi^{(a)}(B)=1-\sum_{j=1}^{\infty}\pi_j^{(a)}B^j=\frac{\phi(B)(1-B)^d}{\theta(B)} \tag{14.4.14}$$

根据式（5.2.15）的结果，利用式（5.2.26），ψ_j 权重可以通过式（14.4.14）中 $\pi_j^{(a)}$ 的权重递推求得，即

$$\psi_j=\sum_{i=0}^{j-1}\pi_{j-i}^{(a)}\psi_i,\quad j=1,\cdots,l-1 \tag{14.4.15}$$

且 $\psi_0=1$。

为了导出 u_j 的权重，我们首先用 AR 表示形式描述式（14.4.10）中的 X_t，因为假定 $\theta_x(B)=0$ 的根都落在单位圆外。因此，

$$\pi^{(\alpha)}(B)X_t=\alpha_t \tag{14.4.16}$$

其中，

$$\pi^{(\alpha)}(B)=1-\sum_{j=1}^{\infty}\pi_j^{(\alpha)}B^j=\frac{\phi_x(B)(1-B)^d}{\theta_x(B)} \tag{14.4.17}$$

接下来，我们利用式（5.2.26）的结果计算 $\psi_j^{(\alpha)}$ 的权重：

$$\psi^{(\alpha)}=\sum_{i=0}^{j-1}\pi_{j-1}^{(\alpha)}\psi_i^{(\alpha)},\quad j=1,\cdots,l-1 \tag{14.4.18}$$

且 $\psi_0^{(\alpha)}=1$。u_j，$j=0$，1，…，$(l-1)$的权重等于下述表达式中 B^j 的系数，下列表达式

存在是因为 $\omega(B)$ 是 B 中的有限次多项式，且 $\delta(B)=0$ 的根都落在如下单位圆外：

$$\frac{\omega(B)B^b}{\delta(B)}(1+\psi_1^{(\alpha)}B+\cdots+\psi_{l-1}^{(\alpha)}B^{l-1}) \tag{14.4.19}$$

我们可以很容易地看出：如果 $b\neq 0$，那么对于 $j<b$ 有 $u_j=0$；如果 $b=0$，那么 $u_0\neq 1$，除非 $\omega(B)=(\omega_0-\omega_1B-\cdots-\omega_sB^s)$ 中 $\omega_0=1$。

在实际的预报运算中，我们考虑一般转换函数模型（14.4.9），将其写成差分方程的形式：

$$c(B)Y_t=d(B)X_{t-b}+e(B)a_t \tag{14.4.20}$$

其中

$$\begin{aligned}c(B)&=\delta(B)\phi(B)(1-B)^d\\&=1-c_1B-c_2B^2-\cdots-c_{p+r+d}B^{p+r+d}\\d(B)&=\omega(B)\phi(B)(1-B)^d\\&=d_0-d_1B^1-d_2B^2-\cdots-d_{p+s+d}B^{p+s+d}\end{aligned}$$

和

$$e(B)=\delta(B)\theta(B)=1-e_1B-\cdots-e_{q+r}B^{q+r}$$

因此，

$$\begin{aligned}\hat{Y}_t(l)&=E_t(Y_{t+l})\\&=c_1\hat{Y}_t(l-1)+\cdots+c_{p+r+d}\hat{Y}_t(l-p-r-d)\\&\quad+d_0\hat{X}_t(l-b)-\cdots-d_{p+s+d}\hat{X}_t(l-b-p-s-d)\\&\quad+\hat{a}_t(l)-e_1\hat{a}_t(l-1)-\cdots-e_{q+r}\hat{a}_t(l-q-r)\end{aligned} \tag{14.4.21}$$

其中，

$$\hat{Y}_t(j)=\begin{cases}Y_{t+j}, & j\leqslant 0\\ \hat{Y}_t(j), & j>0\end{cases}$$

$$\hat{X}_t(j)=\begin{cases}X_{t+j}, & j\leqslant 0\\ \hat{X}_t(j), & j>0\end{cases}$$

$$\hat{a}_t(j)=\begin{cases}\hat{a}_{t+j}, & j\leqslant 0\\ 0, & j>0\end{cases} \tag{14.4.22}$$

$\hat{a}_t$ 由方程（14.4.20）或方程（14.4.19）或者是一步预报误差 $Y_t-\hat{Y}_{t-1}(1)$ 生成。很明显，对于 $l>(q+r)$，Y_{t+l} 的预报 $\hat{Y}_t(l)$ 仅仅依赖于 Y 的历史数据，以及 X 现在和过去的信息。类似于我们在 5.3 节讨论过的单变量 ARIMA 模型的方法，输入序列的预期预报也可以从方程（14.4.10）中得到。

14.4.3 实 例

对于平稳的输入输出序列，最小均方误差预报的数值计算要比非平稳输入输出序列的计算简单。为了对此做出说明，我们以 Lydia Pinkham 非平稳序列作为例子。尽管因果转换函数模型在描述 Lydia Pinkham 年广告预算与其销售关系时是不适当的，但是模型方程本身可以被用来说明预报过程的计算。

例 14-2 由式（14.3.33）可推导出

$$(1-B)Y_t=\frac{0.52}{(1-0.36B)}(1-B)X_t+\frac{1}{(1-0.26B)}a_t \tag{14.4.23}$$

和

$$(1-0.07B+0.41B^2)(1-B)X_t=\alpha_t \tag{14.4.24}$$

其中，$\hat{\sigma}_a^2=45\,175$，$\hat{\sigma}_\alpha^2=52\,601$。为了计算预报，我们把式（14.4.23）写为：

$$\begin{aligned}(1-0.36B)(1-0.26B)(1-B)Y_t=&(1-0.26B)\times 0.52\times(1-B)X_t\\&+(1-0.36B)a_t\end{aligned}$$

因此，

$$\begin{aligned}Y_{n+1}=&1.62Y_{n+l-1}-0.71Y_{n+l-2}+0.09Y_{n+l-3}+0.52X_{n+l}\\&-0.66X_{n+l-1}+0.14X_{n+l-2}+a_{n+l}-0.36a_{n+l-1}\end{aligned}$$

由预报原点 $n=40$ 得到的一步提前预报为

$$\begin{aligned}\hat{Y}_{40}(1)=&1.62Y_{40}-0.71Y_{39}+0.09Y_{38}+0.52\hat{X}_{40}(1)\\&-0.66X_{40}+0.14X_{39}-0.36a_{40}\end{aligned}$$

如果 X_{41} 已知，则 $\hat{X}_{40}(1)=X_{41}$，否则，它等于 X_{41} 的一步提前预报，是通过方程（14.4.24）由其自身的历史数据确定的。现在，由数据以及模型的拟合，我们可以得到

$$\begin{aligned}&\hat{a}_{40}=-101.05,\ Y_{38}=2\,518,\ Y_{39}=2\,637,\\&Y_{40}=2\,177,\ X_{39}=1\,145,\ X_{40}=1\,012 \text{ 和 } X_{41}=836\end{aligned}$$

因此，

$$\begin{aligned}\hat{Y}_{40}(1)=&1.62\times 2\,177-0.71\times 2\,637+0.09\times 2\,518+0.52\times 836\\&-0.66\times 1\,012+0.14\times 1\,145-0.36\times(-101.05)\\=&1\,844.57\end{aligned}$$

为了得到预报方差，我们需要计算权重 u_j 和 ψ_j。注意到，方程（14.4.23）可以写成

$$Y_t=\frac{0.52}{(1-0.36B)}X_t+\frac{1}{(1-0.26B)(1-B)}a_t \tag{14.4.25}$$

令

$$e_t=\frac{1}{(1-0.26B)(1-B)}a_t$$

和

$$\pi^{(a)}(B)e_t = a_t$$

其中

$$\pi^{(a)}(B) = 1 - \sum_{j=1}^{\infty}\pi_j^{(a)}B^j = (1-0.26B)(1-B) = (1-1.26B+0.26B^2)$$

因此，

$$\pi_1^{(a)} = 1.26$$
$$\pi_2^{(a)} = -0.26$$

和

$$\pi_j^{(a)} = 0,\quad j \geqslant 3$$

利用式（14.4.15），我们可以得到 ψ_j 的权重：

$$\psi_0 = 1$$
$$\psi_1 = \pi_1^{(a)} = 1.26$$
$$\psi_2 = \pi_2^{(a)} + \pi_1^{(a)}\psi_1 = -0.26 + (1.26)^2 = 1.33$$
$$\vdots$$
$$\psi_{l-1} = \sum_{i=0}^{l-2}\pi_{l-1-i}^{(a)}\psi_i$$

为了得到 u_j 的权重，我们注意到，

$$\pi^{(\alpha)}(B)X_t = \alpha_t$$

其中

$$\begin{aligned}\pi^{(\alpha)}(B) = 1 - \sum_{j=1}^{\infty}\pi_j^{(\alpha)}B^j &= (1-0.07B+0.41B^2)(1-B)\\ &= 1-1.07B+0.48B^2-0.41B^3\end{aligned}$$

因此，

$$\pi_1^{(\alpha)} = 1.07$$
$$\pi_2^{(\alpha)} = -0.48$$
$$\pi_3^{(\alpha)} = 0.41$$

且

$$\pi_j^{(\alpha)} = 0,\quad j \geqslant 4$$

利用式（14.4.18）可得：

$$\psi_0^{(\alpha)} = 1$$
$$\psi_1^{(\alpha)} = \pi_1^{(\alpha)} = 1.07$$
$$\psi_2^{(\alpha)} = \pi_2^{(\alpha)} + \pi_1^{(\alpha)}\psi_1^{(\alpha)} = -0.48 + (1.07)^2 = 0.66$$
$$\vdots$$

且

$$\psi_{l-1}^{(\alpha)}=\sum_{i=0}^{l-2}\pi_{l-1-i}^{(\alpha)}\psi_i^{(\alpha)}$$

因此，由式（14.4.19），$u_j(j=0,1,\cdots,l-1)$的权重等于下面表达式中 B^j 的系数：

$$\begin{aligned}&\frac{0.52}{(1-0.36B)}(1+\psi_1^{(\alpha)}B+\psi_2^{(\alpha)}B^2+\cdots+\psi_{l-1}^{(\alpha)}B^{l-1})\\&\quad=0.52(1+0.36B+(0.36)^2B^2+(0.36)^3B^3+\cdots)\\&\qquad\cdot(1+\psi_1^{(\alpha)}B+\psi_2^{(\alpha)}B^2+\cdots+\psi_{l-1}^{(\alpha)}B^{l-1})\end{aligned}$$

因此，

$$\begin{aligned}u_0&=0.52\\u_1&=0.52(0.36+\psi_1^{(\alpha)})=0.52(0.36+1.07)=0.7436\\u_2&=0.52[\psi_2^{(\alpha)}+0.36\psi_1^{(\alpha)}+(0.36)^2]\\&=0.52\{0.66+0.36\times1.07+(0.36)^2\}=0.61\end{aligned}$$

得到了 u_j 和 ψ_j 的权重，我们可以利用式（14.4.8）来计算一步提前预报误差方差，得到

$$\begin{aligned}V(1)&=E[Y_{41}-\hat{Y}_{40}(1)]^2=\hat{\sigma}_\alpha^2(u_0^2)+\hat{\sigma}_a^2(\psi_0^2)\\&=52\,601\times(0.52)^2+45\,175\times1=59\,398.31\end{aligned}$$

$\hat{Y}_{40}(l)$的预报以及其他 l 的预报误差方差 $v(l)$ 可以通过类似的计算得到。由 14.3.5 节可得，在拟合数据集时，最后 14 个观测值（1947—1960）留作检验预报的效果。对于 14 个一步提前销售预报可以使用广告费用的一步提前预报的值。Helmer 和 Johansson（1977）证明：由式（14.3.33）或者式（14.4.23）得到的均方预报误差 8 912 以及从式（14.3.34）得到的 9 155 比由销售的单变量时间序列模型得到的 MSE 的值 16 080 小得多。因为从销售到广告费用在滞后为 1 时存在一个反馈关系，这并不说明可以假设在预报下一个时期的销售时广告预算是确定已知的。如果用由式（14.4.24）得到的一步提前广告水平，而不是真实的广告水平，那么相应的 14 个一步提前销售预报的 MSE 由式（14.3.33）或者式（14.4.23）得到的是 15 177，从式（14.3.34）得到的是 14 044。

对于使用转换函数模型做预报的更多例子以及讨论，可以参见文献Liu（1987）。

14.5 二元频域分析

14.5.1 互协方差函数与互谱

假设 x_t 和 y_t 是联合平稳的，且有互协方差函数 $\gamma_{xy}(k)$，$k=0,\pm1,\pm2,\cdots$。定义互协方差生成函数为

$$\gamma_{xy}(B)=\sum_{k=-\infty}^{\infty}\gamma_{xy}(k)B^k \tag{14.5.1}$$

其中，B^k 的系数是 x_t 和 y_t 的 k 次互协方差。这个方程是以前介绍过的自协方差生成函数的一般化形式。特别地，$\gamma_{xx}(B)=\gamma_x(B)$，$\gamma_{yy}(B)=\gamma_y(B)$ 分别是 x_t 和 y_t 的自协方差生成函数。如果互协方差序列 $\gamma_{xy}(k)$ 是绝对可和的，即 $\sum_{k=-\infty}^{\infty}|\gamma_{xy}(k)|<\infty$，那么其傅立叶变换存在，叫作 x_t 和 y_t 的互谱（或者互谱密度），公式为：

$$f_{xy}(\omega)=\frac{1}{2\pi}\sum_{k=-\infty}^{\infty}\gamma_{xy}(k)e^{-i\omega k} \tag{14.5.2a}$$

$$=\frac{1}{2\pi}\gamma_{xy}(e^{-i\omega}) \tag{14.5.2b}$$

它是 12.2 节介绍的单变量序列互谱（或互谱密度）的一般化形式，特别地，$f_{xx}(\omega)=f_x(\omega)$，$f_{yy}(\omega)=f_y(\omega)$ 分别是 x_t 和 y_t 的谱。注意到，即使当 $\gamma_{xy}(k)$ 关于实过程 x_t 和 y_t 是实数时，$f_{xy}(\omega)$ 往往也是复数，因为 $\gamma_{xy}(k)\neq\gamma_{xy}(-k)$，因此，我们有

$$f_{xy}(\omega)=c_{xy}(\omega)-iq_{xy}(\omega) \tag{14.5.3}$$

其中，$c_{xy}(\omega)$ 与 $-q_{xy}(\omega)$ 分别是 $f_{xy}(\omega)$ 的实部与虚部。更准确地，

$$c_{xy}(\omega)=\frac{1}{2\pi}\sum_{k=-\infty}^{\infty}\gamma_{xy}(k)\cos\omega k \tag{14.5.4}$$

与

$$q_{xy}(\omega)=\frac{1}{2\pi}\sum_{k=-\infty}^{\infty}\gamma_{xy}(k)\sin\omega k \tag{14.5.5}$$

$c_{xy}(\omega)$ 叫作 x_t 和 y_t 的共谱，$q_{xy}(\omega)$ 叫作积分谱。但是，这些函数都很难解释。或者，我们用极坐标形式表示 $f_{xy}(\omega)$：

$$f_{xy}(\omega)=A_{xy}(\omega)e^{i\phi_{xy}(\omega)} \tag{14.5.6}$$

其中，

$$A_{xy}(\omega)=|f_{xy}(\omega)|=[c_{xy}^2(\omega)+q_{xy}^2(\omega)]^{1/2} \tag{14.5.7}$$

和

$$\phi_{xy}(\omega)=\tan^{-1}\left[\frac{-q_{xy}(\omega)}{c_{xy}(\omega)}\right] \tag{14.5.8}$$

函数 $A_{xy}(\omega)$ 和 $\phi_{xy}(\omega)$ 分别被称为互振幅谱和相谱。另外，两个有用的函数是增益函数和相干性函数。增益函数定义为：

$$G_{xy}(\omega)=\frac{|f_{xy}(\omega)|}{f_x(\omega)}=\frac{A_{xy}(\omega)}{f_x(\omega)} \tag{14.5.9}$$

是互振幅谱与输入谱之比。相干性函数（或平方相干性函数）定义为：

$$K_{xy}^2(\omega)=\frac{|f_{xy}(\omega)|^2}{f_x(\omega)f_y(\omega)} \tag{14.5.10}$$

它本质上是标准化的互振幅谱。

事实上，许多互谱函数都是描述两个序列在频域中的关系。一般地，两个序列的互谱利用增益函数，而对于相谱，使用相干性函数更容易分析。因此，它们可能是频域分析中三种最常用的互谱函数。

14.5.2 互谱函数的解释

观察以前与互谱有关的函数，在 12.1.4 节中曾讨论过，任何零均值平稳过程都可以根据谱或者克莱姆表示写成：

$$x_t = \int_{-\pi}^{\pi} e^{i\omega t} dU_x(\omega) \tag{14.5.11}$$

$$y_t = \int_{-\pi}^{\pi} e^{i\omega t} dU_y(\omega) \tag{14.5.12}$$

其中，$dU_x(\omega)$和 $dU_y(\omega)$是正交过程，当 $\omega \neq \lambda$ 时有

$$E[dU_x(\omega)dU_x^*(\lambda)] = E[dU_y(\omega)dU_y^*(\lambda)] = 0 \tag{14.5.13}$$

$dU_x^*(\omega)$和 $dU_y^*(\omega)$分别是 $dU_x(\omega)$和 $dU_y(\omega)$的复共轭。如果 x_t 和 y_t 还是联合平稳的，那么我们有：

$$\begin{aligned}\gamma_{xy}(k) &= E(x_t y_{t+k}) \\ &= E(x_t y_{t+k}^*) \\ &= \int_{-\pi}^{\pi}\int_{-\pi}^{\pi} e^{i\omega t} e^{-i\lambda(t+k)} E[dU_x(\omega)dU_y^*(\lambda)] \\ &= \int_{-\pi}^{\pi}\int_{-\pi}^{\pi} e^{i(\omega-\lambda)t} e^{-i\lambda k} E[dU_x(\omega)dU_y^*(\lambda)]\end{aligned} \tag{14.5.14}$$

现在，方程的右边只是 k 的函数，当 $\omega \neq \lambda$ 时，式（14.5.14）中被积函数必须是零。因此，除了式（14.5.13），我们还需要交叉正交性，即

$$E[dU_x(\omega)dU_y^*(\lambda)] = 0, \quad \omega \neq \lambda \tag{14.5.15}$$

因此，在式（14.5.14）中，令 $\lambda = \omega$，我们可以得到：

$$\gamma_{xy}(k) = \int_{-\pi}^{\pi} e^{i\omega k} E[dU_x(\omega)dU_y^*(\omega)] \tag{14.5.16}$$

假设 x_t 和 y_t 都是纯非确定性的零均值联合平稳过程，且有绝对可和的自协方差和互协方差函数，即

$$\sum_{k=-\infty}^{\infty} |\gamma_x(k)| < \infty, \quad \sum_{k=-\infty}^{\infty} |\gamma_y(k)| < \infty, \quad \sum_{k=-\infty}^{\infty} |\gamma_{xy}(k)| < \infty$$

与推导式（12.1.37）的讨论相同，我们可以得到

$$f_x(\omega)d\omega = E[|dU_x(\omega)|^2] \tag{14.5.17}$$

$$f_y(\omega)d\omega = E[|dU_y(\omega)|^2] \tag{14.5.18}$$

与

$$f_{xy}(\omega)\mathrm{d}\omega=E[\mathrm{d}U_x(\omega)\mathrm{d}U_y^*(\omega)] \tag{14.5.19}$$

其中

$$E[\mathrm{d}U_x(\omega)\mathrm{d}U_x^*(\lambda)]=E[\mathrm{d}U_y(\omega)\mathrm{d}U_y^*(\lambda)]=0$$

以及

$$E[\mathrm{d}U_x(\omega)\mathrm{d}U_y^*(\lambda)]=0,\quad \omega\neq\lambda$$

现在，$E[\mathrm{d}U_x(\omega)\mathrm{d}U_y^*(\omega)]=\mathrm{Cov}(\mathrm{d}U_x(\omega),\mathrm{d}U_y(\omega))$。因此，由式（14.5.19）我们可以看到，互振幅谱 $A_{xy}(\omega)=|f_{xy}(\omega)|$ 度量的是 x_t 的 ω-频率分量与 y_t 的 ω-频率分量的协方差。同样地

$$\begin{aligned}G_{xy}(\omega)&=\frac{|f_{xy}(\omega)|}{f_x(\omega)}=\frac{|E[\mathrm{d}U_x(\omega)\mathrm{d}U_y^*(\omega)]|}{E[|\mathrm{d}U_x(\omega)|^2]}\\&=\frac{|\mathrm{Cov}(\mathrm{d}U_x(\omega),\mathrm{d}U_y(\omega))|}{\mathrm{Var}[\mathrm{d}U_x(\omega)]}\end{aligned} \tag{14.5.20}$$

这说明增益函数 $G_{xy}(\omega)$ 是 x_t 的 ω-频率的标准最小二乘回归系数的绝对值。同样地，我们可以写出：

$$K_{xy}^2(\omega)=\frac{[f_{xy}(\omega)]^2}{f_x(\omega)f_y(\omega)}=\frac{\{\mathrm{Cov}(\mathrm{d}U_x(\omega),\mathrm{d}U_y(\omega))\}^2}{\mathrm{Var}[\mathrm{d}U_x(\omega)]\mathrm{Var}[\mathrm{d}U_y(\omega)]} \tag{14.5.21}$$

因此，$K_{xy}^2(\omega)$ 是 x_t 的 ω-频率分量与 y_t 的 ω-频率分量的相关系数的平方。明显地，$0\leqslant K_{xy}^2(\omega)\leqslant 1$。$K_{xy}^2(\omega)$ 的值接近 1 说明两个序列的 ω-频率分量高度线性相关，$K_{xy}^2(\omega)$ 的值接近 0 说明两个序列 ω-频率分量只有很弱的线性相关。

同两个随机变量的相关系数一样，线性变换下相干性是不变的。假设，

$$w_t=\sum_{k=-\infty}^{\infty}\alpha_k x_{t-k}=\alpha(B)x_t \tag{14.5.22}$$

和

$$v_t=\sum_{k=-\infty}^{\infty}\beta_k y_{t-k}=\beta(B)y_t \tag{14.5.23}$$

那么，由式（12.3.3），我们有，

$$f_w(\omega)=|\alpha(e^{-i\omega})|^2 f_x(\omega)$$
$$f_v(\omega)=|\beta(e^{-i\omega})|^2 f_y(\omega)$$

或者等价地，由式（14.5.17）、式（14.5.18）可以得到

$$\mathrm{d}U_w(\omega)=\alpha(e^{-i\omega})\mathrm{d}U_x(\omega) \tag{14.5.24}$$

和

$$\mathrm{d}U_v(\omega)=\beta(e^{-i\omega})\mathrm{d}U_y(\omega) \tag{14.5.25}$$

因此，

$$\begin{aligned}f_{wv}(\omega)\mathrm{d}\omega &= E[\mathrm{d}U_w(\omega)\mathrm{d}U_v^*(\omega)]\\ &=\alpha(e^{-i\omega})\beta(e^{i\omega})E[\mathrm{d}U_x(\omega)\mathrm{d}U_y^*(\omega)]\\ &=\alpha(e^{-i\omega})\beta(e^{i\omega})f_{xy}(\omega)\mathrm{d}\omega\end{aligned}$$

或者

$$f_{wv}(\omega)=\alpha(e^{-i\omega})\beta(e^{i\omega})f_{xy}(\omega) \tag{14.5.26}$$

这说明，当$\alpha(e^{i\omega})$与$\beta(e^{i\omega})$都非零时，有

$$K_{wv}^2(\omega)=\frac{|f_{wv}(\omega)|^2}{f_w(\omega)f_v(\omega)}=\frac{|f_{xy}(\omega)|^2}{f_x(\omega)f_y(\omega)}$$

因此，相干性在线性变换下是不变的。

为了研究相谱的解释，我们来回顾一下 12.1.4 节的内容，对任何ω，$\mathrm{d}U_x(\omega)$和$\mathrm{d}U_y(\omega)$都是复值随机变量，因此，我们可以写出：

$$\mathrm{d}U_x(\omega)=A_x(\omega)e^{i\phi_x(\omega)} \tag{14.5.27}$$

其中，$A_x(\omega)$和$\phi_x(\omega)$分别是序列x_t的振幅谱和相谱。同样地，

$$\mathrm{d}U_y(\omega)=A_y(\omega)e^{i\phi_y(\omega)} \tag{14.5.28}$$

$A_y(\omega)$和$\phi_y(\omega)$分别是序列y_t的振幅谱和相谱。因此，

$$\begin{aligned}A_{xy}(\omega)e^{i\phi_{xy}(\omega)}&=f_{xy}(\omega)\mathrm{d}\omega=E[\mathrm{d}U_x(\omega)\mathrm{d}U_y^*(\omega)]\\ &=E[A_x(\omega)A_y(\omega)]E[e^{i[\phi_x(\omega)-\phi_y(\omega)]}]\end{aligned} \tag{14.5.29}$$

其中，为了简便，我们假设振幅谱与相谱是独立的。因此，$A_{xy}(\omega)$可以被认为是x_t和y_t的ω-频率分量的振幅乘积的均值。相谱$\phi_{xy}(\omega)$是x_t和y_t的ω-频率分量相变化$[\phi_x(\omega)-\phi_y(\omega)]$的均值。由因果模型$y_t=\alpha x_{t-\tau}+e_t$或者$x_t=\beta y_{t-r}+a_t$，其中，$x_t$和$y_t$之间没有反馈关系，相谱度量的是一个序列中每一个频率分量推导出其他序列的频率分量。如果$\phi_{xy}(\omega)$是负的，那么x_t的ω-频率分量推导出y_t的ω-频率分量。如果$\phi_{xy}(\omega)$是正的，那么x_t的ω-频率分量滞后y_t的ω-频率分量。对于一个给定的$\phi_{xy}(\omega)$，时间的变化单位是$\phi_{xy}(\omega)/\omega$，因此，实际上y_t的分量在频率ω的实际时间衰减为

$$\tau=-\frac{\phi_{xy}(\omega)}{\omega} \tag{14.5.30}$$

它不需要是一个整数。

由式（14.5.6）和式（14.5.8）可知，若$\phi'_{xy}(\omega)$是方程（14.5.8）的解，那么对任何整数k，$\phi_{xy}(\omega)=\phi'_{xy}(\omega)\pm 2k\pi$也是方程（14.5.8）的解。因此，相谱的定义是 mod（2π）。但是，实际上，如果我们认为函数是非负的，$\phi_{xy}(\omega)$的范围往往就被限制在区间$[-\pi,\pi]$上。$\phi_{xy}(\omega)$的值就是$f_{xy}(\omega)$的幅角自变量（argument），即

$$\phi_{xy}(\omega)=\arg[f_{xy}(\omega)] \tag{14.5.31}$$

它是$c_{xy}(\omega)$的正半轴与从圆点到点（$c_{xy}(\omega)$，$-q_{xy}(\omega)$）的直线所形成的角度。也就是说，$\phi_{xy}(\omega)$与$-q_{xy}(\omega)$有相同的符号。更进一步讲，由于$\phi_{xy}(\omega)$是对称的奇函数，当$\omega=0$时，

$\phi_{xy}(\omega)=0$，所以当且仅当 $0\leqslant\omega\leqslant\pi$ 时，相谱是正态图形。

由式（14.5.15）知，在不同频率时，x_t 和 y_t 的分量是独立的。因此，就像我们在前面强调的“检验 x_t 和 y_t 的 ω-频率分量”一样，我们只需要检验 x_t 和 y_t 在每一个频率时的相应分量的关系。

14.5.3 实 例

例 14-3 假设 x_t 和 y_t 是联合平稳的，而且是不相关的过程。那么，对于所有的 k，$\gamma_{xy}(k)=0$。因此，由式（14.5.2a）可知

$$f_{xy}(\omega)=0,\quad \text{对所有 } \omega \text{ 值成立}$$

也就是说，对所有的 ω，

$$c_{xy}(\omega)=0,\ q_{xy}(\omega)=0,\ A_{xy}(\omega)=0,\ \phi_{xy}(\omega)=0,\ G_{xy}(\omega)=0,\ \text{且 } K_{xy}^2(\omega)=0$$

例 14-4 考虑模型

$$y_t=\alpha x_{t-m}+e_t \tag{14.5.32}$$

其中，我们假设 $m>0$，x_t 和 e_t 是联合独立的零均值平稳过程，那么

$$\gamma_{xy}(k)=E(x_t y_{t+k})=E[x_t(\alpha x_{t+k-m}+e_{t+k})]=\alpha\gamma_x(k-m)$$

因此，由式（14.5.2a）可得

$$f_{xy}(\omega)=\frac{\alpha}{2\pi}\sum_{k=-\infty}^{\infty}\gamma_x(k-m)e^{-i\omega k}=\frac{\alpha}{2\pi}\sum_{j=-\infty}^{\infty}\gamma_x(j)e^{-i\omega(j+m)}=\alpha e^{-i\omega m}f_x(\omega) \tag{14.5.33}$$

由方程（14.5.33）可推导出

$$c_{xy}(\omega)=[\alpha\cos(\omega m)]f_x(\omega)$$
$$q_{xy}(\omega)=[\alpha\sin(\omega m)]f_x(\omega)$$
$$A_{xy}(\omega)=|\alpha|f_x(\omega)$$
$$\phi_{xy}(\omega)=\tan^{-1}\left[\frac{-q_{xy}(\omega)}{c_{xy}(\omega)}\right]=-\omega m$$

图 14-5 给出了它的相谱，是一条斜率为 $-m$ 的直线，它非常值得我们做进一步的讨论。因为对于所有的 ω，相函数都是负的，所以在所有频率下是序列 x_t 导出序列 y_t。一般来说，两个序列的相谱可能不是一条直线。因此，两个序列的时间衰减可能在不同频率下取不同值。

在图 14-5 中，如果 m 取 4，那么习惯上，相谱就限制在区间（$-\pi$，π）上，由此我们就可以得到图 14-6。在这种情况下，每条直线的斜率都是 $-m$。

例 14-4 中的增益函数为，

$$G_{xy}=\frac{A_{xy}(\omega)}{f_x(\omega)}=|\alpha|$$

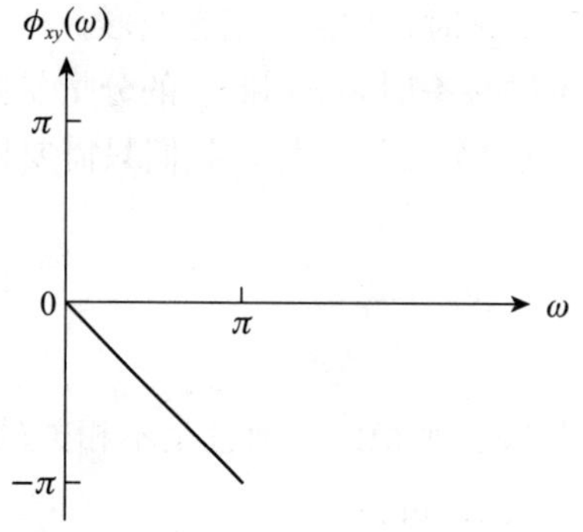

图 14-5 例 14-4 中 $m=1$ 时的相谱

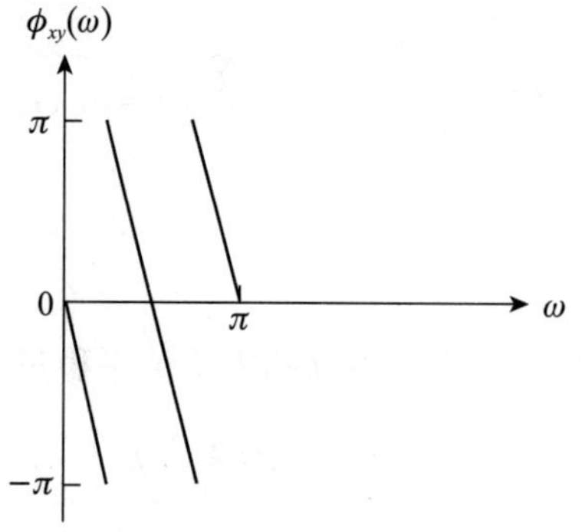

图 14-6 例 14-4 中 $m=4$ 时的相谱

和我们所期望的一样，其等于最小二乘回归系数的绝对值。对于相关性，我们同样需要 $f_y(\omega)$，由式（12.2.22）和式（12.2.23）知，它等于

$$f_y(\omega)=\alpha^2 f_x(\omega)+f_e(\omega)$$

因此，

$$K_{xy}^2(\omega)=\frac{|f_{xy}(\omega)|^2}{f_x(\omega)f_y(\omega)}=\frac{[\alpha e^{i\omega m}f_x(\omega)][\alpha e^{-i\omega m}f_x(\omega)]}{f_x(\omega)[\alpha^2 f_x(\omega)+f_e(\omega)]}$$
$$=\left[1+\frac{f_e(\omega)}{\alpha^2 f_x(\omega)}\right]^{-1} \tag{14.5.34}$$

如果 $e_t\equiv 0$，那么对于所有频率 ω，$K_{xy}^2(\omega)=1$。这个结果仍然和预期的一样，因为在这种情况下，x_t 和 y_t 满足精确的线性关系 $y_t=\alpha x_{t-m}$。

14.5.4 互谱估计

对于给定的时间序列数据集 x_t 和 y_t，$t=1, 2, \cdots, n$，我们从第 13 章可知，对于 x_t 序列，谱 $f_x(\omega)$ 可以由平滑谱

$$\hat{f}_x(\omega)=\frac{1}{2\pi}\sum_{k=-M_x}^{M_x}W_x(k)\hat{\gamma}_x(k)e^{-i\omega k} \tag{14.5.35}$$

估计出来，其中 $\hat{\gamma}_x(k)$ 是样本自协方差函数，$W_x(k)$ 是滞后窗口，M_x 是截断点。与上述标记相似，y_t 序列的平滑谱为

$$\hat{f}_y(\omega)=\frac{1}{2\pi}\sum_{k=-M_y}^{M_y}W_y(k)\hat{\gamma}_y(k)e^{-i\omega k} \tag{14.5.36}$$

类似地，我们可以通过

$$\hat{f}_{xy}(\omega)=\frac{1}{2\pi}\sum_{k=-M_{xy}}^{M_{xy}}W_{xy}(k)\hat{\gamma}_{xy}(k)e^{-i\omega k} \tag{14.5.37}$$

估计互谱。其中，$\hat{\gamma}_{xy}(k)$ 为样本互协方差，$W_{xy}(k)$ 和 M_{xy} 分别是相应的为满足平滑而取的滞后窗口和截断点。明显地，我们可以把 $\hat{f}_{xy}(\omega)$ 写成：

$$\hat{f}_{xy}(\omega)=\hat{c}_{xy}(\omega)-i\hat{q}_{xy}(\omega) \tag{14.5.38}$$

其中，

$$\begin{aligned}\hat{c}_{xy}(\omega)&=\frac{1}{2\pi}\sum_{k=-M_{xy}}^{M_{xy}}W_{xy}(k)\hat{\gamma}_{xy}(k)\cos\omega k\\&=\frac{1}{2\pi}\left\{W_{xy}(0)\hat{\gamma}_{xy}(0)+\sum_{k=1}^{M_{xy}}W_{xy}(k)[\hat{\gamma}_{xy}(k)+\hat{\gamma}_{xy}(-k)]\cos\omega k\right\}\end{aligned} \tag{14.5.39}$$

和

$$\begin{aligned}\hat{q}_{xy}(\omega)&=\frac{1}{2\pi}\sum_{k=-M_{xy}}^{M_{xy}}W_{xy}\hat{\gamma}_{xy}(k)\sin\omega k\\&=\frac{1}{2\pi}\left\{\sum_{k=1}^{M_{xy}}W_{xy}(k)[\hat{\gamma}_{xy}(k)-\hat{\gamma}_{xy}(-k)]\sin\omega k\right\}\end{aligned} \tag{14.5.40}$$

分别是估计的共谱和积分谱。

截断点 M_{xy} 和滞后窗口 $W_{xy}(k)$ 的选择方法与单变量谱分析使用的方法相似。严格地说，截断点 M_x、M_y 和 M_{xy} 以及滞后窗口 $W_x(k)$、$W_y(k)$ 和 $W_{xy}(k)$ 没有必要相同，而且应该允许根据一维以及联合序列的特征值而变化。但是，事实上，由于谱估计抽样性质的简化，它们往往被选择为一样的。这对滞后窗口同样适用。

估计了互谱以及积分谱后，我们来估计互振幅谱、相谱、增益函数以及相关性：

$$\hat{A}_{xy}(\omega)=[\hat{c}_{xy}^2(\omega)+\hat{q}_{xy}^2(\omega)]^{1/2} \tag{14.5.41}$$

$$\hat{\phi}_{xy}(\omega)=\tan^{-1}\left[\frac{-\hat{q}_{xy}(\omega)}{\hat{c}_{xy}(\omega)}\right] \tag{14.5.42}$$

$$\hat{G}_{xy}(\omega)=\frac{\hat{A}_{xy}(\omega)}{\hat{f}_x(\omega)} \tag{14.5.43}$$

以及

$$K_{xy}^2(\omega)=\frac{|\hat{f}_{xy}(\omega)|^2}{\hat{f}_x(\omega)\hat{f}_y(\omega)} \tag{14.5.44}$$

在估计的互谱中，滞后窗口在零滞后附近给样本互协方差赋予了很大的权重。因此，如果一个序列导出另一序列，且互协方差并不在零滞后处出现峰值，那么互谱的估计是有偏的。这个偏差在估计相关性时尤其显著。因为相关性在线性变换下是不变的，偏差可以通过序列的适当调整被降低。也就是说，两个序列可以被结合在一起，通过时间滞后 τ 改变其中一个序列，使得结合后序列的互相关函数的峰值出现在零滞后处。通过与滞后相应的最大互相关，或者通过方程（14.5.30）和相谱的斜率，时间滞后 τ 可以被估计出来。值得注意的是当相关性很小时，互振幅、相谱和增益的估计都是不可信的。

我们并没有讨论互谱估计的抽样性质。感兴趣的读者可以查看 Jenkins 和 Watts（1968）、Hannan（1970）、Brillinger（1975）、Priestley（1981）以及其他著作。我们将在下一节讨论互谱和转换函数模型的关系。

14.6 互谱和转换函数模型

14.6.1 通过互谱分析构造转换函数模型

考虑双边一般转换函数模型

$$y_t = \sum_{j=-\infty}^{\infty} v_j x_{t-j} + n_t \tag{14.6.1a}$$

$$= v(B) x_t + n_t \tag{14.6.1b}$$

其中，$v(B)=\sum_{j=-\infty}^{\infty} v_j B^j$，使得 $\sum_{j=-\infty}^{\infty} |v_j| < \infty$。我们认为序列 x_t 和 n_t 是独立的，而且是零均值联合平稳过程。那么

$$\gamma_{xy}(k) = E(x_t y_{t+k}) = E\left[x_t\left(\sum_{j=-\infty}^{\infty} v_j x_{t+k-j} + n_{t+k}\right)\right]$$

$$= \sum_{j=-\infty}^{\infty} v_j \gamma_x(k-j) = v(B)\gamma_x(k) \tag{14.6.2}$$

方程（14.6.2）两边同时乘以 B^k 然后求和，可得

$$\gamma_{xy}(B) = v(B)\gamma_x(B) \tag{14.6.3}$$

由式（14.5.2b）可得

$$f_{xy}(\omega) = v(\omega) f_x(\omega) \tag{14.6.4}$$

因此，

$$v(\omega) = \frac{f_{xy}(\omega)}{f_x(\omega)}, \quad -\pi \leqslant \omega \leqslant \pi \tag{14.6.5}$$

对所有 ω，均有 $f_x(\omega) \neq 0$。函数 $v(\omega)$ 称作线性（转换函数）系统的频率响应函数。方程（14.6.5）说明，频率响应函数是互谱与输入谱之比。我们可以从

$$v_k=\int_{-\pi}^{\pi} v(\omega) e^{i\omega k} \mathrm{d}\omega \tag{14.6.6}$$

中得到脉冲响应函数 v_k。

为了导出噪声谱（或者误差谱）$f_n(\omega)$，我们再次使用式（12.2.22）和式（12.3.3）的结果，得到

$$f_y(\omega)=|v(\omega)|^2 f_x(\omega)+f_n(\omega) \tag{14.6.7}$$

因此，

$$\begin{aligned} f_n(\omega) &= f_y(\omega)-|v(\omega)|^2 f_x(\omega) \\ &= f_y(\omega)-\frac{|f_{xy}(\omega)|^2}{f_x^2(\omega)} f_x(\omega) \\ &= f_y(\omega)-\frac{f_{xy}^*(\omega) f_{xy}(\omega)}{f_x(\omega)} & (14.6.8\text{a}) \\ &= f_y(\omega)-f_{xy}(\omega) f_x^{-1}(\omega) f_{xy}(\omega) & (14.6.8\text{b}) \end{aligned}$$

其中，我们从式（14.5.19）得到了 $f_{xy}^*(\omega)=f_{yx}(\omega)$，那么噪声自协方差函数 $\gamma_n(k)$ 可以由下式得到

$$\gamma_n(k)=\int_{-\pi}^{\pi} f_n(\omega) e^{i\omega k} \mathrm{d}\omega \tag{14.6.9}$$

通过代换第 13 章和 14.5.4 节的 $f_x(\omega)$、$f_y(\omega)$ 和 $f_{xy}(\omega)$ 的估计，我们得到脉冲响应函数 v_k 的估计以及噪声自相关函数 $\rho_n(k)$。这些估计可以用来识别 14.3 节讨论过的转换函数噪声模型。换言之，转换函数模型也可以通过互谱分析来构建。

14.6.2　转换函数模型的互谱函数

由式（14.5.9）和式（14.6.5）我们可以很容易地把输入序列 x_t 到输出序列 y_t 的增益函数看作：

$$G_{xy}(\omega)=|v(\omega)| \tag{14.6.10}$$

类似地，由于 $f_x(\omega)$ 是非负实值的，我们由式（14.5.31）和式（14.6.5）得到

$$\phi_{xy}(\omega)=\arg[f_{xy}(\omega)]=\arg[v(\omega)] \tag{14.6.11}$$

因此，输入序列 x_t 和输出序列 y_t 之间的相谱仅依赖于频率响应函数 $v(\omega)$ 相的改变。

对于相关性，我们由式（14.6.4）和式（14.6.7）得到

$$\begin{aligned} K_{xy}^2(\omega) &= \frac{|f_{xy}(\omega)|^2}{f_x(\omega) f_y(\omega)}=\frac{|v(\omega)|^2 f_x(\omega)}{f_y(\omega)} \\ &= \frac{f_y(\omega)-f_n(\omega)}{f_y(\omega)}=1-\frac{f_n(\omega)}{f_y(\omega)} & (14.6.12) \end{aligned}$$

因此，相关性是在频率 ω 处噪声谱与输出谱比率的测度。当比率 $f_n(\omega)/f_y(\omega)\to 0$ 时，相关性 $K_{xy}^2\to 1$；反之，当 $f_n(\omega)/f_y(\omega)\to 1$ 时，相关性 $K_{xy}^2\to 0$。由式（14.6.7）可知，

因为输出等于沉没信号加上噪声，故我们有噪声信号比：

$$\frac{f_n(\omega)}{f_s(\omega)}=\frac{1-K_{xy}^2(\omega)}{K_{xy}^2(\omega)} \tag{14.6.13}$$

其中，$f_s(\omega)=|v(\omega)|^2 f_x(\omega)$表示系统信号。当相关性很小时，噪声信号比很大，反之亦然。等价地，它可以表示成

$$K_{xy}^2(\omega)=\frac{f_s(\omega)/f_n(\omega)}{1+f_s(\omega)/f_n(\omega)} \tag{14.6.14}$$

因此，相关性也是对频率 ω 处信号噪声比的直接测度。相关性越大，信号噪声比也越大。

噪声信号比或者等价的信号噪声比可以用来作为模型选择的标准。如果一个模型有一个一致最小噪声信号比，或有一个一致最大的信号噪声比，就被视为更佳的模型。

14.7 多维输入转换函数模型

更一般地，输出模型可能受到多维输入模型影响，且我们有多维输入因果模型

$$y_t=\sum_{j=1}^{k} v_j(B)x_{jt}+n_t \tag{14.7.1}$$

或者

$$y_t=\sum_{j=1}^{k}\frac{\omega_j(B)}{\delta_j(B)}B^{b_j}x_{jt}+\frac{\theta(B)}{\phi(B)}a_t \tag{14.7.2}$$

其中，$v_j(B)=\omega_j(B)B^{b_j}/\delta_j(B)$是输入序列 x_{jt} 的 j 次转换函数，且认为 a_t 与每一个输入序列 x_{jt}，$j=1,2,\cdots,k$ 独立。如果输入序列 x_{it} 与 x_{jt} 在 $i\neq j$ 时是不相关的，那么前面讨论的单个输入转换函数模型在时域和频域中的分析的各个方面都可以被推广。例如，我们构建转换函数 $v_j(B)$ 分别与 y_t 和 x_{jt} 有关，那么噪声模型就可以通过研究生成的噪声序列

$$n_t=y_t-\hat{y}_t=y_t-\sum_{j=1}^{k}\hat{v}_j(B)x_{jt} \tag{14.7.3}$$

来识别。

同样地，如果初始序列是非平稳的，我们就要用一些变换来使它变成平稳的。

当输入序列 x_{it} 与 x_{jt} 在 $i\neq j$ 时相关时，模型的建立就变得更为复杂。Liu 和 Hanssen（1982）建议我们可以从其根接近 1 的输入序列的 AR 多项式中选择一个滤波，减少其互相关性。当输入序列存在互相关时，我们知道多维输入转换函数模型的建立仍需要更多研究。

第 10 章介绍的干预和异常值模型是转换函数模型的特殊情况。换言之，有些输入序列 x_{jt} 可以被看作干预或异常值变量。要参考更多的实例，建议读者阅读 Pack（1979），他用转换函数模型拟合 Lydia Pinkham 月度数据，而且把两个价格增长合并成单独的干预

事件。

我们在结束本章之前给出一些说明：

（1）读者可能注意到转换函数模型和多维回归模型之间存在着紧密关系。实际上，我们可以想象，多维回归模型是转换函数模型的特例，因为我们往往认为回归模型中的噪声过程是不相关的白噪声过程。如果一个转换函数模型写成差分方程的形式，那么关系就更加明显。但是，转换函数和回归模型在建模方面有很大的不同。转换函数模型以及噪声模型的建立在过程中都是非常重要的。因此，尽管转换函数是线性的，但建立的结果模型由于其参数不同，一般情况下也是高度非线性的，这一点与回归建模不同。在回归建模中，线性模型往往是我们所希望的。换言之，参数线性化在回归模型中是经常出现的情况，而在转换函数模型中则是特例。

（2）在时间序列模型中，一个重要的元素是模型所使用的时间单位。为了得到合适的、有效的统计推断，适当时间单位的选择是非常重要的。如一个现象正处在调查中，如果这个现象的模型在时间单位方面（如一个月）被认为是合适的，那么关于基本模型的合理推断也应该使用月时间单位。在一些很大的时间单位如季、年等中，不适当地使用数据可能导致在参数估计和预报中真实信息的流失。更严重地，它可能导致在因果关系研究中滞后结构的错误解释。事实上，Tiao 和 Wei（1976）以及 Wei（1981）指出因果关系往往由于时间集合而被毁掉。这个问题在后面的第 20 章将做更详细的介绍。

练　习

14.1 计算并画出下列转换函数模型的脉冲响应权重：

(a) $v(B)=B/(1-0.8B)$。

(b) $v(B)=(3+2B)/(1+0.6B)$。

(c) $v(B)=(B+B^2)/(1-0.8B+0.6B^2)$。

14.2 考虑 ARMA(1，1) 过程

$$(1-0.4B)Z_t=(1+0.8B)a_t$$

其中，a_t 是白噪声序列，期望为 0，方差为常数 1。计算 a_t 和 Z_t 的互相关函数。

14.3 假设 $y_t=(2+B)x_t+n_t$，其中 x_t 和 n_t 是不相关的白噪声过程，它们的期望为 0，方差为 3。求出 x_t 和 y_t 的 CCF。

14.4 考虑转换函数模型

$$y_t=\frac{\omega_0-\omega_1 B}{(1-\delta B)}x_{t-1}+(1-\theta B)a_t$$

以及 $(1-\phi B)\ x_t=\alpha_t$，其中 $\omega_0=1$，$\omega_1=-2$，$\delta_0=0.5$，$\phi=0.4$，$\theta=0.2$，$\sigma_a^2=0.53$，$\sigma_a^2=0.35$，$a_{99}=a_{100}=0$，x_t 和 y_t 的最后几个观测值如下：

t	x_t	y_t
98	1.2	10.4
99	1.6	10.0
100	2.0	9.5

计算预报 $\hat{y}_{100}(l)$ 以及 $l=1$，2，3 时的预报误差方差。

14.5 考虑从 1965 年 1 月到 1975 年 12 月，月度房屋销量 X_t 和新屋开工数 Y_t：

新屋开工数（单位：千）

52.149	47.205	82.150	100.931	98.408	97.351	96.489	88.830
80.876	85.750	72.351	61.198	46.561	50.361	83.236	94.343
84.748	79.828	69.068	69.362	59.404	53.530	50.212	37.972
40.157	40.274	66.592	79.839	87.341	87.594	82.344	83.712
78.194	81.704	69.088	47.026	45.234	55.431	79.325	97.983
86.806	81.424	86.398	82.522	80.078	85.560	64.819	53.847
51.300	47.909	71.941	84.982	91.301	82.741	73.523	69.465
71.504	68.039	55.069	42.827	33.363	41.367	61.879	73.835
74.848	83.007	75.461	77.291	75.961	79.393	67.443	69.041
54.856	58.287	91.584	116.013	115.627	116.946	107.747	111.663
102.149	102.882	92.904	80.362	76.185	76.306	111.358	119.840
135.167	131.870	119.078	131.324	120.491	116.990	97.428	73.195
77.105	73.560	105.136	120.453	131.643	114.822	114.746	106.806
84.504	86.004	70.488	46.767	43.292	57.593	56.946	102.237
96.340	99.318	90.715	79.782	73.443	69.460	57.898	41.041
39.791	39.959	62.498	77.777	92.782	90.284	92.782	90.655
84.517	93.826	71.646	55.650				

房屋销量 X_t（单位：千）

38	44	53	49	54	57	51	58	48	44	42	37
42	43	53	49	49	40	40	36	29	31	26	23
29	32	41	44	49	47	46	47	43	45	34	31
35	43	46	46	43	41	44	47	41	40	32	32
34	40	43	42	43	44	39	40	33	32	31	28
34	29	36	42	43	44	44	48	45	44	40	37
45	49	62	62	58	59	64	62	50	52	50	44
51	56	60	65	64	63	63	72	61	65	51	47
54	58	66	63	64	60	53	52	44	40	36	28
36	42	53	53	55	48	47	43	39	33	30	23
29	33	44	54	56	51	51	53	45	45	44	38

（a）在同一个图中画出两个序列，并检验。

（b）预白化序列 X_t，过滤序列 Y_t。

（c）计算预白化序列与过滤后的序列之间样本的 CCF（对滞后从 -24 到 24），画出它们在 ± 2 个标准差下的图像。

（d）识别数据集的试验性的转换函数-噪声模型。

（e）给出试验性模型的参数估计，并诊断检验模型的适当性。

（f）在 95%的预报置信限下，预报后 12 个月的房屋初始售价。

14.6 假设 $y_t = x_t + 0.8x_{t-1} + e_t$ 且 $x_t = a_t$，其中，a_t 和 e_t 是独立的白噪声过程，期望为 0，方差为 5。对上面的模型，求出

（a）互协方差函数；

（b）互谱；

（c）振幅；

（d）相谱；

（e）增益函数；

（f）相干性。

14.7 给定

$$y_t = (x_t + x_{t-1} + x_{t-2} + x_{t-3}) + n_t$$

其中，假设 x_t 和 n_t 是独立的联合平稳零均值过程，求出频率响应函数、增益函数以及相函数。

14.8 根据练习 14.5 的数据集，计算、画出下列模型并进行讨论：

（a）共谱；

（b）相谱；

（c）增益函数；

（d）相干性。

第15章 时间序列回归和 GARCH 模型

回归模型是应用最为广泛的统计模型，但当其被应用于时序数据时，统计模型的一些经典假定条件常常被违背。在本章中，我们将对时间序列技术在回归分析中的具体应用做进一步阐述。在本章中，我们将介绍在许多经济和金融领域应用十分广泛的自回归条件异方差（ARCH）模型和广义自回归条件异方差（GARCH）模型。

15.1 误差具有自相关性的回归

在标准回归分析中，我们考虑下述模型：

$$Y_t=\beta_1 X_{1,t}+\beta_2 X_{2,t}+\cdots+\beta_k X_{k,t}+\varepsilon_t$$

或者可等价地写为

$$Y_t=\mathbf{X}_t'\boldsymbol{\beta}+\varepsilon_t \tag{15.1.1}$$

其中，Y_t 为因变量，$\mathbf{X}_t'$为一个（$1\times k$）维的自变量向量，$\boldsymbol{\beta}$ 为一个（$k\times 1$）维的参数向量，ε_t 为误差项，假定其独立同正态分布 $N(0,\ \sigma_\varepsilon^2)$。在上述标准假定条件下，我们可以知道 $\boldsymbol{\beta}$ 的普通最小二乘估计 $\hat{\boldsymbol{\beta}}$ 是一个具有最小方差的无偏估计量。当式（15.1.1）中的 $\mathbf{X}_t'$ 是随机的时，只要 ε_s 和 $\mathbf{X}_t'$对于所有的 s 和 t 都是独立的，在给定 $\mathbf{X}_t'$的条件下，关于 $\boldsymbol{\beta}$ 的 OLS 估计 $\hat{\boldsymbol{\beta}}$ 的上述结论就依然成立。

当 $\mathbf{X}_t'$是关于 Y_t 的具有 k 阶滞后项的一个向量，即 $\mathbf{X}_t'=(Y_{t-1},\ \cdots,\ Y_{t-k})$，$\boldsymbol{\beta}=(\phi_1,\ \cdots,\ \phi_k)'$，$\varepsilon_t$ 为一个白噪声过程时，式（15.1.1）中的模型变成一个 AR(k）模型

$$Y_t=\phi_1 Y_{t-1}+\cdots+\phi_k Y_{t-k}+\varepsilon_t \tag{15.1.2}$$

$\boldsymbol{\beta}$ 的 OLS 估计 $\hat{\boldsymbol{\beta}}$ 是渐近无偏且一致的。然而，正如 7.4 节所示，当误差项 ε_t 具有自相关性时，上述结论不再成立。并且在这种情况下，关于 $\boldsymbol{\beta}$ 的 OLS 估计 $\hat{\boldsymbol{\beta}}$ 也不再是一致的。强调这一点是很有必要的。当我们拟合一个时序数据的模型时，误差项 ε_t 具有自相关性是很普遍的现象而绝非个案。甚至在一元时序变量分析中，当潜在的模型结构已知且为式（15.1.2）中的 AR 模型时，如果我们不能正确地选择并确定滞后项的阶数 k，那么误差项

ε_t 仍然有可能具有自相关性。因此，当时序数据被引入回归分析时，进行残差分析仍是十分有必要的。

有许多方法都可以用来检验误差项的自相关性。例如，我们可以用 DW 统计量来检验误差是否具有自相关性，或者运用第 6 章所讨论的方法进行残差的自相关性检验。后面的这种方法是十分有用的。基于对式（15.1.1）的残差的一个初步分析，运用第 6 章对误差的自相关性检验的方法，我们可以确定一个潜在的模型结构。通过对误差项的分解，我们可以得到一个最终的改进模型。在时间序列回归分析中，当考虑到误差项具有自相关性时，该模型可表示为如下形式：

$$Y_t=\mathbf{X}_t'\boldsymbol{\beta}+\varepsilon_t \tag{15.1.3}$$

对于 $t=1,2,\cdots,n$，有

$$\varepsilon_t=\varphi_1\varepsilon_{t-1}+\cdots+\varphi_p\varepsilon_{t-p}+n_t \tag{15.1.4}$$

当 n_t 为独立同正态分布 $N(0,\sigma^2)$ 时，令

$$\mathbf{Y}=\begin{bmatrix}Y_1\\ \vdots\\ Y_n\end{bmatrix},\quad \mathbf{X}=\begin{bmatrix}\mathbf{X}_1'\\ \vdots\\ \mathbf{X}_n'\end{bmatrix},\quad 以及\quad \boldsymbol{\xi}=\begin{bmatrix}\varepsilon_1\\ \vdots\\ \varepsilon_n\end{bmatrix}$$

式（15.1.3）中模型的矩阵结构形式可写为

$$\mathbf{Y}=\mathbf{X}\boldsymbol{\beta}+\boldsymbol{\xi} \tag{15.1.5}$$

其中，$\boldsymbol{\xi}$ 服从一个多元正态分布，记作 $\boldsymbol{\xi}\sim N(\mathbf{0},\boldsymbol{\Sigma})$。当式（15.1.4）中的 $\varphi_1,\cdots,\varphi_p$ 和 σ^2 都已知且模型是平稳的时，方差-协方差矩阵 $\boldsymbol{\Sigma}$ 是不难求出的。$\boldsymbol{\Sigma}$ 对角线上的元素即为方差 ε_t，对角线之外的第 j 个元素则反映了 ε_t 的第 j 个自协方差。正如第 3 章所讲的那样，它们都不难被计算出来。给定 $\boldsymbol{\Sigma}$，β 的广义最小二乘（GLS）估计为

$$\hat{\boldsymbol{\beta}}=(\mathbf{X}'\boldsymbol{\Sigma}^{-1}\mathbf{X})^{-1}\mathbf{X}\boldsymbol{\Sigma}^{-1}\mathbf{Y} \tag{15.1.6}$$

$\hat{\boldsymbol{\beta}}$ 是一个具有最小方差的无偏估计统计量。

通常，我们并不知道 $\boldsymbol{\xi}$ 的方差-协方差矩阵 $\boldsymbol{\Sigma}$。因为即使 ε_t 满足式（15.1.4）所给出的 AR(p) 的形式，σ^2 和 AR 中的参数 φ_j 通常也是未知的。针对这个问题，通常可以采用下面的迭代广义最小二乘方法。

（1）利用从式（15.1.3）中用 OLS 得出的拟合值去计算 OLS 残差 $\hat{\varepsilon}_t$。

（2）基于 OLS 残差 $\hat{\varepsilon}_t$，运用第 7 章讨论过的一些方法去估计式（15.1.4）中 AR(p) 模型中的 φ_j 和 σ^2。例如，可采用一个简单的条件 OLS 估计。

（3）运用第 2 步中得到的 φ_j 和 σ^2 的估计值去计算式（15.1.4）中的 $\boldsymbol{\Sigma}$。

（4）用第 3 步得到的 $\boldsymbol{\Sigma}$ 去计算 β 的 GLS 估计 $\hat{\beta}$，$\hat{\beta}=(\mathbf{X}'\boldsymbol{\Sigma}^{-1}\mathbf{X})^{-1}\mathbf{X}'\boldsymbol{\Sigma}^{-1}\mathbf{Y}$。

用从步骤（4）中得到的 GLS 估计拟合模型的残差 $\hat{\varepsilon}_t$，然后重复步骤（2）～（4），直到满足初始设定的收敛标准（即当迭代到一定次数后，估计结果的极大变化小于指定的阈值）。

更一般地，误差结构可以被拓展为具有 ARMA 模型的形式。上面的 GLS 方法只要在

估计误差模型中的参数时，用非线性最小二乘估计替代普通最小二乘估计，它就仍然是适用的。相应地，我们将误差模型替换到式（15.1.3）的回归方程中，我们也可以用第7章讨论过的非线性估计和极大似然估计方法来联合估计回归和误差模型的参数 $\boldsymbol{\beta}$ 和 φ_j，正如我们在第14章所阐述的那样。

尽管误差项 ε_t 在回归模型中可能是自相关的，但它应该是平稳的。一个非平稳的误差结构将会导致"伪回归现象"。尽管对于完全不相关的序列可以得到一个很显著的回归模型，但不具备任何现实意义［见 Granger 和 Newbold（1986）、Phillips（1986）的相关文献］。在这种情况下，在拟合回归模型前需对时序变量进行差分，将其转化为平稳的时间序列。

15.2　ARCH 和 GARCH 模型

关于具有自相关性的误差项（见15.1节）的标准回归分析和回归模型的一个最主要的假设条件就是其误差项 n_t 的方差 σ^2 为常数。在许多实际应用领域中，这个假设条件不太现实。例如，在金融投资中，普遍认为股票市场的波动是随时间变化的，即具有时变性。但实际上，对股票市场随时间变化波动的研究只是许多研究者和投资者关注的焦点之一。

一个带有非常数的误差方差的模型通常可以被称为异方差模型。有很多方法都可以被用来处理异方差性问题。例如，当不同时间的误差方差是已知的时，我们可以利用加权回归的方法来解决异方差问题。然而，在实际中，误差方差通常是未知的，那么，就有必要考虑异方差的问题是否存在。

首先，我们考虑误差项没有自相关性的标准回归模型

$$Y_t = \mathbf{X}_t'\boldsymbol{\beta} + \varepsilon_t \tag{15.2.1}$$

其中，$\varepsilon_t = n_t$，n_t 没有自相关性，但它的方差随时间而变化。按照 Engle（1982）所述，我们假定误差项具有以下模型结构形式

$$n_t = \sigma_t e_t \tag{15.2.2}$$

其中，e_t 是均值为0、方差为1且服从独立同分布的一族随机变量，且独立于以前各期 n_{t-i} 的实现值，并且有

$$\sigma_t^2 = \theta_0 + \theta_1 n_{t-1}^2 + \theta_2 n_{t-2}^2 + \cdots + \theta_s n_{t-s}^2 \tag{15.2.3}$$

在给定所有信息到（$t-1$）时刻的前提下，n_t 的条件方差可写为

$$\begin{aligned}\mathrm{Var}_{t-1}(n_t) &= E_{t-1}(n_t^2) = E(n_t^2 \mid n_{t-1}, n_{t-2}, \cdots) = \sigma_t^2 \\ &= \theta_0 + \theta_1 n_{t-1}^2 + \theta_2 n_{t-2}^2 + \cdots + \theta_s n_{t-s}^2\end{aligned} \tag{15.2.4}$$

可以看出，它与滞后平方误差项有关，并且它是随时间的推移而变化的。对于随机扰动，往往一个较大幅度的波动伴随着另一个较大幅度的波动，一个较小幅度的波动紧接着另一个较小幅度的波动。这种波动的集群性特征在许多金融时间序列现象中普遍存在。

应用第 5 章的预报结论，我们可以发现，如果 n_t^2 满足下面的模型 AR(s) 形式

$$n_t^2=\theta_0+\theta_1 n_{t-1}^2+\theta_2 n_{t-2}^2+\cdots\theta_s n_{t-s}^2+a_t \tag{15.2.5}$$

方程（15.2.4）的参数估计结果就是 n_t^2 的最优估计。其中，a_t 为一个服从 $N(0, \sigma_\alpha^2)$ 分布的白噪声过程，记作 $a_t \sim N(0, \sigma_\alpha^2)$。Engle（1982）将满足式（15.2.2）和式（15.2.3）方差假定条件的带有误差项 n_t 的模型，或者等价于式（15.2.5）形式的模型，叫作自回归条件异方差（ARCH）模型。更具体地说，s 阶 ARCH 模型可记作 ARCH（s）。模型的主方程形式可以由式（15.2.1）给出，误差方差结构表达式可由式（15.2.2）和式（15.2.3）共同给出。在金融领域中，由于平均收益经常被看作与方差有关，Engle、Lilien 和 Robins（1987）概括式（15.2.1）为

$$Y_t=\mathbf{X}_t'\boldsymbol{\beta}+\alpha\sigma_t+\varepsilon_t$$

该模型被称为均值 ARCH 模型或 ARCH-M 模型。

为了检验模型的 ARCH 效应，可以首先对式（15.2.1）拟合普通最小二乘回归（$t=1, 2, \cdots, n$）。第一步计算 OLS 残差 $\hat{\varepsilon}_t=\hat{n}_t$。然后，我们检验序列 $\hat{n}_t^2$ 的自相关函数（ACF）和偏自相关函数（PACF），观察一下是否遵循 AR 模型形式。相应地，我们可以根据 Engle（1982）所述，假定关于 $\hat{n}_t^2$ 的 AR(s) 模型

$$\hat{n}_t^2=\theta_0+\theta_1\hat{n}_{t-1}^2+\theta_2\hat{n}_{t-2}^2+\cdots+\theta_s\hat{n}_{t-s}^2+a_t \tag{15.2.6}$$

对于 $t=s+1, s+2, \cdots, n$，检验 H_0：$\theta_1=\cdots=\theta_s=0$。即在原假设情况下，$n_t$ 独立同分布于 $N(0, \sigma^2)$。我们有 H_0：$\theta_1=\cdots=\theta_s=0$。那么，如果原假设成立，我们就可认为 θ_j 的估计接近 0 且可决系数 R^2 的值很小。因为

$$R^2=\frac{\text{回归平方和}}{\text{总平方和}}$$

在原假设下，我们有

$$(n-s)R^2 \xrightarrow{d} \chi^2(s) \tag{15.2.7}$$

故当 $(n-s)R^2$ 的值在统计上显著时，可认为存在 ARCH 效应。

对 ARCH 模型的一个自然拓展是其误差过程的条件方差不仅取决于其滞后项的平方和，而且取决于条件方差滞后项的组合。那么，我们有着更一般的误差过程形式

$$n_t=\sigma_t e_t \tag{15.2.8}$$

其中，e_t 独立同分布于 $N(0, 1)$，且独立于以前各期 n_{t-i} 的实现值。有

$$\sigma_t^2=\theta_0+\phi_1\sigma_{t-1}^2+\cdots+\phi_r\sigma_{t-r}^2+\theta_1 n_{t-1}^2+\cdots+\theta_s n_{t-s}^2 \tag{15.2.9}$$

且 $(1-\phi_1 B-\cdots-\phi_r B^r)=0$ 的根在单位圆之外。为了保证 $\sigma_t^2>0$，我们假定 $\theta_0>0$，且 ϕ_i 和 θ_j 非负。式（15.2.8）给定的误差项模型具有式（15.2.9）的属性，被称为具有阶数 (r，s) 的广义自回归条件异方差（GARCH）模型，记作 GARCH（r，s）。该模型最初由 Bollerslev 于 1986 年提出。很显然，当 $r=0$ 时，该模型简化为 ARCH（s）过程。

我们不能被式（15.2.9）误导，认为条件方差服从一个 ARMA（r，s）模型的形式

（其中，AR 的阶数为 r，MA 的阶数为 s）。实际上，式（15.2.9）中的模型在严格意义上并非 ARMA 模型。在第 5 章中，我们知道，ARMA 过程的对应于一步向前预报误差的相伴误差是一个白噪声过程。在式（15.2.9）中，n_t^2 和 σ_t^2 并没有起到这种恰当的作用。为了使 $\sigma_t^2=(n_t^2-a_t)$，令 $a_t=(n_t^2-\sigma_t^2)$。我们可以对式（15.2.9）按照 n_t^2 和 a_t 项进行如下变换：

$$n_t^2=\theta_0+\sum_{i=1}^{m}(\phi_i+\theta_i)n_{t-i}^2+a_t-\sum_{j=1}^{r}\phi_i a_{t-j} \tag{15.2.10}$$

或者

$$(1-\alpha_1 B-\cdots-\alpha_m B^m)n_t^2=\theta_0+(1-\phi_1 B-\cdots-\phi_r B^r)a_t \tag{15.2.11a}$$

其中，$m=\max(r, s)$，$\phi_i=0(i>r)$，$\theta_i=0(i>s)$，有

$$\alpha_i=(\phi_i+\theta_i) \tag{15.2.11b}$$

$$a_t=(n_t^2-\sigma_t^2) \tag{15.2.11c}$$

对于 n_t^2 过程而言，a_t 是一个相伴的白噪声过程。因此，式（15.2.10）或式（15.2.11a）在满足 $E_{t-1}(n_t^2)=\sigma_t^2$ 的条件下为一个标准的 ARMA 模型。其中，σ_t^2 是 n_t^2 的一步向前预报值，a_t 则为相应的一步向前预报误差。换言之，

$$E_{t-1}(a_t)=E_{t-1}(n_t^2-\sigma_t^2)=0=E(a_t)$$

和

$$\begin{aligned}E(a_i a_j)&=E(n_i^2-\sigma_j^2)(n_j^2-\sigma_j^2)=E(\sigma_i^2 e_i^2-\sigma_i^2)(\sigma_j^2 e_j^2-\sigma_j^2)\\&=E[\sigma_i^2\sigma_j^2(e_i^2-1)(e_j^2-1)]\\&=0,\quad i\neq j\end{aligned} \tag{15.2.12}$$

其中，我们注意到 e_i^2 独立同分布于 $\chi^2(1)$，即 $e_i^2\sim\chi^2(1)$。那么，式（15.2.8）和式（15.2.9）中的 GARCH(r，s）模型暗示着 n_t^2 遵循一个如式（15.2.11a）形式的 ARMA(m，r）模型，且 AR 的阶数为 $m=\max(r, s)$。

从式（15.2.10）和式（15.2.11a）中我们可以看出，如果（$1-\alpha_1-\cdots-\alpha_m$）$=0$，也就是说，如果 $\sum_{j=1}^{m}\alpha_j=\sum_{j=1}^{m}(\phi_j+\theta_j)=\sum_{j=1}^{r}\phi_j+\sum_{j=1}^{s}\theta_j=1$，那么这个过程是一个单位根过程。在这里，我们将该模型称为单整 GARCH 过程，或者简单记作 IGARCH。

我们从式（15.2.3）和式（15.2.9）中可以看出，对于 ARCH、GARCH 或 IGARCH 模型，误差的大小变化对条件方差的作用效果是对称的，也就是说，无论是一个正的误差还是一个负的误差，其所起的作用都是相同的。此外，在式（15.2.9）中，因为 σ_t^2 和 n_t^2 都是非负的，很显然需要对系数 θ_0、ϕ_i 和 θ_j 加上一些约束条件。考虑到许多金融变量及其波动率变化的不对称性，以及放松模型系数的约束条件，Nelson（1991）提出

$$\log(\sigma_t^2)=\gamma_t+\sum_{j=0}^{\infty}\psi_j g(a_{t-1-j}) \tag{15.2.13}$$

其中，$\psi_0=1$，$a_t=n_t/\sigma_t$。此处的函数 g 可用来反映非对称信息变化，在条件方差中，它取决于 a_t 的符号。例如，我们可以选择函数 g 形式如下：

$$g(a_t)=\delta a_t+\alpha(|a_t|-E|a_t|)$$

此处，当 $0<a_t<\infty$ 时，对 a_t 来说，$g(a_t)$ 为线性的且斜率为 $(\delta+\alpha)$；当 $-\infty<a_t<0$ 时，$g(a_t)$ 为线性的且斜率为 $(\delta-a)$。那么，函数 $g(a_t)$ 反映了条件方差随过程变化的一种非对称性。同时，式（15.2.13）也隐含了这样的信息，σ_t^2 与系数的符号无关，是正的。系数 ψ_j 通常被认为与一个 ARMA 模型的设定有关，即

$$\phi(B)(\log\sigma_t^2-\gamma_t)=\theta(B)g(a_{t-1})$$

其中，$\sum_{j=0}^{\infty}\psi_jB^j=\psi(B)=\theta(B)/\phi(B)$，且多项式 $\phi(B)$ 满足条件：方程 $\phi(B)=0$ 的根都在单位圆之外，且多项式 $\phi(B)$ 和多项式 $\theta(B)$ 没有共同的因子。满足式（15.2.13）的条件方差波动模型就被称为指数 GARCH 模型，或简写为 EGARCH。

更一般地，具有自相关性误差的回归模型可以和条件异方差模型相组合，也就是说：

$$Y_t=\mathbf{X}_t'\boldsymbol{\beta}+\varepsilon_t \tag{15.2.14}$$

其中，

$$\varepsilon_t=\varphi_1\varepsilon_{t-1}+\cdots+\varphi_p\varepsilon_{t-p}+n_t \tag{15.2.15}$$

$$n_t=\sigma_te_t \tag{15.2.16}$$

$$\sigma_t^2=\theta_0+\phi_1\sigma_{t-1}^2+\cdots+\phi_r\sigma_{t-r}^2+\theta_1n_{t-1}^2+\cdots+\theta_sn_{t-s}^2 \tag{15.2.17}$$

上式中，$e_t\sim N(0,1)$，且独立于以前各期 n_{t-i} 的实现值。为了检验误差项方差的异方差性，我们进行如下步骤：

（1）用 OLS 算法来估计式（15.2.14），并计算相应的残差 $\hat{\varepsilon}_t$。

（2）对 $\hat{\varepsilon}_t$ 拟合一个式（15.2.15）形式的 AR(p)模型。

（3）从上面得到的 AR(p)模型中计算残差 $\hat{n}_t$。

（4）用上面得到的残差 $\hat{n}_t^2$ 序列来计算它的样本自相关函数，即

$$\hat{\rho}_i(\hat{n}_t^2)=\frac{\sum_{t=1}^{n-i}(\hat{n}_t^2-\hat{\sigma}^2)(\hat{n}_{t+i}^2-\hat{\sigma}^2)}{\sum_{t=1}^{n}(\hat{n}_t^2-\hat{\sigma}^2)^2} \tag{15.2.18}$$

其中，

$$\hat{\sigma}^2=\frac{1}{n}\sum_{t=1}^{n}\hat{n}_t^2 \tag{15.2.19}$$

类似地，我们可以计算出其偏自相关函数。这样我们可以通过检验其自相关函数和偏自相关函数来判断其满足什么模式。自相关函数和偏自相关函数的模式不仅可以说明模型是否存在 ARCH 效应或 GARCH 效应，而且可以确定其相应的阶数。

为了了解自相关函数和偏自相关函数是如何帮助识别一个 GARCH 模型的，首先，我们注意到正如式（15.2.11a）所表明的那样，关于 σ_t^2 的一个普通的 GARCH(r,s)对应于一个关于 n_t^2 的 ARMA(m,r)模型，其中，$m=\max(r,s)$。从而，无论是自相关函数

还是偏自相关函数都可以看出一个指数型的衰减趋势。其阶数 r 和 s 的判别方法类似于 ARMA 阶数的判别方法。此外，对于一个纯 ARCH(s)模型，对应于式（15.2.11a）的 ARMA 模型的表达式可简化为一个 AR(s)模型

$$(1-\alpha_1 B-\cdots-\alpha_s B^s)n_t^2=\theta_0+a_t \tag{15.2.20}$$

因此，其偏自相关图在滞后 s 期后截尾。

相应地，我们可以通过下面的由 McLeod 和 Li 于 1983 年提出的混合 Q 统计量来检验 $\rho_i(n_t^2)=0$，$i=1$，2，…，k：

$$Q(k)=n(n+2)\sum_{i=1}^{k}\frac{\hat{\rho}_i^2(\hat{n}_t^2)}{(n-i)} \tag{15.2.21}$$

正如第 7 章所述，在原假设的前提下，n_t^2 为白噪声序列。该 $Q(k)$统计量也渐近服从 $\chi^2(k)$分布。在这里，当 k 值很小时，$Q(k)$统计量显著意味着存在 ARCH 效应；而当 k 值较大时，$Q(k)$统计量依然显著，意味着有可能存在高阶 ARCH 效应，即 GARCH 效应。

回顾一下，为了检验一个模型的 ARCH 效应，我们可以通过拟合模型（15.2.6）的形式去检验式（15.2.7）给出的统计量的显著性水平。

15.3 GARCH 模型的估计

一旦模型的形式确定了，下一步就需要对模型的参数进行估计，现在，我们考虑一个误差项具有自相关性且误差方差结构具有 GARCH 效应的一般回归模型，

$$Y_t=\mathbf{X}_t'\boldsymbol{\beta}+\varepsilon_t \tag{15.3.1}$$

其中，

$$\varepsilon_t=\varphi_1\varepsilon_{t-1}+\cdots+\varphi_p\varepsilon_{t-p}+n_t \tag{15.3.2}$$

$$n_t=\sigma_t e_t \tag{15.3.3}$$

$$\sigma_t^2=\theta_0+\phi_1\sigma_{t-1}^2+\cdots+\phi_r\sigma_{t-r}^2+\theta_1 n_{t-1}^2+\cdots+\theta_s n_{t-s}^2 \tag{15.3.4}$$

其中，e_t 是独立同分布于 $N(0,1)$且独立于以前各期 n_{t-i} 的实现值的一族随机变量。我们可以通过下面的方法来估计参数。

15.3.1 极大似然估计

我们注意到上面的模型可变换为

$$Y_t=\mathbf{X}_t'\boldsymbol{\beta}+\frac{1}{(1-\varphi_1 B-\cdots-\varphi_p B^p)}n_t \tag{15.3.5}$$

或

$$n_t=(1-\varphi_1 B-\cdots-\varphi_p B^p)(Y_t-\mathbf{X}_t'\boldsymbol{\beta}) \tag{15.3.6}$$

令 $\mathbf{Y}=(Y_1, \cdots, Y_n)$，$\mathbf{X}=(X_1, \cdots, X_n)$，$\mathbf{Y}_0$ 和 $\mathbf{X}_0$ 为事先假定好的用来计算式（15.3.6）中的 $n_t(t=1, \cdots, n)$的合适的初始值。那么，与 14.3.3 节中讨论过的转换函数模型的参数估计类似，我们可以通过极大化下面的条件极大似然函数

$$L(\boldsymbol{\beta},\boldsymbol{\varphi},\boldsymbol{\phi},\boldsymbol{\theta} \mid \mathbf{Y},\mathbf{X},\mathbf{Y}_0,\mathbf{X}_0)=\prod_{t=1}^{n}\left(\frac{1}{2\pi\sigma_t^2}\right)^{1/2}\exp\left(-\frac{n_t^2}{2\sigma_t^2}\right) \tag{15.3.7}$$

或者通过极大化条件对数极大似然函数

$$\ln L(\boldsymbol{\beta},\boldsymbol{\varphi},\boldsymbol{\phi},\boldsymbol{\theta} \mid \mathbf{Y},\mathbf{X},\mathbf{Y}_0,\mathbf{X}_0)=\sum_{t=1}^{n}\frac{1}{2}\left(-\ln(2\pi)-\ln(\sigma_t^2)-\frac{n_t^2}{\sigma_t^2}\right) \tag{15.3.8}$$

来得到参数的极大似然估计，其中，σ_t^2 由式（15.3.4）给出，n_t 由式（15.3.6）给出，$\boldsymbol{\varphi}=(\varphi_1, \cdots, \varphi_p)$，$\boldsymbol{\phi}=(\phi_1, \cdots, \phi_r)$，$\boldsymbol{\theta}=(\theta_0, \theta_1, \cdots, \theta_s)$。

15.3.2　迭代估计

相应地，因为式（15.3.4）中关于 σ_t^2 的 GARCH(r, s)模型等同于一个关于 n_t^2 的 ARMA(m, r)模型，其中，$m=\max(r, s)$，也就是说，

$$n_t^2=\theta_0+\sum_{i=1}^{m}\alpha_i n_{t-i}^2+a_t-\sum_{j=1}^{r}\phi_j a_{t-j} \tag{15.3.9}$$

其中，a_t 为零均值的白噪声序列，所以我们可以通过下述步骤来估计模型的参数：

（1）利用 15.1 节中讨论过的 GLS 方法去计算 $\boldsymbol{\beta}$ 和 $\boldsymbol{\varphi}$ 的广义最小二乘估计。令 $\hat{\varepsilon}_t$ 为最后一次 GLS 得到的估计的误差序列。

（2）计算 $\hat{\varepsilon}_t$ 序列的样本自相关函数和偏自相关函数，拟合一个 AR(p)表达式。

（3）由第 2 步通过拟合 AR(p)得到的 $\hat{\varepsilon}_t$ 来计算残差 $\hat{n}_t$。

（4）对平方残差序列 $\hat{n}_t^2$ 拟合一个可识别的 ARMA(m, r)模型，即

$$\hat{n}_t^2=\theta_0+\sum_{i=1}^{m}\alpha_i\hat{n}_{t-i}^2+a_t-\sum_{j=1}^{r}\phi_j a_{t-j}$$

令 $\hat{\theta}_0$、$\hat{\alpha}_i$ 和 $\hat{\phi}_i$ 为该 ARMA(m, r)模型的参数估计值。那么由式（15.2.11a）和式（15.2.11b）可得

$$\begin{aligned}&\hat{\theta}_0=\hat{\theta}_0,\\&\hat{\phi}_i=\hat{\phi}_i, \quad i=1,\cdots,r\\&\hat{\theta}_i=\hat{\alpha}_i-\hat{\phi}_i, \quad i=1,\cdots,s\end{aligned} \tag{15.3.10}$$

15.4　预报误差方差的计算

ARCH 和 GARCH 模型的一个重要应用在于寻找一个随时间变化的预报误差方差。首先我们注意到在给定所有信息到 t 时刻的前提下，关于 Y 之后 l 步的预报值 Y_{t+l} 的最优

估计是其条件期望 $E_t(Y_{t+l})$。$t+l$ 时刻的预报误差为 $\varepsilon_{t+l}=Y_{t+l}-E_t(Y_{t+l})$。为了计算其条件方差，我们将式（15.3.2）变换成如下形式

$$(1-\varphi_1 B-\cdots-\varphi_p B^p)\varepsilon_t=n_t \tag{15.4.1}$$

那么有

$$\varepsilon_t=\sum_{j=0}^{\infty}\psi_j B^j n_t \tag{15.4.2}$$

其中，$\psi_0=1$，同时有

$$\sum_{j=0}^{\infty}\psi_j B^j=\frac{1}{(1-\varphi_1 B-\cdots-\varphi_p B^p)} \tag{15.4.3}$$

应用 5.2.1 节中的结论，我们可以看出在给定所有信息到 t 时刻的前提下，$t+l$时刻的预报误差方差可写为下面的条件方差形式

$$\begin{aligned}\operatorname{Var}(\varepsilon_{t+l})&=E_t\left[\varepsilon_{t+l}-E_t(\varepsilon_{t+l})\right]^2=E_t\left[\sum_{j=0}^{l-1}\psi_j n_{t+l-j}\right]^2\\&=E_t\left[\sum_{j=0}^{l-1}\psi_j\sigma_{t+l-j}e_{t+l-j}\right]^2=\sum_{j=0}^{l-1}\psi_j^2\sigma_{t+l-j}^2\end{aligned} \tag{15.4.4}$$

其中，$\sigma_{t+l-j}^2=E_t(n_{t+l-j}^2)$，可以通过式（15.3.4），或者等价于将式（15.3.9）代入 $E_t(n_{t+l-j}^2)$ 中来计算，即

$$\begin{aligned}\sigma_{t+l-j}^2&=E_t[n_{t+l-j}^2]\\&=\theta_0+\sum_{i=1}^{m}\alpha_i E_t[n_{t+l-j-i}^2]+E_t[a_{t+l-j}]-\sum_{i=1}^{r}\phi_i E_t[a_{t+l-j-i}]\end{aligned} \tag{15.4.5}$$

很显然，应用式（15.3.4）或式（15.3.9），我们需要求出 σ_t^2 和 n_t^2，$t=-m+1$，…，0，$m=\max(r, s)$。Bollerslev（1986）提出可通过构建以下方程来估计 σ_t^2 和 n_t^2，

$$\sigma_t^2=n_t^2=\hat{\sigma}^2,\quad t=-m+1,\cdots,0 \tag{15.4.6}$$

其中

$$\hat{\sigma}_t^2=\frac{1}{n}\sum_{t=1}^{n}(Y_t-\mathbf{X}_t'\hat{\boldsymbol{\beta}})^2 \tag{15.4.7}$$

作为一个特例，我们注意到在式（15.3.2）中，当 $\varepsilon_t=n_t$ 时，模型可简化为误差项具有不相关性的GARCH(r，s)模型。从而我们有 $\operatorname{Var}_t(\varepsilon_{t+l})=\sigma_{t+l}^2$。那么，在给定所有信息到 $t-1$时刻时，一步向前条件预报的条件误差方差简化为 σ_t^2，它是随时间变化的。

15.5 实　例

例 15-1　在本例中，我们考虑附录中序列 W15 这个两变量的时间序列，图形见图 15-1。该数据最初由 Bryant 和 Smith（1995）提出。这个数据集包括路易斯安那州和俄

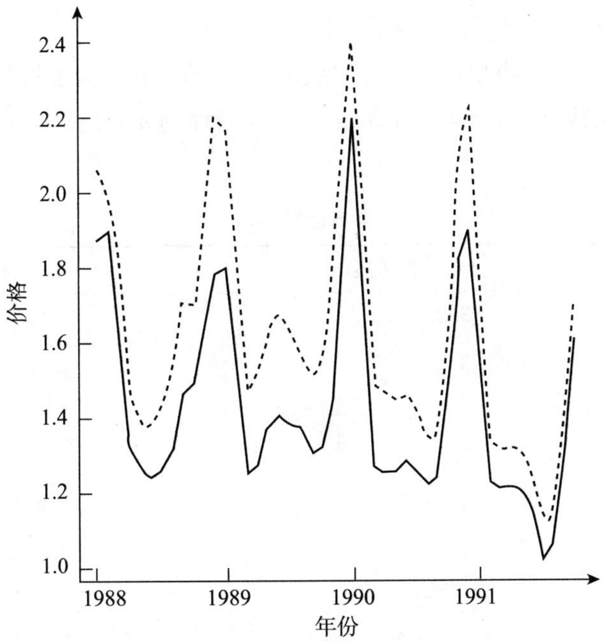

图 15－1　1988 年 1 月至 1991 年 10 月俄克拉何马州当地市场的天然气价格（实线）和路易斯安那州当地市场的天然气价格（虚线）

克拉何马州两地 1988 年 1 月至 1991 年 10 月 46 个月份的天然气价格观测值，单位为美元/百万英国热量单位（＄/MBtu）。对于天然气现货市场，合同规定天然气销售的期限不能超过一个月。我们已经知道路易斯安那州当地市场的天然气现货价格会受到俄克拉何马州当地的天然气市场交易价格的影响。为了检验能否根据路易斯安那州当地市场的天然气价格来预报俄克拉何马州当地市场的天然气价格，我们尝试着建立一个时间序列回归模型。

初步分析　我们从一个带有不相关误差项的简单回归模型开始，也就是说，令 O_t 和 L_t 分别为俄克拉何马州和路易斯安那州两地的天然气现货价格。我们考虑该模型的 OLS 估计

$$O_t=\beta_0+\beta_1 L_t+\varepsilon_t \tag{15.5.1}$$

得出 $R^2=0.9444$，估计结果见下表：

参数	估计值	标准差	t 值	P 值
β_0	0.12	0.049	2.43	0.019 3
β_1	0.8	0.029	27.34	0.000 0

那么该 OLS 估计方程结果为 $\hat{O}_t=0.12+0.8L_t$，同样，我们可以计算出相应的 OLS 残差，$\hat{\varepsilon}_t=O_t-\hat{O}_t$。序列 $\hat{\varepsilon}_t$ 的偏自相关图显示在滞后一期处出现尖峰。那么，我们据此可对误差项 $\hat{\varepsilon}_t$ 拟合一个 AR(1)模型，即

$$\varepsilon_t = \varphi_1 \varepsilon_{t-1} + n_t \tag{15.5.2}$$

对误差项 $\hat{\varepsilon}_t$ 拟合的 AR(1)模型参数估计的结果为 $\hat{\varphi}=0.502$。为了检验误差方差是否具有异方差性，我们考虑残差，$\hat{n}_t=\hat{\varepsilon}_t-0.502\hat{\varepsilon}_{t-1}$，并对序列 $\hat{n}_t^2$ 计算其 $Q(k)$统计量，结果概括在表 15－1 中。

表 15－1　　异方差性检验

k	统计量（$Q(k)$）	P 值
1	3.292 1	0.069 6
2	3.305 3	0.191 5
3	3.412 4	0.332 3
4	3.717 4	0.445 6
5	4.435 5	0.448 6
6	4.581 7	0.598 5
7	4.780 3	0.686 7
8	5.411 7	0.712 8
9	5.765 1	0.763 2
10	7.124 0	0.713 7
11	7.221 0	0.780 9

构建一个 GARCH(r，s)模型　当 $\alpha=0.05$ 时，表 15－1 显示没有证据表明存在异方差性。然而，对于 $\alpha=0.1$，$Q(k)$统计量的结果则表明可能存在一个 ARCH(1)或者 GARCH(0，1)效应。那么，我们可以重新拟合模型的现货价格为

$$O_t = \beta_0 + \beta_1 L_t + \varepsilon_t \tag{15.5.3}$$

$$\varepsilon_t = \varphi_1 \varepsilon_{t-1} + n_t \tag{15.5.4}$$

$$n_t = \sigma_t e_t \tag{15.5.5}$$

其中，e_t 独立同分布于 $N(0，1)$，且独立于 n_{t-1}，同时有，

$$\sigma_t^2 = \theta_0 + \theta_1 n_{t-1}^2 \tag{15.5.6}$$

模型的估计结果概括在表 15－2 中。

表 15－2　　GARCH(0，1) 模型的估计结果

系数	值	标准差	t 值	p 值
$\hat{\beta}_0$	0.068	0.020 4	3.315	0.000 9
$\hat{\beta}_1$	0.858	0.010 4	82.517	0.000 1
$\hat{\varphi}_1$	0.502	0.128 9	3.894	0.001
$\hat{\theta}_0$	0.000 2	0.000 2	1.363	0.172 8
$\hat{\theta}_1$	1.956	0.606 8	3.214	0.001 3

从表 15-2 中我们可以看出估计值 $\hat{\theta}_0$ 并不显著，但 $\hat{\theta}_1$ 的估计结果很显著，因此，我们有

$$\sigma_t^2 = 1.956 n_{t-1}^2 \tag{15.5.7}$$

或等价地，从式（15.2.10）中我们有

$$n_t^2 = 1.956 n_{t-1}^2 + a_t \tag{15.5.8}$$

其中，a_t 为一个零均值的白噪声过程。

计算条件预报误差方差　为了计算其条件方差，注意到从式（15.4.2）和式（15.4.3）中我们有

$$\varepsilon_t = \frac{1}{(1-0.502B)} n_t = \sum_{j=0}^{\infty} \psi_j B^j n_t$$

其中，$\psi_0 = 1$，对于 $j = 1, 2, \cdots$，有 $\psi_j = (0.502)^j$。那么，在给定所有信息到 t 时刻的前提下，$t+l$ 时刻的预报误差 ε_{t+l} 的方差可写为下面的条件方差形式

$$\mathrm{Var}_t(\varepsilon_{t+l}) = E_t[\varepsilon_{t+l} - E_t(\varepsilon_{t+l})]^2 = \sum_{j=0}^{l-1} (0.502)^{2j} \sigma_{t+l-j}^2$$

其中，$\sigma_{t+l-j}^2 = E_t(n_{t+l-j}^2)$。特别地，对于式（15.4.4）和式（15.4.5），在给定的所有信息到 1991 年 10 月，即 $t=46$ 时，我们可以通过下列方式来计算 $t=47$ 和 $t=48$ 时的条件预报误差方差：

$$\begin{aligned}
\mathrm{Var}_{46}(\varepsilon_{47}) &= \sigma_{47}^2 = E_{46}[n_{47}^2] = E_{46}[1.956 n_{46}^2 + a_{47}] = 1.956 n_{46}^2 \\
\mathrm{Var}_{46}(\varepsilon_{48}) &= \sigma_{48}^2 + (0.502)^2 \sigma_{47}^2 = E_{46}[n_{48}^2] + (0.502)^2 E_{46}[n_{47}^2] \\
&= E_{46}[1.956 n_{47}^2 + a_{48}] + (0.502)^2 (1.956) n_{46}^2 \\
&= 1.956 E_{46}[n_{47}^2] + (0.502)^2 (1.956) n_{46}^2 \\
&= (1.956)^2 n_{46}^2 + (0.502)^2 (1.956) n_{46}^2 = 4.3189 n_{46}^2
\end{aligned}$$

其中，n_{46} 是通过式（15.5.4）拟合的具有一阶自回归效应的误差 ε_t 在 $t=46$ 时计算出来的残差。类似地，我们也可以通过同样的方法去计算 l 步的条件预报误差方差。

尽管我们只是通过一个回归模型引入了条件方差，但其思想在这个一元时间序列中体现得很清楚。换言之，在一个普通的 ARMA 模型中

$$(1-\phi_1 B - \cdots - \phi_p B^p) Z_t = \theta_0 + (1-\theta_1 B - \cdots - \theta_q B^q) a_t$$

上式中的白噪声过程 a_t 可能服从一个 GARCH(r，s)模型形式，即

$$a_t = \sigma_t e_t$$

其中，e_t 独立同分布于 $N(0, 1)$，且独立于以前各期 a_{t-i} 的实现值。同时，

$$\sigma_t^2 = \theta_0 + \phi_1 \sigma_{t-1}^2 + \cdots + \phi_r \sigma_{t-r}^2 + \theta_1 a_{t-1}^2 + \cdots + \theta_s a_{t-s}^2$$

当 $r=0$ 时，可变换为一个 ARCH 模型。现在我们来看看下面的例子。

例 15-2　现在我们回忆在第 4 章中曾经提出的时间序列 W6（见图 4-2），该序列是美国 1871—1984 年逐年的烟草产量。该序列有一个特点，即在某些时间段内表现得很不

稳定。在这里，我们对原始序列不做任何变换，而是对其拟合一个 ARIMA(0，1，1)模型，并检验它的残差。估计模型结果如下：

$$(1-B)Z_t=(1-0.561\,9B)n_t$$
$$(0.078\,6)$$

为了不失本章标记的一般性，此处还是令 n_t 表示一个白噪声误差序列。传统上，n_t 的方差被假定为一个常数。然而，我们通过对 n_t^2 的自相关图和偏自相关图的检验可以发现存在 ARCH 效应，可拟合一个 ARCH(2)模型。模型结果如下：

$$n_t^2=0.172\,9n_t^2+0.369\,8n_{t-2}^2+a_t$$
$$(0.089)\qquad(0.094)$$

在给定信息到 1984 年的前提下，即对应于 $t=114$，我们可以通过下式来计算 $t=115$ 和 $t=116$ 时的条件误差方差：

$$\begin{aligned}\mathrm{Var}_{114}(n_{115})&=\sigma_{115}^2=E_{114}[n_{115}^2]=E_{114}[0.172\,9n_{114}^2+0.369\,8n_{113}^2+a_{115}]\\&=0.172\,9n_{114}^2+0.369\,8n_{113}^2\\\mathrm{Var}_{114}(n_{116})&=\sigma_{116}^2=E_{114}[n_{116}^2]=E_{114}[0.172\,9n_{115}^2+0.369\,8n_{114}^2+a_{116}]\\&=0.172\,9E_{114}[n_{115}^2]+0.369\,8n_{114}^2\\&=0.172\,9[0.172\,9n_{114}^2+0.369\,8n_{113}^2]+0.369\,8n_{114}^2\\&=0.399\,7n_{114}^2+0.063\,9n_{113}^2\end{aligned}$$

这表明它们的方差与过去的平方误差有关，且具有时变性。

条件方差模型的研究与探讨已经成为金融时间序列领域的一个主要研究方向。至今，GARCH 类模型已经被广泛应用于风险与波动研究。我们已经运用上面简单的例子加以阐述。其他案例可参阅 Engle、Ng 和 Rothschild（1990），Day 和 Lewis（1992），Lamoureux 和 Lastrapes（1993）等相关文献。这些研究表明模型并非越复杂越好。事实上，一个简单的 GARCH(r，s)，$r\leqslant 2$，$s\leqslant 2$ 对传统的同方差模型就能起到很显著的改进作用。

练　习

15.1 考虑 ARCH(1)模型 $n_t=\sigma_t e_t$，e_t 独立同分布于 $N(0，1)$，且 $\sigma_t^2=\theta_0+\theta_1 n_{t-1}^2$。证明关于 n_t 的无条件方差为 $\mathrm{Var}(n_t)=\theta_0/(1-\theta_1)$。

15.2 令 n_t 为均值为 0、方差为 σ^2 的一个高斯白噪声过程。如果我们用普通最小二乘法拟合以下模型

$$n_t^2=\theta_0+\theta_1 n_{t-1}^2+\theta_2 n_{t-2}^2+\cdots+\theta_s n_{t-s}^2+a_t$$

对于 $t=s+1，s+2，\cdots，N$，证明 $(N-s)R^2\xrightarrow{d}\chi^2(s)$，其中，$R^2$ 为多元可决系数。

15.3 考虑普通的 GARCH(r，s)模型，$n_t=\sigma_t e_t$，其中 e_t 独立同分布于 $N(0，1)$，且

$$\sigma_t^2=\theta_0+\phi_1\sigma_{t-1}^2+\cdots+\phi_r\sigma_{t-r}^2+\theta_1 n_{t-1}^2+\cdots+\theta_s n_{t-s}^2$$

证明关于 n_t 的无条件方差正定有限，且系数满足以下约束条件：

$$\theta_0>0,\ \phi_i\geqslant 0,\ \theta_j\geqslant 0,\ \sum\nolimits_{i=1}^{r}\phi_i+\sum\nolimits_{j=1}^{s}\theta_j<1$$

15.4 现在考虑第 8 章练习 8.6 给出的美国烈性酒 1970—1980 年销量的案例。

(a) 对该时间序列建立一个适合的 ARIMA-GARCH 模型。

(b) 从建立的模型中计算下一年 12 个月的预报值和它们的无条件方差。

(c) 比较并评论所构建的 ARIMA-GARCH 模型与标准 ARIMA 模型结果的差异。

15.5 寻找一组金融时间序列数据，并用一个一元回归模型去拟合它，然后对其进行残差分析。如果有必要，对其误差方差构建一个 GARCH 模型。

15.6 寻找一些你感兴趣的相关时间序列数据。

(a) 用普通最小二乘法拟合一个回归模型，然后进行残差分析。如果有必要，对其误差方差构建一个 GARCH 模型。

(b) 计算其向前一步和向前两步条件预报误差方差。

第16章 向量时间序列模型

许多实际研究中的时间序列数据包括对几个变量的观察。例如，在一个关于销售业绩的研究中，变量可包括销售规模、价格、销售力度和广告支出。在转换函数模型中，我们研究了变量之间的特定关系，即一个产出变量和一个或几个投入变量之间的投入产出关系。在回归时间序列模型中，我们也关注一个因变量和一组自变量之间的关系。然而，实践中，转换函数和回归模型未必适合。在本章，我们介绍一个更一般的模型——向量时间序列模型，用以描述几个时序变量之间的关系。在介绍了向量过程的几个基本概念之后，我们讨论平稳和非平稳的向量 ARMA 模型，引入了几个有用的概念，如偏自回归和偏滞后相关矩阵函数。本章提供了更为详细的经验研究，且在本章结束时引入了一些关于向量过程空间性质的描述。

16.1 协方差和相关矩阵函数

令 $\mathbf{Z}_t=[Z_{1,t},\ Z_{2,t},\ \cdots,\ Z_{m,t}]'$，$t=0$，$\pm1$，$\pm2$，…，是一个 m 维联合平稳实值向量过程，均值 $E(Z_{i,t})=\mu_i$ 是常数，对每一个 $i=1$，2，…，m，$Z_{i,t}$ 和 $Z_{j,s}$ 之间的互协方差对所有 $i=1$，2，…，m 和 $j=1$，2，…，m，仅仅是时间差 $(s-t)$ 的函数。所以，我们有均值向量

$$E(\mathbf{Z}_t)=\boldsymbol{\mu}=\begin{bmatrix}\mu_1\\ \mu_2\\ \vdots\\ \mu_m\end{bmatrix} \tag{16.1.1}$$

和 k 阶滞后协方差矩阵

$$\begin{aligned}\boldsymbol{\Gamma}(k)&=\mathrm{Cov}\{\mathbf{Z}_t,\mathbf{Z}_{t+k}\}=E[(\mathbf{Z}_t-\boldsymbol{\mu})(\mathbf{Z}_{t+k}-\boldsymbol{\mu})']\\ &=E\begin{bmatrix}Z_{1,t}-\mu_1\\ Z_{2,t}-\mu_2\\ \vdots\\ Z_{m,t}-\mu_m\end{bmatrix}[Z_{1,t+k}-\mu_1,Z_{2,t+k}-\mu_2,\cdots,Z_{m,t+k}-\mu_m]\end{aligned}$$

$$=\begin{bmatrix}\gamma_{11}(k) & \gamma_{12}(k) & \cdots & \gamma_{1m}(k)\\ \gamma_{21}(k) & \gamma_{22}(k) & \cdots & \gamma_{2m}(k)\\ \vdots & \vdots & & \vdots\\ \gamma_{m1}(k) & \gamma_{m2}(k) & \cdots & \gamma_{mm}(k)\end{bmatrix}=\text{Cov}\{\mathbf{Z}_{t-k},\mathbf{Z}_t\} \tag{16.1.2}$$

其中

$$\gamma_{ij}(k)=E(Z_{i,t}-\mu_i)(Z_{j,t+k}-\mu_j)=E(Z_{i,t-k}-\mu_i)(Z_{j,t}-\mu_j)$$

$k=0$，±1，±2，…，$i=1$，2，…，m，$j=1$，2，…，m。k 的函数 $\mathbf{\Gamma}(k)$ 叫作这一向量过程 $\mathbf{Z}_t$ 的协方差矩阵函数。对 $i=j$，$\gamma_{ii}(k)$ 是第 i 个分量过程 $Z_{i,t}$ 的自协方差函数；对 $i\neq j$，$\gamma_{ij}(k)$ 是 $Z_{i,t}$ 和 $Z_{j,t}$ 的互协方差函数。矩阵 $\mathbf{\Gamma}(k)$ 可以简单地看作这一过程的同期方差协方差矩阵。一个联合平稳过程意味着每个单变量分量过程都是平稳的。然而，单变量平稳过程的一个向量却不一定是联合平稳向量过程。

向量过程的相关矩阵函数可以定义为：

$$\boldsymbol{\rho}(k)=\mathbf{D}^{-1/2}\mathbf{\Gamma}(k)\mathbf{D}^{-1/2}=[\rho_{ij}(k)] \tag{16.1.3}$$

对 $i=1$，2，…，m 和 $j=1$，2，…，m，$\mathbf{D}$ 是对角矩阵，其第 i 个对角线元素是第 i 个过程的方差，即

$$\mathbf{D}=\text{diag}[\gamma_{11}(0),\gamma_{22}(0),\cdots,\gamma_{mm}(0)]$$

很显然，$\boldsymbol{\rho}(k)$ 的第 i 个对角线元素 $\boldsymbol{\rho}_{ii}(k)$ 是第 i 个分量序列 $Z_{i,t}$ 的自相关函数，而 $\boldsymbol{\rho}(k)$ 的第 (i,j) 个非对角线元素

$$\rho_{ij}(k)=\frac{\gamma_{ij}(k)}{[\gamma_{ii}(0)\gamma_{jj}(0)]^{1/2}} \tag{16.1.4}$$

代表 $Z_{i,t}$ 和 $Z_{j,t}$ 的互相关函数。

与单变量自协方差和自相关函数一样，在这种意义下，协方差和相关矩阵也是半正定的，即对任一列时间点 t_1，t_2，…，t_n 和任一列实数向量 $\boldsymbol{\alpha}_1$，$\boldsymbol{\alpha}_2$，…，$\boldsymbol{\alpha}_n$，

$$\sum_{i=1}^{n}\sum_{j=1}^{n}\boldsymbol{\alpha}'_i\mathbf{\Gamma}(t_i-t_j)\boldsymbol{\alpha}_j\geqslant 0 \tag{16.1.5}$$

和

$$\sum_{i=1}^{n}\sum_{j=1}^{n}\boldsymbol{\alpha}'_i\boldsymbol{\rho}(t_i-t_j)\boldsymbol{\alpha}_j\geqslant 0 \tag{16.1.6}$$

通过估计 $\sum_{i=1}^{n}\boldsymbol{\alpha}'_i\mathbf{Z}_{t_i}$ 的方差，并将其标准化可以立即得到这一结果。然而，我们需要注意的是，当 $i\neq j$ 时，$\gamma_{ij}(k)\neq\gamma_{ij}(-k)$，也有 $\mathbf{\Gamma}(k)\neq\mathbf{\Gamma}(-k)$。而且，因为 $\gamma_{ij}(k)=E[(Z_{i,t}-\mu_i)(Z_{j,t+k}-\mu_j)]=E[(Z_{j,t+k}-\mu_j)(Z_{i,t}-\mu_i)]=\gamma_{ji}(-k)$，所以我们有

$$\begin{cases}\mathbf{\Gamma}(k)=\mathbf{\Gamma}'(-k)\\ \boldsymbol{\rho}(k)=\boldsymbol{\rho}'(-k)\end{cases} \tag{16.1.7}$$

有时，协方差和相关矩阵函数也叫作自协方差和自相关矩阵函数。

16.2 向量过程的移动平均和自回归表示

一个 m 维平稳向量过程 $\mathbf{Z}_t$ 叫作线性过程或者纯非确定性向量过程，如果可被写为一列 m 维白噪声随机向量的线性组合，即

$$\begin{aligned}\mathbf{Z}_t &= \boldsymbol{\mu} + \mathbf{a}_t + \boldsymbol{\Psi}_1 \mathbf{a}_{t-1} + \boldsymbol{\Psi}_2 \mathbf{a}_{t-2} + \cdots \\ &= \boldsymbol{\mu} + \sum_{s=0}^{\infty} \boldsymbol{\Psi}_s \mathbf{a}_{t-s} \end{aligned} \tag{16.2.1}$$

其中，$\boldsymbol{\Psi}_0 = \boldsymbol{I}$ 是 $m \times m$ 的单位矩阵，$\boldsymbol{\Psi}_j$ 是 $m \times m$ 的系数矩阵，$\mathbf{a}_t$ 是 m 维白噪声随机向量，其均值为零、协方差矩阵结构为

$$E[\mathbf{a}_t, \mathbf{a}'_{t+k}] = \begin{cases} \boldsymbol{\Sigma}, & k=0 \\ \mathbf{0}, & k \neq 0 \end{cases} \tag{16.2.2}$$

这里，$\boldsymbol{\Sigma}$ 是一个 $m \times m$ 的对称正定矩阵。因此，尽管 $\mathbf{a}_t$ 的元素在不同时间是不相关的，但它们可能同期相关。等价地，使用后移算子 $B^s \mathbf{a}_t = \mathbf{a}_{t-s}$，我们可以写为

$$\dot{\mathbf{Z}}_t = \boldsymbol{\Psi}(B) \mathbf{a}_t \tag{16.2.3}$$

其中，$\dot{\mathbf{Z}}_t = \dot{\mathbf{Z}}_t - \boldsymbol{\mu}$ 和 $\boldsymbol{\Psi}(B) = \sum_{s=0}^{\infty} \boldsymbol{\Psi}_s B^s$。以上表示称为移动平均或沃尔德（Wold）表示。

令 $\boldsymbol{\Psi}_s = [\psi_{ij,s}]$，$i=1, 2, \cdots, m$，$j=1, 2, \cdots, m$，如果 $i=j$，则 $\psi_{ij,0}=1$，如果 $i \neq j$，则 $\psi_{ij,0}=0$。我们可以记 $\boldsymbol{\Psi}(B) = [\psi_{ij}(B)]$，这里，$\psi_{ij}(B) = \sum_{s=0}^{\infty} \psi_{ij,s} B^s$。要使这一过程是平稳的，我们要求系数矩阵 $\boldsymbol{\Psi}_s$ 是平方可和的。在这种意义下，每一个 $m \times m$ 的数列 $\psi_{ij,s}$ 都是平方可和的，即 $\sum_{s=0}^{\infty} \psi_{ij,s}^2 < \infty$，$i=1, 2, \cdots, m$，$j=1, 2, \cdots, m$。在对此求和以后，我们都把随机变量的无限和定义为有限部分和的二次方平均值的极限。这样，在式（16.2.1）或式（16.2.3）中定义的 $\mathbf{Z}_t$ 满足

$$E\left[\left(\dot{\mathbf{Z}}_t - \sum_{j=0}^{n} \boldsymbol{\Psi}_j \mathbf{a}_{t-j}\right)' \left(\dot{\mathbf{Z}}_t - \sum_{j=0}^{n} \boldsymbol{\Psi}_j \mathbf{a}_{t-j}\right)\right] \longrightarrow 0, \quad n \longrightarrow \infty \tag{16.2.4}$$

另一表征向量过程的有用形式是自回归表示，将 $\mathbf{Z}$ 在 t 时的值对其过去值加一个随机冲击向量进行回归，即

$$\begin{aligned}\dot{\mathbf{Z}}_t &= \boldsymbol{\Pi}_1 \dot{\mathbf{Z}}_{t-1} + \boldsymbol{\Pi}_2 \dot{\mathbf{Z}}_{t-2} + \cdots + \mathbf{a}_t \\ &= \sum_{s=1}^{\infty} \dot{\boldsymbol{\Pi}}_s \mathbf{Z}_{t-s} + \mathbf{a}_t \end{aligned} \tag{16.2.5}$$

或者用后移算子的形式

$$\boldsymbol{\Pi}(B) \dot{\mathbf{Z}}_t = \mathbf{a}_t \tag{16.2.6}$$

这里

$$\mathbf{\Pi}(B)=\boldsymbol{I}-\sum_{s=1}^{\infty}\mathbf{\Pi}_s B^s \tag{16.2.7}$$

$\mathbf{\Pi}_s$ 是 $m\times m$ 的自回归系数矩阵。令 $\mathbf{\Pi}_s=[\Pi_{ij,s}]$，$i=1,2,\cdots,m$，$j=1,2,\cdots,m$。如果 $i=j$，则 $\Pi_{ij,0}=1$；如果 $i\neq j$，则 $\Pi_{ij,0}=0$，即 $\mathbf{\Pi}_0=I$。我们有 $\mathbf{\Pi}(B)=[\Pi_{ij}(B)]$，这里，$\Pi_{ij}(B)=\Pi_{ij,0}-\sum_{s=1}^{\infty}\Pi_{ij,s}B^s$。如果自回归系数矩阵 $\mathbf{\Pi}_s$ 是绝对可和的，即对所有 i 和 j，$\sum_{s=0}^{\infty}|\Pi_{ij,s}|<\infty$，则向量过程是可逆的。

可逆过程不一定是平稳的，一个可逆自回归表示的向量过程要平稳，要求自回归矩阵多项式的行列式用 $|\mathbf{\Pi}(B)|$ 表示，非零根落在单位圆之上或之内，也就是说，对 $|B|\leqslant 1$，$|\mathbf{\Pi}(B)|\neq 0$。同样地，平稳过程未必是可逆的。平稳移动平均表示的向量过程是可逆的，要求移动平均矩阵多项式的行列式的非零根落在单位圆之上或之内，即对 $|B|\leqslant 1$，$|\mathbf{\Psi}(B)|\neq 0$。

16.3　向量自回归移动平均过程

一个有用的简约模型是向量自回归移动平均 ARMA(p,q)过程

$$\mathbf{\Phi}_p(B)\dot{\mathbf{Z}}_t=\mathbf{\Theta}_q(B)\mathbf{a}_t \tag{16.3.1}$$

其中

$$\mathbf{\Phi}_p(B)=\mathbf{\Phi}_0-\mathbf{\Phi}_1 B-\mathbf{\Phi}_2 B^2-\cdots-\mathbf{\Phi}_p B^p$$

和

$$\mathbf{\Theta}_q(B)=\mathbf{\Theta}_0-\mathbf{\Theta}_1 B-\mathbf{\Theta}_2 B^2-\cdots-\mathbf{\Theta}_q B^q$$

分别是 p 阶和 q 阶自回归和移动平均矩阵多项式，$\mathbf{\Phi}_0$ 和 $\mathbf{\Theta}_0$ 是非奇异的 $m\times m$ 矩阵。对任一 $\mathbf{a}_t$ 的协方差矩阵 $\mathbf{\Sigma}$ 是正定的非退化情形，我们在以下讨论中假定，为了不失一般性，令 $\mathbf{\Phi}_0=\mathbf{\Theta}_0=\boldsymbol{I}$，即为 $m\times m$ 单位矩阵。当 $p=0$ 时，过程变为向量 MA(q)模型

$$\dot{\mathbf{Z}}_t=\mathbf{a}_t-\mathbf{\Theta}_1\mathbf{a}_{t-1}-\cdots-\mathbf{\Theta}_q\mathbf{a}_{t-q} \tag{16.3.2}$$

当 $q=0$ 时，过程变为向量 AR(p)模型

$$\dot{\mathbf{Z}}_t=\mathbf{\Phi}_1\dot{\mathbf{Z}}_{t-1}+\cdots+\mathbf{\Phi}_p\dot{\mathbf{Z}}_{t-p}+\mathbf{a}_t \tag{16.3.3}$$

如果行列式多项式 $|\mathbf{\Phi}_p(B)|$ 的零根落在单位圆之外，过程就是平稳的。在这个例子中，我们可以写为

$$\dot{\mathbf{Z}}_t=\mathbf{\Psi}(B)\mathbf{a}_t \tag{16.3.4}$$

其中

$$\boldsymbol{\Psi}(B)=[\boldsymbol{\Phi}_p(B)]^{-1}\boldsymbol{\Theta}_q(B)=\sum_{s=0}^{\infty}\boldsymbol{\Psi}_s B^s \tag{16.3.5}$$

从而序列 $\boldsymbol{\Psi}_s$ 是平方可和的。如果行列式多项式 $|\boldsymbol{\Theta}_q(B)|$ 的根落在单位圆之外，这个过程就是可逆的，可以写为

$$\boldsymbol{\Pi}(B)\dot{\mathbf{Z}}_t=\mathbf{a}_t \tag{16.3.6}$$

而

$$\boldsymbol{\Pi}(B)=[\boldsymbol{\Theta}_q(B)]^{-1}\boldsymbol{\Phi}_p(B)=I-\sum_{s=1}^{\infty}\boldsymbol{\Pi}_s B^s \tag{16.3.7}$$

从而序列 $\boldsymbol{\Pi}_s$ 是绝对可和的。

回顾 3.2 节，对单变量时间序列，一给定的自协方差或自相关函数可适用于不止一个 ARMA(p，q)模型。为了保证表示唯一，在模型选择时我们加入了可逆性条件。同样，在式（16.3.1）的 ARMA 模型中，对式（16.3.1）两边左乘任一非奇异矩阵或 B 的矩阵多项式得到一族具有相同协方差矩阵结构的等价模型。因此，没有进一步的限制，在我们不能从 $\mathbf{Z}_t$ 的协方差矩阵唯一决定 p、q 和系数矩阵 $\boldsymbol{\Phi}_i$、$\boldsymbol{\Theta}_j$ 这一意义下，模型（16.3.1）是不可识别的。

Hannan（1969，1970，1976，1979）研究了向量 ARMA 模型的识别性问题。他考察了一族满足如下条件的平稳过程：

（1）$\boldsymbol{\Phi}_p(B)$ 和 $\boldsymbol{\Theta}_q(B)$ 的唯一共同左除数是单位模的，即如果 $\boldsymbol{\Phi}_p(B)=\boldsymbol{C}(B)\boldsymbol{H}(B)$ 和 $\boldsymbol{\Theta}(B)=\boldsymbol{C}(B)\boldsymbol{K}(B)$，那么行列式 $|\boldsymbol{C}(B)|$ 是常数。

（2）$|\boldsymbol{\Phi}_p(B)|$（可能在适当的差分和转换之后）的零根落在单位圆之外，$|\boldsymbol{\Theta}_q|$ 的零根落在单位圆之上或之外。

然后他认为，模型（16.3.1）可通过如下任一程序识别出来：

（1）从每一族等价模型中选择具有最小移动平均阶数 q 的模型。然后从这些模型中选择最小自回归阶数 p 的模型。如果 $[\boldsymbol{\Phi}_p\boldsymbol{\Theta}_q]$ 的秩为 m，那么最后的表示是唯一的。

（2）将 $\boldsymbol{\Phi}_p(B)$ 表示成下三角形式。如果 $\boldsymbol{\Phi}_p(B)$ 的第(i，j)个元素 $\phi_{ij}(B)$ 的阶小于或等于 $\phi_{ij}(B)$ 的阶，$i=1,2,\cdots,m$ 和 $j=1,2,\cdots,m$，那么模型是可识别的。

（3）将 $\boldsymbol{\Phi}_p(B)$ 表示成 $\boldsymbol{\Phi}_p(B)=\phi_p(B)I$ 的形式，这里 $\phi_p(B)=1-\phi_1B-\cdots-\phi_pB^p$，是阶为 p 的单变量 AR 多项式。如果 $\phi_p\neq 0$，模型就是可识别的。

程序（1）较程序（2）和程序（3）简单，使用也更为普遍。其他关于向量 ARMA 表示的重要问题将在第 17 章具体讨论。

向量 AR(1)模型 向量 AR(1)模型由下式给出

$$(\boldsymbol{I}-\boldsymbol{\Phi}_1B)\dot{\mathbf{Z}}_t=\mathbf{a}_t \tag{16.3.8a}$$

或者

$$\dot{\mathbf{Z}}_t=\boldsymbol{\Phi}_1\dot{\mathbf{Z}}_{t-1}+\mathbf{a}_t \tag{16.3.8b}$$

对 $m=2$，有

$$\begin{bmatrix}\dot{Z}_{1,t}\\ \dot{Z}_{2,t}\end{bmatrix}-\begin{bmatrix}\phi_{11} & \phi_{12}\\ \phi_{21} & \phi_{22}\end{bmatrix}\begin{bmatrix}\dot{Z}_{1,t-1}\\ \dot{Z}_{2,t-1}\end{bmatrix}=\begin{bmatrix}a_{1,t}\\ a_{2,t}\end{bmatrix} \tag{16.3.9}$$

或者

$$\begin{aligned}\dot{Z}_{1,t}&=\phi_{11}\dot{Z}_{1,t-1}+\phi_{12}\dot{Z}_{2,t-1}+a_{1t}\\ \dot{Z}_{2,t}&=\phi_{21}\dot{Z}_{1,t-1}+\phi_{22}\dot{Z}_{2,t-1}+a_{2t}\end{aligned} \tag{16.3.10}$$

这样，除了当前冲击，每一个$\dot{Z}_{i,t}$不仅依赖于$\dot{Z}_{i,t}$的滞后值，也依赖于其他变量$\dot{Z}_{j,t}$的滞后值。例如，如果$\dot{Z}_{1,t}$和$\dot{Z}_{2,t}$表示一公司时期 t 的销售量和广告支出（根据某水平 u 度量），那么方程（16.3.10）意味着当前销售量不仅依赖于以前的销售量，也依赖于上一期的广告支出。而且，在两个序列之间存在反馈关系。因此，当前广告支出也将受到上一期销售业绩的影响。

向量 ARMA 和转换函数模型　在式（16.3.9）中，如果 $\phi_{12}=0$，那么我们有

$$\begin{bmatrix}1-\phi_{11}B & 0\\ -\phi_{21}B & 1-\phi_{22}B\end{bmatrix}\begin{bmatrix}\dot{Z}_{1,t}\\ \dot{Z}_{2,t}\end{bmatrix}=\begin{bmatrix}a_{1,t}\\ a_{2,t}\end{bmatrix} \tag{16.3.11}$$

或者

$$\begin{cases}\dot{Z}_{1,t}=\dfrac{1}{1-\phi_{11}B}a_{1,t}\\ \dot{Z}_{2,t}=\dfrac{\phi_{21}B}{(1-\phi_{22}B)}\dot{Z}_{1,t}+\dfrac{1}{(1-\phi_{22}B)}a_{2,t}\end{cases} \tag{16.3.12}$$

然而，不应当错误地认为式（16.3.12）就是一个将输入 $Z_{1,t}$ 与带一期滞后影响 ϕ_{21} 的输出 $Z_{2,t}$ 关联在一起的因果转换函数模型。这是因为输入序列 $Z_{1,t}$ 和噪声序列 $a_{2,t}$ 是相关的，这违背了转换函数模型的一个基本假设。为了将式（16.3.12）变换为因果转换函数模型，我们令

$$\begin{cases}a_{1,t}=b_{1,t}\\ a_{2,t}=\alpha a_{1,t}+b_{2,t}\end{cases} \tag{16.3.13}$$

其中，α 是 $a_{2,t}$ 对 $a_{1,t}$ 回归的系数。误差项 $b_{2,t}$ 独立于 $a_{1,t}$，也独立于 $b_{1,t}$。因此，我们有

$$\begin{aligned}\dot{Z}_{2,t}&=\frac{\phi_{21}B}{(1-\phi_{22}B)}\dot{Z}_{1,t}+\frac{1}{(1-\phi_{22}B)}a_{2,t}\\ &=\frac{\phi_{21}B}{(1-\phi_{22}B)}\dot{Z}_{1,t}+\frac{1}{(1-\phi_{22}B)}(\alpha a_{1,t}+b_{2,t})\\ &=\frac{\phi_{21}B}{(1-\phi_{22}B)}\dot{Z}_{1,t}+\frac{\alpha}{(1-\phi_{22}B)}a_{1,t}+\frac{1}{(1-\phi_{22}B)}b_{2,t}\\ &=\frac{\phi_{21}B}{(1-\phi_{22}B)}\dot{Z}_{1,t}+\frac{\alpha}{(1-\phi_{22}B)}(1-\phi_{11}B)\dot{Z}_{1,t}+\frac{1}{(1-\phi_{22}B)}b_{2,t}\end{aligned}$$

$$=\frac{\alpha+(\phi_{21}-\alpha\phi_{11})B}{(1-\phi_{22}B)}\dot{Z}_{1,t}+\frac{1}{(1-\phi_{22}B)}b_{2,t} \tag{16.3.14}$$

这个结论表明，输入序列$\dot{Z}_{1,t}$实际上有即时影响α 和一期滞后影响$(\phi_{21}-\alpha\phi_{11})$。令 $[a_{1,t},a_{2,t}]'$的方差协方差矩阵 $\mathbf{\Sigma}$ 为

$$\mathbf{\Sigma}=\begin{bmatrix}\sigma_{11} & \sigma_{12}\\ \sigma_{21} & \sigma_{22}\end{bmatrix} \tag{16.3.15}$$

容易看出，

$$\alpha=\frac{\sigma_{12}}{\sigma_{11}} \tag{16.3.16}$$

$$\mathrm{Var}\begin{bmatrix}b_{1,t}\\ b_{2,t}\end{bmatrix}=\begin{bmatrix}\sigma_{11} & 0\\ 0 & \sigma_{22}-\dfrac{\sigma_{12}^2}{\sigma_{11}}\end{bmatrix} \tag{16.3.17}$$

因此，如果$\sigma_{12}\neq0$，那么将模型（16.3.12）视为转换函数模型是十分错误的。

总之，如果自回归矩阵多项式 $\mathbf{\Phi}_p(B)$ 是对角的，联合多元向量 AR 模型可变为因果转换函数模型。更一般地，如果 $\mathbf{\Phi}_p(B)$ 是分块对角的，那么联合多元向量模型可变为分块转换函数模型，在每一分块序列间存在一反馈关系。

平稳和可逆性条件 向量 AR(1) 过程明显是可逆的。一个过程要平稳，行列式方程 $|\boldsymbol{I}-\mathbf{\Phi}_1 B|$ 的根必须落在单位圆之外。令 $\lambda=B^{-1}$，我们有

$$|\boldsymbol{I}-\mathbf{\Phi}_1 B|=0 \longleftrightarrow |\lambda\boldsymbol{I}-\Phi_1|=0 \tag{16.3.18}$$

这样，$|\boldsymbol{I}-\mathbf{\Phi}_1 B|$ 的根与 $\mathbf{\Phi}_1$ 的特征根有关。令 λ_1，λ_2，…，λ_m 是 $\mathbf{\Phi}_1$ 的特征根，$\mathbf{h}_1$，$\mathbf{h}_2$，…，$\mathbf{h}_m$ 是相应的特征向量，满足 $\mathbf{\Phi}_1\mathbf{h}_i=\lambda_i\mathbf{h}_i$，$i=1$，2，…，$m$。为简单起见，假定特征向量是线性独立的。令 $\mathbf{\Lambda}=\mathrm{diag}[\lambda_1,\lambda_2,\cdots,\lambda_m]$ 和 $\boldsymbol{H}=[\mathbf{h}_1,\mathbf{h}_2,\cdots,\mathbf{h}_m]$。

我们有 $\mathbf{\Phi}_1\boldsymbol{H}=\boldsymbol{H}\mathbf{\Lambda}$ 和

$$\mathbf{\Phi}_1=\boldsymbol{H}\mathbf{\Lambda}\boldsymbol{H}^{-1} \tag{16.3.19}$$

现在，

$$\begin{aligned}|\boldsymbol{I}-\mathbf{\Phi}_1 B|&=|\mathbf{I}-\boldsymbol{H}\mathbf{\Lambda}\boldsymbol{H}^{-1}B|=|\boldsymbol{I}-\boldsymbol{H}\mathbf{\Lambda}B\boldsymbol{H}^{-1}|=|\boldsymbol{I}-\mathbf{\Lambda}B|\\&=\prod_{i=1}^{m}(1-\lambda_i B)\end{aligned} \tag{16.3.20}$$

所以，当且仅当所有特征根 λ_i 都落在单位圆之内时，$|\boldsymbol{I}-\mathbf{\Phi}_1 B|$ 的根落在单位圆之外。这个结论意味着向量 AR(1) 过程的平稳性等价条件是 $\mathbf{\Phi}_1$ 的所有特征根都落在单位圆内，也就是说，对 $i=1$，2，…，m，$|\lambda_i|<1$。在这一情形下，

$$\lim_{n\to\infty}\mathbf{\Lambda}^n=\lim_{n\to\infty}\mathrm{diag}[\lambda_1^n,\lambda_2^n,\cdots,\lambda_m^n]=\mathbf{0} \tag{16.3.21}$$

以及

$$\lim_{n\to\infty}\boldsymbol{\Phi}_1^n=\lim_{n\to\infty}\boldsymbol{H\Lambda H}^{-1}\cdot\boldsymbol{H\Lambda H}^{-1}\cdot\cdots\cdot\boldsymbol{H\Lambda H}^{-1}$$
$$=\lim_{n\to\infty}\boldsymbol{H\Lambda}^n\boldsymbol{H}^{-1}=\mathbf{0} \tag{16.3.22}$$

可以得出

$$\lim_{n\to\infty}(\boldsymbol{I}-\boldsymbol{\Phi}_1B)(\boldsymbol{I}+\boldsymbol{\Phi}_1B+\boldsymbol{\Phi}_1^2B^2+\cdots+\boldsymbol{\Phi}_1^{n-1}B^{n-1})=\lim_{n\to\infty}(\boldsymbol{I}-\boldsymbol{\Phi}_1^nB^n)=\boldsymbol{I}$$

和

$$(\boldsymbol{I}-\boldsymbol{\Phi}_1B)^{-1}=(\boldsymbol{I}+\boldsymbol{\Phi}_1B+\boldsymbol{\Phi}_1^2B^2+\cdots) \tag{16.3.23}$$

这样，我们可以写成

$$\dot{\mathbf{Z}}_t=[\boldsymbol{\Phi}_1(B)]^{-1}\mathbf{a}_t \tag{16.3.24a}$$

$$=(\boldsymbol{I}-\boldsymbol{\Phi}_1B)^{-1}\mathbf{a}_t \tag{16.3.24b}$$

$$=\sum_{s=0}^{\infty}\boldsymbol{\Phi}_1^s\mathbf{a}_{t-s} \tag{16.3.24c}$$

这里，$\boldsymbol{\Phi}_0=\boldsymbol{I}$，矩阵 $\boldsymbol{\Phi}_1^s$ 随 s 增加，减少到 $\mathbf{0}$ 矩阵。但是，注意

$$[\boldsymbol{\Phi}_1(B)]^{-1}=\frac{1}{|\boldsymbol{\Phi}_1(B)|}\boldsymbol{\Phi}_1^+(B) \tag{16.3.25}$$

这里，$\boldsymbol{\Phi}_1^+(B)$ 是 $\boldsymbol{\Phi}_1(B)$ 的伴随矩阵。所以，我们可以把式（16.3.24a）改写为

$$|\boldsymbol{\Phi}_1(B)|\dot{\mathbf{Z}}_t=\boldsymbol{\Phi}_1^+(B)\mathbf{a}_t \tag{16.3.26}$$

因为多项式 $|\boldsymbol{\Phi}_1(B)|$ 的阶是 m，多项式 $|\boldsymbol{\Phi}_1^+(B)|$ 的最大阶是 $m-1$，故式（16.3.26）意味着联合多元 AR(1) 模型的每一 $Z_{i,t}$ 的边际模型是阶为 $(m, m-1)$ 的单变量 ARMA 过程。因为对 $|\boldsymbol{\Phi}_1(B)|$ 和 $\Phi_{ij}^+(B)$[矩阵 $\boldsymbol{\Phi}_1^+(B)$ 的第 (i, j) 元素] 之间的一些共同因子往往会消除，所以单变量序列的自回归分量不一定相同。

结合上面的推导，我们假定 $\boldsymbol{\Phi}_1$ 的特征向量是线性独立的。一般而言，$\boldsymbol{\Phi}_1$ 的特征向量未必是全部线性独立的。然而，在这种情形下，仍然存在一非奇异矩阵 H（Gantmacher，1960），满足

$$\boldsymbol{\Lambda}=\mathbf{H}^{-1}\boldsymbol{\Phi}_1\mathbf{H}=\begin{bmatrix}\lambda_1 & \delta_1 & 0 & \cdots & 0 & 0\\ 0 & \lambda_2 & \delta_2 & \cdots & 0 & 0\\ \vdots & \vdots & \vdots & \ddots & \vdots & \vdots\\ 0 & 0 & 0 & \cdots & \delta_{m-2} & 0\\ 0 & 0 & 0 & \cdots & \lambda_{m-1} & \delta_{m-1}\\ 0 & 0 & 0 & \cdots & 0 & \lambda_m\end{bmatrix} \tag{16.3.27}$$

这里，相邻的 λ 可能相等，δ 是 0 或者 1。如果对 $i=1, 2, \cdots, m$，$|\lambda_i|<1$，仍然可以得出上面的结论。

16.3.1 向量 AR(1) 模型的协方差矩阵函数

$$
\begin{aligned}
\mathbf{\Gamma}(k) &= E[\dot{\mathbf{Z}}_{t-k}\dot{\mathbf{Z}}_t'] \\
&= E[\dot{\mathbf{Z}}_{t-k}(\mathbf{\Phi}_1\dot{\mathbf{Z}}_{t-1}+\mathbf{a}_t)'] \\
&= E[\dot{\mathbf{Z}}_{t-k}\dot{\mathbf{Z}}_{t-1}'\mathbf{\Phi}_1'+\dot{\mathbf{Z}}_{t-k}\mathbf{a}_t'] \\
&= \begin{cases} \mathbf{\Gamma}(-1)\mathbf{\Phi}_1'+\mathbf{\Sigma}, & k=0 \\ \mathbf{\Gamma}(k-1)\mathbf{\Phi}_1'=\mathbf{\Gamma}(0)(\mathbf{\Phi}_1')^k, & k\geqslant 1 \end{cases}
\end{aligned}
\tag{16.3.28}
$$

这里，我们注意 $E(\dot{\mathbf{Z}}_{t-k}\mathbf{a}_t')=0$，$k\geqslant 1$。对 $k=1$，我们有 $\mathbf{\Gamma}(1)=\mathbf{\Gamma}(0)\mathbf{\Phi}_1'$。因此，

$$
\mathbf{\Phi}_1=\mathbf{\Gamma}'(1)\mathbf{\Gamma}^{-1}(0) \tag{16.3.29}
$$

和

$$
\begin{aligned}
\mathbf{\Sigma} &= \mathbf{\Gamma}(0)-\mathbf{\Gamma}(-1)\mathbf{\Gamma}^{-1}(0)\mathbf{\Gamma}(1) \\
&= \mathbf{\Gamma}(0)-\mathbf{\Gamma}'(1)\mathbf{\Gamma}^{-1}(0)\mathbf{\Gamma}(1)
\end{aligned}
\tag{16.3.30}
$$

给定协方差矩阵函数 $\mathbf{\Gamma}(k)$，可用式（16.3.29）和式（16.3.30）计算 $\mathbf{\Sigma}$ 和 $\mathbf{\Phi}_1$。反之，给定 $\mathbf{\Phi}_1$ 和 $\mathbf{\Sigma}$，我们可计算 $\mathbf{\Gamma}(0)$。注意，式（16.3.30）意味着

$$
\begin{aligned}
\mathbf{\Sigma} &= \mathbf{\Gamma}(0)-\mathbf{\Gamma}'(1)\mathbf{\Gamma}^{-1}(0)\mathbf{\Gamma}(0)\mathbf{\Gamma}^{-1}(0)\mathbf{\Gamma}(1) \\
&= \mathbf{\Gamma}(0)-\mathbf{\Phi}_1\mathbf{\Gamma}(0)\mathbf{\Phi}_1'
\end{aligned}
$$

这样，

$$
\mathbf{\Gamma}(0)=\mathbf{\Phi}_1\mathbf{\Gamma}(0)\mathbf{\Phi}_1'+\mathbf{\Sigma} \tag{16.3.31}
$$

解方程（16.3.31）得到 $\mathbf{\Gamma}(0)$，我们令 $\text{vec}(\boldsymbol{X})$ 为一列向量，它是将矩阵 $\boldsymbol{X}$ 的各列按从左到右的顺序排成纵向一列。例如，如果

$$
\boldsymbol{X}=\begin{bmatrix} 2 & 6 \\ 3 & 5 \\ 1 & 4 \end{bmatrix}
$$

那么，

$$
\text{vec}(\boldsymbol{X})=\begin{bmatrix} 2 \\ 3 \\ 1 \\ 6 \\ 5 \\ 4 \end{bmatrix} \tag{16.3.32}
$$

使用结论（Searle，1982，p. 333）

$$
\text{vec}(\boldsymbol{ABC})=(\boldsymbol{C}'\otimes\boldsymbol{A})\text{vec}(\boldsymbol{B}) \tag{16.3.33}
$$

这里，$\otimes$表示克罗内克积，由式（16.3.31），我们可得

$$\begin{aligned}\text{vec}(\boldsymbol{\Gamma}(0))&=\text{vec}(\boldsymbol{\Phi}_1\boldsymbol{\Gamma}(0)\boldsymbol{\Phi}_1')+\text{vec}(\boldsymbol{\Sigma})\\&=(\boldsymbol{\Phi}_1\otimes\boldsymbol{\Phi}_1)\text{vec}(\boldsymbol{\Gamma}(0))+\text{vec}(\boldsymbol{\Sigma})\end{aligned}$$

或者

$$\text{vec}(\boldsymbol{\Gamma}(0))=[\boldsymbol{I}-\boldsymbol{\Phi}_1\otimes\boldsymbol{\Phi}_1]^{-1}\text{vec}(\boldsymbol{\Sigma})\tag{16.3.34}$$

在例 16-1 中给出式（16.3.34）的应用。对 $k\geqslant 1$，函数 $\boldsymbol{\Gamma}(k)$ 可以从式（16.3.28）的第二部分得到。

例 16-1　考虑二维向量 AR(1) 过程

$$(\boldsymbol{I}-\boldsymbol{\Phi}_1 B)\dot{\mathbf{Z}}_t=\mathbf{a}_t$$

其中

$$\boldsymbol{\Phi}_1=\begin{bmatrix}\phi_{11} & \phi_{12}\\ \phi_{21} & \phi_{22}\end{bmatrix}$$

$$\boldsymbol{\Sigma}=E(\mathbf{a}_t\mathbf{a}_t')=\begin{bmatrix}\sigma_{11} & \sigma_{12}\\ \sigma_{21} & \sigma_{22}\end{bmatrix}$$

和

$$\boldsymbol{\Gamma}(0)=E(\dot{\mathbf{Z}}_t\dot{\mathbf{Z}}_t')=\begin{bmatrix}\gamma_{11}(0) & \gamma_{12}(0)\\ \gamma_{21}(0) & \gamma_{22}(0)\end{bmatrix}$$

由式（16.3.34），我们有

$$\begin{bmatrix}\gamma_{11}(0)\\ \gamma_{21}(0)\\ \gamma_{12}(0)\\ \gamma_{22}(0)\end{bmatrix}=\left[\begin{bmatrix}1&0&0&0\\0&1&0&0\\0&0&1&0\\0&0&0&1\end{bmatrix}-\begin{bmatrix}\phi_{11}\phi_{11} & \phi_{11}\phi_{12} & \phi_{12}\phi_{11} & \phi_{12}\phi_{12}\\ \phi_{11}\phi_{21} & \phi_{11}\phi_{22} & \phi_{12}\phi_{21} & \phi_{12}\phi_{22}\\ \phi_{21}\phi_{11} & \phi_{21}\phi_{12} & \phi_{22}\phi_{11} & \phi_{22}\phi_{12}\\ \phi_{21}\phi_{21} & \phi_{21}\phi_{22} & \phi_{22}\phi_{21} & \phi_{22}\phi_{22}\end{bmatrix}\right]^{-1}\begin{bmatrix}\sigma_{11}\\ \sigma_{21}\\ \sigma_{12}\\ \sigma_{22}\end{bmatrix}$$

特别地，当

$$\boldsymbol{\Phi}_1=\begin{bmatrix}0.5 & 0.4\\ 0.1 & 0.8\end{bmatrix}$$

$$\boldsymbol{\Sigma}=\begin{bmatrix}1 & 0.6\\ 0.6 & 1\end{bmatrix}$$

时，$\boldsymbol{\Phi}_1$ 的特征根是 0.4 和 0.9，落在单位圆之内，因此，过程是平稳的。因为 $(\boldsymbol{A}\otimes\boldsymbol{B})$ 的特征根是 $\boldsymbol{A}$ 和 $\boldsymbol{B}$ 的特征根之积，可得 $(\boldsymbol{\Phi}_1\otimes\boldsymbol{\Phi}_1)$ 的特征根都落在单位圆之内。因此，式（16.3.34）中的逆矩阵存在。因此，

$$\begin{bmatrix}\gamma_{11}(0)\\ \gamma_{21}(0)\\ \gamma_{12}(0)\\ \gamma_{22}(0)\end{bmatrix}=\left[\begin{bmatrix}1&0&0&0\\0&1&0&0\\0&0&1&0\\0&0&0&1\end{bmatrix}-\begin{bmatrix}0.25 & 0.2 & 0.2 & 0.16\\ 0.05 & 0.4 & 0.04 & 0.32\\ 0.05 & 0.04 & 0.4 & 0.32\\ 0.01 & 0.08 & 0.08 & 0.64\end{bmatrix}\right]^{-1}\begin{bmatrix}1\\ 0.6\\ 0.6\\ 1\end{bmatrix}$$

$$=\begin{bmatrix}1.4786 & 0.85826 & 0.85826 & 2.3114\\0.21456 & 2.1271 & 0.56456 & 2.6343\\0.21456 & 0.56456 & 2.1271 & 2.6343\\0.14446 & 0.65857 & 0.65857 & 4.2488\end{bmatrix}\begin{bmatrix}1\\0.6\\0.6\\1\end{bmatrix}=\begin{bmatrix}4.8199\\4.4639\\4.4639\\5.1835\end{bmatrix}$$

$$\mathbf{\Gamma}(0)=\begin{bmatrix}4.8199 & 4.4639\\4.4639 & 5.1835\end{bmatrix}$$

根据式（16.3.28），有

$$\mathbf{\Gamma}(k)=\begin{bmatrix}4.8199 & 4.4639\\4.4639 & 5.1835\end{bmatrix}\begin{bmatrix}0.5 & 0.1\\0.4 & 0.8\end{bmatrix}^{k}$$

16.3.2 向量 AR(p)模型

一般的向量 AR(p)过程

$$(\boldsymbol{I}-\mathbf{\Phi}_1 B-\cdots-\mathbf{\Phi}_p B^p)\dot{\mathbf{Z}}_t=\mathbf{a}_t \tag{16.3.35a}$$

或者

$$\dot{\mathbf{Z}}_t=\mathbf{\Phi}_1\dot{\mathbf{Z}}_{t-1}+\cdots+\mathbf{\Phi}_p\dot{\mathbf{Z}}_{t-p}+\mathbf{a}_t \tag{16.3.35b}$$

明显是可逆的。要使过程是平稳的，我们需要使 $|\boldsymbol{I}-\mathbf{\Phi}_1 B-\cdots-\mathbf{\Phi}_p B^p|$ 的根落在单位圆之外，或等价地，

$$|\lambda^p\boldsymbol{I}-\lambda^{p-1}\mathbf{\Phi}_1-\cdots-\mathbf{\Phi}_p|=0 \tag{16.3.36}$$

的根落在单位圆之内。我们可以将这种情形写为

$$\dot{\mathbf{Z}}=[\mathbf{\Phi}_p(B)]^{-1}\mathbf{a}_t \tag{16.3.37a}$$

$$=\sum_{s=0}^{\infty}\mathbf{\Psi}_s\mathbf{a}_{t-s} \tag{16.3.37b}$$

这里，$\mathbf{\Psi}_s$ 权重是平方可和的，并可通过如下的矩阵方程得到

$$(\boldsymbol{I}-\mathbf{\Phi}_1 B-\cdots-\mathbf{\Phi}_p B^p)(\boldsymbol{I}+\mathbf{\Psi}_1 B+\mathbf{\Psi}_2 B^2+\cdots)=\boldsymbol{I} \tag{16.3.38}$$

即

$$\mathbf{\Psi}_1=\mathbf{\Phi}_1$$

$$\vdots$$

$$\mathbf{\Psi}_j=\mathbf{\Phi}_1\mathbf{\Psi}_{j-1}+\cdots+\mathbf{\Phi}_p\mathbf{\Psi}_{j-p},\quad j\geqslant p$$

因为

$$[\mathbf{\Phi}_p(B)]^{-1}=\frac{1}{|\mathbf{\Phi}_p(B)|}\mathbf{\Phi}_p^{+}(B) \tag{16.3.39}$$

这里，$\mathbf{\Phi}_p^{+}(B)=[\mathbf{\Phi}_{ij}^{+}(B)]$是 $\mathbf{\Phi}_p(B)$ 的伴随矩阵，我们可以把式（16.3.37a）写为

$$|\mathbf{\Phi}_p(B)|\dot{\mathbf{Z}}_t=\mathbf{\Phi}_p^{+}(B)\mathbf{a}_t \tag{16.3.40}$$

现在，$|\mathbf{\Phi}_p(B)|$是 B 的最大阶为 mp 的多项式，$\phi_{ij}^{+}(B)$ 是 B 的最大阶为$(m-1)p$ 的多项式。这样，每一单个分量序列均服从最大阶为$(mp,\ (m-1)p)$的 ARMA 过程。如果在 AR 和 MA 之间存在公共因子，则多项式的阶可以远小于这一最大阶。

协方差矩阵函数可通过对方程（16.3.35a）转换后两边左乘$\dot{\mathbf{Z}}_{t-k}$，然后取期望而得到，即

$$E[\dot{\mathbf{Z}}_{t-k}(\dot{\mathbf{Z}}_t'-\dot{\mathbf{Z}}_{t-1}'\mathbf{\Phi}_1'-\cdots-\dot{\mathbf{Z}}_{t-p}'\mathbf{\Phi}_p')]=E[\dot{\mathbf{Z}}_{t-k}\mathbf{a}_t'] \tag{16.3.41}$$

所以

$$\begin{aligned}
&k=0,\mathbf{\Gamma}(0)-\mathbf{\Gamma}'(1)\mathbf{\Phi}_1'-\mathbf{\Gamma}'(2)\mathbf{\Phi}_2'-\mathbf{\Gamma}'(3)\mathbf{\Phi}_3'-\cdots-\mathbf{\Gamma}'(p)\mathbf{\Phi}_p'=\mathbf{\Sigma}\\
&k=1,\mathbf{\Gamma}(1)-\mathbf{\Gamma}(0)\mathbf{\Phi}_1'-\mathbf{\Gamma}'(1)\mathbf{\Phi}_2'-\mathbf{\Gamma}'(2)\mathbf{\Phi}_3'-\cdots-\mathbf{\Gamma}'(p-1)\mathbf{\Phi}_p'=\mathbf{0}\\
&k=2,\mathbf{\Gamma}(2)-\mathbf{\Gamma}(1)\mathbf{\Phi}_1'-\mathbf{\Gamma}(0)\mathbf{\Phi}_2'-\mathbf{\Gamma}'(1)\mathbf{\Phi}_3'-\cdots-\mathbf{\Gamma}'(p-2)\mathbf{\Phi}_p'=\mathbf{0}\\
&\quad\vdots \qquad\qquad\qquad\qquad\qquad\qquad\qquad\qquad\vdots\\
&k=p,\mathbf{\Gamma}(p)-\mathbf{\Gamma}(p-1)\mathbf{\Phi}_1'-\mathbf{\Gamma}(p-2)\mathbf{\Phi}_2'-\cdots-\mathbf{\Gamma}(0)\mathbf{\Phi}_p'=\mathbf{0}\\
&k\geqslant p,\mathbf{\Gamma}(k)-\mathbf{\Gamma}(k-1)\mathbf{\Phi}_1'-\mathbf{\Gamma}(k-2)\mathbf{\Phi}_2'-\cdots-\mathbf{\Gamma}(k-p)\mathbf{\Phi}_p'=\mathbf{0}
\end{aligned}$$

其中，$\mathbf{0}$ 是 $m\times m$ 零矩阵。更紧凑地，对 $k=1$，2，…，p，我们得到以下的一般 Yule-Walker 矩阵方程：

$$\begin{bmatrix}\mathbf{\Gamma}(0) & \mathbf{\Gamma}'(1) & \mathbf{\Gamma}'(2) & \cdots & \mathbf{\Gamma}'(p-1)\\ \mathbf{\Gamma}(1) & \mathbf{\Gamma}(0) & \mathbf{\Gamma}'(1) & \cdots & \mathbf{\Gamma}'(p-2)\\ \vdots & \vdots & \vdots & & \vdots\\ \mathbf{\Gamma}(p-1) & \mathbf{\Gamma}(p-2) & \mathbf{\Gamma}(p-3) & \cdots & \mathbf{\Gamma}(0)\end{bmatrix}\begin{bmatrix}\mathbf{\Phi}_1'\\ \mathbf{\Phi}_2'\\ \vdots\\ \mathbf{\Phi}_p'\end{bmatrix}=\begin{bmatrix}\mathbf{\Gamma}(1)\\ \mathbf{\Gamma}(2)\\ \vdots\\ \mathbf{\Gamma}(p)\end{bmatrix}$$

16.3.3 向量 MA(1)模型

向量 MA(1)模型由以下公式给出

$$\dot{\mathbf{Z}}_t=(\boldsymbol{I}-\mathbf{\Theta}_1B)\mathbf{a}_t \tag{16.3.42}$$

这里，$\mathbf{a}_t$是均值为零、协方差矩阵为 $\mathbf{\Sigma}$ 的 $m\times 1$ 维向量白噪声序列。对 $m=2$，我们有

$$\begin{bmatrix}\dot{Z}_{1,t}\\ \dot{Z}_{2,t}\end{bmatrix}=\begin{bmatrix}1 & 0\\ 0 & 1\end{bmatrix}\begin{bmatrix}a_{1,t}\\ a_{2,t}\end{bmatrix}-\begin{bmatrix}\mathbf{\Theta}_{11} & \mathbf{\Theta}_{12}\\ \mathbf{\Theta}_{21} & \mathbf{\Theta}_{22}\end{bmatrix}\begin{bmatrix}a_{1,t-1}\\ a_{2,t-2}\end{bmatrix} \tag{16.3.43}$$

$\dot{\mathbf{Z}}_t$ 的协方差矩阵函数为

$$\begin{aligned}
\mathbf{\Gamma}(0)&=E(\dot{\mathbf{Z}}_t\dot{\mathbf{Z}}_t')=E=[(\boldsymbol{I}-\mathbf{\Theta}_1B)\mathbf{a}_t][(\boldsymbol{I}-\mathbf{\Theta}_1B)\mathbf{a}_t]'\\
&=E[(\mathbf{a}_t-\mathbf{\Theta}_1\mathbf{a}_{t-1})(\mathbf{a}_t'-\mathbf{a}_{t-1}'\mathbf{\Theta}_1')]\\
&=\mathbf{\Sigma}+\mathbf{\Theta}_1\mathbf{\Sigma}\mathbf{\Theta}_1' \qquad (16.3.44)
\end{aligned}$$

$$\mathbf{\Gamma}(k)=E(\dot{\mathbf{Z}}_t\dot{\mathbf{Z}}'_{t+k})$$

$$=E[\mathbf{a}_t-\boldsymbol{\Theta}_1\mathbf{a}_{t-1}][\mathbf{a}'_{t+k}-\mathbf{a}_{t+k-1}\boldsymbol{\Theta}'_1]$$

$$=\begin{cases}-\boldsymbol{\Sigma}\boldsymbol{\Theta}'_1, & k=1\\ -\boldsymbol{\Theta}_1\boldsymbol{\Sigma}, & k=-1\\ \mathbf{0}, & |k|>1\end{cases} \tag{16.3.45}$$

注意到 $\boldsymbol{\Gamma}(-1)=\boldsymbol{\Gamma}'(1)$，$\boldsymbol{\Gamma}(k)$在一期以后截尾，这与单变量 MA(1)过程类似。

为了用 $\boldsymbol{\Gamma}(k)$形式解 $\boldsymbol{\Theta}_1$ 和 $\boldsymbol{\Sigma}$，根据式（16.3.44）和式（16.3.45），我们注意到

$$\boldsymbol{\Sigma}=\boldsymbol{\Gamma}(0)-\boldsymbol{\Theta}_1\boldsymbol{\Sigma}\boldsymbol{\Theta}'_1=\boldsymbol{\Gamma}(0)+\boldsymbol{\Gamma}'(1)\boldsymbol{\Theta}'_1$$

$$\boldsymbol{\Sigma}\boldsymbol{\Theta}'_1=\boldsymbol{\Gamma}(0)\boldsymbol{\Theta}'_1+\boldsymbol{\Gamma}'(1)[\boldsymbol{\Theta}'_1]^2$$

因此，

$$\boldsymbol{\Theta}_1^2\boldsymbol{\Gamma}(1)+\boldsymbol{\Theta}_1\boldsymbol{\Gamma}(0)+\boldsymbol{\Gamma}'(1)=\mathbf{0} \tag{16.3.46}$$

这是 $\boldsymbol{\Theta}_1$ 的二次矩阵方程。解此方程的一种方法可见 Gantmacher（1960）。

向量 MA(1)过程明显是平稳的。要使这一过程可逆，$|\boldsymbol{I}-\boldsymbol{\Theta}_1B|$ 的根必须落在单位圆之外，或者等价地，$\boldsymbol{\Theta}_1$ 的特征根的绝对值必须全部小于 1。证明过程与向量 AR(1)过程的平稳性条件的证明完全相同。在这种情形下，

$$(\boldsymbol{I}-\boldsymbol{\Theta}_1B)^{-1}=(\boldsymbol{I}+\boldsymbol{\Theta}_1B+\boldsymbol{\Theta}_1^2B+\cdots) \tag{16.3.47}$$

我们可写成

$$\mathbf{Z}_t+\sum_{s=1}^{\infty}\boldsymbol{\Theta}_1^s\mathbf{Z}_{t-s}=\mathbf{a}_t \tag{16.3.48}$$

这里，$\boldsymbol{\Theta}_1^s$ 矩阵随 s 增大减少到零矩阵。

16.3.4 向量 MA(q)模型

一般的向量 MA(q)过程由以下公式给出

$$\dot{\mathbf{Z}}_t=(\boldsymbol{I}-\boldsymbol{\Theta}_1B-\cdots-\boldsymbol{\Theta}_qB^q)\mathbf{a}_t \tag{16.3.49}$$

协方差矩阵函数为

$$\boldsymbol{\Gamma}(k)=E[\mathbf{a}_t-\boldsymbol{\Theta}_1\mathbf{a}_{t-1}-\cdots-\boldsymbol{\Theta}_q\mathbf{a}_{t-q}][\mathbf{a}'_{t+k}-\mathbf{a}'_{t+k-1}\boldsymbol{\Theta}'_1-\cdots-\mathbf{a}'_{t+k-q}\boldsymbol{\Theta}'_q]$$

$$=\begin{cases}\sum_{j=0}^{q-k}\boldsymbol{\Theta}_j\boldsymbol{\Sigma}\boldsymbol{\Theta}'_{j+k}, & k=0,1,\cdots,q\\ \mathbf{0}, & k>q\end{cases} \tag{16.3.50}$$

其中，$\boldsymbol{\Theta}=\boldsymbol{I}$ 和 $\boldsymbol{\Gamma}'(-k)=\boldsymbol{\Gamma}'(k)$。注意，$\boldsymbol{\Gamma}'(k)$在 q 期以后截尾。这一过程都是平稳的。如果它也是可逆的，那么可写为

$$\Pi(B)\dot{\mathbf{Z}}_t=\mathbf{a}_t \tag{16.3.51}$$

其中

$$\Pi(B)=[\boldsymbol{\Theta}_q(B)]^{-1}=\frac{1}{|\boldsymbol{\Theta}_q(B)|}\boldsymbol{\Theta}_q^+(B) \tag{16.3.52}$$

所以 Π_s 是绝对可和的。因为伴随矩阵 $\mathbf{\Theta}_q^+(B)$ 的元素是 B 的最大阶为 $(m-1)q$ 的多项式，使这一模型可逆仅需 $|\mathbf{\Theta}_q(B)|$ 的根落在单位圆之外。Π_s 可通过 B_j 的系数由以下矩阵方程得到

$$\Pi(B)\mathbf{\Theta}_q(B)=\boldsymbol{I}$$
$$[\boldsymbol{I}-\Pi_1 B-\Pi_2 B^2-\cdots][\boldsymbol{I}-\mathbf{\Theta}_1 B-\cdots-\mathbf{\Theta}_q B^q]=\boldsymbol{I} \tag{16.3.53}$$

所以，Π_s 可从 $\mathbf{\Theta}_j$ 递归计算得到

$$\Pi_s=\Pi_{s-1}\mathbf{\Theta}_1+\cdots+\Pi_{s-q}\mathbf{\Theta}_q,\quad s=1,2,\cdots \tag{16.3.54}$$

其中，对于 $j<0$，有 $\Pi_0=-\boldsymbol{I}$ 和 $\Pi_j=\mathbf{0}$。

16.3.5　向量 ARMA(1，1)模型

向量 ARMA(1，1)模型由下式给出

$$(\boldsymbol{I}-\mathbf{\Phi}_1 B)\dot{\mathbf{Z}}_t=(\boldsymbol{I}-\mathbf{\Theta}_1 B)\mathbf{a}_t \tag{16.3.55}$$

如果行列式多项式 $|\boldsymbol{I}-\mathbf{\Phi}_1 B|$ 的根落在单位圆之外，或者 $\mathbf{\Phi}_1$ 的特征根都落在单位圆之内，该模型就是平稳的。在这种情形下，我们可以写为

$$\dot{\mathbf{Z}}_t=\sum_{s=0}^{\infty}\mathbf{\Psi}_s\mathbf{a}_{t-s} \tag{16.3.56}$$

这里，$\mathbf{\Psi}_s$ 可通过在下面的矩阵方程中求 B^j 的系数得到

$$(\boldsymbol{I}-\boldsymbol{\Phi}_1 B)(\boldsymbol{I}+\boldsymbol{\psi}_1 B+\boldsymbol{\psi}_2 B^2+\cdots)=(\mathbf{I}-\mathbf{\Theta}_1 B)$$

即

$$\mathbf{\Psi}_j=\mathbf{\Phi}_1\mathbf{\Psi}_{j-1}=\mathbf{\Phi}_1^{j-1}(\mathbf{\Phi}_1-\mathbf{\Theta}_1),\quad j\geqslant 1 \tag{16.3.57}$$

如果 $|\boldsymbol{I}-\mathbf{\Theta}_1 B|$ 的根落在单位圆之外或者 $\mathbf{\Theta}_1$ 的特征根都落在单位圆之内，过程就是可逆的。在这种情形下，我们可以写为

$$\dot{\mathbf{Z}}_t=\Pi_1\dot{\mathbf{Z}}_{t-1}+\Pi_2\dot{\mathbf{Z}}_{t-2}+\cdots+\mathbf{a}_t \tag{16.3.58}$$

满足

$$(\boldsymbol{I}-\mathbf{\Phi}_1 B)=(\boldsymbol{I}-\mathbf{\Theta}_1 B)(\boldsymbol{I}-\Pi_1 B-\Pi_2 B^2-\cdots)$$

和

$$\Pi_j=\mathbf{\Theta}_1^{j-1}(\mathbf{\Phi}_1-\mathbf{\Theta}_1),\quad j\geqslant 1 \tag{16.3.59}$$

对协方差矩阵函数，我们考虑

$$E[\dot{\mathbf{Z}}_{t-k}(\dot{\mathbf{Z}}_t'-\dot{\mathbf{Z}}_{t-1}'\mathbf{\Phi}_1')]=E[\dot{\mathbf{Z}}_{t-k}(\mathbf{a}_t'-\mathbf{a}_{t-1}'\mathbf{\Theta}_1')]$$

并注意

$$E[\dot{\mathbf{Z}}_t(\mathbf{a}_{t-1}'\mathbf{\Theta}_1')]=E[(\mathbf{\Phi}_1\dot{\mathbf{Z}}_{t-1}+\mathbf{a}_t-\mathbf{\Theta}_1\mathbf{a}_{t-1})(\mathbf{a}_{t-1}'\mathbf{\Theta}_1')]$$

$$=\mathbf{\Phi}_1\mathbf{\Sigma}\mathbf{\Theta}_1'-\mathbf{\Theta}_1\mathbf{\Sigma}\mathbf{\Theta}_1'$$

因此，我们得到

$$\begin{cases}\mathbf{\Gamma}(0)-\mathbf{\Gamma}'(1)\mathbf{\Phi}_1'=\mathbf{\Sigma}-(\mathbf{\Phi}_1-\mathbf{\Theta}_1)\mathbf{\Sigma}\mathbf{\Theta}_1', & k=0\\ \mathbf{\Gamma}(1)-\mathbf{\Gamma}(0)\mathbf{\Phi}_1'=-\mathbf{\Sigma}\mathbf{\Theta}_1', & k=1\\ \mathbf{\Gamma}(k)-\mathbf{\Gamma}(k-1)\mathbf{\Phi}_1'=\mathbf{0}, & k\geqslant 2\end{cases}\tag{16.3.60}$$

利用式（16.3.60）中的前两个方程，我们有

$$\mathbf{\Gamma}(0)-\mathbf{\Phi}_1\mathbf{\Gamma}(0)\mathbf{\Phi}_1'=\mathbf{\Sigma}+(\mathbf{\Phi}_1-\mathbf{\Theta}_1)\mathbf{\Sigma}(\mathbf{\Phi}_1-\mathbf{\Theta}_1)'-\mathbf{\Phi}_1\mathbf{\Sigma}\mathbf{\Phi}_1'$$

和

$$\mathbf{\Gamma}(0)=\mathbf{\Phi}_1\mathbf{\Gamma}(0)\mathbf{\Phi}_1'+\mathbf{\Sigma}+(\mathbf{\Phi}_1-\mathbf{\Theta}_1)\mathbf{\Sigma}(\mathbf{\Phi}_1-\mathbf{\Theta}_1)'-\mathbf{\Phi}_1\mathbf{\Sigma}\mathbf{\Phi}_1'\tag{16.3.61}$$

当系数矩阵 $\mathbf{\Phi}_1$、$\mathbf{\Theta}_1$ 和 $\mathbf{\Sigma}$ 已知时，式（16.3.61）就与式（16.3.31）形式相同。这时，$\mathbf{\Gamma}(0)$ 就能通过与例 16-1 中所给出的同样的方法得到，并由下式给出

$$\mathrm{vec}(\mathbf{\Gamma}(0))=[\boldsymbol{I}-\mathbf{\Phi}_1\otimes\mathbf{\Phi}_1]^{-1}\mathrm{vec}(\mathbf{\Sigma}+(\mathbf{\Phi}_1-\mathbf{\Theta}_1)\mathbf{\Sigma}(\mathbf{\Phi}_1-\mathbf{\Theta}_1)'-\mathbf{\Phi}_1\mathbf{\Sigma}\mathbf{\Phi}_1')\tag{16.3.62}$$

其他协方差矩阵 $\mathbf{\Gamma}(k)$ 就能由式（16.3.60）解出。

反之，给定协方差矩阵 $\mathbf{\Gamma}(k)$，我们可以通过下列方法得到系数矩阵。首先，从式（16.3.60）的第三个方程，对 $k=2$，我们得到

$$\mathbf{\Phi}_1=\mathbf{\Gamma}'(2)[\mathbf{\Gamma}'(1)]^{-1}\tag{16.3.63}$$

下一步，使用式（16.3.60）的前两个方程，可以得到

$$\mathbf{\Sigma}=\mathbf{\Gamma}(0)-\mathbf{\Gamma}'(1)\mathbf{\Phi}_1'-(\mathbf{\Phi}_1-\mathbf{\Theta}_1)[\mathbf{\Gamma}(1)-\mathbf{\Gamma}(0)\mathbf{\Phi}_1']\tag{16.3.64}$$

因此，

$$\begin{aligned}\mathbf{\Theta}_1\mathbf{\Sigma}=&\mathbf{\Theta}_1[\mathbf{\Gamma}(0)-\mathbf{\Gamma}'(1)\mathbf{\Phi}_1'-\mathbf{\Phi}_1\mathbf{\Gamma}(1)+\mathbf{\Phi}_1\mathbf{\Gamma}(0)\mathbf{\Phi}_1']\\&+\mathbf{\Theta}_1^2[\mathbf{\Gamma}(1)-\mathbf{\Gamma}(0)\mathbf{\Phi}_1']\end{aligned}\tag{16.3.65}$$

将式（16.3.60）的第二个方程代入式（16.3.65）中，我们有

$$\mathbf{\Theta}_1^2\boldsymbol{A}_1+\mathbf{\Theta}_1\boldsymbol{A}_2+\boldsymbol{A}_1'=\mathbf{0}\tag{16.3.66}$$

其中，

$$\begin{aligned}&\boldsymbol{A}_1=\mathbf{\Gamma}(1)-\mathbf{\Gamma}(0)\mathbf{\Phi}_1'\\&\boldsymbol{A}_2=\mathbf{\Gamma}(0)-\mathbf{\Gamma}'(1)\mathbf{\Phi}_1'-\mathbf{\Phi}_1\mathbf{\Gamma}(1)+\mathbf{\Phi}_1\mathbf{\Gamma}(0)\mathbf{\Phi}_1'\end{aligned}$$

方程（16.3.66）与方程（16.3.46）的形式相同，并能以同样的方法解出 $\mathbf{\Theta}_1$。有了 $\mathbf{\Phi}_1$ 和 $\mathbf{\Theta}_1$，就能由式（16.3.64）求得 $\mathbf{\Sigma}$。

16.4 非平稳向量自回归移动平均模型

在时间序列分析中，非平稳序列是非常普遍的。其中，差分是将非平稳序列变为平稳

序列的一个非常有用的方法。例如，在单变量时间序列中，非平稳序列 Z_t 对某个$d>0$可变为平稳序列$(1-B)^d Z_t$，所以可将其写为

$$\phi_p(B)(1-B)^d Z_t=\theta_q(B)a_t \tag{16.4.1}$$

这里，$\phi_p(B)$ 是平稳 AR 算子。从式（16.4.1）到向量过程的一个看似自然的扩展为

$$\mathbf{\Phi}_p(B)(\boldsymbol{I}-\boldsymbol{I}B)^d \mathbf{Z}_t=\mathbf{\Theta}_q(B)\mathbf{a}_t \tag{16.4.2}$$

或等价地写为

$$\mathbf{\Phi}_p(B)(1-B)^d \mathbf{Z}_t=\mathbf{\Theta}_q(B)\mathbf{a}_t \tag{16.4.3}$$

然而，这个扩展意味着所有分量序列均被差分相同的次数。这个限制明显是不必要的，也是我们不期望看到的。为了更加灵活，我们假定尽管 $\mathbf{Z}_t$ 可能是非平稳的，但可通过施加差分算子 $\mathbf{D}(B)$ 变成平稳向量序列，也就是

$$\mathbf{D}(B)\mathbf{Z}_t \tag{16.4.4}$$

其中

$$\mathbf{D}(B)=\begin{bmatrix}(1-B)^{d_1} & 0 & \cdots & 0 & 0\\ 0 & (1-B)^{d_2} & \ddots & & \\ \vdots & \ddots & \ddots & & \vdots\\ & & & & 0\\ 0 & \cdots & & 0 & (1-B)^{d_m}\end{bmatrix} \tag{16.4.5}$$

$(d_1, d_2, \cdots, d_m)$是一列非负整数。这时，我们有 $\mathbf{Z}_t$ 的非平稳向量 ARMA 模型

$$\mathbf{\Phi}_p(B)\mathbf{D}(B)\mathbf{Z}_t=\mathbf{\Theta}_q(B)\mathbf{a}_t \tag{16.4.6}$$

其中，$|\mathbf{\Phi}_p(B)|$和$|\mathbf{\Theta}_q(B)|$的根落在单位圆之外。

对向量时间序列差分更为复杂，应当仔细处理。过度差分可能导致模型模拟的复杂化。在对每一个分量序列差分相同阶数时，必须格外当心。Box 和 Tiao（1977）指出，对向量过程施加相同的差分可能导致非平稳表示。而且，在有些情形下，非平稳序列的线性组合可变得平稳，这会在第 17 章中讨论。在这种情形下，纯粹以差分为基础的模型甚至可能不存在。我们可使用由 Tiao 和 Box（1981）提出的向量 ARMA 模型的如下一般化方程：

$$\mathbf{\Phi}_p(B)\mathbf{Z}_t=\mathbf{\Theta}_q(B)\mathbf{a}_t \tag{16.4.7}$$

其中，行列式多项式$|\mathbf{\Phi}_p(B)|$的根落在单位圆之上或之外。

16.5　向量时间序列模型的识别

原则上讲，向量时间序列模型的识别与第 6 章和第 8 章所讨论的单变量时间序列模型的识别是类似的。对一个给定的观察到的向量时间序列$\mathbf{Z}_1$，$\mathbf{Z}_2$，$\cdots$，$\mathbf{Z}_n$，在施加适当的转

换将其从非平稳序列变成平稳序列之后，我们能从其相关矩阵和偏相关矩阵确定它的基本模型。

16.5.1 样本相关矩阵函数

给定一向量时间序列的 n 个观测值 $\mathbf{Z}_1$，$\mathbf{Z}_2$，…，$\mathbf{Z}_n$，我们可以计算样本相关矩阵函数

$$\hat{\boldsymbol{\rho}}(k)=[\hat{\rho}_{ij}(k)] \tag{16.5.1}$$

这里，$\hat{\rho}_{ij}(k)$是第 i 个和第 j 个分量序列的样本互相关

$$\hat{\rho}_{ij}(k)=\frac{\sum_{t=1}^{n-k}(Z_{i,t}-\overline{Z}_i)(Z_{j,t+k}-\overline{Z}_j)}{\left[\sum_{t=1}^{n}(Z_{i,t}-\overline{Z}_i)^2\sum_{t=1}^{n}(Z_{j,t}-\overline{Z}_j)^2\right]^{1/2}} \tag{16.5.2}$$

$\overline{Z}_i$ 和 $\overline{Z}_j$ 是相应分量序列的样本均值。对一平稳向量过程，Hannan（1970）表明，$\hat{\rho}(B)$ 是服从渐近正态分布的一致估计。Bartlett（1966）得到样本互相关 $\hat{\rho}_{ij}(k)$的方差和协方差，在式（14.3.4）和式（14.3.5）中给出的形式相当复杂，并且取决于其基本模型。如果对某个 q 和 $|k|>q$，$\rho_{ij}(k)=0$，那么从式（14.3.5），我们有

$$\mathrm{Var}[\hat{\rho}_{ij}(k)]\simeq\frac{1}{n-k}\left[1+2\sum_{s=1}^{q}\rho_{ii}(s)\rho_{jj}(s)\right],\quad |k|>q \tag{16.5.3}$$

当 $\mathbf{Z}_t$ 是白噪声序列时，Bartlett 对渐近协方差的近似可简化为

$$\mathrm{Cov}[\hat{\rho}_{ij}(k),\hat{\rho}_{ij}(k+s)]\simeq\frac{1}{n-k} \tag{16.5.4}$$

和

$$\mathrm{Var}[\hat{\rho}_{ij}(k)]\simeq\frac{1}{n-k} \tag{16.5.5}$$

对大样本，$(n-k)$经常在上面的表达式中用 n 代替。

样本相关矩阵函数对识别有限阶移动平均模型是非常有用的，因为对向量 MA(q)过程在超过 q 阶滞后以后其相关矩阵为 0。不过，当向量的维度增加时，这一矩阵就很复杂。拥挤的数字经常使模式确认变得困难。为减轻这一问题，Tiao 和 Box（1981）介绍了一个概括样本相关的便利方法。他们的方法是在样本相关矩阵的第(i,j)位置标记符号＋、－和·。这里，＋表示其值超过了 2 倍估计的标准差，－表示其值小于－2 倍估计的标准差，而·表示其值介于两者之间。

16.5.2 偏自回归矩阵

识别单变量 AR 模型阶数的有用工具是偏自相关函数。按 2.3 节的定义，它是 Z_t 和 Z_{t+k}之间在它们对 Z_{t+1}，Z_{t+2}，…Z_{t+k-1}的相互线性依赖被剔除之后的相关性，即

$$\phi_{kk}=\frac{\operatorname{Cov}[(Z_t-\hat{Z}_t),(Z_{t+k}-\hat{Z}_{t+k})]}{\sqrt{\operatorname{Var}(Z_t-\hat{Z}_t)}\sqrt{\operatorname{Var}(Z_{t+k}-\hat{Z}_{t+k})}} \tag{16.5.6}$$

其中，$\hat{Z}_t$ 和 $\hat{Z}_{t+k}$ 是 Z_t 和 Z_{t+k} 在 Z_{t+1}，Z_{t+2}，…，Z_{t+k-1} 基础上的最小均方误差线性回归估计量。正如 2.3 节所显示的，当 Z_{t+k} 对其 k 阶滞后变量 Z_{t+k-1}，Z_{t+k-2}，…和 Z_t 进行回归时，Z_t 和 Z_{t+k} 之间的偏自相关也等于这一回归方程的与 Z_t 相关的最后一个回归系数。因为对 $|k|>p$，ϕ_{kk} 为 0，所以偏自相关对识别单变量 AR 模型的阶数是有用的。在本节，我们考虑一个由 Tiao 和 Box（1981）提出的对向量时间序列过程的概念的推广。

Tiao 和 Box（1981）定义滞后为 s 的偏自回归矩阵（用 $\mathscr{P}(s)$ 表示），是当数据拟合成阶为 s 的向量自回归过程的最后一个系数矩阵。这个定义是对 Box 和 Jenkins（1976，p. 64）对单变量时间序列的偏自相关函数的定义的一个直接扩展，即 $\mathscr{P}(s)$ 等于以下多元线性回归中的 $\mathbf{\Phi}_{s,s}$

$$\mathbf{Z}_{t+s}=\mathbf{\Phi}_{s,1}\mathbf{Z}_{t+s-1}+\mathbf{\Phi}_{s,2}Z_{t+s-2}+\cdots+\mathbf{\Phi}_{s,s}\mathbf{Z}_t+\mathbf{e}_{s,t+s}$$

这里，$\mathbf{e}_{s,t+s}$ 是误差项，且 $m\times m$ 系数矩阵 $\mathbf{\Phi}_{s,k}$，$k=1$，2，…，s，是最小化下式的解

$$E[|\mathbf{Z}_{t+s}-\mathbf{\Phi}_{s,1}\mathbf{Z}_{t+s-1}-\cdots-\mathbf{\Phi}_{s,s}\mathbf{Z}_t|^2] \tag{16.5.7}$$

其中，对 m 维向量 $\mathbf{V}_t$，$|\mathbf{V}_t|^2=\mathbf{V}_t\mathbf{V}_t'$。

式（16.5.7）的最小化产生了非正规形式的 Yule-Walker 方程的一个多元推广：

$$\begin{bmatrix}\mathbf{\Gamma}(0) & \mathbf{\Gamma}'(1) & \cdots & \mathbf{\Gamma}'(s-1)\\ \mathbf{\Gamma}(1) & \mathbf{\Gamma}(0) & \cdots & \mathbf{\Gamma}'(s-2)\\ \vdots & \vdots & & \vdots\\ \mathbf{\Gamma}(s-1) & \mathbf{\Gamma}(s-2) & \cdots & \mathbf{\Gamma}(0)\end{bmatrix}\begin{bmatrix}\mathbf{\Phi}_{s,1}'\\ \mathbf{\Phi}_{s,2}'\\ \vdots\\ \mathbf{\Phi}_{s,s}'\end{bmatrix}=\begin{bmatrix}\mathbf{\Gamma}(1)\\ \mathbf{\Gamma}(2)\\ \vdots\\ \mathbf{\Gamma}(s)\end{bmatrix} \tag{16.5.8}$$

由 Tiao 和 Box 对 $\mathscr{P}(s)$ 的定义，可以解式（16.5.8）得到 $\mathbf{\Phi}_{s,s}'$，确定偏自回归矩阵要求解式（16.5.8）以得到 s 的连续更高阶。如果 $s\geqslant 2$，我们令

$$\mathbf{A}(s)=\begin{bmatrix}\Gamma(0) & \Gamma'(1) & \cdots & \Gamma'(s-2)\\ \Gamma(1) & \Gamma(0) & \cdots & \Gamma'(s-3)\\ \vdots & \vdots & & \vdots\\ \Gamma(s-2) & \Gamma(s-3) & \cdots & \Gamma(0)\end{bmatrix}$$

$$\mathbf{b}(s)=\begin{bmatrix}\Gamma'(s-1)\\ \Gamma'(s-2)\\ \vdots\\ \Gamma'(1)\end{bmatrix},\ \mathbf{c}(s)=\begin{bmatrix}\Gamma(1)\\ \Gamma(2)\\ \vdots\\ \Gamma(s-1)\end{bmatrix} \tag{16.5.9}$$

和

$$\mathbf{\Phi}_*'(s-1)=\begin{bmatrix}\mathbf{\Phi}_{s,1}'\\ \mathbf{\Phi}_{s,2}'\\ \vdots\\ \mathbf{\Phi}_{s,s-1}'\end{bmatrix}$$

那么式（16.5.8）可写为

$$\begin{bmatrix}\mathbf{A}(s) & \mathbf{b}(s)\\ \mathbf{b}'(s) & \mathbf{\Gamma}(0)\end{bmatrix}\begin{bmatrix}\mathbf{\Phi}'_*(s-1)\\ \mathbf{\Phi}'_{s,s}\end{bmatrix}=\begin{bmatrix}\mathbf{c}(s)\\ \mathbf{\Gamma}(s)\end{bmatrix} \tag{16.5.10}$$

因此，

$$\mathbf{A}(s)\mathbf{\Phi}'_*(s-1)+\mathbf{b}(s)\mathbf{\Phi}'_{s,s}=\mathbf{c}(s) \tag{16.5.11}$$

$$\mathbf{b}'(s)\mathbf{\Phi}'_*(s-1)+\mathbf{\Gamma}(0)\mathbf{\Phi}'_{s,s}=\mathbf{\Gamma}(s) \tag{16.5.12}$$

方程（16.5.11）意味着

$$\mathbf{\Phi}'_*(s-1)=[\mathbf{A}(s)]^{-1}\mathbf{c}(s)-[\mathbf{A}(s)]^{-1}\mathbf{b}(s)\mathbf{\Phi}'_{s,s} \tag{16.5.13}$$

将式（16.5.13）代入式（16.5.12），解得 $\mathbf{\Phi}'_{s,s}$，有

$$\mathbf{\Phi}'_{s,s}=\{\mathbf{\Gamma}(0)-\mathbf{b}'(s)[\mathbf{A}(s)]^{-1}\mathbf{b}(s)\}^{-1}\{\mathbf{\Gamma}(s)-\mathbf{b}'(s)[\mathbf{A}(s)]^{-1}\mathbf{c}(s)\} \tag{16.5.14}$$

因此，偏自回归矩阵函数可定义为

$$\mathscr{P}(s)=\begin{cases}\mathbf{\Gamma}'(1)[\mathbf{\Gamma}(0)]^{-1}, & s=1\\ \{\mathbf{\Gamma}'(s)-\mathbf{c}'(s)[\mathbf{A}(s)]^{-1}\mathbf{b}(s)\}\{\mathbf{\Gamma}(0)-\mathbf{b}'(s)[\mathbf{A}(s)]^{-1}\mathbf{b}(s)\}^{-1}, & s>1\end{cases} \tag{16.5.15}$$

如此定义的 $\mathscr{P}(s)$ 具有下列性质，如果模型是 AR(p)，那么

$$\mathscr{P}(s)=\begin{cases}\mathbf{\Phi}_p, & s=p\\ \mathbf{0}, & s>p\end{cases}$$

如同单变量情形的偏自相关函数，对向量 AR 过程，偏自回归矩阵函数 $\mathscr{P}(s)$ 具有截尾性质。

尽管自回归矩阵函数 $\mathscr{P}(s)$ 是因考虑到向量 AR 模型而产生的，但函数是根据 $\mathbf{\Gamma}(k)$ 通过式（16.5.15）而定义的，因此能应用于任意平稳过程。但是，与单变量偏自相关函数不同，$\mathscr{P}(s)$ 的元素不是恰当的相关系数。

样本偏自回归矩阵 $\mathscr{P}(s)$ 的样本估计可通过用样本协方差矩阵 $\hat{\mathbf{\Gamma}}(s)$ 代替式（16.5.15）中未知的 $\mathbf{\Gamma}(s)$ 得到

$$\hat{\mathbf{\Gamma}}(s)=\frac{1}{n}\sum_{t=1}^{n-s}(\mathbf{Z}_t-\bar{\mathbf{Z}})(\mathbf{Z}_{t+s}-\bar{\mathbf{Z}})', \quad s=1, 2, \cdots \tag{16.5.16}$$

这里，$\bar{\mathbf{Z}}=(\bar{Z}_1, \bar{Z}_2, \cdots, \bar{Z}_m)'$ 是样本均值向量。另外，$\mathscr{P}(s)$ 的估计也可通过用标准的多元线性回归模型拟合连续更高阶的向量自回归模型求得。首先，注意到如果模型是平稳向量 AR(p)，我们可以把它写为

$$\mathbf{Z}'_t=\boldsymbol{\tau}'+\sum_{j=1}^{p}\mathbf{Z}'_{t-j}\mathbf{\Phi}'_j+\mathbf{a}'_t \tag{16.5.17}$$

这里，$\boldsymbol{\tau}'$ 为一常数向量。因此，给定 n 个观察，对 $t=p+1, \cdots, n$，我们有

$$\mathbf{Y}=\mathbf{X}\boldsymbol{\beta}+\mathbf{e} \tag{16.5.18}$$

其中

$$\mathbf{Y}=\begin{bmatrix}\mathbf{Z}'_{p+1}\\ \vdots \\ \mathbf{Z}'_n\end{bmatrix},\quad \mathbf{X}=\begin{bmatrix}1 & \mathbf{Z}'_p & \cdots & \mathbf{Z}'_1\\ \vdots & \vdots & & \vdots\\ 1 & \mathbf{Z}'_{n-1} & \cdots & \mathbf{Z}'_{n-p}\end{bmatrix}$$

$$\boldsymbol{\beta}=\begin{bmatrix}\boldsymbol{\tau}'\\ \boldsymbol{\Phi}'_1\\ \vdots\\ \boldsymbol{\Phi}'_p\end{bmatrix},\qquad \mathbf{e}=\begin{bmatrix}\mathbf{a}'_{p+1}\\ \mathbf{a}'_{p+2}\\ \vdots\\ \mathbf{a}'_n\end{bmatrix}$$

$\mathbf{a}_t$ 是 $N(\mathbf{0},\boldsymbol{\Sigma})$ 高斯向量白噪声序列，从附录 16.A 中给出的对多元线性模型的讨论，我们有以下结论。

(1)
$$\hat{\boldsymbol{\beta}}=(\boldsymbol{X}'\boldsymbol{X})^{-1}\boldsymbol{X}'\boldsymbol{Y} \tag{16.5.19}$$

服从联合多元正态分布，其均值为 0，方差-协方差矩阵为

$$\begin{cases}E(\hat{\boldsymbol{\beta}})=\boldsymbol{\beta}\\ \mathrm{Var}(\hat{\boldsymbol{\beta}})=\boldsymbol{\Sigma}\otimes(\boldsymbol{X}'\boldsymbol{X})^{-1}\end{cases} \tag{16.5.20}$$

这里，$\otimes$代表克罗内克积。

(2) $\boldsymbol{\Sigma}$ 的最大似然估计由下式给出

$$\hat{\boldsymbol{\Sigma}}=\frac{1}{N}\mathbf{S}(p) \tag{16.5.21}$$

这里，$N=n-p$，$\mathbf{S}(p)$是残差平方和及残差交叉乘积和，即

$$\begin{aligned}\mathbf{S}(p)=\sum_{t=p+1}^{n}&(\mathbf{Z}_t-\hat{\boldsymbol{\tau}}-\hat{\boldsymbol{\Phi}}_1\mathbf{Z}_{t-1}-\cdots-\hat{\boldsymbol{\Phi}}_p\mathbf{Z}_{t-p})\\ &\times(\mathbf{Z}_t-\hat{\boldsymbol{\tau}}-\hat{\boldsymbol{\Phi}}_1\mathbf{Z}_{t-1}-\cdots-\hat{\boldsymbol{\Phi}}_p\mathbf{Z}_{t-p})'\end{aligned} \tag{16.5.22}$$

$\hat{\boldsymbol{\beta}}$ 的估计方差-协方差矩阵为

$$\widehat{\mathrm{Var}}\ (\hat{\boldsymbol{\beta}})=\hat{\boldsymbol{\Sigma}}\otimes(\boldsymbol{X}'\boldsymbol{X})^{-1} \tag{16.5.23}$$

许多包含多元线性模型的统计软件都能提供$\hat{\boldsymbol{\beta}}$ 的元素如 $\hat{\boldsymbol{\Phi}}_1$，…，$\hat{\boldsymbol{\Phi}}_p$ 的方差和相关系数的估计。

(3) $\mathbf{S}(p)$服从自由度为$(N-pm-1)$的 Wishart 分布，表示为 $W_{N-pm-1}(\boldsymbol{\Sigma})$。而且，$\hat{\boldsymbol{\beta}}$ 与 $\mathbf{S}(P)$独立。

(4) 最大似然函数由下式给出

$$L(\hat{\boldsymbol{\beta}},\hat{\boldsymbol{\Sigma}})=\frac{e^{-Nm/2}}{(2\pi)^{Nm/2}\,|\hat{\boldsymbol{\Sigma}}|^{N/2}} \tag{16.5.24}$$

偏自回归概括统计量　为检验样本偏自回归的显著性，我们可使用总体 χ^2 检验。不过需注意：方程（16.5.18）可写为

$$\mathbf{Y}=\boldsymbol{X}_1\boldsymbol{\beta}_1+\boldsymbol{X}_2\boldsymbol{\Phi}'_p+\mathbf{e} \tag{16.5.25}$$

其中，

$$\boldsymbol{\beta}_1=\begin{bmatrix}\boldsymbol{\tau}'\\ \boldsymbol{\Phi}_1'\\ \vdots\\ \boldsymbol{\Phi}_{p-1}'\end{bmatrix},\quad \mathbf{X}_2=\begin{bmatrix}\mathbf{Z}_1'\\ \mathbf{Z}_2'\\ \vdots\\ \mathbf{Z}_{n-p}'\end{bmatrix}$$

和

$$\mathbf{X}_1=\begin{bmatrix}1 & \mathbf{Z}_p' & \cdots & \mathbf{Z}_2'\\ \vdots & \vdots & & \vdots\\ 1 & \mathbf{Z}_{n-1}' & \cdots & \mathbf{Z}_{n-p+1}'\end{bmatrix}$$

为检验假设

$$\begin{cases}H_0:\boldsymbol{\Phi}_p=\mathbf{0}\\ H_1:\boldsymbol{\Phi}_p\neq\mathbf{0}\end{cases}\tag{16.5.26}$$

我们注意到在假设 H_0 下，$\boldsymbol{\Sigma}$ 的估计由下式给出

$$\hat{\boldsymbol{\Sigma}}_1=\frac{1}{N}\mathbf{S}(p-1)\tag{16.5.27}$$

这里，$\mathbf{S}(p-1)$是 H_0 假设下的残差平方及残差交叉乘积和，即

$$\begin{aligned}\mathbf{S}(p-1)=\sum_{t=p+1}^{n}&(\mathbf{Z}_t-\hat{\boldsymbol{\tau}}-\hat{\boldsymbol{\Phi}}_1\mathbf{Z}_{t-1}-\cdots-\hat{\boldsymbol{\Phi}}_{p-1}\mathbf{Z}_{t-p+1})\\ &\cdot(\mathbf{Z}_t-\hat{\boldsymbol{\tau}}-\hat{\boldsymbol{\Phi}}_1\mathbf{Z}_{t-1}-\cdots-\hat{\boldsymbol{\Phi}}_{p-1}\mathbf{Z}_{t-p+1})'\end{aligned}\tag{16.5.28}$$

假设 H_0 下相应的最大似然函数由下式给出

$$L(\hat{\boldsymbol{\beta}},\hat{\boldsymbol{\Sigma}}_1)=\frac{e^{-Nm/2}}{(2\pi)^{Nm/2}\,|\hat{\boldsymbol{\Sigma}}_1|^{N/2}}\tag{16.5.29}$$

因此，检验 $\boldsymbol{\Phi}_p=\mathbf{0}$ 对 $\boldsymbol{\Phi}_p\neq\mathbf{0}$ 的似然比统计量为

$$U=\frac{|\mathbf{S}(p)|}{|\mathbf{S}(p-1)|}\tag{16.5.30}$$

根据附录 16.A 中给出的结论，我们看到，在假设 H_0 下，统计量

$$M(p)=-\left(N-\frac{1}{2}-pm\right)\ln U\tag{16.5.31}$$

渐近地服从自由度为 m^2 的卡方分布。如果 U 太小，从而 $M(p)$ 太大，我们就拒绝 H_0。

我们也可以使用 Akaike 信息准则（AIC）去选择模型。一些软件程序都提供 $M(p)$ 和 AIC。例如，SCA 软件用下式计算 AIC

$$\text{AIC}=-\frac{2}{n}\ln(\text{最大似然})+\frac{2}{n}(\text{参数个数})$$

一个 m 维的向量 AR(p)模型可变为

$$\text{AIC}(p)=\ln(|\mathbf{S}(p)|)+\frac{2pm^2}{n}$$

可选择一个给出最小 AIC 值的模型。理想的情况是，不同的准则都选择同样的模型。另外，对建模者来说，进行合理的判断也是必要的。

16.5.3　偏滞后相关矩阵函数

根据定义，对单变量时间序列而言，Z_t 和 Z_{t+s} 之间的偏自相关函数是 Z_t 和 Z_{t+s} 间的相关系数，它去掉了其对每一干扰变量 Z_{t+1}，…，Z_{t+s-1} 的线性依赖（Hannan，1970，p. 22）。正如在 2.3 节看到的，当 Z_{t+s} 对其 s 阶滞后变量 Z_{t+s-1}，Z_{t+s-2}，…，Z_t 进行回归时，Z_t 和 Z_{t+s} 之间的偏自相关也等于这一回归方程的最后一个与 Z_t 联系的回归系数。Tiao 和 Box（1981）在向量情形扩展了后者的结论，并引入了一个偏自回归矩阵函数 $\mathscr{P}(s)$。然而，正如我们所注意到的，与单变量偏自相关函数不同，$\mathscr{P}(s)$ 的元素不是正确的相关系数。

Heyse 和 Wei（1985a，b）把单变量偏自回归的定义扩展到向量时间序列，并得到了 $\mathbf{Z}_t$ 和 $\mathbf{Z}_{t+s}$ 之间的相关矩阵，它去掉了其对每一干扰变量 $\mathbf{Z}_{t+1}$，$\mathbf{Z}_{t+2}$，…，$\mathbf{Z}_{t+s-1}$ 的线性依赖。这个相关矩阵定义为如下残差向量之间的相关，

$$\begin{aligned}\mathbf{u}_{s-1,t+s}&=\mathbf{Z}_{t+s}-\boldsymbol{\alpha}_{s-1,1}\mathbf{Z}_{t+s-1}-\cdots-\boldsymbol{\alpha}_{s-1,s-1}\mathbf{Z}_{t+1}\\&=\begin{cases}\mathbf{Z}_{t+s}-\sum\limits_{k=1}^{s-1}\boldsymbol{\alpha}_{s-1,k}\mathbf{Z}_{t+s-k}, & s\geqslant 2\\ \mathbf{Z}_{t+1}, & s=1\end{cases}\end{aligned}\tag{16.5.32}$$

和

$$\begin{aligned}\mathbf{v}_{s-1,t}&=\mathbf{Z}_t-\boldsymbol{\beta}_{s-1,1}\mathbf{Z}_{t+1}-\cdots-\boldsymbol{\beta}_{s-1,s-1}\mathbf{Z}_{t+s-1}\\&=\begin{cases}\mathbf{Z}_t-\sum\limits_{k=1}^{s-1}\boldsymbol{\beta}_{s-1,k}\mathbf{Z}_{t+k}, & s\geqslant 2\\ \mathbf{Z}_t & s=1\end{cases}\end{aligned}\tag{16.5.33}$$

多元线性回归系数矩阵 $\boldsymbol{\alpha}_{s-1,k}$ 和 $\boldsymbol{\beta}_{s-1,k}$ 分别由最小化 $E[|\mathbf{u}_{s-1,t+s}|^2]$ 和 $E[|\mathbf{v}_{s-1,t}|^2]$ 得到。注意，式（16.5.32）是 $\mathbf{Z}_{t+s}$ 对其载体 $\mathbf{Z}_{t+s-1}$，…，$\mathbf{Z}_{t+1}$ 回归的残差，式（16.5.33）是 $\mathbf{Z}_t$ 对同一载体回归的残差。

对 $s\geqslant 2$，我们令

$$\boldsymbol{\alpha}'(s)=\begin{bmatrix}\boldsymbol{\alpha}'_{s-1,1}\\ \boldsymbol{\alpha}'_{s-1,2}\\ \vdots\\ \boldsymbol{\alpha}'_{s-1,s-1}\end{bmatrix},\quad \mathbf{Z}_t(s)=\begin{bmatrix}\mathbf{Z}_{t+s-1}\\ \mathbf{Z}_{t+s-2}\\ \vdots\\ \mathbf{Z}_{t+1}\end{bmatrix}\tag{16.5.34}$$

利用式（16.5.9）中的 $\mathbf{A}(s)$ 和 $\mathbf{c}(s)$，考虑最小化

$$\begin{aligned}E[|\mathbf{u}_{s-1,t+s}|^2]&=E[|\mathbf{Z}_{t+s}-\boldsymbol{\alpha}(s)\mathbf{Z}_t(s)|^2]\\&=E[(\mathbf{Z}_{t+s}-\boldsymbol{\alpha}(s)\mathbf{Z}_t(s))(\mathbf{Z}_{t+s}-\boldsymbol{\alpha}(s)\mathbf{Z}_t(s))']\end{aligned}$$

$$=\boldsymbol{\Gamma}(0)-\boldsymbol{\alpha}(s)\mathbf{c}(s)-\mathbf{c}'(s)\boldsymbol{\alpha}'(s)+\boldsymbol{\alpha}(s)\mathbf{A}(s)\boldsymbol{\alpha}'(s) \tag{16.5.35}$$

对式（16.5.35）关于 $\boldsymbol{\alpha}'(s)$的元素求导，令得到的方程等于 0 可得（Graham，1981，p. 54）

$$\mathbf{A}(s)\boldsymbol{\alpha}'(s)=\mathbf{c}(s) \tag{16.5.36}$$

这可看作 $\mathbf{Z}_{t+s}$对 $\mathbf{Z}_{t+s-1}$，…，$\mathbf{Z}_{t+1}$进行回归的多元正规方程，即

$$\begin{bmatrix}\boldsymbol{\Gamma}(0) & \boldsymbol{\Gamma}'(1) & \cdots & \boldsymbol{\Gamma}'(s-2)\\ \boldsymbol{\Gamma}(1) & \boldsymbol{\Gamma}(0) & \cdots & \boldsymbol{\Gamma}'(s-3)\\ \vdots & \vdots & & \vdots\\ \boldsymbol{\Gamma}(s-2) & \boldsymbol{\Gamma}(s-3) & \cdots & \boldsymbol{\Gamma}(0)\end{bmatrix}\begin{bmatrix}\boldsymbol{\alpha}'_{s-1,1}\\ \boldsymbol{\alpha}'_{s-1,2}\\ \vdots\\ \boldsymbol{\alpha}'_{s-1,s-1}\end{bmatrix}=\begin{bmatrix}\boldsymbol{\Gamma}(1)\\ \boldsymbol{\Gamma}(2)\\ \vdots\\ \boldsymbol{\Gamma}(s-1)\end{bmatrix} \tag{16.5.37}$$

解方程（16.5.36）或方程（16.5.37），得到了熟悉的多元线性回归系数矩阵

$$\boldsymbol{\alpha}'(s)=[\mathbf{A}(s)]^{-1}\mathbf{c}(s) \tag{16.5.38}$$

$\boldsymbol{\alpha}(s)\mathbf{Z}_t(s)$的线性组合定义了 $\mathbf{Z}_{t+s}$到由 $\mathbf{Z}_{t+s-1}$，…，$\mathbf{Z}_{t+1}$所形成的空间的线性投影。因为

$$\begin{aligned}E[\mathbf{Z}_t(s)(\mathbf{Z}_{t+s}-\boldsymbol{\alpha}(s)\mathbf{Z}_t(s))']&=E[\mathbf{Z}_t(s)\mathbf{Z}'_{t+s}-\mathbf{Z}_t(s)\mathbf{Z}'_t(s)\boldsymbol{\alpha}'(s)]\\&=\mathbf{c}(s)-\mathbf{A}(s)[\mathbf{A}(s)]^{-1}\mathbf{c}(s)\\&=\mathbf{0}\end{aligned}$$

故我们有 $\mathbf{u}_{s-1,t+s}$和 $\mathbf{Z}_t(s)$不相关，并且

$$\begin{aligned}\operatorname{Var}(\mathbf{Z}_{t+s})&=\operatorname{Var}(\mathbf{u}_{s-1,t+s})+\operatorname{Var}[\boldsymbol{\alpha}(s)\mathbf{Z}_t(s)]\\&=\operatorname{Var}(\mathbf{u}_{s-1,t+s})+\mathbf{c}'(s)[\mathbf{A}(s)]^{-1}\mathbf{c}(s)\end{aligned}$$

所以

$$\begin{aligned}\operatorname{Var}(\mathbf{u}_{s-1,t+s})&=\boldsymbol{\Gamma}(0)-\mathbf{c}'(s)[\mathbf{A}(s)]^{-1}\mathbf{c}(s)\\&=\boldsymbol{\Gamma}(0)-\boldsymbol{\alpha}(s)\mathbf{c}(s)\end{aligned} \tag{16.5.39}$$

类似地，令

$$\boldsymbol{\beta}'(s)=\begin{bmatrix}\boldsymbol{\beta}'_{s-1,s-1}\\ \boldsymbol{\beta}'_{s-1,s-2}\\ \vdots\\ \boldsymbol{\beta}'_{s-1,1}\end{bmatrix}$$

利用式(16.5.9)的 $\mathbf{A}(s)$和 $\mathbf{b}(s)$及式(16.5.34)，我们可把式(16.5.33)的 $\boldsymbol{\beta}_{s-1,k}$的正规方程写为

$$\mathbf{A}(s)\boldsymbol{\beta}'(s)=\mathbf{b}(s) \tag{16.5.40}$$

将式（16.5.40）转换一下形式可得

$$\boldsymbol{\beta}'(s)=[\mathbf{A}(s)]^{-1}\mathbf{b}(s)$$

而且，对式(16.5.39)用类似的方法，得

$$\begin{aligned}\mathrm{Var}(\mathbf{v}_{s-1,t}) &= \mathbf{\Gamma}(0)-\mathbf{b}'(s)[\mathbf{A}(s)]^{-1}\mathbf{b}(s)\\ &= \mathbf{\Gamma}(0)-\boldsymbol{\beta}(s)\mathbf{b}(s)\end{aligned} \tag{16.5.41}$$

$\mathbf{v}_{s-1,t}$和 $\mathbf{u}_{s-1,t+s}$之间的协方差为

$$\begin{aligned}\mathrm{Cov}(\mathbf{v}_{s-1,t},\mathbf{u}_{s-1,t+s}) &= E[(\mathbf{Z}_t-\boldsymbol{\beta}(s)\mathbf{Z}_t(s))(\mathbf{Z}_{t+s}-\boldsymbol{\alpha}(s)\mathbf{Z}_t(s))']\\ &= \mathbf{\Gamma}(s)-\mathbf{b}'(s)[\mathbf{A}(s)]^{-1}\mathbf{c}(s)\\ &= \mathbf{\Gamma}(s)-\mathbf{b}'(s)\boldsymbol{\alpha}'(s)\end{aligned} \tag{16.5.42}$$

用$\mathbf{V_u}(s)$ 表示 $\mathrm{Var}(\mathbf{u}_{s-1,t+s})$，用$\mathbf{V_{vu}}(s)$ 表示 $\mathrm{Cov}(\mathbf{v}_{s-1,t}, \mathbf{u}_{s-1,t+s})$。注意，$\mathrm{Cov}(\mathbf{u}_{s-1,t+s}, \mathbf{v}_{s-1,t})$等于$\mathbf{V}'_{\mathbf{vu}}(s)$。

对于 $s=1$ 的情形，从式（16.5.32）和式（16.5.33）很容易看出，$\mathbf{V_u}(1)=\mathbf{V_v}(1)=\mathbf{\Gamma}(0)$，$\mathbf{V_{vu}}(1)=\mathbf{\Gamma}(1)$，因为在 $\mathbf{Z}_t$ 和 $\mathbf{Z}_{t+1}$之间没有干扰向量。

Heyse 和 Wei（1985a，b）定义滞后 s 阶的偏滞后自相关矩阵为

$$\mathbf{P}(s)=[\mathbf{D_v}(s)]^{-1}\mathbf{V_{vu}}(s)[\mathbf{D}_u(s)]^{-1} \tag{16.5.43}$$

这里，$\mathbf{D_v}(s)$是对角矩阵，其第 i 个对角元素是 $\mathbf{V_v}(s)$的第 i 个对角元素的平方根，同样，$\mathbf{D_u}(s)$相应于 $\mathbf{V_u}(s)$定义。使用偏滞后自相关矩阵这一术语，是因为它是 $\mathbf{Z}_t$ 和 $\mathbf{Z}_{t+s}$之间在消除对干扰滞后向量 $\mathbf{Z}_{t+1}$，…，$\mathbf{Z}_{t+s-1}$的线性依赖后的自相关矩阵。s 的函数 $\mathbf{P}(s)$通常称为偏滞后自相关矩阵函数。$\mathbf{P}(s)$作为自相关系数矩阵，是偏自相关函数的向量扩展，这与自相关矩阵函数是自相关函数向量扩展是一样的。认识到单变量情形是 $m=1$ 的特殊情形，他们建议甚至在单变量情形也把 $\mathbf{P}(s)$称作偏滞后自相关函数。本书中，我们简单地把 $\mathbf{P}(k)$称作偏滞后相关矩阵函数。

从式（16.5.15）注意到 Tiao 和 Box 的滞后 s 阶的偏自回归矩阵为

$$\mathscr{P}(s)=\mathbf{V}'_{\mathbf{vu}}(s)[\mathbf{V_v}(s)]^{-1} \tag{16.5.44}$$

以下是对我们的偏滞后相关矩阵 $\mathbf{P}(s)$ 以及 Tiao 和 Box 的偏自回归矩阵$\mathscr{P}(s)$之间关系和差异的总结：

（1）从式（16.5.43）和式（16.5.44）中我们看到 $\mathbf{P}(s)=\mathscr{P}(s)=\mathbf{0}$，当且仅当 $\mathbf{V_{vu}}(s)=\mathbf{0}$。因此，$\mathbf{P}(s)$和 $\mathscr{P}(s)$具有相同的自回归过程的截尾性质。

（2）当 $m=1$ 时，通过逆推式（16.5.36）或者式（16.5.40）的阶数，容易看出

$$\text{(a)}\boldsymbol{\alpha}_{s-1,k}=\boldsymbol{\beta}_{s-1,k'}\quad k=1,2,\cdots,s-1$$

和

$$\text{(b)}\mathbf{V_u}(s)=\mathbf{V_v}(s)$$

因此，

$$\mathbf{P}(s)=\frac{\mathbf{V_{vu}}(s)}{\mathbf{V_v}(s)}=\mathscr{P}(s)$$

所以，偏滞后相关矩阵与 Tiao 和 Box 的偏自回归矩阵在单变量情形下是相等的。

（3）偏滞后相关矩阵 $\mathbf{P}(s)$是相关系数矩阵，因为它的每一个元素都是适当标准化的相关系数。然而，除了在第 2 点提到的单变量情形，$\mathscr{P}(s)$却不等于 $\mathbf{Z}_t$ 和 $\mathbf{Z}_{t+s}$之间考虑

$\mathbf{Z}_{t+1}$，…，$\mathbf{Z}_{t+s-1}$的相关系数矩阵。这个性质也是 Tiao 和 Box 把 $\mathscr{P}(s)$ 叫作偏自回归矩阵的原因之一。

(4) 甚至对一般的 m 维向量过程，当 $s=1$ 时，从式（16.5.43），我们看到 $\mathbf{P}(1)=\boldsymbol{\rho}(1)$。也就是说，滞后 1 阶的偏滞后相关矩阵变为规则的滞后 1 阶相关矩阵，这是我们期望的，因为在这种情形 $\mathbf{Z}_t$ 和 $\mathbf{Z}_{t+1}$ 之间没有干扰向量。这个自然的性质对单变量偏自相关函数 ϕ_{kk} 也成立，然而，对 $\mathscr{P}(s)$，除了当 $m=1$ 时的单变量情形，都是不成立的。

计算 $\mathbf{P}(s)$ 的递归算法　本节我们讨论计算偏滞后相关矩阵的一个递归程序。Ansley 和 Newbold（1979a）也提到了这个方法，并给出了 Durbin（1960）对单变量偏自相关的递归计算程序的向量形式的一般化。Box、Jenkins 和 Reinsel（1994，p. 87）对 Durbin 程序给出了一个很好的总结。

给定式（16.5.32）和式（16.5.33）的回归方程，对 $s\geqslant 2$，有

$$\mathbf{Z}_{t+s}=\sum_{k=1}^{s-1}\boldsymbol{\alpha}_{s-1,k}\mathbf{Z}_{t+s-k}+\mathbf{u}_{s-1,t+s} \tag{16.5.45}$$

$$\mathbf{Z}_{t}=\sum_{k=1}^{s-1}\boldsymbol{\beta}_{s-1,k}\mathbf{Z}_{t+k}+\mathbf{v}_{s-1,t} \tag{16.5.46}$$

考虑以下回归

$$\mathbf{Z}_{t+s+1}=\sum_{k=1}^{s}\boldsymbol{\alpha}_{s,k}\mathbf{Z}_{t+s+1-k}+\mathbf{u}_{s,t+s+1} \tag{16.5.47}$$

$$\mathbf{Z}_{t}=\sum_{k=1}^{s}\boldsymbol{\beta}_{s,k}\mathbf{Z}_{t+k}+\mathbf{v}_{s,t} \tag{16.5.48}$$

对应于偏滞后相关矩阵的定义，我们的兴趣在 $\mathbf{v}_{s,t}$ 和 $\mathbf{u}_{s,t+s+1}$。因此，我们需要计算式（16.5.47）和式（16.5.48）中的多元线性回归系数矩阵 $\boldsymbol{\alpha}_{s,k}$ 和 $\boldsymbol{\beta}_{s,k}$。令

$$\mathbf{u}_{s-1,t+s}=\boldsymbol{\alpha}_{s}^{\dagger}\mathbf{v}_{s-1,t}+\mathbf{u}_{t+s}^{\dagger} \tag{16.5.49}$$

是式（16.5.45）中的残差 $\mathbf{u}_{s-1,t+s}$ 对式（16.5.46）中的残差 $\mathbf{v}_{s-1,t}$ 进行回归，这里，多元线性回归系数由下式给出，

$$\boldsymbol{\alpha}_{s}^{\dagger}=\mathrm{Cov}(\mathbf{u}_{s-1,t+s},\mathbf{v}_{s-1,t})[\mathrm{Var}(\mathbf{v}_{s-1,t})]^{-1}=\mathbf{V}_{\mathbf{vu}}'(s)[\mathbf{V}_{\mathbf{v}}(s)]^{-1}$$

注意，由式（16.5.44），$\boldsymbol{\alpha}_{s}^{\dagger}$ 实际上等于滞后 s 阶的偏自回归矩阵。然而，从式（16.5.47）中，滞后 s 阶的偏自回归矩阵等于 $\boldsymbol{\alpha}_{s,s}$。因此，在回归关系（16.5.49）中，$\boldsymbol{\alpha}_{s}^{\dagger}=\boldsymbol{\alpha}_{s,s}$ 和 $\mathbf{u}_{t+s}^{\dagger}=\mathbf{u}_{s,t+s+1}$。将式（16.5.45）和式（16.5.46）中的 $\mathbf{u}_{s-1,t+s}$ 和 $\mathbf{v}_{s-1,t}$ 代入方程（16.5.49），得到

$$\mathbf{Z}_{t+s}-\sum_{k=1}^{s-1}\boldsymbol{\alpha}_{s-1,k}\mathbf{Z}_{t+s-k}=\boldsymbol{\alpha}_{s,s}\left(\mathbf{Z}_{t}-\sum_{k=1}^{s-1}\boldsymbol{\beta}_{s-1,k}\mathbf{Z}_{t+k}\right)+\mathbf{u}_{s,t+s+1}$$

因此，

$$\mathbf{Z}_{t+s}=\sum_{k=1}^{s-1}(\boldsymbol{\alpha}_{s-1,k}-\boldsymbol{\alpha}_{s,s}\boldsymbol{\beta}_{s-1,s-k})\mathbf{Z}_{t+s-k}+\boldsymbol{\alpha}_{s,s}\mathbf{Z}_{t}+\mathbf{u}_{s,t+s+1}$$

因为 $\mathbf{Z}_{t+s}$ 对载荷 $\mathbf{Z}_{t+s-1}$，…，$\mathbf{Z}_t$ 回归的多元线性回归系数矩阵与 $\mathbf{Z}_{t+s+1}$ 对载荷 $\mathbf{Z}_{t+s}$，…，

$\mathbf{Z}_{t+1}$回归的系数矩阵相同，故式（16.5.47）中的系数$\boldsymbol{\alpha}_{s,k}$可计算如下

$$\boldsymbol{\alpha}_{s,s}=\mathbf{V}'_{\mathbf{vu}}(s)[\mathbf{V}_{\mathbf{v}}(s)]^{-1}$$

和

$$\boldsymbol{\alpha}_{s,k}=\boldsymbol{\alpha}_{s-1,k}-\boldsymbol{\alpha}_{s,s}\boldsymbol{\beta}_{s-1,s-k} \tag{16.5.50}$$

同样，式（16.5.48）中的多元线性回归系数$\boldsymbol{\beta}_{s,k}$可通过考虑$\mathbf{v}_{s-1,t}$对$\mathbf{u}_{s-1,t+s}$回归得到，即

$$\boldsymbol{\beta}_{s,s}=\mathbf{V}_{\mathbf{vu}}(s)[\mathbf{V}_{\mathbf{u}}(s)]^{-1}$$

和

$$\boldsymbol{\beta}_{s,k}=\boldsymbol{\beta}_{s-1,k}-\boldsymbol{\beta}_{s,s}\boldsymbol{\alpha}_{s-1,s-k} \tag{16.5.51}$$

这个发展很自然地导致了下面的计算$\mathbf{P}(s)$的递归程序。这里，$\mathbf{V}_{\mathbf{u}}(s)$，$\mathbf{V}_{\mathbf{v}}(s)$和$\mathbf{V}_{\mathbf{vu}}(s)$可通过式（16.5.39）、式（16.5.41）和式（16.5.42）分别得到。对$s=1$，

$$\mathbf{V}_{\mathbf{u}}(1)=\mathbf{V}_{\mathbf{v}}(1)=\boldsymbol{\Gamma}(0)$$
$$\mathbf{V}_{\mathbf{vu}}(1)=\boldsymbol{\Gamma}(1)$$
$$\boldsymbol{\alpha}_{1,1}=\boldsymbol{\Gamma}'(1)[\boldsymbol{\Gamma}(0)]^{-1}$$
$$\boldsymbol{\beta}_{1,1}=\boldsymbol{\Gamma}(1)[\boldsymbol{\Gamma}(0)]^{-1}$$

当$s\geqslant 2$且$k=1$，…，$s-1$时，由式（16.5.39）可得，

$$\mathbf{V}_{\mathbf{u}}(s)=\boldsymbol{\Gamma}(0)-\sum_{k=1}^{s-1}\boldsymbol{\alpha}_{s-1,k}\boldsymbol{\Gamma}(k)$$

由式（16.5.41）可得，

$$\mathbf{V}_{\mathbf{v}}(s)=\boldsymbol{\Gamma}(0)-\sum_{k=1}^{s-1}\boldsymbol{\beta}_{s-1,k}\boldsymbol{\Gamma}'(k)$$

由式（16.5.42）可得，

$$\mathbf{V}_{\mathbf{vu}}(s)=\boldsymbol{\Gamma}(s)-\sum_{k=1}^{s-1}\boldsymbol{\Gamma}(s-k)\boldsymbol{\alpha}'_{s-1,k}$$
$$\boldsymbol{\alpha}_{s,s}=\mathbf{V}'_{\mathbf{vu}}(s)[\mathbf{V}_{\mathbf{v}}(s)]^{-1}$$
$$\boldsymbol{\alpha}_{s,k}=\boldsymbol{\alpha}_{s-1,k}-\boldsymbol{\alpha}_{s,s}\boldsymbol{\beta}_{s-1,s-k}$$
$$\boldsymbol{\beta}_{s,s}=\mathbf{V}_{\mathbf{vu}}(s)[\mathbf{V}_{\mathbf{u}}(s)]^{-1}$$
$$\boldsymbol{\beta}_{s,k}=\boldsymbol{\beta}_{s-1,k}-\boldsymbol{\beta}_{s,s}\boldsymbol{\alpha}_{s-1,s-k}$$

从式（16.5.43）可得滞后s阶的偏滞后相关矩阵为

$$\mathbf{P}(s)=[\mathbf{D}_{\mathbf{v}}(s)]^{-1}\mathbf{V}_{\mathbf{vu}}(s)[\mathbf{D}_{\mathbf{u}}(s)]^{-1}$$

其中，$\mathbf{D}_{\mathbf{v}}(s)$是对角矩阵，其第$i$个对角元素是$\mathbf{V}_{\mathbf{v}}(s)$的第$i$个对角元素的平方根，同样，$\mathbf{D}_{\mathbf{u}}(s)$对应于$\mathbf{V}_{\mathbf{u}}(s)$定义。

另外，我们注意到这个算法也给出了$\mathscr{P}(k)$，即偏自回归矩阵。拟合$\mathbf{Z}_t$为s阶向量自回归的矩阵系数可由$\boldsymbol{\Theta}_{s,k}=\boldsymbol{\alpha}_{s,k}$计算得到，见式（16.5.50）。

根据 Quenouille（1957，p. 40），Ansley 和 Newbold（1979a）定义滞后 s 阶的多元偏自相关矩阵为

$$\mathbf{Q}(s)=[\mathbf{W}_{\mathbf{u}}(s)]^{-1}\mathbf{V}'_{\mathbf{vu}}(s)[\mathbf{W}_{\mathbf{v}}(s)]^{-1} \tag{16.5.52}$$

其中，$\mathbf{W}_{\mathbf{u}}(s)$ 和 $\mathbf{W}_{\mathbf{v}}(s)$ 是 $\mathbf{V}_{\mathbf{u}}(s)$ 和 $\mathbf{V}_{\mathbf{v}}(s)$ 的对称平方根，满足 $[\mathbf{W}_{\mathbf{u}}(s)]^2=\mathbf{V}_{\mathbf{u}}(s)$ 和 $[\mathbf{W}_{\mathbf{v}}(s)]^2=\mathbf{V}_{\mathbf{v}}(s)$。与 $\mathscr{P}(s)$ 相同，$\mathbf{Q}(s)$ 不等于 $\mathbf{Z}_t$ 和 $\mathbf{Z}_{t+s}$ 元素之间考虑 $\mathbf{Z}_{t+1}$，…，$\mathbf{Z}_{t+s-1}$ 的相关系数矩阵。实际上，除了单变量情形中 $\mathscr{P}(s)=\mathbf{Q}(s)=\mathbf{P}(s)$ 外，它的元素并不是相关系数。

样本偏滞后相关矩阵 偏滞后相关矩阵的估计表示为 $\hat{\mathbf{P}}(s)$，可在 $\mathbf{P}(s)$ 中使用 $\hat{\mathbf{\Gamma}}(j)$ 代替 $\mathbf{\Gamma}(j)$ 得到，$j=0,1,\cdots,s-1$。因为 $\hat{\mathbf{P}}(s)$ 为适当的相关矩阵，故样本相关矩阵的结果可用于其推断。在 $\mathbf{Z}_t$ 是 $s-1$ 阶自回归过程的零假设下，两残差 $\mathbf{u}_{s-1,t+s}$ 和 $\mathbf{v}_{s-1,t}$ 是不相关的白噪声序列。利用 Quenouille（1957）和 Hannan（1970）的方法，$\hat{\mathbf{P}}(s)$ 的元素用 $\hat{P}_{ij}(s)$ 表示，独立同服从均值为 0、方差为 $1/n$ 的渐近正态分布。因此，我们可用 Tiao 和 Box 介绍的标记＋、－、·，分别表示 $\hat{P}_{ij}(s)$ 的值大于 $2/\sqrt{n}$、小于 $-2/\sqrt{n}$、在 $-2/\sqrt{n}$ 和 $2/\sqrt{n}$ 之间。另外，$n[\hat{P}_{ij}(s)]^2$ 的渐近分布是自由度为 1 的 χ^2 分布，这意味着

$$X(s)=n\sum_{i=1}^{m}\sum_{j=1}^{m}[\hat{P}_{ij}(s)]^2 \tag{16.5.53}$$

的渐近分布为自由度为 m^2 的 χ^2 分布。$X(s)$ 为确定自回归模型的阶数提供了诊断性帮助。

16.6 模型拟合和预报

一旦识别出式（16.3.1）中的向量 ARMA 模型，第 7 章对单变量情形讨论的方法可推广为估计联立参数矩阵 $\mathbf{\Phi}=(\mathbf{\Phi}_1,\cdots,\mathbf{\Phi}_p)$，$\mathbf{\Theta}=(\mathbf{\Theta}_1,\cdots,\mathbf{\Theta}_q)$ 和 $\mathbf{\Sigma}$。例如，给定来自零均值高斯向量 ARMA(p,q) 过程的 $\mathbf{Z}=(\mathbf{Z}_1,\cdots,\mathbf{Z}_n)$，对数似然函数为

$$\begin{aligned}\ln L(\mathbf{\Phi},\mathbf{\Theta},\mathbf{\Sigma}\mid\mathbf{Z})&=-\frac{nm}{2}\ln 2\pi-\frac{n}{2}\ln|\mathbf{\Sigma}|-\frac{1}{2}\sum_{t=1}^{n}\mathbf{a}'_t\mathbf{\Sigma}^{-1}\mathbf{a}_t\\&=-\frac{nm}{2}\ln 2\pi-\frac{n}{2}\ln|\mathbf{\Sigma}|-\frac{1}{2}\mathrm{tr}\mathbf{\Sigma}^{-1}\mathbf{S}(\mathbf{\Phi},\mathbf{\Theta})\end{aligned} \tag{16.6.1}$$

其中，

$$\mathbf{a}_t=\mathbf{Z}_t-\mathbf{\Phi}_1\mathbf{Z}_{t-1}-\cdots-\mathbf{\Phi}_p\mathbf{Z}_{t-p}+\mathbf{\Theta}_1\mathbf{a}_{t-1}+\cdots+\mathbf{\Theta}_q\mathbf{a}_{t-q} \tag{16.6.2}$$

和

$$\mathbf{S}(\mathbf{\Phi},\mathbf{\Theta})=\sum_{t=1}^{n}\mathbf{a}_t\mathbf{a}'_t \tag{16.6.3}$$

另外，因为对 $t\leqslant 0$，$\mathbf{Z}_t$ 不可得，故式（16.6.1）可由下列条件对数似然函数替代，

$$\ln L_*(\mathbf{\Phi},\mathbf{\Theta},\mathbf{\Sigma}|Z|)=-\frac{n-p}{2}\ln|(2\pi)^m\mathbf{\Sigma}|-\frac{1}{2}\mathrm{tr}\mathbf{\Sigma}^{-1}\mathbf{S}_*(\mathbf{\Phi},\mathbf{\Theta}) \tag{16.6.4}$$

其中，

$$\mathbf{S}_*(\mathbf{\Phi},\mathbf{\Theta})=\sum_{t=p+1}^{n}\mathbf{a}_t\mathbf{a}_t' \tag{16.6.5}$$

$\mathbf{a}_{p+1-q}$，…，$\mathbf{a}_p$ 假定为 0。显然，最大化对数似然函数一般导致非线性估计问题。

Nicholls（1976，1977）和 Anderson（1980）讨论了从式（16.6.4）得到的最大似然估计的性质。令 $\boldsymbol{\eta}$ 是所有参数向量，$\hat{\boldsymbol{\eta}}$ 是对应的最大似然估计。它们表明，$\hat{\boldsymbol{\eta}}$ 是渐近无偏和一致的，$\sqrt{n}(\boldsymbol{\eta}-\hat{\boldsymbol{\eta}})$ 具有渐近多元正态分布，即

$$\sqrt{n}(\hat{\boldsymbol{\eta}}-\boldsymbol{\eta})\xrightarrow{d}N(\mathbf{0},\mathbf{\Sigma}_{\hat{\eta}}) \tag{16.6.6}$$

这里，$\xrightarrow{d}$ 表示依分布收敛，$\mathbf{\Sigma}_{\hat{\eta}}$ 是信息矩阵的逆矩阵

$$\mathbf{\Sigma}_{\hat{\eta}}=\left[-E\left(\frac{\partial^2\ln L_*(\boldsymbol{\eta})}{\partial\boldsymbol{\eta}\partial\boldsymbol{\eta}'}\right)\right]^{-1} \tag{16.6.7}$$

且导数是在真实参数向量 $\boldsymbol{\eta}$ 下取值。

如果过程 $\mathbf{Z}_t$ 有非零均值向量 $\boldsymbol{\mu}$，它可由样本均值估计，即

$$\hat{\boldsymbol{\mu}}=\overline{\mathbf{Z}} \tag{16.6.8}$$

其中，$\overline{\mathbf{Z}}$ 是样本均值向量。然后从估计系数 $\boldsymbol{\eta}$ 之前的序列减去样本均值。可得，

$$\sqrt{n}(\hat{\boldsymbol{\mu}}-\boldsymbol{\mu})\xrightarrow{d}N(\mathbf{0},\mathbf{\Sigma}_{\hat{\mu}}) \tag{16.6.9}$$

这里，

$$\mathbf{\Sigma}_{\hat{\mu}}=[\mathbf{\Phi}(1)]^{-1}\mathbf{\Theta}(1)\mathbf{\Sigma}\mathbf{\Theta}'(1)[\mathbf{\Phi}'(1)]^{-1} \tag{16.6.10}$$

$\hat{\boldsymbol{\mu}}=\overline{\mathbf{Z}}$ 渐近独立于 $\hat{\boldsymbol{\eta}}$。因此，这个结果渐近地等价于用其他参数通过最大似然法联合估计 $\boldsymbol{\mu}$。

以下文献研究了向量时间序列的精确似然函数：Osborn（1977），Phadke 和 Kedem（1978），Hillmer 和 Tiao（1979），Nicholls 和 Hall（1979），Hannan、Dunsmuir 和 Deistler（1980）。估计算法很复杂，并且一般很慢。Tiao 和 Box 建议在模型建立的初始阶段使用条件方法，然后转向精确法。

向量时间序列的估计通常采用以下几个步骤。最初，我们估计系数矩阵的每一个元素。在开始的无约束拟合基础上，我们可考虑有约束拟合，仅保留统计上显著的系数，而令不显著的系数为 0。

一旦估计出来系数，我们就应当通过对下面残差的仔细诊断分析，检验拟合模型是否合适

$$\hat{\mathbf{a}}_t=\dot{\mathbf{Z}}_t-\hat{\mathbf{\Phi}}_1\dot{\mathbf{Z}}_{t-1}-\cdots-\hat{\mathbf{\Phi}}_p\dot{\mathbf{Z}}_{t-p}+\hat{\mathbf{\Theta}}_1\hat{\mathbf{a}}_{t-1}+\cdots+\hat{\mathbf{\Theta}}_q\hat{\mathbf{a}}_{t-q} \tag{16.6.11}$$

其中，若 $\boldsymbol{\mu}=\mathbf{0}$，则 $\dot{\mathbf{Z}}_t$ 表示 $\mathbf{Z}_t$，否则表示 $\mathbf{Z}_t-\hat{\boldsymbol{\mu}}$，$\hat{\mathbf{\Phi}}_i$ 和 $\hat{\mathbf{\Theta}}_j$ 分别是系数 $\mathbf{\Phi}_i$ 和 $\mathbf{\Theta}_j$ 的估计。模型合适，残差序列为白噪声序列。因此，$\hat{\mathbf{a}}_t$ 的相关矩阵应当不显著，不具有任何模式。

Hosking（1980）、Li 和 McLeod（1981）建议使用基于残差样本相关的总体 χ^2 检验。然而，对相关结构的深入考察可能揭示一些微妙的关系，这可为建议模型的改进指明一些方向。

对向量 ARMA 模型的预报可以按照与第 5 章讨论的单变量情形几乎一样的方式进行。以下概念可通过用向量或者矩阵代替标量，直接推广到多元情形：计算预报的递归公式（5.3.3），$\boldsymbol{\Psi}_j$ 权重式（5.2.3）或式（5.2.26）的计算，预报误差方差式（5.2.9），式（5.2.10）的预报极限，预报式（5.4.3）和式（5.4.4）的自回归表示，预报更新式（5.5.5）和最终预报函数式（5.6.2）。例如，l 步最小均方误差预报可如下递归计算

$$\begin{aligned}\hat{\mathbf{Z}}_n(\ell)=&\boldsymbol{\Phi}_1\hat{\mathbf{Z}}_n(\ell-1)+\cdots\\&+\boldsymbol{\Phi}_p\hat{Z}_n(\ell-p)-\boldsymbol{\Theta}_1E(\mathbf{a}_{n+\ell-1})-\cdots-\boldsymbol{\Theta}_qE(\mathbf{a}_{n+\ell-q})\end{aligned}\tag{16.6.12}$$

其中，当 $j\leqslant 0$ 时 $\hat{\mathbf{Z}}_n(j)=\mathbf{Z}_{n+j}$，$E(\mathbf{a}_{n+j})=\mathbf{a}_{n+j}$；当 $j>0$ 时，$E(\mathbf{a}_{n+j})=0$。预报误差方差-协方差矩阵由下式给出

$$\mathrm{Var}(\mathbf{e}_n(\ell))=\sum_{j=0}^{\ell-1}\boldsymbol{\Psi}_j\boldsymbol{\Sigma}\boldsymbol{\Psi}_j'\tag{16.6.13}$$

这里，$\boldsymbol{\Psi}_j$ 矩阵使用式（16.3.5）计算，且 $\boldsymbol{\Psi}_0=\boldsymbol{I}$。

16.7 实　例

回顾 14.3.5 节对 Lydia Pinkham 数据的分析，可知广告和销售之间存在前馈和反馈关系。现在我们应用前面几节介绍的联合向量时间序列方法来分析这些数据集。目前，仅有一些时间序列软件程序可用于对向量 ARMA 模型建模，包括 SCA、MTS 和 SAS 的最新版本。SCA 1997 执行由 Tiao 和 Box（1981）提出的偏自回归矩阵，MTS 是由自动预报系统公司（Automatic Forecasting Systems，Inc.）（1987）开发的一个多元时间序列程序，执行由 Heyse 和 Wei（1985a，b）提出的偏滞后相关矩阵。我们在下列分析中使用 MTS。

16.7.1 模型识别

令 $Z_{1,t}$ 为 1907—1960 年 Lydia Pinkham 数据的年度广告支出序列，$Z_{2,t}$ 为年度销售序列，其散点图见图 14－3。正如 14.3.5 节所表明的，需要对数据进行差分。表 16－1 和图 16－1 给出了样本相关矩阵及其对滞后 1 期到 10 期的广告和销售差分序列的指示符号。我们注意到，滞后 k 阶矩阵 $\hat{\boldsymbol{\rho}}(k)$ 的第（i，j）元素是 $\rho_{ij}(k)(i\leqslant j)$ 或者 $\rho_{ij}(-k)(i>j)$ 的估计。$\hat{\rho}_{11}(k)$ 的模式表明序列 $(1-B)Z_{1,t}$ 可能为低阶的 AR 模型，$\hat{\rho}_{22}(k)$ 的模式表明序列 $(1-B)Z_{2,t}$ 可能为 MA(1) 模型。

为得到更多线索，我们考察偏滞后相关矩阵函数及其指示符号以及表 16－2 所示的总体统计量。结论表明数据可能为 AR(2) 模型，即

$$(\boldsymbol{I}-\boldsymbol{\Phi}_1B-\boldsymbol{\Phi}_2B^2)(1-B)\mathbf{Z}_t=\mathbf{a}_t\tag{16.7.1}$$

其中，$\mathbf{Z}_t=[Z_{1,t}, Z_{2,t}]'$。

表 16-1　Lydia Pinkham 差分数据的样本相关矩阵

k	1	2	3	4	5
$\hat{\boldsymbol{\rho}}(k)$	$\begin{bmatrix}0.05 & 0.31\\0.22 & 0.43\end{bmatrix}$	$\begin{bmatrix}-0.40 & -0.15\\-0.14 & 0.10\end{bmatrix}$	$\begin{bmatrix}-0.09 & 0.07\\-0.06 & 0.07\end{bmatrix}$	$\begin{bmatrix}0.43 & 0.28\\0.16 & -0.11\end{bmatrix}$	$\begin{bmatrix}0.04 & 0.19\\-0.14 & 0.03\end{bmatrix}$
	$\begin{bmatrix}\cdot & +\\\cdot & +\end{bmatrix}$	$\begin{bmatrix}- & \cdot\\\cdot & \cdot\end{bmatrix}$	$\begin{bmatrix}\cdot & \cdot\\\cdot & \cdot\end{bmatrix}$	$\begin{bmatrix}+ & +\\\cdot & \cdot\end{bmatrix}$	$\begin{bmatrix}\cdot & \cdot\\\cdot & \cdot\end{bmatrix}$
k	6	7	8	9	10
$\hat{\boldsymbol{\rho}}(k)$	$\begin{bmatrix}-0.34 & -0.19\\-0.30 & -0.16\end{bmatrix}$	$\begin{bmatrix}-0.07 & 0.01\\-0.19 & -0.13\end{bmatrix}$	$\begin{bmatrix}0.16 & 0.09\\0.03 & -0.14\end{bmatrix}$	$\begin{bmatrix}0.09 & 0.02\\0.03 & -0.21\end{bmatrix}$	$\begin{bmatrix}-0.20 & 0.05\\0.20 & -0.08\end{bmatrix}$
	$\begin{bmatrix}- & \cdot\\- & \cdot\end{bmatrix}$	$\begin{bmatrix}\cdot & \cdot\\\cdot & \cdot\end{bmatrix}$	$\begin{bmatrix}\cdot & \cdot\\\cdot & \cdot\end{bmatrix}$	$\begin{bmatrix}\cdot & \cdot\\\cdot & \cdot\end{bmatrix}$	$\begin{bmatrix}\cdot & \cdot\\\cdot & \cdot\end{bmatrix}$

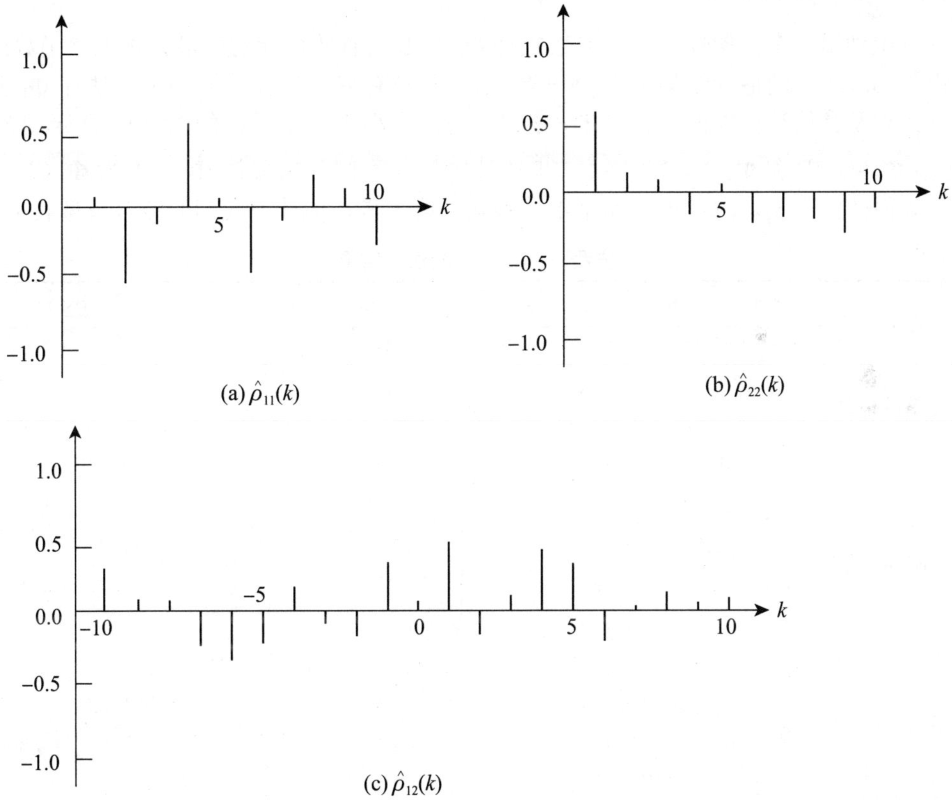

图 16-1　Lydia Pinkham 数据的样本自相关和互相关

表 16-2　Lydia Pinkham 差分数据的样本偏滞后相关矩阵函数

k	$\hat{\boldsymbol{\rho}}(k)$	指示符号	$X(k)$	P值
1	$\begin{bmatrix}0.05 & 0.31\\0.22 & 0.43\end{bmatrix}$	$\begin{bmatrix}\cdot & +\\\cdot & +\end{bmatrix}$	17.59	0.001

续表

k	$\hat{\boldsymbol{\rho}}(k)$	指示符号	$X(k)$	P值
2	$\begin{bmatrix}-0.53 & -0.28\\ -0.32 & -0.10\end{bmatrix}$	$\begin{bmatrix}- & -\\ - & .\end{bmatrix}$	25.00	0.000
3	$\begin{bmatrix}-0.12 & -0.04\\ 0.21 & 0.09\end{bmatrix}$	$\begin{bmatrix}. & .\\ . & .\end{bmatrix}$	3.61	0.479
4	$\begin{bmatrix}0.24 & 0.05\\ 0.21 & -0.01\end{bmatrix}$	$\begin{bmatrix}. & .\\ . & .\end{bmatrix}$	5.53	0.242
5	$\begin{bmatrix}-0.11 & -0.32\\ 0.16 & -0.02\end{bmatrix}$	$\begin{bmatrix}. & -\\ . & .\end{bmatrix}$	7.45	0.115
6	$\begin{bmatrix}-0.07 & -0.20\\ -0.06 & -0.05\end{bmatrix}$	$\begin{bmatrix}. & .\\ . & .\end{bmatrix}$	2.70	0.618

16.7.2　参数估计

一旦识别出一个试探性模型，参数矩阵 $\boldsymbol{\Phi}_i$ 和 $\boldsymbol{\Sigma}$ 的有效估计就由最大化似然函数决定。对方程（16.7.1）的估计结果见表 16－3。估计参数有三个步骤。第一步，估计 $\boldsymbol{\Phi}_1$ 和 $\boldsymbol{\Phi}_2$ 的所有元素及其估计标准误。第二步，若 $\boldsymbol{\Phi}_2$ 的元素小于其 1.5 倍的估计标准误，就设为 0，包括 $\boldsymbol{\Phi}_2(1,2)$和 $\boldsymbol{\Phi}_2(2,2)$。第二步估计之后，我们开始关注 $\hat{\boldsymbol{\Phi}}_1$。因为 $\boldsymbol{\Phi}_1(2,1)$小于其 1.5 倍的标准误，故它也从模型中被剔除。第三步，估计把我们的拟合模型表示为

表 16－3　　方程（16.7.1）的估计结果

	$\hat{\boldsymbol{\Phi}}_1$	$\hat{\boldsymbol{\Phi}}_2$	$\hat{\boldsymbol{\Sigma}}$
（1）完整的模型	$\begin{bmatrix}-0.26 & 0.55\\ (0.14) & (0.14)\\ -0.09 & 0.51\\ (0.17) & (0.16)\end{bmatrix}$	$\begin{bmatrix}-0.49 & -0.03\\ (0.14) & (0.14)\\ -0.32 & 0.08\\ (0.16) & (0.17)\end{bmatrix}$	$\begin{bmatrix}31.28 & \\ 17.16 & 42.92\end{bmatrix}$
（2）中间的模型	$\begin{bmatrix}-0.26 & 0.54\\ (0.14) & (0.13)\\ -0.08 & 0.53\\ (0.16) & (0.16)\end{bmatrix}$	$\begin{bmatrix}-0.51 & 0\\ (0.12) & \\ -0.27 & 0\\ (0.13) & \end{bmatrix}$	$\begin{bmatrix}31.32 & \\ 17.07 & 43.11\end{bmatrix}$
（3）最后的模型	$\begin{bmatrix}-0.26 & 0.54\\ (0.14) & (0.13)\\ 0 & 0.48\\ & (0.13)\end{bmatrix}$	$\begin{bmatrix}-0.51 & 0\\ (0.12) & \\ -0.27 & 0\\ (0.13) & \end{bmatrix}$	$\begin{bmatrix}31.32 & \\ 17.05 & 43.30\end{bmatrix}$

$$\left\{\begin{bmatrix}1 & 0\\ 0 & 1\end{bmatrix}-\begin{bmatrix}-0.26 & 0.54\\ 0 & 0.48\end{bmatrix}B-\begin{bmatrix}-0.51 & 0\\ -0.27 & 0\end{bmatrix}B^2\right\}\begin{bmatrix}(1-B)Z_{1,t}\\ (1-B)Z_{2,t}\end{bmatrix}=\begin{bmatrix}a_{1,t}\\ a_{2,t}\end{bmatrix} \tag{16.7.2}$$

和

$$\hat{\boldsymbol{\Sigma}}=\begin{bmatrix}31.32 & 17.05\\ 17.05 & 43.30\end{bmatrix}$$

16.7.3　诊断检验

为防止模型误设，对残差序列 $\hat{\mathbf{a}}_t=\mathbf{Z}_t-\hat{\mathbf{\Phi}}_1\mathbf{Z}_{t-1}-\hat{\mathbf{\Phi}}_2\mathbf{Z}_{t-2}$ 进行详细的诊断分析是有必要的。这个分析包括对标准残差按时间作散点图，分析残差相关矩阵。表 16－4 给出了残差相关矩阵及其滞后 1 期到 4 期的指示符号，它表明有约束 AR(2)模型式（16.7.2）给出了数据的恰当表示。

表 16－4　**式（16.7.2）的残差相关矩阵**

k	1	2	3	4
$\hat{\boldsymbol{\rho}}(k)$	$\begin{bmatrix}-0.04 & -0.01\\ -0.08 & -0.01\end{bmatrix}$	$\begin{bmatrix}0.03 & -0.04\\ -0.01 & 0.01\end{bmatrix}$	$\begin{bmatrix}-0.19 & 0.07\\ -0.15 & 0.04\end{bmatrix}$	$\begin{bmatrix}0.16 & 0.09\\ -0.04 & 0.01\end{bmatrix}$
	$\begin{bmatrix}\cdot & \cdot\\ \cdot & \cdot\end{bmatrix}$	$\begin{bmatrix}\cdot & \cdot\\ \cdot & \cdot\end{bmatrix}$	$\begin{bmatrix}\cdot & \cdot\\ \cdot & \cdot\end{bmatrix}$	$\begin{bmatrix}\cdot & \cdot\\ \cdot & \cdot\end{bmatrix}$

16.7.4　预　报

为便于说明，我们使用方程（16.7.2）从预报初始期 $t=54$ 计算 $\mathbf{Z}_{55}$ 的向前一步预报。首先，我们注意到乘以矩阵并重组项之后，可把方程（16.7.2）改写为

$$\begin{aligned}Z_{1,t}=&0.74Z_{1,t-1}+0.54Z_{2,t-1}-0.25Z_{1,t-2}\\&-0.54Z_{2,t-2}+0.51Z_{1,t-3}+a_{1,t}\end{aligned}\tag{16.7.3}$$

和

$$Z_{2,t}=1.48Z_{2,t-1}-0.27Z_{1,t-2}-0.48Z_{2,t-2}+0.27Z_{1,t-3}+a_{2,t}\tag{16.7.4}$$

因此，给定 $Z_{1,1}=608$，…，$Z_{1,52}=639$，$Z_{1,53}=644$，$Z_{1,54}=564$，$Z_{2,1}=1\,016$，…，$Z_{2,52}=1\,390$，$Z_{2,53}=1\,387$，$Z_{2,54}=1\,289$，我们有

$$\begin{aligned}\hat{Z}_{1,54}(1)&=E(Z_{1,55}\mid Z_{1,t},\ Z_{2,t},\ t\leqslant 54)\\&=0.74Z_{1,54}+0.54Z_{2,54}-0.25Z_{1,53}-0.54Z_{2,53}+0.51Z_{1,52}\\&=0.74\times 564+0.54\times 1\,289-0.25\times 644\\&\quad -0.54\times 1\,387+0.51\times 639\\&=529.33\end{aligned}$$

$$\begin{aligned}\hat{Z}_{2,54}(1)&=E(Z_{2,55}\mid Z_{1,t},\ Z_{2,t},\ t\leqslant 54)\\&=1.48Z_{2,54}-0.27Z_{1,53}-0.48Z_{2,53}+0.27Z_{1,52}\\&=1.48\times 1\,289-0.27\times 644-0.48\times 1\,387+0.27\times 639\\&=1\,240.61\end{aligned}$$

令 $e_{1,1}=Z_{1,55}-\hat{Z}_{1,54}(1)$ 和 $e_{2,1}=Z_{2,55}-\hat{Z}_{2,54}(1)$ 为向前一步预报误差。注意 $e_{1,1}=a_{1,55}$ 和 $e_{2,1}=a_{2,55}$，$[e_{1,1},\ e_{2,1}]'$ 的预报误差方差为

$$\hat{\mathbf{\Sigma}}=\begin{bmatrix}31.32 & 17.05\\ 17.05 & 43.30\end{bmatrix}$$

因此，$\mathrm{Var}(e_{1,1})=31.32$，$\mathrm{Var}(e_{2,1})=43.30$，$\mathrm{Cov}(e_{1,1},\ e_{2,1})=17.05$。

16.7.5 进一步评论

由方程（16.7.2），我们得到 $\Phi_1(1,\ 2)>0$。从转换函数模型的残差序列估计的互相关函数，如表 14-9 所示，我们猜测数据中存在销售主导广告的反馈关系。这个结论与我们的猜测是一致的。由式（16.7.3）给出的广告的预报方程可见，这个反馈关系甚至更加明显。

从式（16.7.3）和式（16.7.4）中，我们不应得出销售和广告之间不存在同期关系的结论。在我们的 ARMA 模型表示中，我们选取 $\boldsymbol{\Phi}_0=\boldsymbol{\Theta}_0=\boldsymbol{I}$，它只是新息 $\mathbf{a}_t$ 的方差-协方差矩阵 $\boldsymbol{\Sigma}$ 的一般形式。因此，向量序列分量之间的同期关系可通过 $\boldsymbol{\Sigma}$ 的下三角元素建模。我们可以从式（16.7.2）的 $\hat{\boldsymbol{\Sigma}}$ 估计残差 $\hat{a}_{1,t}$ 和 $\hat{a}_{2,t}$ 之间的相关系数，即 $\hat{\rho}_{\hat{a}_{1,t},\hat{a}_{2,t}}=17.5/\sqrt{31.32\times43.30}=0.46$。这个估计表明，广告和销售也是同期相关的。当变量之间存在反馈关系时，联合向量模型相对于转换函数模型的优势是明显的。然而，我们必须强调，以上结论并不意味着我们提出的向量模型是描述 Lydia Pinkham 医药公司广告和销售现象的最佳模型。模型的建立是一个精妙的过程，它需要对相关的研究主题有相当好的理解和掌握。在这个例子中，这些问题包括销售、市场和公司的运作。以上例子用于说明向量时间序列模型和它对只有过去观测可用的数据集的含义。对于利用其他外部信息对 Lydia Pinkham 数据建立模型进行的有趣研究，读者可参见 Palda（1964）及其他文献。

16.8 向量过程的谱性质

12.1 节和 14.5 节对单变量和双变量过程的谱结论很容易推广到 m 维向量过程。对联合平稳 m 维向量过程 $\mathbf{Z}_t=[Z_{1,t},\ Z_{2,t},\ \cdots,\ Z_{m,t}]'$，$\mathbf{Z}_t$ 的谱表示为

$$\mathbf{Z}_t=\int_{-\pi}^{\pi}e^{i\omega t}\,d\boldsymbol{U}(\omega) \tag{16.8.1}$$

其中，$d\boldsymbol{U}(\omega)=[dU_1(\omega),\ dU_2(\omega),\ \cdots,\ dU_m(\omega)]'$，$dU_i(\omega)$，$i=1,\ 2,\ \cdots,\ m$，都是正交的，也是互交的。协方差矩阵函数的谱表示为

$$\boldsymbol{\Gamma}(k)=\int_{-\pi}^{\pi}e^{i\omega k}\,d\boldsymbol{F}(\omega) \tag{16.8.2}$$

其中，

$$\begin{aligned}d\boldsymbol{F}(\omega)&=E\{d\boldsymbol{U}(\omega)\,d\boldsymbol{U}^*(\omega)\}\\&=[E\{dU_i(\omega)\,dU_j^*(\omega)\}]\\&=[dF_{ij}(\omega)]\end{aligned} \tag{16.8.3}$$

$d\boldsymbol{U}^*(\omega)$ 是 $d\boldsymbol{U}(\omega)$ 复共轭的转置，$\boldsymbol{F}(\omega)$ 为 $\mathbf{Z}_t$ 的谱分布矩阵函数。对角线元素 $F_{ii}(\omega)$ 是 $Z_{i,t}$ 的谱分布函数，非对角线元素 $F_{ij}(\omega)$ 是 $Z_{i,t}$ 和 $Z_{j,t}$ 之间的互谱分布函数。

如果协方差矩阵函数在如下意义上是绝对可加的，即 $m\times m$ 序列 $\gamma_{ij}(k)$ 的每一个元素

都是绝对可加的，那么谱矩阵或谱密度矩阵函数存在且为

$$\begin{aligned} \boldsymbol{f}(\omega)\,\mathrm{d}\omega &= \mathrm{d}\boldsymbol{F}(\omega) \\ &= [\mathrm{d}F_{ij}(\omega)] \\ &= [f_{ij}(\omega)\,\mathrm{d}\omega] \end{aligned} \tag{16.8.4}$$

因此，我们有

$$\boldsymbol{\Gamma}(k)=\int_{-\pi}^{\pi} e^{i\omega k}\boldsymbol{f}(\omega)\,\mathrm{d}\omega \tag{16.8.5}$$

和

$$\boldsymbol{f}(\omega)=\frac{1}{2\pi}\sum_{k=-\infty}^{\infty}\boldsymbol{\Gamma}(k)\,e^{-iwk} \tag{16.8.6}$$

式（16.8.4）的元素 $f_{ii}(\omega)$ 为 $Z_{i,t}$ 的谱或者谱密度，元素 $f_{ij}(\omega)$ 为 $Z_{i,t}$ 和 $Z_{j,t}$ 的互谱或者互谱密度。很容易看出，谱密度矩阵函数 $\boldsymbol{f}(\omega)$ 是半正定的，即 $\boldsymbol{c}'\boldsymbol{f}(\omega)\boldsymbol{c}\geqslant 0$，对任意非零 m 维复向量 $\boldsymbol{c}$ 均成立。$\boldsymbol{f}(\omega)$ 也是 Hermitian 矩阵，即

$$\boldsymbol{f}^{*}(\omega)=\boldsymbol{f}(\omega) \tag{16.8.7}$$

因此，$f_{ij}(\omega)=f_{ji}^{*}(\omega)$，对所有 i 和 j 均成立。

实际上，双变量频域分析的结果也可用于多元情形。特别地，共谱、相谱、增益函数和一致性现在可定义为 $\mathbf{Z}_t$ 的任意一对分量过程。

附录 16.A　多元线性回归模型

令 Y_1，…，Y_m 为 m 个响应变量或者因变量，X_1，…，X_r 为 r 个预测变量或者自变量的集合。假定每一响应变量都有多重回归，满足

$$\begin{aligned} Y_1 &= \beta_{01}+\beta_{11}X_1+\cdots+\beta_{r1}X_r+a_1 \\ Y_2 &= \beta_{02}+\beta_{12}X_1+\cdots+\beta_{r2}X_r+a_2 \\ &\vdots \\ Y_m &= \beta_{0m}+\beta_{1m}X_1+\cdots+\beta_{rm}X_r+a_m \end{aligned} \tag{16.A.1}$$

其中，误差项 $\mathbf{a}=[a_1，\cdots，a_m]'$ 有均值 $E(\mathbf{a})=\mathbf{0}$，方差-协方差 $\mathrm{Var}(\mathbf{a})=\boldsymbol{\Sigma}$。现在假定，方程组（16.A.1）总共有 N 次试验，令 $\mathbf{Y}_i=[Y_{i1}，\cdots，Y_{im}]'$ 表示第 i 次试验的响应，$[1，X_{i1}，\cdots，X_{ir}]$ 表示第 i 次试验的常数项和预测变量，$\mathbf{a}_i=[a_{i1}，\cdots，a_{im}]'$ 表示对应的误差。我们可用矩阵形式把方程组表示为

$$\begin{bmatrix} Y_{11} & Y_{12} & \cdots & Y_{1m} \\ \vdots & \vdots & & \vdots \\ Y_{N1} & Y_{N2} & \cdots & Y_{Nm} \end{bmatrix} = \begin{bmatrix} 1 & X_{11} & \cdots & X_{1r} \\ \vdots & \vdots & & \vdots \\ 1 & X_{N1} & \cdots & X_{Nr} \end{bmatrix} \begin{bmatrix} \beta_{01} & \beta_{02} & \cdots & \beta_{0m} \\ \vdots & \vdots & & \vdots \\ \beta_{r1} & \beta_{r2} & \cdots & \beta_{rm} \end{bmatrix} + \begin{bmatrix} a_{11} & a_{12} & \cdots & a_{1m} \\ \vdots & \vdots & & \vdots \\ a_{N1} & a_{N2} & \cdots & a_{Nm} \end{bmatrix} \tag{16.A.2}$$

或者进一步写为，

$$\underset{N\times m}{\mathbf{Y}}=\underset{N\times(r+1)}{\mathbf{X}}\underset{(r+1)\times m}{\boldsymbol{\beta}}+\underset{N\times m}{\boldsymbol{\varepsilon}} \tag{16. A. 3}$$

其中，$\mathbf{Y}$、$\mathbf{X}$、$\boldsymbol{\beta}$ 和 $\boldsymbol{\varepsilon}$ 分别表示响应、预测、参数和误差矩阵。为清晰起见，我们在它们下面列出其维度。如果 $i\neq j$ 时 $\mathbf{a}_i$ 和 $\mathbf{a}_j$ 无关，那么误差形式变为

$$E(\boldsymbol{\varepsilon})=\mathbf{0} \tag{16. A. 4a}$$

且

$$\mathrm{Var}(\boldsymbol{\varepsilon})=\boldsymbol{\Sigma}\otimes\boldsymbol{I}_N \tag{16. A. 4b}$$

式（16. A. 2）或者式（16. A. 3）给出的模型就是所谓的多元线性回归模型。

进一步假定，对于任意 $i=1$，2，…，N，秩$(\mathbf{X})=(r+1)<N$ 和$\mathbf{a}_i\sim N(\mathbf{0},\ \boldsymbol{\Sigma})$ 成立。我们可得出以下结论：

（1）$\boldsymbol{\beta}$ 的最大似然估计为 $\hat{\boldsymbol{\beta}}=(\mathbf{X}'\mathbf{X})^{-1}\mathbf{X}'\mathbf{Y}$。

（2）$\hat{\boldsymbol{\beta}}\sim N[\beta,\ \boldsymbol{\Sigma}\otimes(\mathbf{X}'\mathbf{X})^{-1}]$。

（3）$\boldsymbol{\Sigma}$ 的最大似然估计为 $\hat{\boldsymbol{\Sigma}}=\dfrac{\hat{\boldsymbol{\varepsilon}}'\hat{\boldsymbol{\varepsilon}}}{N}=\dfrac{(\mathbf{Y}-\mathbf{X}\hat{\boldsymbol{\beta}})'(\mathbf{Y}-\mathbf{X}\hat{\boldsymbol{\beta}})}{N}$，$N\hat{\boldsymbol{\Sigma}}\sim W_{N-r-1}(\boldsymbol{\Sigma})$，即自由度为（$N-r-1$）的 Wishart 分布。

（4）$\hat{\boldsymbol{\beta}}$ 和 $\hat{\boldsymbol{\Sigma}}$ 是独立的。

（5）$L(\hat{\boldsymbol{\beta}},\ \hat{\boldsymbol{\Sigma}})=\dfrac{e^{-Nm/2}}{(2\pi)^{Nm/2}\,|\hat{\boldsymbol{\Sigma}}|^{N/2}}$，其中 $L(\cdot)$是似然函数。

在某些应用中，人们会关注检验这样的原假设：一些预测变量是不必要的。我们把这些预报变量标为 $[X_{k+1},\ X_{k+2},\ \cdots,\ X_r]$，第 i 个响应的对应系数为 $[\beta_{(k+1)i},\ \beta_{(k+2)i},\ \cdots,\ \beta_{ri}]$，$i=1$，…，$m$。由式（16. A. 3）给出的 N 次试验对矩阵 $\mathbf{X}$ 和 $\boldsymbol{\beta}$ 做相应的分解，即

$$\mathbf{X}=\left[\underset{N\times(k+1)}{\mathbf{X}_1}\quad\underset{N\times(r-k)}{\mathbf{X}_2}\right]$$

$$\boldsymbol{\beta}=\begin{bmatrix}\underset{(k+1)\times m}{\boldsymbol{\beta}_{(1)}}\\ \underset{(r-k)\times m}{\boldsymbol{\beta}_{(2)}}\end{bmatrix}$$

我们可将式（16. A. 3）改写为

$$\underset{N\times m}{\mathbf{Y}}=\underset{N\times(r+1)}{\mathbf{X}}\underset{(r+1)\times m}{\boldsymbol{\beta}}+\underset{N\times m}{\boldsymbol{\varepsilon}}=[\mathbf{X}_1\quad\mathbf{X}_2]\begin{bmatrix}\boldsymbol{\beta}_{(1)}\\ \boldsymbol{\beta}_{(2)}\end{bmatrix}+\boldsymbol{\varepsilon} \tag{16. A. 5}$$

假设预报算子 $\mathbf{X}_2$ 是不必要的，等价于检验 H_0：$\boldsymbol{\beta}_{(2)}=\mathbf{0}$，对应于 H_1：$\boldsymbol{\beta}_{(2)}\neq\mathbf{0}$。在这个假设下，我们有

$$\underset{N\times m}{\mathbf{Y}}=\underset{N\times(k+1)}{\mathbf{X}_1}\underset{(k+1)\times m}{\boldsymbol{\beta}_{(1)}}+\underset{N\times m}{\boldsymbol{\varepsilon}} \tag{16. A. 6}$$

假设

$$\hat{\boldsymbol{\beta}}_{(1)}=(\mathbf{X}_1'\mathbf{X}_1)^{-1}\mathbf{X}_1'\mathbf{Y} \tag{16. A. 7}$$

是简化模型（16. A. 6）中 $\boldsymbol{\beta}$ 的估计。在这种情形下，$\boldsymbol{\Sigma}$ 的估计变为

$$\hat{\boldsymbol{\Sigma}}_1=\frac{\hat{\boldsymbol{\varepsilon}}'\hat{\boldsymbol{\varepsilon}}}{N}=\frac{(\mathbf{Y}-\mathbf{X}_1\hat{\boldsymbol{\beta}}_{(1)})'(\mathbf{Y}-\mathbf{X}_1\hat{\boldsymbol{\beta}}_{(1)})}{N} \tag{16. A. 8}$$

和

$$L(\hat{\boldsymbol{\beta}}_{(1)},\hat{\boldsymbol{\Sigma}}_1)=\frac{e^{-Nm/2}}{(2\pi)^{Nm/2}|\hat{\boldsymbol{\Sigma}}_1|^{N/2}} \tag{16. A. 9}$$

令 $\boldsymbol{\Omega}$ 是式（16. A. 3）的初始系数空间，$\boldsymbol{\Omega}_0$ 是 H_0 下的简化系数空间。我们可用似然比检验

$$\Lambda=\left[\frac{\max\limits_{\boldsymbol{\Omega}_0} L(\boldsymbol{\beta},\boldsymbol{\Sigma})}{\max\limits_{\boldsymbol{\Omega}} L(\boldsymbol{\beta},\boldsymbol{\Sigma})}\right]=\left[\frac{L(\hat{\boldsymbol{\beta}}_{(1)},\hat{\boldsymbol{\Sigma}}_1)}{L(\hat{\boldsymbol{\beta}},\hat{\boldsymbol{\Sigma}})}\right]=\left(\frac{|\hat{\boldsymbol{\Sigma}}|}{|\hat{\boldsymbol{\Sigma}}_1|}\right)^{N/2}$$

已知

$$\begin{aligned}-2\ln\Lambda&=-2\ln\left[\frac{\max\limits_{\boldsymbol{\Omega}_0} L(\boldsymbol{\beta},\boldsymbol{\Sigma})}{\max\limits_{\boldsymbol{\Omega}} L(\boldsymbol{\beta},\boldsymbol{\Sigma})}\right]\\&=-2\ln\left[\frac{L(\hat{\boldsymbol{\beta}}_{(1)},\hat{\boldsymbol{\Sigma}}_1)}{L(\hat{\boldsymbol{\beta}},\hat{\boldsymbol{\Sigma}})}\right]=-N\ln\left(\frac{|\hat{\boldsymbol{\Sigma}}|}{|\hat{\boldsymbol{\Sigma}}_1|}\right)\end{aligned} \tag{16. A. 10}$$

它近似服从自由度等于[$\dim(\boldsymbol{\Omega})-\dim(\boldsymbol{\Omega}_0)$]的卡方分布，即 $\chi^2((r-k)m)$。为更好地近似，我们可使用 Bartlett（1947）的修正统计量

$$-\left[N-\frac{1}{2}(m+r+k+1)\right]\ln\left[\frac{|\hat{\boldsymbol{\Sigma}}|}{|\hat{\boldsymbol{\Sigma}}_1|}\right] \tag{16. A. 11}$$

很明显，$0<\Lambda\leqslant 1$。当 Λ 很小或 $-2\ln\Lambda$ 和 Bartlett 修正统计量很大时，我们拒绝原假设。

对向量 AR(p) 模型，我们有

$$\mathbf{Z}_t=\boldsymbol{\tau}+\boldsymbol{\Phi}_1\mathbf{Z}_{t-1}+\cdots+\boldsymbol{\Phi}_p\mathbf{Z}_{t-p}+\mathbf{a}_t \tag{16. A. 12}$$

其中，$\mathbf{Z}_t=[Z_{1,t},\ \cdots,\ Z_{m,t}]'$，$\boldsymbol{\tau}=[\tau_1,\ \cdots,\ \tau_m]'$，$\boldsymbol{\Phi}_i$ 是 $m\times m$ 系数矩阵，a_t 是高斯向量白噪声 $N(\mathbf{0},\ \boldsymbol{\Sigma})$。因此，

$$\begin{aligned}Z_{1,t}&=\tau_1+\phi_{1,11}Z_{1,t-1}+\cdots+\phi_{1,1m}Z_{m,t-1}+\cdots+\phi_{p,11}Z_{1,t-p}+\cdots\\&\quad+\phi_{p,1m}Z_{m,t-p}+a_{1,t}\\&\vdots\\Z_{m,t}&=\tau_m+\phi_{1,m1}Z_{1,t-1}+\cdots+\phi_{1,mm}Z_{m,t-1}+\cdots+\phi_{p,m1}Z_{1,t-p}+\cdots\\&\quad+\phi_{p,mm}Z_{m,t-p}+a_{m,t}\end{aligned} \tag{16. A. 13}$$

当检验假设

$$\begin{cases} H_0: \boldsymbol{\Phi}_p = \mathbf{0} \\ H_a: \boldsymbol{\Phi}_p \neq \mathbf{0} \end{cases} \tag{16.A.14}$$

时，我们有 $N=(n-p)$，$r=pm$ 和 $k=(p-1)m$。

练　习

16.1 确定以下二维向量模型的平稳性和可逆性：

(a) $(\boldsymbol{I}-\boldsymbol{\Phi}_1 B)\mathbf{Z}_t=\mathbf{a}_t$，其中 $\boldsymbol{\Phi}_1=\begin{bmatrix}0.8 & 0.3\\ 0.1 & 0.6\end{bmatrix}$，$\boldsymbol{\Sigma}=\boldsymbol{I}$。

(b) $(\boldsymbol{I}-\boldsymbol{\Phi}_1 B)\mathbf{Z}_t=\mathbf{a}_t$，其中 $\boldsymbol{\Phi}_1=\begin{bmatrix}0.4 & 0.2\\ -0.2 & 0.8\end{bmatrix}$，$\mathbf{a}_t\sim N\left(\mathbf{0},\ \begin{bmatrix}4 & 1\\ 1 & 2\end{bmatrix}\right)$。

(c) $\mathbf{Z}_t=(\boldsymbol{I}-\boldsymbol{\Theta}_1 B)\mathbf{a}_t$，其中 $\boldsymbol{\Theta}_1=\begin{bmatrix}0.6 & 1.2\\ 0.4 & 0.8\end{bmatrix}$，$\boldsymbol{\Sigma}=\boldsymbol{I}$。

(d) $(\boldsymbol{I}-\boldsymbol{\Phi}_1 B)\mathbf{Z}_t=(\boldsymbol{I}-\boldsymbol{\Theta}_1 B)\mathbf{a}_t$，其中

$$\boldsymbol{\Phi}_1=\begin{bmatrix}0.8 & 0.3\\ 0.1 & 0.6\end{bmatrix},$$

$$\boldsymbol{\Theta}_1=\begin{bmatrix}0.4 & 0.2\\ 0.3 & 0.6\end{bmatrix},\ \boldsymbol{\Sigma}=\boldsymbol{I}$$

(e) $(\boldsymbol{I}-\boldsymbol{\Phi}_1 B)\mathbf{Z}_t=(\boldsymbol{I}-\boldsymbol{\Theta}_1 B)\mathbf{a}_t$ 和 $\mathbf{a}_t\sim N(\mathbf{0},\ \boldsymbol{\Sigma})$，其中

$$\boldsymbol{\Phi}_1=\begin{bmatrix}1 & 0.5\\ 1 & -0.5\end{bmatrix},\ \boldsymbol{\Theta}_1=\begin{bmatrix}0.5 & 0.6\\ 0.7 & 0.8\end{bmatrix},\ \boldsymbol{\Sigma}=\begin{bmatrix}1 & 1\\ 1 & 4\end{bmatrix}$$

16.2 考虑以下简单的需求供给模型：

$Q_t=\alpha_0+\alpha_1 P_t+a_{1,t}$（需求）

$Q_t=\beta_0+\beta_1 P_{t-1}+a_{2,t}$（供给）

其中，Q_t 表示 t 时的总需求，P_t 表示 t 时的价格，$\mathbf{a}_t=[a_{1,t},\ a_{2,t}]'$是二维平稳向量过程。

(a) 如果 $\mathbf{a}_t$ 是向量白噪声过程，用$[Q_t,\ P_t]'$把模型表示为联合向量过程。

(b) 假设 $a_{1,t}=(1-\theta_{11}B)b_{1,t}$，$a_{2,t}=(1-\theta_{22}B)b_{2,t}$，其中 $\mathbf{b}_t=[b_{1,t},\ b_{2,t}]'$是向量白噪声过程，重复（a）的问题。

16.3 求出练习 16.1 中模型的边际过程 $Z_{1,t}$。

16.4 考虑练习 16.1 给出的模型。

(a) 求出协方差矩阵函数 $\boldsymbol{\Gamma}(k)$，$k=0,\ \pm1,\ \pm2,\ \pm3$。

(b) 求出相关矩阵函数 $\boldsymbol{\rho}(k)$，$k=\pm1,\ \pm2,\ \pm3$。

16.5 求出练习 16.1(d) 和（e）给出的模型的 AR 和 MA 表示。

16.6 考虑过程

$$Z_{1,t}=Z_{1,t-1}+a_{1,t}+\theta a_{1,t-1}$$

$$Z_{2,t}=\phi Z_{1,t}+a_{2,t},$$

其中，$|\phi|<1$，$|\theta|<1$，$\mathbf{a}=[a_{1,t},\ a_{2,t}]'\sim N(\mathbf{0},\ \boldsymbol{\Sigma})$。

(a) 写出该过程的向量形式。

(b) 过程$[Z_{1,t},\ Z_{2,t}]'$是平稳的吗？可逆吗？

(c) 写出一阶差分向量$(\mathbf{I}-\mathbf{I}B)\mathbf{Z}_t$ 的模型，其中 $\mathbf{Z}_t=[Z_{1,t},\ Z_{2,t}]'$。得到的模型是平稳的吗？可逆吗？

16.7 对练习 16.1(a) 和 (c) 给出的模型，计算偏自回归矩阵 $\mathscr{P}(s)$，$k=1, 2, \cdots, 10$。

16.8 对练习 16.1(a) 和 (c) 给出的模型，计算偏滞后相关矩阵函数$\mathbf{P}(k)$，$k=1, 2, \cdots, 10$。

16.9 对练习 16.1(d) 给出的模型，计算向前一步预报 $\hat{\mathbf{Z}}_t(1)$和预报误差方差。

16.10 考虑练习 14.5 给出的美国房屋销量和新屋开工数。

(a) 对 1965—1974 年的原始序列计算样本相关矩阵函数 $\boldsymbol{\rho}(k)$，$k=1, 2, \cdots, 15$。

(b) 对合适的差分序列重复 (a) 的计算。

16.11 对偏滞后相关矩阵函数 $\mathbf{P}(k)$，重复练习 16.10 的计算。

16.12 依练习 16.10 和练习 16.11 所得信息，完成对 1965—1974 年间美国房屋销量和新屋开工数数据的联合向量模型的构建。

16.13 使用联合向量模型预报 1975 年的新屋开工数，并比较练习 14.5 得到的预报结果。

16.14 对书末附录中序列 W13 给出的美国肥猪数据的五个序列构建联合向量模型。

16.15 令 n 是式 (16.5.17) 给出的向量 AR(p)模型的观测数。证明：若要很好地估计模型系数，需要满足 $n>\left(p+\dfrac{1}{2}\right)m+\dfrac{3}{2}$。

第17章 向量时间序列的深入

尽管单变量时间序列和向量时间序列的基本建模过程是相同的，但一些重要的现象为向量时间序列所独有。在本章，我们介绍协整和局部过程的概念，以及向量时间序列模型的等价表示。理解这些概念对于分析和建立向量时间序列模型是很重要的。

17.1 向量过程的单位根和协整

如果一个单变量非平稳过程或序列 Z_t 的 $(d-1)$ 阶差分非平稳，但是 d 阶差分，即 $\Delta^d Z_t=(1-B)^d Z_t$ 是平稳的，则它被认为是 d 阶可积的，用 $I(d)$ 表示。因此，如果 Z_t 非平稳，但是它的一阶差分 $\Delta Z_t=(1-B)Z_t$ 是平稳的，则 Z_t 是 $I(1)$。在这一概念下，$I(0)$ 过程是平稳的。然而，因为平稳过程的差分是平稳的，故为限制一个实可积过程，我们定义 $I(0)$过程是平稳的，其中，根据其 MA 表示，$Z_t=\varphi(B)a_t=\sum_{j=0}^{\infty}\varphi_j a_{t-j}$，我们有 $\varphi(1)\neq 0$。在这一限制下，平稳过程 $Z_t=\theta(B)a_t$ 的差分序列 $\Delta Z_t=(1-B)Z_t$ 不是 $I(0)$，这里 $\theta(B)=\sum_{j=1}^{\infty}\theta_j B^j$，且$\sum_{j=1}^{\infty}|\theta_j|<\infty$，因为差分序列的最终 MA 表示是 $\Delta Z_t=\theta(B)(1-B)a_t=\psi(B)a_t$ 和 $\psi(1)=0$。这样，对 Z_t 是 $I(1)$，$\Delta Z_t=(1-B)Z_t$不仅是平稳的，而且实际上也是 $I(0)$。

作为一非平稳过程，可积序列可能会剧烈游走。然而，经济和市场力量趋于使许多这些可积序列连在一起并形成均衡关系。例如，短期和长期利率、收入和消费，以及名义 GNP 等。这就引出了协整的概念。

如果一个$(m\times 1)$维向量时间序列 $\mathbf{Z}_t$ 的每个分量序列 $Z_{i,t}$是 $I(d)$，但是其某一线性组合序列 $\boldsymbol{\beta}'\mathbf{Z}_t$ 是$I(d-b)$，这里 $\boldsymbol{\beta}'$是非零$(1\times m)$维常数向量，则 Z_t 是（d，b）阶协整的，记为$CI(d, b)$，其中 $0<b\leqslant d$。在这一情形下，$\boldsymbol{\beta}'$叫作协整向量，有时也叫作长期系数。很明显，协整向量不是唯一的，因为如果 $\boldsymbol{\beta}'\mathbf{Z}_t$ 是平稳的，那么对任一非零常数 c，$c\boldsymbol{\beta}'\mathbf{Z}_t$ 也是平稳的。因此，$c\boldsymbol{\beta}'$也是一协整向量。最普遍的情形是 $d=b=1$，它会在我们的讨论中用到。

Box 和 Tiao（1977）揭示了对一个向量时间序列所有分量进行差分的风险。他们证明了少数非平稳分量也能造成向量过程的非平稳性。Granger（1986）、Engle 和 Granger

(1987) 进一步发展了这些思想并提出了协整的概念。这个概念在许多有趣的应用特别是在经济和金融中被广泛使用，具体可参见 Kremers (1989)。

现在考虑一个二维向量 AR(1) 过程

$$\begin{bmatrix} Z_{1,t} \\ Z_{2,t} \end{bmatrix} = \begin{bmatrix} 1 & 0 \\ -\phi & 0 \end{bmatrix} \begin{bmatrix} Z_{1,t-1} \\ Z_{2,t-1} \end{bmatrix} + \begin{bmatrix} a_{1,t} \\ a_{2,t} \end{bmatrix} \tag{17.1.1}$$

很显然，分量 $Z_{1,t}$ 是随机游走，

$$(1-B)Z_{1,t} = a_{1,t} \tag{17.1.2}$$

对分量 $Z_{2,t}$，我们有 $Z_{2,t} = -\phi Z_{1,t-1} + a_{2,t}$。差分后，这个方程变为

$$\begin{aligned} (1-B)Z_{2,t} &= -\phi(1-B)Z_{1,t-1} + (1-B)a_{2,t} \\ &= -\phi a_{1,t-1} + a_{2,t} - a_{2,t-1} \end{aligned} \tag{17.1.3}$$

服从一个 MA(1) 过程。这样，每一分量序列都是 $I(1)$ 过程。然而，令 $\boldsymbol{\beta}' = [\phi,\ 1]$，那么线性组合

$$\boldsymbol{\beta}'\mathbf{Z}_t = \phi Z_{1,t} + Z_{2,t} = \phi Z_{1,t} - \phi Z_{1,t-1} + a_{2,t} = \phi a_{1,t} + a_{2,t}$$

明显是 $I(0)$。因此，$\mathbf{Z}_t$ 是协整的，其协整向量是 $\boldsymbol{\beta}' = [\phi,\ 1]$。这个有趣的现象可在图 17-1中看到，其中，$Z_{1,t}$ 和 $Z_{2,t}$ 都是非平稳的，但它们的线性组合是平稳的。

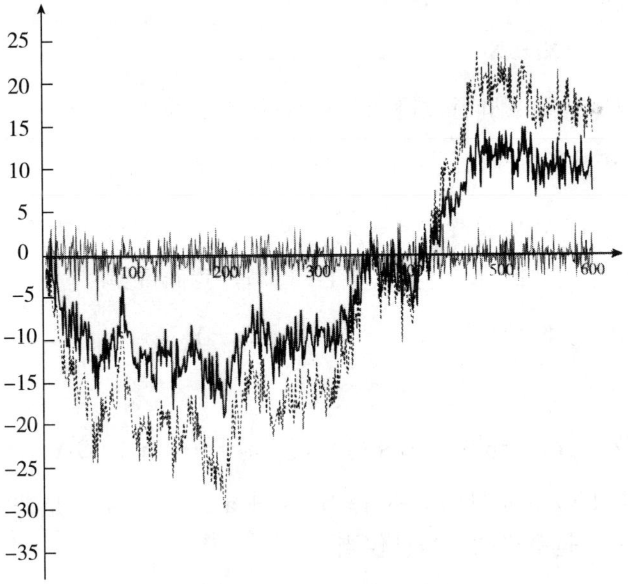

图 17-1　某一协整过程

注：$Z_{1,t}$ (粗实线) 和 $Z_{2,t}$ (虚线) 都是非平稳的，但它们的线性组合 Y_t (细实线) 是平稳的。

更一般的，如果 $(m\times 1)$ 向量序列 $\mathbf{Z}_t$ 包括多于两个分量，每一个分量都是 $I(1)$，那么可能存在 $k\ (<m)$ 个线性独立的 $(1\times m)$ 向量 $\boldsymbol{\beta}'_1$，$\boldsymbol{\beta}'_2$，…，$\boldsymbol{\beta}'_k$，使 $\boldsymbol{\beta}'\mathbf{Z}_t$ 是平稳的 $(k\times 1)$ 向量过程，其中

$$\boldsymbol{\beta}' = \begin{bmatrix} \boldsymbol{\beta}_1' \\ \boldsymbol{\beta}_2' \\ \vdots \\ \boldsymbol{\beta}_k' \end{bmatrix}$$

是$(k\times m)$协整矩阵。很明显，向量 $\boldsymbol{\beta}_i'$不是唯一的，进而 $\boldsymbol{\beta}'$也不唯一。然而，如果对任一其他$(1\times m)$向量 $\mathbf{b}'$，线性独立于 $\boldsymbol{\beta}'$的各行，我们有 $\mathbf{b}'\mathbf{Z}_t$ 是非平稳的，那么 $\mathbf{Z}_t$ 称为k 阶协整。向量 $\boldsymbol{\beta}_1'$，$\boldsymbol{\beta}_2'$，…，$\boldsymbol{\beta}_k'$形成了协整向量空间（即协整空间）的一个基。

17.1.1 非平稳协整过程的表示

MA 表示 $\mathbf{Z}_t$ 的每一分量都是 $I(1)$ ，这意味着 $\Delta\mathbf{Z}_t=(\mathbf{I}-\mathbf{I}B)\mathbf{Z}_t$ 是平稳的。我们可以把 $\Delta\mathbf{Z}_t$ 写为 MA 的形式

$$\Delta\mathbf{Z}_t-\boldsymbol{\theta}_0=\boldsymbol{\Psi}(B)\mathbf{a}_t \tag{17.1.4}$$

其中，$\mathbf{a}_t$ 是向量白噪声过程，其均值 $E(\mathbf{a}_t)=\mathbf{0}$，方差-协方差矩阵$E(\mathbf{a}_t\mathbf{a}_t')=\boldsymbol{\Sigma}$，$\boldsymbol{\Psi}(B)=\sum_{j=0}^{\infty}\boldsymbol{\Psi}^j B^j$，$\boldsymbol{\Psi}_0=\boldsymbol{I}$，系数矩阵 $\boldsymbol{\Psi}_j$ 是绝对可和的。

令 $\mathbf{X}_t=\boldsymbol{\Psi}(B)\mathbf{a}_t$，那么有 $\Delta\mathbf{Z}_t-\boldsymbol{\theta}_0=\mathbf{X}_t$，且

$$\mathbf{Z}_t=\mathbf{Z}_{t-1}+\boldsymbol{\theta}_0+\mathbf{X}_t \tag{17.1.5}$$

在式（17.1.5）中用 $\mathbf{Z}_{t-1}$的一个直接替代，可得

$$\mathbf{Z}_t=\mathbf{Z}_0+\boldsymbol{\theta}_0 t+\mathbf{X}_1+\mathbf{X}_2+\cdots+\mathbf{X}_t \tag{17.1.6}$$

式（9.4.6）和式（9.4.7）到向量过程的一个直接扩展为

$$\mathbf{X}_1+\mathbf{X}_2+\cdots+\mathbf{X}_t=\boldsymbol{\Psi}(1)[\mathbf{a}_1+\mathbf{a}_2+\cdots+\mathbf{a}_t]+\mathbf{Y}_t-\mathbf{Y}_0 \tag{17.1.7}$$

其中，$\mathbf{Y}_t=\sum_{j=0}^{\infty}\boldsymbol{\Psi}_j^*\mathbf{a}_{t-j}$，以及 $\boldsymbol{\Psi}_j^*=-\sum_{j=1}^{\infty}\boldsymbol{\Psi}_{j+i}$ 为一绝对可和矩阵序列。因此，向量过程 $\mathbf{Y}_t$ 是平稳的。联合式（17.1.6）和式（17.1.7），我们得到

$$\mathbf{Z}_t=\mathbf{Z}_0+\boldsymbol{\theta}_0 t+\boldsymbol{\Psi}(1)[\mathbf{a}_1+\mathbf{a}_2+\cdots+\mathbf{a}_t]+\mathbf{Y}_t-\mathbf{Y}_0 \tag{17.1.8}$$

和

$$\boldsymbol{\beta}'\mathbf{Z}_t=\boldsymbol{\beta}'(\mathbf{Z}_0-\mathbf{Y}_0)+\boldsymbol{\beta}'\boldsymbol{\theta}_0 t+\boldsymbol{\beta}'\boldsymbol{\Psi}(1)[\mathbf{a}_1+\mathbf{a}_2+\cdots+\mathbf{a}_t]+\boldsymbol{\beta}'\mathbf{Y}_t \tag{17.1.9}$$

显然，对任一非零$(1\times m)$向量 $\mathbf{b}'$，过程 $\mathbf{b}'[\mathbf{a}_1+\mathbf{a}_2+\cdots+\mathbf{a}_t]$ 是非平稳的。因此，式(17.1.9) 意味着 $\boldsymbol{\beta}'\mathbf{Z}_t$ 是平稳的，当且仅当

$$\boldsymbol{\beta}'\boldsymbol{\theta}_0=\mathbf{0} \tag{17.1.10}$$

和

$$\boldsymbol{\beta}'\boldsymbol{\Psi}(1)=\mathbf{0} \tag{17.1.11}$$

式（17.1.10）对各个分量的非零漂移项给出了一个限制，而式（17.1.11）表明在 $B=1$ 时，行列式$|\boldsymbol{\Psi}(B)|=0$，因此，$\boldsymbol{\Psi}(B)$ 是不可逆的。由式（17.1.4）我们不能逆推 MA

形式，因此，也不能用含 $\Delta\mathbf{Z}_t$ 的向量 AR 形式表示一个协整过程。协整过程的向量 AR 表示必须直接用 $\mathbf{Z}_t$ 的形式。

例 17－1　从式（17.1.2）和式（17.1.3）很容易看出，在式(17.1.1)中给出的二维协整过程的 MA 表示由下式给出

$$\begin{bmatrix}\Delta Z_{1,t}\\ \Delta Z_{2,t}\end{bmatrix}=\begin{bmatrix}1 & 0\\ -\phi B & (1-B)\end{bmatrix}\begin{bmatrix}a_{1,t}\\ a_{2,t}\end{bmatrix}$$

我们发现

$$\boldsymbol{\Psi}(B)=\begin{bmatrix}1 & 0\\ -\phi B & (1-B)\end{bmatrix} \quad 和 \quad \boldsymbol{\Psi}(1)=\begin{bmatrix}1 & 0\\ -\phi & 0\end{bmatrix}\neq\mathbf{0}$$

但是，$|\boldsymbol{\Psi}(1)|=0$。这样，$\boldsymbol{\Psi}(B)$ 是不可逆的，我们不能用 $\Delta\mathbf{Z}_t$ 项的 AR 形式表示这个过程。

AR 表示　现在假定 $\mathbf{Z}_t$ 是非平稳的，且能用一个 AR(p)模型表示

$$\boldsymbol{\Phi}_p(B)\mathbf{Z}_t=\boldsymbol{\theta}_0+\mathbf{a}_t \tag{17.1.12}$$

使得$|\boldsymbol{\Phi}_p(B)|=0$ 包含一些单位根，这里 $\boldsymbol{\Phi}_p(B)=\mathbf{I}-\boldsymbol{\Phi}_1B-\cdots-\boldsymbol{\Phi}_pB^p$。如果 $\mathbf{Z}_t$ 的每一分量是 $\boldsymbol{I}(1)$，那么从式（17.1.4）可得

$$(1-B)\mathbf{Z}_t=\boldsymbol{\theta}_0+\boldsymbol{\Psi}(B)\mathbf{a}_t \tag{17.1.13}$$

因此，

$$\begin{aligned}(1-B)\boldsymbol{\Phi}_p(B)\mathbf{Z}_t &=\boldsymbol{\Phi}_p(B)\boldsymbol{\theta}_0+\boldsymbol{\Phi}_p(B)\boldsymbol{\Psi}(B)\mathbf{a}_t\\ &=\boldsymbol{\Phi}_p(1)\boldsymbol{\theta}_0+\boldsymbol{\Phi}_p(B)\boldsymbol{\Psi}(B)\mathbf{a}_t\end{aligned} \tag{17.1.14}$$

在式（17.1.12）的两边同时乘以（$1-B$），与式（17.1.14）比较，我们有

$$(1-B)\mathbf{a}_t=\boldsymbol{\Phi}_p(1)\boldsymbol{\theta}_0+\boldsymbol{\Phi}_p(B)\boldsymbol{\Psi}(B)\mathbf{a}_t \tag{17.1.15}$$

这里，我们注意到$(1-B)\boldsymbol{\theta}_0=\mathbf{0}$。因为式（17.1.15）对任一 $\mathbf{a}_t$ 均成立，故意味着

$$\boldsymbol{\Phi}_p(1)\boldsymbol{\theta}_0=\mathbf{0} \tag{17.1.16}$$

以及对任一 B 均有

$$(1-B)\mathbf{I}=\boldsymbol{\Phi}_p(B)\boldsymbol{\Psi}(B)$$

因此

$$\boldsymbol{\Phi}_p(1)\boldsymbol{\Psi}(1)=\mathbf{0} \tag{17.1.17}$$

将式（17.1.10）和式（17.1.11）与式（17.1.16）和式（17.1.17）比较，我们看到，利用 AR 表示，矩阵 $\boldsymbol{\Phi}_p(1)$必须属于由 $\boldsymbol{\beta}'$的行所形成的空间。也就是说，对某个$(m\times k)$矩阵 $\mathbf{M}$

$$\boldsymbol{\Phi}_p(1)=\mathbf{M}\boldsymbol{\beta}' \tag{17.1.18}$$

例 17－2　尽管一个协整过程不能用 $\Delta\mathbf{Z}_t$ 项的 AR 形式表示，但是按照 $\mathbf{Z}_t$ 项本身，它

的 AR 表示是存在的。回忆二维协整过程和根据式（17.1.1）给出的用 $\mathbf{Z}_t$ 项的 AR 表示

$$\begin{bmatrix} Z_{1,t} \\ Z_{2,t} \end{bmatrix} = \begin{bmatrix} 1 & 0 \\ -\phi & 0 \end{bmatrix} \begin{bmatrix} Z_{1,t-1} \\ Z_{2,t-1} \end{bmatrix} + \begin{bmatrix} a_{1,t} \\ a_{2,t} \end{bmatrix}$$

在这个例子中，

$$\boldsymbol{\Phi}_1(B) = \left(\begin{bmatrix} 1 & 0 \\ 0 & 1 \end{bmatrix} - \begin{bmatrix} 1 & 0 \\ -\phi & 1 \end{bmatrix} B \right)$$

和协整矩阵

$$\boldsymbol{\beta}' = [\phi \quad 1]$$

这样，$\mathbf{Z}_t$ 是阶 $k=1$ 的协整过程。注意，

$$\boldsymbol{\Phi}_1(1) = \begin{bmatrix} 0 & 0 \\ \phi & 1 \end{bmatrix} = \mathbf{M}\boldsymbol{\beta}' = \mathbf{M}[\phi \quad 1]$$

其中，

$$\mathbf{M} = \begin{bmatrix} 0 \\ 1 \end{bmatrix}$$

误差修正表示 我们注意到，在 AR 表示中，矩阵多项式 $\boldsymbol{\Phi}_p(B)$ 可被写为

$$\begin{aligned} \boldsymbol{\Phi}_p(B) &= \mathbf{I} - \boldsymbol{\Phi}_1 B - \cdots - \boldsymbol{\Phi}_p B^p \\ &= (\mathbf{I} - \boldsymbol{\lambda} B) - (\boldsymbol{\alpha}_1 B + \cdots + \boldsymbol{\alpha}_{p-1} B^{p-1})(1-B) \end{aligned} \tag{17.1.19}$$

其中，$j=1, 2, \cdots, p-1$，$\boldsymbol{\lambda} = \boldsymbol{\Phi}_1 + \cdots + \boldsymbol{\Phi}_p$ 和 $\boldsymbol{\alpha}_j = -(\boldsymbol{\Phi}_{j+1} + \cdots + \boldsymbol{\Phi}_p)$。这样，式（17.1.12）可被改写为

$$(\mathbf{I} - \boldsymbol{\lambda} B)\mathbf{Z}_t - (\boldsymbol{\alpha}_1 B + \cdots + \boldsymbol{\alpha}_{p-1} B^{p-1})\Delta \mathbf{Z}_t = \boldsymbol{\theta}_0 + \mathbf{a}_t$$

或者

$$\mathbf{Z}_t = \boldsymbol{\theta}_0 + \boldsymbol{\lambda} \mathbf{Z}_{t-1} + \boldsymbol{\alpha}_1 \Delta \mathbf{Z}_{t-1} + \cdots + \boldsymbol{\alpha}_{p-1} \Delta \mathbf{Z}_{t-p+1} + \mathbf{a}_t \tag{17.1.20}$$

在式（17.1.20）两边都减去 $\mathbf{Z}_{t-1}$ 得到

$$\Delta \mathbf{Z}_t = \boldsymbol{\theta}_0 + \boldsymbol{\gamma} \mathbf{Z}_{t-1} + \boldsymbol{\alpha}_1 \Delta \mathbf{Z}_{t-1} + \cdots + \boldsymbol{\alpha}_{p-1} \Delta \mathbf{Z}_{t-p+1} + \mathbf{a}_t \tag{17.1.21}$$

由式（17.1.18）和式（17.1.19）可得这里有 $\boldsymbol{\gamma} = \boldsymbol{\lambda} - \mathbf{I} = -\boldsymbol{\Phi}_p(1) = -\mathbf{M}\boldsymbol{\beta}'$。因此，

$$\Delta \mathbf{Z}_t = \boldsymbol{\theta}_0 - \mathbf{M}\mathbf{Y}_{t-1} + \boldsymbol{\alpha}_1 \Delta \mathbf{Z}_{t-1} + \cdots + \boldsymbol{\alpha}_{p-1} \Delta \mathbf{Z}_{t-p+1} + \mathbf{a}_t \tag{17.1.22}$$

对某一$(m \times k)$矩阵 $\mathbf{M}$，其中，$\mathbf{Y}_{t-1} = \boldsymbol{\beta}' \mathbf{Z}_{t-1}$ 是$(k \times 1)$维平稳过程。式（17.1.21）和式（17.1.22）揭示，对 $j < t$，协整过程 $\mathbf{Z}_t$ 的差分序列不能仅仅使用过去的滞后差分 $\Delta \mathbf{Z}_t$ 来描述。这个过程必须包含一个“误差修正”项，$\mathbf{M}\mathbf{Y}_{t-1} = \mathbf{M}\boldsymbol{\beta}' \mathbf{Z}_{t-1}$。如果我们把 $\Delta \mathbf{Z}_t$ 用其过去滞后值 $\Delta \mathbf{Z}_j (j < t)$ 表示的关系作为一个长期均衡，那么，$\mathbf{Y}_{t-1} = \boldsymbol{\beta}' \mathbf{Z}_{t-1}$项可视为偏离均衡的一个误差，系数 $\mathbf{M}$ 对这个误差需要调整或者校正。所以，式（17.1.21）和式（17.1.22）叫作协整系统的误差修正表示。这个表示首先由 Davidson 等（1978）提出。

例 17 - 3　对于式（17.1.1）给出的协整过程，

$$\begin{bmatrix} Z_{1,t} \\ Z_{2,t} \end{bmatrix} = \begin{bmatrix} 1 & 0 \\ -\phi & 0 \end{bmatrix} \begin{bmatrix} Z_{1,t-1} \\ Z_{2,t-1} \end{bmatrix} + \begin{bmatrix} a_{1,t} \\ a_{2,t} \end{bmatrix}$$

对 $j \geqslant 2$，我们有 $p=1$，$\boldsymbol{\theta}_0=\mathbf{0}$，$\boldsymbol{\Phi}_j=\mathbf{0}$，因此对 $j \geqslant 1$，$\boldsymbol{\alpha}_j=\mathbf{0}$ 。从例 17 - 2 可知

$$\mathbf{M} = \begin{bmatrix} 0 \\ 1 \end{bmatrix} \quad \text{和} \quad Y_{t-1} = \boldsymbol{\beta}'\mathbf{Z}_{t-1} = [\phi \ \ 1] \begin{bmatrix} Z_{1,t-1} \\ Z_{2,t-1} \end{bmatrix} = \phi Z_{1,t-1} + Z_{2,t-1}$$

这样，式（17.1.1）的误差修正表示由下式给出

$$\begin{aligned} \Delta \mathbf{Z}_t &= \begin{bmatrix} 0 & 0 \\ -\phi & -1 \end{bmatrix} \begin{bmatrix} Z_{1,t-1} \\ Z_{2,t-1} \end{bmatrix} + \begin{bmatrix} a_{1,t} \\ a_{2,t} \end{bmatrix} = -\begin{bmatrix} 0 \\ 1 \end{bmatrix} [\phi \ \ 1] \begin{bmatrix} Z_{1,t-1} \\ Z_{2,t-1} \end{bmatrix} + \begin{bmatrix} a_{1,t} \\ a_{2,t} \end{bmatrix} \\ &= -\begin{bmatrix} 0 \\ 1 \end{bmatrix} Y_{t-1} + \begin{bmatrix} a_{1,t} \\ a_{2,t} \end{bmatrix} \end{aligned}$$

其中，$Y_{t-1} = \phi Z_{1,t-1} + Z_{2,t-1}$ 是平稳误差修正项。

17.1.2　$\mathbf{Z}_t$ 的分解

假定 $\mathbf{Z}_t$ 的非平稳性源于 AR 矩阵多项式的单位根。也就是说，在 AR 表示中，

$$\boldsymbol{\Phi}_p(B)\mathbf{Z}_t = \boldsymbol{\theta}_0 + \mathbf{a}_t \tag{17.1.23}$$

$|\boldsymbol{\Phi}_p(B)|=0$ 的一些根等于 1。更特别地，假定有 $h(\leqslant m)$ 个单位根，$|\boldsymbol{\Phi}_p(B)|=0$ 的所有其他根都在单位圆之外。这样，$|\boldsymbol{\Phi}_p(1)| = \left|\mathbf{I} - \sum_{j=1}^{p} \boldsymbol{\Phi}_j\right| = 0$；矩阵 $\sum_{j=1}^{p} \boldsymbol{\Phi}_j$ 有 h 个特征值等于 1 且 $(m-h)$ 个其他特征值的绝对值小于 1。令 $\mathbf{P}$ 是一个 $(m \times m)$ 矩阵，满足 $\mathbf{P}^{-1}\left[\sum_{j=1}^{p} \boldsymbol{\Phi}_j\right]\mathbf{P} = \mathrm{diag}[\mathbf{I}_h \quad \boldsymbol{\Lambda}_k] = \mathbf{J}$，这里 $k=(m-h)$，$\mathbf{J}$ 是 $\sum_{j=1}^{p} \boldsymbol{\Phi}_j$ 的约当规范形式。那么

$$\mathbf{P}^{-1}[-\boldsymbol{\Phi}_p(1)]\mathbf{P} = \mathbf{P}_{-1}\left[\sum_{j=1}^{p} \boldsymbol{\Phi}_j - \mathbf{I}\right]\mathbf{P} = \mathbf{J} - \mathbf{I} = \mathrm{diag}[\mathbf{0} \quad \boldsymbol{\Lambda}_k - \mathbf{I}_k] \tag{17.1.24}$$

令 $\mathbf{P} = [\mathbf{S} \quad \mathbf{R}]$ 和 $(\mathbf{P}^{-1})' = [\mathbf{H} \quad \boldsymbol{\beta}]$，这里，$\mathbf{S}$ 和 $\mathbf{H}$ 是 $(m \times h)$ 矩阵，$\mathbf{R}$ 和 $\boldsymbol{\beta}$ 是 $(m \times k)$ 矩阵，因此

$$-\boldsymbol{\Phi}_p(1) = \mathbf{P}[\mathbf{J}-\mathbf{I}]\mathbf{P}^{-1} = [\mathbf{S} \quad \mathbf{R}] \begin{bmatrix} \mathbf{0}_{h\times h} & \mathbf{0}_{h\times k} \\ \mathbf{0}_{k\times h} & \boldsymbol{\Lambda}_h - \mathbf{I}_k \end{bmatrix} \begin{bmatrix} \mathbf{H}' \\ \boldsymbol{\beta}' \end{bmatrix} = \mathbf{R}(\boldsymbol{\Lambda}_k - \mathbf{I}_k)\boldsymbol{\beta}' \tag{17.1.25}$$

前面讲过，式（17.1.21）中 $\boldsymbol{\gamma} = -\boldsymbol{\Phi}_p(1)$，它也可以写为

$$\Delta \mathbf{Z}_t = \boldsymbol{\theta}_0 + \boldsymbol{\alpha}\boldsymbol{\beta}'\mathbf{Z}_{t-1} + \boldsymbol{\alpha}_1\mathbf{Z}_{t-1} + \cdots + \boldsymbol{\alpha}_{p-1}\Delta\mathbf{Z}_{t-p+1} + \mathbf{a}_t \tag{17.1.26}$$

其中，$\boldsymbol{\alpha} = \mathbf{R}(\boldsymbol{\Lambda}_k - \mathbf{I}_k) = -\mathbf{M}$。尽管 $\mathbf{Z}_t$ 是非平稳的，但可得出 k [$=(m-h)$] 个线性组合 $\boldsymbol{\beta}'\mathbf{Z}_t$ 是平稳的，其中，$k = \mathrm{rank}[\boldsymbol{\Phi}_p(1)] = \mathrm{rank}(\boldsymbol{\beta}')$。也就是说，$\mathbf{Z}_t$ 是 k 阶协整。

令 $\mathbf{Y}_{1,t} = \mathbf{H}'\mathbf{Z}_t$。因为 $\mathbf{P}^{-1}$ 是非奇异的，$\mathbf{H}$ 的行线性独立于 $\boldsymbol{\beta}'$ 的行。因此，$\mathbf{Y}_{1,t}$ 必须是非平稳的。实际上，$\mathrm{rank}[\mathbf{H}'] = h$，也等于单位根的个数。这个 h 维 $\mathbf{Y}_{1,t}$ 过程实际上是一个

与 h 个单位根有关的潜在的普通随机趋势，也叫作过程 $\mathbf{Z}_t$ 的普通因子。它是 $\mathbf{Z}_t$ 的每一分量 $Z_{i,t}$ 中非平稳现象的共同驱动力量。

令 $\mathbf{Y}_{2,t}=\boldsymbol{\beta}'\mathbf{Z}_t$，那么，

$$\begin{bmatrix}\mathbf{Y}_{1,t}\\ \mathbf{Y}_{2,t}\end{bmatrix}=\begin{bmatrix}\mathbf{H}'\\ \boldsymbol{\beta}'\end{bmatrix}\mathbf{Z}_t=\mathbf{P}^{-1}\mathbf{Z}_t \tag{17.1.27}$$

和

$$\mathbf{Z}_t=\mathbf{P}\begin{bmatrix}\mathbf{Y}_{1,t}\\ \mathbf{Y}_{2,t}\end{bmatrix}=\mathbf{S}\mathbf{Y}_{1,t}+\mathbf{R}\mathbf{Y}_{2,t} \tag{17.1.28}$$

因此，协整过程 $\mathbf{Z}_t$ 是 h 维纯非平稳分量 $\mathbf{Y}_{1,t}=\mathbf{H}'\mathbf{Z}_t$ 和 k 维平稳分量 $\mathbf{Y}_{2,t}=\boldsymbol{\beta}'\mathbf{Z}_t$ 的线性组合，这里 $k=(m-h)$。本节所讨论的概念与 Pena 和 Box（1987）、Stock 和 Watson（1988）以及许多其他人所研究的普通因子分析密切相关。

17.1.3 协整性的检验和估计

根据上面的讨论，我们看到检验协整性的第一步是检验每一分量序列 $Z_{i,t}$ 各自有一个单位根的原假设，这可用第 9 章讨论的单位根检验。如果假设没有被拒绝，那么下一步是检验分量之间的协整性，也就是检验 $\mathbf{Y}_t=\boldsymbol{\beta}'\mathbf{Z}_t$ 对某个矩阵或者向量 $\boldsymbol{\beta}'$ 是不是平稳的。有时候对矩阵或者向量 $\boldsymbol{\beta}'$ 的选择是基于一些理论的考虑。例如，如果 $\mathbf{Z}_t=[Z_{1,t},\ Z_{2,t}]$，这里 $Z_{1,t}$ 表示收入，$Z_{2,t}$ 表示支出，我们可能就想检验收入和支出是否有某种长期均衡关系，也就是检验 $Y_t=Z_{1,t}-Z_{2,t}$ 是不是平稳的。在这个例子中，我们选择 $\boldsymbol{\beta}'=[1,\ -1]$。

为了检验具有已知协整向量 $\boldsymbol{\beta}'$ 的 $\mathbf{Z}_t$ 的协整性，我们可以给出检验过程 $\mathbf{Y}_t=\boldsymbol{\beta}'\mathbf{Z}_t$ 是否包含单位根的原假设，这可再次使用第 9 章讨论的检验方法。如果原假设被拒绝，我们将得出 Z_t 是协整的结论。

当协整向量未知时，我们可以使用以下方法去检验和估计协整性。

回归方法 首先，注意到如果 m 维向量过程 $\mathbf{Z}_t'=[Z_{1,t},\ Z_{2,t},\ \cdots,\ Z_{m,t}]$ 是协整的，那么存在一非零 $m\times 1$ 矩阵 $\boldsymbol{\beta}'=[c_1,\ c_2,\ \cdots,\ c_m]$ 使得 $\boldsymbol{\beta}'\mathbf{Z}_t$ 是平稳的。为了不失一般性，设 $c_1\neq 0$，那么，$(1/c_1)\boldsymbol{\beta}'$ 也是一个协整向量。这样，一个非常自然的方法，也是由 Engle 和 Granger（1987）建议的检验和估计协整性的方法是考虑 $Z_{1,t}$ 的回归模型

$$Z_{1,t}=\phi_1 Z_{2,t}+\cdots+\phi_{m-1}Z_{m,t}+\varepsilon_t \tag{17.1.29}$$

然后检验误差序列 ε_t 是否为 $I(0)$ 或者 $I(1)$。如果 ε_t 是 $I(1)$，包含一个单位根，那么 $\mathbf{Z}_t$ 不可能是协整的。另外，如果 ε_t 是 $I(0)$，那么 $\mathbf{Z}_t$ 是协整的，其标准化的协整向量由 $\boldsymbol{\beta}'=[1,\ \phi_1,\ \cdots,\ \phi_m]$ 给出。对以上带常数项的模型，结论是相同的。

式（17.1.29）中的回归模型有许多微妙的要点。在使用 OLS 估计模型并给出推断时，需要注意以下几点：

(1) 在检验误差序列的非平稳性时，我们计算 OLS 估计 $\hat{\boldsymbol{\beta}}'=[1,\ \hat{\phi}_1,\ \cdots,\ \hat{\phi}_m]$，对检验使用残差序列 $\hat{\varepsilon}_t$。

(2) 估计 $\hat{\phi}_i$ 不具有渐近 t 分布，对 $\hat{\phi}_i=0$ 不能应用标准 t 检验，除非 ε_t 是 $I(0)$。正

如第 15 章所指出的，如果 ε_t 是非平稳的，式（17.1.29）中的回归将产生虚拟回归。

（3）如果 $\hat{\varepsilon}_t$ 是 $I(0)$，$\mathbf{Z}_t$ 是协整的，那么我们可以在式（17.1.22）中令 $\mathbf{Y}_{t-1}=\hat{\boldsymbol{\beta}}'\mathbf{Z}_{t-1}$，然后进行误差修正模型的估计。

（4）我们估计协整向量，并将其第一个元素标准化为单位 1。显然，我们可以标准化任一非零元素 c_i，并在估计回归模型时，用其他变量对 $Z_{i,t}$ 进行回归。尽管大多数时候结果是一致的，但是不一致的结论有时也会发生，这是使用这一方法的缺点。然而，由于其计算简单，这一方法仍然经常被使用。

为了检验误差序列 ε_t 是不是 $I(1)$，Engle 和 Granger（1987）提供了几个检验统计量，包括标准 Dickey-Fuller 检验和增广的 Dickey-Fuller 检验。回忆式（9.4.22），根据式（17.1.29）中的误差项过程，为了在一般性情形下检验单位根，我们对模型

$$\varepsilon_t=\varphi\varepsilon_{t-1}+\sum_{j=1}^{p-1}\varphi_j\Delta\varepsilon_{t-j}+a_t \tag{17.1.30}$$

检验 H_0：$\varphi=1$ 和 H_1：$\varphi<1$，或者等价地对模型

$$\Delta\varepsilon_t=\lambda\varepsilon_{t-1}+\sum_{j=1}^{p-1}\varphi_j\Delta\varepsilon_{t-j}+a_t \tag{17.1.31}$$

检验 H_0：$\lambda=0$ 与 H_1：$\lambda<0$。在检验中，注意我们使用从式（17.1.29）的 OLS 拟合得到的残差 $\hat{\varepsilon}_t$，但它们仅仅是估计，并不是实际的误差项。为了对这种差异进行调整，一般不使用标准 Dickey-Fuller 检验表，Engle 和 Granger（1987）对以下模型进行了蒙特卡罗实验：

$$\Delta\hat{\varepsilon}_t=\lambda\hat{\varepsilon}_{t-1}+\sum_{j=1}^{p-1}\varphi_j\Delta\hat{\varepsilon}_{t-j}+a_t \tag{17.1.32}$$

得到了表 17-1 中给出的 t 统计量 $T=\hat{\lambda}/S_{\hat{\lambda}}$ 的临界值。如果 T 值小于临界值，就拒绝原假设，并得出向量中的各变量之间存在协整关系的结论。

表 17-1　　对于检验 H_0：$\lambda=0$ 及 H_1：$\lambda<0$ 的 T 的临界值

显著性水平	1%	5%
$p=1$	−4.07	−3.37
$p>1$	−3.73	−3.17

例 17-4　从本节的讨论可知，在对时间序列建模时，我们不应该机械地差分分量序列，即使它们都是非平稳的。实际上，根据向量 AR 模型，本节的结果表明，如果分量序列是协整的，那么这个差分序列的平稳向量 AR 模型是不存在的。我们应当要么对原始序列建立一个非平稳的 AR 向量模型，要么对差分序列建立一个误差修正模型。我们现在进一步考察第 16 章讨论的 Lydia Pinkham 数据，并检验广告和销售序列是否协整。

令 $Z_{1,t}$ 是广告序列，$Z_{2,t}$ 是销售序列。为检验它们都是 $I(d)$，首先，我们得到以下对每个序列各自的 OLS 估计回归模型：

$$Z_{1,t}=163.86+0.825\,1\,Z_{1,t-1}$$
$$(80.53)(0.079\,65)$$

$$Z_{2,t}=148.3+0.9222\,Z_{2,t-1}$$
$$(98.74)(0.05079)$$

其中，估计值下方圆括号里的值是它们的标准误差。故分别有 $T=(0.8251-1)/0.07965=-2.196$ 和 $T=(0.9222-1)/0.05079=-1.532$。在 5%的显著性水平下，从附录的表 G 中查到的临界值是-2.93。因此，对每个序列不能拒绝单位根假设，$Z_{1,t}$ 和 $Z_{2,t}$ 都是$I(d)$，$d\geqslant 1$。为了对两个序列找到 d 的阶数，我们现在考虑以下对它们差分的 OLS 估计回归：

$$\Delta Z_{1,t}=2.16+0.0253\,\Delta Z_{1,t-1}$$
$$(31.56)(0.1409)$$
$$\Delta Z_{2,t}=4.02+0.429\,\Delta Z_{2,t-1}$$
$$(30.03)(0.1278)$$

这里，估计值下方圆括号里的值是它们的标准误差。现在分别有 $T=(0.0253-1)/0.1409=-6.918$ 和 $T=(0.429-1)/0.1278=-4.468$。在 5%的显著性水平下，从表 G 查到的临界值是-2.93。因此，对每一差分序列，单位根假设被拒绝，我们可以得出 $Z_{1,t}$ 和 $Z_{2,t}$ 都是 $I(1)$。

然后，我们考虑回归模型

$$Z_{1,t}=\alpha+\phi Z_{2,t}+\varepsilon_t$$

OLS 估计方程为

$$Z_{1,t}=45.2+0.4904\,Z_{2,t}$$
$$(90.07)(0.0457)$$

对估计方程（17.1.32），$p=1$，有

$$\Delta\hat{\varepsilon}_t=-0.421\,\hat{\varepsilon}_{t-1}$$
$$(0.1177)$$

由表 17-1 可知，由于 $T=-0.421/0.1177=-3.58$ 小于显著性水平 5%的临界值-3.37，我们拒绝单位根假设。因此，得出残差序列是 $I(0)$，广告和销售有协整关系的结论。

销售对广告进行回归，看一下是否能得到相同的结论是有趣的。在这种情形下，我们考虑回归模型：

$$Z_{2,t}=\alpha+\phi Z_{1,t}+\varepsilon_t$$

OLS 估计方程为：

$$Z_{2,t}=488.8+1.4346\,Z_{1,t}$$
$$(127.4)(0.1269)$$

$\Delta\hat{\varepsilon}_t$ 对 $\hat{\varepsilon}_{t-1}$ 回归，有以下的估计方程

$$\Delta\hat{\varepsilon}_t=-0.3005\,\hat{\varepsilon}_{t-1}$$
$$(0.0972)$$

从表 17-1 可知因为值 $T=-0.3005/0.0972=-3.09$ 不小于显著性水平 5%的临界值

-3.37，我们不能够拒绝单位根假设。因此，残差序列不是 $I(0)$，广告和销售序列也不是协整的。这与以前的结论相左。然而，应当注意，在 1%的显著性水平下，由表 17-1 可知临界值是 -4.07。两种情形都不显著，我们得到相同的结论：广告和销售序列不是协整的。这或许正是我们所期望的。对大多数企业而言，特别是对增长企业而言，我们期望它们的收入在支出后能有所增长。

似然比检验　令 $\mathbf{Z}_t$ 为非平稳$(m\times1)$向量过程，并可表示为一向量AR(p)形式

$$\boldsymbol{\Phi}_p(B)\mathbf{Z}_t=\boldsymbol{\theta}_0+\mathbf{a}_t, \tag{17.1.33}$$

其中，$\boldsymbol{\Phi}_p(B)=\mathbf{I}-\boldsymbol{\Phi}_1B-\cdots-\boldsymbol{\Phi}_pB^p$。当 $\mathbf{Z}_t$ 是协整的时，由式（17.1.21）可得

$$\Delta\mathbf{Z}_t=\boldsymbol{\theta}_0+\boldsymbol{\gamma}\mathbf{Z}_{t-1}+\boldsymbol{\alpha}_1\Delta\mathbf{Z}_{t-1}+\cdots+\boldsymbol{\alpha}_{p-1}\Delta\mathbf{Z}_{t-p+1}+\mathbf{a}_t \tag{17.1.34}$$

如果在式（17.1.33）中$|\boldsymbol{\Phi}_p(B)|=0$ 包含 h 个单位根，$k=(m-h)$个根在单位圆之外，那么，从 17.1 节和 17.2 节的讨论中可知，它等价于过程 $\mathbf{Z}_t$ 包含 k 个协整关系。在这个原假设下，对某一$(m\times k)$矩阵 $\boldsymbol{\alpha}$ 和 $\mathbf{Y}_t=\boldsymbol{\beta}'\mathbf{Z}_t$ 是一$(k\times1)$维平稳过程，我们有

$$\boldsymbol{\gamma}=\boldsymbol{\alpha}\boldsymbol{\beta}' \tag{17.1.35}$$

这样，$\mathbf{Z}_{t-1}$仅有 k 个线性组合 $\boldsymbol{\beta}'\mathbf{Z}_{t-1}$，它们是平稳的，将出现在式（17.1.34）中。

如果向量白噪声过程 $\mathbf{a}_t$ 是高斯的，也就是说，如果 $\mathbf{a}_t$ 是 i. i. d. $N(\mathbf{0},\boldsymbol{\Sigma})$，那么给定一关于 $\mathbf{Z}_t$ 的$(n+p)$个观察样本，也就是$\{\mathbf{Z}_{-p+1},\mathbf{Z}_{-p+2},\cdots,\mathbf{Z}_1,\cdots,\mathbf{Z}_n\}$，以$\{\mathbf{Z}_{-p+1},\mathbf{Z}_{-p+2},\cdots,\mathbf{Z}_0\}$为条件的$\{\mathbf{Z}_1,\mathbf{Z}_2,\cdots,\mathbf{Z}_n\}$的似然函数为

$$\begin{aligned}L(\boldsymbol{\theta}_0,\ \boldsymbol{\gamma},\ \boldsymbol{\alpha}_1,\ \cdots,\ \boldsymbol{\alpha}_{p-1},\ \boldsymbol{\Sigma})&=(2\pi)^{-nm/2}\ |\boldsymbol{\Sigma}|^{-n/2}\\ &\times\exp\Big\{-\frac{1}{2}\sum_{t=1}^{n}[\Delta\mathbf{Z}_t-\boldsymbol{\theta}_0-\boldsymbol{\gamma}\mathbf{Z}_{t-1}-\boldsymbol{\alpha}_1\Delta\mathbf{Z}_{t-1}-\cdots-\boldsymbol{\alpha}_{p-1}\Delta\mathbf{Z}_{t-p+1}]'\\ &\boldsymbol{\Sigma}^{-1}[\Delta\mathbf{Z}_t-\boldsymbol{\theta}_0-\boldsymbol{\gamma}\mathbf{Z}_{t-1}-\boldsymbol{\alpha}_1\Delta\mathbf{Z}_{t-1}-\cdots-\boldsymbol{\alpha}_{p-1}\Delta\mathbf{Z}_{t-p+1}]\Big\}\end{aligned} \tag{17.1.36}$$

选择$(\boldsymbol{\theta}_0,\ \boldsymbol{\gamma},\ \boldsymbol{\alpha}_1,\ \cdots,\ \boldsymbol{\alpha}_{p-1},\ \boldsymbol{\Sigma})$的 MLE 使似然函数在如下约束下最大化，即可被写为式（17.1.35）中的形式，或者等价地，$\boldsymbol{\gamma}$ 的降秩约束使$\text{rank}(\boldsymbol{\gamma})=k$。

为检验原假设，我们可使用下面的似然比：

$$\Lambda=\frac{\sup\limits_{H_0}L(\boldsymbol{\theta}_0,\boldsymbol{\gamma},\boldsymbol{\alpha}_1,\cdots,\boldsymbol{\alpha}_{p-1},\boldsymbol{\Sigma})}{\sup L(\boldsymbol{\theta}_0,\boldsymbol{\gamma},\boldsymbol{\alpha}_1,\cdots,\boldsymbol{\alpha}_{p-1},\boldsymbol{\Sigma})} \tag{17.1.37}$$

在原假设下，$\mathbf{Z}_t$ 分量的某一线性组合是非平稳的，所以$-2\ln\Lambda$ 的渐近分布不再是卡方分布。Johansen（1988，1991）、Reinsel 和 Ahn（1992）研究过这个特殊的分布。结果表明

$$-2\ln\Lambda=-n\sum_{i=k+1}^{m}\ln(1-\hat{\rho}_i^2) \tag{17.1.38}$$

其中，$\hat{\rho}_{k+1}$，$\cdots$，$\hat{\rho}_m$ $(\hat{\rho}_1^2\geqslant\hat{\rho}_2^2\geqslant\cdots\geqslant\hat{\rho}_m^2)$是给定 $\Delta\mathbf{Z}_{t-1}$，$\cdots$，$\Delta\mathbf{Z}_{t-p+1}$时分量 $\Delta\mathbf{Z}_t$ 和 $\Delta\mathbf{Z}_{t-1}$之间$(m-k)=h$ 个最小样本偏典型相关系数。进一步地，当式（17.1.34）不包含常数项时，

$$-2\ln\Lambda\xrightarrow{D}\text{tr}\Big\{\Big[\int_0^1\mathbf{W}(x)[\text{d}\mathbf{W}(x)]'\Big]'\Big[\int_0^1\mathbf{W}(x)[\mathbf{W}(x)]'\text{d}x\Big]^{-1}$$

$$\cdot \left[\int_0^1 \mathbf{W}(x)\left[\mathrm{d}\mathbf{W}(x)\right]'\right]\Bigg\} \tag{17.1.39}$$

其中，$\mathbf{W}(x)$是h维标准布朗运动过程，它仅依赖于h，而与AR模型的阶数p无关。当模型包含常数项时，$-2\ln\Lambda$的渐近分布可同样得到，详细细节参见Reinsel和Ahn（1992）。当Λ太小或者等价的$-2\ln\Lambda$太大时，我们拒绝原假设。H_0：$\text{rank}(\gamma)\leqslant k$相对于一般的备择假设，在有与没有常数项两种情形下，似然比检验$-2\ln\Lambda$的渐近分布的近似临界值由Johansen（1988）、Reinsel和Ahn（1992）通过蒙特卡罗模拟得到。表17-2列出了一些由Reinsel和Ahn选取的经常使用的值。协整矩阵的估计可以从式（17.1.34）的误差修正模型的估计中得到。

注意到由17.1.2节的讨论，检验k个协整关系等价于检验过程的$h=(m-k)$个单位根。当$h=1$时，式（17.1.39）中的渐近分布简化为

$$\frac{\left\{\frac{1}{2}\left[\left[W(1)\right]^2-1\right]\right\}^2}{\int_0^1\left[W(x)\right]^2\mathrm{d}x} \tag{17.1.40}$$

表17-2　在原假设H_0：$\text{rank}(\gamma)=k=(m-h)$，$H_1$：$\text{rank}(\gamma)>k$下似然比检验统计量的临界值

		较小值的概率		
情形1：无常数项	**h**	**0.90**	**0.95**	**0.99**
	1	2.94	4.10	6.97
	2	10.45	12.30	16.41
	3	21.70	24.24	29.83
	4	37.00	40.18	46.30
	5	56.12	63.15	67.62
情形2：有常数项	**h**	**0.90**	**0.95**	**0.99**
	1	6.59	8.16	11.65
	2	15.80	17.97	22.79
	3	28.87	31.73	37.38
	4	45.82	49.35	56.25
	5	66.98	71.14	79.23

注：h是单位根的个数。

可以看出，它是式（9.3.7）给出的T统计量的渐近分布的平方，我们曾用它检验单变量时间序列模型的单位根。

我们也可考虑原假设为k个协整关系、备择假设为$(k+1)$个协整关系的似然比检验。检验统计量由Johansen（1991）得到，由下式给出

$$-2\ln\Lambda=-n\ln(1-\hat{\rho}_{k+1}^2) \tag{17.1.41}$$

这里，$\hat{\rho}_{k+1}$是在给定$\mathbf{Z}_{t-1}$，…，$\Delta\mathbf{Z}_{t-p+1}$的情形下分量$\Delta\mathbf{Z}_t$和$\Delta\mathbf{Z}_{t-1}$之间第$(k+1)$个最大样本偏典型相关系数。这个检验统计量的渐近分布的临界值由Johansen和Juselius（1990）通过模拟得到，一些常用值在表17-3中给出。

表 17-3　　在假设 H_0：rank(γ)=k=($m-h$)，H_1：rank(γ)=k+1 下似然比检验统计量的临界值

		较小值的概率		
情形 1：无常数项	**h**	**0.9**	**0.95**	**0.99**
	1	2.86	3.84	6.51
	2	9.52	11.44	15.69
	3	15.59	17.89	22.99
	4	21.58	23.80	28.82
	5	27.62	30.04	35.17
情形 2：有常数项	**h**	**0.9**	**0.95**	**0.99**
	1	6.69	8.08	11.58
	2	12.78	14.60	18.78
	3	18.96	21.28	26.15
	4	24.92	27.34	32.62
	5	30.82	33.26	38.86

注：h 是单位根的个数。

例 17-5　对 Lydia Pinkham 数据，我们在例 17-4 中表明，广告和销售都是 $I(1)$。为举例说明似然比检验的应用，由式（17.1.34）和 16.7 节讨论的模拟模型（16.7.1），我们现在考虑误差修正模型

$$\Delta\mathbf{Z}_t=\boldsymbol{\theta}_0+\boldsymbol{\gamma}\mathbf{Z}_{t-1}+\boldsymbol{\alpha}_1\Delta\mathbf{Z}_{t-1}+\boldsymbol{\alpha}_2\Delta\mathbf{Z}_{t-2}+\mathbf{a}_t$$

在给定 $\Delta\mathbf{Z}_{t-1}$和 $\Delta\mathbf{Z}_{t-2}$的条件下，$\Delta\mathbf{Z}_t$ 和 $\mathbf{Z}_{t-1}$间的偏典型相关系数的平方为$\hat{\rho}_1^2=0.2466$ 和 $\hat{\rho}_2^2=0.1166$。因为 $m=2$，故要检验的秩($\boldsymbol{\gamma}$)将是 0 或者 1。我们检验假设：rank($\boldsymbol{\gamma}$)$=k=0$ 或等价的 $h=2$。现在，

$$\begin{aligned}-2\ln\Lambda&=-n\sum_{i=k+1}^{m}\ln(1-\hat{\rho}_i^2)=-54[\ln(1-0.2466)+\ln(1-0.1166)]\\&=21.99\end{aligned}$$

它大于表 17-2 中 5%的临界值 17.97。因此，我们拒绝原假设，并得出广告和销售序列可能存在协整关系的结论。然后，我们检验原假设：rank($\boldsymbol{\gamma}$)$=k=1$ 或等价的 $h=1$。在这种情形下，

$$-2\ln\Lambda=-n\sum_{i=k+1}^{m}\ln(1-\hat{\rho}_i^2)=-54[\ln(1-0.1166)]=6.69$$

它小于表 17-2 中 5%的临界值 8.16。因此，我们不能拒绝原假设，可得出结论：广告和销售序列是协整的。由于 $m=2$，为检验 rank($\boldsymbol{\gamma}$)$=k=1$，我们也可以在表 17-3 中使用 $h=1$。5%的临界值是 8.08，对 $h=1$，表 17-2 和表 17-3 的微小差异源于不同的模拟。

检验假设：rank($\boldsymbol{\gamma}$)$=k=0$ 或者等价的，$h=2$，如果使用 1%的显著性水平，则检验统计量的值 21.99 小于表 17-2 中的临界值。假设被拒绝，检验结束，我们得出广告和销售序列不具有协整关系的结论。因此，在 1%的显著性水平下，回归方法和似然比检验得到相同的结论。

17.2　局部过程和局部过程相关矩阵

在 16.5.3 节中，我们讨论了滞后 s 期的偏滞后相关矩阵，它描述了向量 $\mathbf{Z}_t$ 和 $\mathbf{Z}_{t+s}$ 之间在消除了各自对干扰滞后向量 $\mathbf{Z}_{t+1}$，…，$\mathbf{Z}_{t+s-1}$ 的线性依赖后的相关性（用 $m\times m$ 矩阵表示）。本节我们介绍偏相关的另一种形式，由 Heyse 和 Wei（1984）提出。其中，$\mathbf{Z}_t$ 分解为三个子向量 $\mathbf{Z}_t=(\mathbf{Z}'_{1,t},\ \mathbf{Z}'_{2,t},\ \mathbf{Z}'_{3,t})'$，其维数分别为 m_1、m_2 和 m_3，也就是我们考虑子向量 $(\mathbf{Z}'_{1,t},\ \mathbf{Z}'_{2,t})'$ 和 $(\mathbf{Z}'_{1,t+s},\ \mathbf{Z}'_{2,t+s})'$ 之间在消除各自对第三个分量序列 $\mathbf{Z}_{3,t}$ 的线性依赖性后的相关性（表示维数为 $m-m_3$ 的矩阵）。Heyse 和 Wei（1984）把它叫作滞后 s 期的局部过程相关矩阵。这些相关性在确定 $\mathbf{Z}_{1,t}$ 和 $\mathbf{Z}_{2,t}$ 之间明显的线性相关性是否源于它们各自与 $\mathbf{Z}_{3,t}$ 的内在联系方面十分有用。

17.2.1　协方差矩阵生成函数

考虑一个零均值协方差平稳向量时间序列，其维数为 m，移动平均表示为

$$\begin{aligned}\mathbf{Z}_t &= \sum_{s=0}^{\infty}\mathbf{\Psi}_s\mathbf{a}_{t-s}\\ &=\mathbf{\Psi}(B)\mathbf{a}_t\end{aligned}\tag{17.2.1}$$

其中，$\mathbf{\Psi}(B)=(\boldsymbol{I}-\mathbf{\Psi}_1B-\mathbf{\Psi}_2B^2-\cdots)$ 是后移算子 B 的一个 $m\times m$ 矩阵多项式，系数 $\mathbf{\Psi}_s$ 是满足平方可和条件的平方矩阵。

过程 $\mathbf{Z}_t$ 的协方差矩阵生成函数定义为

$$\boldsymbol{G}_{\mathbf{Z}}(B)=\sum_{s=-\infty}^{\infty}\mathbf{\Gamma}_{\mathbf{Z}}(s)B^s\tag{17.2.2}$$

扩展 Box、Jenkins 和 Reinsel（1994）中的一个结论，它可表示为

$$\boldsymbol{G}_{\mathbf{Z}}(B)=\mathbf{\Psi}(F)\mathbf{\Sigma}\mathbf{\Psi}'(B)\tag{17.2.3}$$

这里 $F=B^{-1}$。记 $\boldsymbol{G}_{\mathbf{Z}}(B)=[\gamma^{ij}(B)]$，我们注意到

$$\gamma^{ii}(B)=\sum_{s=-\infty}^{\infty}\gamma_{ii}(s)B^s,\quad i=1,\ 2,\ \cdots,\ m\tag{17.2.4}$$

是 $\mathbf{Z}_t$ 的第 i 个分量过程的自协方差生成函数。过程 $\mathbf{Z}_{i,t}$ 的方差 $\gamma_{ii}(0)$ 是 $B^0=1$ 的系数，滞后 s 期的自协方差 $\gamma_{ii}(s)$ 是式（17.2.4）中 B^s 的系数。同样，$\gamma^{ij}(B)=\sum_{s=-\infty}^{\infty}\gamma_{ij}(s)B^s$（$i=1$，…，$m$，$j=1$，…，$m$，并且 $i\neq j$）是 $\mathbf{Z}_t$ 的第 i 个和第 j 个分量之间的互协方差生成函数。

17.2.2　偏协方差矩阵生成函数

假定 $\mathbf{Z}_t$ 可适当地分解为 3 个子向量，$\mathbf{Z}_t=(\mathbf{Z}'_{1,t},\ \mathbf{Z}'_{2,t},\ \mathbf{Z}'_{3,t})'$，维数分别为 m_1、m_2 和 m_3，并且 $m_1+m_2+m_3=m$。我们研究的重点是过程 $[\mathbf{Z}'_{1,t},\ \mathbf{Z}'_{2,t}]'$ 在消除对过程 $\mathbf{Z}_{3t}$ 的线

性依赖后滞后 s 期的相关矩阵。分解 $\boldsymbol{\Psi}(B)$ 和 $\mathbf{a}_t$ 可将式（17.2.1）中 $\mathbf{Z}_t$ 的移动平均表示写为

$$\begin{bmatrix}\mathbf{Z}_{1,t}\\ \mathbf{Z}_{2,t}\\ \mathbf{Z}_{3,t}\end{bmatrix}=\begin{bmatrix}\boldsymbol{\Psi}_{11}(B) & \boldsymbol{\Psi}_{12}(B) & \boldsymbol{\Psi}_{13}(B)\\ \boldsymbol{\Psi}_{21}(B) & \boldsymbol{\Psi}_{22}(B) & \boldsymbol{\Psi}_{23}(B)\\ \boldsymbol{\Psi}_{31}(B) & \boldsymbol{\Psi}_{32}(B) & \boldsymbol{\Psi}_{33}(B)\end{bmatrix}\begin{bmatrix}\mathbf{a}_{1,t}\\ \mathbf{a}_{2,t}\\ \mathbf{a}_{3,t}\end{bmatrix}$$

这里，分量 $\boldsymbol{\psi}_{ij}(B)$ 是 B 的矩阵多项式，对 $i\neq j$，$\boldsymbol{\psi}_{ii}(0)=\mathbf{I}_{m_i}$，$\boldsymbol{\psi}_{ij}(0)=\mathbf{0}_{m_i\times m_j}$。滞后 s 期协方差矩阵可同样分解为

$$\boldsymbol{\Gamma}_{\mathbf{Z}}(s)=\begin{bmatrix}\boldsymbol{\Gamma}_{11}(s) & \boldsymbol{\Gamma}_{12}(s) & \boldsymbol{\Gamma}_{13}(s)\\ \boldsymbol{\Gamma}_{21}(s) & \boldsymbol{\Gamma}_{22}(s) & \boldsymbol{\Gamma}_{23}(s)\\ \boldsymbol{\Gamma}_{31}(s) & \boldsymbol{\Gamma}_{32}(s) & \boldsymbol{\Gamma}_{33}(s)\end{bmatrix}$$

这里，$\boldsymbol{\Gamma}_{ij}(s)=E[\mathbf{Z}_{i,t},\ \mathbf{Z}'_{j,t+s}]$。$\mathbf{Z}_t$ 的这一特定分解的协方差矩阵生成函数（17.2.2）可写为

$$\boldsymbol{G}_{\mathbf{Z}}(B)=\begin{bmatrix}\boldsymbol{G}_{11}(B) & \boldsymbol{G}_{12}(B) & \boldsymbol{G}_{13}(B)\\ \boldsymbol{G}_{21}(B) & \boldsymbol{G}_{22}(B) & \boldsymbol{G}_{23}(B)\\ \boldsymbol{G}_{31}(B) & \boldsymbol{G}_{32}(B) & \boldsymbol{G}_{33}(B)\end{bmatrix}\tag{17.2.5}$$

其中，

$$\boldsymbol{G}_{ij}(B)=\sum_{s=-\infty}^{\infty}\boldsymbol{\Gamma}_{ij}(s)B^s$$

注意，因为 $\boldsymbol{\Gamma}_{ij}(s)=\boldsymbol{\Gamma}'_{ji}(-s)$，$\boldsymbol{G}_{\mathbf{Z}}(B)$ 的分量可写为

$$\mathbf{G}_{ij}(B)=\mathbf{G}'_{ji}(B^{-1})=\mathbf{G}'_{ji}(F)$$

为得到 $[\mathbf{Z}'_{1,t},\ \mathbf{Z}'_{2,t}]'$ 和 $[\mathbf{Z}'_{1,t+s},\ \mathbf{Z}'_{2,t+s}]'$ 在消除各自对序列 $\mathbf{Z}_{3,t}$ 的线性依赖后的相关性，我们令 $\hat{\mathbf{Z}}_{1,t}$ 和 $\hat{\mathbf{Z}}_{2,t}$ 分别是 $\mathbf{Z}_{1,t}$ 和 $\mathbf{Z}_{2,t}$ 在 $\mathbf{Z}_{3,t}$ 上的线性投影，考虑残差过程的相关矩阵函数

$$\begin{bmatrix}\mathbf{Z}_{1.3,t}\\ \mathbf{Z}_{2.3,t}\end{bmatrix}=\begin{bmatrix}\mathbf{Z}_{1,t}-\hat{\mathbf{Z}}_{1,t}\\ \mathbf{Z}_{2,t}-\hat{\mathbf{Z}}_{2,t}\end{bmatrix}\tag{17.2.6}$$

即令

$$\begin{aligned}\hat{\mathbf{Z}}_{1,t}&=\boldsymbol{\alpha}(B)\mathbf{Z}_{3,t}\\ &=\sum_{i=-\infty}^{\infty}\boldsymbol{\alpha}_i\mathbf{Z}_{3,t-i}\end{aligned}$$

和

$$\begin{aligned}\hat{\mathbf{Z}}_{2,t}&=\boldsymbol{\beta}(B)\mathbf{Z}_{3,t}\\ &=\sum_{i=-\infty}^{\infty}\boldsymbol{\beta}_i\mathbf{Z}_{3,t-i}\end{aligned}$$

这里，$\boldsymbol{\alpha}_i$ 和 $\boldsymbol{\beta}_i$ 分别通过最小化以下两式得到

$$E[|\mathbf{Z}_{1,t}-\boldsymbol{\alpha}(B)\mathbf{Z}_{3,t}|^2] \tag{17.2.7}$$

和

$$E[|\mathbf{Z}_{2,t}-\boldsymbol{\beta}(B)\mathbf{Z}_{3,t}|^2] \tag{17.2.8}$$

在式（17.2.7）中对 $\boldsymbol{\alpha}_j$ 求偏微分［Graham（1981，p.54）］，令求得的微分方程为 **0** 得到标准方程

$$\sum_{i=-\infty}^{\infty}\mathbf{\Gamma}_{33}(j-i)\,\boldsymbol{\alpha}_i'=\mathbf{\Gamma}_{31}(j),\quad j=0,\pm 1,\pm 2,\cdots \tag{17.2.9}$$

对式（17.2.9）中第 j 个方程乘以 B^j 并对 j 求和，得到

$$\sum_{j=-\infty}^{\infty}\sum_{i=-\infty}^{\infty}\mathbf{\Gamma}_{33}(j-i)\,\boldsymbol{\alpha}_i'B^j=\sum_{j=-\infty}^{\infty}\mathbf{\Gamma}_{31}(j)B^j$$

因此

$$\boldsymbol{G}_{33}(B)\boldsymbol{\alpha}'(B)=\mathbf{G}_{31}(B)$$

从中我们可以解得

$$\boldsymbol{\alpha}(B)=\boldsymbol{G}_{13}(F)\boldsymbol{G}_{33}^{-1}(F)$$

残差过程$(\mathbf{Z}_{1,t}-\hat{\mathbf{Z}}_{1,t})$滞后 s 期的协方差矩阵等于

$$\begin{aligned}\mathbf{\Gamma}_{11.3}(s)&=E[(\mathbf{Z}_{1,t}-\boldsymbol{\alpha}(B)\mathbf{Z}_{3,t})(\mathbf{Z}_{1,t+s}-\boldsymbol{\alpha}(B)\mathbf{Z}_{3,t+s})']\\&=\mathbf{\Gamma}_{11}(s)-\mathbf{\Gamma}_{13}(s)\boldsymbol{\alpha}'(B)-\boldsymbol{\alpha}(B)\mathbf{\Gamma}_{31}(s)+\boldsymbol{\alpha}(B)\mathbf{\Gamma}_{33}(s)\boldsymbol{\alpha}'(B)\end{aligned} \tag{17.2.10}$$

残差过程的协方差生成函数可通过对式（17.2.10）乘以 B^s 并对 s 求和得到，即

$$\begin{aligned}G_{11.3}(B)&=\sum_{s=-\infty}^{\infty}\mathbf{\Gamma}_{11.3}(s)B^s\\&=\sum_{s=-\infty}^{\infty}[\mathbf{\Gamma}_{11}(s)B^s-\mathbf{\Gamma}_{13}(s)B^s\boldsymbol{\alpha}'(B)-\boldsymbol{\alpha}(B)\mathbf{\Gamma}_{31}(s)B^s\\&\quad+\boldsymbol{\alpha}(B)\mathbf{\Gamma}_{33}(s)B^s\boldsymbol{\alpha}'(B)]\\&=\boldsymbol{G}_{11}(B)-\boldsymbol{G}_{13}(B)\boldsymbol{G}_{33}^{-1}(B)\boldsymbol{G}_{31}(B)-\boldsymbol{G}_{13}(F)\boldsymbol{G}_{33}^{-1}(F)\boldsymbol{G}_{31}(B)\\&\quad+\boldsymbol{G}_{13}(F)\boldsymbol{G}_{33}^{-1}(F)\boldsymbol{G}_{33}(B)\boldsymbol{G}_{33}^{-1}(B)\boldsymbol{G}_{31}(B)\\&=\boldsymbol{G}_{11}(B)-\boldsymbol{G}_{13}(B)\boldsymbol{G}_{33}^{-1}(B)\boldsymbol{G}_{31}(B)\end{aligned} \tag{17.2.11}$$

同样，通过选取

$$\boldsymbol{\beta}(B)=\boldsymbol{G}_{23}(F)\boldsymbol{G}_{33}^{-1}(F)$$

最小化 $E[|\mathbf{Z}_{2,t}-\boldsymbol{\beta}(B)\mathbf{Z}_{3,t}|^2]$。残差过程$(\mathbf{Z}_{2,t}-\hat{\mathbf{Z}}_{2,t})$的滞后 s 期协方差矩阵等于

$$\begin{aligned}\mathbf{\Gamma}_{22.3}(s)&=E[(\mathbf{Z}_{2,t}-\boldsymbol{\beta}(B)\mathbf{Z}_{3,t})(\mathbf{Z}_{2,t+s}-\boldsymbol{\beta}(B)\mathbf{Z}_{3,t+s})']\\&=\mathbf{\Gamma}_{22}(s)-\mathbf{\Gamma}_{23}(s)\boldsymbol{\beta}'(B)-\boldsymbol{\beta}(B)\mathbf{\Gamma}_{23}(s)+\boldsymbol{\beta}(B)\mathbf{\Gamma}_{33}(s)\boldsymbol{\beta}'(B)\end{aligned}$$

从中，可得到协方差矩阵生成函数为

$$\boldsymbol{G}_{22.3}(B)=\boldsymbol{G}_{22}(B)-\boldsymbol{G}_{23}(B)\boldsymbol{G}_{33}^{-1}(B)\boldsymbol{G}_{32}(B) \tag{17.2.12}$$

也有

$$\begin{aligned}\mathbf{\Gamma}_{12.3}(s)&=E[(\mathbf{Z}_{1,t}-\boldsymbol{\alpha}(B)\mathbf{Z}_{3,t})(\mathbf{Z}_{2,t+s}-\boldsymbol{\beta}(B)\mathbf{Z}_{3,t+s})']\\&=\mathbf{\Gamma}_{12}(s)-\mathbf{\Gamma}_{13}(s)\boldsymbol{\beta}'(B)-\boldsymbol{\alpha}(B)\mathbf{\Gamma}_{32}(s)+\boldsymbol{\alpha}(B)\mathbf{\Gamma}_{33}(s)\boldsymbol{\beta}'(B)\end{aligned}$$

和

$$\mathbf{\Gamma}_{21.3}(s)=\mathbf{\Gamma}'_{12.3}(-s)$$

因此

$$\begin{aligned}\boldsymbol{G}_{12.3}(B)=&\boldsymbol{G}_{12}(B)-\boldsymbol{G}_{13}(B)\boldsymbol{G}_{33}^{-1}(B)\boldsymbol{G}_{32}(B)-\boldsymbol{G}_{13}(F)\boldsymbol{G}_{33}^{-1}(F)\boldsymbol{G}_{32}(B)\\&+\boldsymbol{G}_{13}(F)\boldsymbol{G}_{33}^{-1}(F)\boldsymbol{G}_{33}(B)\boldsymbol{G}_{33}^{-1}(B)\boldsymbol{G}_{32}(B)\\=&\boldsymbol{G}_{12}(B)-\boldsymbol{G}_{13}(B)\boldsymbol{G}_{33}^{-1}(B)\boldsymbol{G}_{32}(B)\end{aligned}\tag{17.2.13}$$

和

$$\boldsymbol{G}_{21.3}(B)=\boldsymbol{G}_{21}(B)-\boldsymbol{G}_{23}(B)\boldsymbol{G}_{33}^{-1}(B)\boldsymbol{G}_{31}(B)\tag{17.2.14}$$

注意到从式（17.2.11）到式（17.2.14），我们有残差过程$(\mathbf{Z}'_{1.3,t}, \mathbf{Z}'_{2.3,t})'$的协方差矩阵生成函数

$$\begin{aligned}\boldsymbol{G}^{\dagger}_{12.3}(B)&=\begin{bmatrix}\boldsymbol{G}_{11.3}(B) & \boldsymbol{G}_{12.3}(B)\\ \boldsymbol{G}_{21.3}(B) & \boldsymbol{G}_{22.3}(B)\end{bmatrix}\\&=\begin{bmatrix}\boldsymbol{G}_{11}(B) & \boldsymbol{G}_{12}(B)\\ \boldsymbol{G}_{21}(B) & \boldsymbol{G}_{22}(B)\end{bmatrix}-\begin{bmatrix}\boldsymbol{G}_{13}(B)\\ \boldsymbol{G}_{23}(B)\end{bmatrix}[\boldsymbol{G}_{33}(B)]^{-1}[\boldsymbol{G}_{31}(B)\quad \boldsymbol{G}_{32}(B)]\end{aligned}\tag{17.2.15}$$

如果令

$$\mathbf{\Gamma}^{\dagger}_{12.3}(s)=\begin{bmatrix}\mathbf{\Gamma}_{11.3}(s) & \mathbf{\Gamma}_{12.3}(s)\\ \mathbf{\Gamma}_{21.3}(s) & \mathbf{\Gamma}_{22.3}(s)\end{bmatrix}$$

是残差过程$(\mathbf{Z}'_{1.3,t}, \mathbf{Z}'_{2.3,t})'$的滞后 s 期的协方差矩阵，那么 $\mathbf{\Gamma}^{\dagger}_{12.3}(s)$作为$\boldsymbol{G}^{\dagger}_{12.3}(B)$中 B^s 的系数直接可得。特别地，$\mathbf{\Gamma}^{\dagger}_{12.3}(0)$是式（17.2.15）中 B^0 的系数，表示残差过程的方差-协方差矩阵。令 $\boldsymbol{D}$ 是对角矩阵，它的第 i 个对角线元素是 $\mathbf{\Gamma}^{\dagger}_{12.3}(0)$的第 i 个对角线元素的平方根，那么，我们可定义残差过程滞后 s 期相关矩阵为

$$\begin{aligned}\boldsymbol{\rho}^{\dagger}_{12.3}(s)&=\boldsymbol{D}^{-1}\mathbf{\Gamma}^{\dagger}_{12.3}(s)\boldsymbol{D}^{-1}\\&=\begin{bmatrix}\boldsymbol{\rho}_{11.3}(s) & \boldsymbol{\rho}_{12.3}(s)\\ \boldsymbol{\rho}_{21.3}(s) & \boldsymbol{\rho}_{22.3}(s)\end{bmatrix}\end{aligned}\tag{17.2.16}$$

Heyse 和 Wei（1984）把式（17.2.6）中的残差过程$(\mathbf{Z}'_{1.3,t}, \mathbf{Z}'_{2.3,t})'$叫作考虑了$\mathbf{Z}_{3,t}$后的$(\mathbf{Z}'_{1,t}, \mathbf{Z}'_{2,t})'$的局部过程，因为它表示$\mathbf{Z}_{1,t}$和$\mathbf{Z}_{2,t}$在其与第三个分量序列$\mathbf{Z}_{3,t}$间的线性关系消除后的剩余随机过程。他们把式（17.2.15）中的$\boldsymbol{G}^{\dagger}_{12.3}(s)$叫作局部过程协方差矩阵生成函数，式（17.2.16）中的$\boldsymbol{\rho}^{\dagger}_{12.3}(s)$为考虑了$\mathbf{Z}_{3,t}$后$(\mathbf{Z}'_{1,t}, \mathbf{Z}'_{2,t})'$的局部过程的相关矩阵函数。

17.2.3　局部过程样本相关矩阵函数

$\mathbf{Z}_t$ 的(m_1+m_2)维分量$(\mathbf{Z}'_{1,t}, \mathbf{Z}'_{2,t})'$的局部过程相关矩阵函数$\boldsymbol{\rho}^{\dagger}_{12.3}(s)$，在消除了对

$\mathbf{Z}_{3,t}$的线性依赖性之后，就是局部过程的相关矩阵函数。如果局部过程 $\mathbf{Z}_t^\dagger = [\mathbf{Z}'_{1.3,t}, \mathbf{Z}'_{2.3,t}]'$的样本是可观测的，那么使用16.5.1节讨论的程序可直接估计。因此，一个直观合理的估计程序将首先计算下面的回归方程的残差

$$\hat{\mathbf{Z}}_{1.3,t} = \mathbf{Z}_{1,t} - \sum_{k=-P_1}^{Q_1} \hat{\boldsymbol{\alpha}}_k \mathbf{Z}_{3,t-k}, \quad t = Q_1+1, Q_1+2, \cdots, n-P_1 \tag{17.2.17}$$

和

$$\hat{\mathbf{Z}}_{2.3,t} = \mathbf{Z}_{2,t} - \sum_{l=-P_2}^{Q_2} \hat{\boldsymbol{\beta}}_l \mathbf{Z}_{3,t-l}, \quad t = Q_2+1, Q_2+2, \cdots, n-P_2 \tag{17.2.18}$$

对 $\hat{\boldsymbol{\alpha}}_k$ 和 $\hat{\boldsymbol{\beta}}_l$ 使用多变量最小二乘估计，其中，n 是 $\mathbf{Z}_t$ 的观测值的数量。

滞后 s 期局部过程相关矩阵 $\boldsymbol{\rho}^\dagger_{12.3}(s)$ 可由以下序列的滞后 s 期样本相关矩阵估计出来，

$$\hat{\mathbf{Z}}_t^\dagger = (\hat{\mathbf{Z}}'_{1.3,t}, \hat{\mathbf{Z}}'_{2.3,t})'$$

其中，$t=Q+1, Q+2, \cdots, n-P$，$Q=\max(Q_1, Q_2)$ 和 $P=\max(P_1, P_2)$。即

$$\hat{\boldsymbol{\rho}}^\dagger_{12.3}(s) = [\hat{\boldsymbol{D}}]^{-1} \hat{\boldsymbol{\Gamma}}^\dagger_{12.3}(s) [\hat{\boldsymbol{D}}]^{-1} \tag{17.2.19}$$

其中，

$$\hat{\boldsymbol{\Gamma}}^\dagger_{12.3}(s) = [n_0]^{-1} \sum_{t=Q+1}^{n-P-s} (\hat{\mathbf{Z}}_t^\dagger - \overline{\mathbf{Z}}^\dagger)(\hat{\mathbf{Z}}_{t+s}^\dagger - \overline{\mathbf{Z}}^\dagger)'$$

$n_0 = (n-P-Q)$ 是有效样本量，$\overline{\mathbf{Z}}^\dagger$ 是 $\hat{\mathbf{Z}}_t^\dagger$ 的均值向量，$\hat{\boldsymbol{D}}$ 是对角矩阵，其第 k 个对角线元素是 $\hat{\boldsymbol{\Gamma}}^\dagger_{12.3}(0)$ 的相应元素的平方根。

令 $\tilde{\boldsymbol{\Gamma}}^\dagger_{12.3}(s)$ 是不可观测的局部过程 $\mathbf{Z}_t^\dagger$ 的滞后 s 期局部过程样本协方差矩阵；对 $i=1, \cdots, (m_1+m_2)$ 和 $j=1, \cdots, (m_1+m_2)$，令 $\tilde{\gamma}^\dagger_{ij}(s)$ 是 $\tilde{\boldsymbol{\Gamma}}^\dagger_{12.3}(s)$ 的第 (i, j) 个元素，同时用 $\hat{\gamma}^\dagger_{ij}(s)$ 表示 $\hat{\boldsymbol{\Gamma}}^\dagger_{12.3}(s)$ 的第 (i, j) 个元素，我们回顾前面所讲的内容，它是从式（17.2.17）和式（17.2.18）中的估计残差序列 $\hat{\mathbf{Z}}_t^\dagger(s)$ 计算出来的。Hannan（1970, p.453）表明，$\hat{\gamma}^\dagger_{ij}(s)$ 与 $\tilde{\gamma}^\dagger_{ij}(s)$ 的区别只在于数量，它是 $(n_0-s)^{-1}$ 阶的，$\sqrt{n_0}\,[\hat{\gamma}^\dagger_{ij}(s) - \tilde{\gamma}^\dagger_{ij}(s)]$ 依概率收敛于 0，这意味着 $\sqrt{n_0}\,\hat{\gamma}^\dagger_{ij}(s)$ 与 $\sqrt{n_0}\,\tilde{\gamma}^\dagger_{ij}(s)$ 有相同的渐近分布。换句话说，对足够大的 n，适当选取 P_1、Q_1、P_2 和 Q_2，通过计算式（17.2.17）和式（17.2.18）的估计残差的样本相关矩阵而得到的局部过程样本相关矩阵的元素可按通常的方式解释。

计算 $\hat{\boldsymbol{\rho}}^\dagger_{12.3}(s)$ 的这个程序存在的一个问题是计算式（17.2.17）和式（17.2.18）的残差时与 P_1、Q_1、P_2 和 Q_2 的选取有关。这个问题在建立统计模型时是普遍的，在这里我们也不试图解决它。很明显，P 和 Q 的选取需要一个平衡。如果它们太小，那么第三个序列的一些影响会仍然保留在 $\hat{\boldsymbol{\rho}}^\dagger_{12.3}(s)$ 中。如果它们太大，那么有效样本量 n_0 将会太小。在这个选择上，我们必须提醒自己，我们的重点不是估计线性回归系数 $\boldsymbol{\alpha}_k$，$k=-P_1, -(P_1-1), \cdots, Q_1$ 和 $\boldsymbol{\beta}_l$，$l=-P_2, -(P_2-1), \cdots, Q_2$。相反，我们的研究重点在于消除 $\mathbf{Z}_{1,t}$ 和 $\mathbf{Z}_{2,t}$ 对 $\mathbf{Z}_{3,t}$ 的线性依赖性，目的是估计 $(\mathbf{Z}'_{1,t}, \mathbf{Z}'_{2,t})$ 的剩余相关结构。实际上，考察系数统

计显著性的诊断性辅助是有用的。但是，一般建议选择这个限制的几个值以保证得到的 $\hat{\boldsymbol{\rho}}^{\dagger}_{12.3}(s)$ 的估计值不会剧烈变动。也要注意，因为有效样本量 n_0 使用 $\max(P_1, P_2)$ 和 $\max(Q_1, Q_2)$，故我们可以在最大化式（17.2.17）和式（17.2.18）时选择两个限制列，而不用减少 n_0。

17.2.4　实例：美国肥猪数据

经典的美国肥猪数据包括 1867—1948 年 82 年观测的 5 个序列。为方便起见，这个数据作为序列 W13 在附录中列出。5 个序列分别为：

H_t：农业人口普查中 1 月 1 日记录的肥猪数量。

P_t：1 月 1 日每头猪的价格。

Q_t：12 月 1 日每蒲式耳玉米的价格。

C_t：年度生产的用蒲式耳计量的玉米供给。

W_t：农场工资水平。

对这些数据的描述可见 Quenouille（1957）、Box 和 Tiao（1977）、Tiao 和 Tsay（1983），他们对数据拟合一个五维的向量自回归移动平均模型。Quenouille 对数据取了对数并线性编码，当前的分析都是使用这种形式。

我们把注意力集中于肥猪数量 H_t 和肥猪价格 P_t 之间的关系。根据到目前为止介绍的方法，我们考虑 $\mathbf{Z}_{1,t}=H_t$，$\mathbf{Z}_{2,t}=P_t$ 和 $\mathbf{Z}_{3,t}=(Q_t, C_t, W_t)'$ 这种情形。

肥猪数量 H_t 和肥猪价格 P_{t+s} 的互相关估计 $\hat{\boldsymbol{\rho}}_{12}(s)$ 见表 17－4，滞后 $s=0$，±1，…，±12。这些值取自这五个序列样本相关矩阵 $\hat{\boldsymbol{\rho}}(s)$ 的第（1，2）元素。这些互相关持续较高水平，除了这些序列可能是非平稳的，或者可能普遍与第三个序列有关外，对肥猪数量和肥猪价格之间的关系提供的信息很少。

表 17－4　　肥猪数量 H_t 和滞后 s 期价格的互相关估计

滞后 s	$\hat{\boldsymbol{\rho}}_{12}(s)$	表示	滞后 s	$\hat{\boldsymbol{\rho}}_{12}(s)$	表示
0	0.62	+			
−1	0.65	+	1	0.60	+
−2	0.62	+	2	0.66	+
−3	0.56	+	3	0.70	+
−4	0.50	+	4	0.69	+
−5	0.43	+	5	0.58	+
−6	0.35	+	6	0.48	+
−7	0.29	+	7	0.42	+
−8	0.24	+	8	0.38	+
−9	0.17	·	9	0.34	+
−10	0.10	·	10	0.33	+
−11	0.08	·	11	0.35	+
−12	0.10	·	12	0.38	+

注：2×估计标准误≈0.22。“+”表示互相关大于 0.22。“·”表示互相关在−0.22 和 0.22 之间。

根据我们对局部过程的定义和 17.2.3 节介绍的方法，首先，我们想用 $\hat{\alpha}_{ik}$ 和 $\hat{\beta}_{il}$ 的普通最小二乘估计计算残差

$$\hat{H}_t^{\dagger}=H_t-\sum_{k=-P_1}^{Q_1}(\hat{\alpha}_{1k},\hat{\alpha}_{2k},\hat{\alpha}_{3k})(Q_{t+k},C_{t+k},W_{t+k})' \tag{17.2.20}$$

和

$$\hat{P}_t^{\dagger}=P_t-\sum_{l=-P_2}^{Q_2}(\hat{\beta}_{1l},\hat{\beta}_{2l},\hat{\beta}_{3l})(Q_{t+l},C_{t+l},W_{t+l})' \tag{17.2.21}$$

为观察在回归模型式（17.2.20）和式（17.2.21）中增加限制的影响，我们使用对称限制 $L=P_1=Q_1=P_2=Q_2=0$，1，…，8。然后，对每一个选取的估计残差序列 $(\hat{H}_t^{\dagger},\ \hat{P}_t^{\dagger})'$ 计算局部过程样本相关矩阵函数 $\hat{\boldsymbol{\rho}}_{12.3}^{\dagger}(s)$，用它估计肥猪数量和肥猪价格在消除对玉米价格、玉米供给和工资率的线性依赖后的互相关。这些值见表 17－5，选取 $L=3$，再加上＋、－、·，表示它们是否超过其 2 倍的估计标准误 $(1/75)^{1/2}$。

表 17－5 中 $\hat{\boldsymbol{\rho}}_{12.3}^{\dagger}(s)$ 的解释表明，消除对玉米价格、玉米供给和工资率的依赖后，肥猪数量和肥猪价格在研究期间是相关的。仅有四个 $\hat{\boldsymbol{\rho}}_{12.3}^{\dagger}(s)$ 的值大于其估计标准误的 2 倍，我们只考虑这 4 个中的 3 个，即 $\hat{\boldsymbol{\rho}}_{12.3}^{\dagger}(0)$，$\hat{\boldsymbol{\rho}}_{12.3}^{\dagger}(1)$，$\hat{\boldsymbol{\rho}}_{12.3}^{\dagger}(-1)$，因为 $\hat{\boldsymbol{\rho}}_{12.3}^{\dagger}(-11)=-0.30$ 的意义不太清楚，有可能是随机变动。这里，$\hat{\boldsymbol{\rho}}_{12.3}^{\dagger}(0)=-0.31$ 表明，在时期 t，肥猪数量 H_t 和肥猪价格 P_t 当期是负相关的，$\hat{\boldsymbol{\rho}}_{12.3}^{\dagger}(1)=-0.51$ 显示，t 期的肥猪数量 H_t 和 $t+1$ 期的肥猪价格 P_{t+1} 是负相关的，$\hat{\boldsymbol{\rho}}_{12.3}^{\dagger}(-1)=0.23$ 说明 t 期的肥猪价格 P_t 与 $t+1$ 期的肥猪数量 H_{t+1} 是正相关的。

表 17－5　肥猪数量 H_t 和滞后 s 肥猪价格 P_{t+s} 的局部过程互相关估计

滞后 s	$\hat{\boldsymbol{\rho}}_{12.3}^{\dagger}$	表示	滞后 s	$\hat{\boldsymbol{\rho}}_{12.3}^{\dagger}(s)$	表示
0	−0.31	−			
−1	0.23	+	1	−0.51	−
−2	0.03	·	2	−0.16	·
−3	−0.18	·	3	0.07	·
−4	−0.01	·	4	−0.03	·
−5	0.21	·	5	−0.05	·
−6	0.10	·	6	0.00	·
−7	−0.04	·	7	0.12	·
−8	−0.14	·	8	0.04	·
−9	−0.16	·	9	−0.14	·
−10	−0.20	·	10	−0.10	·
−11	−0.30	−	11	−0.02	·
−12	−0.20	·	12	−0.16	·

注：2×估计标准误≈0.23。"＋"表示互相关大于 0.23。"－"表示互相关小于－0.23。"·"表示互相关在－0.23 和 0.23 之间。

然后，我们考察增加回归模型式（17.2.20）和式（17.2.21）的限制条件对局部过程样本互相关 $\hat{\boldsymbol{\rho}}_{12.3}^{\dagger}(-1)$、$\hat{\boldsymbol{\rho}}_{12.3}^{\dagger}(0)$ 和 $\hat{\boldsymbol{\rho}}_{12.3}^{\dagger}(1)$ 的影响。表 17－6 中显示了 $L=0$，1，…，8 时的 3 个估计值。值 $L=\text{null}$ 表示 null 情形，也就是样本互相关 $\hat{\boldsymbol{\rho}}_{12}(-1)$、$\hat{\boldsymbol{\rho}}_{12}(0)$ 和 $\hat{\boldsymbol{\rho}}_{12}(1)$。

表 17-6　　在式（17.2.20）和式（17.2.21）中增加限制 $P=Q$ 值的估计局部过程互相关

$P=Q$	$\hat{\boldsymbol{\rho}}^{\dagger}_{12.3}(-1)$	$\hat{\boldsymbol{\rho}}^{\dagger}_{12.3}(0)$	$\hat{\boldsymbol{\rho}}^{\dagger}_{12.3}(1)$
Null	0.65（+）	0.62（+）	0.60（+）
0	0.06（·）	−0.42（−）	−0.60（−）
1	0.28（+）	−0.42（−）	−0.53（−）
2	0.30（+）	−0.24（−）	−0.53（−）
3	0.23（+）	−0.31（−）	−0.51（−）
4	0.32（+）	−0.24（−）	−0.44（−）
5	0.28（+）	−0.07（·）	−0.37（−）
6	0.51（+）	−0.06（·）	−0.22（·）
7	0.60（+）	0.13（·）	−0.21（·）
8	0.53（+）	0.01（·）	−0.39（·）

注："null"表示样本互相关。"+"和"−"表示超过它们两倍估计标准误的局部过程互相关。

图 17-2（a）、（b）和（c）分别画出了对应于限制 L 的估计 $\hat{\boldsymbol{\rho}}^{\dagger}_{12.3}(-1)$、$\hat{\boldsymbol{\rho}}^{\dagger}_{12.3}(0)$ 和 $\hat{\boldsymbol{\rho}}^{\dagger}_{12.3}(1)$ 的散点图。

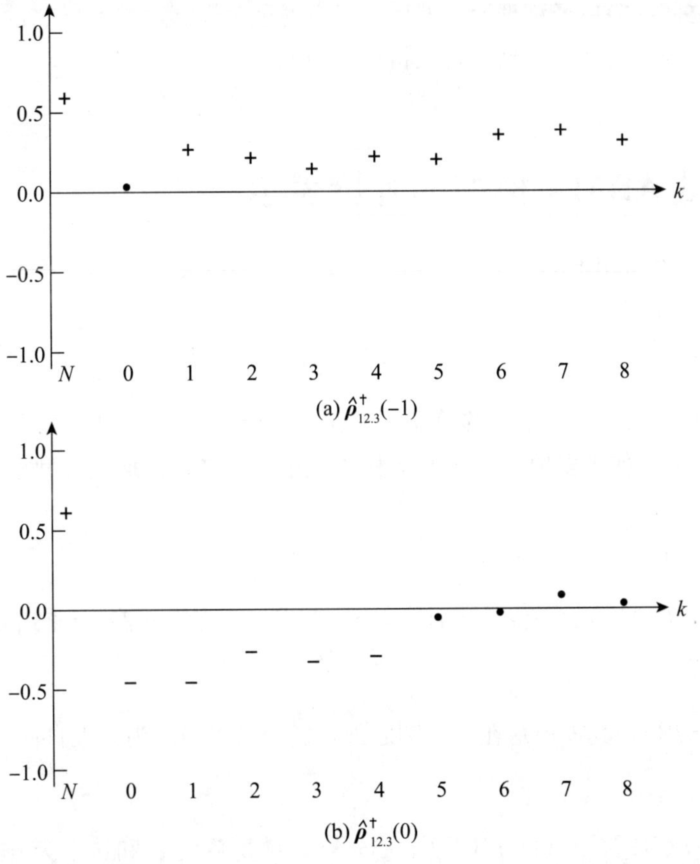

图 17-2　在回归模型式（17.2.20）和式（17.2.21）中增加的限制值的 $\hat{\boldsymbol{\rho}}^{\dagger}_{12.3}(j)$

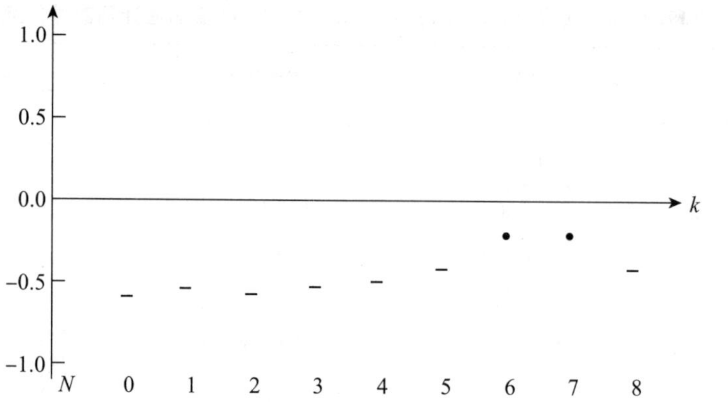

(c) $\hat{\boldsymbol{\rho}}^{\dagger}_{12.3}(1)$

图 17－2　在回归模型式（17.2.20）和式（17.2.21）中增加的限制值的 $\hat{\boldsymbol{\rho}}^{\dagger}_{12.3}(j)$（续）

这个分析的结果表明，增加限制 L 对估计 $\hat{\boldsymbol{\rho}}^{\dagger}_{12.3}(-1)$ 和 $\hat{\boldsymbol{\rho}}^{\dagger}_{12.3}(1)$ 的影响很小，尽管随限制的增加，$\hat{\boldsymbol{\rho}}^{\dagger}_{12.3}(0)$ 没有减少到接近于 0。因此，我们对表 17－5 中肥猪数量 H_t 和肥猪价格 P_t 的当期互相关的解释是有问题的。另外的证据支持了我们的结论，即 t 期的肥猪数量 H_t 和 $t+1$ 期的肥猪价格 P_{t+1} 是负相关的。消除对玉米价格、玉米供给和工资率的依赖后，研究期间 t 期的肥猪价格 P_t 与 $t+1$ 期的肥猪数量 H_{t+1} 是正相关的。这个结论当然符合供给和价格之间的简单经济理论。然而，只有通过对局部过程和局部过程相关函数的研究，才会使这一现象对这一数据而言变得更为明显。

17.3　向量 ARMA 模型的等价表示

ARMA 模型经常用不同的形式表示。例如，为了不失一般性，考虑零均值一阶单变量自回归模型［AR(1)］

$$\phi(B)Z_t=a_t \tag{17.3.1}$$

其中，$\phi(B)=(1-\phi B)$，B 是后移算子，满足 $BZ_t=Z_{t-1}$，a_t 是白噪声序列，其均值为 0，方差 σ^2 为常数。如果多项式 $\phi(B)$ 的根落在单位圆之外，那么模型也可以写为无限的移动平均（MA）形式

$$Z_t=\psi(B)a_t \tag{17.3.2}$$

其中，$\varphi(B)=[\phi(B)]^{-1}=(1+\phi B+\phi^2B^2+\cdots)$。同样，一阶单变量移动平均模型［MA(1)］

$$Z_t=\theta(B)a_t \tag{17.3.3}$$

中 $\theta(B)=(1-\theta B)$，其零根落在单位圆之外，它也可以表示为无限自回归形式

$$\pi(B)Z_t=a_t \tag{17.3.4}$$

其中，$\pi(B)=[\theta(B)]^{-1}=(1+\theta B+\theta^2B^2+\cdots)$。只要系数 ϕ 和 θ 不为 0，式(17.3.2)和式（17.3.4）的无限形式确实包括无限多项。更一般地，有趣的是其存在双重表示，即对

单变量序列，有限阶平稳 AR 过程可表示为无限阶 MA 形式，有限阶可逆 MA 过程可表示为无限阶 AR 形式。因此，有限阶 AR 过程对应于无限阶 MA 过程，而有限阶 MA 过程对应于无限阶 AR 过程。

这些替代表示是很有用的。例如，AR 形式在表示用过去观测加权平均进行预报时是有用的，MA 形式则可使预报方差的计算变得特别简单。

现在，假定 $\mathbf{Z}_t=[Z_{1,t},\cdots,Z_{m,t}]'$ 是一 $(m\times1)$ 向量。式（17.3.1）的推广是向量 AR(1) 过程

$$\mathbf{\Phi}(B)\mathbf{Z}_t=\mathbf{a}_t,\tag{17.3.5}$$

其中，$\mathbf{\Phi}(B)=(\mathbf{I}-\mathbf{\Phi}B)$，$\mathbf{I}$ 是 $m\times m$ 单位矩阵，$\mathbf{\Phi}=[\phi_{ij}]$ 是第 (i,j) 元素为 $\phi_{i,j}$ 的 $m\times m$ 非零系数矩阵，$\mathbf{a}_t=[a_{1,t},\cdots,a_{m,t}]'$ 是 $m\times1$ 向量白噪声过程，其均值向量为 $\mathbf{0}$，正定方差-协方差矩阵为 $\mathbf{\Sigma}$。因为向量时间序列是单变量时间序列的推广，故我们期望以上的双重表示对向量过程也成立，实际上也是合理的。换言之，我们期望，有限阶向量 AR 过程对应无限阶向量 MA 过程，有限阶向量 MA 过程对应无限阶向量 AR 过程。然而，这个猜测却不一定成立。有文献研究了向量 ARMA 模型的多重表示［例如，见 Hannan 和 Deistler(1988)］。在 17.3.1 节，我们提供一些简单的结果，表明在某些条件下，向量过程可以同时表示为有限阶向量 AR 模型、有限阶向量 MA 模型或者有限阶自回归移动平均（ARMA）模型。我们也建立了这些表示的最大阶数。在 17.3.2 节中我们讨论这些特定形式的向量时间序列模型的启示。

17.3.1　向量时间序列过程的有限阶表示

对式（17.3.5）中给定的向量 AR 模型，由 16.3.1 节我们知道，当行列式多项式 $|\mathbf{\Phi}(B)|=0$ 的根在单位圆之外或者等价地，当 $\mathbf{\Phi}$ 的所有特征根都落在单位圆之内时，模型可写为 MA 形式

$$\begin{aligned}\mathbf{Z}_t&=[\mathbf{\Phi}(B)]^{-1}\mathbf{a}_t\\&=(\mathbf{I}-\mathbf{\Phi}B)^{-1}\mathbf{a}_t\\&=\sum_{j=0}^{\infty}\mathbf{\Phi}^j\mathbf{a}_{t-j}\end{aligned}\tag{17.3.6}$$

其中，$\mathbf{\Phi}_0=I$。式（17.3.6）的 MA 形式是有限阶的吗？要回答这个问题，我们考虑取自 Newbold（1982）的三维向量 AR(1) 模型，

$$(\mathbf{I}-\mathbf{\Phi}B)\mathbf{Z}_t=\mathbf{a}_t\tag{17.3.7}$$

其中，

$$\mathbf{\Phi}^j=\begin{bmatrix}0&0&1\\0&0&0\\0&1&0\end{bmatrix}$$

因为对于 $j>2$，$\mathbf{\Phi}^2\neq\mathbf{0}$，且 $\mathbf{\Phi}^j=\mathbf{0}$，式（17.3.6）的形式表示向量 MA(2) 模型。实际上，任何有幂零系数矩阵的 AR(1) 模型都可写为有限阶向量 MA 模型。要知道为什么会发生

这种情况，可以令$|\mathbf{A}|$表示矩阵$\mathbf{A}$的行列式，$\mathrm{adj}(\mathbf{A})$表示$\mathbf{A}$的伴随矩阵。我们注意到，式（17.3.5）给出的向量 AR(1) 模型中

$$[\mathbf{\Phi}(B)]^{-1}=\frac{1}{|\mathbf{\Phi}(B)|}\mathrm{adj}[\mathbf{\Phi}(B)] \tag{17.3.8}$$

现在，$\mathbf{\Phi}(B)=(\mathbf{I}-\mathbf{\Phi}B)$是阶为 1 的$B$的矩阵多项式。很明显，伴随矩阵的含$B$的生成矩阵多项式的阶数将是有限的。因此，如果行列式$|\mathbf{\Phi}(B)|$与B无关，非退化 AR(1) 矩阵多项式（即$\mathbf{\Phi}(B)\neq I$）也将是有限阶的。对式（17.3.7）中给出的例子，我们注意到，行列式$|\mathbf{I}-\mathbf{\Phi}B|=1$。为理解向量 ARMA 模型的这一不寻常的特征，我们在本节观察这些看似不同、其实为等价表示的条件。

从以上观察中，我们可以得出以下结论［更详细的证明见 Shen 和 Wei（1995）］：

1. 给定在式（17.3.5）中定义的m维向量 AR(1)模型

$$(\mathbf{I}-\mathbf{\Phi}B)\mathbf{Z}_t=\mathbf{a}_t$$

下列条件是等价的：

(a) 向量 AR(1)过程可表示为有限阶向量 MA(q)模型。

(b) 行列式多项式$|\mathbf{I}-\mathbf{\Phi}B|$与$B$无关。特别地，当$B=0$时，我们有$|\mathbf{I}-\mathbf{\Phi}B|=1$。

(c) $|\mathbf{\Phi}|=0$，$\sum_{i=1}^{m}|\mathbf{\Phi}(i)|=0$，$\sum_{1\leqslant i\leqslant j\leqslant m}|\mathbf{\Phi}(i,j)|=0$，…，$\sum_{i=1}^{m}\phi_{ii}=0$，其中$\mathbf{\Phi}(i_1,\cdots,i_k)$是$\mathbf{\Phi}$除掉$i_1$，…，$i_k$行和列剩下的矩阵，$\phi_{ii}$表示$\mathbf{\Phi}$的第$i$个对角线元素。

(d) $\mathbf{\Phi}$的特征值都为 0。

(e) $\mathbf{\Phi}$是幂零矩阵，也就是存在一个整数k，对于$j>k$，满足$\mathbf{\Phi}^k\neq\mathbf{0}$和$\mathbf{\Phi}^j=\mathbf{0}$，实际上，

$$\mathbf{Z}_t=[\mathbf{I}-\mathbf{\Phi}B]^{-1}\mathbf{a}_t=\frac{1}{|\mathbf{I}-\mathbf{\Phi}B|}\mathrm{adj}[\mathbf{I}-\mathbf{\Phi}B]\mathbf{a}_t \tag{17.3.9}$$

因为$|\mathbf{I}-\mathbf{\Phi}B|$是常数，故（$\mathbf{I}-\mathbf{\Phi}B$）是$m\times m$矩阵，它的元素是$B$的阶为 1 的多项式。伴随矩阵$[\mathbf{I}-\mathbf{\Phi}B]$的元素是阶小于或者等于（$m-1$）的多项式，$m$维向量 AR(1) 模型可表示为有限的$m$维向量 MA($q$) 模型，其中$q\leqslant(m-1)$。

2. 同样，m维向量 MA(1)模型

$$\mathbf{Z}_t=(\mathbf{I}-\mathbf{\Theta}B)\mathbf{a}_t \tag{17.3.10}$$

其中，$\mathbf{\Theta}=[\theta_{ij}]$是$m\times m$系数矩阵，其第$(i,j)$元素为$\theta_{i,j}$，可表示为有限阶向量 AR($p$)模型，其中$p\leqslant(m-1)$，如果下列条件之一成立：

(a) 行列式多项式$|\mathbf{I}-\mathbf{\Theta}B|$与$B$无关。

(b) $|\mathbf{\Theta}|=0$，$\sum_{i=1}^{m}|\mathbf{\Theta}(i)|=0$，$\sum_{1\leqslant i\leqslant j\leqslant m}|\mathbf{\Theta}(i,j)|=0$，…，$\sum_{i=1}^{m}\theta_{ii}=0$，其中，$\mathbf{\Theta}(i_1,\cdots,i_k)$是$\mathbf{\Theta}$除掉$i_1$，…，$i_k$行和列剩下的矩阵，$\theta_{ii}$表示$\mathbf{\Theta}$的第$i$个对角线元素。

(c) $\boldsymbol{\Theta}$ 的特征值都为 0。

(d) $\boldsymbol{\Theta}$ 是幂零矩阵。

3. 下面，我们考虑 m 维向量 ARMA(p，q) 过程

$$\boldsymbol{\Phi}_p(B)\mathbf{Z}_t=\boldsymbol{\Theta}_q(B)\mathbf{a}_t \tag{17.3.11}$$

其中，$\boldsymbol{\Phi}_p(B)=(\mathbf{I}-\boldsymbol{\Phi}_1 B-\cdots-\boldsymbol{\Phi}_p B^p)$ 和 $\boldsymbol{\Theta}_q(B)=(\mathbf{I}-\boldsymbol{\Theta}_1 B-\cdots-\boldsymbol{\Theta}_q B^q)$ 分别是阶为 p 和 q 的 B 的矩阵多项式。因为

$$\mathbf{Z}_t=\frac{1}{|\boldsymbol{\Phi}_p(B)|}\text{adj}[\boldsymbol{\Phi}_p(B)]\boldsymbol{\Theta}_q(B)\mathbf{a}_t \tag{17.3.12}$$

如果行列式多项式 $|\boldsymbol{\Phi}_p(B)|$ 与 B 无关，过程就可表示为有限阶向量 MA(k) 模型，其中 $k\leqslant[(m-1)p+q]$。另外，因为

$$\frac{1}{|\boldsymbol{\Theta}_q(B)|}\text{adj}[\boldsymbol{\Theta}_q(B)]\boldsymbol{\Phi}_p(B)\mathbf{Z}_t=\mathbf{a}_t \tag{17.3.13}$$

如果行列式多项式 $|\boldsymbol{\Theta}_q(B)|$ 与 B 无关，过程就可表示为有限阶向量AR(n)模型，其中 $n\leqslant[(m-1)q+p]$。

4. 更一般地，如果在式 (17.3.11) 中，$\boldsymbol{\Phi}_p(B)=\boldsymbol{H}_{p_1}(B)\boldsymbol{\Omega}_{p-p_1}(B)$，满足 $|\boldsymbol{H}_{p_1}(B)|$ 与 B 无关，那么过程可写为有限阶 ARMA($p-p_1$，k) 模型，其中 $p_1\leqslant p$，并且 $k\leqslant[(m-1)p_1+q]$

$$\boldsymbol{\Omega}_{p-p_1}(B)\mathbf{Z}_t=\frac{1}{|\mathbf{H}_{p_1}(B)|}\text{adj}[\mathbf{H}_{p_1}(B)]\boldsymbol{\Theta}_q(B)\mathbf{a}_t \tag{17.3.14}$$

另外，如果在式 (17.3.11) 中，$\boldsymbol{\Theta}_q(B)=\mathbf{V}_{q_1}(B)\boldsymbol{\Gamma}_{q-q_1}(B)$，满足 $|\mathbf{V}_{q_1}(B)|$ 与 B 无关，那么过程可写为有限阶 ARMA(n，$q-q_1$) 模型，其中，$q_1\leqslant q$，并且 $n\leqslant[(m-1)q_1+p]$

$$\frac{1}{|\mathbf{V}_{q_1}(B)|}\text{adj}[\mathbf{V}_{q_1}(B)]\boldsymbol{\Phi}_p(B)\mathbf{Z}_t=\boldsymbol{\Gamma}_{q-q_1}(B)\mathbf{a}_t \tag{17.3.15}$$

例 17－6　考虑二维向量 ARMA(2，2) 过程

$$(\mathbf{I}-\boldsymbol{\Phi}_1 B-\boldsymbol{\Phi}_2 B^2)\mathbf{Z}_t=(\mathbf{I}-\boldsymbol{\Theta}_1 B-\boldsymbol{\Theta}_2 B^2)\mathbf{a}_t \tag{17.3.16}$$

其中，

$$\boldsymbol{\Phi}_1=\begin{bmatrix}0.8 & 1.3\\ 0.1 & 0.6\end{bmatrix},\quad \boldsymbol{\Phi}_2=\begin{bmatrix}-0.1 & -0.6\\ 0 & 0\end{bmatrix}$$

$$\boldsymbol{\Theta}_1=\begin{bmatrix}0.4 & 0.2\\ 1.3 & 0.6\end{bmatrix},\quad \boldsymbol{\Theta}_2=\begin{bmatrix}0 & 0\\ -0.4 & -0.2\end{bmatrix}$$

容易看出，$|\mathbf{I}-\boldsymbol{\Phi}_1 B-\boldsymbol{\Phi}_2 B^2|=(1-1.4B+0.45B^2)$ 并非与 B 无关。因此，式(17.3.16)的模型不能表示为有限阶向量 MA 模型。然而，它表明

$$(\mathbf{I}-\boldsymbol{\Phi}_1 B-\boldsymbol{\Phi}_2 B^2)=(\mathbf{I}-\mathbf{H}B)(\mathbf{I}-\boldsymbol{\Omega}B)$$

其中

$$\mathbf{H}=\begin{bmatrix}0 & 1\\0 & 0\end{bmatrix},\quad \boldsymbol{\Omega}=\begin{bmatrix}0.8 & 0.3\\0.1 & 0.6\end{bmatrix},\quad |\mathbf{H}_1(B)|=|\mathbf{I}-\mathbf{H}B|=1$$

因此，由式（17.3.14）知，式（17.3.16）也可写为向量 ARMA（1，3）模型

$$(\mathbf{I}-\boldsymbol{\Omega}B)\mathbf{Z}_t=(\mathbf{I}-\boldsymbol{\Psi}_1B-\boldsymbol{\Psi}_2B^2-\boldsymbol{\Psi}_3B^3)\mathbf{a}_t \tag{17.3.17}$$

其中

$$\boldsymbol{\Psi}_1=\begin{bmatrix}0.4 & -0.8\\1.3 & 0.6\end{bmatrix},\ \boldsymbol{\Psi}_2=\begin{bmatrix}1.3 & 0.6\\-0.4 & -0.2\end{bmatrix},\quad \boldsymbol{\Psi}_3=\begin{bmatrix}-0.4 & -0.2\\0 & 0\end{bmatrix}$$

同样，$|\mathbf{I}-\boldsymbol{\Theta}_1B-\boldsymbol{\Theta}_2B^2|=(1-B+0.18B^2)$并非与 B 无关，因此，过程不能表示为有限阶纯 AR 向量模型。然而，因为

$$(\mathbf{I}-\boldsymbol{\Theta}_1B-\boldsymbol{\Theta}_2B^2)=(\mathbf{I}-\mathbf{V}B)(\mathbf{I}-\boldsymbol{\Gamma}B)$$

其中，

$$\mathbf{V}=\begin{bmatrix}0 & 0\\1 & 0\end{bmatrix},\ \boldsymbol{\Gamma}=\begin{bmatrix}0.4 & 0.2\\0.3 & 0.6\end{bmatrix},\quad |\mathbf{I}-\mathbf{V}B|=1$$

由式（17.3.15）知，式（17.3.16）可写为向量 ARMA(3，1）模型

$$(\mathbf{I}-\boldsymbol{\Pi}_1B-\boldsymbol{\Pi}_2B^2-\boldsymbol{\Pi}_3B^3)\mathbf{Z}_t=(\mathbf{I}-\boldsymbol{\Gamma}B)\mathbf{a}_t \tag{17.3.18}$$

其中

$$\boldsymbol{\Pi}_1=\begin{bmatrix}0.8 & 1.3\\-0.9 & 0.6\end{bmatrix},\ \boldsymbol{\Pi}_2=\begin{bmatrix}-0.1 & -0.6\\0.8 & 1.3\end{bmatrix},\quad \boldsymbol{\Pi}_3=\begin{bmatrix}0 & 0\\-0.1 & -0.6\end{bmatrix}$$

式（17.3.16）、式（17.3.17）和式（17.3.18）中的模型是等价的。Tiao 和 Tsay（1989）也称这些模型为可交换模型。

17.3.2 一些启示

17.3.1 节的结论表明，对一个向量时间序列，某个过程可同时表示为有限阶向量 AR 模型、有限阶向量 MA 模型或者有限阶向量 ARMA 模型，这是在单变量时间序列中不可能存在的现象。这些启示是这些表示的直接结果，具体如下：

（1）如果有限阶向量 AR 或 ARMA 模型也能被表示为有限阶向量 MA 模型，那么有限阶向量 AR 或者 ARMA 模型是有限期记忆模型。也就是说，有限时期后这个过程的最佳预报是过程的均值向量。这个性质与单变量时间序列过程形成鲜明对比，后者的均值是 AR 或者 ARMA 模型的最佳预报，仅为预报期趋于无穷时的一个极限。

（2）根据广义平稳性，m 维平稳向量过程 $\mathbf{Z}_t$ 可写为 MA 形式

$$\mathbf{Z}_t=\sum_{k=0}^{\infty}\boldsymbol{\Psi}_k\mathbf{a}_{t-k} \tag{17.3.19}$$

满足 $m\times m$ 系数矩阵 $\boldsymbol{\Psi}_k=[\psi_{ij,k}]$是平方可和的，在每一序列平方可和的意义下，也就是

对 $i=1$，…，m 和 $j=1$，…，m，$\sum_{k=0}^{\infty}\psi_{ij,k}^{2}<\infty$。因此，有限阶向量 AR 模型和有限阶向量 MA 模型都不能表示非平稳向量过程。M 维向量过程 $\mathbf{Z}_t$ 是可逆的，如果它可写为 AR 形式

$$\mathbf{Z}_t=\sum_{k=0}^{\infty}\mathbf{\Pi}_k\mathbf{Z}_{t-k}+\mathbf{a}_t \tag{17.3.20}$$

满足 $m\times m$ 系数矩阵 $\Pi_k=[\pi_{ij,k}]$ 是绝对可和的，也就是对 $i=1$，…，m 和 $j=1$，…，m，$\sum_{k=0}^{\infty}|\pi_{ij,k}|<\infty$。因此，有限阶向量 AR 模型和有限阶向量 MA 模型不可能表示一个并非不可逆的向量过程。换句话说，如果向量时间序列过程可同时表示为有限阶 AR 模型和有限阶 MA 模型，那么过程必须既是平稳的，又是可逆的。

（3）如果非平稳过程 $\mathbf{Z}_t$ 的第（$d-1$）次差分是非平稳的，而第 d 次差分是平稳的，则被说成是积分 d 次，用 $I(d)$ 表示。正如在 17.1 节所讨论的，如果（$m\times1$）向量过程 $\mathbf{Z}_t=(Z_{1,t},\cdots,Z_{m,t})'$ 的分量序列 $Z_{i,t}$ 都是 $I(1)$，则 $\mathbf{Z}_t$ 是协整的，但 $\mathbf{Z}_t$ 的某个线性组合，即对某个 $k\times m$ 矩阵 $\mathbf{C}'$，其中 $k<m$，$\mathbf{C}'\mathbf{Z}_t$ 是平稳向量过程。第 2 条的讨论表明，协整向量过程 $\mathbf{Z}_t$ 不能同时表示为有限阶向量 AR、有限阶向量 MA 或者 ARMA 过程。对某个矩阵 $\mathbf{C}'$，如果多重表示出现，那么它们必须采用其线性组合 $\mathbf{C}'\mathbf{Z}_t$ 的形式。

（4）如果向量时间序列过程可同时表示为有限阶 AR 模型和有限阶 MA 模型，那么这个过程可简化为第 14 章讨论的转换函数模型的输入输出类型。我们通过一个一阶向量过程来阐明这个现象。其他情形的结论是相同的。

首先，我们考虑 m 维向量 AR(1) 过程

$$(\mathbf{I}-\mathbf{\Phi}B)\mathbf{Z}_t=\mathbf{a}_t \tag{17.3.21}$$

如果过程也可写为有限阶向量 MA 模型，那么根据以前的结果，$\mathbf{\Phi}$ 的特征值都为 0。因此，存在一个非奇异矩阵 $\mathbf{H}$ 满足 $\mathbf{H\Phi H}^{-1}=\mathbf{J}$，这里 $\mathbf{J}$ 是约当矩阵，它的元素除了第一个上对角线元素为 0 或者 1 外，其余都为 0，即

$$\mathbf{H\Phi H}^{-1}=\begin{bmatrix}0&\delta&0&\cdots&0\\0&0&0&\ddots&0\\\vdots&\vdots&\ddots&\ddots&\vdots\\0&0&0&\cdots&\delta\\0&0&0&\cdots&0\end{bmatrix}=\mathbf{J} \tag{17.3.22}$$

其中，$\delta=0$ 或者 1。式（17.3.21）两边都乘以 $\mathbf{H}$，令 $\mathbf{Y}_t=\mathbf{HZ}_t$ 和 $\mathbf{e}_t=\mathbf{Ha}_t$，得到

$$\mathbf{H}(\mathbf{I}-\mathbf{\Phi}B)\mathbf{H}^{-1}\mathbf{HZ}_t=\mathbf{Ha}_t$$

或者

$$(\mathbf{I}-\mathbf{J}B)\mathbf{Y}_t=\mathbf{e}_t \tag{17.3.23}$$

其中，$\mathbf{e}_t$ 是 m 维白噪声过程，其均值向量为 $\mathbf{0}$，方差-协方差矩阵为 $\mathbf{H\Sigma H}'$。$(\mathbf{I}-\mathbf{J}B)$ 是平方矩阵，它的元素除了主对角线上的元素都为 1 外其他都是 0，上对角线第一个元素都等于 $-\delta B$。因此，式（17.3.23）变成

$$\begin{bmatrix} 1 & -\delta B & 0 & \cdots & 0 \\ 0 & 0 & -\delta B & \ddots & 0 \\ \vdots & \ddots & \ddots & \ddots & \vdots \\ 0 & 0 & 0 & \cdots & -\delta B \\ 0 & 0 & 0 & \cdots & 1 \end{bmatrix} \begin{bmatrix} Y_{1,t} \\ Y_{2,t} \\ \vdots \\ Y_{m,t} \end{bmatrix} = \begin{bmatrix} e_{1,t} \\ e_{2,t} \\ \vdots \\ e_{m,t} \end{bmatrix} \tag{17.3.24}$$

然后，考虑 m 维向量 MA(1) 过程

$$\mathbf{Z}_t = (\mathbf{I} - \mathbf{\Theta} B)\mathbf{a}_t \tag{17.3.25}$$

如果过程也可表示为有限阶向量 AR 模型，对于 $n > p$，存在整数 p，满足$\mathbf{\Theta}^p \neq \mathbf{0}$，但是 $\mathbf{\Theta}^n = \mathbf{0}$，且

$$(\mathbf{I} + \mathbf{\Theta} B + \mathbf{\Theta}^2 B^2 + \cdots + \mathbf{\Theta}^p B^p)\mathbf{Z}_t = \mathbf{a}_t \tag{17.3.26}$$

因为 $\mathbf{\Theta}$ 是幂零矩阵，存在一非奇异矩阵 $\mathbf{R}$，满足 $\mathbf{R}\mathbf{\Theta}\mathbf{R}^{-1} = \mathbf{J}$，这里 $\mathbf{J}$ 是式（17.3.22）中定义的约当矩阵。式（17.3.26）两边乘以 $\mathbf{R}$，令 $\mathbf{W}_t = \mathbf{R}\mathbf{Z}_t$ 和 $\mathbf{r}_t = \mathbf{R}\mathbf{a}_t$，得到

$$\mathbf{R}(\mathbf{I} + \mathbf{\Theta} B + \mathbf{\Theta}^2 B^2 + \cdots + \mathbf{\Theta}^p B^p)\mathbf{R}^{-1}\mathbf{R}\mathbf{Z}_t = \mathbf{R}\mathbf{a}_t$$

或者

$$(\mathbf{I} + \mathbf{R}\mathbf{\Theta}\mathbf{R}^{-1} B + \cdots + \mathbf{R}\mathbf{\Theta}^p\mathbf{R}^{-1} B^p)\mathbf{W}_t = \mathbf{r}_t$$

因为 $\mathbf{R}\mathbf{\Theta}^k\mathbf{R}^{-1} = \mathbf{J}^k$

$$(\mathbf{I} + \mathbf{J} B + \cdots + \mathbf{J}^p B^p)\mathbf{W}_t = \mathbf{r}_t \tag{17.3.27}$$

其中，$\mathbf{r}_t$ 是 m 维白噪声过程，其均值向量为 $\mathbf{0}$，方差-协方差矩阵为 $\mathbf{R}\mathbf{\Sigma}\mathbf{R}'$。更明确地，式（17.3.27）变为

$$\begin{bmatrix} 1 & \delta B & \delta^2 B^2 & \cdots & \delta^{p-1} B^{p-1} & \delta^p B^p \\ 0 & 1 & \delta B & \cdots & \delta^{p-2} B^{p-2} & \delta^{p-1} B^{p-1} \\ \vdots & \vdots & \vdots & \ddots & \vdots & \vdots \\ 0 & 0 & 0 & \ddots & \delta B & \delta^2 B^2 \\ 0 & 0 & 0 & \cdots & 1 & \delta B \\ 0 & 0 & 0 & \cdots & 0 & 1 \end{bmatrix} \begin{bmatrix} W_{1,t} \\ W_{2,t} \\ \vdots \\ W_{m,t} \end{bmatrix} = \begin{bmatrix} r_{1,t} \\ r_{2,t} \\ \vdots \\ r_{m,t} \end{bmatrix} \tag{17.3.28}$$

这些例子表明，如果向量时间序列过程可同时表示为有限阶向量 AR 模型和有限阶向量 MA 模型，那么它可写为具有三角系数矩阵的向量 AR 模型。因此，该过程可以简化为 16.3.1 节讨论的转换函数模型的输入输出类型。

练　习

17.1 考虑过程 $Z_t = \Psi(B)a_t = (1-B)a_t = a_t - a_{t-1}$，其中，$a_t$ 是均值为 0、方差为 1 的 i.i.d. 随机变量。注意，$\Psi(1) = 0$。因此，它不是 $I(0)$。找出它的可和过程，并说明得到的过程是渐近平稳的，因而不是 $I(1)$ 可积过程。

17.2 考虑 2 维向量 AR(1) 过程

$$\mathbf{Z}_t=\begin{bmatrix}Z_{1,t}\\Z_{2,t}\end{bmatrix}=\begin{bmatrix}0 & \phi\\0 & 1\end{bmatrix}\begin{bmatrix}Z_{1,t-1}\\Z_{2,t-1}\end{bmatrix}+\begin{bmatrix}a_{1,t}\\a_{2,t}\end{bmatrix}$$

检验 $\mathbf{Z}_t$ 的每个分量序列都是 $I(1)$。

17.3 考虑上题给出的双变量过程。

(a) $\mathbf{Z}_t$ 是协整的吗？找到它的协整向量。

(b) 求出它的 MA 表示。

(c) 求出它的 AR 表示。

(d) 求出它的误差修正表示。

17.4 找到一向量时间序列，其分量序列是非平稳的。

(a) 为序列建立向量 ARMA 模型，并验证其分量序列的内部关系。

(b) 进行单位根检验，验证每个分量序列是否为 $I(1)$。

(c) 检验各分量是否协整。

(d) 如果分量间是协整的，为序列找出误差修正模型，描述各分量之间的长期关系。

17.5 令 $\mathbf{Z}_t=(Z_{1,t},\ Z_{2,t},\ Z_{3,t})'$ 和

$$Z_{1,t}=Z_{3,t-1}+a_{1,t}$$
$$Z_{2,t}=a_{2,t}$$
$$Z_{3,t}=Z_{2,t-1}+a_{3,t}$$

其中，$\mathbf{a}_t=(a_{1,t},\ a_{2,t},\ a_{3,t})'$ 是向量白噪声过程，其均值为 $\mathbf{0}$，方差-协方差矩阵为 $\mathbf{\Sigma}=\boldsymbol{I}$。

(a) 求出 $\mathbf{Z}_t$ 的协方差矩阵生成函数 $\boldsymbol{G}_{\mathbf{Z}}(B)$。

(b) 求出 $\mathbf{Z}_t$ 的协方差矩阵函数 $\mathbf{\Gamma}_{\mathbf{Z}}(k)$ 和相关矩阵函数 $\boldsymbol{\rho}_z(k)$。

(c) 求出考虑了 $Z_{3,t}$ 后 $(Z_{1,t},\ Z_{2,t})'$ 的局部过程协方差矩阵生成函数 $\boldsymbol{G}_{12.3}^{\dagger}(B)$。

(d) 求出局部过程协方差矩阵函数 $\mathbf{\Gamma}_{12.3}^{\dagger}(k)$ 和相关矩阵函数 $\boldsymbol{\rho}_{12.3}^{\dagger}(k)$。

(e) 评论你的发现。

17.6 令 $\mathbf{Z}_t=(Z_{1,t},\ Z_{2,t},\ Z_{3,t})'$ 和

$$Z_{1,t}=a_{1,t}$$
$$Z_{2,t}=a_{2,t}$$
$$Z_{3,t}=Z_{1,t-1}+a_{3,t}$$

其中，$\mathbf{a}_t=(a_{1,t},\ a_{2,t},\ a_{3,t})'$ 是向量白噪声过程，其均值为 $\mathbf{0}$，方差-协方差矩阵为

$$\mathbf{\Sigma}=\begin{bmatrix}1 & 0 & 0\\0 & 1 & \frac{1}{2}\\0 & \frac{1}{2} & 1\end{bmatrix}$$

(a) 求出 $\mathbf{Z}_t$ 的协方差矩阵生成函数 $\boldsymbol{G}_{\mathbf{Z}}(B)$。

(b) 求出 $(Z_{1,t},\ Z_{2,t})'$ 的相关矩阵函数 $\boldsymbol{\rho}_{12}(k)$。

(c) 求出考虑了 $Z_{3,t}$ 后 $(Z_{1,t},\ Z_{2,t})'$ 的局部过程协方差矩阵生成函数 $\boldsymbol{G}_{12.3}^{\dagger}(B)$。

(d) 求出考虑了 $Z_{3,t}$ 后 $(Z_{1,t},\ Z_{2,t})'$ 的局部过程相关矩阵函数 $\boldsymbol{\rho}_{12.3}^{\dagger}(k)$。

（e）评论你的发现。

17.7 找到一个向量时间序列并进行 17.2.4 节讨论过的局部过程分析。

17.8 令 $\mathbf{Z}_t$ 是 m 维向量 AR(1) 模型

$$(\mathbf{I}-\mathbf{\Phi}B)\mathbf{Z}_t=\mathbf{a}_t$$

其中，$\mathbf{a}_t$ 是 m 维向量白噪声过程，其均值为 $\mathbf{0}$，方差-协方差矩阵为 $\mathbf{\Sigma}$。证明以下条件等价：

（a）向量 AR(1) 过程可表示为有限阶向量 MA(q) 过程。

（b）行列式多项式 $|\mathbf{I}-\mathbf{\Phi}B|$ 与 B 无关。特别地，当 $B=0$ 时，我们有 $|\mathbf{I}-\mathbf{\Phi}B|=1$。

（c）$\mathbf{\Phi}$ 的特征根都为 0。

（d）$\mathbf{\Phi}$ 是幂零矩阵，即存在整数 k，满足 $\mathbf{\Phi}^k\neq\mathbf{0}$ 和 $\mathbf{\Phi}^j=\mathbf{0}$，对 $j>k$。

17.9 （a）找出一个向量过程，其既可表示为有限阶 AR 模型，又可表示为有限阶 MA 模型。

（b）把（a）的模型表示为转换函数模型。

第18章 状态空间模型和卡尔曼滤波

前面各章我们研究了单变量和多变量时间序列的各种模型，现在我们对状态空间模型和卡尔曼滤波做一个简单的介绍。这是在时间序列建模中非常一般的方法，既可用于单变量时间序列，又可用于多变量时间序列。

18.1 状态空间表示

系统的状态空间表示是现代控制理论中的一个基础性概念。系统的状态定义为来自当前和过去的最小信息集，使得系统的未来行为可以由当前状态和未来输入完整地加以描述。因此，状态空间表示是建立在马尔可夫性质的基础上的，这意味着给定系统的当前状态，系统的未来与它的过去无关。所以，系统的状态空间表示也叫作系统的马尔可夫表示。令 $\mathbf{Y}_{1t}$ 和 $\mathbf{Y}_{2t}$ 分别是系统输入为 $\mathbf{X}_{1t}$ 和 $\mathbf{X}_{2t}$ 时的系统输出。系统是线性的，当且仅当对任意常数 a 和 b，输入的线性组合 $a\mathbf{X}_{1t}+b\mathbf{X}_{2t}$ 产生相同的输出的线性组合 $a\mathbf{Y}_{1t}+b\mathbf{Y}_{2t}$。如果系统的性质不随时间而变化，那么系统是时不变的。如果输入 $\mathbf{X}_t$ 产生输出 $\mathbf{Y}_t$，那么输入 $\mathbf{X}_{t-t_0}$ 将产生输出 $\mathbf{Y}_{t-t_0}$。如果它既是线性的又是时不变的，那么系统是线性时不变的。许多物理空间可以视为线性时不变系统，包括前面各章讨论的平稳过程。

对线性时不变系统，它的状态空间表示可由下面的状态方程

$$\mathbf{Y}_{t+1}=\mathbf{A}\mathbf{Y}_t+\mathbf{G}\mathbf{X}_{t+1} \tag{18.1.1}$$

和输出方程

$$\mathbf{Z}_t=\mathbf{H}\mathbf{Y}_t \tag{18.1.2}$$

所描述。这里，$\mathbf{Y}_t$ 是 k 维状态向量，$\mathbf{A}$ 是 $k\times k$ 转移矩阵，$\mathbf{G}$ 是 $k\times n$ 输入矩阵，$\mathbf{X}_t$ 是系统的 $n\times 1$ 输入向量，$\mathbf{Z}_t$ 是 $m\times 1$ 输出向量，$\mathbf{H}$ 是 $m\times k$ 输出或观察矩阵。如果输入 $\mathbf{X}_t$ 和输出 $\mathbf{Z}_t$ 都是随机过程，那么状态空间表示由下式给出

$$\mathbf{Y}_{t+1}=\mathbf{A}\mathbf{Y}_t+\mathbf{G}\mathbf{a}_{t+1} \tag{18.1.3}$$

$$\mathbf{Z}_t=\mathbf{H}\mathbf{Y}_t+\mathbf{b}_t \tag{18.1.4}$$

其中，$\mathbf{a}_{t+1}=\mathbf{X}_{t+1}-E(\mathbf{X}_{t+1}\mid \mathbf{X}_i,\ i\leqslant t)$ 是输入过程 $\mathbf{X}_t$ 的向前一步预报误差的 $n\times 1$ 向量，

$\mathbf{b}_t$ 是假定与 $\mathbf{a}_t$ 无关的 $m\times 1$ 维扰动向量。向量 $\mathbf{a}_{t+1}$ 也叫作输入 $\mathbf{X}_t$ 在 $(t+1)$ 期的新生值。当 $\mathbf{Z}_t=\mathbf{X}_t$ 时，b_t 从式（18. 1. 4）中消失，平稳随机过程 $\mathbf{Z}_t$ 的状态空间表示就变成

$$\begin{cases}\mathbf{Y}_{t+1}=\mathbf{A}\mathbf{Y}_t+\mathbf{G}\mathbf{a}_{t+1}\\ \mathbf{Z}_t=\mathbf{H}\mathbf{Y}_t\end{cases} \tag{18.1.5}$$

故过程 $\mathbf{Z}_t$ 是由一个白噪声输入 $\mathbf{a}_t$ 驱动的时不变线性随机系统的输出。$\mathbf{Y}_t$ 是过程的状态。

状态方程也叫作系统方程或者转移方程，输出方程也指测度方程或者观测方程。系统的状态空间表示与卡尔曼滤波有关，最先由控制工程发展而来［见 Kalman（1960），Kalman 和 Bucy（1961）以及 Kalman、Falb 和 Arbib（1969）］。系统也叫作状态空间模型。Akaike（1974a）似乎最先把这个概念应用于 ARMA 模型分析。

18. 2 状态空间模型和 ARMA 模型的关系

为看出单变量或者多变量情形下状态空间和 ARMA 模型的关系，考虑零均值平稳 m 维向量 ARMA(p,q) 模型

$$\mathbf{\Phi}(B)\mathbf{Z}_t=\mathbf{\Theta}(B)\mathbf{a}_t \tag{18.2.1a}$$

或者

$$\mathbf{Z}_t=\mathbf{\Phi}_1\mathbf{Z}_{t-1}+\cdots+\mathbf{\Phi}_p\mathbf{Z}_{t-p}+\mathbf{a}_t-\mathbf{\Theta}_1\mathbf{a}_{t-1}-\cdots-\mathbf{\Theta}_q\mathbf{a}_{t-q} \tag{18.2.1b}$$

其中，$\mathbf{\Phi}(B)=(\mathbf{I}-\mathbf{\Phi}_1B-\cdots-\mathbf{\Phi}_pB^p)$，$\mathbf{\Theta}(B)=(\mathbf{I}-\mathbf{\Theta}_1B-\cdots-\mathbf{\Theta}_qB^q)$，且 $\mathbf{a}_t$ 是 m 维多变量零均值白噪声过程。

用移动平均形式改写式（18. 2. 1a）

$$\begin{aligned}\mathbf{Z}_t&=\mathbf{\Phi}^{-1}(B)\mathbf{\Theta}(B)\mathbf{a}_t\\ &=\sum_{j=0}^{\infty}\mathbf{\Psi}_j\mathbf{a}_{t-j}\end{aligned} \tag{18.2.2}$$

其中，$\mathbf{\Psi}_0=\mathbf{I}$，我们有

$$\mathbf{Z}_{t+i}=\sum_{j=0}^{\infty}\mathbf{\Psi}_j\mathbf{a}_{t+i-j} \tag{18.2.3}$$

令

$$\mathbf{Z}_{t+i|t}=E[\mathbf{Z}_{t+i}|\mathbf{Z}_k,\ k\leqslant t] \tag{18.2.4}$$

那么

$$\mathbf{Z}_{t+i|t}=\sum_{j=i}^{\infty}\mathbf{\Psi}_j\mathbf{a}_{t+i-j}$$

现在，

$$\mathbf{Z}_{t+i|t+1}=E(\mathbf{Z}_{t+i}|\mathbf{Z}_k,\ k\leqslant t+1)$$

$$
\begin{aligned}
&= \sum_{j=(i-1)}^{\infty} \boldsymbol{\Psi}_j \mathbf{a}_{t+i-j} \\
&= \sum_{j=i}^{\infty} \boldsymbol{\Psi}_j \mathbf{a}_{t+i-j} + \boldsymbol{\Psi}_{i-1} \mathbf{a}_{t+1} \\
&= \mathbf{Z}_{t+i|t} + \boldsymbol{\Psi}_{i-1} \mathbf{a}_{t+1}
\end{aligned}
$$

所以

$$
\begin{aligned}
\mathbf{Z}_{t+1|t+1} &= \mathbf{Z}_{t+1|t} + \mathbf{a}_{t+1} \\
\mathbf{Z}_{t+2|t+1} &= \mathbf{Z}_{t+2|t} + \boldsymbol{\Psi}_1 \mathbf{a}_{t+1} \\
\mathbf{Z}_{t+3|t+1} &= \mathbf{Z}_{t+3|t} + \boldsymbol{\Psi}_2 \mathbf{a}_{t+1} \\
&\vdots \\
\mathbf{Z}_{t+p-1|t+1} &= \mathbf{Z}_{t+p-1|t} + \boldsymbol{\Psi}_{p-2} \mathbf{a}_{t+1} \\
\mathbf{Z}_{t+p|t+1} &= \mathbf{Z}_{t+p|t} + \boldsymbol{\Psi}_{p-1} \mathbf{a}_{t+1} \\
&= \boldsymbol{\Phi}_p \mathbf{Z}_{t|t} + \boldsymbol{\Phi}_{p-1} \mathbf{Z}_{t+1|t} + \cdots + \boldsymbol{\Phi}_1 \mathbf{Z}_{t+p-1|t} + \boldsymbol{\Psi}_{p-1} \mathbf{a}_{t+1}
\end{aligned}
$$

为了不失一般性，我们假定 $p>q$，如有必要，在式（18.2.1b）中加入 $\boldsymbol{\Phi}_i=\mathbf{0}$。那么，由式（18.2.1b）可得

$$
\begin{aligned}
\mathbf{Z}_{t+p|t} &= \boldsymbol{\Phi}_1 \mathbf{Z}_{t+p-1|t} + \cdots + \boldsymbol{\Phi}_p \mathbf{Z}_t \\
\mathbf{Z}_{t+p+1|t} &= \boldsymbol{\Phi}_1 \mathbf{Z}_{t+p|t} + \cdots + \boldsymbol{\Phi}_p \mathbf{Z}_{t+1|t} \\
&= f(\mathbf{Z}_t, \mathbf{Z}_{t+1|t}, \cdots, \mathbf{Z}_{t+p-1|t})
\end{aligned}
$$

实际上，很明显，对 $i\geqslant 0$，$\mathbf{Z}_{t+p+i|t}$是 $\mathbf{Z}_t$，$\mathbf{Z}_{t+1|t}$，…，$\mathbf{Z}_{t+p-1|t}$的函数。因此，状态向量是$\{\mathbf{Z}_t$，$\mathbf{Z}_{t+1|t}$，…，$\mathbf{Z}_{t+p-1|t}\}$，向量 ARMA(p，q）模型的状态空间表示由

$$
\begin{bmatrix} \mathbf{Z}_{t+1|t+1} \\ \mathbf{Z}_{t+2|t+1} \\ \vdots \\ \mathbf{Z}_{t+p|t+1} \end{bmatrix}
=
\begin{bmatrix}
\mathbf{0} & \mathbf{I} & \mathbf{0} & \mathbf{0} & \cdots & \mathbf{0} \\
\mathbf{0} & \mathbf{0} & \mathbf{I} & \mathbf{0} & \cdots & \mathbf{0} \\
\vdots & \vdots & \vdots & \vdots & & \vdots \\
\boldsymbol{\Phi}_p & \boldsymbol{\Phi}_{p-1} & \mathbf{0} & \mathbf{0} & \cdots & \boldsymbol{\Phi}_1
\end{bmatrix}
\begin{bmatrix} \mathbf{Z}_t \\ \mathbf{Z}_{t+1|t} \\ \vdots \\ \mathbf{Z}_{t+p-1|t} \end{bmatrix}
+
\begin{bmatrix} \mathbf{I} \\ \boldsymbol{\Psi}_1 \\ \vdots \\ \boldsymbol{\Psi}_{p-1} \end{bmatrix} \mathbf{a}_{t+1}
\tag{18.2.5}
$$

和

$$
\mathbf{Z}_t = [\mathbf{I}_m \quad \mathbf{0} \quad \cdots \quad \mathbf{0}] \begin{bmatrix} \mathbf{Z}_t \\ \mathbf{Z}_{t+1|t} \\ \mathbf{Z}_{t+p-1|t} \end{bmatrix}
\tag{18.2.6}
$$

给出。注意，在上面的表示中，状态向量前 m 个分量等于 $\mathbf{Z}_t$。通常，方程（18.2.6）不能用 ARMA 模型表示。

现在，我们假定，过程 $\mathbf{Z}_t$ 有如下状态空间表示

$$
\begin{cases}
\mathbf{Y}_{t+1} = \mathbf{A}\mathbf{Y}_t + \mathbf{G}\mathbf{a}_{t+1} \\
\mathbf{Z}_t = \mathbf{H}\mathbf{Y}_t
\end{cases}
\tag{18.2.7}
$$

其中，假定 $\mathbf{Y}_t$ 是（$mp\times 1$）状态向量，a_t 是 $\mathbf{Z}_t$ 的新生值。如果 $\mathbf{A}$ 的特征多项式由 $|\lambda\mathbf{I}-\mathbf{A}|=\sum_{i=0}^{p}\phi_i\lambda^{p-i}$ 给出，其中 $\phi_0=1$，那么根据 Cayley-Hamilton（凯莱-汉密尔顿）

定理［见 Noble（1969）和 Searle（1982）］

$$\sum_{i=0}^{p}\phi_i\mathbf{A}^{p-i}=\mathbf{0} \tag{18.2.8}$$

连续替代式（18.2.7）的第一个方程，对 $i>0$，我们有

$$\begin{aligned}\mathbf{Y}_{t+i}&=\mathbf{A}\mathbf{Y}_{t+i-1}+\mathbf{G}\mathbf{a}_{t+i}\\&=\mathbf{A}(\mathbf{A}\mathbf{Y}_{t+i-2}+\mathbf{G}\mathbf{a}_{t+i-1})+\mathbf{G}\mathbf{a}_{t+i}\\&=\mathbf{A}^2\mathbf{Y}_{t+i-2}+\mathbf{A}\mathbf{G}\mathbf{a}_{t+i-1}+\mathbf{G}\mathbf{a}_{t+i}\\&\ \ \vdots\\&=\mathbf{A}^i\mathbf{Y}_t+\mathbf{A}^{i-1}\mathbf{G}\mathbf{a}_{t+1}+\cdots+\mathbf{G}\mathbf{a}_{t+i}\end{aligned} \tag{18.2.9}$$

现在，

$$\begin{aligned}\mathbf{Z}_{t+p}&=\mathbf{H}\mathbf{Y}_{t+p}\\&=\mathbf{H}(\mathbf{A}^p\mathbf{Y}_t+\mathbf{A}^{p-1}\mathbf{G}\mathbf{a}_{t+1}+\cdots+\mathbf{G}\mathbf{a}_{t+p})\\\phi_1\mathbf{Z}_{t+p-1}&=\mathbf{H}\phi_1\mathbf{Y}_{t+p-1}\\&=\mathbf{H}\phi_1(\mathbf{A}^{p-1}\mathbf{Y}_t+\mathbf{A}^{p-2}\mathbf{G}\mathbf{a}_{t+1}+\cdots+\mathbf{G}\mathbf{a}_{t+p-1})\\&\ \ \vdots\\\phi_{p-1}\mathbf{Z}_{t+1}&=\mathbf{H}\phi_{p-1}\mathbf{Y}_{t+1}\\&=\mathbf{H}\phi_{p-1}(\mathbf{A}\mathbf{Y}_t+\mathbf{G}\mathbf{a}_{t+1})\\\phi_p\mathbf{Z}_t&=\mathbf{H}\phi_p\mathbf{Y}_t\end{aligned}$$

因此，$\mathbf{Z}_t$ 有 ARMA 表示

$$\begin{aligned}&\mathbf{Z}_{t+p}+\phi_1\mathbf{Z}_{t+p-1}+\cdots+\phi_{p-1}\mathbf{Z}_{t+1}+\phi_p\mathbf{Z}_t\\&=\mathbf{H}(\mathbf{A}^p+\phi_1\mathbf{A}^{p-1}+\cdots+\phi_{p-1}\mathbf{A}+\phi_p\mathbf{I})\mathbf{Y}_t\\&\quad+\mathbf{H}(\mathbf{A}^{p-1}+\phi_1\mathbf{A}^{p-2}+\cdots+\phi_{p-1}\mathbf{I})\mathbf{G}\mathbf{a}_{t+1}+\cdots+\mathbf{H}\mathbf{G}\mathbf{a}_{t+p}\\&=\mathbf{\Theta}_0\mathbf{a}_{t+p}+\mathbf{\Theta}_1\mathbf{a}_{t+p-1}+\cdots+\mathbf{\Theta}_{p-1}\mathbf{a}_{t+1}\end{aligned} \tag{18.2.10}$$

其中，由式（18.2.8）可得 $\mathbf{H}(\mathbf{A}^p+\phi_1\mathbf{A}^{p-1}+\cdots+\phi_{p-1}\mathbf{A}+\phi_p\mathbf{I})\mathbf{Y}_t=\mathbf{0}$ 和 $\mathbf{\Theta}_i=\mathbf{H}(\mathbf{A}^i+\phi_1\mathbf{A}^{i-1}+\cdots+\phi_i\mathbf{I})\mathbf{G}$。

在式（18.2.10）的表示中，我们使用 Cayley-Hamilton 定理得到 AR 多项式为 $\mathbf{\Phi}_p(B)=\phi_p(B)\mathbf{I}$，其中 $\phi_p(B)=1-\phi_1B-\cdots-\phi_pB^p$ 是 p 阶单变量多项式。回顾 16.3 节，这是可识别的 ARMA 模型的一种可能的表示。

注意，在 ARMA 模型的状态空间表示式（18.2.5）中，因为状态向量的前 m 个分量等于 $\mathbf{Z}_t$，我们也可以通过直接解前 m 个分量的状态空间系统方程，把状态表示改写为 ARMA 模型。我们用如下例子说明这个方法。

例 18-1 考虑单变量 ARMA(2，1) 模型，

$$Z_t=\phi_1Z_{t-1}+\phi_2Z_{t-2}+a_t-\theta_1a_{t-1} \tag{18.2.11}$$

用移动平均形式改写为

$$Z_t=(1-\phi_1B-\phi_2B^2)^{-1}(1-\theta_1B)a_t$$

$$= \sum_{j=0}^{\infty} \Psi_j a_{t-j}$$

其中，$\Psi_0=1$，$\Psi_1=\phi_1-\theta_1$，…，从式（18.2.5）和式（18.2.6）可得式（18.2.11）的状态空间表示

$$\begin{bmatrix} Z_{t+1|t+1} \\ Z_{t+2|t+1} \end{bmatrix} = \begin{bmatrix} 0 & 1 \\ \phi_2 & \phi_1 \end{bmatrix} \begin{bmatrix} Z_t \\ Z_{t+1|t} \end{bmatrix} + \begin{bmatrix} 1 \\ \Psi_1 \end{bmatrix} a_{t+1} \tag{18.2.12}$$

为把式（18.2.12）的状态空间表示改写为 Z_t 的 ARMA 模型，我们注意到式（18.2.12）意味着

$$Z_{t+1|t+1} = Z_{t+1|t} + a_{t+1} \tag{18.2.13}$$

$$Z_{t+2|t+1} = \phi_1 Z_{t+1|t} + \phi_2 Z_t + \Psi_1 a_{t+1} \tag{18.2.14}$$

由式（18.2.13），我们有

$$Z_{t+2|t+2} = Z_{t+2|t+1} + a_{t+2} \tag{18.2.15}$$

因为 $Z_{t+1|t+1}=Z_{t+1}$ 和 $Z_{t+2|t+2}=Z_{t+2}$，把式（18.2.13）代入式（18.2.14），把式（18.2.14）代入式（18.2.15），我们得到

$$\begin{aligned} Z_{t+2} &= \phi_1(Z_{t+1}-a_{t+1}) + \phi_2 Z_t + \Psi_1 a_{t+1} + a_{t+2} \\ &= \phi_1 Z_{t+1} + \phi_2 Z_t + a_{t+2} + (\Psi_1 - \phi_1) a_{t+1} \end{aligned}$$

或者

$$Z_t = \phi_1 Z_{t-1} + \phi_2 Z_{t-2} + a_t - \theta_1 a_{t-1}$$

这是式（18.2.11）给出的 ARMA(2，1）模型。

对多变量向量过程，$Z_{t+i|t}$ 的一些分量可能是其他分量的线性组合。在这种情形下，状态向量包括 $\{Z_{t+i|t} \mid i=0, 1, \cdots, (p-1)\}$ 的可能分量的子集。因此，根据与其他分量线性相关的多余分量是否被消除，看似不同但其实等价的结构可能会出现。我们用下面的例子说明这一点。

例 18－2　考虑如下二维向量 ARMA(1，1）模型

$$Z_t = \begin{bmatrix} Z_{1,t} \\ Z_{2,t} \end{bmatrix} = \begin{bmatrix} \phi_{11} & \phi_{12} \\ \phi_{21} & \phi_{22} \end{bmatrix} \begin{bmatrix} Z_{1,t-1} \\ Z_{2,t-1} \end{bmatrix} + \begin{bmatrix} a_{1,t} \\ a_{2,t} \end{bmatrix} - \begin{bmatrix} \theta_{11} & \theta_{12} \\ 0 & 0 \end{bmatrix} \begin{bmatrix} a_{1,t-1} \\ a_{2,t-1} \end{bmatrix} \tag{18.2.16}$$

由式（18.2.5）可得式（18.2.16）的状态空间表示如下

$$\begin{bmatrix} Z_{t+1|t+1} \\ Z_{t+2|t+1} \end{bmatrix} = \begin{bmatrix} 0 & I \\ \Phi_2 & \Phi_1 \end{bmatrix} \begin{bmatrix} Z_t \\ Z_{t+1|t} \end{bmatrix} + \begin{bmatrix} I \\ \Psi_1 \end{bmatrix} a_{t+1} \tag{18.2.17}$$

其中，$\Phi_1 = \begin{bmatrix} \phi_{11} & \phi_{12} \\ \phi_{21} & \phi_{22} \end{bmatrix}$，$\Phi_2 = \begin{bmatrix} 0 & 0 \\ 0 & 0 \end{bmatrix}$是零矩阵，加上它可使 ARMA(1，1）模型变为 ARMA(2，1)模型，满足 $p>q$。由以上的讨论，状态向量为 $[Z_t', Z_{t+1|t}']'$。如果其所有分量线性无关，其部分分量线性相关时则为 $[Z_t', Z_{t+1|t}']'$的子集。为考察可能的状态向量 $[Z_t', Z_{t+1|t}']'$的线性相关性，我们注意 $[Z_t', Z_{t+1|t}']'=[Z_{1,t}, Z_{2,t}, Z_{1,t+1|t}, Z_{2,t+1|t}]'$。

现在，

$$Z_{1,t}=\phi_{11}Z_{1,t-1}+\phi_{12}Z_{2,t-1}+a_{1,t}-\theta_{11}a_{1,t-1}-\theta_{12}a_{2,t-1} \tag{18.2.18}$$

$$Z_{2,t}=\phi_{21}Z_{1,t-1}+\phi_{22}Z_{2,t-1}+a_{2,t} \tag{18.2.19}$$

$$Z_{1,t+1|t}=\phi_{11}Z_{1,t}+\phi_{12}Z_{2,t}-\theta_{11}a_{1,t}-\theta_{12}a_{2,t} \tag{18.2.20}$$

$$Z_{2,t+1|t}=\phi_{21}Z_{1,t}+\phi_{22}Z_{2,t} \tag{18.2.21}$$

因此，状态向量为 $[Z_{1,t},\ Z_{2,t},\ Z_{1,t+1|t}]'$。因为分量 $Z_{2,t+1|t}$ 是 $Z_{1,t}$ 和 $Z_{2,t}$ 的线性组合，正如式（18.2.21）所表明的，故它并不包含在状态向量中。

式（18.2.17）现在可简化为用状态向量 $[Z_{1,t},\ Z_{2,t},\ Z_{1,t+1|t}]'$ 以及输入噪声 $a_{1,t+1}$ 及 $a_{2,t+1}$ 表示 $Z_{1,t+1}$ 和 $Z_{2,t+1}$。很明显，从式（18.2.18）、式（18.2.19）和式（18.2.20），我们有

$$\begin{aligned}Z_{1,t+1}&=Z_{1,t+1|t+1}\\&=Z_{1,t+1|t}+a_{1,t+1}\end{aligned} \tag{18.2.22}$$

$$\begin{aligned}Z_{2,t+1}&=Z_{2,t+1|t+1}\\&=\phi_{21}Z_{1,t}+\phi_{22}Z_{2,t}+a_{2,t+1}\end{aligned} \tag{18.2.23}$$

$$\begin{aligned}Z_{1,t+2|t+1}&=\phi_{11}Z_{1,t+1}+\phi_{12}Z_{2,t+1}-\theta_{11}a_{1,t+1}-\theta_{12}a_{2,t+1}\\&=\phi_{11}(Z_{1,t+1|t}+a_{1,t+1})+\phi_{12}(\phi_{21}Z_{1,t}+\phi_{22}Z_{2,t}+a_{2,t+1})\\&\quad-\theta_{11}a_{1,t+1}-\theta_{12}a_{2,t+1}\\&=\phi_{12}\phi_{21}Z_{1,t}+\phi_{12}\phi_{22}Z_{2,t}+\phi_{11}Z_{1,t+1|t}\\&\quad+(\phi_{11}-\theta_{11})a_{1,t+1}+(\phi_{12}-\theta_{12})a_{2,t+1}\end{aligned} \tag{18.2.24}$$

结合式（18.2.22）、式（18.2.23）和式（18.2.24），我们得到简化的状态空间表示

$$\begin{aligned}\begin{bmatrix}Z_{1,t+1}\\Z_{2,t+1}\\Z_{1,t+2|t+1}\end{bmatrix}&=\begin{bmatrix}0&0&1\\\phi_{21}&\phi_{22}&0\\\phi_{12}\phi_{21}&\phi_{12}\phi_{22}&\phi_{11}\end{bmatrix}\begin{bmatrix}Z_{1,t}\\Z_{2,t}\\Z_{1,t+1|t}\end{bmatrix}\\&\quad+\begin{bmatrix}1&0\\0&1\\(\phi_{11}-\theta_{11})&(\phi_{12}-\theta_{12})\end{bmatrix}\begin{bmatrix}a_{1,t+1}\\a_{2,t+1}\end{bmatrix}\end{aligned} \tag{18.2.25}$$

我们可以通过用 $Z_{1,t}$ 和 $Z_{2,t}$ 表示式（18.2.25）中的方程系统，重新由状态空间表示式（18.2.25）得到 ARMA 形式。利用式（18.2.22），我们可以把式（18.2.24）的条件期望写为

$$\begin{aligned}(Z_{1,t+2}-a_{1,t+2})&=\phi_{12}\phi_{21}Z_{1,t}+\phi_{12}\phi_{22}Z_{2,t}+\phi_{11}(Z_{1,t+1}-a_{1,t+1})\\&\quad+(\phi_{11}-\theta_{11})a_{1,t+1}+(\phi_{12}-\theta_{12})a_{2,t+1}\end{aligned}$$

或者

$$\begin{aligned}Z_{1,t+2}&=\phi_{11}Z_{1,t+1}+\phi_{12}(\phi_{21}Z_{1,t}+\phi_{22}Z_{2,t}+a_{2,t+1})\\&\quad+a_{1,t+2}-\theta_{11}a_{1,t+1}-\theta_{12}a_{2,t+1}\\&=\phi_{11}Z_{1,t+1}+\phi_{12}Z_{2,t+1}+a_{1,t+2}-\theta_{11}a_{1,t+1}-\theta_{12}a_{2,t+1}\end{aligned} \tag{18.2.26}$$

因此，

$$Z_{1,t+1}=\phi_{11}Z_{1,t}+\phi_{12}Z_{2,t}+a_{1,t+1}-\theta_{11}a_{1,t}-\theta_{12}a_{2,t} \tag{18.2.27}$$

结合式（18.2.27）和式（18.2.23），我们得到式（18.2.16）给出的向量 ARMA 模型。

所以，在理论上，平稳过程的状态空间表示和 ARMA 表示是没有区别的。从一个表示得到的结论可用于另一个表示。然而，除非状态向量的所有分量均是线性无关的，否则，当把状态空间形式变为 ARMA 形式时，自回归和移动平均多项式将有一个非平凡的普通因子。因此，得到的 ARMA 模型表面上可能增加了 p 和 q 的阶数。

18.3　状态空间模型拟合与典型相关分析

18.1 节和 18.2 节给出的向量空间表示明显不是唯一的。例如，给定式（18.1.5），对任一非奇异矩阵 $\mathbf{M}$，我们均可形成一新的状态向量 $\mathbf{V}_t=\mathbf{MY}_t$，并得到一新的状态空间表示：

$$\mathbf{V}_{t+1}=\mathbf{A}_1\mathbf{V}_t+\mathbf{G}_1\mathbf{a}_{t+1} \tag{18.3.1}$$

和

$$\mathbf{Z}_t=\mathbf{H}_1\mathbf{V}_t \tag{18.3.2}$$

其中，$\mathbf{A}_1=\mathbf{MAM}^{-1}$、$\mathbf{G}_1=\mathbf{MG}$ 和 $\mathbf{H}_1=\mathbf{HM}^{-1}$。然而，通过 Akaike（1976）所示的一个典型表示，我们可得到一个唯一解。在典型修正表示中，由当期和过去观测集（$\mathbf{Z}_n$，$\mathbf{Z}_{n-1}$，…）与当前和未来值集（$\mathbf{Z}_n$，$\mathbf{Z}_{n+1|n}$，…）之间的典型相关分析，状态向量是唯一确定的。根据 AR(p) 模型，因为最终预报函数由 AR 多项式和（$\mathbf{Z}_n$，$\mathbf{Z}_{n-1}$，…，$\mathbf{Z}_{n-p}$）决定，并且必然包含与过程未来值相关的所有信息，所以，典型相关分析可简单地在数据空间

$$\mathcal{D}_n=(\mathbf{Z}_n',\ \mathbf{Z}_{n-1}',\ \cdots,\ \mathbf{Z}_{n-p}')' \tag{18.3.3}$$

和预报空间

$$\mathcal{F}_n=(\mathbf{Z}_n',\ \mathbf{Z}_{n+1|n}',\ \cdots,\ \mathbf{Z}'_{n+p|n})' \tag{18.3.4}$$

之间进行。考虑以下 $\mathcal{D}_n=(\mathbf{Z}_n',\ \mathbf{Z}_{n-1}',\ \cdots,\ \mathbf{Z}_{n-p}')'$ 和 $\mathcal{F}_n=[\mathbf{Z}_n',\ \mathbf{Z}_{n+1|n}',\ \cdots,\ \mathbf{Z}_{n+p|n}']'$ 之间的协方差分块 Hankel 矩阵，定义为

$$\mathbf{\Gamma}=\begin{bmatrix}\mathbf{\Gamma}(0) & \mathbf{\Gamma}(1) & \cdots & \mathbf{\Gamma}(p)\\ \mathbf{\Gamma}(1) & \mathbf{\Gamma}(2) & \cdots & \mathbf{\Gamma}(p+1)\\ \vdots & \vdots & & \vdots\\ \mathbf{\Gamma}(p) & \mathbf{\Gamma}(p+1) & \cdots & \mathbf{\Gamma}(2p)\end{bmatrix} \tag{18.3.5}$$

这里，我们使用一个条件期望性质，因此 $\mathrm{Cov}(\mathbf{Z}_{n-i},\ \mathbf{Z}_{n+j|n})=\mathrm{Cov}(\mathbf{Z}_{n-i},\ \mathbf{Z}_{n+j})$。Akaike（1974a，1976）表明，在 $\mathbf{\Gamma}(0)$ 的非奇异性假设下，对一般向量 ARMA 模型，$\mathbf{\Gamma}$ 的秩等于状态向量的维度，因此也等于 $\mathcal{D}_n$ 和 $\mathcal{F}_n$ 间的非零典型相关的数目。

当模型是未知的时，阶 p 的选取是从数据的最优 AR 拟合得到的，这一般基于第 7 章

讨论的 AIC。对向量过程，AIC 定义为

$$\mathrm{AIC}=n\ln|\boldsymbol{\Sigma}_p|+2pm^2 \tag{18.3.6}$$

其中

n＝观测数；

$|\boldsymbol{\Sigma}_p|$＝AR(p) 拟合的新生值或白噪声序列的协方差矩阵的行列式；

m＝向量过程 $\mathbf{Z}_t$ 的维数。

AR 的最优阶数 p 的选取满足 AIC 最小。因此，典型相关分析将基于样本协方差分块 Hankel 矩阵，即

$$\hat{\boldsymbol{\Gamma}}=\begin{bmatrix}\hat{\boldsymbol{\Gamma}}(0) & \hat{\boldsymbol{\Gamma}}(1) & \cdots & \hat{\boldsymbol{\Gamma}}(p)\\ \hat{\boldsymbol{\Gamma}}(1) & \hat{\boldsymbol{\Gamma}}(2) & \cdots & \hat{\boldsymbol{\Gamma}}(p+1)\\ \vdots & \vdots & & \vdots\\ \hat{\boldsymbol{\Gamma}}(p) & \hat{\boldsymbol{\Gamma}}(p+1) & \cdots & \hat{\boldsymbol{\Gamma}}(2p)\end{bmatrix} \tag{18.3.7}$$

这里，$\hat{\boldsymbol{\Gamma}}(j)$，$j=0$，1，…，$2p$，是式（16.5.16）定义的样本协方差矩阵。

正如例 18－2 所讨论的，因为预报向量 $\mathbf{Z}_{n+i|n}$ 的一些分量可能是其他分量的线性组合，故典型相关分析是在数据空间的所有分量

$$\mathcal{D}_n=[Z_{1,n},Z_{2,n},\cdots,Z_{m,n},Z_{1,n-1},Z_{2,n-1},\cdots,Z_{m,n-1},\cdots,Z_{1,n-p},Z_{2,n-p},\cdots,Z_{m,n-p}]' \tag{18.3.8}$$

和预报空间的所有分量

$$\begin{aligned}\mathcal{F}_n=[&Z_{1,n},Z_{2,n},\cdots,Z_{m,n},Z_{1,n+1|n},Z_{2,n+1|n},\cdots,Z_{m,n+1|n},\cdots,\\ &Z_{1,n+p|n},Z_{2,n+p|n},\cdots Z_{m,n+p|n}]'\end{aligned} \tag{18.3.9}$$

之间进行。因为状态向量是一个已知的预报空间的子集，潜在状态向量序列 $\mathbf{Y}_n^j$ 由 $\mathcal{F}_n$ 的子集序列$\mathcal{F}_n^j$和数据空间 $\mathcal{D}_n$ 之间的典型相关分析决定，它基于相应于 $\mathcal{D}_n$ 和 $\mathcal{F}_n^j$的分量的 $\hat{\boldsymbol{\Gamma}}$ 的列子矩阵 $\hat{\boldsymbol{\Gamma}}^j$。

更特殊地，因为 $\mathbf{Z}_n=[Z_{1,n}$，$Z_{2,n}$，…，$Z_{m,n}]'$和 $\mathcal{D}_n$ 之间的典型相关分析是 1，…，1，这明显不为 0，故当期状态向量设为$\mathbf{Z}_n$，序列 $\mathcal{F}_n^1$的第一个子集设为 $[Z_{1,n}$，$Z_{2,n}$，…，$Z_{m,n}$，$Z_{1,n+1|n}]'$。如果 $\hat{\boldsymbol{\Gamma}}^1$ 的最小典型相关判定为 0，那么 $\mathcal{F}_n^1$的线性组合与数据空间 $\mathcal{D}_n$ 无关。因此，分量 $Z_{1,n+1|n}$和任一 $Z_{1,n+i|n}$不在对状态向量分量的进一步考虑之内。如果最小典型相关是非零的，那么$Z_{1,n+1|n}$进入当期状态向量。现在，通过增加 $\mathcal{F}_n$ 的第二个分量（它并不对应于以前没有包含在状态向量中的分量）到当期状态向量，序列 $\mathcal{F}_n^j$被一般化了。计算出 $\hat{\boldsymbol{\Gamma}}^j$ 的最小典型相关并检验它的显著性。如果它是显著不为零的，那么分量加入状态向量。否则，分量将从当期状态向量和任何进一步考虑中剔除。当$\mathcal{F}_n$ 的元素不能再加入当期状态向量时，状态向量的选取就是完全的。

对典型相关分析步骤的每一步，最小典型相关的显著性用 $\hat{\rho}_{\min}$表示，是基于 Akaike（1976）的以下信息准则：

$$C=-n\ln(1-\hat{\rho}_{\min}^2)-2[m(p+1)-q+1] \tag{18.3.10}$$

这里，q 是 $\mathcal{F}_n^j$ 在当前步的维数。如果 $C\leqslant 0$，$\hat{\rho}_{\min}$ 设定为 0；否则，不为 0。为检验典型相关 $\hat{\rho}_{\min}$ 的显著性，我们也可依据附录 18. A，利用 Bartlett（1941）给出的近似 χ^2 检验。他表明，在典型相关为 0 的原假设下，统计量

$$\chi^2=-(n-1/2[m(p+1)+q+1])\ln(1-\hat{\rho}_{\min}^2) \tag{18.3.11}$$

服从自由度为 $[m(p+1)-q+1]$ 的近似 χ^2 分布，即 $\chi^2(m(p+1)-q+1)$。

一旦状态向量确定，我们就有状态空间模型的典型表示

$$\begin{cases}\mathbf{Y}_{t+1}=\mathbf{A}\mathbf{Y}_t+\mathbf{G}\mathbf{a}_{t+1}\\ \mathbf{Z}_t=\mathbf{H}\mathbf{Y}_t\end{cases} \tag{18.3.12}$$

其中，$\mathbf{a}_t$ 是高斯向量白噪声序列，均值为 $\mathbf{0}$，方差-协方差矩阵为 $\mathbf{\Sigma}$，即 $N(\mathbf{0},\mathbf{\Sigma})$，$\mathbf{H}=[\mathbf{I}_m,\mathbf{0}]$，这里 $\mathbf{I}_m$ 是 $m\times m$ 单位矩阵。显然，从 18.2 节的结果，对矩阵 $\mathbf{A}$、$\mathbf{G}$ 和 $\mathbf{\Sigma}$ 的估计可从最优的 AR 拟合模型的系数估计中得到。然而，对转移矩阵 $\mathbf{A}$ 的元素更自然的估计是由典型相关分析得到的。例如，令 k 是最后状态向量 $\mathbf{Y}_t$ 的分量数目，因此 $\mathbf{A}$ 是（$k\times k$）转移矩阵。由式（18.3.9），知 $m\leqslant k\leqslant m(p+1)$。我们现在说明 $\mathbf{A}$ 的第一行的估计是如何得到的，这与典型相关分析步骤的第一步有关，这时，在决定 $Z_{1,n+1|n}$ 是否应当包含在状态向量中后，$Z_{1,n+1|n}$ 加入向量 $\mathbf{Z}_n$，形成第一个子集 $\mathcal{F}_n^1$。当 $\mathcal{F}_n^1$ 和 $\mathcal{D}_n$ 的最小典型相关被判定为非零时，$Z_{1,n+1|n}$ 成为状态向量的第（$m+1$）个分量。因此，$\mathbf{A}$ 的第一行在（$m+1$）列为 1，在其他列为 0。当最小典型相关判定为 0 时，$\mathcal{F}_n^1$ 的线性组合与数据空间 $\mathcal{D}_n$ 无关，$Z_{1,n+1|n}$ 不在状态向量中。因为行列式 $\hat{\mathbf{\Gamma}}(0)$ 是非零的，故我们可在这个线性组合中取 $Z_{1,n+1|n}$ 的系数为 1。因此，我们有关系式 $Z_{1,n+1|n}=\boldsymbol{\alpha}'\mathbf{Z}_n$；向量 α 的系数作为转移矩阵 $\mathbf{A}$ 的第一行前 m 列的估计，其余（$k-m$）列为 0。$\mathbf{A}$ 的其他行的估计可同样得到。

另外，状态空间模型（18.3.12）一旦确定，我们就可以使用最大似然程序得到 $\mathbf{A}$、$\mathbf{G}$ 和 $\mathbf{\Sigma}$ 更有效的估计。给定一个有 n 个观测 $\mathbf{Z}_1$，$\mathbf{Z}_2$，…，$\mathbf{Z}_n$ 的序列，因为

$$\mathbf{Y}_t=(\mathbf{I}-\mathbf{AB})^{-1}\mathbf{G}\mathbf{a}_t \tag{18.3.13}$$

故我们有

$$\mathbf{Z}_t=\mathbf{H}(\mathbf{I}-\mathbf{AB})^{-1}\mathbf{G}\mathbf{a}_t \tag{18.3.14}$$

和

$$\mathbf{a}_t=[\mathbf{H}(\mathbf{I}-\mathbf{AB})^{-1}\mathbf{G}]^{-1}\mathbf{Z}_t \tag{18.3.15}$$

因此，限制于可加常数，对数似然函数变为

$$\ln L(\mathbf{A},\mathbf{G},\mathbf{\Sigma}|\mathbf{Z}_1,\cdots,\mathbf{Z}_n)\propto-\frac{n}{2}\ln|\mathbf{\Sigma}|-\frac{1}{2}\mathrm{tr}\mathbf{\Sigma}^{-1}\mathbf{S}(\mathbf{A},\mathbf{G}) \tag{18.3.16}$$

其中

$$\mathbf{S}(\mathbf{A},\mathbf{G})=\sum_{t=1}^{n}\mathbf{a}_t\mathbf{a}_t' \tag{18.3.17}$$

16.6 节讨论的标准最大似然估计现在可用于估计 **A**、**G** 和 **Σ**。正如 16.6 节所指出的，最大似然估计包括高度非线性的递归程序，在这些更有效的估计程序中，从典型相关分析得到的估计可作为初始估计。在估计过程中，我们可设定 **A** 和 **G** 的某一元素为常数，例如 0 或者 1。

18.4 实 例

现在，我们给出状态空间模型的两个例子。第一个是单变量时间序列，第二个是多变量向量过程。SAS Institute（1999）的 SAS/ETS 是可用于状态空间建模的计算机软件之一。它的 STATESPACE 程序用于分析这两个例子。然而，我们要注意，在式（18.3.11）中，STATESPACE 程序使用了一个常数乘子 $-(n-1/2[m(p+1)-q+1])$，而不是 $-(n-1/2[m(p+1)+q+1])$。不过，在大样本中，使用这两个不同常数乘子的差异在大多数情形下不会影响结论。

例 18－3 我们在这个例子中使用的单变量时间序列是经平方根变换的有 82 个观测的绿头苍蝇数据（序列 W3），在第 6 章和第 7 章分析过

状态空间建模的第一步是找出数据的最优 AR 拟合。从表 18－1 可知，当 $p=1$ 时，AIC 最小。因此，AR 的最优阶 p 可选取为 1，这与第 6 章我们对序列使用样本 ACF 和 PACF 确定的模型是一致的。

表 18－1 **绿头苍蝇数据的 AR 模型的 AIC**

p	0	1	2	3	4	5
AIC	386.22	326.07	327.41	329.27	331.13	333.07
p	6	7	8	9	10	
AIC	333.93	335.56	337.37	338.93	340.45	

当 $p=1$ 时，我们运用数据空间 $\{Z_n, Z_{n-1}\}$ 和预报空间 $\{Z_n, Z_{n+1|n}\}$ 的典型相关分析。最小典型相关系数等于 0.089 1，信息准则为

$$\begin{aligned} C &= -82\ln[1-(0.0891)^2]-2[1\times(1+1)-2+1] \\ &= -1.35 \end{aligned} \tag{18.4.1}$$

它是负的。因此，$Z_{n+1|n}$ 不在状态空间内。这个结论也为 Bartlett 的 χ^2 检验所支持，即

$$\begin{aligned} \chi^2 &= -\left\{82-\frac{1}{2}[1\times(1+1)+2+1]\right\}\ln[1-(0.0891)^2] \\ &= 0.63 \end{aligned} \tag{18.4.2}$$

它是不显著的，因为 $\chi^2=0.63<\chi^2_{0.05}(1)=3.04$。以上典型相关数据分析总结在表 18－2 中。

表 18－2 **绿头苍蝇数据的典型相关分析**

状态向量	相关性		Infor.（C）	χ^2	自由度
Z_t，$Z_{t+1\|t}$	1	0.089 1	−1.35	0.63	1

因此，状态向量仅包含 Z_t，对这个数据状态空间模型的典型表示由下式给出

$$Z_{t+1}=AZ_t+a_{t+1} \tag{18.4.3}$$

它是我们在第 7 章拟合的 AR(1) 模型。转移矩阵 A 的估计是 0.73，它是一个标量且等于 $\hat{\rho}_1$。因为 AR(1) 过程是马尔可夫过程，故这个结果当然也是我们所期望的。

例 18－4 作为第二个举例，考虑一个包含领先指数 X_t 和销售 Y_t 的双变量序列 M，取自 Box、Jenkins 和 Reinsel (1994)。他们利用转换函数模型拟合数据

$$\begin{cases} x_t=(1-0.32B)\alpha_t \\ y_t=0.035+\dfrac{0.482}{1-0.72B}x_{t-3}+(1-0.54B)a_t \end{cases} \tag{18.4.4}$$

其中，$x_t=(1-B)X_t$，$y_t=(1-B)Y_t$，$\hat{\sigma}_\alpha^2=0.0676$，$\hat{\sigma}_a^2=0.0484$。我们现在对序列 $\mathbf{Z}_t=(x_t, y_t)'$，$t=1, 2, \cdots, 149$，运用状态空间程序来建立一个状态空间模型。

在对数据建立状态空间模型时，首先，我们要找出拟合数据的 AR 模型的最优阶数，从表 18－3 可知最优的 AR 阶数选取为 5，因为 AIC 在 $p=5$ 时是最小的。

表 18－3 Box、Jenkins 和 Reinsel 中的差分序列 M 的 AR 模型的 AIC

p	0	1	2	3	4
AIC	−230.24	−271.62	−308.88	−608.97	−665.00
p	5	6	7	8	9
AIC	−673.53	−669.53	−667.06	−663.53	−661.81

接下来，在 $p=5$ 的基础上，我们运用数据空间 $\{\mathbf{Z}_n, \mathbf{Z}_{n-1}, \cdots, \mathbf{Z}_{n-5}\}$ 和预报空间 $\{\mathbf{Z}_n, \mathbf{Z}_{n+1|n}, \cdots, \mathbf{Z}_{n+5|n}\}$ 的典型相关分析。然而，正如开始所提到的，$\mathbf{Z}_{n+1|n}$ 到 $\mathbf{Z}_{n+5|n}$ 是状态向量的潜在元素并不意味着它们的所有分量 $x_{n+i|n}$，$y_{n+i|n}$，$i=1, \cdots, 5$，在最终状态向量中是必需的。因此，典型相关分析是在

$$\{x_{n-i}, y_{n-i} \mid i=0,1,2,3,4,5\}$$

和

$$\{x_{n+i|n}, y_{n+i|n} \mid i=0,1,2,3,4,5\}$$

之间进行的，如表 18－4 所示。因为 C 值等于 −12.63，当考虑分量 $x_{n+1|n}$ 时，它是负的，对 $i\geqslant 1$，$x_{n+i|n}$ 被排除于状态空间之外。考虑分量 $y_{n+1|n}$ 和 $y_{n+2|n}$ 时，C 值是正的，但考虑 $y_{n+3|n}$ 时，它是负的。所以，从表 18－4 知，最终状态向量为

$$\begin{bmatrix} x_t \\ y_t \\ y_{t+1|t} \\ y_{t+2|t} \end{bmatrix} \tag{18.4.5}$$

得到的状态空间模型是

$$\begin{bmatrix} x_{t+1} \\ y_{t+1} \\ y_{t+2|t+1} \\ y_{t+3|t+1} \end{bmatrix}=\mathbf{A}\begin{bmatrix} x_t \\ y_t \\ y_{t+1|t} \\ y_{t+2|t} \end{bmatrix}+\mathbf{G}\begin{bmatrix} a_{1,t+1} \\ a_{2,t+1} \end{bmatrix} \tag{18.4.6}$$

其中，$[a_{1,t+1}, a_{2,t+1}]'$是$N(\mathbf{0}, \mathbf{\Sigma})$向量白噪声过程。

表 18-4 Box，Jenkins 和 Reinsel 中的差分序列 M 的典型相关分析

状态向量	相关性	Infor.（C）	χ^2	自由度
x_n，y_n，$x_{n+1\mid n}$	1，1，0.22	−12.63	7.12	10
x_n，y_n，$y_{n+1\mid n}$	1，1，0.97	410.55	416.10	10
x_n，y_n，$y_{n+1\mid n}$，$y_{n+2\mid n}$	1，1，0.98，0.95	335.40	342.72	9
x_n，y_n，$y_{n+1\mid n}$，$y_{n+2\mid n}$，$y_{n+3\mid n}$	1，1，0.98，0.97，0.20	−9.80	6.03	8

对 **A**、**G** 和 **Σ** 的估计可由下式给出

$$\hat{\mathbf{A}}=\begin{bmatrix} -0.448 & 0.021 & 0 & 0 \\ (0.073) & (0.016) & & \\ 0 & 0 & 1 & 0 \\ 0 & 0 & 0 & 1 \\ 4.654 & 0.031 & -0.042 & 0.739 \\ (0.126) & (0.020) & (0.029) & (0.022) \end{bmatrix}$$

$$\hat{\mathbf{G}}=\begin{bmatrix} 1 & 0 \\ 0 & 1 \\ -0.100 & -0.103 \\ (0.097) & (0.080) \\ 0.001 & 0.104 \\ (0.097) & (0.060) \end{bmatrix}$$

和

$$\hat{\mathbf{\Sigma}}=\begin{bmatrix} 0.079 & 0.000\,5 \\ 0.000\,5 & 0.108 \end{bmatrix}$$

这里，估计值下方括号里是其标准误差。因为输入矩阵的第（4，1）元素的 t 值远小于 1（$t=0.001/0.097$）$=0.04$，我们设它为 0，重新估计限制模型。最终的拟合状态空间模型变为

$$\begin{bmatrix} x_{t+1} \\ y_{t+1} \\ y_{t+2\mid t+1} \\ y_{t+3\mid t+1} \end{bmatrix} \begin{bmatrix} -0.448 & 0.021 & 0 & 0 \\ 0 & 0 & 1 & 0 \\ 0 & 0 & 0 & 1 \\ 4.657 & 0.031 & -0.042 & 0.739 \end{bmatrix} \begin{bmatrix} x_t \\ y_t \\ y_{t+1\mid t} \\ y_{t+2\mid t} \end{bmatrix} + \begin{bmatrix} 1 & 0 \\ 0 & 1 \\ -0.100 & -0.103 \\ 0 & 0.104 \end{bmatrix} \begin{bmatrix} a_{1,t+1} \\ a_{2,t+1} \end{bmatrix} \tag{18.4.7}$$

和

$$\hat{\mathbf{\Sigma}}=\begin{bmatrix} 0.079 & 0.000\,5 \\ 0.000\,5 & 0.108 \end{bmatrix}$$

诊断检验表明，残差与白噪声过程无异，我们得出结论，模型是合适的。根据变量关系和预报去比较状态空间模型（18.4.7）和转换函数模型（18.4.4）是有趣的。我们把它留作练习。

18.5　卡尔曼滤波及其应用

考虑一个由式（18.1.3）和式（18.1.4）给出的随机系统的一般状态空间模型，即

$$\begin{cases}\mathbf{Y}_{t+1}=\mathbf{A}\mathbf{Y}_t+\mathbf{G}\mathbf{a}_{t+1}\\ \mathbf{Z}_t=\mathbf{H}\mathbf{Y}_t+\mathbf{b}_t\end{cases} \tag{18.5.1}$$

其中，$\mathbf{A}$、$\mathbf{G}$ 和 $\mathbf{H}$ 分别为 $k\times k$、$k\times n$ 和 $m\times k$ 的固定矩阵。向量 $\mathbf{a}_t$ 是系统噪声，它是独立同分布高斯白噪声 $N(\mathbf{0},\ \mathbf{\Sigma})$ 序列；$\mathbf{b}_t$ 是测量噪声，它是独立同分布高斯白噪声 $N(\mathbf{0},\ \mathbf{\Omega})$ 序列。而且，假定两个噪声彼此独立。更精确地，$\mathbf{a}_t$ 和 $\mathbf{b}_t$ 假定为联合多变量正态分布，其均值为 $\mathbf{0}$，分块对角协方差矩阵表示为

$$\begin{bmatrix}\mathbf{a}_t\\ \mathbf{b}_t\end{bmatrix}\sim N\left(\begin{bmatrix}\mathbf{0}\\ \mathbf{0}\end{bmatrix},\begin{bmatrix}\mathbf{\Sigma} & \mathbf{0}\\ \mathbf{0} & \mathbf{\Omega}\end{bmatrix}\right) \tag{18.5.2}$$

一旦建立状态空间模型，从预报初始时间 t 的向前 l 步预报可计算如下：

$$\begin{aligned}\hat{\mathbf{Y}}_t(l)&=E(\mathbf{Y}_{t+l}\,|\,\mathbf{Y}_j,j\leqslant t)\\ &=\mathbf{A}\hat{\mathbf{Y}}_t(l-1)\\ &=\mathbf{A}\cdot\mathbf{A}\hat{\mathbf{Y}}_t(l-2)\\ &\ \ \vdots\\ &=\mathbf{A}^l\hat{\mathbf{Y}}_t\end{aligned} \tag{18.5.3}$$

因此，

$$\begin{aligned}\hat{\mathbf{Z}}_t(l)&=E(\mathbf{Z}_{t+l}\,|\,\mathbf{Z}_j,j\leqslant t)\\ &=\mathbf{H}\hat{\mathbf{Y}}_t(l)\\ &=\mathbf{H}\mathbf{A}^l\hat{\mathbf{Y}}_t\end{aligned} \tag{18.5.4}$$

其中，

$$\hat{\mathbf{Y}}_t=E(\mathbf{Y}_t\,|\,\mathbf{Y}_j,j\leqslant t)=\mathbf{Y}_t$$

很明显，从式（18.5.4）可知，预报 $\hat{\mathbf{Z}}_t(l)$ 的精度取决于状态向量 $\mathbf{Y}_t$ 的估计 $\hat{\mathbf{Y}}_t$ 的质量，它总结了预报未来所需的过去信息。为了改善预报，当获得一个新的观测时，应该把它用于更新状态向量，并且也因此使预报得到更新。在本节中，我们介绍卡尔曼滤波，它是用于推断状态向量 $\mathbf{Y}_t$ 的递归程序。

为确定式（18.5.1）中状态向量 $\mathbf{Y}_t(t=1,\ 2,\ \cdots)$ 的分布，我们假定零期的状态向量 $\mathbf{Y}_0$ 的分布 $p(\mathbf{Y}_0)$ 有均值 $\hat{\mathbf{Y}}_0$ 和协方差 $\mathbf{V}_0$，即

$$\mathbf{Y}_0\sim N(\hat{\mathbf{Y}}_0,\mathbf{V}_0) \tag{18.5.5}$$

这个方程与系统方程（18.5.1）一起决定了状态向量 $p(\mathbf{Y}_t)(t=1, 2, \cdots)$ 的分布。这些分布在观测到数据 $\mathbf{Z}_t^*$ 之前就显示出了先兆，我们把它叫作先验分布。观测到数据以后，我们修改先验分布并得到状态向量的后验分布，它是条件分布 $p(\mathbf{Y}_t \mid \mathbf{Z}_t^*)$，其中

$$\mathbf{Z}_t^* = (\mathbf{Z}_j \mid 1 \leqslant j \leqslant t) \tag{18.5.6}$$

由贝叶斯定理可得，

$$p(\mathbf{Y}_{t+1} \mid \mathbf{Z}_{t+1}^*) \propto p(\mathbf{Z}_{t+1} \mid \mathbf{Y}_{t+1}, \mathbf{Z}_t^*) p(\mathbf{Y}_{t+1} \mid \mathbf{Z}_t^*) \tag{18.5.7}$$

因此，当得到一个新的观测后，为计算一个新的后验分布 $p(\mathbf{Y}_{t+1} \mid \mathbf{Z}_{t+1}^*)$，较早时间的后验分布 $p(\mathbf{Y}_{t+1} \mid Z_t^*)$ 成为先验分布。

现在，假定在 t 期，状态向量 $\mathbf{Y}_t$ 的先验分布 $p(\mathbf{Y}_t \mid \mathbf{Z}_t^*)$ 是正态分布，其均值为 $\hat{\mathbf{Y}}_t$，协方差矩阵为 $\mathbf{V}_t$，即

$$(\mathbf{Y}_t \mid \mathbf{Z}_t^*) \sim N(\hat{\mathbf{Y}}_t, \mathbf{V}_t) \tag{18.5.8}$$

在 $(t+1)$ 期，当得到一个新的观测时，我们将更新状态向量并得到新的后验分布 $p(\mathbf{Y}_{t+1} \mid \mathbf{Z}_{t+1}^*)$。因为

$$\begin{aligned} \mathbf{e}_{t+1} &= \mathbf{Z}_{t+1} - \hat{\mathbf{Z}}_t(1) \\ &= \mathbf{Z}_{t+1} - \mathbf{HA}\hat{\mathbf{Y}}_t \\ &= \mathbf{HY}_{t+1} + \mathbf{b}_{t+1} - \mathbf{HA}\hat{\mathbf{Y}}_t \\ &= \mathbf{H}(\mathbf{Y}_{t+1} - \mathbf{A}\hat{\mathbf{Y}}_t) + \mathbf{b}_{t+1} \end{aligned} \tag{18.5.9}$$

已知 $\mathbf{Z}_{t+1}$ 等价于已知一步预报误差 $\mathbf{e}_{t+1}$。因此，为得到后验分布 $p(\mathbf{Y}_{t+1} \mid \mathbf{Z}_{t+1}^*) = p(\mathbf{Y}_{t+1} \mid \mathbf{Z}_{t+1}, \mathbf{Z}_t^*)$，我们仅需找出 $(\mathbf{Y}_{t+1} \mid \mathbf{e}_{t+1}, \mathbf{Z}_t^*)$ 的后验分布 $p(\mathbf{Y}_{t+1} \mid \mathbf{e}_{t+1}, \mathbf{Z}_t^*)$。然而，如果我们可以求出 $[(\mathbf{Y}_{t+1}, \mathbf{e}_{t+1})' \mid \mathbf{Z}_t^*]$ 的联合正态分布，$(\mathbf{Y}_{t+1} \mid \mathbf{e}_{t+1}, \mathbf{Z}_t^*)$ 的条件分布也立即可得。

注意，在 $(t+1)$ 期，已观测 $\mathbf{Z}_t^*$ 但先于观测 $\mathbf{Z}_{t+1}$，由系统方程（18.5.1）可得

$$(\mathbf{Y}_{t+1} \mid \mathbf{Z}_t^*) \sim N(\mathbf{A}\hat{\mathbf{Y}}_t, \mathbf{R}_{t+1}) \tag{18.5.10}$$

其中，

$$\mathbf{R}_{t+1} = \mathbf{AV}_t\mathbf{A}' + \mathbf{G\Sigma G}' \tag{18.5.11}$$

观测 $\mathbf{Z}_{t+1}$ 之后，由式（18.5.9），我们有后验或者条件分布

$$(\mathbf{e}_{t+1} \mid \mathbf{Y}_{t+1}, \mathbf{Z}_t^*) \sim N(\mathbf{H}(\mathbf{Y}_{t+1} - \mathbf{A}\hat{\mathbf{Y}}_t), \mathbf{\Omega}) \tag{18.5.12}$$

回顾一下，对任意两个随机变量 $\mathbf{X}_1$ 和 $\mathbf{X}_2$，

$$P(\mathbf{X}_1, \mathbf{X}_2) = p(\mathbf{X}_2) P(\mathbf{X}_1 \mid \mathbf{X}_2)$$

根据联合多变量正态分布，我们有

$$\begin{bmatrix} \mathbf{X}_1 \\ \mathbf{X}_2 \end{bmatrix} \sim N\left(\begin{bmatrix} \boldsymbol{\mu}_1 \\ \boldsymbol{\mu}_2 \end{bmatrix}, \begin{bmatrix} \mathbf{\Sigma}_{11} & \mathbf{\Sigma}_{12} \\ \mathbf{\Sigma}_{21} & \mathbf{\Sigma}_{22} \end{bmatrix} \right) \tag{18.5.13}$$

当且仅当

$$\begin{cases}\mathbf{X}_2 \sim N(\boldsymbol{\mu}_2, \boldsymbol{\Sigma}_{22}) & (18.5.14)\\ \mathbf{X}_1 \mid \mathbf{X}_2 \sim N(\boldsymbol{\mu}_1 + \boldsymbol{\Sigma}_{12}\boldsymbol{\Sigma}_{22}^{-1}(\mathbf{X}_2 - \boldsymbol{\mu}_2), \boldsymbol{\Sigma}_{11} - \boldsymbol{\Sigma}_{12}\boldsymbol{\Sigma}_{22}^{-1}\boldsymbol{\Sigma}_{21}) & (18.5.15)\end{cases}$$

现在，令 $\mathbf{X}_2$ 对应 $\mathbf{Y}_{t+1}$，$\mathbf{X}_1$ 对应 $\mathbf{e}_{t+1}$。然后，由式（18.5.10）和式（18.5.14）可得

$$\begin{cases}\boldsymbol{\mu}_2 = \mathbf{A}\hat{\mathbf{Y}}_t\\ \boldsymbol{\Sigma}_{22} = \mathbf{R}_{t+1}\end{cases} \tag{18.5.16}$$

由式（18.5.12）、式（18.5.15）和式（18.5.16），我们有

$$\begin{aligned}\boldsymbol{\mu}_1 + \boldsymbol{\Sigma}_{12}\boldsymbol{\Sigma}_{22}^{-1}(\mathbf{X}_2 - \boldsymbol{\mu}_2) &= \boldsymbol{\mu}_1 + \boldsymbol{\Sigma}_{12}\mathbf{R}_{t+1}^{-1}(\mathbf{Y}_{t+1} - \mathbf{A}\hat{\mathbf{Y}}_t)\\ &= \mathbf{H}(\mathbf{Y}_{t+1} - \mathbf{A}\hat{\mathbf{Y}}_t)\end{aligned}$$

因此

$$\begin{cases}\boldsymbol{\mu}_1 = \mathbf{0}\\ \boldsymbol{\Sigma}_{12} = \mathbf{H}\mathbf{R}_{t+1}\end{cases} \tag{18.5.17}$$

同样，由相同的方程，

$$\begin{aligned}\boldsymbol{\Omega} &= \boldsymbol{\Sigma}_{11} - \boldsymbol{\Sigma}_{12}\boldsymbol{\Sigma}_{22}^{-1}\boldsymbol{\Sigma}_{21}\\ &= \boldsymbol{\Sigma}_{11} - \mathbf{H}\mathbf{R}_{t+1}\mathbf{R}_{t+1}^{-1}\mathbf{R}_{t+1}\mathbf{H}'\end{aligned}$$

我们得到

$$\boldsymbol{\Sigma}_{11} = \boldsymbol{\Omega} + \mathbf{H}\mathbf{R}_{t+1}\mathbf{H}' \tag{18.5.18}$$

因此，由式（18.5.13）得

$$\left(\begin{bmatrix}\mathbf{Y}_{t+1}\\ \mathbf{e}_{t+1}\end{bmatrix} \middle| \mathbf{Z}_t\right) \sim N\left(\begin{bmatrix}\mathbf{A}\hat{\mathbf{Y}}_t\\ \mathbf{0}\end{bmatrix}, \begin{bmatrix}\mathbf{R}_{t+1} & \mathbf{R}_{t+1}\mathbf{H}'\\ \mathbf{H}\mathbf{R}_{t+1} & \boldsymbol{\Omega} + \mathbf{H}\mathbf{R}_{t+1}\mathbf{H}'\end{bmatrix}\right) \tag{18.5.19}$$

从式（18.5.15）得到

$$(\mathbf{Y}_{t+1} \mid \mathbf{e}_{t+1}, \mathbf{Z}_t) \sim N(\hat{\mathbf{Y}}_{t+1}, \mathbf{V}_{t+1}) \tag{18.5.20}$$

其中，

$$\begin{aligned}\hat{\mathbf{Y}}_{t+1} &= \mathbf{A}\hat{\mathbf{Y}}_t + \mathbf{R}_{t+1}\mathbf{H}'(\boldsymbol{\Omega} + \mathbf{H}\mathbf{R}_{t+1}\mathbf{H}')^{-1}\mathbf{e}_{t+1}\\ &= \mathbf{A}\hat{\mathbf{Y}}_t + \mathbf{K}_{t+1}(\mathbf{Z}_{t+1} - \hat{\mathbf{Z}}_t(1))\end{aligned} \tag{18.5.21}$$

$$\begin{aligned}\mathbf{V}_{t+1} &= \mathbf{R}_{t+1} - \mathbf{R}_{t+1}\mathbf{H}'(\boldsymbol{\Omega} + \mathbf{H}\mathbf{R}_{t+1}\mathbf{H}')^{-1}\mathbf{H}\mathbf{R}_{t+1}\\ &= \mathbf{R}_{t+1} - \mathbf{K}_{t+1}\mathbf{H}\mathbf{R}_{t+1}\\ &= (\mathbf{I} - \mathbf{K}_{t+1}\mathbf{H})(\mathbf{A}\mathbf{V}_t\mathbf{A}' + \mathbf{G}\boldsymbol{\Sigma}\mathbf{G}')\end{aligned} \tag{18.5.22}$$

并且

$$\begin{aligned}\mathbf{K}_{t+1} &= \mathbf{R}_{t+1}\mathbf{H}'(\boldsymbol{\Omega} + \mathbf{H}\mathbf{R}_{t+1}\mathbf{H}')^{-1}\\ \mathbf{R}_{t+1} &= \mathbf{A}\mathbf{V}_t\mathbf{A}' + \mathbf{G}\boldsymbol{\Sigma}\mathbf{G}'\end{aligned} \tag{18.5.23}$$

式（18.5.21）和式（18.5.22）是用于更新均值和协方差矩阵的基本递归公式，因此，在得到新的观测 $\mathbf{Z}_{t+1}$ 后，状态向量 $\mathbf{Y}_{t+1}$ 的分布已可求得。从式（18.5.21）可知，状态的更

新估计 $\hat{\mathbf{Y}}_{t+1}$ 是使用直到 t 期的观测的投影估计和向前一步预报误差 $\mathbf{e}_{t+1}=\mathbf{Z}_{t+1}-\hat{\mathbf{Z}}_t$ 之和。矩阵 $\mathbf{K}_{t+1}$ 叫作卡尔曼增益，它决定了分配给预报误差的权重。实际上，从式（18.5.21）很容易看出，卡尔曼增益是 $\mathbf{Y}_{t+1}$ 在条件 $\mathbf{Z}_t$ 下对预报误差 $\mathbf{e}_{t+1}$ 进行最小二乘回归的系数。因此，卡尔曼滤波是一个递归更新程序，它包括形成状态的初始估计，然后通过对初始估计加入一个修正以修改估计。修正的幅度由初始估计预报新观测的好坏决定。当卡尔曼增益趋向一个极限时，卡尔曼滤波将达到稳定状态。

显然，对一给定状态空间模型（18.5.1），计算式（18.5.21）中的 $\hat{\mathbf{Y}}_{t+1}$ 和式（18.5.22）中的 $\mathbf{V}_{t+1}$ 的递归方程需要式（18.5.5）给定的初始值 $\hat{\mathbf{Y}}_0$ 和 $\mathbf{V}_0$。这些初始值可以是以前研究中得到的值。除此之外，也可使用根据经验猜测的值。在这种情形下，根据预先不提供信息的原则，$\mathbf{V}_0$ 经常选取为有较大元素的对角矩阵。因此，对一个很大的 n，结论由数据中的信息主导。

卡尔曼滤波方法最初由 Kalman（1960）在线性系统环境下得到。然而，由于计算在电子计算机上实施的简单性，现在这些方法在许多领域被广泛使用。例如，考虑一个简单的状态空间模型

$$\begin{cases}\mathbf{Z}_t=\mathbf{H}\mathbf{Y}_t+\mathbf{b}_t\\ \mathbf{Y}_t=\mathbf{A}\mathbf{Y}_{t-1}+\mathbf{a}_t\end{cases}\tag{18.5.24}$$

其中，

$$\begin{bmatrix}\mathbf{b}_t\\ \mathbf{a}_t\end{bmatrix}\sim N\left(\begin{bmatrix}\mathbf{0}\\ \mathbf{0}\end{bmatrix},\begin{bmatrix}\mathbf{\Omega} & \mathbf{0}\\ \mathbf{0} & \mathbf{\Sigma}\end{bmatrix}\right)\tag{18.5.25}$$

普遍使用的多变量回归模型，$\mathbf{Z}_t=\mathbf{X}\boldsymbol{\beta}+\mathbf{b}_t$，可视为状态空间模型，其中，$\mathbf{H}=\mathbf{X}$（独立变量的 $l\times m$ 向量），$\mathbf{A}=\mathbf{I}$，$\mathbf{Y}_t=\boldsymbol{\beta}_t$（$m$ 个系数的 $m\times 1$ 向量），以及 $\mathbf{\Sigma}=\mathbf{0}$。时变回归模型

$$\begin{cases}\mathbf{Z}_t=\mathbf{X}\mathbf{B}_t+\mathbf{b}_t\\ \boldsymbol{\beta}_t=\mathbf{A}\mathbf{B}_{t-1}+\mathbf{a}_t\end{cases}$$

是上述状态空间模型，其中 $\mathbf{H}=\mathbf{X}$，$\mathbf{Y}_t=\boldsymbol{\beta}_t$，$\mathbf{\Sigma}\neq\mathbf{0}$。这种形式的优势在于我们可以使用卡尔曼滤波估计时变系数 $\boldsymbol{\beta}_t$。

其他应用包括时间序列预报（Mehra，1979）、贝叶斯预报（Harrison 和 Stevens，1976）、带时变系数的时间序列模型分析（Young，1974；Bohlin，1976）、回归分析（O'Hagan，1978）、缺失值分析（Kohn 和 Ansley，1983）、质量控制（Phadke，1981）、时间聚积（Schmidt 和 Gamerman，1997）和数据解聚（Gudmundsson，1999）。

递归更新方程可使用不同方法得到。例如，Priestley 和 Subba Rao（1975）通过因子分析的统计技术得到了卡尔曼滤波。Meinhold 和 Singpurwalla（1983）给出了一篇解释性文章。更多可见 Kalman（1960）、Kalman 和 Bucy（1961）、Jazwinski（1970）以及其他文献。

附录 18.A 典型相关

令 $\mathbf{X}$ 为 $q\times 1$ 向量，$\mathbf{Y}$ 为 $r\times 1$ 向量，方差-协方差矩阵 $\mathbf{\Sigma}$ 为

$$\mathbf{\Sigma}=\mathrm{Var}\left(\begin{bmatrix}\mathbf{X}\\ \mathbf{Y}\end{bmatrix}\right)=\begin{bmatrix}\mathbf{\Sigma}_{\mathbf{X}} & \mathbf{\Sigma}_{\mathbf{XY}}\\ \mathbf{\Sigma}_{\mathbf{YX}} & \mathbf{\Sigma}_{\mathbf{Y}}\end{bmatrix} \tag{18. A. 1}$$

为了不失一般性，假定 $q\leqslant r$。在许多应用中，我们的兴趣在于找出变量 $\mathbf{X}$ 的线性组合与变量 $\mathbf{Y}$ 的线性组合之间的相关性，即对非零 $q\times 1$ 向量 $\boldsymbol{\alpha}$ 和 $r\times 1$ 向量 $\boldsymbol{\beta}$，$\boldsymbol{\alpha}'\mathbf{X}$ 和 $\boldsymbol{\beta}'\mathbf{Y}$ 之间的相关性。

令 $\mathbf{U}_1=\boldsymbol{\alpha}_1'\mathbf{X}$ 和 $\mathbf{V}_1=\boldsymbol{\beta}_1'\mathbf{Y}$，第一个典型相关 $\rho(1)$ 定义为对所有可能的 $\boldsymbol{\alpha}_1$ 和 $\boldsymbol{\beta}_1$，$\mathbf{U}_1$ 和 $\mathbf{V}_1$ 之间的最大相关，即

$$\rho(1)=\mathrm{Corr}(\mathbf{U}_1,\mathbf{V}_1)=\max_{\boldsymbol{\alpha}_1,\boldsymbol{\beta}_1}\{\mathrm{Corr}(\boldsymbol{\alpha}_1'\mathbf{X},\ \boldsymbol{\beta}_1'\mathbf{Y})\} \tag{18. A. 2}$$

满足 $\mathrm{Var}(\boldsymbol{\alpha}_1'\mathbf{X})=1$ 和 $\mathrm{Var}(\boldsymbol{\beta}_1'\mathbf{Y})=1$。因此，我们需要最大化

$$F=\max_{\boldsymbol{\alpha}_1,\boldsymbol{\beta}_1}\{\boldsymbol{\alpha}_1'\mathbf{\Sigma}_{\mathbf{XY}}\boldsymbol{\beta}_1\} \tag{18. A. 3}$$

满足 $\boldsymbol{\alpha}_1'\mathbf{\Sigma}_{\mathbf{X}}\boldsymbol{\alpha}_1=\boldsymbol{\beta}_1'\mathbf{\Sigma}_{\mathbf{Y}}\boldsymbol{\beta}_1=1$。使用拉格朗日乘子，我们最大化函数：

$$L=\boldsymbol{\alpha}_1'\mathbf{\Sigma}_{\mathbf{XY}}\boldsymbol{\beta}_1-\phi_1(\boldsymbol{\alpha}_1'\mathbf{\Sigma}_{\mathbf{X}}\boldsymbol{\alpha}_1-1)-\phi_2(\boldsymbol{\beta}_1'\mathbf{\Sigma}_{\mathbf{Y}}\boldsymbol{\beta}_1-1) \tag{18. A. 4}$$

对 $\boldsymbol{\alpha}_1$、$\boldsymbol{\beta}_1$、ϕ_1 和 ϕ_2 求偏导，并设它们为 0，我们得到

$$\begin{aligned}
\frac{\partial L}{\partial\boldsymbol{\alpha}_1}&=\mathbf{\Sigma}_{\mathbf{XY}}\boldsymbol{\beta}_1-2\phi_1\mathbf{\Sigma}_{\mathbf{X}}\boldsymbol{\alpha}_1=\mathbf{0}\\
\frac{\partial L}{\partial\boldsymbol{\beta}_1}&=\mathbf{\Sigma}_{\mathbf{YX}}\mathbf{X}\boldsymbol{\alpha}_1-2\phi_2\mathbf{\Sigma}_{\mathbf{Y}}\boldsymbol{\beta}_1=\mathbf{0}\\
\frac{\partial L}{\partial\phi_1}&=\boldsymbol{\alpha}'_1\mathbf{\Sigma}_{\mathbf{X}}\boldsymbol{\alpha}_1-1=0\\
\frac{\partial L}{\partial\phi_2}&=\boldsymbol{\beta}'_1\mathbf{\Sigma}_{\mathbf{Y}}\boldsymbol{\beta}_1-1=0
\end{aligned} \tag{18. A. 5}$$

用 $\boldsymbol{\alpha}_1'$乘以式（18. A. 5）的第一个方程，$\boldsymbol{\beta}_1'$乘以第二个方程，并使用最后两个方程的约束，在式（18. A. 5）中解 $\boldsymbol{\alpha}_1$ 和 $\boldsymbol{\beta}_1$，系统变为

$$\begin{bmatrix}-\rho\mathbf{\Sigma}_{\mathbf{x}} & \mathbf{\Sigma}_{\mathbf{XY}}\\ \mathbf{\Sigma}_{\mathbf{YX}} & -\rho\mathbf{\Sigma}_{\mathbf{Y}}\end{bmatrix}\begin{bmatrix}\boldsymbol{\alpha}_1\\ \boldsymbol{\beta}_1\end{bmatrix}=\begin{bmatrix}\mathbf{0}\\ \mathbf{0}\end{bmatrix} \tag{18. A. 6}$$

且 $\rho=2\phi_1=2\phi_2=\mathrm{Corr}(\mathbf{U}_1,\ \mathbf{V}_1)=\boldsymbol{\alpha}_1'\mathbf{\Sigma}_{\mathbf{XY}}\boldsymbol{\beta}_1$。$\boldsymbol{\alpha}_1$ 和 $\boldsymbol{\beta}_1$ 不同时为 0，意味着

$$\begin{vmatrix}-\rho\mathbf{\Sigma}_{\mathbf{X}} & \mathbf{\Sigma}_{\mathbf{XY}}\\ \mathbf{\Sigma}_{\mathbf{YX}} & -\rho\mathbf{\Sigma}_{\mathbf{Y}}\end{vmatrix}=0 \tag{18. A. 7}$$

注意，如果 $|\mathbf{\Sigma}_{\mathbf{Y}}|\neq 0$，由分块矩阵的结论，我们有

$$\begin{vmatrix}-\rho\mathbf{\Sigma}_{\mathbf{X}} & \mathbf{\Sigma}_{\mathbf{XY}}\\ \mathbf{\Sigma}_{\mathbf{YX}} & -\rho\mathbf{\Sigma}_{\mathbf{Y}}\end{vmatrix}=|\mathbf{\Sigma}_{\mathbf{Y}}|\,|\rho^2\mathbf{\Sigma}_{\mathbf{X}}-\mathbf{\Sigma}_{\mathbf{XY}}\mathbf{\Sigma}_{\mathbf{Y}}^{-1}\mathbf{\Sigma}_{\mathbf{YX}}|=0$$

所以，等价地有

$$|\mathbf{\Sigma}_{\mathbf{XY}}\mathbf{\Sigma}_{\mathbf{Y}}^{-1}\mathbf{\Sigma}_{\mathbf{YX}}-\rho^2\mathbf{\Sigma}_{\mathbf{X}}|=0 \tag{18. A. 8}$$

很明显，式（18.A.8）中对 ρ^2 有 q 个解；我们选取 $\rho(1)$ 为最大解的正平方根。由式（18.A.6）可得到相应的向量 $\boldsymbol{\alpha}_1$ 和 $\boldsymbol{\beta}_1$。得到的 $\mathbf{U}_1=\boldsymbol{\alpha}_1'\mathbf{X}$ 和 $\mathbf{V}_1=\boldsymbol{\beta}_1'\mathbf{Y}$ 叫作第一典型变量。

令 $\mathbf{U}_i=\boldsymbol{\alpha}_i'\mathbf{X}$ 和 $\mathbf{V}_i=\boldsymbol{\beta}_i'\mathbf{Y}$。第 i 个典型相关 $\rho(i)$ 定义为 $\mathbf{U}_i$ 和 $\mathbf{V}_i$ 的最大相关，并满足 $\mathrm{Var}(\boldsymbol{\alpha}_i'\mathbf{X})=1$ 和 $\mathrm{Var}(\boldsymbol{\beta}_i'\mathbf{Y})=1$，$\mathbf{U}_i$ 和 $\mathbf{V}_i$ 与过去所有（$i-1$）个典型变量不相关，那么如果我们令式（18.A.8）中 q 个解按顺序排列，$\rho_1^2\geqslant\rho_2^2\geqslant\cdots\geqslant\rho_q^2$，就可得出 $\rho(i)$ 是第 i 个最大根 ρ_i^2 的正平方根。

令

$$\hat{\boldsymbol{\Sigma}}=\begin{bmatrix}\hat{\boldsymbol{\Sigma}}_{\mathbf{X}} & \hat{\boldsymbol{\Sigma}}_{\mathbf{XY}}\\ \hat{\boldsymbol{\Sigma}}_{\mathbf{YX}} & \hat{\boldsymbol{\Sigma}}_{\mathbf{Y}}\end{bmatrix} \tag{18.A.9}$$

是从 n 个样本中计算得到的样本方差-协方差矩阵，即

$$\hat{\boldsymbol{\Sigma}}=\begin{bmatrix}\dfrac{1}{n}\sum_{j=1}^{n}(\mathbf{x}_j-\bar{\mathbf{x}})(\mathbf{x}_j-\bar{\mathbf{x}})' & \dfrac{1}{n}\sum_{j=1}^{n}(\mathbf{x}_j-\bar{\mathbf{x}})(\mathbf{y}_j-\bar{\mathbf{y}})'\\ \dfrac{1}{n}\sum_{j=1}^{n}(\mathbf{y}_j-\bar{\mathbf{y}})(\mathbf{x}_j-\bar{\mathbf{x}})' & \dfrac{1}{n}\sum_{j=1}^{n}(\mathbf{y}_j-\bar{\mathbf{y}})(\mathbf{y}_j-\bar{\mathbf{y}})'\end{bmatrix}$$

其中，$\mathbf{x}_j$ 和 $\mathbf{y}_j$ 是（$q\times1$）和（$r\times1$）的 $\mathbf{X}$ 和 $\mathbf{Y}$ 的观测向量。

样本典型相关是 $\hat{\rho}(i)$，$i=1$，…，q，其中，$\hat{\rho}_1^2\geqslant\hat{\rho}_2^2\geqslant\cdots\geqslant\hat{\rho}_q^2$ 是下式的解

$$|\hat{\boldsymbol{\Sigma}}_{\mathbf{XY}}\hat{\boldsymbol{\Sigma}}_{\mathbf{Y}}^{-1}\hat{\boldsymbol{\Sigma}}_{\mathbf{YX}}-\hat{\rho}^2\hat{\boldsymbol{\Sigma}}_{\mathbf{X}}|=0 \tag{18.A.10}$$

假定 $\mathbf{X}$ 和 $\mathbf{Y}$ 服从联合多变量正态分布 $N(\boldsymbol{\mu},\boldsymbol{\Sigma})$。为检验 $\mathbf{X}$ 和 $\mathbf{Y}$ 是无关的，即 $\boldsymbol{\Sigma}_{\mathbf{XY}}\neq\mathbf{0}$，从而它们是独立的，等价于检验原假设 H_1：$[\rho(1)$，…，$\rho(q)]$ 全为 0，备选假设为它们不全为 0。可得出似然比检验为

$$\boldsymbol{\Lambda}_1=\frac{|\hat{\boldsymbol{\Sigma}}|}{|\hat{\boldsymbol{\Sigma}}_{\mathbf{X}}||\hat{\boldsymbol{\Sigma}}_{\mathbf{Y}}|} \tag{18.A.11}$$

从式（18.A.9）可知，当 $|\hat{\boldsymbol{\Sigma}}_X|\neq0$ 和 $|\hat{\boldsymbol{\Sigma}}_Y|\neq0$ 时，我们有

$$\begin{aligned}|\hat{\boldsymbol{\Sigma}}|&=|\hat{\boldsymbol{\Sigma}}_{\mathbf{Y}}||\hat{\boldsymbol{\Sigma}}_{\mathbf{X}}-\hat{\boldsymbol{\Sigma}}_{\mathbf{XY}}\hat{\boldsymbol{\Sigma}}_{Y}^{-1}\boldsymbol{\Sigma}_{\mathbf{YX}}|\\ &=|\hat{\boldsymbol{\Sigma}}_{\mathbf{Y}}||\hat{\boldsymbol{\Sigma}}_{\mathbf{X}}||\mathbf{I}-\hat{\boldsymbol{\Sigma}}_{\mathbf{X}}^{-1}\hat{\boldsymbol{\Sigma}}_{\mathbf{XY}}\hat{\boldsymbol{\Sigma}}_{\mathbf{Y}}^{-1}\hat{\boldsymbol{\Sigma}}_{\mathbf{YX}}|\end{aligned}$$

因此

$$\Lambda_1=|\mathbf{I}-\hat{\boldsymbol{\Sigma}}_{\mathbf{X}}^{-1}\hat{\boldsymbol{\Sigma}}_{\mathbf{XY}}\hat{\boldsymbol{\Sigma}}_{\mathbf{Y}}^{-1}\hat{\boldsymbol{\Sigma}}_{\mathbf{YX}}|$$

从式（18.A.10）明显得，$\hat{\rho}^2$ 是 $\hat{\boldsymbol{\Sigma}}_{\mathbf{X}}^{-1}\hat{\boldsymbol{\Sigma}}_{\mathbf{XY}}\hat{\boldsymbol{\Sigma}}_{\mathbf{Y}}^{-1}\hat{\boldsymbol{\Sigma}}_{\mathbf{YX}}$ 的一个特征根。由此，可得出

$$\Lambda_1=\prod_{j=1}^{q}(1-\hat{\rho}_j^2) \tag{18.A.12}$$

在原假设下由 Wilks（1938）的大样本结果，我们可得

$$-n\ln\Lambda_1\xrightarrow{d}\chi^2(rq) \tag{18.A.13}$$

为改善 χ^2 估计，Bartlett（1941）建议用因子（$n-(r+q+1)/2$）代替多重因子 n，即

$$-\left[n-\frac{1}{2}(r+q+1)\right]\ln\Lambda_1 \xrightarrow{d} \chi^2(rq) \tag{18. A. 14}$$

如果 H_1 被拒绝，我们就检验 H_2：[$\rho(2)$，…，$\rho(q)$] 都为 0。我们使用检验统计量

$$\Lambda_2=\prod_{j=2}^{q}(1-\hat{\rho}_j^2) \tag{18. A. 15}$$

在原假设 H_2 下，我们有

$$-\left[n-\frac{1}{2}(r+q+1)\right]\ln\Lambda_2 \xrightarrow{d} \chi^2((r-1)(q-1)) \tag{18. A. 16}$$

如果 H_1 被拒绝，H_2 没有被拒绝，那么 $\rho(1)$ 是唯一显著的典型相关。然而，如果 H_2 被拒绝，我们可以继续这个过程。在第 k 步，我们检验 H_k：[$\rho(k)$，…，$\rho(q)$] 全为 0，使用的检验统计量为

$$\Lambda_k=\prod_{j=k}^{q}(1-\hat{\rho}_j^2) \tag{18. A. 17}$$

在原假设下，我们有

$$-\left[n-\frac{1}{2}(r+q+1)\right]\ln\Lambda_k \xrightarrow{d} \chi^2((r-k+1)(q-k+1)) \tag{18. A. 18}$$

在状态空间建模的典型相关分析中，我们有 $r=(p+1)m$ 和 $k=q$。

典型相关分析用于检验两个变量集的独立性。它是许多介绍多变量分析的书中讨论的一种重要的数据压缩方法，参见 Johnson 和 Wichern（1998）。

练　习

18.1 求出下列模型的状态空间表示：

(a) $Z_t=(1-\theta_1B-\theta_2B^2)a_t$。

(b) $(1-\phi_1B-\phi_2B^2)Z_t=(1-\theta_1B-\theta_2B^2)a_t$。

(c) $(1-\phi_1B)(1-B)Z_t=(1-\theta_1B)a_t$。

(d) $Z_t=\phi_1Z_{t-1}+a_t-\theta_1a_{t-1}-\theta_2a_{t-2}$。

(e) $\begin{bmatrix}Z_{1,t}\\Z_{2,t}\end{bmatrix}=\begin{bmatrix}\phi_{11}&0\\\phi_{21}&\phi_{22}\end{bmatrix}\begin{bmatrix}Z_{1,t-1}\\Z_{2,t-1}\end{bmatrix}+\begin{bmatrix}a_{1,t}\\a_{2,t}\end{bmatrix}-\begin{bmatrix}0&0\\\theta_{21}&\theta_{22}\end{bmatrix}\begin{bmatrix}a_{1,t-1}\\a_{2,t-1}\end{bmatrix}$。

18.2 (a) 求出练习 16.1 第（c）部分所给模型的状态空间表示。

(b) 由（a）得到的表示是唯一的吗？为什么？

18.3 考虑所谓的自回归信号加噪声模型，在这里，我们观察到 $Z_t=Y_t+b_t$，不可观测过程 Y_t 服从自回归过程，即 AR(1) 过程 $Y_t=\phi Y_{t-1}+a_t$，其中 a_t 和 b_t 是独立零均值高斯白噪声过程，方差分别为 σ_a^2 和 σ_b^2。

(a) 把模型表示为状态空间形式。

(b) 求出卡尔曼滤波的稳定状态。

18.4 在练习 18.3 中，如果 $\phi=1$，自回归信号加噪声模型变为随机游走加噪声模型 $Z_t=Y_t+b_t$，其中，不可观测过程 Y_t 服从随机游走$Y_t=Y_{t-1}+a_t$。

（a）把模型表示为状态空间形式。

（b）表明随机游走加噪声模型实际上是 ARIMA(0，1，1）模型。

18.5 比较从转换函数模型（18.4.4）和状态空间模型（18.4.7）得到的预报。

18.6 考虑序列 W13 的玉米供给数据。

（a）为序列求出合适的单变量 ARMA 模型。

（b）为序列求出状态空间模型。

（c）比较（a）和（b）的结果。

18.7 使用典型相关分析为 Lydia Pinkham 数据序列 W12 建立状态空间模型。

第19章 长记忆和非线性过程

在前面各章中，我们讨论了用来分析单变量与多变量时间序列的各种方法。然而，到目前为止，研究的所有时间序列变量（必要时差分）是短记忆过程，其自相关函数衰减得相当快，并且这些时间序列模型均为线性的。为了拟合这些线性模型，有时做些变换将使模型拟合得更好。许多常用的变换（如对数变换和平方根变换）是非线性的。这些变换后能用线性模型模拟的时间序列的原始序列则可能是非线性模型。实际上，许多时间序列在某些时候表现出无规律的大幅度突变的特征，这在地震数据和金融时间序列中非常常见，用线性模型则不能很好地描述这些特征。本章我们介绍长记忆过程和一些非线性时间序列模型，用来描述长记忆与非线性现象。

19.1 长记忆过程与分数差分

19.1.1 分数可积 ARMA 模型及其 ACF

在我们前面研究的所有章节中，ARIMA(p，d，q）过程占据主要地位。其中，我们假定 d 是整数。换言之，原始 Z_t 序列是非平稳的，而其 d 阶差分是平稳的。显然，对一个平稳过程，d 必须小于 1。对于过程：

$$\phi_p(B)(1-B)^d Z_t=\theta_q(B)a_t \tag{19.1.1}$$

其中，对 $|B|\leqslant 1$，$\phi_p(B)\theta_q(B)\neq 0$，$a_t$ 是均值为 0、常数方差为 σ_a^2 的白噪声过程，我们想知道要使它成为平稳的和可逆的时 d 的确切取值范围。为了不失一般性，我们考虑简单情形：

$$(1-B)^d Z_t=a_t \tag{19.1.2}$$

如果式（19.1.2）中的过程是平稳的，那么我们应该可以将其写成

$$Z_t=(1-B)^{-d}a_t=\sum_{j=0}^{\infty}\psi_j a_{t-j} \tag{19.1.3}$$

即

$$(1-B)^{-d}=\sum_{j=0}^{\infty}\psi_j B_j$$

其中，$\{\varphi_j\}$ 是平方可和的。由泰勒（Taylor）级数展开，我们得到一般的二项式公式

$$(1-B)^{-d}=\sum_{j=0}^{\infty}\binom{-d}{j}(-B)^j=\sum_{j=0}^{\infty}\psi_j B^j \tag{19.1.4}$$

其中

$$\begin{aligned}\psi_j&=(-1)^j\binom{-d}{j}=(-1)^j\frac{(-d)(-d-1)\cdots(-d-j+1)}{j!}\\&=\frac{(j+d-1)(j+d-2)\cdots(j+d-j)}{j!}=\frac{\Gamma(j+d)}{\Gamma(j+1)\Gamma(d)}\end{aligned}$$

而且，$\Gamma(\cdot)$ 是伽马函数。运用 Stirling 公式

$$\Gamma(x)\approx\sqrt{2\pi}e^{-x}x^{x-1/2},\quad x\longrightarrow\infty$$

我们有

$$\psi_j=\frac{\Gamma(j+d)}{\Gamma(j+1)\Gamma(d)}\approx\frac{1}{\Gamma(d)}\frac{\sqrt{2\pi}e^{-j-d}(j+d)^{j+d-1/2}}{\sqrt{2\pi}e^{-j-1}(j+1)^{j+1-1/2}}\approx\frac{1}{\Gamma(d)j^{1-d}}$$

显然，当且仅当 $2(1-d)>1$，即 $d<0.5$ 时，$\{\psi_j\}$ 是平方可和的。同理，我们可知，当且仅当 $d>-0.5$ 时，这个过程是可逆的。因此，当且仅当 $-0.5<d<0.5$ 时，式（19.1.2）的过程或者更一般的式（19.1.1）的过程是平稳且可逆的。因此，当 $-0.5<d<0.5$ 时，式（19.1.1）的过程被称为自回归分数求和移动平均模型，常写作 ARFIMA(p, d, q) 模型。当 $-0.5<d<0.5$ 时，式（19.1.2）的过程被称为分数求和（或者差分）噪声。

分数差分噪声的谱明显存在，尽管它在零频数下是发散的。由式（11.2.5）和式（12.2.8b）可得

$$\begin{aligned}f(\omega)&=\frac{\sigma_a^2}{2\pi}|1-e^{-i\omega}|^{-2d}=\frac{\sigma_a^2}{2\pi}\left|\frac{2ie^{-iw/2}(e^{iw/2}-e^{-iw/2})}{2i}\right|^{-2d}\\&=\frac{\sigma_a^2}{2\pi}\left[2\sin\left(\frac{\omega}{2}\right)\right]^{-2d},\quad -\pi\leqslant\omega\leqslant\pi\end{aligned} \tag{19.1.5}$$

现在，从式（12.1.4）可推知

$$\begin{aligned}\gamma_k&=\int_{-\pi}^{\pi}e^{ik\omega}f(\omega)\mathrm{d}\omega=\frac{\sigma_a^2}{2\pi}\int_0^{\pi}2\cos(k\omega)\left[2\sin\left(\frac{\omega}{2}\right)\right]^{-2d}\mathrm{d}\omega\\&=\frac{(2)^{-2d}\sigma_a^2}{1}\frac{\cos(2k\pi/2)\Gamma(2-2d)(2)^{1+2d-1}}{(1-2d)\Gamma[(1-2d+2k+1)/2]\Gamma[(1-2d-2k+1)/2]}\\&=(-1)^k\sigma_a^2\frac{\Gamma(1-2d)}{\Gamma(k-d+1)\Gamma(1-d-k)}\end{aligned} \tag{19.1.6}$$

其中，我们用下面的积分结果（Gradshteyn 和 Ryzhik，1965）

$$\int_0^{\pi}\cos(k\omega)[\sin(\omega)]^{\alpha-1}\mathrm{d}\omega=\frac{\pi\cos(k\pi/2)\Gamma(\alpha+1)2^{1-\alpha}}{\alpha\Gamma[(\alpha+k+1)/2]\Gamma[(\alpha-k+1)/2]}$$

因此，

$$\begin{aligned}\rho^{k}&=\frac{\gamma_k}{\gamma_0}=\frac{(-1)^k\Gamma(1-2d)}{\Gamma(k-d+1)\Gamma(1-d-k)}\frac{\Gamma(1-d)\Gamma(1-d)}{\Gamma(1-2d)}\\&=\frac{\Gamma(1-d)}{\Gamma(k-d+1)}\frac{(-1)^k(1-d-1)(1-d-2)\cdots(1-d-k)\Gamma(1-d-k)}{\Gamma(1-d-k)}\\&=\frac{\Gamma(1-d)}{\Gamma(k-d+1)}(-1)^k(-1)^k(d)(d-1)\cdots(d+k-1)\\&=\frac{\Gamma(1-d)\Gamma(k+d)}{\Gamma(k-d+1)\Gamma(d)}\end{aligned}\tag{19.1.7}$$

再次使用 Stirling 公式，我们得到

$$\begin{aligned}\rho_k&\sim\frac{\Gamma(1-d)}{\Gamma(d)}\frac{\sqrt{2\pi}e^{-k-d}(k+d)^{k+d-1/2}}{\sqrt{2\pi}e^{-k+d-1}(k-d+1)^{k-d+1-1/2}}\\&\sim\frac{\Gamma(1-d)}{\Gamma(d)}e^{-2d+1}(k)^{2d-1}\\&\sim c(k)^{2d-1}\end{aligned}\tag{19.1.8}$$

其中，c 相对于 k 是常数。

如果一个平稳过程的 ACF 几何有界，即

$$|\rho_k|\leqslant c(r)^k,\quad k=1,2\cdots,\tag{19.1.9}$$

其中，c 是正常数，且 $0<r<1$，则我们把该过程叫作短记忆过程。可知，在前面各章研究的 ARMA 模型是短记忆过程。另外，如果一个平稳过程的 ACF 服从渐近半双曲线衰减，即

$$|\rho_k|\sim c(k)^{\alpha},\quad k\rightarrow\infty\tag{19.1.10}$$

其中，$\alpha<0$，则我们把该过程叫作长记忆过程。进一步来说，自相关函数不是绝对可和（即 $\sum_{k=-\infty}^{\infty}|\rho_k|=\infty$）的长记忆过程被认为是持续的。

由于已知 d 小于 0.5，式（19.1.8）给出的 ACF 明显按渐近半双曲线衰减。因此，分数差分噪声过程及 ARFIMA(p，d，q）过程是长记忆过程。而且对于式（19.1.8）的 ACF 与 ρ_k，当且仅当 $2d-1<-1$ 或者 $d<0$ 时，$\sum_{k=-k}^{\infty}|\rho_k|$ 收敛。事实上，当 $0<d<0.5$ 时，分数差分噪声过程及ARFIMA(p，d，q）过程是持续的。

19.1.2　ARFIMA 过程的现实意义

对于有限的样本，ARFIMA 过程所包含的特征与非平稳过程的特征是相似的。例如，持续的 ARFIMA(p，d，q）模型的 ACF 衰减得非常慢，这与我们在第 4 章所讨论的非平稳时间序列的自相关函数是相似的。另外，对于持续的 ARFIMA 模型与非平稳模型的实现，其周期图在零频数点都是发散的。这些相似性常导致模型的误判。例如，一个平稳的

ARFIMA 模型可能被误认为是非平稳的 ARIMA 模型。这种过度差分给参数估计与预报带来了一些不良影响。

对于预报，我们在第 5 章说明了基于平稳过程的预报收敛于过程的均值。因此，尽管长记忆过程的收敛速度很慢，但其预报还应该收敛于过程的均值。从而，一个被误判的非平稳模型将产生偏差，其预报误差会有很大的方差。详细内容可参见 Crato 和 Ray（1996）。

19.1.3 分数差分的估计

对于式（19.1.1）给定的 ARFIMA 模型，令 $W_t=(1-B)^d Z_t$，$f_W(\omega)$ 和 $f_Z(\omega)$ 分别是 $\{W_t\}$ 和 $\{Z_t\}$ 的谱密度函数。那么，

$$f_Z(\omega)=|1-e^{-i\omega}|^{-2d} f_W(\omega),\quad 0\leqslant\omega\leqslant\pi \tag{19.1.11}$$

其中

$$f_W(\omega)=\frac{\sigma_a^2}{2\pi}\left|\frac{\theta_q(e^{-i\omega})}{\phi_p(e^{-i\omega})}\right|^2 \tag{19.1.12}$$

是正规 ARMA(p, q) 模型的谱密度。注意，当 $\omega\to 0$ 时，$f_Z(\omega)\to\infty$。

对式（19.1.11）两边取对数，我们得到

$$\begin{aligned}\ln f_Z(\omega)&=d\ln|1-e^{-i\omega}|^{-2}+\ln f_W(\omega)\\&=\ln f_W(0)+d\ln|1-e^{-i\omega}|^{-2}+\ln\left(\frac{f_W(\omega)}{f_W(0)}\right)\end{aligned}$$

对上式两边用傅立叶频率 $\omega_j=2\pi j/n$，$j=1, \cdots, [n/2]$ 替代 ω，加入 $\ln I_Z(\omega_j)$（即 $\{Z_t\}$ 的周期图），得到

$$\begin{aligned}\ln I_Z(\omega_j)=&\ln f_W(0)+d\ln|1-e^{-iw_j}|^{-2}\\&+\ln\left(\frac{f_W(\omega_j)}{\ln f_W(0)}\right)+\ln\left(\frac{I_Z(\omega_j)}{f_Z(\omega_j)}\right)\end{aligned}$$

对于 ω_j 接近于 0，即对于 $j=1, \cdots, m\ll(n/2)$，当 $n\to\infty$，$m/n\to 0$ 时，我们有 $\ln(f_W(\omega_j))/(f_W(0))\approx 0$。因此，

$$Y_j=c+dX_j+e_j,\quad j=1, \cdots, m \tag{19.1.13}$$

其中，$Y_j=\ln I_Z(\omega_j)$，$c=\ln f_W(0)$，$X_j=\ln|1-e^{iw_j}|^{-2}$，$e_j=\ln([I_Z(\omega_j)/f_Z(\omega_j)])$。现在，我们来回顾一下，第 13 章序列 $[I_Z(\omega_j)/f_Z(\omega_j)]$ 及 e_j 是近似独立同分布的随机变量。为了便于计算，因为

$$\begin{aligned}|1-e^{-i\omega}|^2&=\left|\frac{2ie^{-i\omega/2}(e^{i\omega/2}-e^{-i\omega/2})}{2i}\right|^2\\&=\left[2\sin\left(\frac{\omega}{2}\right)\right]^2\end{aligned}$$

我们有

$$X_j = \ln\left[\frac{1}{4[\sin(\omega_j/2)]^2}\right]$$

d 的最小二乘估计如下：

$$\hat{d} = \frac{\sum_{j=1}^{m}(X_j - \overline{X})(Y_j - \overline{Y})}{\sum_{j=1}^{m}(X_j - \overline{X})^2} \tag{19.1.14}$$

Geweke 和 Porter-Hudak（1983）表明

$$\hat{d} \xrightarrow{d} N\left(d, \frac{\pi^2}{6\sum_{j=1}^{m}(X_j - \overline{X})^2}\right) \tag{19.1.15}$$

d 的 95%的置信区间为

$$\hat{d} \pm 1.96\sqrt{\frac{\pi^2}{6\sum_{j=1}^{m}(X_j - \overline{X})^2}} \tag{19.1.16}$$

在实际应用中，我们经常取 $m=[\sqrt{n}]$，使得式（19.1.13）的回归在傅立叶频率 $\omega_j = 2\pi j/n$，$j=1$，…，$[\sqrt{n}]$ 上进行，其中 $[\cdot]$ 表示最大取整函数。

一旦 d 值估计出来，运用第 7 章介绍的方法，由分数差分数据 $W_t = (1-B)^d Z_t$，我们能估计出参数 ϕ_j 和 θ_j。加上第 5 章所讨论的结果，估计模型可以用来估计未来值。

但是，我们应该注意到，在数据分析和建模中，经常使用时间序列聚积，由于 Teles、Wei 和 Crato（1999）所说明的累积影响，一个生成的长记忆 ARFIMA 过程可能被误认为是短记忆的 ARMA 过程。这种误判可能在预报中导致非常不好的结果。

19.2　非线性过程

为了不失一般性，我们现在考虑零均值过程。我们知道，一个非确定的线性时间序列过程 Z_t 总能写成如下形式：

$$\begin{aligned} Z_t &= \sum_{j=0}^{\infty}\psi_j a_{t-j} \\ &= \psi(B)a_t \end{aligned} \tag{19.2.1}$$

其中，$\varphi_0=1$，α_t 是均值为 0、方差为 σ_α^2 的一个白噪声过程，且 $\varphi(B)=\sum_{j=0}^{\infty}\varphi_j B^j$。如果 $\sum_{j=0}^{\infty}\varphi_j^2 < \infty$，那么过程是平稳的，由 12.2.2 节可知，谱存在且等于

$$f(\omega) = \frac{\sigma_a^2}{2\pi}\psi(e^{-i\omega})\psi(e^{i\omega}) = \frac{\sigma_a^2}{2\pi}|\psi(e^{-i\omega})|^2 \tag{19.2.2}$$

式（19.2.1）给出的等式是线性过程的一般形式。更一般地，一个时间序列过程可写为

$$Z_t = \sum_{i=0}^{\infty}\psi_i a_{t-i} + \sum_{i=0}^{\infty}\sum_{j=0}^{\infty}\psi_{i,j}a_{t-i}a_{t-j} + \sum_{i=0}^{\infty}\sum_{j=0}^{\infty}\sum_{k=0}^{\infty}\psi_{i,j,k}a_{t-i}a_{t-j}a_{t-k} + \cdots \tag{19.2.3}$$

如果式（19.2.3）中的过程 Z_t 仅含第一项，那么它是线性的。如果过程不止包含第一项，那么它是非线性的。显然，二阶性质，如自相关函数和谱，用来描述式（19.2.3）中的一般非线性过程将不再充分，甚至对一个弱平稳过程都需要用到高阶矩。另外，对于本节介绍的模型，我们也要求式（19.2.3）中的 $\{\alpha_t\}$ 是一个 i.i.d.(0，σ_α^2）的随机变量的过程。

19.2.1 累积量、多重谱、线性与正态性检验

除了常规矩，许多高阶矩也可用来描述一个过程。由于它们有诸多很好的性质，我们选取累积量。假定式（19.2.3）的过程是 n 阶弱平稳过程。由第 2 章可知，它的所有联合常规矩直到 n 阶矩都存在，而且是时不变的。在这种情况下，n 阶累积量 $C(k_1, k_2, \cdots, k_{n-1})$ 存在，并可定义为下式的泰勒级数展开式中 $i^n t_1 t_2 \cdots t_n$ 的系数：

$$\varphi(t_1,t_2,\cdots,t_n)=\ln\{E[\exp(it_1Z_t+it_2Z_{t+k_1}+\cdots+it_nZ_{t+k_{n-1}})]\} \tag{19.2.4}$$

这样，式（19.2.4）中的函数 $\varphi(t_1, t_2, \cdots, t_n)$ 也就是累积生成函数。由于是 n 阶平稳，显然，累积生成函数独立于时间始点。

与第 12 章得到的结论相似，如果第 n 阶累积量 $C(k_1, k_2, \cdots, k_{n-1})$ 是绝对可和的，那么它的傅立叶变换存在，且等于

$$\begin{aligned}&f(\omega_1,\omega_2,\cdots,\omega_{n-1})\\&=\left(\frac{1}{2\pi}\right)^{n-1}\sum_{k_1=-\infty}^{\infty}\cdots\sum_{k_{n-1}=-\infty}^{\infty}C(k_1,\cdots,k_{n-1})e^{-i(\omega_1k_1+\cdots+\omega_{n-1}k_{n-1})}\end{aligned} \tag{19.2.5}$$

其中，$-\pi\leqslant\omega_i\leqslant\pi$，$i=1, \cdots, n-1$。函数 $f(\omega_1, \omega_2, \cdots, \omega_{n-1})$ 常被作为 n 阶累积量谱或者多重谱。特别地，二阶多重谱是

$$f(\omega_1)=\left(\frac{1}{2\pi}\right)\sum_{k_1=-\infty}^{\infty}C(k_1)e^{-i\omega_1k_1},\quad -\pi\leqslant\omega\leqslant\pi \tag{19.2.6}$$

三阶多重谱是

$$f(\omega_1,\omega_2)=\left(\frac{1}{2\pi}\right)^2\sum_{k_1=-\infty}^{\infty}\sum_{k_2=-\infty}^{\infty}C(k_1,k_2)e^{-i(\omega_1k_1+\omega_2k_2)},\quad -\pi\leqslant\omega_1,\omega_2\leqslant\pi \tag{19.2.7}$$

它也被看作双谱。

注意，$E(\exp(itZ))$ 是 Z 的特征函数。对于均值为 μ、方差为 σ^2 的高斯随机变量，我们知道，它的特征函数是 $\exp[it+(it)^2\sigma^2/2]$，而且超过 2 阶的累积量是 0。另外，如果 Y 和 Z 是独立的，那么，对于任意常数 a 和 b，我们均有 $E[\exp(it_1aY+it_2bZ)]=E[\exp(it_1aY)]E[\exp(it_2bZ)]$。由于多元正态变量可视为独立正态分布单变量的线性组合的向量（Rao，1965，p.440），故可知所有超过 2 阶的累积量也都是 0；因此，高斯过程的双谱和所有高阶多重谱同为 0。我们可以用这些高阶谱来测量过程偏离正态的程度。

为了说明得到累积量的步骤，我们考虑二阶累积量 $C(k_1)$，它是在原点处的泰勒展开式中 $i^2t_1t_2$ 项的系数：

$$\varphi(t_1,t_2)=\ln\{E[\exp(it_1Z_t+it_2Z_{t+k_1})]\} \tag{19.2.8}$$

由多变量函数的泰勒序列，我们得到

$$\varphi(t_1,t_2)=\varphi(0,0)+\left[\frac{\partial}{\partial t_1}\varphi(t_1,t_2)\right]_{(0,0)}t_1+\left[\frac{\partial}{\partial t_2}\varphi(t_1,t_2)\right]_{(0,0)}t_2$$
$$+\frac{1}{2!}\left\{\left[\frac{\partial^2}{\partial t_1^2}\varphi(t_1,t_2)\right]_{(0,0)}t_1^2+2\left[\frac{\partial^2}{\partial t_1\partial t_2}\varphi(t_1,t_2)\right]_{(0,0)}t_1t_2\right.$$
$$\left.+\left[\frac{\partial^2}{\partial t_2^2}\varphi(t_1,t_2)\right]_{(0,0)}t_2^2\right\}+\cdots$$

现在，

$$\left[\frac{\partial}{\partial t_1\partial t_2}\varphi(t_1,t_2)\right]_{(0,0)}=\left[\frac{\partial}{\partial t_1}\frac{E\{[\exp(it_1Z_t+it_2Z_{t+k_1})]iZ_{t+k_1}\}}{E[\exp(it_1Z_t+it_2Z_{t+k_1})]}\right]_{(0,0)}$$
$$=\left[\frac{\begin{array}{l}E[\exp(it_1Z_t+it_2Z_{t+k_1})]E\{[\exp(it_1Z_t+it_2Z_{t+k_1})]iZ_{t+k_1}iZ_t\}\\-E[\exp(it_1Z_t+it_2Z_{t+k_1})iZ_{t+k_1}]E[\exp(it_1Z_t+it_2Z_{t+k_1})iZ_t]\end{array}}{\{E[\exp(it_1Z_t+it_2Z_{t+k_1})]\}^2}\right]_{(0,0)}$$
$$=i^2\{E[Z_{t+k_1}Z_t]-E[Z_{t+k_1}]E[Z_t]\}$$
$$=i^2\{E(Z_t-\mu)(Z_{t+k_1}-\mu)\}$$

其中，$\mu=E(Z_t)$。因此，

$$C(k_1)=E(Z_t-\mu)(Z_{t+k_1}-\mu)=\gamma_{k_1}\tag{19.2.9}$$

二阶多重谱是简单的谱

$$f(\omega_1)=\left(\frac{1}{2\pi}\right)\sum_{k_1=-\infty}^{\infty}\gamma k_1e^{-i\omega_1k_1}=\frac{\sigma_a^2}{2\pi}\mid\psi(e^{-i\omega_1})\mid^2\tag{19.2.10}$$

其中，$-\pi\leqslant\omega_1\leqslant\pi$。同样三阶累积量等于

$$C(k_1,k_2)=E(Z_t-\mu)(Z_{t+k_1}-\mu)(Z_{t+k_2}-\mu)\tag{19.2.11}$$

令

$$T(\omega_1,\omega_2)=\frac{|f(\omega_1,\omega_2)|^2}{f(\omega_1)f(\omega_2)f(\omega_1+\omega_2)}\tag{19.2.12}$$

可以看出 $T(\omega_1,\omega_2)$ 可用来检测过程是否是线性的，因为在原假设下过程是线性的，我们有 $Z_t=\sum_{j=0}^{\infty}\psi_j\alpha_{t-j}$，且

$$C(k_1,k_2)=E(Z_t-\mu)(Z_{t+k_1}-\mu)(Z_{t+k_2}-\mu)$$
$$=E\left[\sum_{j=-\infty}^{\infty}\psi_ja_{t-j}\sum_{i=-\infty}^{\infty}\psi_ia_{t+k_1-i}\sum_{n=-\infty}^{\infty}\psi_na_{t+k_2-n}\right]$$
$$=\sum_{j=-\infty}^{\infty}\sum_{i=-\infty}^{\infty}\sum_{n=-\infty}^{\infty}\psi_j\psi_i\psi_nE(a_{t-j}a_{t+k_1-i}a_{t+k_2-n})$$
$$=\alpha\sum_{j=-\infty}^{\infty}\psi_j\psi_{j+k_1}\psi_{j+k_2}\tag{19.2.13}$$

其中，$\alpha=E(a_t^3)$，$\psi_j=0(j<0)$。因此，

$$
\begin{aligned}
f(\omega_1,\omega_2)&=\left(\frac{1}{2\pi}\right)^2\sum_{k_1=-\infty}^{\infty}\sum_{k_2=-\infty}^{\infty}C(k_1,k_2)e^{-i(\omega_1k_1+\omega_2k_2)}\\
&=\frac{\alpha}{(2\pi)^2}\sum_{k_1=-\infty}^{\infty}\sum_{k_2=-\infty}^{\infty}\sum_{j=-\infty}^{\infty}\psi_j\psi_{j+k_1}\psi_{j+k_2}e^{-i\omega_1k_1-i\omega_2k_2}\\
&=\frac{\alpha}{(2\pi)^2}\sum_{j=-\infty}^{\infty}\psi_je^{i(\omega_1+\omega_2)j}\sum_{k_1=-\infty}^{\infty}\psi_{j+k_1}e^{-i\omega_1(j+k_1)}\sum_{k_2=-\infty}^{\infty}\psi_{j+k_2}e^{-i\omega_2(j+k_2)}\\
&=\frac{\alpha}{(2\pi)^2}\sum_{j=-\infty}^{\infty}\psi_je^{i(\omega_1+\omega_2)j}\sum_{k=-\infty}^{\infty}\psi_ke^{-i\omega_1k}\sum_{n=-\infty}^{\infty}\psi_ne^{-i\omega_2n}\\
&=\frac{\alpha}{(2\pi)^2}\psi(e^{i(\omega_1+\omega_2)})\psi(e^{-i\omega_1})\psi(e^{-i\omega_2})
\end{aligned}
\tag{19.2.14}
$$

这样，在过程是线性的原假设下，函数

$$
T(\omega_1,\omega_2)=\frac{|f(\omega_1,\omega_2)|^2}{f(\omega_1)f(\omega_2)f(\omega_1+\omega_2)}=\frac{\alpha^2}{2\pi\sigma_a^6}
\tag{19.2.15}
$$

是常数。因此，线性检验是基于检验在频率网格下的样本统计量是否为常数，

$$
\hat{T}(\omega_1,\omega_2)=\frac{|\hat{f}(\omega_1,\omega_2)|^2}{\hat{f}(\omega_1)\hat{f}(\omega_2)\hat{f}(\omega_1+\omega_2)}
\tag{19.2.16}
$$

其中，

$$
\hat{f}(\omega)=\left(\frac{1}{2\pi}\right)\sum_{k=-M}^{M}W(k)\hat{\gamma}_ke^{-i\omega k}=\left(\frac{1}{2\pi}\right)\sum_{k=-M}^{M}W(k)\hat{\gamma}_k\cos(\omega k)
\tag{19.2.17}
$$

$$
\hat{f}(\omega_1,\omega_2)=\left(\frac{1}{2\pi}\right)^2\sum_{k_1=-M}^{M}\sum_{k_2=-M}^{M}W_2(k_1,k_2)\hat{C}(k_1,k_2)e^{-i(\omega_1k_1+\omega_2k_2)}
\tag{19.2.18}
$$

$$
\hat{C}(k_1,k_2)=\frac{1}{n}\sum_{t=1}^{n-m}(Z_t-\bar{Z})(Z_{t+k_1}-\bar{Z})(Z_{t+k_2}-\bar{Z})
\tag{19.2.19}
$$

M 是截断点，$W(k)$ 是滞后窗，这已在第 13 章讨论过，$m=\max(0,\ k_1,\ k_2)$，而且

$$
W_2(k_1,k_2)=W(k_1)W(k_2)W(k_1-k_2)
\tag{19.2.20}
$$

如果是高斯白噪声过程，那么 $\alpha=E(a_t^3)=0$。双谱 $f(\omega_1,\ \omega_2)$ 与函数 $T(\omega_1,\ \omega_2)$ 在所有频率下均为 0。因此，正态性检验也可以基于检验样本统计量 $\hat{f}(\omega_1,\ \omega_2)$ 或者 $\hat{T}(\omega_1,\ \omega_2)$ 在一频率网格上在统计意义下为 0。这个检验及前面检验的详细情况可参见 Subba Rao 与 Gabr（1980，1984）。一个非高斯过程也可能有零双谱。由前面的讨论我们知道，对于综合检验，应该需要检验所有的高阶谱。

以上检验的主要优点是能用于任何非线性过程。但是，这也会致使这些检验在势上不足。另外，正如 Chan 和 Tong（1986）所指出的，检验的效果受滞后窗、截断点、频率网格选择的影响。因此，成功的应用需要更高的技巧。

19.2.2　一些非线性时间序列模型

式（19.2.3）给出的过程的一般形式包含的参数有无穷多个。一旦确认过程是非线性

的，接下来的任务就是建立合适的有限参数非线性模型。一些文献提出了许多非线性模型，目的是描述我们在实践中遇到的通过时间序列表现出来的不同特征，而这些特征不能用线性过程来描述。此外，式（19.2.3）的有限阶形式被称为非线性移动平均(NLMA)模型，我们在下面给出其他一些有限参数非线性模型，不做详细说明，有兴趣的读者可参阅一些优秀文献，如 Subba Rao 与 Gabr（1984）、Tong（1983，1990）、Priestley（1988）、以及 Fan 与 Yao（2003）。这些模型如下：

（1）阶为（p，q，r，s）的双线性模型（BL(p，q，r，s）模型）

$$Z_t=\sum_{i=1}^{p}\phi_iZ_{t-i}+a_t+\sum_{j=1}^{q}\theta_ja_{t-j}+\sum_{i=1}^{r}\sum_{j=1}^{r}\alpha_{ij}Z_{t-i}a_{t-j}$$

（2）p 阶非线性自回归模型［NLAR(p）模型］

$$Z_t=f(Z_{t-1},\cdots,Z_{t-p})+a_t$$

其中，f（·）是非线性函数。

（3）门限自回归（TAR）模型

$$Z_t=\phi_0+\sum_{i=1}^{p}\phi_iZ_{t-i}+\left(\alpha_0+\sum_{i=1}^{p}\alpha_iZ_{t-i}\right)I\left(\frac{Z_{t-d}-\tau}{\delta}\right)+a_t$$

其中，d 是延迟参数，τ 和 δ 分别为位置与规模参数，I(·）是平滑函数，比如逻辑斯蒂函数、指数函数或者示性函数等。

（4）阶为（p，d）的指数自回归（EXPAR［p，d］）模型

$$Z_t=\sum_{i=1}^{p}(\phi_i+\alpha_ie^{-\beta_iZ_{t-d}^2})Z_{t-i}+a_t$$

其中，$\beta_i\geqslant0$，$i=1$，…，p，且 Z_{t-d} 是依赖于模型的变量。

以上模型中序列 α_t 是 i. i. d.（0，σ_α^2）随机变量。

这些模型都是一般阶的形式。在实际应用中，比如线性时间序列模型，选择的阶数通常相当小。例如，就 NLAR 模型而言，NLAR(1）与 NLAR(2）是最常用的。当上面模型（3）中的函数 I(·）是示性函数时，模型就是简单的两体制门限自回归模型。由于它有诸多有趣的性质并且与我们前面各章所研究的模型有着紧密联系，于是我们在下一节进一步讨论一般的 k 体制门限自回归模型。

19.3　门限自回归模型

最初提出门限自回归模型的是 Tong（1978，1983，1990）以及 Tong 和 Lim（1980）。它们是分段线性模型，线性关系随着过程取值的变化而变化。特别地，我们将实线 R 分成 k 个区间或体制，$R=\bigcup_{i=1}^{k}R_i$，其中，$R_1=(-\infty，r_1)$，$R_i=[r_{i-1}，r_i]$，$i=2$，…，$k-1$，$R_k=[r_k，\infty)$，$-\infty<r_1<\cdots<r_{k-1}<\infty$ 是门限。如果一个时间序列满足模型

$$Z_t=\phi_0^{(j)}+\sum_{i=1}^{P_j}\phi_i^{(j)}Z_{t-i}+a_t^{(j)},\quad Z_{t-d}\in R_j \tag{19.3.1}$$

其中，$j=1, \cdots, k$，d 是正整数且为延迟参数，$a_t^{(j)}$ 是均值为 0、方差为 σ_j^2 的独立同分布随机噪声序列，则 Z_t 是自激励门限自回归模型。为方便起见，我们将式（19.3.1）称作 TAR（k；$p_1, \cdots, p_k$；d）模型，其中 k 是体制数，由（$k-1$）个门限 r_j 划分，p_j 表示在第 j 个体制中自回归模型的阶数。过程在每一个体制中是线性自回归模型，当在两个不同体制中具有不同的线性模型时过程就是非线性模型。模型包含许多有趣的特征，如极限环、振幅依赖频率、跳跃现象，这些都是线性时间序列所不能描述的。而且，当 $k=1$ 时，序列就变成线性模型。仅当噪声方差对不同体制取值不同时，序列变成非齐次线性 AR 模型；仅当常数项 $\phi_0^{(j)}$ 对不同体制取值不同时，序列变成随机水平转移模型。

例 19-1 对下面简单的 TAR(2；1，1；1）模型，令 $k=2$，$R_1=(-\infty, 0)$，$R_2=[0, \infty)$，$p_1=p_2=1$，$d=1$：

$$\begin{aligned} Z_t &= -1.6Z_{t-1}+a_t^{(1)}, \quad Z_{t-1}<0 \\ Z_t &= 0.8Z_{t-1}+a_t^{(2)}, \quad Z_{t-1}\geqslant 0 \end{aligned} \tag{19.3.2}$$

其中，$a_t^{(i)}$，$i=1, 2$ 是 i. i. d. $(0, \sigma_i^2)$ 的随机变量序列。该序列在增和减的模式上是非对称的。在（$t-1$）期，如果 Z_{t-1} 的值是负的，那么下一期的 Z_t 值往往是正的。然而，如果 Z_{t-1} 的值是正的，在它变为负值之前的若干期仍为正数。因此，序列在负的体制下（体制 1）具有较大的上跳，负体制下的观测数要小于正体制（体制 2）下的观测数，负体制下的误差项方差 σ_1^2 一般大于正体制下的误差项方差 σ_2^2。序列的均值 $\mu_t=E(Z_t)$ 是两个体制条件均值的加权平均，它是非零的，每个体制的权数为 Z_t 所在体制的概率。许多金融时间序列具有这个例子所说明的现象。

19.3.1 TAR 模型的检验

令 $p=\max\{p_1, \cdots, p_k\}$，已知对 $i>p_j$，$\phi_i^{(j)}=0$，我们可把式（19.3.1）改写为

$$Z_t=\phi_0^{(j)}+\sum_{i=1}^{p}\phi_i^{(j)}Z_{t-i}+a_t^{(j)}, \quad Z_{t-d}\in R_j \tag{19.3.3}$$

并简称它为 TAR(k；p；d）模型。Petruccelli 和 Davies（1986）使用有序自回归的概念提出了一个对门限非线性的检验，Tsay（1989）进一步把这一方法发展为 TAR 模型的建模程序。为简单起见，但不失一般性，我们用 TAR(2；p；d）模型来说明这一检验过程。

对任意给定的具有 n 个观测的 AR(p) 回归 $Z_t=\phi_0+\sum_{i=1}^{p}\phi_i Z_{t-i}+a_t$，$t=(p+1), \cdots, n$，我们把（$Z_t$，1，$Z_{t-1}$，…，$Z_{t-d}$，…，$Z_{t-p}$）叫作 AR($p$) 模型的数据网格。假定门限变量 Z_{t-d} 可取值为 $\{Z_h, \cdots, Z_{n-d}\}$，其中 $h=\max\{1, p+1-d\}$。令 (i) 是 $\{Z_h, \cdots, Z_{n-d}\}$ 的第 i 个最小观测的时间指标。我们经过整理可得到以下自回归，其网格根据延迟变量 Z_{t-d} 的次序值进行重新排列：

$$\begin{bmatrix} Z_{(1)+d} \\ \vdots \\ Z_{(r)+d} \end{bmatrix} = \begin{bmatrix} 1 & Z_{(1)+d-1} & \cdots & Z_{(1)} & \cdots & Z_{(1)+d-p} \\ \vdots & \vdots & & \vdots & & \vdots \\ 1 & Z_{(r)+d-1} & \cdots & Z_{(r)} & \cdots & Z_{(r)+d-p} \end{bmatrix} \begin{bmatrix} \phi_0 \\ \phi_1 \\ \vdots \\ \phi_p \end{bmatrix} + \begin{bmatrix} a_{(1)} \\ \vdots \\ a_{(r)} \end{bmatrix} \tag{19.3.4}$$

正确地选取 r，以上重新整理的自回归可被反复地拟合。例如，Tsay（1989）建议使用 $r=r_{\min}$，$r_{\min}+1$，…，$(n-d-h+1)$ 反复拟合，其中 $r_{\min}\approx(n/10)+p$。用每一个数对模型（19.3.4）进行反复的拟合之后，我们可计算向前一步预报的标准误差 $\hat{e}_{r+1}$。在线性假定下，AR 模型的最小二乘估计是相合的，得到的这些向前一步预报标准误差 $\hat{e}_i$ 是渐近独立同分布的，其均值为 0、方差为 1。因此，我们可得到累积加总：

$$S_r=\sum_{i=r_{\min}+1}^{r}\hat{e}_i,\quad r=r_{\min}+1,\cdots,(n-d-h+1)$$

并计算检验统计量

$$T=\max_{r_{\min}\leqslant r\leqslant(n-d-h+1)}\frac{|S_r|}{\sqrt{(n-d-h+1-r_{\min})}} \tag{19.3.5}$$

根据不变方差原理（Feller，1971，p. 342），我们可计算检验统计量 T 的渐近 p 值

$$P(T<x)\approx\frac{1}{4\pi}\sum_{m=0}^{\infty}\frac{(-1)^m}{(2m+1)}\exp\left\{-\frac{(2m+1)^2\pi^2}{8x^2}\right\} \tag{19.3.6}$$

如果 $P(T<x)$ 小于显著性水平 α，则拒绝线性假设。

当模型是线性的时，其向前一步预报标准误差 $\hat{e}_i$，$(r_{min}+1)\leqslant i\leqslant(n-d-h+1)$，不仅是渐近独立同分布的，也与回归量 $\{Z_{(i)+d-1},\cdots,Z_{(i)+d-p}\}$ 是正交的。因此，Tsay（1989）建议对 $(r_{\min}+1)\leqslant i\leqslant(n-d-h+1)$ 使用以下最小二乘回归

$$\hat{e}_i=\omega_0+\sum_{j=1}^{p}\omega_j Z_{(i)+d-j}+\varepsilon_i \tag{19.3.7}$$

和相关的 F 统计量

$$\hat{F}(p,d)=\frac{\left(\sum\hat{e}_i^2-\sum\hat{\varepsilon}_i^2\right)/(p+1)}{\sum\hat{\varepsilon}_i^2/(n-d-h-r_{\min}-p)} \tag{19.3.8}$$

其中，求和是对式（19.3.7）的所有观测而言，$\hat{\varepsilon}_i$ 是式（19.3.7）的最小二乘残差。在线性假定下，即 Z_t 服从 $k=1$ 的 TAR$(k;\ p;\ d)$ 模型，样本统计量 $\hat{F}(p,\ d)$ 渐近服从自由度为 $(p+1)$ 和 $(n-d-h-r_{\min}-p)$ 的 F 分布。如果 $\hat{F}(p,\ d)>F_{\alpha,(p+1,n-d-h-r_{\min}-p)}$，则说明其是非线性的。

19.3.2 构建 TAR 模型

AIC 方法　Tong 和 Lim（1980）基于 Akaike 信息准则提出了一个 TAR 模型的构建程序。我们用 TAR$(2;\ p_1,\ p_2;\ d)$ 模型说明这个程序。其他情形可同样处理。

步骤 1　找出分段 AR 模型的阶数。

给定任意固定值 d 和 r，令 P 是两段线性 AR 模型将被接受的最大阶数。P 的选取是主观的。Tong（1990）建议 $P=n^{\alpha}$，其中 $\alpha<\frac{1}{2}$。在给定 r 的基础上，对每一体制构建一个排列自回归。选取 P_j，$j=1,\ 2$，满足

$$\mathrm{AIC}(\hat{p}_j)=\min_{0\leqslant p_j\leqslant P}\left\{n_j\ln\left[\frac{\|\hat{\mathbf{a}}_j(p_j)\|^2}{n_j}\right]+2(p_j+1)\right\} \tag{19.3.9}$$

其中，n_j 是第 j 个体制的排列自回归的观测数，$\hat{\mathbf{a}}_j(p_j)$ 是来自 $\mathrm{AR}(p_j)$ 拟合的残差向量，$\|\mathbf{x}\|=(\mathbf{x}',\mathbf{x})^{\frac{1}{2}}$ 是向量 $\mathbf{x}$ 的范数。令

$$\mathrm{AIC}(d,r)=\mathrm{AIC}(\hat{p}_1)+\mathrm{AIC}(\hat{p}_2) \tag{19.3.10}$$

步骤 2 找出门限值 r。

固定 d，让 r 在可能的候选集合 $R=\{r_1, r_2, \cdots, r_s\}$ 内变动，并使它在这个集合上使 AIC 最小。因此，我们选取 r 的值 $\hat{r}$，满足

$$\mathrm{AIC}(d,\hat{r})=\min_{r\in R}\{\mathrm{AIC}(d,r)\} \tag{19.3.11}$$

因为 r 可为一区间的任意值，故这个步骤在精炼可能候选集的基础上，可能只取几个迭代。为初始化迭代，Tong（1990）建议使用样本分位数作为 r 的初始候选值。

步骤 3 找出延迟系数 d。

令 $D=\{1, 2, \cdots, T\}$ 为延迟系数 d 的可能候选集。我们现在令 d 变动，并选取 $\hat{d}$ 使

$$\mathrm{AIC}(\hat{d},\hat{r})=\min_{d\in D}\left\{\frac{\mathrm{AIC}(d,\hat{r})}{(n-n_d)}\right\} \tag{19.3.12}$$

其中，$n_d=\max(d, P)$。因为排列自回归的有效观测数随 d 值变动而变动，故我们应当用有效观测数（$n-n_d$）标准化 AIC。

例 19－2 考虑 1700—1983 年间年度太阳黑子数序列，它是我们前面讨论过的序列 W2 的子序列。然而，在本例中，我们使用其原始数据，而不是取其平方根。令 $P=11$，$R=\{r_{20}, r_{30}, \cdots, r_{80}\}$，其中，$r_q$ 是数据的 q 百分位数，$D=\{1, 2, \cdots, 6\}$。用 AIC 方法得到一个 TAR（2；4，11；3）模型。估计结果为

$$\begin{aligned}
Z_t&=10.17+1.72Z_{t-1}-1.33Z_{t-2}+0.29Z_{t-3}+0.27Z_{t-4}+a_t^{(1)},\ Z_{t-3}<37.76\\
Z_t&=7.41+0.73Z_{t-1}-0.05Z_{t-2}-0.18Z_{t-3}+0.13Z_{t-4}-0.23Z_{t-5}\\
&\quad+0.02Z_{t-6}+0.18Z_{t-7}-0.26Z_{t-8}+0.29Z_{t-9}+0.44Z_{t-10}\\
&\quad+0.54Z_{t-11}+a_t^{(2)},\quad Z_{t-3}\geqslant 37.76
\end{aligned} \tag{19.3.13}$$

观测数分别是 129 和 144，残差方差分别是 258.66 和 71.44。

除了正式的 AIC 方法，Tong（1983，1990）建议使用作图法，比如逆向数据图、有向散点图和双变量直方图，进行初步的分析以发现非线性时间序列的特征，比如不可逆性、周期行为（极限周期）和非正态性。详细内容可参阅 Tong（1983，1990）。

排列自回归方法 我们现在说明 Tsay（1989）提出的排列自回归方法。

步骤 1 试探性选取 AR 的阶数。

选取可被两段线性 AR 模型接受的最大阶 P。对 AR 阶数的试探性选取可基于 PACF 或者其他准则，如 AIC。

步骤 2 找出延迟参数 d 及门限变量 Z_{t-d}。

令 D 为可能的延迟滞后集合。我们常令 $D=\{1, 2, \cdots, P\}$。然后对给定的 P 及 D

的每一个元素 d 拟合排列自回归，并进行门限非线性检验。选取延迟参数 d 的估计以满足

$$\hat{F}(P,\hat{d})=\max_{d\in D}\{\hat{F}(P,d)\} \tag{19.3.14}$$

或者，更精确地满足

$$p\text{-value}(\hat{d})=\min_{d\in D}\{\text{p-value}[\hat{F}(P,d)]\} \tag{19.3.15}$$

以上选取的争论是：如果需要使用 TAR 模型，那么延迟参数的一个合理的起始点将始于在门限非线性检验中给出最重要结果的那个点。

步骤 3　找出门限值。

令 $\hat{\phi}_j$ 为排列自回归中滞后 j 期的 AR 系数的递归估计。在线性假定下，$\hat{\phi}_j$ 是 ϕ_j 的相合估计，$\hat{\phi}_j$ 的 t 比率几乎与线性 AR 模型的 t 比率在递归得出门限值 r 之前的相同。一旦递归得到门限值 r，$\hat{\phi}_j$ 的估计开始变动，t 比率也开始偏离。因此，确定门限值可通过从与门限变量 Z_{t-d} 值相对的 $\hat{\phi}_j$ 的递归 t 比率的散点图的收敛模式的变化点得出。

步骤 4　提炼结果。

在每一个体制中提炼 AR 的阶数和门限值，必要的话，可使用已有的线性自回归技术。

例 19－3　我们现在使用排列自回归方法分析 284 个年度太阳黑子数的相同子序列。为方便与 AIC 方法比较，我们也选取 $P=11$，因此，$D=\{1, 2, \cdots, 11\}$。基于给定 P 和 D 的门限非线性 F 检验的结果总结在表 19－1 中。因此，我们选取 Z_{t-2} 作为门限变量。为找出门限值，我们在图 19－1 中作出了与 Z_{t-2} 的次序值相对应的 $\hat{\phi}_2$ 的 t 比率的散点图。从图 19－1 中我们可看出，t 比率两次变动了它的方向，一次是在 $Z_{t-2}=35$，另一次大约是在 $Z_{t-2}=70$，这表明 $r_1=35$，$r_2=70$。然后，我们使用 AIC 在每一个体制内提炼 AR 的阶数。这个结论得出了以下的 TAR（3；11，10，10；2）模型：

$$\begin{aligned}
Z_t&=3.71+1.8Z_{t-1}-1.26Z_{t-2}+0.08Z_{t-3}+0.06Z_{t-4}+0.08Z_{t-5}\\
&\quad -0.06Z_{t-6}+0.13Z_{t-7}+0.03Z_{t-8}+0.06Z_{t-9}-0.04Z_{t-11}+a_t^{(1)},\ Z_{t-2}<35\\
Z_t&=12.33+1.07Z_{t-1}-0.07Z_{t-2}-0.68Z_{t-3}+0.34Z_{t-4}-0.12Z_{t-5}\\
&\quad +0.11Z_{t-7}-0.17Z_{t-8}-0.02Z_{t-9}+0.28Z_{t-10}+a_t^{(2)},\ 35\leqslant Z_{t-2}<70\\
Z_t&=1.47+0.65Z_{t-1}+0.18Z_{t-2}-0.17Z_{t-3}+0.04Z_{t-4}+0.19Z_{t-5}\\
&\quad +0.11Z_{t-6}+0.31Z_{t-7}-0.48Z_{t-8}+0.23Z_{t-9}+0.09Z_{t-10}+a_t^{(3)},\ Z_{t-2}\geqslant 70
\end{aligned} \tag{19.3.16}$$

观测数分别为 118、89 和 66，残差方差分别为 174.23、125.68 和 89.11。

表 19－1　　**年度太阳黑子数（序列 W2）F 检验的 p 值**

D	p 值
1	0.000 650
2	0.000 000
3	0.000 120

续表

D	p 值
4	0.044 741
5	0.049 350
6	0.001 621
7	0.013 555
8	0.023 646
9	0.036 691
10	0.568 104
11	0.027 104

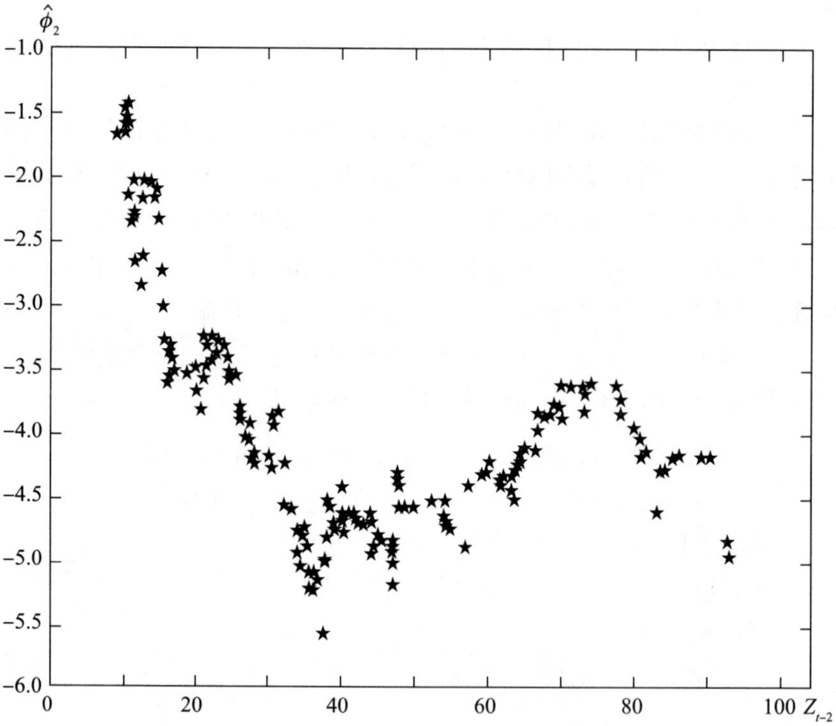

图 19-1　太阳黑子数与 Z_{t-2} 的次序值相对应的滞后 2 阶 AR 系数 $\hat{\phi}_2$ 的递归 t 比率的散点图

Chan（1989）对年度太阳黑子数给出了一个详细的分析，包括式（19.3.13）和式（19.3.16）的 TAR 模型。关于非线性及其应用的研究有很多。由于它们捕捉非对称现象的能力，这些模型或者其混合模型，如 TAR-GARCH 模型，在许多经济和金融研究中非常有用。更多例子请读者参阅 Subba Rao 和 Gabr（1984），Tsay（1989，1991），Chan（1990），Tong（1990），Pena、Tiao 和 Tsay（2001）以及其他文献。

练　习

19.1 考虑 ARFIMA（0，0.4，1）模型，$(1-B)^{0.4}Z_t=(1-0.8B)a_t$，其中，$a_t$ 是独立同分布于 $N(0,1)$ 的随机变量。

（a）求出并画出它的谱。

（b）求出并画出它的自相关函数。

（c）评论你在（a）和（b）中的发现。

19.2 令 Z_t 为平稳高斯过程，证明它的双谱均为 0。

19.3 证明双线性模型 $Z_t=\phi_1 Z_{t-1}+\phi_2 Z_{t-1}a_{t-1}+a_t$ 可以表示为式（19.2.3）的形式。

19.4 考虑 EXPAR(2，1) 模型，$Z_t=\sum_{i=1}^{2}(\phi_i+\alpha_i e^{-b_i Z_{t-1}^2}Z_{t-i})+a_t$。讨论模型在 $|Z_{t-1}|$ 较大和较小时的不同现象，并证明 EXPAR 模型的表现与 TAR 模型当其系数在两个极限值之间平滑变动时的表现一致。

19.5 考虑附录中 1700—2001 年的年度太阳黑子数序列 W2。

（a）使用双谱检验来检验基本过程的线性性。

（b）为序列建立 TAR 模型。用例 6-2 中得到的标准 AR 模型比较并评论你的 TAR 模型。

19.6 考虑附录中加拿大哈得孙湾公司在 1857—1911 年的山猫皮销售量序列 W7。

（a）对序列进行正态性检验。

（b）对序列进行线性检验。

（c）为序列建立 TAR 模型。用例 6-7 中得到的标准 AR 模型比较并评论你的 TAR 模型。

第20章 时间序列中的聚积和系统抽样

在任何科学研究中，设定关于某个现象的理论模型的猜想或命题之后，科学家必须使用其观察到的数据验证其命题正确与否。假设在理论背景的基础上，研究者提出了用基本的时间单位 t 表示的时间序列过程的基本理论模型。在某些领域，科学家用与命题中同样的时间单位 t 设计试验获得数据，通过分析数据可以验证其命题正确与否。然而，在一些情形下，控制性试验可能有诸多限制。尽管可以得到时间序列的观测值，但研究者经常无法选择时间区间。因此，模型中的时间单位也许和观察到的数据的时间单位并不一致。在许多研究中，数据常常只有通过聚积或者系统抽样来获得。

一般而言，时间序列变量要么是流量变量，要么是存量变量。流量变量，如工业产值，只在一个时间区间通过聚积而存在。存量变量，如一给定商品的价格，在每一个时间点都存在。流量变量的值常可通过在相等时间区间聚积而得到，而存量变量的值常用系统抽样得到。本章我们研究一些与模型结构、参数估计、预报和不同时间序列检验有关的聚积和系统抽样的结论。

20.1 ARIMA 过程的时间聚积

令 z_t 为等距基本序列，第 d 个差分为 $w_t=(1-B)^d z_t$ 服从均值为 0、自协方差函数为 $\gamma_w(k)=\mathrm{Cov}\{w_t, w_{t+k}\}$ 的协方差平稳过程。假设可观察到的时间序列 Z_T 是 z_t 的 m 期非重叠聚积，将其定义为

$$\begin{aligned} Z_T &= \sum_{t=m(T-1)+1}^{mT} z_t \\ &=(1+B+\cdots+B^{m-1})z_{mT} \end{aligned} \tag{20.1.1}$$

其中，T 是聚积的时间单位，m 是固定的，叫作聚积的阶。如果 t 代表月度时间单位，m 是 3，那么，Z_T 就是月度时间序列 z_t 的季度聚积。我们称 Z_T 为聚积时间序列，称 z_t 为基本的或者非聚积时间序列。

20.1.1 非聚积和聚积时间序列的自协方差之间的关系

为导出非聚积时间序列 z_t 和它的聚积时间序列 Z_T 的自协方差之间的关系，我们首先

定义下列 m 期的交叠和：

$$\begin{aligned}\mathcal{I}_t &= \sum_{j=0}^{m-1} z_{t-j} \\ &= (1+B+\cdots+B^{m-1})z_t \end{aligned} \tag{20.1.2}$$

注意到

$$Z_T = \mathcal{I}_{mT} \tag{20.1.3}$$

令 $\mathcal{B}$ 为聚积时间单位 T 的后向算子，即 $\mathcal{B}Z_T = Z_{T-1}$。那么，

$$\begin{aligned}(1-\mathcal{B})Z_T &= Z_T - Z_{T-1} \\ &= \mathcal{I}_{mT} - \mathcal{I}_{m(T-1)} \\ &= (1-B^m)\mathcal{I}_{mT}\end{aligned} \tag{20.1.4}$$

因此，令

$$U_T = (1-\mathcal{B})^d Z_T \tag{20.1.5}$$

有

$$\begin{aligned}U_T &= (1-\mathcal{B})^d Z_T \\ &= (1-B^m)^d \mathcal{I}_{mT} \\ &= [(1+B+\cdots+B^{m-1})(1-B)]^d (1+B+\cdots+B^{m-1}) z_{mT} \\ &= (1+B+\cdots+B^{m-1})^{d+1}(1-B)^d z_{mT} \\ &= (1+B+\cdots+B^{m-1})^{d+1} w_{mT}\end{aligned} \tag{20.1.6}$$

因此，第 d 个差分聚积时间序列 $U_T = (1-\mathcal{B})^d Z_T$ 是协方差平稳的，因为它是平稳过程 w_t 的有限移动平均。Stram 和 Wei（1986b）表明：w_t 的自协方差函数 $\gamma_w(k)$ 和 U_T 的自协方差函数 $\gamma_U(k)$ 有如下关系：

$$\gamma_U(k) = (1+B+\cdots+B^{m-1})^{2(d+1)} \gamma_w[mk+(d+1)(m-1)] \tag{20.1.7}$$

其中，B 作用在指数指标 $\gamma_w(j)$ 上，从而 $B\gamma_w(j) = \gamma_w(j-1)$。所以，$\gamma_U(k)$ 是自回归 $\gamma_w(j)$ 从 $j = mk-(d+1)(m-1)$ 到 $j = mk+(d+1)(m-1)$ 的线性变换。线性变换中的系数通过展开多项式 $(1+B+\cdots+B^{m-1})^{2(d+1)}$ 得到。我们用下面的矩阵写出这个变换

$$\begin{bmatrix}\gamma_U(0) \\ \gamma_U(1) \\ \vdots \\ \gamma_U(k)\end{bmatrix} = \mathbf{A}\begin{bmatrix}\gamma_w[-(d+1)(m-1)] \\ \gamma_w[-(d+1)(m-1)+1] \\ \vdots \\ \gamma_w(0) \\ \gamma_w[mk+(d+1)(m-1)]\end{bmatrix} \tag{20.1.8}$$

系数阵 $\mathbf{A}$ 等于

$$\begin{bmatrix}\mathbf{C} & \mathbf{0}_{mk} & \\ \mathbf{0}_m & \mathbf{C} & \mathbf{0}_{m(k-1)} \\ \vdots & & \\ \mathbf{0}_{mk} & & \mathbf{C}\end{bmatrix}$$

其中，$\mathbf{0}_n$ 是 $1\times n$ 的零向量，$\mathbf{C}$ 是 C_i 的 $1\times[2(d+1)(m-1)+1]$ 向量，C_i 是多项式 $(1+B+\cdots+B^{m-1})^{2(d+1)}$ 中 B^i 的系数。因为在上述矩阵中，对于所有 k 而言，$\gamma_w(-k)=\gamma_w(k)$，通过将其各自加到对应于 $\gamma_w[(d+1)(m-1)]$，…，$\gamma_w(1)$ 的列，消去对应于 $\gamma_w[-(d+1)(m-1)]$，…，$\gamma_w(-1)$的前 $(d+1)(m-1)$ 列。从而，

$$\begin{bmatrix}\gamma_U(0)\\ \gamma_U(1)\\ \vdots\\ \gamma_U(k)\end{bmatrix}=\mathbf{A}_m^d\begin{bmatrix}\gamma_w(0)\\ \gamma_w(1)\\ \vdots\\ \gamma_w[mk+(d+1)(m-1)]\end{bmatrix}\tag{20.1.9}$$

其中，$\mathbf{A}_m^d$ 矩阵是通过剔除前 $(d+1)(m-1)$ 列并将其加到矩阵 $\mathbf{A}$ 恰好保留的列上形成的。

例 20-1 为确定矩阵和的结构，我们考虑 MA(2) 模型，

$$z_t=(1-\theta_1B-\theta_2B^2)a_t$$

其中，$\gamma_z(0)=(1+\theta_1^2+\theta_2^2)\sigma_a^2$，$\gamma_z(1)=(-\theta_1+\theta_1\theta_2)\sigma_a^2$，$\gamma_z(2)=-\theta_2\sigma_a^2$，$\gamma_z(j)=0$，$|j|>2$。通过找出模型的 3 阶聚积，$Z_T=(1+B+B^2)z_{3T}$，我们有 $d=0$，$m=3$，由式 (20.1.7) 得到

$$\begin{aligned}\gamma_Z(k)&=(1+B+B^2)^2\gamma_z(3k+2)\\&=(1+2B+3B^2+2B^3+B^4)\gamma_z(3k+2)\end{aligned}\tag{20.1.10}$$

因此，由式 (20.1.8) 可得

$$\begin{bmatrix}\gamma_Z(0)\\ \gamma_Z(1)\\ \gamma_Z(2)\\ \gamma_Z(3)\end{bmatrix}=\begin{bmatrix}1&2&3&2&1&0&0&0&0&0&0&0&0&0\\0&0&0&1&2&3&2&1&0&0&0&0&0&0\\0&0&0&0&0&0&1&2&3&2&1&0&0&0\\0&0&0&0&0&0&0&0&0&1&2&3&2&1\end{bmatrix}\begin{bmatrix}\gamma_z(-2)\\ \gamma_z(-1)\\ \gamma_z(0)\\ \gamma_z(1)\\ \vdots\\ \gamma_z(11)\end{bmatrix}\tag{20.1.11}$$

利用式 (20.1.9)，式 (20.1.11) 化简为

$$\begin{aligned}\begin{bmatrix}\gamma z(0)\\ \gamma z(1)\\ \gamma z(2)\\ \gamma z(3)\end{bmatrix}&=\begin{bmatrix}3&4&2&0&0&0&0&0&0&0&0&0\\0&1&2&3&2&1&0&0&0&0&0&0\\0&0&0&0&1&2&3&2&1&0&0&0\\0&0&0&0&0&0&0&1&2&3&2&1\end{bmatrix}\begin{bmatrix}\gamma_z(0)\\ \gamma_z(1)\\ \gamma_z(2)\\ 0\\ \vdots\\ 0\end{bmatrix}\\&=\begin{bmatrix}3\gamma_z(0)+4\gamma_z(1)+2\gamma_z(2)\\ \gamma_z(1)+\gamma_z(2)\\ 0\\ 0\end{bmatrix}\end{aligned}\tag{20.1.12}$$

因此，MA(2) 模型的 3 阶聚积是一个 MA(1) 模型，

$$Z_T=(1-\Theta B)A_T$$

其中，$\gamma_Z(0)=(1+\Theta^2)\sigma_A^2=3[1+\theta_1^2+\theta_2^2]\sigma_a^2+4[-\theta_1+\theta_1\theta_2]\sigma_a^2+2[-\theta_2]\sigma_a^2$，且 $\gamma_Z(1)=-\Theta\sigma_A^2=2[-\theta_2]\sigma_a^2+[-\theta_1+\theta_1\theta_2]\sigma_a^2$。$Z_T$ 的聚积模型的参数 Θ 和 σ_A^2 是 θ_1、θ_2、σ_A^2 的函数，通过关系式

$$\frac{1+\Theta^2}{-\Theta}=\frac{3[1+\theta_1^2+\theta_2^2]+4[-\theta_1+\theta_1\theta_2]+2[-\theta_2]}{2[-\theta_2]+[-\theta_1+\theta_1\theta_2]}$$

和

$$\sigma_A^2=\frac{[-\theta_1+\theta_1\theta_2]\sigma_a^2+2[-\theta_2]\sigma_a^2}{-\Theta}$$

也可得到它们的值。

20.1.2　IMA(d，q) 过程的时间聚积

假设非聚积序列服从 IMA(d，q) 模型，

$$(1-B)^d z_t=(1-\theta_1 B-\cdots-\theta_q B^q)a_t \tag{20.1.13}$$

其中，a_t 是均值为 0、方差为 σ_a^2 的白噪声序列。我们想知道在式（20.1.1）中定义的第 m 阶聚积序列 Z_T 的对应模型。令 $U_T=(1-\mathcal{B})^d Z_T$。从式（20.1.7）可知，对于 $ml-(d+1)\cdot(m-1)\leqslant k\leqslant ml+(d+1)(m-1)$，$\gamma_U(l)$ 是$\gamma_w(k)$的加权平均和。因为对于 $|k|>q$，$\gamma_w(k)=0$，如果$l>q^*=[d+1+(q-d-1)/m]$，那么 $\gamma_U(l)$ 同样为 0。因此，在$\gamma_U(0)$，$\gamma_U(1)$，…，$\gamma_U(q^*)$ 中，U_T 仅有最大非零自协方差，这表明 m 阶聚积序列 $Z_T=(1+B+\cdots+B^{m-1})z_{mT}$服从 IMA($d$，$N_0$) 过程

$$(1-\mathcal{B})^d Z_T=(1-\beta_1\mathcal{B}-\cdots-\beta_{N_0}\mathcal{B}^{N_0})A_T \tag{20.1.14}$$

其中，A_T 是均值为 0、方差为 σ_A^2 的白噪声序列，

$$N_0\leqslant q^*=\left[d+1+\frac{(q-d-1)}{m}\right] \tag{20.1.15}$$

$[x]$ 表示 x 的整数部分。参数 β_i 和 σ_A^2 是方程 θ_j 和 σ_a^2 的函数。这些参数可以通过求解方程组（20.1.9）得到，方程组（20.1.9）是 IMA(d，p) 模型更为简化的形式。实际上，式（20.1.13）和式（20.1.15）表明，在研究IMA(d，p)模型的时间聚积中，我们只需考虑系数矩阵 $\mathbf{A}_m^d$ 前（q^*+1）行和($q+1$)列。令矩阵 $\mathbf{A}_m^d(q)$ 为包含前（q^*+1）行和（$q+1$）列的矩阵 $\mathbf{A}_m^d$ 的子矩阵，则

$$\begin{bmatrix}\gamma_U(0)\\ \gamma_U(1)\\ \vdots\\ \gamma_U(q^*)\end{bmatrix}=\mathbf{A}_m^d(q)\begin{bmatrix}\gamma_w(0)\\ \gamma_w(1)\\ \vdots\\ \gamma_w(q)\end{bmatrix} \tag{20.1.16}$$

注意，式（20.1.15）中的 q^* 仅为一上界。为说明这一点，我们考虑 $m=3$ 时 z_t 的模型是 MA(2) 过程，即 $z_t=(1-\theta_1 B-\theta_2 B^2)a_t$ 的情形。在这种情形下，$q^*=1$。由式（20.1.7），也有

$$\gamma_U(k)=(1+B+B^2)^2\gamma_w(3k+2)$$

因此，从式（20.1.8）、式（20.1.9）和式（20.1.16）可得

$$\boldsymbol{A}_m^d(q)=\begin{bmatrix}3 & 4 & 2\\0 & 1 & 2\end{bmatrix}$$

和

$$\begin{bmatrix}\gamma_U(0)\\\gamma_U(1)\end{bmatrix}=\begin{bmatrix}3 & 4 & 2\\0 & 1 & 2\end{bmatrix}\begin{bmatrix}\gamma_w(0)\\\gamma_w(1)\\\gamma_w(2)\end{bmatrix} \tag{20.1.17}$$

其中，$w_t=z_t$，$U_T=Z_T$。现在，

$$\begin{cases}\gamma_w(1)=(-\theta_1+\theta_1\theta_2)\sigma_a^2\\\gamma_w(2)=-\theta_2\sigma_a^2\end{cases} \tag{20.1.18}$$

所以有

$$\gamma_U(1)=(\theta_1\theta_2-\theta_1-2\theta_2)\sigma_a^2 \tag{20.1.19}$$

因此，如果 $\theta_2=\theta_1/(\theta_1-2)$，那么，$\gamma_U(1)=0$，聚积变成一个非相关白噪声序列。

20.1.3 AR(p) 过程的时间聚积

假设非聚积序列 z_t 服从一个稳态 AR(p) 过程

$$(1-\phi_1 B-\cdots-\phi_p B^p)z_t=a_t \tag{20.1.20}$$

令 $\phi_p(B)=(1-\phi_1 B-\cdots-\phi_p B^p)$，$i=1$，…，$p^*$，$\delta_i^{-1}$ 是 $\phi_p(B)$ 的不同根，其乘数为 s_i，满足 $\sum_{i=1}^{p^*}s_i=p$。对于任意给定的 m 值，令 b 等于根 δ_i^m 为不同值的个数，$i=1$，…，p^*。进一步，将 s_i，$i=1$，…，p^* 分为 b 个不同集合 $\mathcal{A}_i$，满足当且仅当 $\delta_k^m=\delta_j^m$ 时，有 s_k 和 $s_j\in\mathcal{A}_i$。Stram 和 Wei（1986b）表明，m 阶聚积序列 $Z_T=(1+B+\cdots+B^{m-1})z_{mT}$ 服从一个ARMA(M，N_1)模型

$$(1-\alpha_1\mathcal{B}-\cdots-\alpha_M\mathcal{B}^M)Z_T=(1-\beta_1\mathcal{B}-\cdots-\beta_{N_1}\mathcal{B}^{N_1})A_T \tag{20.1.21}$$

其中

$$M=\sum_{i=1}^{b}\max\mathcal{A}_i \tag{20.1.22}$$

在上式中，$\max\mathcal{A}_i=\mathcal{A}_i$ 中的最大元素，

$$N_1=\left[p+1-\frac{(p+1)}{m}\right]-(p-M)$$

$$=\left[M+1-\frac{(p+1)}{m}\right] \tag{20.1.23}$$

A_T 是均值为 0、方差为 σ_A^2 的白噪声，并且 α_i、β_j 和 σ_A^2 是 ϕ_k' 和 σ_a^2 的函数。

例 20-2 假设非聚积序列 z_t 服从 AR(2) 模型

$$(1-\phi_1 B-\phi_2 B^2)z_t=a_t \tag{20.1.24}$$

其中，$\phi_1=-(0.5)^{1/3}$，$\phi_2=-(0.5)^{2/3}$，而且 $\sigma_a^2=1$。当 $m=3$ 时，为导出 Z_T 的聚积模型，我们先求出 $\phi_p(B)=(1-\phi_1 B-\phi_2 B^2)$ 的根，它们是

$$\delta_1^{-1}=2^{1/3}\left[\cos\left(\frac{2\pi}{3}\right)+i\ \sin\left(\frac{2\pi}{3}\right)\right]$$

和

$$\delta_2^{-1}=2^{1/3}\left[\cos\left(\frac{2\pi}{3}\right)-i\ \sin\left(\frac{2\pi}{3}\right)\right] \tag{20.1.25}$$

两根不等，乘数都为 1。于是 $p^*=2$，$s_1=s_2=1$。但是，$\delta_1^3=\delta_2^3=\frac{1}{2}$，这表明 $b=1$，且 $\mathcal{A}_1=\{1\}$。故 $M=1$，$N_1=[1+1-(2+1)/3]=1$，Z_T 的 3 阶聚积序列服从 ARMA(1，1) 模型。

如果 $\delta_i\neq\delta_j$，但是 $\delta_i^m=\delta_j^m$，那么，称模型具有 m 阶隐藏周期性。显然，式 (20.1.24) 中的过程具有 3 阶隐藏周期性。值得一提的是，上述例子中关于聚积的 AR 阶数减少就是由于隐藏周期性。进一步的详细讨论可参见 Stram 和 Wei（1986b）。

20.1.4 ARIMA(p，d，q) 过程的时间聚积

现在假定非聚积序列服从混合 ARIMA(p，d，q) 模型

$$\phi_p(B)(1-B)^d z_t=\theta_q(B)a_t \tag{20.1.26}$$

其中

$$\phi_p(B)=(1-\phi_1 B-\cdots-\phi_p B^p)$$
$$\theta_q(B)=(1-\theta_1 B-\cdots-\theta_q B^q)$$

而且，a_t 是白噪声序列。假设多项式 $\phi_p(B)$ 和 $\theta_q(B)$ 的根落在单位圆之外，且没有相同的根。并且我们假设模型在下面的意义上，没有 m 阶隐藏周期性，即如果 δ_i^{-1}，$i=1$，…，p 是 $\phi_p(B)$ 的根，那么当且仅当 $\delta_i=\delta_j$ 时，$\delta_i^m=\delta_j^m$。令 $\phi_p(B)=\prod_{j=1}^{p}(1-\delta_j B)$ 且在式 (20.1.26) 两边同乘以

$$\prod_{j=1}^{p}\left[\frac{(1-\delta_j^m B^m)(1-B^m)^{d+1}}{(1-\delta_j B)(1-B)^{d+1}}\right]$$

我们得到

$$\prod_{j=1}^{p}(1-\delta_j^m B^m)(1-B^m)^d \mathcal{I}_t=\left[\prod_{j=1}^{p}\left(\frac{1-\delta_j^m B^m}{1-\delta_j B}\right)\right]\left(\frac{1-B^m}{1-B}\right)^{d+1}\theta_q(B)a_t \tag{20.1.27}$$

令

$$X_t=\prod_{j=1}^{p}(1-\delta_j^m B^m)(1-B^m)^d \mathcal{I}_t \tag{20.1.28}$$

对于所有的 $K>N_2$，容易看出

$$E(X_{mT}X_{mT-mK})=0$$

其中

$$N_2=\left[p+d+1+\frac{(q-p-d-1)}{m}\right] \tag{20.1.29}$$

因此，聚积序列 $Z_T=\mathcal{I}_{mT}$ 服从 ARIMA(p，d，N_2）模型

$$\prod_{j=1}^{p}(1-\delta_j^m \mathcal{B})(1-\mathcal{B})^d Z_T=(1-\beta_1\mathcal{B}-\cdots-\beta_{N_2}\mathcal{B}^{N_2})A_T \tag{20.1.30}$$

其中，A_T 是均值为 0、方差为 σ_A^2 的白噪声序列，参数 β_j^i 和 σ_A^2 是 ϕ_i'、ϕ_j' 和 σ_a^2 的函数。注意，在这种情形下，通过聚积，AR 的阶数没有改变，聚积序列模型的 AR 多项式的根是非聚积序列 AR 多项式的根的 m 次幂。

如果非聚积序列 z_t 的 ARIMA(p，d，q）模型在 AR 多项式中具有 m 阶隐藏周期性，那么由 20.1.3 节的结果，可以得到，第 m 阶聚积序列 Z_T 服从混合 ARIMA(M，d，N）模型。AR 的阶 M 由式（20.1.22）决定，MA 的阶 N 由下式给出

$$N\leqslant\left[p+d+1+\frac{(q-p-d-1)}{m}\right]-(p-M) \tag{20.1.31}$$

更一般地，Wei（1978b）研究了季节性 ARIMA 模型的聚积问题。假设非聚积序列 z_t 服从具有季节周期 s 的一般乘法季节 ARIMA(p，d，q)×（P，D，Q)$_s$ 模型

$$\Phi_P(B^s)\phi_p(B)(1-B^s)^D(1-B)^d z_t=\theta_q(B)\Theta_Q(B^s)a_t \tag{20.1.32}$$

其中

$$\Phi_P(B^s)=(1-\Phi_1 B^s-\cdots-\Phi_P B^{Ps})$$
$$\Theta_s(B^s)=(1-\Theta_1 B^s-\cdots-\Theta_s B^{Qs})$$
$$\phi_p(B)=(1-\phi_1 B-\cdots-\phi_p B^p)$$
$$\theta_q(B)=(1-\theta_1 B-\cdots-\theta_q B^q)$$

其根落在单位圆之外，a_t 是均值为 0、方差为 σ_a^2 的白噪声序列。利用前面的结果，容易看出，对于某整数 S 且 $m<S$，当 $s=mS$ 时，第 m 阶聚积序列 Z_T 服从具有季节周期 S 的一般乘法季节 ARIMA(M，d，N)×(P，D，Q)$_s$ 模型，即

$$\Phi_P(\mathcal{B}^S)\alpha_M(\mathcal{B})(1-\mathcal{B}^S)^D(1-\mathcal{B})^d Z_T=\beta_N(\mathcal{B})\Theta_Q(\mathcal{B}^S)A_T \tag{20.1.33}$$

其中

$$\Phi_P(\mathcal{B}^S)=(1-\Phi_1\mathcal{B}^S-\cdots-\Phi_P\mathcal{B}^{PS})$$
$$\Theta_Q(\mathcal{B}^S)=(1-\Theta_1\mathcal{B}^S-\cdots-\Theta_Q\mathcal{B}^{QS})$$
$$\alpha_M(\mathcal{B})=(1-\alpha_1\mathcal{B}-\cdots-\alpha_M\mathcal{B}^M)$$
$$\beta_N(\mathcal{B})=(1-\beta_1\mathcal{B}-\cdots-\beta_N\mathcal{B}^N)$$

其根都落在单位圆之外。式（20.1.22）决定 M，式（20.1.31）决定 N，A_T 是均值为 0、方差为 σ_A^2 的白噪声序列。参数 α_i 是 ϕ_j 的函数，参数 β_i 和 σ_A^2 是 ϕ_j、θ_j 和 σ_a^2 的函数。当 $m\geqslant S$ 时，聚积使季节模型变为正规的 ARIMA 模型。

20.1.5　时间序列聚积的极限行为

为看出时间序列聚积的意义，研究时间序列聚积的极限行为是一件有趣的事情。假设 z_t 服从式（20.1.26）中的 ARIMA(p, d, q) 模型。当 $m\rightarrow\infty$时，Tiao（1972）表明，聚积 Z_T 的极限模型存在且等于 IMA(d, d) 过程，该过程独立于 p 和 q。当 z_t 服从季节性 ARIMA$(p, d, q)\times(P, D, Q)_S$ 模型时，Wei（1978b）表明 Z_T 的极限聚积模型变成 IMA$(D+d, D+d)$ 过程。Wei 和 Stram（1988）表明，上述结果对于不可逆模型也成立，而且，如果 1 是 z_t 过程的移动平均多项式的根，那么 1 也是 Z_T 过程的移动平均多项式的根。这一情形可得出两个结果：

（1）来自一个平稳模型的时间序列聚积的极限模型是一个白噪声过程。

（2）极限模型是唯一的，且独立于非聚积模型的平稳部分。

因此，为研究时间序列聚积的极限模型，且不失一般性，我们只考虑基本的非聚积序列 z_t 服从 IMA(d, d) 模型的情形。在这种情形下，由式（20.1.16）可知，$U_T=(1-B)^d Z_T$ 的自协方差系数 $\gamma_U(k)$ 和 $w_t=(1-B)^d z_t$ 的自协方差系数 $\gamma_w(j)$ 的关系如下：

$$\begin{bmatrix}\gamma_U(0)\\ \gamma_U(1)\\ \vdots\\ \gamma_U(d)\end{bmatrix}=\boldsymbol{A}_m^d(d)\begin{bmatrix}\gamma_w(0)\\ \gamma_w(1)\\ \vdots\\ \gamma_w(d)\end{bmatrix} \tag{20.1.34}$$

其中，$\boldsymbol{A}_m^d(d)$ 变成 $(d+1)\times(d+1)$ 的方阵。Wei 和 Stram（1988）称矩阵 $\boldsymbol{A}_m^d(d)$ 为线性变换的聚积矩阵，这一线性变换使得 z_t 的基本 IMA(d, d) 聚积模型的自协方差系数 $\gamma_w(j)$ 映射到 IMA(d, d) 聚积模型 Z_T 的自协方差系数 $\gamma_U(j)$。通过这一构造，容易看出矩阵 $\boldsymbol{A}_m^d(d)$ 是非奇异的。通过标准化，我们有

$$\boldsymbol{\rho}_U=\boldsymbol{A}_m^d(d)\frac{1}{\mathbf{a}_1'\boldsymbol{\rho}_w}\boldsymbol{\rho}_w \tag{20.1.35}$$

其中

$$\boldsymbol{\rho}_w=(\rho_w(0),\rho_w(1),\cdots,\rho_w(d))'$$
$$\boldsymbol{\rho}_U=(\rho_U(0),\rho_U(1),\cdots,\rho_U(d))'$$
$$\rho_w(i)=\gamma_w(i)/\gamma_w(0)$$

$$\rho_U(i)=\gamma_U(i)/\gamma_U(0)$$

$\mathbf{a}_1'$是 $\mathbf{A}_m^d(d)$ 的第一行。注意

$$\mathbf{a}_1'\boldsymbol{\rho}_w=\frac{\mathbf{a}_1'\boldsymbol{\gamma}_w}{\boldsymbol{\gamma}_w(0)} \tag{20.1.36}$$

其中，$\boldsymbol{\gamma}_w=(\gamma_w(0), \gamma_w(1), \cdots, \gamma_w(d))'$。现在，$\gamma_w(0)$ 是 $w_t=(1-B)^d z_t$ 的方差，由式（20.1.34）可得

$$\gamma_U(0)=\mathbf{a}_1'\boldsymbol{\gamma}_w \tag{20.1.37}$$

它是 $U_T=(1-\mathcal{B})^d Z_T$ 的方差。因而，$\mathbf{a}_1'\boldsymbol{\rho}_w>0$ 且定义在式（20.1.35）上的聚积变换是连续的。

令 f^m 为定义在式（20.1.35）上的第 m 阶聚积变换，如果

$$\lim_{m\to\infty} f^m(\boldsymbol{\rho}_w)=\boldsymbol{\rho}$$

那么，

$$\begin{aligned}\boldsymbol{\rho}&=\lim_{m\to\infty} f^m(\boldsymbol{\rho}_w)\\&=\lim_{k\to\infty} f^{m^k}(\boldsymbol{\rho}_w)\\&=\lim_{k\to\infty} f^m[f^{m^{k-1}}(\boldsymbol{\rho}_w)]\\&=f^m[\lim_{m\to\infty} f^{m^{k-1}}(\boldsymbol{\rho}_w)]\\&=f^m(\boldsymbol{\rho})\end{aligned} \tag{20.1.38}$$

因此，极限模型的自相关向量不受聚积的影响。也就是说，若令 $\boldsymbol{\rho}_U^{(\infty)}$ 为极限模型的自相关向量，则有

$$\boldsymbol{\rho}_U^{(\infty)}=\mathbf{A}_m^d(d)\frac{1}{\mathbf{a}_1'\boldsymbol{\rho}_U^{(\infty)}}\boldsymbol{\rho}_U^{(\infty)}$$

或者

$$(\mathbf{a}_1'\boldsymbol{\rho}_U^{(\infty)})\boldsymbol{\rho}_U^{(\infty)}=\mathbf{A}_m^d(d)\boldsymbol{\rho}_U^{(\infty)} \tag{20.1.39}$$

从而，极限自相关向量 $\boldsymbol{\rho}_U^{(\infty)}$ 是具有特征值 $\mathbf{a}_1'\boldsymbol{\rho}_U^{(\infty)}$ 的聚积矩阵 $\mathbf{A}_m^d(d)$ 的特征向量。

令聚积的可逆极限模型为

$$(1-\mathcal{B})^d Z_T=\theta_d^{(\infty)}(\mathcal{B})A_T \tag{20.1.40}$$

其中，$\theta_d^{(\infty)}(\mathcal{B})=(1-\theta_1^{(\infty)}\mathcal{B}-\cdots-\theta_d^{(\infty)}\mathcal{B}^d)$，$\theta_d^{(\infty)}(\mathcal{B})=0$ 的根落在单位圆外，A_T 是均值为 0、方差为 σ_A^2 的白噪声序列。Wei 和 Stram（1988）证明，式（20.1.40）的可逆极限聚积模型的自相关向量 $\boldsymbol{\rho}_U^{(\infty)}$ 由对应于 $\mathbf{A}_m^d(d)$ 的最大特征值的特征向量给出，该特征向量的第一个元素等于 1。Wei 和 Stram 给出了一个有趣的注解，由于式（20.1.35）中的线性变换是连续的，故导出聚积模型时，$\mathbf{A}_m^d(d)$ 中的 m 可以是任何大于或者等于 2 的整数。当 $k\to\infty$时，极限可以通过 m^k 取得。特别是，我们可选取 $m=2$，这可以极大地简化多项式 $(1+B+\cdots+B^{m-1})^{2(d+1)}$ 中系数 B^j 的计算，而且可以简化下例中 $\mathbf{A}_m^d(d)$ 的构建。

例 20-3 为说明上述结果，我们考虑从 1961 年 1 月到 2002 年 8 月，16～19岁人群的每 1 000 人中年轻女性的月度失业数，这个例子已经在第 6 章和第 7 章中考察过。表 20-1 和表 20-2 重复了原始数据的样本自相关函数和一阶差分。显然，原始序列 z_t 是非平稳的，其一阶差分 $(1-B)z_t$ 序列是平稳的，且服从 MA(1) 模型。

为考察聚积序列的自相关函数的极限行为，对应于失业年轻女性的半年和年度数据，计算 $m=6$ 和 $m=12$ 时 Z_T 的样本自相关。Z_T 的自相关表明它是非平稳的。表 20-3 是差分聚积序列的自相关，即

$$U_T=(1-\mathcal{B})Z_T$$

表 20-1 $\{z_t\}$ 的样本自相关 $\hat{\rho}_z(k)$

k	1	2	3	4	5	6	7	8
$\hat{\rho}_z(k)$	0.96	0.95	0.94	0.94	0.93	0.92	0.91	0.90

表 20-2 $\{(1-B)z_t\}=\{w_t\}$ 的样本自相关 $\hat{\rho}_w(k)$

k	1	2	3	4	5	6	7	8
$\hat{\rho}_w(k)$	−0.47	0.06	−0.07	0.04	0.00	0.04	−0.04	0.06

表 20-3 $\{(1-B)Z_t\}=\{U_T\}$ 的样本自相关 $\hat{\rho}_U(k)$

				$m=6$				
k	1	2	3	4	5	6	7	8
$\hat{\rho}_U(k)$	0.34	0.03	0.05	−0.20	−0.12	−0.10	−0.16	−0.01
				$m=12$				
k	1	2	3	4	5	6	7	8
$\hat{\rho}_U(k)$	0.25	−0.21	−0.22	−0.03	0.19	0.08	0.21	−0.17

上述现象是我们期望的吗？为回答这个问题，我们导出极限聚积模型 $(1-\mathcal{B})Z_T=\theta_1^{(\infty)}(\mathcal{B})A_T$ 的可逆自相关系数 $\rho_U^{(\infty)}(0)$ 和 $\rho_U^{(\infty)}(1)$。取 $m=2$，当$k\to\infty$时，考虑 m^k 的极限。对于 $m=2$ 和 $d=1$，式（20.1.7）给出 $\gamma_U(k)=(1+B)^4\gamma_w(2k+2)$，式（20.1.8）和式（20.1.9）意味着

$$\boldsymbol{A}=\begin{bmatrix}1&4&6&4&1&0&0\\0&0&1&4&6&4&1\end{bmatrix}$$

$$\boldsymbol{A}_2^1=\begin{bmatrix}6&8&2&0&0\\1&4&6&4&1\end{bmatrix}$$

因此，由式（20.1.6）可得

$$\boldsymbol{A}_2^1(1)=\begin{bmatrix}6&8\\1&4\end{bmatrix}$$

特征方程 $\det(\boldsymbol{A}_2^1(1)-\lambda\boldsymbol{I})=0$ 是

$$\lambda^2-10\lambda+16=0$$

容易看出特征根是 2 和 8。那么，$\lambda_{\max}=8$ 及其对应的特征向量是方程组$(\boldsymbol{A}_{2}^{1}(1)-8\boldsymbol{I})\mathbf{x}=\mathbf{0}$ 的解，即

$$\begin{bmatrix}-2 & 8\\ 1 & -4\end{bmatrix}\begin{bmatrix}x_1\\ x_2\end{bmatrix}=\begin{bmatrix}0\\ 0\end{bmatrix}$$

因为 $(\boldsymbol{A}_{2}^{1}(1)-8\boldsymbol{I})=1$ 的秩是 1，存在一自由变量，容易看出相应的特征向量是

$$\begin{bmatrix}x_1\\ x_2\end{bmatrix}=\begin{bmatrix}x_1\\ \dfrac{1}{4}x_1\end{bmatrix}$$

所以，极限聚积模型的自相关结构变为

$$\boldsymbol{\rho}_U^{(\infty)}=\begin{bmatrix}\rho_U^{(\infty)}(0)\\ \rho_U^{(\infty)}(1)\end{bmatrix}=\begin{bmatrix}1\\ \dfrac{1}{4}\end{bmatrix}$$

因此，从表 20-3 显示的时间聚积的极限行为来看，它是我们所期望的结果。

这一结果可能不是纯粹基于实际值的。例如，根据 z_t 的 500 个观察结果，表 20-2 清楚地表明 z_t 为 IMA(1，1) 模型。当 $m=6$ 时，其观察结果正如表 20-3 所表明的，聚积序列 Z_T 也为 IMA(1，1) 模型。当 $m=12$ 时，$\hat{\rho}_U(k)$ 的标准差约等于 2。因此，如表 20-3 所示，这一例子的样本自相关表明它是白噪声现象。尽管对于 $w_t=(1-B)z_t$，$\hat{\rho}_w(1)$ 的值是-0.41，然而，对于$U_T=(1-\mathcal{B})Z_T$，当 $m=6$ 时，$\hat{\rho}_U(1)$ 的值是 0.34，当 $m=12$ 时，$\hat{\rho}_U(1)$ 的值是 0.25。$\hat{\rho}_U(1)$ 的减小是时间聚积的直接结果。

总之，时间聚积可能使模型结构复杂化。由于聚积，简单的 AR 模型变成混合的 ARMA 模型。然而，随着聚积的阶变大，同样可能简化模型形式。

20.2 预报和参数估计的聚积效应

20.2.1 Hilbert 空间

向量空间 $\mathcal{L}$ 是一个非空集合，它对向量加法运算和数乘运算是封闭的，即对 $\mathcal{L}$ 中任意的元素 x、y、z 和实数 a、b，运算满足以下性质：

Ⅰ. 加法运算满足：

(1) $x+y=y+x$；

(2) $(x+y)+z=x+(y+z)$；

(3) $\mathcal{L}$ 中存在 0 使得 $0+x=x$；

(4) $\mathcal{L}$ 中任意的 x，存在唯一的 $-x$ 使得 $x+(-x)=0$。

Ⅱ. 数乘运算满足：

(1) $a(bx)=(ab)x$；

(2) $1x=x$。

Ⅲ. 加法运算和数乘运算满足：

(1) $a(x+y)=ax+ay$；

(2) $(a+b)x=ax+bx$。

空间 $\mathcal{L}$ 上 (x, y) 的内积是实值函数，且满足下列情况：

(1) $(x, y)=(y, x)$；

(2) $(x+y, z)=(x, z)+(y, z)$；

(3) 对于任意的 a，均有 $(ax, y)=a(x, y)$；

(4) 当且仅当 $x=0$ 时，$(x, x)\geqslant 0$，$(x, x)=0$。

如果 $(x, y)=0$，那么称两元素 x 和 y 正交。由内积可定义 x 的模为$\sqrt{(x, x)}$，记作 $\|x\|$，且满足下列条件：

(1) $\|x\|\geqslant 0$，当且仅当 $x=0$ 时，$\|x\|=0$；

(2) $\|ax\|=|a|\|x\|$；

(3) $\|x+y\|\leqslant\|x\|+\|y\|$。

$\|x-y\|$ 定义为 x 和 y 之间的距离，称为空间的度量。容易看出，零均值随机变量的有限线性组合是一个线性向量空间，$E(XY)$ 为其内积。

如果

$$\lim_{\substack{n\to\infty\\ m\to\infty}}\|x_n-x_m\|=0 \tag{20.2.1}$$

则序列 x_n 是柯西序列。如果每个柯西序列的极限均是 Hilbert 空间的元素，以至于空间是封闭的，那么一个 Hilbert 空间 $\mathcal{H}$ 是完备的内积线性向量空间。假设 $\mathcal{H}_1$ 和 $\mathcal{H}_2$ 是 Hilbert 空间 $\mathcal{H}$ 的子空间，$\mathcal{H}_1$ 和 $\mathcal{H}_2$ 的和定义为

$$\mathcal{H}_1+\mathcal{H}_2=\{x+y: x\in\mathcal{H}_1, y\in\mathcal{H}_2\} \tag{20.2.2}$$

如果 $\mathcal{H}_1$ 和 $\mathcal{H}_2$ 是正交子空间，即 $\mathcal{H}_1$ 的每个元素 x 正交于 $\mathcal{H}_2$ 的每个元素 y，那么，$\mathcal{H}_1+\mathcal{H}_2$ 是封闭的，因而是一个 Hilbert 空间。在这个例子中，我们将和记为 $\mathcal{H}_1\oplus\mathcal{H}_2$。下面介绍一个有用的定理［证明见 Halmos (1951)］：

投影定理　若 $\mathcal{H}_0$ 是 Hilbert 空间 $\mathcal{H}$ 的子空间，那么，$\mathcal{H}=\mathcal{H}_0\oplus\mathcal{H}_0^{\perp}$，$\mathcal{H}_0^{\perp}$ 是 $\mathcal{H}_0$ 的正交补集。$\mathcal{H}$ 中的任意元素 x 唯一表示为

$$x=p(x)+[x-p(x)] \tag{20.2.3}$$

其中，$p(x)\in\mathcal{H}_0$，$[x-p(x)]\in\mathcal{H}_0^{\perp}$ 和 $\|x-p(x)\|=\min_{y\in\mathcal{H}_0}\|x-y\|$。点 $p(x)$ 称为 $\mathcal{H}_0$ 上 x 的正交投影，$[x-p(x)]$是 $\mathcal{H}_0$ 上 x 的余集。

20.2.2　Hilbert 空间在预报中的应用

线性流形是 Hilbert 空间的非空子集，使得如果 x 和 y 在子集中，那么对任意实数 a 和 b，$ax+by$ 也在该子集中。令 z_t 为零均值平稳过程。内积 $(z_t, x_t)=E(z_tx_t)$，由此可知，由 $\mathcal{H}=\mathcal{L}\{z_t: t=0, \pm 1, \pm 2, \cdots\}$ 定义的闭线性流形 $\mathcal{H}$ 是 Hilbert 空间 (Parzen，1961a；Anderson，1971)。$E(z_t-x_t)^2$ 是空间中元素 z_t 和 x_t 之间的距离。在时间序列分析中，我们感兴趣的是，对于$l\geqslant 1$，基于历史知识 $\{z_t: t\leqslant N\}$ 预报 z_{N+l}。

考虑闭线性流形 $\mathcal{L}\{z_t: t\leqslant N\}$。显然，$\mathcal{L}\{z_t: t\leqslant N\}$ 是 $\mathcal{H}$ 的子空间。因此，基于过去的经验寻找 $\mathcal{H}$ 中元素 z_{N+l} 的最优线性预报，等价于寻找 $\mathcal{L}\{z_t: t\leqslant N\}$ 中元素 $\hat{z}_N(l)$，使其均方误差满足：

$$E(z_{N+l}-\hat{z}_N(l))^2=\min_{x\in\mathcal{L}\{z_t:t\leqslant N\}}E(z_{N+l}-x)^2 \tag{20.2.4}$$

根据上述投影定理，z_{N+l} 的最优线性预报简单说就是子空间 $\mathcal{L}\{z_t: t\leqslant N\}$ 上的正交投影。在由内积 $E(z_t x_t)$ 引出的均方误差最小标准之下，这个正交投影与条件期望 $E[z_{N+l}\mid z_t: t\leqslant N]$ 相同。同理，预报误差（$z_{N+l}-\hat{z}_N(l)$）在空间 $\mathcal{L}^{\perp}\{z_t: t\leqslant N\}$ 内，因而与子空间 $\mathcal{L}\{z_t: t\leqslant N\}$ 正交。

20.2.3　时间聚积对预报的影响

假设我们有兴趣在时刻 N 预报未来聚积 Z_{N+l}。如果非聚积序列和聚积序列都可取得，那么，这一预报可由 z_t 的非聚积模型或 Z_T 的聚积模型得到。比较两个预报的相对效率是一件非常有趣的事情。令

$$\mathcal{H}_d=\mathcal{L}\{z_t:t=0,\pm1,\pm2,\cdots\}$$

为由非聚积序列 z_t 张成的闭线性流形，

$$\mathcal{H}_a=\mathcal{L}\{Z_T:T=0,\pm1,\pm2,\cdots\}$$

是由 m 阶聚积序列 Z_T 张成的闭线性流形。令

$$\mathcal{H}_d^p=\mathcal{L}\{z_t:t\leqslant mN\}$$

是由非聚积序列 $\{Z_{mN}, z_{mN-1}, \cdots\}$ 的过去历史张成的闭线性流形，

$$\mathcal{H}_a^p=\mathcal{L}\{Z_T:T\leqslant N\}$$

是由聚积序列 $\{Z_N, Z_{N-1}, \cdots\}$ 的过去历史张成的闭线性流形。容易看出，$\mathcal{H}_a$ 是 $\mathcal{H}_d$ 的子空间，$\mathcal{H}_a^p$ 是 $\mathcal{H}_d^p$ 的子空间。因此，基于非聚积序列 z_t 和聚积序列 Z_T 的最优线性预报，简单地说，就是 Z_{N+l} 在子空间 $\mathcal{H}_d^p$ 和 $\mathcal{H}_a^p$ 上的投影。因此，对于 $l\geqslant1$，令 $\hat{Z}_N(l)$ 和 $\widetilde{Z}_N(l)$ 分别表示基于非聚积过程 z_t 和聚积过程 Z_T 的最优线性预报，有

$$\begin{aligned}E[Z_{N+l}-\hat{Z}_N(l)]^2&=\min_{x\in\mathcal{H}_d^p}E(Z_{N+l}-x)^2\\&\leqslant\min_{Y\in\mathcal{H}_a^p}E(Z_{N+l}-Y)^2\\&=E(Z_{N+l}-\widetilde{Z}_N(l))^2\end{aligned} \tag{20.2.5}$$

那么，聚积模型的预报效果一般较非聚积模型的预报效果差。

假设非聚积序列 z_t 服从式（20.1.23）中一般乘法季节 ARIMA 模型，那么，聚积序列 Z_T 服从式（20.1.33）中的模型。基于这两个模型的预报误差的方差可以直接计算出来，特别是基于聚积模型的预报误差方差可由下式给出

$$\operatorname{Var}(Z_{N+l}-\widetilde{Z}_N(l))=\sigma_A^2\sum_{j=0}^{l-1}\Psi_j^2 \tag{20.2.6}$$

其中，$\Psi_0=1$，Ψ_j 可使用 5.2 节中的方法从聚积模型（20.1.33）中计算得出。为计算基于非聚积模型的预报误差的方差，首先，我们注意到

$$\mathrm{Var}(z_{t+h}-\hat{z}_t(h))=\sigma_a^2\sum_{j=0}^{h-1}\psi_j^2 \tag{20.2.7}$$

其中，$\Psi_0=1$，Ψ_j 基于非聚积模型（20.1.32）同样可以算出。令

$$\mathcal{I}_t=\left(\sum_{j=0}^{m-1}B^j\right)z_t$$

Wei（1978b）基于非聚积模型给出的预报误差方差是

$$\begin{aligned}\mathrm{Var}(Z_{N+l}-\hat{Z}_N(l))&=\mathrm{Var}(\mathcal{I}_{mN+ml}-\hat{I}_{mN}(ml))\\&=\sigma_a^2\sum_{j=0}^{ml-1}\varphi_j^2\end{aligned} \tag{20.2.8}$$

其中

$$\varphi_j=\sum_{i=0}^{m-1}\psi_{j-i}$$

使用聚积模型预报未来聚积的相对有效性可以由以下方差比度量

$$\zeta(m,l)=\frac{\mathrm{Var}(Z_{N+l}-\hat{Z}_N(l))}{\mathrm{Var}(Z_{N+l}-\tilde{Z}_N(l))} \tag{20.2.9}$$

其中，m 指的是聚积的阶。因为 $\hat{Z}_N(l)$ 和 $\tilde{Z}_N(l)$ 显然是 Z_{n+l} 的无偏预报，故式（20.2.5）暗含 $0\leqslant\zeta(m,l)\leqslant1$。实际上，Wei（1978b）表明 $\zeta(m,l)$ 具有以下性质：

（1）对于所有 m 和 l，$0\leqslant\zeta(m,l)\leqslant1$。

（2）对于所有 l，如果 $d=0$，那么，$\zeta(l)=\lim_{m\to\infty}\zeta(m,l)=1$。

（3）如果 $d>0$，那么仅当 $l\to\infty$时，$\zeta(l)\ll1$，且 $\zeta(l)\to1$。

（4）对于所有的m 和l，如果 $p=d=q=0$，对某一整数 S 有 $s=mS$，那么，$\zeta(m,l)=1$。

总而言之，上述结果表明，就预报未来聚积而言，如果模型中的非季节分量是非平稳的，那么由聚积带来的效率损失是巨大的。当非季节分量是平稳的时，长期预报的效率损失就要小得多。如果基本模型是纯季节性过程，聚积模型的季节周期 s 与 S 的关系是 $s=mS$，其中 m 是聚积模型的阶，那么将不存在聚积的效率损失。

20.2.4　由聚积导致的参数估计中的信息损失

对于给定的时间序列模型，令 $\boldsymbol{\eta}$ 是所有 k 个参数的 $k\times1$ 向量。在参数空间的相关域上，对数似然函数近似为 $\boldsymbol{\eta}$ 中元素的二次型，满足

$$l(\boldsymbol{\eta})\equiv\ln L(\boldsymbol{\eta})\simeq l(\hat{\boldsymbol{\eta}})+\frac{1}{2}\sum_{i=1}^{k}\sum_{j=1}^{k}l_{ij}(\eta_i-\hat{\eta}_i)(\eta_j-\hat{\eta}_j) \tag{20.2.10}$$

其中，偏导数

$$l_{ij}=\frac{\partial^2 l(\boldsymbol{\eta})}{\partial\eta_i\partial\eta_j} \tag{20.2.11}$$

是常数。对于大样本，极大似然估计值 $\hat{\boldsymbol{\eta}}$ 的方差-协方差阵 $V(\hat{\boldsymbol{\eta}})$ 由

$$V(\hat{\boldsymbol{\eta}})\simeq\boldsymbol{I}^{-1}(\boldsymbol{\eta}) \tag{20.2.12}$$

给出，其中 $I(\boldsymbol{\eta})=-E[l_{ij}]$ 是参数 $\boldsymbol{\eta}$ 的信息矩阵。利用式（7.2.10）得到

$$l(\boldsymbol{\eta})=-\frac{n}{2}\ln 2\pi\sigma_a^2-\frac{S(\boldsymbol{\eta})}{2\sigma_a^2} \tag{20.2.13}$$

因此，

$$l_{ij}\simeq-\frac{1}{2\sigma_a^2}\frac{\partial^2 S(\boldsymbol{\eta})}{\partial\eta_i\partial\eta_j} \tag{20.2.14}$$

和

$$\begin{aligned}V(\hat{\boldsymbol{\eta}})&\simeq 2\sigma_a^2\left(E\left[\frac{\partial^2 S(\boldsymbol{\eta})}{\partial\eta_i\partial\eta_j}\right]\right)^{-1}\\&\simeq 2\sigma_a^2\left[\frac{\partial^2 S(\boldsymbol{\eta})}{\partial\eta_i\partial\eta_j}\right]^{-1}\end{aligned} \tag{20.2.15}$$

利用式（20.2.10）中的二次近似，偏导数 l_{ij} 在近似域上为常数。

令 $\hat{\boldsymbol{\eta}}$ 和 $\tilde{\boldsymbol{\eta}}$ 分别是基于非聚积和聚积模型的极大似然 $\boldsymbol{\eta}$ 的估计值。那么，

$$V(\hat{\boldsymbol{\eta}})=I_d^{-1}(\boldsymbol{\eta})$$

和

$$V(\tilde{\boldsymbol{\eta}})=I_a^{-1}(\boldsymbol{\eta})$$

其中，$I_d(\boldsymbol{\eta})$ 和 $I_a(\boldsymbol{\eta})$ 对应于基于非聚积和聚积模型的信息矩阵。定义

$$\tau(m)=1-\frac{\det V(\hat{\boldsymbol{\eta}})}{\det V(\tilde{\boldsymbol{\eta}})}=1-\frac{\det I_a(\boldsymbol{\eta})}{\det I_d(\boldsymbol{\eta})} \tag{20.2.16}$$

我们可利用 $\tau(m)$ 来度量由于聚积造成的估计的信息损失。不过，聚积和非聚积模型的参数关系特别复杂，因此，一般模型的 $\tau(m)$ 导数难以求出。然而，正如 20.1.4 节所表明的，如果非聚积模型 z_t 是纯季节性模型

$$\begin{aligned}&(1-\Phi_1 B^s-\cdots-\Phi_P B^{Ps})(1-B^s)^D z_t\\=&(1-\Theta_1 B^s-\cdots-\Theta_Q B^{Qs})a_t\end{aligned} \tag{20.2.17}$$

其中，a_t 独立同分布于 $N(0,\sigma_a^2)$，那么，对某一整数 S，满足 $s=mS$ 的 m 阶聚积过程 Z_T 的聚积模型变为

$$(1-\Phi_1 B^S-\cdots-\Phi_P B^{PS})(1-B^S)^D Z_T=(1-\Theta_1 B^S-\cdots-\Theta_Q B^{QS})A_T \tag{20.2.18}$$

其中，A_T 独立同分布于 $N(0,m\sigma_a^2)$。我们得到

$$I_a(\boldsymbol{\eta})=\frac{1}{m}I_d(\boldsymbol{\eta})$$

因此，

$$\tau(m)=1-m^{-(P+Q)} \tag{20.2.19}$$

为看出式（20.2.19）的含义，假设 $P=1$，$Q=0$，非聚积模型是 $s=12$ 的月度序列。可得 $\tau(2)=\frac{1}{2}$，$\tau(3)=\frac{2}{3}$，$\tau(6)=\frac{5}{6}$，$\tau(12)=\frac{11}{12}$。因此，在估计基本模型的参数时，时间聚积模型会带来巨大的信息损失。实际上，式（20.2.19）中的 $\tau(m)$ 是 m 的递增函数，是模型的参数个数。聚积模型的阶越高，模型中的参数越多，估计中的信息损失越严重。

20.3　ARIMA 过程的系统抽样

在前一节中，我们讨论了流量变量的时间聚积。现在，我们研究存量变量现象。存量变量的值，如给定商品的价格，在每个时点上存在。然而，在实际中，观察和记录存量变量的每一个可能值几乎是不可能的。与之相反，可观测的序列常常仅是系统抽样中的子序列，例如，股票市场经常报道的日收盘价。在数量控制中，仅每隔 m 项即可观测。我们考察内在过程 z_t 和基于抽样的子序列 y_T 的关系，其中，$y_T=z_{mT}$，m 是系统抽样的间隔。

为了不失一般性，假设内在过程 z_t 服从 ARIMA(p，d，q）过程

$$\phi_p(B)(1-B)^d z_t=\theta_q(B)a_t \tag{20.3.1}$$

其中，$\phi_p(B)$ 和 $\theta_q(B)$ 分别是平稳可逆的 AR 和 MA 的多项式，a_t 是均值为 0、方差为 σ_a^2 的白噪声序列。令 δ_1，δ_2，…，δ_p 为 $\phi_p(B)$ 的根的倒数。那么，式（20.3.1）可以写为

$$\prod_{j=1}^{p}(1-\delta_j B)(1-B)^d z_t=\theta_q(B)a_t$$

等式两边同时乘以

$$\prod_{j=1}^{p}\left(\frac{1-\delta_j^m B^m}{1-\delta_j B}\right)\left(\frac{1-B^m}{1-B}\right)^d$$

得到

$$\prod_{j=1}^{p}(1-\delta_j^m B^m)(1-B^m)^d z_t=\prod_{j=1}^{p}\left(\frac{1-\delta_j^m B^m}{1-\delta_j B}\right)\left(\frac{1-B^m}{1-B}\right)^d\theta_q(B)a_t$$

令 $V_t=\prod_{j=1}^{p}(1-\delta_j^m B^m)(1-B^m)^d z_t$，其为移动平均 MA[$(p+d)m+(q-p-d)$] 过程。令

$$C_T=V_{mT}=\prod_{j=1}^{p}(1-\delta_j^m B^m)(1-B^m)^d z_{mT}$$

$$=\prod_{j=1}^{p}(1-\delta_j^m\mathcal{B})(1-\mathcal{B})^d y_T$$

其中 $\mathcal{B}=B^m$。注意，$\mathcal{B}y_T=B^m z_{mT}=z_{mT-m}=z_{m(T-1)}=y_{T-1}$。所以，$\mathcal{B}$ 是关于 y_T 的后向算子。仅当 $mj\leqslant[(p+d)m+(p-q-d)]$，或者 $j\leqslant[(p+d)+(q-p-d)/m]$ 时，$E(C_TC_{T-j})=E(V_{mT}V_{mT-mj})$ 不为 0。所以，序列 y_T 服从 ARIMA(p,d,r) 过程

$$(1-\alpha_1\mathcal{B}-\cdots-\alpha_p\mathcal{B}^p)(1-\mathcal{B})^d y_T=(1-\beta_1\mathcal{B}-\cdots-\beta_r\mathcal{B}^r)e_T \tag{20.3.2}$$

其中，$r\leqslant[(p+d)+(q-p-d)/m]$，$e_T$ 是均值为 0、方差为 σ_e^2 的白噪声，α_i 是 ϕ_i 的函数，β_j 和 σ_e^2 是 ϕ_i、θ_j 和 σ_a^2 的函数。

当 $d=0$ 时，式（20.3.2）变为由 Brewer（1973）得到的一个结果，即从稳态 ARMA(p,d) 过程系统抽样得到的子序列变成一个 ARMA(p,r) 过程，其中，$r\leqslant[p+(q-p)/m]$。为研究抽样子序列的极限行为，首先考虑基本过程 z_t 服从求和移动平均 IMA(d,q) 过程的情形

$$(1-B)^d z_t=\theta_q(B)a_t \tag{20.3.3}$$

令 $w_t=(1-B)^d z_t$。w_t 的自协方差生成函数 $g_w(B)$ 由下式给出

$$g_w(B)=\sigma_a^2\theta_q(B)\theta_q(B^{-1})=\sum_{j=-q}^{q}\gamma_w(j)B^j$$

其中，$\gamma_w(j)$ 是序列 w_t 的第 j 个自协方差。令

$$v_t=(1-B^m)^d z_t=\left(\frac{1-B^m}{1-B}\right)^d\theta_q(B)a_t$$

我们得到 v_t 的自协方差生成函数为

$$\begin{aligned}g_v(B)&=\left(\frac{1-B^m}{1-B}\right)^d\left(\frac{1-B^{-m}}{1-B^{-1}}\right)^d g_w(B)\\&=\sum_{j=-q}^{q}\gamma_w(j)\sum_{i=0}^{2d}\binom{2d}{i}(-1)^i B^{-(d-i)m+d+j}\sum_{l=0}^{\infty}\binom{l+2d-1}{2d-1}B^l\end{aligned}$$

其中，$\binom{n}{r}=n!/[r!(n-r)!]$。现在令

$$C_T=v_{mT}=(1-B^m)^d z_{mT}=(1-\mathcal{B})^d y_T$$

那么，

$$\begin{aligned}\gamma_C(n)&=\gamma_v(nm)\\&=\sum_{j=-q}^{q}\gamma_w(j)\sum_{i=0}^{2d}\binom{2d}{i}(-1)^i\binom{(d-n-i)m+d-j-1}{2d-1}\end{aligned} \tag{20.3.4}$$

其中，对于 $n<r$，有 $\binom{n}{r}=0$。

对于 $m>q$，易得

$$\gamma_C(n)=\begin{cases}\displaystyle\sum_{j=-q}^{q}\gamma_w(j)\sum_{i=0}^{d-n-1}\binom{2d}{i}(-1)^i\binom{(d-n-i)m+d-j-1}{2d-1}+o(m), & n=0,\cdots,(d-1)\\ 0, & n\geqslant d\end{cases}$$

那么，随着 m 增加，子序列 y_T 趋向 IMA(d，$d-1$) 过程。

由于 ARIMA(p，d，q) 过程可通过 IMA 过程按任何需要的精度去近似，故对于任何齐次自回归求和移动平均过程，上述极限结果同样成立。正如我们所期望的，当 $d=0$ 时，从平稳过程得到的极限模型变成白噪声序列。

总之，从 ARIMA(p，d，q) 过程每隔 m 项系统抽样得到的子序列服从 ARIMA(p，d，r) 模型，其中，$r\leqslant((p+d)+(q-p-d)/m)$ 的整数部分。当 m 变大时，子序列近似于 IMA(d，$d-1$) 过程。特别地，从ARIMA(p，1，q)过程得到的抽样子序列近似于一个简单的随机游走模型。随机游走模型广泛用于描述股票价格行为。探讨随机游走是否确实是股票或简单的系统抽样结果的基本模型是件非常有趣的事情。

存量变量的系统抽样是文献中更为一般的缺失观测值问题的重要而特别的例子。本节中的结果取自 Wei（1981），主要处理关于模型结构的系统抽样效应。本主题的其他参考资料包括 Quenouille（1958）、Brewer（1973）、Werner（1982）和 Weiss（1984）。在已知样本子序列的结果模型的情况下，参数估计和预报的系统抽样效应的考察可以类似于 20.2 节中的时间聚积效应，在此不再赘述。关于参考资料，可以参见 Zellner（1966）和 Jones（1980）关于 ARMA 模型缺失观测值的参数估计效应研究，Wei 和 Tiao（1975）以及 Lütkepohl（1987）关于预报的系统抽样效应研究。

20.4　系统抽样和时间聚积对因果关系的影响

20.4.1　两个时间序列线性关系的分解

关于一组时间序列变量因果关系的研究已经成为文献中最重要的问题之一。在 Geweke（1982）的一篇有趣的文章中，他导出了两个时间序列 x_t 和 y_t 的线性关系的分解问题。用 $F_{x,y}$ 表示 x_t 和 y_t 之间的线性关系，$F_{x\to y}$ 表示从 x_t 到 y_t 的线性因果关系，$F_{y\to x}$ 表示从 y_t 到 x_t 的线性因果关系，$F_{x\cdot y}$ 表示 x_t 与 y_t 的瞬时线性关系，他表明，$F_{x,y}=F_{x\to y}+F_{y\to x}+F_{x\cdot y}$。

考虑可用可逆移动平均表示的双变量时间序列 x_t 和 y_t

$$\begin{bmatrix}y_t\\x_t\end{bmatrix}=\begin{bmatrix}\theta_{11}(B) & \theta_{12}(B)\\ \theta_{21}(B) & \theta_{22}(B)\end{bmatrix}\begin{bmatrix}a_t\\b_t\end{bmatrix}\tag{20.4.1}$$

其中，$[a_t,\ b_t]'$是双变量白噪声序列，其均值为 $\mathbf{0}$，方差-协方差矩阵为

$$\boldsymbol{\Sigma}=\begin{bmatrix}\sigma_a^2 & \sigma_{ab}\\ \sigma_{ab} & \sigma_b^2\end{bmatrix}\tag{20.4.2}$$

现在，考虑 y_t 在下列不同子空间上的线性投影：

（1）y_t 在 $\mathcal{L}\{y_j: j<t\}$ 上的线性投影：

$$y_t=\sum_{j=1}^{\infty}\pi_{1j}y_{t-j}+u_{1t} \tag{20.4.3}$$

其中，u_{1t}是均值为 0、方差为 σ_1^2 的白噪声序列。由式（20.4.1）得到的边际序列 y_t 为

$$y_t=\theta_{11}(B)a_t+\theta_{12}(B)b_t=\alpha(B)u_{1t} \tag{20.4.4}$$

对于某些 $\alpha(B)$，u_{1t}是白噪声序列。投影式（20.4.3）可通过将式（20.4.4）变换为自回归形式得到。

（2）y_t 在 $\mathcal{L}\{\{y_j: j<t\}\cup\{x_j: j<t\}\}$ 上的线性投影：

$$y_t=\sum_{j=1}^{\infty}\pi_{2j}y_{t-j}+\sum_{j=1}^{\infty}\lambda_{2j}x_{t-j}+u_{2t} \tag{20.4.5}$$

其中，u_{2t}是均值为 0、方差为 σ_2^2 的白噪声序列。通过变换式（20.4.1）为自回归形式

$$\begin{bmatrix}\phi_{11}(B) & \phi_{12}(B)\\ \phi_{21}(B) & \phi_{22}(B)\end{bmatrix}\begin{bmatrix}y_t\\ x_t\end{bmatrix}=\begin{bmatrix}a_t\\ b_t\end{bmatrix} \tag{20.4.6}$$

其中

$$\begin{bmatrix}\phi_{11}(B) & \phi_{12}(B)\\ \phi_{21}(B) & \phi_{22}(B)\end{bmatrix}=\begin{bmatrix}\theta_{11}(B) & \theta_{12}(B)\\ \theta_{21}(B) & \theta_{22}(B)\end{bmatrix}^{-1}$$

式（20.4.5）可由式（20.4.6）中联合模型的第一个分量得到。因此，$u_{2t}=a_t$，$\sigma_2^2=\sigma_a^2$。

（3）y_t 在 $\mathcal{L}\{\{y_j: j<t\}\cup\{x_j: j\leqslant t\}\}$ 上的线性投影：

$$y_t=\sum_{j=1}^{\infty}\pi_{3j}y_{t-j}+\sum_{j=0}^{\infty}\lambda_{3j}x_{t-j}+u_{3t} \tag{20.4.7}$$

其中，u_{3t}是均值为 0、方差为 σ_3^2 的白噪声序列。通过用矩阵左乘式（20.4.6），对角化式（20.4.2）中的方差-协方差阵，即左乘矩阵

$$\begin{bmatrix}1 & -\sigma_{ab}/\sigma_b^2\\ -\sigma_{ab}/\sigma_a^2 & 1\end{bmatrix}$$

投影式（20.4.7）可由结果系统的第一个分量得到。因此，$u_{3t}=a_t-(\sigma_{ab}/\sigma_b^2)b_t$。

（4）y_t 在 $\mathcal{L}\{\{y_j: j<t\}\cup\{x_j: -\infty<j<\infty\}\}$ 上的线性投影：

$$y_t=\sum_{j=1}^{\infty}\pi_{4j}y_{t-j}+\sum_{j=-\infty}^{\infty}\lambda_{4j}x_{t-j}+u_{4t} \tag{20.4.8}$$

其中，u_{4t}是均值为 0、方差为 σ_4^2 的白噪声序列。令

$$\begin{bmatrix}G_{11}(B) & G_{12}(B)\\ G_{21}(B) & G_{22}(B)\end{bmatrix}$$

为式（20.4.1）中给出的 $[y_t, x_t]'$的互协方差生成函数。根据它在空间$\{x_j: -\infty<j<\infty\}$

上的线性投影，y_t 可以写为

$$y_t=\left[\frac{G_{12}(B)}{G_{22}(B)}\right]x_t+\psi(B)u_{4t} \tag{20.4.9}$$

其中，u_{4t}是均值为 0、方差为 σ_4^2 的白噪声序列，且

$$\psi(B)\psi(B^{-1})\sigma_4^2=G_{11}(B)-\frac{G_{12}(B)G_{21}(B)}{G_{22}(B)}$$

投影式（20.4.8）可用 $\psi^{-1}(B)$ 乘以式（20.4.9）得到。定义

$$\begin{cases}F_{x,y}=\ln(\sigma_1^2/\sigma_4^2)\\F_{x\to y}=\ln(\sigma_1^2/\sigma_2^2)\\F_{y\to x}=\ln(\sigma_3^2/\sigma_4^2)\\F_{x\cdot y}=\ln(\sigma_2^2/\sigma_3^2)\end{cases} \tag{20.4.10}$$

容易看出

$$F_{x,y}=F_{x\to y}+F_{y\to x}+F_{x\cdot y} \tag{20.4.11}$$

20.4.2 基本模型实例

出于解释和讨论的目的，假设在一定的理论基础上，用时间单位 t 表示的产出变量 y_t 与投入变量 x_t 相关，

$$\begin{cases}y_t=vx_{t-1}+a_t\\x_t=\phi x_{t-1}+b_t\end{cases} \tag{20.4.12}$$

其中，a_t 和 b_t 分别是均值为 0、方差为 σ_a^2 和 σ_b^2 的白噪声序列，二者相互独立。模型可由可逆双变量移动平均形式给出

$$\begin{bmatrix}y_t\\x_t\end{bmatrix}=\begin{bmatrix}1 & vB/(1-\phi B)\\0 & 1/(1-\phi B)\end{bmatrix}\begin{bmatrix}a_t\\b_t\end{bmatrix} \tag{20.4.13}$$

其中，$[a_t,\ b_t]'$为白噪声序列，其均值为 $\mathbf{0}$、方差-协方差阵为

$$\begin{bmatrix}\sigma_a^2 & 0\\0 & \sigma_b^2\end{bmatrix}$$

利用式（20.4.4），我们可以得到

$$y_t=\left[\frac{(1-\alpha B)}{(1-\phi B)}\right]u_{1t}$$

其中，α 可通过求解以下等式得到，

$$\frac{\alpha}{1+\alpha^2}=\frac{\phi\sigma_a^2}{v^2\sigma_b^2+(1+\phi^2)\sigma_a^2}$$

其中，约束条件为$-1<\alpha<1$，可以得到

$$\sigma_1^2=\frac{[v^2\sigma_b^2+(1+\phi^2)\sigma_a^2]}{(1+\alpha^2)}$$

容易得出其他投影的向前一步预报误差的方差，$\sigma_2^2=\sigma_3^2=\sigma_4^2=\sigma_a^2$。因此，$F_{y\to x}=F_{x\cdot y}=0$且

$$F_{x,y}=F_{x\to y}=\ln\left(\frac{v^2\sigma_b^2+(1+\phi^2)\sigma_a^2}{(1+\alpha^2)\sigma_a^2}\right)$$

也就是说，式（20.4.12）中的x和y的线性关系只是从x_t到y_t的单向线性因果关系。为了用数值说明，令$v=1$，$\sigma_a^2/\sigma_b^2=1$，由表20-4我们得到基本模型的因果关系。

表20-4　式（20.4.12）中基本模型的线性因果关系

	$F_{x,y}$	$F_{x\to y}$	$F_{y\to x}$	$F_{x\cdot y}$
$\phi=0$	ln(2)	ln(2)	0	0
$\phi=0.5$	ln(2.13)	ln(2.13)	0	0

20.4.3 系统抽样和时间聚积对因果关系的影响

系统抽样对因果关系的影响　假设式（20.4.12）中的y_t和x_t为存量变量，仅有子序列Y_T和X_T可得，其中，$Y_T=y_{mT}$，$X_T=x_{mT}$，m是系统抽样间隔。易得对于式(20.4.12)，(Y_T，X_T）的对应模型为

$$\begin{cases}Y_T=v\phi^{m-1}X_{T-1}+A_T\\X_T=\phi^mX_{T-1}+E_T\end{cases}\tag{20.4.14}$$

其中，A_T和E_T是相互独立的白噪声序列，其均值为0，方差分别为

$$\sigma_A^2=v^2\sigma_b^2\sum_{j=0}^{m-2}(\phi^j)^2+\sigma_a^2$$

和

$$\sigma_E^2=\sigma_b^2\sum_{j=0}^{m-1}(\phi^j)^2$$

对应的双变量移动平均形式为

$$\begin{bmatrix}Y_T\\X_T\end{bmatrix}=\begin{bmatrix}1 & v\phi^{m-1}\mathcal{B}/(1-\phi^m\mathcal{B})\\0 & 1/(1-\phi^m\mathcal{B})\end{bmatrix}\begin{bmatrix}A_T\\E_T\end{bmatrix}$$

对于$v=1$，$\sigma_a^2/\sigma_b^2=1$和$m=3$，表20-5给出了系统抽样对因果关系影响的度量。

所以，X_T和Y_T的线性关系仍然只包含从X_T到Y_T的单向线性因果关系。系统抽样保留了变量间因果关系的方向。然而，系统抽样减弱了式（20.4.14）中给出的X_{T-1}的相关性的程度。

表 20－5　　系统抽样对因果关系的影响

	$F_{x,y}$	$F_{x\to y}$	$F_{y\to x}$	$F_{x,y}$
$\phi=0$	ln(2)	ln(2)	0	0
$\phi=0.5$	ln(2, 33)	ln(2. 33)	0	0

时间聚积对因果关系的影响　现在假设式（20. 4. 12）中的变量 x_t 和 y_t 是流量变量，观察到的序列是第 m 阶聚积

$$Y_T=\left(\sum_{j=0}^{m-1}B^j\right)y_{mT}$$

和

$$X_T=\left(\sum_{j=0}^{m-1}B^j\right)x_{mT}$$

对于式（20. 4. 12）或者式（20. 4. 13）给定的单向因果关系模型，Tiao 和 Wei（1976）给出的对应的移动平均模型，$\mathbf{Z}_T=[Y_t，X_t]'$，形式如下

$$\mathbf{Z}_T=\left\{\frac{1}{(1-\eta\mathcal{B})}\right\}(\mathbf{I}-\mathbf{H}\mathcal{B})\mathbf{C}_T \tag{20. 4. 15}$$

其中，$\eta=\phi^m$，$\mathbf{C}_T$ 是均值为 **0** 及方差-协方差阵为 $\mathbf{\Sigma}$ 的双变量白噪声过程，且 $\mathbf{H}$ 和 $\mathbf{\Sigma}$ 的关系满足

$$(\mathbf{I}-\mathbf{H}\mathcal{B})\mathbf{\Sigma}(\mathbf{I}-\mathbf{H}'\mathcal{B}^{-1})=\sigma_a^2\delta^{-1}\mathbf{G}(\mathcal{B})$$

其中，$\delta=\sigma_b^{-2}\sigma_a^{-2}(1-\phi)^2(1-\phi^2)$，2×2 对称矩阵 $\mathbf{G}(\mathcal{B})$ 的元素为

$$G_{12}(\mathcal{B})=v(\tau_0+\tau_1\mathcal{B}+\tau_{-1}\mathcal{B}^{-1})$$
$$G_{22}(\mathcal{B})=k_0+k_1(\mathcal{B}+\mathcal{B}^{-1})$$
$$G_{11}(\mathcal{B})=v^2G_{22}(\mathcal{B})+m\delta(1-\eta\mathcal{B})(1-\eta\mathcal{B}^{-1})$$
$$\tau_0=m(1-\phi^2)(1+\eta^2)-(1+\phi^2)(1-\eta^2)$$
$$\tau_1=-m\eta(1-\phi^2)+(1-\eta)(1+\phi^2\eta)$$
$$\tau_{-1}=-m\eta(1-\phi^2)+(1-\eta)(\eta+\phi^2)$$
$$k_0=m(1-\phi^2)(1+\eta^2)-2\phi(1-\eta^2)$$

和

$$k_1=-m\eta(1-\phi^2)+\phi(1-\eta^2)$$

对于 $v=1$，$\sigma_a^2/\sigma_b^2=1$ 和 $m=3$，如表 20－6 所示，我们得到了当 $\phi=0$ 和 $\phi=0.5$ 时，时间聚积下 X_T 和 Y_T 之间的线性关系和因果关系。

表 20－6　　时间聚积对因果关系的影响

	$F_{x,y}$	$F_{x\to y}$	$F_{y\to x}$	$F_{x\cdot y}$
$\phi=0$	ln(1. 42)	ln(1. 08)	0	ln(1. 31)
$\phi=0.5$	ln(2. 41)	ln(1. 29)	ln(1. 01)	ln(1. 84)

因此，正如 Tiao 和 Wei（1976）所讨论的那样，时间聚积将使从 x_t 到 y_t 的单向因果关系变成虚假的双边反馈系统。实际上，如表 20-6 和表 20-4 所示，显然在聚积下，X_T 和 Y_T 之间的瞬间线性因果关系变成 X_T 和 Y_T 之间的线性关系中的主导力量。即使投入是白噪声序列，即当 $\phi=0$ 时，这一结果也同样成立。

Wei（1982）指出，除非使用的时间单位相同，否则度量 $F_{x,y}$、$F_{y\to x}$、$F_{x\to y}$ 和 $F_{x\cdot y}$ 的程度不可以比较。例如，对于式（20.4.12）的模型，表 20-4 表明，对于 $\phi=0.5$，$F_{x\to y}=\ln(2.13)$。对于基于样本变量 X_T 和 Y_T，$m=3$ 的模型（20.4.14），表 20-5 表明，当 $\phi=0.5$ 时，$F_{x\to y}=\ln(2.33)$，且后者的 $F_{x\to y}$ 更大。然而，因为 $|\phi|<1$，从式（20.4.14）容易看出，在后一种情形中，从 X_T 到 Y_T 的因果影响更弱。

20.5　聚积对线性性和正态性检验的影响

在本节，我们研究使用时间序列聚积对线性性和正态性检验的影响。

20.5.1　线性性和正态性检验

一个广泛使用的线性性和正态性检验是双谱检验。正如 19.2.2 节中所说明的，Subba Rao 和 Gabr（1980，1984）提出了该检验，后来 Hinich（1982）对该检验进行了改进。我们这里使用 Hinich 改进过的双谱检验。令 Z_t 为 3 阶平稳过程。回顾 19.2.2 节，双谱密度函数为

$$f(\omega_1,\omega_2)=\frac{1}{(2\pi)^2}\sum_{k_1=-\infty}^{\infty}\sum_{k_2=-\infty}^{\infty}C(k_1,k_2)e^{-ik_1\omega_1-ik_2\omega_2},\quad -\pi\leqslant\omega_1,\omega_2\leqslant\pi \tag{20.5.1}$$

其中，$C(k_1, k_2)$ 是 Z_t 的 3 阶聚积量。由 $C(k_1, k_2)$ 的性质得到的 $f(\omega_1, \omega_2)$ 的主整环是三角集合 $\Omega=\{0\leqslant\omega_1\leqslant\pi,\ \omega_2\leqslant\omega_1,\ 2\omega_1+\omega_2\leqslant 2\pi\}$，仅考虑该区域频率就足够了。

基于 3 阶平稳时间序列 Z_1，…，Z_n 来估计双谱密度函数，我们令 $\omega_h=2\pi h/n$，$h=0$，1，…，n，对于每对整数 j 和 s，定义集合 $D=\{0<j\leqslant n/2,\ 0<s\leqslant j,\ 2j+s\leqslant n\}$。也定义集合 D 中的格点 $L=\{(2u-1)M/2,\ (2v-1)M/2: v=1,\ 2,\ \cdots,\ u;\ u\leqslant n/(2M)-v+3/4\}$。双谱密度函数的估计值为

$$\hat{f}(\omega_1,\omega_2)=\frac{1}{M^2}\sum_{j=(u-1)M}^{uM-1}\sum_{s=(v-1)M}^{vM-1}F(j,s) \tag{20.5.2}$$

其中

$$F(j,s)=\frac{1}{(2\pi)^2 n}X(\omega_j)X(\omega_s)X^*(\omega_{j+s})$$

$$X(\omega_h)=\sum\nolimits_{t=1}^{n}(Z_t-\overline{Z})e^{-i\omega_h t}$$

是 Z_1，…，Z_n 的有限傅立叶变换，$\overline{Z}_t=\sum\nolimits_{t=1}^{n}Z_t/n$，$*$ 表示复共轭。式（20.5.2）表

明，$\hat{f}(\omega_1, \omega_2)$ 通过对 $F(j, s)$ 进行平均而构造，$F(j, s)$ 在 M^2 的矩形中，该矩形中心由点 L 的格定义。如果 $M=n^c$ 在 $\frac{1}{2}<c<1$ 最接近的整数附近，那么，估计值 $\hat{f}(\omega_1, \omega_2)$ 是相合的。

令

$$\hat{V}_{u,v}=\frac{\hat{f}(u,v)}{[(n^{1-4c}R_{u,v}/2\pi)\hat{f}(\delta_u)\hat{f}(\delta_v)\hat{f}(\delta_{u+v})]^{1/2}} \tag{20.5.3}$$

其中，$\delta_x=2\pi(2x-1)M/(2n)$，$\hat{f}(\omega)$ 为通过对 M 附近周期图纵坐标进行平均得到的谱密度函数的估计值。$R_{u,v}$是在 D 的矩形中但不在边界 $j=s$ 或者$(2j+s)=n$ 的 (j, s) 的个数加上两倍的边界点个数所得的数目。如果矩形在 D 中，那么 $R_{u,v}=M^2$。Hinich (1982) 表明，$2|\hat{V}_{u,v}|^2$ 近似于 $\chi^2(2, \lambda_{u,v})$ 分布，即非中心卡方分布，自由度为 2，非中心参数为

$$\lambda_{u,v}=\frac{2|f(\delta_u,\delta_v)|^2}{[(n^{1-4c}R_{u,v}/2\pi)f(\delta_u)f(\delta_v)f(\delta_{u+v})]} \tag{20.5.4}$$

双谱检验基于变量 $2|\hat{V}_{u,v}|^2$。因为变量是相互独立的，故对于更大的 n，统计量

$$\hat{S}=2\sum_{u,v\in L}|\hat{V}_{u,v}|^2 \tag{20.5.5}$$

近似于 $\chi^2(2Q, \lambda)$ 分布，其中，$\lambda=\sum_{u,\, v\in L}\lambda_{u,\, v}$，$Q$ 为 L 中 (u, v) 的个数，近似等于 $n^2/(12M^2)$。

线性性检验　零均值平稳线性过程 z_t 可以写为

$$z_t=\sum_{j=-\infty}^{\infty}\psi_j a_{t-j}=\psi(B)a_t \tag{20.5.6}$$

其中，a_t 是独立同分布的随机变量，其均值为 0，方差为 $\mathrm{Var}(a_t)=\sigma_a^2$，$E(a_t^3)=\mu_{3a}$。其中，$\psi(x)=\sum_{j=-\infty}^{\infty}\psi_j x^j$，$\sum_{j=-\infty}^{\infty}|\psi_j|<\infty$，$B$ 是后移算子，$Bz_t=z_{t-1}$。由 12.2.2 节和 19.2.1 节可得

$$f(\omega_1,\omega_2)=\frac{\mu_{3a}}{(2\pi)^2}\psi(e^{i(\omega_1+\omega_2)})\psi(e^{-i\omega_1})\psi(e^{-i\omega_2}) \tag{20.5.7}$$

和

$$f(\omega)=\frac{\sigma_a^2}{2\pi}|\psi(e^{-i\omega})|^2 \tag{20.5.8}$$

从式 (20.5.7) 和式 (20.5.8) 中我们可以看出，对一个线性过程 z_t，非中心化参数式 (20.5.4) 是常数，对于 D 中的所有矩形而言，即

$$\lambda_{u,v}=2n^{2c-1}\frac{\mu_{3a}^2}{\sigma_a^6}=\lambda_0 \tag{20.5.9}$$

其中，我们注意到，$R_{u,v}=M^2$，$M=n^c$。因为$2|\hat{V}_{u,v}|^2$是独立的，且$E(|\hat{V}_{u,v}|^2)=1+\lambda_{u,v}/2$，故参数$\lambda_0$可由

$$\hat{\lambda}_0=\frac{2}{QM^2}\sum_{u,v\in L}R_{u,v}(|\hat{V}_{u,v}|^2-1) \tag{20.5.10}$$

一致估计出来。因此，当$n\to\infty$时，分布$\chi^2(2, \hat{\lambda}_0)$收敛于$\chi^2(2, \lambda_0)$。

在线性的原假设下，对于L中所有的u、v和D中的矩形，$2|\hat{V}_{u,v}|^2$的渐近分布的非中心化参数是常数。另外，如果原假设不成立，则不同的u、v具有不同的非中心化参数。因此，$2|\hat{V}_{u,v}|^2$的样本离差比原假设下的更大。Ashley 等（1986）建议使用$2|\hat{V}_{u,v}|^2$的 80%的分位数来度量离差。样本 80%的分位数$\hat{\xi}_{0.8}$具有渐近分布$N(\hat{\xi}_{0.8}, \sigma_{\xi}^2)$，其中，$\sigma_{\xi}^2=0.8(1-0.8)/[Q_D g(\xi_{0.8})]^2$，$\xi_{0.8}$是密度函数为$g$的$\chi^2(2, \hat{\lambda}_0)$分布的 80%的分位数，$Q_D$为$D$中矩形的个数。如果$\hat{\xi}_{0.8}$明显大于$\xi_{0.8}$，就拒绝线性假设。

正态性检验 为检验时间序列的正态性，首先，我们注意到在式（20.5.6）中，如果a_t是高斯过程，那么$\mu_{3a}=0$。因此，对于所有的ω_1和ω_2，其双谱密度函数$f(\omega_1, \omega_2)$皆为 0。检验线性过程的正态性可以通过检验其双谱密度函数在所有频率上是否为 0 来完成。

在原假设下，当n增大时，式（20.5.5）中定义的统计量$\hat{S}$渐近为$\chi^2(2Q, 0)$，即中心卡方分布。如果$\hat{S}>\chi_{\alpha}^2$，其中α是检验的显著性水平，就拒绝原假设。拒绝原假设表明，Z_t的双谱密度函数不同时等于 0。因此，Z_t不是线性高斯过程。

20.5.2 时间聚积对线性和正态性检验的影响

令Z_T为z_t的非交叠聚积序列，即$Z_T=(1+B+\cdots+B^{m-1})z_{mT}$，其中，$T$是聚积时间单位，$m$是聚积的阶。时间序列$Z_T$是聚积时间序列，$z_t$是不可观测的非聚积时间序列。

对于式（20.5.6）中的平稳线性高斯过程，由 Tiao 和 Wei（1976）及 Wei（1978b）可知，Z_T也是平稳线性高斯过程，其形式为

$$Z_T=\sum_{j=0}^{\infty}\Psi_j\varepsilon_{T-j}=\Psi(B)\varepsilon_T \tag{20.5.11}$$

其中，ε_T是均值为 0、方差为$\mathrm{Var}(\varepsilon_T)=\sigma_{\varepsilon}^2$且$E(\varepsilon_T^3)=\mu_3$的独立同分布随机变量序列。$\Psi(x)=\sum_{j=0}^{\infty}\Psi_j x^j$，$\sum_{j=0}^{\infty}|\Psi_j|<\infty$，$B$是后移算子，$BZ_t=Z_{t-1}$。参数$\Psi_j$和$\sigma_{\varepsilon}^2$是式（20.5.6）中非聚积过程参数$\psi_j$和$\sigma_a^2$的函数。因此，基于序列$Z_T$的检验遵循$z_t$序列同样的线索。

一些简单的非线性时间序列模型 如同 19.2.2 节，文献中提出了很多非线性时间序列模型。为研究聚积对线性检验的影响，考虑下面简单的模型：

（1）双线性 BL(1，0，1，1）模型

$$z_t=0.4-0.5z_{t-1}+0.6z_{t-1}a_{t-1}+a_t$$

（2）NLAR(1) 模型

$$z_t=(0.004z_{t-1}+a_t)(0.55z_{t-1})+a_t$$

（3）NLMA(2) 模型

$$z_t=a_t-0.3a_{t-1}+0.5a_{t-2}+0.6a_ta_{t-2}-0.2a_{t-1}^2$$

（4）门限 TAR(2；2，3；3) 模型

$$z_t=\begin{cases}2-0.3z_{t-1}+0.5z_{t-2}+a_t, & z_{t-3}\leqslant 1.5\\ 2.5+0.2z_{t-1}-0.5z_{t-2}-0.7z_{t-3}+a_t, & z_{t-3}>1.5\end{cases}$$

在上述模型中，a_t 是独立同分布的标准正态变量序列。

聚积对线性性检验的影响　为分析聚积对线性性检验的影响，Teles 和 Wei（2000）报告了 12 000 个观测值中的 1 000 个时间序列，每个观察值来自上述非线性模型，并且对其进行时间聚积，聚积阶数为 $m=2，3，6，12$。

回顾一下，对于所有的 u、v（对于在主整环中的矩形），线性模型的非中心化参数 $\lambda_{u,v}$ 为常数，因此，检验基于参数是否为常数。因为非线性模型不具有上述性质，故先分析聚积如何影响主整环的格中参数的离差。为了实现这一目的，用 SD 和 SD_A 分别表示非聚积和聚积序列从模拟中计算出来的非中心化参数估计的（样本）标准差，在表 20－7 中，我们给出了 $SD_A/(2n_A^{2c-1})$ 的值，并注意当 $m=1$ 时，$SD_A=SD$。这个比率度量考虑样本规模减小时聚积的影响。利用值 $c=0.55$ 来平滑参数。

表 20－7　**聚积对非中心化参数离差的影响**

	聚积阶数						
模型	1	2	3	4	6	8	12
BL	18.020	8.692	4.793	4.835	2.708	2.144	1.593
NLAR	3.162	2.606	2.249	2.008	1.749	1.623	1.409
NLMA	1.626	0.734	0.577	0.556	0.563	0.569	0.568
TAR	3.306	1.601	0.990	0.988	0.863	0.858	0.899

这个结果清楚表明，聚积的后果是非中心化参数值的离差减小；随着聚积的阶增大，这个影响增大。随着 m 递增，$\lambda_{u,v}$ 趋近于常数。即使对较低的 m，聚积对于检验统计量的影响也是重要的。非中心化参数值变动性的减小意味着聚积的后果是估计值 $2|\hat{V}_{u,v}|^2$ 的样本离差减小，所以线性假设在一般情况下均成立。Teles 和 Wei（2000）也探讨了检验能力，结果见表 20－8（$m=1$代表无聚积，即检验基于非聚积时间序列）。

表 20－8　**聚积对双谱检验势的影响**

	聚积阶数						
模型	1	2	3	4	6	8	12
BL	0.990	0.281	0.148	0.095	0.027	0.019	0.008
NLAR	0.657	0.456	0.249	0.110	0.044	0.024	0.013

续表

模型	聚积阶数						
	1	2	3	4	6	8	12
NLMA	0.747	0.005	0.001	0.002	0.003	0.000	0.000
TAR	0.798	0.416	0.011	0.013	0.000	0.001	0.000

我们可得到以下两个结论：

(1) 聚积导致检验的势下降，聚积的阶越高，这种损失越大。

(2) 最引人注目的结论是：对聚积数据，检验的势会出现急剧下降。即使是最低阶的聚积，即 $m=2$，检验的势也很低。这反映了上述非中心化参数的变动能力的强烈降低，所以，线性性检验对于聚积非常敏感。

Granger 和 Lee（1989）在某些时域检验上做了类似的研究。我们得到的时间聚积影响比他们的研究结果更严重。

聚积对正态性检验的影响 根据式（20.5.5），在高斯过程的原假设下，对于大的 $n_A=n/m$ 而言，我们用 $\hat{S}_A$ 表示基于聚积序列的检验统计量，它渐近为 $\chi^2(2Q_A, 0)$ 分布，其中 $Q_A \approx n_A^2/(12M_A^2)=m^{2(c-1)}n^2/(12M^2)\approx m^{2(c-1)}Q$ 和 $M_A=n_A^c$。因为 $m\geqslant 2$ 且 $\frac{1}{2}<c<1$，这表明 $Q_A<Q$。对于大的 $\hat{S}_A$ 值，原假设不成立。

由前面可知，如果过程 z_t 不是高斯过程，则检验统计量 $\hat{S}$ 的分布近似为 $\chi^2(2Q, \lambda)$。同样，统计量 $\hat{S}_A$ 近似为 $\chi^2(2Q_A, \lambda_A)$。因为 $Q_A<Q$，故聚积时间序列观测值数目的减少导致检验统计量计算近似分布自由度的减少。更重要的是，这也导致了非中心化参数的改变。下面分析这个参数是如何受影响的。

对于线性非高斯过程 z_t，式（20.5.9）表明，$2|\hat{V}_{u,v}|^2$ 的渐近分布的非中心化参数是常数，即对于所有 u、v，所有 D 中的矩形，$\lambda_{u,v}=2n^{2c-1}\cdot\mu_{3_a}^2/\sigma_a^6=\lambda_0$，其中 $\mu_{3_a}^2\neq 0$。为简便起见，假定所有矩形均位于 D 中，那么，$\lambda=\sum_{u,v}\lambda_0=Q\lambda_0$。

因为 Z_T 也是线性过程，故对应的非中心化参数也是常数：

$$\lambda_{A0}=2\left(\frac{n}{m}\right)^{2c-1}\frac{\mu_{3_\varepsilon}^2}{\sigma_\varepsilon^6} \tag{20.5.12}$$

其中，$\sigma_\varepsilon^2=\mathrm{Var}(\varepsilon_T)$，$\mu_{3_\varepsilon}=E(\varepsilon_T^3)$，从而 $\lambda_A=Q_a\lambda_{A0}$。记住，当 $m\geqslant 2$ 且 $\frac{1}{2}<c<1$ 时，上式表明，λ_{A_0} 和 λ_0 之间的关系依赖于 μ_{3_ε} 和 μ_{3_a} 以及 σ_ε 和 σ_a 的关系。例如，如果 Z_T 是序列 z_t 的 m 阶聚积，z_t 服从平稳可逆 ARMA(1，1）模型，

$$(1-\phi B)z_t=(1-\theta B)a_t$$

其中，$|\phi|<1$，$|\theta|<1$，Teles 和 Wei（2002）表明，非中心化参数 λ_0 和 λ_{A_0} 的关系可以由下式给出：

$$\lambda_{A0}=\frac{\lambda_0}{m^{2c}} \tag{20.5.13}$$

因为$\frac{1}{2}<c<1$且$m\geqslant 2$，故式（20.5.13）表明，随着聚积阶的增加，$2|\hat{V}_{u,v}|^2$的渐近分布的非中心化参数以m^{2c}的速度下降。作为λ_{A0}下降的结果，检验统计量$\hat{S}_A$的分布的非中心化参数为

$$\lambda_A=Q_a\lambda_{A0}=Q_A\frac{\lambda_0}{m^{2c}}=\frac{1}{12}\left(\frac{n}{m}\right)^{2(1-c)}\frac{\lambda_0}{m^{2c}}=\frac{n^{2(1-c)}}{12}\frac{\lambda_0}{m^2}=Q\frac{\lambda_0}{m^2}=\frac{\lambda}{m^2} \tag{20.5.14}$$

它也是下降的。因此，$\lambda_A<\lambda$，且λ_A的值以聚积阶的平方的速度下降。非中心化参数的下降意味着，时间聚积使检验统计量的渐近分布更靠近原假设，即中心卡方分布，其非中心参数为 0。这也意味着，聚积导致正态性。检验聚积时间序列相对于检验原来的基本序列而言，原假设不成立的可能性更小。聚积的阶越高，其影响越强，即原假设不成立的可能性越小。

20.6　聚积对单位根检验的影响

为检验单位根，我们考虑 AR(1) 模型

$$z_t=\phi z_{t-1}+a_t \tag{20.6.1}$$

检验原假设H_0：$\phi=1$，对立假设H_1：$\phi<1$，其中，a_t是均值为 0、方差为σ_a^2的独立同分布的变量，且$z_0=0$。

回顾第 9 章，检验统计量为$n(\hat{\phi}-1)$，即通常的标准单位根估计量，

$$\hat{\phi}=\frac{\sum_{t=2}^{n}z_{t-1}z_t}{\sum_{t=2}^{n}z_{t-1}^2} \tag{20.6.2}$$

在原假设下，该统计量的极限分布为

$$n(\hat{\phi}-1)\xrightarrow{d}\frac{\frac{1}{2}[\{W(1)\}^2-1]}{\int_0^1\{W(X)\}\mathrm{d}X} \tag{20.6.3}$$

其中，$W(u)$为标准维纳过程。$\hat{\phi}$的学生统计量，即通常的回归t统计量，在原假设下为

$$T_{\hat{\phi}}=\frac{\hat{\phi}-1}{S_{\hat{\phi}}}=\frac{\hat{\phi}-1}{(\hat{\sigma}_a^2/\sum_{t=2}^{n}z_{t-1}^2)^{1/2}}=\frac{n^{-1}\sum_{t=2}^{n}z_{t-1}a_t}{(n^{-2}\sum_{t=2}^{n}z_{t-1}^2)^{1/2}(\hat{\sigma}_a^2)^{1/2}} \tag{20.6.4}$$

其中，$S_{\hat{\phi}}$是$\hat{\phi}$的标准差估计，$\hat{\sigma}_a^2$是σ_a^2的最小二乘估计量，即

$$\hat{\sigma}_a^2=\frac{1}{n-2}\sum_{t=2}^{n}\hat{a}_t^2=\frac{1}{n-2}\sum_{t=2}^{n}(z_t-\hat{\phi}z_{t-1})^2$$

原假设下$T_{\hat{\phi}}$的极限分布为

$$T_{\hat{\phi}} \xrightarrow{d} \frac{\frac{1}{2}[\{W(1)\}^2-1]}{[\int_0^1 \{W(X)\}\mathrm{d}X]^{1/2}} \tag{20.6.5}$$

由于数据收集过程或研究者的实践，时间序列常常通过时间聚积得到。例如，常用于分析和建模的时间序列是季度或者月度数据。当非聚积序列不可得而聚积数据可得时，了解单位根检验是重要的。

20.6.1 聚积序列模型

在原假设 H_0：$\phi=1$ 下，式（20.6.1）的模型变成随机游走，$(1-B)z_t=a_t$。Teles 和 Wei（1999）中聚积序列的对应模型为

$$Z_T=Z_{T-1}+\varepsilon_T-\Theta\varepsilon_{T-1} \tag{20.6.6}$$

其中，ε_T 是均值为 0、方差为 σ_ε^2 的独立同分布的变量，参数 Θ 和 σ_ε^2 取决于：

（1）如果 $m=1$，那么 $\Theta=0$，$\sigma_\varepsilon^2=\sigma_a^2$。

（2）如果 $m\geqslant 2$，那么

$$\Theta=-\frac{2m^2+1}{m^2-1}+\left\{\left(\frac{2m^2+1}{m^2-1}\right)^2-1\right\}^{1/2}$$

$$\sigma_\varepsilon^2=\sigma_a^2\frac{m(2m^2+1)}{3(1+\Theta^2)} \tag{20.6.7}$$

这些结果意味着，聚积序列服从 ARIMA(0，1，1）模型，聚积以后，其单位根仍然保留，即聚积时间序列仍是非平稳的。而且，正如式（20.6.7）所表明的，聚积模型的移动平均参数 Θ 为负，且只依赖聚积的阶 m。容易看出，Θ 是 m 的减函数。因为 $\Theta<0$，所以可得到如下结论：当 m 增加时，Θ 的绝对值增加。

20.6.2 聚积对检验统计量分布的影响

为考察聚积序列 Z_T 中是否包含单位根，由式（20.6.6）和式（20.6.7）的结论可知，我们应该检验原假设 H_0：$\Phi=1$ 和备择假设 H_1：$\Phi<1$，其模型为

$$Z_T=\Phi Z_{T-1}+\zeta_T \tag{20.6.8}$$

其中，ζ_T 服从 MA(1) 模型 $\zeta_T=\varepsilon_T-\Theta\varepsilon_{T-1}$，$\varepsilon_T$ 是均值为 0、方差为 σ_ε^2 的独立同分布的随机变量序列。Φ 的最小二乘估计值为

$$\hat{\Phi}=\frac{\sum_{t=2}^{n_A} Z_{T-1}Z_T}{\sum_{t=2}^{n_A} Z_{T-1}^2} \tag{20.6.9}$$

因为在原假设 $Z_T=Z_{T-1}+\varepsilon_T-\Theta\varepsilon_{T-1}$ 下，我们有

$$\hat{\Phi}=\frac{\sum_{t=2}^{n_A} Z_{T-1}(Z_{T-1}+\varepsilon_T-\Theta\varepsilon_{T-1})}{\sum_{t=2}^{n_A} Z_{T-1}^2}$$

$$=1+\frac{\sum_{t=2}^{n_A} Z_{T-1}\varepsilon_T}{\sum_{t=2}^{n_A} Z_{T-1}^2}-\Theta\frac{\sum_{t=2}^{n_A} Z_{T-1}\varepsilon_{T-1}}{\sum_{t=2}^{n_A} Z_{T-1}^2}$$

因此，我们得到标准化单位根估计量为

$$n_A(\hat{\Phi}-1)=\frac{n_A^{-1}\sum_{t=2}^{n_A} Z_{T-1}\varepsilon_T}{n_A^{-2}\sum_{t=2}^{n_A} Z_{T-1}^2}-\Theta\frac{n_A^{-1}\sum_{t=2}^{n_A} Z_{T-1}\varepsilon_{T-1}}{n_A^{-2}\sum_{t=2}^{n_A} Z_{T-1}^2} \tag{20.6.10}$$

在原假设下，式（20.6.6）的最小二乘估计值 $\hat{\Phi}$ 的学生统计量为

$$T_{\hat{\Phi}}=\frac{\hat{\Phi}-1}{S_{\hat{\Phi}}}=\frac{\hat{\Phi}-1}{(\hat{\sigma}_\zeta^2/\sum_{t=2}^{n_A} Z_{t-1}^2)^{1/2}}$$

$$=\frac{n_A^{-1}\sum_{t=2}^{n_A} Z_{T-1}\varepsilon_T-\Theta n_A^{-1}\sum_{t=2}^{n_A} Z_{T-1}\varepsilon_{T-1}}{(\hat{\sigma}_\xi^2 n_A^{-2}\sum_{t=2}^{n_A} Z_{t-1}^2)^{1/2}} \tag{20.6.11}$$

其中，我们要用到式（20.6.10）。

Teles 和 Wei（1999）再次给出原假设下检验统计量的极限分布为

$$n_A(\hat{\Phi}-1)\xrightarrow{d}\frac{\frac{1}{2}[\{W(1)\}^2-1]}{\int_0^1\{W(X)\}\mathrm{d}X}+\frac{(m^2-1)/6m^2}{\int_0^1\{W(X)\}\mathrm{d}X} \tag{20.6.12}$$

$$T_{\hat{\Phi}}\xrightarrow{d}\left(\frac{3m^2}{2m^2+1}\right)^{1/2}\left(\frac{\frac{1}{2}[\{W(1)\}^2-1]}{\left[\int_0^1\{W(X)\}\mathrm{d}X\right]^{1/2}}+\frac{(m^2-1)/6m^2}{\left[\int_0^1\{W(X)\}\mathrm{d}X\right]^{1/2}}\right) \tag{20.6.13}$$

式（20.6.12）和式（20.6.13）表明，聚积时间序列检验统计量的极限分布依赖于聚积的阶 m。因为 $m\geqslant 2$，故聚积统计量的分布相对于式（20.6.3）和式（20.6.5）中的基本统计量向右移动，这一移动随聚积的阶增加而增加。

20.6.3 聚积对检验势和显著性水平的影响

上述统计量分布的右移意味着，当聚积序列用于检验单位根时，Dickey（1976，pp. 52 - 53）和 Fuller（1996，pp. 641 - 642）中列出的百分位数可能导致不正确的结论。在本节我们将更详细地探讨使用聚积时间序列对于检验势和显著性水平的影响。

首先研究聚积对检验的经验显著性水平的影响。实际上，因为拒绝域在分布的左尾部，即当检验统计量小于合适的临界点时拒绝存在单位根的原假设，故由聚积导致的分布右移，导致在原假设下拒绝它的可能性将比我们所期望的更小。因此，经验的显著性水平比正常的显著性水平低。

为了确定上述影响，我们进行下列模拟实验。在有限样本情形下，$n=600$ 个观测的 50 000 个时间序列由随机游走模型 $z_t=z_{t-1}+a_t$ 生成，其中 $z_1=0$，a_t 是独立同分布于 $N(0,1)$ 的随机变量序列。生成的时间序列以聚积阶 $m=2$，3，4，6，8，12 来聚积。对于极限情形，每个检验统计量的 100 000 个值由式（20.6.3）和式（20.6.5）中基本序列

以及式（20.6.12）和式（20.6.13）中阶为 $m=2$，3，4，6，8，12 的聚积情形的适当极限分布生成。基于临界点可观察到的显著性水平由 Dickey（1976，pp. 52－53）和 Fuller（1996，pp. 641－642）通过模拟得到，见表 20－9，其中，$m=1$ 代表没有聚积的基本模型。使用的正常显著性水平为 5%。NURE 表示标准化的单位根统计量，Stdt. Stat. 表示学生统计量。

模拟实验清楚地表明，对于 $m=1$ 的基本模型，Dickey 和 Fuller 的临界点是合适的。实际上，经验显著性水平与 5%的正常水平一致。然而，随着聚积阶的增加，可观察到的显著性水平下降，其影响很大。并且，我们看到，即使当 $m=2$ 时，也会产生严重的影响。显然，对于任何阶的聚积，它对检验的影响都是严重的。

这些结论也得到了 Schwert（1989）、Pantula（1991）、Agiakloglou 和 Newbold（1992）等模拟研究的支持。Cheung 和 Lai（1995）的研究表明，即使是大样本，Dickey-Fuller 检验也受到模型中移动平均分量的严重影响。对于负的移动平均参数，也就是我们所讨论的情形，模拟实验中检验的可观察到的显著性水平也低于正常水平。

检验统计量分布的移动对于检验的势也有重要意义。因为当检验统计量小于临界点时，原假设不成立，所以，当聚积序列使用未调整的百分位数作为检验的临界值时，将导致比检验的显著性水平更小的拒绝域。为避免这个问题，当聚积时间序列用于检验单位根时，由 Dickey（1976，pp. 52－53）和 Fuller（1996，pp. 641－642）提供的百分位数表需要调整。因此，我们在附录中制作了表 J 和表 K，对于经常使用的 $m=1$，2，3，4，6，12 阶聚积，表 J 和表 K 对于检验统计量的分布是适合的，其中，$m=1$ 代表没有聚积，而且其值接近于表 F 和表 G 中除去约减的值。为得到修正的百分位数，我们采用 Dickey（1976）基于蒙特卡罗模拟的程序。我们调整了蒙特卡罗模拟程序并计算聚积序列的检验统计量。表中所示的样本量为聚积序列的样本量。例如，基于样本量 $n_A=100$ 的聚积时间序列的标准化单位根估计量的 5%的百分位数，在聚积阶 $m=2$ 时，它的结果为－5.82。表 J 和表 K 用于没有常数项的模型。对于带有常数项的模型，请读者参阅 Teles（1999）。

表 20－9　　聚积对检验的经验显著性水平的影响

	聚积阶数						
	1	2	3	4	6	8	12
	有限样本						
NURE	0.050 9	0.021 1	0.017 4	0.016 5	0.015 3	0.015 0	0.015 7
Stdt. Stat.	0.050 0	0.021 3	0.017 3	0.016 1	0.015 4	0.015 0	0.015 4
	有限分布						
NURE	0.049 6	0.021 5	0.017 4	0.016 1	0.015 1	0.014 8	0.014 5
Stdt. Stat.	0.049 0	0.021 5	0.017 2	0.016 0	0.015 3	0.014 9	0.014 7

20.6.4 例　子

为说明聚积对单位根检验的影响，我们分析两个例子：一个模拟序列和美国新房屋销售的时间序列。

例 20－4　在模拟序列中，由模型 $z_t=0.95z_{t-1}+a_t$ 生成 240 个观测值的时间序列，其中，a_t 是独立同分布 $N(0, 1)$ 的随机变量。这个序列用 $m=3$ 进行聚积。

首先检验基本序列 z_t（240 个观测值）的单位根。假定模型未知，考察样本自相关函数和偏自相关函数，皆表明为 AR(1) 模型。最小二乘估计有下面的结果（括号内为标准误差）：

$$\begin{aligned}&\hat{z}_t=0.9603z_{t-1}\\&\quad(0.0182)\end{aligned}\tag{20.6.14}$$

为检验序列的单位根假设，检验统计量的值为 $n(\hat{\phi}-1)=240\times(0.9603-1)=-9.53$ 和 $T_{\hat{\phi}}=(0.9603-1)/0.0182=-2.18$。由 Dickey（1976，pp. 52－53）和 Fuller（1996，pp. 641－642）提供的表，对于 $n=240$ 和 5%的显著性水平，标准化单位根估计量的临界点介于－8.0 和－7.9 之间，学生统计量为－1.95。检验结论拒绝单位根假设，z_t 是平稳的。这个结果肯定与基本的模拟模型一致。

考虑 $m=3$（80 个观测值）的聚积序列 Z_T，并用它来检验单位根。然而，为现实地分析真实数据，我们不假定已知该模型而直接用标准程序来构建序列的最佳模型。样本自相关和偏自相关（表中没有）表明该序列为 AR(1) 模型。用 ARMA(1，1) 模型过度拟合可得到无意义的 MA 项，因此，保留AR(1)模型。进行最小二乘估计可得到下列模型（括号内为标准误差）：

$$\begin{aligned}&\hat{Z}=0.9205Z_{T-1}\\&\quad(0.0448)\end{aligned}\tag{20.6.15}$$

检验统计量的值为 $n_A(\hat{\Phi}-1)=80\times(0.205-1)=-6.36$ 和 $T_{\hat{\Phi}}=\dfrac{(0.9205-1)}{0.0448}=-1.77$。因为检验基于 $m=3$ 和 $n_A=80$ 的时间聚积，故由表 J 和表 K 可知，可以使用 $m=3$ 时的调整临界点。在 5%的显著性水平上，非标准化单位根估计量的临界点介于－5.45 和－5.40 之间，学生统计量是－1.60。因此，单位根的原假设不成立，聚积序列 Z_T 是平稳的。

如果我们由 Dickey（1976，pp. 52－53）和 Fuller（1996，pp. 641－642）得到检验结论，那么，在 5%的显著性水平下，$n=50$ 时的标准化单位根估计量的临界点介于－7.9 和－7.7 之间，学生统计量为－1.95。保留单位根假设，结论为序列 Z_T 是非平稳的。这个错误的结论将导致我们过度差分 Z_T 并歪曲对它的分析。

关于平稳过程聚积的扩展研究包括 Amemiya 和 Wu（1972）、Brewer（1973）、Wei（1978a，b）、Weiss（1984）、Stram 和 Wei（1986b）以及 Lütkepohl（1987）。由上述研究可知，平稳时间序列的聚积序列是平稳的。所以，这个例子表明，使用未调整的临界点去检验聚积序列的单位根可能导致的结果是：得出平稳过程包含单位根的结论和过度差分。为避免这个问题，当检验基于聚积序列时，应该使用调整的百分位数。

例 20－5　我们现在考虑美国新房屋销售的月度时间序列，时间为 1968 年 1 月—1982 年 12 月（180 个观测值），数据列在附录 W16 中。数据来自美国商务部人口普查局的《当前建设报告》(Current Construction Reports)。数据已经通过减去对应的月度平均季节值进行了季节性调整。

首先假定我们感兴趣的是对美国每季度新房屋销售数据序列 Z_T（60 个观测值）建模。为检验 Z_T 的单位根，我们首先注意到，作为已经过季节性调整的序列，其均值为 0。然后，由下表所给出的 Z_T 的样本自相关和偏自相关函数，识别出该序列为 AR(1) 模型：

Z_T 的样本自相关

1～9	0.89	0.75	0.62	0.53	0.41	0.22	0.07	−0.08	−0.18
St. E.	0.13	0.21	0.25	0.27	0.29	0.30	0.30	0.30	0.30

Z_T 的样本偏自相关

1～9	0.89	−0.20	0.01	0.06	−0.23	−0.38	0.11	−0.22	−0.01
St. E.	0.13	0.13	0.13	0.13	0.13	0.13	0.13	0.13	0.13

用 ARMA(1，1) 模型去过度拟合，得到了无意义的 MA 项

$$\hat{Z}_T = \underset{(0.076\,5)}{0.861\,2}Z_{T-1} + \varepsilon_T + \underset{(0.147\,6)}{0.161\,0}\varepsilon_{T-1}$$

我们将仍保留 AR(1) 模型。最小二乘估计（括号内为标准误差）为

$$\hat{Z}_T = \underset{(0.059\,0)}{0.891\,5}Z_{T-1} \tag{20.6.16}$$

统计量的值为 $n_A(\hat{\Phi}-1)=60\times(0.891\,5-1)=-6.51$，$T_{\hat{\Phi}}=\dfrac{0.891\,5-1}{0.059}=-1.84$。因为检验基于 $m=3$ 和 $n_A=60$ 的聚积时间序列，故应该使用表 J 和表 K 中调整的临界点。在 5%的显著性水平下，标准化的单位根估计量的临界值介于−5.45 和−5.40 之间，学生统计量为−1.60。因此，单位根的原假设不成立，即聚积序列 Z_T 平稳。

如果将结论基于 Dickey（1976，pp. 52 - 53）和 Fuller（1996，pp. 641 - 642）给定的未调整的百分位数，那么在 5%的显著性水平下，$n=60$ 时，标准化单位根估计量的临界点介于−7.9 和−7.7 之间，学生统计量为−1.95。与例 20 - 4 一样，我们保留单位根假设并得出序列 Z_T 非平稳的结论。

注意，数据是月度的。实际上，因为对新房屋的需求依赖于房屋购买者的月度支付能力，故可以视月为新房屋销售的适合的时间单位。大部分房屋购买者依赖于抵押贷款融资。在我们研究的时期，大多数支付计划是月度的，这反映了新房屋需求的形成。

因此，我们可以将月视为基本时间单位，将月度序列 z_t 视为基本序列。现在，我们检验 z_t 的单位根。在样本自相关和偏自相关函数中（表中未列出），序列识别为 AR(1) 模型。然后，我们用最小二乘法去拟合 z_t 的 AR(1) 模型。估计结果为（括号内为标准误差）：

$$\hat{z}_t = \underset{(0.025\,2)}{0.941\,2}z_{t-1} \tag{20.6.17}$$

为了检验这个序列的单位根假设，我们计算得到该检验的统计量为 $n(\hat{\phi}-1)=180\times(0.941\,2-1)=-10.58$和 $T_{\hat{\phi}}=\dfrac{0.941\,2-1}{0.025\,2}=-2.33$。因为 z_t 是基本序列，故我们将使用

由 Dickey 和 Fuller 给出的表。对于 $n=180$，在 5%的显著性水平下，标准化单位根估计量的临界点介于 -8.0 和 -7.9 之间，学生统计量为 -1.95。因此，我们拒绝有单位根的假设，得出 z_t 平稳的结论。和前面的例子相同，得出的结论是 z_t 为非平稳的，显然，使用未调整的临界点导致了错误的结论。

20.6.5　一般情况和结论性评论

前面我们分析了使用聚积时间序列是如何影响单位根检验的。上节的分析是基于 Dickey 和 Fuller（1979）提出的原始模型。对于非零均值过程，我们可在运用检验程序之前，简单地计算均值调整序列。

对于一般过程，我们考虑聚积序列 $(1-\Phi_1 B-\cdots-\Phi_p B^p)Z_T=\varepsilon_T$ 的近似 AR(p)。为检验单位根，令 $\Phi_p(B)=\varphi_{p-1}(B)(1-B)$，其中，$\varphi_{p-1}(B)=(1-\varphi_1 B-\cdots-\varphi_{p-1}B^{p-1})$ 有根落在单位圆之外。因此，单位根检验等价于在下面的模型中检验 $\Phi=1$，其模型为

$$Z_T=\Phi Z_{T-1}+\sum_{j=1}^{p-1}\varphi_j\Delta Z_{T-j}+\varepsilon_T \tag{20.6.18}$$

其中，$\Delta Z_{T-j}=(Z_{T-j}-Z_{T-j-1})$。根据 9.4 节的结果，标准化单位根估计量变为

$$n_A(\hat{\Phi}-1)\psi_A(1) \tag{20.6.19}$$

其中，$\psi_A(B)=1/\varphi(B)$，$\varphi(B)=(1-\varphi_1 B-\cdots-\varphi_{p-1}B^{p-1})$，对应的 T 统计量为

$$T_{\hat{\Phi}}=\frac{(\hat{\Phi}-1)}{S_{\hat{\Phi}}} \tag{20.6.20}$$

式（20.6.19）和式（20.6.20）中检验统计量的极限分布与式（20.6.12）和式（20.6.13）中的一样。聚积导致分布右移，也造成经验显著性水平低于正常水平，明显降低了检验的势。然而，和 9.4 节的结果类似，在使用聚积数据时，我们可以分别使用相同的调整后的表 J 和表 K 来处理式（20.6.19）的标准化单位根和式（20.6.20）中的 T 统计量。具体细节和例子见 Teles（1999）。

为修正上述问题，我们制作临界点的调整表以适用于基于聚积时间序列的单位根检验。模拟和实证检验清楚表明，只要使用聚积时间序列，对一个合适的检验，调整表的使用就是非常有必要的。

类似的研究由 Pierse 和 Snell（1995）给出。因为他们的研究没有提供用于检验时间聚积序列的显式分布，人们无法考察该文章中聚积的阶影响的内在原因。有人或许会说，对带有相关误差的序列，许多检验都是可行的，如增广的 Dickey-Fuller 检验、Phillips 检验（1987a，b）、Phillips 和 Perron 检验（1988）。然而，尽管聚积导致相关性，但是，这种相关性常常并没有强到在实证模型拟合过程中显示出显著性，这可以清楚地从 20.6.4 节中的模拟和实际例子的检验中看到。因此，标准的 Dickey-Fuller 检验而不是其他检验仍然可以用于推断。本研究的这些结果的本质在于，尽管标准的 Dickey-Fuller 检验仍然可用于准确的推断，然而，只要在分析中使用聚积时间序列，就应该使用基于聚积阶的经调整的表。Dickey-Fuller 检验可能是时间序列中最为广泛使用的检验之一，希望本研究所提供的结果对数据分析能有所帮助。

20.7　进一步的评论

时间聚积和系统抽样在时间序列中产生了重要的问题。处理时间序列数据，首先必须决定分析中的观测值时间单位。如果所研究现象的模型使用某一时间单位 t 是合适的，那么关于基本模型的合适推断应依据这个时间单位做出。正如前面各节所述，使用某些不合适的较大时间单位会导致在参数估计和预报中出现大量信息损失。更重要的是，不恰当地使用聚积数据会在滞后结构和因果关系中得出错误结论，还可能在最终的政策和决策制定中导致更严重的后果。

大多数时间过程可以在诸如线性性、正态性、平稳性假设下确定。然而，许多实际中遇到的时间序列常常是非线性的、非正态的或非平稳的。为检验观察到的时间序列是否符合假设，必须引入线性性、正态性和非平稳性检验。由于数据收集过程或者研究者的原因，分析中的时间序列和建模常常通过时间聚积获得。其结果是，用于检验的时间序列常常是时间聚积的。本章研究了时间聚积序列在各种检验中的影响。通过其对于统计量样本分布冲击的研究，时间聚积序列的使用往往会导致检验势的严重损失，进而常常导致错误的结论。为避免不能准确把握模型的内在本质，当时间序列聚积用于检验时，解释检验结果必须特别小心。

我们只提供了直接与本书有关的结果。关于时间聚积对模型结构的影响的参考书包括：Engle 和 Liu（1972），Tiao（1972），Brewer（1973），Tiao 和 Wei（1976），Teräsvirta（1977），Wei（1978b），Harvey（1981），Werner（1982），Engle（1984），Lütkepohl（1984），Niemi（1984），Weiss（1984），Stram 和 Wei（1986b），Wei 和 Stram（1988）。时间聚积对参数估计影响的研究包括：Zellner 和 Montmarquette（1971），Engle 和 Liu（1972），Tiao 和 Wei（1976b），Wei（1978a，b），Wei 和 Mehta（1980），Ahsanullah 和 Wei（1984b）。时间聚积对预报的影响的研究包括：Amemiya 和 Wu（1972），Tiao 和 Wei（1976），Wei（1978b），Abraham（1982），Ahsanullah 和 Wei（1984a），Lütkepohl（1987）。聚积和季度调整问题也由 Lee 和 Wei（1979，1980）研究。

本章未讨论的相关问题是时间序列的同期聚积问题。它涉及的是系统中的几个分量序列的聚积。例如，货币总供给是存款成分和现金成分的聚积。全国总住房开工数是东北部、中西部、南部和西部各地区住房开工数的聚积。感兴趣的读者可以参考 Rose（1977），Tiao 和 Guttman（1980）、Wei 和 Abraham（1981）、Kohn（1982）、Lütkepohl（1984）、Engle（1984）、Lütkepohl（1987）等的研究。其中，Lütkepohl（1987）一书处理了向量 ARMA 过程的时间聚积并包含大量参考书。

为恢复信息损失，已经引入了几个反聚积过程。由于受本书研究范围所限，在此不讨论反聚积过程，建议有兴趣的读者参见 Boot、Feibes 和 Lisman（1967），Chow 和 Lin（1971），Cohen，Müller 和 Padberg（1971），Denton（1971），Stram 和 Wei（1986a），Al-Osh（1989），Guerrero（1990），Wei 和 Stram（1990），Chan（1993），Gudmundsson（1999），Hotta 和 Vasconcellos（1999），Hodgess 和 Wei（1996，2000a，b）以及 Di Fonzo（2003），等等。

练 习

20.1 考虑非聚积模型 $z_t=(1-0.1B-0.2B^2)a_t$，其中，a_t 是均值为 0、方差为 $\sigma_a^2=2$ 的高斯过程。

(a) 令 $Z_T=(1+B+B^2)z_{3T}$。对于 $k=0$，1，2 和 3，求出 Z_T 的自协方差函数 $\gamma_Z(k)$ 和 Z_T 的模型。

(b) 令 $Z_T=z_{3T}$，对于 $k=0$，1，2，3，求出 Z_T 的自协方差函数 $\gamma_Z(k)$ 和 Z_T 的模型。

20.2 考虑非聚积模型 $(1-0.9B)z_t=a_t$，其中，a_t 为高斯 $N(0, 1)$ 白噪声过程。

(a) 令 $Z_T=(1+B+B^2)z_{3T}$。对于 $k=0$，1，2 和 3，求出 Z_T 的自协方差函数 $\gamma_Z(k)$ 和 Z_T 的模型。

(b) 令 $Z_T=z_{3T}$。对于 $k=0$，1，2，求出 Z_T 的自协方差函数 $\gamma_Z(k)$ 和 Z_T 的模型。

20.3 分析美国 1961 年 1 月至 2002 年 8 月 16～19 岁年轻女性月度失业数据：

(a) 使用 1961 年 1 月至 2001 年 12 月数据建立月度模型。预报将来 9 个月的年轻失业女性数，得到 2002 年第一、二、三季度的对应数据。

(b) 使用 1961 年第一季度到 2001 年第四季度的数据建立季度模型。预报将来 3 个季度的数据。

(c) 由 (a) 得到月度模型，导出季度聚积，计算下 3 个季度的数据。

(d) 比较和评论 (a)、(b)、(c) 的结果。

20.4 (a) 令 $H_t=\left(\sum_{j=0}^{m-1}B^j\right)x_t$。证明

$$E(H_tH_{t-l})=mE(x_tx_{t-l})+\sum_{s=1}^{m-1}(m-s)E(x_tx_{t-(s-l)}+x_tx_{t-(s+l)})$$

(b) 在 (a) 中考虑 $x_t=(1-\theta B)a_t$，其中，a_t 是均值为 0、方差为 σ_a^2 的白噪声过程。证明

$$E(H_tH_{t-l})=\begin{cases}[m(1-\theta)^2+2\theta]\sigma_a^2, & l=0,\\ (m-l)(1-\theta)^2\sigma_a^2, & l=1,\cdots,(m-1)\\ -\theta\sigma_a^2, & l=m\\ 0, & \text{其他}\end{cases}$$

(c) 考虑单向因果模型

$$y_t=\alpha x_{t-1}+e_t$$

其中，$x_t=(1-\theta B)a_t$，e_t 和 a_t 是均值为 0、方差分别为 σ_e^2 和 σ_a^2 的独立白噪声过程。证明第 m 阶时间聚积变单向因果关系为双向反馈系统，

$$Y_T=\frac{\alpha(1-\theta)^2[(m-1)+B]}{[m(1-\theta)^2+2\theta]-\theta(B+F)}X_T+U_T$$

其中，$F=B^{-1}$，X_T 是 MA(1) 过程，其自协方差生成函数（AGF）由 $\gamma_X(B)=\sigma_a^2\{[m(1-\theta)^2+2\theta]-\theta(B+F)\}$ 给定；U_T 是误差过程，它独立于 X_T，X_T 的自协方差生成函数（AGF）由下式给出

$$\alpha^2\sigma_a^2\left\{[m(1-\theta)^2+2\theta]-\theta(B+F)-\frac{(1-\theta)^4[(m-1)+B][(m-1)+F]}{[m(1-\theta)^2+2\theta-\theta(B+F)]}\right\}+m\sigma_e^2$$

20.5 令 Z_T 为 z_t 的 m 阶聚积，其中 $z_t=a_t$，a_t 是均值为 0、方差为 σ_a^2 的独立同分布的随机变量。令 λ_0 和 λ_{A0} 是 z_t 和 Z_T 的非中心化参数。证明 $\lambda_{A0}=\lambda_0/m^{2c}$，其中，$\frac{1}{2}<c<1$。

20.6 (a) 对序列 W4 做单位根检验。

(b) 对序列 W4 的 3 阶聚积进行单位根检验。

(c) 比较并评论 (a) 和 (b) 的结果。

(d) 对序列 W14 重复上述步骤。

参考文献

Abraham, B. (1982). Temporal aggregation and time series, *International Statistical Review*, 50, 285 - 291.

Abraham, B., and Box, G. E. P. (1979). Bayesian analysis of some outlier problems in time series, *Biometrika*, 66, 229 - 236.

Abraham, B., and Chuang, A. (1989). Outlier detection and time series modeling, *Technometrics*, 31, 241 - 248.

Abraham, B., and Ledolter, J. (1983). *Statistical Methods for Forecasting*, John Wiley, New York.

Abraham, B., and Ledolter, J. (1984). A note on inverse autocorrelations, *Biometrika*, 71, 609 - 614.

Abraham, B., and Wei, W. W. S. (1984). Inferences about the parameters of a time series model with changing variance, *Metrika*, 31, 183 - 194.

Agiakloglou, C., and Newbold, P. (1992), Empirical evidence on Dickey-Fuller-type tests, *Journal of Time Series Analysis*, 13, 471 - 483.

Ahsanullah, M., and Wei, W. W. S. (1984a). Effects of temporal aggregation on forecasting in an ARMA (1, 1) process. *ASA Proceedings of Business and Economic Statistics Section*, 297 - 302.

Ahsanullah, M., and Wei, W. W. S. (1984b). The effects of time aggregation on the AR (1) process, *Computational Statistics Quarterly*, 1, No. 4, 343 - 352.

Akaike, H. (1969). Power spectrum estimation through autoregressive model fitting, *Ann. Inst. Statist. Math.*, 21, 407 - 419.

Akaike, H. (1973). Information theory and an extension of the maximum likelihood principle, *Proc. 2nd International Symposium on Information Theory* (Eds. B. N. Petrov and F. Csaki), 267 - 281, Akademiai Kiado, Budapest.

Akaike, H. (1974a). Markovian representation of stochastic processes and its application to the analysis of autoregressive moving average processes, *Ann. Inst. Statist. Math.*, 26, 363 - 387.

Akaike, H. (1974b). A new look at the statistical model identification, *IEEE Trans-*

actions on Automatic Control, AC-19, 716-723.

Akaike, H. (1976). Canonical correlations analysis of time series and the use of an information criterion, in *System Identification: Advances and Case Studies* (Eds. R. Mehra and D. G. Laniotis), Academic Press, New York and London.

Akaike, H. (1978). A Bayesian analysis of the minimum AIC procedure, *Ann. Inst. Statist. Math.*, 30A, 9-14.

Akaike, H. (1979). A Bayesian extension of the minimum AIC procedure of autoregressive model fitting, *Biometrika*, 66, 237-242.

Al-Osh, M. (1989). A dynamic linear model approach for disaggregating time series data, *Journal of Forecasting*, 8, 85-96.

Ali, M. M. (1977). Analysis of ARMA models—estimation and prediction, *Biometrika*, 64, 1-11.

Amemiya, T., and Wu, R. Y. (1972). The effect of aggregation on prediction in the autoregressive model, *J. Amer. Statist. Assoc.* No. 339, 628-632.

Anderson, T. W. (1971). *The Statistical Analysis of Time Series*, John Wiley, New York.

Anderson, T W. (1980). Maximum likelihood estimation for vector autoregressive moving average models, in *Directions in Time Series* (Eds. D. R. Brillinger and G. C. Tiao), *Institute of Mathematical Statistics*, 49-59.

Andrews, P. E., and Herzberg, A. M. (1985). *The Data: A Collection of Problems from Statistics*, Springer-Verlag, Berlin.

Ansley, C. F. (1979). An algorithm for the exact likelihood of a mixed autoregressive moving average process, *Biometrika*, 66, 59-65.

Ansley, C. F., and Newbold, P. (1979a). Multivariate partial autocorrelations, *ASA Proceedings of Business and Economic Statistics Section*, 349-353.

Ansley, C. F., and Newbold, P. (1979b). On the finite sample distribution of residual autocorrelations in autoregressive-moving average models, *Biometrika*, 66, 547-554.

Ashley, R. A., Patterson, D. M., and Hinich, M. J. (1986). A diagnostic test for nonlinear serial dependence in time-series fitting errors, *Journal of Time Series Analysis*, 7, 165-178.

Automatic Forecasting Systems, Inc. (1987). *MTS User's Guide*, Hatboro, PA.

Bartlett, M. S. (1941). The statistical significance of canonical correlation, *Biometrika*, 32, 29-38.

Bartlett, M. S. (1946). On the theoretical specification of sampling properties of autocorrelated time series, *J. Royal Stat. Soc.*, B8, 27-41.

Bartlett, M. S. (1947). Multivariate analysis, *Journal of the Royal Statistical Society Supplement*, B9, 176-197.

Bartlett, M. S. (1950). Periodogram analysis and continuous spectra, *Biometrika*, 37, 1-16.

Bartlett, M. S. (1955). *Stochastic Processes*, Cambridge University Press, Cambridge.

Bartlett, M. S. (1966). *An Introduction to Stochastic Processes with Reference to Methods and Application*, 2nd ed., Cambridge University Press, London.

Beguin, J. M., Gourieroux, C., and Monfort, A. (1980). Identification of a mixed autoregressive-moving average process: The comer method, *Time Series* (Ed. O. D. Anderson), 423 - 436, North-Holland, Amsterdam.

Bell, W. R. (1983). A computer program for detecting outliers in time series, *ASA Proceedings of Business and Economic Statistics Section*, 634 - 639.

Bell, W. R., and Hillmer, S. C. (1984). Issues involved with the seasonal adjustment of economic time series, *Journal of Business and Economic Statistics*, 2, 291 - 320.

Blackman, R. B., and Tukey, J. W. (1959). *The Measurement of Power Spectrum from the Point of View of Communications Engineering*, Dover, New York (Originally published in *Bell Systems Tech. Journal*, 37, 185 - 282 and 485 - 569 [1958]).

Bloomfield, P. (2000). *Fourier Analysis of Time Series: An Introduction*, 2nd ed., Wiley Interscience, New York.

Bohlin, T. (1976). Four cases of identification of changing systems, in *System Identification: Advances and Cases Studies* (Eds. R. Mehra and D. G. Laniotis). Academic Press, New York and London.

Bollerslev, T. (1986). Generalized autoregressive conditional heteroskedasticity, *Journal of Econometrics*, 31, 307 - 327.

Boot, J. C. G., Feibes, W., and Lisman, J. H. C. (1967). Further methods of derivation of quarterly figures from annual data, *Allied Statistics*, 16, 65 - 67.

Box, G. E. P., and Cox, D. R. (1964). An analysis of transformations, *J. Roy. Stat. Soc.* Ser. B. 26, 211 - 252.

Box, G. E. P., and Jenkins, G. M. (1976). *Time Series Analysis Forecasting and Control*, 2nd ed., Holden-Day, San Franscisco.

Box, G. E. P., Jenkins, G. M., and Reinsel, G. C. (1994). *Time Series Analysis, Forecasting and Control*, 3rd ed., Prentice Hall, Englewood Cliffs, NJ.

Box, G. E. P., and Pierce, D. A. (1970). Distribution of residual autocorrelations in autoregressive-integrated moving average time series models, *J. Amer. Statist. Assoc.*, 65, 1509 - 1526.

Box, G. E. P., and Tiao, G. C. (1965). A change in level of a non-stationary time series, *Biometrika*, 52, 181 - 192.

Box, G. E. P., and Tiao, G. C. (1975). Intervention analysis with applications to economic and environmental problems, *J. Amer. Statist. Assoc.*, 70, 70 - 79.

Box, G. E. P., and Tiao, G. C. (1977). A canonical analysis of multiple time series, *Biometrika*, 64, 355 - 365.

Brewer, K. R. W. (1973). Some consequences of temporal aggregation and systematic sampling for ARMA and ARMAX models, *Journal of Econometrics*, 1, 133 - 154.

Brillinger, D. R. (1975). *Time Series: Data Analysis and Theory*, Holt, Rinehart and Winston, New York.

Brillinger, D. R., Guckenheimer, J., Guttorp, P. E., and Oster, G. (1980). Empirical modeling of population time series data: The case of age and density dependent vital rates, *Lectures on Mathematics in the Life Science* (Amen Math. Soc.), 13, 65 - 90.

Brillinger, D. R., and Rosenblatt, M. (1967). Asymptotic theory of kth order spectra, *Spectral Analysis of Time Series* (Ed. B. Harris), 153 - 188, John Wiley, New York.

Bryant, P. G., and Smith, M. A. (1995). *Practical Data Analysis: Case Studies in Business Statistics*, Richard Irwin Inc., Burr Ridge, Illinois.

Burr, I. W. (1976). *Statistical Quality Control Methods*, Marcel Dekker, New York.

Buys-Ballot, C. H. D. (1847). *Leo Chaements Périodiques de Tempèrature*, Kemink et Fils, Utrecht.

Campbell, M. J., and Walker, A. M. (1977). A survey of statistical work on the MacKenzie River series of annual Canadian lynx trappings for the years 1821—1934, and a new analysis, *J. Roy. Statist. Soc.*, Ser. A, 140, 411 - 431; Discussion 448 - 468.

Chan, W. S. (1989). *Some Robust Methods for Time Series Modeling*, unpublished Ph. D. Dissertation, Temple University.

Chan, W. S. (1990). On tests for no linearity in Hong Kong stock returns, *Hong Kong Journal of Business Management*, 8, 1 - 11.

Chan, N. H., and Wei, C. Z. (1988). Limiting distribution of least squares estimates of unstable autoregressive processes, *Annals of Statistics*, 16, 367 - 401.

Chan, W. S., and Tong, H. (1986). On tests for non-linearity in time series, *Journal of Forecasting*, 5, 217 - 228.

Chan, W. S., and Wei, W. W. S. (1992). A comparison of some estimators of time series autocorrelations. *Computational Statistics and Data Analysis*, 14, 149 - 163.

Chan, W. S. (1993). Disaggregation of annual time series data to quarterly figures: a comparative study, *Journal of Forecasting*, 12, 677 - 688.

Chang, I., and Tiao, G. C. (1983). Estimation of time series parameters in the presence of outliers, Technical Report 8, University of Chicago, Statistics Research Center.

Chang, I., Tiao, G. C., and Chen, C. (1988). Estimation of timoe series parameters in the presence of outliers, *Technometrics*, 30, No. 2, 193 - 204.

Chen, C., and Liu, L. M. (1991). Forecasting time series with outliers, *Journal of Forecasting*, 12, 13 - 35.

Chen, C., and Liu, L. M. (1993). Joint estimation of model parameters and outliers effect in time series. *Journal of the American Statistical Association*, 88, 284 - 297.

Cheung, Y. W., and Lai, K. S. (1995). Estimating finite sample critical values for unit root tests using pure random walk processes: a note, *Journal of Time Series Analy-*

sis, 16, 493 - 498.

Chow, G. C., and Lin, A. (1971). Best linear unbiased interpolation, distribution and extrapolation of time series by related series, *Review of Economic Statistics*, 53, 372 - 375.

Clarke, D. G. (1976). Econometric measurement of the duration of advertising effect on sales, *Journal of Marketing Research*, 13, 345 - 357.

Cleveland, W. S. (1972). The inverse autocorrelations of a time series and their applications, *Technometrics*, 14, 277 - 293.

Cohen, K. J., Mtiller, W., and Padberg, M. W. (1971). Autoregressive approaches to disaggregation of time series data, *Applied Statistics*, 20, 119 - 129.

Cooley, J. W., and Tukey, J. W. (1965). An algorithm, for the machine calculation of complex Fourier series, *Math. Comp.*, 19, 197 - 301.

Crato, N., and Ray, B. K. (1996). Model selection and forecasting for long-range dependent processes, *Journal of Forecasting*, 15, 107 - 125.

Cupingood, L. A., and Wei, W. W. S. (1986). Seasonal adjustment of time series using one-sided filters, *Journal of Business and Economic Statistics*, 4, 473 - 484.

Dagum, E. B. (1980). The X-11-ARIMA seasonal adjustment method, Catalogue 12 - 564, Statistics Canada, Ottawa, Ontario.

Daniell, P. J. (1946). Discussion on symposium on autocorrelation in time series, *J. Roy. Statist. Soc.*, Suppl. 8, 88 - 90.

Davidson, J. E. H., Henry, D. F., Srba, F., and Yeo, S. (1978). Econometric modeling of the aggregate time series relationship between consumers' expenditure and income in the United Kingdom, *Economic Journal*, 88, 661 - 692.

Day, T. E., and Lewis, C. M. (1992). Stock market volatility and the information content of stock index options, *Journal of Econometrics*, 52, 267 - 287.

Denton, F. (1971). Adjustment of monthly or quarterly series to annual totals: an approach based on quadratic minimization, *J. Amer. Statist. Assoc.*, 66, 99 - 101.

Di Fonzo, T. (2003). Temporal disaggregation of economic time series: towards a dynamic extension, Working Paper #12 of Eurostate, Office for Official Publications of the European Communities, Luxembourg, 1 - 41.

Dickey, D. A. (1976). *Estimation and Hypothesis Testing in Nonstationary Time Series*, unpublished PhD. dissertation, Iowa State University.

Dickey, D. A., Bell, B., and Miller, R. (1986). Unit Roots in time series models: Tests and implications, *The American Statistician*, 40, No. 1, 12 - 26.

Dickey, D. A., and Fuller, W. A. (1979). Distribution of the estimates for autoregressive time series with a unit root, *J. Amer. Statist. Assoc.*, 74, 427 - 431.

Dickey, D. A., Hasza, D. P., and Fuller, W. A. (1984). Testing for unit roots in seasonal time series, *J. Amer. Statist. Assoc.*, 79, 355 - 367.

Draper, N., and Smith, H. (1981). *Applied Regression Analysis*, 2nd ed., Wiley-Interscience, New York.

Dunsmuir, W., and Robinson, R. M. (1981). Asymptotic theory for time series containing missing and amplitude modulated observations, Sankhya, A, 260 - 281.

Durbin, J. (1960). The fitting of time series models, *Review of the Institute of International Statistics*, 28, 233 - 244.

Engel, E. M. R. A. (1984). A unified approach to the study of sums, products, time-aggregation and other functions of ARMA processes, *Journal of Time Series Analysis*, 5, No. 3, 159 - 171.

Engle, R. F. (1982). Autoregressive conditional heteroscedasticity with estimates of the variance of United Kingdom Inflation, *Econometrica*, 50, 987 - 1007.

Engle, R. F., and Granger, C. W. J. (1987). Co-integration and error correction: representation, estimation, and testing, *Econometrica*, 55, 251 - 276.

Engle, R. F., Lilien, D. M., and Robins, R. P. (1987). Estimating time varying risk premia in the term structure: the ARCH-M model, *Econometrica*, 55, 391 - 407.

Engle, R. F., and Liu, T C. (1972). Effects of aggregation over time on dynamic characteristics of an econometric model, in *Econometric Models of Cyclical Behaviors*, Vol. 2 (Ed. B. G. Hickman), 673 - 737, Columbia University Press, New York.

Engle, R. F., Ng, V. K., and Rothschild, M. (1990). Asset pricing with a factor-arch covariance structure: empirical estimates for Treasury bills, *Journal of Econometrics*, 45, 213 - 237.

Fan, J., and Yao, Q. (2003). *Nonlinear Time Series*, Springer-Verlag, New York.

Feller, W. (1971). *An Introduction to Probability Theory and Its Applications*, Vol. 2, 2nd ed., John Wiley, New York.

Findley, D. F. (1985). On the unbiased property of AIC for exact or approximating linear stochastic time series models, *Journal of Time Series Analysis*, 6, 229 - 252.

Fisher, R. A. (1929). Tests of significance in harmonic analysis, *Proc. Roy. Soc.*, Ser. A. 125, 54 - 59.

Fox, A. J. (1972). Outliers in time series, *J. Roy. Statist. Soc.*, Ser. B, 43, 350 - 363.

Fuller, W. A. (1996). *Introduction to Statistical Time Series*, 2nd ed., John Wiley, New York.

Gantmacher, F. R. (1960). *The Theory of Matrices*, *Chelsea*, New York.

Geweke, J. M. (1982). Measurement of linear dependence and feedback between multiple time series, *J. Amer. Statist. Assoc.*, 77, 304 - 313.

Geweke, J., and Porter-Hudak, S. (1983). The estimation and application of long-memory time series models, *Journal of Time Series Analysis*, 4, 221 - 238.

Gnedenko, B. V. (1962). *The Theory of Probability* (Trans. B. D. Seckler), Chelsea, New York.

Godfrey, M. D. (1974). Computational methods for time series, *Bull Inst. Math Appl.*, 10, 224 - 227.

Good, I. J. (1958). The interaction algorithm and partial Fourier series, *J. Roy. Statist. Soc.*, Ser. B, 20, 361 - 372. Addendum (1960), B22, 372 - 375.

Gradshteyn, I. S., and Ryzhik, I. M. (1965). *Tables of Integrals, Series and Products*, 4th ed., Academic Press, New York.

Graham, A. (1981). *Kronecker Products and Matrix Calculus: With Applications*, John Wiley, New York.

Granger, C. W. J. (1986). Developments in the study of co-integrated economic variables, *Oxford Bulletin of Economics and Statistics*, 48, 213 - 228.

Granger C. W. J., and Lee, T. H. (1989). The effects of aggregation on nonlinearity, tech. report (University of California, San Diego); also in R. Mariano (Ed.), *Advances in Statistical Analysis and Statistical Computing*, JAI Press, Greenwich, CT.

Granger, C. W. J., and Newbold, P. (1986). *Forecast Economic Time Series*, 2nd ed., Academic Press, New York.

Gray, H. L., Kelley, G. D., and Mclntire, D. D. (1978). A new approach to ARMA modeling, *Communications in Statistics*, 87, 1 - 77.

Gudmundsson, G. (1999). Disaggregation of annual flow data with multiplicative trends, *Journal of Forecasting*, 18, 33 - 37.

Guerrero, V. M. (1990). Temporal disaggregation of time series: an ARIMA based approach, *International Statistical Review*, 58, 29 - 46.

Halmos, P. R. (1951). *Introduction to Hilbert Space*, Chelsea, New York.

Hamilton, J. D. (1994). *Time Series Analysis*, Princeton University Press, Princeton, NJ.

Hannan, E. J. (1969). The identification of vector mixed autoregressive moving average system, *Biometrika*, 56, 223 - 225.

Hannan, E. J. (1970). *Multiple Time Series*, John Wiley, New York.

Hannan, E. J. (1976). Review of multiple time series, *SIAM Reviews*, 18, 132.

Hannan, E. J. (1979). The statistical theory of linear systems, in *Developments in Statistics* (Ed. P. R. Krishnaiah), Vol. 2, 81 - 121, Academic Press, New York and London.

Hannan, E. J. (1980). The estimation of the order of an ARMA process, *Ann. Statist*, 8, 1071 - 1081.

Hannan, E. J., and Deistler, M. (1988). *The Statistical Theory of Linear Systems*, John Wiley & Sons, New York.

Hannan, E. J., Dunsmuir, W. T. M., and Deistler, M. (1980). Estimation of vector ARMAX models, *Journal of Multivariate Analysis*, 10, 275 - 295.

Hannan, E. J., and Quinn, B. G. (1979). The determination of the order of an autoregression, *J. Roy. Statist. Soc.*, Ser. B, 41, 190 - 195.

Harrison, P. J., and Stevens, C. F. (1976). Bayesian forecasting (with discussion), *J. Roy. Statist. Soc.*, Ser. B, 38, 205 - 247.

Hartley, H. O. (1949). Tests of significance in harmonic analysis, *Biometrika*, 36, 194 - 201.

Harvey, A. C. (1981). *Time Series Models*, Halsted Press, New York.

Helmer, R. M., and Johansson, J. K. (1977). An exposition of the Box Jenkins transfer function analysis with an application to the advertising sales relationship, *Journal of Marketing Research*, 14, 227 - 239.

Heyse, J. E, and Wei, W. W. S. (1984). Partial process autocorrelation for vector time series, tech. report # 30, Department of Statistics, Temple University.

Heyse, J. F., and Wei, W. W. S. (1985a). Inverse and partial lag autocorrelation for vector time series, *ASA Proceedings of Business and Economic Statistics Section*, 233 - 237.

Heyse, J. F., and Wei, W. W. S. (1985b). The partial lag autocorrelation function, tech. report # 32, Department of Statistics, Temple University.

Heyse, J. F., and Wei, W. W. S. (1986). Modelling the advertising-sale relationship through use of multiple time series techniques, *Journal of Forecasting*, 4, 165 - 181.

Hillmer, S. C., Bell, W. R., and Tiao, G. C. (1983). Modelling considerations in the seasonal adjustment of economic time series, in *Applied Time Series Analysis of Economic Data* (Ed. A. Zellner), 74 - 100, U. S. Bureau of the Census, Washington, DC.

Hillmer, S. C., and Tiao, G. C. (1979). Likelihood function of stationary multiple autoregressive moving average models, *J. Amer. Statist. Assoc.*, 74, 652 - 660.

Hillmer, S. C., and Tiao, G. C. (1982). An approach to seasonal adjustment, *J. Amer. Statist. Assoc.*, 77, 63 - 70.

Hinich, M. J. (1982). Testing for Gaussianity and linearity of a stationary time series, *Journal of Time Series Analysis*, 3, 169 - 176.

Hodgess, E. M., and Wei, W. W. S. (1996). Temporal disaggregation of time series, *Applied Statistical Science I*, 33 - 44.

Hodgess, E. M., and Wei, W. W. S. (2000a). An autoregressive disaggregation method, *Applied Statistical Science V*, 221 - 235.

Hodgess, E. M., and Wei, W. W. S. (2000b). Temporal disaggregation of stationary bivariate time series, *Linear Algebra and Its Applications*, 321, 175 - 196.

Hosking, J. R. M. (1980). The multivariate portmanteau statistic, *J. Amer. Statist. Assoc.*, 75, 602 - 607.

Hotta, L. K., and Vasconcellos, K. L. (1999). Aggregation and disaggregation of structural time series models, *Journal of Time Series Analysis*, 20, 155 - 171.

Izenman, A. J. (1985). J. R. Wolf and the Zurich sunspot relative numbers, *The Mathematical Intelligencer*, 7, No. 1, 27 - 33.

Izenman, A. J., and Zabell, S. L. (1981). Babies and the blackout: The genesis of a misconception, *Social Science Research*, 10, 282 - 299.

Jazwinski, A. H. (1970). *Stochastic Processes and Filtering Theory*, Academic

Press, New York and London.

Jenkins, G. M., and Watts, D. G. (1968). *Spectral Analysis and Its Applications*, Holden-Day, San Francisco.

Johansen, S. (1988). Statistical analysis of cointegration vectors, *Journal of Economic Dynamics and Control*, 12, 231 - 254.

Johansen, S. (1991). Estimation and hypothesis testing of cointegration vector in Gaussian vector autoregressive models, *Econometrica*, 59, 1551 -1580.

Johansen, S., and Juselius, K. (1990). Maximum likelihood estimation and inference on cointegration with applications to the demand for money, *Oxford Bulletin of Economics and Statistics*, 52, 169 - 210.

Johnson, R. A., and Wichern, D. W. (1998). *Applied Multivariate Statistical Analysis*, 4th ed., Prentice Hall, Upper Saddle River, New Jersey.

Jones, R. H. (1980). Maximum likelihood filtering of ARMA models to time series with missing observations, *Technornetrics*, 22, 389 - 395.

Kalman, R. E. (1960). A new approach to linear filtering and prediction problems, *Trans. ASME J. Basic Engrg.*, Ser. D, 82, 35 - 45.

Kalman, R. E., and Bucy, R. S. (1961). New results in linear filtering and prediction problems, *Trans. ASME. J. Basic Engrg.*, Series D, 83, 95 - 108.

Kalman, R. E., Falb, P. L., and Arbib, M. A. (1969). *Topics in Mathematical System Theory*, McGraw-Hill, New York.

Kohn, R. (1982). When is an aggregate of a time series efficient forecast by its past? *Journal of Econometrics*, 18, 337 - 349.

Kohn, R., and Ansley, C. E. (1983). Exact likelihood of vector autoregressive moving average process with missing or aggregated data, *Biometrika*, 70, 225 - 278.

Kolmogorov, A. (1939). Sur l'interpolation et l'extrapolation des suites stationnaires, *C. R. Acad. Sci. Paris*, 208, 2043 - 2045.

Kolmogorov, A. (1941). Interpolation und extrapolation von stationären Zufälligen Folgen, *Bull. Acad. Sci.* (Nauk), USSR, Ser. Math., 5, 3 - 14.

Koopmans, L. H. (1974). *The Spectral Analysis of Time Series*, Academic Press, New York and London.

Kremers, J. M. (1989). U. S. federal indebtedness and the conduct of fiscal policy, *Journal of Monetary Economics*, 23, 219 - 238.

Lamoureux, C. G., and Lastrapes, W. D. (1993). Forecasting stock return variance: toward an understanding of stochastic implied volatilities, *Review of Financial Studies*, 5, 293 - 326.

Ledolter, J. (1990). Outlier diagnostics in time series models, *Journal of Time Series Analysis*, 11, 317 - 324.

Lee, J. H., and Wei, W. W. S. (1995). A model-independent outlier detection procedure, *Journal of Applied Statistical Science*, 2, No. 4, 345 - 359.

Lee, R. M., and Wei, W. W. S. (1979). The Census X-11 program and quarterly seasonal adjustments, *ASA Proceedings of Business and Economic Section*, 366 – 370.

Lee, R. M., and Wei, W. W. S. (1980). Model based seasonal adjustment and temporal aggregation, *ASA Proceedings of Business and Economic Section*, 427 – 431.

Li, W. K. (2003). *Diagnostic Checks in Time Series*, Chapman and Hall/CRC, *London*.

Li, W. K., and McLeod, A. I. (1981). Distribution of the residual autocorrelations in multivariate ARMA times series models, *J. Roy. Statist. Soc.*, Ser. B, 43, 231 – 239.

Lin, K. S. (1987). A comparative study of various univariate time series models for Canadian lynx data, *Journal of Time Series Analysis*, 8, No. 2, 161 – 176.

Liu, L. M. (1987). Sales forecasting using multi-equation transfer function models, *Journal of Forecasting*, 6, 223 – 238.

Liu, L. M., and Hanssen, D. M. (1982). Identification of multiple input transfer function models, *Communication in Statistics*, 11, 297 – 314.

Ljung, G. (1993). On outlier detection in time series, *J. Roy. Stat. Soc.*, B55, 559 – 567.

Ljung, G. M., and Box, G. E. P. (1978). On a measure of lack of fit in time series models, *Biometrika*, 65, 297 – 303.

Ljung, G. M., and Box, G. E. P. (1979). The likelihood function of stationary autoregressive moving average models, *Biometrika*, 66, 265 – 270.

Lütkepohl, H. (1984). Forecasting contemporaneously aggregated vector ARMA processes, *Journal of Business and Economic Statistics*, 2, 201 – 214.

Lütkepohl, H. (1987). *Forecasting Aggregated Vector ARMA Processes*, Springer-Verlag, Berlin.

Marquardt, P. W. (1963). An algorithm for least squares estimation of non-linear parameters, *J. Soc. Ind. Appl. Math.*, 2, 431 – 441.

Martin, R. D. (1980). Robust estimation of autoregressive models, in *Directions in Time Series* (Eds. D. R. Brillinger and G. C. Tiao), 254 – 288, Institute of Mathematical Statistics, Hagwood, CA.

Masarotto, G. (1987). Robust identification of autoregressive moving average models, *Applied Statistics*, 36, 214 – 220.

Mcleod, A. I., and Li, W. K. (1983). Diagnostic checking ARMA time series models using squaredresidual autocorrelations, *Journal of Time Series Analysis*, 4, 269 – 273.

Mehra, R. K. (1979). Kalman filters and their applications to forecasting, in *Forecasting* (Eds. S. Makridakis and S. C. Wheelwright), *TIMS Studies in the Management Science*, 12, 74 – 894, North-Holland, Amsterdam.

Meinhold, R. J., and Singpurwalla, N. D. (1983). Understanding the Kalman filter, *American Statistician*, 57, 123 – 127.

Miller, R., and Wichern, D. W. (1977). *Intermediate Business Statistics*, Holt, Rinehart and Winston, New York.

Montgomery, D. C., and Weatherby, G. (1980). Modeling and forecast time series using transfer function and intervention methods, *AIIE Transactions*, 289 - 307.

Müller, D., and Wei, W. W. S. (1997). Iterative least squares estimation and identification of the transfer function model, *Journal of Time Series Analysis*, 18, 579 - 592.

Nelson, D. B. (1991). Conditional heteroskedasticity in asset return: a new approach, *Econometrica*, 59, 347 - 370.

Newbold, P. (1974). The exact likelihood function for a mixed autoregressive moving average process, *Biometrika*, 61, 423 - 426.

Newbold, P. (1982). Causality testing in economics, *Time Series Analysis: Theory and Practice 1* (Ed. O. D. Anderson), 701 - 716, North Holland, Amsterdam.

Newton, H. J., and Pagano, M. (1984). Simultaneous confidence bands for autoregressive spectra, *Biometrika*, 71, 197 - 202.

Nicholls, D. F (1976). The efficient estimation of vector linear time series models, *Biometrika*, 63, 381 - 390.

Nicholls, D. F. (1977). A comparison of estimation methods for vector linear time series models, *Biometrika*, 64, 85 - 90.

Nicholls, D. F, and Hall, A. D. (1979). The exact likelihood function of multivariate autoregressive moving average models, *Biometrika*, 66, 259 - 264.

Nicholson, A. J. (1950). Population oscillations caused by competition for food, *Nature*, London, 165, 476 - 477.

Niemi, H. (1984). The invertibility of sampled and aggregated ARMA models, *Metrika*, 31, 43 - 50.

Noble, B. (1969). *Applied Linear Algebra*, Prentice Hall, Englewood Cliffs, NJ.

O'Hagan, A. (1978). Curve fitting and optimal design for prediction, *J. Roy. Statist. Soc.*, Ser. B, 40, 1 - 42.

Osborn, R. R. (1977). Exact and approximate maximum likelihood estimators for vector moving average processes, *J. Roy. Statist. Soc.*, Ser. B, 39, 114 - 118.

Pack, D. J. (1979). Forecasting time series affected by identifiable isolated events and an explanatory variable, tech. report, Computer Science Division, Oak Ridge National Laboratory, Oak Ridge, TN.

Palda, K. S. (1964). *The Measurement of Cumulative Advertising Effects*, Prentice Hall, Englewood Cliffs, NJ.

Pantula, S. G. (1991). Asymptotic distributions of unit-root tests when the process is nearly stationary, *Journal of Business and Economic Statistics*, 9, 63 - 71.

Parzen, E. (1961a). An approach to time series analysis, *Ann. Math Statist.*, 32, 951 - 989.

Parzen, E. (1961b). Mathematical considerations in the estimation of spectra, *Technometrics*, 3, 167 - 190.

Parzen, E. (1963). Notes on Fourier analysis and spectral windows, in *Time Series*

Analysis Papers (Ed. E. Parzen), Holden-Day, San Francisco.

Parzen, E. (1974). Some recent advances in time series modelling, *IEEE Trans. Automatic Control*, AC-19, 723 - 729.

Parzen, E. (1977). Multiple time series modeling: Determining the order of approximating autoregressive schemes, in *Multivariate Analysis IV* (Ed. P. Krishnaiah), 283 - 295, North-Holland, Amsterdam.

Pena, D., and Box, G. E. P. (1987). Identifying a simplifying structure in time series, *J. of Amer. Statist. Assoc.*, 82, 836 - 843.

Pena, D., Tiao, G. C., and Tsay, R. S. (2001). *A Course in Time Series Analysis*, John Wiley, New York.

Petruccelli, J. D., and Davies, N. (1986). A portmanteau test for self-exciting threshold autoregressivetype nonlinearity in time series, *Biometrika*, 73, 687 - 694.

Phadke, M. S. (1981). Quality audit using adaptive Kalman filtering, *ASQC Quality CongressTransactions—San Francisco*, 1045 - 1052.

Phadke, M. S., and Kedem, G. (1978). Computation of the exact likelihood function of multivariate moving average models, *Biometrika*, 65, 511 - 519.

Phillips, P. C. B. (1986). Understanding spurious regressions in econometrics, *Journal of Econometrics*, 33, 311 - 340.

Phillips, P. C. B. (1987a). Time series regression with a unit root, *Econometrica*, 55, 277 - 301.

Phillips, P. C. B. (1987b). Towards a unified asymptotic theory for autoregression, *Biometrika*, 74, 535 - 547.

Phillips, P. C. B., and Perron, P. (1988). Testing for a unit root in time series regression, *Biometrika*, 75, 335 - 346.

Pierce, D. A. (1968). Distribution of residual correlations in dynamic/stochastic time series models, tech. report 173, Dept. of Statistics, Univ. of Wisconsin-Madison.

Pierce, D. A. (1980). A survey of recent developments in seasonal adjustment, *The American Statistician*, 34, 125 - 134.

Pierse, R. G., and Snell, A. J. (1995). Temporal aggregation and the power of tests for a unit root, *Journal of Econometrics*, 65, 333 - 345.

Priestley, M. B. (1981). *Spectral Analysis and Time Series*, Vols. I and II, Academic Press, London.

Priestley, M. B. (1988). *Non-Linear and Non-stationary Time Series Analysis*, Academic Press, London.

Priestley, M. B., and Subba Rao, T. (1975). The estimation of factor scores and Kalman filtering for discrete parameter stationary processes, *Int. J. Control*. 21, 971 - 975.

Quenouille, M. H. (1949). Approximate tests of correlation in time series, *J. Roy. Stat. Soc.*, B11, 68 - 84.

Quenouille, M. H. (1957). *The Analysis of Multiple Time Series*, Griffin, London.

Quenouille, M. H. (1958). Discrete autoregressive schemes with varying time-intervals, *Metrika*, 1, 21 – 27.

Rao, C. R. (1965). *Linear Statistical Inference and Its Applications*, John Wiley, New York.

Reinsel, G. C., and Ahn, S. K. (1992). Vector autoregressive models with unit roots and reduced rank structure: estimation, likelihood ratio test, and forecasting, *Journal of Time Series Analysis*, 13, 353 – 375.

Rose, D. E. (1977). Forecasting aggregates of independent ARIMA process, *Journal of Econometrics*, 5, 323 – 346.

Said, S., and Dickey, D. A. (1985). Hypothesis testing in ARIMA (p, 1, q) models, *J. Amer. Statist. Assoc.*, 80, 369 – 374.

SAS Institute, Inc. (1999). *SAS/ETS User's Guide*, Version 8, Cary, NC.

SCA Corp. (1992). *Forecasting and Time Series Analysis Using the SCA Statistical System*, Vol. 1, DeKalb, IL.

SCA Corp. (1997). *Forecasting and Time Series Analysis Using the SCA Statistical System*, Vol. 2, DeKalb, IL.

Schmidt, A. M., and Gamerman, D. (1997). Temporal aggregation in dynamic linear models, *Journal of Forecasting*, 16, 293 – 310.

Schuster, A. (1898). On the investigation of hidden periodicities with application to a supposed 26-day period of meteorological phenomena, *Terr. Mag. Atmos. Elect.*, 3, 13 – 41.

Schwartz, G. (1978). Estimating the dimension of a model, *Ann. Statist.*, 6, 461 – 464.

Schwert, G. W. (1989). Tests for unit roots: a Monte Carlo investigation, *Journal of Business and Economic Statistics*, 7, 147 – 159.

Searle, S. R. (1982). *Matrix Algebra Useful for Statistics*, John Wiley, New York.

Shaman, P. (1983). Properties of estimates of the mean square error of prediction in autoregressive models, in *Studies in Econometrics, Time Series, and Multivariate Statistics* (Eds. S. Karlin, T. Amemiya, and L. A. Goodman), 331 – 342, Academic Press, New York and London.

Shen, S. Y., and Wei, W. W. S. (1995). A note on the representation of a vector ARMA model, *Journal of Applied Statistical Science*, 2, 311 – 318.

Shibata, R. (1976). Selection of the order of an autoregressive model by Akaike's information criterion, *Biometrika*, 63, 117 – 126.

Slutzky, E. (1927). The summation of random causes as the source of cyclic processes, *Econometrica*, 5, 105 – 146 (1937). Translated from the earlier paper of the same title in *Problems of Economic Conditions* (Ed. Conjuncture Institute Moscow).

Stock, J. H., and Watson, M. W. (1988). Testing for common trends, *J. Amer. Statist. Assoc.*, 83, 1097 – 1107.

Stone, M. (1979). Comments on model selection criteria of Akaike and Schwartz, *J. Roy. Statist. Soc.*, Ser. B, 41, 276 - 278.

Stram, D. O., and Wei, W. W. S. (1986a). A methodological note on the disaggregation of time series totals, *Journal of Time Series Analysis*, 7, No. 4, 293 - 302.

Stram, D. O., and Wei, W. W. S. (1986b). Temporal aggregation in the ARIMA process, *Journal of Time Series Analysis*, 7, No. 4, 279 - 292.

Subba Rao, T, and Gabr, M. M. (1980). A test for linearity of stationary time series, *Journal of Time Series Analysis*, 1, 145 - 158.

Subba Rao, T., and Gabr, M. M. (1984). *An Introduction to Bispectral Analysis and Bilinear Time Series Models*, Springer-Verlag, Berlin.

Teles, P. (1999). *The Effects of Temporal Aggregation on Time Series Tests*, unpublished Ph. D. dissertation, Temple University.

Teles, P., and Wei, W. W. S. (1999). The use of aggregate series in time series testing, *1999 NBER/NSF Time Series Conference Proceedings IX & X*, 1 - 29, Academia Sinica, Taipai, Taiwan.

Teles, P., and Wei, W. W. S. (2000). The effects of temporal aggregation on tests of linearity of a time series, *Computational Statistics and Data Analysis*, 34, 91 - 103.

Teles, P., and Wei, W. W. S. (2002). The use of aggregate time series in testing for Gaussianity, *Journal of Time Series Analysis*, 23, 95 - 116.

Teles, P., Wei, W. W. S., and Crato, N. (1999). The use of aggregate time series in testing for long memory, Bulletin of the International Statistical Institute, 3, 341 - 342.

Teräsvirta, T. (1977). The invertibility of sums of discrete MA and ARMA processes, *Scandinavian Journal of Statistics*, 4, 165 - 170.

Tiao, G. C. (1972). Asymptotic behavior of temporal aggregates of time series, *Biometrika*, 59, 525 - 531.

Tiao, G. C., and Ali, M. M. (1971). Analysis of correlated random effects: linear model with two random components, *Biometrika*, 58, 37 - 51.

Tiao, G. C., and Box, G. E. P. (1981). Modeling multiple time series with applications, *J. Amer. Statist. Assoc.*, 76, 802 - 816.

Tiao, G. C., and Guttman, I. (1980). Forecasting contemporal aggregates of multiple time series, *Journal of Econometrics*, 12, 219 - 230.

Tiao, G. C., and Tsay, R. S. (1983). Multiple time series modeling and extended sample cross-correlations, *Journal of Business and Economic Statistics*, 1, No. 1, 43 - 56.

Tiao, G. C., and Tsay, R. S. (1989). Model specification in multivariate time series (with discussion), *J. Roy. Statist. Soc.*, B51, 157 - 213.

Tiao, G. C., and Wei, W. W. S. (1976). Effect of temporal aggregation on the dynamic relationship of two time series variables, *Biometrika*, 63, 513 - 523.

Tong, H. (1977). Some comments on the Canadian Lynx data with discussion, *J.*

Roy. Statist. Soc., Ser. A, 140, 448 - 468.

Tong, H. (1978). On a threshold model, in *Pattern Recognition and Signal Processing* (Ed. C. H. Chen), Sijthoff and Noordhoff, Amsterdam.

Tong, H. (1983). *Threshold Models in Non-linear Time Series Analysis*, Springer-Verlag, New York.

Tong, H. (1990). *Non-linear Time Series: A Dynamic System Approach*, Oxford University Press, New York.

Tong, H., and Lim, K. S. (1980). Threshold autoregression, limit cycles, and cyclical data (with discussion), *J. Roy. Statist. Soc.*, B42, 245 - 292.

Tsay, R. S. (1986). Time series model specification in the presence of outliers, *J. Amer. Statist. Assoc.*, 81, 132 - 141.

Tsay, R. S. (1988). Outliers, level shifts, and variance changes in time series. *Journal of Forecasting*, 7, 1 - 22.

Tsay, R. S. (1989). Testing and modeling threshold autoregressive processes, *J. Amer. Statist. Assoc.*, 84, 231 - 240.

Tsay, R. S. (1991). Detecting and modeling no linearity in univariate time series analysis, *Statistica Sinica*, 1, 431 - 451.

Tsay, R. S., and Tiao, G. C. (1984). Consistent estimates of autoregressive parameters and extended sample autocorrelation function for stationary and non-stationary ARIMA models, *J. Amer. Statist. Assoc.*, 79, 84 - 96.

Tukey, J. W. (1967). An introduction to the calculations of numerical spectrum analysis, in *Advanced Seminar on Spectral Analysis* (Ed. B. Harris), 25 - 46, John Wiley, New York.

Wegman, E. J. (1986). Another look at Box-Jenkins forecasting procedure, *Commun. Statist. Simula.*, 15 (2), 523 - 530.

Wei, S., and Wei, W. W. S. (1998). Comparison of some estimates of autoregressive parameters, *Journal of Applied Statistical Science*, 8, 51 - 58.

Wei, W. W. S. (1978a). The effect of temporal aggregation of parameters estimation in distributed lag model, *Journal of Econometrics*, 8, 237 - 246.

Wei, W. W. S. (1978b). Some consequences of temporal aggregation in seasonal time series models, in *Seasonal Analysis of Economic Time Series* (Ed. A. Zellner), 433 - 444, U. S. Department of Commerce, Bureau of the Census, Washington, DC.

Wei, W. W. S. (1981). Effect of systematic sampling on ARIMA models, *Communications in Statistics —Theor. and Math.*, A10 (23), 2389 - 2398.

Wei, W. W. S. (1982). The effect of systematic sampling and temporal aggregation on causality —A cautionary note, *J. Amer. Statist. Assoc.*, 77, 316 - 319.

Wei, W. W. S., and Abraham, B. (1981). Forecasting contemporal time series aggregates, *Communications in Statistics—Theor. and Meth.*, Al0 (13), 1335 - 1344.

Wei, W. W. S., and Mehta, J. (1980). Temporal aggregation and information loss in a distributed lag model, in *Analyzing Time Series* (Ed. O. D. Anderson), 391 - 400, North-Holland, Amsterdam.

Wei, W. W. S., and Stram, D. O. (1990). Disaggregation of time series models, *J. Roy. Statist. Soc.*, B52, 453 - 467.

Wei, W. W. S., and Tiao, G. C. (1975). The effect of temporal aggregation on forecasting in the dynamic model, *ASA Proceedings of Business and Economic Section*, 613 - 617.

Wei, W. W. S., and Stram, D. O. (1988). An eigenvalue approach to the limiting behavior of time series aggregates, *Ann. Inst. Statist. Math.*, 40, 101 - 110.

Weiss, A. A. (1984). Systematic sampling and temporal aggregation in time series models, *Journal of Econometrics*, 26, 255 - 278.

Wemer, H. J. (1982). On the temporal aggregation in discrete dynamical systems, in *System Modeling and Optimization* (Eds. R. F. Drenick and F. Kozin), 819 - 825, Springer, New York.

Whittle, P. (1952). The simultaneous estimation of a time series' harmonic covariance structure, *Trabajos. Estadist.*, 3, 43 - 57.

Whittle, P. (1954). A statistical investigation of sunspot observations with special reference to H. Alfven's sunspot model, *The Astrophs. J.*, 120, 251 - 260.

Whittle, P. (1983). *Prediction and Regulation by Linear Least-Square Methods*, 2nd ed., Oxford, Blackwell.

Wichern, D. W., Miller, R. B., and Hsu, D. A. (1976). Changes of variance in first-order autoregressive time series models with an application. *Appl. Stat.*, 25 (3), 248 - 256.

Wiener, N. (1949). *The Extrapolation, Interpolation and Smoothing of Stationary Time Series with Engineering Applications*, John Wiley, New York.

Wilk, S. S. (1932). Certain generalization in the analysis of variance, *Biometrika*, 24, 471 - 494.

Wold, H. O. A. (1938). *A Study in the Analysis of Stationary Time Series*, Almqvist and Wiksell, Uppsala.

Yaglom, A. M. (1962). *An Introduction to the Theory of Stationary Random Functions*, Prentice Hall, Englewood Cliffs, NJ.

Young, P. C. (1974). Recursive approaches to time series analysis, *Bull. Inst. Math. Appl.*, 10, 209 - 224.

Yule, G. U. (1927). On a method of investigating periodicities in disturbed series with special reference to Wolfer's sunspot numbers, *Philos. Trans. Roy. Soc. London*, Ser. A, 226, 267 - 298.

Zellner, A. (1966). On the analysis of first order autoregressive models with incomplete data, *International Economic Reviews*, 7, 72 - 76.

Zellner, A. (1978). *Seasonal Analysis of Economic Time Series*, (Ed. A. Zellner),

U. S. Department of Commerce, Bureau of the Census, Washington DC.

Zellner, A., and Montmarquette, C. (1971). A study of some aspects of temporal aggregation problems in econometric analyses, *Review of Economics and Statistics*, 53, 335 - 342.

附　录

用作例子的时间序列数据

序列 W1　　**卡车的日平均故障数**

1.20	1.50	1.54	2.70	1.95	2.40	3.44	2.83	1.76	2.00	2.09	1.89	1.80
1.25	1.58	2.25	2.50	2.05	1.46	1.54	1.42	1.57	1.40	1.51	1.08	1.27
1.18	1.39	1.42	2.08	1.85	1.82	2.07	2.32	1.23	2.91	1.77	1.61	1.25
1.15	1.37	1.79	1.68	1.78	1.84							

序列 W2　　**1700—2001 年 Wolf 年度太阳黑子数**

1700	5.00	1718	60.00	1736	70.00	1754	12.20
1701	11.00	1719	39.00	1737	81.00	1755	9.60
1702	16.00	1720	28.00	1738	111.00	1756	10.20
1703	23.00	1721	26.00	1739	101.00	1757	32.40
1704	36.00	1722	22.00	1740	73.00	1758	47.60
1705	58.00	1723	11.00	1741	40.00	1759	54.00
1706	29.00	1724	21.00	1742	20.00	1760	62.90
1707	20.00	1725	40.00	1743	16.00	1761	85.90
1708	10.00	1726	78.00	1744	5.00	1762	61.20
1709	8.00	1727	122.00	1745	11.00	1763	45.10
1710	3.00	1728	103.00	1746	22.00	1764	36.40
1711	0.00	1729	73.00	1747	40.00	1765	20.90
1712	0.00	1730	47.00	1748	60.00	1766	11.40
1713	2.00	1731	35.00	1749	80.90	1767	37.80
1714	11.00	1732	11.00	1750	83.40	1768	69.80
1715	27.00	1733	5.00	1751	47.70	1769	106.10
1716	47.00	1734	16.00	1752	47.80	1770	100.80
1717	63.00	1735	34.00	1753	30.70	1771	81.60

续表

1772	66.50	1809	2.50	1846	61.50	1883	63.70
1773	34.80	1810	0.00	1847	98.50	1884	63.50
1774	30.60	1811	1.40	1848	124.70	1885	52.20
1775	7.00	1812	5.00	1849	96.30	1886	25.40
1776	19.80	1813	12.20	1850	66.60	1887	13.10
1777	92.50	1814	13.90	1851	64.50	1888	6.80
1778	154.40	1815	35.40	1852	54.10	1889	6.30
1779	125.90	1816	45.80	1853	39.00	1890	7.10
1780	84.80	1817	41.10	1854	20.60	1891	35.60
1781	68.10	1818	30.10	1855	6.70	1892	73.00
1782	38.50	1819	23.90	1856	4.30	1893	85.10
1783	22.80	1820	15.60	1857	22.70	1894	78.00
1784	10.20	1821	6.60	1858	54.80	1895	64.00
1785	24.10	1822	4.00	1859	93.80	1896	41.80
1786	82.90	1823	1.80	1860	95.80	1897	26.20
1787	132.00	1824	8.50	1861	77.20	1898	26.70
1788	130.90	1825	16.60	1862	59.10	1899	12.10
1789	118.10	1826	36.30	1863	44.00	1900	9.50
1790	89.90	1827	49.60	1864	47.00	1901	2.70
1791	66.60	1828	64.20	1865	30.50	1902	5.00
1792	60.00	1829	67.00	1866	16.30	1903	24.40
1793	46.90	1830	70.90	1867	7.30	1904	42.00
1794	41.00	1831	47.80	1868	37.60	1905	63.50
1795	21.30	1832	27.50	1869	74.00	1906	53.80
1796	16.00	1833	8.50	1870	139.00	1907	62.00
1797	6.40	1834	13.20	1871	111.20	1908	48.50
1798	4.10	1835	56.90	1872	101.60	1909	43.90
1799	6.80	1836	121.50	1873	66.20	1910	18.60
1800	14.50	1837	138.30	1874	44.70	1911	5.70
1801	34.00	1838	103.20	1875	17.00	1912	3.60
1802	45.00	1839	85.70	1876	11.30	1913	1.40
1803	43.10	1840	64.60	1877	12.40	1914	9.60
1804	47.50	1841	36.70	1878	3.40	1915	47.40
1805	42.20	1842	24.20	1879	6.00	1916	57.10
1806	28.10	1843	10.70	1880	32.30	1917	103.90
1807	10.10	1844	15.00	1881	54.30	1918	80.60
1808	8.10	1845	40.10	1882	59.70	1919	63.60

续表

1920	37.60	1941	47.50	1962	37.50	1983	66.60
1921	26.10	1942	30.60	1963	27.90	1984	45.90
1922	14.20	1943	16.30	1964	10.20	1985	17.90
1923	5.80	1944	9.60	1965	15.10	1986	13.40
1924	16.70	1945	33.20	1966	47.00	1987	29.40
1925	44.30	1946	92.60	1967	93.80	1988	100.20
1926	63.90	1947	151.60	1968	105.90	1989	157.60
1927	69.00	1948	136.30	1969	105.50	1990	142.60
1928	77.80	1949	134.70	1970	104.50	1991	145.70
1929	64.90	1950	83.90	1971	66.60	1992	94.30
1930	35.70	1951	69.40	1972	68.90	1993	54.60
1931	21.20	1952	31.50	1973	38.00	1994	29.90
1932	11.10	1953	13.90	1974	34.50	1995	17.50
1933	5.70	1954	4.40	1975	15.50	1996	8.60
1934	8.70	1955	38.00	1976	12.60	1997	21.50
1935	36.10	1956	141.70	1977	27.50	1998	64.30
1936	79.70	1957	190.20	1978	92.50	1999	93.30
1937	114.40	1958	184.80	1979	155.40	2000	119.60
1938	109.60	1959	159.00	1980	154.60	2001	111.00
1939	88.80	1960	112.30	1981	140.40		
1940	67.80	1961	53.90	1982	115.90		

序列 W3　　**绿头苍蝇数据**

1 676	3 075	3 815	4 639	4 424	2 784	5 860	5 781	4 897	3 920	3 835	3 618
3 050	3 772	3 517	3 350	3 018	2 625	2 412	2 221	2 619	3 203	2 706	2 717
2 175	1 628	2 388	3 677	3 156	4 272	3 771	4 955	5 584	3 891	3 501	4 436
4 369	3 394	3 869	2 922	1 843	2 837	4 690	5 119	5 838	5 389	4 993	4 446
4 651	4 243	4 620	4 849	3 664	3 016	2 881	3 821	4 300	4 168	5 448	5 477
8 579	7 533	6 884	4 127	5 546	6 316	6 650	6 304	4 842	4 352	3 215	2 652
2 330	3 123	3 955	4 494	4 780	5 753	5 555	5 712	4 786	4 066		

序列 W4　　美国 1961 年 1 月—2002 年 8 月 16～19 岁失业女性的月度数据（千人）

年份	1月	2月	3月	4月	5月	6月	7月	8月	9月	10月	11月	12月
1961	347	348	365	300	311	353	379	387	406	354	347	262
1962	342	331	332	350	299	277	312	308	291	303	335	334
1963	354	375	359	334	418	391	407	335	403	414	398	371
1964	374	374	366	369	398	398	343	385	392	422	349	471
1965	432	444	432	436	375	381	360	338	440	380	393	396
1966	396	364	388	414	420	419	428	423	399	397	384	372
1967	374	410	347	339	355	379	409	414	394	423	412	410
1968	356	417	399	386	428	444	474	397	400	379	393	406
1969	365	383	391	406	422	422	417	427	429	463	389	413
1970	489	447	461	489	449	487	459	522	538	560	622	567
1971	554	543	577	547	552	557	623	570	578	560	599	576
1972	588	593	602	613	523	621	637	627	605	599	585	588
1973	507	623	567	624	585	572	566	545	604	586	613	606
1974	612	620	620	560	640	682	744	596	698	737	738	739
1975	797	765	809	758	850	777	810	832	802	811	775	837
1976	773	790	781	774	741	776	767	876	753	765	779	787
1977	833	793	818	808	774	842	770	768	804	780	790	690
1978	777	773	780	756	777	759	801	777	780	726	762	766
1979	731	727	711	751	738	758	709	751	750	785	731	773
1980	756	772	761	690	801	772	802	775	742	723	743	719
1981	771	788	805	794	792	786	762	757	818	863	865	798
1982	870	907	811	862	893	839	933	906	901	905	911	899
1983	868	815	823	853	822	952	852	850	794	778	757	743
1984	699	720	719	717	693	688	660	703	715	657	606	678
1985	697	659	689	631	685	640	710	581	629	683	642	698
1986	679	695	679	722	674	702	658	640	668	668	677	641
1987	630	656	641	600	618	606	612	551	582	686	635	575
1988	606	600	585	605	571	502	515	584	566	520	506	542

续表

年份	1月	2月	3月	4月	5月	6月	7月	8月	9月	10月	11月	12月
1989	543	487	497	511	512	611	569	561	561	513	530	536
1990	535	543	542	523	544	529	514	561	562	533	565	574
1991	659	578	587	608	579	586	620	618	586	620	594	661
1992	594	601	600	575	621	715	659	614	655	552	652	621
1993	629	621	614	584	661	601	560	571	576	591	589	567
1994	558	587	590	654	566	596	561	587	550	614	531	560
1995	575	565	581	630	600	594	658	584	622	585	610	625
1996	621	576	568	584	577	556	531	578	542	553	584	603
1997	604	646	572	551	618	551	638	546	582	516	545	554
1998	483	492	526	505	523	562	505	547	519	581	516	465
1999	567	551	528	546	502	522	498	517	587	530	515	472
2000	465	512	556	482	496	383	494	506	489	488	507	482
2001	499	473	527	515	465	513	549	523	531	542	540	584
2002	612	547	561	591	570	594	587	532				

序列 W5　　1930—2000 年宾夕法尼亚州每年的癌症（各种癌症）死亡数（每 100 000 人）

1930	100.4	105.1	109.4	110.5	116.9	118.2	122.9	126.5	125.8	130.7	131.7
1941	131.7	134.8	136.1	137.8	142.8	144.5	144.4	150.5	152.2	155.2	157.2
1952	157.4	161.9	165.0	164.0	168.2	170.8	169.9	169.7	173.3	173.8	175.8
1963	177.8	179.9	180.0	182.0	184.2	187.7	187.4	186.5	188.3	190.6	190.8
1974	196.4	199.1	203.8	205.7	215.9	216.3	219.5	219.6	222.8	226.3	230.8
1985	235.2	235.8	241.0	235.9	241.4	249.6	248.6	251.4	250.2	249.5	248.7
1996	251.1	250.1	247.6	251.3	244.2						

序列 W6　　1871—1984 年的美国烟草产量年度数据

1871	327	1876	466	1881	426	1886	609	1891	747
1872	385	1877	621	1882	579	1887	469	1892	757
1873	382	1878	455	1883	509	1888	661	1893	767
1874	217	1879	472	1884	580	1889	525	1894	767
1875	609	1880	469	1885	611	1890	648	1895	745

续表

1896	760	1914	1 037	1932	1 018	1950	2 030	1968	1 710
1897	703	1915	1 157	1933	1 372	1951	2 332	1969	1 804
1898	909	1916	1 207	1934	1 085	1952	2 256	1970	1 906
1899	870	1917	1 326	1935	1 302	1953	2 059	1971	1 705
1900	852	1918	1 445	1936	1 163	1954	2 244	1972	1 749
1901	886	1919	1 444	1937	1 569	1955	2 193	1973	1 742
1902	960	1920	1 509	1938	1 386	1956	2 176	1974	1 990
1903	976	1921	1 005	1939	1 881	1957	1 668	1975	2 182
1904	857	1922	1 254	1940	1 460	1958	1 736	1976	2 137
1905	939	1923	1 518	1941	1 262	1959	1 796	1977	1 914
1906	973	1924	1 245	1942	1 408	1960	1 944	1978	2 025
1907	886	1925	1 376	1943	1 406	1961	2 061	1979	1 527
1908	836	1926	1 289	1944	1 951	1962	2 315	1980	1 786
1909	1 054	1927	1 211	1945	1 991	1963	2 344	1981	2 064
1910	1 142	1928	1 373	1946	1 315	1964	2 228	1982	1 994
1911	941	1929	1 533	1947	2 107	1965	1 855	1983	1 429
1912	1 117	1930	1 648	1948	1 980	1966	1 887	1984	1 728
1913	992	1931	1 565	1949	1 969	1967	1 968		

序列 W7　　加拿大哈得孙湾公司在 1857—1911 年出售的山猫皮的年度数据

1857	23 362	1871	45 686	1885	27 187	1899	26 761
1858	31 642	1872	7 942	1886	51 511	1900	15 185
1859	33 757	1873	5 123	1887	74 050	1901	4 473
1860	23 226	1874	7 106	1888	78 773	1902	5 781
1861	15 178	1875	11 250	1889	33 899	1903	9 117
1862	7 272	1876	18 774	1890	18 886	1904	19 267
1863	4 448	1877	30 508	1891	11 520	1905	36 116
1864	4 926	1878	42 834	1892	8 352	1906	58 850
1865	5 437	1879	27 345	1893	8 660	1907	61 478
1866	16 498	1880	17 834	1894	12 902	1908	36 300
1867	35 971	1881	15 386	1895	20 331	1909	9 704
1868	76 556	1882	9 443	1896	36 853	1910	3 410
1869	68 392	1883	7 599	1897	56 407	1911	3 774
1870	37 447	1884	8 061	1898	39 437		

序列 W8　　模拟的季节时间序列

97.323	99.386	100.581	95.671	102.601	101.751	103.672
100.169	104.475	105.712	109.055	103.344	109.132	110.472
110.752	108.949	111.713	113.635	115.535	111.439	115.798
119.851	120.605	115.752	119.380	122.423	122.320	118.610
121.799	127.540	126.888	122.581	124.873	130.316	129.496
125.721	130.557	133.554	134.013	130.221	133.251	137.640
136.152	134.049	136.034	141.636	140.264	137.761	140.608
145.765	145.491	143.401	145.873	151.227	149.660	148.268
152.012	156.293	156.306	151.636	156.866	161.653	158.831
157.871	159.769	166.352	163.872	162.214	165.239	170.421
169.188	167.274	170.048	175.631	174.562	172.450	174.456
181.318	179.960	177.068	179.141	183.945	183.056	181.098
183.128	191.285	188.676	185.391	187.751	194.459	192.726
189.861	191.439	200.030	196.391	196.406	198.099	204.684
203.344	197.990	202.407	210.073	207.403	203.713	208.789
213.626	211.808	209.169	211.793	219.515	216.688	213.734
216.468	223.600	219.971	216.864	221.199	227.439	224.872
222.034	225.794	231.908	228.497	225.202	229.665	236.350
233.512	230.428	233.996	240.955	237.421	234.174	236.984
245.057	241.983	237.094	242.367	249.358	245.153	240.533
245.504	251.616	250.315	244.670	249.887	256.824	254.345
251.052	253.507	260.501				

序列 W9　　1971 年 1 月—1981 年 12 月美国 16～19 周岁男性的月度就业统计数据（千人）

年份	1月	2月	3月	4月	5月	6月	7月	8月	9月	10月	11月	12月
1971	707	655	638	574	552	980	926	680	597	637	660	704
1972	758	835	747	617	554	929	815	702	640	588	669	675
1973	610	651	605	592	527	898	839	614	594	576	672	651
1974	714	715	672	588	567	1 057	949	683	771	708	824	835
1975	980	969	931	892	828	1 350	1 218	977	863	838	866	877
1976	1 007	951	906	911	812	1 172	1 101	900	841	853	922	886
1977	896	936	902	765	735	1 234	1 052	868	798	751	820	725
1978	821	895	851	734	636	994	990	750	727	754	792	817
1979	856	886	833	733	675	1 004	956	777	761	709	777	771
1980	840	847	774	720	848	1 240	1 168	936	853	910	953	874
1981	1 026	1 030	946	860	856	1 190	1 038	883	843	857	1 016	1 003

序列 W10　　1975 年第一季度到 1982 年第四季度美国啤酒的季度产量

年份	季度			
	Ⅰ	Ⅱ	Ⅲ	Ⅳ
1975	36.14	44.60	44.15	35.72
1976	36.19	44.63	46.95	36.90
1977	39.66	49.72	44.49	36.54
1978	41.44	49.07	48.98	39.59
1979	44.29	50.09	48.42	41.39
1980	46.11	53.44	53.00	42.52
1981	44.61	55.18	52.24	41.66
1982	47.84	54.27	52.31	42.03

序列 W11　　杜克能源日收盘价（2002 年 1 月 3 日—2002 年 8 月 31 日）

38.75	37.91	38.53	37.74	38.15	38.12	37.76	38.02	38.06	37.74
35.45	35.67	35.19	35.05	35.19	35.49	34.91	34.01	33.71	34.33
34.13	33.58	32.49	31.63	32.06	32.78	33.64	33.97	34.57	34.44
33.27	33.27	33.68	33.69	33.55	33.55	34.15	34.80	35.04	35.93
36.24	36.43	37.24	36.68	35.87	35.68	35.52	34.93	34.91	34.98
35.66	35.78	35.19	37.75	37.73	37.30	36.79	37.32	37.52	37.22
37.67	37.47	38.26	38.22	38.91	38.80	38.86	38.37	38.21	37.18
36.92	38.32	37.82	37.74	38.05	38.60	38.73	37.72	36.92	37.84
38.04	37.58	37.32	37.22	36.74	36.06	36.12	36.21	35.98	36.03
36.69	36.19	34.70	33.52	34.35	34.19	35.01	35.34	34.70	34.59
33.51	31.78	32.01	30.70	31.70	31.32	30.68	30.00	29.09	29.12
30.13	31.00	31.01	31.71	32.92	32.83	31.00	31.76	31.66	31.70
31.29	30.84	31.10	30.36	30.00	29.75	30.30	30.31	29.06	26.00
27.95	24.75	23.70	22.26	22.42	20.72	19.95	19.30	19.00	22.07
22.54	22.45	22.40	24.93	25.49	25.44	24.26	24.13	25.00	25.75
26.09	26.33	26.71	26.62	27.75	26.63	27.51	27.55	28.36	28.00
27.10	27.86	26.76	27.29	27.25	26.83				

序列 W12　　1907—1960 年 Lydia Pinkham 的年度广告支出和销售数据（千美元）

年份	广告	销售	年份	广告	销售
1907	608	1 016	1910	543	976
1908	451	921	1911	525	930
1909	529	934	1912	549	1 052

续表

年份	广告	销售	年份	广告	销售
1913	525	1 184	1937	562	1 266
1914	578	1 089	1938	745	1 473
1915	609	1 087	1939	749	1 423
1916	504	1 154	1940	862	1 767
1917	752	1 330	1941	1 034	2 161
1918	613	1 980	1942	1 054	2 336
1919	862	2 223	1943	1 164	2 602
1920	866	2 203	1944	1 102	2 518
1921	1 016	2 514	1945	1 145	2 637
1922	1 360	2 726	1946	1 012	2 177
1923	1 482	3 185	1947	836	1 920
1924	1 608	3 351	1948	941	1 910
1925	1 800	3 438	1949	981	1 984
1926	1 941	2 917	1950	974	1 787
1927	1 229	2 359	1951	766	1 689
1928	1 373	2 240	1952	920	1 866
1929	1 611	2 196	1953	964	1 896
1930	1 568	2 111	1954	811	1 684
1931	983	1 806	1955	789	1 633
1932	1 046	1 644	1956	802	1 657
1933	1 453	1 814	1957	770	1 569
1934	1 504	1 770	1958	639	1 390
1935	807	1 518	1959	644	1 387
1936	339	1 103	1960	564	1 289

序列 W13　　5 个序列——1867—1948 年美国肥猪数据

年份	肥猪数量	肥猪价格	玉米价格	玉米供给	工资水平
1867	538	597	944	900	722
1868	522	509	841	964	719
1869	513	663	911	893	716
1870	529	751	768	1 051	724
1871	565	739	718	1 057	732
1872	594	598	634	1 107	740
1873	600	556	735	1 003	748

续表

年份	肥猪数量	肥猪价格	玉米价格	玉米供给	工资水平
1874	584	594	858	1 025	756
1875	554	667	673	1 161	748
1876	553	776	609	1 170	740
1877	595	754	604	1 181	732
1878	637	689	457	1 194	744
1879	641	498	612	1 244	756
1880	647	643	642	1 232	778
1881	634	681	849	1 095	799
1882	629	778	733	1 244	799
1883	638	829	672	1 218	799
1884	662	751	594	1 289	799
1885	675	704	559	1 313	801
1886	658	633	604	1 251	803
1887	629	663	678	1 205	806
1888	625	709	571	1 352	806
1889	648	763	490	1 361	806
1890	682	681	747	1 218	810
1891	676	627	651	1 368	813
1892	655	667	645	1 278	810
1893	640	804	609	1 279	806
1894	668	782	705	1 208	771
1895	678	707	453	1 404	771
1896	692	653	382	1 427	780
1897	710	639	466	1 359	789
1898	727	672	506	1 371	799
1899	712	669	525	1 423	820
1900	708	729	595	1 425	834
1901	705	784	829	1 234	848
1902	680	842	654	1 443	863
1903	682	886	673	1 401	884
1904	713	784	691	1 429	906
1905	726	770	660	1 470	928
1906	729	783	643	1 482	949

续表

年份	肥猪数量	肥猪价格	玉米价格	玉米供给	工资水平
1907	752	877	754	1 417	960
1908	766	777	813	1 409	971
1909	720	810	790	1 417	982
1910	682	957	712	1 455	987
1911	743	970	831	1 394	991
1912	743	903	742	1 469	1 004
1913	730	995	847	1 357	1 013
1914	723	1 022	850	1 402	1 004
1915	753	998	830	1 452	1 013
1916	782	928	1 056	1 385	1 053
1917	760	1 073	1 163	1 464	1 149
1918	799	1 294	1 182	1 388	1 248
1919	808	1 346	1 180	1 428	1 316
1920	779	1 301	805	1 487	1 384
1921	770	1 134	714	1 467	1 190
1922	777	1 024	865	1 432	1 179
1923	841	1 090	911	1 459	1 228
1924	823	1 013	1 027	1 347	1 238
1925	746	1 119	846	1 447	1 246
1926	717	1 195	869	1 406	1 253
1927	744	1 235	928	1 418	1 253
1928	791	1 120	924	1 426	1 253
1929	771	1 112	903	1 401	1 255
1930	746	1 129	777	1 318	1 223
1931	739	1 055	507	1 411	1 114
1932	773	787	500	1 467	982
1933	793	624	716	1 380	929
1934	768	612	911	1 161	978
1935	592	800	816	1 362	1 013
1936	633	1 104	1 019	1 178	1 045
1937	634	1 075	714	1 422	1 100
1938	649	1 052	687	1 406	1 097
1939	699	1 048	754	1 412	1 090

续表

年份	肥猪数量	肥猪价格	玉米价格	玉米供给	工资水平
1940	786	891	791	1 390	1 100
1941	735	921	876	1 424	1 188
1942	782	1 193	962	1 487	1 303
1943	869	1 352	1 050	1 472	1 422
1944	923	1 243	1 037	1 490	1 498
1945	774	1 314	1 104	1 458	1 544
1946	787	1 380	1 193	1 507	1 582
1947	754	1 556	1 334	1 372	1 607
1948	737	1 632	1 114	1 557	1 629

序列 W14　　1995 年 1 月—2002 年 3 月美国月航空乘客人数

年份	1月	2月	3月	4月	5月	6月	7月	8月	9月	10月	11月	12月
1995	40 878	38 746	47 103	45 282	45 961	48 561	49 883	51 443	43 480	46 651	44 712	45 068
1996	41 689	43 390	51 410	48 335	50 856	51 317	52 778	54 377	45 403	49 473	44 585	48 935
1997	44 850	43 133	53 305	49 461	50 856	52 925	55 366	55 868	46 826	50 216	47 190	49 134
1998	44 705	43 742	53 050	52 255	52 692	54 702	55 841	56 546	47 356	52 024	49 461	50 483
1999	45 972	45 101	55 402	53 256	53 334	56 457	59 881	58 424	49 816	54 684	52 754	50 874
2000	46 242	48 160	58 459	55 800	57 976	60 787	62 404	61 098	51 954	56 322	54 738	52 212
2001	49 390	47 951	58 824	56 357	56 677	59 515	61 969	62 654	34 365	43 895	44 442	45 316
2002	42 947	42 727	53 553									

序列 W15　　俄克拉何马州和路易斯安那州两地 1988 年 1 月—1991 年 10 月 46 个月份的天然气价格观测值

年份	月份	俄克拉何马州	路易斯安那州
1988	1	1.875	2.065
1988	2	1.898	1.988
1988	3	1.643	1.818
1988	4	1.332	1.493
1988	5	1.262	1.383
1988	6	1.240	1.378
1988	7	1.265	1.433
1988	8	1.310	1.543
1988	9	1.467	1.713
1988	10	1.500	1.688
1988	11	1.633	1.908

续表

年份	月份	俄克拉何马州	路易斯安那州
1988	12	1.780	2.207
1989	1	1.803	2.173
1989	2	1.472	1.740
1989	3	1.247	1.458
1989	4	1.273	1.515
1989	5	1.373	1.642
1989	6	1.408	1.687
1989	7	1.378	1.643
1989	8	1.375	1.575
1989	9	1.308	1.513
1989	10	1.315	1.555
1989	11	1.447	1.765
1989	12	1.750	2.102
1990	1	2.203	2.420
1990	2	1.623	1.982
1990	3	1.263	1.487
1990	4	1.252	1.468
1990	5	1.252	1.450
1990	6	1.277	1.460
1990	7	1.252	1.418
1990	8	1.220	1.340
1990	9	1.240	1.353
1990	10	1.412	1.568
1990	11	1.807	2.052
1990	12	1.903	2.237
1991	1	1.627	1.830
1991	2	1.223	1.340
1991	3	1.208	1.318
1991	4	1.208	1.320
1991	5	1.205	1.298
1991	6	1.165	1.258
1991	7	1.020	1.117
1991	8	1.065	1.137
1991	9	1.287	1.368
1991	10	1.613	1.732

序列 W16　　　1968 年 1 月—1982 年 12 月美国新房屋销售的月度时间序列（千）

年份	1 月	2 月	3 月	4 月	5 月	6 月	7 月	8 月	9 月	10 月	11 月	12 月
1968	35	43	46	46	43	41	44	47	41	40	32	32
1969	34	40	43	42	43	44	39	40	33	32	31	28
1970	34	29	36	42	43	44	44	48	45	44	40	37
1971	45	49	62	62	58	59	64	62	50	52	50	44
1972	51	56	60	65	64	63	63	72	61	65	51	47
1973	55	60	68	63	65	61	54	52	46	42	37	30
1974	37	44	55	53	58	50	48	45	41	34	30	24
1975	29	34	44	54	57	51	51	53	46	46	46	39
1976	41	53	55	62	55	56	57	59	58	55	49	47
1977	57	68	84	81	78	74	64	74	71	63	55	51
1978	57	63	75	85	80	77	68	72	68	70	53	50
1979	53	58	73	72	68	63	64	68	60	54	41	35
1980	43	44	44	36	44	50	55	61	50	46	39	33
1981	37	40	49	44	45	38	36	34	28	29	27	29
1982	28	29	36	32	36	34	31	36	39	40	39	33

统计表

表 A　　　标准正态分布的尾部面积

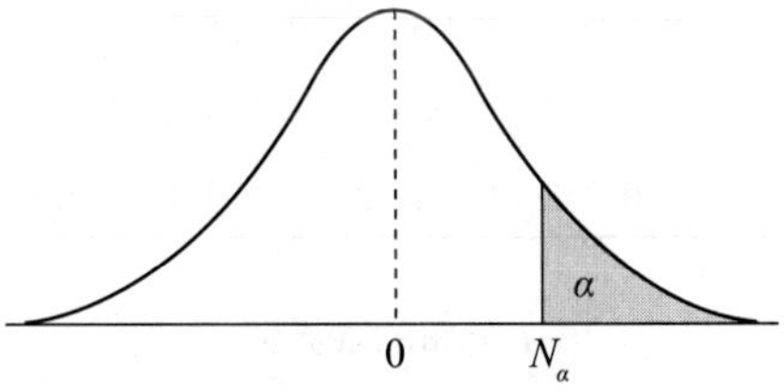

N	0.00	0.01	0.02	0.03	0.04	0.05	0.06	0.07	0.08	0.09
0.0	0.500 0	0.496 0	0.492 0	0.488 0	0.484 0	0.480 1	0.476 1	0.472 1	0.468 1	0.464 1
0.1	0.460 2	0.456 2	0.452 2	0.448 3	0.444 3	0.440 4	0.436 4	0.432 5	0.428 6	0.424 7
0.2	0.420 7	0.416 8	0.412 9	0.409 0	0.405 2	0.401 3	0.397 4	0.393 6	0.389 7	0.385 9
0.3	0.382 1	0.378 3	0.374 5	0.370 7	0.366 9	0.363 2	0.359 4	0.355 7	0.352 0	0.348 3
0.4	0.344 6	0.340 9	0.337 2	0.333 6	0.330 0	0.326 4	0.322 8	0.319 2	0.315 6	0.312 1
0.5	0.308 5	0.305 0	0.301 5	0.298 1	0.294 6	0.291 2	0.287 7	0.284 3	0.281 0	0.277 6
0.6	0.274 3	0.270 9	0.267 6	0.264 3	0.261 1	0.257 8	0.254 6	0.251 4	0.248 3	0.245 1
0.7	0.242 0	0.238 9	0.235 8	0.232 7	0.229 6	0.226 6	0.223 6	0.220 6	0.217 7	0.214 8

续表

N	0.00	0.01	0.02	0.03	0.04	0.05	0.06	0.07	0.08	0.09
0.8	0.211 9	0.209 0	0.206 1	0.203 3	0.200 5	0.197 7	0.194 9	0.192 2	0.189 4	0.186 7
0.9	0.184 1	0.181 4	0.178 8	0.176 2	0.173 6	0.171 1	0.168 5	0.166 0	0.163 5	0.161 1
1.0	0.158 7	0.156 2	0.153 9	0.151 5	0.149 2	0.146 9	0.144 6	0.142 3	0.140 1	0.137 9
1.1	0.135 7	0.133 5	0.131 4	0.129 2	0.127 1	0.125 1	0.123 0	0.121 0	0.119 0	0.117 0
1.2	0.115 1	0.113 1	0.111 2	0.109 3	0.107 5	0.105 6	0.103 8	0.102 0	0.100 3	0.098 5
1.3	0.096 8	0.095 1	0.093 4	0.091 8	0.090 1	0.088 5	0.086 9	0.085 3	0.083 8	0.082 3
1.4	0.080 8	0.079 3	0.077 8	0.076 4	0.074 9	0.073 5	0.072 2	0.070 8	0.069 4	0.068 1
1.5	0.066 8	0.065 5	0.064 3	0.063 0	0.061 8	0.060 6	0.059 4	0.058 2	0.057 1	0.055 9
1.6	0.054 8	0.053 7	0.052 6	0.051 6	0.050 5	0.049 5	0.048 5	0.047 5	0.046 5	0.045 5
1.7	0.044 6	0.043 6	0.042 7	0.041 8	0.040 9	0.040 1	0.039 2	0.038 4	0.037 5	0.036 7
1.8	0.035 9	0.035 2	0.034 4	0.033 6	0.032 9	0.032 2	0.031 4	0.030 7	0.030 1	0.029 4
1.9	0.028 7	0.028 1	0.027 4	0.026 8	0.026 2	0.025 6	0.025 0	0.024 4	0.023 9	0.023 3
2.0	0.022 8	0.022 2	0.021 7	0.021 2	0.020 7	0.020 2	0.019 7	0.019 2	0.018 8	0.018 3
2.1	0.017 9	0.017 4	0.017 0	0.016 6	0.016 2	0.015 8	0.015 4	0.015 0	0.014 6	0.014 3
2.2	0.013 9	0.013 6	0.013 2	0.012 9	0.012 5	0.012 2	0.011 9	0.011 6	0.011 3	0.011 0
2.3	0.010 7	0.010 4	0.010 2	0.009 9	0.009 6	0.009 4	0.009 1	0.008 9	0.008 7	0.008 4
2.4	0.008 2	0.008 0	0.007 8	0.007 5	0.007 3	0.007 1	0.006 9	0.006 8	0.006 6	0.006 4
2.5	0.006 2	0.006 0	0.005 9	0.005 7	0.005 5	0.005 4	0.005 2	0.005 1	0.004 9	0.004 8
2.6	0.004 7	0.004 5	0.004 4	0.004 3	0.004 1	0.004 0	0.003 9	0.003 8	0.003 7	0.003 6
2.7	0.003 5	0.003 4	0.003 3	0.003 2	0.003 1	0.003 0	0.002 9	0.002 8	0.002 7	0.002 6
2.8	0.002 6	0.002 5	0.002 4	0.002 3	0.002 3	0.002 2	0.002 1	0.002 1	0.002 0	0.001 9
2.9	0.001 9	0.001 8	0.001 7	0.001 7	0.001 6	0.001 6	0.001 5	0.001 5	0.001 4	0.001 4
3.0	0.001 3	0.001 3	0.001 3	0.001 2	0.001 2	0.001 1	0.001 1	0.001 1	0.001 0	0.001 0

表 B **t 分布的临界值**

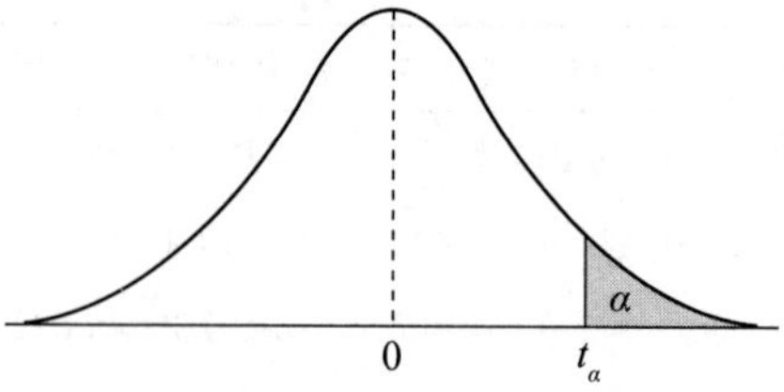

ν \ α	0.25	0.10	0.05	0.025	0.01	0.005
1	1.000 0	3.077 7	6.313 8	12.706 2	31.820 7	63.657 4
2	0.816 5	1.885 6	2.920 0	4.302 7	6.964 6	9.924 8
3	0.764 9	1.637 7	2.353 4	3.182 4	4.540 7	5.840 9

续表

ν \ α	0.25	0.10	0.05	0.025	0.01	0.005
4	0.740 7	1.533 2	2.131 8	2.776 4	3.764 9	4.604 1
5	0.726 7	1.475 9	2.015 0	2.570 6	3.364 9	4.032 2
6	0.717 6	1.439 8	1.943 2	2.446 9	3.142 7	3.707 4
7	0.711 1	1.414 9	1.894 6	2.364 6	2.998 0	3.499 5
8	0.706 4	1.396 8	1.859 5	2.306 0	2.896 5	3.355 4
9	0.702 7	1.383 0	1.833 1	2.262 2	2.821 4	3.249 8
10	0.699 8	1.372 2	1.812 5	2.228 1	2.763 8	3.169 3
11	0.697 4	1.363 4	1.795 9	2.201 0	2.718 1	3.105 8
12	0.695 5	1.356 2	1.782 3	2.178 8	2.681 0	3.054 5
13	0.693 8	1.350 2	1.770 9	2.160 4	2.650 3	3.012 3
14	0.692 4	1.345 0	1.761 3	2.144 8	2.624 5	2.976 8
15	0.691 2	1.340 6	1.753 1	2.131 5	2.602 5	2.946 7
16	0.690 1	1.336 8	1.745 9	2.119 9	2.583 5	2.920 8
17	0.689 2	1.333 4	1.739 6	2.109 8	2.566 9	2.898 2
18	0.688 4	1.330 4	1.734 1	2.100 9	2.552 4	2.878 4
19	0.687 6	1.327 7	1.729 1	2.093 0	2.539 5	2.860 9
20	0.687 0	1.325 3	1.724 7	2.086 0	2.528 0	2.845 3
21	0.686 4	1.323 2	1.720 7	2.079 6	2.517 7	2.831 4
22	0.685 8	1.321 2	1.717 1	2.073 9	2.508 3	2.818 8
23	0.685 3	1.319 5	1.713 9	2.068 7	2.499 9	2.807 3
24	0.684 8	1.317 8	1.710 9	2.063 9	2.492 2	2.796 9
25	0.684 4	1.316 3	1.708 1	2.059 5	2.485 1	2.787 4
26	0.684 0	1.315 0	1.705 6	2.055 5	2.478 6	2.778 7
27	0.683 7	1.313 7	1.703 3	2.051 8	2.472 7	2.770 7
28	0.683 4	1.312 5	1.701 1	2.048 4	2.467 1	2.763 3
29	0.683 0	1.311 4	1.699 1	2.045 2	2.462 0	2.756 4
30	0.682 8	1.310 4	1.697 3	2.042 3	2.457 3	2.750 0
31	0.682 5	1.309 5	1.695 5	2.039 5	2.452 8	2.744 0
32	0.682 2	1.308 6	1.693 9	2.036 9	2.448 7	2.738 5
33	0.682 0	1.307 7	1.692 4	2.034 5	2.444 8	2.733 3
34	0.681 8	1.307 0	1.690 9	2.032 2	2.441 1	2.728 4
35	0.681 6	1.306 2	1.689 6	2.030 1	2.437 7	2.723 8
36	0.681 4	1.305 5	1.688 3	2.028 1	2.434 5	2.719 5

续表

ν \ α	0.25	0.10	0.05	0.025	0.01	0.005
37	0.681 2	1.304 9	1.687 1	2.026 2	2.431 4	2.715 4
38	0.681 0	1.304 2	1.686 0	2.024 4	2.428 6	2.711 6
39	0.680 8	1.303 6	1.684 9	2.022 7	2.425 8	2.707 9
40	0.680 7	1.303 1	1.683 9	2.021 1	2.423 3	2.704 5
41	0.680 5	1.302 5	1.682 9	2.019 5	2.420 8	2.701 2
42	0.680 4	1.302 0	1.682 0	2.018 1	2.418 5	2.698 1
43	0.680 2	1.301 6	1.681 1	2.016 7	2.416 3	2.695 1
44	0.680 1	1.301 1	1.680 2	2.015 4	2.414 1	2.692 3
45	0.680 0	1.300 6	1.679 4	2.014 1	2.412 1	2.689 6
46	0.679 9	1.300 2	1.678 7	2.012 9	2.410 2	2.687 0
47	0.679 7	1.299 8	1.677 9	2.011 7	2.408 3	2.684 6
48	0.679 6	1.299 4	1.677 2	2.010 6	2.406 6	2.682 2
49	0.679 5	1.299 1	1.676 6	2.009 6	2.404 9	2.680 0
50	0.679 4	1.298 7	1.675 9	2.008 6	2.403 3	2.677 8
51	0.679 3	1.298 4	1.675 3	2.007 6	2.401 7	2.675 7
52	0.679 2	1.298 0	1.674 7	2.006 6	2.400 2	2.673 7
53	0.679 1	1.297 7	1.674 1	2.005 7	2.398 8	2.671 8
54	0.679 1	1.297 4	1.673 6	2.004 9	2.397 4	2.670 0
55	0.679 0	1.297 1	1.673 0	2.004 0	2.396 1	2.668 2
56	0.678 9	1.296 9	1.672 5	2.003 2	2.394 8	2.666 5
57	0.678 8	1.296 6	1.672 0	2.002 5	2.393 6	2.664 9
58	0.678 7	1.296 3	1.671 6	2.001 7	2.392 4	2.663 3
59	0.678 7	1.296 1	1.671 1	2.001 0	2.391 2	2.661 8
60	0.678 6	1.295 8	1.670 6	2.000 3	2.390 1	2.660 3
61	0.678 5	1.295 6	1.670 2	1.999 6	2.389 0	2.658 9
62	0.678 5	1.295 4	1.669 8	1.999 0	2.388 0	2.657 5
63	0.678 4	1.295 1	1.669 4	1.998 3	2.387 0	2.656 1
64	0.678 3	1.294 9	1.669 0	1.997 7	2.386 0	2.654 9
65	0.678 3	1.294 7	1.668 6	1.997 1	2.385 1	2.653 6
66	0.678 2	1.294 5	1.668 3	1.996 6	2.384 2	2.652 4
67	0.678 2	1.294 3	1.667 9	1.996 0	2.383 3	2.651 2
68	0.678 1	1.294 1	1.667 6	1.995 5	2.382 4	2.650 1
69	0.678 1	1.293 9	1.667 2	1.994 9	2.381 6	2.649 0
70	0.678 0	1.293 8	1.666 9	1.994 4	2.380 8	2.647 9
71	0.678 0	1.293 6	1.666 6	1.993 9	2.380 0	2.646 9
72	0.677 9	1.293 4	1.666 3	1.993 5	2.379 3	2.645 9

续表

α / ν	0.25	0.10	0.05	0.025	0.01	0.005
73	0.677 9	1.293 3	1.666 0	1.993 0	2.378 5	2.644 9
74	0.677 8	1.293 1	1.665 7	1.992 5	2.377 8	2.643 9
75	0.677 8	1.292 9	1.665 4	1.992 1	2.377 1	2.643 0
76	0.677 7	1.292 8	1.665 2	1.991 7	2.376 4	2.642 1
77	0.677 7	1.292 6	1.664 9	1.991 3	2.375 8	2.641 2
78	0.677 6	1.292 5	1.664 6	1.990 8	2.375 1	2.640 3
79	0.677 6	1.292 4	1.664 4	1.990 5	2.374 5	2.639 5
80	0.677 6	1.292 2	1.664 1	1.990 1	2.373 9	2.638 7
81	0.677 5	1.292 1	1.663 9	1.989 7	2.373 3	2.637 9
82	0.677 5	1.292 0	1.663 6	1.989 3	2.372 7	2.637 1
83	0.677 5	1.291 8	1.663 4	1.989 0	2.372 1	2.636 4
84	0.677 4	1.291 7	1.663 2	1.988 6	2.371 6	2.635 6
85	0.677 4	1.291 6	1.663 0	1.988 3	2.371 0	2.634 9
86	0.677 4	1.291 5	1.662 8	1.987 9	2.370 5	2.634 2
87	0.677 3	1.291 4	1.662 6	1.987 6	2.370 0	2.633 5
88	0.677 3	1.291 2	1.662 4	1.987 3	2.369 5	2.632 9
89	0.677 3	1.291 1	1.662 2	1.987 0	2.369 0	2.632 2
90	0.677 2	1.291 0	1.662 0	1.986 7	2.368 5	2.631 6
∞	0.674 5	1.281 6	1.644 9	1.96	2.326 3	2.575 8

资料来源：D. B. Owen，*Handbook of Statistical Tables*，©1962，Addison-Wesley Publishing Co. Copyright renewal © 1990. 重印经 Pearson Education，Inc. 许可。现出版者为 Pearson Addison Wesley。

表 C **卡方（χ^2）分布的临界值**

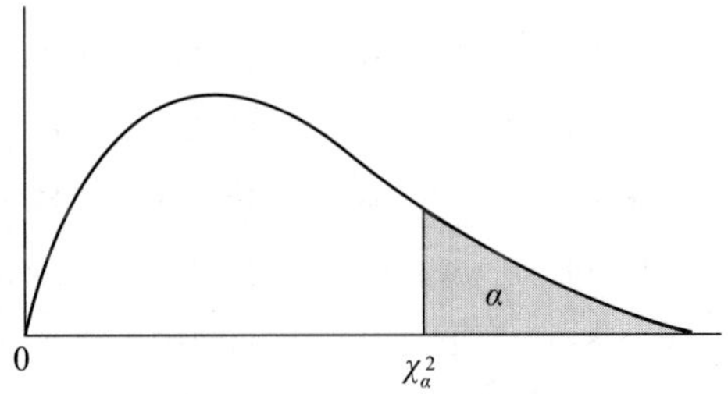

α / ν	0.995	0.99	0.975	0.95	0.05	0.025	0.01	0.005
1	0.000	0.000	0.001	0.004	3.841	5.024	6.635	7.879
2	0.010	0.020	0.051	0.103	5.991	7.378	9.210	10.597
3	0.072	0.115	0.216	0.352	7.815	9.348	11.345	12.838
4	0.207	0.297	0.484	0.711	9.488	11.143	13.277	14.860
5	0.412	0.554	0.831	1.145	11.071	12.833	15.086	16.750

续表

ν \ α	0.995	0.99	0.975	0.95	0.05	0.025	0.01	0.005
6	0.676	0.872	1.237	1.635	12.592	14.449	16.812	18.548
7	0.989	1.239	1.690	2.167	14.067	16.013	18.475	20.278
8	1.344	1.646	2.180	2.733	15.507	17.535	20.090	21.955
9	1.735	2.088	2.700	3.325	16.919	19.023	21.666	23.589
10	2.156	2.558	3.247	3.940	18.307	20.483	23.209	25.188
11	2.603	3.053	3.816	4.575	19.675	21.920	24.725	26.757
12	3.074	3.571	4.404	5.226	21.026	23.337	26.217	28.299
13	3.565	4.107	5.009	5.892	23.362	24.736	27.688	29.819
14	4.075	4.660	5.629	6.571	23.685	26.119	29.141	31.319
15	4.601	5.229	6.262	7.261	24.996	27.488	30.578	32.801
16	5.142	5.812	6.908	7.962	26.296	28.845	32.000	34.267
17	5.697	6.408	7.564	8.672	27.587	30.191	33.409	35.718
18	6.265	7.015	8.231	9.390	28.869	31.526	34.805	37.156
19	6.844	7.633	8.907	10.117	30.144	32.852	36.191	38.582
20	7.434	8.260	9.591	10.851	31.410	34.170	37.566	39.997
21	8.034	8.897	10.283	11.591	32.671	35.479	38.932	41.401
22	8.643	9.542	10.982	12.338	33.924	36.781	40.289	42.796
23	9.260	10.196	11.689	13.091	35.172	38.076	41.638	44.181
24	9.886	10.856	12.401	13.848	36.415	39.364	42.980	45.559
25	10.520	11.524	13.120	14.611	37.652	40.646	44.314	46.928
26	11.160	12.198	13.844	15.379	38.885	41.923	45.642	48.290
27	11.808	12.879	14.573	16.151	40.113	43.194	46.963	49.645
28	12.461	13.565	15.308	16.928	41.337	44.641	48.278	50.993
29	13.121	14.257	16.047	17.708	42.557	45.722	49.588	52.336
30	13.787	14.954	16.791	18.493	43.773	46.979	50.892	53.672
31	14.458	15.655	17.539	19.281	44.985	48.232	51.191	55.003
32	15.134	16.362	18.291	20.072	46.194	49.480	53.486	56.328
33	15.815	17.074	19.047	20.867	47.400	50.725	54.776	57.648
34	16.501	17.789	19.806	21.664	48.602	51.966	56.061	58.964
35	17.192	18.509	20.569	22.465	49.802	53.203	57.342	60.275
36	17.887	19.233	21.336	23.269	50.998	54.437	58.619	61.581
37	18.586	19.960	22.106	24.075	52.192	55.668	59.892	62.883
38	19.289	20.691	22.878	24.884	53.384	56.896	61.162	64.181

续表

ν \ α	0.995	0.99	0.975	0.95	0.05	0.025	0.01	0.005
39	19.996	21.426	23.654	25.695	54.572	58.120	62.428	65.476
40	20.707	22.164	24.433	26.509	55.758	59.342	63.691	66.766
41	21.421	22.906	25.215	27.326	56.942	60.561	64.950	68.053
42	22.138	23.650	25.999	28.144	58.124	61.777	66.206	69.336
43	22.859	24.398	26.785	28.965	59.304	62.990	67.459	70.616
44	23.584	25.148	27.575	29.787	60.481	64.201	68.710	71.893
45	24.311	25.901	28.366	30.612	61.656	65.410	69.957	73.166
50	27.991	29.707	32.357	34.764	67.505	71.420	76.154	79.490
60	35.545	37.485	40.482	43.188	79.082	83.298	88.379	91.952
70	43.275	45.442	48.758	51.739	90.531	95.023	100.425	104.215
80	51.712	53.540	57.153	60.392	101.879	106.629	112.329	116.321
90	59.196	61.754	65.647	69.126	113.145	118.136	124.116	128.299
100	67.328	70.065	74.222	77.930	124.342	129.561	135.807	140.169

对于较大的 ν 值，可以用近似值 $\chi_{\alpha}^2=(\sqrt{2\nu-1}+N_{\alpha})^2/2$，其中 N_{α} 是表 A 中给出的 α%显著性水平的临界值。例如，对于 $\nu=100$，$\chi_{0.05}^2\simeq(\sqrt{2(100)-1}+1.645)^2/2=124.059$。

表 D　　对于 $F_{0.05}(\nu_1,\nu_2)$ 的 F 分布的临界值

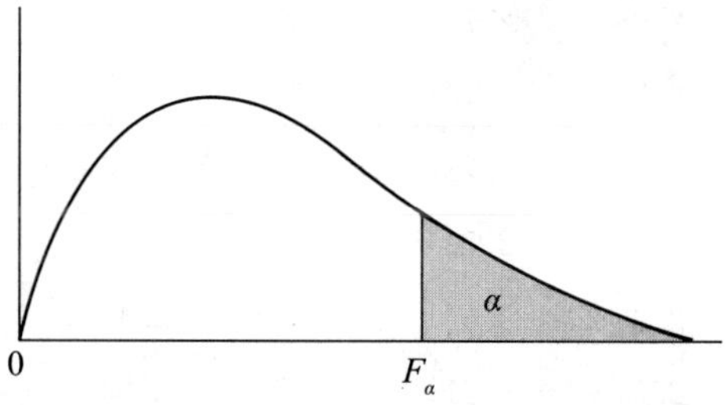

ν_2 \ ν_1	1	2	3	4	5	6	7	8	9
1	161.4	199.5	215.7	224.6	230.2	234.0	236.8	238.9	240.5
2	18.51	19.00	19.16	19.25	19.30	19.33	19.35	19.37	19.38
3	10.13	9.55	9.28	9.12	9.01	8.94	8.89	8.85	8.81
4	7.71	6.94	6.59	6.39	6.26	6.16	6.09	6.04	6.00
5	6.61	5.79	5.41	5.19	5.05	4.95	4.88	4.82	4.77
6	5.99	5.14	4.76	4.53	4.39	4.28	4.21	4.15	4.10
7	5.59	4.74	4.35	4.12	3.97	3.87	3.79	3.73	3.68
8	5.32	4.46	4.07	3.84	3.69	3.58	3.50	3.44	3.39
9	5.12	4.26	3.86	3.63	3.48	3.37	3.29	3.23	3.18

续表

ν_2 \ ν_1	1	2	3	4	5	6	7	8	9
10	4.96	4.10	3.71	3.48	3.33	3.22	3.14	3.07	3.02
11	4.84	3.98	3.59	3.36	3.20	3.09	3.01	2.95	2.90
12	4.75	3.89	3.49	3.26	3.11	3.00	2.91	2.85	2.80
13	4.67	3.81	3.41	3.18	3.03	2.92	2.83	2.77	2.71
14	4.60	3.74	3.34	3.11	2.96	2.85	2.76	2.70	2.65
15	4.54	3.68	3.29	3.06	2.90	2.79	2.71	2.64	2.59
16	4.49	3.63	3.24	3.01	2.85	2.74	2.66	2.59	2.54
17	4.45	3.59	3.20	2..96	2.81	2.70	2.61	2.55	2.49
18	4.41	3.55	3.16	2.93	2.77	2.66	2.58	2.51	2.46
19	4.38	3.52	3.13	2.90	2.74	2.63	2.54	2.48	2.42
20	4.35	3.49	3.10	2.87	2.71	2.60	2.51	2.45	2.39
21	4.32	3.47	3.07	2.84	2.68	2.57	2.49	2.42	2.37
22	4.30	3.44	3.05	2.82	2.66	2.55	2.46	2.40	2.34
23	4.28	3.42	3.03	2.80	2.64	2.53	2.44	2.37	2.32
24	4.26	3.40	3.01	2.78	2.62	2.51	2.42	2.36	2.30
25	4.24	3.39	2.99	2.76	2.60	2.49	2.40	2.34	2.28
26	4.23	3.37	2.98	2.74	2.59	2.47	2.39	2.32	2.27
27	4.21	3.35	2.96	2.73	2.57	2.46	2.37	2.31	2.25
28	4.20	3.34	2.95	2.71	2.56	2.45	2.36	2.29	2.24
29	4.18	3.33	2.93	2.70	2.55	2.43	2.35	2.28	2.22
30	4.17	3.32	2.92	2.69	2.53	2.42	2.33	2.27	2.21
40	4.08	3.23	2.84	2.61	2.45	2.34	2.25	2.18	2.12
60	4.00	3.15	2.76	2.53	2.37	2.25	2.17	2.10	2.04
120	3.92	3.07	2.68	2.45	2.29	2.17	2.09	2.02	1.96
∞	3.84	3.00	2.60	2.37	2.21	2.10	2.01	1.94	1.88

ν_2 \ ν_1	10	12	15	20	24	30	40	60	120	∞
1	241.9	243.9	245.9	248.0	249.1	250.1	251.1	252.2	253.3	254.3
2	19.40	19.41	19.43	19.45	19.45	19.46	19.47	19.48	19.49	19.50
3	8.79	8.74	8.70	8.66	8.64	8.62	8.59	8.57	8.55	8.53
4	5.96	5.91	5.86	5.80	5.77	5.75	5.72	5.69	5.66	5.63
5	4.74	4.68	4.62	4.56	4.53	4.50	4.46	4.43	4.40	4.36
6	4.06	4.00	3.94	3.87	3.84	3.81	3.77	3.74	3.70	3.67

续表

ν_2 \ ν_1	10	12	15	20	24	30	40	60	120	∞
7	3.64	3.57	3.51	3.44	3.41	3.38	3.34	3.30	3.27	3.23
8	3.35	3.28	3.22	3.15	3.12	3.08	3.04	3.01	2.97	2.93
9	3.14	3.07	3.01	2.94	2.90	2.86	2.83	2.79	2.75	2.71
10	2.98	2.91	2.85	2.77	2.74	2.70	2.66	2.62	2.58	2.54
11	2.85	2.79	2.72	2.65	2.61	2.57	2.53	2.49	2.45	2.40
12	2.75	2.69	2.62	2.54	2.51	2.47	2.43	2.38	2.34	2.30
13	2.67	2.60	2.53	2.46	2.42	2.38	2.34	2.30	2.25	2.21
14	2.60	2.53	2.46	2.39	2.35	2.31	2.27	2.22	2.18	2.13
15	2.54	2.48	2.40	2.33	2.29	2.25	2.20	2.16	2.11	2.07
16	2.49	2.42	2.35	2.28	2.24	2.19	2.15	2.11	2.06	2.01
17	2.45	2.38	2.31	2.23	2.19	2.15	2.10	2.06	2.01	1.96
18	2.41	2.34	2.27	2.19	2.15	2.11	2.06	2.02	1.97	1.92
19	2.38	2.31	2.23	2.16	2.11	2.07	2.03	1.98	1.93	1.88
20	2.35	2.28	2.20	2.12	2.08	2.04	1.99	1.95	1.90	1.84
21	2.32	2.25	2.18	2.10	2.05	2.01	1.96	1.92	1.87	1.81
22	2.30	2.23	2.15	2.07	2.03	1.98	1.94	1.89	1.84	1.78
23	2.27	2.20	2.13	2.05	2.01	1.96	1.91	1.86	1.81	1.76
24	2.25	2.18	2.11	2.03	1.98	1.94	1.89	1.84	1.79	1.73
25	2.24	2.16	2.09	2.01	1.96	1.92	1.87	1.82	1.77	1.71
26	2.22	2.15	2.07	1.99	1.95	1.90	1.85	1.80	1.75	1.69
27	2.20	2.13	2.06	1.97	1.93	1.88	1.84	1.79	1.73	1.67
28	2.19	2.12	2.04	1.96	1.91	1.87	1.82	1.77	1.71	1.65
29	2.18	2.10	2.03	1.94	1.90	1.85	1.81	1.75	1.70	1.64
30	2.16	2.09	2.01	1.93	1.89	1.84	1.79	1.74	1.68	1.62
40	2.08	2.00	1.92	1.84	1.79	1.74	1.69	1.64	1.58	1.51
60	1.99	1.92	1.84	1.75	1.70	1.65	1.59	1.53	1.47	1.39
120	1.91	1.83	1.75	1.66	1.61	1.55	1.50	1.43	1.35	1.25
∞	1.83	1.75	1.67	1.57	1.52	1.46	1.39	1.32	1.22	1.00

资料来源：*Biometrika Tables for Statisticians*，Vol. Ⅰ，1958，表18，经 E. S. Pearson 和 Biometrika Trustees 许可。

表 E **对于 $F_{0.01}(\nu_1, \nu_2)$ F 分布的临界值**

ν_2 \ ν_1	1	2	3	4	5	6	7	8	9
1	4 052	4 999.5	5 403	5 625	5 764	5 859	5 928	5 981	6 022
2	98.50	99.00	99.17	99.25	99.30	99.33	99.36	99.37	99.39
3	34.12	30.82	29.46	28.71	28.24	27.91	27.67	27.49	27.35
4	21.20	18.00	16.69	15.98	15.52	15.21	14.98	14.80	14.66
5	16.26	13.27	12.06	11.39	10.97	10.67	10.46	10.29	10.16
6	13.75	10.92	9.78	9.15	8.75	8.47	8.26	8.10	7.98
7	12.25	9.55	8.45	7.85	7.46	7.19	6.99	6.84	6.72
8	11.26	8.65	7.59	7.01	6.63	6.37	6.18	6.03	5.91
9	10.56	8.02	6.99	6.42	6.06	5.80	5.61	5.47	5.35
10	10.04	7.56	6.55	5.99	5.64	5.39	5.20	5.06	4.94
11	9.65	7.21	6.22	5.67	5.32	5.07	4.89	4.74	4.63
12	9.33	6.93	5.95	5.41	5.06	4.82	4.64	4.50	4.39
13	9.07	6.70	5.74	5.21	4.86	4.62	4.44	4.30	4.19
14	8.86	6.51	5.56	5.04	4.69	4.46	4.28	4.14	4.03
15	8.68	6.36	5.42	4.89	4.56	4.32	4.14	4.00	3.89
16	8.53	6.23	5.29	4.77	4.44	4.20	4.03	3.89	3.78
17	8.40	6.11	5.18	4.67	4.34	4.10	3.93	3.79	3.68
18	8.29	6.01	5.09	4.58	4.25	4.01	3.84	3.71	3.60
19	8.18	5.93	5.01	4.50	4.17	3.94	3.77	3.63	3.52
20	8.10	5.85	4.94	4.43	4.10	3.87	3.70	3.56	3.46
21	8.02	5.78	4.87	4.37	4.04	3.81	3.64	3.51	3.40
22	7.95	5.72	4.82	4.31	3.99	3.76	3.59	3.45	3.35
23	7.88	5.66	4.76	4.26	3.94	3.71	3.54	3.41	3.30
24	7.82	5.61	4.72	4.22	3.90	3.67	3.50	3.36	3.26
25	7.77	5.57	4.68	4.18	3.85	3.63	3.46	3.32	3.22
26	7.72	5.53	4.64	4.14	3.82	3.59	3.42	3.29	3.18
27	7.68	5.49	4.60	4.11	3.78	3.56	3.39	3.26	3.15
28	7.64	5.45	4.57	4.07	3.75	3.53	3.36	3.23	3.12
29	7.60	5.42	4.54	4.04	3.73	3.50	3.33	3.20	3.09
30	7.56	5.39	4.51	4.02	3.70	3.47	3.30	3.17	3.07
40	7.31	5.18	4.31	3.83	3.51	3.29	3.12	2.99	2.89
60	7.08	4.98	4.13	3.65	3.34	3.12	2.95	2.82	2.72
120	6.85	4.79	3.95	3.48	3.17	2.96	2.79	2.66	2.56
∞	6.63	4.61	3.78	3.32	3.02	2.80	2.64	2.51	2.41

续表

ν_2 \ ν_1	10	12	15	20	24	30	40	60	120	∞
1	6 056	6 106	6 157	6 209	6 235	6 261	6 287	6 313	6 339	6 366
2	99.40	99.42	99.43	99.45	99.46	99.47	99.47	99.48	99.49	99.50
3	27.23	27.05	26.87	26.69	26.60	26.50	26.41	26.32	26.22	26.13
4	14.55	14.37	14.20	14.02	13.93	13.84	13.75	13.65	13.56	13.46
5	10.05	9.89	9.72	9.55	9.47	9.38	9.29	9.20	9.11	9.02
6	7.87	7.72	7.56	7.40	7.31	7.23	7.14	7.06	6.97	6.88
7	6.62	6.47	6.31	6.16	6.07	5.99	5.91	5.82	5.74	5.65
8	5.81	5.67	5.52	5.36	5.28	5.20	5.12	5.03	4.95	4.86
9	5.26	5.11	4.96	4.81	4.73	4.65	4.57	4.48	4.40	4.31
10	4.85	4.71	4.56	4.41	4.33	4.25	4.17	4.08	4.00	3.91
11	4.54	4.40	4.25	4.10	4.02	3.94	3.86	3.78	3.69	3.60
12	4.30	4.16	4.01	3.86	3.78	3.70	3.62	3.54	3.45	3.36
13	4.10	3.96	3.82	3.66	3.59	3.51	3.43	3.34	3.25	3.17
14	3.94	3.80	3.66	3.51	3.43	3.35	3.27	3.18	3.09	3.00
15	3.80	3.67	3.52	3.37	3.29	3.21	3.13	3.05	2.96	2.87
16	3.69	3.55	3.41	3.26	3.18	3.10	3.02	2.93	2.84	2.75
17	3.59	3.46	3.31	3.16	3.08	3.00	2.92	2.83	2.75	2.65
18	3.51	3.37	3.23	3.08	3.00	2.92	2.84	2.75	2.66	2.57
19	3.43	3.30	3.15	3.00	2.92	2.84	2.76	2.67	2.58	2.49
20	3.37	3.23	3.09	2.94	2.86	2.78	2.69	2.61	2.52	2.42
21	3.31	3.17	3.03	2.88	2.80	2.72	2.64	2.55	2.46	2.36
22	3.26	3.12	2.98	2.83	2.75	2.67	2.58	2.50	2.40	2.31
23	3.21	3.07	2.93	2.78	2.70	2.62	2.54	2.45	2.35	2.26
24	3.17	3.03	2.89	2.74	2.66	2.58	2.49	2.40	2.31	2.21
25	3.13	2.99	2.85	2.70	2.62	2.54	2.45	2.36	2.27	2.17
26	3.09	2.96	2.81	2.66	2.58	2.50	2.42	2.33	2.23	2.13
27	3.06	2.93	2.78	2.63	2.55	2.47	2.38	2.29	2.20	2.10
28	3.03	2.90	2.75	2.60	2.52	2.44	2.35	2.26	2.17	2.06
29	3.00	2.87	2.73	2.57	2.49	2.41	2.33	2.23	2.14	2.03
30	2.98	2.84	2.70	2.55	2.47	2.39	2.30	2.21	2.11	2.01
40	2.80	2.66	2.52	2.37	2.29	2.20	2.11	2.02	1.92	1.80
60	2.63	2.50	2.35	2.20	2.12	2.03	1.94	1.84	1.73	1.60
120	2.47	2.34	2.19	2.03	1.95	1.86	1.76	1.66	1.53	1.38
∞	2.32	2.18	2.04	1.88	1.79	1.70	1.59	1.47	1.32	1.00

资料来源：*Biometrika Tables for Statisticians*，Vol.Ⅰ，1958，表 18，经 E.S. Pearson 和 Biometrika Trustees 许可。

表 F $\phi=1$ 时 $n(\hat{\phi}-1)$ 的经验累积分布

	较小值的概率								
n	0.01	0.025	0.05	0.10	0.50	0.90	0.95	0.975	0.99
					(a) $\hat{\phi}$				
25	−11.8	−9.3	−7.3	−5.3	−0.82	1.01	1.41	1.78	2.28
50	−12.8	−9.9	−7.7	−5.5	−0.84	0.97	1.34	1.69	2.16
100	−13.3	−10.2	−7.9	−5.6	−0.85	0.95	1.31	1.65	2.09
250	−13.6	−10.4	−8.0	−5.7	−0.86	0.94	1.29	1.62	2.05
500	−13.7	−10.4	−8.0	−5.7	−0.86	0.93	1.29	1.61	2.04
∞	−13.7	−10.5	−8.1	−5.7	−0.86	0.93	1.28	1.60	2.03
					(b) $\hat{\phi}_\mu$				
25	−17.2	−14.6	−12.5	−10.2	−4.22	−0.76	0.00	0.64	1.39
50	−18.9	−15.7	−13.3	−10.7	−4.29	−0.81	−0.07	0.53	1.22
100	−19.8	−16.3	−13.7	−11.0	−4.32	−0.83	−0.11	0.47	1.13
250	−20.3	−16.7	−13.9	−11.1	−4.34	−0.84	−0.13	0.44	1.08
500	−20.5	−16.8	−14.0	−11.2	−4.35	−0.85	−0.14	0.42	1.07
∞	−20.6	−16.9	−14.1	−11.3	−4.36	−0.85	−0.14	0.41	1.05
					(c) $\hat{\phi}_t$				
25	−22.5	−20.0	−17.9	−15.6	−8.49	−3.65	−2.51	−1.53	−0.46
50	−25.8	−22.4	−19.7	−16.8	−8.80	−3.71	−2.60	−1.67	−0.67
100	−27.4	−23.7	−20.6	−17.5	−8.96	−3.74	−2.63	−1.74	−0.76
250	−28.5	−24.4	−21.3	−17.9	−9.05	−3.76	−2.65	−1.79	−0.83
500	−28.9	−24.7	−21.5	−18.1	−9.08	−3.76	−2.66	−1.80	−0.86
∞	−29.4	−25.0	−21.7	−18.3	−9.11	−3.77	−2.67	−1.81	−0.88

资料来源：参见 Fuller（1996）表 10A.1，对符号做了细微调整。

表 G $\phi=1$ 时 T 的经验累积分布

	较小值的概率								
n	0.01	0.025	0.05	0.10	0.50	0.90	0.95	0.975	0.99
					(a) T				
25	−2.65	−2.26	−1.95	−1.60	−0.47	0.92	1.33	1.70	2.15
50	−2.62	−2.25	−1.95	−1.61	−0.49	0.91	1.31	1.66	2.08
100	−2.60	−2.24	−1.95	−1.61	−0.50	0.90	1.29	1.64	2.04
250	−2.58	−2.24	−1.95	−1.62	−0.50	0.89	1.28	1.63	2.02
500	−2.58	−2.23	−1.95	−1.62	−0.50	0.89	1.28	1.62	2.01
∞	−2.58	−2.23	−1.95	−1.62	−0.51	0.89	1.28	1.62	2.01

续表

	较小值的概率								
n	0.01	0.025	0.05	0.10	0.50	0.90	0.95	0.975	0.99
					(b) T_μ				
25	−3.75	−3.33	−2.99	−2.64	−1.53	−0.37	0.00	0.34	0.71
50	−3.59	−3.23	−2.93	−2.60	−1.55	−0.41	−0.04	0.28	0.66
100	−3.50	−3.17	−2.90	−2.59	−1.56	−0.42	−0.06	0.26	0.63
250	−3.45	−3.14	−2.88	−2.58	−1.56	−0.42	−0.07	0.24	0.62
500	−3.44	−3.13	−2.87	−2.57	−1.57	−0.44	−0.07	0.24	0.61
∞	−3.42	−3.12	−2.86	−2.57	−1.57	−0.44	−0.08	0.23	0.60
					(c) T_t				
25	−4.38	−3.95	−3.60	−3.24	−2.14	−1.14	−0.81	−0.50	−0.15
50	−4.16	−3.80	−3.50	−3.18	−2.16	−1.19	−0.87	−0.58	−0.24
100	−4.05	−3.73	−3.45	−3.15	−2.17	−1.22	−0.90	−0.62	−0.28
250	−3.98	−3.69	−3.42	−3.13	−2.18	−1.23	−0.92	−0.64	−0.31
500	−3.97	−3.67	−3.42	−3.13	−2.18	−1.24	−0.93	−0.65	−0.32
∞	−3.96	−3.67	−3.41	−3.13	−2.18	−1.25	−0.94	−0.66	−0.32

资料来源：参见 Fuller（1996）表 10A. 2，对符号做了细微调整。Copyright © 1996 by John Wiley & Sons，Inc.，使用经 John Wiley & Sons，Inc. 许可。

表 H　　零均值季节性模型的 $n(\hat{\phi}-1)$ 的百分位数

		较小值的概率								
$n=ms$		0.01	0.025	0.05	0.10	0.50	0.90	0.95	0.975	0.99
	20	−12.20	−9.66	−7.70	−5.62	−0.67	1.83	2.43	3.02	3.74
	30	−12.67	−9.93	−7.83	−5.71	−0.71	1.72	2.28	2.79	3.43
	40	−12.98	−10.11	−7.94	−5.78	−0.73	1.67	2.21	2.69	3.30
$s=2$	100	−13.63	−10.50	−8.23	−5.93	−0.76	1.58	2.10	2.54	3.07
	200	−13.88	−10.65	−8.34	−5.99	−0.77	1.56	2.06	2.50	3.01
	400	−14.01	−10.73	−8.41	−6.02	−0.77	1.54	2.04	2.48	2.97
	∞	−14.14	−10.81	−8.47	−6.06	−0.78	1.53	2.02	2.46	2.94
	40	−13.87	−10.89	−8.67	−6.40	−0.61	2.86	3.69	4.41	5.29
	60	−14.10	−11.09	−8.86	−6.51	−0.65	2.68	3.47	4.13	4.97
	80	−14.31	−11.23	−8.94	−6.54	−0.67	2.60	3.38	4.02	4.82
$s=4$	200	−14.82	−11.57	−9.08	−6.59	−0.70	2.50	3.23	3.85	4.55
	400	−15.04	−11.70	−9.12	−6.59	−0.71	2.47	3.19	3.80	4.47

续表

		较小值的概率								
$n=ms$		0.01	0.025	0.05	0.10	0.50	0.90	0.95	0.975	0.99
	800	−15.15	−11.77	−9.14	−6.59	−0.71	2.46	3.17	3.78	4.43
	∞	−15.27	−11.85	−9.16	−6.59	−0.71	2.45	3.15	3.75	4.39
	120	−18.10	−14.25	−11.51	−8.76	−0.53	5.54	7.02	8.09	9.70
	180	−18.04	−14.31	−11.55	−8.74	−0.62	5.25	6.66	7.82	9.17
	240	−18.02	−14.33	−11.56	−8.73	−0.65	5.13	6.52	7.69	8.97
$s=12$	600	−18.00	−14.35	−11.57	−8.72	−0.69	4.97	6.34	7.49	8.71
	1 200	−18.00	−14.35	−11.58	−8.72	−0.69	4.93	6.30	7.42	8.65
	2 400	−18.00	−14.35	−11.58	−8.72	−0.69	4.92	6.28	7.39	8.63
	∞	−17.99	−14.35	−11.58	−8.72	−0.69	4.90	6.27	7.36	8.61

资料来源：参见 Dickey、Hasza 和 Fuller（1984），表 2，使用经美国统计协会许可。1984 年版本，版权归美国统计协会。版权所有。

表 I　　零均值季节性模型的学生 *T* 统计量的百分位数

		较小值的概率								
$n=ms$		0.01	0.025	0.05	0.10	0.50	0.90	0.95	0.975	0.99
	20	−2.69	−2.27	−1.94	−1.57	−0.29	1.07	1.48	1.85	2.28
	30	−2.64	−2.24	−1.93	−1.58	−0.31	1.04	1.43	1.79	2.21
	40	−2.62	−2.23	−1.93	−1.58	−0.32	1.03	1.42	1.76	2.18
$s=2$	100	−2.58	−2.22	−1.92	−1.59	−0.34	1.01	1.39	1.72	2.12
	200	−2.57	−2.22	−1.92	−1.59	−0.35	1.00	1.38	1.71	2.10
	400	−2.56	−2.22	−1.92	−1.59	−0.35	1.00	1.38	1.70	2.09
	∞	−2.55	−2.22	−1.92	−1.60	−0.35	0.99	1.38	1.69	2.08
	40	−2.58	−2.20	−1.87	−1.51	−0.20	1.14	1.53	1.86	2.23
	60	−2.57	−2.20	−1.89	−1.52	−0.21	1.10	1.49	1.82	2.20
	80	−2.56	−2.20	−1.89	−1.53	−0.22	1.09	1.47	1.80	2.18
$s=4$	200	−2.56	−2.20	−1.90	−1.53	−0.23	1.07	1.45	1.78	2.17
	400	−2.56	−2.20	−1.90	−1.53	−0.24	1.07	1.44	1.77	2.16
	800	−2.56	−2.20	−1.90	−1.53	−0.24	1.07	1.44	1.77	2.16
	∞	−2.56	−2.20	−1.90	−1.53	−0.24	1.07	1.44	1.77	2.16
	120	−2.50	−2.08	−1.77	−1.39	−0.10	1.20	1.55	1.87	2.24
	180	−2.49	−2.09	−1.77	−1.41	−0.12	1.17	1.53	1.85	2.22
	240	−2.49	−2.10	−1.77	−1.42	−0.13	1.16	1.53	1.85	2.21

续表

		较小值的概率								
$n=ms$		0.01	0.025	0.05	0.10	0.50	0.90	0.95	0.975	0.99
$s=12$	800	−2.49	−2.10	−1.79	−1.43	−0.14	1.15	1.52	1.84	2.20
	1 200	−2.49	−2.10	−1.79	−1.43	−0.14	1.15	1.52	1.34	2.20
	2 400	−2.49	−2.10	−1.80	−1.43	−0.14	1.15	1.52	1.84	2.20
	∞	−2.49	−2.10	−1.80	−1.44	−0.14	1.15	1.52	1.84	2.20

资料来源：参见 Dickey、Hasza 和 Fuller（1984），表 3，使用经美国统计协会许可。1984 年版本，版权归美国统计协会。版权所有。

表 J　聚积时间序列：没有截距项 $n_A(\hat{\Phi}-1)$ 的 AR(1) 模型的标准化单位根估计量的经验百分位数

			$m=1$ 时聚积的阶				
n_A	0.01	0.025	0.05	0.10	0.90	0.95	0.975	0.99
25	−11.87	−9.35	−7.32	−5.32	1.01	1.40	1.78	2.28
50	−12.82	−9.91	−7.69	−5.52	0.97	1.34	1.69	2.15
100	−13.30	−10.19	−7.88	−5.61	0.95	1.31	1.65	2.08
250	−13.59	−10.36	−7.99	−5.67	0.93	1.29	1.62	2.04
500	−13.69	−10.42	−8.03	−5.69	0.93	1.29	1.61	2.03
750	−13.72	−10.44	−8.04	−5.70	0.93	1.28	1.61	2.03
∞	−13.78	−10.48	−8.07	−5.71	0.93	1.28	1.60	2.02
				$m=2$ 时聚积的阶				
n_A	0.01	0.025	0.05	0.10	0.90	0.95	0.975	0.99
25	−9.36	−7.31	−5.56	−4.04	1.23	1.66	2.09	2.64
50	−9.72	−7.49	−5.77	−4.07	1.17	1.58	1.97	2.48
100	−9.90	−7.58	−5.82	−4.11	1.15	1.54	1.91	2.40
250	−10.01	−7.64	−5.85	−4.13	1.13	1.51	1.87	2.35
500	−10.05	−7.66	−5.87	−4.13	1.13	1.50	1.86	2.33
750	−10.06	−7.66	−5.87	−4.14	1.13	1.50	1.86	2.33
∞	−10.09	−7.68	−5.88	−4.14	1.12	1.49	1.85	2.32
				$m=3$ 时聚积的阶				
n_A	0.01	0.025	0.05	0.10	0.90	0.95	0.975	0.99
25	−8.79	−6.83	−5.29	−3.78	1.27	1.70	2.13	2.72
50	−9.15	−7.02	−5.40	−3.82	1.21	1.62	2.02	2.56
100	−9.33	−7.12	−5.45	−3.84	1.19	1.58	1.96	2.47
250	−9.44	−7.18	−5.48	−3.85	1.17	1.56	1.93	2.42
500	−9.47	−7.20	−5.49	−3.86	1.17	1.55	1.92	2.41
750	−9.48	−7.20	−5.49	−3.86	1.17	1.55	1.91	2.40
∞	−9.51	−7.21	−5.50	−3.86	1.16	1.54	1.91	2.39

续表

$m=4$ 时聚积的阶								
n_A	0.01	0.025	0.05	0.10	0.90	0.95	0.975	0.99
25	−8.70	−6.73	−5.19	−3.67	1.30	1.73	2.16	2.76
50	−9.00	−6.89	−5.29	−3.71	1.24	1.65	2.05	2.59
100	−9.16	−6.96	−5.34	−3.74	1.21	1.61	1.99	2.50
250	−9.25	−7.01	−5.37	−3.75	1.19	1.58	1.95	2.45
500	−9.28	−7.02	−5.37	−3.75	1.18	1.57	1.94	2.43
750	−9.29	−7.03	−5.38	−3.76	1.18	1.57	1.94	2.42
∞	−9.31	−7.04	−5.38	−3.76	1.18	1.57	1.93	2.41
$m=6$ 时聚积的阶								
n_A	0.01	0.025	0.05	0.10	0.90	0.95	0.975	0.99
25	−8.62	−6.53	−5.11	−3.62	1.30	1.74	2.16	2.76
50	−8.87	−6.76	−5.19	−3.65	1.25	1.65	2.05	2.60
100	−8.99	−6.83	−5.22	−3.67	1.22	1.61	1.99	2.51
250	−9.06	−6.87	−5.25	−3.68	1.20	1.59	1.96	2.45
500	−9.09	−6.88	−5.25	−3.68	1.19	1.58	1.95	2.44
750	−9.10	−6.88	−5.26	−3.68	1.19	1.57	1.94	2.44
∞	−9.11	−6.89	−5.26	−3.68	1.19	1.57	1.93	2.43
$m=12$ 时聚积的阶								
n_A	0.01	0.025	0.05	0.10	0.90	0.95	0.975	0.99
25	−8.44	−6.51	−5.02	−3.55	1.31	1.75	2.18	2.77
50	−8.76	−6.68	−5.12	−3.60	1.25	1.66	2.07	2.61
100	−8.92	−6.76	−5.17	−3.62	1.22	1.62	2.01	2.52
250	−9.02	−6.81	−5.19	−3.64	1.21	1.60	1.97	2.48
500	−9.05	−6.83	−5.20	−3.64	1.20	1.59	1.96	2.46
750	−9.06	−6.83	−5.21	−3.64	1.20	1.59	1.96	2.45
∞	−9.08	−6.85	−5.21	−3.65	1.19	1.58	1.95	2.44

资料来源：Paulo J. F. C. Teles 利用蒙特卡罗方法构造了本表。详情参见 Teles (1999)。

表 K 聚积时间序列：没有截距项 $T_{\Phi}=(\hat{\Phi}-1)/S_{\hat{\Phi}}$ 的 AR(1) 模型的学生统计量的经验百分位数

$m=1$ 时聚积的阶								
n_A	0.01	0.025	0.05	0.10	0.90	0.95	0.975	0.99
25	−2.66	−2.26	−1.95	−1.60	0.92	1.33	1.70	2.16
50	−2.62	−2.25	−1.95	−1.61	0.91	1.31	1.66	2.07
100	−2.60	−2.24	−1.95	−1.61	0.90	1.29	1.64	2.03
250	−2.58	−2.24	−1.95	−1.62	0.89	1.28	1.63	2.01
500	−2.58	−2.24	−1.95	−1.62	0.89	1.28	1.62	2.00
750	−2.58	−2.24	−1.95	−1.62	0.89	1.28	1.62	2.00
∞	−2.58	−2.23	−1.95	−1.62	0.89	1.28	1.62	1.99
$m=2$ 时聚积的阶								
n_A	0.01	0.025	0.05	0.10	0.90	0.95	0.975	0.99
25	−2.28	−1.95	−1.67	−1.36	1.24	1.69	2.11	2.61
50	−2.24	−1.92	−1.66	−1.36	1.21	1.66	2.06	2.52
100	−2.21	−1.91	−1.65	−1.37	1.20	1.64	2.03	2.48
250	−2.20	−1.90	−1.65	−1.37	1.19	1.63	2.01	2.46
500	−2.19	−1.90	−1.65	−1.37	1.19	1.63	2.01	2.45
750	−2.19	−1.90	−1.65	−1.37	1.19	1.63	2.01	2.45
∞	−2.19	−1.90	−1.65	−1.37	1.19	1.63	2.00	2.44
$m=3$ 时聚积的阶								
n_A	0.01	0.025	0.05	0.10	0.90	0.95	0.975	0.99
25	−2.18	−1.87	−1.60	−1.31	1.30	1.77	2.20	2.71
50	−2.16	−1.85	−1.60	−1.31	1.27	1.74	2.15	2.63
100	−2.14	−1.85	−1.60	−1.31	1.26	1.72	2.12	2.59
250	−2.14	−1.84	−1.60	−1.32	1.25	1.71	2.11	2.57
500	−2.13	−1.84	−1.60	−1.32	1.25	1.71	2.10	2.56
750	−2.13	−1.84	−1.60	−1.32	1.25	1.70	2.10	2.56
∞	−2.13	−1.84	−1.60	−1.32	1.25	1.70	2.10	2.55

续表

$m=4$ 时聚积的阶								
n_A	0.01	0.025	0.05	0.10	0.90	0.95	0.975	0.99
25	−2.16	−1.85	−1.58	−1.29	1.33	1.80	2.22	2.73
50	−2.13	−1.83	−1.58	−1.29	1.31	1.77	2.18	2.66
100	−2.12	−1.82	−1.58	−1.29	1.29	1.75	2.15	2.62
250	−2.11	−1.82	−1.58	−1.30	1.28	1.74	2.14	2.60
500	−2.11	−1.82	−1.59	−1.30	1.28	1.74	2.14	2.59
750	−2.11	−1.82	−1.58	−1.30	1.28	1.74	2.13	2.59
∞	−2.11	−1.82	−1.58	−1.30	1.28	1.74	2.13	2.58

$m=6$ 时聚积的阶								
n_A	0.01	0.025	0.05	0.10	0.90	0.95	0.975	0.99
25	−2.14	−1.82	−1.56	−1.27	1.34	1.83	2.26	2.80
50	−2.11	−1.81	−1.56	−1.28	1.32	1.79	2.21	2.70
100	−2.10	−1.80	−1.56	−1.28	1.31	1.77	2.18	2.65
250	−2.09	−1..80	−1.56	−1.28	1.30	1.76	2.16	2.62
500	−2.09	−1.80	−1.56	−1.28	1.30	1.76	2.16	2.62
750	−2.09	−1.80	−1.56	−1.28	1.29	1.75	2.15	2.61
∞	−2.09	−1.80	−1.56	−1.28	1.29	1.75	2.15	2.61

$m=12$ 时聚积的阶								
n_A	0.01	0.025	0.05	0.10	0.90	0.95	0.975	0.99
25	−2.12	−1.80	−1.55	−1.26	1.36	1.84	2.27	2.80
50	−2.10	−1.80	−1.55	−1.27	1.33	1.81	2.23	2.72
100	−2.09	−1.80	−1.55	−1.27	1.32	1.79	2.21	2.68
250	−2.08	−1.79	−1.55	−1.27	1.31	1.78	2.19	2.65
500	−2.08	−1.79	−1.55	−1.28	1.31	1.78	2.19	2.65
750	−2.08	−1.79	−1.55	−1.28	1.31	1.78	2.19	2.64
∞	−2.08	−1.79	−1.55	−1.28	1.31	1.77	2.18	2.64

资料来源：Paulo J. F. C. Teles 利用蒙特卡罗方法构造了本表。详情参见 Teles (1999)。

词汇表

Additive outlier　加性异常值
Aggregate Series　聚积序列
　limiting behaviour　极限行为
Aggregation　集合
　of the ARIMA process　ARIMA 过程的
　of seasonal model　季节模型的
　matrix　矩阵
　order of　阶
Akaike's information criterion（AIC）
　Akaike 信息准则
Aliasing　别名，混淆现象
Amplitude　振幅
Amplitude，spectrum　振幅，谱
Analysis of variance for periodogram　周期图方差分析
ARCH models　ARCH 模型
ARFIMA model　ARFIMA 模型
ARMA　自回归移动平均
ARIMA　自回归求和移动平均
ARMAX model　ARMAX 模型
Autocorrelation function（ACF）　自相关函数
　covariance of sample　样本协方差
　for stationary processes　平稳过程
　generating　生成
　inverse　逆
　matrix　矩阵
　of AR(1) process　AR(1) 过程
　of AR(2) process　AR(2) 过程
　of AR(p) process　AR(p) 过程
　of MA(1) process　MA(1) 过程
　of MA(2) process　MA(2) 过程
　of MA(p) process　MA(p) 过程
　of ARMA(1,1) process　ARMA(1,1) 过程
　of ARMA(p,q) process　ARMA(p,q) 过程
　partial　偏
　properties of　性质
　sample　样本
　α-trimmed sample　α 平衡样本
　standard error of sample　样本标准差
Autocorrelation matrix function　自相关矩阵函数
Autocovariance function　自协方差函数
　definition of　定义
　generating　生成
　sample　样本
　spectral representation of　谱表示
Autocovariance generating function　自协方差生成函数
　of ARMA(p,q) model　ARMA(p,q) 模型
　inverse　逆
Autocovariance matrix function　自协方差矩阵函数

Autoregressive integrated moving average (ARIMA) processes　ARIMA 过程
- ARIMA model　ARIMA 模型
- ARIMA(0,1,1) process　ARIMA(0,1,1) 过程
- forecasting of　预报
- IMA(1,1) process　IMA(1,1) 过程
- seasonal　季节

Autoregressive moving average processes　ARMA 过程
- AR representation　AR 表示
- AR(1) process　AR(1) 过程
- AR(2) process　AR(2) 过程
- AR(p) process　AR(p) 过程
- ARMA(1,1) process　ARMA(1,1) 过程
- ARMA(p,q) process　ARMA(p,q) 过程
- estimation of　估计
- exact likelihood function　精确似然函数
- MA presentation　MA 表示
- MA(1) process　MA(1) 过程
- MA(2) process　MA(2) 过程
- MA(q) process　MA(p) 过程
- spectrum of　谱
- state space representation of　状态空间表示
- variance-covariance matrix of estimates　估计的方差-协方差矩阵
- vector ARMA process　向量 ARMA 过程

Autoregressive processes 自回归过程
- first-order　一阶
- pth-order　p 阶
- second-order　二阶
- stationarity of　平稳性
- vector　向量

Autoregressive representation　自回归表示

Autoregressive signal plus noise model　自回归信号加噪声模型

Autoregressive spectral estimation　自回归谱估计

Backcasting method　回测方法（后向估计方法）

Backshift operator　后移算子

Bandwidth, of window　带宽，窗口

Bayesian information criterion　贝叶斯信息准则

Bilinear model　双线性模型
- BL(p, q, r, s) model　BL(p, q, r, s) 模型
- BL(1,0,1) model　BL(1,0,1) 模型

Bispectrum　双谱

Blackman-Tukey window　布莱克曼-图基窗口

Box-Cox's transformation　博克斯-考克斯转换

Brownian motion　布朗运动

Buys-Ballot table　白贝罗表

CAT criterion　CAT 准则

Canonical correlations　典型相关

Causal model　因果模型

Causality　因果关系
- linear　线性

Cayley-Hamilton theorem　凯莱-汉密尔顿定理

Central limit theorem for stationary process　平稳过程中心极限定理

Coherence　相干
- estimation of　估计

Cointegrated processes 协整过程
- AR representation of　AR 表示
- decomposition of　分解
- error-correction representation of 误差修正表示
- MA representation of　MA 表示
- representation of　表示

Cointegration vectors　协整向量

of systematic sampling on causality 对因果关系的系统性抽样
of temporal aggregation on causality 对因果关系的临时加总
of temporal aggregation on forecasting 对预报的临时加总
Efficiency，relative，for forecasting future aggregates 预报未来聚集的效率、关系
Energy spectrum 能量谱
Equivalent degrees，of freedom for smoothed spectrum 平滑谱相同自由度
Equivalent representation，of a vector ARMA model 等价表示，向量 ARMA 模型
Ergodicity 遍历性
Ensemble 总体
average 均值
Estimation 估计
ARMA spectral ARMA 谱
of autocorrelations 自相关
of autocovariances 自协方差
autoregressive spectral 自回归谱
conditional maximum likelihood 条件极大似然
of cross-spectrum 交叉谱
least squares 最小二乘
maximum likelihood 极大似然
of GARCH models GARCH 模型
of mean 均值
nonlinear 非线性
parameter 系数
of spectrum 谱
of transfer function models 转换函数模型
unconditional maximum likelihood 无条件极大似然
of vector time series models 向量时间序列模型
Euler relation 欧拉关系
Even function 偶函数
Eventual forecast functions 终极预报函数
Exact likelihood function 精确似然函数
Exponential autoregressive model，EXPAR（p，d）model 指数自回归模型
Exponential smoothing 指数平滑
Extended sample autocorrelation function，ESACF 扩展样本自相关函数
asymptotic variance of 渐近方差

Fast Fourier transform（FFT） 快速傅立叶变换
Filter 滤子
Kalman 卡尔曼
linear 线性
moving average 移动平均
transfer function 转换函数
Filtered output series 过滤后的输出序列
Fisher's test 费希尔检验
Flow variable 流动变量
Forcing function 扰动函数
Forecast 预报
computation of 计算
error 误差
eventual functions of 最终函数
limits of 极限
minimum mean square error 最小均方误差
updating 更新
variance of 方差
Forecasting 预报
application of Hilbert space in 希尔伯特空间的应用
ARIMA models ARIMA 模型
effects of temporal aggregation on 临时加总效应
seasonal models 季节模型
using transfer function models 使用转换函数模型
vector ARMA models 向量 ARMA 模型

prewhitened 预白化
nonstationary 非平稳
Interpretation, of the cross-spectral functions 解释，交叉谱函数
Intervention analysis 干扰分析
Intervention analysis, examples of 干扰分析，例子
Intervention models 干扰模型
Interventions 干扰
Inverse autocorrelation function (IACF) 逆自相关函数
Inverse autocorrelation generating function 逆自相关生成函数
Inverse autocovariance function 逆自协方差函数
Inverse Fourier transform (inverse Fourier integral) 逆傅立叶变换（逆傅立叶积分）
Inverse process 逆过程
Invertibility 可逆性
of AR models AR 模型
of ARMA models ARMA 模型
of MA models MA 模型
of vector ARMA models 向量 ARMA 模型

Kalman filter 卡尔曼滤波
Kalman gain 卡尔曼增益
Kernel 核
Kronecker product 克罗内克积

Lag window 时滞窗
Leakage 泄漏
Least squares estimation 最小二乘估计
conditional 条件
nonlinear 非线性
ordinary 普通
unconditional 无条件
Likelihood ratio test 似然比检验
Linear difference equations 线性差分方程
Linear manifold 线性流形
Linear time-invariant system 线性时不变系统
Linear vector space 线性向量空间
Linearity test 线性检验
Long memory processes 长记忆过程
Low pass filter 低通滤波

Matrix 矩阵
absolutely summable 绝对可加
Coefficient 系数
Correlation 相关
Covariance 自协方差
equation 方程
polynomial 多项式
square summable 平方可和
Maximum likelihood estimation 极大似然估计
GARCH models GARCH 模型
ARMA models ARMA 模型
conditional 条件
unconditional 无条件
vector ARMA models 向量 ARMA 模型
m-dimensional white noise random vectors m 维白噪声随机向量
Mean function 均值函数
sample 样本
variance of sample 样本方差
Mean absolute error 平均绝对误差
Mean absolute percentage error 平均绝对百分比误差
Mean percentage error 平均百分比误差
Mean square error 均方误差
Measurement equation 测度方程
Method of moments 矩法
Metric, of the space 度量空间
Minimun mean square error forecasts 最小均方误预报
for ARMA models ARMA 模型

序列模型
Normality test 正态检验
Nonperiodic sequence 非周期序列
Nonstationarity 非平稳性
homogeneous 齐次
in the mean 平均
in the variance and the autocovariance 方差和自协方差
Nonstationary time series models 非平稳时间序列模型
Nonstationary vector autoregressive moving average models 非平稳向量自回归移动平均模型
nth order weakly stationary n 阶弱平稳
Nyquist frequency 奈奎斯特频率

Observation equation 观测方程
Order of aggregation 聚积的阶
Ordinary least squares (OLS) estimation 普通最小二乘估计
Orthogonal basis 正交基
Orthogonal functions 正交函数
Orthogonal subspaces 正交子空间
Outliers 异常值
additive (AO) 加性
detection of 检验
innovational 新生的
level shift 水平移动
time series 时间序列
temporary change 临时变动
Outlier model 异常值模型
Output equation 输出方程
Output (or observation) matrix 输出（观测）矩阵
Overdifferencing 过度差分

PACF，IACF，and ESACF，for seasonal models PACF、IACF、ESACF 季节模型
Parseval's relation 帕塞瓦尔关系
Parsimony 简练
Partial autocorrelation function (PACF) 偏自相关函数
for seasonal models 季节模型
of AR(1) process AR(1) 过程
of AR(2) process AR(2) 过程
of AR(p) process AR(p) 过程
of ARMA(1,1) process ARMA(1,1) 过程
of ARMA(p,q) process ARMA(p,q) 过程
of MA(1) process MA(1) 过程
of MA(2) process MA(2) 过程
of MA(q) process MA(q) 过程
sample 样本
standard error of sample 样本标准误差
Partial autoregression matrices 偏自回归矩阵
sample 样本
Partial autoregression matrix function 偏自回归矩阵函数
Partial covariance matrix generating function 偏协方差矩阵生成函数
Partial lag autocorrelation matrix 偏滞后自相关矩阵
Partial lag correlation matrix 偏滞后相关矩阵
sample 样本
Partial lag correlation matrix function 偏滞后相关矩阵函数
Partial process 局部过程
correlation matrix 相关矩阵
correlation matrix function 相关矩阵函数
covariance matrix generating function 协方差矩阵生成函数
sample correlation matrix function 样本相关矩阵函数

Schwartz's Bayesian criterion 施瓦茨的贝叶斯准则
Seasonal adjusted series 季节调整序列
Seasonal models 季节模型
ARIMA
forecasting 预报
IACF for 逆自相关函数
model building for 建模
PACF, for 偏自相关函数
testing for unit root 单位根检验
Seasonal dummy 季节虚拟变量
Seasonal period 季节周期
Seasonal time series 季节时间序列
moving average method 移动平均方法
regression method 回归方法
seasonal adjustment 季节调整
seasonal ARIMA models 季节 ARIMA 模型
Second order stationary, in distribution 二阶平稳，分布
Sequence 序列
absolutely summable 绝对可和
finite 有限
nonperiodic 非周期的
periodic 周期的
power of 势
square summable 平方可和
Short memory process 短记忆过程
Signal, of the system 信号，系统
Signal-to-noise ratio 信号噪声比
Signal-input transfer function model 信号输入转换函数模型
Smoothed spectrum 平滑谱
Smoothing 平滑
in frequency domain 频域
in time domain 时域
Space 空间
Hilbert, application of in forecasting 希尔伯特，预报应用
predictor 预报子
Space representation 空间表示
Spectral density 谱密度
Spectral density matrix function 谱密度矩阵函数
Spectral distribution function 谱分布函数
Spectral distribution matrix function 谱分布矩阵函数
Spectral estimation, ARMA 谱估计，ARMA
Spectral representation 谱表示
of covariance matrix function 协方差矩阵函数
of autocovariance functions 自协方差函数
of stationary processes 平稳过程
Spectral window 谱窗口
Spectrum 谱
amplitude 振幅
and autocovariance generating function 自协方差生成函数
discrete 离散
energy 能
estimation of 估计
of ARMA models ARMA 模型
of linear filters 线性滤子
line 直线
matrix 矩阵
noise 噪声
phase 相位
power 幂
properties of 性质
quadrature 正交
rational 有理
sample 样本
of seasonal models 季节模型
smoothed 平滑
of sum of two independent processes 两独立过程和
of white noise process 白噪声过程
Spectrum matrix 谱矩阵

lag 滞后
leakage 泄漏
Parzen 帕尔逊
rectangular 矩形
spectral 谱
triangular 三角形
Tukey 图基
Tukey-Hamming 图基-汉明
Wold's decomposition, of stationary process 沃尔德分解，平稳过程
Wold's representation 沃尔德表示

X-12 method X-12 方法

Yule process 尤尔过程
Yule-Walker equations 尤尔-沃克方程
matrix, generalized 矩阵，一般化
Yule-Walker estimators 尤尔-沃克估计量

经济科学译丛						
序号	书名	作者	Author	单价	出版年份	ISBN
1	时间序列分析——单变量和多变量方法(第二版·经典版)	魏武雄	William W. S. Wei	89.00	2021	978-7-300-29640-1
2	市场设计:拍卖与匹配	纪尧姆·海宁格	Guillaume Haeringer	52.00	2021	978-7-300-28854-3
3	环境与自然资源经济学(第十一版)	汤姆·蒂坦伯格等	Tom Tietenberg	79.00	2021	978-7-300-29213-7
4	货币金融学(第十二版)	弗雷德里克·S. 米什金	Frederic S. Mishkin	98.00	2021	978-7-300-29134-5
5	现代经济学原理(第六版)	罗伯特·J. 凯伯	Robert J. Carbaugh	72.00	2021	978-7-300-25126-4
6	现代劳动经济学:理论与公共政策(第十三版)	罗纳德·G. 伊兰伯格等	Ronald G. Ehrenberg	99.00	2021	978-7-300-29116-1
7	国际贸易(第十一版)	保罗·R.克鲁格曼等	Paul R. Krugman	52.00	2021	978-7-300-29058-4
8	国际金融(第十一版)	保罗·R.克鲁格曼等	Paul R. Krugman	59.00	2021	978-7-300-29057-7
9	国际经济学:理论与政策(第十一版)	保罗·R. 克鲁格曼等	Paul R. Krugman	98.00	2021	978-7-300-28805-5
10	财政学(第五版)	乔纳森·格鲁伯	Jonathan Gruber	118.00	2021	978-7-300-28892-5
11	面板数据分析(第三版)	萧政	Cheng Hsiao	69.00	2021	978-7-300-28646-4
12	宏观经济学(第十三版)	鲁迪格·多恩布什等	Rudiger Dornbusch	89.00	2021	978-7-300-28853-6
13	曼昆版《宏观经济学》(第十版)课后题解答与题库	N. 格里高利·曼昆等	N. Gregory Mankiw	62.00	2021	978-7-300-28855-0
14	共谋理论和竞争政策	小约瑟夫·E. 哈林顿	Joseph E. Harrington, Jr.	39.00	2021	978-7-300-28804-8
15	离散时间的经济动力学	苗建军	Jianjun Miao	108.00	2020	978-7-300-28814-7
16	微观经济学(第四版)	戴维·A. 贝赞可	David A. Besanko	125.00	2020	978-7-300-28647-1
17	经济建模:目的与局限	劳伦斯·A. 博兰德	Lawrence A. Boland	49.00	2020	978-7-300-28532-0
18	计量经济分析(第八版)(上下册)	威廉·H. 格林	William H. Greene	158.00	2020	978-7-300-27645-8
19	微观经济学(第四版)	保罗·克鲁格曼等	Paul Krugman	86.00	2020	978-7-300-28321-0
20	发展宏观经济学(第四版)	皮埃尔·理查德·阿根诺等	Pierre-Richard Agenor	79.00	2020	978-7-300-27425-6
21	平狄克《微观经济学》(第九版)学习指导	乔纳森·汉密尔顿等	Jonathan Hamilton	42.00	2020	978-7-300-28281-7
22	经济地理学:区域和国家一体化	皮埃尔-菲利普·库姆斯等	Pierre-Philippe Combes	56.00	2020	978-7-300-28276-3
23	公共部门经济学(第四版)	约瑟夫·E. 斯蒂格利茨等	Joseph E. Stiglitz	96.00	2020	978-7-300-28218-3
24	递归宏观经济理论(第三版)	拉尔斯·扬奎斯特等	Lars Ljungqvist	128.00	2020	978-7-300-28058-5
25	策略博弈(第四版)	阿维纳什·迪克西特等	Avinash Dixit	85.00	2020	978-7-300-28005-9
26	劳动关系(第10版)	小威廉·H. 霍利等	William H. Holley, Jr.	83.00	2020	978-7-300-25582-8
27	微观经济学(第九版)	罗伯特·S. 平狄克等	Robert S. Pindyck	93.00	2020	978-7-300-26640-4
28	宏观经济学(第十版)	N. 格里高利·曼昆	N. Gregory Mankiw	79.00	2020	978-7-300-27631-1
29	宏观经济学(第九版)	安德鲁·B.亚伯等	Andrew B. Abel	95.00	2020	978-7-300-27382-2
30	商务经济学(第二版)	克里斯·马尔赫恩等	Chris Mulhearn	56.00	2019	978-7-300-24491-4
31	管理经济学:基于战略的视角(第二版)	蒂莫西·费希尔等	Timothy Fisher	58.00	2019	978-7-300-23886-9
32	投入产出分析:基础与扩展(第二版)	罗纳德·E. 米勒等	Ronald E. Miller	98.00	2019	978-7-300-26845-3
33	宏观经济学:政策与实践(第二版)	弗雷德里克·S. 米什金	Frederic S. Mishkin	89.00	2019	978-7-300-26809-5
34	国际商务:亚洲视角	查尔斯·W. L. 希尔等	Charles W. L. Hill	108.00	2019	978-7-300-26791-3
35	统计学:在经济和管理中的应用(第10版)	杰拉德·凯勒	Gerald Keller	158.00	2019	978-7-300-26771-5
36	经济学精要(第五版)	R. 格伦·哈伯德等	R. Glenn Hubbard	99.00	2019	978-7-300-26561-2
37	环境经济学(第七版)	埃班·古德斯坦等	Eban Goodstein	78.00	2019	978-7-300-23867-8
38	管理者微观经济学	戴维·M.克雷普斯	David M. Kreps	88.00	2019	978-7-300-22914-0
39	税收与企业经营战略:筹划方法(第五版)	迈伦·S. 斯科尔斯等	Myron S. Scholes	78.00	2018	978-7-300-25999-4
40	美国经济史(第12版)	加里·M. 沃尔顿等	Gary M. Walton	98.00	2018	978-7-300-26473-8
41	组织经济学:经济学分析方法在组织管理上的应用(第五版)	塞特斯·杜玛等	Sytse Douma	62.00	2018	978-7-300-25545-3
42	经济理论的回顾(第五版)	马克·布劳格	Mark Blaug	88.00	2018	978-7-300-26252-9
43	实地实验:设计、分析与解释	艾伦·伯格等	Alan S. Gerber	69.80	2018	978-7-300-26319-9
44	金融学(第二版)	兹维·博迪等	Zvi Bodie	75.00	2018	978-7-300-26134-8
45	空间数据分析:模型、方法与技术	曼弗雷德·M. 费希尔等	Manfred M. Fischer	36.00	2018	978-7-300-25304-6
46	《宏观经济学》(第十二版)学习指导书	鲁迪格·多恩布什等	Rudiger Dornbusch	38.00	2018	978-7-300-26063-1
47	宏观经济学(第四版)	保罗·克鲁格曼等	Paul Krugman	68.00	2018	978-7-300-26068-6
48	计量经济学导论:现代观点(第六版)	杰弗里·M. 伍德里奇	Jeffrey M. Wooldridge	109.00	2018	978-7-300-25914-7
49	经济思想史:伦敦经济学院讲演录	莱昂内尔·罗宾斯	Lionel Robbins	59.80	2018	978-7-300-25258-2
50	空间计量经济学入门——在R中的应用	朱塞佩·阿尔比亚	Giuseppe Arbia	45.00	2018	978-7-300-25458-6
51	克鲁格曼经济学原理(第四版)	保罗·克鲁格曼等	Paul Krugman	88.00	2018	978-7-300-25639-9
52	发展经济学(第七版)	德怀特·H.波金斯等	Dwight H. Perkins	98.00	2018	978-7-300-25506-4
53	线性与非线性规划(第四版)	戴维·G.卢恩伯格等	David G. Luenberger	79.80	2018	978-7-300-25391-6

经济科学译丛						
序号	书名	作者	Author	单价	出版年份	ISBN
54	产业组织理论	让·梯若尔	Jean Tirole	110.00	2018	978-7-300-25170-7
55	经济学精要(第六版)	巴德,帕金	Bade,Parkin	89.00	2018	978-7-300-24749-6
56	空间计量经济学——空间数据的分位数回归	丹尼尔·P. 麦克米伦	Daniel P. McMillen	30.00	2018	978-7-300-23949-1
57	高级宏观经济学基础(第二版)	本·J. 海德拉	Ben J. Heijdra	88.00	2018	978-7-300-25147-9
58	税收经济学(第二版)	伯纳德·萨拉尼耶	Bernard Salanié	42.00	2018	978-7-300-23866-1
59	国际贸易(第三版)	罗伯特·C. 芬斯特拉	Robert C. Feenstra	73.00	2017	978-7-300-25327-5
60	国际宏观经济学(第三版)	罗伯特·C. 芬斯特拉	Robert C. Feenstra	79.00	2017	978-7-300-25326-8
61	公司治理(第五版)	罗伯特·A. G. 蒙克斯	Robert A. G. Monks	69.80	2017	978-7-300-24972-8
62	国际经济学(第15版)	罗伯特·J. 凯伯	Robert J. Carbaugh	78.00	2017	978-7-300-24844-8
63	经济理论和方法史(第五版)	小罗伯特·B. 埃克伦德等	Robert B. Ekelund. Jr.	88.00	2017	978-7-300-22497-8
64	经济地理学	威廉·P. 安德森	William P. Anderson	59.80	2017	978-7-300-24544-7
65	博弈与信息:博弈论概论(第四版)	艾里克·拉斯穆森	Eric Rasmusen	79.80	2017	978-7-300-24546-1
66	MBA宏观经济学	莫里斯·A. 戴维斯	Morris A. Davis	38.00	2017	978-7-300-24268-2
67	经济学基础(第十六版)	弗兰克·V. 马斯切纳	Frank V. Mastrianna	42.00	2017	978-7-300-22607-1
68	高级微观经济学:选择与竞争性市场	戴维·M. 克雷普斯	David M. Kreps	79.80	2017	978-7-300-23674-2
69	博弈论与机制设计	Y. 内拉哈里	Y. Narahari	69.80	2017	978-7-300-24209-5
70	宏观经济学(第十二版)	鲁迪格·多恩布什等	Rudiger Dornbusch	69.00	2017	978-7-300-23772-5
71	国际金融与开放宏观经济学:理论、历史与政策	亨德里克·范登伯格	Hendrik Van den Berg	68.00	2016	978-7-300-23380-2
72	经济学(微观部分)	达龙·阿西莫格鲁等	Daron Acemoglu	59.00	2016	978-7-300-21786-4
73	经济学(宏观部分)	达龙·阿西莫格鲁等	Daron Acemoglu	45.00	2016	978-7-300-21886-1
74	中级微观经济学——直觉思维与数理方法(上下册)	托马斯·J. 内契巴	Thomas J. Nechyba	128.00	2016	978-7-300-22363-6
75	动态优化——经济学和管理学中的变分法和最优控制(第二版)	莫顿·I. 凯曼等	Morton I. Kamien	48.00	2016	978-7-300-23167-9
76	投资学精要(第九版)	兹维·博迪等	Zvi Bodie	108.00	2016	978-7-300-22236-3
77	环境经济学(第二版)	查尔斯·D. 科尔斯塔德	Charles D. Kolstad	68.00	2016	978-7-300-22255-4
78	MWG《微观经济理论》习题解答	原千晶等	Chiaki Hara	75.00	2016	978-7-300-22306-3
79	横截面与面板数据的计量经济分析(第二版)	杰弗里·M. 伍德里奇	Jeffrey M. Wooldridge	128.00	2016	978-7-300-21938-7
80	宏观经济学(第十二版)	罗伯特·J. 戈登	Robert J. Gordon	75.00	2016	978-7-300-21978-3
81	动态最优化基础	蒋中一	Alpha C. Chiang	42.00	2015	978-7-300-22068-0
82	管理经济学:理论、应用与案例(第八版)	布鲁斯·艾伦等	Bruce Allen	79.80	2015	978-7-300-21991-2
83	微观经济分析(第三版)	哈尔·R. 范里安	Hal R. Varian	68.00	2015	978-7-300-21536-5
84	财政学(第十版)	哈维·S. 罗森等	Harvey S. Rosen	68.00	2015	978-7-300-21754-3
85	经济数学(第三版)	迈克尔·霍伊等	Michael Hoy	88.00	2015	978-7-300-21674-4
86	发展经济学(第九版)	A. P. 瑟尔沃	A. P. Thirlwall	69.80	2015	978-7-300-21193-0
87	宏观经济学(第五版)	斯蒂芬·D. 威廉森	Stephen D. Williamson	69.00	2015	978-7-300-21169-5
88	现代时间序列分析导论(第二版)	约根·沃特斯等	Jürgen Wolters	39.80	2015	978-7-300-20625-7
89	空间计量经济学——从横截面数据到空间面板	J. 保罗·埃尔霍斯特	J. Paul Elhorst	32.00	2015	978-7-300-21024-7
90	战略经济学(第五版)	戴维·贝赞可等	David Besanko	78.00	2015	978-7-300-20679-0
91	博弈论导论	史蒂文·泰迪里斯	Steven Tadelis	58.00	2015	978-7-300-19993-1
92	社会问题经济学(第二十版)	安塞尔·M. 夏普等	Ansel M. Sharp	49.00	2015	978-7-300-20279-2
93	时间序列分析	詹姆斯·D. 汉密尔顿	James D. Hamilton	118.00	2015	978-7-300-20213-6
94	微观经济理论	安德鲁·马斯-克莱尔等	Andreu Mas-Collel	148.00	2014	978-7-300-19986-3
95	产业组织:理论与实践(第四版)	唐·E. 瓦尔德曼等	Don E. Waldman	75.00	2014	978-7-300-19722-7
96	公司金融理论	让·梯若尔	Jean Tirole	128.00	2014	978-7-300-20178-8
97	公共部门经济学	理查德·W. 特里西	Richard W. Tresch	49.00	2014	978-7-300-18442-5
98	计量经济学导论(第三版)	詹姆斯·H. 斯托克等	James H. Stock	69.00	2014	978-7-300-18467-8
99	中级微观经济学(第六版)	杰弗里·M. 佩罗夫	Jeffrey M. Perloff	89.00	2014	978-7-300-18441-8

经济科学译丛

序号	书名	作者	Author	单价	出版年份	ISBN
100	计量经济学原理与实践	达摩达尔·N. 古扎拉蒂	Damodar N.Gujarati	49.80	2013	978-7-300-18169-1
101	经济学简史——处理沉闷科学的巧妙方法(第二版)	E. 雷·坎特伯里	E. Ray Canterbery	58.00	2013	978-7-300-17571-3
102	环境经济学	彼得·伯克等	Peter Berck	55.00	2013	978-7-300-16538-7
103	高级微观经济理论	杰弗里·杰里	Geoffrey A. Jehle	69.00	2012	978-7-300-16613-1
104	高级宏观经济学导论:增长与经济周期(第二版)	彼得·伯奇·索伦森等	Peter Birch Sørensen	95.00	2012	978-7-300-15871-6
105	卫生经济学(第六版)	舍曼·富兰德等	Sherman Folland	79.00	2011	978-7-300-14645-4
106	计量经济学基础(第五版)(上下册)	达摩达尔·N. 古扎拉蒂	Damodar N.Gujarati	99.00	2011	978-7-300-13693-6
107	《计量经济学基础》(第五版)学生习题解答手册	达摩达尔·N. 古扎拉蒂等	Damodar N. Gujarati	23.00	2012	978-7-300-15080-8

金融学译丛

序号	书名	作者	Author	单价	出版年份	ISBN
1	货币金融学(第三版)	R. 格伦·哈伯德等	R. Glenn Hubbard	96.00	2021	978-7-300-28819-2
2	房地产金融与投资(第十五版)	威廉·B. 布鲁格曼等	William B. Brueggeman	118.00	2021	978-7-300-28473-6
3	金融工程学原理(第三版)	罗伯特·L. 科索斯基等	Robert L. Kosowski	109.00	2020	978-7-300-28541-2
4	金融市场与金融机构(第12版)	杰夫·马杜拉	Jeff Madura	99.00	2020	978-7-300-27836-0
5	个人理财(第11版)	E. 托马斯·加曼等	E. Thomas Garman	108.00	2020	978-7-300-25653-5
6	银行学(第二版)	芭芭拉·卡苏等	Barbara Casu	99.00	2020	978-7-300-28034-9
7	金融衍生工具与风险管理(第十版)	唐·M. 钱斯	Don M. Chance	98.00	2020	978-7-300-27651-9
8	投资学导论(第十二版)	赫伯特·B. 梅奥	Herbert B. Mayo	89.00	2020	978-7-300-27653-3
9	金融几何学	阿尔文·库鲁克	Alvin Kuruc	58.00	2020	978-7-300-14104-6
10	银行风险管理(第四版)	若埃尔·贝西	Joël Bessis	56.00	2019	978-7-300-26496-7
11	金融学原理(第八版)	阿瑟·J. 基翁等	Arthur J. Keown	79.00	2018	978-7-300-25638-2
12	财务管理基础(第七版)	劳伦斯·J. 吉特曼等	Lawrence J. Gitman	89.00	2018	978-7-300-25339-8
13	利率互换及其他衍生品	霍华德·科伯	Howard Corb	69.00	2018	978-7-300-25294-0
14	固定收益证券手册(第八版)	弗兰克·J. 法博齐	Frank J. Fabozzi	228.00	2017	978-7-300-24227-9
15	金融市场与金融机构(第8版)	弗雷德里克·S. 米什金等	Frederic S. Mishkin	86.00	2017	978-7-300-24731-1
16	兼并、收购和公司重组(第六版)	帕特里克·A. 高根	Patrick A. Gaughan	89.00	2017	978-7-300-24231-6
17	债券市场:分析与策略(第九版)	弗兰克·J. 法博齐	Frank J. Fabozzi	98.00	2016	978-7-300-23495-3
18	财务报表分析(第四版)	马丁·弗里德森	Martin Fridson	46.00	2016	978-7-300-23037-5
19	国际金融学	约瑟夫·P. 丹尼尔斯等	Joseph P. Daniels	65.00	2016	978-7-300-23037-1
20	国际金融	阿德里安·巴克利	Adrian Buckley	88.00	2016	978-7-300-22668-2
21	个人理财(第六版)	阿瑟·J. 基翁	Arthur J. Keown	85.00	2016	978-7-300-22711-5
22	投资学基础(第三版)	戈登·J. 亚历山大等	Gordon J. Alexander	79.00	2015	978-7-300-20274-7
23	金融风险管理(第二版)	彼德·F. 克里斯托弗森	Peter F. Christoffersen	46.00	2015	978-7-300-21210-4
24	风险管理与保险管理(第十二版)	乔治·E. 瑞达等	George E. Rejda	95.00	2015	978-7-300-21486-3
25	个人理财(第五版)	杰夫·马杜拉	Jeff Madura	69.00	2015	978-7-300-20583-0
26	企业价值评估	罗伯特·A.G. 蒙克斯等	Robert A. G. Monks	58.00	2015	978-7-300-20582-3
27	基于Excel的金融学原理(第二版)	西蒙·本尼卡	Simon Benninga	79.00	2014	978-7-300-18899-7
28	金融工程学原理(第二版)	萨利赫·N. 内夫特奇	Salih N. Neftci	88.00	2014	978-7-300-19348-9
29	国际金融市场导论(第六版)	斯蒂芬·瓦尔德斯等	Stephen Valdez	59.80	2014	978-7-300-18896-6
30	金融数学:金融工程引论(第二版)	马雷克·凯宾斯基等	Marek Capinski	42.00	2014	978-7-300-17650-5
31	财务管理(第二版)	雷蒙德·布鲁克斯	Raymond Brooks	69.00	2014	978-7-300-19085-3
32	期货与期权市场导论(第七版)	约翰·C. 赫尔	John C. Hull	69.00	2014	978-7-300-18994-2
33	国际金融:理论与实务	皮特·塞尔居	Piet Sercu	88.00	2014	978-7-300-18413-5
34	并购创造价值(第二版)	萨德·苏达斯纳	Sudi Sudarsanam	89.00	2013	978-7-300-17473-0
35	应用公司财务(第三版)	阿斯沃思·达摩达兰	Aswath Damodaran	88.00	2012	978-7-300-16034-4
36	资本市场:机构与工具(第四版)	弗兰克·J. 法博齐	Frank J.Fabozzi	85.00	2011	978-7-300-13828-2

图书在版编目（CIP）数据

时间序列分析：单变量和多变量方法：第二版：
经典版/（ ）魏武雄著；易丹辉等译. --北京：中
国人民大学出版社，2021.8
（经济科学译丛）
ISBN 978-7-300-29640-1

Ⅰ. 时… Ⅱ. ①魏… ②易… Ⅲ. ①时间序列分析
Ⅳ. O211.61

中国版本图书馆 CIP 数据核字（2021）第 140329 号

“十三五”国家重点出版物出版规划项目
经济科学译丛
时间序列分析——单变量和多变量方法（第二版·经典版）
魏武雄 著
易丹辉 刘 超 贺学强 等译
刘 超 校
Shijian Xulie Fenxi——Dan Bianliang he Duo Bianliang Fangfa

出版发行	中国人民大学出版社		
社　　址	北京中关村大街 31 号	**邮政编码**	100080
电　　话	010－62511242（总编室）		010－62511770（质管部）
	010－82501766（邮购部）		010－62514148（门市部）
	010－62515195（发行公司）		010－62515275（盗版举报）
网　　址	http://www.crup.com.cn		
经　　销	新华书店		
印　　刷	北京七色印务有限公司		
规　　格	185 mm×260 mm　16 开本	**版　　次**	2021 年 8 月第 1 版
印　　张	34.25　插页 2	**印　　次**	2021 年 8 月第 1 次印刷
字　　数	797 000	**定　　价**	89.00 元

Pearson

尊敬的老师：

您好！

为了确保您及时有效地申请培生整体教学资源，请您务必完整填写如下表格，加盖学院的公章后传真给我们，我们将会在 2~3 个工作日内为您处理。

请填写所需教辅的开课信息：

<table>
<tr><td>采用教材</td><td colspan="2"></td><td>□中文版 □英文版 □双语版</td></tr>
<tr><td>作　者</td><td></td><td>出版社</td><td></td></tr>
<tr><td>版　次</td><td></td><td>ISBN</td><td></td></tr>
<tr><td rowspan="2">课程时间</td><td>始于　年 月 日</td><td>学生人数</td><td></td></tr>
<tr><td>止于　年 月 日</td><td>学生年级</td><td>□专 科　□本科 1/2 年级
□研究生　□本科 3/4 年级</td></tr>
</table>

请填写您的个人信息：

<table>
<tr><td>学　校</td><td colspan="3"></td></tr>
<tr><td>院系/专业</td><td colspan="3"></td></tr>
<tr><td>姓　名</td><td></td><td>职　称</td><td>□助教 □讲师 □副教授 □教授</td></tr>
<tr><td>通信地址/邮编</td><td colspan="3"></td></tr>
<tr><td>手　机</td><td></td><td>电　话</td><td></td></tr>
<tr><td>传　真</td><td colspan="3">/</td></tr>
<tr><td>official email (必填)
(eg:×××@ruc.edu.cn)</td><td></td><td>email
(eg:×××@163.com)</td><td></td></tr>
<tr><td colspan="4">是否愿意接受我们定期的新书讯息通知：　□是　□否</td></tr>
</table>

系 / 院主任：__________（签字）

（系 / 院办公室章）

___年___月___日

资源介绍：

--教材、常规教辅（PPT、教师手册、题库等）资源：请访问 www.pearsonhighered.com/educator；（免费）

--MyLabs/Mastering 系列在线平台：适合老师和学生共同使用；访问需要 Access Code；（付费）

100013　北京市东城区北三环东路 36 号环球贸易中心 D 座 1208 室 100013

Please send this form to：copub.hed@pearson.com

Website: www.pearson.com